三菱FX/Q系列 PLC

（第2版）

陈忠平 编著

人 民 邮 电 出 版 社
北 京

图书在版编目（C I P）数据

三菱FX/Q系列PLC自学手册 / 陈忠平编著. -- 2版
. -- 北京 : 人民邮电出版社, 2019.1
ISBN 978-7-115-50022-9

Ⅰ. ①三… Ⅱ. ①陈… Ⅲ. ①PLC技术—手册 Ⅳ.
①TM571.61-62

中国版本图书馆CIP数据核字(2018)第272834号

内 容 提 要

本书从实际工程应用出发，以国内广泛使用的三菱 FX 系列和 Q 系列 PLC 为对象，讲解 PLC 的基础与实际应用等方面的内容。本书共 11 章，主要介绍了 PLC 的基础知识、FX/Q 系列 PLC 编程软件的使用、三菱 FX 系列 PLC 指令、三菱 Q 系列 PLC 指令、FX/Q 系列 PLC 的特殊扩展功能模块、PLC 系统设计基础与抗干扰措施、PLC 的安装与维护、PLC 在电动机基本控制电路中的应用、PLC 改造机床控制电路的设计、PLC 小系统的设计、PLC 在工程中的设计与应用等内容。

本书内容通俗易懂，实例的实用性和针对性较强，特别适合初学者使用，对有一定 PLC 基础知识的读者也会有很大帮助。本书既可作为电气控制领域技术人员的自学教材，也可作为高职高专院校、成人高校、本科院校的电气工程、自动化、机电一体化、计算机控制等专业的参考书。

◆ 编　　著　陈忠平
责任编辑　黄汉兵
责任印制　彭志环

◆ 人民邮电出版社出版发行　　北京市丰台区成寿寺路 11 号
邮编　100164　　电子邮件　315@ptpress.com.cn
网址　http://www.ptpress.com.cn
固安县铭成印刷有限公司印刷

◆ 开本：787×1092　1/16
印张：39.5　　　　2019 年 1 月第 2 版
字数：967 千字　　2019 年 1 月河北第 1 次印刷

定价：128.00 元

读者服务热线：(010)81055488　印装质量热线：(010)81055316
反盗版热线：(010)81055315

前　言

PLC是以微处理器技术、电子技术、网络通信技术和先进可靠的工业手段为基础，综合了现代计算机技术、自动控制技术和通信技术而发展起来的一种新型通用工业自动控制设备。PLC具有功能强、可靠性高、使用灵活方便、易于编程以及适于工业环境下应用等一系列优点，因此在工业自动化、机电一体化、传统产业技术改造等方面的应用越来越广泛，已成为可编程程序控制器技术、机器人技术、CAD/CAM和数控技术这四大现代工业控制支柱之一。

本书第1版于2009年6月出版，现已被许多学校或培训机构作为PLC课程的实践教材，受到众多教师、学生和读者的认可。该书从实际出发，以功能强、指令灵活的三菱FX/Q系列PLC为对象，重点讲述了FX/Q系列PLC的基础与实际应用等方面的内容。

第2版坚持了原版本“充分考虑初学者的自学要求，讲解细致”“实例丰富，由简到繁，循序渐进”“兼顾原理，注重实用”的特点，并在此基础上根据读者的建议对原版进行了修订与补充。

与原版本相比，第2版的设计实例都分析了其设计思路及程序段的含义，并使用GX Simulator对程序进行虚拟仿真，此外还对每章内容进行了修订，具体如下。

- 第1章：PLC基础知识。删除了“PLC与其他顺序逻辑控制系统的比较”。增加了“三菱FX_{2N} PLC的硬件结构”，其内容包括：基本单元、I/O扩展单元、I/O扩展模块、FX_{2N} PLC的编程元件。增加了“数制与数据类型”，其内容包括：数制、数据类型。修改“三菱Q系列PLC系统构成与扩展”为“三菱Q系列PLC的硬件结构及系统构成”，其内容包括：三菱Q系列PLC硬件系统的基本组成、三菱Q系列PLC的系统构成。
- 第2章：FX/Q系列PLC编程软件的使用。将“三菱FX/Q系列PLC编程与仿真软件”分为“GX Developer编程软件的使用”与“GX Simulator仿真软件的使用”两节，并对这两节内容进行了相应的修订。
- 第3章：三菱FX系列PLC指令。增加了“基本指令的应用举例”，其实例包括：星-三角控制、用4个按钮控制1个信号灯。增加了“步进指令方式的顺序功能图”“步进顺控程序的应用举例”“指令的构成”。
- 第4章：三菱Q系列PLC指令。“通信直接软元件”“特殊功能模块软元件”分别修订为“特殊功能软元件”“嵌套与指针软元件”。增加了“软元件的使用”。
- 第5章：特殊扩展功能模块。每个Q系列特殊扩展功能模块均增加了相应的应用实例。
- 第6章：PLC系统设计基础与抗干扰措施。增加了“PLC控制系统的抗干扰措施”，其内容包括：抗电源干扰措施、抗I/O干扰措施。
- 第7章：PLC的安装与维护。将“Q系列PLC的安装”修订为“Q系列PLC的安装与配线”，增加了“电源配线”“连接器配线”等内容。

➢ 第 8 章：PLC 在电动机基本控制电路中的应用。删除“PLC 在三相同步电动机控制电路中的应用”“并励直流电动机可逆反接制动”。

➢ 第 9 章：PLC 改造机床控制电路的设计。删除“PLC 改造 M1432A 万能外圆磨床的设计”。

➢ 第 10 章：PLC 小系统的设计。删除“交通信号灯模拟控制设计”“苹果分拣机控制设计”。

➢ 第 11 章：PLC 在工程中的设计与应用。删除“PLC 在砂处理生产线上的应用”，修订了“PLC 在传送机械手控制系统的应用”。

本书由湖南工程职业技术学院陈忠平编著，湖南信息学院邬书跃主审。在编写过程中得到了湖南航天局刘琼、湖南涉外经济学院侯玉宝、湖南科技职业技术学院高见芳等众位高工、老师的大力支持及帮助，在此向他们表示深深的感谢。

由于编者知识水平和经验的局限性，书中难免存在缺点和错误，敬请广大读者给予批评指正。

作者

2018 年 3 月

目　录

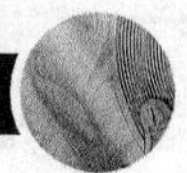

第 1 章　PLC 基础知识

自 20 世纪 60 年代末世界第一台 PLC 问世以来，PLC 发展十分迅速，特别是近些年来，随着微电子技术和计算机技术的不断发展，PLC 在处理速度、控制功能、通信能力及控制领域等方面都有新的突破。PLC 是将传统的继电—接触器的控制技术和现代计算机信息处理技术的优点有机结合起来，成为工业自动化领域中最重要、应用最广泛的控制设备之一，并已成为现代工业生产自动化的重要支柱。

1.1　PLC 的组成及工作原理

1.1.1　PLC 的组成

用 PLC 实施控制，其实质是按一定算法进行输入输出变换，并将这个变换予以物理实现。输入/输出变换、物理变换是 PLC 实施控制的两个基本点，而输入/输出变换实际上是信息处理，通常采用通用计算机技术。物理实现要求 PLC 的输入应当排除干扰信号适用于工业现场。输出应放大到工业控制的水平，能为实现控制系统方便而使用。通用计算机只考虑信息本身，其他的不需要考虑。因此 PLC 是微型计算机技术与机电控制技术相结合的产物，是一种以微处理器为核心，用于电气控制的特殊计算机，它采用典型计算机结构，主要由中央处理器（CPU）、存储器、I/O（输入/输出）接口、电源、通信接口、扩展接口等单元部件组成，这些单元部件都是通过内部总线进行连接，如图 1-1 和图 1-2 所示。

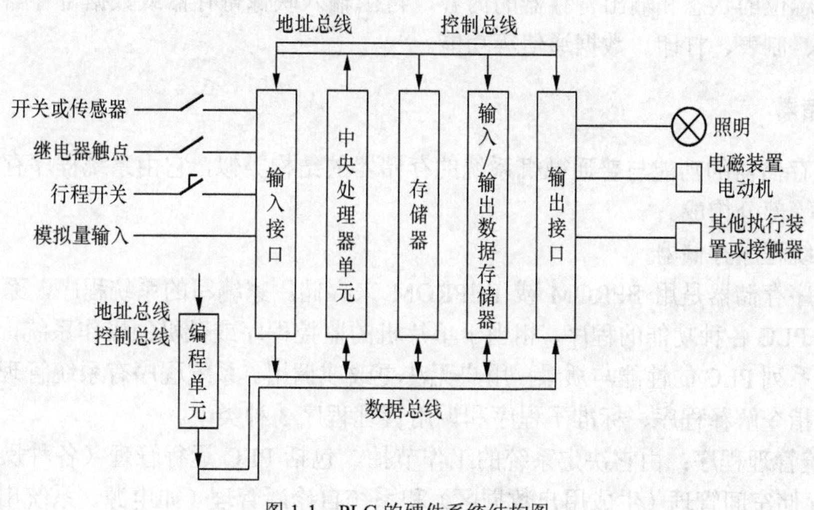

图 1-1　PLC 的硬件系统结构图

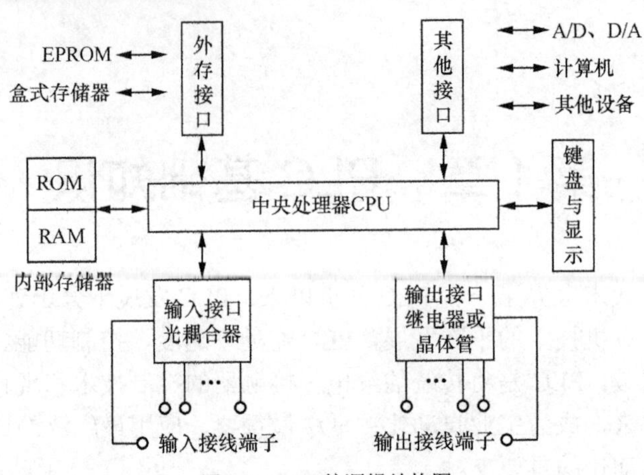

图 1-2　PLC 的逻辑结构图

1. 中央处理器 CPU

PLC 的中央处理器与一般的计算机控制系统一样，由运算器和控制器构成，是整个系统的核心，类似于人类的大脑和神经中枢。它是 PLC 的运算、控制中心，用来实现逻辑和算术运算，并对全机进行控制，按 PLC 中系统程序赋予的功能，有条不紊地指挥 PLC 进行工作，主要完成以下任务。

（1）控制从编程器、上位计算机和其他外部设备键入的用户程序数据的接收和存储。

（2）用扫描方式通过输入单元接收现场输入信号，并存入指定的映像寄存器或数据寄存器。

（3）诊断电源和 PLC 内部电路的工作故障和编程中的语法错误等。

（4）PLC 进入运行状态后，执行相应工作。①从存储器逐条读取用户指令，经过命令解释后，按指令规定的任务产生相应的控制信号去启闭相关控制电路，通俗地讲就是执行用户程序，产生相应的控制信号。②进行数据处理，分时、分渠道执行数据存取、传送、组合、比较、变换等动作，完成用户程序中规定的逻辑运算或算术运算等任务。③根据运算结果，更新有关标志位的状态和输出寄存器的内容，再由输入映像寄存器或数据寄存器的内容，实现输出控制、制表、打印、数据通信等功能。

2. 存储器

PLC 中存储器的功能与普通微机系统的存储器的结构类似，它由系统程序存储器和用户程序存储器等部分构成。

（1）系统程序存储器

系统程序存储器是用 EPROM 或 EEPROM 来存储厂家编写的系统程序，系统程序是指控制和完成 PLC 各种功能的程序，相当于单片机的监控程序或微机的操作系统，在很大程度上它决定该系列 PLC 的性能与质量，用户无法更改或调用。系统程序有系统管理程序、用户编辑程序和指令解释程序、标准子程序和调用管理程序 3 种类型。

① 系统管理程序：由它决定系统的工作节拍，包括 PLC 运行管理（各种操作的时间分配安排）、存储空间管理（生成用户数据区）和系统自诊断管理（如电源、系统出错，程序语

法、句法检验等)。

② 用户编辑程序和指令解释程序：编辑程序能将用户程序变为内码形式以便于程序的修改、调试；解释程序能将编程语言变为机器语言便于 CPU 操作运行。

③ 标准子程序和调用管理程序：为了提高运行速度，在程序执行中某些信息处理（I/O 处理）或特殊运算等都是通过调用标准子程序来完成的。

（2）用户程序存储器

用户程序存储器是用来存放用户的应用程序和数据，它包括用户程序存储器（程序区）和用户数据存储器（数据区）两种。

程序存储器用来存储用户程序。数据存储器用来存储输入、输出以及内部接点和线圈的状态以及特殊功能要求的数据。

用户存储器的内容可以由用户根据控制需要可读、可写、可任意修改、增删。常用的用户存储器形式有高密度、低功耗的 CMOS RAM、EPROM 和 EEPROM 3 种。

3. 输入/输出单元（I/O 单元）

输入/输出单元又称为输入/输出模块，它是 PLC 与工业生产设备或工业过程连接的接口。现场的输入信号，如按钮开关、行程开关、限位开关以及各传感器输出的开关量或模拟量等，都要通过输入模块送到 PLC 中。由于这些信号电平各式各样，而 PLC 的 CPU 所处理的信息只能是标准电平，所以输入模块还需要将这些信号转换成 CPU 能够接受和处理的数字信号。输出模块的作用是接收 CPU 处理过的数字信号，并把它转换成现场的执行部件所能接收的控制信号，以驱动负载，如电磁阀、电动机、灯光显示等。

PLC 的输入/输出单元上通常都有接线端子，PLC 类型的不同，其输入/输出单元的接线方式不同，通常分为汇点式、分组式和隔离式 3 种接线方式，如图 1-3 所示。

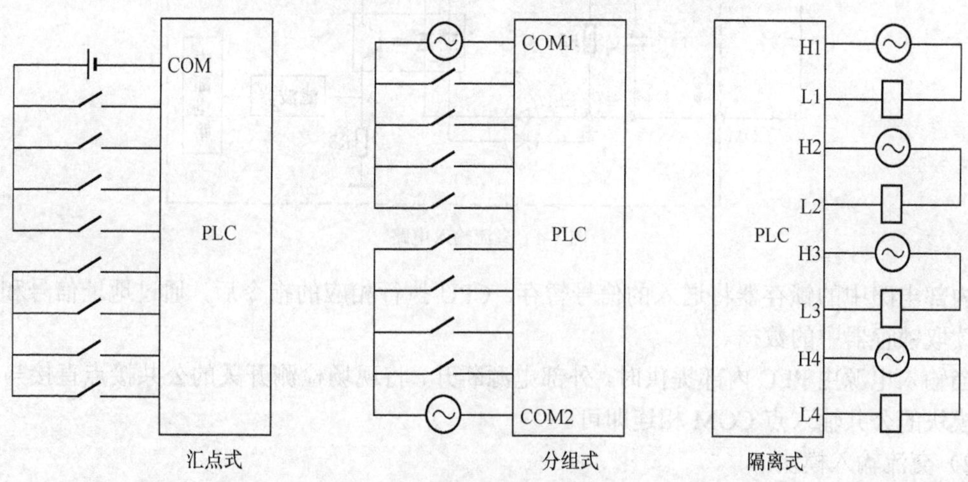

图 1-3 输入/输出单元 3 种接线方式

输入/输出单元分别只有 1 个公共端 COM 的称为汇点式，其输入或输出点共用一个电源；分组式是指将输入/输出端子分为若干组，每组的 I/O 电路有一个公共点并共用一个电源，组与组之间的电路隔开；隔离式是指具有公共端子的各组输入/输出点之间互相隔离，可各自使用独立的电源。

PLC 提供了各种操作电平和驱动能力的输入/输出模块供用户选择，如数字量输入/输出模块、模拟量输入/输出模块。这些模块又分为直流与交流型、电压与电流型等。

（1）数字量输入模块

数字量输入模块又称为开关量输入模块，它是将工业现场的开关量信号转换为标准信号传送给 CPU，并保证信息的正确和控制器不受其干扰。它一般是采用光电耦合电路与现场输入信号相连，这样可以防止使用环境中的强电干扰进入 PLC。光电耦合电路的核心是光电耦合器，由发光二极管和光电三极管构成。现场输入信号的电源可由用户提供，直流输入信号的电源也可由 PLC 自身提供。数字量输入模块根据电源使用的不同分为直流输入模块（直流 12V 或 24V）和交流输入（交流 100～120V 或 200～240V）模块两种。

1）直流输入模块

当外部检测开关接点接入的是直流电压时，需使用直流输入模块对信号进行检测。下面以某一输入点的直流输入模块进行讲解。

直流输入模块的原理电路如图 1-4 所示。外部检测开关 S 的一端接外部直流电源（直流 12V 或 24V），S 的另一端与 PLC 的输入模块的一个输入信号端子相连，外部直流电源的另一端接 PLC 输入模块的公共端 COM。虚线框内的是 PLC 内部输入电路，R1 为限流电阻，R2 和 C 构成滤波电路，抑制输入信号中的高频干扰，LED 为发光二极管。当 S 闭合后，直流电源经 R1、R2、C 的分压、滤波后形成 3V 左右的稳定电压供给光电隔离 VLC 耦合器，LED 显示某一输入点有无信号输入。光电隔离耦合器 VLC 另一侧的光电三极管接通，此时 A 点为高电平，内部+5V 电压经 R3 和滤波器形成 CPU 所需的标准信号送入内部电路中。

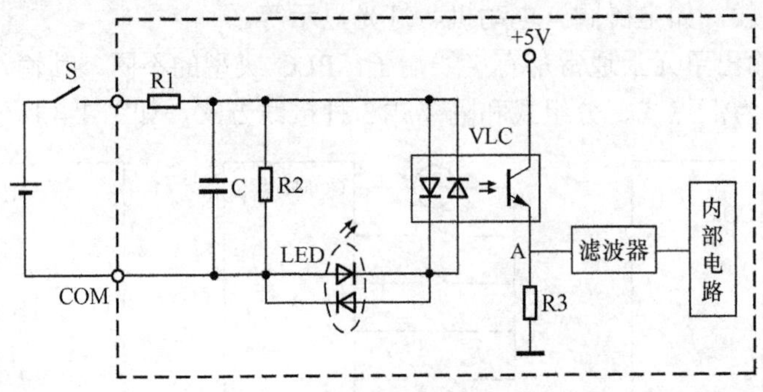

图 1-4　直流输入电路

内部电路中的锁存器将送入的信号暂存，CPU 执行相应的指令后，通过地址信号和控制信号读取锁存器中的数据。

当输入电源由 PLC 内部提供时，外部电源断开，将现场检测开关的公共接点直接与 PLC 输入模块的公共输入点 COM 相连即可。

2）交流输入模块

当外部检测开关接点加入的是交流电压时，需使用交流输入模块进行信号的检测。

交流输入模拟的原理电路如图 1-5 所示。外部检测开关 S 的一端接外部交流电源（交流 100～120V 或 200～240V），S 的另一端与 PLC 的输入模块的一个输入信号端子相连，外部交流电源的另一端接 PLC 输入模块的公共端 COM。虚线框内的是 PLC 内部输入电路，R1 和 R2 构成分压电路；C 为隔直电容，用来滤掉输入电路中的直流部分，对交流相当于短路；LED 为发光二极管。当 S 闭合时，PLC 可输入交流电源，其工作原理与直流输入电路类似。

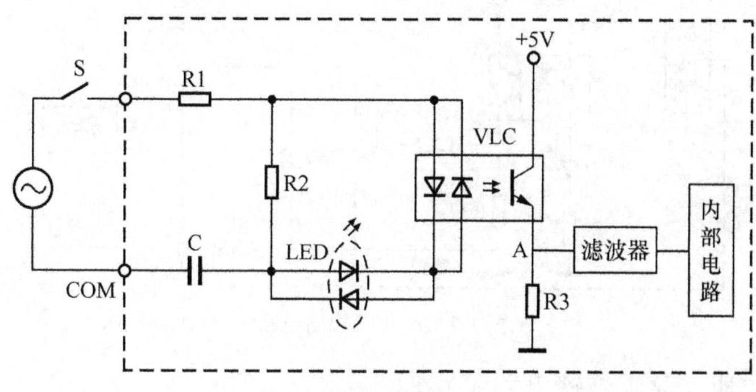

图 1-5　交流输入电路

3）交直流输入模块

当外部检测开关接点加入的是交流或直流电压时，需使用交直流输入模块进行信号的检测，如图 1-6 所示。从图中看出，其内部电路与直流输入电路类似，只不过交直流输入电路的外接电源除直流电源外，还可用 12～24V 的交流电源。

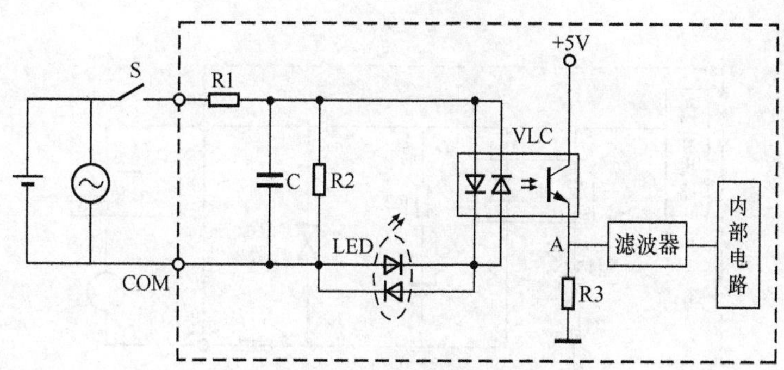

图 1-6　交直流输入电路

（2）数字量输出模块

数字量输出模块又称为开关量输出模块，它是将 PLC 内部信号转换成现场执行机构所能接收的各种开关信号。数字量输出模块按照电源使用（即用户电源）的不同，分为直流输出模块、交流输出模块和交直流输出模块 3 种。按照输出电路所使用的开关器件不同，又分为晶体管输出、晶闸管（即可控硅）输出和继电器输出 3 种。其中晶体管输出方式的模块只能带直流负载；晶闸管输出方式的模块只能带交流负载；继电器输出方式的模块既可带交流也可带直流的负载。

1）直流输出模块（晶体管输出方式）

PLC 某 I/O 点直流输出模块电路如图 1-7 所示，虚线框内表示 PLC 的内部结构。它由光电隔离耦合器件 VLC、二极管 LED、晶体管 VT、稳压管 VD、熔断器 FU 等组成。当某端需输出时，CPU 控制锁存器的对应位为 1，通过内部电路控制 VLC 输出，晶体管 VT 导通输出，相应的负载接通，同时输出指示灯 LED 亮，表示该输出端有输出。当某端不需输出时，锁存器相应位为 0，VLC 没有输出，VT 截止，使负载失电，此时 LED 指示灯熄灭，负载所需直

流电源由用户提供。

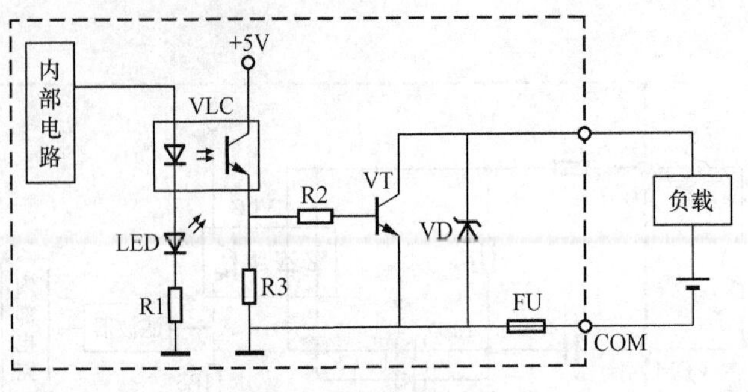

图 1-7　晶体管输出电路

2）交流输出模块（晶闸管输出方式）

PLC 某 I/O 点交流输出模块电路如图 1-8 所示，虚线框内表示 PLC 的内部结构。图中双向晶闸管为输出开关器件，由它组成的固态继电器 T 具有良好的电气隔离作用；电阻 R2 和 C 构成了高频滤波电路，减少高频信号的干扰；浪涌吸收器起限幅作用，将晶闸管上的电压限制在 600V 以下；负载所需交流电源由用户提供。当某端需输出时，CPU 控制锁存器的对应位为 1，通过内部电路控制 T 导通，相应的负载接通，同时输出指示灯 LED 点亮，表示该输出端有输出。

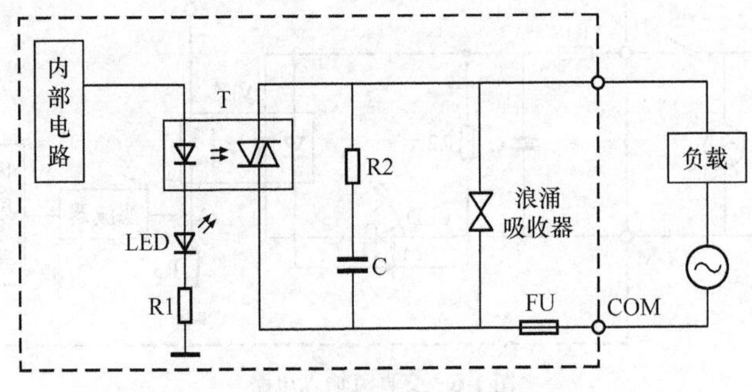

图 1-8　晶闸管输出电路

3）交直流输出模块（继电器输出方式）

PLC 某 I/O 点交直流输出模块电路如图 1-9 所示，它的输出驱动是继电器 K。K 既是输出开关，又是隔离器件；R2 和 C 构成灭弧电路。当某端需输出时，CPU 控制锁存器的对应位为 1，通过内部电路控制 K 吸合，相应的负载接通，同时输出指示灯 LED 点亮，表示该输出端有输出。负载所需交直流电源由用户提供。

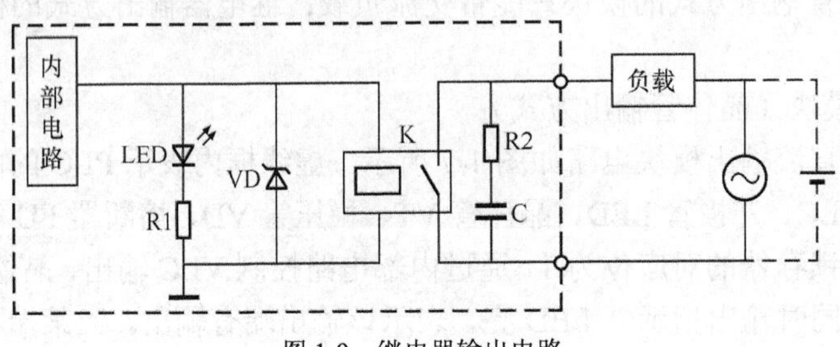

图 1-9　继电器输出电路

通过上述分析可知，为防止干扰和保证 PLC 不受外界强电的侵袭，I/O 单元都采用了电气隔离技术。晶体管只能用于直流输出模块，它具有动作频率高、响应速度快、驱动负载能力小的特点；晶闸管只能用于交流输出模块，它具有响应速度快、驱动负载能力不大的特点；继电器既能用于直流也能用于交流输出模块，它的驱动负载能力强，但动作频率和响应速度慢。

（3）模拟量输入模块

模拟量输入模块是将输入的模拟量如电流、电压、温度、压力等转换成 PLC 的 CPU 可接收的数字量信号。在 PLC 中将模拟量转换成数字量的模块又称为 A/D 模块。

（4）模拟量输出模块

模拟量输出模块是将输出的数字量转换成外部设备可接收的模拟量，该模块在 PLC 中又称为 D/A 模块。

4．电源单元

PLC 的电源单元通常是将 220V 的单相交流电源转换成 CPU、存储器等电路工作所需的直流电，它是整个 PLC 系统的能源供给中心，电源的好坏直接影响 PLC 的稳定性和可靠性。对于小型整体式 PLC，其内部有一个高质量的开关电源，为 CPU、存储器、I/O 单元提供 5V 直流电源，还为外部输入单元提供 24V 直流电源。

5．通信接口

为了实现微机与 PLC、PLC 与 PLC 间的对话，PLC 配有多种通信接口，如打印机、上位计算机、编程器等接口。

6．I/O 扩展接口

I/O 扩展接口用于将扩展单元或特殊功能单元与基本单元相连，使 PLC 的功能更加强大，以满足不同控制系统的要求。

1.1.2 PLC 的工作原理

PLC 虽然以微处理器为核心，具有微型计算机的许多特点，但它的工作方式却与微型计算机有很大不同。微型计算机一般采用等待命令或中断的工作方式，如常见的键盘扫描方式或 I/O 扫描方式，若有键按下或 I/O 动作，则转入相应的子程序或中断服务程序；若无键按下，则继续扫描等待。而 PLC 采用循环扫描的工作方式，即“顺序扫描，不断循环”。

用户程序通过编程器或其他输入设备输入存放在 PLC 的用户存储器中。当 PLC 开始运行时，CPU 根据系统监控程序的规定顺序，通过扫描，完成各输入点状态采集或输入数据采集、用户程序的执行、各输出点状态的更新、编程器键入响应和显示器更新及 CPU 自检等功能。

PLC 的扫描可按固定顺序进行，也可按用户程序规定的顺序进行。这不仅仅因为有的程序不需要每扫描一次，执行一次，也因为在一个大控制系统中，需要处理的 I/O 点数较多。通过不同组织模块的安排，采用分时分批扫描执行方法，可缩短扫描周期和提高控制的实时性。

PLC 采用集中采样、集中输出的工作方式，减少了外界干扰的影响。PLC 的循环扫描过程分为输入采样（或输入处理）、程序执行（或程序处理）和输出刷新（或输出处理）3 个阶段。

1．输入采样阶段

在输入采样阶段，PLC以扫描方式按顺序将所有输入端的输入状态进行采样，并将采样结果分别存入相应的输入映像寄存器中，此时输入映像寄存器被刷新。接着进入程序执行阶段，在程序执行期间即使输入状态变化，输入映像寄存器的内容也不会改变，输入状态的变化只在下一个工作周期的输入采样阶段才被重新采样到。

2．程序执行阶段

在程序执行阶段，PLC是按顺序对程序进行扫描执行。如果程序用梯形图表示，则总是按先上后下、先左后右的顺序进行。当遇到程序跳转指令时，则根据跳转条件是否满足来决定程序的跳转地址。当指令中涉及输入、输出状态时，PLC从输入映像寄存器将上一阶段采样的输入端子状态读出，从元件映像寄存器中读出对应元件的当前状态，并根据用户程序进行相应运算后，将运算结果再存入元件寄存器中，对于元件映像寄存器来说，其内容随着程序的执行而发生改变。

3．输出刷新阶段

当所有指令执行完后，进入输出刷新阶段。此时，PLC将输出映像寄存器中所有与输出有关的输出继电器的状态转存到输出锁存器中，并通过一定的方式输出，驱动外部负载。

PLC工作过程除了包括上述3个主要阶段外，还要完成内部处理、通信处理等工作。在内部处理阶段，PLC检查CPU模块内部的硬件是否正常，将监控定时器复位，并完成一些别的内部工作。在通信服务阶段，PLC与其他的带微处理器的智能装置实现通信。

1.2　三菱FX系列PLC简介

FX系列PLC是由三菱公司近年来推出的高性能小型可编程控制器，它逐步替代三菱公司原来的F、F1和F2系列PLC产品。FX2是1991年推出的产品，FX0是在FX2之后推出的超小型PLC。FX系列PLC包括$FX_{0S/1S/0N/1N/2N/2NC/3U}$等类型的产品，具有较高的性能价格比，适用于大多数单机控制的场合，是我国使用最广泛的PLC系列产品之一。

其中$FX_{0S/1S}$型PLC输入输出点数为10～30，用于要求不高、点数较少的场合。FX_{0N}/FX_{1N}型PLC的基本单元输入输出点数为24～60，可以扩展到128点。FX_{2N}/FX_{2NC}型PLC的功能很强，基本输入输出点数为16～128，可以扩展到256点，编程指令也很强，运行速度也很快，可用于要求很高的场合。FX_{3U}是三菱电机适应用户需求开发出来的第3代微型可编程控制器，其运行程度更快，可扩展到384点，大幅增加了内部软元件的数量，增强了通信功能，还增加了高速输出适配器、模拟量输入输出适配器和温度输入适配器。

1.2.1　三菱FX系列PLC型号说明

三菱FX系列PLC型号的含义如下。

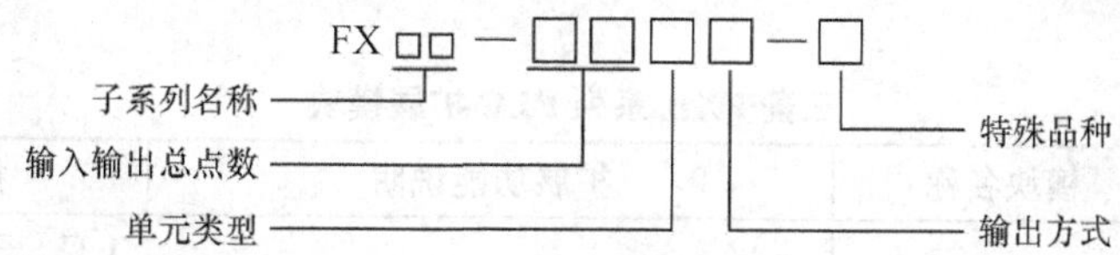

其中子系列名称有0S、1S、0N、1N、2N、2NC、3U等。

单元类型：M为基本单元，E为输入输出混合扩展单元与扩展模块，EX为输入专用扩展模块，EY为输出专用扩展模块。

输出方式：R为继电器输出，T为晶体管输出，S为双向晶闸管输出。

特殊品种：D和DS为DC 24V电源，DC输出；DSS为DC 24V电源，源晶体管输出；ES为交流电源，漏晶体管输出；ESS为交流电源，源晶体管输出；A1为AC电源，AC输入或AC输出；H为大电流输出扩展模块；V为立式端子排的扩展模块；C为插接口输入输出方式；F为输入滤波时间常数为1ms的扩展模块；L为TTL输入型扩展模块；S为独立端子（无公共端）扩展模块。

如果特殊品种一项无符号，为AC电源、DC输入、横式端子排、标准输出。例如FX2N-64MT-D表示FX2N系列，64个I/O点，晶体管输出，使用直流电源，24V直流输出型PLC。

1.2.2 三菱FX1sPLC

三菱FX1s系列PLC功能简单，价格便宜，适用于小型开关量控制系统。它采用整体式固定的I/O型结构，PLC的CPU、电源、输入/输出安装于一体，结构紧凑、安装简单，其产品外形结构如图1-10所示。

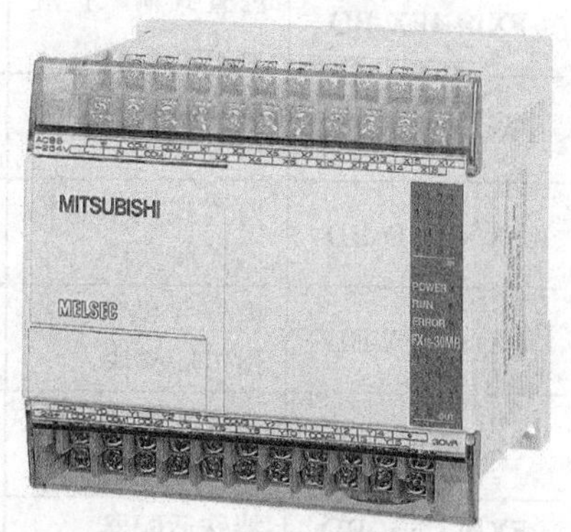

图1-10 三菱FX1s系列产品外形图

三菱FX1s系列PLC用户存储器EEPROM的容量为2000步，一个单元同时可以输出2点10kHz的高速脉冲，有7条特殊的定位指令。根据I/O点数的不同，有10/14/20/30共4种基本单元。在这些基本单元中，根据PLC电源的不同，可以分为AC电源输入与DC电源输入两种；根据输出类型，可以分为继电器输出和晶体管输出两种，如表1-1所示。

表1-1　　三菱FX1s系列PLC基本单元

型号				输入点数	输出点数
AC电源，DC 24V输入		DC电源，DC24V输入			
继电器输出	晶体管输出	继电器输出	晶体管输出		
FX1S-10MR-001	FX1S-10MT	FX1S-10MR-D	FX1S-10MT-D	6	4
FX1S-14MR-001	FX1S-14MT	FX1S-14MR-D	FX1S-14MT-D	8	6
FX1S-20MR-001	FX1S-20MT	FX1S-20MR-D	FX1S-20MT-D	12	8
FX1S-30MR-001	FX1S-30MT	FX1S-30MR-D	FX1S-30MT-D	16	14

三菱FX1s系列PLC可以使用少量的扩展模块与功能扩展板，以增加通信、监视、设定等方面的功能，如表1-2所示。

表 1-2　三菱 FX1S 系列 PLC 扩展模块

模块型号	模块名称	扩展功能说明	扩展要求说明
FX1N-5DM	内置式显示模块	安装在 PLC 的正面，用来监视、设定定时器、计数器、数据寄存器等	1 只，不能与以下扩展模块同时选用：FX1N-EEPROM-8L；FX1N-2AD-BD；FX1N-1DA-BD
FX1N-10DM-E-SET0	外置式显示模块	安装在设备控制面板上，用来监视、设定定时器、计数器、数据寄存器等	1 只，需要附加连接电缆
FX1N-EEPROM-8L	存储器盒	扩大存储容量达 2000 步，可以与 PLC 间进行程序传送，用于程序的远程传输	1 只，不能与扩展模块 FX1N-5DM 同时使用
FX1N-232-BD	内置式 RS-232 通信模块	安装在 PLC 内部，作为 PLC 与外部设备间的 RS-232 通信接口	1 只，不可以同时使用
FX1N-422-BD	内置式 RS-422 通信模块	安装在 PLC 内部，作为 PLC 与外部设备间的 RS-422 通信接口	
FX1N-485-BD	内置式 RS-485 通信模块	安装在 PLC 内部，作为 PLC 与外部设备间的 RS-485 通信接口	
FX1N-4EX-BD	内置式输入扩展模块	扩展 4 点 DC 24V 输入	
FX1N-2EYT-BD	内置式输出扩展模块	扩展 2 点晶体管输出	
FX1N-2AD-BD	内置式模拟量输入扩展模块	扩展 2 点模拟量输入	
FX1N-1DA-BD	内置式模拟量输出扩展模块	扩展 1 点模拟量输出	
FX1N-8AV-BD	内置式 8 模拟电位器扩展板	扩展 8 只模拟量调节电位器	
FX1N-CNV-BD	特殊适配器	连接 FX0N 系列 PLC 的通信适配器	

1.2.3　三菱 FX1N PLC

三菱 FX1N PLC 在 FX 系列中属于性能中等、功能较 FX1S 有所增强、可以适用于大多数简单机械控制的小型 PLC。它采用了基本单元加扩展的结构形式，基本单元内有 CPU、存储器、I/O 模块、通信接口和扩展接口等。三菱 FX1N PLC 的产品外形如图 1-11 所示。

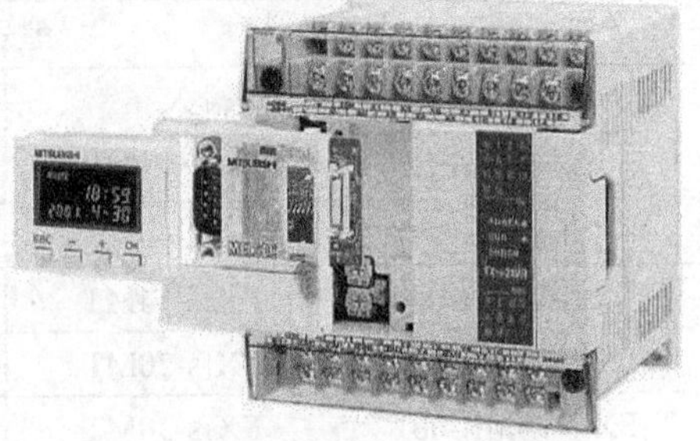
图 1-11　三菱 FX1N PLC 产品外形图

三菱 FX1N PLC 的用户存储器 EEPROM 的容量为 8000 步，除兼容 FX1S 系列的全部功能外，还内置实时时钟，有 PID 指令用于实现模拟量闭环控制，有两个用于设置参数的内置小电位器。三菱 FX1N PLC 有 13 种基本单元，可以组成 14～128 个 I/O 点系统，如表 1-3 所示。

表 1-3　　三菱 FX1N 系列 PLC 基本单元

型　号				输入点数	输出点数
AC 电源，DC 24V 输入		DC 电源，DC24V 输入			
继电器输出	晶体管输出	继电器输出	晶体管输出		
FX1N-14MR-001	—	—	—	8	6
FX1N-24MR-001	FX1N-24MT	FX1N-24MR-D	FX1N-24MT-D	14	10
FX1N-40MR-001	FX1N-40MT	FX1N-40MR-D	FX1N-40MT-D	24	16
FX1N-60MR-001	FX1N-60MT	FX1N-60MR-D	FX1N-60MT-D	36	24

三菱电机于 2007 年 7 月推出了符合中国用户使用习惯的晶体管和继电器混合输出型 FX1N-60MR-3A001，完善了 FX 系列 PLC 产品线。主要特点：①晶体管、继电器混合输出（符合中国用户使用习惯），②4 点晶体管 + 20 点继电器，③内置 2 路 100kHz 高速脉冲输出，可实现 2 轴定位控制，④内置 2 路 A/D、1 路 D/A 转换通道。FX1N- 60MR-3A001 的产品外形如图 1-12 所示。

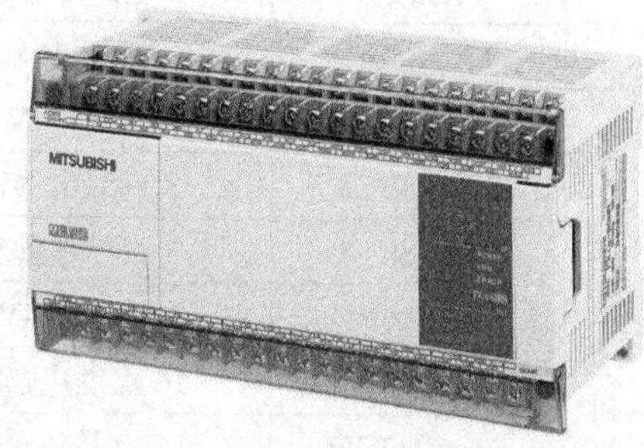

图 1-12　FX1N-60MR-3A001 产品外形图

三菱 FX1N PLC 通过通信扩展模块或特殊适配器可以实现多种通信和数据链接，如 RS-232、RS-422、RS-485、AS-i 网络、CC-Link 等。三菱 FX1N PLC 可扩展的通信模块如表 1-4 所示。

表 1-4　　三菱 FX1N PLC 可扩展的通信模块

模块型号	模块名称	扩展功能说明
FX1N-232-BD	内置式 RS-232 通信模块	安装在 PLC 内部，作为 PLC 与外部设备间的 RS-232 通信接口
FX1N-422-BD	内置式 RS-422 通信模块	安装在 PLC 内部，作为 PLC 与外部设备间的 RS-422 通信接口
FX1N-485-BD	内置式 RS-485 通信模块	安装在 PLC 内部，作为 PLC 与外部设备间的 RS-485 通信接口
FX1N-CNV-BD	特殊适配器	连接 FX0N 系列 PLC 的通信适配器
FX2N-16CCL-M	CC-Link 主站模块	用于 PLC 网络通信
FX2N-32CCL	CC-Link 接口模块	
FX2N-64CL-M	CC-Link/LT 主站模块	连接远程 I/O 模块
FX2N-16LNK-M	MELSEC-I/O Link 主站模块	
FX2N-32ASI-M	AS-i 主站模块	连接现场执行传感器

三菱 FX1N PLC 也可以选用 I/O 扩展板、扩展模块、扩展单元进行 I/O 扩展，如表 1-5 所示。

三菱 FX1N PLC 选择 I/O 扩展单元时，PLC 系统的 I/O 总数不能超过 128 点，且 PLC 的基本单元可以连接的 I/O 扩展单元不能超过 2 台。使用扩展模块时，最大可以连接的 I/O 点数为 30。

表 1-5　　三菱 FX1N PLC 的 I/O 扩展

型号		模块名称	扩展功能说明
扩展板	FX1N-4EX-BD	内置式输入扩展模块	扩展 4 点 DC 24V 输入
	FX1N-2EYT-BD	内置式输出扩展模块	扩展 2 点晶体管输出
	FX1N-2AD-BD	内置式模拟量输入扩展模块	扩展 2 点模拟量输入
	FX1N-1DA-BD	内置式模拟量输出扩展模块	扩展 1 点模拟量输出
	FX1N-8AV-BD	内置式 8 模拟电位器扩展板	扩展 8 只模拟量调节电位器
扩展模块	FX0N-3A	2 输入/1 输出模拟量模块	2 点模拟输入/1 点模拟量输出
	FX0N-8ER	4 输入/4 输出扩展模块	4 点 DC 24V 输入/4 点继电器输出
	FX0N-8EX	8 点 DC 24V 输入扩展模块	8 点 DC 24V 输入
	FX0N-8EYR	8 点继电器输出扩展模块	8 点继电器输出
	FX0N-8EYT	8 点晶体管输出扩展模块	8 点晶体管输出
	FX0N-16EX	16 点 DC 24V 输入扩展模块	16 点 DC 24V 输入
	FX0N-16EYR	16 点继电器输出扩展模块	16 点继电器输出
	FX0N-16EYT	16 点晶体管输出扩展模块	16 点晶体管输出
	FX2N-16EX	16 点 DC 24V 输入扩展模块	16 点 DC 24V 输入
	FX2N-16EYR	16 点继电器输出扩展模块	16 点继电器输出
	FX2N-16EYT	16 点晶体管输出扩展模块	16 点晶体管输出
	FX2N-16EYS	16 点晶闸管输出扩展模块	16 点双向晶闸管输出
	FX2N-16EXL	16 点 DC 5V 输入扩展模块	16 点 DC 5V 输入
扩展单元	FX2N-32ER	16 输入/16 输出扩展单元	16 点 DC 24V 输入/16 点继电器输出
	FX2N-32ET	16 输入/16 输出扩展单元	16 点 DC 24V 输入/16 点晶体管输出
	FX2N-32ES	16 输入/16 输出扩展单元	16 点 DC 24V 输入/16 点晶闸管输出
	FX0N-40ER	24 输入/16 输出扩展单元	24 点 DC 24V 输入/16 点继电器输出
	FX0N-40ET	24 输入/16 输出扩展单元	24 点 DC 24V 输入/16 点晶体管输出
	FX0N-40ER-D	24 输入/16 输出扩展单元	24 点 DC 24V 输入/16 点继电器输出
	FX2N-48ER	24 输入/24 输出扩展单元	24 点 DC 24V 输入/24 点继电器输出
	FX2N-48ET	24 输入/24 输出扩展单元	24 点 DC 24V 输入/24 点晶体管输出

1.2.4　三菱 FX2N PLC

三菱 FX2N PLC 是超小型机，I/O 点数最大可扩展到 256 点。它对每条基本指令执行时间只要 0.08μs，每条应用指令执行时间为 1.25μs。内置的用户存储器为 8KB，使用存储卡盒后，最大容量可扩大至 16KB，编程指令达 327 条。三菱 FX2N PLC 不仅能完成逻辑控制、顺序控制、模拟量控制、位置控制、高速计数等功能，还能进行数据检索、数据

排列、三角函数运算、平方根以及浮点数运算、PID 运算等更为复杂的数据处理。

FX2N 按 PLC 品种可分为基本单元、I/O 扩展单元、扩展模块和特殊扩展设备。FX2N 系列 PLC 基本单元的外部特征基本相似，其实物外形如图 1-13 所示。基本单元的内部由内部电源、内部输入/输出、内部 CPU 和内部存储器构成；实物外形一般由外部端子部分、指示部分和接口部分等组成，其外形结构如图 1-14 所示。

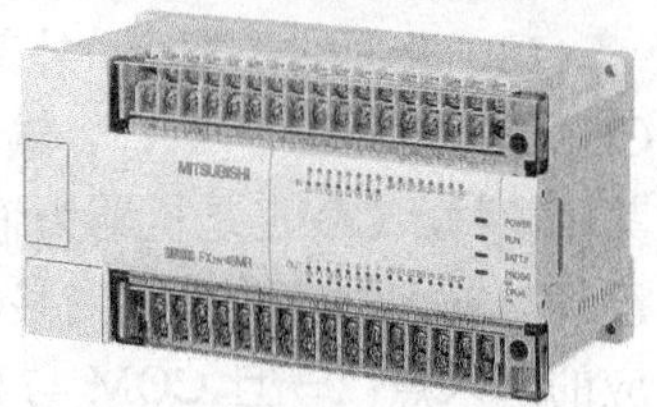

图 1-13　FX2N 系列 PLC 基本单元的实物外形图

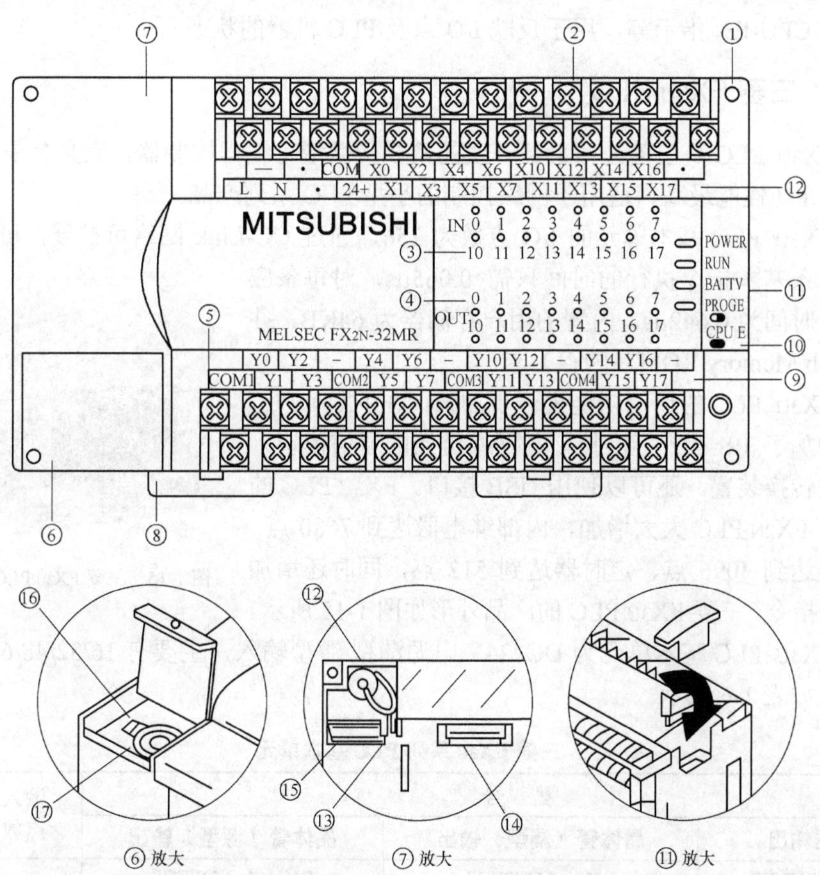

① 安装孔 4 个
② 电源、辅助电源、输入信号用的装卸式端子
③ 输入指示灯
④ 输出动作指示灯
⑤ 输出用的可装卸式端子
⑥ 外围设备接线插座、盖板
⑦ 面板盖
⑧ DIN 导轨装卸用卡子
⑨ I/O 端子标记
⑩ 动作指示灯
　POWER：电源指示灯
　RUN：运行指示灯
　BATT.V：电池电压下降指示
　PROG-E：出错指示灯（程序出错）
　CPU-E：出错指示亮灯（CPU 出错）
⑪ 扩展单元、扩展模块、特殊单元、特殊模块、接线插座盖板
⑫ 锂电池
⑬ 锂电池连接插座
⑭ 另选存储器滤波器安装插座
⑮ 功能扩展板安装插座
⑯ 内置 RUN/STOP 开关
⑰ 编程设备、数据存储单元连接插座

图 1-14　三菱 FX2N PLC 外形结构图

（1）外部端子部分。外部端子包括 PLC 电源端子（L、N、⏚），24V 直流电源端子（24+、COM）、输入端子（X）、输出端子（Y）等。主要完成电源、输入信号和输出信号的连接。其中 24+、COM 是机器为输入回路提供的 24V 直流电源。为了减少接线，其正极在机器内已经与输入回路连接。当某输入点需要加入输入信号时，只需将 COM 通过输入设备接至对应的输入点；一旦 COM 与对应点接通，该点就为“ON”，此时对应输入指示灯就点亮。

（2）指示部分。指示部分包括各 I/O 点的状态指示、PLC 电源（POWER）指示、PLC 运行（RUN）指示、用户程序存储器后备电池（BATT）状态指示及程序出错（PROG-E）、CPU 出错（CPU-E）指示等，用于反映 I/O 点及 PLC 机器的状态。

1.2.5 三菱 FX3U PLC

三菱 FX3U PLC 是三菱公司最新开发的第 3 代微型可编程控制器，它是目前三菱公司小型 PLC 中 CPU 性能最高、适用于网络控制的小型 PLC 系列产品。

三菱 FX3U PLC 基本单元的 I/O 点数为 256，通过 CC-Link 网络可扩展，可扩展为 384 点。它对每条基本指令执行的时间只需 0.065μs，对每条应用指令执行时间为 0.642μs。内置的用户存储器为 64KB，并可采用 Flash Memory ROM（闪存）卡。

三菱 FX3U PLC 的通信功能进一步加强，在 FX2N PLC 的基础上增加了 RS-422 标准接口与网络链接的通信模块，同时，通过转换装置，还可以使用 USB 接口。FX3U PLC 的编程元件比 FX2N PLC 大大增加，内部继电器达到 7680 点、状态继电器达到 4096 点、定时器达到 512 点，同时还增加了部分应用指令。三菱 FX3U PLC 的产品外形如图 1-15 所示。

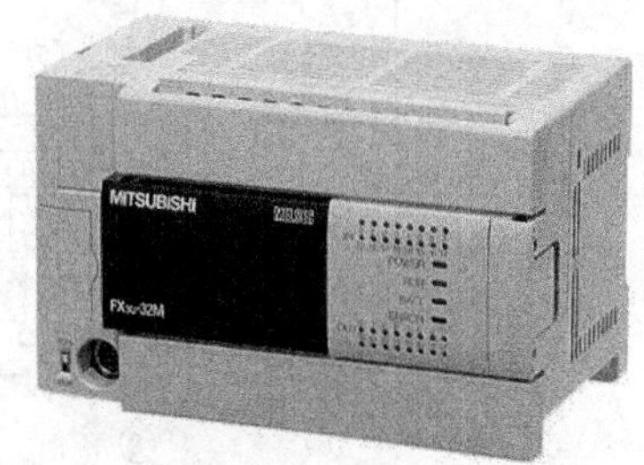

图 1-15 三菱 FX3U PLC 产品外形图

三菱 FX3U PLC 基本单元为 DC 24V 电源漏型/源型输入，主要有 16/32/48/64/80 共 5 种基本规格，如表 1-6 所示。

表 1-6 三菱 FX3U 系列 PLC 基本单元

型号			输入点数	输出点数
继电器输出	晶体管（漏型）输出	晶体管（源型）输出		
FX3U-16MR/ES	FX3U-16MT/ES	FX3U-16MT/ESS	8	8
FX3U-32MR/ES	FX3U-32MT/ES	FX3U-32MT/ESS	16	16
FX3U-48MR/ES	FX3U-48MT/ES	FX3U-48MT/ESS	24	24
FX3U-64MR/ES	FX3U-64MT/ES	FX3U-64MT/ESS	32	32
FX3U-80MR/ES	FX3U-80MT/ES	FX3U-80MT/ESS	40	40

三菱 FX3U PLC 在三菱 FX2N 的网络基础上，进一步增加了 USB 通信功能。这些网络功能也需要通过通信扩展模块或特殊适配器实现多种通信和数据链接，而且可以同时进行 3 个通信端口的通信。三菱 FX3U PLC 可扩展的通信模块如表 1-7 所示。

三菱 FX3U PLC 一般使用 FX0N/FX2N 系列的扩展模块、扩展单元进行 I/O 扩展，如表 1-8 所示。

表 1-7　　　　　　　　　**三菱 FX3U PLC 可扩展的通信模块**

模块型号	模块名称	扩展功能说明
FX3U-232-BD	内置式 RS-232 通信模块	安装在 PLC 内部，作为 PLC 与外部设备间的 RS-232 通信接口
FX3U-422-BD	内置式 RS-422 通信模块	安装在 PLC 内部，作为 PLC 与外部设备间的 RS-422 通信接口
FX3U-485-BD	内置式 RS-485 通信模块	安装在 PLC 内部，作为 PLC 与外部设备间的 RS-485 通信接口
FX3U-CNV-BD	FX0N 特殊适配器	连接 FX0N 系列 PLC 的通信适配器
FX3U-USB-BD	USB 通信扩展板	用于 USB 通信
FX2N-16CCL-M	CC-Link 主站模块	用于 PLC 网络通信
FX2N-32CCL	CC-Link 接口模块	
FX2N-64CL-M	CC-Link/LT 主站模块	连接远程 I/O 模块
FX2N-16LNK-M	MELSEC-I/O Link 主站模块	
FX2N-32ASI-M	AS-i 主站模块	连接现场执行传感器
FX2N-232IF	RS-232 通信模块	作为 PLC 与外部设备间的 RS-232 通信接口
FX2N-16NT	M-NET/MINI 通信模块	作为 M-NET/MINI 通信
FX2N-16NP	M-NET/MINI 通信模块	作为 M-NET/MINI 通信
FX2N-16NT-S3	M-NET/MINI-S3 通信模块	作为 M-NET/MINI-S3 通信
FX2N-16NP-S3	M-NET/MINI-S3 通信模块	作为 M-NET/MINI-S3 通信

表 1-8　　　　　　　　　**三菱 FX3U PLC 的 I/O 扩展**

	型号	模块名称	扩展功能说明
扩展模块	FX0N-3A	2 输入/1 输出模拟量模块	2 点模拟输入/1 点模拟量输出
	FX0N-8ER	4 输入/4 输出扩展模块	4 点 DC 24V 输入/4 点继电器输出
	FX0N-8EX	8 点 DC 24V 输入扩展模块	8 点 DC 24V 输入
	FX0N-8EYR	8 点继电器输出扩展模块	8 点继电器输出
	FX0N-8EYT	8 点晶体管输出扩展模块	8 点晶体管输出
	FX0N-8EYT-H	8 点晶体管输出扩展模块	8 点晶体管输出
	FX0N-16EX	16 点 DC 24V 输入扩展模块	16 点 DC 24V 输入
	FX0N-16EYR	16 点继电器输出扩展模块	16 点继电器输出
	FX0N-16EYT	16 点晶体管输出扩展模块	16 点晶体管输出
	FX2N-16EX	16 点 DC 24V 输入扩展模块	16 点 DC 24V 输入
	FX2N-16EYR	16 点继电器输出扩展模块	16 点继电器输出
	FX2N-16EYT	16 点晶体管输出扩展模块	16 点晶体管输出
	FX2N-16EYS	16 点晶闸管输出扩展模块	16 点双向晶闸管输出
	FX2N-16EXL	16 点 DC 5V 输入扩展模块	16 点 DC 5V 输入

续表

型号		模块名称	扩展功能说明
扩展模块	FX2N-16EX-C	16 点 DC 24V 输入扩展模块	16 点 DC 24V 输入
	FX2N-16EXL-C	16 点 DC 5V 输入扩展模块	16 点 DC 5V 输入
	FX2N-16EYT-C	16 点晶体管输出扩展模块	16 点 DC 5V 晶体管输出
扩展单元	FX2N-32ER	16 输入/16 输出扩展单元	16 点 DC 24V 输入/16 点继电器输出
	FX2N-32ET	16 输入/16 输出扩展单元	16 点 DC 24V 输入/16 点晶体管输出
	FX2N-32ES	16 输入/16 输出扩展单元	16 点 DC 24V 输入/16 点晶闸管输出
	FX0N-40ER	24 输入/16 输出扩展单元	24 点 DC 24V 输入/16 点继电器输出
	FX0N-40ET	24 输入/16 输出扩展单元	24 点 DC 24V 输入/16 点晶体管输出
	FX0N-40ER-D	24 输入/16 输出扩展单元	24 点 DC 24V 输入/16 点继电器输出
	FX2N-48ER	24 输入/24 输出扩展单元	24 点 DC 24V 输入/24 点继电器输出
	FX2N-48ET	24 输入/16 输出扩展单元	24 点 DC 24V 输入/16 点晶体管输出
	FX2N-48ER-D	24 输入/24 输出扩展单元	24 点 DC 24V 输入/24 点继电器输出
	FX2N-48ET-D	24 输入/24 输出扩展单元	24 点 DC 24V 输入/24 点晶体管输出

三菱 FX3U PLC 选择 I/O 扩展单元或扩展模块时，PLC 主机 I/O 点数和使用 CC-Link 连接的远程 I/O 点数均不能超过 256 点，且两者合计输入/输出的点数不能超过 384 点，此外还要考虑 PLC 特殊功能模块所占用的 I/O 点数。

通常三菱 FX0N/1N/2N 系列 PLC 只能配置 RS-232/485 通信适配器，而三菱 FX3U PLC 在此基础上还增加了其他的特殊适配器，如表 1-9 所示。

表 1-9　　三菱 FX3U PLC 增加的特殊适配器

<table>
<tr><th>适配器型号</th><th>适配器名称</th><th colspan="2">适配器功能说明</th></tr>
<tr><td>FX3U-232ADP</td><td>RS-232 通信适配器</td><td colspan="2">用于 RS-232 接口通信</td></tr>
<tr><td>FX3U-485ADP</td><td>RS-485 通信适配器</td><td colspan="2">用于 RS-485 接口通信</td></tr>
<tr><td>FX3U-4AD-ADP</td><td>4 通道 A/D 转换适配器</td><td colspan="2">用于 4 通道 A/D 转换</td></tr>
<tr><td>FX3U-4DA-ADP</td><td>4 通道 D/A 转换适配器</td><td colspan="2">用于 4 通道 D/A 转换</td></tr>
<tr><td>FX3U-4AD-PT-ADP</td><td>4 通道温度传感器适配器</td><td colspan="2">4 点输入，PT100 型</td></tr>
<tr><td>FX3U-4AD-TC-ADP</td><td>4 通道温度传感器适配器</td><td colspan="2">4 点输入，热电偶型</td></tr>
<tr><td>FX3U-4HSX-ADP</td><td>高速输入</td><td>4 点输入，200kHz</td><td rowspan="2">最大可连接 2 台，输出可以控制 4 轴</td></tr>
<tr><td>FX3U-2HSY-ADP</td><td>高速输出</td><td>2 点输出，200kHz</td></tr>
</table>

1.3　三菱 FX2N PLC 的硬件结构

FX2N 系列 PLC 是日本三菱电机推出的小型整体式可编程控制器，其 I/O 端子除了可以作为基本的数字量输入/输出外，还可以适用于多个基本组件间的连接，以实现模拟控制、定

位控制等特殊用途，是一套可以满足多样化需求的 PLC。

1.3.1 基本单元

1. 基本单元的分类及性能

根据输入/输出点数的不同，FX2N 系列 PLC 有 16/32/48/64/80/128 共 6 种型号，如表 1-10 所示；根据 PLC 电源的不同，可以分为 AC 电源输入与 DC 电源输入两种基本类型；根据输出类型，可以分为继电器输出、晶体管输出、双向晶闸管（可控硅）输出 3 种类型。此外，对于 AC 电源型，PLC 还可以使用 AC 输入。FX2N 基本单元的性能如表 1-11 所示。

表 1-10　　FX2N 基本单元

<table>
<tr><th rowspan="2">输入/输出点数</th><th rowspan="2">输入点数</th><th rowspan="2">输出点数</th><th colspan="3">AC 电源 DC24V 输入型</th></tr>
<tr><th>继电器输出</th><th>晶闸管输出</th><th>晶体管输出</th></tr>
<tr><td>16</td><td>8</td><td>8</td><td>FX2N-16MR</td><td>FX2N-16MS</td><td>FX2N-16MT</td></tr>
<tr><td>32</td><td>16</td><td>16</td><td>FX2N-32MR</td><td>FX2N-32MS</td><td>FX2N-32MT</td></tr>
<tr><td>48</td><td>24</td><td>24</td><td>FX2N-48MR</td><td>FX2N-48MS</td><td>FX2N-48MT</td></tr>
<tr><td>64</td><td>32</td><td>32</td><td>FX2N-64MR</td><td>FX2N-64MS</td><td>FX2N-64MT</td></tr>
<tr><td>80</td><td>40</td><td>40</td><td>FX2N-40MR</td><td>FX2N-40MS</td><td>FX2N-40MT</td></tr>
<tr><td>128</td><td>64</td><td>64</td><td>FX2N-128MR</td><td>—</td><td>FX2N-128MT</td></tr>
<tr><th rowspan="2">输入/输出点数</th><th rowspan="2">输入点数</th><th rowspan="2">输出点数</th><th colspan="2">DC 电源 DC24V 输入</th><th rowspan="2">AC 电源 AC 输入，继电器输出</th></tr>
<tr><th>继电器输出</th><th>晶闸管输出</th></tr>
<tr><td>16</td><td>8</td><td>8</td><td>—</td><td>—</td><td>FX2N-16MR-UA1/UL</td></tr>
<tr><td>32</td><td>16</td><td>16</td><td>FX2N-32MR-D</td><td>FX2N-32MT-D</td><td>FX2N-32MR-UA1/UL</td></tr>
<tr><td>48</td><td>24</td><td>24</td><td>FX2N-48MR-D</td><td>FX2N-48MT-D</td><td>FX2N-48MR-UA1/UL</td></tr>
<tr><td>64</td><td>32</td><td>32</td><td>FX2N-64MR-D</td><td>FX2N-64MT-D</td><td>FX2N-64MR-UA1/UL</td></tr>
<tr><td>80</td><td>40</td><td>40</td><td>FX2N-40MR-D</td><td>FX2N-40MT-D</td><td>—</td></tr>
<tr><td>128</td><td>64</td><td>64</td><td>—</td><td>—</td><td></td></tr>
</table>

表 1-11　　FX2N 基本单元的性能

<table>
<tr><td colspan="2">运算控制方式</td><td>重复执行保存的程序的运算方式（专用 LSI）、有中断指令</td></tr>
<tr><td colspan="2">输入输出控制方式</td><td>批次处理方式（END 指令执行时）、但是有输入输出刷新指令、脉冲捕捉功能</td></tr>
<tr><td colspan="2">编程语言</td><td>继电器符号方式+步进梯形图方式（可表现为 SFC）</td></tr>
<tr><td rowspan="4">程序内存</td><td>最大存储器容量</td><td>16000 步（包括注释、文件寄存器，最大 16000 步）</td></tr>
<tr><td>内置存储器容量</td><td>8000 步 RAM（由内置的锂电池支持），有密码保护功能</td></tr>
<tr><td>存储器盒</td><td>RAM 16000 步（也可支持 2000/4000/8000 步）；EPROM 16000 步（也可支持 2000/4000/8000 步）；EEPROM 4000 步（也可支持 2000 步）；EEPROM 8000 步（也可支持 2000/4000 步）；EEPROM 16000 步（也可支持 2000/4000/8000 步）。不可以使用带实时时钟功能的存储器卡盒</td></tr>
<tr><td>RUN 中写入功能</td><td>有（在可编程控制器 RUN 中，可以更改程序）</td></tr>
</table>

续表

<table>
<tr><td>实时时钟</td><td>时钟功能</td><td>内置（不可以使用带实时时钟功能的内存卡盒），1980～2079年（闰年有修正），年份2位/4位可切换，月误差±45秒</td></tr>
<tr><td rowspan="2">指令种类</td><td>顺控、步进梯形图</td><td>顺控指令：27个；步进梯形图指令：2个</td></tr>
<tr><td>应用指令</td><td>132种309个</td></tr>
<tr><td rowspan="2">运算处理速度</td><td>基本指令</td><td>0.08微秒/指令</td></tr>
<tr><td>应用指令</td><td>1.52微秒～数百微秒/指令</td></tr>
<tr><td rowspan="3">输入输出点数</td><td>扩展并用时的输入点数</td><td>X000～X267共184点（8进制编号）</td></tr>
<tr><td>扩展并用时的输出点数</td><td>Y000～Y267共184点（8进制编号）</td></tr>
<tr><td>扩展并用时的合计点数</td><td>256点</td></tr>
<tr><td rowspan="3">辅助继电器</td><td>通用辅助继电器</td><td>500点，M0～M499</td></tr>
<tr><td>锁存辅助继电器</td><td>2572点，M500～M3071</td></tr>
<tr><td>特殊辅助继电器</td><td>256点，M8000～M8255</td></tr>
<tr><td rowspan="2">状态继电器</td><td>初始化状态继电器</td><td>10点，S0～S9</td></tr>
<tr><td>锁存状态继电器</td><td>400点，S500～S899</td></tr>
<tr><td rowspan="3">定时器</td><td>100ms定时器</td><td>206点，T0～T199，T250～T255</td></tr>
<tr><td>10ms定时器</td><td>46点，T200～T245</td></tr>
<tr><td>1ms定时器</td><td>4点，T246～T249</td></tr>
<tr><td rowspan="4">内部计数器</td><td>16位通用加计数器</td><td>100点，C0～C99</td></tr>
<tr><td>16位锁存加计数器</td><td>100点，C100～C199</td></tr>
<tr><td>32位通用加减计数</td><td>20点，C200～C219</td></tr>
<tr><td>32位锁存加减计数</td><td>15点，C220～C234</td></tr>
<tr><td rowspan="4">高速计数器</td><td>1相无起动复位输入</td><td>6点，C235～C240</td></tr>
<tr><td>1相带起动复位输入</td><td>5点，C241～C245</td></tr>
<tr><td>2相双向高速计数器</td><td>5点，C246～C250</td></tr>
<tr><td>A/B相高速计数器</td><td>5点，C251～C255</td></tr>
<tr><td rowspan="5">数据寄存器</td><td>通用数据寄存器</td><td>16位200点，D0～D199</td></tr>
<tr><td>锁存数据寄存器</td><td>16位7800点，D200～D7999</td></tr>
<tr><td>文件寄存器</td><td>7000点，D1000～D7999</td></tr>
<tr><td>特殊寄存器</td><td>16位256点，D8000～D8255</td></tr>
<tr><td>变址寄存器</td><td>16位16点，V0～V7和Z0～Z7</td></tr>
<tr><td rowspan="2">指针</td><td>跳转和子程序调用</td><td>128点，P0～P127</td></tr>
<tr><td>中断用</td><td>6点输入中断（I00□～I30□），3点定时中断（I6☆☆～I8☆☆）6点计数器中断</td></tr>
<tr><td colspan="2">使用MC和MCR的嵌套层数</td><td>8层，N0～N7</td></tr>
</table>

续表

常数	十进制（K）	16 位：−32768～+32767，32 位：−2147483648～+2147483647
	十六进制（H）	16 位：0～FFFF，32 位：0～FFFFFFFF
	浮点数	32 位：$\pm1.175\times10^{-38}$～$\pm3.403\times10^{38}$

注：表中☆表示 ms。

2. 达式基本单元的 I/O

三菱 FX2N PLC 基本单元的 I/O 包括输入端子和输出端子。FX2N PLC 类型不同，其 I/O 端子也不尽相同。

（1）输入端子及其器件的连接

PLC 的输入端子主要连接开关、按钮及各种传感器的输入信号。FX2N 系列 PLC 基本单元的输入规格如表 1-12 所示，表中 X□□0、X□□7 表示 X010、X020、X030、X007、X017、X027、X037 等。

表 1-12　FX2N PLC 基本单元的输入规格

机型	AC 电源、DC 输入型	DC 电源、DC 输入型	AC 电源、AC 输入型
输入回路构成	PLC 24+ 传感器用供给电源 24V COM X□□0 3.3kΩ X□□7 3.3kΩ	PLC 24V ⊕ ⊖ COM X□□0 3.3kΩ X□□7 3.3kΩ	PLC COM X□□0 X□□7
输入信号电压	DC 24V±10%		AC 100～120V
输入信号电流	7mA/DC 24V（X010 以后为 5mA/DC 24V）		6.2mA/AC 110V 60Hz
输入 ON 电流	4.5mA 以上（X010 以后为 3.5mA/DC 24V）		3.8mA 以上
输入 OFF 电流	1.5mA 以下		1.7mA 以下
输入信号	触点输入或者 NPN 晶体管		触点输入
回路绝缘	光耦合器隔离		光耦合器隔离

AC 电源、DC 输入型 FX2N PLC 基本单元的输入端子如图 1-16 所示，其输入端子与输入器件的连接如图 1-17 所示。

⏚	•	COM	X0	X2	X4	X6	•	•	•
L	N	•	24+	X1	X3	X5	X7	•	•

(a) FX2N-16MR、FX2N-16MS 的输入端子

⏚	•	COM	X0	X2	X4	X6	X10	X12	X14	X16	•
L	N	•	24+	X1	X3	X5	X7	X11	X13	X15	X17

(b) FX2N-32MR、FX2N-32MS、FX2N-32MT 的输入端子

⏚	•	COM	X0	X2	X4	X6	X10	X12	X14	X16	X20	X22	X24	X26	•
L	N	•	24+	X1	X3	X5	X7	X11	X13	X15	X17	X21	X23	X25	X27

(c) FX2N-48MR、FX2N-48MS、FX2N-48MT 的输入端子

⏚	•	COM	COM	X0	X2	X4	X6	X10	X12	X14	X16	X20	X22	X24	X26	X30	X32	X34	X36	•
L	N	•	24+	24+	X1	X3	X5	X7	X11	X13	X15	X17	X21	X23	X25	X27	X31	X33	X35	X37

(d) FX2N-64MR、FX2N-64MS、FX2N-64MT 的输入端子

⏚	•	COM	COM	X0	X2	X4	X6	X10	X12	X14	X16
L	N	•	24+	24+	X1	X3	X5	X7	X11	X13	X15

•	X20	X22	X24	X26	•	X30	X32	X34	X36	•	X40	X42	X44	X46	•
X17	•	X21	X23	X25	X27	•	X31	X33	X35	X37	•	X41	X43	X45	X47

(e) FX2N-80MR、FX2N-80MS、FX2N-80MT 的输入端子

⏚	•	COM	COM	X0	X2	X4	X6	X10	X12	X14	X16	X20	X22	X24	X26
L	N	•	24+	24+	X1	X3	X5	X7	X11	X13	X15	X17	X21	X23	X25

X30	X32	X34	X36	X40	X42	X44	X46	X50	X52	X54	X56	X60	X62	X64	X66	X70	X72	X74	X76	•
X27	X31	X33	X35	X37	X41	X43	X45	X47	X51	X53	X55	X57	X61	X63	X65	X67	X71	X73	X75	X77

(f) FX2N-128MR、FX2N-128MS 的输入端子

图 1-16 AC 电源、DC 输入型 FX2N 系列 PLC 基本单元的输入端子

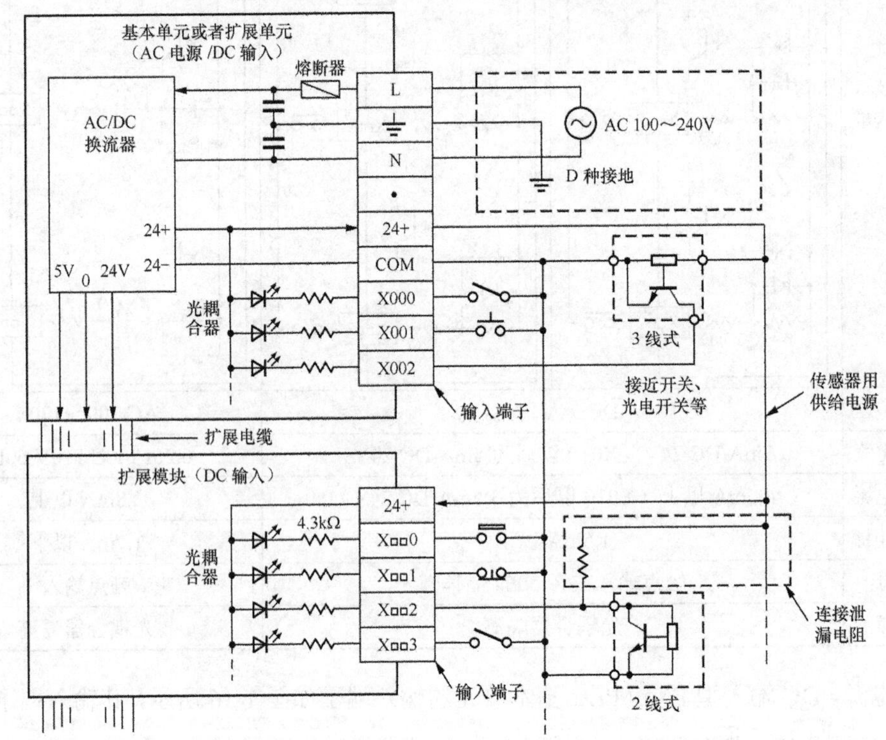

图 1-17 AC 电源、DC 输入型的输入端子与输入器件的连接

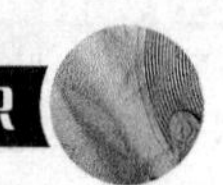

DC 电源、DC 输入型 FX2N PLC 基本单元的输入端子如图 1-18 所示，其输入端子与输入器件的连接如图 1-19 所示。基本单元上连接器的扩展模块的输入，应将其连接到基本单元的 COM 端子，而扩展单元上连接的扩展模块的输入，应将其连接到扩展单元的 COM 端子。

⏚	·	COM	X0	X2	X4	X6	X10	X12	X14	X16	·
○	○	·	24+	X1	X3	X5	X7	X11	X13	X15	X17

(a) FX2N-32MR-D、FX2N-32MT-D的输入端子

⏚	·	COM	X0	X2	X4	X6	X10	X12	X14	X16	X20	X22	X24	X26	·
○	○	·	24+	X1	X3	X5	X7	X11	X13	X15	X17	X21	X23	X25	X27

(b) FX2N-48MR-D、FX2N-48MT-D的输入端子

⏚	·	COM	COM	X0	X2	X4	X6	X10	X12	X14	X16	X20	X22	X24	X26	X30	X32	X34	X36	·
○	○	·	24+	24+	X1	X3	X5	X7	X11	X13	X15	X17	X21	X23	X25	X27	X31	X33	X35	X37

(c) FX2N-64MR-D、FX2N-64MT-D的输入端子

⏚	·	COM	COM	X0	X2	X4	X6	X10	X12	X14	X16	·	X20	X22	X24	X26	·	X30	X32	X34	X36	·	X40	X42	X44	X46	·
○	○	·	24+	24+	X1	X3	X5	X7	X11	X13	X15	X17	·	X21	X23	X25	X27	·	X31	X33	X35	X37	·	X41	X43	X45	X47

(d) FX2N-80MR-D、FX2N-80MT-D的输入端子

图 1-18　DC 电源、DC 输入型 FX2N 系列 PLC 基本单元的输入端子

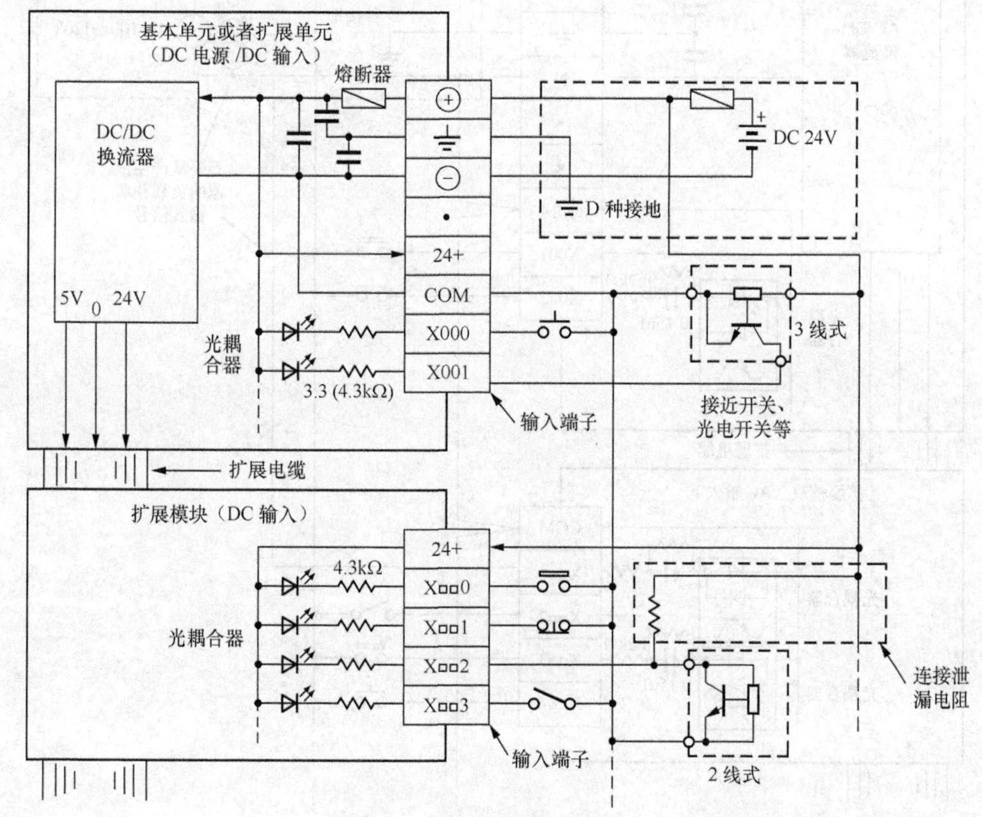

图 1-19　AC 电源、DC 输入型的输入端子与输入器件的连接

AC 电源、AC 输入型 FX2N 系列 PLC 基本单元的输入端子如图 1-20 所示，其输入端子与输入器件的连接如图 1-21 所示。

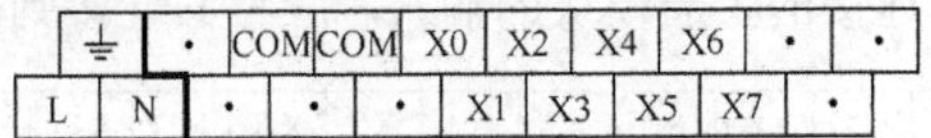

(a) FX2N-16MR-UA1/UL的输入端子

⏚	·	COM	COM	X0	X2	X4	X6	·	·	X10	X12	X14	X16	·	·
L	N	·	·	·	X1	X3	X5	X7	·	·	X11	X13	X15	X17	·

(b) FX2N-32MR-UA1/UL的输入端子

⏚	·	COM	COM	X0	X2	X4	X6	·	·	X10	X12	X14	X16	·	·	X20	X22	X24	X26	·
L	N	·	·	·	X1	X3	X5	X7	·	·	X11	X13	X15	X17	·	·	X21	X23	X25	X27

(c) FX2N-48MR-UA1/UL的输入端子

⏚	·	·	COM	COM	X0	X2	X4	X6	·	X10	X12	X14	X16	·	·	·	X20	X22	X24	X26	·	·	X30	X32	X34	X36	·
L	N	·	·	·	·	X1	X3	X5	X7	·	X11	X13	X15	X17	·	·	·	X21	X23	X25	X27	·	·	X31	X33	X35	X37

(d) FX2N-64MR-UA1/UL的输入端子

图 1-20　AC 电源、AC 输入型 FX2N 系列 PLC 基本单元的输入端子

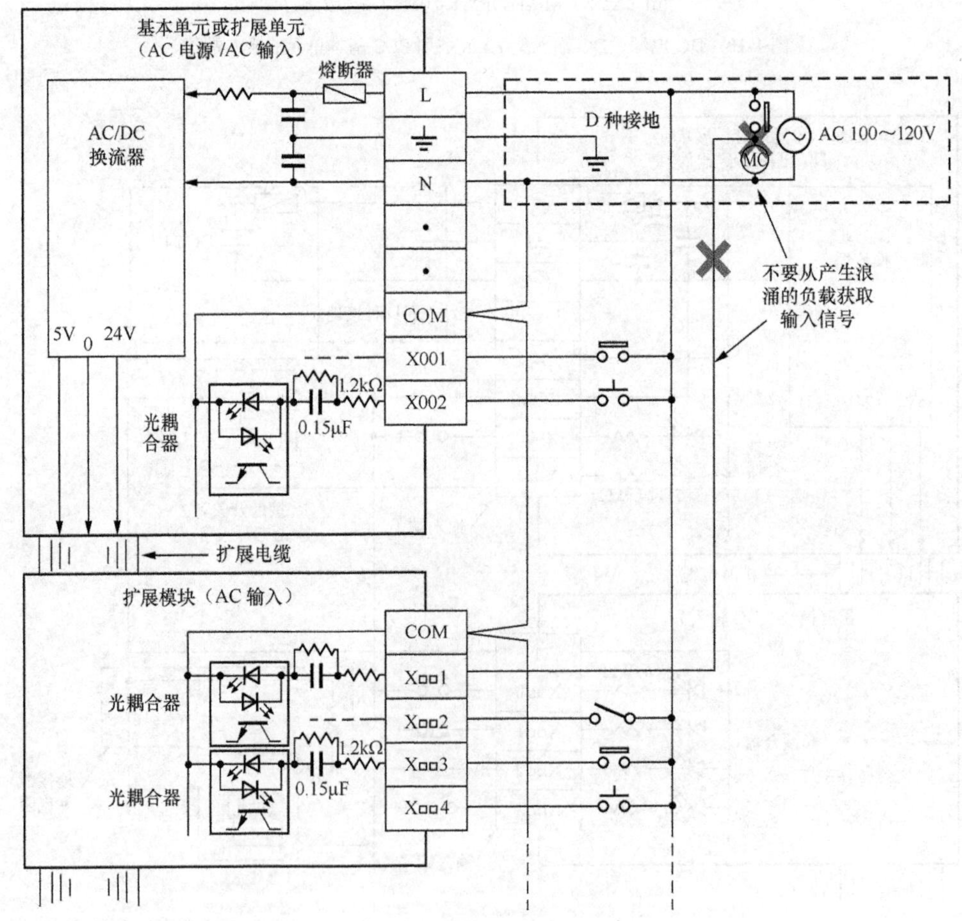

图 1-21　AC 电源、DC 输入型的输入端子与输入器件的连接

（2）输出端子

PLC 的输出端子连接的器件主要是继电器、接触器、电磁阀的线圈。这些器件均采用 PLC 机外的专用电源供电，PLC 内部只是提供一组开关接点。FX2N 系列 PLC 基本单元的输出规格如表 1-13 所示。

表 1-13　　FX2N 系列 PLC 基本单元的输出规格

机型		继电器输出	晶闸管输出	晶体管输出
输出回路构成		负载 外部电源 PLC	0.015μF 36Ω 大电流模块时 0.022μF 47Ω 负载 外部电源 PLC	负载 外部电源 PLC
外部电源		AC250V，DC30V 以下	AC85～242V	DC5～30V
回路绝缘		机械隔离	光电闸流管隔离	光耦合器隔离
最大负载	电阻	2A/1 点 8A/4 点 COM 8A/8 点 COM	0.3A/1 点 0.8A/4 点 COM 0.8A/8 点 COM	① 0.5A/1 点；0.8A/4 点；1.6A/8 点（Y000、Y001 为 0.3A/1 点） ② 0.5A/1 点；0.8A/4 点；1.6A/8 点 ③ 0.3A/1 点；1.6A/16 点 ④ 1A/1 点；2A/4 点
	感性	80W	15W/AC100V 30W/AC200V	① 12W/DC24V（Y000、Y001 为 7.2W/DC24V） ② 12W/DC24V ③ 7.2W/DC24V ④ 24W/DC24V
	负载灯	100W	30W	① 1.5W/DC24V（Y000、Y001 为 0.9W/DC24V） ② 1.5W/DC24V ③ 1W/DC24V ④ 3W/DC24V

AC 电源、DC 输入型 FX2N 系列 PLC 基本单元的输出端子如图 1-22 所示，对于 16 点型继电器及晶闸管输出（FX2N-16MR、FX2N-16MT），每个点是独立的。FX2N PLC 基本单元的继电器输出端子与负载的连接如图 1-23 所示。连接直流性电感负载时，应并联耐反向电压为负载电压 5～10 倍以上、正向电流超过负载电流的续流二极管。如果没有续流二极管，会显示降低触点的寿命。连接交流性电感负载时，应设置与负载并联的浪涌吸收器，以减少噪音的发生。若连接同时置 ON 会有危险的正反转用接触器负载，除了用程序在 PLC 中做互锁以外，还应在 PLC 的外部进行互锁。

· Y0 Y1 Y2 Y3 Y4 Y5 Y6 Y7 ·
· Y0 Y1 Y2 Y3 Y4 Y5 Y6 Y7 ·

(a) FX2N-16MR、FX2N-16MS 的输出端子

· Y0 Y1 Y2 Y3 Y4 Y5 Y6 Y7 ·
· COM0 COM1 COM2 COM3 COM4 COM5 COM6 COM7 ·

(b) FX2N-16MT 的输出端子

Y0 Y2 · Y4 Y6 · Y10 Y12 · Y14 Y16 ·
COM1 Y1 Y3 COM2 Y5 Y7 COM3 Y11 Y13 COM4 Y15 Y17

(c) FX2N-32MR、FX2N-32MS、FX2N-32MT 的输出端子

Y0 Y2 · Y4 Y6 · Y10 Y12 · Y14 Y16 Y20 Y22 Y24 Y26 COM5
COM1 Y1 Y3 COM2 Y5 Y7 COM3 Y11 Y13 COM4 Y15 Y17 Y21 Y23 Y25 Y27

(d) FX2N-48MR、FX2N-48MS、FX2N-48MT 的输出端子

Y0 Y2 · Y4 Y6 · Y10 Y12 · Y14 Y16 · Y20 Y22 Y24 Y26 Y30 Y32 Y34 Y36 COM6
COM1 Y1 Y3 COM2 Y5 Y7 COM3 Y11 Y13 COM4 Y15 Y17 COM5 Y21 Y23 Y25 Y27 Y31 Y33 Y35 Y37

(e) FX2N-64MR、FX2N-64MS、FX2N-64MT 的输出端子

Y0 Y2 · Y4 Y6 · Y10 Y12 · Y14 Y16 · | Y20 Y22 Y24 Y26 · · Y30 Y32 Y34 Y36 · Y40 Y42 Y44 Y46 ·
COM1 Y1 Y3 COM2 Y5 Y7 COM3 Y11 Y13 COM4 Y15 Y17 | COM5 Y21 Y23 Y25 Y27 · COM6 Y31 Y33 Y35 Y37 COM7 Y41 Y43 Y45 Y47

(f) FX2N-80MR、FX2N-80MS、FX2N-80MT 的输出端子

(g) FX2N-128MR、FX2N-80MT 的输入端子

图 1-22　AC 电源、DC 输入型 FX2N 系列 PLC 基本单元的输出端子

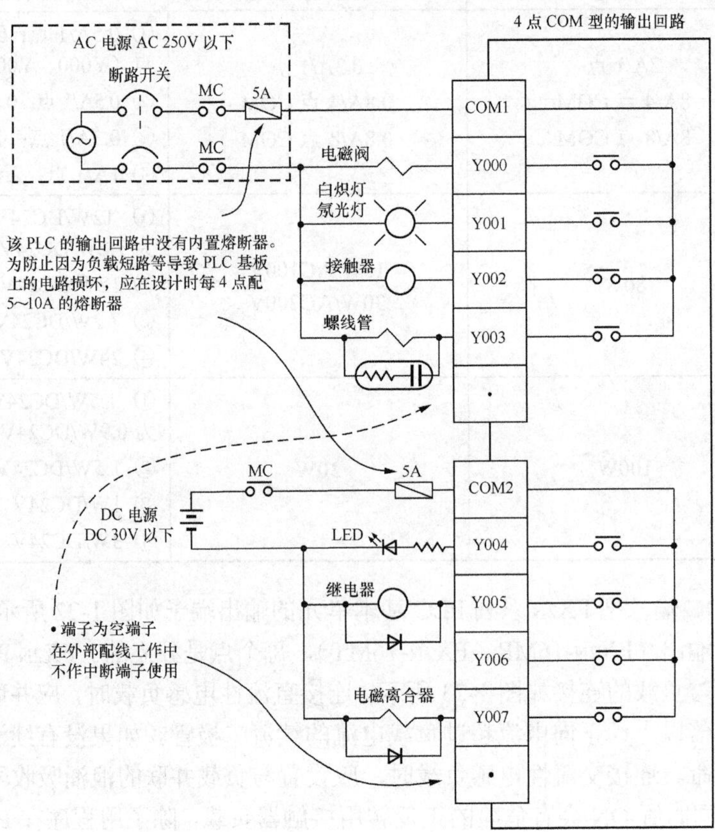

图 1-23　FX2N 系列 PLC 基本单元继电器输出端子与负载的连接

DC 电源、DC 输入型 FX2N 系列 PLC 基本单元的输出端子如图 1-24 所示。FX2N 系列 PLC 基本单元的晶闸管输出端子与负载的连接如图 1-25 所示，若连接氖光灯或者 0.4V/AC 100V、1.6V/AC 200V 以下的微电流负载，应并联浪涌吸收器。

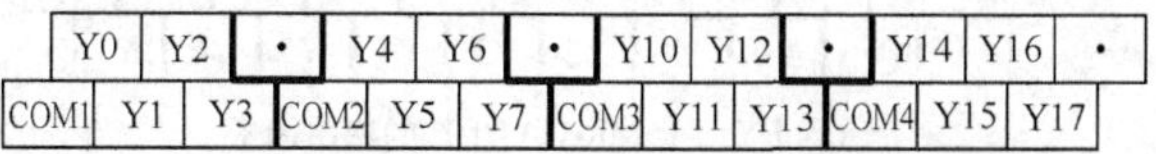

Y0	Y2	•	Y4	Y6	•	Y10	Y12	•	Y14	Y16	•
COM1	Y1	Y3	COM2	Y5	Y7	COM3	Y11	Y13	COM4	Y15	Y17

(a) FX2N-32MR-D、FX2N-32MT-D 的输出端子

Y0	Y2	•	Y4	Y6	•	Y10	Y12	•	Y14	Y16	Y20	Y22	Y24	Y26	COM5
COM1	Y1	Y3	COM2	Y5	Y7	COM3	Y11	Y13	COM4	Y15	Y17	Y21	Y23	Y25	Y27

(b) FX2N-48MR-D、FX2N-48MT-D 的输出端子

Y0	Y2	•	Y4	Y6	•	Y10	Y12	•	Y14	Y16	•	Y20	Y22	Y24	Y26	Y30	Y32	Y34	Y36	COM6
COM1	Y1	Y3	COM2	Y5	Y7	COM3	Y11	Y13	COM4	Y15	Y17	COM5	Y21	Y23	Y25	Y27	Y31	Y33	Y35	Y37

(c) FX2N-64MR-D、FX2N-64MT-D 的输出端子

Y0	Y2	•	Y4	Y6	•	Y10	Y12	•	Y14	Y16	•
COM1	Y1	Y3	COM2	Y5	Y7	COM3	Y11	Y13	COM4	Y15	Y17

Y20	Y22	Y24	Y26	•	•	Y30	Y32	Y34	Y36	•	Y40	Y42	Y44	Y46	•
COM5	Y21	Y23	Y25	Y27	•	COM6	Y31	Y33	Y35	Y37	COM7	Y41	Y43	Y45	Y47

(d) FX2N-80MR-D、FX2N-80MT-D 的输出端子

图 1-24　DC 电源、DC 输入型 FX2N 系列 PLC 基本单元的输出端子

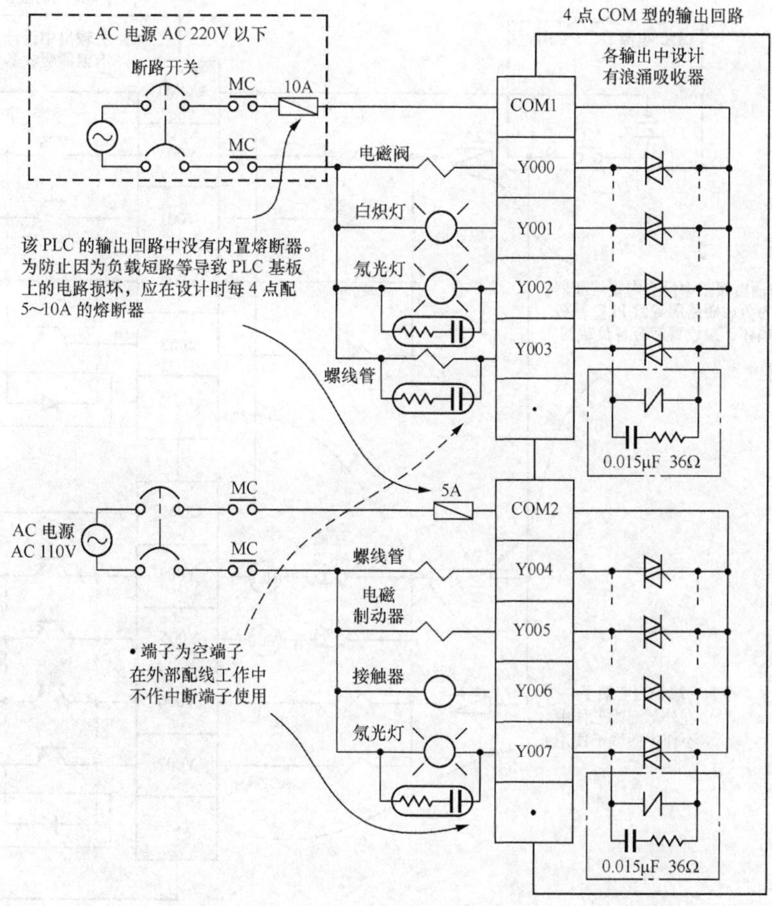

图 1-25　FX2N 系列 PLC 基本单元晶闸管输出端子与负载的连接

AC 电源、AC 输入型 FX2N 系列 PLC 基本单元的输出端子如图 1-26 所示。FX2N 系列 PLC 基本单元的晶体管输出端子与负载的连接如图 1-27 所示。

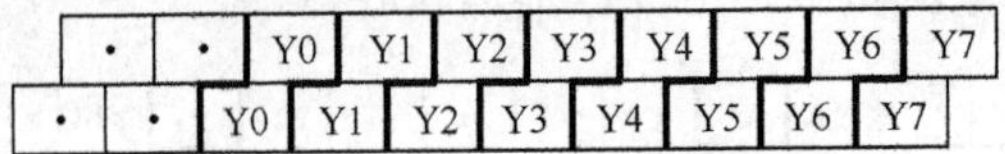

(a) FX2N-16MR-UA1/UL 的输出端子

(b) FX2N-32MR-UA1/UL 的输出端子

(c) FX2N-48MR-UA1/UL 的输出端子

(d) FX2N-64MR-UA1/UL 的输出端子

图 1-26　AC 电源、AC 输入型 FX2N 系列 PLC 基本单元的输出端子

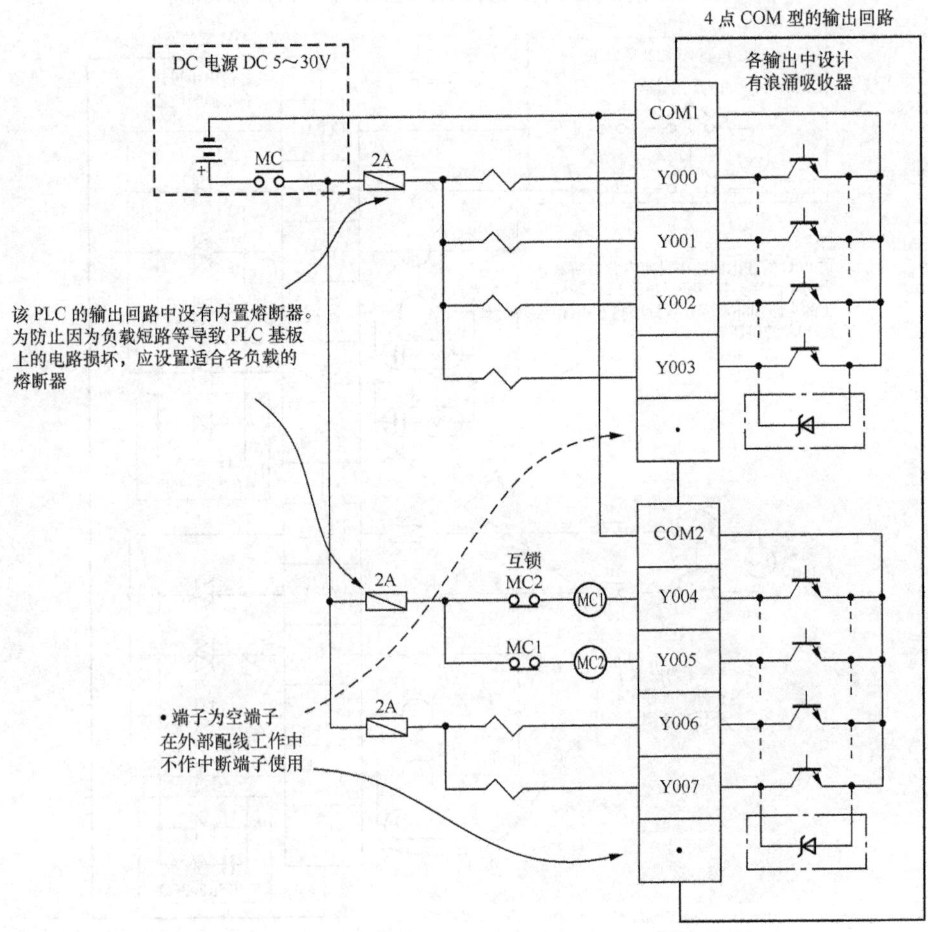

图 1-27　FX2N PLC 基本单元晶体管输出端子与负载的连接

1.3.2 I/O 扩展单元

所谓 I/O（Input/Output，即输入/输出）扩展单元是指单元本身带有内部电源的 I/O 扩展组件，用于增加 I/O 点数的装置。I/O 扩展单元无 CPU，必须与基本单元一起使用。三菱 FX2N PLC 的基本单元可以连接的 I/O 扩展单元不能超过 8 台。

1．I/O 扩展单元规格及外形结构

FX2N I/O 扩展单元有 32 点和 48 点输入/输出扩展 2 种基本规格，如表 1-14 所示。其中，48 点 I/O 扩展单元可以使用 AC 电源或 DC 电源输入，32 点 I/O 扩展单元一般只能使用 AC 电源输入。I/O 扩展单元的输出有继电器输出、晶体管输出、晶闸管输出 3 种类型。

表 1-14　　FX2N I/O 扩展单元

<table>
<tr><th rowspan="2">输入/输出点数</th><th rowspan="2">输入点数</th><th rowspan="2">输出点数</th><th colspan="3">AC 电源 DC24V 输入型</th></tr>
<tr><th>继电器输出</th><th>晶闸管输出</th><th>晶体管输出</th></tr>
<tr><td>32</td><td>16</td><td>16</td><td>FX2N-32ER</td><td>FX2N-32ES</td><td>FX2N-32ET</td></tr>
<tr><td>48</td><td>24</td><td>24</td><td>FX2N-48ER</td><td>-</td><td>FX2N-48ET</td></tr>
<tr><th rowspan="2">输入/输出点数</th><th rowspan="2">输入点数</th><th rowspan="2">输出点数</th><th colspan="2">DC 电源 DC24V 输入</th><th rowspan="2">AC 电源 AC 输入，继电器输出</th></tr>
<tr><th>继电器输出</th><th>晶闸管输出</th></tr>
<tr><td>32</td><td>16</td><td>16</td><td>-</td><td>-</td><td>-</td></tr>
<tr><td>48</td><td>24</td><td>24</td><td>FX2N-48ER-D</td><td>FX2N-48ET-D</td><td>FX2N-48ER-UA1/UL</td></tr>
</table>

FX2N 系列 PLC 的 I/O 扩展单元由外部端子部分和指示部分等组成，其外形结构如图 1-28 所示。

（1）外部端子部分。外部端子包括 PLC 电源端子（L、N、⏚）、直流 24V 电源端子（24+、COM）、输入端子（X）、输出端子（Y）等。

（2）指示部分。指示部分包括各 I/O 点的状态指示、PLC 电源（POWER）指示。

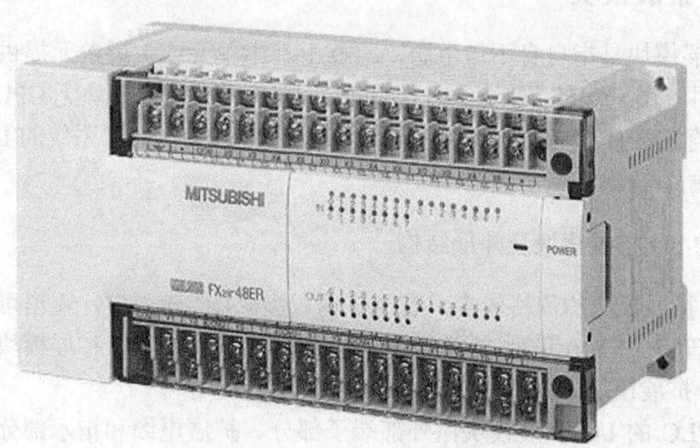

图 1-28　三菱 FX2N I/O 扩展单元外形图

2. I/O 扩展单元的输入与输出

（1）输入端子

FX2N I/O 扩展单元的输入规格与 FX2N PLC 基本单元的输入规格相同，FX2N I/O 扩展单元的输入端子如图 1-29 所示。

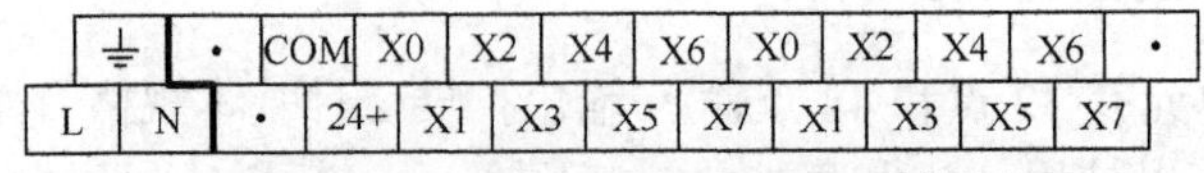

(a) FX2N-32ER、FX2N-32ES、FX2N-32ET 的输入端子

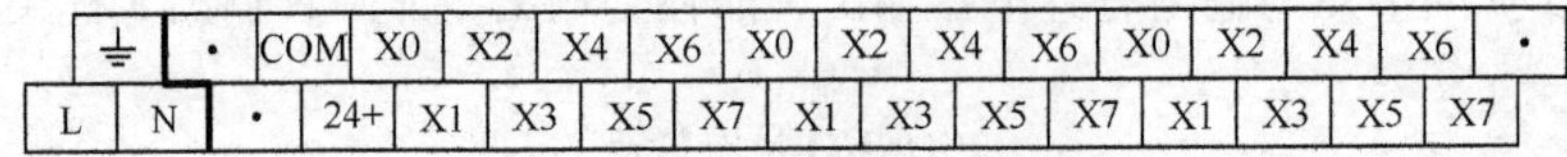

(b) FX2N-48ER、FX2N-48ET 的输入端子

图 1-29　FX2N I/O 扩展单元的输入端子

（2）输出端子

FX2N I/O 扩展单元的输出规格与 FX2N PLC 基本单元的输出规格相同，FX2N I/O 扩展单元的输出端子如图 1-30 所示。

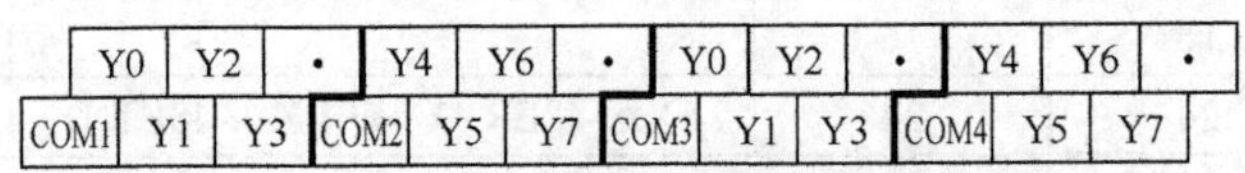

(a) FX2N-32ER、FX2N-32ES、FX2N-32ET 的输出端子

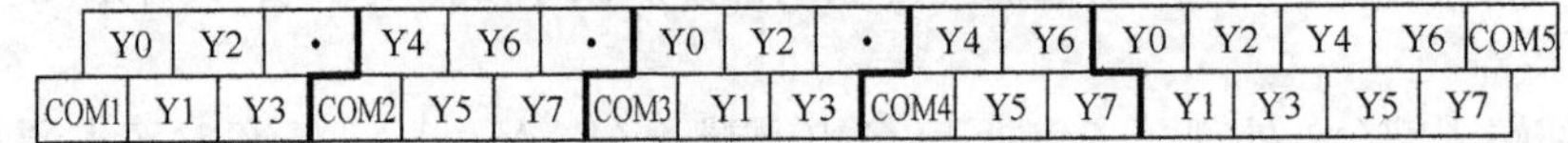

(b) FX2N-48ER、FX2N-48ET 的输出端子

图 1-30　FX2N I/O 扩展单元的输出端子

1.3.3　I/O 扩展模块

所谓 I/O 扩展模块是指自身不带电源，需要由基本单元或扩展单元提供模块内部控制电源的 I/O 扩展组件，用来增加 I/O 点数及改变 I/O 比例。I/O 扩展模块无 CPU，必须与基本单元一起使用。三菱 FX2N PLC 选择 I/O 扩展单元或扩展模块时，PLC 系统的 I/O 总数不能超过 256 点，且最大输入/输出点数不超过 184 点。

1. 可使用的 I/O 扩展模块及外形结构

FX2N 的 I/O 扩展模块的规格较多，有 AC 输入型、DC 输入型，输出可以是继电器、晶体管、双向晶闸管等。FX2N 系列 PLC 除了可以使用本系列的 I/O 扩展模块外，还可以使用部分 FX0N 的 I/O 扩展模块，如表 1-15 所示。

FX2N 系列 PLC 的 I/O 扩展模块由外部端子部分、扩展电缆和指示部分等组成，其外形结构如图 1-31 所示。

表 1-15　**FX2N 系列 PLC 可使用的 I/O 扩展模块**

型号		模块名称	扩展功能说明
FX0N I/O 扩展模块	FX0N-8ER	4 输入/4 输出扩展模块	4 点 DC 24V 输入/4 点继电器输出
	FX0N-8EX	8 点 DC 24V 输入扩展模块	8 点 DC 24V 输入
	FX0N-8EX-UA1/UL	8 点 AC100V 输入扩展模块	8 点 AC100V 输入
	FX0N-8EYR	8 点继电器输出扩展模块	8 点继电器输出
	FX0N-8EYT	8 点晶体管输出扩展模块	8 点晶体管输出
	FX0N-8EYT-H	8 点晶体管输出扩展模块	8 点晶体管输出
	FX0N-16EX	16 点 DC 24V 输入扩展模块	16 点 DC 24V 输入
	FX0N-16EYR	16 点继电器输出扩展模块	16 点继电器输出
	FX0N-16EYT	16 点晶体管输出扩展模块	16 点晶体管输出
FX2N I/O 扩展模块	FX2N-8ER	4 输入/4 输出扩展模块	4 点 DC 24V 输入/4 点继电器输出
	FX2N-8EX	8 点 DC 24V 输入扩展模块	8 点 DC 24V 输入
	FX2N-8EX-UA1/UL	8 点 AC100V 输入扩展模块	8 点 AC100V 输入
	FX2N-8EYR	8 点继电器输出扩展模块	8 点继电器输出
	FX2N-8EYT	8 点晶体管输出扩展模块	8 点晶体管输出
	FX2N-8EYT-H	8 点晶体管输出扩展模块	8 点晶体管输出
	FX2N-16EX	16 点 DC 24V 输入扩展模块	16 点 DC 24V 输入
	FX2N-16EYR	16 点继电器输出扩展模块	16 点继电器输出
	FX2N-16EYT	16 点晶体管输出扩展模块	16 点晶体管输出
	FX2N-16EYS	16 点晶闸管输出扩展模块	16 点双向晶闸管输出
	FX2N-16EXL	16 点 DC 5V 输入扩展模块	16 点 DC 5V 输入
	FX2N-16EX-C	16 点 DC 24V 输入扩展模块	16 点 DC 24V 输入
	FX2N-16EXL-C	16 点 DC 5V 输入扩展模块	16 点 DC 5V 输入
	FX2N-16EYT-C	16 点晶体管输出扩展模块	16 点 DC 5V 晶体管输出

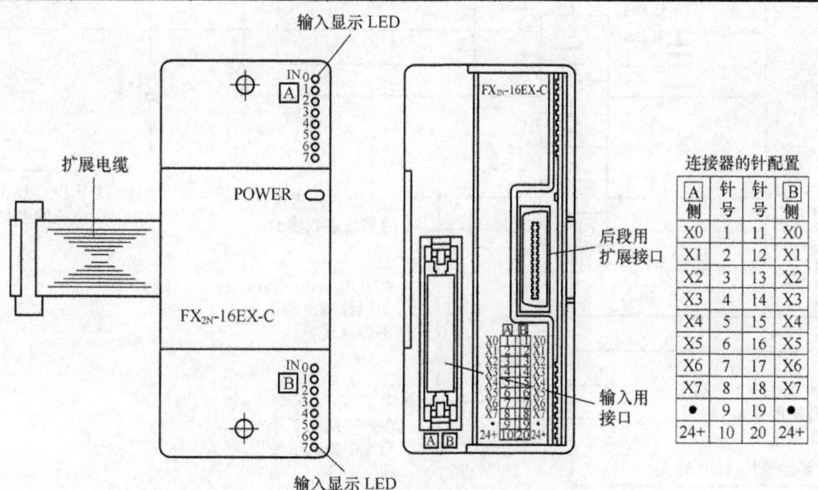

A侧	针号	针号	B侧
X0	1	11	X0
X1	2	12	X1
X2	3	13	X2
X3	4	14	X3
X4	5	15	X4
X5	6	16	X5
X6	7	17	X6
X7	8	18	X7
•	9	19	•
24+	10	20	24+

图 1-31　三菱 FX2N I/O 扩展模块外形图

2. I/O 扩展单元（模块）的电源配线

I/O 扩展单元本身带有内部电源，而 I/O 扩展模块本身不带内部电源，这两者必须与 FX2N PLC 基本单元配合才能使用。由于 FX2N PLC 基本单元的供电通常有 AC 电源输入与 DC 电源输入两种情况，所以 I/O 扩展单元（模块）与 FX2N PLC 基本单元连接时，应注意其电源配线方式。

图 1-32 所示为 FX2N PLC 基本单元接有 I/O 扩展单元（模块）时，AC 电源、DC 输入的配线情况；图 1-33 所示为 FX2N PLC 基本单元接有 I/O 扩展单元（模块）时，DC 电源、DC 输入的配线情况；图 1-34 所示为 FX2N PLC 基本单元接有 I/O 扩展单元（模块）时，AC 电源、AC 输入的配线情况。图 1-32、图 1-33 中的扩展模块所需的 24V 电源由基本单元或由带有内部电源的扩展单元提供。图 1-34 所示 AC 电源、AC 输入型的基本单元以及扩展单元没有内置 DC 24V 电源，因此连接 DC 输入型的扩展模块时，需要对其进行外部供电。

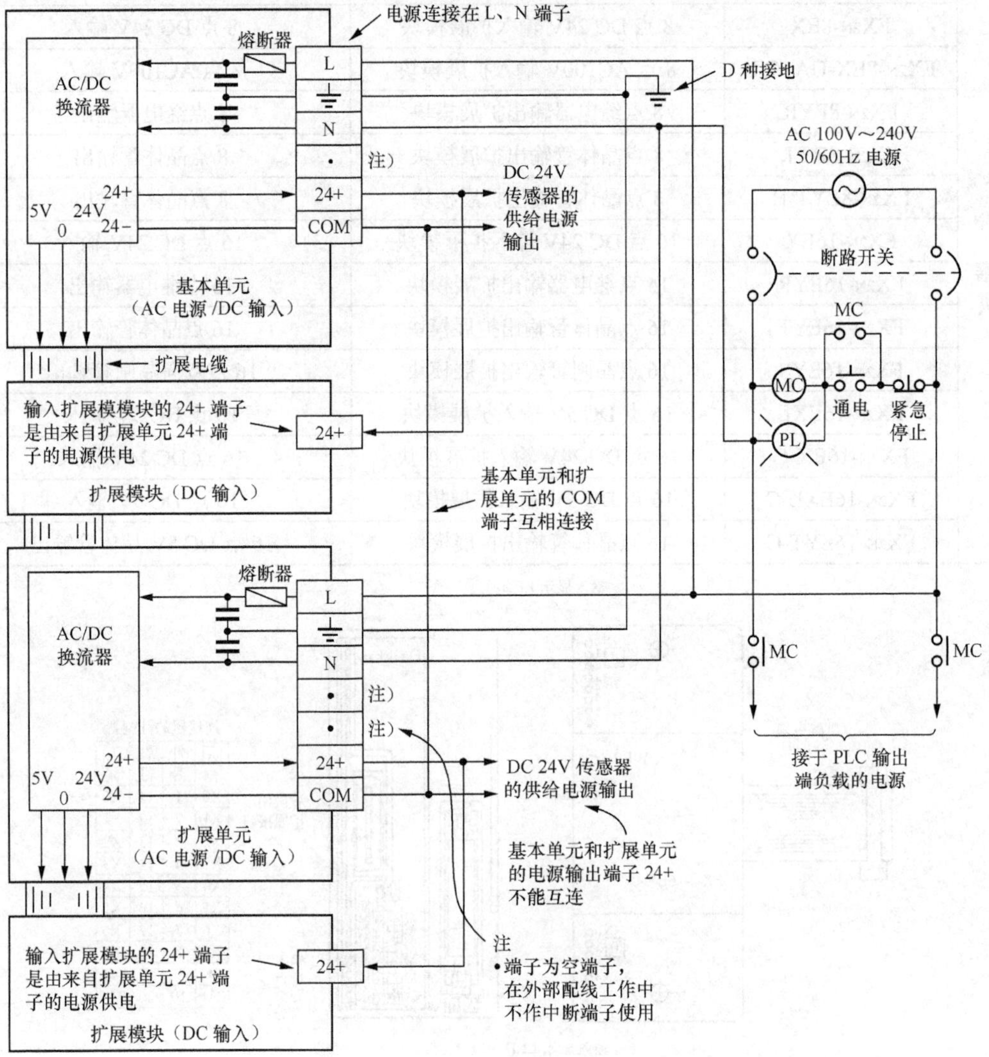

图 1-32　AC 电源、DC 输入型电源的配线

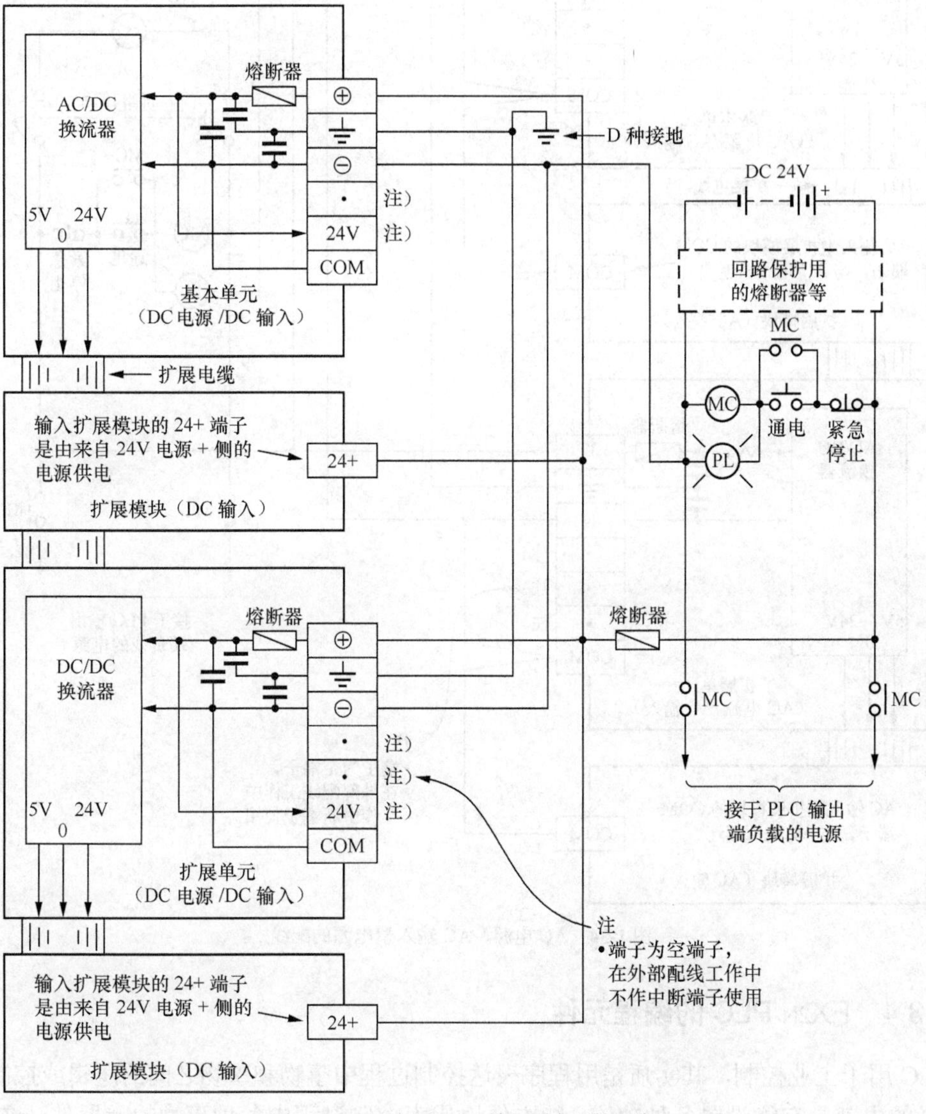

图 1-33 DC 电源、DC 输入型电源的配线

FX2N PLC 基本单元接有 I/O 扩展单元（模块）时，基本单元和扩展模块最好使用同一电源。若使用外部电源，扩展模块应与基本单元同时通电，或者比基本单元先通电。切断电源时，确认整个系统的安全性后，同时断开 PLC 的电源。

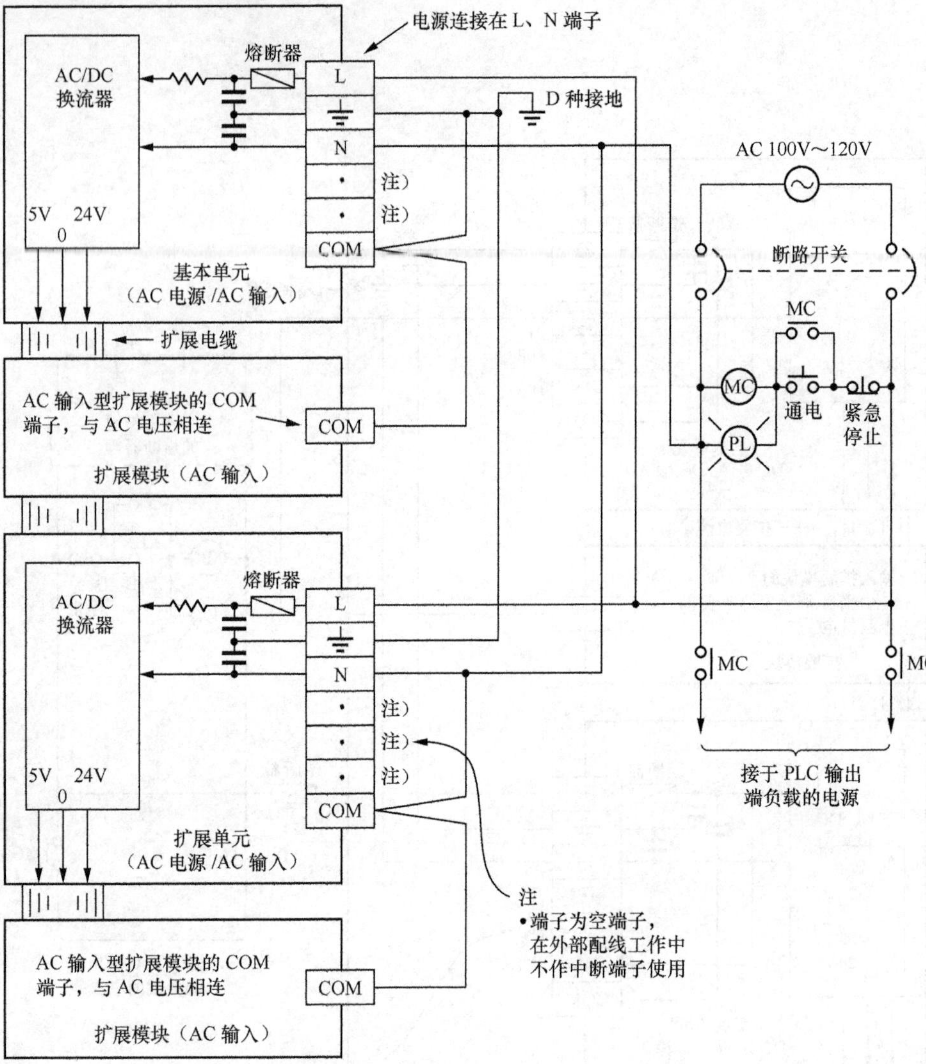

电源连接在 L、N 端子
熔断器
AC/DC
换流器
L
D 种接地
N
注）
注）
COM
5V 24V
0
基本单元
（AC 电源 /AC 输入）
扩展电缆
AC 输入型扩展模块的 COM
端子，与 AC 电压相连
COM
扩展模块（AC 输入）
AC 100V～120V
断路开关
MC
通电
紧急
停止
PL
熔断器
AC/DC
换流器
L
N
注）
注）
注）
COM
5V 24V
0
扩展单元
（AC 电源 /AC 输入）
MC
MC
接于 PLC 输出
端负载的电源
注
•端子为空端子，
在外部配线工作中
不作中断端子使用
AC 输入型扩展模块的 COM
端子，与 AC 电压相连
COM
扩展模块（AC 输入）

图 1-34　AC 电源、AC 输入型电源的配线

1.3.4　FX2N PLC 的编程元件

PLC 用于工业控制，其实质是用程序表达控制过程中事物和事物之间的逻辑或控制关系。在 PLC 的内部具有能设置各种功能、能方便地代表控制过程中各种事物的元器件，这些元器件就是编程元件。

PLC 的编程元件从物理实质上来说，它们是电子电路及存储器，考虑到工程技术人员的习惯，常用继电器电路中类似器件名称命名，称为输入继电器 X、输出继电器 Y、辅助继电器 M、定时器 T、计数器 C、状态继电器 C 等。为了区别于通常的硬器件，人们将这些编程元件又称为“软元件”或“软继电器”等。

三菱 FX 系列 PLC 编程元件的名称由字母和数字组成，它们分别表示元件的类型和元件号。编程元件有 3 种类型。

第一种为位元件，PLC 中的输入继电器 X、输出继电器 Y、辅助继电器 M 和状态寄存器

S 都是位元件。存储单元中的一位表示一个继电器，其值为 0 或 1，0 表示继电器失电；1 表示继电器得电。

第二种为字元件，最典型的字元件为数据寄存器 D，一个数据寄存器可以存放 16 位二进制数，两个数据寄存器可以存放 32 位二进制数，在 PLC 控制中用于数据处理。定时器 T 和计数器 C 也可以作为数据寄存器来使用。

第三种为位与字混合元件，如定时器 T 和计数器 C，它们的线圈和接点是位元件，它们的设定值寄存器和当前值寄存器为字元件。

1. 继电器类编程元件

继电器类的编程元件主要包括输入继电器 X、输出继电器 Y、辅助继电器 M 和状态继电器 S。

（1）输入继电器 X 和输出继电器 Y

输入继电器 X 是 PLC 中用来专门存储系统输入信号的内部虚拟继电器。它又被称为输入的映像区，它可以有无数个常开触点和常闭触点，在 PLC 编程中可以随意使用。PLC 输入接口的一个接线点对应一个输入继电器 X，它是 PLC 接收外部信号的窗口。PLC 通过光耦合器，将外部信号的状态读入并存储在输入映像寄存器内。在梯形图和指令表中都不能看到和使用输入继电器的线圈，只能看到和使用其常开或常闭触点。当外部输入电路接通时，对应的映像寄存器为 ON，表示该输入继电器常开触点闭合，常闭触点断开。输入继电器 X 的状态不能用程序驱动，只能用输入信号驱动。

输出继电器 Y 是 PLC 中专门用来将运算结果信号经输出接口电路及输出端子送达并控制外部负载的虚拟继电器。PLC 输出接口的一个接线点对应一个输出继电器 Y，输出继电器是 PLC 向外部负载发送信号的窗口。输出继电器将 PLC 输出的信号送给输出模块，再由输出模块驱动外部负载。输出继电器是唯一具有外部触点的继电器。输出继电器的内部常开、常闭触点可以作为其他元件的工作条件，并可以无限制地使用。

三菱 FX 系列 PLC 的输入继电器和输出继电器元件由字母和八进制数字表示，其编号与接线端子的编号一致。输入继电器的编号为 X000～X007、X010～X017、X020～X027……输出继电器编号为 Y000～Y007、Y010～Y017、Y020～Y027……

表 1-16 所示为 FX2N 系列 PLC 的输入继电器和输出继电器元件分配情况。FX2N 系列 PLC 带扩展时，输入继电器最多可达 184 点，输出继电器最多也可达 184 点，但是输入继电器和输出继电器点数之和不得超过 256 点，如接入特殊单元或特殊模块时，每个占 8 点，应从 256 点中扣除。

表 1-16　FX2N 系列 PLC 的输入继电器和输出继电器元件分配表

型号	FX2N-16M	FX2N-32M	FX2N-48M	FX2N-64M	FX2N-80M	FX2N-128M	扩展时
输入继电器	X000～X007	X000～X017	X000～X027	X000～X037	X000～X047	X000～X077	X000～X267
	8 点	16 点	24 点	32 点	40 点	64 点	184 点
输出继电器	Y000～Y007	Y000～Y017	Y000～Y027	Y000～Y037	Y000～Y047	Y000～Y077	Y000～Y267
	8 点	16 点	24 点	32 点	40 点	64 点	184 点

（2）辅助继电器 M

辅助继电器 M 相当于继电—接触器控制系统中的中间继电器，它用来存储中间状态或其他控制信息，不能直接驱动外部负载，只能在程序内部驱动输出继电器的线圈。

辅助继电器的线圈与输出继电器一样，由 PLC 内各编程元件的触点驱动。辅助继电器的常开和常闭触点使用次数不限，在 PLC 内可以自由使用。但是，这些触点不能直接驱动外部负载，外部负载的驱动必须由输出继电器执行。

在三菱 FX2N 系列 PLC 中除了输入继电器 X 和输出继电器 Y 采用八进制外，其他编程元件均采用十进制。辅助继电器分为通用辅助继电器、断电保持辅助继电器和特殊辅助继电器三类。

1）通用辅助继电器

通用辅助继电器的元件编号为 M0～M499，共 500 点。它和普通的中间继电器一样，PLC 运行时如果通用辅助继电器的线圈得电，当电源突然中断时，线圈失电，若电源再次接通，线圈仍失电。

2）断电保持辅助继电器

断电保持辅助继电器具有停电保持功能，PLC 运行时如果断电保持辅助继电器线圈得电，当电源突然中断时，断电保持辅助继电器仍能保持断电前的状态。断电保持辅助继电器主要是利用 PLC 内装的备用电池或 EEPROM 进行停电保持。

断电保持辅助继电器的元件编号为 M500～M3071，其中 M500～M1023 共 524 点，可以通过参数设定将其改为通用辅助继电器；M1024～M3071 共 2048 点，为专用断电保持辅助继电器。M2800～M3071 用于上升沿、下降沿指令的接点时，有一种特殊性，这将在后面说明。

3）特殊辅助继电器

特殊辅助继电器的元件编号为 M8000～M8255，共有 256 点，但其中有些元件编号没有定义，不能使用。特殊辅助继电器用来表示 PLC 的某些特定状态，提供时钟脉冲和标志（如进行、借位标志等）、设定 PLC 的运行方式、步进顺控、禁止中断、设定计数器进行加或减计数等。

特殊辅助继电器各自有特殊的功能，一般分为两大类。一类是只能利用其触点，其线圈由 PLC 自动驱动。例如，M8000（运行监视）、M8002（初始脉冲）、M8013（1s 时钟脉冲）。另一类是可驱动线圈型的特殊辅助继电器，用户驱动其线圈后，PLC 做特定的动作。例如，M8033 指定 PLC 停止时输出保持，M8034 是指禁止全部输出，M8039 是指定时扫描。特殊辅助继电器的功能和定义请见附录 2。

（3）状态继电器 S

三菱 FX2N 系列 PLC 内拥有许多状态寄存器，状态寄存器在 PLC 内提供了无数的常开、常闭触点供用户编程使用。通常情况下，状态寄存器与步进控制指令配合使用，完成对某一工序的步进顺序动作控制。当状态寄存器不用于步进控制指令时，可作为辅助继电器使用，其使用方法和辅助继电器相同。

状态继电器的元件编号为 S0～S999，共 1000 点。它分为通用型、保持型和报警型 3 种类型。

1）通用型状态继电器。状态继电器 S0～S499，共 500 点，属于通用型状态继电器。通

用型状态继电器没有断电保持功能，可用于初始化状态。其中，S0～S9共10点用于初始状态，S10～S19共10点用于回零状态。

2）失电保持型状态继电器。状态继电器S500～S899，共400点，属于失电保持型状态继电器，在失电时能保持原来状态不变。

3）报警型状态继电器。状态继电器S900～S999，共100点，属于报警型状态继电器。这100点状态断电器又属于失电保持型，它们和应用指令ANS（信号报警器置位）、ANR（信号报警器复位）等配合可以组成各种故障诊断电路，并发出报警信号。

利用外部设备进行参数设定，可以改变其状态继电器失电保持的范围。例如，将原始的S500～S899改为S200～S999，则S0～S199为通用型状态继电器，S200～S999为失电型状态继电器。

2．定时计数类编程元件

（1）定时器T

PLC中的定时器T相当于继电—接触器中的时间继电器，它是PLC内部累计时间增量的重要编程元件，主要用于延时控制。

FX系列PLC给用户提供了256个定时器，其编号范围为T0～T255。其中，通电延时型定时器246个，积算型定时器10个。每个定时器的设定值在K0～K32767之间，通常设定值由程序或外部根据需要设定，若定时器的当前值大于或等于设定值，定时器位被置1，其常开触点闭合，常闭触点断开。用于存储定时器累计的时基增量值（1～32767）。FX系列PLC定时器的时基有3种：1ms、10ms、100ms。

（2）计数器C

计数器用于累计其输入端脉冲电平由低到高的次数，其结构与定时器类似，通常设定值在程序中赋予，有时也可根据需求而在外部进行设定。

计数器可用常数K作设定值，也可用数据寄存器（D）的内容作为设定值。如果计数器输入端信号由OFF变为ON时，计数器以加1或减1的方式进行计数，当计数值加到设定值或计数器减为“0”时，计数器线圈得电，其相应触点动作。

三菱FX系列PLC提供了两类计数器：内部计数器和高速计数器。内部计数器是PLC在执行扫描操作时对内部信号X、Y、M、S、T、C等进行计数的计数器，要求输入信号的接通和断开时间应比PLC的扫描周期时间要长；高速计数器的响应速度快，因此对于频率较高的计数就必须采用高速计数器。

3．寄存器类编程元件

数据寄存器在PLC中专门用来存储数据的软元件、供数据传送、数据比较、数据运算等操作。数据寄存器都是16位，最高位为正负符号位，可存放16位二进制数，也可将两个数据寄存器组合存放32位二进制数，最高位为正负符号位。最高位为“0”时，表示正数；最低位为“1”时，表示负数。数据寄存器主要有通用数据寄存器、停电保持型数据寄存器、停电保持专用型数据寄存器、特殊寄存器和变址寄存器。

（1）通用数据寄存器D

通用数据寄存器（D0～D199，共200点）是用来存储数值数据的编程元件，一旦写入数据，在未写入其他数据之前，寄存器中的数据是不会变化的。但是，如果PLC停止或突然停电，所有数据被清“0”。假设特殊寄存器M8033为ON，PLC从运行状态进入停止状态时，通用数据寄存器的值保持不变。

（2）停电保持型数据寄存器D

停电保持型数据寄存器（D200～D511，共312点）具有断电保持功能，PLC从运行状态进入停止状态时，该寄存器中的内容保持不变。停电保持型数据寄存器的使用方法与通用数据寄存器相同，但也可以通过参数设定将其变为通用型非停电保持型。在并联通信中，D490～D509被作为通信占用。

（3）停电保持专用型数据寄存器D

停电保持专用型数据寄存器（D512～D7999，共7488点），其特点是不能通过参数设定改变其停电保持数据的特性。如果要改变停电保持的特性，可以在程序的起始步采用初始化脉冲（M8002）和复位（RST）或区间复位（ZRST）指令将其内容清除。

使用参数设定可以将D1000～D7999（共7000点）范围内的数据寄存器分为500点为一组的文件数据寄存器。文件寄存器是一种专用的数据寄存器，主要用于存储大容量的数据。FX2N系列PLC可通过FNC15（BMOV）指令将文件寄存器中的数据读到通用数据寄存器中。

（4）特殊数据寄存器D

特殊数据寄存器（D8000～D8255，共256点）的用途有两种：一种是只能读取或利用其中数据的数据寄存器，例如从PLC中读取锂电池的电压值；另一种是用来写入特定数据的数据寄存器，例如使用MOV传送指令向监视定时器时间的数据寄存器中写入设定时间，并用WDT监视定时器刷新指令（看门狗指令）对其刷新。

（5）变址寄存器V、Z

变址寄存器V、Z的元件号分别为V0～V7、Z0～Z7，共16点。变址寄存器与通用数据寄存器相同，可以用于数据的读与写操作，例如当Z0=12时，K15Z0相当于常数27（12+15=27），但是变址寄存器主要用于操作数地址的修改，例如当V2=10时，数据寄存器的元件号D3V2相当于D13（10+3=13）。

进行32位数据处理时，V0～V7、Z0～Z7需组合使用，可组成8个32位的变址寄存器，其中V为高16位，Z为低16位。例如V0和Z0可构成32位变址寄存器，V3和Z3也可构成32位变址寄存器。

4．嵌套指针类编程元件

（1）嵌套层数N

嵌套层数用来指定嵌套的层数的编程元件，该指令与主控指令MC和MCR配合使用，在FX系列PLC中，该指令的范围为N0～N7。

（2）指针P、I

指针用于跳转、中断等程序的入口地址，与跳转、子程序、中断程序等指令一起使用。按用途可分为分支用指针P和中断用指针I两类。分支用指针P用来表示跳转指令CJ的跳转目标和子程序调用指令CALL调用的子程序入口地址。中断用指针I用来说明某一中断源的中断程序入口标号。中断用指针又分为6个输入中断用指针、3个定时器中断用指针和6个计数器中断用指针。

6个输入中断用指针为I00□、I10□、I20□、I30□、I40□、I50□（□=1时，为上升沿中断；□=0时，为下降沿中断）。这6个指针仅接收对应特定输入继电器X000～X005的触发信号（如I00□对应X000），才执行中断子程序，不受可编程控制器扫描周期的影响。由于输入采用中断处理速度快，在PLC控制中可以用于需要优先处理和短时脉冲处理的控制。

3个定时器中断用指针为I6□□、I7□□、I8□□（□□为中断间隔时间，范围为10～99ms）。该指针用于需要指定中断时间执行中断子程序，或需要不受PLC扫描周期影响的循环中断处理控制程序。例如，I635表示每隔35ms就执行标号为I635后面的中断程序一次，在中断返回指令处返回。

6个计数器中断用指针为I010、I020、I030、I040、I050、I060。这6个指针根据PLC内部的高速计数器的比较结果，执行中断子程序。用于优先控制使用高速计数器的计数结果。该指针的中断动作要与高速计数置位指令HSCS组合使用。

5. 常数类编程元件

常数是程序进行数值处理时必不可少的编程元件，分别用字母K、H和E表示。其中K表示十进制整数，可用于指定定时器或计数器的设定值或应用指令操作数中的数值；H表示十六进制整数，主要用于指定应用指令中操作的数值；E表示浮点数，主要用于指定的应用数操作数的数值。

FX2N系列PLC中浮点数指定范围为$\pm1.175\times10^{-38}\sim\pm3.403\times10^{38}$。在PLC程序中，浮点数可以指定使用“普通表示”和“指数表示”两种，其中普通表示就将设定数值直接表示，例如10.2315表示为E10.2315；指数表示就将设定数值以（数值）$\times10^{n}$指定，例如，2314表示为E2.314$\times10^{3}$。

1.4 三菱Q系列PLC的硬件结构及系统构成

Q系列PLC是三菱公司从原来的A系列基础上发展起来中、大型PLC系列产品。该系列产品采用模块化的结构形式构成，其基本组成部分包括电源模块、CPU模块、基板、I/O模块等。通过扩展基板与I/O模块可以增加I/O点数；通过扩展存储器卡可扩大程序存储器的存储容量；通过各种特殊功能模块可增加某些特殊功能，以扩大应用范围。通过配置各种类型的网络通信模块可组成不同的网络。

1.4.1 三菱Q系列PLC硬件系统的基本组成

Q系列PLC的基本组成如图1-35所示，主要包括电源模块、CPU模块、基板、I/O模块等。根据系统的需要，系列产品有多种电源模块、CPU模块、基板、I/O模块可供用户选择。通过扩展基板与I/O模块可以增加I/O点数，通过扩展存储器卡可以增加程序存储器容量，通过各种特殊功能模块可以提高PLC的性能，扩大PLC的应用范围

1．基板

基板又称为基架，其外形如图1-36所示，用于安装CPU模块、电源模块、输入/输出模块、智能功能模块的基座。基板上布置有模块间相互连接、传送PLC内部信号的控制总线。只要是模块式PLC系统，就必须配置基板以便安装各类模块。

图1-35　Q系列PLC的基本组成

图1-36　基板外形图

Q系列PLC的基板分为主基板和扩展基板两类，其中主基板可以安装CPU模块及其他模块，而扩展基板可用于安装除CPU模块外的其他模块。扩展模块又分为需要电源模块和不需要电源模块两类。

Q00J型PLC的CPU模块自带主基板，但需要扩展I/O点或功能模块时，扩展基板以及扩展基板上的电源模块则需要另行选择。Q00/01型PLC必须选择主基板以及主基板电源，扩展基板根据系统实际需要进行选用。

Q系列PLC的主基板的型号有Q32SB、Q33SB、Q35SB、Q33B、Q35B、Q38B、Q312B等。扩展基板用于安装PLC的扩展模块，以增加系统的I/O点数。Q系列PLC的扩展基板可分为“需要电源模块”和“不需要电源模块”两类，其型号有：Q52B、Q55B、Q63B、Q65B、Q68B、Q612B等。

扩展基板可以使用扩展电缆直接连接，这样对于分散的系统就不需要网络、适配器及组态软件。在PLC系统中，使用“不需要电源模块”的扩展基板时，可以进一步减少安装面板。

2．电源模块

电源模块是构成PLC控制系统的重要组成部分，它是为安装在基板上的PLC和各模块提供直流电源的模块。电源模块对外部电源的要求与电源模块的型号有关，电源模块的选择决定于系统的I/O点数、扩展基板的型号及扩展模块的数量。

Q系列PLC的电源模块主要有以下几种规格：

（1）Q61P-A1，输入电压范围AC100～120V，输出电压DC5V，输出电流6A；

（2）Q61P-A2，输入电压范围AC200～240V，输出电压DC5V，输出电流6A；

（3）Q61P，输入电压范围AC100～240V，输出电压DC5V，输出电流6A；

（4）Q62P，输入电压范围AC200～240V，输出电压DC5V/24V，输出电流3A/0.6A；

（5）Q63P，输入电压范围DC24V，输出电压DC5V，输出电流6A；

（6）Q64P，输入电压范围 AC100～120V/AC200～240V，输出电压 DC5V，输出电流 8.5A；

（7）Q64PN，输入电压范围 AC100～240V，输出电压 DC5V，输出电流 8.5A；

（8）Q61SP，输入电压范围 AC100～120V，输出电压 DC5V，输出电流 6A，超薄型电源。

在 Q32SB、QS33SB 和 Q35SB 主基板上，只能使用 Q61SP 超薄型电源模块。

3．CPU 模块

按照不同的性能，Q 系列 PLC 的 CPU 模块分为基本型、高性能型、过程控制型、运动控制型、计算机型、冗余型等多种类型。不同类型的产品，其适用的领域也不相同，其中基本型、高性能型、过程控制型的系列产品一般在常用的控制领域中使用；运动控制型、计算机型、冗余型的系列产品一般适用于特殊控制领域。

基本型 QCPU 模块共有 3 种基本型号：Q00J、Q00、Q01。其中 Q00J 的结构紧凑、功能精简，最大 I/O 点数为 256 点，程序存储器容量为 8KB，适用于小规模控制系统；Q00 的最大 I/O 点数为 1024 点，最大扩展模块的数量可达 24 个，最大扩展级为 4 级，程序存储器容量为 8KB；Q01 在基本型 Q 系列 PLC 中功能最强，最大 I/O 点数可达 1024 点，程序存储器容量为 14KB，是一种为中、小规模控制系统而设计的常用 PLC 产品。

高性能模式 QCPU 是可以进行大容量高速处理的模块，它适合构筑高性能的系统设备。三菱 Q 系列高性能型 PLC 的 CPU 模块主要有 Q02、Q02H、Q06H、Q12H、Q25H 共 5 种基本型号。其中 Q25H 型的功能最强，最大 I/O 点数为 4096 点，程序存储器容量为 252KB，适用于大中规模控制系统的要求。

Q 系列过程控制 CPU 包括 Q12PH、Q25PH 等型号，用于小型 DCS（Distributed Control System）系统的控制。过程控制 CPU 构成的 PLC 系统，其 PLC 软件平台与通用的 PLC 软件平台（GX Developer）不同，Q 系列过程控制 PLC 使用 PX Developer 软件平台。过程控制 CPU 使用过程控制专用编程语言 FBD （Function Block Diagram，功能块图）进行编程，该语言将反复使用的梯形图块转换成通用部件，然后在顺控程序中通过调用该部件的方式进行使用。过程控制 CPU 增强了 PID（Proportional Integral Derivative，即比例-积分-微分）调节功能，可以实现 PID 自动计量、测试，对回路进行高速 PID 运算与控制，通过自动调谐还可以实现控制对象参数的自动调整。

Q 系列运动控制 CPU 包括 Q172、Q173 两种基本型号，分别用于 8 轴与 32 轴的运动控制。运动控制 CPU 具备多种运动控制编程语言，使用运动控制软件平台（MT）编程、调试、监控。系统可以实现点定位、回原点、直线插补、圆弧插补、螺旋线插补，还可以进行速度、位置的同步控制。位置控制的最小周期达 0.88ms，具有 S 形加速、高速振动控制等功能。

Q 系列冗余 CPU 包括 Q12PRH、Q25PRH 两种型号，冗余系统用于对控制系统可靠性要求极高，不允许控制系统出现停机的控制场合。在“冗余”系统中，备用系统始终处于待机状态，只要工作控制系统发生故障，备用系统就可以立即投入工作，成为工作控制系统，以保证控制系统的连续运行。因此，称为热备双冗余系统。

4．I/O 模块

Q 系列 I/O 模块是可配用高功能、高性能的 Q 系列 CPU 模块的总线的输入输出模块。

CPU不带固定I/O点，所以需要根据I/O点数、规格安装各种I/O模块。输入模块型号有QX10、QX28、QX40、QX40-S1、QX41、QX41-S1、QX42、QX42-S1、QX50、QX70、QX71、QX72、QX80、QX81、QX82、QX82-S1；输出模块型号有QY10、QY18A、QY22、QY40P、QY41P、QY42P、QY50、QY68A、QY70、QY71、QY80、QY81P；输入/输出模块型号有QH42P、QX48Y57、QX41Y41P。

5. 网络/信息处理模块

在生产现场，为了在生产和有效质量管理的同时，达到省力、省配线、设备小型化、降低成本的目的，建立一个网络控制系统十分重要。Q系列PLC用于网络连接的特殊功能模块，根据不同的网络层次，主要分为以下3类。

（1）信息网络（Ethernet）

信息网络是生产现场最高级别的网络，通过高速、大量数据信息传输，如文档、报表、图形以及语言、图像等，实现办公自动化网络与工业控制网络的信息无缝集成。信息网络主要由以太网构成，以太网模块主要有QJ71E71-100、QJ71E71和QJ71E71-B2。其中QJ71E71-100用于10BASE-T/100BASE-TX以太网连接；QJ71E71用于10BASE-T/100BASE5以太网连接；QJ71E71-B2用于10BASE2以太网连接。

（2）控制网络（MELSEC NET/H）

控制网络是生产现场中间级别的网络，承上启下，上连以太网下接现场总线。控制网络只完成网络数据之间的交换和搬运，不做任何处理，是上下层网络之间的交通枢纽。根据不同的网络拓扑结构与传输介质MELSEC NET/H网络连接模块，主要有QJ71BR11/QJ72BR15、QJ71LP21-25/QJ71LP21S-25/QJ72LP25-25、QJ71LP21G/QJ72LP25G、QJ71LP21GE/QJ72LP25GE，它们的具体说明如表1-17所示。

表1-17　MELSEC NET/H网络连接模块的说明

传输介质	连接模块	说明
SI/QSI光缆	QJ71LP21-25	SI/QSI/H-PCF，宽带H-PCF光缆，双环，PLC到JPLC网（控制站/普通站）/远程I/O网（远程主站）
	QJ71LP21S-25	SI/QSI/H-PCF，宽带H-PCF光缆，双环，C到PLC网（控制站/普通站）/远程I/O网（远程主站）带外部供电
	QJ72LP25-25	SI/QSI/H-PCF，宽带H-PCF光缆，双环，远程I/O网（远程I/O站）
GI-50/125光缆	QJ71LP21G	GI-50/125光缆，双环，PLC到PLC网（控制站/普通站）/远程I/O网/（远程主站）
	QJ72LP25G	GI-50/125光缆，双环，远程I/O网（远程主站）
GI-62.5/125光缆	QJ71LP21GE	GI-62.5/125光缆，双环，PLC到PLC网（控制站/普通站）/远程I/O网（远程主站）
	QJ72LP25GE	GI-62.5/125光缆，双环，远程I/O网（远程I/O站）
	QJ71BR11	3C-2V/5C-2V同轴电缆，单总线，PLC到PLC网（控制站/普通站）/远程I/O网（远程主站）
同轴电缆	QJ72BR15	3C-2V/5C-2V同轴电缆，单总线，远程I/O网（远程I/O站）

（3）现场网络（CC-Link、CC-Link/LT）

现场网络是生产现场最低级别的网络，它将 PLC、控制装置、驱动设备互连构成网络，使企业信息沟通的覆盖范围一直延伸到生产设备。根据现场总线的不同层次，CC-Link 网络连接模块主要有 Q61BT11N 和 Q61BCL12。其中，Q61BT11N 用于 CC-Link 网络连接；Q61BCL12 用于 CC-Link/LT 网络连接。

6. 特殊功能模块

模块可以直接安装在 PLC 的基板上，也可以与 PLC 基本单元的扩展接口进行连接，以构成 PLC 系统的整体，这样的模块称为特殊功能模块。特殊功能模块根据不同的用途，其内部组成与功能相差很大。目前，PLC 的特殊功能模块大致可以分为 A/D 和 D/A 转换类、温度测量与控制类、脉冲计数与位置控制类、网络通信类等。

A/D 转换功能模块的作用是将来自过程控制的传感器输入信号，如电压、电流等连续变化的物理量（即模拟量）直接转换成一定位数的数字量信号，以供 PLC 进行运算与处理。其型号主要有 Q68ADV、Q62AD-DGH、Q66AD-DG、Q68ADI、Q64AD、Q64AD-GH、Q68AD-G。

D/A 转换功能模块的作用是将 PLC 内部的数字量转换成电压、电流等连续变化的物理量（即模拟量）输出。它可以用于变频器、伺服驱动器等控制装置的速度、位置控制输入，也可以用作外部仪表的显示。其型号主要有 Q68DAVN、Q68DAIN、Q62DAN、Q62DA-FG、Q64DAN、Q66DA-G。

温度测量与控制类功能模块包括温度测量与温度控制两类。根据测量输入点数、测量精度、检测元件类型的不同，有多种规格可供用户选择。温度调节模块有 Q64TCRT、Q64TCRTBW、Q64TCTT、Q64TCTTBW；温度输入模块有 Q64RD、Q64RD-G、Q64TD、Q64TDV-GH、Q68TD-G-H01。

脉冲计数与位置控制类功能模块包括脉冲计数、位置控制两类。脉冲计数功能模块用于速度、位置等控制系统的转速、位置测量，对来自编码器、计数开关等的输入脉冲信号进行计数，主要模块有 QD62、QD62D、QD62E、QD63P6、QD64D2。位置控制功能模块可以实现自动定位控制，Q 系列的定位模块有 QD75P1、QD75P2、QD75P4、QD70P4、QD70P8、QD75D1、QD75D2、QD75D4、QD70D4、QD70D8、QD75M1、QD75M2、QD75M4、QD75MH1、QD75MH2、QD75MH4、QD72P3C3。

1.4.2 三菱 Q 系列基本型 PLC 系统构成与应用形式

1. Q 系列基本型 PLC 系统的构成与扩展

针对以小规模系统为对象的简单紧凑的系统的控制，基本模式 QCPU 是最适合的模块。三菱 Q 系列基本型 QCPU 模块主要有 Q00J、Q00、Q01 3 种基本型号。在此以 Q00J 为例，讲述 Q 系列基本型 PLC 系统的构成与扩展。

Q00J 型 CPU 是指 CPU 模块、电源模块、主基板（5 个插槽）一体的 CPU 模块，其系统构成如图 1-37 所示。Q00J 型 CPU 模块一般不需对主基板、电源模块进行单独订货，但在需要时可以通过扩展电缆连接 Q52B、Q55B（不带电源模块扩展基板）或 Q63B、Q65B、Q68B、Q612B（带电源模块扩展基板）扩展基板进行 I/O 扩展。扩展基板最多可连接 2 级、最多可以安装 16 块输入、输出模块和智能功能模块等，扩展连接如图 1-38 所示。主基板和扩展基板上可以控制的输入输出点数为 256 点。Q00J 系列 PLC 进行扩展连接时需注意以下几点。

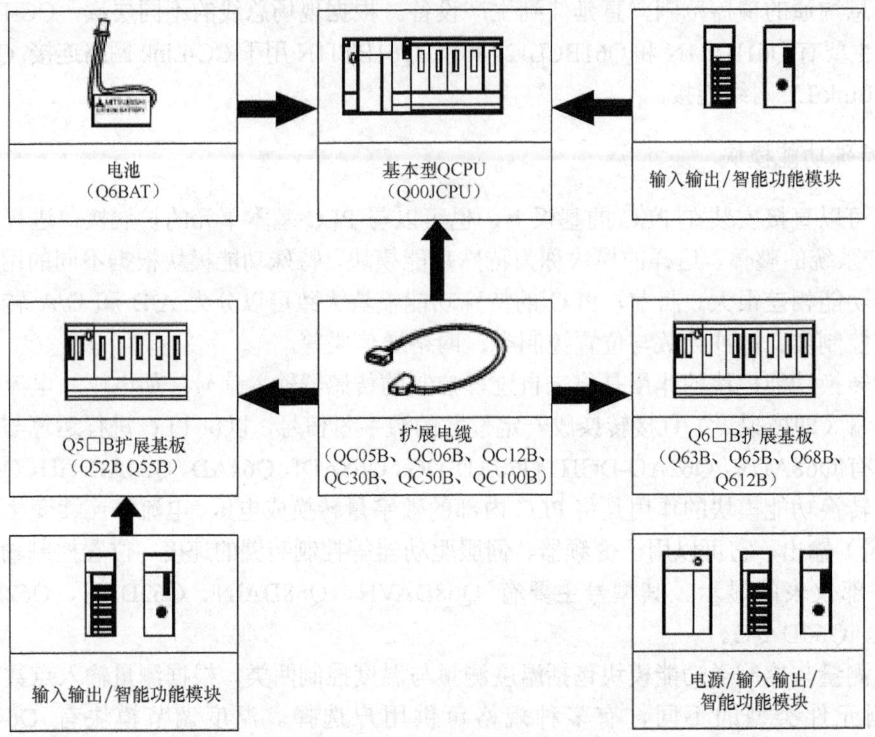

图 1-37　Q00J 系列 PLC 的系统构成

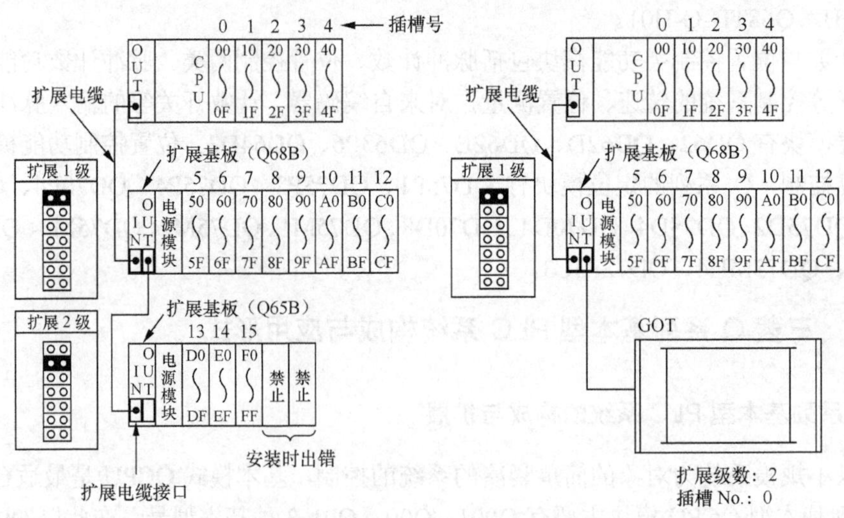

图 1-38　Q00J 系列 PLC 的扩展连接

（1）扩展电缆的总延长距离控制在 13.2m 以内。

（2）扩展电缆不能与主电路高电压、大电流的电线捆扎在一起，也不要靠近。

（3）扩展级数的设置采用升序，避免同一编号的重复使用。

（4）Q00J 型 CPU 包括了 CPU、带电源的 5 槽主基板，不需要选用 Q3 系列主基板，对

于I/O点数较少的PLC系统，只需要选择必要的I/O模块就可以成套使用。

（5）Q00J型CPU需要增加扩展时，应根据扩展基板的需要，决定是否选用相应的电源模块，对于Q6系列扩展基板，需要配套电源模块；对于Q5系列扩展基板，则不需要配套电源模块。

（6）扩展基板上可以安装I/O模块数量（或特殊模块的数量）受到最大I/O点数（256点）与最大允许安装的I/O模块数（16个）两方面的限制。当超过256点时，扩展基板的空余插槽上不可以再安装I/O模块；同样，扩展模块达到最大允许安装的16个后，即使I/O点数未满256点，也不能再增加I/O模块，否则安装时将会出错。

（7）Q00J型CPU最大可以连接的扩展基板数量为2组（2级），但是，当系统采用GOT（触摸屏）连接总线时，每扩展1级就占用1个插槽。

（8）Q00J系列PLC将GOT作为16点的智能功能模块进行处理，因此可以安装在基板上，每台GOT将进行控制的点数减少16点。

（9）Q00J系列PLC不可连接总线延长接插件（A9GT-QCNB）。通常将总线延长接插件连接到扩展基板上。

2．Q系列基本型PLC系统的应用形式

基本模式QCPU可以实现对小规模系统的最适合的成本性能，其应用形式如图1-39所示。

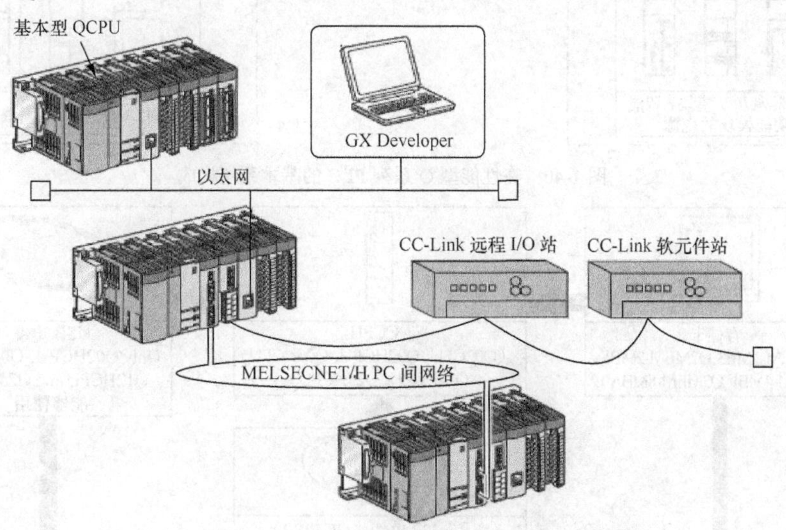

图1-39 Q系列基本型PLC应用形式

1.4.3 三菱Q系列高性能型PLC系统构成与应用形式

1．Q系列高性能型PLC系统构成与扩展

高性能型Q系列PLC与基本型PLC在系统构成上的主要区别在于它可以使用AIS系列扩展基板。因此，在扩展基板的选择，电源模块的选择，I/O 模块、功能模块的选择上比基本型的范围更广。高性能型Q系列PLC的基本系统构成如图1-40所示，其外围设备构成如图1-41所示。高性能型Q系列PLC的扩展连接如图1-42所示。

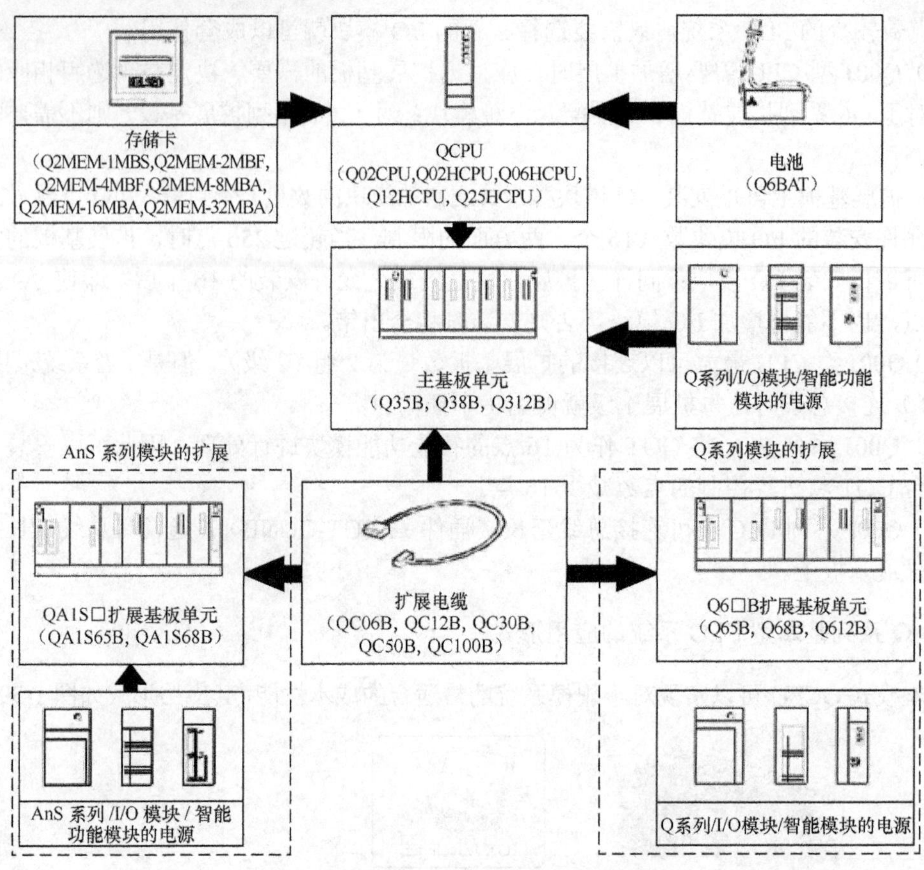

图 1-40　高性能型 Q 系列 PLC 的基本系统构成

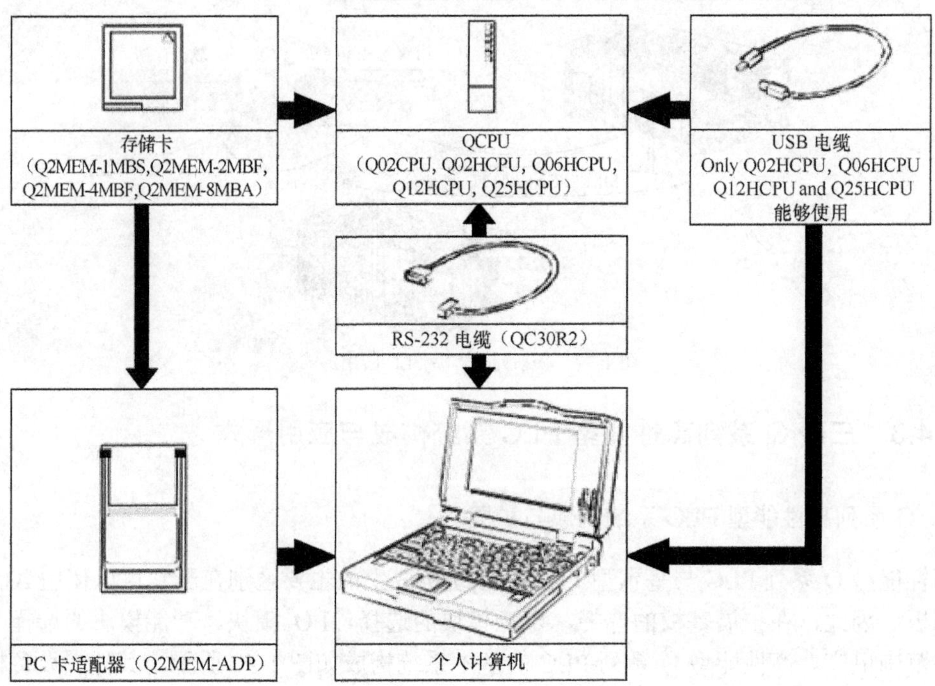

图 1-41　外围设备构成图

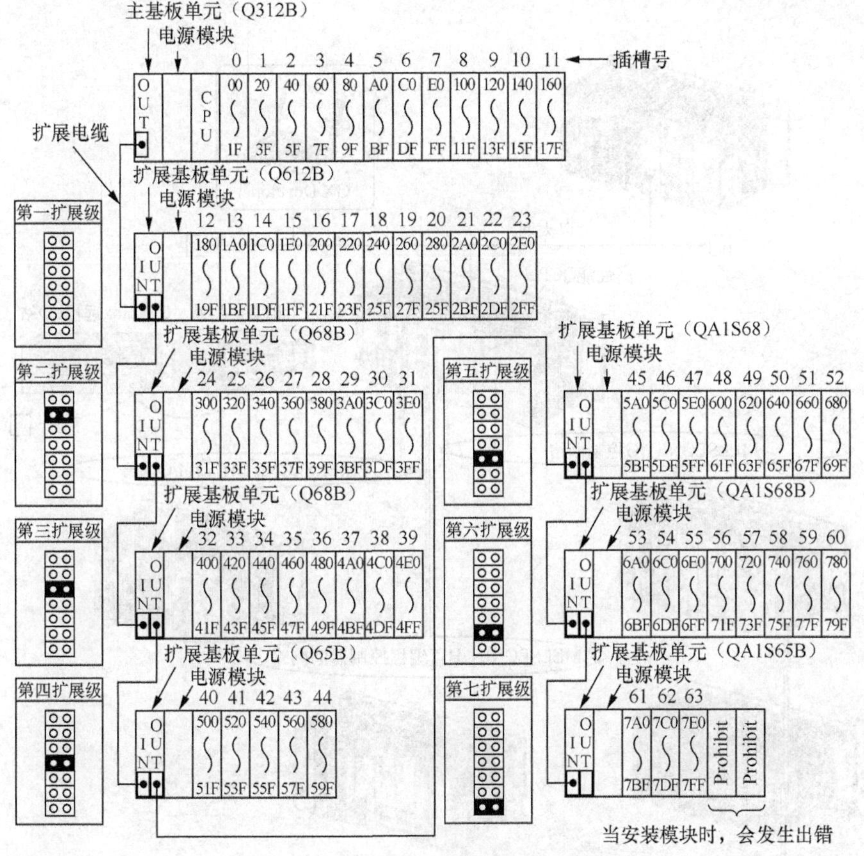

图 1-42　高性能型 Q 系列 PLC 扩展连接

高性能型 Q 系列 PLC 的扩展基板时需注意以下事项。

（1）扩展基板单元最多可使用 7 级。

（2）不要使用总扩展长度超过 13.2m 的扩展电缆。

（3）当使用扩展电缆时，不要将它与主回路（高压及大电流）导线绑在一起，也不要使它们相互间靠得太近。

（4）当设置扩展级的号码时，按升序进行设置，以便两个扩展基板单元不会同时被设成相同的号码。

（5）当混合使用 Q6□B 和 QA1S6□B 型扩展基板单元时，首先连接 Q6□B 型，然后再连接 QA1S6□B 型。在设置扩展级的号码时，从 Q6□B 开始按顺序设置。

（6）连接扩展电缆时，从基板单元扩展电缆接头的 OUT 端，到下一级扩展基板单元的 IN 端。

（7）如果安装的模块数≥65，会发生出错。

2．Q 系列高性能型 PLC 系统的应用形式

高性能模式 QCPU 是可以进行大容量高速处理的模块，它适合构筑高性能的系统设备。高性能型 QCPU 通过 AnS/A 系列对应的扩展基板（QA1S6B、QA6B），可以使用 AnS/A 系列的 I/O 模块及特殊功能模块，其应用形式如图 1-43 所示。

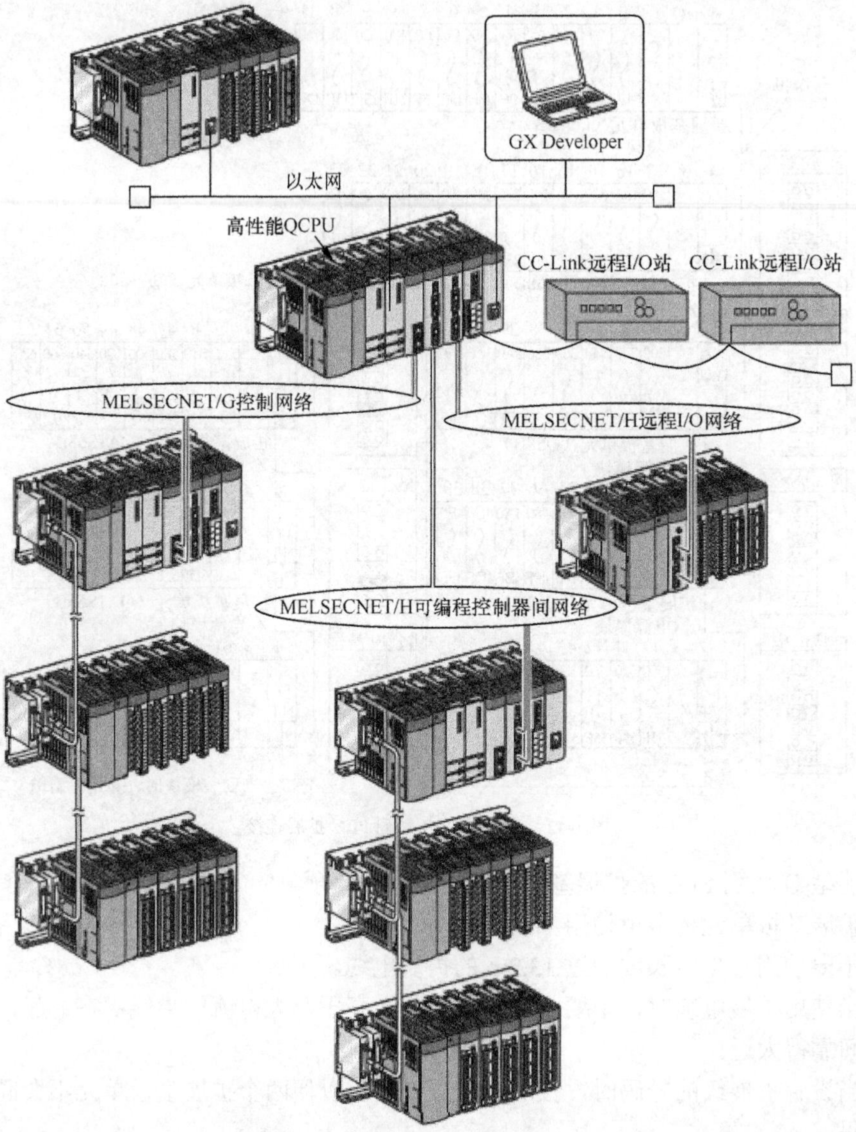

图 1-43　Q 系列高性能型 PLC 应用形式

1.4.4　三菱 Q 系列过程控制 PLC 系统构成与应用形式

1. 三菱 Q 系列过程控制 PLC 系统的构成与扩展

Q 系列过程控制型 QCPU 模块包括 Q12PH、Q25PH 两种型号，可以用于小型 DCS 系统的控制。在系统构成上，过程控制 Q 系列 PLC 一般不使用 Q3□B 超薄型主基板与 A1S 系列扩展基板。因此，在扩展基板、电源模块、I/O 模块、功能模块的选择上比高性能型 PLC 的范围小。过程控制 Q 系列 PLC 的基本系统构成如图 1-44 所示，与外围设备构成如

图 1-45 所示。

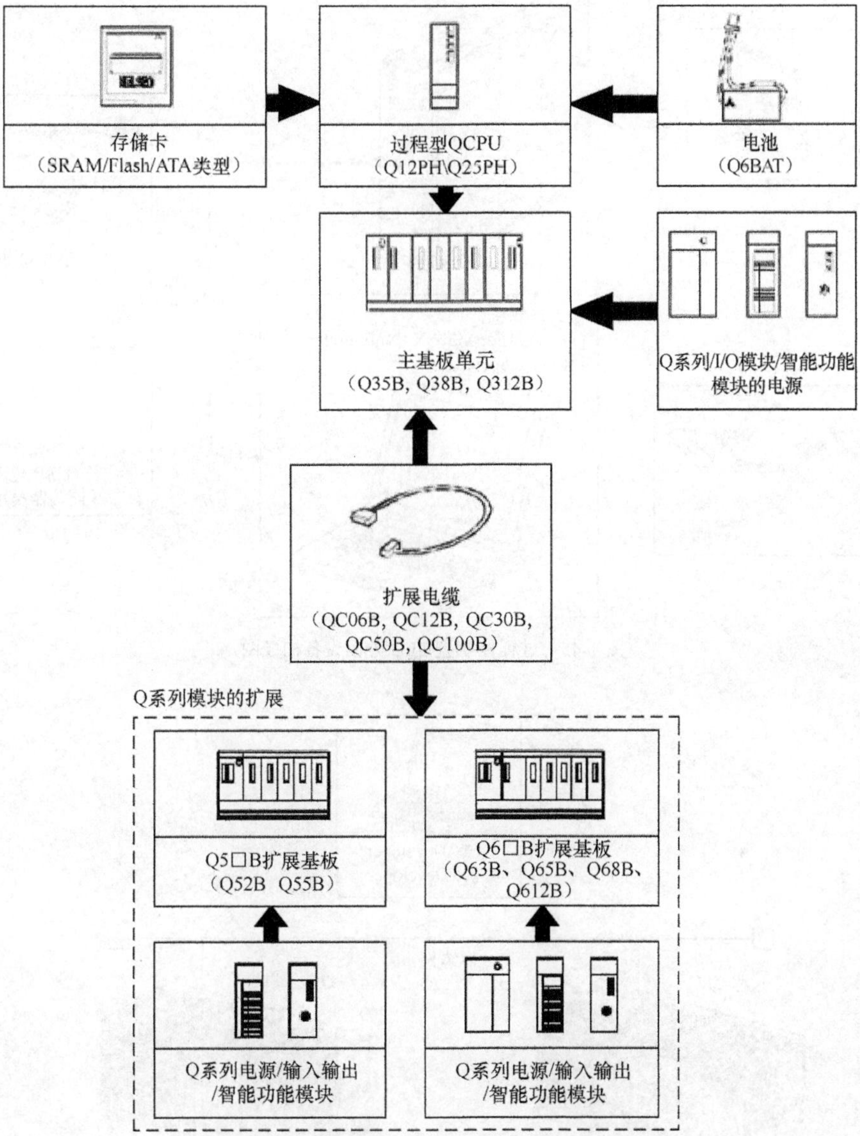

存储卡
（SRAM/Flash/ATA类型）

过程型QCPU
（Q12PH\Q25PH）

电池
（Q6BAT）

主基板单元
（Q35B，Q38B，Q312B）

Q系列I/O模块/智能功能模块的电源

扩展电缆
（QC06B，QC12B，QC30B，QC50B，QC100B）

Q系列模块的扩展

Q5□B扩展基板
（Q52B　Q55B）

Q6□B扩展基板
（Q63B、Q65B、Q68B、Q612B）

Q系列电源/输入输出/智能功能模块

Q系列电源/输入输出/智能功能模块

图 1-44　过程控制 Q 系列 PLC 的基本系统构成

2．三菱 Q 系列过程控制 PLC 系统的应用形式

与高性能型 Q 系列 PLC 相比，过程控制 QCPU 在高性能模式 QCPU 的基础上增加了与过程控制相对应的 52 条指令；通过采用 2 个自由度的 PID 控制方式，以达到目标值变动、外部干扰变动两方面的应答方式；可以在线更换 Q 系列的 I/O 模块、功能版本 C 的 A/D 变换模块、D/A 变换模块、温度输入模块、温度调节模块、脉冲输入模块等；若安装 MELSECNET/H 远程主站，可以构筑 MELSECNET/H 多重远程 I/O 系统。过程控制 QCPU 的应用如图 1-46 所示。

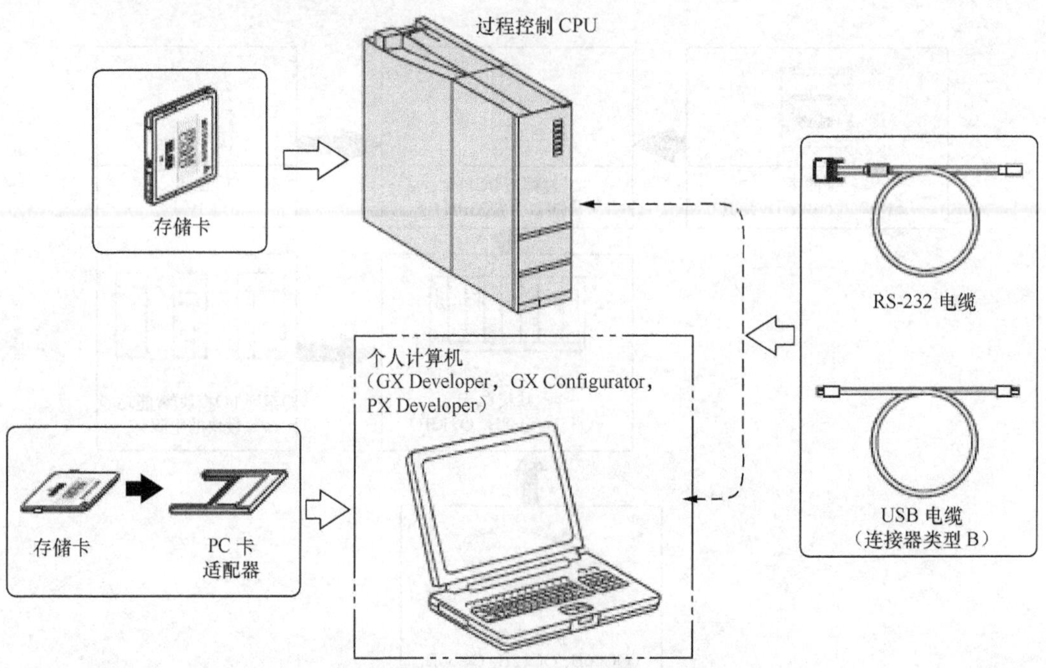

图 1-45　过程控制型 PLC 外围设备构成图

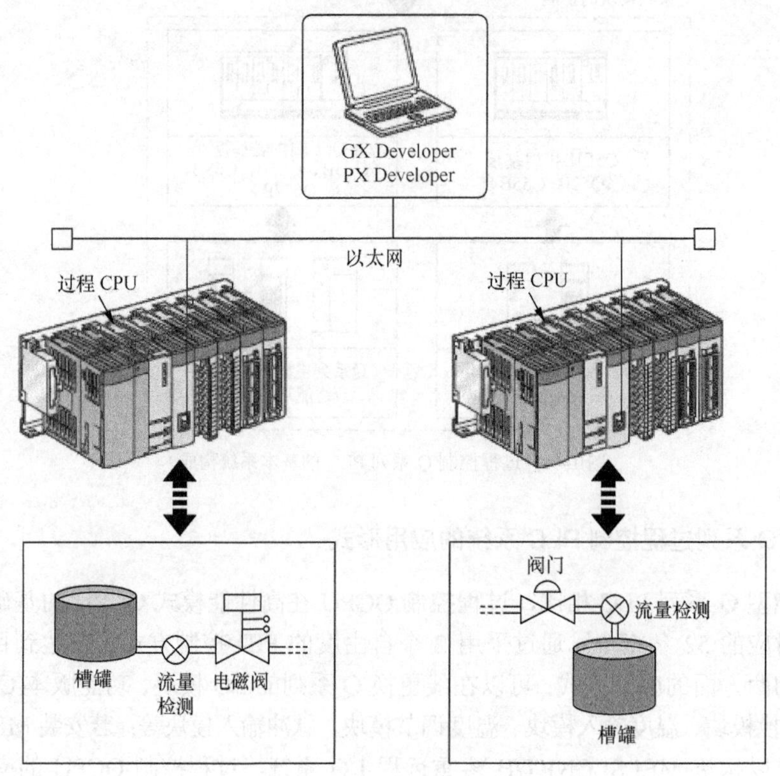

图 1-46　Q 系列过程控制应用图

1.5 数制与数据类型

1.5.1 数制

数制也称计数制，是用一组固定的符号和统一的规则来表示数值的方法。如在计数过程中采用进位的方法，则称为进位计数制。进位计数制有数位、基数、位权三个要素。数位，指数码在一个数中所处的位置。基数，指在某种进位计数制中，数位上所能使用的数码的个数，例如，十进制数的基数是 10，二进制的基数是 2。位权，指在某种进位计数制中，数位所代表的大小，对于一个 R 进制数（即基数为 R），若数位记作 j，则位权可记作 R^j。

在三菱 FX/Q 系列 PLC 中使用到的数制有十进制、二进制、八进制和十六进制。

（1）十进制数

DEC（Decimal）即为十进制数，它有两个特点：1）数值部分用 10 个不同的数字符号 0、1、2、3、4、5、6、7、8、9 来表示；2）逢十进一。

例：123.45

小数点左边第一位代表个位，3 在左边 1 位上，它代表的数值是 3×10^0，1 在小数点左面 3 位上，代表的是 1×10^2，5 在小数点右面 2 位上，代表的是 5×10^{-2}。

$$123.45=1\times10^2+2\times10^1+3\times10^0+4\times10^{-1}+5\times10^{-2}$$

一般对任意一个正的十进制数 S，可表示为：

$$S=K_{n-1}(10)^{n-1}+K_{n-2}(10)^{n-2}+\cdots+K_0(10)^0+K_{-1}(10)^{-1}+K_{-2}(10)^{-2}+\cdots+K_{-m}(10)^{-m}$$

其中：k_j 是 0、1、…、9 中任意一个，由 S 决定，k_j 为权系数；m，n 为正整数；10 称为计数制的基数；$(10)^j$ 称为权值。

（2）二进制数

BIN（Binary）即为二进制数，它是由 0（OFF）和 1（ON）组成的数据，PLC 的指令只能处理二进制数。它有两个特点：1）数值部分用 2 个不同的数字符号 0、1 来表示；2）逢二进一。

二进制数化为十进制数，通过按权展开相加法。

例：$1101.11B=1\times2^3+1\times2^2+0\times2^1+1\times2^0+1\times2^{-1}+1\times2^{-2}$

$=8+4+0+1+0.5+0.25$

$=13.75$

任意二进制数 N 可表示为：

$$N=\pm(K_{n-1}\times2^{n-1}+K_{n-2}\times2^{n-2}+\ldots+K_0\times2^0+K_{-1}\times2^{-1}+K_{-2}\times2^{-2}+\ldots+K_{-m}\times2^{-m})$$

其中：k_j 只能取 0、1；m，n 为正整数；2 是二进制的基数。

（3）八进制数

OCT（Octal）即为八进制数，它有两个特点：①数值部分用 8 个不同的数字符号 0、1、3、4、5、6、7 来表示；②逢八进一。

任意八进制数 N 可表示为：

$$N=\pm(K_{n-1}\times8^{n-1}+K_{n-2}\times8^{n-2}+\ldots K_0\times8^0+K_{-1}\times8^{-1}+K_{-2}\times8^{-2}+\ldots+K_{-m}\times8^{-m})$$

其中：k_j 只能取 0、1、3、4、5、6、7；m，n 为正整数；8 是基数。

因 $8^1=2^3$，所以1位八进制数相当于3位二进制数，根据这个对应关系，二进制与八进制间的转换方法为从小数点向左向右每3位分为一组，不足3位者以0补足3位。

（4）十六进制数

HEX（Hexadecimal）即为十六进制数，它有两个特点：1）数值部分用16个不同的数字符号0、1、2、3、4、5、6、7、8、9、A、B、C、D、E、F来表示；2）逢十六进一。这里的A、B、C、D、E、F分别对应十进制数字中的10、11、12、13、14、15。

任意十六进制数 N 可表示为：

$$N=\pm(K_{n-1}\times16^{n-1}+K_{n-2}\times16^{n-2}+\cdots+K_0\times16^0+K_{-1}\times16^{-1}+K_{-2}\times16^{-2}+\cdots+K_{-m}\times16^{-m})$$

其中：k_j 只能取0、1、2、3、4、5、6、7、8、9、A、B、C、D、E、F；m，n 为正整数；16是基数。

因 $16^1=2^4$，所以1位十六制数相当于4位二进制数，根据这个对应关系，二进制数转换为十六进制数的转换方法为从小数点向左向右每4位分为一组，不足4位者以0补足4位。十六进制数转换为二进制数的转换方法为从左到右将待转换的十六制数中的每个数依次用4位二进制数表示。

（5）BCD（二制码十进制数）

BCD（Binary-Coded Decimal）为二制码十进制数或二—十进制代码，它是用4位二制数来表示1位十进制数中的0～9这10个数码。BCD码是一种二进制的数字编码形式，用二进制编码的十进制代码。BCD码这种编码形式利用了四个位元素来储存一个十进制的数码，使二进制和十进制之间的转换得以快捷的进行。

BCD码可分为有权码和无权码两类，有权BCD码有8421码、2421码、5421码，其中8421码就是最常用的；无权BCD码有余3码和格雷码。

8421 BCD码是最基本和最常用的BCD码，它和4位自然二进制码相似，各位的权值为8、4、2、1，故称为有权BCD码。和4位自然二进制码不同的是，它只选用了4位二进制码中前10组代码，即用0000～1001分别代表它所对应的十进制数，余下的6组代码不用。

Q系列PLC的CPU中能处理的数据长度为16位，所以存储在各个寄存器中数值的表示范围为0～9999。DEC、BIN、OCT、HEX和BCD的数值表示对比如表1-18所示。

表1-18　DEC、BIN、OCT、HEX和BCD的数值表示对比

DEC（十进制）	BIN（二进制）	OCT（八进制）	HEX（十六进制）	BCD（8421码）
0	00	0	0	0000
1	01	1	1	0001
2	10	2	2	0010
3	11	3	3	0011
4	100	4	4	0100
5	101	5	5	0101
6	110	6	6	0110
7	111	7	7	0111
8	1000	10	8	1000
9	1001	11	9	1001
10	1010	12	A	10000
11	1011	13	B	10001
12	1100	14	C	10010

续表

DEC（十进制）	BIN（二进制）	OCT（八进制）	HEX（十六进制）	BCD（8421 码）
13	1101	15	D	10011
14	1110	16	E	10100
15	1111	17	F	10101
16	10000	20	10	10110
17	10001	21	11	10111
⋮	⋮	⋮	⋮	⋮
99	1100011	143	63	10011001

1.5.2　数据类型

在 FX/Q 系列 PLC 的 CPU 中处理的数据类型主要有位数据、字数据、双字数据、实数型数据、字符串型数据等。

1．位数据

位数据是指用一位为单位使用的数据，如触点或线圈，可表示的数值只有 0 或 1。“位软元件”和“位指定字软元件”可以被当作位数据使用。

当直接使用位软元件时，只指定一个 bit 位。当使用位指定字软元件时，字软元件通过指定位号，使得指定位号的 0 或 1 被用于位数据。字软元件的位指定是通过指定“字软元件/位号”来完成的。例如 D0 的第 3 位（b3）指定为 D0.3，D0 的位 12（b12）指定为 D0.C。然而，对于定时器（T），累计定时器（ST），计数器（C）或索引寄存器（Z）而言，位指定不确定（如 Z0.0 就不存在），如图 1-47 所示。

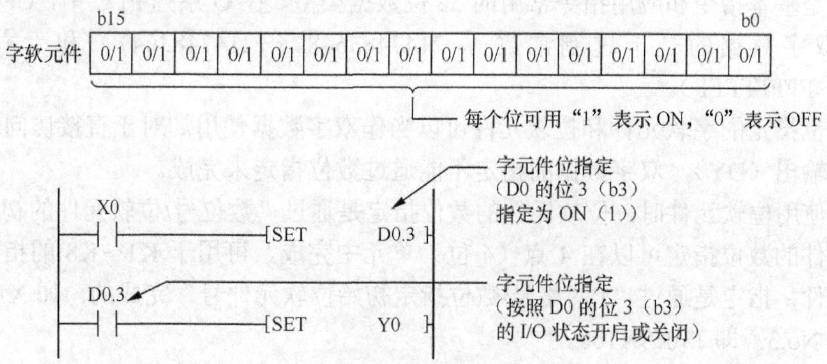

图 1-47　字软元件的位确定

2．字数据

字数据是基本指令和应用指令常用的 16 位数据类型。在 Q 系列 PLC 中，CPU 模块可以直接使用的字数据是十进制常数（−32768～+32767）和十六进制常数（0000～FFFF）。

由数位指定的位软元件和字软元件可以作为字数据使用。对于直接的访问输入（DX）和直接的访问输出（DY），字数据的指定不能通过数位指定来完成。

（1）当使用位软元件时，经过数据的位数指定，位软元件就可以处理字数据。位软元件的位数指定是“位号/位软元件的初始号”。位软元件的位数指定为K1～K4。对于链接直接软元件，指定是通过“J网络号\数位指定/位软元件的初始号”完成的。如X100到X10F指定网络号No.3，即J3\K4X100。

例如：将X0进行数位指定，则根据K1～K4的不同进行如表1-19所示指定。

表1-19　　X0数位指定

数位	FX系列指定范围	Q系列指定范围
K1X0	从X0～X3的4点被指定	从X0～X3的4点被指定
K2X0	从X0～X7的8点被指定	从X0～X7的8点被指定
K3X0	从X0～X13的12点被指定（即X0～X7、X10～X13，不含X8～X9）	从X0～XB的12点被指定
K4X0	从X0～X13的12点被指定（即X0～X7、X10～X17，不含X8～X9）	从X0～XB的12点被指定

（2）当使用字软元件时，在1个字单元（16位）中被指定，如图1-48所示。

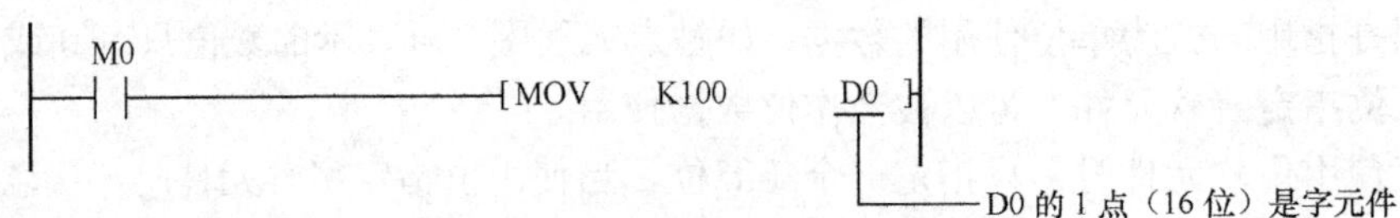

图1-48　字软元件的位数指定

3．双字数据

字数据是基本指令和应用指令常用的32位数据类型。在Q系列PLC中，CPU模块可以直接使用双字数据的是十进制常数（−2147483648～+2147483647）和十六进制常数（00000000～FFFFFFFF）。

经过数位指定的字软元件和位软元件可以当作双字数据使用。对于直接访问输入（DX）和直接访问输出（DY），双字数据的指定不能通过数位指定来完成。

（1）当使用位软元件时，位软元件的数位指定是通过“数位号/位软元件的初始号”完成的。位软元件的数位指定可以在4点（4位）单元中完成，可用于K1～K8的指定。对于链接直接软元件，指定是通过“J网络号\数位指定初始位软元件号”完成的。如X100到X11F指定网络号No.3，即J3\K8X100。

（2）当使用字软元件时，双字数据可以指定所使用的字软元件的低16位。在32位指令中，使用（指定软元件号）及（指定软元件号+1），如图1-49所示。

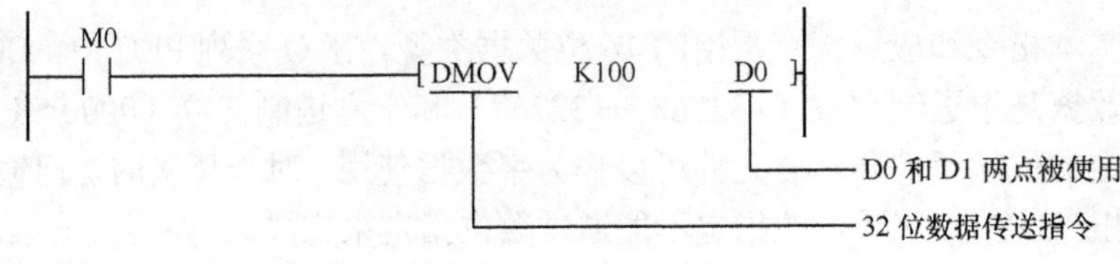

图1-49　32位指令使用16位软元件

4. 实数型数据

实数又称为浮点数，是用于基本指令和应用指令的浮点数据，它分为单精度浮点数和双精度浮点数。

单精度浮点数的数据长度为 32 位，其中最高位（bit31）为符号位，最低 23 位（bit22～bit0）为尾数，中间 8 位（bit30～bit23）为指数部分。最高位为“0”，表示该数为正数；最高位为“1”表示该数为负数。指数部分用 BIN 值表示 2^n 的 n 值，实际值为 2^{n-127}。单精度浮点数表示的实数值=（–1）^{符号}×1.[尾数部分]×2^{指数部分}。

双精度浮点数的数据长度为 64 位，其中最高位（bit63）为符号位，最低 52 位（bit51～bit0）为尾数，中间 11 位（bit62～bit52）为指数部分。最高位为“0”，表示该数为正数；最高位为“1”表示该数为负数。指数部分用 BIN 值表示 2^n 的 n 值，实际值为 2^{n-1023}。双精度浮点数表示的实数值=（–1）^{符号}×1.[尾数部分]×2^{指数部分}。

实数数据类型可以指定所使用的字软元件的低 16 位。实数指令使用（指定的软元件号）和（指定的软元件号+1），如图 1-50 所示。

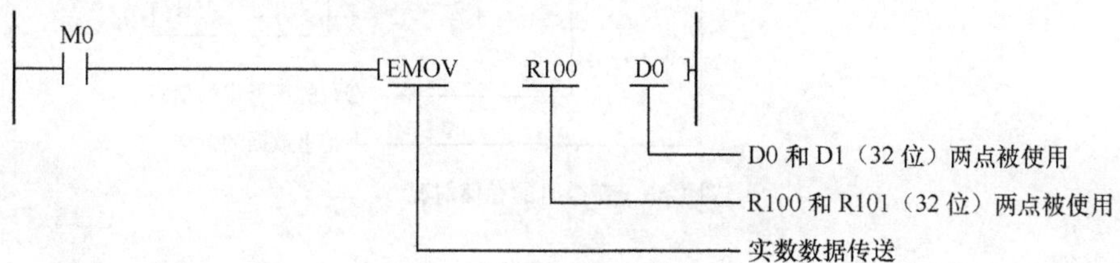

图 1-50 实数指令使用字软元件

5. 字符串型数据

字符串是基本指令和应用指令使用的字符型数据，它包含从指定字符起至表示字符串末尾的 NULL 码（00H）为止的所有数据，每个字符占用一个字软元件。

当指定字符是 NULL 码（00H）时，使用一个字来存储 NULL 码，如图 1-51 所示。

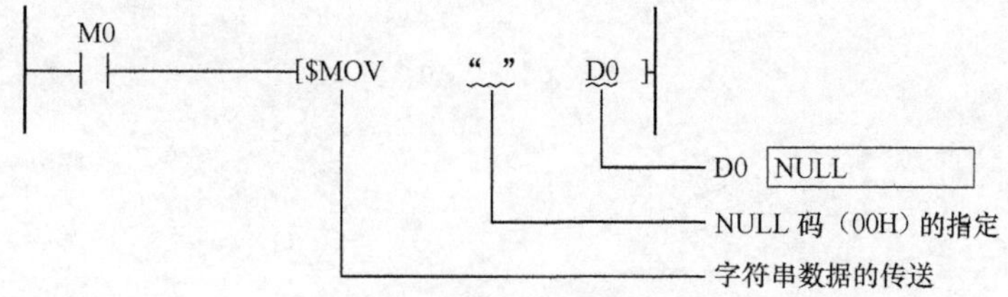

图 1-51 NULL 码的存储情况

当字符数是偶数时，使用（字符数/2+1）字，并且存储字符串和 NULL 码。例如，“ABCD”传送到以 D0 为起始的存储器中，则字符串“ABCD”将被存储到 D0 和 D1 中，NULL 码将被存储到 D2 中，如图 1-52 所示。

当字符数是奇数时，使用（字符数/1+2）字，并且存储字符串和 NULL 码。例如，“ABCDE”传送到以 D0 为起始的存储器中，则字符串“ABCDE”和 NULL 码依次存储到 D0～D2 中，如图 1-53 所示。

M0
[$MOV "ABCD" D0]
D0 42H 41H
D1 44H 43H
D2 NULL
偶数的字符串的指定
字符串数据的传送

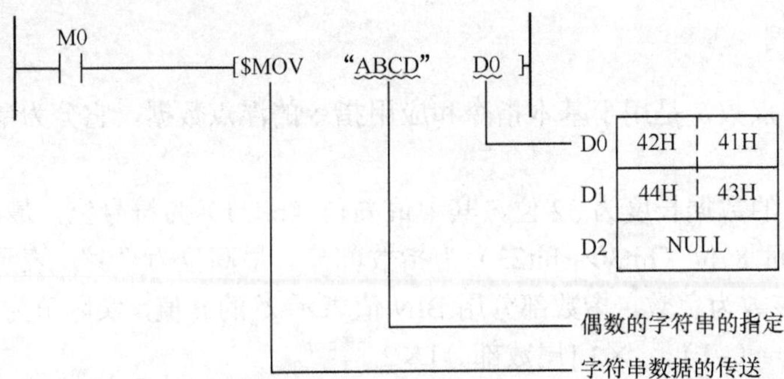

图 1-52 偶数时的存储情况

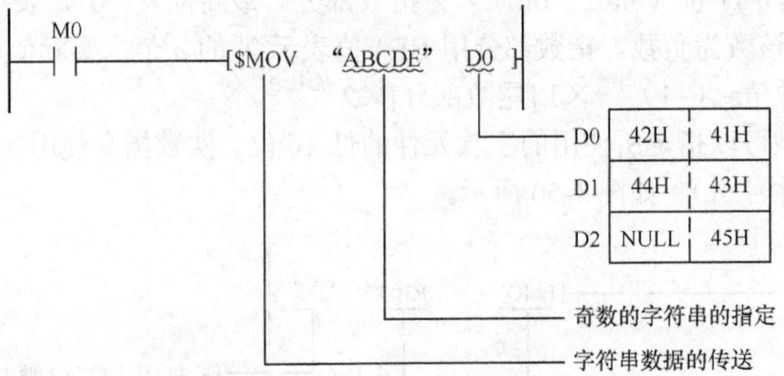

M0
[$MOV "ABCDE" D0]
D0 42H 41H
D1 44H 43H
D2 NULL 45H
奇数的字符串的指定
字符串数据的传送

图 1-53 奇数时的存储情况

第 2 章　FX/Q 系列 PLC 编程软件的使用

软件系统就如人的灵魂，可编程控制器的软件系统是 PLC 所使用的各种程序集合。为了实现某一控制功能，需要在特定环境中使用某种语言编写相应指令来完成，本章主要讲述三菱 FX/Q 系列 PLC 的编程语言和编程软件的使用。

2.1　PLC 编程语言

PLC 是专为工业控制而开发的装置，其主要使用者是工厂广大电气技术人员，为了适应他们的传统习惯和掌握能力，通常 PLC 采用面向控制过程、面向问题的“自然语言”进行编程。FX/Q 系列 PLC 的编程语言非常丰富，有梯形图、指令表、顺序功能流程图等，用户可选择一种语言或混合使用多种语言，通过专用编程器或上位机编写具有一定功能的指令。

2.1.1　PLC 编程语言的国际标准

基于微处理器的 PLC 自 1968 年问世以来，已取得迅速的发展，成为工业自动化领域应用最广泛的控制设备。当形形色色的 PLC 涌入市场时，国际电工委员会（IEC）及时地于 1993 年制定了 IEC1131 标准，以引导 PLC 健康发展。

IEC1131 标准分为 IEC1131-1～IEC1131-5 共 5 个部分：IEC1131-1 为一般信息，即对通用逻辑编程作了一般性介绍并讨论了逻辑编程的基本概念、术语和定义；IEC1131-2 为装配和测试需要，从机械和电气两方面介绍了逻辑编程对硬件设备的要求和测试需要；IEC1131-3 为编程语言的标准，它吸取了多种编程语言的长处，并制定了 5 种标准语言；IEC1131-4 为用户指导，提供了有关选择、安装、维护的信息资料和用户指导手册；IEC1131-5 为通信规范，规定了逻辑控制设备与其他装置的通信联系规范。

IEC1131 标准是由来自欧洲、北美以及日本的工业界和学术界的专家通力合作的产物，在 IEC1131-3 中，专家们首先规定了控制逻辑编程中的语法、语义和显示，然后从现有编程语言中挑选了 5 种，并对其进行了部分修改，使其成为目前通用的语言。在这 5 种语言中，有 3 种是图形化语言，2 种是文本化语言。图形化语言有梯形图、顺序功能图、功能块图，文本化语言有指令表和结构文本。IEC 并不要求每种产品都运行这 5 种语言，可以只运行其中的一种或几种，但必须符合标准。在实际组态时，可以在同一项目中运用多种编程语言，相互嵌套，以供用户选择最简单的方式生成控制策略。

正是由于 IEC1131-3 标准的公布，许多 PLC 制造厂先后推出符合这一标准的 PLC 产品。美国 A-B 公司属于罗克韦尔（Rockwell）公司，其许多 PLC 产品都带符合 IEC1131-3 标准中结构文本的软件选项。施耐德（Schneider）公司的 Modicon TSX Quantum PLC 产品可采用符合IEC1131-3标准的Concept软件包，它在支持Modicon 984梯形图的同时，也遵循IEC1131-3标准的5种编程语言。

2.1.2 梯形图

梯形图LAD（Ladder Programming）语言是使用得最多的图形编程语言，被称为PLC的第一编程语言。LAD是在继电—接触器控制系统原理图的基础上演变而来的一种图形语言，它和继电器-接触器控制系统原理图很相似，如图2-1所示。梯形图具有直观易懂的优点，很容易被工厂电气人员掌握，特别适用于开关量逻辑控制，它常被称为电路或程序，梯形图的设计称为编程。

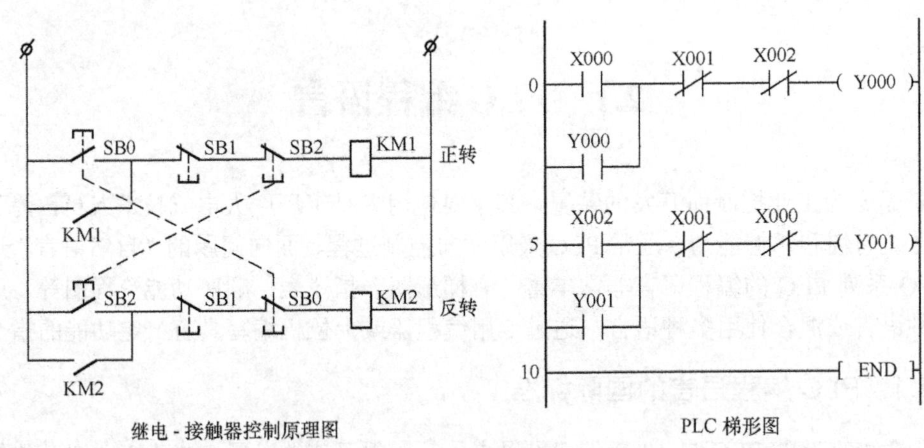

继电-接触器控制原理图　　PLC梯形图

图2-1　同一功能的两种不同图形

1．梯形图相关概念

在梯形图编程中，用到以下软继电器、能流和梯形图的逻辑解算3个基本概念。

（1）软继电器

PLC梯形图中的某些编程元件沿用了继电器的这一名称，如输入继电器、输出继电器、内部辅助继电器等，但是它们必须不是真实的物理继电器，而是一些存储单元（软继电器），每一软继电器与PLC存储器中映像寄存器的一个存储单元相对应。梯形图中采用了诸如继电—接触器中的触点和线圈符号，如表2-1所示。

表2-1　符号对照表

	物理继电器	PLC继电器
线圈		
常开触点		
常闭触点		

存储单元如果为“1”状态，则表示梯形图中对应软继电器的线圈“通电”，其常开触点接通，常闭触点断开，称这种状态是该软继电器的“1”或“ON”状态。如果该存储单元为

“0”状态，对应软继电器的线圈和触点的状态与上述的相反，称该软继电器为“0”或“OFF”状态。使用中，常将这些“软继电器”称为编程元件。

PLC梯形图与继电—接触器控制原理图的设计思想一致，它沿用继电—接触器控制电路元件符号，只有少数不同，信号输入、信息处理及输出控制的功能也大体相同。但两者还是有一定的区别：1）继电—接触器控制电路由真正的物理继电器等部分组成，而梯形图没有真正的继电器，是由软继电器组成；2）继电—接触器控制系统得电工作时，相应的继电器触头会产生物理动断操作，而梯形图中软继电器处于周期循环扫描接通之中；3）继电—接触器系统的触点数目有限，而梯形图中的软触点有多个；4）继电—接触器系统的功能单一，编程不灵活，而梯形图的设计和编程灵活多变；5）继电—接触器系统可同步执行多项工作，而PLC梯形图只能采用扫描方式由上而下按顺序执行指令并进行相应工作。

（2）能流

在梯形图中有一个假想的“概念电流”或“能流”（Power Flow）从左向右流动，这一方向与执行用户程序时的逻辑运算的顺序是一致的。能流只能从左向右流动。“能流”这一概念可以帮助我们更好地理解和分析梯形图。图2-2（a）不符合能流只能从左向右流动的原则，因此应改为图2-2（b）所示的梯形图。

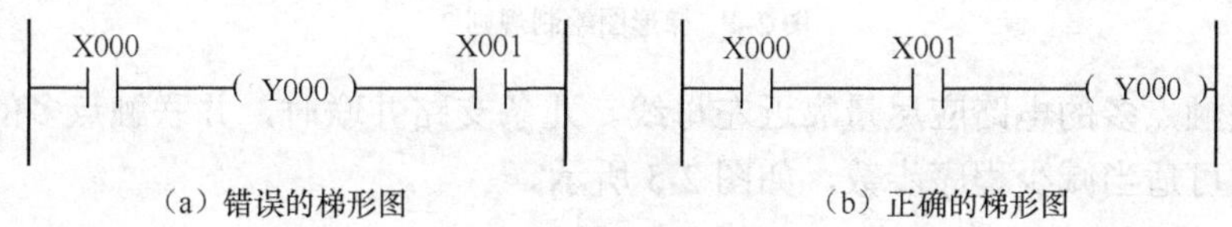

（a）错误的梯形图　　（b）正确的梯形图

图2-2　母线梯形图

梯形图的两侧垂直公共线称为公共母线（Bus bar），左侧母线对应于继电—接触器控制系统中的“相线”，右侧母线对应于继电—接触器控制系统中的“零线”，一般右侧母线可省略。在分析梯形图的逻辑关系时，为了借用继电器电路图的分析方法，可以想象左右两侧母线（左母线和右母线）之间有一个左正右负的直流电源电压，母线之间有“能流”从左向右流动。

（3）梯形图的逻辑解算

根据梯形图中各触点的状态和逻辑关系，求出与图中各线圈对应的编程元件的状态，称为梯形图的逻辑解算。梯形图中逻辑解算是按从左至右、从上到下的顺序进行的。解算的结果马上可以被后面的逻辑解算所利用。逻辑解算是根据输入映像寄存器中的值，而不是根据解算瞬时外部输入触点的状态来进行的。

2. 梯形图的编程规则

尽管梯形图与继电—接触器电路图在结构形式、元件符号及逻辑控制功能等方面相似，但在编程时，梯形图需遵循一定的规则，具体如下。

（1）自上而下，从左到右的程序编写方法。编写PLC梯形图时，应按从上到下、从左到右的顺序放置连接元件。在FX/Q的编译软件中，与每个输出线圈相连的全部支路形成1个逻辑行，每个逻辑行起于左母线，止于输出线圈或右母线，同时还要注意输出线圈与右母线之间不能有任何触点，输出线圈的左边必须有触点，如图2-3所示。

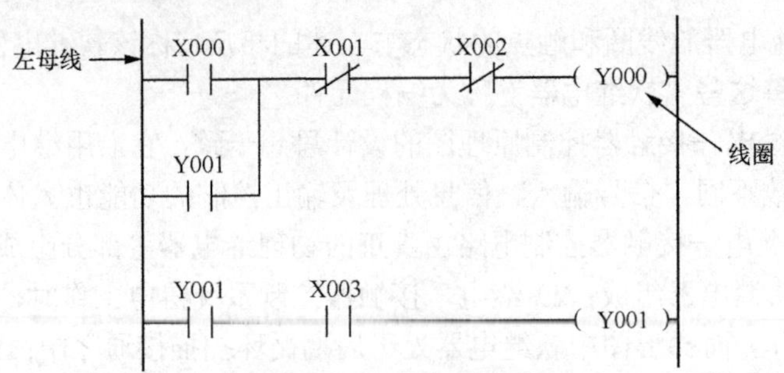

图 2-3　梯形图绘制规则 1

（2）串联触点多的电路应尽量放在上部。在每一个逻辑行中，当几条支路串联时，串联触点多的应尽量放在上面，如图 2-4 所示。

图 2-4　梯形图绘制规则 2

（3）并联触点多的电路应尽量靠近左母线。几条支路并联时，并联触点多的应尽量靠近左母线，这样可适当减少程序步数，如图 2-5 所示。

图 2-5　梯形图绘制规则 3

（4）垂直方向不能有触点。在垂直方向的线上不能有触点，否则形成不能编程的梯形图，需重新安排，如图 2-6 所示。

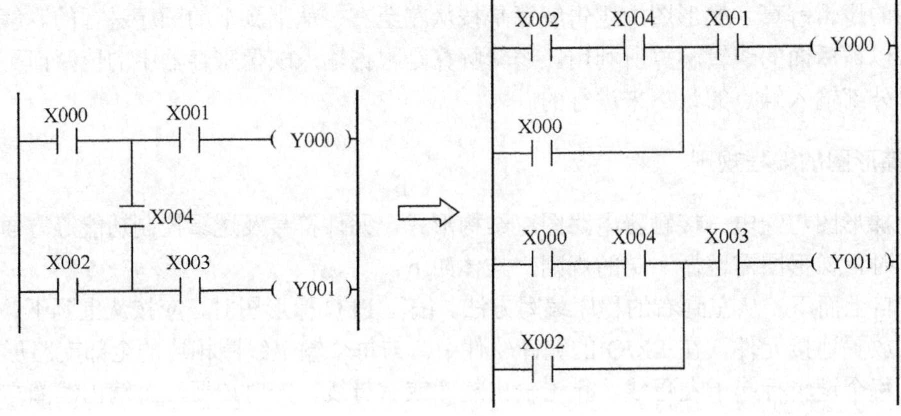

图 2-6　梯形图绘制规则 4

2.1.3 指令表

指令表又称为语句表 STL（Statement List），是通过指令助记符控制程序，类似于计算机汇编语言。不同厂家的 PLC 所采用的指令集不同，所以对于同一个梯形图，书写的语句表指令形式也不尽相同。

一条典型指令往往由助记符和操作数或操作数地址组成，助记符是指使用容易记忆的字符代表可编程控制器的某种操作功能。语句表与梯形图有一定的对应关系，用户可以直观地根据梯形图写出指令表语言程序，如图 2-7 所示。

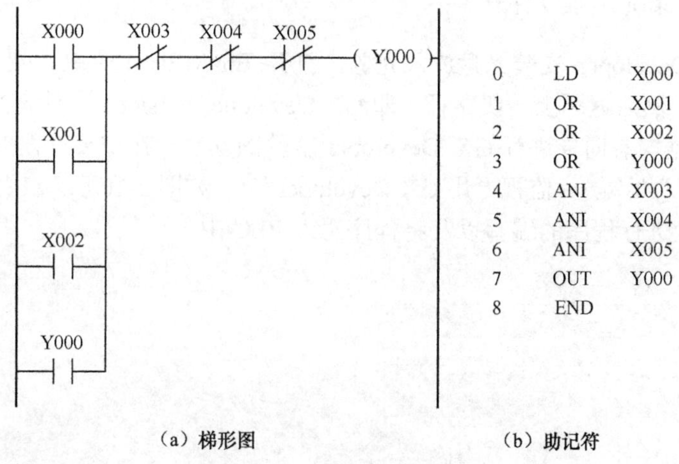

图 2-7 同一功能的两种表达方式

2.1.4 顺序功能图

顺序功能流程图 SFC（Sequential Function Chart）又称状态转移图，它是描述控制系统的控制过程、功能和特性的一种图形，也是设计可编程控制器的顺序控制程序的有力工具。顺序功能图主要由步、动作、转移条件等部分组成，如图 2-8 所示。

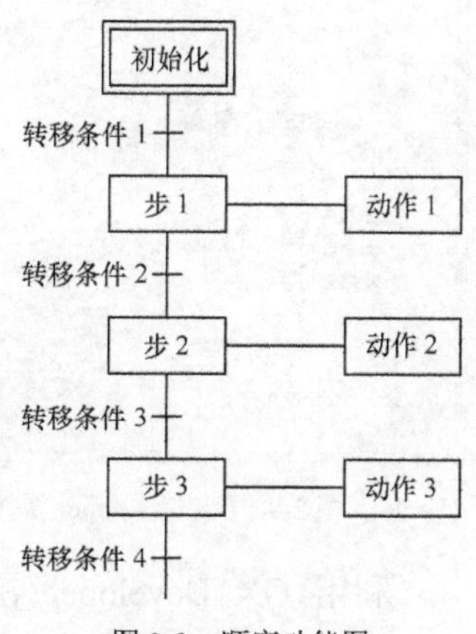

图 2-8 顺序功能图

顺序功能图编程法可将一个复杂的控制过程分解为一些具体的工作状态，把这些具体的功能分别处理后，再把这具体的状态依一定的顺序控制要求，组合成整体的控制程序，它并不涉及所描述的控制功能的具体技术，是一种通用的技术语言，可以供进一步设计和不同专业的人员进行技术交流之用。

2.2 GX Developer 编程软件的使用

GX Developer 编程软件是三菱 PLC 设计/维护的应用软件，可应用于三菱大型 PLC 的 Q 系列、A 系列、QnA 系列机型及小型 FX 系列 PLC 梯形图、指令表 SFC 等的编辑。该编程软件能够将 Excel、Word 等软件编程的说明性文字、数据，通过复制、粘贴等简单操作导入程序中，使软件的使用、程序的编辑更加便捷。

2.2.1 GX Developer 编程软件概述

GX Developer 是目前使用较广泛的 PLC 编程软件，可以用各种方法和可编程控制器 CPU 连接，能够简单设定和其他站点的链接，通过网络参数设定，可进行程序的在线更改、监控及调试，具有异地读写 PLC 程序功能。

1. GX Developer 编程软件安装

首先将 GX Developer 安装光盘放入光驱，打开 EnvMEL 文件夹，双击 SETUP，进行 EmvMEL 的安装，然后返回上一级路径（即 GX Developer Version7 文件夹），如图 2-9 所示，双击 SETUP，根据安装向导进行 GX Developer 软件的安装。在安装过程中，在出现的“选择部件”对话框中不要勾选“监视专用 GX Developer”项，如图 2-10 所示，否则 GX Developer 软件安装后，不能进行程序的编写以及将程序写入 PLC 中。

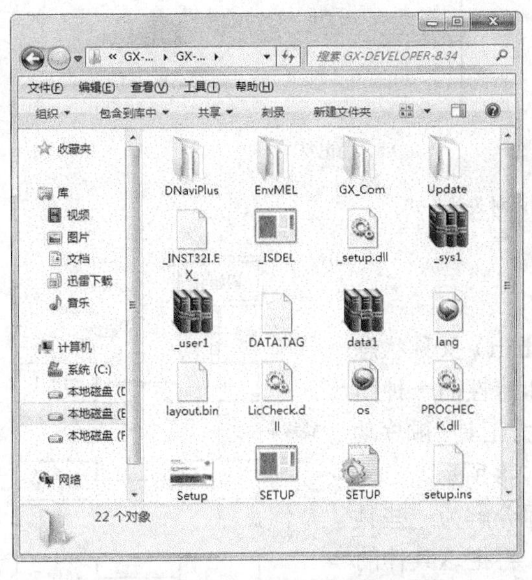

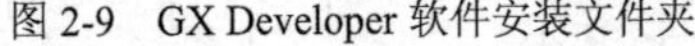
图 2-9 GX Developer 软件安装文件夹

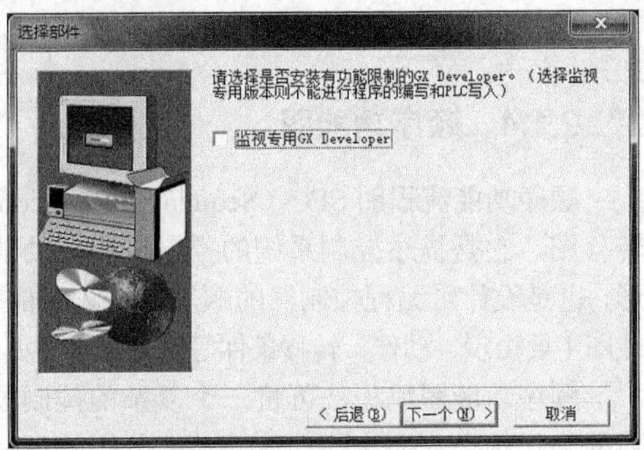

图 2-10 “选择部件”对话框

利用 GX Developer 在计算机上可进行 PLC 程序的编写、调试、监控，并通过采用 FX-232AWC 型 RS-232C/RS-422 转换器（便携式）或 FX-232AW 型 RS-232C/RS-422 转换器（内置式），以及其他指定的转换器和 SC-09 通信线缆与 PLC 主机相连。三菱电机推出的 FX 系列 PLC 用 USB 编程电缆（FX-USB-AW），可以直接通过计算机的 USB 口对 FX 系列 PLC 进行编程，省去了以往使用 USB/RS232 转换器+SC-09 组合的麻烦。

2. GX Developer 编程软件界面

GX Developer 软件安装好后，执行“开始→MELSOFT 应用程序→GX Developer”弹出图 2-11 所示初始启动界面。

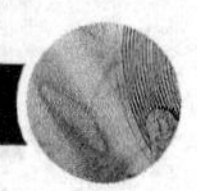

在 GX Developer 的初始启动界面中，执行菜单“工程（F）→创建新工程（N）…”或在工具栏中单击图标，弹出创建新工程对话框。用户根据需要选择合适的 PLC 类型，点击确认键后，则出现梯形图程序编辑主界面，如图 2-12 所示。

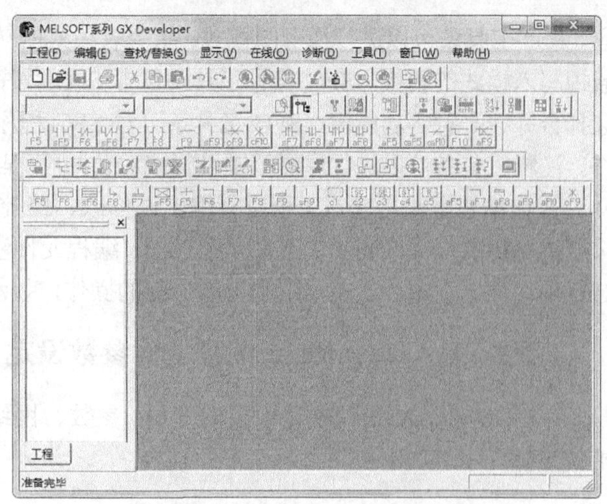

图 2-11　GX Developer 初始启动界面

GX Developer 梯形图程序编辑主界面主要包含菜单栏、工具条、编辑区、工程数据列表、状态栏等。

菜单栏包含工程、编辑、查找/替换、交换、显示、在线、诊断、工具、窗口和帮助共 10 个菜单。

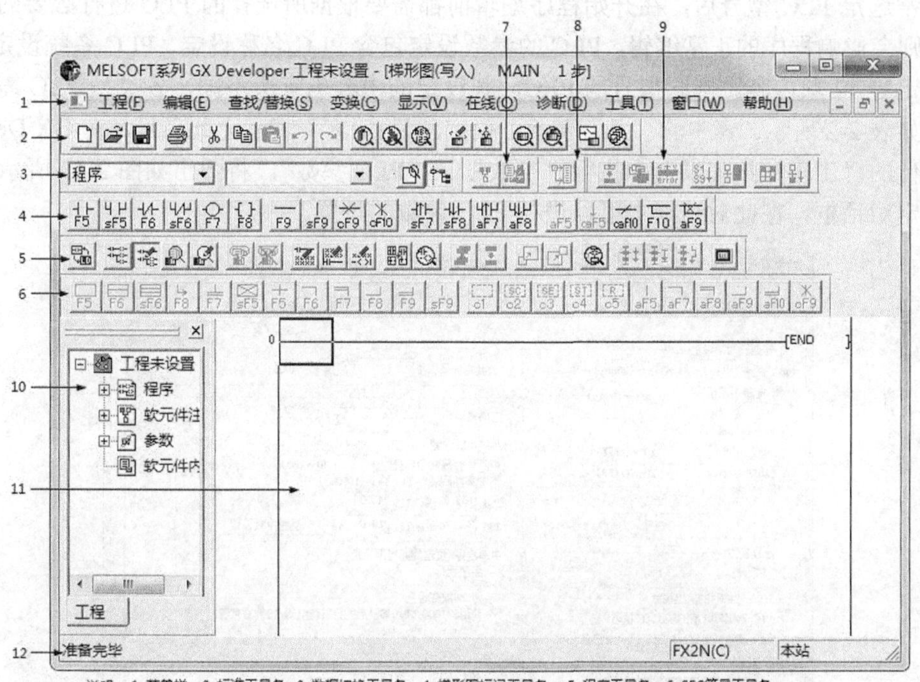

图 2-12　GX Developer 梯形图程序编辑主界面

GX Developer 提供了大量工具条以供用户使用，如标准工具条、数据切换工具条、梯形图标记工具条、程序工具条、SFC 符号工具条、SFC 工具条、注释工具条等。其中，标准工具条由工程菜单、编辑菜单、查找/替换菜单、在线菜单、工具菜单中常用的功能组成，如工程的建立、保存、打印；程序的剪切、复制、粘贴；元件或指令的查找、替换；程序的读入、写出；编程元件的监视、测试以及参数检查等。数据切换工具条可在程序、参数、注释、编程元件内存这 4 个项目切换。梯形图标记工具条包含梯形图编辑所需使用的常开触点、常闭触点、应用指令等内容。程序工具条可以进行梯形图模式、指令表模式的转换；进行读出模式，写入模式，监视模式，监视写入模式的转换。SFC 符号工具条包含 SFC 程序编辑所需使用的步、块启动步、结束步、选择合并、平行等功能键。SFC 工具条可对 SFC 程序进行块变换、块信息设置排序、块监视操作。注释工具条可以进行注释范围设置或对公共/各程序的注释进行设置。

操作编辑区是用来对工程进行编辑、修改、监控的区域。工程参数列表就是将工程内数据按照浏览树的形式来表示，用来显示工程、编程元件注释、参数、编程元件内存等内容，可实现这些项目数据设定。状态栏用来提示当前的操作，显示 PLC 类型以及当前操作状态等。

2.2.2 GX Developer 编程软件参数设定

GX-Developer 编程软件可以对 PLC 参数、网络参数、远程密码、冗余参数等内容进行相关设置。

1. PLC 参数设定

通常选定 PLC 型号后，在开始程序编辑前都需要根据所选择的 PLC 进行必要的参数设定，否则会影响程序的正常编辑。PLC 的参数设定包含 PLC 名称设定、PLC 系统设定、PLC 文件设定等 12 项内容。不同型号的 PLC，其设定的内容也有所不同，各类型 PLC 需要设定的项目如表 2-2 所示。表中的“√”表示可设定项目；“×”表示无此项目。在 GX Developer 编程软件的“工程参数列表”中执行“参数”→“PLC 参数”，将弹出如图 2-13 所示的 PLC 参数设定对话框，在此对话框中可以进行 PLC 参数的设置。

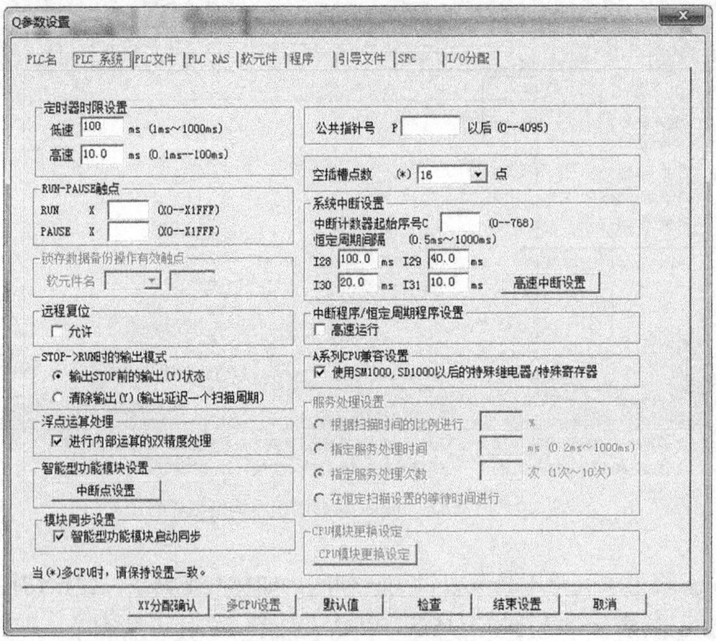

图 2-13　PLC 参数设置

进行 PLC 参数设置时，各选项卡的不同颜色代表不同的状态。其中，红色表示不设置数据时不动作（未设置数据）；蓝色表示已设置了数据的状态；紫色表示在无设置/默认状态下动作（已设置了数据）；深蓝色表示已设置了数据的状态（已设置了数据）。

表 2-2 各系列 PLC 参数设定一览表

设定项目＼PLC 类型	QnA	Q 系列				FX
		基本型 QCPU	高性能型/过程 QCPU	冗余 QCPU	远程 I/O	
PLC 名称设定	√	√	√	√	×	√
PLC 系统设定	√	√	√	√	√	√
PLC 文件设定	√	√	√	√	×	×
PLC RAS 设定	√	√	√	√	√	×
软元件设定	√	√	√	√	×	√
程序设定	√	×	√	√	×	×
引导文件设定	√	√	√	√	×	×
SFC 设定	√	√	√	√	×	×
I/O 分配	√	√	√	√	√	√
存储器容量设定	×	×	×	×	×	√
操作设定	×	×	×	×	√	×
串行口通信设定	×	√	×	×	×	×

2．网络参数设定

对于 Q 系列 PLC 而言，在 GX Developer 中可进行设定的网络参数如表 2-3 所示，表中的“√”表示可设定项目。在 GX Developer 编程软件的“工程参数列表”中执行“参数”→“网络参数”，将弹出如图 2-14 示的网络参数设定对话框。在此对话框中，点击相应的按钮将弹出其对应的选项卡，以完成对不同的网络类型进行网络参数的设置。在设置时，各选项卡的颜色含义与 PLC 参数设置时的颜色含义相同。

图 2-14 网络参数设置

表 2-3 可设定的网络参数

网络类型＼PLC 类型	QCPU	远程 I/O	网络类型＼PLC 类型	QCPU	远程 I/O
MELSECNET			MELSECNET/MINI		
MELSECNET II			CC-Link	√	√
MELSECNET/10	√		以太网	√	√
MELSECNET/H	√				

3．远程密码设定

Q 系列 PLC 能够进行远程链接，所以为了防止由于非正常的远程链接而造成恶意的程序破坏、参数的修改等事故的发生，Q 系列 PLC 可以设定密码，以避免类似事故的发生。在工程参数列表中，双击“参数”下的“远程口令”选项，打开远程口令设定窗口，即可设定口令以及口令有效的模块，如图 2-15 所示。

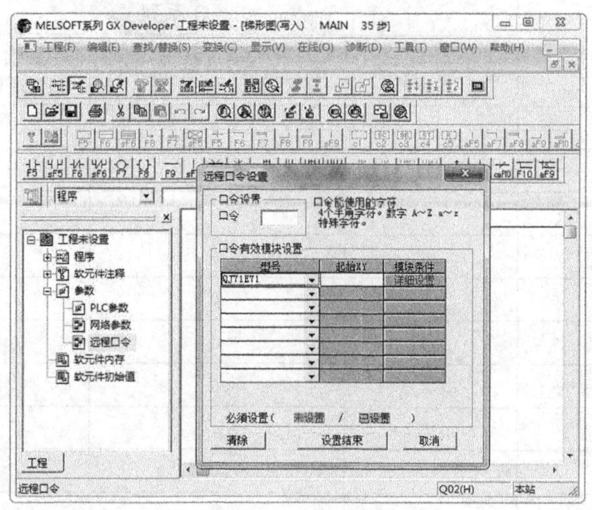

图 2-15 远程密码设定窗口

在“口令设置”栏中，其“口令”可以设置 4 个字符，所设定的字符为除“”（空格）外的其他 ASCII 码，但是必须是半角字符。

在“口令有效模块设置”栏中，“模块名”可以选择 QJ71E71、QJ71C24/CM0；“起始 XY”是以 16 点为单位设置真实的 I/O 号；“详细设置”是用来设置用户链接和系统链接。

4. 冗余参数的设定

创建工程时，若选用 Q 系列冗余 CPU（如 Q12PH、Q25PH）时，需进行冗余参数的设定。在工程参数列表中，双击“参数”下的“冗余参数”选项，将打开冗余参数设定窗口即可设置有关冗余 CPU 的动作模式及热备等参数，如图 2-16 所示。

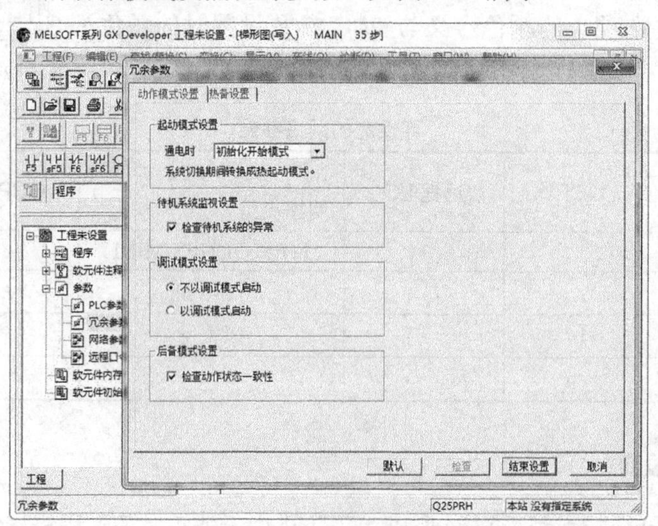

图 2-16 冗余参数设置

在动作模式设置选项卡中，“起动模式设置”项设置，当系统通电/复位时的设备状态；

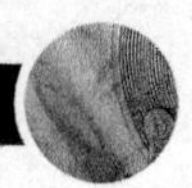

“待机系统监视设置”项，设置对待机系统的异常进行检查，当发生异常时可通过 PLC 诊断检查出错；“调试模式设置”项，设置是否以调试模式启动；“备份模式设置”项，设置动作状态的一致性。

在“热备设置”选项卡中，“热备软元件设置”项，设置热备传送所需要设定的数据；“软元件详细设置”项，设置热备数据块号及软元件的范围；“热备传送模式设定”项，设置其传送方式。

2.2.3 软元件注释及内存设置

在梯形图中引入注释后，可以使用户更加直观地了解各编程元件在程序中所起的作用，大大提高程序的可读性。

1. 创建软元件注释

软元件注释包括共用注释及各程序注释两类。

对于 Q 系列 PLC 而言，创建多个程序时，在将一个注释数据作为共用注释使用时必须进行共用注释设置。其操作步骤为：双击工程参数列表中的“软元件注释”中的“COMMENT”选项，将弹出如图 2-17 所示的设置界面。

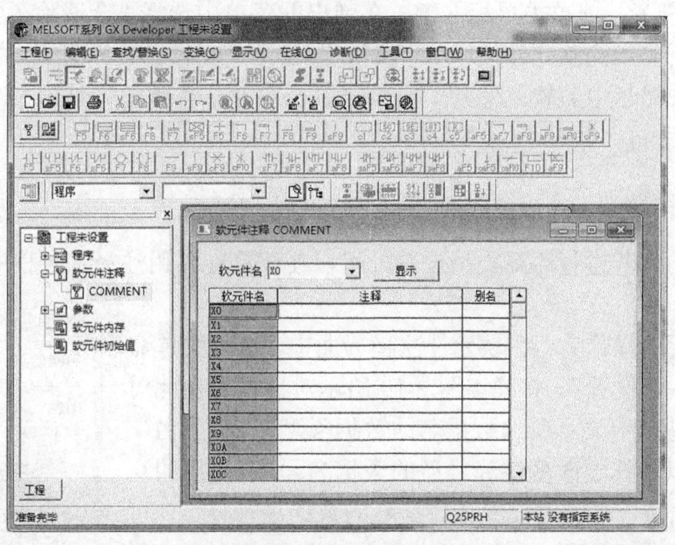

图 2-17 软元件注释界面

对于 Q 系列 PLC 而言，在各个程序中附加注释时，必须进行各程序注释的设置。其操作步骤为：在工程参数列表中的“工程”上单击鼠标右键，选择“新建”，弹出“新建”对话框。在此对话框的“数据类型”下拉列表中选择“各程序注释”，“新建添加数据名”栏中输入程序注释名称（如图 2-18 所示），设置好工程参数列表中的“软元件注释”将添加新建的程序注释名（如 SUB1）。双击该程序注释名，会弹出图 2-17 所示的软元件注释界面。

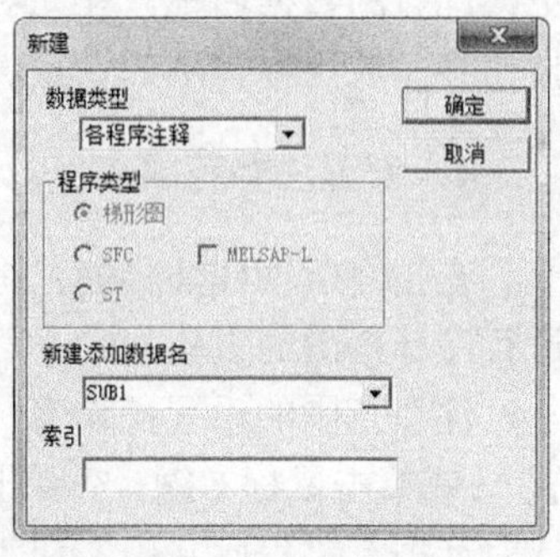

图 2-18 新建对话框

在图 2-17 的“软元件名”一栏中输入要编辑的元件名，

单击“显示”键，画面显示编辑对象后，在“注释”、“别名”中输入说明内容，即完成注释/别名的输入。注释内容必须限制在半角 16 字符汉字或半角 15 字符假名以内；别名必须限制在半角 8 字符汉字以内。

用户定义完软件注释和别名后，如果没有将注释/别名显示功能开户，软件是不会显示编辑好的注释和别名，若要显示，则需进行的操作为：在程序编辑状态下，单击“显示”菜单命令下的“注释显示”（也可按 Ctrl+F5）、“别名显示”（也可按 Alt+Ctrl+F6），即可显示编辑好的注释、别名。在“显示”菜单命令下，选择“注释显示形式”，还可定义显示注释、别名字体的大小。

2. 删除软元件注释

删除软元件注释分为 3 种情况：删除一个软元件注释/别名，删除全部软元件注释/别名和删除所显示的软元件注释/别名。

只要删除一个软元件注释/别名时，在软元件注释编辑界面中用鼠标选中要删除的注释/别名，按下“Delete”键即可。

若要删除全部软元件注释/别名时，在软元件注释编辑界面中，执行菜单命令“编辑”→“全清除（全软元件）”，或单击鼠标右键，在弹出的菜单中选择“全清除（全软元件）”即可。

如果要删除所显示的软元件注释/别名时，在软元件注释编辑界面中，执行菜单命令“编辑”→“全清除（显示中的软元件）”，或单击鼠标右键，在弹出的菜单中选择“全清除（显示中的软元件）”即可。

3. 设置注释类型

根据使用目的，若进行注释类型设置，可以使注释在共用注释和各程序注释类型间自由切换。

注释类型设置的操作为：在软元件注释界面中，执行菜单命令“编辑”→“注释设置”，将弹出图 2-19 所示对话框。在此对话框的“注释类型”中显示所选数据名的数据类型；“数据名”下拉列表中，可以选择要改变注释类型的数据名；“改变后的注释类型”下拉列表中，可以对设置了数据名的数据进行分类，可分为共用注释和各程序注释；“改变后的数据名”下拉列表中可更改已有的数据名称。在此对话框中，设置好后，单击“确认”按钮将完成注释类型的设置。

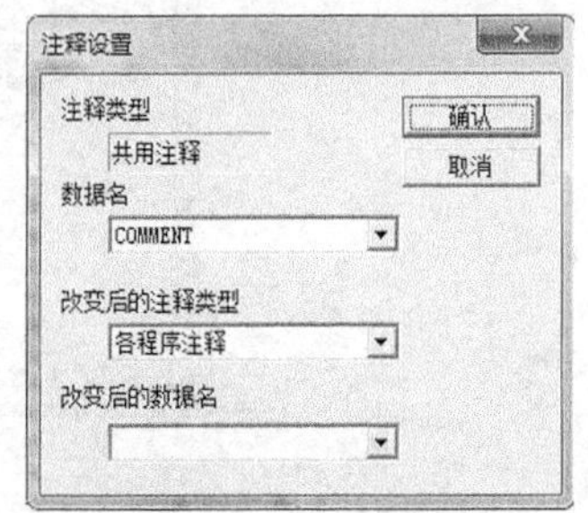

图 2-19 注释类型设置对话框

4. 设置注释范围

在指定所创建注释的范围并写入可编程控制器 CPU 时，以及写入到其他格式文件时，需进行注释范围的设置。

注释范围的设置操作为：在软元件注释界面中，执行菜单命令“编辑”→“注释范围设置”，或单击鼠标右键，在弹出的菜单中选择“注释范围设置”，将弹出如图 2-20 所示对话框。该对话框有“程序共用”和“各程序”两个选项卡，这两个选项卡的设置方法相同。设置好后，单击“确认”按钮将完成注释范围的设置。

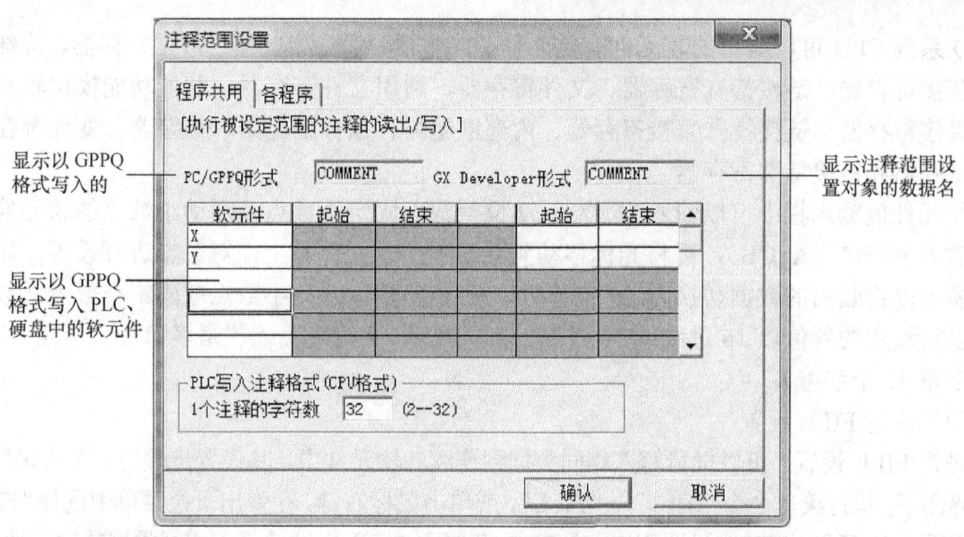

图 2-20　注释范围设置对话框

5. 软元件的内存设置

对于软元件内存中的数据寄存器、链接寄存器、文件寄存器等数据，可以在离线状态下对其进行设置，或从可编程控制器 CPU 中读取后编辑。由于可编程控制器 CPU 在启动后，将设置好的软元件内存文件内容写入到对应的软元件内存中，所以事先设置软元件内存，可以避免为之编写初始化顺控程序。

（1）设置软元件的值

通过设置软元件的值，可以批量编辑位软元件或字软元件的数据。其操作方法为：在工程参数列表中的“工程”上单击鼠标右键，选择“新建”后弹出“新建”对话框。在此对话框的“数据类型”下拉列表中选择“软元件内存”，“新建添加数据名”栏中输入软元件内存名，设置好工程参数列表中的“软元件内存”，将添加新建的软元件内存名（如 MAIN）。在工程参数列表中双击新建的软元件内存，将弹出图 2-21 所示的软元件内存设置对话框。

软元件名	0	1	2	3	4	5	6	7	字符串
D0	0	0	0	0	0	0	0	0	....
D8	0	0	0	0	0	0	0	0	....
D16	0	0	0	0	0	0	0	0	....
D24	0	0	0	0	0	0	0	0	....
D32	0	0	0	0	0	0	0	0	....
D40	0	0	0	0	0	0	0	0	....
D48	0	0	0	0	0	0	0	0	....
D56	0	0	0	0	0	0	0	0	....
D64	0	0	0	0	0	0	0	0	....
D72	0	0	0	0	0	0	0	0	....
D80	0	0	0	0	0	0	0	0	....
D88	0	0	0	0	0	0	0	0	....
D96	0	0	0	0	0	0	0	0	....
D104	0	0	0	0	0	0	0	0	....

图 2-21　软元件内存设置对话框

Q 系列 CPU 可以编辑的软元件有定时器、计数器、保持定时器、数据寄存器、特殊寄存器、链接寄存器、链接特殊寄存器、文件寄存器、通用文件寄存器、智能功能模块软元件、链接直接寄存器、链接特殊直接寄存器、内部继电器、锁存继电器、报警器、变址寄存器、链接寄存器和链接特殊寄存器。

软元件值输入栏中可以输入 16 位或 32 位整数、固定小数点及浮动小数点的软元件值。若要输入字符串（ASCII），需将光标移动到要设置的软元件号上，对数据进行设置。显示形式切换可以将画面的数据切换为 16 位整数、32 位整数、浮动小数点或固定小数点。数值切换可以将设定的数值以 16 进制或 10 进制的形式显示。字符串输入栏最多可输入半角 64 个字符（全角 32 个字符）。

（2）进行 FILL 设置

进行 FILL 设置，可以批量写入相同数据到连续的软元件中。其设置步骤为：在软元件内存编辑界面下，执行菜单命令“编辑”→“FILL”，或单击鼠标右键，在弹出下拉菜单中选择“FILL”，可弹出图 2-22 所示的 FILL 设置窗口。在 FILL 范围中，填入要批量写入相同数据的软元件范围，并填写好 FILL 数据后，单击“确定”按钮就完成了对软元件内存的批量写入。

（3）软元件初值

在软元件内存编辑界面中所设置的软元件值可以作为软元件初始值。其操作方法为：在工程参数列表中的“工程”上单击鼠标右键，选择“新建”后弹出“新建”对话框。在此对话框的“数据类型”下拉列表中选择“软元件初始值”，“新建添加数据名”栏中输入软元件初始值名，设置好工程参数列表中的“软元件初始值”，添加新建的软元件初始值名（如 MAIN1）。在工程参数列表中双击新建的软元件初始值，将弹出图 2-23 所示的软元件初始值范围设置对话框。

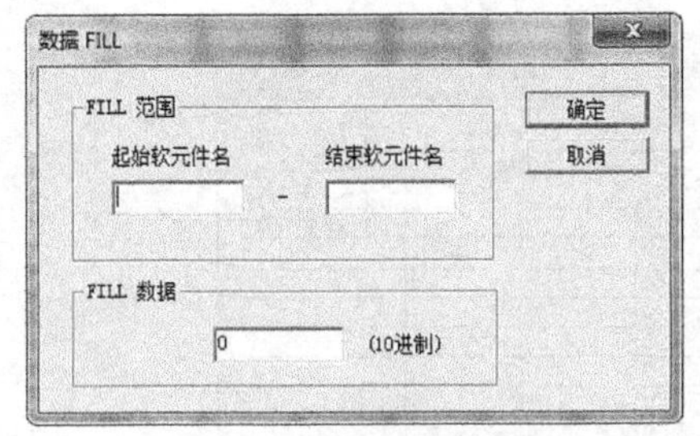

图 2-22　FILL 设置窗口

图 2-23　软元件初始值范围设置对话框

Q 系列 CPU 可以写入初始值的软元件有定时器、计数器、保持定时器、数据寄存器、特殊寄存器、链接寄存器、链接特殊寄存器、文件寄存器、特殊直接软元件和链接直接软元件。

（4）软元件内存的清除

删除软元件内存分为 3 种情况：删除一个软元件值、删除全部软元件值和删除所显示的软元件值。

只要删除一个软元件值时，在软元件内存编辑界面中用鼠标选中要删除的内容，按下“Delete”键即可。

若要删除全部软元件值，在软元件内存编辑界面中，执行菜单命令“编辑”→“全清除（全软元件）”，或单击鼠标右键，在弹出的菜单中选择“全清除（全软元件）”即可。

如果要删除所显示的软元件值时，在软元件内存编辑界面中，执行菜单命令“编辑”→“全清除（显示中的软元件）”，或单击鼠标右键，在弹出的菜单中选择“全清除（显示中的软元件）”即可。

2.2.4　工程及梯形图制作注意事项

1. 工程

GX Developer将所有各种顺控程序、参数以及顺控程序中的注释、声明、注释以工程的形式进行统一管理。在工程菜单中不仅可以方便地编辑、表示顺控程序和参数等，还能设定使用的PLC类型。

（1）创建新工程

执行命令“开始→MELSOFT应用程序→GX Developer”，启动GX Developer软件的初始界面。选择“工程”→“创建新工程”菜单命令，或按“Ctrl+N”快捷键，或单击图标，将弹出图2-24所示的“创建新工程”对话框。

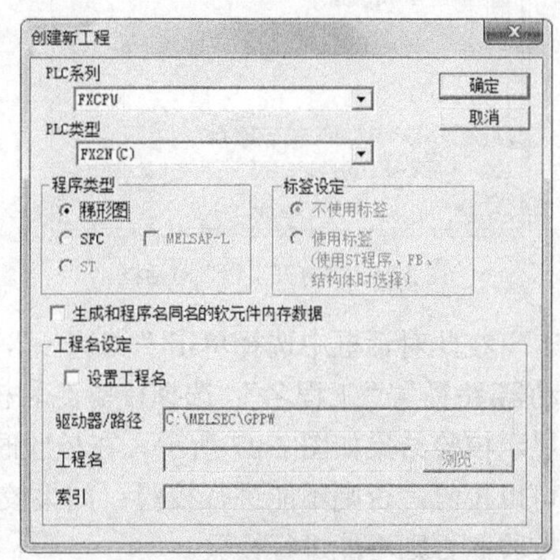

图2-24　“创建新工程”对话框

在“创建新工程”对话框中“PLC系列”项，可在QCPU（Q模式）、QnA系列、QCPU（A）模式、A系列、运动控制CPU（SCPU）和FX系列中选择合适的PLC系列。“PLC类型”项可根据使用的CPU类型进行型号选择，如果需要设定Q系列远程I/O参数，需先在“PLC系列”项中选择QCPU（Q模式）后，再在“PLC类型”项中选择“远程I/O”。在“程序类型”项中可选择使用梯形图程序或者SFC程序进行编程。若在QCPU（Q模式）中选择SFC，MELSAP-L也可选择。“标号设置”项中用于标号的设定，当程序中不需制作标号时，选择“无标号”；当程序中需制作标号程序时，选择“标号程序”；当程序中需制作FB功能块时，选择“标号+FB程序”。“生成和程序同名软元件内存数据”项用于新建工程时，生成与程序同名的软元件内存数据。“工程名设置”项，用来设定新建工程保存路径、工程名及标题。

新建工程应注意以下几点。

1）新建工程后，各个数据及数据名如下所示。

程序：MAIN；注释：COMMENT（通用注释）；参数：PLC参数、网络参数（限于A系列、QnA/Q系列）。

2）当生成复数的程序或同时启动复数的GX Developer时，计算机的资源可能不够用而导致画面的表示不正常，此时应重新启动 GX Developer 或者关闭其他的应用程序。

3）当未指定驱动器名/路径名（空白）就保存工程时，GX Developer 可自动在缺省（默认）值设定的驱动器/路径中保存工程。

（2）打开工程

打开工程用来读取已保存的工程文件。执行菜单命令“工程”→“打开工程”或按“Ctrl+O”键，或单击图标，弹出图 2-25 所示的对话框。在此对话框中选择所存工程驱动器/路径和工程名，单击“打开”，进入编程窗口；单击“取消”，重新选择。工程的保存、关闭等操作与一般的应用软件相同，在此不进行阐述。

（3）校验工程

校验工程用来校验同一 PLC 类型的可编程控制器 CPU 工程中的数据。执行菜单命令“工程”→“校验”弹出图 2-26 所示对话框。

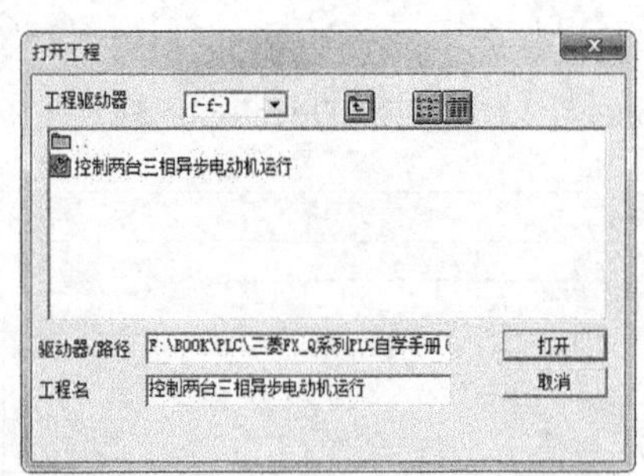

图 2-25　“打开工程”对话框

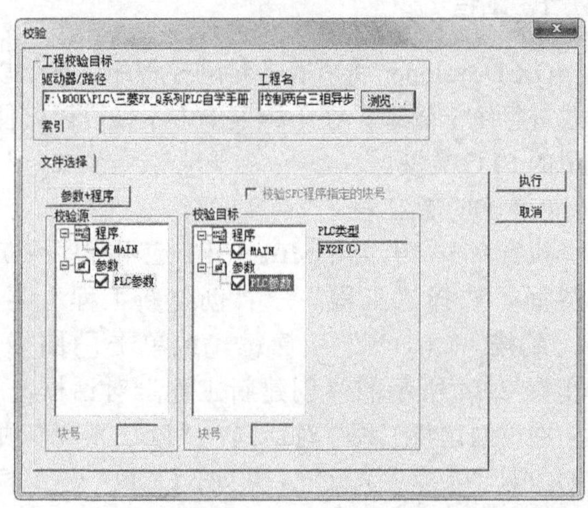

图 2-26　“校验”对话框

在此对话框中选择单击“浏览…”，弹出“打开工程”对话框，选择校验目标工程的“驱动器/路径”、“工程名”；选择校验源和校验目标的校验复选项目，再单击“执行”，开始校验，显示校验结果如图 2-27 所示。在校验时注意：当校验源和校验目标的工程同为标号程序时，可以校验，否则不能进行校验；如果校验源和校验目标的工程同为远程 I/O 站工程时，可以校验，否则不能进行校验。

（4）相互转变梯形图程序和 SFC 程序

在 GX Developer 中可以将已保存的梯形图程序转换成 SFC 程序，或者将保存的 SFC 程序转换成梯形图程序。执行菜单命令“工程”→“编辑数据”→“改变程序类型…”，弹出图 2-28 所示对话框（本例为梯形图转 SFC）。

2．梯形图制作注意事项

（1）梯形图表示画面时的注意事项

1）在 1 个画面上表示梯形图 12 行（800×600 画面缩小 50%）；

2）1 个梯形图块在 24 行内制作超出 24 行就会出现错误；

3）1 个梯形图行的触点数是 11 个触点+1 个线圈；

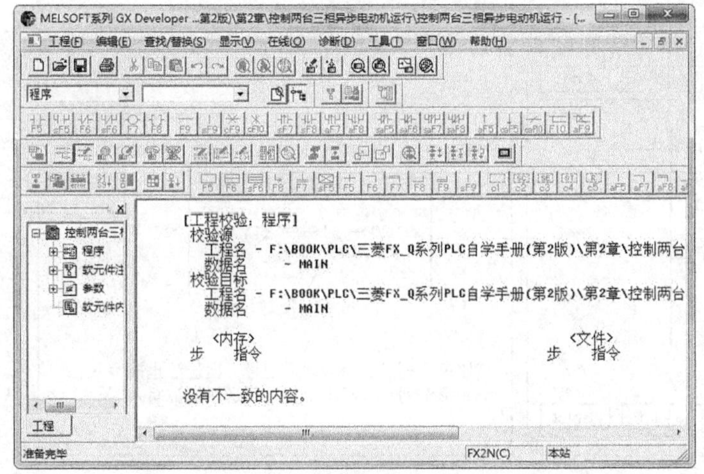

图 2-27 校验结果

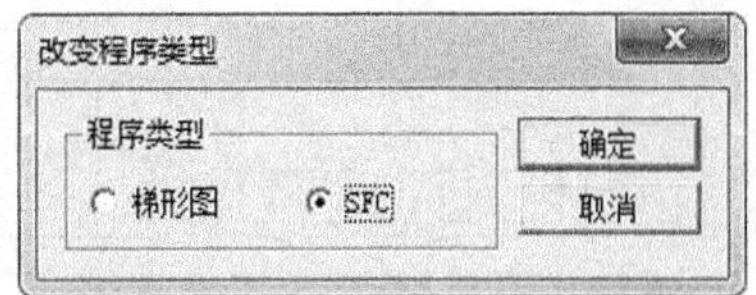

图 2-28 “改变程序类型”对话框

4）注释文字的表示如表 2-4 所示。

表 2-4　注释文字表示列表

	输入文字数	梯形图画面表示文字数
软元件注释	半角 32 文字（全角 16 文字）	8 文字×4 行
说明	半角 64 文字（全角 32 文字）	设定的文字部分全部表示
注解	半角 32 文字（全角 16 文字）	
机器名	半角 8 文字（全角 4 文字）	

注意：软元件注释的编辑文字数可以选择 16 文字或 32 文字。写入 PG/GPPA 格式文件最多是半角 16 文字（全角 8 文字）；FXGP（DOS）格式文件内写入软元件注释最多是半角 16 文字（全角 8 文字）。

（2）梯形图编辑画面时的注意事项

1）1 个梯形图块的最大编辑是 24 行；

2）1 个梯形图块中编辑 24 行，总梯形图块的行数最大为 48 行；

3）数据的剪切最大是 48 行，块单位最大是 124KB；

4）数据的复制最大是 48 行，块单位最大是 124KB

5）读取模式的剪切、复制、粘贴等编辑不能进行；

6）主控操作（MC）记号的编辑不能进行读取模式，监视模式时表示 MC 记号（写入模式时 MC 记号不表示）；

7）制作 1 行中有 12 触点以上的直列梯形图时，自动回送，移动至下一行。回送记号用 K0～K99 制作，OUT（→）和 IN（→）回送记号必须是相同的号码；

8）回送行的 OUT（→）和 IN（→）行间不能插入别的梯形图；

9）使用梯形图写入功能时，即使回送记号不是同一梯形图块内，也将被附加连续的编号，但是，用读取功能读出的梯形图块的回送号码是按顺序从 0 号开始表示的，如图 2-29

所示；

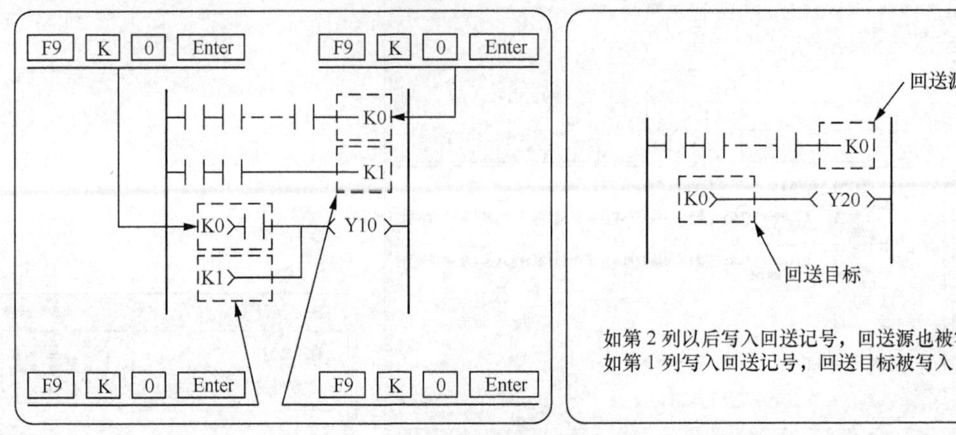

图 2-29　梯形图写入

10）在写入（替换）模式中，存在复数触点/线圈时，不能进行覆盖其中一个触点/线圈的梯形图编辑，如图 2-30 所示。

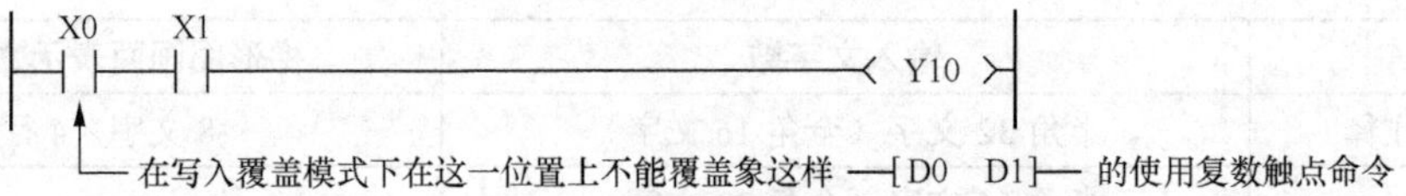

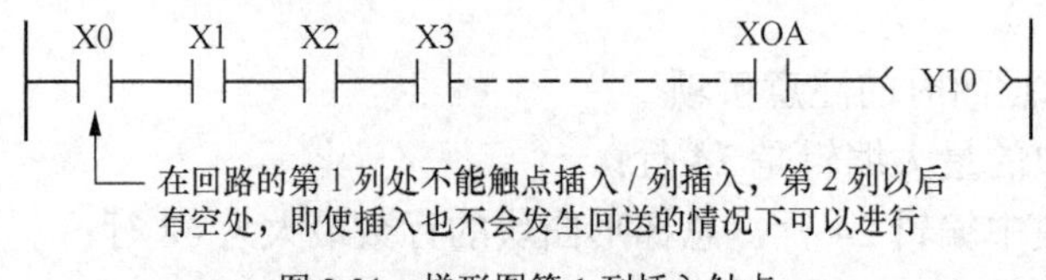

图 2-30　复数触点/线圈写入

修正时，用写入（插入）模式先插入—[= D0　D1]—，然后用 Delete 键删除“X000”即可。

11）由于梯形图的第 1 列处插入触点时导致整行梯形图最后的部分回车（用 2 行表示），不能实行触点插入，如图 2-31 所示。

图 2-31　梯形图第 1 列插入触点

12）处理插入时，如插入位置是指令中，不能实行，如图 2-32 所示。

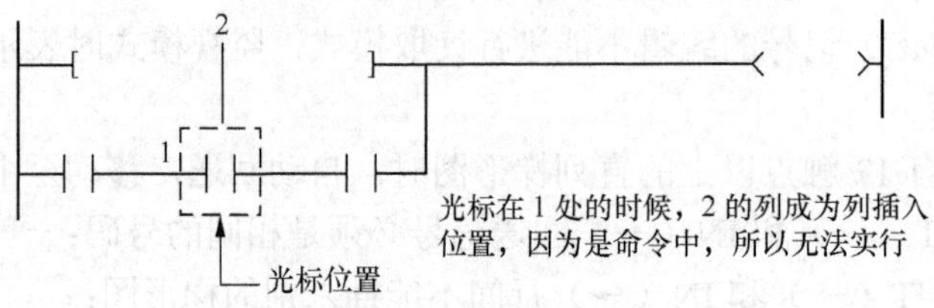

图 2-32　梯形图中列插入

13）梯形图记号的插入，可采用紧靠右边的列插入的方式进行，所以根据梯形图形状也

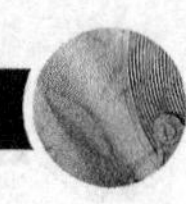

会有无法插入的时候，如图 2-33 所示。

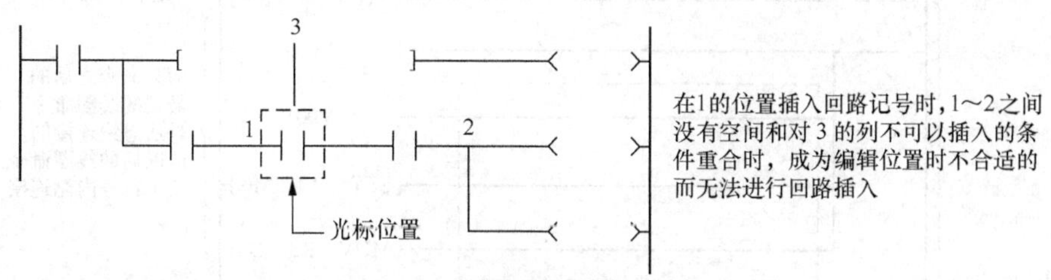

3
1
2
光标位置
在1的位置插入回路记号时，1～2之间没有空间和对 3 的列不可以插入的条件重合时，成为编辑位置时不合适的而无法进行回路插入

图 2-33 梯形图记号插入

14）写入（替换）模式下，依据个数指定/划线写入竖线时，上述情况下，在第 2 列后按“Ctrl+Insert”键，先插入列，然后在 X000 的左侧进行触点插入/列插入。

15）写入（替换）模式下，如果使用个数指定/划线写入竖线时，正好使竖线与梯形图记号重叠，竖线跨过梯形图记号，如图 2-34 所示。虽然在梯形图编辑阶段，竖线跨在梯形图记号上，然而这样的梯形图不能进行变换，而只有修正竖线和梯形图记号不交叉之后，才能进行变换操作。

16）1 个梯形图块是 2 行以上的梯形图，并且继续输入的某个指令不可被写在 1 行内，如图 2-35 所示①的位置。如果出现这种情况，可以在该行按下回车键（Enter）之后，再输入指令，能够从图 2-35 所示②的位置开始制作。

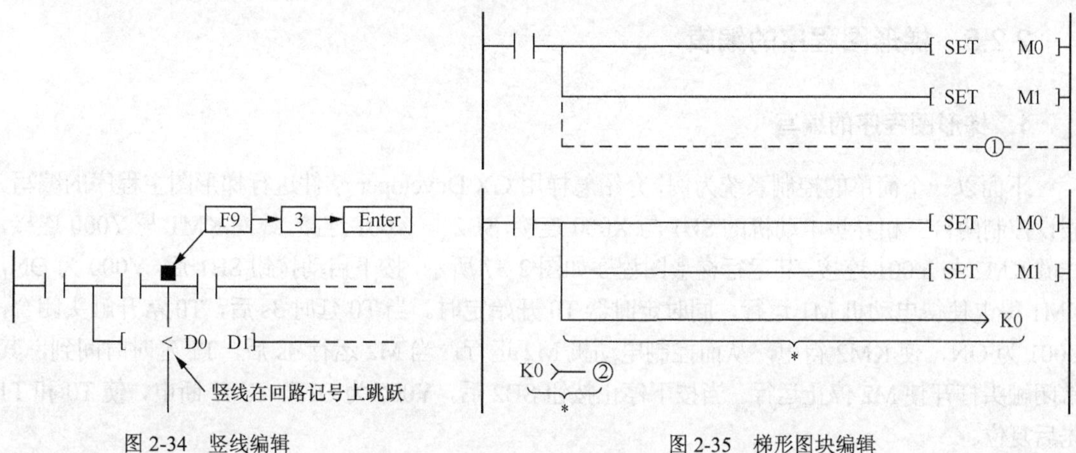

图 2-34 竖线编辑

图 2-35 梯形图块编辑

17）1 列能够记述的指令+软元件如下所示（选择 QnA 系列时）。

例：U0 G12.1→相当于使用 1 个触点；

U0 G123.1→相当于使用 2 个触点。

18）1 梯形图块的步数必须在大约 4KB 以内，梯形图块和梯形图块间的 NOP 指令没有关系。

19）关于 FX 系列的步进梯形图指令的表现方法和编程上的注意点。

GX Developer 的表现方法和编程上的注意点，如图 2-36 所示。图中*1 作为 SFC 程序的梯形图编程的时候，STL/RET 指令不必输入；*2 为 STL 指令后最初的线圈指令开始，不能在线圈指令部输入触点，在输入触点的时候，应从左母线端输入。

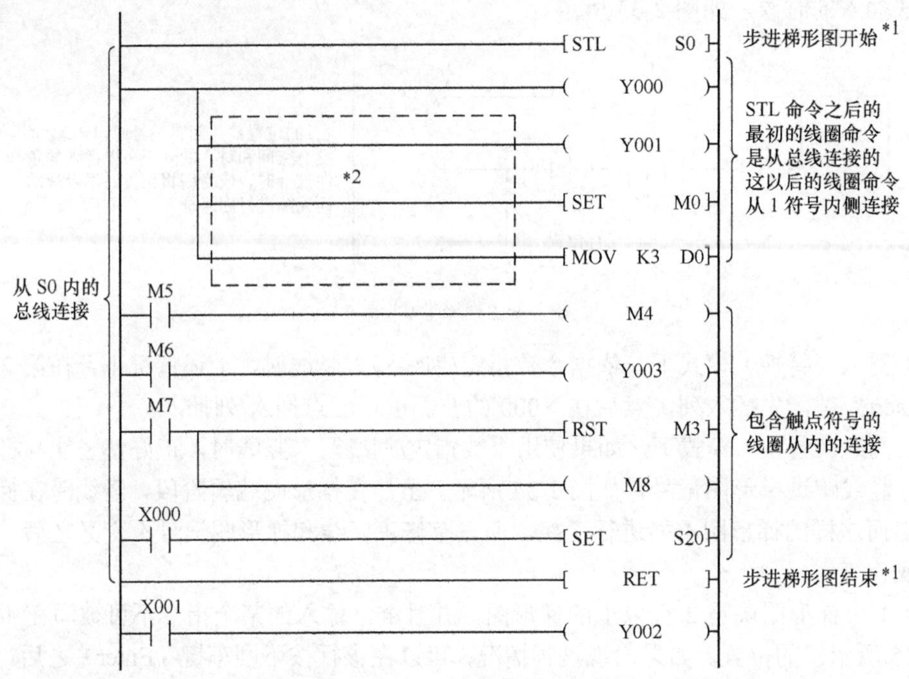

图 2-36　GX Developer 梯形图表现方法

2.2.5　梯形图程序的编辑

1．梯形图程序的编写

下面以一个简单的控制系统为例，介绍怎样用 GX Developer 软件进行梯形图主程序的编写。假设控制两台三相异步电动机的 SB1 与 X000 连接，SB2 与 X001 连接，线圈 KM1 与 Y000 连接，线圈 KM2 与 Y001 连接。其运行梯形图程序如图 2-37 所示，按下启动按钮 SB1 后，Y000 为 ON，KM1 得电使得电动机 M1 运行，同时定时器 T0 开始定时。当 T0 延时 3s 后，T0 常开触头闭合，Y001 为 ON，使 KM2 得电，从而控制电动机 M2 运行。当 M2 运行 4s 后，T1 延时时间到，其常闭触头打开使 M2 停止运行。当按下停止按钮 SB2 后，Y000 为 OFF，KM1 断电，使 T0 和 T1 先后复位。

使用 GX Developer 创建如图 2-37 所示的梯形图程序，其输入步骤如下。

第一步：新建工程。执行命令“开始→MELSOFT 应用程序→GX Developer”，启动 GX Developer 软件的初始界面。执行菜单命令“工程”→“创建新工程”，或按“Ctrl+N”键，或单击□图标，在弹出的对话框中选择合适的 PLC 系列及类型，并选择程序类型为“梯形图逻辑”，再点击“确定”，进入 GX Developer 梯形图程序编辑主界面。

在梯形图程序编辑主界面的菜单栏中执行命令“编辑”→“写入模式”，如图 2-38 所示。

第二步：输入常开触点 X000。光标框处于起始位置后单击图标 F5，在弹出的对话框中输入“X000”后单击“确定”；或在光标框处直接双击鼠标左键，在弹出的对话框中输入指令“LD X000”后单击“确定”，如图 2-39 所示。

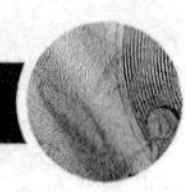

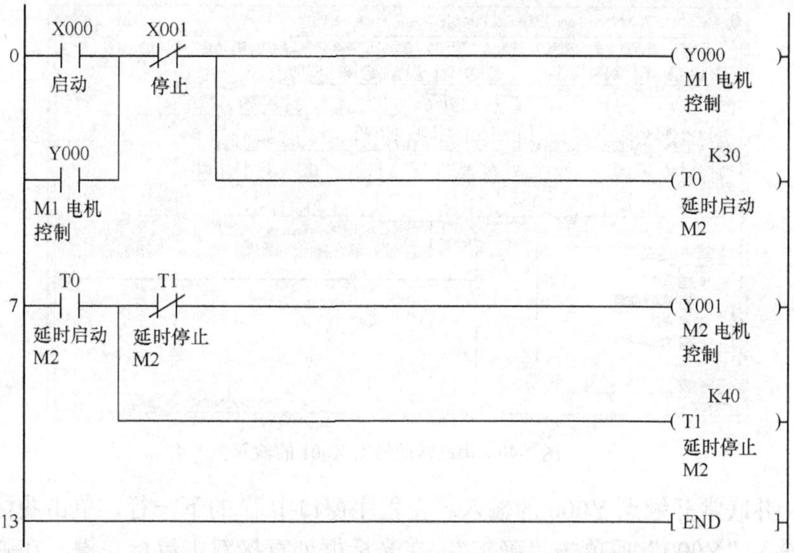

0　X000 启动　X001 停止　(Y000 M1 电机控制)

Y000 M1 电机控制

K30 (T0 延时启动 M2)

7　T0 延时启动 M2　T1 延时停止 M2　(Y001 M2 电机控制)

K40 (T1 延时停止 M2)

13　[END]

图 2-37　控制两台三相异步电动机运行的梯形图程序

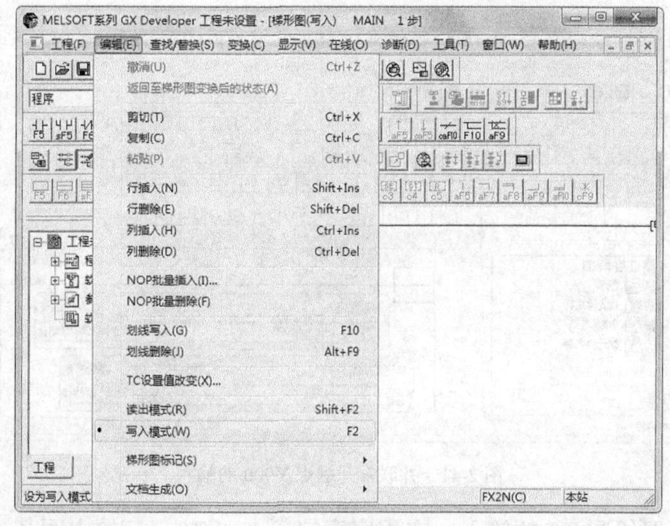

图 2-38　写入模式

第三步：输入串联常闭触点 X001。在程序窗口中显示了 X000 ┤├，光标框处于 X000 ┤├ 的下一位置。单击图标 F6，在弹出的对话框中输入“X001”后单击“确定”；或在光标框处直接双击鼠标左键，在弹出的对话框中输入指令“ANI X001”后单击“确定”；如图 2-40 所示。

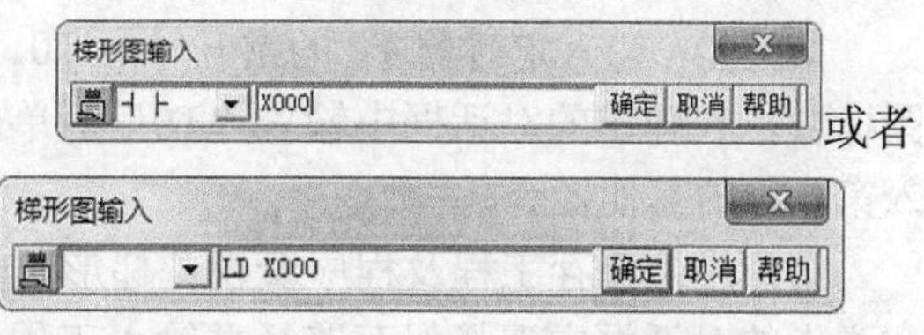

图 2-39　梯形图输入对话框

第四步：输出线圈 Y000 的输入。在程序窗口中 X001 ┤/├ 的下一位置，点击鼠标左键，使光标框处于 X001 ┤/├ 的后一位置。单击图标 F7，在弹出的对话框中输入“Y000”后单击“确定”；或在光标框处直接双击鼠标左键，在弹出的对话框中输入指令“OUT Y000”后单击“确定”，输出线圈就绘制好了。

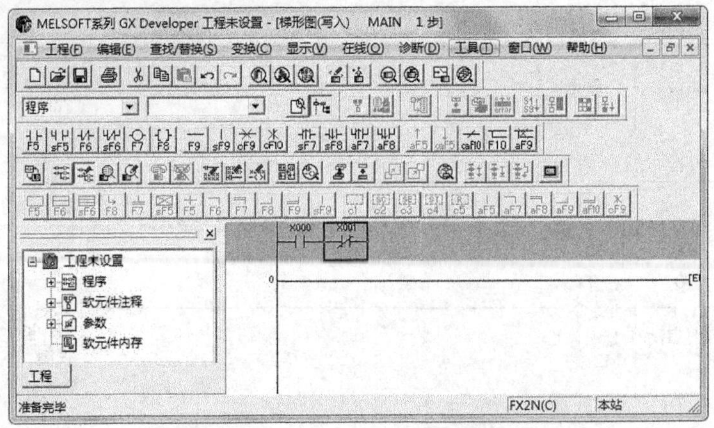

图 2-40　串联常闭触点 X001 的输入

第五步：并联常开触点 Y000 的输入。在程序窗口中X000的下一行，单击图标sF5，在弹出的对话框中输入“Y000”后单击“确定”；在光标框处直接双击鼠标左键，在弹出的对话框中输入指令“or　Y000”后单击“确定”，如图 2-41 所示。

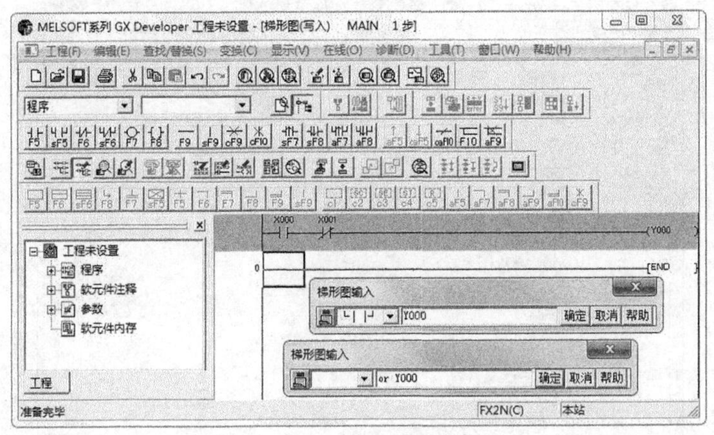

图 2-41　并联常开触点 Y000 的输入

第六步：定时器线圈 T0 的输入。在程序窗口X001与(Y000　)的中间某一位置，点击sF9，绘制竖线后，在竖线的右侧点击F9，绘制横线。再在横线光标框处单击图标F7，在弹出的对话框中输入“T0 K30”后单击“确定”。至此，第一行程序就输入完毕，如图 2-42 所示。

第七步：输入定时器 T0 的常开触点 T0。T0 线圈输入完毕后，在第二行的光标框处单击图标F5，在弹出的对话框中输入“T0”后单击“确定”。再参照第三步、第四步和第六步输入第二行的其他指令。

第八步：保存工程及程序变换。梯形图输入完后，执行菜单“工程”→“保存工程”，在弹出的对话框中选择保存路径并输入工程名和标题名，再点击“保存”，将当前工程进行保存。

执行菜单“变换”→“变换”或按在键盘上按下快捷键“F4”，将当前工程进行转换。转换中若出现错误，线路出错区域保持灰色，请检查线路。至此，完成梯形图的输入，如图 2-43 所示。

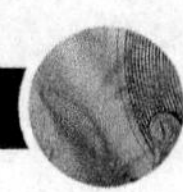

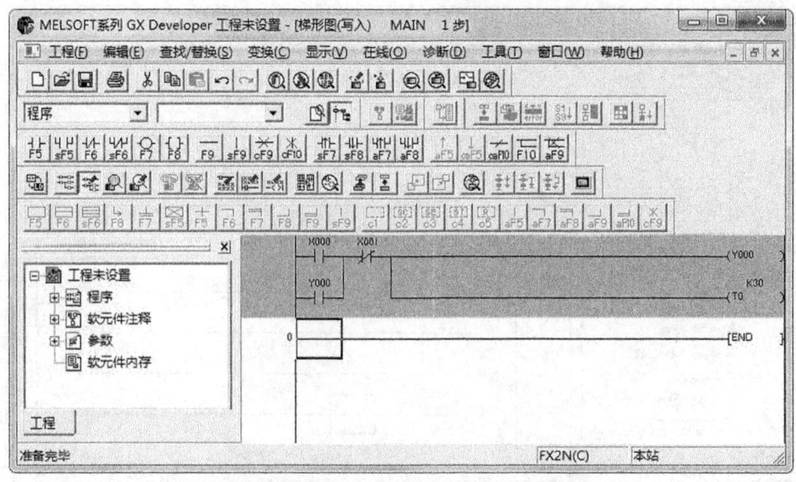

图 2-42　第一行输入的梯形图程序

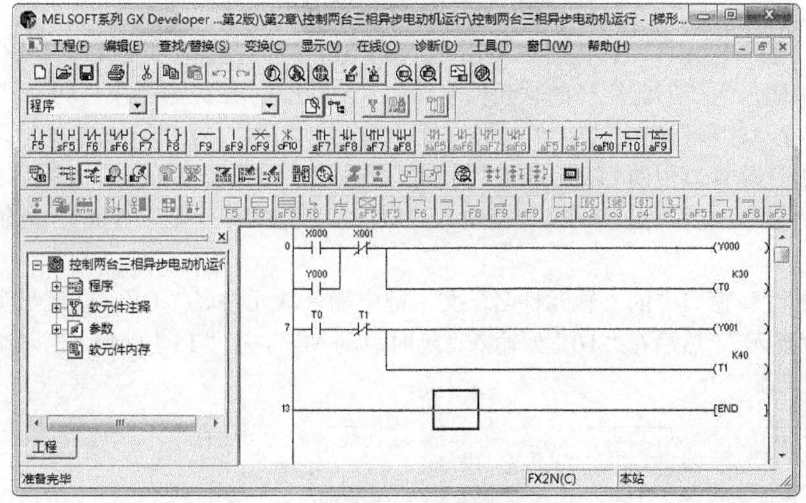

图 2-43　已输入完的梯形图

2．梯形图程序的编辑

（1）软元件的删除、复制与粘贴。选中某对象，在键盘上按下“Delete”键，将删除该对象；按下快捷键“Ctrl+C”，可复制该对象。复制后，将光标移到合适的位置，按下快捷键“Ctrl+V”，可将复制的对象粘贴到该处。选中某对象后，在“编辑”菜单下也可完成对象的删除、复制与粘贴操作。或者在某对象上单击右键，在弹出的菜单中也可完成对象的删除、复制与粘贴操作。

（2）软元件的注释。注释分为通用注释和程序注释两种，其中通用注释又称工程注释，如果在一个工程中创建多个程序，通用注释在所有的程序中有效；程序注释又称程序内有效的注释，它是一个注释文件，在特定程序中有效。创建软元件注释步骤如下。

步骤一：选择“COMMENT”项。单击“工程参数列表”中“软元件注释”前的“+”标记，选择“COMMENT”（通用注释），如图 2-44 所示。

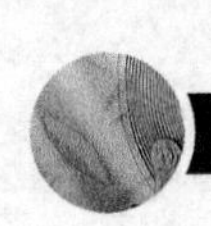

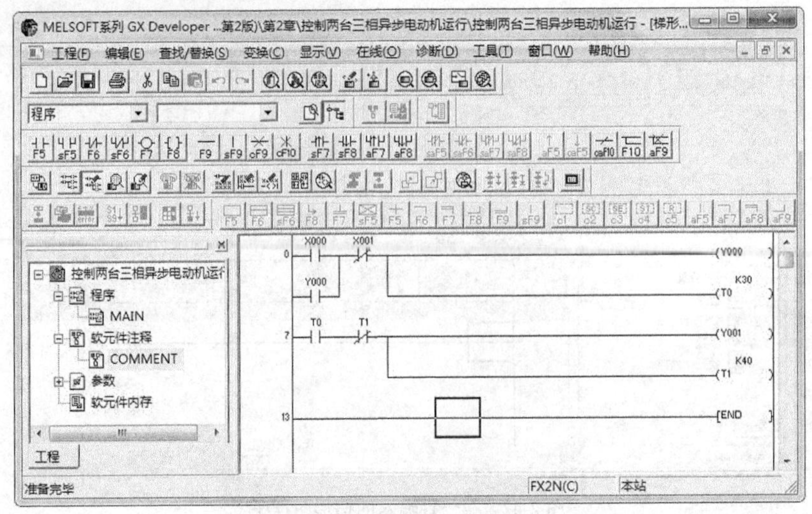

图 2-44　选择“COMMENT”项

步骤二：输入软元件注释内容。双击“COMMENT”，在弹出的注释窗口中的“软元件名”文本框中输入需要创建注释的软元件名（如“X000”），在键盘上按“Enter”键，或单击“显示”后，在“注释”栏中选中“X000”处，输入“启动”；在“X001”处输入“停止”。

在弹出的注释窗口中的“软元件名”文本框中输入软元件名“Y000”，在键盘上按“Enter”键，或单击“显示”后，在“Y000”处输入“M1 电动机控制”，在“Y001”处输入“M2 电动机控制”。

在弹出的注释窗口中的“软元件名”文本框中输入软元件名“T0”，在键盘上按“Enter”键，或单击“显示”，然后在“T0”处输入“延时启动 M2”，在“T1”处输入“延时停止 M2”，如图 2-45 所示。

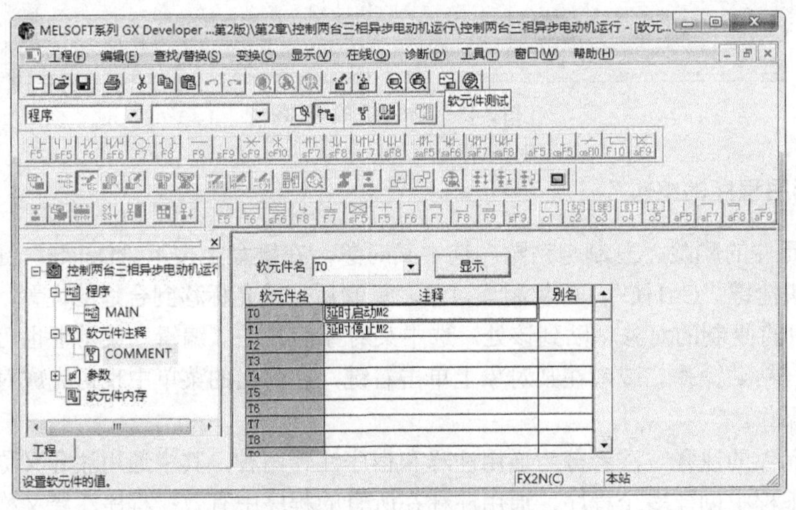

图 2-45　输入软元件注释内容

步骤三：梯形图显示注释内容。单击“工程参数列表”中“程序”前的“+”标记，双击“MAIN”，显示出梯形图编辑窗口，执行菜单命令“显示”→“注释显示”或按“Ctrl+F5”

快捷键，梯形图程序显示如图 2-46 所示。

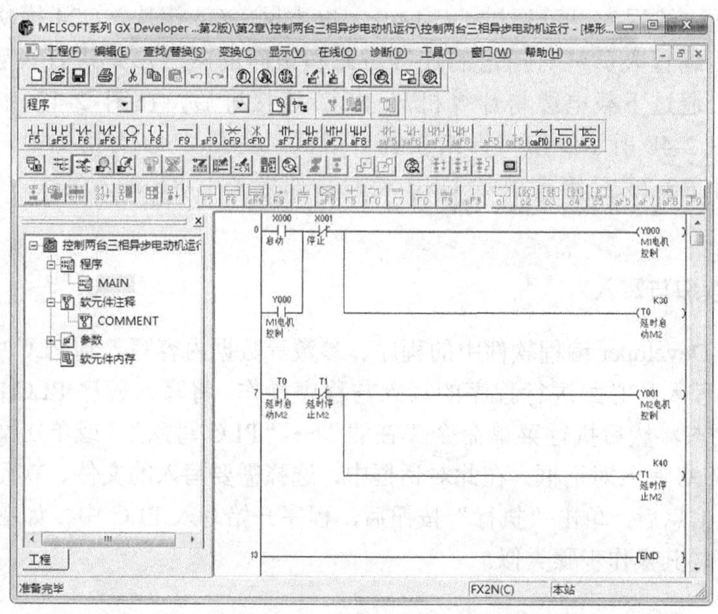

图 2-46　梯形图显示注释内容

2.2.6　程序的读取与写入

1．PLC 的连接设置

为了使 PC 和主站、本地站以及其他类型网络的通信能正常进行，用户必须进行连接设置。在 GX Developer 中执行菜单命令“在线”→“传输设置”，将弹出图 2-47 所示的传输设置对话框。

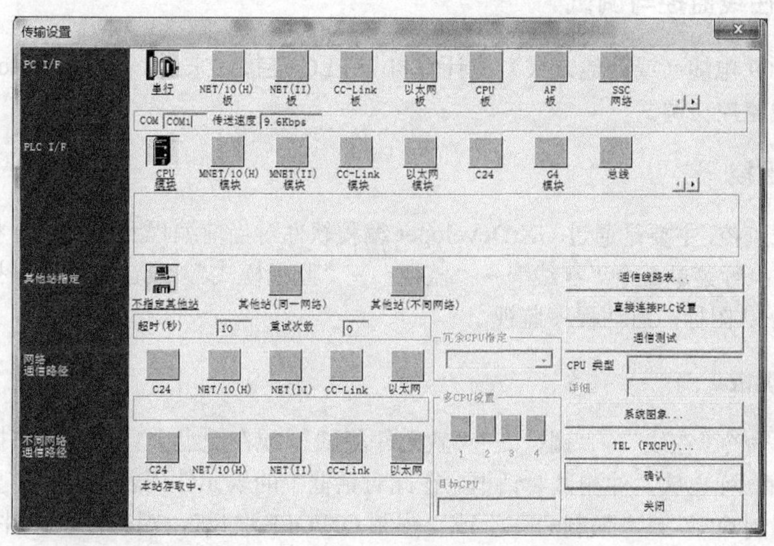

图 2-47　传输设置对话框

GX Developer 编程软件可访问的连接对象有本站、其他站、多 CPU 系统和冗余 CPU，在连接类型方面，编程人员可通过 CC-Link、以太网、G4 模块、C24 模块、电话线路和 GOT 进行访问。编程人员可对指定的连接对象和访问的网络形式进行设置，从而达到正常通信的目的。通过下载电缆将计算机与 PLC 连接好后，在图 2-47 中双击“串行”图标，将弹出图 2-48 所示的串口详细设置对话框。在图 2-48 对话框中，根据下载电缆的连接方式选择 RS-232C 连接或者 USB 连接，如果采用 RS-232 连接，则需设置 COM 端口。

2. 程序的读取与写入

为了将 GX Developer 编程软件中的程序、参数等数据内容写入到 PLC 中，或者从 PLC 中读出程序，编程人员必须进行程序的写入与程序操作。将写入程序 PLC 前，需先将 PLC 设置为 STOP 状态，然后执行菜单命令“在线”→“PLC 写入”，或单击图标，将弹出图 2-48 所示的 PLC 写入对话框。在此对话框中，选择需要写入的文件、软元件数据、程序、注释及链接目标信息后，单击“执行”按钮后，程序开始写入 PLC 中，如图 2-49 所示。从 PLC 中读取程序，其操作步骤类似。

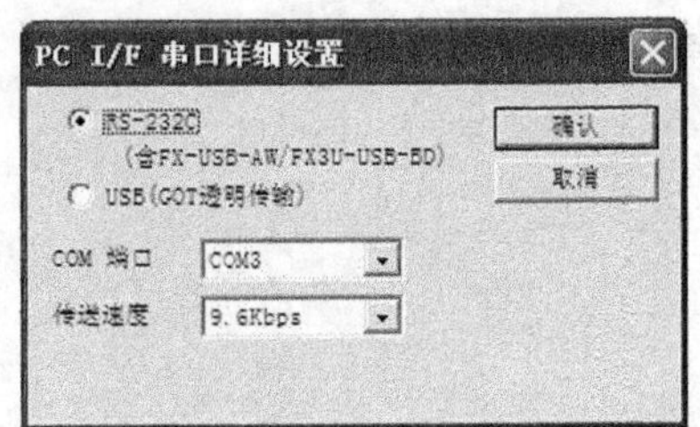

图 2-48　串口详细设置对话框

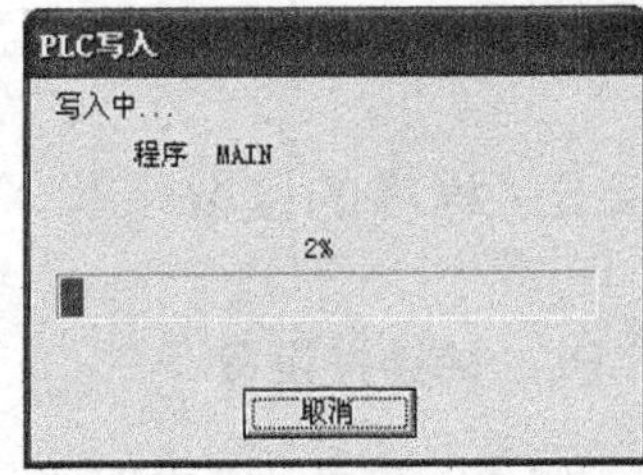

图 2-49　程序写入到 PLC 中

2.2.7　在线监控与调试

使用 SC-09 电缆（或其他方式）将计算机与 PLC 连接起来后，GX Developer 编程可对 PLC 进行在线监控与调试。

1. 在线监控

所谓在线监控，主要是通过 GX Developer 编程软件对当前编程元件的运行状态和当前性质进行监控。执行菜单命令“在线”→“监视”→“监视模式”，或在键盘上直接按下快捷键“F3”，或单击图标，启动程序监视。

2. 程序调试

执行菜单命令“在线”→“调试”→“软元件测试”，或在键盘上直接按下快捷键“Alt+1”，或单击图标，弹出软元件测试对话框。在此对话框中的软元件列表框输入需要调试的软元件，单击“强制 ON”或“强制 OFF”或“强制 ON/OFF 取反”，观察位软元件的运行状态，检查用户程序的正确与否。

2.3 GX Simulator 仿真软件的使用

依照传统的方法使用可编程控制器 CPU 进行调试的时候，除了可编程控制器 CPU，必要时还需要准备输入输出模块、特殊功能模块、外部机器等。这样，有时给调试带来不便。如果使用 GX Simulator 的话，除可对可编程控制器 CPU 模块进行模拟外，还可对外部机器模拟的 I/O 系统设定、特殊功能模块、缓冲存储器进行模拟仿真，所以在 1 台计算机上能够实行调试。另外，因为没有连接实际的机器，所以万一由于程序的制作错误发生异常输出时，也能够安全的调试。

GX Simulator 是在 Windows 上运行的软元件包。在安装有 GX Developer 的计算机内追加安装 GX Simulator 就能够实现离线时的调试。离线调试功能内包括软元件的监视测试、外部机器的 I/O 的模拟操作等。如果使用 GX Simulator 就能够在 1 台计算机上进行顺控程序的开发和调试，就能够更有效地进行顺控程序修正后的确认。

2.3.1 GX Simulator 的基本操作

GX Simulator 的基本操作是使用 GX Simulator 的基础，在此将介绍 GX Simulator 的安装和总体情况。

1．从安装到调试的过程

（1）将 GX Developer 和 GX Simulator 分别安装到计算机中。在安装 GX Simulator 6c 之前，必须先安装编程软件 GX Developer，并且版本要互相兼容。比如，可以安装“GX Developer 7.08”、“GX Developer 8.34”等版本。

（2）仿真软件的功能就是将编写好的程序在电脑中虚拟运行，如果没有编好的程序，是无法进行仿真的，所以需要先在 GX Developer 中编写程序。

（3）在 GX Developer 中进行 I/O 分配、程序设定等参数设定。

（4）执行菜单命令“工具”→“梯形图逻辑测试起动”或单击▣图标，启动仿真软件 GX Simulator，会将已编写的程序和参数自动写入 GX Simulator，相当于 PLC 写入功能。

（5）通过软元件监视功能，实现软件元件值的变换、外部机器运行的模拟等进行调试。

（6）经过将程序回到 GX Developer 中修改，再返回 GX Simulator 中调试若干次后，将其写入 PLC 中。

2．GX Simulator 初始化

使用 GX Simulator 进行仿真调试程序前，应先在 GX Developer 中进行以下初始化操作。

（1）为顺控程序创建工程。创建工程时，执行菜单命令“工程”→“创建新工程”，进行各种设定。如果读取已编制好的工程时，可执行菜单命令“工程”→“打开工程”，选择相应的工程。

（2）编写顺控程序。

（3）进行I/O分配、程序设定等参数设定。

（4）在GX Developer的“工程参数列表”中执行“参数”→“PLC参数”，在弹出的PLC参数对话框中选择“I/O分配”选项卡，对CPU模块进行点数设置，如图2-50所示。

（5）执行菜单命令“工具”→“梯形图逻辑测试起动”或单击图标，启动GX Simulator仿真，进入梯形图逻辑测试，弹出梯形图测试对话框（LADDER LOGIC TEST TOOL）及PLC写入信息窗口，如图2-51所示。当程序写完后（即“PLC写入”信息窗口显示100%），梯形图测试对话框中的RUN显示为黄色，运行状态为“RUN”。

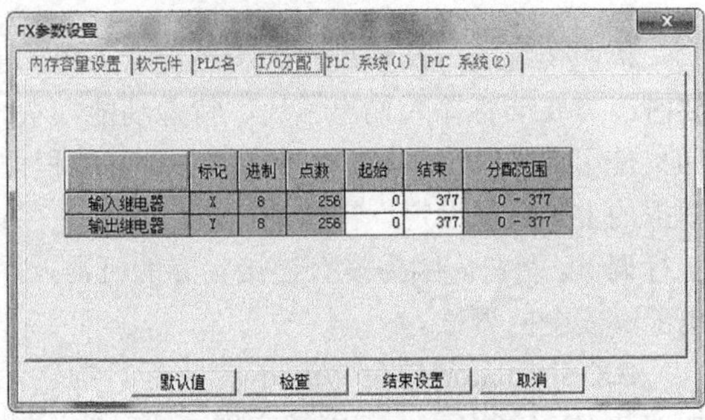

图2-50 PLC参数设置对话框

3. GX Simulator初始操作界面

图2-52所示为GX Simulator的初始操作界面，其具体说明如表2-5所示。

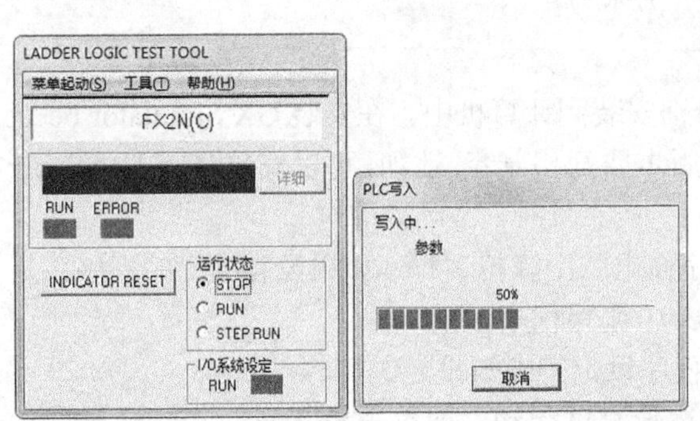

图2-51 梯形图测试对话框及PLC写入信息窗口

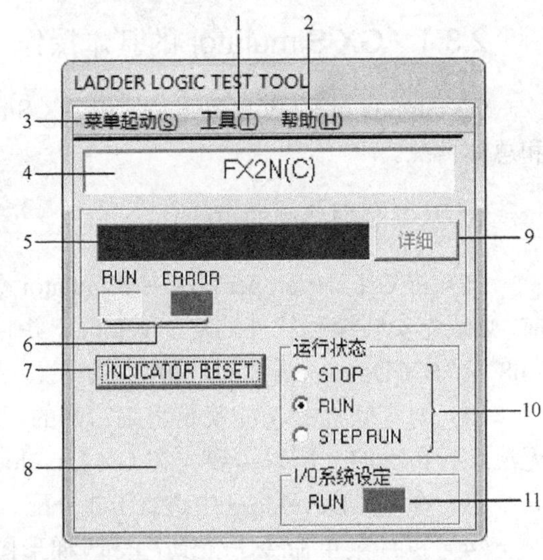

图2-52 GX Simulator初始操作界面

表2-5 **GX Simulator初始操作界面说明**

序号	名称	说明
1	工具	备份、恢复软元件、缓冲器功能
2	帮助	表示GX Simulator的登录者姓名及软件的版本
3	菜单起始	软元件监视、模拟I/O系统设定、串行通信功能
4	CPU类型	表示当前选择的CPU的类型
5	LED显示器	表16字符、CPU的运行错误信息
6	LED显示运行状态	QnA、A、FX、Q系列CPU，运动控制CPU都有效
7	LED复位按钮	单击清除LED

续表

序号	名称	说明
8	未支持情报表示灯	仅表示有 GX Simulator 未支持的指令/软元件的场合；双击未支持情报表示灯就变换成 NOP 指令的未支持指令和其他程序步 N。
9	错误详细显示按钮	通过单击，显示发生的错误内容，错误步，错误文件名（错误文件名是仅 QnA 系列/Q 系列 CPU 功能时）
10	运行状态显示和设定	表示 GX Simulator 的运行状态，单击选择按钮变更运行状态
11	I/O 系统设定 LED	I/O 系统设定执行中 LED 指示灯;通过双击表示现在的 I/O 系统设定的内容

4. GX Simulator 的退出

在 GX Developer 中执行菜单命令“工具”→“梯形图逻辑测试结束”，或单击 GX Developer 中的▣图标，可以退出 GX Simulator。

2.3.2 模拟外部机器运行的 I/O 系统设定

在进行 GX Simulator 模拟仿真前，需对 I/O 系统进行设置。在 GX Simulator 中进行 I/O 系统设定时，可以不需要连接外部设备，就可以设置提供模拟外部机器的运行信号。I/O 系统的设定主要是对输入进行设定，在图 2-52 所示的 GX Simulator 初始操作界面中执行菜单命令“菜单起动”→“I/O 系统设定”，将弹出图 2-53 所示的 I/O 系统设定界面。从图 2-53 中可以看出，输入设定主要有两种方式：时序图输入和软元件值输入。

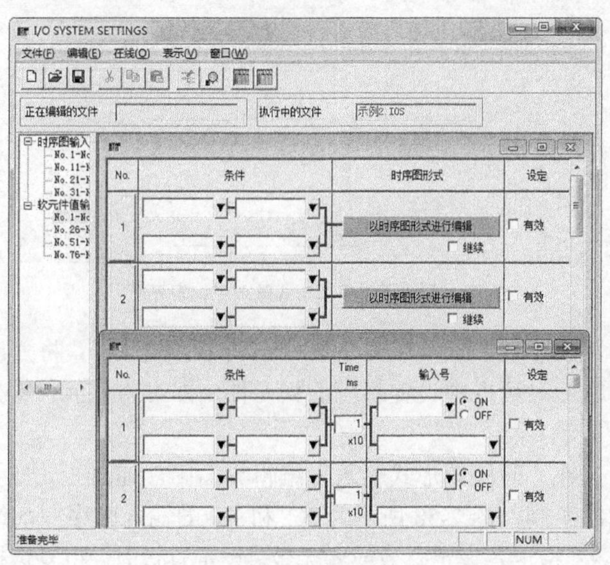

图 2-53 I/O 系统设定界面

1. 时序图输入

时序图输入方式必须对以下 4 个选项进行设定：设定序号（No.）、条件、制作时序图（时序图形式）、设定是否有效（设定）。

（1）设定 No.：在时序图输入方式下，能够进行 No.1～No.40 的 40 个设定。此外，单击

此处，此处就成为设定号的剪切、复制、粘贴的对象。

（2）条件：在输入条件框中指定软元件、字软元件。如果是位软元件，可以指定ON/OFF，如图2-54所示；如果是字软元件，可以指定常数或指定字软元件逻辑关系（=;>;<;<=;>=;），如图2-55所示。另外，还用AND和OR的逻辑关系分别设定条件。

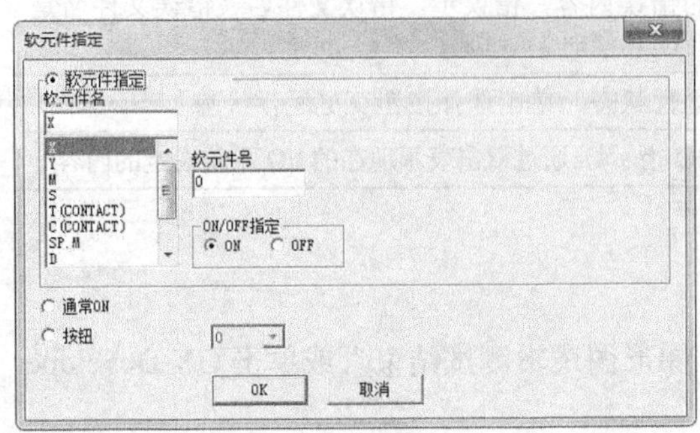

图2-54　位软元件指定

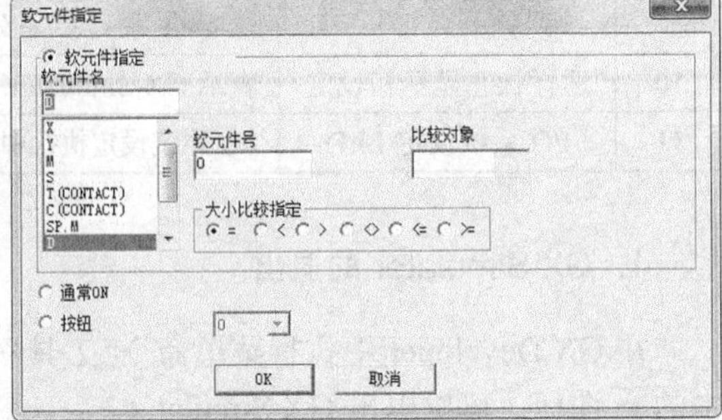

图2-55　字软元件指定

（3）制作时序图：在图2-53所示界面相应设定序号的时序图形式中，点击“以时序图形式进行编辑”按钮，将进入“时序图形式输入”编辑界面，如图2-56所示。此编辑界面中的数字（如0～8）为扫描数，表示指定时间段内的扫描数量，最大可以设定为100；虚线框内可以设定所添加的各软元件在相应扫描周期内的状态。

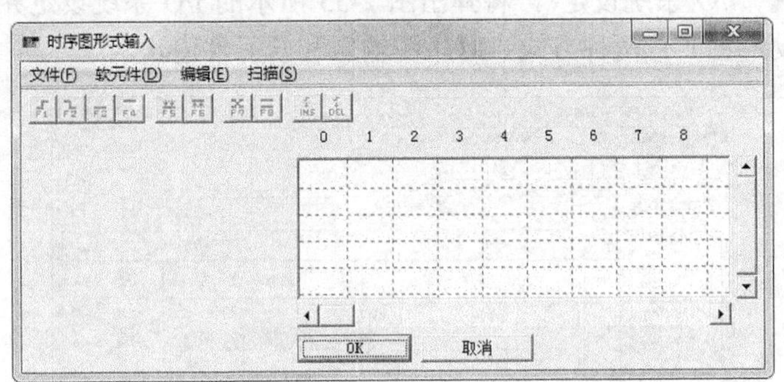

图2-56　“时序图形式输入”编辑界面

在此编辑界面中，执行菜单命令“软元件”→“软元件登录”，将弹出图2-57所示的“软元件登录”对话框，在此对话框中设置相应的软元件，即可将该元件添加到“时序图形式输入”编辑界面中。

添加了软元件后，在“时序图形式输入”编辑界面中，通过点击工具栏中的相应图标可以完成软元件时序图的绘制，图2-58所示为X1和X0的输入时序图的绘制。

（4）设定是否有效：指定各设定有效或者无效。设定有效时，将复选框选中；否则不勾选。

2．软元件值输入

软元件值输入方式必须对以下五个选项进行设定：设定序号（No.）、条件、定时器（Time）、输入号、设定是否有效（设定）。条件、设定是否有效，这两者的操作方法与“时序图形输入”中的操作方法相同。

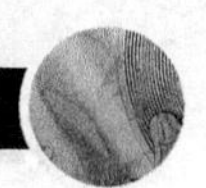

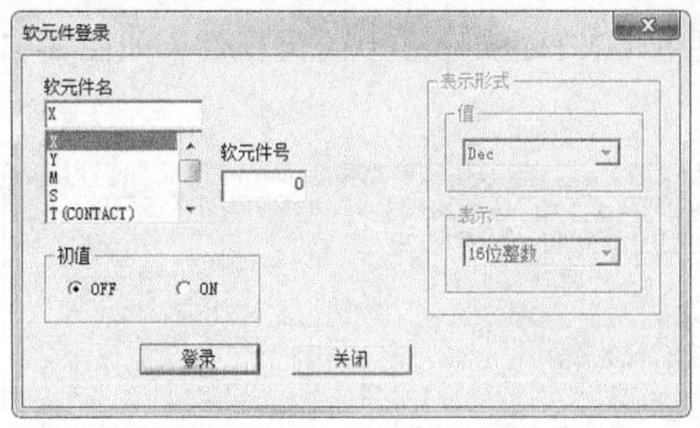

图 2-57 “软元件登录”对话框

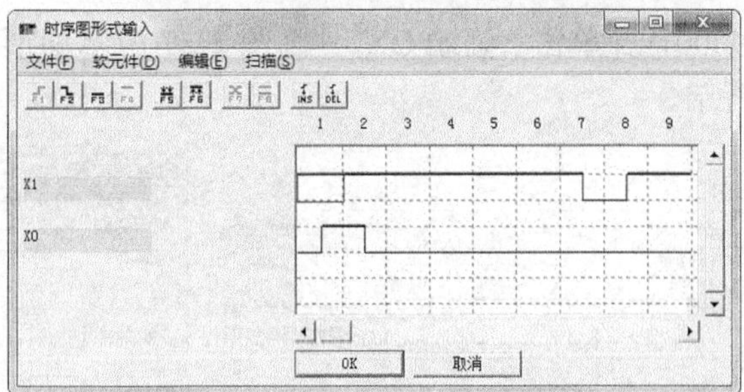

图 2-58 X1 和 X0 的输入时序图的绘制

（1）设定 No.：在软元件值输入方式下，最多可设置 500。

（2）条件：与“时序图形输入”中的操作方法相同。

（3）定时器：指定输入信号滞后设定条件的时间。

（4）输入号：当条件成立时，指定位软元件的 ON/OFF 与字软元件的值。

（5）设定：与“时序图形输入”中的操作方法相同。

若需要对图 2-37 进行 GX Simulator 模拟仿真时，使用“软元件输入方式”，则其 I/O 系统设定如图 2-59 所示。图中的 M0、M1 可用来暂时替代 T0 和 T1 的线圈与触点，而 T0 和 T1 的延时，在 Time 中设置。

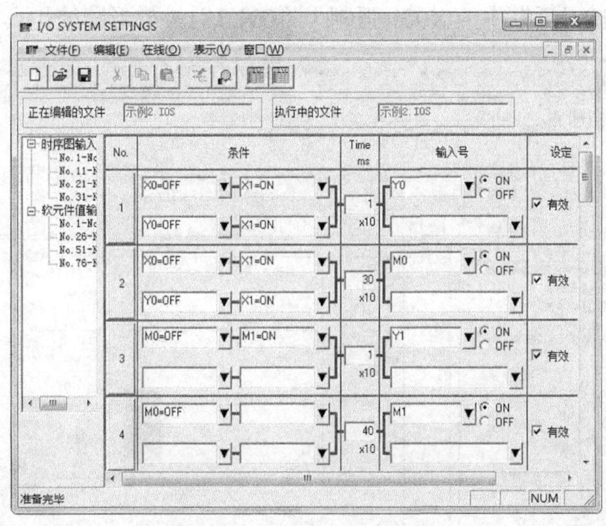

图 2-59 软元件值输入设置

2.3.3 GX Simulator 的模拟仿真

在 GX Developer 中编写好程序、并执行了执行菜单命令“工具”→“梯形图逻辑测试起动”后，进行 GX Simulator 模拟仿真时，可通过软元件测试、I/O 系统设定两种方式进行。

1. 软元件测试

执行菜单命令“在线”→“调试”→“软元件测试”，或在键盘上直接按下快捷键“Alt+1”，或单击图标，弹出图 2-60 所示的软元件测试对话框。在此对话框的软元件列表框输入

X000，并单击“强制ON”，则图2-37所示梯形图在GX Developer中的仿真效果如图2-61所示。

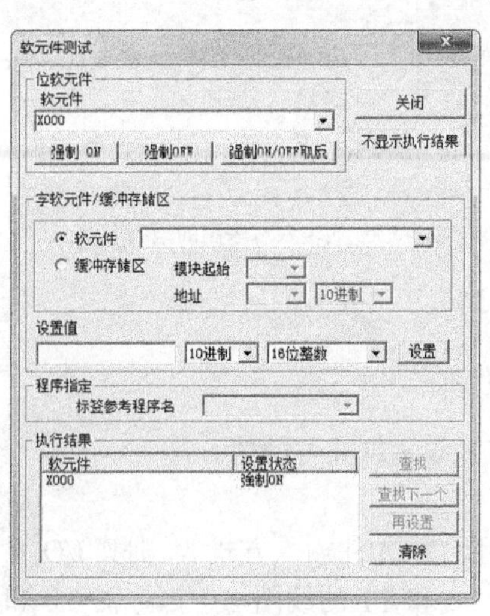

图2-60 “软元件测试”对话框

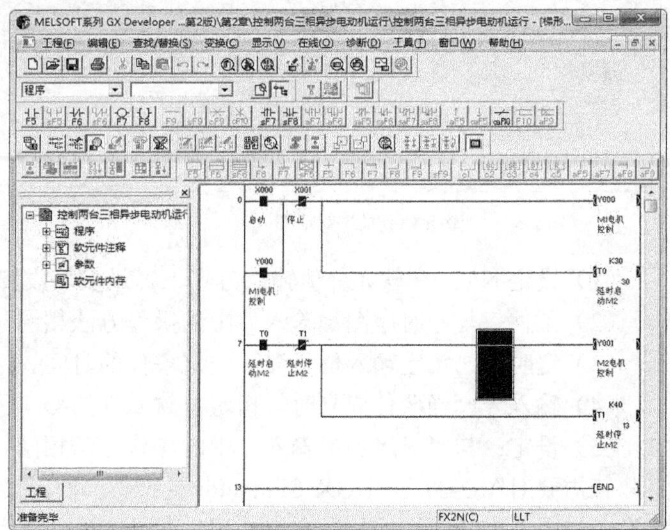

图2-61 强制X000为“ON”时仿真运行效果图

如果将软元件测试对话框中的X001强制为“ON”时，梯形图的仿真效果如图2-62所示。

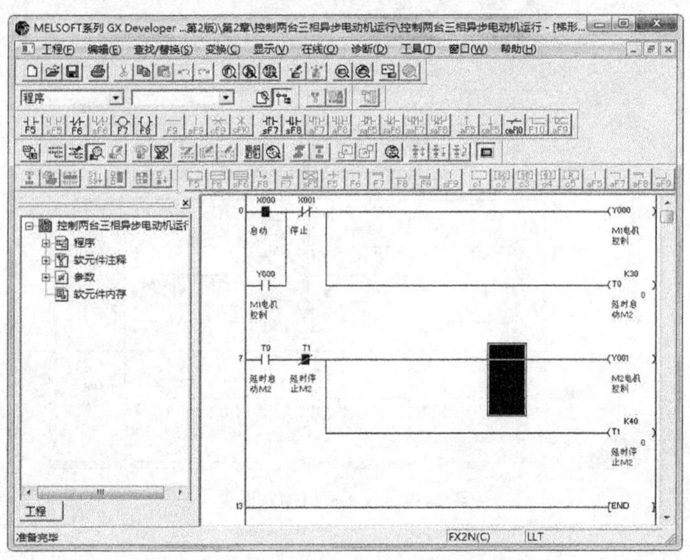

图2-62 强制X001为“ON”时仿真运行效果图

2. I/O系统设定

如果在GX Simulator中进行了模拟外部机器运行的I/O系统设定，并在I/O SYSTEM SETTINGS中执行菜单命令“在线”→“监视开始”，则I/O系统监视的初始界面如图2-63所示。图中的黄色表示该元件为ON状态，灰色表示该元件为OFF状态。在图2-63的条件中，点击“X0=OFF”，即将X0强制为ON，则其仿真效果如图2-61所示。若在条件中点击

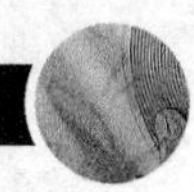

“X1=ON”，则将X1强制为OFF，则其仿真效果如图2-62所示。

3．时序图

除了在GX Developer中可以显示梯形图的仿真效果外，还可以通过时序图的方式来观察其仿真效果。其具体操作方法是：首先，在图2-52中执行菜单命令“菜单起动”→“继电器内存监视”，将弹出“DEVICE MEMORY MONITOR”界面。在此界面中，执行菜单“时序图”→“起动”，将弹出“时序图”界面。在“时序图”界面中，将监视状态设置为“正在进行监视”，“软元件登录”设置为“自动”方式，“图表表示范围”设置默认状态后，在图2-63所示的“I/O 系统监视初始界面”中，设置相应的条件，则在“时序图”中显示相应元件的运行状态。图2-64所示为X000设置为ON、X001设置为OFF时，其梯形图仿真的瞬时状态时序图。

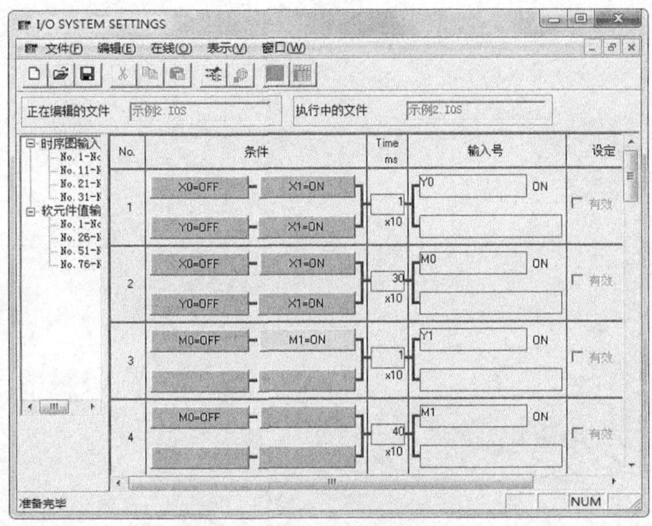

图2-63 I/O系统监视初始界面

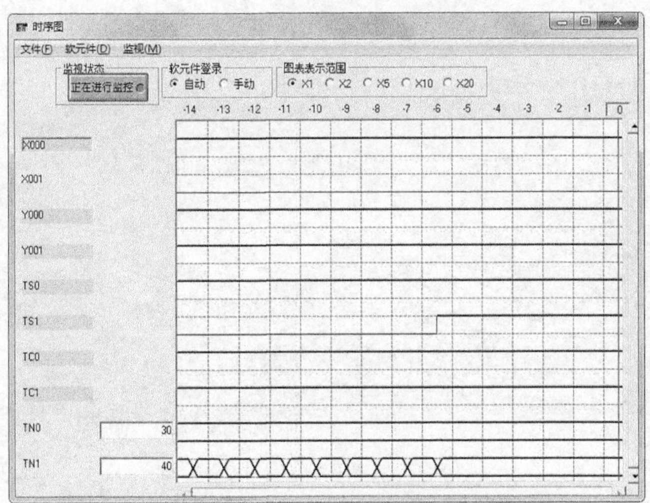

图2-64 梯形图仿真的瞬时状态时序图

4．退出 GX Simulator 仿真

在 GX Developer 中，执行菜单命令“工具”→“梯形图逻辑测试结束”，或单击图标，结束梯形图逻辑测试，退出 GX Simulator 的运行。

第 3 章　三菱 FX 系列 PLC 指令

PLC 指令通常包括基本指令、步进控制指令及应用。基本指令用于表达软元件触点与母线之间、触点与触点之间、线圈等的连接。步进控制指令用于表达顺序控制的指令。应用指令用于表达数据的运算、数据的传送、数据的比较、数制的转换等操作。由于 FX 系列 PLC 属于高性能小型可编程控制器，Q 系列 PLC 属于中、大型可编程控制器，因此它们的指令有所不同。本章以常用的 FX2N 系列为例讲解 FX 系列指令。

3.1　FX 系列 PLC 基本指令

FX 系列 PLC 基本指令包括位逻辑指令、定时器指令、计数器指令等。

3.1.1　位逻辑指令

1. 逻辑取（装载）及线圈输出指令

“LD”和“LDI”指令来装载常开触点和常闭触点，用“OUT”作为输出指令。

LD（Load）：取电路开始的常开触点指令。

LDI（Load Inverse）：取电路开始的常闭触点指令。

OUT（Out）：输出指令，对应梯形图则为线圈输出。

使用说明。

（1）LD/LDI 可用于 X、Y、M、T、C、S 的触点，通常与左侧母线相连，在使用 ANB、ORB 块指令时，用来定义其他电路串并联电路的起始触点。

（2）OUT 可驱动 Y、M、T、C、S 的线圈，但不能输入继电器 X，通常放在梯形图的最右边。当 PLC 输出端不带负载时，尽量使用 M 或其他控制线圈。

（3）OUT 可以并联使用任意次，但不能串联。

例 3-1：合上电源开关，指示灯亮，按下按钮时电动机转动。分别使用 PLC 梯形图、基本指令实现这一控制功能。

分析：按钮 SB0 与 PLC 输入端子 X000 连接。指示灯与 PLC 输出端子 Y000 连接，电动机 M 由 KM 控制，而 KM 的线圈与 PLC 输出端子 Y001 连接，PLC 控制程序如表 3-1 所示。

2. 触点串联指令

触点串联指令又称逻辑“与”指令，它包括常开触点串联和常闭触点串联，分别用 AND 和 ANI 指令来表示。

表 3-1　　例 3-1 的 PLC 控制程序

梯形图	指令表
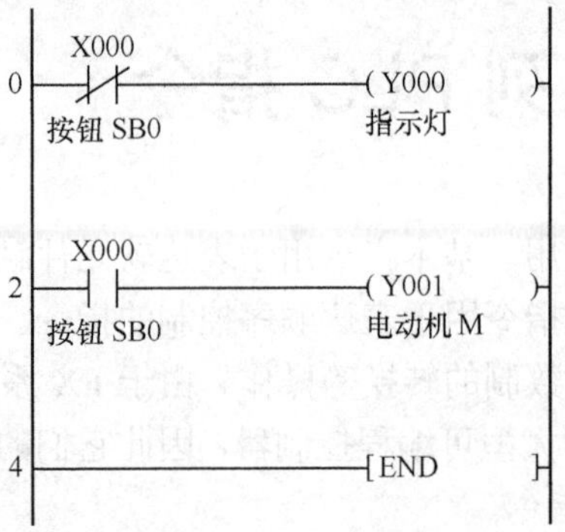 0 X000 按钮 SB0 —(Y000 指示灯) 2 X000 按钮 SB0 —(Y001 电动机 M) 4 —[END]	0 LDI X000 X000 = 按钮SB0 1 OUT Y000 Y000 = 指示灯 2 LD X000 X000 = 按钮SB0 3 OUT Y001 Y001 = 电动机M 4 END

AND（And）：“与”操作指令，在梯形图中表示串联一个常开触点。

ANI（And Inverse）：“与非”操作指令，在梯形图中表示串联一个常闭触点。

使用说明。

（1）AND 和 ANI 指令是单个触点串联连接指令，可连续使用。

（2）AND、ANI 指令可对 X、Y、M、T、C、S 的触点进行逻辑“与”操作，和 OUT 指令组成纵向输出。

例 3-2：在某一控制系统中，SB0 为停止按钮，SB1、SB2 为点动按钮。当按下 SB1 时电动机 M0 启动，此时再按下 SB2 时，电机 M1 启动而电动机 M0 仍运转，如果按下 SB0，则两个电动机都停止工作，试用 PLC 实现其控制功能。

分析：SB0、SB1、SB2 分别与 PLC 输入端子 X000、X001、X002 连接。电动机 M0、电动机 M1 分别由 KM0、KM1 控制，KM0、KM1 的线圈分别与 PLC 输出端子 Y000 和 Y001 连接，PLC 控制程序如表 3-2 所示。

表 3-2　　例 3-2 的 PLC 控制程序

梯形图	指令表
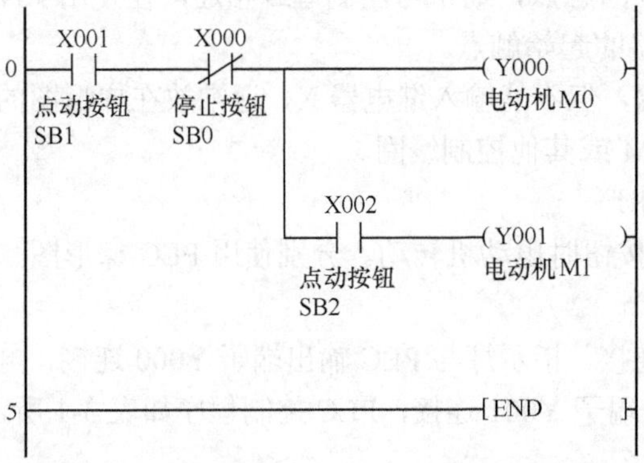 0 X001 点动按钮 SB1 — X000 停止按钮 SB0 —(Y000 电动机 M0) X002 点动按钮 SB2 —(Y001 电动机 M1) 5 —[END]	0 LD X001 X001 = 点动按钮SB1 1 ANI X000 X000 = 停止按钮SB0 2 OUT Y000 Y000 = 电动机M0 3 AND X002 X002 = 点动按钮SB2 4 OUT Y001 Y001 = 电动机M1 5 END

3．触点并联指令

触点并联指令又称逻辑“或”指令，它包括常开触点并联和常闭触点并联，分别用 OR

和 ON 指令来表示。

OR（Or）：“或”操作指令，在梯形图中表示并联一个常开触点。

ORI（Or Inverse）：“或非”操作指令，在梯形图中表示并联一个常闭触点。

使用说明：

（1）OR/ORI 指令可作为并联一个触点指令，可连接使用。

（2）OR、ORI 指令可对 X、Y、M、T、C、S 的触点进行逻辑“或”操作，和 OUT 指令组成纵向输出。

例 3-3：在两人抢答系统中，当主持人允许抢答时，先按下抢答按钮进行回答，且指示灯亮，主持人可随时停止回答。分别使用 PLC 梯形图、基本指令实现这一控制功能。

分析：设主持人用转换开关 SA 来设定允许/停止状态，甲的抢答按钮 SB0，乙的抢答按钮 SB1，抢答指示灯为 HL1、HL2。SA、SB0、SB1 分别与 PLC 输入端子 X000、X001、X002 连接。HL1、HL2 分别与 PLC 输出端子 Y000 和 Y001 连接，PLC 控制程序如表 3-3 所示。

表 3-3　　两人抢答控制程序

梯形图	指令表
0 X001 甲抢答 SB0 — X000 主持人 SA — Y001 抢答指示 HL2 — (Y000 抢答指标 HL1) Y000 抢答指示 HL1 5 X002 乙抢答 SB1 — X000 主持人 SA — Y000 抢答指示 HL1 — (Y001 抢答指标 HL2) Y001 抢答指示 HL2 10 [END]	0 LD X001 X001 = 甲抢答SB0 1 OR Y000 Y000 = 抢答指示HL1 2 AND X000 X000 = 主持人SA 3 ANI Y001 Y001 = 抢答指示HL2 4 OUT Y000 Y000 = 抢答指示HL1 5 LD X002 X002 = 乙抢答SB1 6 OR Y001 Y001 = 抢答指示HL2 7 AND X000 X000 = 主持人SA 8 ANI Y000 Y000 = 抢答指示HL1 9 OUT Y001 Y001 = 抢答指示HL2 10 END

4．电路块的串联指令

电路块是指由两个或两个以上的触点连接构成的电路。

ANB（And Block）：块“与”操作指令，用于两个或两个以上触点并联在一起回路块的串联连接。

使用说明。

（1）将并联回路块串联连接进行“与”操作时，回路块开始用LD或LDI指令，回路块结束后用ANB指令连接起来。

（2）ANB指令不带元件编号，是一条独立指令，ANB指令可串联多个并联电路块，支路数量没有限制。

例3-4：ANB指令的使用如表3-4所示。

表3-4　　ANB指令的使用

	梯形图	指令表	
程序1	a: X000, X001 X002 b: X003, X004 c: X005, X006 0 —(Y000) 10 —[END]	0 LD X000 1 OR X001 2 AND X002 3 LD X003 4 OR X004 5 ANB 6 LD X005 7 OR X006 8 ANB 9 OUT Y000 10 END	
		编程方法一	编程方法二
程序2	d: X000, M0 e: X001, M1 f: X002, X003 0 —(Y001) 9 —[END]	0 LD X000 1 OR M0 2 LD X001 3 OR M1 4 ANB 5 LD X002 6 OR X003 7 ANB 8 OUT Y001 9 END	0 LD X000 1 OR M0 2 LD X001 3 OR M1 4 LD X002 5 OR X003 6 ANB 7 ANB 8 OUT Y000 9 END

程序1中a由X000和X001并联在一起然后与X002串联，不需要使用串联块命令ANB，b由X003和X004并联构成一个块再与X002串联因此需要使用ANB命令，c由X005和X006并联构成一个块再与b块串联因此也需要使用ANB命令。

程序2由d块、e块、f块串联而成，因此d块、e块串联时需一个ANB，f块与前面电路串联时也需一个ANB，指令表如表3-4中编程方法一所示。程序2的指令表中也可以先将3个并联回路写完再书写ANB，如表3-4中编程方法二所示。

5. 电路块的并联指令

ORB（Or Block）：块“或”操作指令，用于两个或两个以上触点串联在一起回路块的并联连接。

使用说明。

（1）将串联回路块并联连接进行“与”操作时，回路块开始用LD或LDI指令，回路块结束后用ORB指令连接起来。

（2）ORB指令不带元件编号，是一条独立指令，OLD指令可并联多个串联电路块，支

路数量没有限制。

例 3-5：ORB 指令的使用如表 3-5 所示，程序 2 的梯形图也可以用 2 种指令表完成。

表 3-5　　**ORB 指令的使用**

	梯形图	指令表	
程序1	0 X000 X001 M0 (Y001) Y000 X002 M1 X003 X004 X005 X006 15 [END]	0 LD X000 1 OR Y000 2 LD X001 3 ANI M0 4 LD X002 5 AND M1 6 ORB 7 ANB 8 LD X003 9 AND X004 10 ORB 11 LD X005 12 ANI X006 13 ORB 14 OUT Y001 15 END	
		编程方法一	编程方法二
程序2	0 X000 X002 (Y000) X001 M0 X004 M1 9 [END]	0 LD X000 1 AND X002 2 LD X001 3 ANI M0 4 ORB 5 LD X004 6 AND M1 7 ORB 8 OUT Y000 9 END	0 LD X000 1 AND X002 2 LD X003 3 ANI M0 4 LD X004 5 AND M1 6 ORB 7 ORB 8 OUT Y000 9 END

6．堆栈指令

FX 系列有 11 个存储中间运算结果的堆栈存储器，堆栈采用先进后出的数据存取方式。堆栈指令有 MPS 进栈指令、MRD 读栈指令和 MPP 出栈指令。

MPS：进栈指令，它将栈顶值复制后压入堆栈，栈中原来数据依次下移一层，栈底值压出丢失。

MRD：读栈指令，它将逻辑堆栈第二层的值复制到栈顶，2～11 层数据不变，堆栈没有压入和弹出，但原栈顶的值丢失。

MPP：出栈指令，它将堆栈弹出一级，原第二级的值变为新的栈顶值，原栈顶数据从栈内丢失。

使用说明。

（1）逻辑堆栈指令可以嵌套使用，最多 11 层。

（2）入栈指令 MPS 和出栈指令 MPP 必须成对使用，最先使用 MPS，最后一次读栈操作应使用出栈指令 MPP。

（3）堆栈指令没有操作数。

例 3-6：堆栈指令的使用如表 3-6 所示，程序 1 中没有逻辑读栈指令；程序 2 中使用了 MPS、

MRD 和 MPP 指令；程序 3 中使用了多次逻辑读栈指令 MRD。从这 3 个程序段可以看出，入栈指令 MPS 和出栈指令 MPP 必须成对使用，使用堆栈指令时不一定要使用逻辑读栈 MRD 指令。

表 3-6　　堆栈指令的使用

<table>
<tr><th></th><th>梯形图</th><th>指令表</th></tr>
<tr><td>程序 1</td><td>0 X000 X001 (Y000)
MPS
X002 (Y001)
MPP
7 [END]</td><td>0 LD X000
1 MPS
2 AND X001
3 OUT Y000
4 MPP
5 AND X002
6 OUT Y001
7 END</td></tr>
<tr><td>程序 2</td><td>0 Y000 X003 (Y002)
MPS
X004 (Y003)
MRD
X005 (Y004)
MPP
10 [END]</td><td>0 LD Y000
1 MPS
2 AND X003
3 OUT Y002
4 MRD
5 AND X004
6 OUT Y003
7 MPP
8 AND X005
9 OUT Y004
10 END</td></tr>
<tr><td>程序 3</td><td>0 X006 X007 (M0)
M0 X010
MPS
Y001 Y002 (Y005)
MRD
Y003 Y004
X011 Y001 Y003 (Y006)
MRD
X012 Y002 Y004
X013 (Y007)
MPP
X014 (Y010)
31 [END]</td><td>0 LD X006
1 OR M0
2 MPS
3 LD X007
4 OR X010
5 ANB
6 OUT M0
7 MRD
8 LD Y001
9 AND Y002
10 LD Y003
11 AND Y004
12 ORB
13 ANB
14 OUT Y005
15 MRD
16 LD X011
17 AND Y001
18 LD X012
19 AND Y002
20 ORB
21 ANB
22 LD Y003
23 OR Y004
24 ANB
25 OUT Y006
26 MPP
27 AND X013
28 OUT Y007
29 AND X014
30 OUT Y010
31 END</td></tr>
</table>

7．主控指令

在编程时，通常会遇到许多线圈同时受一个或一组触点控制的情况。如果在每个线圈的控制电路中都串入同样的触点，将占用很多存储单元。那么是否有这样的指令来解决这一问题呢？在FX系列PLC中，使用主控指令可以轻松地解决这一问题。

使用主控指令的触点称为主控触点，它在梯形图中与一般的触点垂直。主控触点是控制一组电路的总开关。

MC（Master Control）：主控指令，或公共触点串联连接指令。用于表示主控区的开始，它只能用于输出继电器Y和辅助继电器M（不包括特殊辅助继电器）。

MCR（Master Control Reset）：主控指令MC的复位指令，用来表示主控区的结束。

使用说明。

（1）每一主控程序均以MC指令开始，MCR指令结束，它们必须成对使用。

（2）与主控触点相连的触点必须用LD或LDI指令，即执行MC指令后，母线移到主控触点的后面去了，MCR使左侧母线回到原来的位置。

（3）若执行指令的条件满足时，直接执行从MC到MCR的程序；条件不满足时，在主控程序的积算定时器、计数器以及复位/置位指令驱动的软元件都保持当前状态，而非积算定时器、用OUT驱动的软元件则变为断开状态。

（4）在MC指令区内使用MC指令称为主控嵌套。MC和MCR指令包含的主控嵌套的层数为N0～N7，N0为最高层，N7为最低层。在没有嵌套结构时，通常用N0编程，N0的使用次数没有限制。在有嵌套时，MCR指令将同时复位低的嵌套层。

例3-7：将表3-7所示的用堆栈指令编写的程序改用主控指令编写。

表3-7　　用堆栈指令编写的程序

梯形图	指令表
0 X000 X001 (Y000) X002 (Y001) a 7 X003 (Y002) X004 (Y003) b X005 (Y004) 15 X006 (Y005) c 17 [END]	0 LD X000 1 MPS 2 AND X001 3 OUT Y000 4 MPP 5 AND X002 6 OUT Y001 7 LD X003 8 OUT Y002 9 MPS 10 AND X004 11 OUT Y003 12 MPP 13 AND X005 14 OUT Y004 15 LD X006 16 OUT Y005 17 END

分析：从表3-7中可以看出，该程序由a、b、c这3个电路块组成。a电路块由X000控制Y000、Y001两个分支电路，因此使用主控指令时，在常开触点的后面要书写主控指令“MC N0 M0”，在输出线圈Y001的下一条指令应该书写主控复位指令“MCR N0”，这样表示X000=1时，执行“MC N0 M0”至“MCR N0”之间的电路；X000=0时，“MC N0 M0”至“MCR N0”之间的电路不能被执行。同样可写出b电路块的主控指令，c电路块由于线圈Y5受常开X006控制，因此不需主控指令。程序如表3-8所示。

表3-8　　用主控指令编写的程序

写入模式梯形图	读出模式梯形图	指令表
0 X000 [MC N0 M0] 4 X001 (Y000) 6 X002 (Y001) 8 [MCR N0] 10 X003 [MC N0 Y002] 14 X004 (Y003) 16 X005 (Y004) 18 [MCR N0] 20 X006 (Y005) 22 [END]	0 X000 [MC N0 M0] N0 M0 4 X001 (Y000) 6 X002 (Y001) 8 [MCR N0] 10 X003 [MC N0 Y002] N0 Y002 14 X004 (Y003) 16 X005 (Y004) 18 [MCR N0] 20 X006 (Y005) 22 [END]	0 LD X000 1 MC N0 M0 4 LD X001 5 OUT Y000 6 LD X002 7 OUT Y001 8 MCR N0 10 LD X003 11 MC N0 Y002 14 LD X004 15 OUT Y003 16 LD X005 17 OUT Y004 18 MCR N0 20 LD X006 21 OUT Y005 22 END

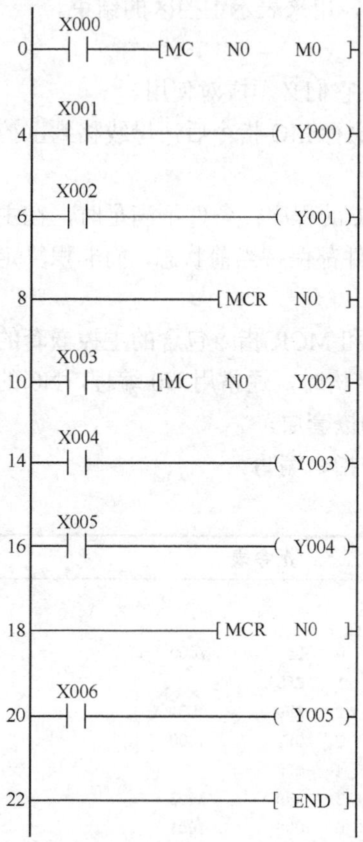

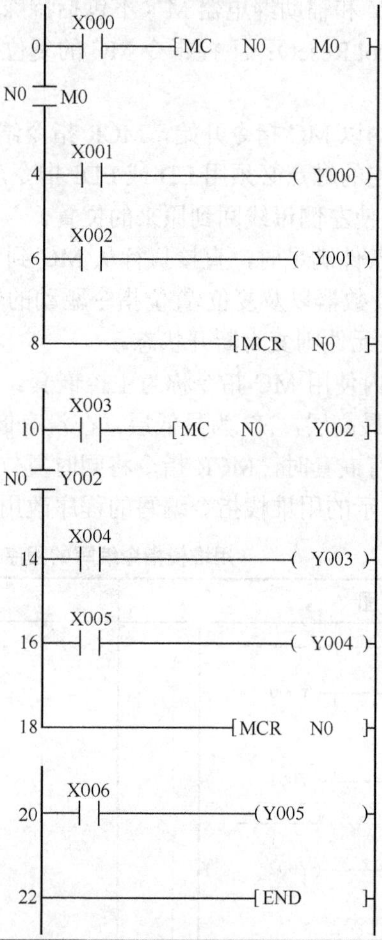

注意，书写梯形图中主控程序时，在GX Developer中，输入的是“写入模式梯形图”，也就是在软件中只需输入“写入模式梯形图”所示的梯形图即可，书写完程序后，在程序调试仿真时，软件自动会转换成“读出模式梯形图”。

堆栈指令MPS、MRD、MPP适用于分支电路比较少的梯形图，而主控指令MC、MCR比较适用于有多个分支电路的梯形图，这样可以避免在中间分支电路上多次使用MRD指令。

8．置位/复位指令

SET（Set）：置位指令，使操作保持为ON的指令。

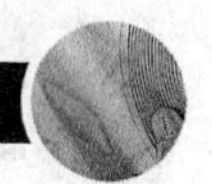

RST（Reset）：复位指令，使操作保持为 OFF 的指令。

使用说明。

（1）SET 指令用于 Y、M、S，RST 指令用于复位 Y、M、S、T、C，或将字元件 D、V 和 Z 清零。

（2）对同一元件编程，可以多次使用 SET 和 RST 指令，最后一次执行的指令将决定当前的状态。RST 可以将数据寄存器 D、变址寄存器 Z 和 V 内的数据清零，还可用来复位累计定时器 T246～T255 和计数器。

（3） SET 和 RST 指令的功能与数字电路中 RS 触发器的功能相似，SET 与 RST 指令之间可以插入别的指令。如果它们之间没有插入别的指令，后一条指令有效。

（4）任何情况下，RST 指令都优先执行。

例 3-8：SET/RST 指令的使用及时序分析如表 3-9 所示，程序 1 为 Y000 的有效输出控制，X000 有效，使 Y000 输出为 ON，当 X001 有效时，不管 Y000 是否为 ON（高电平），将其强制输出为 OFF（低电平）；程序 2 可作为二分频电路，X000 表示输入脉冲，Y000 为分频后的输出脉冲。在程序 2 中，初始状态 X000=0 时，Y000=M0=0；当 X000=1 时，X000 常开触点闭合，常闭触点打开，使 Y000 由 SET 置 1；当 X000=0 时，X000 常开触点打开，常闭触点闭合，M0 由 SET 置 1，Y000 仍置 1；当 X000=1 时，Y000 由 RST 清 0，M0 仍置 1；当 X000=0 时，X000 常闭触点闭合，M0 由 RST 置 0，重复执行该过程，则 Y000 输出的是输入 X000 的二分频。

表 3-9 **SET/RST 指令的使用及时序分析**

	梯形图	指令表	时序分析
程序 1	0 X000 [SET Y000] 2 X001 [RST Y000] 4 [END]	0 LD X000 1 SET Y000 2 LD X001 3 RST Y000 4 END	X000 X001 Y000
程序 2	0 X000 M0 [SET Y000] M0 [RST Y000] 7 X000 Y000 [SET M0] Y000 [RST M0] 14 [END]	0 LD X000 1 MPS 2 ANI M0 3 SET Y000 4 MPP 5 AND M0 6 RST Y000 7 LDI X000 8 MPS 9 AND Y000 10 SET M0 11 MPP 12 ANI Y000 13 RST M0 14 END	X000 Y000 M0

9．脉冲输出微分指令

PLS：上升沿微分输出指令，它将指定信号上升沿进行微分后，输出一个脉冲宽度为一个扫描周期的脉冲信号。

PLF：下降沿微分输出指令，它将指定信号下降沿进行微分后，输出一个脉冲宽度为一个扫描周期的脉冲信号。

使用说明。

（1）PLS 和 PLF 只有在输入信号变化时才有效，因此一般将其放在这一变化脉冲出现的指令之后，输出的脉冲宽度为一个扫描周期。

（2）PLS 和 PLF 指令可使用的软元件为 Y、M（特殊 M 除外）。

（3）PLS、PLF 无操作数。

例 3-9：使用脉冲输出微分指令实现二分频的程序如表 3-10 所示，X000 第 1 次闭合时，M0 产生一个扫描周期的脉冲，在第一个扫描周期内，Y000 线圈由 M0 常开触点和 Y000 常闭触点闭合而得电。在第二个扫描周期内，M0 常开触点断开，M0 常闭触点闭合，由于在第一个扫描周期内 Y000 线圈得电，所以 Y000 常开触点闭合，Y000 线圈由 M0 常闭触点和 Y000 常开触点自锁得电。

表 3-10　　脉冲输出微分指令实现二分频的程序及时序分析

梯形图	指令表	时序分析
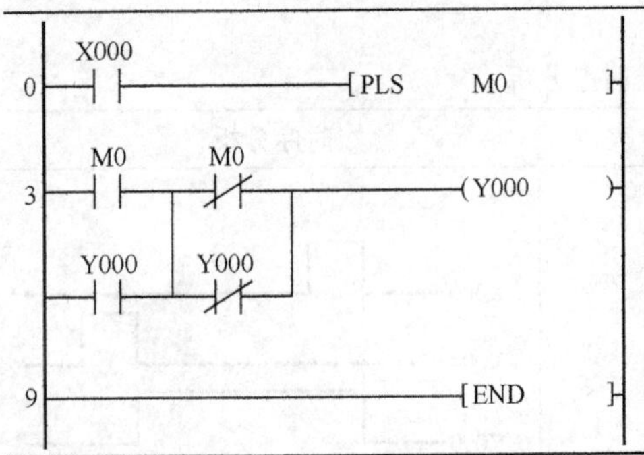 0 X000 [PLS M0] 3 M0 M0 (Y000) Y000 Y000 9 [END]	0 LD X000 1 PLS M0 3 LD M0 4 OR Y000 5 LDI M0 6 ORI Y000 7 ANB 8 OUT Y000 9 END	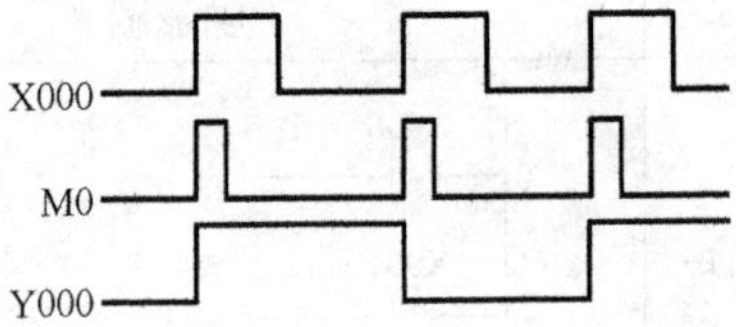 X000 M0 Y000

当 X000 第二次闭合时，M0 产生一个扫描周期的脉冲，在第一个扫描周期内，M0 常闭触点断开，Y000 线圈失电。在第二个扫描内，M0 常闭触点闭合，由于在第一个扫描周期内 Y000 线圈已失电，Y000 常开触点断开，Y000 线圈仍不得电。

例 3-10：使用脉冲输出微分指令实现单按钮控制电动机启动及停止报警的功能。

分析：设单按钮 SB 与 PLC 的 X000 连接，报警信号由 PLC 的 Y000 输出控制，电动机由 PLC 的 Y001 输出控制。假如奇数次按下 X000 时，M0 产生一个微分脉冲，同时报警信号有效，发出警报。M0 产生微分脉冲，使 Y001 线圈有效，Y001 的常开触点闭合，常闭触点打开，电动机启动运行。由于 M0 产生的脉冲宽度很小，因此松开按钮后，隔一个脉冲后 M0 认为恢复原状，M0 的常闭触点闭合，使电动机继续运行，而报警停止。当偶数次按下 X000 时，M0 仍产生一个微分脉冲，同时报警信号有效。M0 产生一个微分脉冲，使 M0 常开触点闭合，常闭触点打开，由于在前一个状态 Y000 的常开触点闭合，常闭触点打开，因此 Y001 线圈失去电源，电动机停止运行。编写的程序及时序分析如表 3-11 所示。

表 3-11　　脉冲输出微分指令实现单按钮电动机控制的程序及时序分析

10. 检测上升沿和下降沿的触点指令

LDP、ANDP、ORP：上升沿检测触点指令。在指定软元件的触点状态由 OFF→ON 时刻（上升沿），其驱动的元件接通 1 个扫描周期。

LDF、ANDF、ORF：下降沿检测触点指令。在指定软元件的触点状态由 ON→OFF 时刻（下降沿），其驱动的元件接通 1 个扫描周期。

使用说明。

（1）LDP、ANDP、ORP、LDF、ANDF、ORF 指令是触点指令，这些指令表达的触点在梯形图中的位置与 LD、AND、OR 指令表达的触点在梯形图中的位置相同，只是两种指令表达触点的功能有所不同。

（2）LDP、ANDP、ORP 指令在梯形图中的触点中间有一个向上的箭头；LDF、ANDF、ORF 指令在梯形图中的触点中间有一个向下的箭头。

（3）LDP、ANDP、ORP、LDF、ANDF、ORF 指令可用的软元件为 X、Y、M、S、T、C。

例 3-11：检测上升沿和下降沿的触点指令的使用如表 3-12 所示。

表 3-12　　检测上升沿和下降沿的触点指令的使用

梯形图	指令表	时序分析
0 X000 (Y000) X001 5 X002 (Y001) 8 END	0 LDP X000 2 ORP X001 4 OUT Y000 5 LDF X002 7 OUT Y001 8 END	上升沿 X000/X001 一个扫描周期 Y000 下降沿 X002 一个扫描周期 Y001

在 X000 或者 X001 由 OFF→ON 时，Y000 接通一个扫描周期；在 X002 由 ON→OFF 时，Y001 接通一个扫描周期。

例 3-12：使用检测上升沿和下降沿的触点指令实现二分频的程序及时分析如表 3-13 所示。

表 3-13　　检测上升沿和下降沿的触点指令实现二分频的程序及时序分析

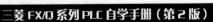

梯形图	指令表	时序分析
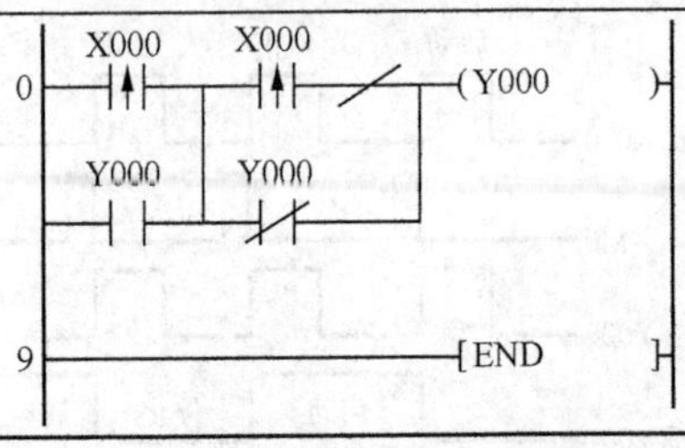 0 X000 X000 (Y000) Y000 Y000 9 [END]	0 LDP X000 2 OR Y000 3 LDP X000 5 INV 6 ORI Y000 7 ANB 8 OUT Y000 9 END	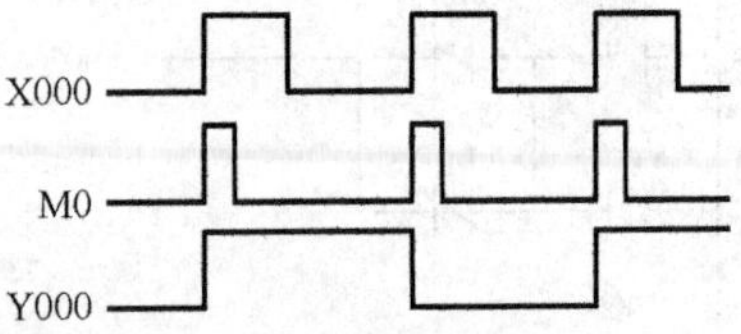 X000 M0 Y000

11．取反指令、空操作指令与程序结束指令

INV（Inverse）：取反指令，双称取非指令。它是将左边电路的逻辑运算结果取反，若运算结果为“1”取反后变为“0”，运算结果为“0”取反后变为“1”，该指令没有操作数。

NOP（Nop Processing）：空操作指令，它不做任何逻辑操作，在程序中留下地址以便调试程序时插入指令或稍微延长扫描周期长度，而不影响用户程序的执行。

END（End）：结束指令，将强制结束当前的扫描执行过程。若不写 END 指令，将从用户程序存储器的第 1 步执行到最后 1 步；将 END 指令放在程序结束处，只执行第 1 步至 END 之间的程序，使用 END 指令可以缩短扫描周期。

在调试程序时，可以将 END 指令插在各段程序之后，从第一段开始分段调试，调试好后必须删去程序中间的 END 指令，这种方法对程序的查错也有用处。插入 END 指令调试程序时，一定要注意是否会影响被测试程序的完整性。

3.1.2　定时器指令

在传统继电器—交流接触器控制系统中，一般使用延时继电器进行定时，通过调节螺丝来设定延时时间的长短。在 PLC 控制系统中通过内部软延时继电器—定时器来进行定时操作。PLC 内部定时器是 PLC 中最常用的元器件之一，用好、用对定时器对 PLC 程序设计非常重要。

通常 PLC 定时器用 T 表示，它是通过对内部时钟累计时间增量来计时的。在 FX2N 系列 PLC 中有 T0～T255，总共 256 个增量型定时器。每个定时器均有一个当前值寄存器用以存放当前值；一个预置值寄存器用以存放时间的设定值；还有一个用来存储其输出触点状态的映像寄存器位，这三个存储单元共用同一个元件号。

常数 K（K 的范围为 K0～K32767）可作为定时器的设定值，也可用数据寄存器（D）的内容来设定。例如，用外部数字开关输入的数据送到数据寄存器（D）中作为定时器的设定值。通常使用有电池后备的数据寄存器，用以保证在断电的情况下数据不会丢失。

FX2N 系列 PLC 定时器可按照工作方式的不同，可将定时器分为通用定时器和累计定时器两种。根据时间脉冲的不同分为 1ms、10ms、100ms 三挡。FX2N 系列 PLC 定时器的类型如表 3-14 所示。

表 3-14　　　　**FX2N 系列 PLC 定时器的类型**

定时器	时间脉冲	定时器编号范围	定时范围
通用定时器	100ms	T0～T199	0.1s～3276.7s
	10ms	T200～T245	0.01s～327.67s
积算定时器	1ms	T246～T249	0.001s～32.767s
	100ms	T250～T255	0.1s～3276.7s

在 FX2N 系列 PLC 中通用定时器为 T0～T245，共有 246 个，其中 T192～T199 用于子程序中断服务程序；累计定时器 10 个。通用定时器没有保持功能，在输入电路断开或停电时复位。累计定时器具有断电保持功能，在输入电路断开或停电时保持当前值，当输入再接通或者重新通电时，在原计时当前值的基础上继续累计。

由于定时器实际上是对时钟脉冲计数来定时的，所以定时器的动作时间等于设定值（K 或 D）乘以它的时钟脉冲。例如，定时器 T0 的设定值为 K200，则其动作时间等于 200×0.1s=20s。

注意：在 GX Developer 梯形图中输入定时器指令时，先点击图标，在弹出的“梯形图输入”对话框中输入定时器编号及设定值，定时器编号与设定值之间必须有空格。例如，定时器 T0 的设定值为 K200，则输入为“T0 K200”。

例 3-13：编写 PLC 程序，要求按下按钮 SB 后，指示灯亮，延时 0.5s 自动熄灭。

分析：在本例中可采用通用定时器进行延时，由于延时时间不长，除 T192～T199 定时器外，时间脉冲为 100ms 或时间脉冲为 10ms 的定时器均可使用。在本例中采用 T200 进行延时，设定值为 0.5s÷10ms=50。按钮 SB 与 PLC 的 X000 连接；指示灯 HL 与 PLC 的 Y000 相连。其程序与时序分析如表 3-15 所示。

表 3-15　　　　**例 3-13 程序及时序分析**

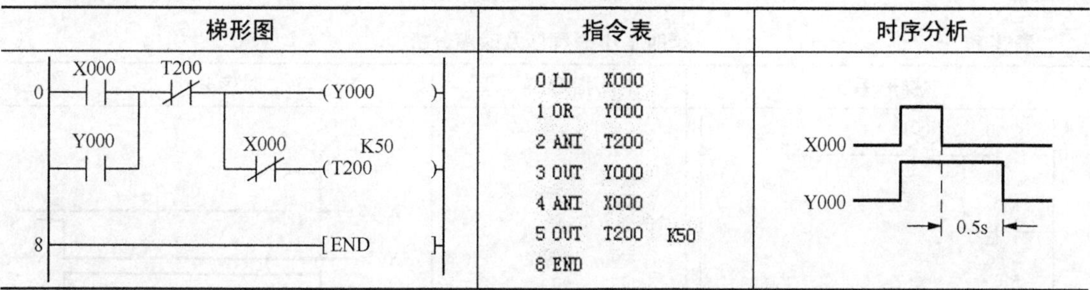

梯形图	指令表	时序分析
	0 LD X000 1 OR Y000 2 ANI T200 3 OUT Y000 4 ANI X000 5 OUT T200 K50 8 END	

例 3-14：灯光闪烁控制。

分析：利用两个定时器可构成任意占空比周期性信号输出，在本例中，定时器 T0 产生 3s 的定时，T200 产生 2s 的定时，灯光闪烁周期为 5s。若 X000 接通时，Y000 接通，同时定时器 T0 开始定时，3s 后，T0 常开触点接通，常闭触点断开，则 Y000 断开的同时定时器 T200 开始定时，2s 后，T200 常闭触点断开，则定时器 T0、T200 被复位，其触点恢复常态，从而使常闭触点 T200 重新接通，第二个输出周期开始。T0 延时 3s，设定值为 30；T200 延时 2s，设定值为 200。X001 为停止按钮控制，程序与时序分析如表 3-16 所示，若要改变闪光的频率，只要改变两个定时器的时间常数即可。如果 T0 和 T200 设定的延时时间相同时，则 Y000 输出一个方波。

表 3-16　　灯光闪烁控制程序与时序分析

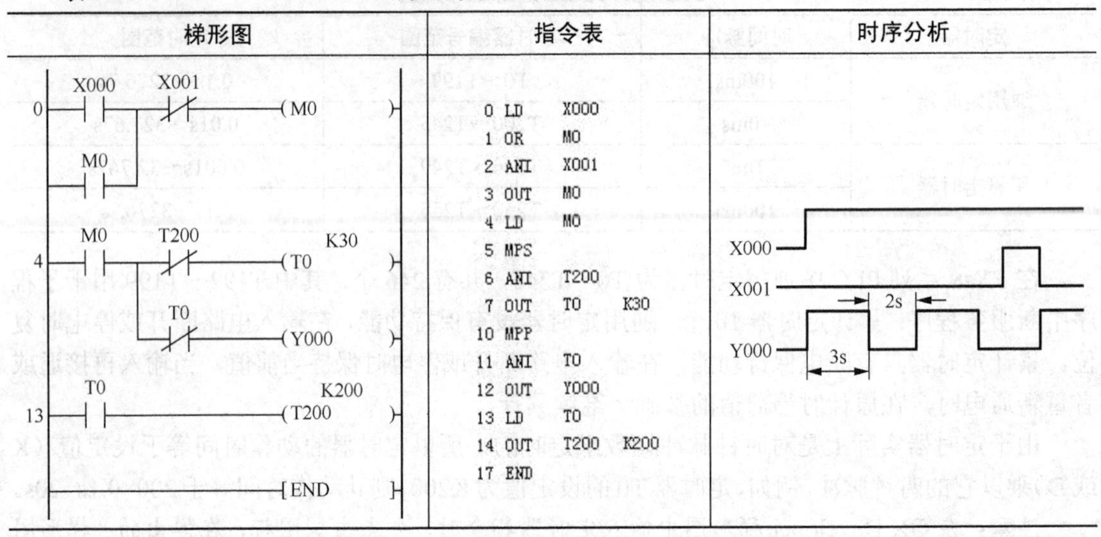

例 3-15：设计一个延时 1 小时的电路。

分析：一般 PLC 的一个定时器的延时时间都较短，如果需要延时时间更长的定时器，可采用多个定时器串级使用来实现长时间延时。定时器串级使用时，其总的定时时间为各定时器定时时间之和。1 小时等于 3600s，因此可采用 T0 和 T1 串联来实现，两个实时器的设定值可以是 18000（即 1800s）。当按下启动按钮 SB 时，即 X000 闭合，辅助继电器 M0 通电自锁，同时 T0 定时器线圈得电开始延时 1800s，若 T0 延时时间到，其延时闭合触点闭合使 T1 定时器线圈得电开始延时 1800s，如果 T1 延时时间到，其延时闭合触点闭合，使 Y000 输出。程序及与时序分析如表 3-17 所示。

表 3-17　　延时 1 小时程序及时序分析

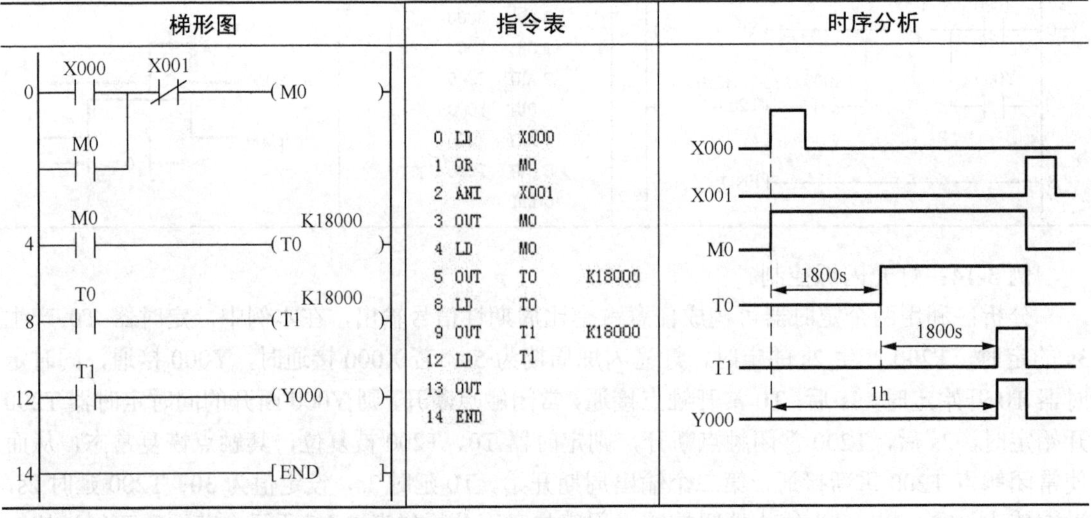

例 3-16：编写 PLC 程序，要求：合上电源，电动机 M 运行 3min 后自动停止 4min，然后再运行 3min，如此循环。在运行过程中，若出现停电，待电源恢复后，继续循环运行。如

果按下停止按钮 SB，电动机必须停止运行。

分析：此例最好采用两个累计定时器，比如可使用 T250 和 T251。如果 T250 延时 3min 则设定值为 1800（即 180s）；T251 延时 4min，则设定值为 2400（即 240s）。对累计定时器进行复位，可使用复位指令“RST”。特殊继电器 M8000 为 PLC 的运行监控，当 PLC 运行时，其常开触点为 ON（即闭合），因此累计定时器的线圈可使用 M8000 进行触发控制。设停止按钮 SB 与 PLC 的 X000 连接，电动机 M 由 Y000 输出控制，程序如表 3-18 所示。

表 3-18　　例 3-16 的 PLC 控制程序

梯形图	指令表
0 ─┤M8000├─┤/M3├─(T250 K1800)	0 LD M8000 1 ANI M3 2 OUT T250 K1800
5 ─┤T250├─(M0)	5 LD T250 6 OUT M0
7 ─┤M0├┬─┤/M2├─(M1) 　─┤M1├┘	7 LD M0 8 OR M1 9 ANI M2 10 OUT M1
11 ─┤M1├─(T251 K2400)	11 LD M1 12 OUT T251 K2400
15 ─┤T251├─(M2)	15 LD T251 16 OUT M2
17 ─┤M2├┬─[RST T250] 　─┤X000├┘	17 LD M2 18 OR X000 19 RST T250
21 ─┤M0├┬─[RST T251] 　─┤X000├┘	21 LD M0 22 OR X000 23 RST T251
25 ─┤X000├┬─(M3) 　─┤M3├┘	25 LD X000 26 OR M3 27 OUT M3
28 ─┤/T250├─(Y000)	28 LDI T250 29 OUT Y000
30 ─[END]	30 END

3.1.3 计数器指令

计数器是用来累计输入脉冲的次数，三菱 FX 系列 PLC 提供了两类计数器：内部计数器和高速计数器。

内部计数器是 PLC 在执行扫描操作时对内部信号 X、Y、M、S、T、C 等进行计数的计数器，要求输入信号的接通和断开时间比PLC的扫描周期要长；高速计数器是对外部信号进行计数的计数器，其响应速度快，因此对于频率较高的计数就必须采用高速计数器。这两类计数器的功能都是设定预置数，当计数器输入端信号从OFF变为ON时，计数器减1或加1，计数值减为"0"或者加到设定值时，计数器线圈ON。三菱FX系列PLC计数器的种类和编号如表3-19所示。

表3-19　　三菱FX系列PLC计数器的种类和编号

种类			编号	说明
内部计数器	16位加计数器	通用型	C0～C99	计数设定值：1～32767
		断电保持型	C100～C199	
	32位加/减计数器	通用型	C200～C219	计数设定值：−2147483648～+2147483647 加/减计数由M8200～M8324控制
		断电保持型	C220～C234	
高速计数器	1相无启动/复位端子高速计数器		C235～C240	用于高速计数器的输入端只有8点(X000～X007)，如果其中一个被占用，它就不能再用于其他高速计数器或者其他用途，因此只能有8个高速计数器同时工作
	1相带启动/复位端子高速计数器		C241～C245	
	1相2输入双向高速计数器		C246～C250	
	2相A-B型高速计数器		C251～C255	

1. 内部计数器

内部计数器按计数位数的不同，分为16位加计数器和32位加/减计数器。

在三菱FX系列PLC中C0～C99为16位通用型加计数器，C100～C199为16位断电保持型加计数器。C0～C99失电后，计数器将自动复位，当前计数值为0；C100～C199失电后，计数器的计数值将保持不变，来电后，继续计数。16位通用型加计数器C0的工作过程如图3-1所示。

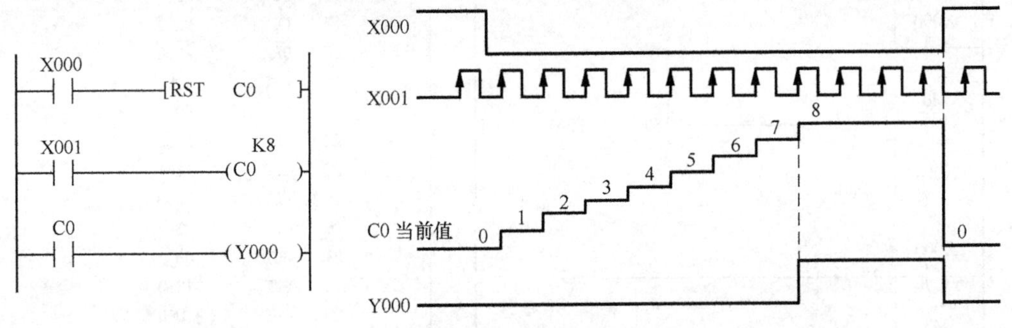

图3-1　C0的工作过程

在图3-1，中当复位输入X000常开触点接通（ON）后，C0被复位，其对应的位存储单元被清0，且不对输入信号X002进行计数。如果X000常开触点断开（OFF）时，加计数器C0对X001的上升沿进行计数，当计数达到设定值8（此程序中设定值为K8）时，就保持为8不变，同时C0的常开触点闭合，使Y000线圈得电。如果在计数过程中，或计数达到设定值时，X000常开触点接通（ON）后，计数器C0被复位，计数器的当前值为0，同时C0的触点也被复位。计数器的设定值使用常数K或者通过数据寄存器D来设置。

注意在GX Developer梯形图中输入计数器指令时，先点击图标，在弹出的"梯形图输入"对话框中输入计数器编号及设定值，计数器编号与设定值之间必须要有空格。例如，计数器C0的设定值为K8，则输入"C0 K8"。

在三菱 FX 系列 PLC 中，C200～C219 为 32 位通用型加/减计数器，C220～C234 为 32 位断电保持型加/减计数器。32 位加/减计数器的设定值使用常数 K 或者通过数据寄存器 D 来设置。若使用数据寄存器 D 设置，设定值存放在元件号相连的两个数据寄存器中。如果指定寄存器为 D0，则设定值应存放在 D1 和 D0 中，其中 D1 存放高 16 位；D0 存放低 16 位。

C200～C219 通用型 32 位加/减计数器在失电后，计数器将自动复位，当前计数值为 0，计数器状态复位；C220～C234 断电保持型 32 位加/减计数器在失电后，计数器的计数值将保持不变，来电后接着原来的计数值继续计数。

32 位加/减计数器 C200～C234 可以进行加计数或减计数，其计数方式由特殊辅助继电器 M8200～M8234 设定，如表 3-20 所示。当特殊辅助继电器为 1 时，相应的计数器为减计数，否则为加计数。

表 3-20　32 位加/减计数器的加减方式控制

计数器	加减控制	计数器	加减控制	计数器	加减控制	计数器	加减控制
C200	M8200	C209	M8209	C218	M8218	C227	M8227
C201	M8201	C210	M8210	C219	M8219	C228	M8228
C202	M8202	C211	M8211	C220	M8220	C229	M8229
C203	M8203	C212	M8212	C221	M8221	C230	M8230
C204	M8204	C213	M8213	C222	M8222	C231	M8231
C205	M8205	C214	M8214	C223	M8223	C232	M8232
C206	M8206	C215	M8215	C224	M8224	C233	M8233
C207	M8207	C216	M8216	C225	M8225	C234	M8234
C208	M8208	C217	M8217	C226	M8226		

32 位加/减计数器的计数范围是−214783648～+214783647，在计数过程中，当前值在−214783648～+214783647 间循环变化，即从−214783648 变化到+214783647 后，再从+214783647 变化到−214783648。当计数值等于设定值时，计数器的触点动作，但计数器仍在计数，计数值仍在变化，直到执行了复位指令时，计数值才为 0，也就是说，计数值的加/减与其触点动作无关。32 位通用型加/减计数器 C200 的工作过程如图 3-2 所示。

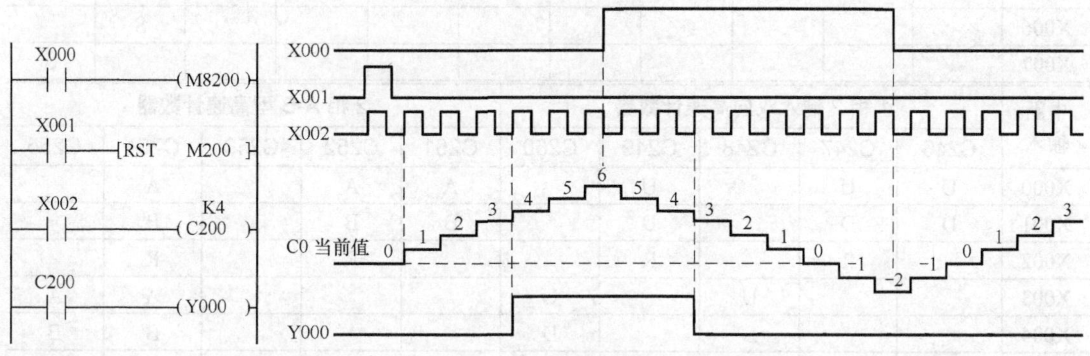

图 3-2　C200 的工作过程

图 3-2 中 C200 计数器的设定值为 4，当 X000 常开触点断开时，M8200 线圈失电，C200 进行加计数；当 X000 常开触点闭合时，M8200 线圈得电，控制 C200 进行减计数。复位输入使 X001 常开触点断开时，X002 每接通 1 次，C200 计 1 次数。

在进行加计数过程中，若当前值等于4时，计数器的常开触点闭合，使Y000线圈得电输出为1。如果X000、X001常开触点继续保持断开状态，X002每接通一次，C200的当前值继续加1，而Y000线圈保持得电状态。

在加计数过程中，若X000的常开触点闭合（其他触点保持前一状态），X002每接通一次，C200的当前值减1。当C200的当前值小于4时，Y000线圈失电，而C200继续减1。

在减计数过程中，若将X000常开触点又断开（其他触点保持前一状态）时，X002每接通一次，C200的当前值加1。

2．高速计数器（HSC）

内部计数器的计数方式和扫描周期有关，所以不能对高频率的输入信号计数，而高速计数器采用中断工作方式，和扫描周期无关，可以对高频率的输入信号计数，因此高速计数器又称为外部计数器。

高速计数器是32位停电保持型加/减计数器，在FX系列PLC中有21点高速计数器C235～C255，共用PLC的8个高速计数器输入端X000～X007。高速计数器有3种类型：1相1输入型、1相2输入型和2相A-B输入型。其中，1相1输入型又分为1相无启动/复位端子和1相带启动/复位端子两种。不同类型的高速计数器可以同时使用，但是它们的高速计数器输入端不能发生冲突，即当某个输入端子被计数器使用后，其他计数器不能再使用该输入端子，其特定输入端子号与地址编号的分配如表3-21所示。

表3-21　高速计数器的特定输入端子号与地址编号的分配表

中断输入	1相无启动/复位端子高速计数器						1相带启动/复位端子高速计数器				
	C235	C236	C237	C238	C239	C240	C241	C242	C243	C244	C245
X000	U/D						U/D			U/D	
X001		U/D					R			R	
X002			U/D					U/D			U/D
X003				U/D				R			R
X004					U/D				U/D		
X005						U/D			R		
X006										S	
X007											S

中断输入	1相2输入双向高速计数器					2相A-B型高速计数器				
	C246	C247	C248	C249	C250	C251	C252	C253	C254	C255
X000	U	U		U		A	A		A	
X001	D	D		D		B	B		B	
X002		R		R			R		R	
X003			U		U				A	A
X004			D		D				B	B
X005			R		R				R	R
X006				S					S	
X007					S					S

注：表中U表示加计数输入，D表示减计数输入，R表示复位输入，A表示A相输入，B表示B相输入，S表示启动输入。

C235～C240 为 1 相无启动/复位输入端的高速计数器。C241～C245 为 1 相带启动/复位输入端的高速计数器。由于 1 相 1 输入型高速计数器只有一个计数输入端，所以使用特殊辅助继电器（M8235～8245）来指定计数方式，如表 3-22 所示。当特殊辅助继电器为 1 时，相应的计数器为减计数，否则为加计数。C235～C240 只能用 RST 指令来复位，C244、C245 的线圈被驱动后，还需启动 X006 或 X007 为 ON 时，才能对计数脉冲进行计数。

表 3-22 高速计数器的加减方式控制

计数器	加减控制	计数器	加减控制	计数器	加减控制	计数器	加减控制
C235	M8235	C241	M8241	C247	M8247	C253	M8253
C236	M8236	C242	M8242	C248	M8248	C254	M8254
C237	M8237	C243	M8243	C249	M8249	C255	M8255
C238	M8238	C244	M8244	C250	M8250		
C239	M8239	C245	M8245	C251	M8251		
C240	M8240	C246	M8246	C252	M8252		

C246～C250 为 1 相 2 输入双向高速计数器，每个计数器有两个外部计数输入端子：1 个为加计数输入脉冲端子，另一个为减计数输入脉冲端子。例如，在表 3-6 中的 C246 计数器，当其线圈被驱动时，若计数器对 X000 输入脉冲，则 C246 进行加计数；若计数器对 X001 输入脉冲，则 C246 进行减计数。C249、C250 线圈被驱动后，还需启动 X006 或 X007 为 ON 时，才能对计数脉冲进行计数。

C251～C255 为 2 相 A-B 型高速计数器。每个计数器有 A、B 两个计数输入（它们的相位相差 90 度）。计数器线圈被驱动后，若 A 相计数输入为 ON，则 B 相计数输入由 OFF→ON 时，计数器进行加计数；B 相计数输入由 ON→OFF 时，计数器进行减计数。同样，当计数器线圈被驱动后，若 B 相计数输入 ON，则 A 相计数输入由 OFF→ON 时，计数器进行加计数；A 相计数输入由 ON→OFF 时，计数器进行减计数。C254、C255 的线圈被驱动后，还需启动 X006 或 X007 为 ON 时，才能对计数脉冲进行计数。

3. 计数器指令应用举例

例 3-17：用 PLC 控制包装传输系统。要求按下启动按钮后，传输带电动机工作，物品在传输带上开始传送，每传送 100 个物品，传输带暂停 5s，工作人员将物品包装。

分析：用光电检测器件来检测物品是否在传输带上，若每来一个物品，产生一个脉冲信号送入 PLC 中进行计数。PLC 中可用加计数器进行计数，计数器的设定值为 100。启动按钮 SB0 与 X000 连接，停止按钮 SB1 与 X001 连接，光电检测信号通过 X002 输入 PLC 中，传输带电动机 M 由 Y000 输出驱动。程序如表 3-23 所示。

程序说明：当按下启动按钮时 X000 的常开触点闭合，Y000 输出驱动信号，驱动传输带运行。若传输带上有物品，光电检测开关有效，X002 的常开触点闭合，C0 开始计数。若计数到 100，计数器状态位置 1，C0 常开触点闭合，辅助继电器 M0 有效，M0 的两对常开触点闭合，常闭触点断开。M0 的一路常开触点闭合使 C0 复位，使计数器重新计数；另一路常开触点闭合开始延时等待；M0 的常闭触点断开，使传输带暂停。若延时时间到，T0 的常闭触点打开，M0 暂时没有输出；T0 的常开触点闭合，启动传输带又开始传送物品，如此循环。物品传送过程中，若按下停止按钮，X001 的常闭触点打开，Y000 无输出，传输带停止运行；X001 的常开触点闭合，使 C0 复位，为下次重新计数做好准备。

表 3-23　　PLC 控制包装传输系统程序

梯形图	指令表
0: X000 启动按钮 SB0 / Y000 电动机M / T0 暂停计时 — X001 停止按钮 SB1（常闭）— M0（常闭）—（Y000 电动机M） 6: X002 光电检测 — Y000 电动机M —（C0 K100 物品统计） 11: X001 停止按钮 SB1 / M0 —[RST C0 物品统计] 15: C0 物品统计 / M0 — X001 停止按钮 SB1（常闭）— T0 暂停计时（常闭）—（M0） 20: M0 —[END]	0 LD X000 1 OR Y000 2 OR T0 3 ANI X001 4 ANI M0 5 OUT Y000 6 LD X002 7 AND Y000 8 OUT C0 K100 11 LD X001 12 OR M0 13 RST C0 15 LD C0 16 OR M0 17 ANI X001 18 ANI T0 19 OUT M0 20 LD M0 21 OUT T0 K50 24 END

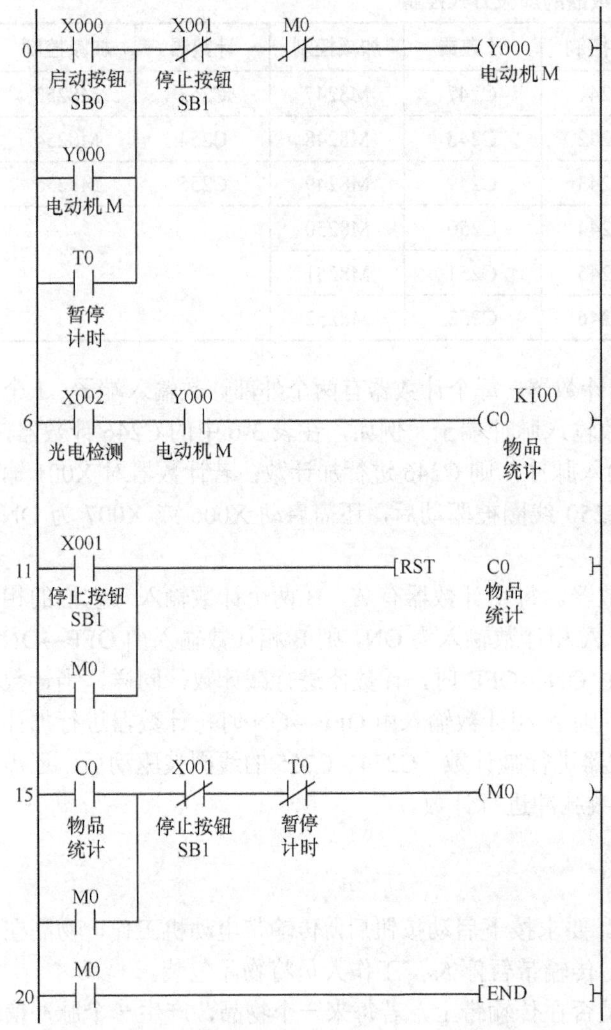

例 3-18：使用 PLC 定时器实现 365 天的计时。

分析：使用 PLC 定时器实现 365 天的计时可采用多个定时器串联，或采用计数器与定时器两者相结合的方式来完成任务。在此采用计数器与定时器结合来实现，程序如表 3-24 所示。

程序说明：当按下启动按钮时，X000 常开触点闭合，M0 输出线圈有效，T0 开始延时。当 T0 延时 1800s（30 分钟）时，T0 常开触点闭合，T1 开始延时。当 T1 延时 1800s（30 分

钟）时，T1 常闭触点打开，常开触点闭合。T1 常闭触点打开使 T0、T1 复位，重新开始延时。T1 常开触点闭合，表示延时了 1 小时，作为计数器 C0 的计数脉冲。由于 365 天=24×365=8760 小时，因此 C0 的设定值为 8760。若计数器的计数脉冲达到设定值，C0 常开触点闭合，为下次延时 365 天做准备。在延时过程中，若按下停止按钮，X000 常闭触点打开，停止延时；X001 常开触点闭合，使计数器复位。

表 3-24　　使用 PLC 定时器实现 365 天的计时程序

梯形图	指令表
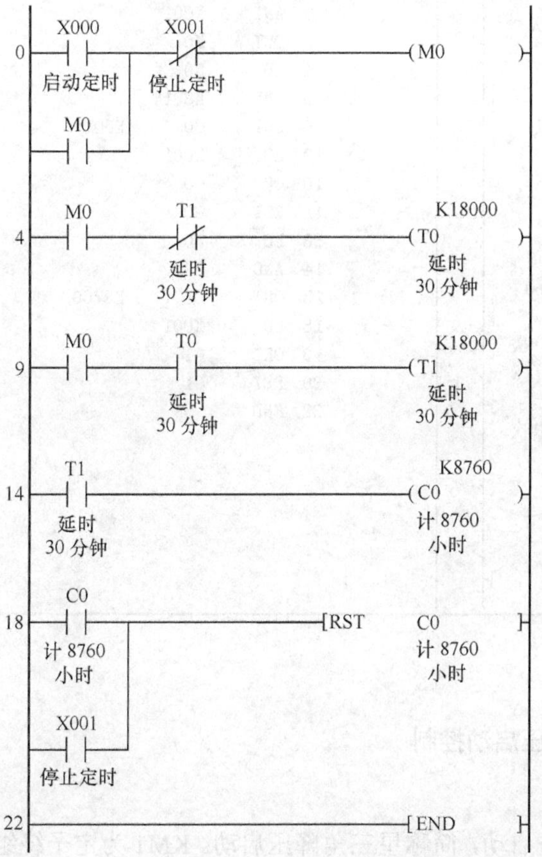 0: X000（启动定时）、M0 并联 — X001（停止定时）常闭 —（M0） 4: M0 — T1 常闭（延时30分钟）—（T0 K18000）延时30分钟 9: M0 — T0（延时30分钟）—（T1 K18000）延时30分钟 14: T1（延时30分钟）—（C0 K8760）计8760小时 18: C0（计8760小时）、X001（停止定时）并联 —[RST C0] 计8760小时 22: —[END]	0 LD X000 1 OR M0 2 ANI X001 3 OUT M0 4 LD M0 5 ANI T1 6 OUT T0 K18000 9 LD M0 10 AND T0 11 OUT T1 K18000 14 LD T1 15 OUT C0 K8760 18 LD C0 19 OR X001 20 RST C0 22 END

例 3-19：使用 PLC 计数器与特殊存储器实现 365 天的计时。

分析：通过查阅附录 2 可知，M8011～M8014 都可进行延时，M8014 提供 1 分钟延时，M8013 提供 1 秒钟的延时。下面采用 M8014 和计数器组合来实现 365 天的延时，程序如表 3-25 所示。

程序说明：按下启动按钮时 X000 常开触点闭合，M0.0 输出线圈有效，M0.0 常开触点闭合，M8014 产生 1 分钟延时作为 C0 的输入脉冲。1 小时等于 60 分钟，因此 C0 的设定值为 60。当 C0 计数 60 次（延时 1 小时），C0 常开触点闭合。C0 的一对常开触点闭合，作为本身的复位信号；另一对常开触点闭合，作为 C1 的输入脉冲。若 C1 计数 8760 次（延时 365 天），C1 常开触点闭合，对本身进行复位。

表 3-25　　使用 PLC 计数器与特殊存储器实现 365 天的计时程序

梯形图	指令表
0: X000（启动定时）常开 ∥ M0 常开 — X001（停止定时）常闭 —（M0） 4: M0 常开 — M8014（1 分钟脉冲）常开 —（C0 K60）计 60 次 9: X001（停止定时）常开 ∥ C0（计 60 次）常开 —[RST C0] 计 60 次 13: M0 常开 — C0（计 60 次）常开 —（C1 K8760）计 8760 次 18: X001（停止定时）常开 ∥ C1（计 8760 次）常开 —[RST C1] 计 8760 次 22: —[END]	0 LD X000 1 OR M0 2 ANI X001 3 OUT M0 4 LD M0 5 AND M8014 6 OUT C0 K60 9 LD X001 10 OR C0 11 RST C0 13 LD M0 14 AND C0 15 OUT C1 K8760 18 LD X001 19 OR C1 20 RST C1 22 END

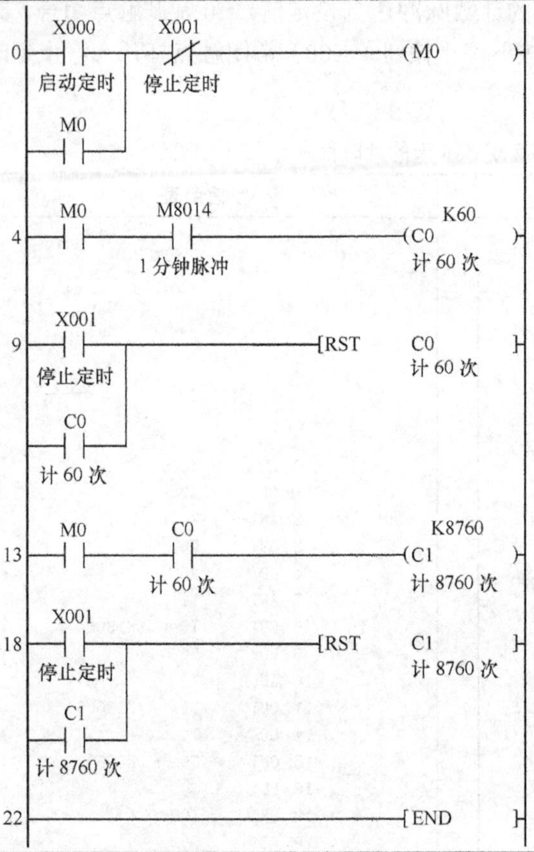

3.1.4　基本指令的应用举例

1. 三相交流异步电动机的星—三角降压启动控制

（1）控制要求

星—三角形降压启动又称为 Y—△降压启动，简称星三角降压启动。KM1 为定子绕组接触器；KM2 为三角形接触器；KM3 为星形连接接触器；KT 为降压启动时间继电器。启动时，定子绕组先接成星形，待电动机转速上升到接近额定转速时，将定子绕组接成三角形，电动机进入全电压运行状态。传统继电器—接触器的星形—三角形降压启动控制线路如图 3-3 所示。现要求使用 FX_{2N} 实现三相交流异步电动机的星—三角降压启动控制。

（2）控制分析

一般继电器的启停控制函数为 $Y=(QA+Y)\cdot\overline{TA}$，该表达式是 PLC 程序设计的基础，$Y$ 表示控制对象，QA 表示启动条件，Y 表示控制对象自保持（自锁）条件，TA 表示停止条件。

在 PLC 程序设计中，只要找到控制对象的启动、自锁和停止条件，就可以设计出相应的控制程序。即 PLC 程序设计的基础是细致地分析出各个控制对象的启动、自保持和停止条件后，写出控制函数表达式，根据控制函数表达式设计出相应的梯形图程序。

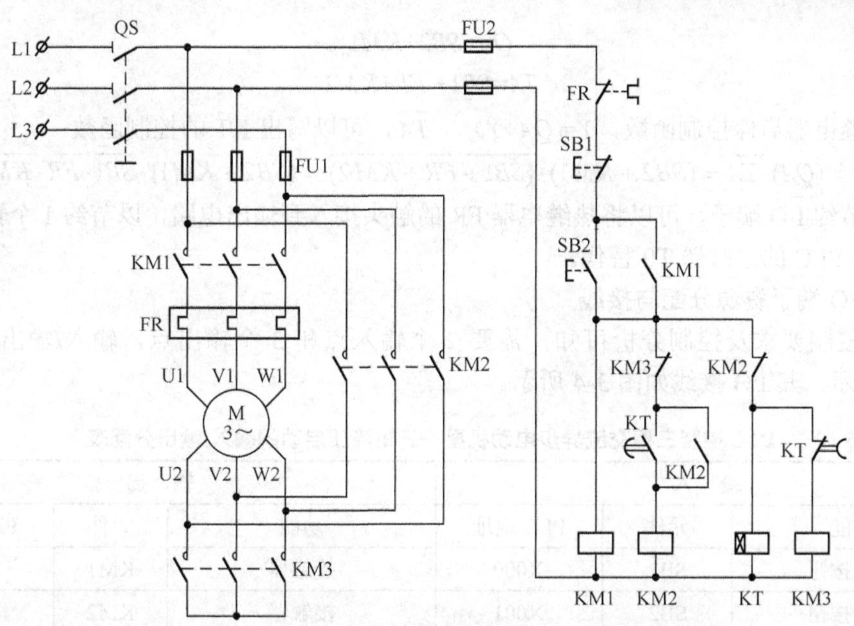

图 3-3　传统继电器-接触器星形—三角形降压启动控制线路原理图

由图 3-3 可知，控制 KM1 启动的按钮为 SB2；控制 KM1 停止的按钮或开关为 SB1、FR；自锁控制触点为 KM1。因此，对于 KM1 来说：

$$QA=SB2$$

$$TA=SB1+FR$$

根据继电器启停控制函数，$Y=(QA+Y)\cdot\overline{TA}$，可以写出 KM1 的控制函数

$$KM1=(QA+KM1)\cdot\overline{TA}=(SB2+KM1)\cdot\overline{(SB1+FR)}=(SB2+KM1)\cdot\overline{SB1}\cdot\overline{FR}$$

控制 KM2 启动的按钮或开关为 SB2、KT、KM1；控制 KM2 停止的按钮或开关为 SB1、FR、KM3；自锁控制触点为 KM2。因此，对于 KM2 来说：

$$QA=SB2+KT+KM1$$

$$TA=SB1+FR+KM3$$

根据继电器启停控制函数，$Y=(QA+Y)\cdot\overline{TA}$，可以写出 KM2 的控制函数：

$$KM2=(QA+KM2)\cdot\overline{TA}=[(SB2+KM1)\cdot(KT+KM2)]\cdot\overline{(SB1+FR+KM3)}$$

$$=[(SB2+KM1)\cdot(KT+KM2)]\cdot\overline{SB1}\cdot\overline{FR}\cdot\overline{KM3}$$

控制 KM3 启动的按钮或开关为 SB2、KM1；控制 KM3 停止的按钮或开关为 SB1、FR、KM2、KT；无自锁触点。因此，对于 KM3 来说：

$$QA=SB2+KM1$$

$$TA=SB1+FR+KM2+KT$$

根据继电器启停控制函数，$Y=(QA+Y)\cdot\overline{TA}$，可以写出 KM3 的控制函数：

$$KM3=(QA)\cdot\overline{TA}=(SB2+KM1)\cdot\overline{(SB1+FR+KM2+KT)}$$

$$=(SB2+KM1)\cdot\overline{SB1}\cdot\overline{FR}\cdot\overline{KM2}\cdot\overline{KT}$$

控制 KT 启动的按钮或开关为 SB2、KM1；控制 KT 停止的按钮或开关为 SB1、FR、KM2；无自锁触点。因此对于 KT 来说：

$$QA = SB2 + KM1$$

$$TA = SB1 + FR + KM2$$

根据继电器启停控制函数，$Y = (QA + Y) \cdot \overline{TA}$，可以写出KT的控制函数：

$$KT = (QA) \cdot \overline{TA} = (SB2 + KM1) \cdot \overline{(SB1 + FR + KM2)} = (SB2 + KM1) \cdot \overline{SB1} \cdot \overline{FR} \cdot \overline{KM2}$$

为了节约I/O端子，可以将热继电器FR的触头接入到输出电路，以节约1个输入端子。KT可使用PLC的定时器T0替代。

（3）I/O端子资源分配与接线

根据控制要求及控制分析可知，需要2个输入点和3个输出点，输入/输出分配表如表3-26所示，其I/O接线如图3-4所示。

表3-26　PLC控制三相交流异步电动机星—三角降压启动的输入/输出分配表

输　入			输　出		
功能	元件	PLC地址	功能	元件	PLC地址
停止按钮	SB1	X000	接触器	KM1	Y000
启动按钮	SB2	X001	接触器	KM2	Y001
			接触器	KM3	Y002

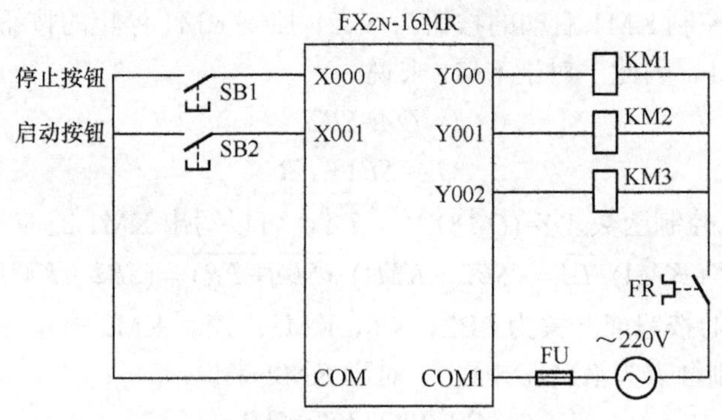

图3-4　三相交流异步电动机星—三角启动的PLC控制I/O接线图

（4）编写PLC控制程序

根据三相交流异步电动机星—三角启动的控制分析和PLC资源配置，编写出PLC控制三相交流异步电动机星—三角启动的程序，如表3-27所示。

（5）程序仿真

1）用户启动GX-Developer，创建一个新的工程，按照表3-27所示输入LAD（梯形图）或STL（指令表）中的程序，再执行菜单命令“变换”→“变换”对程序进行编译后，将其保存。

2）在GX-Developer中，执行菜单命令“工具”→“梯形图逻辑测试起动”，进入GX-Simulator在线仿真（即在线模拟）状态。

3）刚进入在线仿真状态时，线圈Y000、Y0001和Y0002均未得电。按下启动按钮SB2，X001触点闭合，Y000线圈输出，控制KM1线圈得电，Y000的常开触点闭合，形成自锁，启动T0延时，同时KM3线圈得电，表示电动机星形启动，其仿真效果如图3-5所示。当T0延时达到设定值3s时，KM2线圈得电，KM3线圈失电，表示电动机启动结束，进行三角形全电压运行阶段。只要按下停止按钮SB1，X000常闭触点打开，切断电动机的电源，实现停止。

表 3-27　　PLC控制三相交流异步电动机星—三角启动的程序

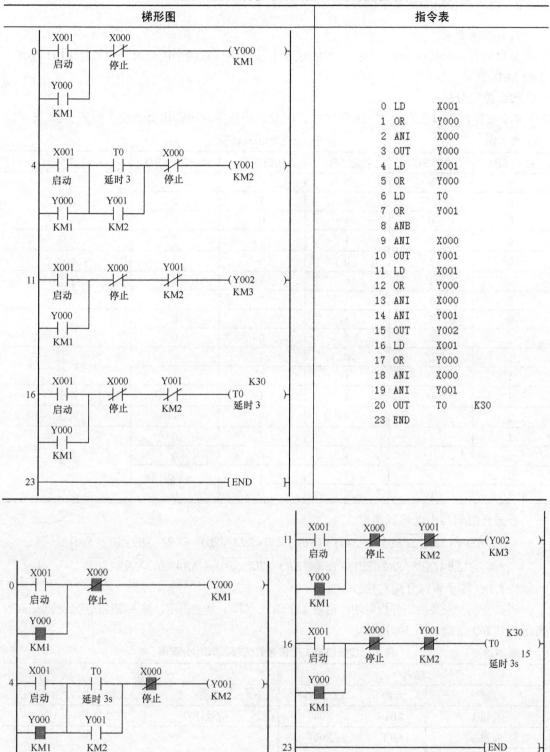

梯形图	指令表
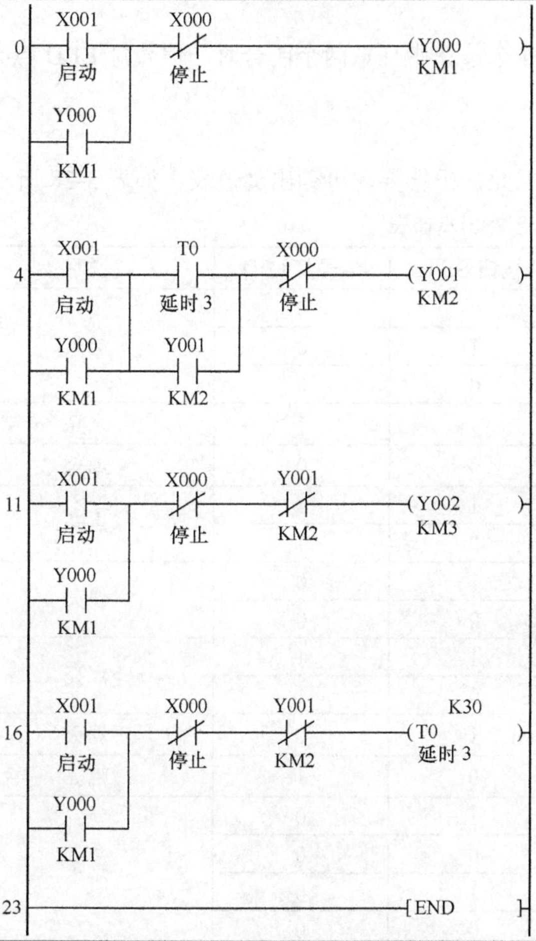 0 X001 启动 — X000 停止 — (Y000 KM1) 　Y000 KM1 4 X001 启动 — T0 延时3 — X000 停止 — (Y001 KM2) 　Y000 KM1 — Y001 KM2 11 X001 启动 — X000 停止 — Y001 KM2 — (Y002 KM3) 　Y000 KM1 16 X001 启动 — X000 停止 — Y001 KM2 — (T0 K30 延时3) 　Y000 KM1 23 [END]	0 LD X001 1 OR Y000 2 ANI X000 3 OUT Y000 4 LD X001 5 OR Y000 6 LD T0 7 OR Y001 8 ANB 9 ANI X000 10 OUT Y001 11 LD X001 12 OR Y000 13 ANI X000 14 ANI Y001 15 OUT Y002 16 LD X001 17 OR Y000 18 ANI X000 19 ANI Y001 20 OUT T0 K30 23 END

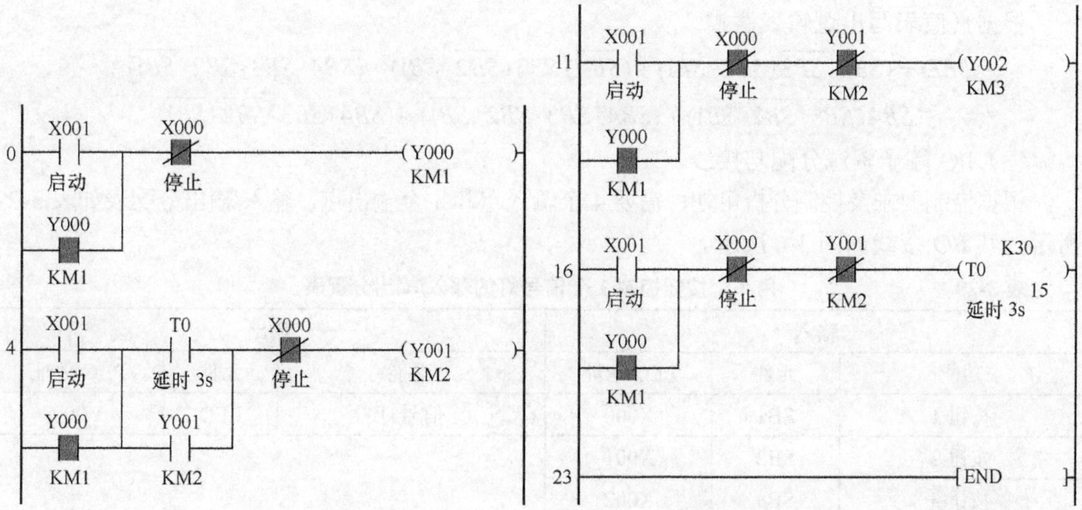

图 3-5　PLC控制三相交流异步电动机星—三角启动的仿真效果图

2．用4个按钮控制1个信号灯

（1）控制要求

某系统有4个按钮SB1～SB4，要求这4个按钮中任意两个闭合时，信号灯LED点亮，否则LED熄灭。

（2）控制分析

4个按钮，可以组合成2^4=16组状态。因此，根据要求可列出真值表，如表3-28所示。

表3-28　　信号灯显示输出真值表

按钮SB4	按钮SB3	按钮SB2	按钮SB1	信号灯LED	说明
0	0	0	0	0	熄灭
0	0	0	1	0	
0	0	1	0	0	
0	0	1	1	1	点亮
0	1	0	0	0	熄灭
0	1	0	1	1	点亮
0	1	1	0	1	
0	1	1	1	0	熄灭
1	0	0	0	0	
1	0	0	1	1	点亮
1	0	1	0	1	
1	0	1	1	0	熄灭
1	1	0	0	1	点亮
1	1	0	1	0	熄灭
1	1	1	0	0	
1	1	1	1	0	
1	0	0	0	0	

根据真值表写出逻辑表达式：

$$LED = (\overline{SB4} \cdot \overline{SB3} \cdot SB2 \cdot SB1) + (\overline{SB4} \cdot SB3 \cdot \overline{SB2} \cdot SB1) + (\overline{SB4} \cdot SB3 \cdot SB2 \cdot \overline{SB1}) + (SB4 \cdot \overline{SB3} \cdot \overline{SB2} \cdot SB1) + (SB4 \cdot \overline{SB3} \cdot SB2 \cdot \overline{SB1}) + (SB4 \cdot SB3 \cdot \overline{SB2} \cdot \overline{SB1})$$

（3）I/O端子资源分配与接线

根据控制要求及控制分析可知，需要4个输入点和1个输出点，输入/输出分配表如表3-29所示，其I/O接线如图3-6所示。

表3-29　　用4个按钮控制1个信号灯的输入/输出分配表

输入			输出		
功能	元件	PLC地址	功能	元件	PLC地址
按钮1	SB1	X000	信号灯	LED	Y000
按钮2	SB2	X001			
按钮3	SB3	X002			
按钮4	SB4	X003			

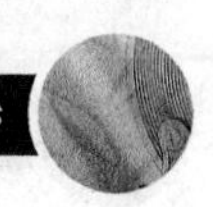

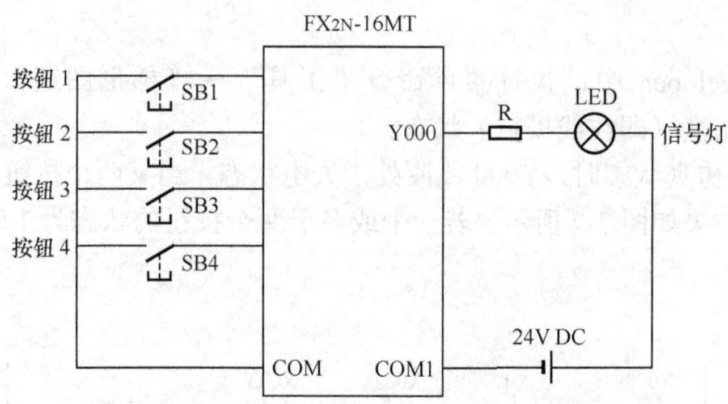

图 3-6　用 4 个按钮控制 1 个信号灯的 I/O 接线图

（4）编写 PLC 控制程序

根据用 4 个按钮控制 1 个信号灯的控制分析和 PLC 资源配置，编写出 4 个按钮控制 1 个信号灯的 PLC 程序，如表 3-30 所示。

表 3-30　　4 个按钮控制 1 个信号灯的 PLC 程序

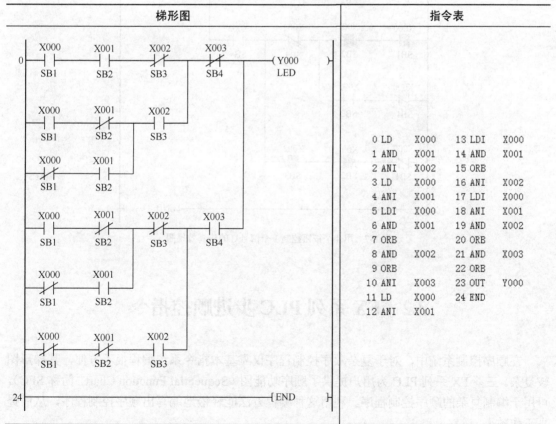

梯形图	指令表

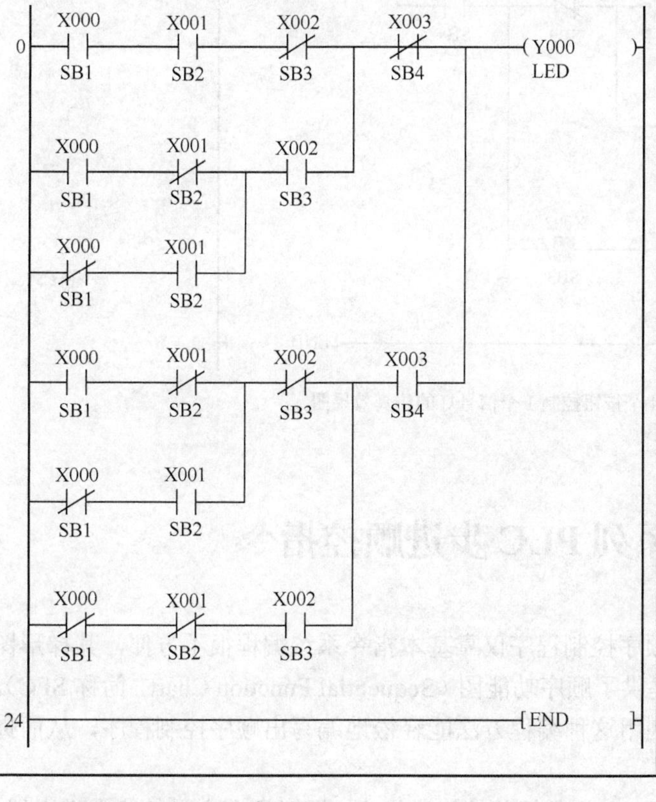

指令表：

步	指令	操作数	步	指令	操作数
0	LD	X000	13	LDI	X000
1	AND	X001	14	AND	X001
2	ANI	X002	15	ORB	
3	LD	X000	16	ANI	X002
4	ANI	X001	17	LDI	X000
5	LDI	X000	18	ANI	X001
6	AND	X001	19	AND	X002
7	ORB		20	ORB	
8	AND	X002	21	AND	X003
9	ORB		22	ORB	
10	ANI	X003	23	OUT	Y000
11	LD	X000	24	END	
12	ANI	X001			

（5）程序仿真

1）用户启动 GX-Developer，创建一个新的工程，按照表 3-30 所示输入 LAD（梯形图）

或STL（指令表）中的程序。再执行菜单命令“变换”→“变换”对程序进行编译后，将其保存。

2）在GX-Developer中，执行菜单命令“工具”→“梯形图逻辑测试起动”，进入GX-Simulator在线仿真（即在线模拟）状态。

3）刚进入在线仿真状态时，Y000线圈处于失电状态。当某两个按钮状态为1时，Y000线圈得电，其仿真效果如图3-7所示。若一个或多于两个按钮的状态为1时，Y000线圈处于失电状态。

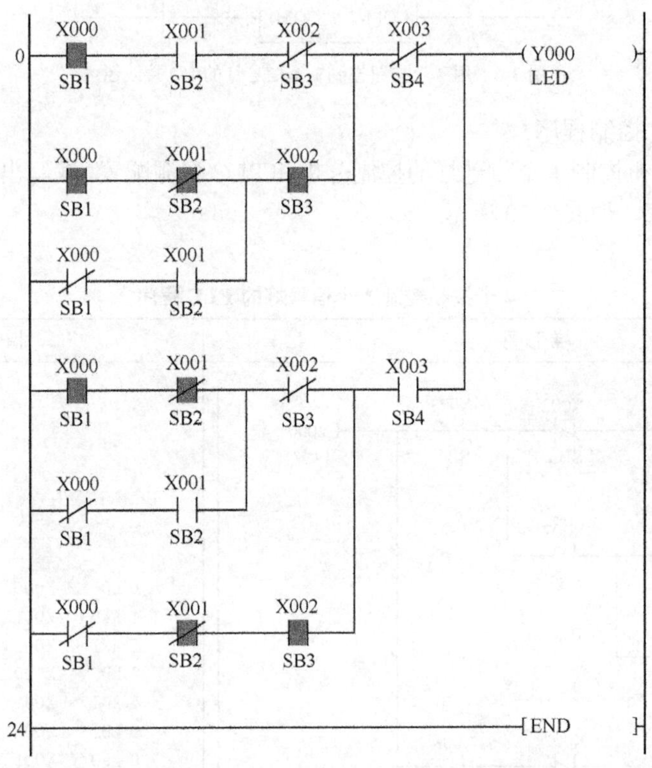

图3-7　用4个按钮控制1个信号灯的仿真效果图

3.2　FX系列PLC步进顺控指令

在顺序控制系统中，对于复杂顺序控制程序仅靠基本指令系统编程很不方便，其梯形图较复杂。三菱FX系列PLC为用户提供了顺序功能图（Sequential Function Chart，简称SFC），可用于编制复杂的顺序控制程序。利用这种编程方法能轻松地编写出顺序控制程序，从而提高工作效率。

FX系列PLC除了基本指令外，还有几条简单的步进指令，同时还有大量的状态继电器，这样就可以用类似于SFC语言的功能图方式编程。

3.2.1 SFC 的组成

SFC 是一种按照新颖的工艺流程图进行编程的图形化编程语言。其设计思想是将系统的一个工作周期划分为若干个顺序相连的阶段，这些阶段称为“步”(Step)，并明确每一“步”所要执行的输出，“步”与“步”之间通过指定的条件进行转换，在程序中只需要通过正确地连接，便可以完成系统的全部工作。

SFC 程序与其他 PLC 程序在执行过程中的最大区别：SFC 程序在执行过程中只有处于工作状态的“步”（称为“有效状态”或“活动步”）才能进行逻辑处理与状态输出，而其他状态的步（称为“无效状态”或“非活动步”）的全部逻辑指令与输出状态均无效。因此，使用 SFC 程序进行设计时，设计者只要考虑每一“步”所确定的输出，以及“步”与“步”之间的转换条件，并通过简单的逻辑运算指令就可完成程序的设计。

顺序功能图主要由步、有向连线、转换、转换条件和动作组成。在 SFC 中“步”又称为状态，它是指控制对象的某一特定工作情况。为了区分不同的状态，同时使 PLC 能够控制这些状态，需要对每一状态赋予一定的标记，这一标记称为“状态元件”。在三菱 FX 系列 PLC 中，状态元件通常用 S 来表示对于不同类型的 PLC，允许使用 S 元件的数量与性质有所不同，如表 3-31 所示。

表 3-31　　三菱 FX 系列 PLC 中 S 元件一览表

PLC 型号	初始化用	回参考点	一般用	报警用	停电保持用
FX1S	S0～S9	S10～S19	S20～S127	—	S0～S127
FX1N	S0～S9	S10～S19	S20～S899	S900～S999	S10～S127
FX2N	S0～S9	S10～S19	S20～S899	S900～S999	S500～S899
FX3U	S0～S9	S10～S19	S20～S4095	—	S500～S899

步主要分为初始步、活动步和非活动步。与系统的初始状态相对应的步称为初始步，初始状态一般是系统等待启动命令的相对静止状态。通常初始步用双线方框表示，每一个顺序功能图至少有一个初始步。当系统处于某一步所在的阶段时，该步处于活动状态，称为“活动步”。步处于活动状态时，相应的动作被执行。处于不活动状态的步称为非活动步，其相应的非存储型动作被停止执行。

所谓转换条件是指于用改变 PLC 状态的控制信号。不同状态间的转换条件可以不同也可以相同。当转换条件各不相同时，SFC 程序每次只能选择其中的一种工作状态（称为选择分支）；当若干个状态的转换条件完全相同时，SFC 程序一次可以选择多个状态同时工作（称为并行分支）；只有满足条件的状态，才能进行逻辑处理与输出，因此，转换条件是 SFC 程序选择工作状态的开关。

有向连线就是状态间的连接线，它决定了状态的转换方向与转换途径。在 SFC 程序中的状态一般需要 2 条以上的有向连线进行连接，其中 1 条为输入线，表示转换到本状态的上一级“源状态”；另 1 条为输出线，表示本状态执行转换时的下一线“目标状态”。在 SFC 程序设计中，对于自上而下的正常转换方向，其连接线一般不需标记箭头，但是对于自下而上的转换或是其他方向的转换，必须用箭头标明转换方向。

步的活动状态的进展是由转换的实现来完成的，并与控制过程的发展相对应。转换用有向连线上与有向连线垂直的短划线来表示，转换将相邻两步分隔开。

在SFC程序中，转换条件通过与有向连线垂直的短横线进行标记，并在短横线旁边标上相应的控制信号地址。

可以将一个控制系统划分为施控系统和被控系统。对于被控系统，动作某一步所要完成的操作；对于施控系统，在某一步中要向被控系统发出某些“命令”，这些命令也可称为动作。

3.2.2 SFC结构

在SFC程序中，由于控制要求或设计思路的不同，使得步与步之间的连接形式也不同，从而形成了如图3-8所示的3种基本结构形式：（1）单序列、（2）选择序列、（3）并行序列。

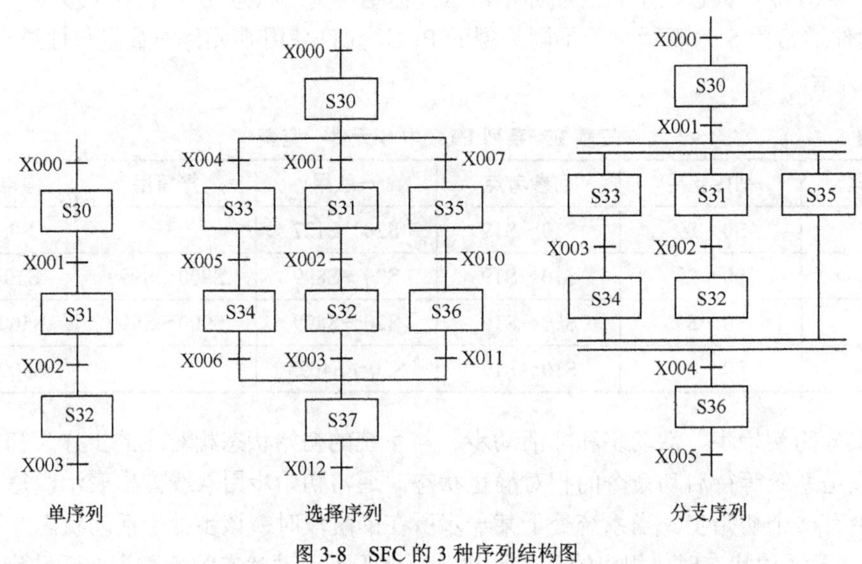

图3-8　SFC的3种序列结构图

3.2.3 步进指令

在三菱FX系列PLC中，当SFC程序设计完成后，SFC中无法显示指令的具体内容，具体状态中的控制指令需要转换成指令表或梯形图的形式才能输入，也就是说必须采用步进梯形图的方式进行编程。

步进梯形图与SFC程序的实质完全相同，只是它们的表示形式不同而已。在三菱FX系列PLC中，STL、RET等指令可绘制步进梯形图。

步进梯形图指令STL（Step Ladder Instruction）为步进开始指令，与母线直接相连，表示步进顺控开始。RET为步进结束指令，表示步进顺控结束，用于状态流程结束返回主程序。利用这两条指令，可以很方便地编制顺序控制梯形图程序。

使用说明。

（1）每个状态继电器具有驱动相关负载，指定转移条件和转移目标这三种功能。

（2）STL 触点与母线相连接，使用该指令后，相当于母线右移到 STL 触点右侧，并延续到下一条 STL 指令或者出现 RET 指令为止。同时该指令使得新的状态置位，原状态复位。

（3）与 STL 指令相连接的起始触点必须使用 LD、LDI 指令编程。

（4）STL 触点和继电器的触点功能类似，在 STL 触点接通时，该状态下的程序执行。STL 触点断开时，一个扫描周期后，该状态下的程序不再执行，直接跳转到下一个状态。

（5）STL 和 RET 是一对指令，在多个 STL 指令后必须加上 RST 指令，表示该次步进顺控过程结束，并且后移母线返回到主程序母线。RET 指令可以多次使用。

（6）在步进顺控程序中使用定时器时，不同状态内可以重复使用同一编号的定时器，但相邻状态不可以使用。

（7）在 STL 触点后不可直接使用 MPS、MRD、MPP 堆栈操作指令，只有在 LD 或 LDI 指令后才可以使用。

（8）在步进梯形图中，OUT 指令和 SET 指令对 STL 指令后的状态（S）具有相同的功能，都会将原状态自动复位，但在 STL 中，分离状态（非相连状态）的转移必须使用 OUT 指令。

（9）在中断程序和子程序中，不能使用 STL、RET 指令，而在 STL 指令中尽量不使用跳转指令。在 SFC 图中，经常会使用一些特殊辅助继电器，其名称和功能如表 3-32 所示。

表 3-32　　在 SFC 图中可使用的特殊辅助继电器

元件编号	名称	功能说明
M8000	RUN 运行	PLC 在运行中始终接通的继电器，可作为驱动程序输入条件或作为 PLC 运行状态的显示来使用
M8002	初始脉冲	在 PLC 接通时，仅在 1 个扫描周期内接通的继电器，用于程序的初始设定或初始状态和置位/复位
M8040	禁止转移	该继电器接通后，禁止在所有状态之间转移。在禁止转移状态下，各状态内的程序继续运行，输出不会断开
M8046	STL 动作	任一状态继电器接通时，M8046 自动接通。用于避免与其他流程同时启动或用于工序的动作标志
M8047	STL 监视有效	该继电器接通，编程功能可自动读出正在工作中的元件状态并加以显示

（10）停电保持状态继电器采用内部电池保持其状态，应用于动作过程中突然停电而再次通电时需继续运行原来状态的场合。

注意编译软件的不同，步进梯形图的表示方法也不相同，但是指令表相同。例如，对某控制系统部分控制对象所设计的 SFC 图、步进梯形图和指令如表 3-33 所示。X000 常开触点闭合，状态继电器 S30 得电启动，使输出继电器 Y000 接通。当 X001 常开触点闭合时，状态继电器 S31 得电启动，由状态 S30 转移到 S31，即状态继电器 S30 断开且状态继电器 S31 接通，输出继电器 Y001 接通。当 X002 常开触点闭合时，状态继电器 S32 得电启动，由状态 S31 转移到 S32，输出继电器 Y002 接通。当 X003 常开触点闭合时，由状态 S32 转移到下一个状态。

表 3-33　　某控制系统部分的 **SFC**、步进梯形图和指令表

SFC 图	SWOPC-FXGP/WIN-C 软件编写的步进梯形图	GX Developer 软件编写的步进梯形图	指令表
X000 S30　Y000 X001 S31　Y001 X002 S32　Y002 X003	X000　[SET　S30] S30 STL　(Y000) X001　[SET　S31] S31 STL　(Y001) X002　[SET　S32] S32 STL　(Y002) X003	X000　[SET　S30] [STL　S30] (Y000) X001　[SET　S31] [STL　S31] (Y001) X002　[SET　S32] [STL　S32] (Y002) X003	LD　X000 SET　S30 STL　S30 OUT　Y000 LD　X001 SET　S31 STL　S31 OUT　Y001 LD　X002 SET　S32 STL　S32 OUT　Y002 LD　X003

3.2.4　步进指令方式的顺序功能图

在 3.2.2 节中讲述了顺序功能图有 3 种基本结构，这 3 种基本结构均可通过步进指令来表述。

1．单序列顺序控制

单序列顺序控制如图 3-9 所示。从图中可以看出，它可完成动作 A、动作 B 和动作 C 的操作，这 3 个动作分别有相应的状态元件 S0、S21～S23，其中动作 A 的启动条件为 X001；动作 B 的转换条件为 X002；动作 C 的转换条件为 X003；X004 为动作 C 的重置条件；最后使用 RET 结束步进。

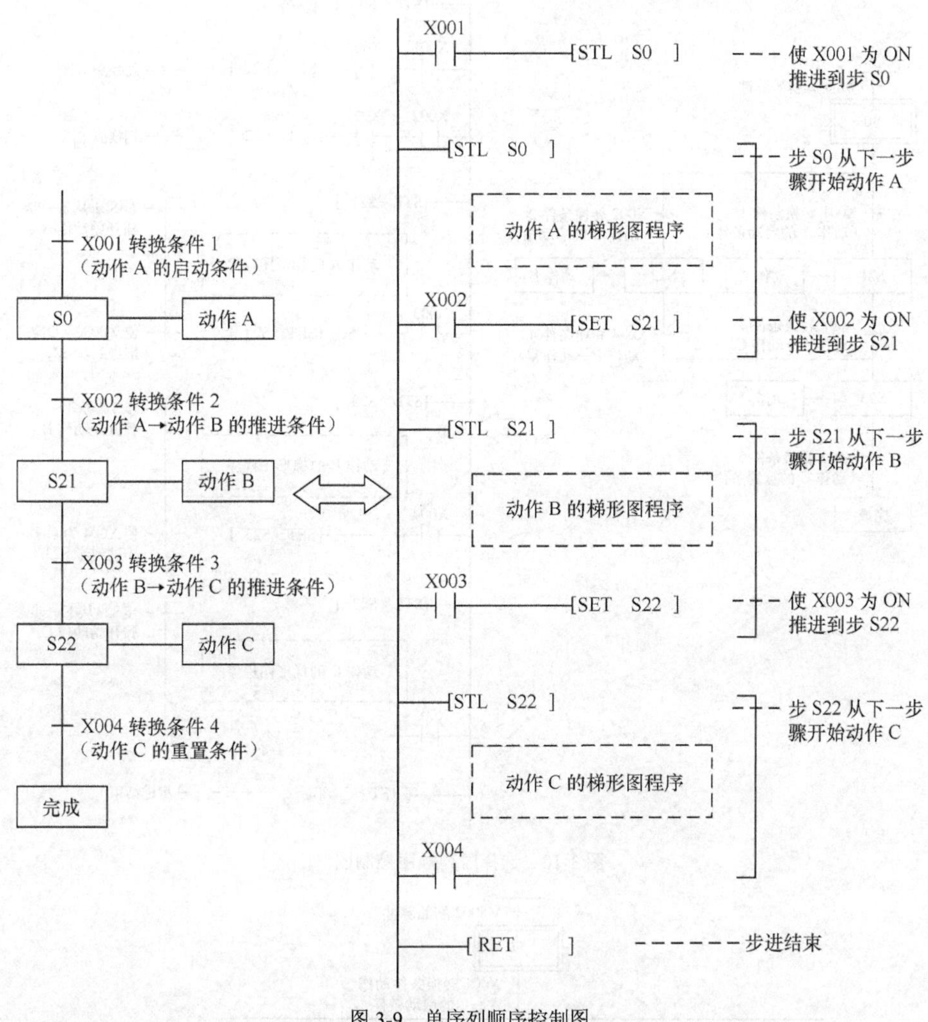

图 3-9　单序列顺序控制图

2．选择序列顺序控制

选择序列顺序控制如图 3-10 所示。图中只使用了两个选择支路。对于两个选择的开始位置，应分别使用 SET 指令，以切换到不同的状态元件。在执行不同的选择任务时，应使用相应的 STL 指令，以启动不同的动作。

3．并行序列顺序控制

并行序列顺序控制如图 3-11 所示。在 3-11（b）图中执行完动作 B 的梯形图程序后，继续描述动作 C 的梯形图程序，在动作 D 完成后，使用 STL S22、STL S24 将两分支汇合，再由 X004 常开触点一起推进到步 S25，以表示两条支路汇合到 S25。

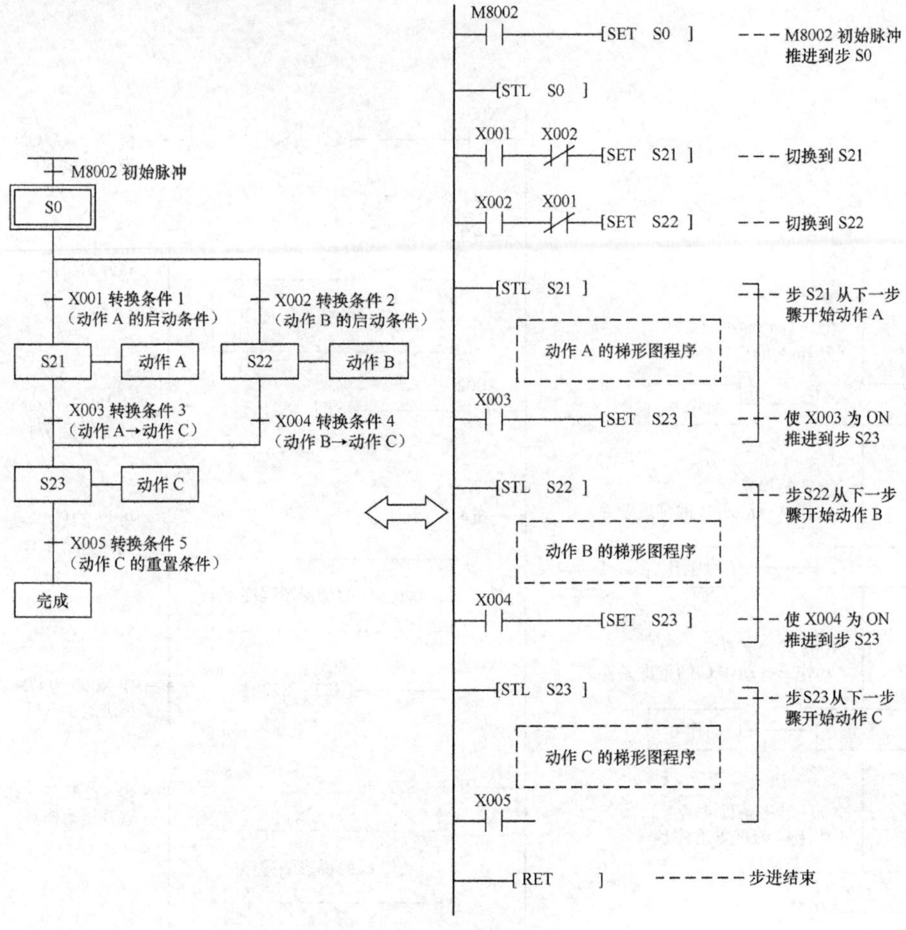

图 3-10　选择序列顺序控制图

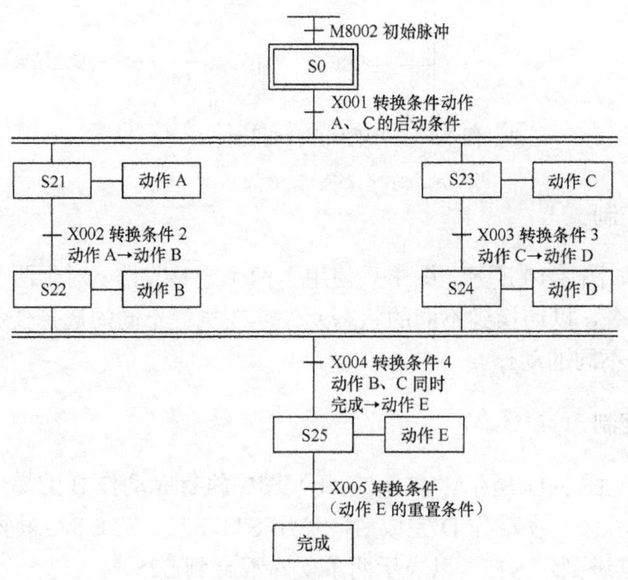

（a）顺控状态流程图

图 3-11　并行序列顺序控制图

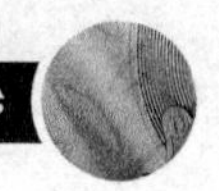

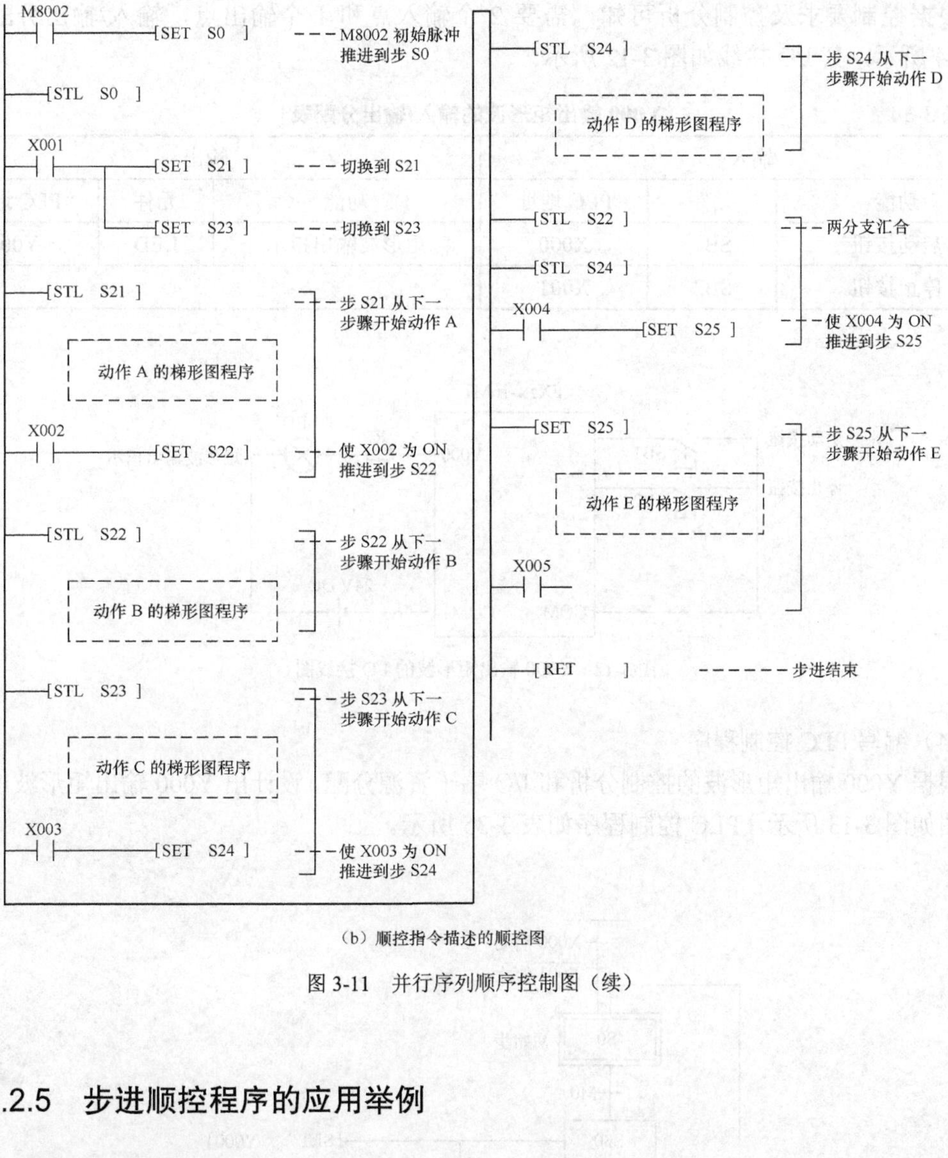

```
M8002
─┤├──────[SET  S0 ]        ---M8002初始脉冲推进到步S0
──[STL  S0 ]
X001
─┤├──┬───[SET  S21 ]       ---切换到S21
     └───[SET  S23 ]       ---切换到S23
──[STL  S21 ]              ---步S21从下一步骤开始动作A
  动作A的梯形图程序
X002
─┤├──────[SET  S22 ]       ---使X002为ON推进到步S22
──[STL  S22 ]              ---步S22从下一步骤开始动作B
  动作B的梯形图程序
──[STL  S23 ]              ---步S23从下一步骤开始动作C
  动作C的梯形图程序
X003
─┤├──────[SET  S24 ]       ---使X003为ON推进到步S24
──[STL  S24 ]              ---步S24从下一步骤开始动作D
  动作D的梯形图程序
──[STL  S22 ]              ---两分支汇合
──[STL  S24 ]
X004
─┤├──────[SET  S25 ]       ---使X004为ON推进到步S25
──[SET  S25 ]              ---步S25从下一步骤开始动作E
  动作E的梯形图程序
X005
─┤├──
──[RET  ]                  ------步进结束
```

（b）顺控指令描述的顺控图

图3-11 并行序列顺序控制图（续）

3.2.5 步进顺控程序的应用举例

1. 单序列的应用实例

（1）控制要求

使用步进顺控指令设计1个由Y000输出的一个周期为2s的矩形波。

（2）控制分析

周期为2s的矩形波就是每半个周期的时间为1s。使用步进顺控指令实现这一功能时，PLC通电，按下启动按钮SB1，状态继电器S0初始化后，活动步S30有效，将Y000置位输出高电平，同时启动T0进行延时。T0延时1s后，T0置位，S30为无效状态，活动步变为S31，此时Y000将复位，输出低电平，并启动T1进行延时。当T1延时1s后置位，S0重新启动输出。为了观察矩形波是否输出，Y000可外接发光二极管LED显示信号。

（3）I/O端子资源分配与接线

根据控制要求及控制分析可知，需要 2 个输入点和 1 个输出点，输入/输出分配表如表 3-34 所示，其 I/O 接线如图 3-12 所示。

表 3-34　　**Y000 输出矩形波的输入/输出分配表**

输入			输出		
功能	元件	PLC 地址	功能	元件	PLC 地址
启动按钮	SB1	X000	矩形波输出指示	LED	Y000
停止按钮	SB2	X001			

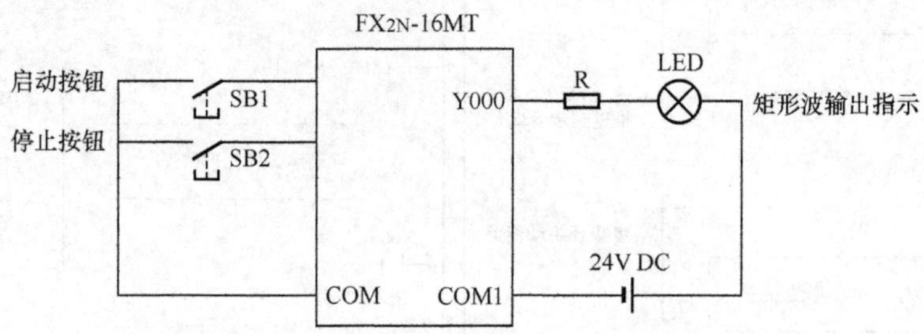

图 3-12　Y000 输出矩形波的 I/O 接线图

（4）编写 PLC 控制程序

根据 Y000 输出矩形波的控制分析和 I/O 端子资源分配，设计出 Y000 输出矩形波的状态流程图如图 3-13 所示，PLC 控制程序如表 3-35 所示。

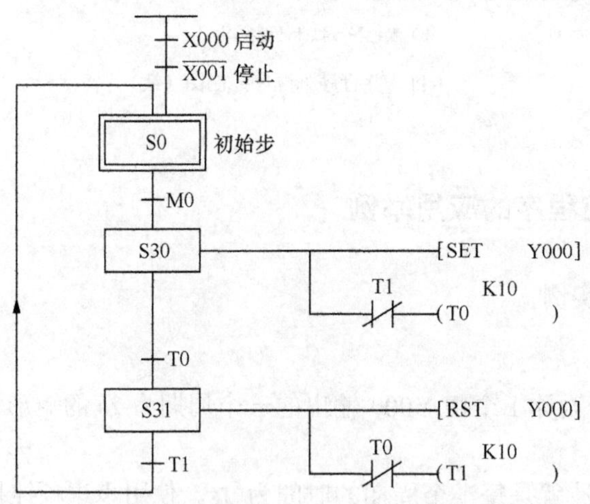

图 3-13　Y000 输出矩形波的状态流程图

（5）程序仿真

1）用户启动 GX-Developer，创建一个新的工程，按照表 3-35 所示输入 LAD（梯形图）或 STL（指令表）中的程序，再执行菜单命令“变换”，“变换”对程序进行编译后，将其保存。

表 3-35 **Y000 输出矩形波的 PLC 程序**

步进梯形图

```
     X000      X001
0 ──┤ ├──┬────┤/├──────────────(M0      )
         │
     M0  │
  ──┤ ├──┘

     M0
4 ──┤ ├───────────────[SET    S0       ]

7 ────────────────────[STL    S0       ]

     M0
8 ──┤ ├───────────────[SET    S30      ]

11 ───────────────────[STL    S30      ]

12 ─────────────────────────────(Y000   )

     T1                            K10
13 ─┤/├─────────────────────────(T0     )

     T0      M0
17 ─┤ ├─────┤ ├───────[SET    S31      ]

21 ───────────────────[STL    S31      ]

22 ───────────────────[RST    Y000     ]

     T0                            K10
23 ─┤/├─────────────────────────(T1     )

     T1      M0
27 ─┤ ├─────┤ ├───────[SET    S0       ]

31 ─────────────────────────────[RET    ]

32 ─────────────────────────────[END    ]
```

指令表

```
0  LD    X000
1  OR    M0
2  ANI   X001
3  OUT   M0
4  LD    M0
5  SET   S0
7  STL   S0
8  LD    M0
9  SET   S30
11 STL   S30
12 OUT   Y000
13 LDI   T1
14 OUT   T0      K10
17 LD    T0
18 AND   M0
19 SET   S31
21 STL   S31
22 RST   Y000
23 LDI   T0
24 OUT   T1      K10
27 LD    T1
28 AND   M0
29 SET   S0
31 RET
32 END
```

2）在 GX-Developer 中，执行菜单命令“工具”→“梯形图逻辑测试起动”，进入 GX-Simulator 在线仿真（即在线模拟）状态。

3）刚进入在线仿真状态时，Y000 处于失电状态，输出为 0。当 X000 常开触点接通一次，S0 线圈输出为 1，表示进入了初始步 S0（即 S0 为活动步）。M0 常开触点为 ON，S0 恢复为常态，变为非活动步；而 S30 为活动步，Y000 线圈置位输出为 1，同时 T0 开始延时，仿真效果如图 3-14 所示。当 T0 延时为 1s 时，S30 变为非活动步，而 S31 变为活动步，Y000 线圈复位输出为 0，同时 T1 开始延时。当 T1 延时为 1s 时，S31 变为非活动步，而 S0 变为活动步，继续下一轮循环操作。

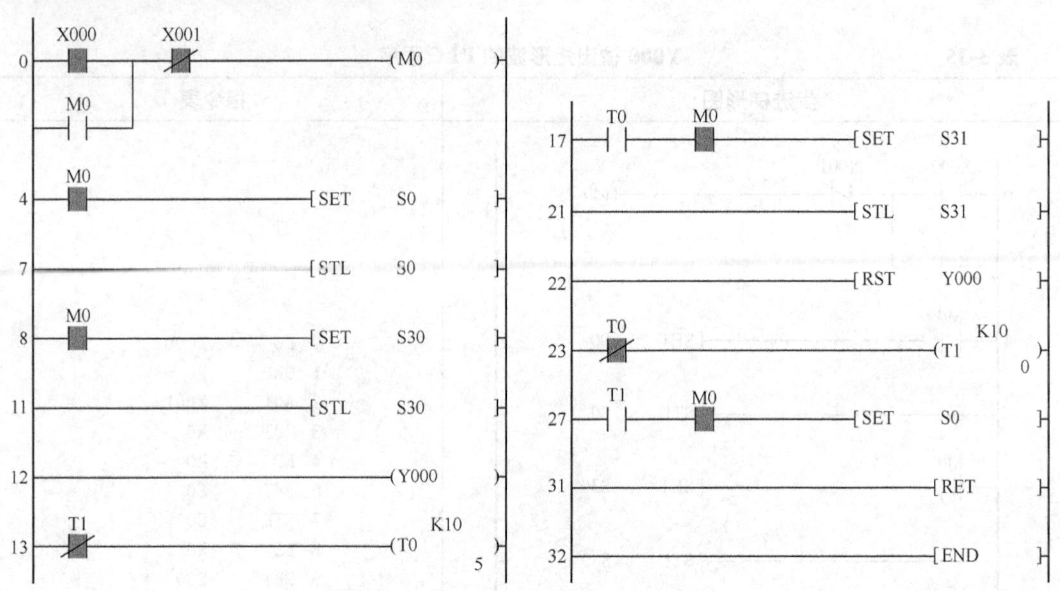

图 3-14　Y000 输出矩形波的仿真效果图

2．选择分支序列的应用实例

（1）控制要求

使用步进顺控指令控制红绿灯亮，要求：当闸刀开关合上时，若按下按钮 SB0，红灯亮 1s；当按下按钮 SB1，绿灯亮 2s；当按下按钮 3SB2，重新执行以上操作。

（2）控制分析

假设按钮 SB0～SB2 分别与 X000～X002 连接；红灯与 Y000，绿灯与 Y001 连接。那么，X000 控制红灯是否点亮，X001 控制绿灯是否点亮，X002 控制是否循环执行操作。

（3）I/O 端子资源分配与接线

根据控制要求及控制分析可知，需要 3 个输入点和 2 个输出点，输入/输出分配表如表 3-36 所示，其 I/O 接线如图 3-15 所示。

表 3-36　红绿灯控制的输入/输出分配表

输入			输出		
功能	元件	PLC 地址	功能	元件	PLC 地址
红灯控制按钮	SB0	X000	红灯	LED1	Y000
绿灯控制按钮	SB1	X001	绿灯	LED2	Y001
循环控制按钮	SB2	X002			

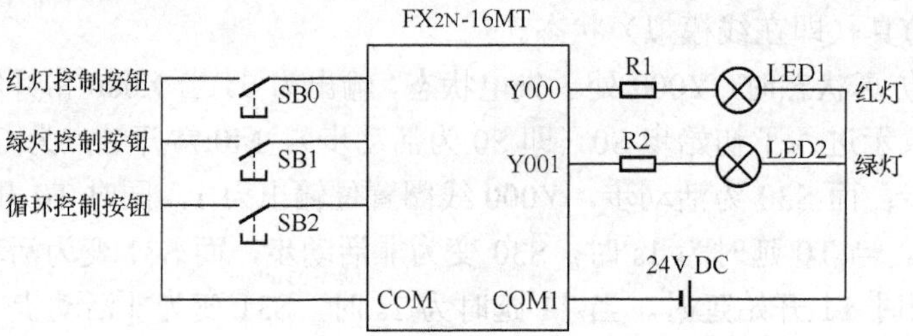

图 3-15　红绿灯控制的 I/O 接线图

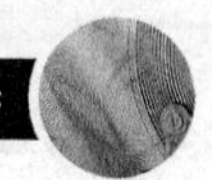

（4）编写 PLC 控制程序

根据红绿灯的控制分析和 I/O 端子资源分配，设计出红绿灯控制的状态流程图如图 3-16 所示，红绿灯控制的 PLC 程序如表 3-37 所示。

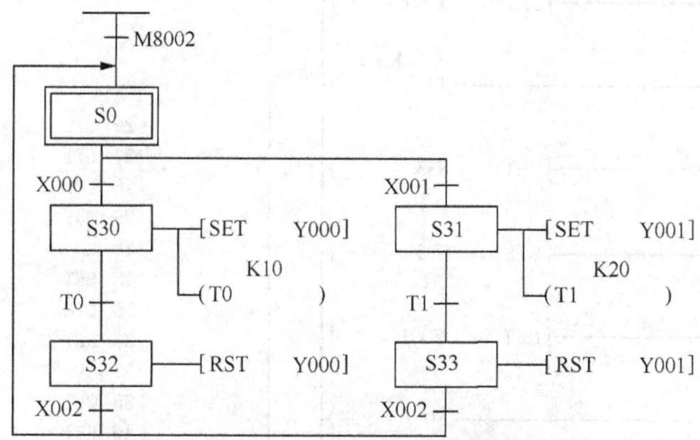

图 3-16　红绿灯控制的状态流程图

表 3-37　　**红绿灯控制的 PLC 程序**

步进梯形图	指令表
0 M8002 —[SET S0] 3 —[STL S0] 4 X000 X001(常闭) —[SET S30] 8 X001 X000(常闭) —[SET S31] 12 —[STL S30] 13 —[SET Y000] 14 X002(常闭) —(T0 K10) 18 T0 —[SET S32] 21 —[STL S32] 22 —[RST Y000] 23 X002 —(S0) 26 —[STL S31]	0 LD M8002 1 SET S0 3 STL S0 4 LD X000 5 ANI X001 6 SET S30 8 LD X001 9 ANI X000 10 SET S31 12 STL S30 13 SET Y000 14 LDI X002 15 OUT T0 K10 18 LD T0 19 SET S32 21 STL S32 22 RST Y000 23 LD X002 24 OUT S0

续表

步进梯形图	指令表
27 [SET Y001] 28 X002 (T1 K20) 32 T1 [SET S33] 35 [STL S33] 36 [RST Y001] 37 X002 (S0) 40 [RET] 41 [END]	26 STL S31 27 SET Y001 28 LDI X002 29 OUT T1 K20 32 LD T1 33 SET S33 35 STL S33 36 RST Y001 37 LD X002 38 OUT S0 40 RET 41 END

（5）程序仿真

1）用户启动 GX-Developer，创建一个新的工程，按照表 3-37 所示输入 LAD（梯形图）或 STL（指令表）中的程序，再执行菜单命令“变换”,“变换”对程序进行编译后，将其保存。

2）在 GX-Developer 中，执行菜单命令“工具”→“梯形图逻辑测试起动”，进入 GX-Simulator 在线仿真（即在线模拟）状态。

3）刚进入在线仿真状态时，进入了初始步（即 S0 为活动步），Y000 和 Y001 均处于失电状态，输出为 0。当 X000 常开触点接通一次，S0 恢复为常态，变为非活动步；而 S30 变为活动步，此时 Y000 线圈输出为 1，同时 T0 进行延时。当 T0 延时 1s 后，S30 变为非活动步，而 S32 为活动步，此时 Y000 线圈复位输出为 0，实现了红灯控制，仿真效果如图 3-17 所示。在初始步状态下，如果 X001 常开触点接通一次，S0 恢复为常态，变为非活动步；而 S31 变为活动步，此时 Y001 线圈输出为 1，同时 T1 进行延时。当 T1 延时 2s 后，S31 变为非活动步，而 S33 为活动步，此时 Y001 线圈复位输出为 0，实现了绿灯控制。当 S32 或 S33 为活动步时，X002 常开触点接通一次，则 S0 又变为活动步，将继续执行下一轮的红绿灯控制。

3. 并行序列的应用实例

（1）控制要求

并行序列在人行道交通信号灯控制中的应用。某人行道交通信号灯控制示意如图 3-18 所示，道路上的交通灯由行人控制，在人行道的两边各设一个按钮。当行人要过人行道时，交通灯按图 3-19 所示的时间顺序变化，在交通灯进入运行状态时，再按按钮不起作用。

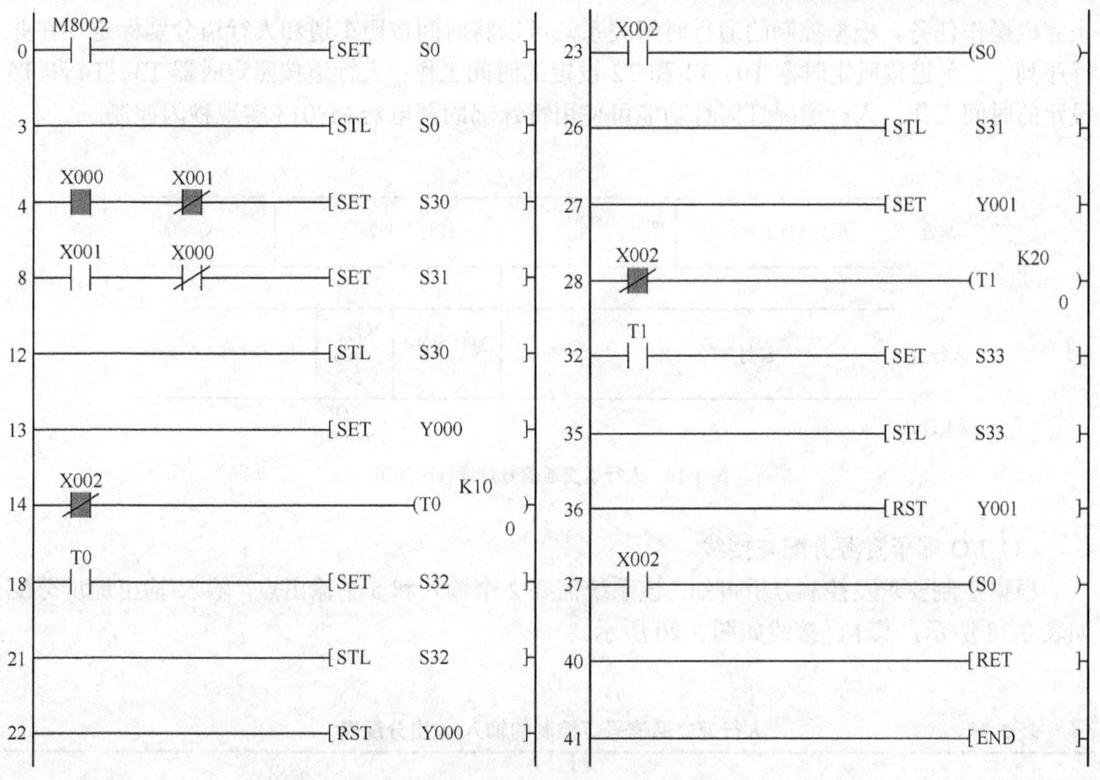

图 3-17 红绿灯控制的仿真效果图

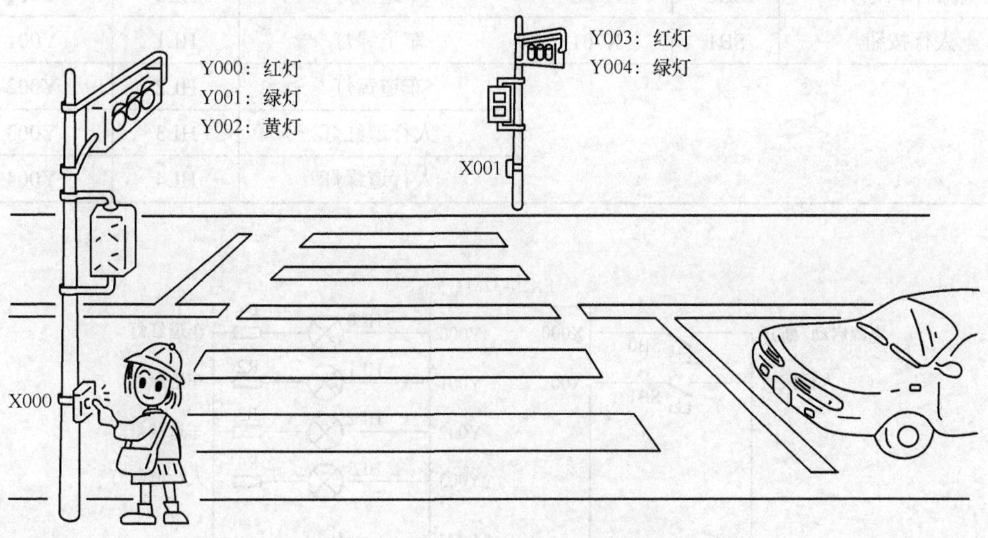

图 3-18 人行道交通信号灯控制示意图

（2）控制分析

从控制要求可看出，人行道交通信号属于典型的时间顺序控制，可以使用 SFC 并行序列来完成操作任务。根据控制的通行时间关系，可以将时间按照车道和人行道分别标定。在并行序列中，车道按照定时器T0、T1和T2设定的时间工作；人行道按照定时器T3、T4和T5设定的时间工作。人行道绿灯闪烁功能可使用特殊辅助继电器M8013实现秒闪控制。

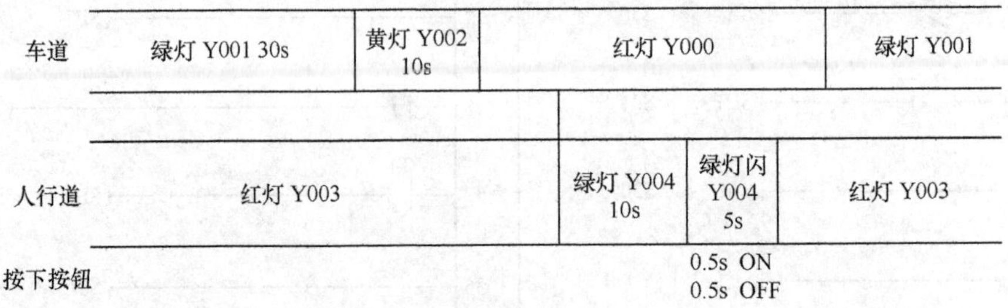

车道	绿灯 Y001 30s	黄灯 Y002 10s	红灯 Y000		绿灯 Y001
人行道	红灯 Y003		绿灯 Y004 10s	绿灯闪 Y004 5s	红灯 Y003
按下按钮				0.5s ON 0.5s OFF	

图3-19　人行道交通信号灯通行时间图

（3）I/O端子资源分配与接线

根据控制要求及控制分析可知，该系统需要2个输入和5个输出点，输入/输出地址分配如表3-38所示，其I/O接线如图3-20所示。

表3-38　人行道交通信号灯控制的输入/输出分配表

输入			输出		
功能	元件	PLC地址	功能	元件	PLC地址
电源启动/断开	SB0	X000	车道红灯	HL0	Y000
人行按钮	SB1	X001	车道绿灯	HL1	Y001
			车道黄灯	HL2	Y002
			人行道红灯	HL3	Y003
			人行道绿灯	HL4	Y004

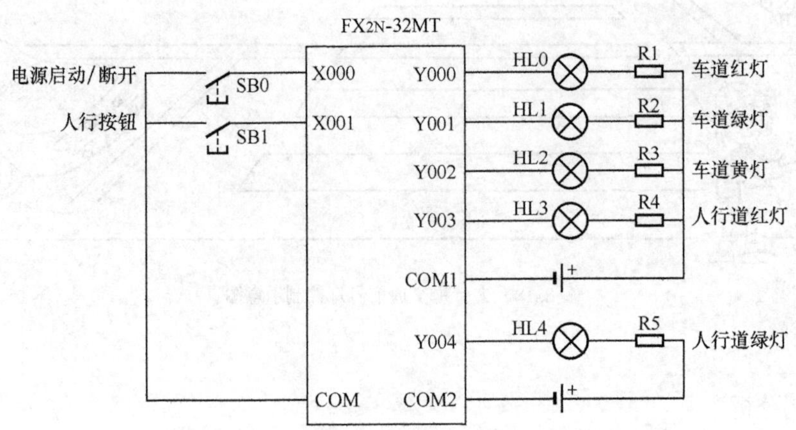

图3-20　人行道交通信号灯控制的I/O接线图

（4）编写 PLC 控制程序

根据人行道交通信号灯控制的工作流程图和 PLC 资源配置，设计出 PLC 控制的人行道交通信号灯控制状态流程图如图 3-21 所示，PLC 控制的人行道交通信号灯控制程序如表 3-39 所示。

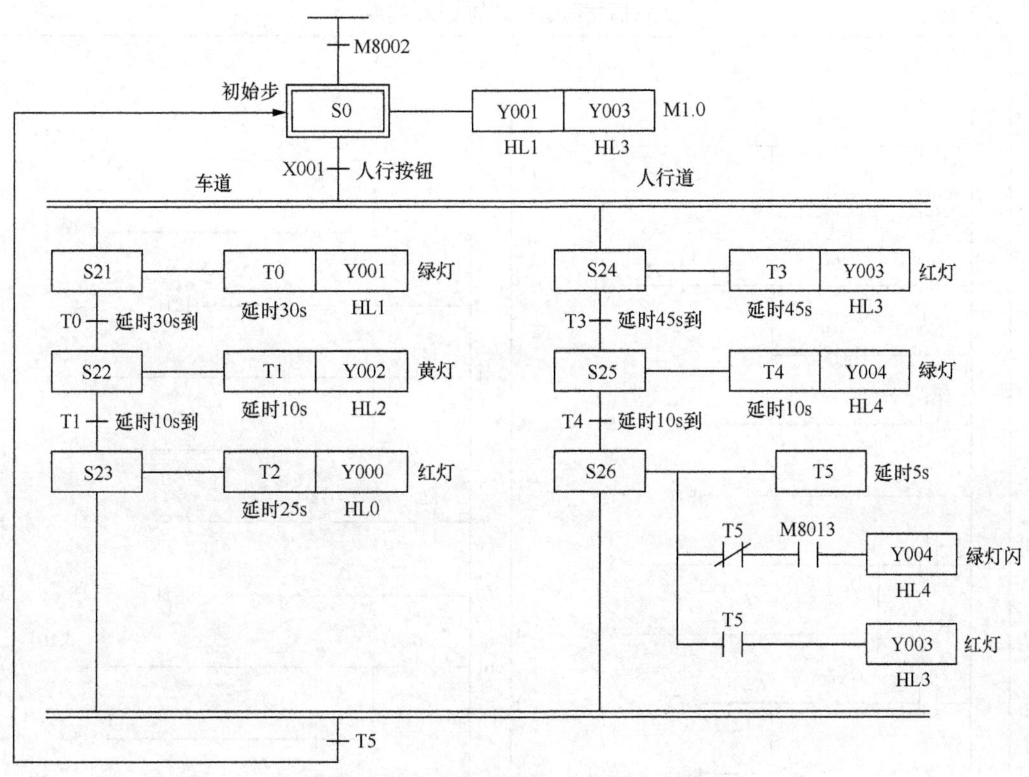

图 3-21　人行道交通信号灯控制状态流程图

（5）程序仿真

① 用户启动 GX-Developer，创建一个新的工程，按照表 3-39 所示输入 LAD（梯形图）或 STL（指令表）中的程序，再执行菜单命令“变换”，“变换”对程序进行编译后，将其保存。

② 在 GX-Developer 中，执行菜单命令“工具”→“梯形图逻辑测试起动”，进入 GX-Simulator 在线仿真（即在线模拟）状态。

③ 刚进入在线仿真状态时，M8002 常开触点接通一次，S0 线圈输出为 1，表示进入了初始步 S0（即 S0 为活动步），而其他线圈均处于失电状态。奇数次强制 X000 为 ON 时，M0 线圈输出为 1；偶数次强制 X000 为 ON 时，M0 线圈输出为 0。这样使用 1 个输入端子即可实现电源的开启与关闭操作。只有当 M0 线圈输出为 1 时，才能完成程序中所有步的操作，否则，人行道交通信号灯控制不能执行任何操作。当 M0 线圈输出为 1，S0 为活

动步时，Y001 线圈输出为 1（即车道绿灯亮），Y003 线圈输出为 1（即人行道红灯亮），表示汽车可以通行，行人不能通行。如果行人要通过马路，按下行人按钮（即将 X001 强制为 ON），S0 为非活动步，S21 为活动步，将执行人行道交通信号灯控制。具体过程请读者自行观察，仿真效果如图 3-22 所示。

表 3-39　　人行道交通信号灯的 PLC 程序

梯形图

```
0   ─┤ X000 ├──┤/ M1 ├──────────────(M0)
     └┤/ X000 ├─┤ M0 ├┘
6   ─┤ X000 ├──┤ M1 ├───────────────(M1)
     └┤/ X000 ├─┤ M0 ├┘
12  ─┤ M8002 ├──────────────[SET  S0]
15  ────────────────────────[STL  S0]
16  ─┤ M0 ├─┬───────────────(Y001)
            └───────────────(Y003)
19  ─┤ M0 ├──┤ X001 ├─┬─────[SET  S21]
                      └─────[SET  S24]
25  ────────────────────────[STL  S21]
26  ─┤ M0 ├─┬───────────────(T0  K300)
            └───────────────(Y001)
31  ─┤ M0 ├──┤ T0 ├─────────[SET  S22]
35  ────────────────────────[STL  S22]
36  ─┤ M0 ├─┬───────────────(T1  K100)
            └───────────────(Y002)
41  ─┤ M0 ├──┤ T1 ├─────────[SET  S23]
45  ─┤ M0 ├─┬───────────────(T2  K250)
            └───────────────(Y000)
50  ────────────────────────[STL  S24]
51  ─┤ M0 ├─┬───────────────(T3  K450)
            └───────────────(Y003)
56  ─┤ M0 ├──┤ T3 ├─────────[SET  S25]
60  ────────────────────────[STL  S25]
61  ─┤ M0 ├─┬───────────────(T4  K100)
            └───────────────(Y004)
66  ─┤ M0 ├──┤ T4 ├─────────[SET  S26]
70  ────────────────────────[STL  S26]
71  ─┤ M0 ├─┬─┤/ T5 ├──┤ M8013 ├──(Y004)
            ├─┤ T5 ├────────────(Y003)
            └───────────────────(T5  K50)
83  ─┤ M0 ├──┤ T5 ├─────────[SET  S0]
87  ────────────────────────[RET]
88  ────────────────────────[END]
```

续表

指令表			
指令表	0 LD X000	27 OUT T0 K300	62 OUT T4 K100
	1 ANI M1	30 OUT Y001	65 OUT Y004
	2 LDI X000	31 LD M0	66 LD M0
	3 AND M0	32 AND T0	67 AND T4
	4 ORB	33 SET S22	68 SET S26
	5 OUT M0	35 STL S22	70 STL S26
	6 LD X000	36 LD M0	71 LD M0
	7 AND M1	37 OUT T1 K100	72 MPS
	8 LDI X000	40 OUT Y002	73 ANI T5
	9 AND M0	41 LD M0	74 AND M8013
	10 ORB	42 AND T1	75 OUT Y004
	11 OUT M1	43 SET S23	76 MRD
	12 LD M8002	45 LD M0	77 AND T5
	13 SET S0	46 OUT T2 K250	78 OUT Y003
	15 STL S0	49 OUT Y000	79 MPP
	16 LD M0	50 STL S24	80 OUT T5 K50
	17 OUT Y001	51 LD M0	83 LD M0
	18 OUT Y003	52 OUT T3 K450	84 AND T5
	19 LD M0	55 OUT Y003	85 SET S0
	20 AND X001	56 LD M0	87 RET
	21 SET S21	57 AND T3	88 END
	23 SET S24	58 SET S25	
	25 STL S21	60 STL S25	
	26 LD M0	61 LD M0	

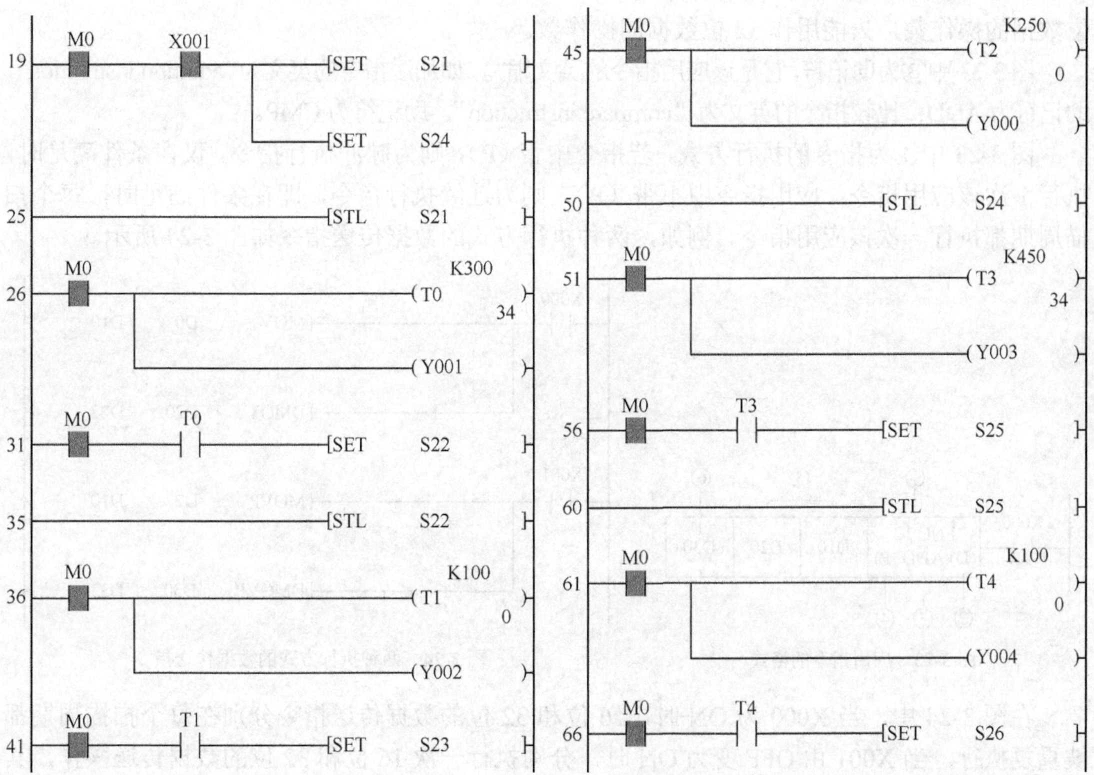

图 3-22 人行道交通信号灯仿真效果图

3.3　FX 系列 PLC 应用指令

为了适应现代工业自动控制的需求，除基本指令外，PLC 制造商还为 PLC 增加了许多应用指令（Applied Instruction）。应用指令又称功能指令（Functional Instruction），它使 PLC 具有强大的数据运算和特殊处理的功能，从而大大扩展了 PLC 的使用范围。

3.3.1　应用指令的构成

应用指令一般由助记符（功能号）和操作数等部分组成，其格式如图 3-23 所示。助记符表示应用指令的功能，操作数为操作对象，即操作数据、地址等。

图 3-23 中①为应用指令的功能号，每条应用指令都有一定的功能编号，一般的应用指令都按功能编号（FNC00～FNC□□□）编排。每条应用指令都有一个指令助记符，例如 FNC45 的助记符为 MEAN（平均）。在编译软件中通常不需写入功能号，但使用手持式编程器写入应用指令时，需通过输入功能号来输入应用指令。

图 3-23 中②为操作数类型。在应用指令中操作数的类型有 16 位和 32 位，其中（D）表示操作数为 32 位，无（D）表示操作数为 16 位。处理 32 位数据时，通常用元件号相邻的两个元件组成元件对，元件对的首地址用奇数、偶数均可，但为了避免混乱，建议将元件对的首地址指定为偶数。

注意，PLC 内部的高速计数器（C200～C255）的当前值寄存器是 32 位，不能用作 16 位数据的操作数，只能用作 32 位数据的操作数。

图 3-23 中③为助记符，它是该应用指令的英文缩写，如加法指令的英文为“addition instruction”，助记符为 ADD；比较指令的英文为“compare instruction”，助记符为 CMP。

图 3-23 中④为指令的执行方式，若指令中带（P），则为脉冲执行指令，仅在条件满足时，执行 1 次该应用指令；应用指令中不带（P），则为连续执行指令，即在条件满足时，每个扫描周期都执行一次该应用指令。例如，两种执行方式的数据传送指令如图 3-24 所示。

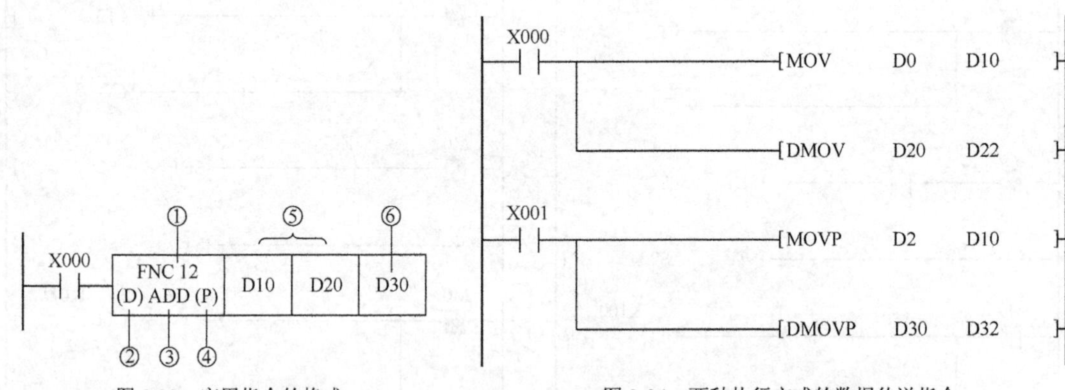

图 3-23　应用指令的格式　　　　图 3-24　两种执行方式的数据传送指令

在图 3-24 中，当 X000 为 ON 时，16 位和 32 位的数据传送指令分别在每个扫描周期都被重复执行。当 X001 由 OFF 变为 ON 时，分别执行一次 16 位和 32 位的数据传送操作，其他时刻不执行。

图 3-24 中的数据传送指令，当 X000 和 X001 为 OFF 状态时都不执行，目标元件的内容保持不变，除非另行指定或有其他指令使目标元件的内容发生改变。在不需要每个扫描周期都执行时，用脉冲执行方式可缩短程序处理时间。

图 3-23 中的⑤、⑥为操作数。操作数为应用指令中涉及的参数或数据，分为源操作数、目标操作数和其他操作数。⑤为源操作数，⑥为目标操作数。通过操作不改变其内容的操作数称为源操作数，用[S]表示。如果源操作数较多，可用[S1]、[S2]等表示。通过操作改变其内容的操作数称为目标操作数，用[D]表示。若目标操作数较多，可用[D1]、[D2]等表示。其他操作数用 m、n 表示，用来表示常数或对源操作数、目标操作数作补充。K、H 分别表示十进制常数和十六进制常数。应用指令的操作数可以指定为位元件、位组合元件、数据寄存器和指针等，相关内容在第 1 章已讲述。

在 FX 系列 PLC 中，共有 136 条应用指令，可分为程序流程控制、传送与比较、算术与逻辑、移位与循环、数据处理、高速处理、方便指令、外部输入与输出处理、外部设备、浮点运算、实时时钟、触点比较等指令。PLC 型号不同，对应的应用指令有所不同，本章将对 FX 系列 PLC 中常用的应用指令进行说明。

3.3.2 程序流程控制指令

程序流程控制指令共有 10 条，指令功能编号为 FNC00～FNC09，如表 3-40 所示。在程序中，程序流程控制指令主要根据程序的执行条件进行跳转、中断优先处理及循环等。

表 3-40　　程序流程控制指令

指令代号	指令助记符		指令名称	适用机型	程序步
FNC00	CJ	Pn	条件跳转	FX_{1S}、FX_{1N}、FX_{2N}、FX_{3U}	3 步
FNC01	CALL	Pn	子程序调用	FX_{1S}、FX_{1N}、FX_{2N}、FX_{3U}	3 步
FNC02	SRET		子程序返回	FX_{1S}、FX_{1N}、FX_{2N}、FX_{3U}	1 步
FNC03	IRET		中断返回	FX_{1S}、FX_{1N}、FX_{2N}、FX_{3U}	1 步
FNC04	EI		中断许可	FX_{1S}、FX_{1N}、FX_{2N}、FX_{3U}	1 步
FNC05	DI		中断禁止	FX_{1S}、FX_{1N}、FX_{2N}、FX_{3U}	1 步
FNC06	FEND		主程序结束	FX_{1S}、FX_{1N}、FX_{2N}、FX_{3U}	1 步
FNC07	WDT		看门狗定时器	FX_{1S}、FX_{1N}、FX_{2N}、FX_{3U}	1 步
FNC08	FOR	n	循环范围开始	FX_{1S}、FX_{1N}、FX_{2N}、FX_{3U}	3 步
FNC09	NEXT		循环范围结束	FX_{1S}、FX_{1N}、FX_{2N}、FX_{3U}	1 步

1．条件跳转指令

条件跳转 CJ（Conditional Jump）指令的格式如下：

FNC00 CJ (P)	Pn

使用说明。

（1）条件跳转指令中，FX_{1S} 系列的 Pn 范围为 P0～P63；FX_{2S}、FX_{2N}、FX_{3U} 系列 Pn 的范围为 P0～P127。由于 P63 为跳到 END（1 步），所以不能作为标记。

（2）CJ 用于跳过顺序程序的某一部分，以减少扫描时间。若条件满足，则程序跳转 Pn 处执行；若条件不满足，则按顺序执行。

（3）处于被跳过的程序段中的输出继电器、辅助继电器、状态元件等，由于该段程序不再执行，即使涉及的工作条件有变化，它们仍然保持跳转发生前的工作状态。

（4）一个标号只能使用一次，多条跳转指令可以使用同一个标号。跳转条件若为 M8000，则称为元件跳转。

例 3-20：使用条件跳转指令控制信号灯的显示方式。若 X000 为 OFF 时，信号灯闪烁；若 X000 为 ON 时，按下 X001，信号灯才亮。编写程序如表 3-41 所示。

表 3-41　　条件跳转指令控制信号灯程序

梯形图：

```
      X000
0   --| |--------------------------[CJ    P0    ]
      M8000       T1                        K50
4   --| |--------|/|------+-------------(T0     )
                          |     T0
                          +----|/|------(Y000   )
      T0                                    K50
11  --| |-------------------------------(T1     )
P0    X001
15  --| |-------------------------------(Y000   )

18  --------------------------------------[END  ]
```

指令表：

步	指令	操作数	
0	LD	X000	
1	CJ	P0	
4	LD	M8000	
5	ANI	T1	
6	OUT	T0	K50
9	ANI	T0	
10	OUT	Y000	
11	LD	T0	
12	OUT	T1	K50
15	P0		
16	LD	X001	
17	OUT	Y000	
18	END		

2．子程序调用、返回及主程序结束指令

子程序是为一些特定控制目编制的相对独立的程序。为区别于主程序，规定在程序编制时，将主程序排在前边，子程序排在后边，并以主程序结束指令 FEND 将这两部分分隔开。

子程序调用指令 CALL（Sub Routine Call）格式如下：

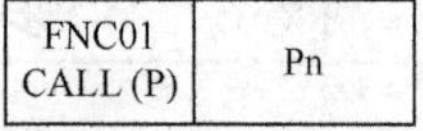

子程序返回 SRET（Sub Routine Return）指令格式如下：

FNC02 SRET

主程序结束 FEND（First End）指令格式如下：

FNC06 FEND

使用说明。

（1）子程序调用指令中，FX1S 系列的 Pn 范围为 P0～P63；FX2S、FX2N、FX3U 系列的 Pn 范围为 P0～P127。由于 P63 为跳到 END（1 步），所以不能作为标记。

（2）同一标号不能重复使用。

（3）CJ 指令用过的标号不能用在子程序调用中。

（4）多个标号可以调用同一个标号的子程序。

（5）在子程序中调用另一个子程序时，其嵌套子程序可达 5 级。子程序应放在主程序结束指令 FEND 之后。

（6）在调用子程序和中断子程序中，可采用 T192～T199 或 T246～T249 作为定时器。

例 3-21：用两个开关实现电动机的控制，其控制要求为：当 X000、X001 均为 OFF 时，红色信号灯（Y000）亮，表示电动机没有工作；当 X000 为 ON，X001 为 OFF 时，电动机（Y001）点动运行；当 X000 为 OFF，X001 为 ON 时，电动机运行 1min，停止 1min；当 X000、X001 均为 ON 时，电动机长动运行。

分析：子程序调用、返回及主程序结束指令实现该控制功能。该程序应分为主程序和子程序两大部分，而主程序又可分为 3 部分：1）开关状态的选择，根据这些选择执行相应的子程序；2）开关没有选择时，指示灯亮；3）主程序结束。子程序有 3 个：1）电动机点动运行；2）电动机运行 1min，停止 1min；3）电动机长动运行。程序编写如表 3-42 所示。

表 3-42　两个开关实现电动机控制的 PLC 程序

梯形图	指令表
0　X000 ─┤ ├─ X001 ─┤/├─ [CALL P0]	0 LD X000 1 ANI X001 2 CALL P0
5　X000 ─┤/├─ X001 ─┤ ├─ [CALL P1]	5 LDI X000 6 AND X001 7 CALL P1
10　X000 ─┤ ├─ X001 ─┤ ├─ [CALL P2]	10 LD X000 11 AND X001 12 CALL P2
15　M8000 ─┤ ├─ (Y000)	15 LD M8000 16 OUT Y000
17　[FEND]	17 FEND
P0　18　X002 ─┤ ├─ (Y001)	18 P0 19 LD X002 20 OUT Y001
21　[SRET]	21 SRET
P1　22　M8014 ─┤ ├─ (Y001)	22 P1 23 LD M8014 24 OUT Y001
25　[SRET]	25 SRET
P2　26　M8000 ─┤ ├─ (Y001)	26 P2 27 LD M8000 28 OUT Y001
29　[SRET]	29 SRET
30　[END]	30 END

3. 中断指令

中断指令是指在程序运行中，中断主程序的运行而转去执行中断子程序的工作方式。中断子程序是为实现某些特定控制功能而设定的程序，这些特定的功能要求响应时间小于机器的扫描周期。引起中断的信号称为中断源，在FX系列PLC中有3类中断源：外部中断、定时中断和高速计数器中断。为了区分不同的中断并在程序中标明中断子程序的入口，规定了中断编号，如表3-43所示。

表3-43　　中断编号及相关辅助继电器

外部中断		定时中断		高速计数器中断	
中断编号	中断禁止	中断编号	中断禁止	中断编号	中断禁止
I00□（X000） I10□（X001） I20□（X002） I30□（X003） I40□（X004） I50□（X005）	M8050 M8051 M8052 M8053 M8054 M8055	I6□□ I7□□ I8□□	M8056 M8057 M8058	I010 I020 I030 I040 I050 I060	M8059
□=1时上升沿中断 □=0时下降沿中断		□□=10～99ms			

注意：M8050～M8059=0，允许中断；M8050～M8059=1，禁止中断。

在FX系列PLC中，FX1S系列的外部中断信号从X000～X003输入，其他系列的外部中断信号从X000～X005输入。每个中断输入能用一次，例如I101用于X001的上升沿中断，即当X002闭合时，执行一次（一个扫描周期）中断子程序，I100用于X001的下降， 即当X002断开时执行一次（一个扫描周期）中断子程序，但是I101和I100不能同时使用。中断子程序一旦被执行后，子程序各线圈和功能指令的状态保持不变，直到子程序下一次被执行。同时用于中断的输入不能与已经用于高速计数器的输入点发生冲突。

定时器使 PLC 以指定的周期（10～99ms）定时执行中断子程序，循环处理某些任务，处理时间不受PLC扫描周期的影响。定时器中断主要用于在控制程序中需要每隔一定时间执行一次子程序的场合。例如，在主程序扫描很长的情况下，可以用定时器中断来处理一些需要高速定时处理的程序。定时器中断常和RAMP、HKY、SEGL、ARWS、PR等与扫描周期有关的功能指令一起使用。

高速计数器中断是根据高速计数器的计数当前值与计数设定值的关系来确实是否执行相应的中断服务程序。

中断控制指令有3条：中断返回、允许中断、禁止中断。

中断返回IRET（Interruption Return）指令格式如下：

FNC03 IRET

允许中断EI（Interruption Enable）指令格式如下：

FNC04 EI

禁止中断 DI（Interruption Disable）指令格式如下：

FNC05 DI (P)

使用说明。

（1）在主程序中有时需要禁止中断，有时需要开启中断。允许中断的主程序必须在功能EI和DI之间，DI之后主程序禁止执行中断子程序。

（2）当多个中断信号同时有效时，中断指针编号小的具有较高的优先权，优先执行。每个中断子程序必须以IRET指令结束。中断程序必须在主程序结束指令FEND之后。

（3）中断子程序可以进行中断嵌套，但是嵌套次数不能超过2级。

例3-22：使用外部中断设计一电源指示系统，要求在正常情况下，绿色信号灯常亮，表示电源正常。当电源低于或高于正常电压范围时，红色信号灯闪烁，待电压恢复正常时，绿色信号恢复显示。编写程序如表3-44所示。

表3-44　外部中断实现电源指示1的PLC程序

梯形图	指令表
0 ——[EI] 1 X001 ─┤├─ (M8051) 4 M8000 ─┤├─ (Y000) 6 ——[DI] I101 7 ——[FEND] 8 M8013 ─┤├─ (Y001) 11 ——[IRET] 12 ——[END]	0 EI 1 LD X001 2 OUT M8051 4 LD M8000 5 OUT Y000 6 DI 7 FEND 8 I101 9 LD M8013 10 OUT Y001 11 IRET 12 END

程序说明：假如电压异常时，产生信号由X001输入，以作为中断控制信号。绿信号灯可由Y000驱动，红色信号灯闪烁由M8013控制或用定时器来实现。中断信号产生后，程序中应有中断允许，由于X001作为中断信号输入端，那么中断允许由M8051控制，并且最好采用上升沿触发控制，即采用标号I101。

4．看门狗定时器指令

看门狗定时器指令WDT（Watch Dog Time）又称监控定时器指令，它允许CPU的看门狗定时器重新被触发。当使能输入有效时，每执行一次WDT指令，看门狗定时器就被复位一次，可增加一次扫描时间。若使能输入无效时，看门狗定时器定时时间到，程序将终止当前指令的执行而重新启动，返回到第一条指令重新执行。

看门狗定时器指令格式如下：

FNC07 WDT (P)

使用说明。

（1）看门狗定时时间为200ms，可以通过以下指令修改D8000来设定它的定时时间：

MOV　K300　D8000　　　//将看门狗定时器的设定值修改为300ms

（2）对于复杂的控制系统，系统会由多个功能模块组成，如特殊I/O模块、通信模块，PLC由STOP→RUN时，进行的缓冲存储器初始化时间会增加，扫描周期会延长。而在执行多条TO/FROM指令或向多个缓冲存储器传送数据时，可能会导致看门狗定时器误动作，因此应将看门狗定时器指令放在起始步的附近，以延长看门狗定时器的监视时间。

（3）若程序中使用的FOR-NEXT循环程序执行时间超过看门狗定时器的监视时间，应将看门狗定时器指令放在循环程序中。

（4）当CJ指令指针的步序号比CJ指令小时，可在CJ指令和对应的步序号之间插入看门狗定时器指令。

5. 循环指令

在程序设计时经常会遇到同一事件需重复执行多次，如果将那些重复执行的事件全部写出来的话，程序可能会很长，且比较繁琐。在FX系列PLC中利用循环指令可使程序简明扼要，方便编写程序，并且提高了程序的功能。

循环指令包括FOR指令和NEXT指令。FOR指令用来表示循环区的起点，它的源操作数N用来表示循环次数；NEXT指令是循环区终点指令，无操作数。

FOR指令格式如下：

FNC08 FOR

NEXT指令格式如下：

FNC09 NEXT

使用说明。

（1）FOR指令的源操作数n取值范围为（1～32767），如果n为负数时，PLC认为循环次数为1次。

（2）需重复执行的程序段应放在FOR与NEXT指令之间。

（3）程序中可使用循环嵌套，但是循环嵌套的层数不能超过5层。

（4）若循环次数较多，会延长PLC的扫描时间，导致看门狗定时器出错，此时应采用看门狗定时器WDT指令将程序分开，或者改变看门狗定时器的监视时间。

例3-23：使用外部中断设计一电源指示系统，要求在正常情况下，绿色信号灯常亮，表示电源正常。当电源低于或高于正常电压范围时，红色信号灯闪烁10次后，两信号灯都熄灭，编写程序如表3-45所示。

表 3-45 外部中断实现电源指示 2 的 PLC 程序

梯形图	指令表
0 ——[EI]	0 EI
1 —| |— X001 —|/|— M0 ——(M8051)	1 LD X001 2 ANI M0 3 OUT M8051
5 —| |— M8000 —|/|— M0 ——(Y000)	5 LD M8000 6 ANI M0 7 OUT Y000
8 ——[DI]	8 DI
9 ——[FEND]	9 FEND
I101 10 ——[FOR K10]	10 I101 11 FOR K10
14 —| |— M8013 ——(Y001)	14 LD M8013 15 OUT Y001
16 ——[NEXT]	16 NEXT
17 —| |— M8000 ——[SET M0]	17 LD M8000 18 SET M0
19 ——[IRET]	19 IRET
20 ——[END]	20 END

程序说明：此程序实际上是在例 3-22 的基础上改进而成的。假如电压异常时，产生信号由 X000 输入，以作为中断控制信号。绿信号灯可由 Y000 驱动，红色信号灯闪烁用 M8013 控制或使用定时器实现。中断信号产生后，程序中应有中断允许，由于 X001 作为中断信号输入端，那么中断允许用 M8051 控制，并且最好采用上升沿触发控制，即采用标号 I101。执行中断子程序时，由于要控制闪烁次数，因此需在循环前就设置好循环次数，然后进行循环闪烁 10 次。当达到循环次数，跳出循环，即执行 NEXT 指令。跳出循环后，通过置位 M0 达到控制主程序中的中断允许及 Y000，使两信号灯均熄灭。

3.3.3 传送与比较指令

传送与比较指令用于数据的传送、比较和转换功能，共 10 条。指令功能编号 FNC10～FNC19，如表 3-46 所示。

表 3-46 传送与比较指令

指令代号	指令助记符	指令名称	适用机型	程序步
FNC10	CMP	比较	FX_{1S}、FX_{1N}、FX_{2N}、FX_{3U}	7/13 步
FNC11	ZCP	区间比较	FX_{1S}、FX_{1N}、FX_{2N}、FX_{3U}	9/17 步
FNC12	MOV	传送	FX_{1S}、FX_{1N}、FX_{2N}、FX_{3U}	5/9 步

续表

指令代号	指令助记符	指令名称	适用机型	程序步
FNC13	SMOV	移位传送	FX2N、FX3U	11 步
FNC14	CML	反相传送	FX2N、FX3U	5/9 步
FNC15	BMOV	成批传送	FX1S、FX1N、FX2N、FX3U	7 步
FNC16	FMOV	多点传送	FX2N、FX3U	7/13 步
FNC17	XCH	交换	FX2N、FX3U	5/9 步
FNC18	BCD	BCD 转换	FX1S、FX1N、FX2N、FX3U	5/9 步
FNC19	BIN	BIN 转换	FX1S、FX1N、FX2N、FX3U	5/9 步

1. 比较指令

比较指令 CMP（Compare）是将源操作数的内容进行比较，比较结果送到目的操作数中。指令格式如下：

FNC10 (D)CMP (P)	S1	S2	D

使用说明。

（1）两个源操作数可以是 K、H、KnX、KnY、KnM、KnS、T、C、D、V、Z；目的操作数可以是 Y、M、S。

（2）两个源操作数比较时，将比较结果放入 3 个连续的目的操作数继电器中，如图 3-25 所示。当 X000 常开触点断开时，不执行 CMP 比较指令，M0、M1、M2 保持不变；当 X000 常开触点闭合时，执行 CMP 比较指令。若 C10 的当前计数值小于 100 次，M0=1；若 C10 的当前计数值等于 100 次，M1=1；若 C10 的当前计数值大于 100 次，M2=1。

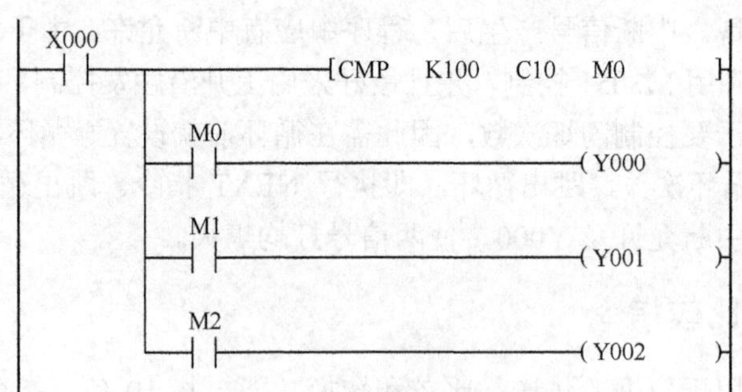

图 3-25 使用 CMP 比较指令

（3）若要清除比较结果，需使用 RST 指令。

例 3-24：比较指令在包装线上的应用。在某生产包装线上每来一个产品时，机械手将其放入包装箱中，当包装箱中放了 50 个产品时，工人将包装箱打包好，并放好新的包装箱，机械手继续将产品放入下一个包装箱中，试用应用指令实现该功能。

分析：采用比较指令可以实现该功能，假设每来一个产品，由 X000 产生一个脉冲信号，

计数器进行加 1 计数。当计数器当前计数值小于 50 时，机械手工作，即 Y000 有效。若当前计数值等于 50 时，工作放好新的包装箱，即 Y001 有效，并且将计数器的计数值复位，为下次包装做好准备。延时一定的时间后才允许计数。为保证在停电恢复后，能正确计数，应使用停电保持型计数器，程序编写如表 3-47 所示。

表 3-47　　　　比较指令在包装线上的应用

梯形图	指令表
0 ─┤X000├─┬─[CMP K50 C100 M0] 　　　　　├─┤M0├─(Y000) 　　　　　└─┤M1├─┬─(Y001) 　　　　　　　　　└─[RST C100] 16 ─[END]	0 LD X000 1 CMP K50 C100 M0 8 MPS 9 AND M0 10 OUT Y000 11 MPP 12 AND M1 13 OUT Y001 14 RST C100 16 END

2．区间比较指令

区间比较指令 ZCP（Zone Compare），是将源操作数[S1]、[S2]和[S]进行比较，比较结束将比较结果送到目的操作数中。指令格式如下：

FNC11 (D)ZCP(P)	S1	S2	S	D

使用说明。

（1）源操作数[S1]、[S2]、[S]可以是 K、H、KnX、KnY、KnM、KnS、T、C、D、V、Z；目的操作数是 Y、M、S。

（2）源操作数[S1]、[S2]和[S]进行比较时，[S1]的内容应不大于[S2]的内容，将比较结果放入 3 个连续的目的操作数继电器中。如图 3-26 所示，当 X000 常开触点断开时，不执行 CMP 比较指令，M0、M1、M2 保持不变；当 X000 常开触点闭合时，执行 ZCP 区间比较指令。若定时器 T0 的当前值小于 100 次，M0=1；若定时器 T0 的当前值大于或等于 50 且小于 150，M1=1；若 T0 的当前值大于 150，M2=1。

```
X000
─┤ ├─┬────────[ZCP  K50  K150  T0  M0]
     │  M0
     ├─┤ ├──────────────(Y000)
     │  M1
     ├─┤ ├──────────────(Y001)
     │  M2
     └─┤ ├──────────────(Y002)
```

图 3-26　ZCP 指令的使用

（3）若要清除比较结果，需使用 ZRST 指令。

3．传送指令

传送指令 MOV（Move）将源操作数传送到指定目标，指令格式如下：

FNC12 (D)MOV(P)	S	D

使用说明。

（1）源操作数 S 可以是 K、H、KnX、KnY、KnM、KnS、T、C、D、V、Z；目的操作数是 KnY、KnM、KnS、T、C、D、V、Z。

（2）执行该指令时，PLC 自动将常数转换成二进制数。

（3）源操作数为计数器时是 32 位操作数。

4．移位传送指令

移位传送指令 SMOV（Shift Move）指令格式如下：

FNC13 SMOV (P)	S	m1	m2	D	n

使用说明。

（1）SMOV 是将[S]中的 16 位二进制数以 4 位 BCD 数的方式按位传送到[D]中。如图 3-27 所示，表示将 D1 中的 4 位[S]源操作数 D1 中的 4 位 BCD 数，从[m1]第 4 位（K4）开始的[m2]2 位，即千位和百位，传送到[D2]的从第 3 位（K3）开始的 2 位，即[D2]的百位和十位。

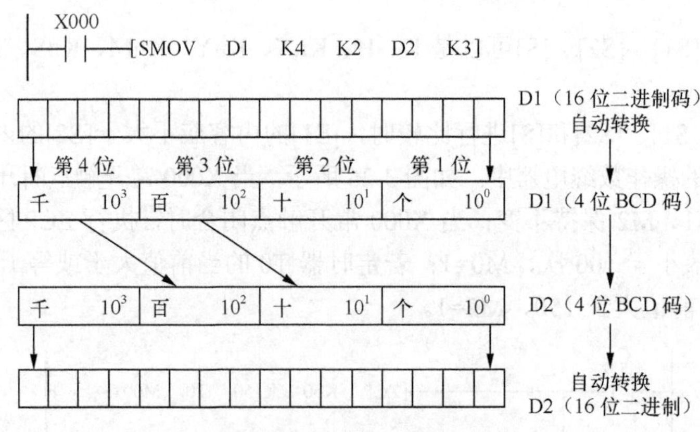

图 3-27　SMOV 移位传送指令说明

（2）m1、m2 和 n 为 K 或 H，取值范围为 1～4。

（3）操作数的范围为 0～9999，否则会出现错误。

（4）特殊辅助继电器 M8168 驱动后，执行 SMOV 指令时，源操作数目的操作数不进行二进制和 BCD 码的转换，照原样以 4 位为单位进行移位传送操作。

例 3-25：移位传送指令的使用。用 3 个数字拨码开关分别连接在 PLC 的 X000～X003、

X010～X017 输入端上，根据这 3 个数字拨码读入的数字结合为 3 位 BCD 码以驱动输出线圈 Y。

分析：由于驱动输出线圈 Y，不需要数制转换，可直接使用 BCD 码，因此要用于 M8168。读出数字拨码值可使用 MOV 指令；结合为 3 位 BCD 码，需使用 SMOV 指令。通过 SMOV 指令结合为 3 位 BCD 码值后，再使用 MOV 指令来驱动输出线圈 Y。输出线圈 Y 可采用组合元件单元组的方式进行表达，K4Y0 表示由 Y017～Y010 和 Y007～Y000 共 16 个输入继电器的 4 个位元件组。假如 D2 读入的数字拨码为 16H，D1 读入的数字拨码为 5H，组合以后的 3 位 BCD 码为 165H，即 Y010、Y006、Y005、Y002、Y000 驱动线圈输出为 ON。编写程序如表 3-48 所示。

表 3-48　　　　移位传送指令的使用

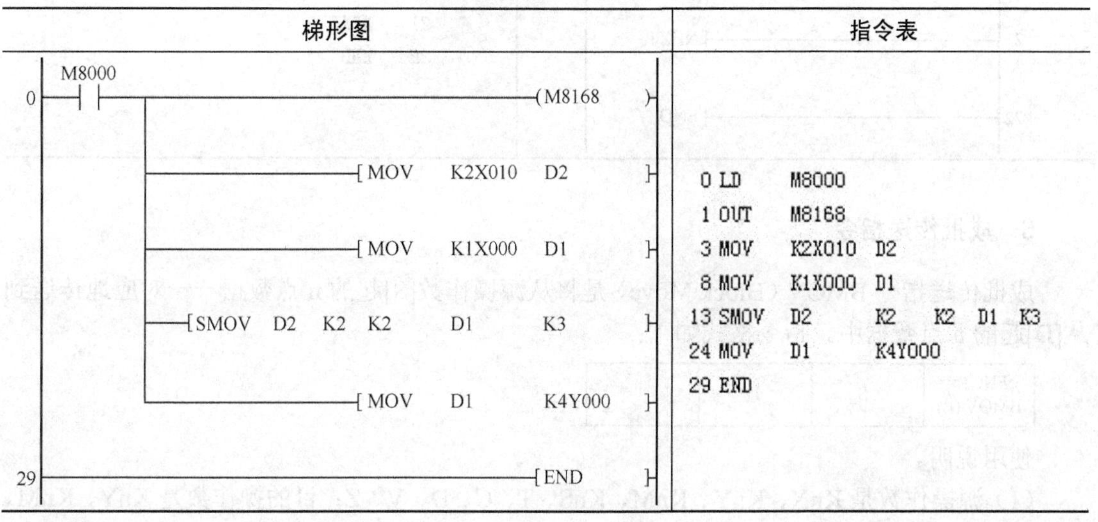

梯形图	指令表
0 M8000 —(M8168) —[MOV K2X010 D2] —[MOV K1X000 D1] —[SMOV D2 K2 K2 D1 K3] —[MOV D1 K4Y000] 29 —[END]	0 LD M8000 1 OUT M8168 3 MOV K2X010 D2 8 MOV K1X000 D1 13 SMOV D2 K2 K2 D1 K3 24 MOV D1 K4Y000 29 END

5．反相传送

反相传送指令 CML（Complement）将源操作数[S]中的内容按二进制数取反，按位送到目的操作数[D]中。指令格式如下：

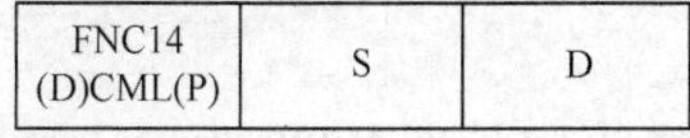

FNC14 (D)CML(P)	S	D

使用说明。

（1）源操作数可以是 K、H、KnX、KnY、KnM、KnS、T、C、D、V、Z；目的操作数是 KnY、KnM、KnS、T、C、D、V、Z。

（2）若源操作为常数 K，自动转换为二进制数。

例 3-26：CML 指令的使用。数字拨码开关分别连接在 PLC 的 X0～X7，根据数字拨码读入的数值进行每隔 1s 闪烁显示，共闪烁 10 次。

分析：使用 MOV 指令读入输入值，再使用 M8013 作为秒闪脉冲，闪烁使用 CML 取反，每次取反后需将该数值暂存，为下次闪烁做好准备，闪烁次数使用 FOR-NEXT 指令控制。编写程序如表 3-49 所示。

表 3-49　　　　CML 指令的使用

梯形图	指令表
0 M8000 ─┤├─[MOV K2X000 D1] 6 ─[FOR K10] 9 M8013 ─┤├─[CML D1 K2Y000] 15 M8000 ─┤├─[MOV K2Y000 D1] 21 ─[NEXT] 22 ─[END]	0 LD M8000 1 MOV K2X000 D1 6 FOR K10 9 LD M8013 10 CML D1 K2Y000 15 LD M8000 16 MOV K2Y000 D1 21 NEXT 22 END

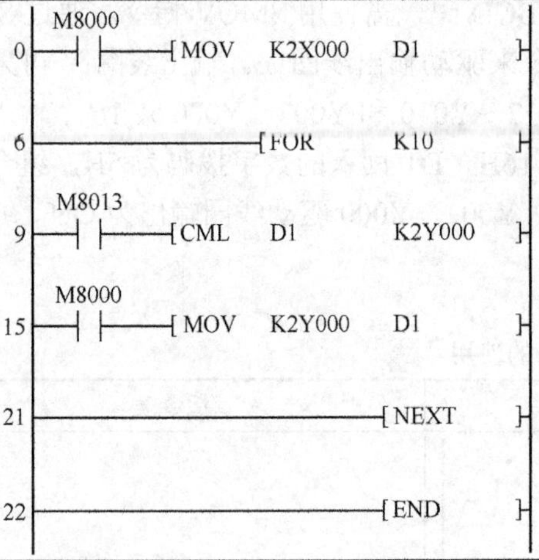

6．成批传送指令

成批传送指令 BMOV（Block Move）是将从源操作数[S]起的 n 点数据一一对应地传送到从[D]起的 n 点数据中。指令格式如下：

FNC15 BMOV (P)	S	D	n

使用说明。

（1）源操作数是 KnX、KnY、KnM、KnS、T、C、D、V、Z；目的操作数是 KnY、KnM、KnS、T、C、D、V、Z。

（2）n 为 K 或 H，取值范围为 1～512。

（3）如用到需要指定数的位元件时，源操作数和目的操作数的指定位数必须相等。

（4）源操作数和目的操作数的地址发生重叠时，为防止源操作数没有传送前被改写，PLC 自动确定传送顺序。

（5）M8024 可更改 BMOV 的数据传送方向。

例 3-27：成批传送指令的使用如表 3-50 所示。在程序 1 中，当 X000 为 ON 时，将 D3、D4、D5、D6 连续 4 个 D 中的数据分别传送到 D10、D11、D12、D13 中。在程序 2 中，当 X000 为 ON 时，将以 K1X010 开始连续的 2 点 4 位分别传送到以 K1Y000 开始连续的 2 点 4 位继电器中。在程序 3 中，将 D10、D11、D12、D13 连续 4 个 D 中的数据分别传送到 D9、D10、D11、D12 中。在程序 4 中，当 X001 为 ON 时，将 D9、D10、D11、D12 连续 4 个 D 中的数据分别传送到 D11、D12、D13、D14 中。在程序 5 中，当特殊辅助继电器 M8024 为 ON 时，再执行 BMOV 指令，则将 D3、D4、D5、D6 连续 4 个 D 中的数据分别传送到 D10、D11、D12、D13 中；当特殊辅助继电器 M8024 为 OFF 时，再执行 BMOV 指令，则将 D10、D11、D12、D13 连续 4 个 D 中的数据分别传送到 D3、D4、D5、D6 中。

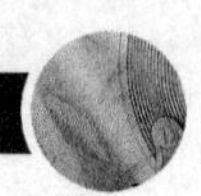

表 3-50　　成批传送指令的使用

程序	梯形图	功能说明
程序1	X000 ─┤├─ [BMOV D3 D10 K4]	D6 D5 D4 D3 → D13 D12 D11 D10
程序2	X000 ─┤├─ [BMOV K1X010 K1Y000 K2]	X017 X016 X015 X014 X013 X012 X011 X010 → Y007 Y006 Y005 Y004 Y003 Y002 Y001 Y000
程序3	M8000 ─┤├─ [BMOV D10 D9 K4]	D13 D12 D11 D10 → D12 D11 D10 D9（顺序④③②①）
程序4	X001 ─┤├─ [BMOV D9 D11 K4]	D12 D11 D10 D9 → D14 D13 D12 D11（顺序①②③④）
程序5	X000 ─┤├─ (M8024) [BMOV D3 D10 K4] X000 ─┤/├─ (M8024)	M8024=0：D6 D5 D4 D3 → D13 D12 D11 D10 M8024=1：D13 D12 D11 D10 → D6 D5 D4 D3

7. 多点传送指令

多点传送指令 FMOV（Fill Move）是将[S]源操作数传送到[D]目的操作数起的 n 点数据中。指令格式如下：

FNC16 (D)FMOV(P)	S	D	n

使用说明。

（1）源操作数可以是 KnY、KnM、KnS、T、C、D、V、Z；目的操作数是 KnY、KnM、KnS、T、C、D、V、Z

（2）n 为 K 或 H，取值范围为 1～512。

例 3-28：多点传送指令的使用如表 3-51 所示。在程序 1 中，当 X000 为 ON 时，执行 FMOV 指令，将常数值 3 送到 C0 起始的 4 个计数器中，即 C0、C1、C2、C3。在程序 2 中，当 M0 为 ON 时，执行 FMOV 指令，将常数值 0 送到 Y000～Y007，即实现 Y000～Y007 这 8 个输出继电器的复位。

表 3-51　　多点传送指令的使用

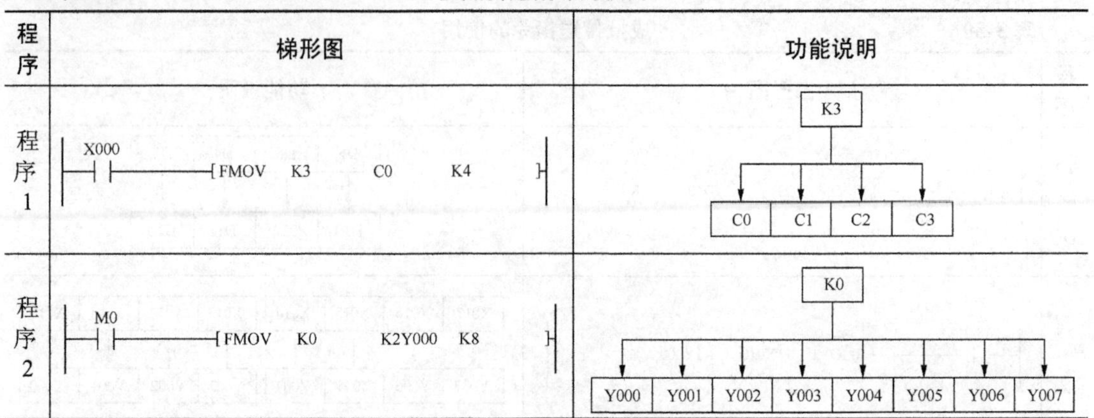

8. 交换指令

数据交换指令 XCH（Exchange）是将两个指定的目标数据进行互换。指令格式如下：

FNC17 (D)XCH(P)	D1	D2

使用说明。

（1）目标操作数是 KnY、KnM、KnS、T、C、D、V、Z。

（2）若特殊辅助继电器 M8160 驱动后，如果两个操作数为同一目标地址时，将会使目标元件的 16 位数据的高 8 位和低 8 位内容互换，32 位数据的高 16 位和低 16 位内容互换，与 SWAP 指令功能相同；如果两个操作数不为同一目标地址时，出错标志 M8067 置 1，不执行交换。

例 3-29：交换指令的使用如表 3-52 所示。在程序 1 中，PLC 通电时，将 D0、D1 分别赋值为 H4321、H5678，当 X000 由 OFF 变 ON 时，执行 XCH 交换指令，将 D0 和 D1 中的内容互换，例如第 1 次交换后，D0 和 D1 的内容为 H5678、H4321。在程序 2 中，当 X1 为 ON 时，M8016 为 ON，则执行 16 位的 XCH 交换指令，将 D10 中的高、低 8 位内容互换；M8016 为 OFF 时，不执行交换指令。在程序 2 中，当 X2 为 ON 时，M8016 为 ON，则执行 32 位的 XCH 交换指令，将 D20、D21 中的内容互换；M8016 为 OFF 时，不执行交换指令。

表 3-52　　交换指令的使用

程序	梯形图	功能说明
程序 1	M8002 ─[MOV H4321 D0] 　　　 ─[MOV H5678 D1] X000(↑) ─[XCH D0 D1]	交换前：D0 4321，D1 5678 交换后：D0 5678，D1 4321

续表

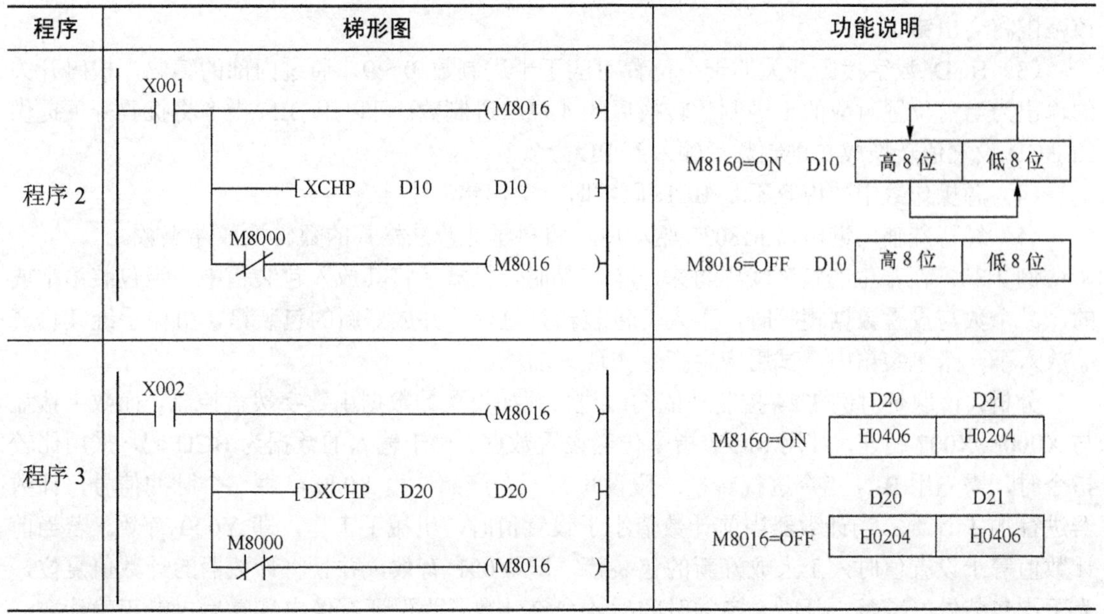

9．BCD 转换指令

BCD 转换指令（Binary Code to Decimal）是将源操作数[S]指定的二进制数转换成 BCD 码，存入目的操作数中。指令格式如下：

FNC18 (D)BCD(P)	S	D

使用说明。

（1）源操作数是 KnX、KnY、KnM、KnS、T、C、D、V、Z；目的操作数是 KnY、KnM、KnS、T、C、D、V、Z。

（2）BCD 码的数值范围，16 位操作时为 0～9999，32 位操作时为 0～99999999，若超过该范围将会出错。

（3）PLC 内部的算术运算用二进制数进行，可以用 BCD 指令将二进制数转换成 BCD 数后输出到 7 段显示器。

（4）经特殊辅助继电器 M8032 驱动后，双字将被转换为科学计数法格式。

10．BIN 转换指令

BIN 转换指令（Binary）是将源操作数中的 BCD 码转换成二进制数后送到目的操作数中。指令格式如下：

FNC19 (D)BIN(P)	S	D

使用说明。

（1）源操作数是 KnX、KnY、KnM、KnS、T、C、D、V、Z；目的操作数是 KnY、KnM、KnS、T、C、D、V、Z。

（2）BCD码的数值范围，16位操作时为0～9999，32位操作时为0～99999999，若超过该范围将会出错。

（3）BCD 数字拨码开关的十个位置对应于十进制数 0～9，通过内部的编码，拨码开关的输出为当前位置对应的十进制数转换后的4位二进制数。可以用BIN指令将拨码开关提供的BCD设置值转换成二进制数后输入到PLC。

（4）源操作数中的内容不是BCD码数时，会出错。

（5）经特殊辅助继电器M8032驱动后，将科学计数法格式的数转换成浮点数。

例3-30：在某生产包装线上每来一个产品时，机械手将其放入包装箱中，当包装箱中放的产品个数与设置数据相等时，工人将包装箱打包好，并放好新的包装箱，机械手继续将产品放入下一个包装箱中，试用应用指令实现该功能。

分析：该题是对例3-24控制功能的改进。假如设置的数据由数字拨盘控制，而数字拨盘与X000～X007相连，使用MOV指令传送设置数据。由于输入的数据为BCD码，采用比较指令时，需先用BIN指令进行转换。假设每来一个产品，由X020产生一个脉冲信号，计数器进行加1计数。当计数器当前计数值小于设置值时，机械手工作，即Y000有效。若当前计数值等于设置值时，工人放好新的包装箱，即Y001有效，并且将计数器的计数值复位，为下次包装做好准备。延时一定的时间后才允许计数。为保证在停电恢复后，能正确计数，应使用停电保持型计数器。程序编写如表3-53所示。

表3-53　BIN转换指令在包装线上的应用

梯形图	指令表
0 ─[M8000]─┬─[MOV K2X000 D0] 　　　　　　└─[BIN D0 D2] 11 ─[X020]─┬─[CMP D2 C100 M0] 　　　　　　├─[M0]─(Y000) 　　　　　　└─[M1]─┬─(Y001) 　　　　　　　　　　└─[RST C100] 27 ─[END]	0 LD M8000 1 MOV K2X000 D0 6 BIN D0 D2 11 LD X020 12 CMP D2 C100 M0 19 MPS 20 AND M0 21 OUT Y000 22 MPP 23 AND M1 24 OUT Y001 25 RST C100 27 END

3.3.4　算术与逻辑指令

算术与逻辑指令主要用于二进制整数的加、减、乘、除运算及字元件的逻辑运算等，共10条指令。指令功能编号FNC20～FNC29，如表3-54示。

表 3-54　　算术与逻辑指令

指令代号	指令助记符	指令名称	适用机型	程序步
FNC20	ADD	加法	FX1S、FX1N、FX2N、FX3U	7/13 步
FNC21	SUB	减法	FX1S、FX1N、FX2N、FX3U	7/13 步
FNC22	MUL	乘法	FX1S、FX1N、FX2N、FX3U	7/13 步
FNC23	DIV	除法	FX1S、FX1N、FX2N、FX3U	3/5 步
FNC24	INC	加 1	FX1S、FX1N、FX2N、FX3U	3/5 步
FNC25	DEC	减 1	FX1S、FX1N、FX2N、FX3U	7/13 步
FNC26	WAND	逻辑“字与”	FX1S、FX1N、FX2N、FX3U	7/13 步
FNC27	WOR	逻辑“字或”	FX1S、FX1N、FX2N、FX3U	7/13 步
FNC28	WXOR	逻辑“字异或”	FX1S、FX1N、FX2N、FX3U	7/13 步
FNC29	NEG	求补码	FX2N、FX3U	3/5 步

1. 加法指令

加法指令 ADD（Addition）是将源操作数的二进制数进行相加，运算结果送到目的操作数中。指令格式如下：

FNC20 (D)ADD(P)	S1	S2	D

使用说明。

（1）两个源操作数是 K、H、KnX、KnY、KnM、KnS、T、C、D、V、Z；目的操作数是 KnY、KnM、KnS、T、C、D、V、Z。

（2）源操作数为有符号数值，各数据的最高位为符号位，其中最高位为 0，表示为正数；最高位为 1，表示为负数。数据的运算以代数形式进行。

（3）指令执行过程中影响 3 个常用标志位：M8020 零标志位，M8021 借位标志位和 M8022 进位标志位。若运算结果为 0，则 M8020 置 1；若运算结果大于 32767（16 位数据）或 2147483647（32 位数据），则 M8021 置 1；如果运算结果小于−32768（16 位数据）或−2147483648（32 位数据），则 M8022 置 1。

（4）源操作数和目的操作数可以指定为相同编号。

例 3-31：ADD 指令的使用。数字拨码开关分别连接在 PLC 的 X000～X007、X010～X017、X020～X027 和 X030～X037，假如 X000～X007 和 X010～X017 构成一个输入数据，X020～X027 和 X030～X037 构成另一输入数据。将这两个数据进行相加，并进行 BCD 码显示。

分析：由于数字拨码输入的数据为 BCD 码，进行加之前应将输入的数据转换成二进制数。两操作数加完后，再将其转换成 BCD 码进行显示，编写程序如表 3-55 所示。

表 3-55　　**ADD 指令的使用**

梯形图	指令表
0 ─┤M8000├─[MOV K4X000 D0] [MOV K4X020 D1] [BIN D0 D2] [BIN D1 D3] [ADD D2 D3 D4] [BCD D4 K4Y000] 33 ─[END]	0 LD M8000 1 MOV K4X000 D0 6 MOV K4X020 D1 11 BIN D0 D2 16 BIN D1 D3 21 ADD D2 D3 D4 28 BCD D4 K4Y000 33 END

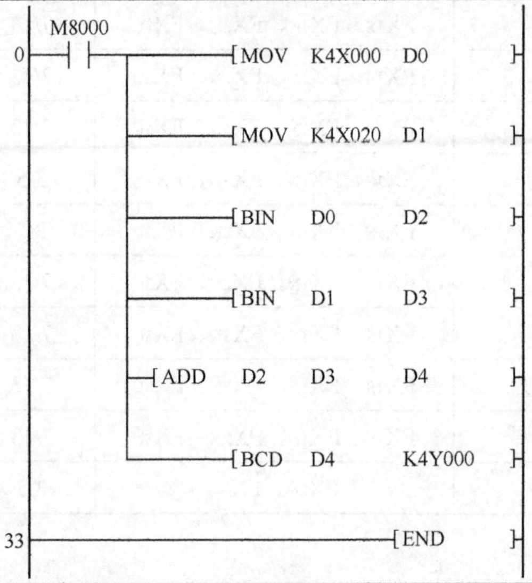

2．减法指令

减法指令 SUB（Subtraction）是将源操作数[S1]中的二进制数减去源操作数[S2]中的二进制数，运算结果送到目的操作数中。指令格式如下：

FNC21 (D)SUB(P)	S1	S2	D

使用说明。

（1）两个源操作数可以是 K、H、KnX、KnY、KnM、KnS、T、C、D、V、Z；目的操作数可以是 KnY、KnM、KnS、T、C、D、V、Z。

（2）源操作数为有符号数值，各数据的最高位为符号位，其中最高位为 0，表示为正数；最低位为 1，表示为负数。数据的运算以代数形式进行。

（3）指令执行过程中影响 3 个常用标志位：M8020 零标志位，M8021 借位标志位和 M8022 进位标志位。若运算结果为 0，则 M8020 置 1；若运算结果大于 32767（16 位数据）或 2147483647（32 位数据），则 M8021 置 1；如果运算结果小于−32768（16 位数据）或−2147483648（32 位数据），则 M8022 置 1。

（4）源操作数和目的操作数可以指定为相同编号。

例 3-32：SUB 指令的使用。数字拨码开关分别连接在 PLC 的 X000～X007、X010～X017、X020～X027 和 X030～X037，假如，X000～X007 和 X010～X017 构成第一个输入数据，X020～X027 和 X030～X037 构成第二个输入数据。使用减法指令进行两数大小比较，若两者相同，驱动 Y000；若第一个数据小于第二个数据时，驱动 Y001。

分析：由于数字拨码输入的数据为 BCD 码，进行减之前应将输入的数据转换成二进制数。使用减法指令进行两数的大小比较，实质是利用运算结果对 M8020（零标志）和 M8021（借位标志）的影响来决定两数的大小，编写程序如表 3-56 所示。

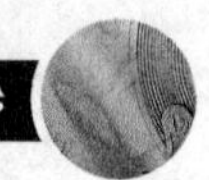

表 3-56　　SUB指令的使用

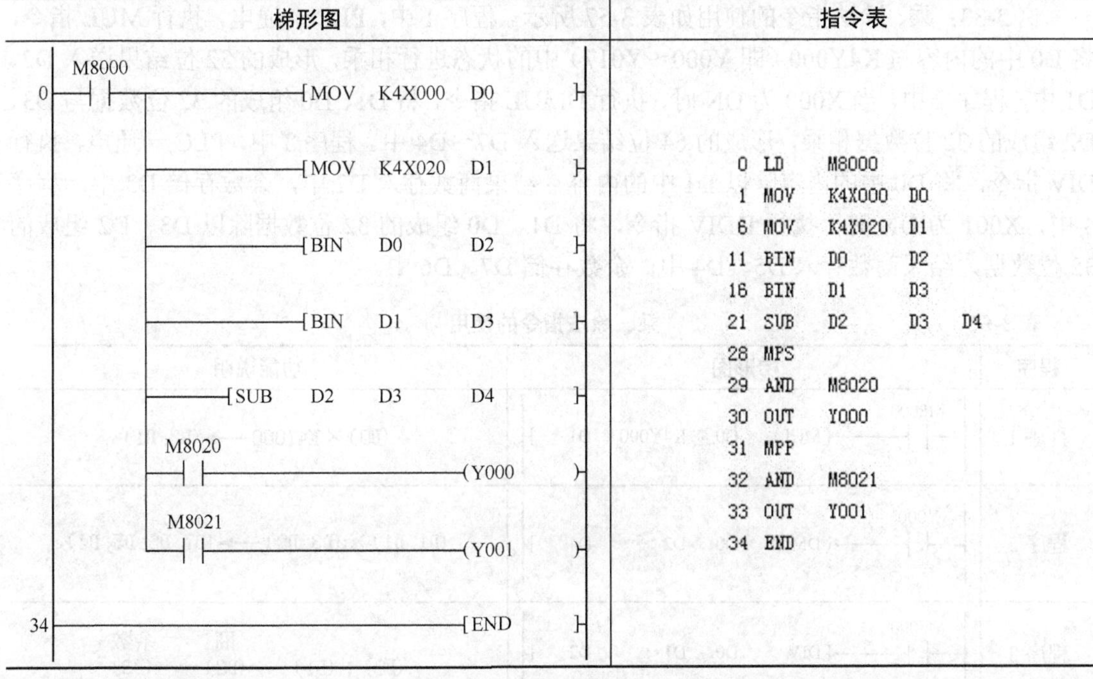


```
0  LD   M8000
1  MOV  K4X000  D0
6  MOV  K4X020  D1
11 BIN  D0      D2
16 BIN  D1      D3
21 SUB  D2      D3   D4
28 MPS
29 AND  M8020
30 OUT  Y000
31 MPP
32 AND  M8021
33 OUT  Y001
34 END
```

3．乘法指令

乘法指令MUL（Multiplication）是将两个源操作数的二进制数相乘，运算结果放入目的操作数中。指令格式如下：

FNC22 (D)MUL(P)	S1	S2	D

使用说明。

（1）两个源操作数是 K、H、KnX、KnY、KnM、KnS、T、C、D、V、Z；目的操作数可以是 KnY、KnM、KnS、T、C、D、V、Z。

（2）操作数 16 位时，运算结果为 32 位；操作数为 32 位时，运算结果为 64 位，目的操作数指定为 V 和 Z。

4．除法指令

除法指令 DIV（Division）是将源操作数[S1]中的二进制数除以源操作数[S2]中的二进制数，商和余数都送到目的操作数中。指令格式如下：

FNC23 (D)DIV(P)	S1	S2	D

使用说明。

（1）两个源操作数是 K、H、KnX、KnY、KnM、KnS、T、C、D、V、Z；目的操作数可以是 KnY、KnM、KnS、T、C、D、V、Z。

（2）执行 32 位数据操作指令时，目的操作数不能为 Z。

（3）若除数为“0”，则出错，不执行该指令。

例3-33：乘、除法指令的使用如表3-57所示。程序1中，PLC一通电，执行MUL指令，将D0中的内容与K4Y000（即Y000～Y017）中的状态进行相乘，形成的32位结果送入D2、D1中。程序2中，当X000为ON时，执行DMUL指令，将D1、D0组成的32位数据与D3、D2组成的32位数据相乘，形成的64位结果送入D7～D4中。程序3中，PLC一通电，执行DIV指令，将D0中的内容除以D1中的内容，结果商数存入D2中，余数存储D3中。程序4中，X001为ON时，执行DDIV指令，将D1、D0组成的32位数据除以D3、D2组成的32位数据，结果商数存入D5、D4中，余数存储D7、D6中。

表3-57　　乘、除法指令的使用

程序	梯形图	功能说明
程序1	M8000 ─┤├─[MUL D0 K4Y000 D1]	(D0)×K4Y000→(D2, D1)
程序2	X000 ─┤├─[DMUL D0 D2 D4]	(D1, D1)×(D3, D2)→(D7, D6, D5, D4)
程序3	M8000 ─┤├─[DIV D0 D1 D2]	(D0)÷(D1)→(D2)商……(D3)余数
程序4	X001 ─┤├─[DDIV D0 D2 D4]	(D1, D0)÷(D3, D2)→(D5, D4)商……(D7, D6)余数

5．加1指令

加1指令INC（Increment）是将操作数[D]中的内容进行加1，运算结果仍存入[D]中。指令格式如下：

FNC24 (D)INC(P)	D

使用说明。

（1）操作数是KnY、KnM、KnS、T、C、D、V、Z。

（2）指令不影响零标志位、借位标志位和进位标志位。

（3）在16位运算中，32767加1就变成-32768；2147483647加1就变成-2147483648。

6．减1指令

减1指令DEC（Decrement）是将操作数[D]中的内容进行减1，运算结果仍存入[D]中。指令格式如下：

FNC25 (D)DEC(P)	D

使用说明。

（1）操作数是KnY、KnM、KnS、T、C、D、V、Z。

（2）指令不影响零标志位、借位标志位和进位标志位。

（3）在16位运算中，−32768减1就变成32767；−2147483648加1就变成2147483647。

7. 逻辑操作指令

逻辑“字与”（Logic Word And）指令WAND，是对两个输入数据的源操作数[S1]和[S2]按位进行“与”操作，产生结果送入目的操作数[D]中。运算时，若两个操作数的同一位都为1，则该位逻辑结果为1，否则为0。指令格式如下：

FNC26 (D)WAND(P)	S1	S2	D

逻辑“字或”（Logic Word Or）指令WOR，是对两个输入数据的源操作数[S1]和[S2]按位进行“或”操作，产生结果送入目的操作数[D]中。运算时，若两个操作数的同一位只要其中之一或两者同时为1，则该位逻辑结果为1，否则为0。指令格式如下：

FNC27 (D)WOR(P)	S1	S2	D

逻辑“字异或”（Logic Word Exclusive Or）指令XOR，是对两个输入数据的源操作数[S1]和[S2]按位进行“异或”操作，产生结果送入目的操作数[D]中。运算时，若两个操作数相同，则该位逻辑结果为0，否则为1。指令格式如下：

FNC28 (D)XOR(P)	S1	S2	D

使用说明：

源操作数是K、H、KnX、KnY、KnM、KnS、T、C、D、V、Z，目的操作是KnY、KnM、KnS、T、C、D、V、Z。

例3-34：假如，D0的内容为“1011000110010110”，D1的内容为“0111011000010101”运行逻辑操作指令，指令及输出结果如表3-58所示。

表3-58　逻辑操作指令的使用及输出结果

程序	梯形图	指令表	输出结果
程序1	X000 ─┤├─[WAND D0 D1 D2]	LD X000 WAND D0 D1 D2	0011000000010100
程序2	X001 ─┤├─[WOR D0 D1 D3]	LD X001 WOR D0 D1 D3	1111011110010111
程序3	X002 ─┤├─[WXOR D0 D1 D4]	LD X002 WXOR D0 D1 D4	1100011110000011

8. 求补码指令

求补码指令NEG（Negation）是将操作数[D]中每位数据取反后再加1，结果仍存于同一[D]中。指令格式如下：

FNC29 (D)NEG(P)	D

使用说明。

（1）操作数可以是 KnY、KnM、KnS、T、C、D、V、Z。

（2）指令不影响借位标志位和进位标志位。

（3）求补码指令实质上是绝对值不变的变号操作。

例 3-35：求负数的绝对值。

分析：由于 PLC 中的负数为补码，负数的最高位为 1，可以利用补码指令来求负数的绝对值。利用 BON 指令判断[D]中最高位（K15）为 1 时，表明[D]中的数为负数，求[D]的补码，就是它的绝对值，编写程序如表 3-59 所示。

表 3-59　求负数的绝对值程序

梯形图	指令表
0 ─┤M8000├─[BON D0 M0 K15] 8 ─┤M0 ↑├─[NEG D0] 13 ─[END]	0 LD M8000 1 BON D0 M0 K15 8 LDP M0 10 NEG D0 13 END

3.3.5　移位与循环指令

移位控制与循环指令有移位、循环移位、字移位及先入先出 FIFO 等指令。其中移位分为左移和右移；循环移位分为带进位循环和不带进位循环；FIFO 分为写入和读出。移位控制与循环指令共有 10 条，指令功能编号为 FNC30～FNC39，如表 3-60 所示。

表 3-60　移位与循环指令

指令代号	指令助记符	指令名称	适用机型	程序步
FNC30	ROR	循环右移	FX_{2N}、FX_{3U}	5/9 步
FNC31	ROL	循环左移	FX_{2N}、FX_{3U}	5/9 步
FNC32	RCR	带进位右移	FX_{2N}、FX_{3U}	5/9 步
FNC33	RCL	带进位左移	FX_{2N}、FX_{3U}	5/9 步
FNC34	SFTR	位右移	FX_{1S}、FX_{1N}、FX_{2N}、FX_{3U}	9 步
FNC35	SFTL	位左移	FX_{1S}、FX_{1N}、FX_{2N}、FX_{3U}	9 步
FNC36	WSFR	字右移	FX_{2N}、FX_{3U}	9 步
FNC37	WSFL	字左移	FX_{2N}、FX_{3U}	9 步
FNC38	SFWR	移位写入	FX_{1S}、FX_{1N}、FX_{2N}、FX_{3U}	7 步
FNC39	SFRD	移位读出	FX_{1S}、FX_{1N}、FX_{2N}、FX_{3U}	7 步

1. 循环移位指令

循环右移指令 ROR（Rotation Right）是将操作数[D]中的数据右移 n 位。指令格式如下：

FNC30 (D)ROR(P)	D	n

循环左移指令 ROL（Rotation Left）是将操作数[D]中的数据左移 n 位。指令格式如下：

FNC31 (D)ROL(P)	D	n

使用说明。

（1）操作数是 KnY、KnM、KnS、T、C、D、V、Z。16 位指令中 n 应小于 16；32 位指令中 n 应小于 32。

（2）执行指令时，每次移出来的那一位同时存入进位标志 M8022 中。

（3）若操作数为 KnY、KnM、KnS，只有 K4（16 位指令）和 K8（32 位指令）有效。

例 3-36：循环指令的使用。将 D0 中的内容循环左移 4 位，D2 中的内容循环右移 3 位，移位后的数据仍存入原来的存储单元，并分析移位后的结果。

分析：使用循环左移位和循环右移位指令即可实现操作。若 D0 和 D2 移位前的存储数据分别为 1001110010110101 和 0101011000110101 时，执行指令过程如表 3-61 所示。

表 3-61　　循环指令的使用

梯形图	指令表	指令执行过程
X000 —[ROL D0 K4] —[ROR D2 K3]	0 LD X000 1 ROL D0 K4 6 ROR D2 K3 11 END	D0 循环左移位前：1001110010110101 D0 循环左移 4 位后：1100101101011001，M8022：1 D2 循环右移位前：1001110010110101 D2 循环右移 3 位后：1010101011000110，M8022：1

2．带进位移位指令

带进位循环右移位指令 RCR（Rotation Right with Carry）是将操作数[D]中的数据右移 n 位，在移位过程中连同进位位 M8022 一起右移。指令格式如下：

FNC32 (D)RCR(P)	D	n

带进位循环左移位指令 RCL（Rotation Left with Carry）是将操作数[D]中的数据左移 n 位，在移位过程中连同进位位 M8022 一起左移。指令格式如下：

FNC33 (D)RCL(P)	D	n

使用说明。

（1）操作数可以是 KnY、KnM、KnS、T、C、D、V、Z。16 位指令中 n 应小于 16；32 位指令中 n 应小于 32。

（2）若操作数为 KnY、KnM、KnS，只有 K4（16 位指令）和 K8（32 位指令）有效。

例 3-37：带进位移位指令的使用。将 D0 中的内容带进位左移 5 位，D2 中的内容带进位右移 2 位，移位后的数据仍存入原来的存储单元，并分析移位后的结果。

分析：使用带进位左移和带进位右移位指令即可实现操作。若D0和D2移位前的存储数据分别为1001110010110101和0101011000110101，M8022为1，执行带进位移位指令的使用如表3-62所示。

表3-62　带进位移位指令的使用

梯形图	指令表	指令执行过程	
X000 —┤├—[RCL D0 K5] 　└—[RCR D2 K2]	0 LD X000 1 RCL D0 K5 6 RCR D2 K2 11 END	D0带进位左移位前：1001110010110101	M8022：1
		D0带进位左移4位后：1001011010111001	M8022：1
		D2带进位右移位前：1001110010110101	M8022：1
		D2带进位右移2位后：0110011100101101	M8022：0

3. 位右移和位左移指令

位右移指令SFTR（Shift Right）是将[D]目的操作数指定的移位寄存器（移位寄存器长度为n1位）向右移动n2位，移位后的数据由[S]源操作数指定的数据填补。指令格式如下：

FNC34 SFTR(P)	S	D	n1	n2

位左移指令SFTL（Shift Left）是将[D]目的操作数指定的移位寄存器（移位寄存器长度为n1位）向左移动n2位，移位后的数据由[S]源操作数指定的数据填补。指令格式如下：

FNC35 SFTL(P)	S	D	n1	n2

使用说明。

（1）源操作数是X、Y、M、S，目的操作数是Y、M、S。

（2）n1、n2的取值范围是0<n2<n1<1024。

（3）如果采用连续型指令，则每个扫描周期都移动n2位。

例3-38：将M0起始的连续16个数据位左移4次，M20起始的连续8位数据位右移2次，编写程序并分析移位后的结果。

分析：分别使用位右移和位左移指令即可实现此功能，如表3-63所示。若M0～M15的状态为1010011101100011，M20～M27的状态为10011101，X10～X13的状态为1001。

表3-63　位右移和位左移指令的使用

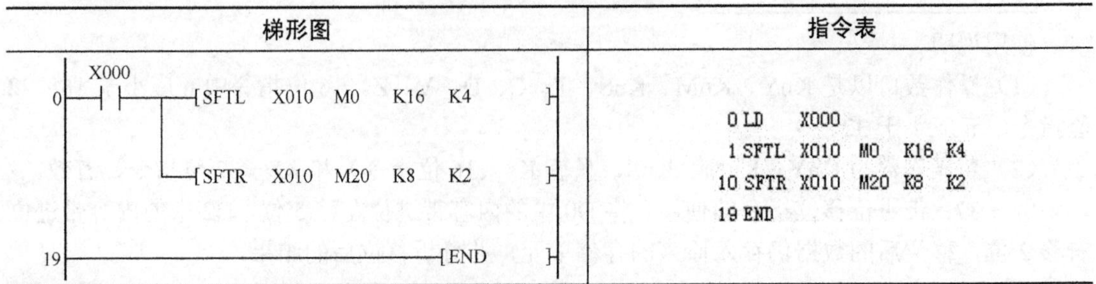

梯形图	指令表
0 X000 —┤├—[SFTL X010 M0 K16 K4] 　└—[SFTR X010 M20 K8 K2] 19 ——[END]	0 LD X000 1 SFTL X010 M0 K16 K4 10 SFTR X010 M20 K8 K2 19 END

续表

梯形图	指令表

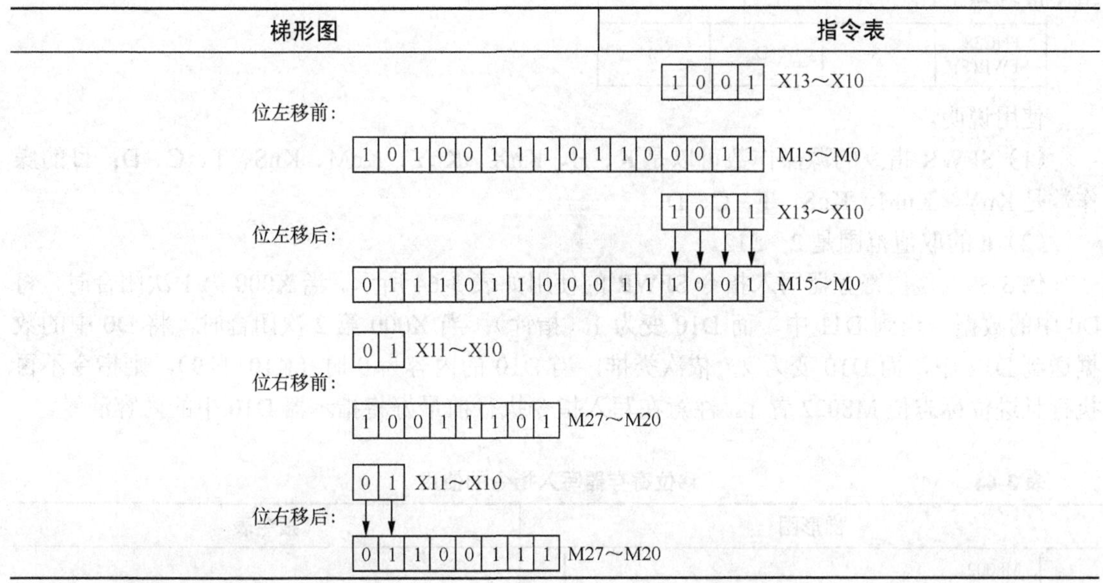

4．字移位指令

字右移指令 WSFR（Word Shift Right）是将[D]目的操作数指定的移位寄存器（移位寄存器长度为 n1 个字）向右移动 n2 个字，移位后的数据由[S]源操作数指定的数据填补。指令格式如下：

FNC36 WSFR(P)	S	D	n1	n2

字左移指令 WSFL（Word Shift Left）是将[D]目的操作数指定的移位寄存器（移位寄存器长度为 n1 个字）向左移动 n2 字，移位后的数据由[S]源操作数指定的数据填补。指令格式如下：

FNC37 WSFL(P)	S	D	n1	n2

使用说明。

（1）源操作数是 KnX、KnY、KnM、KnS、T、C、D；目的操作数是 KnY、KnM、KnS、T、C、D。

（2）n1、n2 的取值范围是 0<n2<n1<512。

（3）字移位指令的使用与位移位指令类似，只不过字移位指令是以字为单位进行移位，而位移位指令是以位为单位进行移位。

5．FIFO 指令

移位寄存器又称为 FIFO（First In First Out）堆栈，堆栈长度为 2～512 个字。它分移位寄存器写入指令和移位寄存器读出指令。

移位寄存器写入指令 SFWR（Shift Register Write）是将[S]源操作数写入到[D]目的操作数指示器的元件中。指令每执行一次，指示器加 1，直到指示的内容达到 n-1 时不再执行。

指令格式如下：

FNC38 SFWR(P)	S	D	n

使用说明。

（1）SFWR 指令的源操作数可以是 K、H、KnX、KnY、KnM、KnS、T、C、D；目的操作数是 KnY、KnM、KnS、T、C、D。

（2）n 的取值范围是 2～512。

例 3-39：移位寄存器写入指令 SFWR 的使用如表 3-64 所示。当 X000 第 1 次闭合时，将 D0 中的数据传送到 D11 中，而 D10 变为 1（指针）；当 X000 第 2 次闭合时，将 D0 中的数据送到 D12 中，而 D10 变为 2，依次类推，当 D10 的内容为 9 时（K10−1=9），则指令不再执行且进位标志位 M8022 置 1。注意在写入指令执行前最好将指示器 D10 中的内容清零。

表 3-64　　移位寄存器写入指令的使用

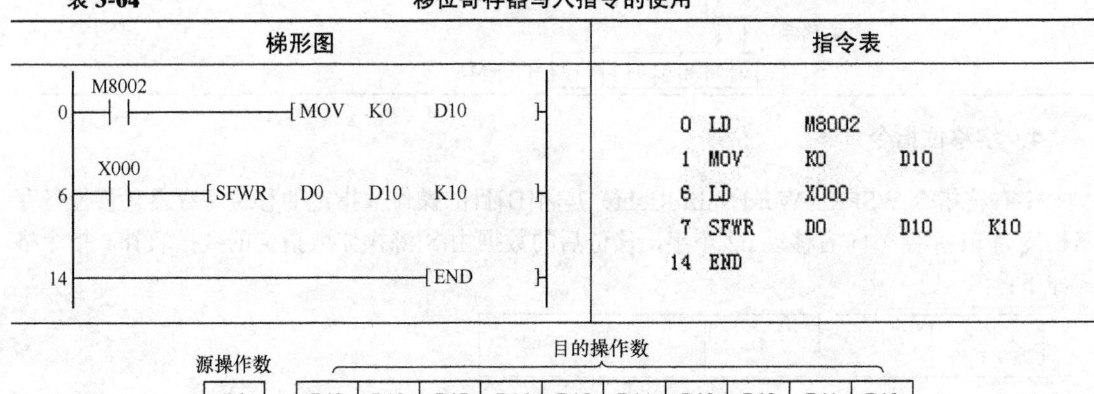

6. SFRD 指令

移位寄存器读出指令 SFRD（Shift Register Read）是将[S]源操作数指定的 n-1 个数据序列依次移入到[D]目的操作数指定的元件中。该指令每执行一次，源操作数指定的数据序列就向右移一个字，直到指示器为零。指令格式如下：

FNC39 SFRD(P)	S	D	n

使用说明。

（1）SFRD 指令的源操作数是 KnY、KnM、KnS、T、C、D；目的操作数是 K、H、KnX、KnY、KnM、KnS、T、C、D。

（2）n 的取值范围是 2～512。

例 3-40：移位寄存器读出指令 SFRD 的使用如表 3-65 所示，当 X000 第 1 次闭合时，将 D11 中的数据传送到字元件 D0，同时指针 D10 减 1，单元序列中的数据向右移动 1 个字；当 X000 第 2 次闭合时，将 D12 中的数据传送到字元件 D0，同时指针 D10 减 1，单元序列中的数据向右移动 1 个字，依次类推。当 D10 为 0 时，则指令不再执行且零标志位 M8020 置 1。

表 3-65 移位寄存器读出指令 SFRD 的使用

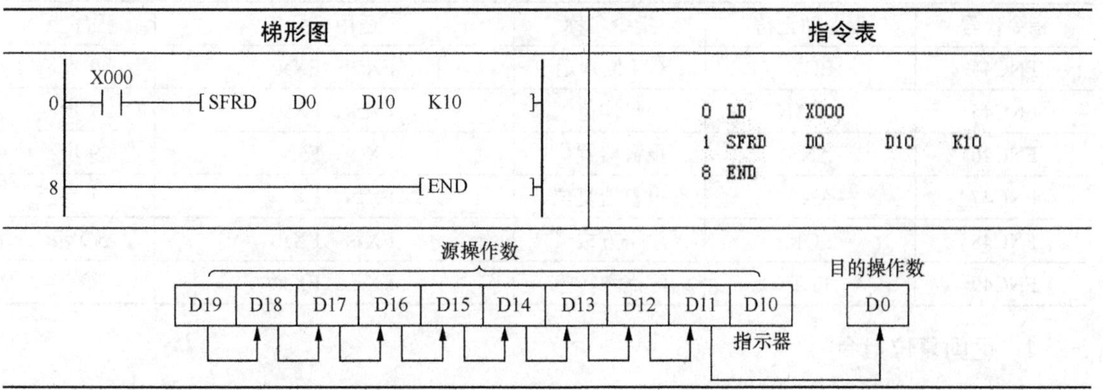

例 3-41：FIFO 指令在入库物品中的应用程序如图 3-66 所示。在程序中，当入库按钮 X030 为 ON 时，执行 MOV 指令，将 K4X000（即 X000～X017）设置的入库物品编号送入 D0 中；执行 SFWR 指令，写入 99 个入库物品的产品编号，依次存放在 D2～D100 中。当出库按钮 X031 为 ON 时，执行 SFRD 指令，按照先入库的物品先出库的原则，读取出库物品的产品编号。在程序中，还执行了 BCD 指令，用 4 位 BCD 数据管显示产品的编号。

表 3-66 FIFO 指令在入库物品中的应用

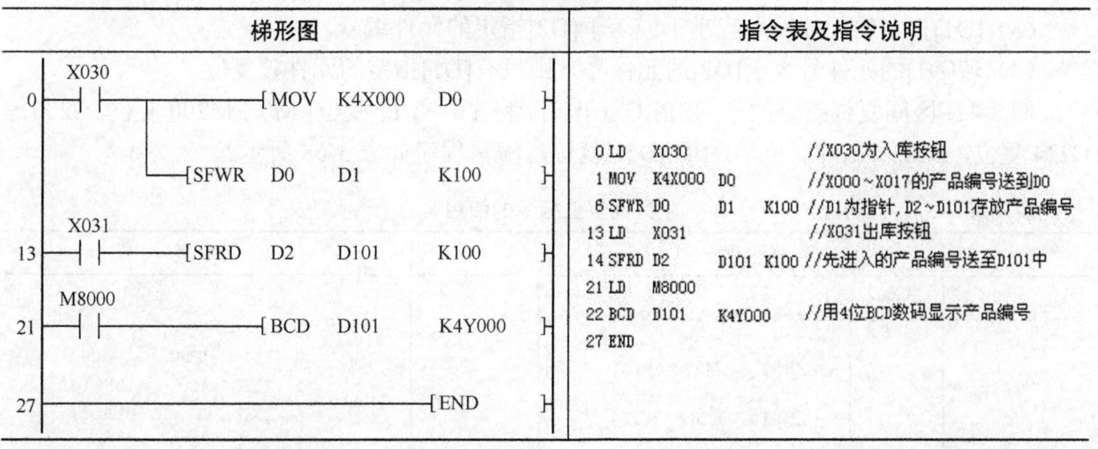

3.3.6 数据处理指令

数据处理指令包含区间复位、译码、编码、ON 位数、平均值、报警置位与复位等指令。数据处理指令共 10 条，指令功能编号为 FNC40～FNC49，如表 3-67 所示。

表 3-67 数据处理指令

指令代号	指令助记符	指令名称	适用机型	程序步
FNC40	ZRST	区间复位	FX1S、FX1N、FX2N、FX3U	5/9 步
FNC41	DECO	译码	FX1S、FX1N、FX2N、FX3U	5/9 步
FNC42	ENCO	编码	FX1S、FX1N、FX2N、FX3U	5/9 步
FNC43	SUM	ON 位数	FX2N、FX3U	5/9 步

续表

指令代号	指令助记符	指令名称	适用机型	程序步
FNC44	BON	ON 位判定	FX2N、FX3U	9 步
FNC45	MEAN	平均值	FX2N、FX3U	9 步
FNC46	ANS	报警器置位	FX2N、FX3U	9 步
FNC47	ANR	报警器复位	FX2N、FX3U	1 步
FNC48	SQR	平方根	FX2N、FX3U	5/9 步
FNC49	FLT	浮点数转换	FX2N、FX3U	5/9 步

1．区间复位指令

区间复位指令 ZRST（Zone Reset）是将操作数[D1]～[D2]之间的同类位元件成批复位。指令格式如下：

FNC40 ZRST(P)	D1	D2

使用说明。

（1）操作数是 Y、C、M、S、T、D。

（2）操作数[D1]和[D2]指定的位元件应为同类元件。

（3）[D1]指定的元件编号应小于或等于[D2]指定的元件编号。

（4）若[D1]的元件号大于[D2]的元件号，则只有[D1]指定的元件被复位。

例 3-42：区间复位指令的使用。PLC 上电时，将 Y0～Y17 复位，M0～M200 复位，C200～C234 复位，S20～S100 复位，D10～D50 复位，编写程序如表 3-68 所示。

表 3-68　　区间复位指令的使用

梯形图	指令表
0 M8002 ─┤├─ [ZRST Y000 Y017] [ZRST M0 M200] [ZRST C200 C234] [ZRST S20 S100] [ZRST D10 D50] 26 [END]	0 LD M8002 1 ZRST Y000 Y017 6 ZRST M0 M200 11 ZRST C200 C234 16 ZRST S20 S100 21 ZRST D10 D50 26 END

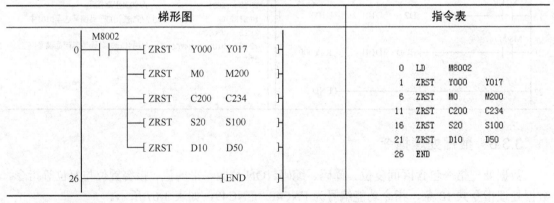

2．译码指令

译码指令 DECO（Decode）是将[S]源操作数的 n 位二进制数进行译码，其结果用[D]目的操作数的第 2^n 个元件置 1 来表示。指令格式如下：

FNC41 DECO(P)	S	D	n

使用说明。

（1）操作数[S]和[D]为 16 位，其中源操作数是 X、Y、C、M、S、T、D、V、Z；目的操作数是 Y、C、M、S、T、D。

（2）目的操作数是位元件，n 的取值范围是 1～8；目的操作数是字元件，n 的取值范围是 1～4。

（3）n=0 时不处理，n 在取值范围以外时，运算错误标志动作。

例 3-43：译码指令的使用如表 3-69 所示。在程序中，当 X000 常开触点闭合时，执行位元件译码指令。将 X012、X011 和 X010 表示的 3（K3）位二进制数用 M7～M0 之间的一个位元件来表示。例如，X012、X011、X010 为“010”时，M2 置 1；X012、X011、X010 为“101”时，M5 置 1。当 X010 常开触点闭合时，执行字元件译码指令。将 D10 中的低 3 位（b2～b0）用 D11 中的 b7～b0 之间的一个位来表示。例如，D10 为“1011001101011011”时，D10 的低 3 位（b2～b0）为“011”，则将 D12 中的 b3 位置 1；D10 为“1011010101101110”时，D10 的低 3 位（b2～b0）为“110”，则将 D12 中的 b6 位置 1。

表 3-69　　　　译码指令的使用

	梯形图							指令表				
	X000 ─┤ ├─[DECO X010 M0 K3]							LD X000 DECO X010 M0 K3				
位元件		X012	X011	X010	M7	M6	M5	M4	M3	M2	M1	M0
	0	0	0	0	0	0	0	0	0	0	0	1
	1	0	0	1	0	0	0	0	0	0	1	0
	2	0	1	0	0	0	0	0	0	1	0	0
	3	0	1	1	0	0	0	0	1	0	0	0
	4	1	0	0	0	0	0	1	0	0	0	0
	5	1	0	1	0	0	1	0	0	0	0	0
	6	1	1	0	0	1	0	0	0	0	0	0
	7	1	1	1	1	0	0	0	0	0	0	0
	X010 ─┤ ├─[DECO D10 D12 K3]							LD X010 DECO D10 D12 K3				
字元件		D10			D12							
		b2	b1	b0	b7	b6	b5	b4	b3	b2	b1	b0
	0	0	0	0	0	0	0	0	0	0	0	1
	1	0	0	1	0	0	0	0	0	0	1	0
	2	0	1	0	0	0	0	0	0	1	0	0
	3	0	1	1	0	0	0	0	1	0	0	0
	4	1	0	0	0	0	0	1	0	0	0	0
	5	1	0	1	0	0	1	0	0	0	0	0
	6	1	1	0	0	1	0	0	0	0	0	0
	7	1	1	1	1	0	0	0	0	0	0	0

3．编码指令

编码指令 ENCO（Encode）是将[S]源操作数的 2^n 位中最高位的 1 进行编码，编码存放[D]的低 n 位中。指令格式如下：

FNC42 ENCO(P)	S	D	n

使用说明。

（1）操作数[S]和[D]为 16 位，其中源操作数是 X、Y、C、M、S、T、D、V、Z；目的操作数是 C、T、D、V、Z。

（2）目的操作数是位元件，n 的取值范围是 1～8；目的操作数是字元件，n 的取值范围是 1～4。

（3）n=0 时不处理，n 在取值范围以外时，运算错误标志动作。

例 3-44：编码指令的使用如表 3-70 所示。表中的“ϕ”表示任意值，可以是“0”或“1”。当 X010 常开触点闭合时，将 X007～X000 中的最高位的 1 进行编码，编码值存放在 D0 的低 3 位（b3～b0）中。例如，X007～X000=01011010，则 D0 中的 b2、b1、b0=110；X007～X000=00001001，则 D0 中的 b2、b1、b0=011。当 X020 常开触点闭合时，将 D10 中的低 8 位（b7～b0）中的最高位的 1 进行编码，编码值存放在 D0 中的低 3 位（b2～b0）中，例如 D10=0110100010101101，则 D0 中的 b2～b0=111。

表 3-70　　编码指令的使用

	梯形图							指令表			
	X010 ─┤├─[ENCO X000 D0 K3]							LD X010 ENCO X000 D0 K3			
位元件		X007～X000								D0	
		X007	X006	X005	X004	X003	X002	X001	X000	b2	b1	b0
	0	0	0	0	0	0	0	0	1	0	0	0
	1	0	0	0	0	0	0	1	ϕ	0	0	1
	2	0	0	0	0	0	1	ϕ	ϕ	0	1	0
	3	0	0	0	0	1	ϕ	ϕ	ϕ	0	1	1
	4	0	0	0	1	ϕ	ϕ	ϕ	ϕ	1	0	0
	5	0	0	1	ϕ	ϕ	ϕ	ϕ	ϕ	1	0	1
	6	0	1	ϕ	ϕ	ϕ	ϕ	ϕ	ϕ	1	1	0
	7	1	ϕ	ϕ	ϕ	ϕ	ϕ	ϕ	ϕ	1	1	1
字元件	X020 ─┤├─[ENCO D10 D0 K3]							LD X020 ENCO D10 D0 K3			

续表

	梯形图									指令表	
		D10								D0	
		b7	b6	b5	b4	b3	b2	b1	b0	b2	b1	b0
字元件	0	0	0	0	0	0	0	0	1	0	0	0
	1	0	0	0	0	0	0	1	ф	0	0	1
	2	0	0	0	0	0	1	ф	ф	0	1	0
	3	0	0	0	0	1	ф	ф	ф	0	1	1
	4	0	0	0	1	ф	ф	ф	ф	1	0	0
	5	0	0	1	ф	ф	ф	ф	ф	1	0	1
	6	0	1	ф	ф	ф	ф	ф	ф	1	1	0
	7	1	ф	ф	ф	ф	ф	ф	ф	1	1	1

4．ON 位数指令

位元件为 1 时称为 ON，ON 位数指令 SUM 是统计[S]源操作数中“1”的个数，统计结果存入[D]目的操作数中，指令格式如下：

FNC43 (D)SUM(P)	S	D

使用说明。

（1）[S]源操作数是 K、H、KnX、KnY、C、KnM、KnS、T、D、V、Z；[D]目的操作数是 KnY、C、KnM、KnS、T、D、V、Z。

（2）若[S]源操作数指定的元件中数据为 0，则零标志 M8022 为 ON。

例 3-45：使用 ON 指令实现数字拨盘控制同一信号灯。

分析：假如，数字拨盘开关与 X007～X000 相连，当其中一个开关闭合时，信号灯亮；另一个开关闭合时，信号灯熄灭。依此类推，当闭合开关个数为奇数时，M0 为 1，信号灯亮，否则 M0 为 0，信号灯熄灭，编写程序如表 3-71 所示。

表 3-71　　使用 ON 指令实现数字拨盘控制同一信号灯的 PLC 程序

梯形图	指令表
0 M8000 ─┤├─ [SUM K2X000 K2M0] 6 M0 ─┤├─ (Y000) 8 ─ [END]	0 LD M8000 1 SUM K2X000 K2M0 6 LD M0 7 OUT Y000 8 END

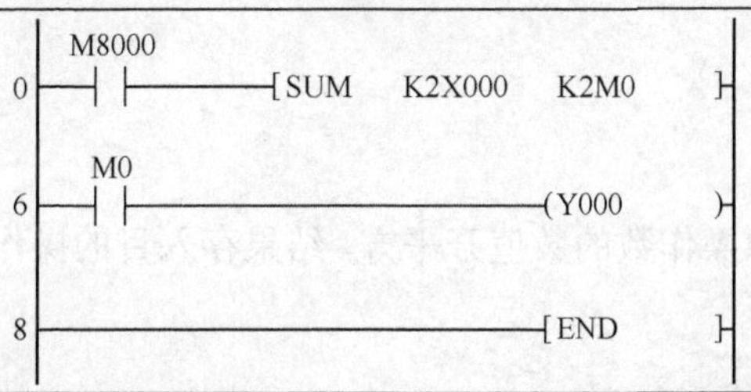

5．ON 位判定指令

ON 位判定指令 BON（Bit ON Check），是判定[S]源操作数指定的位数中第 n 位是否为 1，如果为1，则[D]目的操作数指定的元件置1；否则[D]中指定元件置0。指令格式如下：

FNC44 (D)BON(P)	S	D

使用说明：

[S]源操作数是K、H、KnX、KnY、C、KnM、KnS、T、D、V、Z；[D]目的操作数是Y、M、S。

6．平均值指令

平均值指令MEAN是用于求[S]源操作开始的n个字元件的平均值，运算结果存放在[D]目的操作数。指令格式如下：

FNC45 (D)MEAN(P)	S	D	n

使用说明。

（1）[S]源操作数是KnX、KnY、C、KnM、KnS、T、D；[D]目的操作数是KnY、C、KnM、KnS、T、D、V、Z。

（2）平均值指令求平均值时是将n个源操作数的代数和除以n得商，余数略去。

（3）若指定的源操作数的区域超出允许的范围，n的值会自动缩小，只求允许范围内元件的平均值。

（4）n值的范围为1～64，超出此范围会出错。

7．报警器指令

报警器指令包含报警器置位和报警器复位两条指令。

报警器置位指令ANS（Annunciator Set）的源操作数为T0～T199，目的操作数为S900～S999，当源操作数的定时器当前值与n相等时，将目的操作数置1。指令格式如下：

FNC46 ANS	S	n	D

报警器复位指令ANR（Annunciator Reset）用于对报警器S900～S999复位。该指令无操作数，其格式如下：

FNC47 ANR

8．平方根指令

平方根指令SQR（Square Root）是将[S]源操作数的数值开平方，结果存入目的操作数中，指令格式如下：

FNC48 (D)SQR(P)	S	D

使用说明。

（1）源操作数可以是K、H，目的操作数为D。

（2）源操作数为正数时有效，若为负数，则运算错误标志M8067置1，指令不执行。

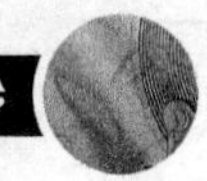

（3）运算结果为 0 时，零位标志 M8020 置 1。

9．浮点数转换指令

浮点数转换指令 FLT（Floating Point）是将存放在[S]源操作数中的数据转换成浮点数，结果存入[D]目的操作数中。指令格式如下：

FNC49 (D)FLT(P)	S	D

使用说明。

（1）源操作数和目的操作数都为 D。

（2）浮点数转换指令的逆变换是 INT 指令。

3.3.7 高速处理指令

高速处理指令主要用于对 PLC 中的输入输出数据进行高速地处理，以避免受扫描周期的影响。高速处理指令共 10 条，指令功能编号为 FNC50～FNC59，如表 3-72 所示。

表 3-72 高速处理指令

指令代号	指令助记符	指令名称	适用机型	程序步
FNC50	REF	输入输出刷新	FX1S、FX1N、FX2N、FX3U	5 步
FNC51	REFF	滤波时间调整	FX2N、FX3U	3 步
FNC52	MTR	矩阵输入	FX1S、FX1N、FX2N、FX3U	9 步
FNC53	HSCS	比较置位（高速计数器）	FX1S、FX1N、FX2N、FX3U	13 步
FNC54	HSCR	比较复位（高速计数器）	FX1S、FX1N、FX2N、FX3U	13 步
FNC55	HSZ	区间比较（高速计数器）	FX2N、FX3U	17 步
FNC56	SPD	速度检测	FX1S、FX1N、FX2N、FX3U	7 步
FNC57	PLSY	脉冲输出	FX1S、FX1N、FX2N、FX3U	7/13 步
FNC58	PMW	脉宽调制	FX1S、FX1N、FX2N、FX3U	7 步
FNC59	PLSR	可调脉冲输出	FX1S、FX1N、FX2N、FX3U	9/17 步

1．输入输出刷新指令

输入输出刷新指令 REF（Refresh）是将 X 或 Y 的 n 位继电器的值进行刷新。指令格式如下：

FNC50 REF(P)	D	n

使用说明。

（1）目的操作数元件编号低位只能是 0，如 X000、X010、Y020 等。

（2）n 的取值应是 8 的倍数，如 8、16、24、32……256。

（3）该指令通常在 FOR-NEXT 以及步序号（新步号）～CJ（老步号）之间使用。

2．滤波时间调整指令

FX 系列 PLC 的输入端 X000～X017 使用了数字滤波器，通过滤波时间调整指令 REFF

（Refresh and Filter Adjust）可对数字滤波器进行刷新并可将其滤波时间改为0～60ms。指令格式如下：

FNC51 REFF(P)	n

使用说明。

（1）指令操作对象为X000～X017共16点基本单元。[n]为滤波时间设定值，单位为ms。

（2）为防止输入噪音干扰，PLC的输入RC滤波时间常数为10ms；对电子固态（无触点）开关，可以高速输入。

（3）该指令可改变输入滤波时间的范围是0～60ms，实际滤波最小时间为50μs（X000、X001为20μs）。

（4）使用高速计数输入指令、速度检测指令SPD，或者输入中断指令时，输入滤波常数不小于50μs。

（5）还可以通过MOV指令改写D8020数据寄存器的内容，改变输入滤波时间。

例3-46：输入输出刷新指令及滤波时间调整指令的使用如表3-73所示。程序1中，当X010常开触点闭合时，Y017～Y000被刷新。程序2中，当X020闭合时，由于[n]=K5，所以X017～X000被刷新并且输入滤波时间为5ms。程序3中，PLC一通电，M8000常开闭合，由于[n]=K5，所以X017～X000被刷新并且输入滤波时间为30ms。

表3-73　输入输出刷新指令及滤波时间调整指令的使用

程序	梯形图	指令表
程序1	X010 —[REF Y000 K16]	LD X010 REF Y000 K16
程序2	X020 —[REFF K5]	LD X020 REFF K5
程序3	M8000 —[REFF K30]	LD M8000 REFF K30

3．矩阵输入指令

矩阵输入指令MTR（Matrix）用于将[S]源操作数和目的操作数[D1]组成一个8×[n]的矩阵开关输入状态信号存入目的操作数[D2]中。指令格式如下：

FNC52 MTR	S	D1	D2	n

使用说明。

（1）[S]源操作数只能是X，目的操作数[D1]只能是Y，目的操作数[D2]可以是Y、M、S。

（2）该指令将输入X和输出Y组成一个输入矩阵，来扩展输入的点数。通常使用X020以后的编号（16点基本单元为X010以后的编号），每行接通时间为20ms。如果采用X000～X017时，每行接通时间为10ms，可提高输入速度，但是需要连接负载电阻。

（3）[S]源操作数和目的操作数[D1]及[D2]最好采用最低位为0的位元件。

（4）该指令最多可组成一个 8×8 的输入矩阵开关。

（5）指令一般使 M8000 触点驱动，如果采用其他触点，则当触点断开时，指定输出 Y 开始的 16 点（如 Y030～Y047），这样需要在 MTR 指令前后增加保护 Y 数据的程序。

（6）矩阵输入指令只能使用一次。

例 3-47：矩阵输入指令的使用如表 3-74 所示。PLC 一通电，M8000 闭合，由于[n]等于 K4，因此组成一个 8×4 的输入矩阵开关。当 Y20 接通时，第一行触点输入的值分别存入 M30～M37 中；当 Y021 接通时，第二行触点输入值分别存入 M40～M47 中；当 Y022 接通时，第三行触点输入值分别存入 M50～M57 中；当 Y023 接通时，第四行触点输入值分别存入 M60～M67 中。Y020～Y023 第一次接通时，M8029 置为 1。

表 3-74　　矩阵输入指令的使用

梯形图	指令表
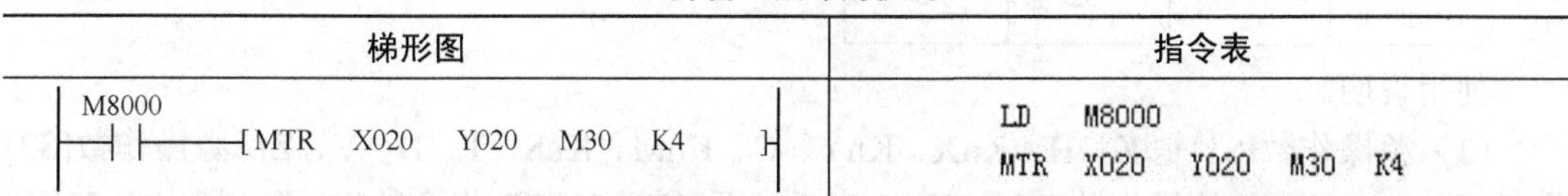	LD　M8000 MTR　X020　Y020　M30　K4

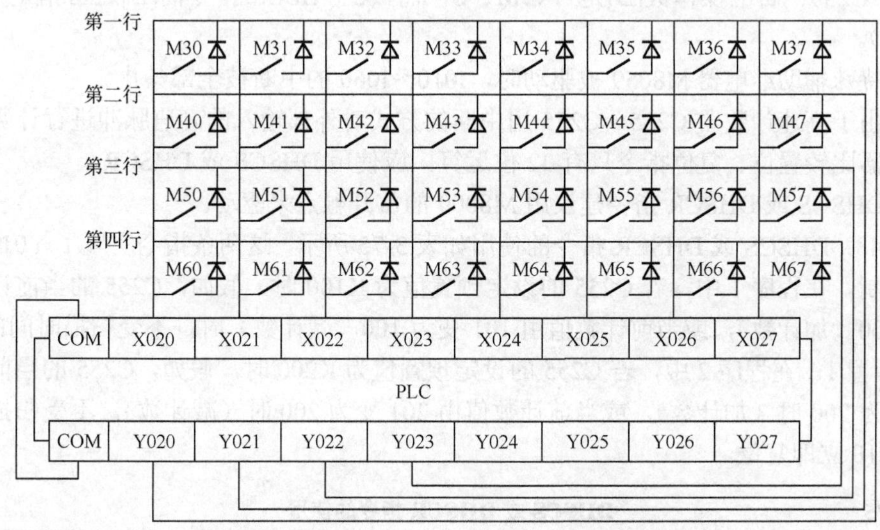

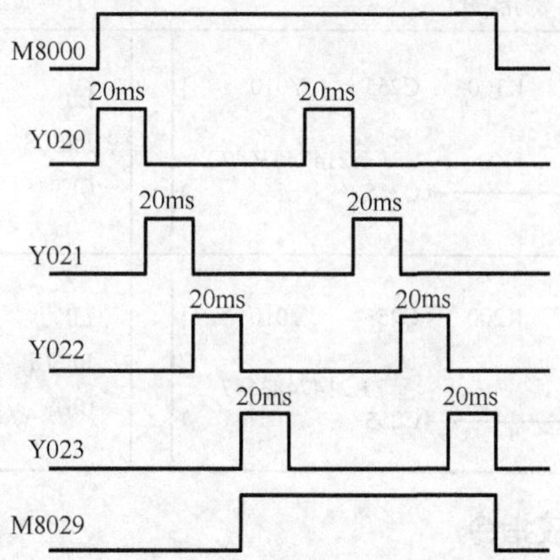

4. 高速计数器比较置位、复位指令

高速计数器比较置位指令 HSCS（Set by High Counter）是当源操作数[S2]指定的高速计数器的当前值达到源操作数[S1]指定的预置值时，将[D]目的操作数立即置 1。指令格式如下：

FNC53 (D)HSCS	S1	S2	D

高速计数器比较复位指令 HSCR（Reset by High Counter）是当源操作数[S2]指定的高速计数器的当前值达到源操作数[S1]指定的预置值时，将[D]目的操作数立即复位。指令格式如下：

FNC54 (D)HSCR	S1	S2	D

使用说明。

（1）源操作数[S1]是 K、H、KnX、KnY、C、KnM、KnS、T、D、V、Z；源操作数[S2]为 C235～C255；目的操作数[D]是 Y、M、S，而（D）HSCS 指令的[D]还可指定为 I0□0（□=1～6）。

（2）特殊辅助继电器 M8059 被驱动时，I010～I060 的中断被全部禁止。

（3）由于高速计数器 C235～C255 用中断的方式对外部输入的高速脉冲进行计数，因此高速计数器比较置位、复位指令只有 32 位运算，应使用 DHSCS 或 DHSCR。

（4）DHSCS 或 DHSCR 指令建议用 M8000 的常开触点来驱动。

例 3-48：DHSCS 或 DHSCR 指令的使用如表 3-75 所示，这两条指令实现了 Y010 的置 1 和复位控制。在程序 1 中，若 C255 的设定预置值为 K100 时，假如，C255 的当前计数值由 99 变为 100（加计数），或当前计数值由 101 变为 100（减计数）时，不受扫描时间的影响，Y010 立即置 1。在程序 2 中，若 C255 的设定预置值为 K200 时，假如，C255 的当前计数值由 199 变为 200 时（加计数），或当前计数值由 201 变为 200 时（减计数），不受扫描时间的影响，Y010 立即复位。

表 3-75　　DHSCS 或 DHSCR 指令的使用

程序	梯形图	指令表
程序 1	M8000 ─┤├─ [DHSCS K100 C255 Y010] K2147483647 (C255)	LD M8000 DHSCS K100 C255 Y010 OUT C255 K2147483647
程序 2	M8000 ─┤├─ [DHSCR K200 C255 Y010] K2147483647 (C255)	LD M8000 DHSCR K200 C255 Y010 OUT C255 K2147483647

5. 高速计数器区间比较指令

高速计数器区间比较指令 HSZ（Zone compare for High Speed Counter）是将源操作数[S3]

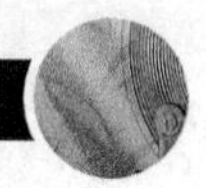

和源操作数[S1]、[S2]进行比较，比较的结果决定了以[D]为起始的连续 3 个继电器的状态，其作用与 ZCP 指令类似。指令格式如下：

FNC55 (D)HSZ	S1	S2	S3	D

使用说明。

（1）源操作数[S1]和[S2]是 K、H、KnX、KnY、C、KnM、KnS、T、D、V、Z，且[S1]≤[S2]；源操作数[S3]只能是计数器；目的操作数[D]是 Y、M、S。

（2）该指令 32 位专用指令，必须用 DHSZ 指令输入。

（3）该指令只在有计数脉冲时才进行比较，没有计数脉冲时保持原来的结果不变。

例 3-49：高速计数器区间比较指令的使用如表 3-76 所示。当 X001 常开触点闭合时，计数器 C235 及 Y010～Y012 复位。PLC 通电运行后，C235 的计数值与 K800 和 K1500 进行比较。若 C235 的当前计数值小于 K800，Y010 被驱动；若 C235 的当前计数值大于等于 K800 或小于等于 K1500，Y011 被驱动；若 C235 的当前值大于 K1500，Y012 被驱动。

表 3-76　　高速计数器区间比较指令的使用

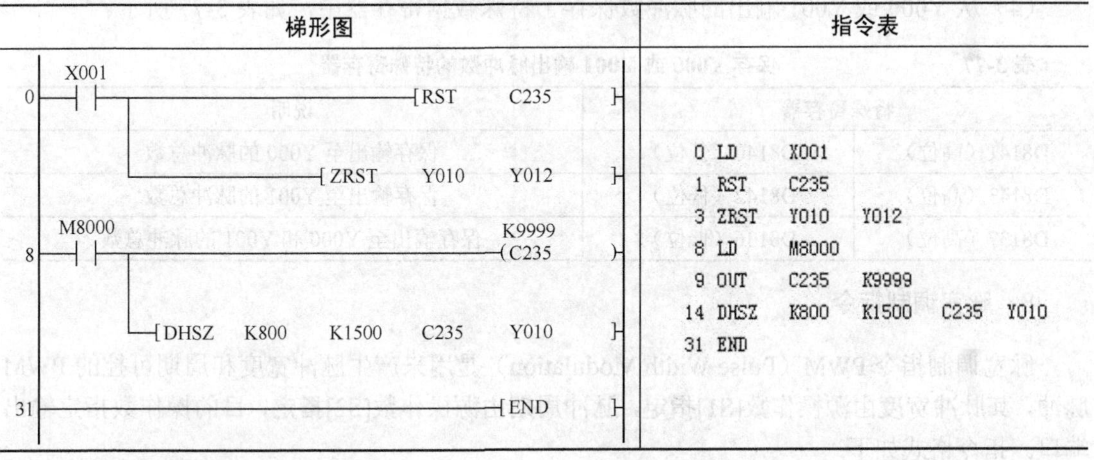

6．速度检测指令

速度检测指令 SPD（Speed Detect）是用来检测在给定时间内编码器的脉冲个数，将源操作[S1]指定的输入脉冲在[S2]指定的时间内计数，计数结果存放在[D]目的操作数起始的连续 3 个字元件单元中。指令格式如下：

FNC56 SPD	S1	S2	D

使用说明。

（1）源操作数[S1]为 X0～X5；源操作数[S2]是 K、H、KnX、KnY、C、KnM、KnS、T、D、V、Z；目的操作数[D]是 C、T、D、V、Z。

（2）在源操作数[S1]中用到的 X 元件，不能再作为其他高速计数器的输入端。

（3）输入端 X0～X5 的最高输入频率与一相高速计数器相同，如与高速计数器、脉冲输出指令 PLSY、可调脉冲输出指令 PLSR 同时使用时，其频率应限制在规定频率范围之内。

7．脉冲输出指令

脉冲输出指令PLSY（Pulse Output）是将源操作数[S1]指定的频率和源操作数[S2]指定个数的脉冲信号，由目的操作数[D]指定的输出端口输出。指令格式如下：

FNC57 (D)PLSY	S1	S2	D

使用说明。

（1）源操作数[S1]和[S2]是K、H、KnX、KnY、C、KnM、KnS、T、D、V、Z；目的操作数只能为晶体管输出的Y000或Y001，且Y000与Y001不能同时使用。

（2）源操作数[S1]的指定频率范围为2～20000Hz。源操作数[S2]为16位时最大脉冲个数为32767，为32位时最大脉冲个数为2147483647。

（3）输出脉冲的占空比为50%，输出采用中断方式执行。输出脉冲完毕后，驱动结束标志位M8029。

（4）从Y000或Y001输出的脉冲数保存于特殊数据寄存器中，如表3-77所示。

表3-77　　保存**Y000**或**Y001**输出脉冲数的特殊寄存器

特殊寄存器		说明
D8141（高位）	D8140（低位）	保存输出至Y000的脉冲总数
D8143（高位）	D8142（低位）	保存输出至Y001的脉冲总数
D8137（高位）	D8136（低位）	保存输出至Y000和Y001的脉冲总数

8．脉宽调制指令

脉宽调制指令PWM（Pulse Width Modulation）是用来产生脉冲宽度和周期可控的PWM脉冲，其脉冲宽度由源操作数[S1]指定，脉冲周期由源操作数[S2]指定，目的操作数指定输出端口。指令格式如下：

FNC58 PWM	S1	S2	D

使用说明。

（1）源操作数[S1]和[S2]是K、H、KnX、KnY、C、KnM、KnS、T、D、V、Z；目的操作数只能是晶体管输出的Y000或Y001。

（2）源操作数[S1]指定的脉冲宽度t为0～32767ms，[S2]指定的周期T为1～32767，要求[S1]≤[S2]。

（3）该指令只能使用1次。

9．可调脉冲输出指令

可调脉冲输出指令PLSR是将目的操作数[D]输出频率从0加速到源操作数[S1]指定的最高频率，到达最高频率后，再减速为0，输出脉冲的总数量由[S2]指定，加速和减速时间由[S3]指定。指定格式如下：

FNC50 (D)PLSR	S1	S2	S3	D

使用说明。

（1）源操作数[S1]和[S2]是 K、H、KnX、KnY、C、KnM、KnS、T、D、V、Z；目的操作数只能是晶体管输出的 Y000 或 Y001。

（2）源操作数[S1]的指定频率范围为 10～20000Hz。源操作数[S2]为 16 位时设定脉冲数的范围为 110～32767，为 32 位时设定脉冲数的范围为 110～2147483647。若设定脉冲数小于 110，不能正常输出脉冲。

（3）[S3]的设定值应在 5000ms 以内，加速和减速时间相同，其值应大于 PLC 扫描周期最大值 D8012 的 10 倍。

（4）当[S2]设定的脉冲数输出完毕后，驱动结束标志位 M8029。

（5）从 Y000 或 Y001 输出的脉冲数保存于特殊数据寄存器中。

3.3.8 方便指令

在 FX 系列 PLC 中提供了 10 条方便指令，指令功能编号为 FNC60～FNC69，如表 3-78 所示。

表 3-78 方便指令

指令代号	指令助记符	指令名称	适用机型	程序步
FNC60	IST	状态初始化	FX1S、FX1N、FX2N、FX3U	7 步
FNC61	SER	数据查找	FX2N、FX3U	9/17 步
FNC62	ABSD	绝对式凸轮控制	FX1S、FX1N、FX2N、FX3U	9/17 步
FNC63	INCD	增量式凸轮控制	FX1S、FX1N、FX2N、FX3U	9 步
FNC64	TIMR	示教定时器	FX2N、FX3U	5 步
FNC65	STMR	特殊定时器	FX2N、FX3U	7 步
FNC66	ALT	交替输出	FX1S、FX1N、FX2N、FX3U	3 步
FNC67	RAMP	斜波信号	FX1S、FX1N、FX2N、FX3U	9 步
FNC68	ROTC	旋转工作台控制	FX2N、FX3U	9 步
FNC69	SORT	数据排序	FX2N、FX3U	11 步

1. 状态初始化指令

状态初始化指令 IST（Initial State）用于状态转移图和步进梯形图的初始化状态设定。指令格式如下：

FNC60 IST	S	D1	D2

使用说明。

（1）源操作数[S]指定操作方式输入的首元件，一共 8 个连续的元件，可以是 X、Y、M；目的操作数[D1]指定自动运行方式的最小状态号，[D2]指定自动运行方式的最大状态号，[D1]和[D2]只能是 S。

（2）IST 在程序中只能使用一次，且该指令必须写在 STL 指令之间，即出现在 S0～S2 之间。

（3）IST 指令设定 3 种操作方式，分别用 S0、S1、S2 作为这 3 种操作方式的初始状态步。

M8040：禁止转移　　　　S0：手动操作初始状态方式

M8041：传送开始　　　　S1：回原点初始状态方式

M8042：起始脉冲　　　　S2：自动操作初始状态方式

M8047：STL 监控有效

（4）使用 IST 指令时，S10～S19 用于回原点操作，在编程时不要将其作为普通状态继电器使用。S0～S9 用于状态初始化处理，其中 S0～S2 作为③中的操作方式，S3～S9 可自由使用。若不用 IST 指令，S10～S19 可作为普通状态继电器，只是在这种情况下，仍需将 S0～S9 作为初始化状态，而 S0～S2 可自由使用。

例 3-50：请分析指令：M8000 ——[IST　X020　S20　S40　]

分析：IST 的[S]指定操作方式输入的首元件，在该指令中的 X020 表示 X020～X027 共 8 点输入控制信号。X020 为手动操作方式控制，当 X020=1 时，启动 S0 初始状态步，执行手动操作方式。X021 为返回原点控制，当 X021=1 时，启动 S1 初始状态步，执行返回原点操作，按下返回原点按钮 X025，被控制设备将按规定程序返回到原点。X022～X024 用于自动操作，其中 X022 为单步运行，若 X022=1，如果满足转换条件，状态步不再自动转移，必须按下启动按钮 X026，状态步才能转移。X023 为单循环（半自动）运行，当 X023=1 时，按下启动按钮 X026，被控制设备按规定方式工作循环一次，返回原点后停止。X024 为自动循环运行（全自动），当 X024=1 时，按下自动操作启动钮按 X026，设备按规定方式工作循环一次，返回到原点后不停止，继续循环工作，直到按下停止按钮 X027 才停止工作。IST 的[D1]和[D2]分别指定自动操作方式所用状态器，S 的范围为 S20～S40。

2．数据查找指令

数据查找指令 SER（Data Search）为数据表查找指令，是在以[S1]源操作数为起始的 n 个数中查找与[S2]中相同的数据，并将查找结果存入目的操作数[D]中。指令格式如下：

FNC61 (D)SER(P)	S1	S2	D	n

使用说明。

（1）源操作数[S1]是 KnX、KnY、C、KnM、KnS、T、D、V、Z；[S2]是 K、H、KnX、KnY、C、KnM、KnS、T、D、V、Z；目的操作数是 KnY、C、KnM、KnS、T、D。

（2）n 用于指定数据表的长度，操作数为 16 位时，n 的范围 1～256；操作数为 32 位时，n 的范围 1～128。

（3）存入结果时，占用以[D]为起始的 5 个单元。这 5 个单元分别存储相同数据的个数、相同数据的首个位置、相同数据的末个位置、最小值位置、最大值位置。

例 3-51：请分析指令：M8000 ——[SER　D120　D25　D35　K10　]

分析：这是对以 D120 为起始位置的连续 10 个数据与 D25 中的内容进行比较，将比较结

果送入以 D35 为起始的连续 5 个单元中。数据查找与比较如表 3-79 所示，执行数据查找指令后，运行的结果如表 3-80 所示。

表 3-79　　数据查找表

序号	0	1	2	3	4	5	6	7	8	9
[S1]数据	D120	D121	D122	D123	D124	D125	D126	D127	D128	D129
	K86	K99	K130	K52	K99	K124	K99	K45	K99	K132
[S2]数据	D25=K99									
查找结果		相同			相同		相同	最小	相同	最大

表 3-80　　运行结果

比较结果存放元件	存放结果	说明
D35	4	相同值的个数
D36	1	相同值的首个位置
D37	8	相同值的末个位置
D38	7	最小值的位置
D39	9	最大值的位置

3．绝对式凸轮控制指令

绝对式凸轮控制指令 ABSD（Absolute Drum）用于模拟凸轮控制器的工作方式，将凸轮控制器的旋转角度转换成一组数据以对应于计数器数值变化的输出波形，用来控制最多 64 个输出变量[D]的接通或关断。指令格式如下：

FNC62 (D)ABSD	S1	S2	D	n

使用说明。

（1）源操作数[S1]是 KnX、KnY、C、KnM、KnS、T、D；[S2]只能是 C；目的操作数[D]可以是 Y、M、S。n 的取值范围为 1～64。

（2）绝对式凸轮控制指令在程序中只能使用一次。

例 3-52：绝对式凸轮控制指令的使用。用一个有 360 个齿的齿盘来检测旋转角度，当齿盘旋转时，每旋转 1 度产生 1 个脉冲，由计数器对 C0 接近开关检测齿脉冲进行计数，其计数值对应齿盘的旋转角度，编写程序如表 3-81 所示。

表 3-81　　绝对式凸轮控制指令的使用

梯形图	指令表
X000 ─┤├─[ABSD D300 C0 M0 K4] C0 ─┤├─ X001 ─┤/├─[RST C0] X001 ─┤├─(C0 K360)	LD X000 ABSD D300 C0 M0 K4 LD C0 ANI X001 RST C0 LD X001 OUT C0 K360

程序说明：假如 D300～D307 中已存有开通点或断开点数值，其中偶元件中存放开通点数值，奇元件中存放开断点数值。程序中有 4 个（K4）输出点 M0～M3，X001 为计数器脉冲输入信号，如果 C0 的当前计数值与 D300～D307 的某一值相等时，则对应输出点 M0～M3 的信号发生如表 3-82 所示的变化。

表 3-82　　对应输出点 **M0 ~ M3** 的信号

D300～D307			M0～M3 输出波形
开通点数值	断开点数据	M 输出元件	
D300=40	D301=140	M0	M0：40 开通，140 断开
D302=100	D303=200	M1	M1：100 开通，200 断开
D304=160	D305=60	M2	M2：60 断开，160 开通
D306=240	D307=280	M3	M3：240 开通，280 断开

4. 增量式凸轮控制指令

增量式凸轮控制指令 INCD（Inerement Drum）用于模拟凸轮控制器的工作方式，将凸轮控制器的旋转角度转换成一组数据，对应于计数器数值变化的输出波形，用来控制最多 64 个输出变量[D]的循环顺序控制，并使它们依次为 ON。指令格式如下：

FNC63 INCD	S1	S2	D	n

使用说明。

（1）源操作数[S1]是 KnX、KnY、C、KnM、KnS、T、D；[S2]只能是 C；目的操作数[D]是 Y、M、S。n 的取值范围为 1～64。

（2）增量式凸轮控制指令在程序中只能使用一次。

例 3-53：增量式凸轮控制指令的使用程序及输出波形如表 3-83 所示。

分析：PLC 首次通电时，分别将脉冲个数 K20、K30、K10、K40 送到 D300～D303 中。C0 对脉冲个数进行计数，C1 计算 C0 的复位次数。若 X001 有效，执行 INCD 增量式凸轮控制指令。INCD 指令中有 4 个输出点（K4），用 M0～M3 来控制。它们的状态由脉冲个数控制。C0 刚开始计数时，M0 输出高电平，C1 的当前值为 0。当 C0 计数达到 20 次（等于 D300 中的内容）时，C0 复位并开始第 2 次计数。同时 C1 统计 C0 的复位次数为 1，M0 输出低电平，而 M1 开始输出高电平。当 C0 计数达到 30 次（等于 D301 中的内容）时，C0 复位并开始第 3 次计数。同时 C1 统计 C0 的复位次数为 2，M1 输出低电平，而 M2 开始输出高电平。当 C0 计数达到 10 次（等于 D302 中的内容）时，C0 复位并开始第 4 次计数。同时 C1 统计 C0 的复位次数为 3，M2 输出低电平，而 M3 开始输出高电平。当 C0 计数达到 40 次（等于 D303 中的内容）时，C0 和 C1 复位，M3 输出低电平，M8029 输出一个高电平窄脉冲。C0 又重新开始循环计数。如果 C0 在计数过程中，X001 为无效（低电平）时，C0、C1 被清零，M0～M3 输出低电平。待 X001 为高电平时，C0 又重新开始计数，如此循环。

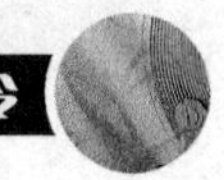

表 3-83　　增量式凸轮控制指令的使用

梯形图	指令表
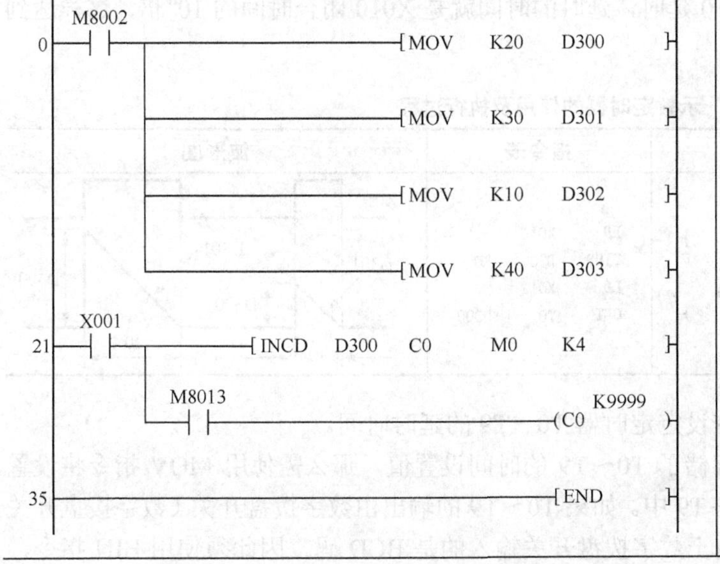 0 —┤├ M8002 —[MOV K20 D300] 　　　　　　　—[MOV K30 D301] 　　　　　　　—[MOV K10 D302] 　　　　　　　—[MOV K40 D303] 21 —┤├ X001 —[INCD D300 C0 M0 K4] 　　　　　　　—┤├ M8013 —(C0 K9999) 35 —[END]	0 LD M8002 1 MOV K20 D300 6 MOV K30 D301 11 MOV K10 D302 16 MOV K40 D303 21 LD X001 22 INCD D300 C0 M0 K4 31 AND M8013 32 OUT C0 K9999 35 END

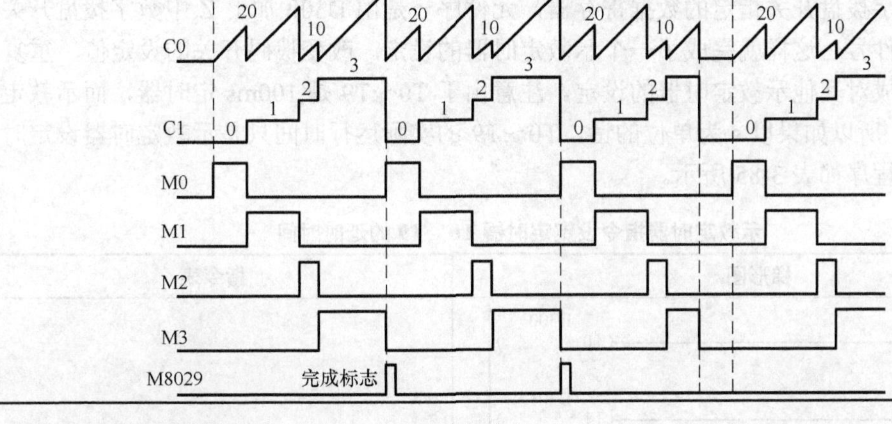

5．示教定时器指令

示教定时器指令 TTMR（Teaching Timer）是将按钮闭合的时间记录在数据寄存器中，由此通过按钮调整定时器的设置时间。指令格式如下：

FNC64 TTMR	D	n

使用说明。

（1）操作数只能是 D，n 为 0、1、2。

（2）示教定时器指令是将按钮闭合时间（由[D]的下一单元进行记录）乘以系数 10^n 作为定时器的预置值，预置值送入[D]中。

例 3-54：示教定时器的使用及执行过程如表 3-84 所示。按下按钮，使 X010 闭合时，执行示教定时器指令。D301 记录按钮按下的时间（t0），然后将该时间（t0）乘以 10^n，由于 n=K0，所以存入 D300 的值为 t0。如果 n=K1 时，存入 D300 的值为 10×t0；如果 n=K2 时，存入 D300 的值为 100×t0。X012 闭合时，T0 延时，延时的时间就是 X010 闭合时间的 10^n 倍，这样达到调整定时器的设置时间的目的。

表 3-84　　示教定时器的使用及执行过程

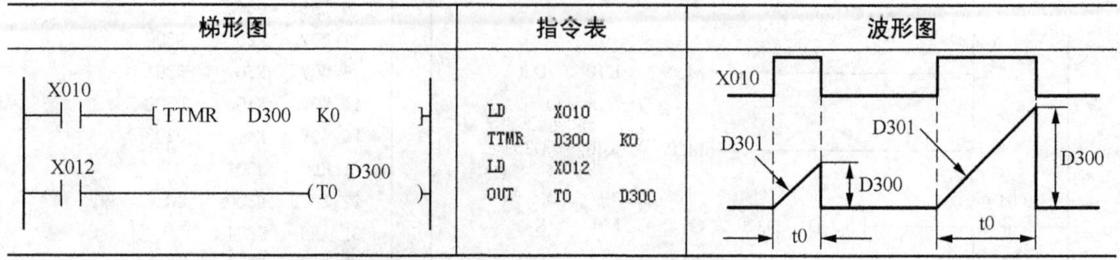

梯形图	指令表	波形图
X010 —[TTMR D300 K0] X012 —(T0 D300)	LD X010 TTMR D300 K0 LD X012 OUT T0 D300	X010, D301, D300, t0

例 3-55：用示教定时器指令设定定时器 T0～T9 的延时时间。

分析：假如 D300～D309 存储了 T0～T9 的时间设置值，那么需使用 MOV 指令将设置时间 D300～D309 分别传送 T0～T9 中。如果 T0～T9 的输出由数字拨盘开关（数字拨盘开关与 X000～X003 连接）进行，由于数字拨盘开关输入的是 BCD 码，因此须使用 BIN 指令，进行二进制转换。转换后，将该 BIN 数据（即设定的定时器元件号）送入变址寄存器 Z 中。示教按钮 X010 按下的时间存入 D400，使用下降沿微分指令 LDF 在松开按钮时将 D400 中的时间值送入数字拨盘开关指定的数据寄存器，元件序号是由 D300 加上 Z 中数字拨盘开关设定的定时器元件号，这样就完成了一个示教定时器的设定。改变拨码开关的设定值，重复上述步骤，可完成对其他示教定时器的设定。注意由于 T0～T9 是 100ms 定时器，而示教定时器中的 n=K1，所以如果以 s 为单位的话，T0～T9 的实际运行时间只是示教定时器设定时间的 1/10，编写程序如表 3-85 所示。

表 3-85　　示教定时器指令设定定时器 T0～T9 的延时时间

梯形图	指令表
0 X020 —(T0 D300) —(T1 D301) —(T2 D302) —(T3 D303) —(T4 D304) —(T5 D305) —(T6 D306)	0 LD X020 1 OUT T0 D300 4 OUT T1 D301 7 OUT T2 D302 10 OUT T3 D303 13 OUT T4 D304 16 OUT T5 D305 19 OUT T6 D306 22 OUT T7 D307 25 OUT T8 D308

续表

梯形图	指令表
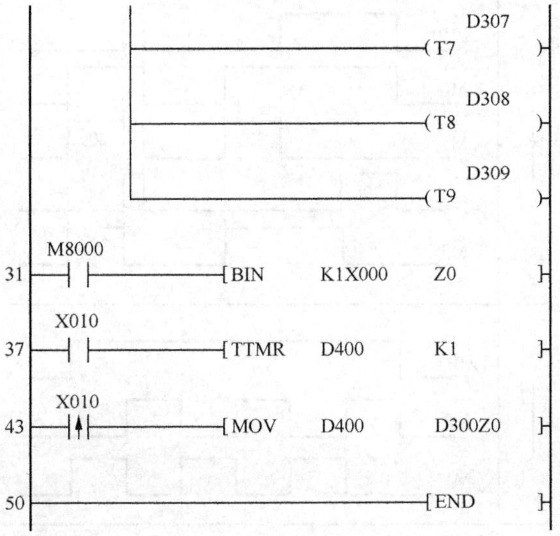 D307 (T7) D308 (T8) D309 (T9) 31 M8000 [BIN K1X000 Z0] 37 X010 [TTMR D400 K1] 43 X010↑ [MOV D400 D300Z0] 50 [END]	28 OUT T9 D309 31 LD M8000 32 BIN K1X000 Z0 37 LD X010 38 TTMR D400 K1 43 LDP X010 45 MOV D400 D300Z0 50 END

6．特殊定时器指令

特殊定时器指令 STMR（Special Timer）用来产生延时断开定时器、单脉冲定时器和闪动定时器。指令格式如下：

FNC65 STMR	S	m	D

使用说明。

（1）源操作数[S]只能是 T0～T99；[m]指定的值为源操作数指定定时器的设定值，取值范围为 1～32767；[D]为输出电路，它需连续使用 4 个位单元。

（2）如果特殊定时器指令中已使用的定时器在程序中不能再使用。

例 3-56：特殊定时器指令的使用及时序如表 3-86 所示。在程序 1 中，X010 为高电平时，M0 输出为高电平，X010 由高电平跳变到低电平时，M0 延时 20s 后变为低电平；M1 在 X010 由高电平跳变到低电平时，输出 20s 的高电平；M2 在 X010 由低电平变为高电平，输出也为高电平，当 X010 高电平的保持时间小于 20s 时，M2 输出为低电平，如果 X010 高电平的保持时间大于 20s 时，M2 只输出 20s 的高电平；M3 是当 M2 由高电平变为低电平时输出为高电平，当 M0 或 M1 由高电平变为低电平时输出为低电平。因此，由分析可知，在程序 1 中，M0 相当于断电延时定时器；M1 相当于单脉冲定时器；M2 和 M3 相当于闪动定时器。在程序 2 中，M3 作为 STMR 的控制按钮，使 M2 和 M1 组成了 20s 的振荡电路。

表 3-86　　特殊定时器指令的使用及时序分析

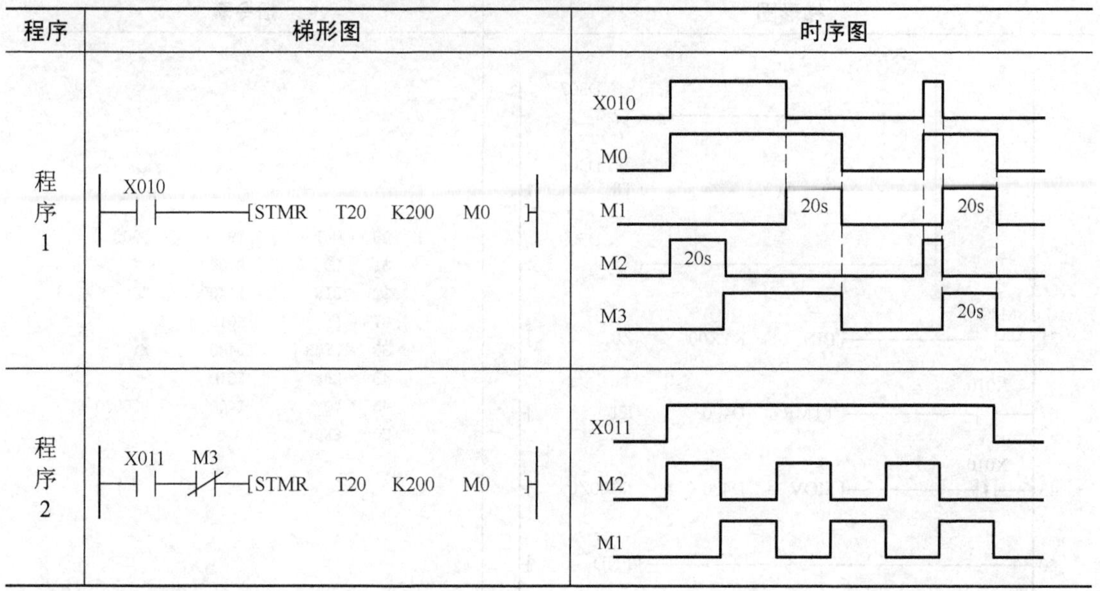

7．交替输出指令

交替输出指令 ALT（Alternate）是在输入信号的上升沿改变时，[D]的输出状态发生改变。指令格式如下：

FNC66 ALT(P)	D

使用说明。

（1）操作数[D]可以是 Y、M、S。

（2）交替指令相当于二分频电路或单按钮控制电路的启动与停止。

例 3-57：交替输出指令的使用及时序如表 3-87 所示。在程序 1 中，在 X000 的上升沿，M0 的状态发生翻转，由 0 变为 1，由 1 变为 0。在程序 2 中，在 X001 的上升沿，Y000 的状态也发生翻转。

表 3-87　　交替输出指令的使用及时序分析

程序	梯形图	时序图
程序 1	X000 ─┤↑├─ [ALT　M0]	X000 M0
程序 2	X001 ─┤ ├─ [ALTP　Y000]	X001 Y000

8．斜波信号指令

斜波信号指令 RAMP 是根据设定要求产生一个斜波信号。指令格式如下：

FNC67 RAMP	S1	S2	D	n

使用说明。

（1）源操作数[S1]为斜波信号的起始值，[S2]为斜波信号的最终值。[S1]和[S2]只能是 D。目的操作数[D]也只能是 D。[n]为扫描周期数，取值范围为 1～32767。

（2）执行该指令前，应先将起始值和最终值写入相应的 D 寄存器中。

（3）若要改变斜波信号输出指令执行的扫描周期，应先将设定扫描周期时间写入 D8039，并驱动 M8039。如果该值稍大于实际程序的扫描周期时间，PLC 将进入恒定扫描运行模式。

（4）保持标志 M8026 决定 RAMP 指令的输出方式。M8026 为 ON 时，斜波输出为保持方式；M8026 为 OFF 时，斜波输出为重复方式。

（5）[S1]小于[S2]时，[D]输出上升形的波形；[S1]大于[S2]时，[D]输出下降形的波形。

例 3-58：斜波信号的使用及波形图如表 3-88 所示。在程序 1 中，X000 为 ON，将起始值 20 送入 D30 中，将终点值 50 送入 D31 中。当 X001 为 ON 时，在 100 个扫描周期（1s）内从 D30（20）直线变化到 D31（50）。在程序 2 中，X002 为 ON，将起始值 60 送入 D33 中，将终点值 35 送入 D34 中。当 X003 为 ON 时，在 100 个扫描周期（1s）内从 D33（60）直线变化到 D34（35）。在程序 3 中，X000 为 ON，将起始值 100 送入 D35 中，将终点值 150 送入 D36 中。当 X001 为 ON 时，执行 RAMP 斜波输出指令。在程序 3 中，执行 RAMP 指令时，若 M8026 为 ON，斜波输出为保持方式；若 M8026 为 OFF，斜波输出为重复方式。

表 3-88　　斜波信号指令的使用

程序	梯形图	波形图
程序1	X000 ─[MOV K20 D30] 　　　─[MOV K50 D31] X001 ─[RAMP D30 D31 D40 K100]	D31 D40 D30 (D30)=K20 (D31)=K50 100个扫描周期
程序2	X002 ─[MOV K60 D33] 　　　─[MOV K35 D34] X003 ─[RAMP D33 D34 D41 K100]	D33 D41 D34 (D33)=K60 (D34)=K35 100个扫描周期

续表

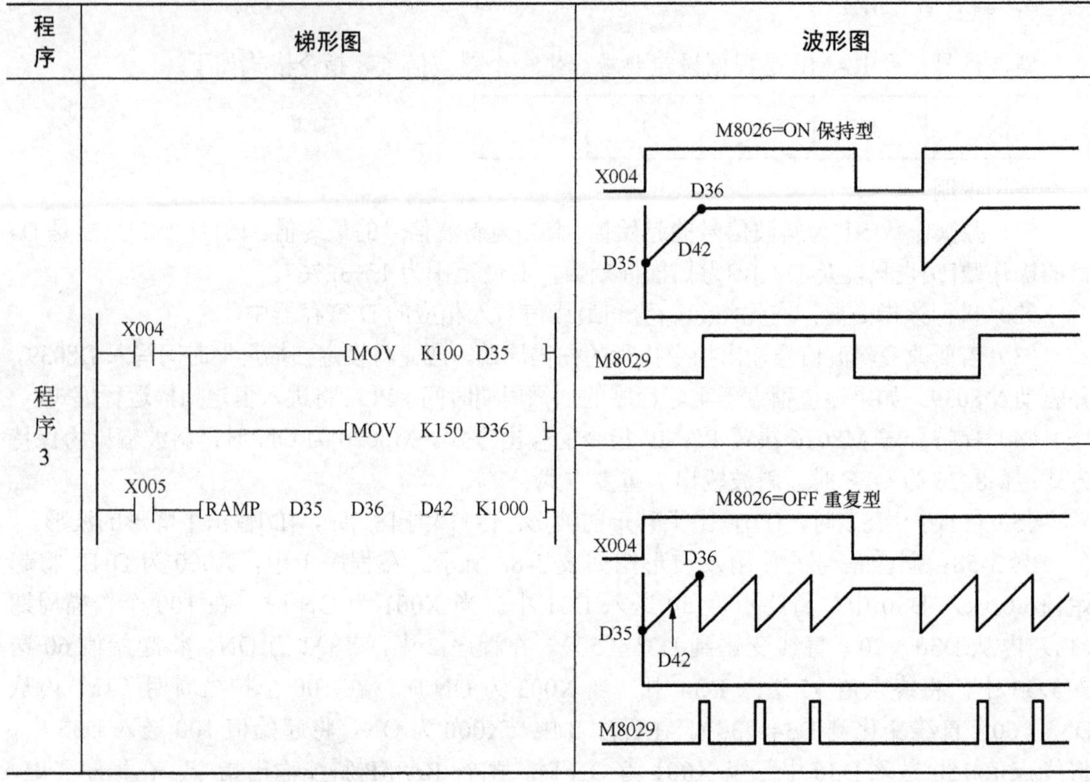

9．旋转工作台控制指令

旋转工作台控制指令 ROTC 控制旋转工作台旋转，使得被选工作台以最短路径转到出口位置。指令格式如下：

FNC68 ROTC	S	m1	m2	D

使用说明。

（1）[m1]为工作台的分割数（即将工作台分成多个区域），范围为 2～32767；[m2]为低速区间数（即低速旋转区域数），范围为 0～32767。[m1]必须要大于[m2]。

（2）源操作数[S]必须为 D；目的操作数[D]是 Y、M、S。

（3）旋转工作台控制指令只能使用 1 次。

例 3-59：具有 10 个位置的旋转工作台如图 3-28 所示，工件编号为 0～9。使用工作台旋转工作台控制指令对它进行控制。

分析：用 AB 相进行计数，正转计数加 1，反转计数减 1，计数值送到 D300 中，计数值应在 0～9，采用循环计数方式。D301 存放要移动的工件位编号，D302 存放要到达的工件位编号。设 X000 为旋转工作台正向旋转的检测信号，即 A 相接 X000；X001 为旋转工作台反向旋转的检测信号，即 B 相接 X001。X002 为原点检测信号输入端，当 0 号工件到达 0 号位置时，X2 原点检测开关接通。将旋转工作台划分为 10 个区域，2 个低速旋转位置。使用 ROTC 旋转控制指令时，需用到 M0～M7 共 8 个输出信号。这 8 个信号的含义如表 3-89 所示。

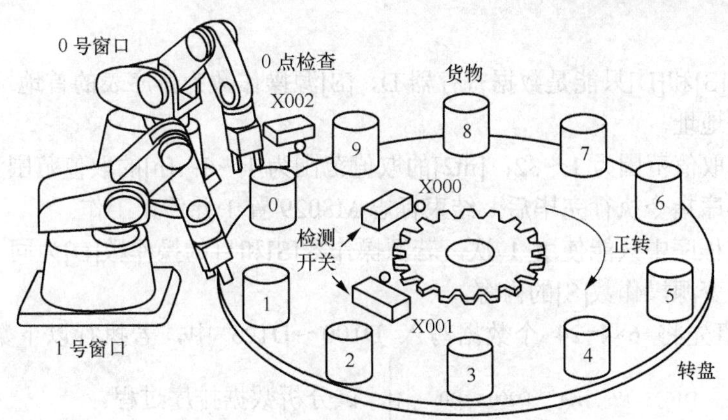

图 3-28 旋转工作台

表 3-89　　M0～M7 的含义

M 元件	含义	M 元件	含义
M0	A 相信号	M4	低速正转
M1	B 相信号	M5	停止
M2	原点检测信号	M6	低速反转
M3	高速正转	M7	高速反转

在使用前需先用 X000～X002 对 M0～M2 进行驱动，M3～M7 在 ROTC 旋转控制指令驱动时，自动得到相应结果，编写程序如表 3-90 所示。

表 3-90　　旋转工作台控制指令的使用

梯形图	时序图

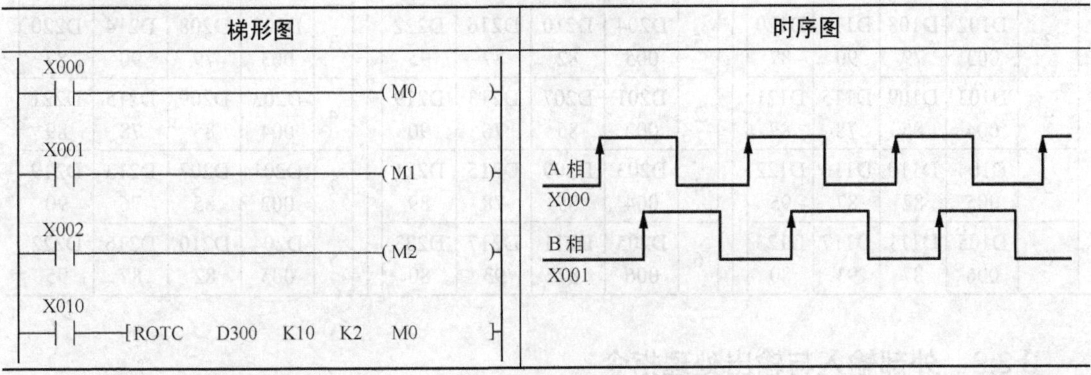

按下 X010，执行 ROTC 指令，若原点检测信号 M2 为 ON，计数用的 D300 内容被清零，在 ROTC 指令执行任何操作之间必须先执行清零操作。

10．数据排序指令

数据排序指令 SORT 是将源操作数[S]组成一个[m1]行、[m2]列的表格，并按指定的数据内容进行排序。指令格式如下：

FNC69 SORT	S	m1	m2	D	n

使用说明。

（1）操作数[S]和[D]只能是数据寄存器 D，[S]源操作数为排序表的首地址，[D]目的操作数为排序后的首地址。

（2）[m1]的取值范围为 1～32；[m2]的取值范围为 1～6；[n]的取值范围为 1～[m2]。

（3）数据排序指令执行完毕后，结束标志 M8029 置 1 并停止工作。

（4）指令在程序中只能使用 1 次，若源操作数[S]和目的操作数[D]为同一元件，在排序过程中不允许改变源操作数[S]的内容。

例 3-60：事先将 6×4=24 个数据写入 D100～D123 中，若执行以下数据排序指令，

```
X000
─┤ ├──────[SORT  D100  K6  K4  D200  D0 ]
```

，试分析数据排序过程。

分析：当 X000 有效时，执行数据指令，将 D100～D123 中的数据传送到 D200～D223 中，组成一个 6×4 的表格，并根据 D0 中的列号，将该列数据按从小到大的顺序进行数据排序，数据排序过程如表 3-91 所示。

表 3-91　　数据排序过程

源数据					（D0）=K2 时进行排序					（D0）=K4 时进行排序				
	1	2	3	4		1	2	3	4		1	2	3	4
	学号	语文	数学	英语		学号	语文	数学	英语		学号	语文	数学	英语
1	D100 001	D106 78	D112 83	D118 80	1	D200 001	D206 78	D212 83	D218 80	1	D200 001	D206 78	D212 83	D218 80
2	D101 002	D107 85	D113 76	D119 90	3	D202 003	D208 79	D214 90	D220 87	6	D205 006	D211 87	D217 93	D223 80
3	D102 003	D108 79	D114 90	D120 87	5	D204 005	D210 82	D216 87	D222 95	3	D202 003	D208 79	D214 90	D220 87
4	D103 004	D109 85	D115 78	D121 89	2	D201 002	D207 85	D213 76	D219 90	4	D203 004	D209 85	D215 78	D221 89
5	D104 005	D110 82	D116 87	D122 95	4	D203 004	D209 85	D215 78	D221 89	2	D201 002	D207 85	D213 76	D219 90
6	D105 006	D111 87	D117 93	D123 80	6	D205 006	D211 87	D217 93	D223 80	5	D204 005	D210 82	D216 87	D222 95

3.3.9　外部输入与输出处理指令

外部输入与输出指令主要用于 PLC 的输入/输出与外部设备进行交换等操作。这些指令通过最小的程序与外部布线，可以简单地进行复杂的控制。在 FX 系列 PLC 中提供了 10 条外部输入与输出处理指令，指令功能编号为 FNC70～FNC79，如表 3-92 所示。

表 3-92　　外部输入与输出处理指令

指令代号	指令助记符	指令名称	适用机型	程序步
FNC70	TKY	10 键输入	FX2N、FX3U	7/13 步
FNC71	HKY	16 键输入	FX2N、FX3U	9/17 步

续表

指令代号	指令助记符	指令名称	适用机型	程序步
FNC72	DSW	数字开关	FX1S、FX1N、FX2N、FX3U	9 步
FNC73	SEGD	七段译码	FX2N、FX3U	5 步
FNC74	SEGL	带锁存七段译码	FX1S、FX1N、FX2N、FX3U	7 步
FNC75	ARWS	方向开关	FX2N、FX3U	9 步
FNC76	ASC	ASCII 码转换	FX2N、FX3U	11 步
FNC77	PR	ASCII 码打印	FX2N、FX3U	5 步
FNC78	FROM	读特殊功能模块	FX1S、FX1N、FX2N、FX3U	9/17 步
FNC79	TO	写特殊功能模块	FX1S、FX1N、FX2N、FX3U	9/17 步

1. 10 键输入指令

10 键输入指令 TKY（Ten Key）用于将接在 PLC 的 10 个输入端输入 0～9 这 10 个数字。指令格式如下：

FNC70 (D)TKY	S	D1	D2

使用说明。

（1）16 位操作时，最大输入的数据为 9999；32 位操作时，最大输入数据为 99999999；超出最大限制时高位溢出并丢失。

（2）10 键输入指令在程序中只能使用 1 次。

例 3-61：使用 10 键输入指令输入 8453，并分析其输入过程。

分析：首先将 10 个数字按键与 PLC 连接好，将数字键与相应继电器进行对应，并编写表 3-93 所示的指令。输入元件为 X000～X011，输入数据存储单元为 D0，与输入对应的继电器为 M30～M39。当 X030 为 ON 时，首先按下与 X010 相对应的键，相应的继电器 M38 置 1，并保持到另外键按下为止。当多个按键按下时，首先响应先按下的与 X010 相对应的键，依次再按下与 X004、X005、X003 相对应的键，就可以将 8453 输入到 PLC 的数据寄存器 D0 或者（D1，D0）中。M40 记录按键状态，当有按钮按下时置 1 并一直保持到松开按键。

表 3-93　　10 键输入指令的使用

梯形图	X030 ─┤├─[TKY X000 D0 M30]
按键连接	按键 0 1 2 3 4 5 6 7 8 9 分别接至 PLC 端子 COM、X000、X001、X002、X003、X004、X005、X006、X007、X010、X011（PLC）

续表

对应关系	数字按键	X000	X001	X002	X003	X004	X005	X006	X007	X010	X011
	输入数字	0	1	2	3	4	5	6	7	8	9
	对应继电器	M30	M31	M32	M33	M34	M35	M36	M37	M38	M39
时序图	X003 ④ X004 ② X005 ③ X010 ① M33 M34 M35 M38 M40 ① ② ③ ④ 8 5 4 3										

2．16 键输入指令

16 键输入指令 HKY（Hex Decimal Key）用矩阵方式排列的 16 个按键输入 0～9 数字和 6 个功能键输入 A～F。指令格式如下：

FNC71 (D)HKY	S	D1	D2	D3

使用说明。

（1）源操作数[S]指定 4 个输入元件的首地址，它只能是 X；目的操作数[D1]指定 4 个扫描输出元件的首地址，只能是 Y；[D2]指定输入的存储元件是 C、T、D、V、Z；[D3]指定键状态的存储元件首地址是 Y、M、S。

（2）若将 M8167 置 1，0～F 将以十六进制形式存入目的操作数[D2]指定的数据寄存器中。

（3）该指令与 PLC 的扫描时间同期执行，扫描这 16 个按键需要 8 个扫描周期，为防止按键输入的滤波延迟而造成存储错误，建议使用恒定扫描模式和定时器中断处理。

例 3-62：使用 16 键输入指令输入数字或字母，并分析其输入过程。

分析：首先将 16 个按键按 4×4 的矩阵方式与 PLC 连接好，并编写表 3-94 所示的 16 键输入指令。当 X030 有效时，执行该指令，按下数字键 0～9 时，输入数值以二进制存放 D0。输入的数字范围 0～9999，如果超出此范围，产生溢出。按下任意一个数字键时 M7 置 1。功能键 A～F 控制 M0～M5，当某个字母键按下时，对应的辅助继电器动作，并保持到下一个按键按下时复位。按下任意一个字母键时，M6 置 1。

表 3-94　　16 键输入指令的使用

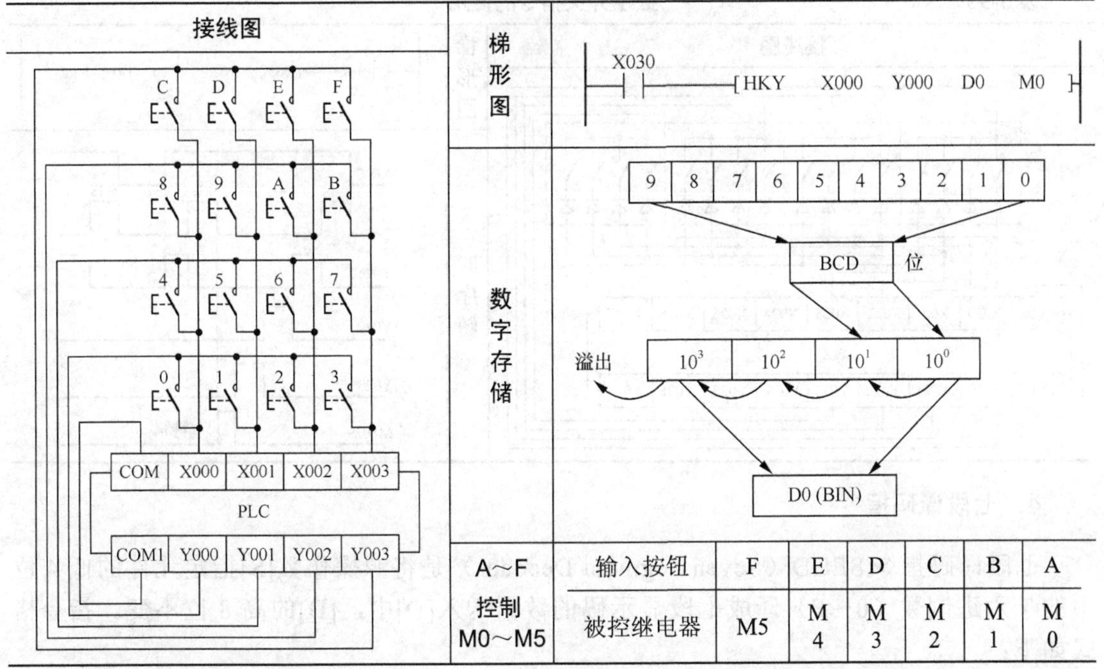

3．数字开关指令

数字开关指令 DSW（Digital Switch）用来读取 1 组或 2 组 4 位 BCD 码数字开关状态的设定值。指令格式如下：

FNC72 DSW	S	D1	D2	n

使用说明。

（1）源操作数[S]用于指定 4 个输入元件首地址，只能是 X；目的操作数[D1]用于指定 4 个开关选通输出元件首地址，只能是 Y；[D2]为指定的开关状态存储寄存器，它是 C、T、D、V、Z；[n]是指定开关组数。

（2）为了连续输入数字开关的数据，应采用晶体管输出型 PLC。

（3）该指令可以使用 2 次。

例 3-63：使用数字开关指令读入 1 组 4 位 BCD 码数字开关状态的设定值，并分析其读入过程。

分析：首先，将 1 组 4 位 BCD 码数字开关与 PLC 的 X020～X023 端和 Y020～Y023 端连接好，并写好如表 3-95 所示的数字开关指令。当 X000 有效时，执行数字开关指令，按 Y020～Y023 顺序选通读入，数据以二进制数的形式存放在 D0 中。[n]=K1 表示读入 1 组 4 位 BCD 码数字开关，[n]=K2 表示读入 2 组 4 位 BCD 码数字开关。如果有两组数字开关，则第二组数字开关接到 X024～X027，数据仍按 Y020～Y023 顺序选通读入，数据以二进制的形式存放在 D1 中。每组开关由 4 个拨盘分别产生 4 个 4 位 BCD 码。X000 有效时，Y020～Y023 依次为 ON（脉宽为 0.1s），一个周期完成后 M8029 标志位置 1。

表 3-95　　数字开关指令的使用

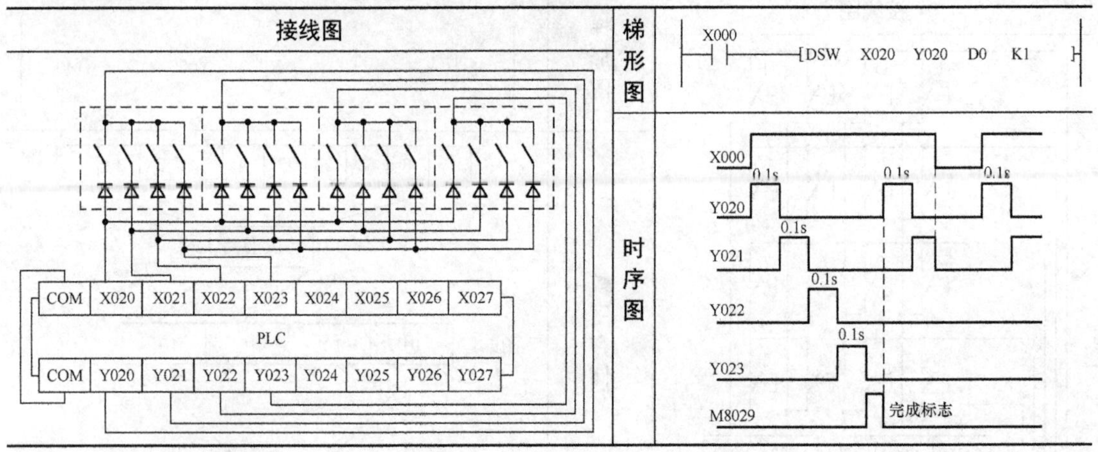

4．七段译码指令

七段译码指令 SEGD（Seven Segment Decoder）是将源操作数[S]指定元件的低 4 位中的十六进制数（0～F）译成七段显示码的数据送入[D]中，[D]的高 8 位不变。指令格式如下：

FNC73 SEGD	S	D

七段显示器的 abcdefg（D0～D6）段分别对应于输出字节的第 0 位～第 6 位，若输出字节的某位为 1 时，其对应的段显示；输出字节的某位为 0 时，其对应的段不亮。字符显示与各段的关系如表 3-96 所示。例如要显示数字“3”时，D0、D1、D2、D3、D6 为 1，其余为 0。

表 3-96　　字符显示与各段关系

十六进制数	段显示	.gfedcba	十六进制数	段显示	.gfedcba
0		00111111	8		01111111
1		00000110	9		01100111
2		01011011	A		01110111
3		01001111	B		01111100
4		01100110	C		00111001
5		01101101	D		01011110
6		01111101	E		01111001
7		00000111	F		01110001

使用说明：

源操作数[S]可以是 K、H、KnX、KnY、KnM、KnS、T、C、D、Z；目的操作数是 KnY、KnM、KnS、T、C、D、Z。

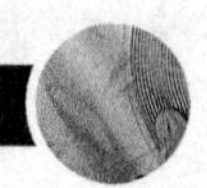

5．带锁存七段译码指令

带锁存七段译码指令 SEGL（Seven Segment with Latch）是用于控制 1 组或 2 组 4 位带锁存七段译码显示器。

带锁存七段译码指令 SEGL 用 12 个扫描周期显示 1 组或 2 组 4 位数据，需占用 8 个或 12 个晶体管输出点。每显示完 1 组或 2 组 4 位数据后，标志位 M8029 置 1。该指令可与 PLC 的扫描周期同时执行，为执行一系列的显示，PLC 的扫描周期应大于 10ms，若小于 10ms 时，应使用恒定扫描方式。

指令格式如下：

FNC74 SEGL	S	D	n

使用说明。

（1）源操作数[S]是 K、H、KnX、KnY、KnM、KnS、T、C、D、Z；目的操作数是 KnY、KnM、KnS、T、C、D、Z。

（2）[n]用于选择七段数据输入、选通信号的正负逻辑及显示组数的确定（1 组或 2 组）。七段译码显示逻辑如表 3-97 所示。[n]的设定取决于 PLC 的正负逻辑与数码显示正负逻辑是否一致，如表 3-98 所示。[n]的取值范围是 0～7，当显示 1 组时，[n]取值为 0～3，显示 2 组时，[n]取值为 4～7。例如，PLC 为负逻辑、显示器的数据输入也为负逻辑，显示器的选通脉冲信号为正逻辑，若是 4 位 1 组，则[n]=K1；若是 4 位 2 组，则[n]=K2。

表 3-97　七段显示逻辑

信号	正逻辑	负逻辑
数据输入	以高电平变为 BCD 数据	以低电平变为 BCD 数据
选通脉冲信号	以高电平保持锁存的数据	以低电平保持锁存的数据

表 3-98　参数[n]的选择

4 位 1 组			4 位 2 组		
数据输入	选通脉冲信号	[n]	数据输入	选通脉冲信号	[n]
一致	一致	K0	一致	一致	K4
	不一致	K1		不一致	K5
不一致	一致	K2	不一致	一致	K6
	不一致	K3		不一致	K7

（3）该指令只能使用 1 次，且必须使用晶体管输出型 PLC。

例 3-64：带锁存七段译码指令使用，并分析其控制过程。

分析：首先将带锁存和译码功能的七段数码管显示器与 PLC 连接好，并写好表 3-99 所示的带锁存七段译码指令。

若显示 4 位 1 组，[n]=K0～K3（程序中为 K0），当 X000 有效时，将 D0 中的 BIN 码转换成 4 位 BCD 码（0～9999），并将这 4 位 BCD 码分时依次送到 Y000～Y003，而 Y004～Y007 依次作为各位 LED 的选通信号。

表 3-99　　带锁存七段译码指令使用

梯形图	X000 ─┤├─ [SEGL　D0　Y000　K0]
七段数码管显示器与PLC连接的连接图	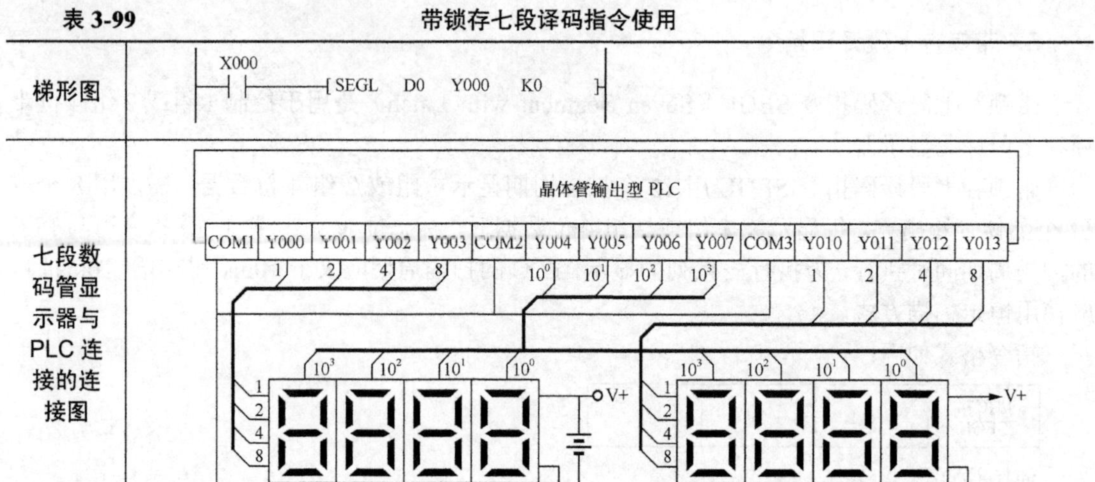

若显示 4 位 2 组，[n]=K4～K7，当 X000 有效时，将 D0 中的 BIN 码转换成 4 位 BCD 码（0～9999），并将这 4 位 BCD 码分时依次送到 Y000～Y003；D1 中的 BIN 码也转换成 4 位 BCD 码（0～9999），并将这 4 位 BCD 码分时依次送到 Y010～Y013，而 Y004～Y007 仍然作为各位 LED 的选通信号。

6．方向开关指令

方向开关指令 ARWS（Arrow Switch）是用 4 个方向开关来逐位输入或修改 4 位 BCD 码数据，用带锁存的 4 位或 8 位七段显示器来显示当前设置的数值。指令格式如下：

FNC75 ARWS	S	D1	D2	n

使用说明。

（1）源操作数[S]用来指定 4 个方向开关的输入端的首地址，它是 X、Y、M、S；目的操作数[D1]用于指定存储需要修改的 4 位数据，它是 T、C、D、C、Z；[D2]用来指定带锁存的七段显示器的数据输出和为选通脉冲输出端元件的首地址，只能是 Y；[n]与 SEGL 指令中[n]的功能相同，取值范围为 0～3。

（2）该指令只能使用 1 次，且必须使用晶体管输出型 PLC。

例 3-65：方向开关指令的使用，并分析其控制过程。

分析：使用 X010～X013 这 4 个按键来设置或修改 D0 的 4 位数据，其中位左移键（X013）和位右移键（X012）用来移动输入和显示位，增加键（X011）和减少键（X010）用来修改该位的数据。Y000～Y003 作为 4 位 BCD 码数据输入端，而 Y004～Y007 仍然作为各位 LED 的选通信号。将方向开关和带锁存的七段数码管显示器与 PLC 连接好，并书写如表 3-100 所示的方向开关指令。

X000 有效时，执行开关指令，将显示数据（通常为 BCD 码）送入 D0 中进行显示。X000 刚接通时，指定的是高位，每按 1 次右移键，指定位往右移移动 1 位，按 1 次左移键时，则往左移动 1 位，在移动过程中有相应的 LED 发光二极管显示。如果选中十位，原数字为 6

时，按增加键，则由 6→7→8→9→0→1→2 次序循环递增。

表 3-100　　方向开关指令的使用

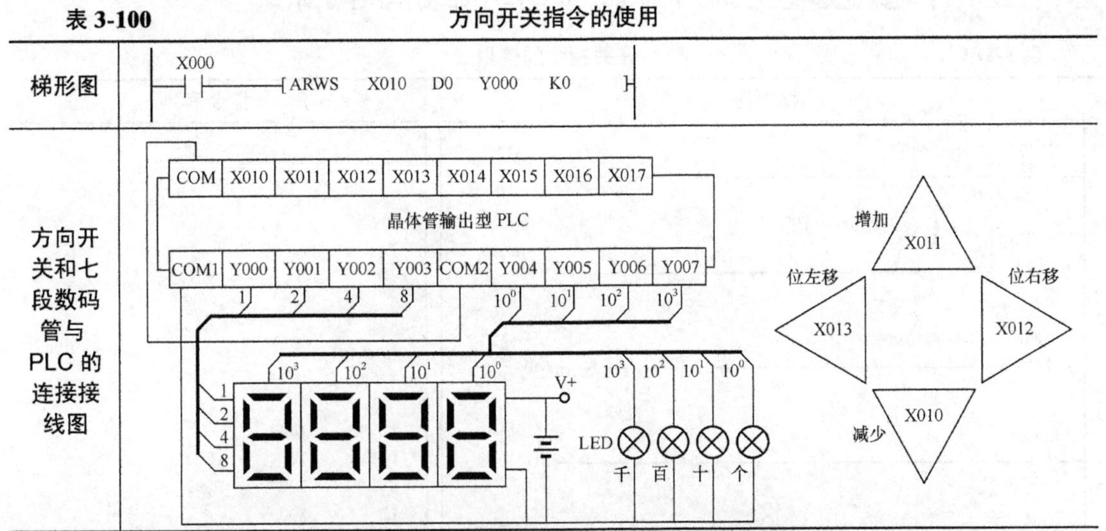

例 3-66：使用开关指令来修改定时器 T0～T99 的设定值并显示某定时器的当前值。

分析：要完成用开关指令来修改定时器 T0～T99 的设定值并显示某定时器的当前值，需要开关指令设定键、T0～T99 的延时设定键、带锁存的七段 LED 显示及读/写指示灯，因此可画出如图 3-29 所示的接线图。

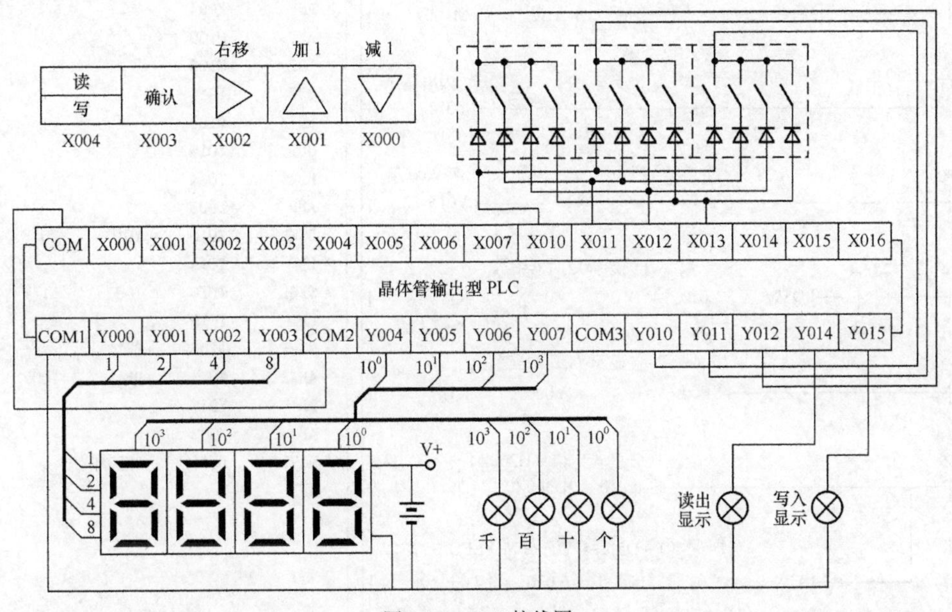

图 3-29　PLC 接线图

用读写键和交替输出 ALT 指令切换读/写操作，T0～T99 的延时设定值可由 D200～D299 给出。读操作时，用 3 个 BCD 拨码开关设定定时器的元件号，按 X003 确认键时用数字开关指令 DSW 将元件号采用变址的方式读入到 Z 中，并使用 SEGL 指令将当前值在 LED 中显示出来。写操作时，将待设定定时器元件号 D200Z 送到 D511 中，通过 X000（减 1）、X001（加 1）

和 X002（右移）来修改指定定时器的设定值，修改好后，再按确认键（X003），用 MOVP 指令将 D511 中的数值送到 D300Z 中即可，编写程序如表 3-101 所示。

表 3-101　　开关指令的使用

梯形图	指令表
X020 —(T0 D200) 定时器 T0～T99 —(T99 D299) X000 —(M0) 减 1 X001 —(M1) 加 1 X002 —(M2) 位右移 M8000 —(M3) 禁止位左移 X004 —[ALT M100] 读 / 写切换 M100 —(Y014) 读出显示 M100 —(Y015) 写入显示 Y014 读出　X003 确认 —[DSW X010 Y010 Z0 K1] 数字开关选择定时器编号　4 位 1 组 Y014 —[SEGL T0Z0 Y000 K1] 显示 TOZ 的当前值 Y015 写入 —[MOVP D200Z0 D511] TOZ 的设定值（D200Z）→（D511） —[ARWS M0 D511 Y000 K1] (M3～M0)→D511→(Y0～Y7)→LED　4 位 1 组 Y015　X003 —[MOVP D511 D200Z0] 传送设定值（D511）→（D200Z） —[END]	LD X020 OUT T0 D200 OUT T99 D299 LD X000 OUT M0 LD X001 OUT M1 LD X002 OUT M2 LDI M8000 OUT M3 LDP X004 ALT M100 LDI M100 OUT Y014 LD M100 OUT Y015 LD Y014 AND X003 DSW X010 Y010 Z0 K1 LD Y014 SEGL T0Z0 Y000 K1 LD Y015 MOVP D200Z0 D511 ARWS M0 D511 Y000 K1 LD Y015 AND X003 MOVP D511 D200Z0 END

7. ASCII码转换指令

ASCII码转换指令ASC（ASCII Code）是将源操作数[S]中的最多8个字母或数字转换成ASCII码存放在目的操作数[D]中。指令格式如下：

FNC76 ASC	S	D

使用说明。

（1）源操作数[S]是由计算机输入的8个字节以下的字母或数字；目的操作数[D]是T、D、V、Z。

（2）该指令适于在外部显示器上选择显示出错等信息。

例3-67：将"12ABCDEF"转换成ASCII码。

分析：使用ASC指令可将"12ABCDEF"转换成ASCII码。编写指令及转换相应ASCII如表3-102所示。X000有效时，执行ASC指令，将8个字符转换成ASCII码存放在数据存储器D200～D203中。当M8161为ON时，将转换的ASCII码只传送给D200～D207的低8位，此时D200～D207的高8位为零。

表3-102　将"12ABCDEF"转换成ASCII码

<table>
<tr><td>梯形图</td><td colspan="5">X000 ─┤├─ [ASC 12ABCDEF D200]</td></tr>
<tr><td rowspan="6">转换过程</td><td rowspan="2">寄存器</td><td colspan="2">高8位</td><td colspan="2">低8位</td></tr>
<tr><td>待转换字符</td><td>ASCII</td><td>待转换字符</td><td>ASCII</td></tr>
<tr><td>D200</td><td>2</td><td>32</td><td>1</td><td>31</td></tr>
<tr><td>D201</td><td>B</td><td>42</td><td>A</td><td>41</td></tr>
<tr><td>D202</td><td>D</td><td>44</td><td>C</td><td>43</td></tr>
<tr><td>D203</td><td>F</td><td>46</td><td>E</td><td>45</td></tr>
</table>

8. ASCII码打印指令

ASCII码打印指令PR（Print）是将源操作数指定的ASCII码经指定元件输出。指令格式如下：

FNC77 PR	S	D

使用说明。

（1）源操作数[S]是C、T、D；目的操作数[D]只能是Y。

（2）该指令只能使用2次，且必须使用晶体管输出型PLC。

（3）该指令是依次串联输出8位并行数据的指令，若M8027为OFF时8字节串联输出；M8027为ON时，为1～16字节串联输出。

例3-68：ASCII码打印指令的使用。要求从计算机中向PLC输入字符串"FX2NCPLC"，并将其打印出来。

分析：首先需使用ASC指令将字符串“FX2NCPLC”转换成相应的ASCII码，然后再使用PR指令即可完成。PR指令一般通过Y端子将ASCII码数据发送到外部设备（如A6FD外部显示单元），因此可画出显示设备与PLC的电路连接图，并编写程序如表3-103所示。

表3-103　ASCII码打印指令的使用

梯形图	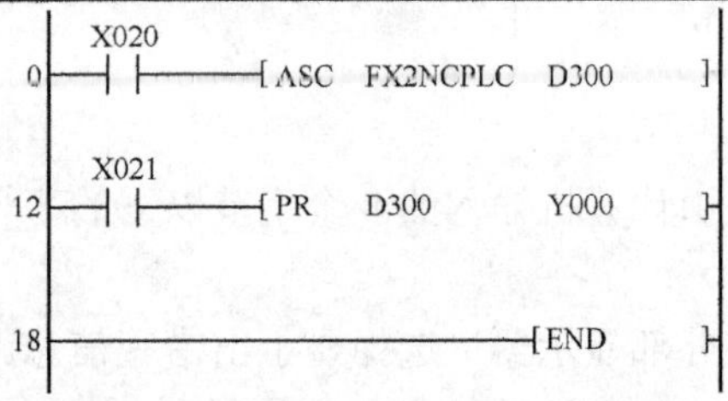 0 X020 [ASC FX2NCPLC D300] 12 X021 [PR D300 Y000] 18 [END]
PLC与外部显示器的连接	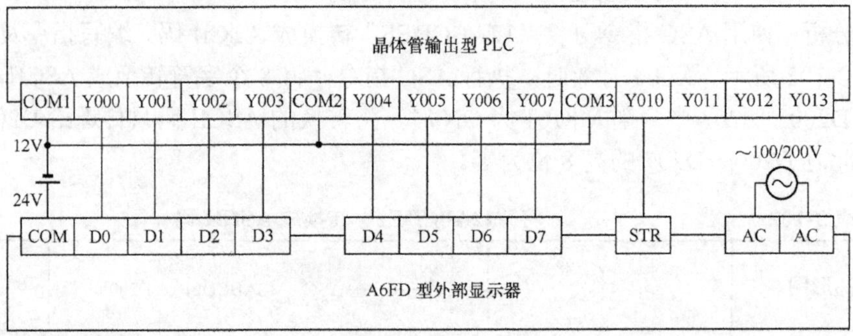 晶体管输出型PLC：COM1 Y000 Y001 Y002 Y003 COM2 Y004 Y005 Y006 Y007 COM3 Y010 Y011 Y012 Y013 12V 24V ~100/200V A6FD型外部显示器：COM D0 D1 D2 D3 D4 D5 D6 D7 STR AC AC
时序图	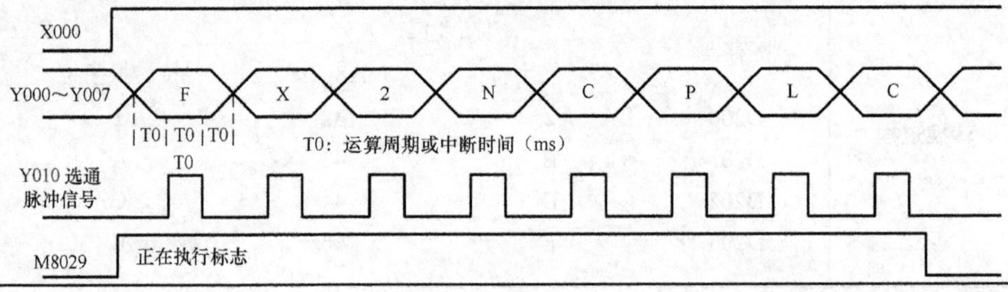 X000 Y000～Y007：F X 2 N C P L C T0 T0 T0 T0　T0：运算周期或中断时间（ms） Y010选通脉冲信号 M8029 正在执行标志

程序说明：X020有效时，执行ASC指令，将字符串“FX2NCPLC”转换成相应ASCII码存放在D300～D303中。当X021有效时，执行PR打印指令，将D300～D303中存放的ASCII码数据按“F→X→2→N→C→P→L→C”的顺序依次经Y000～Y007发送到A6FD型外部显示器进行打印。图中Y010作为A6FD型外部显示器的选通信号。

9．读特殊功能模块指令

读特殊功能模块指令FROM是将增设的特殊功能模块单元缓冲存储器（Buffer memories of attached special function blocks，缩写BFM）的内容读入到PLC中，并存入指定的数据寄存器D中。指令格式如下：

FNC78 (D)FROM(P)	m1	m2	D	n

使用说明。

[m1]是特殊功能模块编号，取值范围为0～7；[m2]为特殊功能模块内缓冲寄存器起始元

件号，取值范围是 0～32767；[n]为待传送的数据长度，取值范围为 1～32767。

10. 写特殊功能模块指令

写特殊功能模块指令 TO 是将 PLC 指定数据寄存器的内容写入到特殊模块的缓冲寄存器中。指令格式如下：

FNC79 (D)TO(P)	m1	m2	S	n

使用说明。

（1）源操作数[S]指定写入特殊功能模块的起始位置，是 KnY、KnM、KnS、T、C、D、V、Z。

（2）[m1]是特殊功能模块编号，取值范围为 0～7；[m2]为特殊功能模块内缓冲寄存器起始元件号，取值范围是 0～32767；[n]为待传送的数据长度，取值范围为 1～32767。

3.3.10 外部设备指令

外部设备指令主要用于连接串行口的特殊适配器并与其进行控制、模拟量功能扩展模块处理和 PID 运算等操作。外部设备指令共 9 条，指令功能编号为 FNC80～FNC86、FNC89，如表 3-104 所示。

表 3-104　　外部设备指令

指令代号	指令助记符	指令名称	适用机型	程序步
FNC80	RS	串行数据传送	FX1S、FX1N、FX2N、FX3U	9 步
FNC81	PRUN	八进制位传送	FX1S、FX1N、FX2N、FX3U	5/9 步
FNC82	ASCI	十六进制数转 ASCII 码	FX1S、FX1N、FX2N、FX3U	7 步
FNC83	HEX	ASCII 码转十六进制数	FX1S、FX1N、FX2N、FX3U	7 步
FNC84	CCD	校验码	FX1S、FX1N、FX2N、FX3U	7 步
FNC85	VRRD	电位器值读出	FX1S、FX1N、FX2N、FX3U	5 步
FNC86	VRSC	电位器值刻度	FX1S、FX1N、FX2N、FX3U	5 步
FNC88	PID	PID 运算	FX1S、FX1N、FX2N、FX3U	9 步

1. 串行数据传送指令

串行数据传送指令 RS 为使用 RS-232C 及 RS-485 功能扩展板及特殊适配器，进行发送接收串行数据。

FX 系列 PLC 与外部设备进行串行发送或接收数据时，必须先对 D8120 进行相关参数设置。其设置参数如表 3-105 所示。

表 3-105　　D8120 参数设置

D8120 位号	名称	参数设置	
		位=0（OFF）	位=1（ON）
b0	数据长	7 位	8 位

续表

D8120位号	名称	参数设置					
		位=0（OFF）			位=1（ON）		
b1 b2	奇偶性	b2，b1=00：无 b2，b1=01：奇数（ODD） b2，b1=11：偶数（EVEN）					
b3	停止位	1位			2位		
b4 b5 b6 b7	传送速率（bit/s）	位	设置值	速率 bit/s	位	设置值	速率 bit/s
		b7，b6，b5，b4	0011	300	b7，b6，b5，b4	0111	4800
		b7，b6，b5，b4	0100	600	b7，b6，b5，b4	1000	9600
		b7，b6，b5，b4	0101	1200	b7，b6，b5，b4	1001	19200
		b7，b6，b5，b4	0110	2400			
b8*1	起始符	无			有（D8124），初始值：STX（02H）		
b9*1	终止符	无			有（D8125），初始值：EXT（03H）		
b10 b11	控制线	无顺序	b11，b10=00：无（RS-232 接口） b11，b10=01：普通模式（RS-232C 接口） b11，b10=10：互锁模式（RS-232C 接口） *3 b11，b10=11：调制解调器模式（RS-232C 接口、RS-485 接口） *4				
		计算机链接通信*5	b11，b10=00：RS-485 接口 b11，b10=10：RS-232C 接口				
b12	不可使用						
b13*1	和校验	不附加			附加		
b14*1	协议	不使用			使用		
b15*1	控制顺序	方式 1			方式 4		

注：*1：表示起始符和终止符的内容可由用户更改。使用计算机通信时，必须设定为 0。

*2：b13～b15 是计算机链接通信连接时的设定项目，使用 RS 指令时，必须设定为 0。

*3：适用于 FX_{3U}、FX_{2N} 和 FX_{2NC} 版本 V2.00 以上。

*4：RS-485 未考虑设置控制线的方法，使用 FX_{2N}-485-BD 时，设定（b11，b10=11）。

*5：是在计算机链接通信连接时设定，与 RS 指令没有关系。

串行数据传送指令 RS 指令格式如下：

FNC80 RS	S	m	D	n

使用说明。

（1）[S]为发送数据首地址，只能是 D；[m]为发送数据点数，是 D、H、K；[D]为接收数据首地址，只能是 D；[n]为接收数据点数，是 D、H、K。

（2）不执行数据的发送或接收时，可将[m]或[n]置为K0。

（3）FX1S、FX2N可编程控制器V2.00以下的产品采用半双工方式进行通信；FX3U、FX2NC和FX2N可编程控制器V2.00以上的产品采用全双工方式进行通信。

（4）RS指令还涉及相关数据寄存器和特殊辅助继电器，如表3-106所示。

表3-106　RS指令涉及的相关数据寄存器和特殊辅助继电器

数据寄存器	说明	特殊辅助继电器	说明
D8120	串行通信参数设置	M8121	发送待机标志
D8122	发送数据剩余数	M8122	发送请求标志
D8123	已接收数据的数量	M8123	接收完成标志
D8124	存放数据开始辨识的ASCII码。缺省为“STX”，02H	M8124	载波检测标志
D8125	存放数据开始辨识的ASCII码。缺省为“EXT”，03H		
D8129	超时判定时间	M8129	超时判定标志

（5）用RS指令收发信息时，需指定PLC发送数据的首地址与点数以及接收数据存储用的首地址与可以接收的最大数据字数，如图3-30所示。

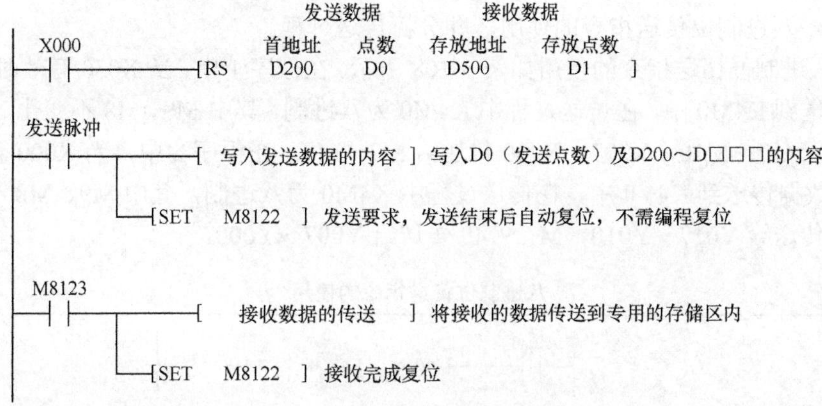

图3-30　PLC数据传送与接收

例3-69：某通信格式要求如下：1）数据长度7位；2）奇偶性为奇数；3）1位停止位；4）传输速率为9600bit/s；5）有起始符和终止符；6）使用RS-232C接口与计算机链接通信。根据通信格式设定外传设备的串行通信如表3-107所示。

表3-107　设定外传设备的串行通信

通信格式设定	数据长度	7位	b1=0
	奇偶性	奇数（ODD）	b2，b1=01
	停止位	1位	b3=0
	传输速率	9600bit/s	b7，b6，b5，b4=1000
	起始符	有	b8=1
	终止符	有	b9=1
	控制线	使用RS-232C接口与计算机链接通信	b11，b10=10

续表

D8120=0B82H	b15 … b0: 0 0 0 0 | 1 0 1 1 | 1 0 0 0 | 0 0 1 0 (b15–b12: 0; b11–b8: B; b7–b4: 8; b3–b0: 2)
梯形图	M8002 ─┤├─[MOV H8B2 D8120]

2．八进制位传送指令

八进制位传送指令 PRUN（Parallel Run）是将源操作数[S]和目的操作数[D]以八进制处理，传送数据。指令格式如下：

FNC81 PRUN	S	D

使用说明。

（1）源操作数[S]只能是 KnX 或 KnM；目的操作数只能是 KnY 或 KnM。源操作数和目的操作数元件号的末位取 0，如 X0、M10、Y20 等。

（2）数据传送过程中，末位为 8 或 9 的 M 元件不传送。

例 3-70：八进制位传送指令的使用，并分析传送过程。

分析：八进制位传送指令的使用如表 3-108 所示。在程序 1 中，当 X030 有效时，将 K4X0 中的数据传送到 K4M0 中，在传送过程中 K4M0 为八进制，其中 M9、M8 不变化，即 X017～X010 传送给 M17～M10，X007～X000 传送给 M7～M0。在程序 2 中，当 X000 有效时，将 K4M0 中的数据传送到 K4Y0 中，在传送过程中 K4M0 为八进制，其中 M9、M8 不传送，即 M17～M10 传送给 Y017～Y010，M7～M0 传送给 Y007～Y000。

表 3-108　八进制位传送指令的使用

程序1	梯形图	X030 ─┤├─[PRUN K4X000 K4M0]
	传送过程	X17～X0→M17～M10, M7～M0 八进制元件 X17 X16 X15 X14 X13 X12 X11 X10 X7 X6 X5 X4 X3 X2 X1 X0 源元件 十进制元件 M17 M16 M15 M14 M13 M12 M11 M10 M9 M8 M7 M6 M5 M4 M3 M2 M1 M0 目的元件 不变化
程序2	梯形图	X000 ─┤├─[PRUN K4M0 K4Y000]
	传送过程	M17～M10, M7～M0→Y17～Y0 不传送　十进制元件 M17 M16 M15 M14 M13 M12 M11 M10 M9 M8 M7 M6 M5 M4 M3 M2 M1 M0 源元件 八进制元件 Y17 Y16 Y15 Y14 Y13 Y12 Y11 Y10 Y7 Y6 Y5 Y4 Y3 Y2 Y1 Y0 目的元件

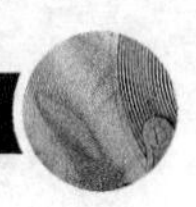

3．十六进制数转 ASCII 码指令

十六进制数转 ASCII 码指令 ASCI 是将[n]指定源操作数[S]中的十六进制数转换成 ASCII 码，并存入目的操作数[D]中。指令格式如下：

FNC82 ASCI(P)	S	D	n

使用说明。

（1）源操作数[S]是 K、H、KnX、KnY、KnM、KnS、C、T、D、V、Z；目的操作数[D]是 KnY、KnM、KnS、C、T、D；[n]为转换字符个数，取值范围为 1～256。

（2）该指令有两种转换模式，由 M8161 控制。当 M8161 为 OFF 时，为 16 位模式；M8161 为 ON 时，为 8 位模式。在 16 位模式下，[S]中的十六进制数据转换成 ASCII 码向[D]的高 8 位和低 8 位都进行传送；在 8 位模式下，只向[D]的低 8 位传送，而[D]的高 8 位为 0。

（3）使用打印等操作输出 BCD 数据时，在执行 ASCI 指令前应将二进制转换成 BCD 码。

例 3-71：若 D100 中的内容为 0ABCH，D101 中的内容为 1234H，D102 中的内容为 5678H，请使用 ASCI 指令将十六进制数转换成 ASCII，并分析转换过程。

分析：ASCI 指令将十六进制数转换成 ASCII，可由 M8161 控制为 16 位模式还是 8 位模式。编写程序如表 3-109 所示，程序 1 为 16 位模式，程序 2 为 8 位模式。0 的 ASCII 码为 30H，1 的 ASCII 码为 31H，2 的 ASCII 码为 32H，3 的 ASCII 码为 33H，4 的 ASCII 码为 34H，5 的 ASCII 码为 35H，6 的 ASCII 码为 36H，7 的 ASCII 码为 37H，18 的 ASCII 码为 38H，A 的 ASCII 码为 41H，B 的 ASCII 码为 42H，C 的 ASCII 码为 43H。需要转换的字符数由[n]决定。

表 3-109　　　　十六进制数转换成 ASCII

<table>
<tr><td rowspan="2">程序 1
（16 位模式）</td><td>梯形图</td><td>M8000（常闭）—（M8161）
X000 —[ASCI　D100　D200　K4]</td></tr>
<tr><td>目标操作元件内容</td><td>
<table>
<tr><td>[D]＼[n]</td><td>K1</td><td>K2</td><td>K3</td><td>K4</td><td>K5</td><td>K6</td><td>K7</td><td>K8</td><td>K9</td></tr>
<tr><td>D200 低位</td><td>[C]</td><td>[B]</td><td>[A]</td><td>[0]</td><td>[4]</td><td>[3]</td><td>[2]</td><td>[1]</td><td>[8]</td></tr>
<tr><td>D200 高位</td><td></td><td>[C]</td><td>[B]</td><td>[A]</td><td>[0]</td><td>[4]</td><td>[3]</td><td>[2]</td><td>[1]</td></tr>
<tr><td>D201 低位</td><td></td><td></td><td>[C]</td><td>[B]</td><td>[A]</td><td>[0]</td><td>[4]</td><td>[3]</td><td>[2]</td></tr>
<tr><td>D201 高位</td><td></td><td></td><td></td><td>[C]</td><td>[B]</td><td>[A]</td><td>[0]</td><td>[4]</td><td>[3]</td></tr>
<tr><td>D202 低位</td><td></td><td></td><td></td><td></td><td>[C]</td><td>[B]</td><td>[A]</td><td>[0]</td><td>[4]</td></tr>
<tr><td>D202 高位</td><td></td><td></td><td></td><td></td><td></td><td>[C]</td><td>[B]</td><td>[A]</td><td>[0]</td></tr>
<tr><td>D203 低位</td><td></td><td></td><td></td><td>不变化</td><td></td><td></td><td>[C]</td><td>[B]</td><td>[A]</td></tr>
<tr><td>D203 高位</td><td></td><td></td><td></td><td></td><td></td><td></td><td></td><td>[C]</td><td>[B]</td></tr>
<tr><td>D204 低位</td><td></td><td></td><td></td><td></td><td></td><td></td><td></td><td></td><td>[C]</td></tr>
</table>
</td></tr>
</table>

续表

<table>
<tr><td>程序 1
（16 位模式）</td><td>转换结果
（[n]=K4）</td><td>D100=0ABCH
0 0 0 0 1 0 1 0 1 0 1 1 1 1 0 0
0 A B C

D200
0 1 0 0 0 0 0 1 0 0 1 1 0 0 0 0
[A]→41H [0]→30H

D201
0 1 0 0 0 0 1 1 0 1 0 0 0 0 1 0
[C]→43H [B]→42H</td></tr>
<tr><td rowspan="3">程序 2
（8 位模式）</td><td>梯形图</td><td> 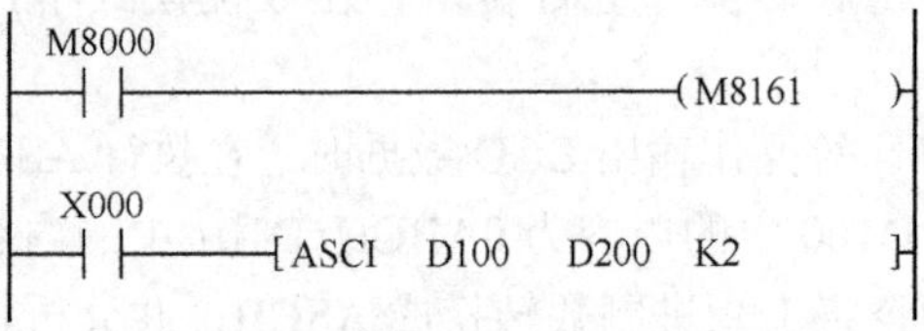M8000 —(M8161)
X000 —[ASCI D100 D200 K2]</td></tr>
<tr><td>目标操作元件内容</td><td>
<table>
<tr><td>[D] \ [n]</td><td>K1</td><td>K2</td><td>K3</td><td>K4</td><td>K5</td><td>K6</td><td>K7</td><td>K8</td><td>K9</td></tr>
<tr><td>D200</td><td>[C]</td><td>[B]</td><td>[A]</td><td>[0]</td><td>[4]</td><td>[3]</td><td>[2]</td><td>[1]</td><td>[8]</td></tr>
<tr><td>D201</td><td></td><td>[C]</td><td>[B]</td><td>[A]</td><td>[0]</td><td>[4]</td><td>[3]</td><td>[2]</td><td>[1]</td></tr>
<tr><td>D202</td><td></td><td></td><td>[C]</td><td>[B]</td><td>[A]</td><td>[0]</td><td>[4]</td><td>[3]</td><td>[2]</td></tr>
<tr><td>D203</td><td></td><td></td><td></td><td>[C]</td><td>[B]</td><td>[A]</td><td>[0]</td><td>[4]</td><td>[3]</td></tr>
<tr><td>D204</td><td></td><td></td><td></td><td></td><td>[C]</td><td>[B]</td><td>[A]</td><td>[0]</td><td>[4]</td></tr>
<tr><td>D205</td><td></td><td></td><td></td><td></td><td></td><td>[C]</td><td>[B]</td><td>[A]</td><td>[0]</td></tr>
<tr><td>D206</td><td colspan="6">不变化</td><td>[C]</td><td>[B]</td><td>[A]</td></tr>
<tr><td>D207</td><td></td><td></td><td></td><td></td><td></td><td></td><td></td><td>[C]</td><td>[B]</td></tr>
<tr><td>D208</td><td></td><td></td><td></td><td></td><td></td><td></td><td></td><td></td><td>[C]</td></tr>
</table>
</td></tr>
<tr><td>转换结果
（[n]=K2）</td><td>D100=0ABCH
0 0 0 0 1 0 1 0 1 0 1 1 1 1 0 0
0 A B C

D200=B 的 ASCII 码为 42H
0 0 0 0 0 0 0 0 0 1 0 0 0 0 1 0
4 2

D201=C 的 ASCII 码为 43H
0 0 0 0 0 0 0 0 0 1 0 0 0 0 1 1
4 3</td></tr>
</table>

4. ASCII码转十六进制数指令

ASCII码转十六进制数指令HEX，是将[n]指定源操作数[S]中的ASCII码转换成十六进制数，并存入目的操作数[D]中。指令格式如下：

FNC83 HEX(P)	S	D	n

使用说明。

（1）源操作数[S]是K、H、KnX、KnY、KnM、KnS、C、T、D、V、Z；目的操作数[D]是KnY、KnM、KnS、C、T、D；[n]为转换个数，取值范围为1～256。

（2）该指令有两种转换模式，由M8161控制。当M8161为OFF时，为16位模式；M8161为ON时，为8位模式。在16位模式下，[S]中高8位和低8位的ASCII码转换为十六进制数并进行传送；在8位模式下，只向[D]的低8位传送，而[D]的高8位为0。可见，该HEX与ASCI是两条互逆指令。

（3）输入数据为BCD时，在本指令执行后，需进行BCD→BIN转换。

5. 校验码指令

校验码指令CCD（Check Code）是将[S]指定元件开始的[n]位组成堆栈（高位和低位拆开），将各数据的总和送到[D]指定的元件中，而将堆栈中的水平奇偶校验数据（即各数据相应位进行“异或”逻辑运算）送到[D]的下一元件中。指令格式如下：

FNC84 CCD(P)	S	D	n

使用说明。

（1）源操作数[S]是KnX、KnY、KnM、KnS、C、T、D、V、Z；目的操作数[D]是KnM、KnS、C、T、D；[n]为校验数据个数，取值范围为1～256。

（2）该指令有两种转换模式，由M8161控制。当M8161为OFF时，为16位模式；M8161为ON时，为8位模式。在16位模式下，校验[S]中高8位和低8位并进行传送；在8位模式下，只校验[S]的低8位，而[S]的高8位忽略。

（3）该指令适用于通信数据的校验。

例3-72：校验码指令的使用如表3-110所示。在程序1中，PLC一通电，M8000触点为OFF，使M8161为0，当X000触点为ON时，执行16位CCD校验模式，校验D100～D104中高、低8位。执行16位校验模式后，送给D201的奇偶校验结果为H6E，送给D200的总和校验为k1088。在程序2中，PLC一通电，M8000触点为ON，M8161为1，执行8位CCD校验模式，校验D100～D109中低8位。执行8位校验模式后，送给D201的奇偶校验结果为H37，送给D200的总和校验为k1415。

表3-110　校验码指令的使用

程序1（16位模式）	梯形图	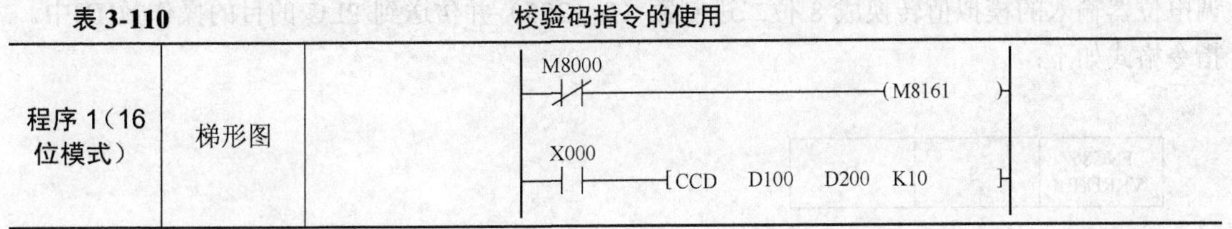

续表

		源操作数[S]		十进制数	二进制数（8 位）							
程序 1（16 位模式）	源操作数内容	D100	低 8 位	K121	0	1	1	1	1	0	0	1
			高 8 位	K85	0	1	0	1	0	1	0	1
		D101	低 8 位	K96	0	1	1	0	0	0	0	0
			高 8 位	K154	1	0	0	1	1	0	1	0
		D102	低 8 位	K129	1	0	0	0	0	0	0	1
			高 8 位	K25	0	0	0	1	1	0	0	1
		D103	低 8 位	K134	1	0	0	0	0	1	1	0
			高 8 位	K89	0	1	0	1	1	0	0	1
		D104	低 8 位	K176	1	0	1	1	0	0	0	0
			高 8 位	K79	0	1	0	0	1	1	1	1
	校验码	奇偶校验		D201=01101110								
		总和校验		D200=K1088=10001000000								
程序 2（8 位模式）	梯形图	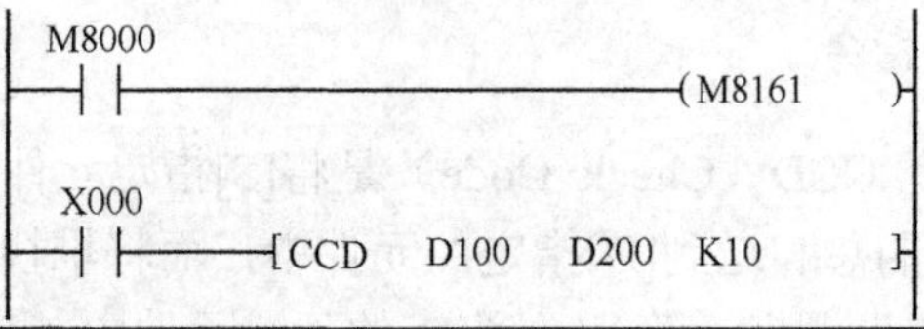 M8000 —| |— (M8161) X000 —| |— [CCD D100 D200 K10]										
	源操作数内容	源操作数[S]		十进制数	二进制数（8 位）							
		D100		K93	0	1	0	1	1	1	0	1
		D101		K123	0	1	1	1	1	0	1	1
		D102		K215	1	1	0	1	0	1	1	1
		D103		K108	0	1	1	0	1	1	0	0
		D104		K92	0	1	0	1	1	1	0	0
		D105		K247	1	1	1	1	0	1	1	1
		D106		K186	1	0	1	1	1	0	1	0
		D107		K83	0	1	0	1	0	0	1	1
		D108		K58	0	0	1	1	1	0	1	0
		D109		K210	1	1	0	1	0	0	1	0
	校验码	奇偶校验		D201=00110111								
		总和校验		D200=K1415=10110000111								

6. 电位器值读出指令

电位器值读出指令 VRRD（Variable Resistor Read）是将[S]指定的模块量扩展板上某个可调电位器输入的模拟值转换成 8 位二进制数（0～255）并传送到 PLC 的目的操作数[D]中。指令格式如下：

FNC85 VRRD(P)	S	D

使用说明：

[S]指定电位器序号 VR0～VR7；[D]是 KnY、KnM、KnS、C、T、D、V、Z。

7．电位器值刻度指令

电位器值刻度指令 VRSC（Variable Resistor Scale）是将[S]指定的模块量扩展板上某个可调电位器的刻度 0～10 转换成二进制值并传送到 PLC 的目的操作数[D]中。指令格式如下：

FNC86 VRSC(P)	S	D

（1）[S]指定电位器序号 VR0～VR7；[D]是 KnY、KnM、KnS、C、T、D、V、Z。

（2）旋转可调电位器 VR0～VR7 的刻度 0～10，可以将数值通过四舍五入化成 0～10 的整数值。

8．PID 运算指令

在 FX 系列 PLC 中提供 PID（Proportional Integral Derivative，即比例—微分—积分）功能以实现有模拟量的自动控制领域中需要按照 PID 控制规律进行自动调节的控制任务，如温度、压力、流量等。PID 指令格式如下：

FNC88 PID	S1	S2	S3	D

使用说明。

（1）[S1]用于设定目标值（SV）；[S2]用于设定测定现在值（PV）；[S3]为控制参数的设定；[D]为输出值（MV），执行程序时，运算结果（MV）被存入[D]中。

（2）对于[D]最好指定为非电池保持的数据寄存器，若指定为 D200 以上的电池保持的数据寄存器，在 PLC 运行时，必须用程序清除保持的内容。

1）PID 参数设定

控制用参数的设定值在 PID 运算前必须预先通过 MOV 等指令写入。若使用停电保持区域的数据寄存器时，在 PLC 的电源断开后，设定值仍保持，因此不需进行再次写入。通常需对以[S3]起始 25 个数据寄存器进行参数设定，其设置如表 3-111 所示。

表 3-111　　PID 参数设定

<table>
<tr><th>设定单元</th><th>设定功能</th><th colspan="3">设定说明</th></tr>
<tr><td>[S3]</td><td>采样时间（T_s）</td><td colspan="3">T_s 设定范围为 1～32767ms，若设定值小于扫描周期则无法执行</td></tr>
<tr><td rowspan="8">[S3]+1</td><td rowspan="8">动作方向
（ACT）</td><td>位</td><td>0</td><td>1</td></tr>
<tr><td>b0</td><td>正动作</td><td>逆动作</td></tr>
<tr><td>b1</td><td>无输入变化量报警</td><td>有输入变化量报警</td></tr>
<tr><td>b2</td><td>无输出变化量报警</td><td>有输出变化量报警</td></tr>
<tr><td>b3</td><td colspan="2">不可使用</td></tr>
<tr><td>b4</td><td>不执行自动调节</td><td>执行自动调节</td></tr>
<tr><td>b5</td><td>不设定输出值上下限</td><td>输出值上下限设定有效</td></tr>
<tr><td>b6～b15</td><td colspan="2">不可使用</td></tr>
</table>

续表

<table>
<tr><th>设定单元</th><th>设定功能</th><th colspan="3">设定说明</th></tr>
<tr><td>[S3]+2</td><td>输入滤波常数（α）</td><td colspan="3">α 设定范围为 0%～99%，为 0 时无输入滤波</td></tr>
<tr><td>[S3]+3</td><td>比例增益（K_p）</td><td colspan="3">K_p 设定范围为 1%～32767%</td></tr>
<tr><td>[S3]+4</td><td>积分时间（T_I）</td><td colspan="3">T_I 设定范围为 0～32767（×100ms），0 时作为∞处理（无积分）</td></tr>
<tr><td>[S3]+5</td><td>微分增益（K_D）</td><td colspan="3">K_D 设定范围为 0%～100%，0 时无积分增益</td></tr>
<tr><td>[S3]+6</td><td>微分时间（T_D）</td><td colspan="3">T_D 设定范围为 0～32767（×10ms），0 时作为无微分处理</td></tr>
<tr><td>[S3]+7～[S3]+19</td><td colspan="4">PID 运算的内部处理占用</td></tr>
<tr><td>[S3]+20</td><td>输入变化量（增量）报警设定值</td><td colspan="3">设定范围为 0～32767([S3]+1 动作方向 ACT 的 b1=1 时有效）</td></tr>
<tr><td>[S3]+21</td><td>输入变化量（减量）报警设定值</td><td colspan="3">设定范围为 0～32767([S3]+1 动作方向 ACT 的 b1=1 时有效）</td></tr>
<tr><td>[S3]+22</td><td>输出变化量（增量）报警设定值</td><td colspan="3">设定范围为 0～32767（ACT 的 b2=1、b5=0 时有效），另外输出上限设定范围为–32768～32767（ACT 的 b2=0、b5=1 时有效）</td></tr>
<tr><td>[S3]+23</td><td>输出变化量（减量）报警设定值</td><td colspan="3">设定范围为 0～32767（ACT 的 b2=1、b5=0 时有效），另外输出下限设定范围为–32768～32767（ACT 的 b2=0、b5=1 时有效）</td></tr>
<tr><td rowspan="5">[S3]+24</td><td rowspan="5">报警输出</td><td>位</td><td>报警输出</td><td>说明</td></tr>
<tr><td>b0=1</td><td>输入变化量（增量）溢出</td><td rowspan="4">这些位必须是 ACT 的 b1=1 或 b2=1 时有效</td></tr>
<tr><td>b1=1</td><td>输入变化量（减量）溢出</td></tr>
<tr><td>b2=1</td><td>输出变化量（增量）溢出</td></tr>
<tr><td>b3=1</td><td>输出变化量（减量）溢出</td></tr>
</table>

2）控制参数说明

PID 指令可同时多次执行（循环次数无限制），但是用于运算的[S3]或[D]中的软元件号不能重复。

PID 指令在定时器中断、子程序、步进梯形图、跳转指令中也可使用。在这种情况下，执行 PID 指令前应先将[S3]+7 单元清除后再使用。

采样时间 T_s 的最大误差为：－（1 个扫描周期+1ms）～+（1 个扫描周期）。若 T_s 小于扫描周期，应使用恒定扫描模式，或在定时器中断程序中编程。

如果采样时间 T_s 小于 PLC 的 1 个扫描周期时，将发生以下 PID 运算错误（错误代码为 K6740），并以 T_s 等于 1 个扫描周期执行 PID 运算。在这种情况下，最好在定时器中断（I6□□～I8□□）中使用 PID 指令。

① 输入滤波常数具有使测定值平滑变化的效果。

② 微分增益有缓和输出值剧烈变化的效果。

动作方向由[S3]+1（ACT）的 b0 位控制，b0=0 时，正动作；b0=1 时，逆动作。设定输出值上下限是否有效，由[S3]+1（ACT）的 b5 位控制。若 b5=1，则输出值上下限的设定有效，在这种情况下，它也有抑制 PID 控制的积分项增大的效果，但是在使用这个功能时，必须将[S3]+1（ACT）的 b2 设置为 0。

将[S3]+1（ACT）的 b1 位和 b2 位置 1 后，用户可根据[S3]+20～[S3]+23 的值任意检查输入变化量和输出变化量。超出被设定的输入输出变化量时，报警标志[S3]+24 的各位在其 PID 指令执行后立刻为 ON，如图 3-31 所示，但是[S3]+21、[S3]+23 作为报警值使用时，被设定值作为负值处理。另外使用输出变化量（变化量=前次的值−这次的值）的报警功能时，[S3]+1（ACT）的 b5 必须设置为 OFF 状态。

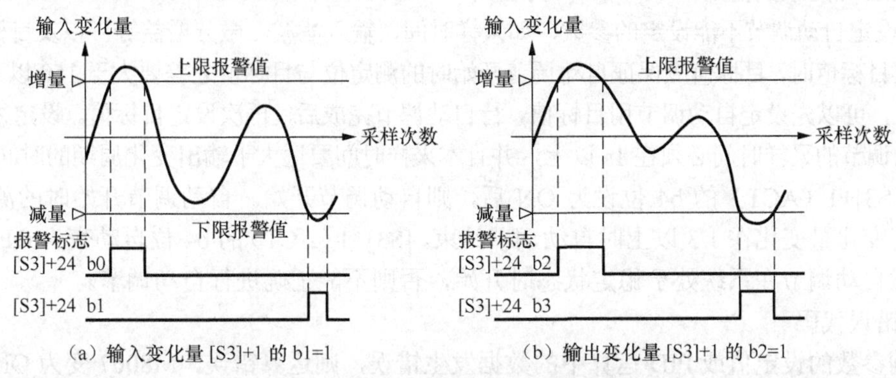

图 3-31　输入和输出处理变化量设定与报警

3）PID 的 3 个常数求法

为了执行 PID 控制得到良好的控制结果，必须求得适合于控制对象各常数（参数）的最佳值。PID 的 3 个常数为比例增益 K_p、积分时间 T_I 和微分时间 T_D。求解方法有阶跃响应法。阶跃响应法是对控制系统施加 0→100%（也可以是 0→75%或 0→50%）的阶跃输出，由输入值变化判断动作特性（最大倾斜 R、无用时间 L）来求得 PID 的 3 个常数的方法，如表 3-112 所示。

表 3-112　　　　　　　　　PID 的 3 个常数求法

<table>
<tr><td rowspan="2">动作特性</td><td colspan="2">输出值</td><td colspan="2">输入值的变化量</td></tr>
<tr><td colspan="2">输出值
100%
0%
输出值（MV）
时间（s）</td><td colspan="2">输入值变化量
最大倾斜 R
无用时间 L
1s
时间（s）</td></tr>
<tr><td rowspan="4">动作特性和 3 个常数</td><td></td><td>比例增益 K_p%</td><td>积分时间 T_I（×100ms）</td><td>微分时间 T_D（×100ms）</td></tr>
<tr><td>仅有比例控制（P 动作）</td><td>（1/R×L）×输出值（MV）</td><td>-</td><td>-</td></tr>
<tr><td>PI 控制（PI 动作）</td><td>（0.9/R×L）×输出值（MV）</td><td>33L</td><td>-</td></tr>
<tr><td>PID 控制（PID 动作）</td><td>（1.2/R×L）×输出值（MV）</td><td>20L</td><td>50L</td></tr>
</table>

4）自动调节功能

使用自动调节功能可以得到最佳 PID 控制，用阶跃响应法自动设定重要常数（动作方向（[S3]+1 的 b0 位、比例增益（[S3]+3）、积分时间（[S3]+4）、微分时间（[S3]+6））。自动调节方法如下。

① 传送自动调节用的（采样时间）输出到[D]中。这个自动调节用的输出值可根据输出设备在输出可能最大值的 50%～100%内使用。

② 设定自动调节不能设定的参数，如采样时间、输入滤波、微分增益等，以及目标值等。注意设定目标值时，目标值应保证自动调节开始时的测定位与目标值之差要大于 150 以上，如果不能满足，可以先设定自动调节用目标值，待自动调节完成后，再次设定目标值。设定采样时间时，自动调节的采样时间必须在 1s 以上，并且本采样时间要远大于输出变化周期的时间值。

③ [S3]+1（ACT）的 b4 位设为 ON 后，则自动调节开始。自动调节开始时的测定值达到目标值变化量变化在 1/3 以上时自动调节结束，[S3]+1（ACT）的 b4 位自动变为 OFF 状态。

注意自动调节在系统处于稳定状态时开始，否则不能正确进行自动调节。

5）错误代码

控制参数的设定值或 PID 运算中的数据发生错误，则运算错误，M8067 变为 ON 状态，D8067 中存在的错误代码，如表 3-113 所示。

表 3-113　　D8067 中的错误代码

错误代码	错误内容	处理状态	处理方法
K6705	应用指令的操作数在对象软元件范围外	PID 命令运算停止	确认控制数据的内容
K6706	应用指令的操作数元件号范围和数据值溢出		
K6730	采样时间 T_s 在对象软元件范围外（$T_s<0$）		
K6732	输入滤波常数在对象 α 范围外（$\alpha<0$ 或 $100<\alpha$）		
K6733	比例增益 K_p 在对象范围外 $K_p<0$		
K6734	积分时间 T_I 在对象范围外 $T_I<0$		
K6735	微分增益 K_D 在对象范围外 $K_D<0$ 或 $201<K_D$		
K6736	微分时间 T_D 在对象范围外 $K_D<0$	PID 命令运算继续	
K6740	采样时间 T_s<扫描周期		
K6742	测定值变化量超过 $PV<-32768$ 或 $PV>32767$		
K6743	偏差超过 $EV<-32768$ 或 $EV>32767$		
K6744	积分计算值超过–32768～32767		
K6745	微分增益 K_p 超过 0%～100%		
K6746	微分计算值超过–32768～32767		
K6747	PID 运算结果超过–32768～32767		
K6750	自动调节结果不良	自动调节结束	自动调节开始时的测定值和目标值的差为 150 以下或自动调节开始时的测定值和目标值的差的 1/3 以上，则结束确认测定值、目标值后，需再次进行自动调节
K6751	自动调节动作方向不一致	自动调节继续	从自动调节开始时的测定值预测的动作方向和自动调节输出时实际动作方向不一致。请使目标值自动调节用输出值和测定值的关系正确后再进行自动调节

续表

错误代码	错误内容	处理状态	处理方法
K6752	自动调节动作不良	自动调节结束	自动调节中测定值因上下变化不能正确动作。请使采样时间远大于输出的变化周期，增大输入滤波常数。设定变更后再进行自动调节

注意：PID 运算执行前，必须将正确的测定值读入 PID 测定值 PV 中。特别对模拟量输入模块的输入值进行 PID 运算时，须注意其转换时间。

6）PID 命令的基本运算公式

PID 控制根据[S3]+1（ACT）的 b0 位指定执行正动作或逆动作的运算式。PID 命令的基本运算公式如表 3-114 所示。

表 3-114　PID 的基本运算公式

动作方向	PID 运算方式
正动作	$\Delta MV = K_p\left[\left(EV_n - EV_{n-1}\right)+\frac{T_S}{T_I}EV_n + D_n\right]$ $EV_n = PV_{nf} - SV$ $D_n = \frac{T_D}{T_S+\alpha_D T_D}\left(-2PV_{nf-1}+PV_{nf}+PV_{nf-2}\right)+\frac{\alpha_D T_D}{T_S+\alpha_D T_D}D_{n-1}$ $MV_n = \sum \Delta MN$
逆动作	$\Delta MV = K_p\left[\left(EV_n - EV_{n-1}\right)+\frac{T_S}{T_I}EV_n + D_n\right]$ $EV_n = SV - PV_{nf}$ $D_n = \frac{T_D}{T_S+\alpha_D T_D}\left(2PV_{nf-1}-PV_{nf}+PV_{nf-2}\right)+\frac{\alpha_D T_D}{T_S+\alpha_D T_D}D_{n-1}$ $MV_n = \sum \Delta MN$

公式中符号说明：EV_n 为本次采样时的偏差；EV_{n-1} 为上次采样时的偏差；SV 为设定目标值；PV_{nf} 为本次采样时的测定值（滤波后）；PV_{nf-1} 为 1 个周期前的测定值（滤波后）；PV_{nf-2} 为 2 个周期前的测定值（滤波后）；ΔMV 为输出变化量；MV_n 为本次输出控制量；D_n 为本次的微分项；D_{n-1} 为上一个采样时周期前的微分项；Kp 为比例增益；T_S 为采样周期；T_I 为积分常数；T_D 为微分常数；α_D 为微分增益。

PV_{nf} 是根据读入的当前过程值，由运算式 $PV_{nf} = PV_n + L\left(PV_{nf-1} - PV_n\right)$ 求得的。其中 PV_n 为本次采样时测定值；L 为滤波系数；PV_{nf-1} 为 1 个周期前的测定值（滤波后）。

例 3-73：温度箱加温闭环控制系统如图 3-32 所示，FX2N-48MR 的 Y001 驱动电加热器给温度箱加热。温度传感器（热电偶）测定温度箱的温度模拟信号通过模拟输入模块 FX2N-4AD-TC 转换成数字信号，使 PLC 控制温度箱的温度保持在 50℃。X010 控制该系统自动调节湿度；X011 为自动调节+PID 调节控制温度调节。

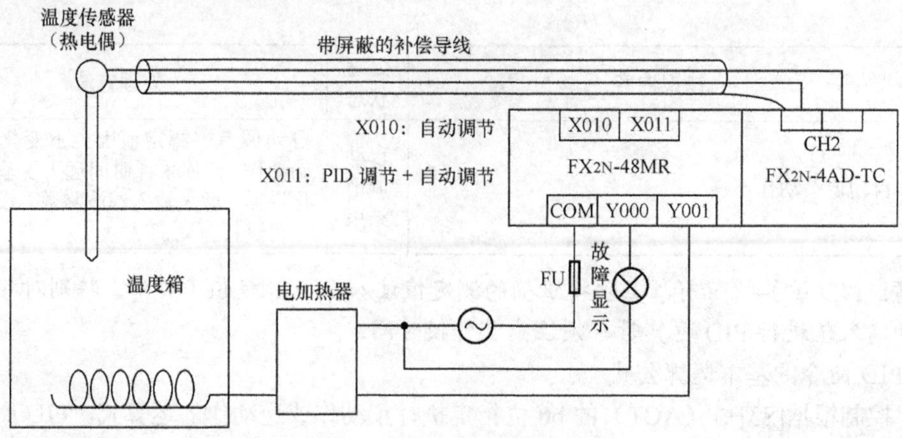

图 3-32　温度箱加温闭环控制系统

分析：从系统图可看出，该系统有可自动调节温度或由 PID 调节温度的功能。图中输入模块 FX2N-4AD-TC 与 FX2N-48MR 单元连接，编号为 0，它有 4 个通道，在此系统中选用通道 2，而其他通道不使用。温度箱的加热动作及相关参数设置如表 3-115 所示。

表 3-115　　温度箱加热动作及相关参数设置

加热动作	自动调节	1800ms / 2000ms；1800ms / 2000ms；1800ms / 2000ms；1800ms / 2000ms				
	PID 调节	D502×1ms / 2000ms；D502×1ms / 2000ms；D502×1ms / 2000ms；D502×1ms / 2000ms				
参数设置		设定内容	软元件		自动调节	PID 调节
	目标值	温度	[S1]	D500	500（50℃）	500（50℃）
	参数设置	采样时间（T_s）	[S3]	D510	3000（ms）	500（ms）
		输入滤波常数（α）	[S3]+2	D512	70%	70%
		微分增益（K_D）	[S3]+5	D515	0%	0%
		输出值上限	[S3]+22	D522	3000（ms）	500（ms）
		输出值下限	[S3]+23	D523	0	0
	动作方向（ACT）	输入变化量报警	[S3]+1	D511	b1=1（无）	b1=1（无）
		输出变化量报警			b2=1（无）	b2=1（无）
		输出值上下限设定			b5=1（有）	b5=1（有）
	输出值		[D]	Y001	1800（ms）	根据运算

FX2N-4AD-TC 的 BFM#0 中设定值应为 H3303，3303 从最低位到最高位数字分别表示 CH1～CH4 的设定方式，每位数字可由 0～3 表示，0 表示 CH2 的设定输入电压范围为 −10V+10V，3 表示该通道不使用。当 X010 有效时，自动调节温度箱加温；当 X011 有效时，自动调节+PID 调节温度箱加热。因此程序可使用 CALL 指令来选择自动调节还是 PID 调节+自动调节，编写程序如图 3-33 所示。

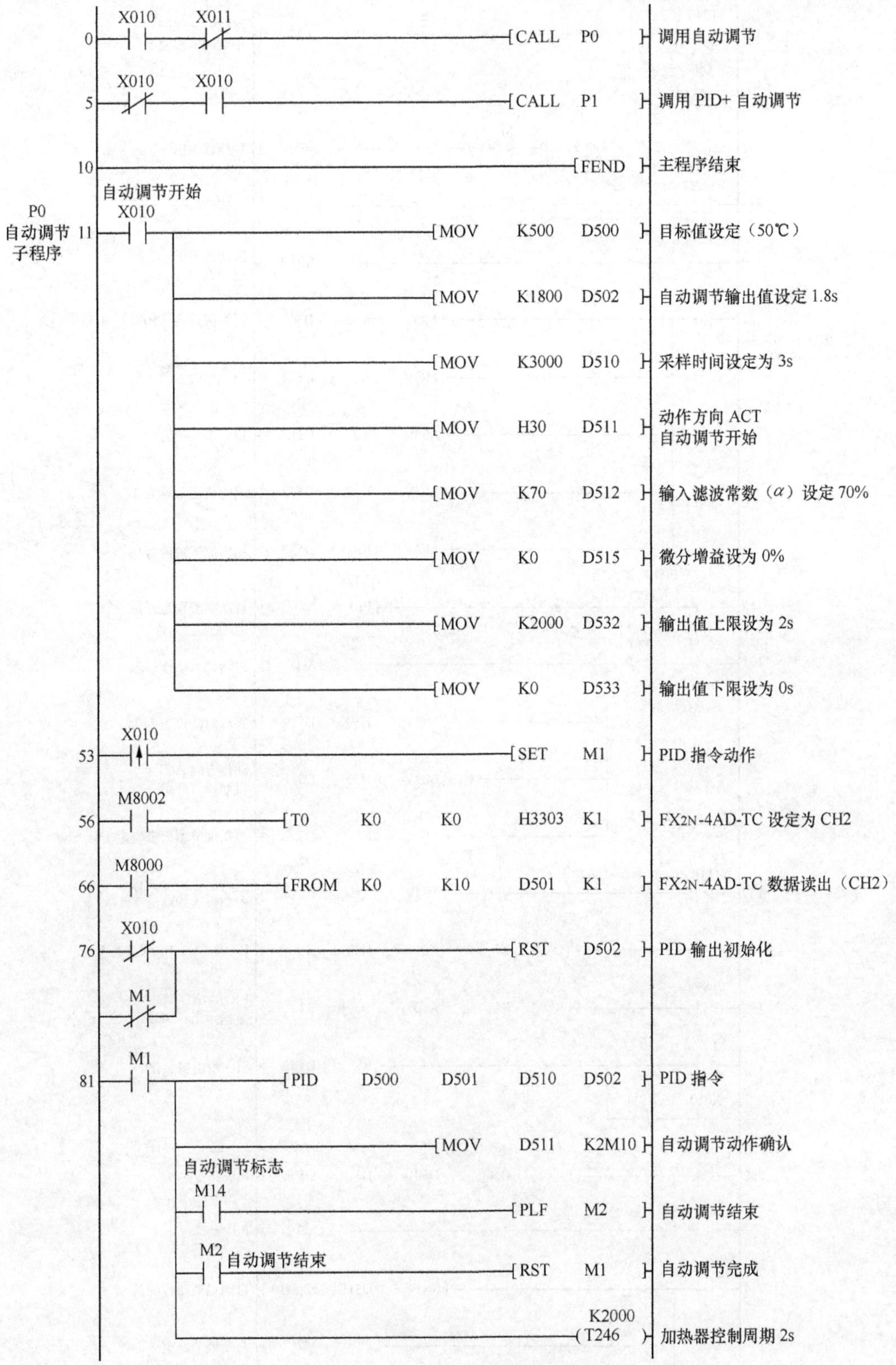

```
      X010    X011
 0 ──┤ ├──────┤/├──────────────[CALL  P0]              调用自动调节

      X010    X010
 5 ──┤/├──────┤ ├──────────────[CALL  P1]              调用PID+自动调节

10 ────────────────────────────[FEND]                  主程序结束

      自动调节开始
P0    X010
自动调节 11 ──┤ ├──┬──[MOV  K500   D500]                目标值设定（50℃）
子程序            ├──[MOV  K1800  D502]                自动调节输出值设定1.8s
                 ├──[MOV  K3000  D510]                采样时间设定为3s
                 ├──[MOV  H30    D511]                动作方向ACT
                 │                                     自动调节开始
                 ├──[MOV  K70    D512]                输入滤波常数（α）设定70%
                 ├──[MOV  K0     D515]                微分增益设为0%
                 ├──[MOV  K2000  D532]                输出值上限设为2s
                 └──[MOV  K0     D533]                输出值下限设为0s

      X010
53 ──┤↑├───────────────────────[SET   M1]              PID指令动作

      M8002
56 ──┤ ├────[TO    K0   K0    H3303  K1]              FX2N-4AD-TC设定为CH2

      M8000
66 ──┤ ├────[FROM  K0   K10   D501   K1]              FX2N-4AD-TC数据读出（CH2）

      X010
76 ──┤/├──┬────────────────────[RST   D502]            PID输出初始化
      M1  │
   ──┤/├──┘

      M1
81 ──┤ ├──┬──[PID  D500  D501  D510  D502]            PID指令
          ├──[MOV  D511  K2M10]                       自动调节动作确认
          │  自动调节标志
          │  M14
          ├──┤ ├──────────[PLF  M2]                    自动调节结束
          │  M2 自动调节结束
          ├──┤ ├──────────[RST  M1]                    自动调节完成
          │                        K2000
          └─────────────────────(T246)                 加热器控制周期2s
```

图3-33 温度箱加温闭环控制系统程序

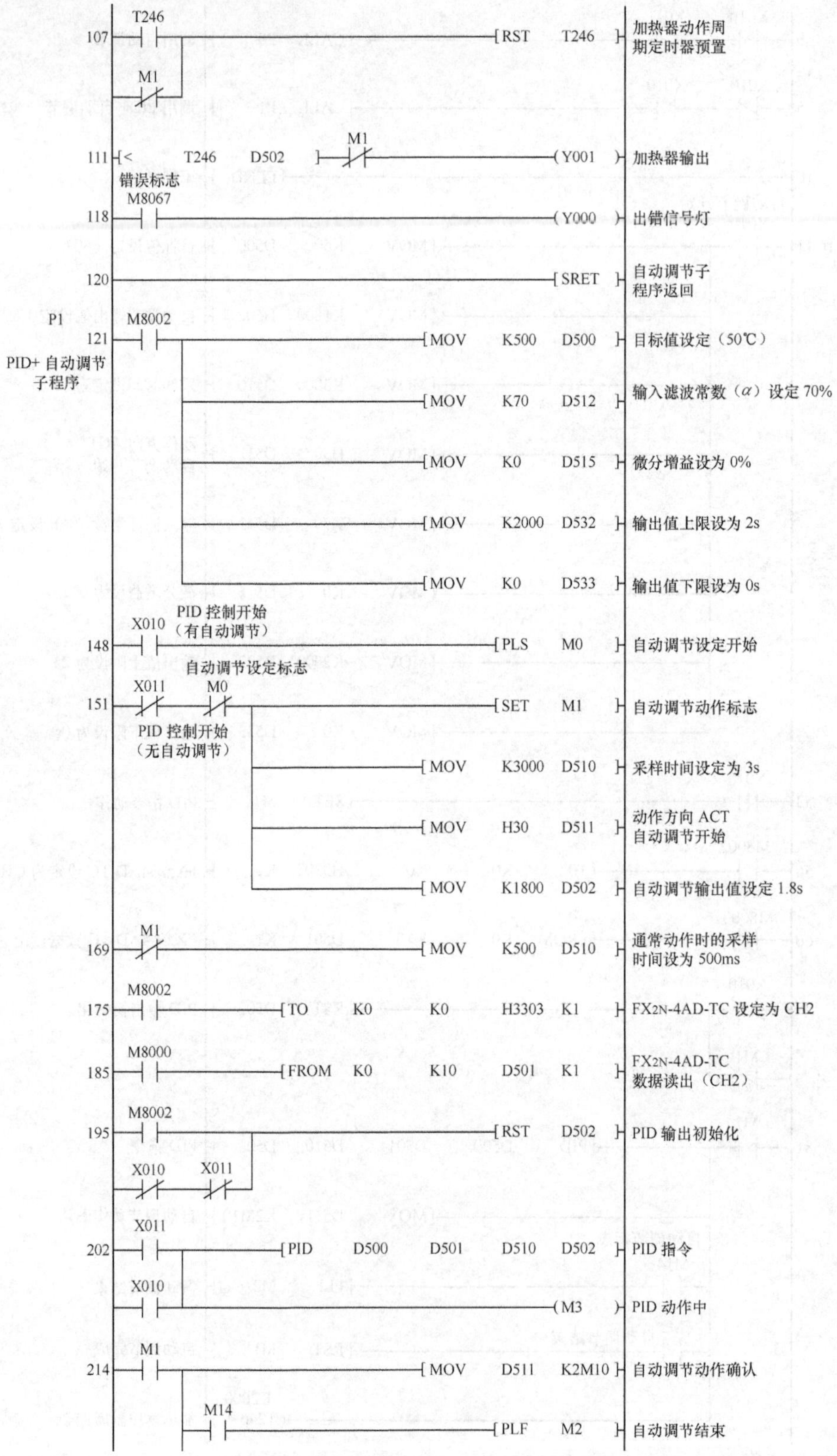

```
       T246
107 ──┤ ├──┬──────────────────────[RST   T246      ]  加热器动作周期定时器预置
       M1  │
    ──┤/├──┘

111 ─[<   T246   D502 ]──┤/├(M1)──────────(Y001    )  加热器输出
       错误标志
       M8067
118 ──┤ ├─────────────────────────────────(Y000    )  出错信号灯

120 ──────────────────────────────────────[SRET    ]  自动调节子程序返回

P1     M8002
121 ──┤ ├──┬──────────────[MOV   K500    D500      ]  目标值设定（50℃）
PID+自动调节 │
子程序      ├──────────────[MOV   K70     D512      ]  输入滤波常数（α）设定 70%
           ├──────────────[MOV   K0      D515      ]  微分增益设为 0%
           ├──────────────[MOV   K2000   D532      ]  输出值上限设为 2s
           └──────────────[MOV   K0      D533      ]  输出值下限设为 0s

       X010  PID 控制开始（有自动调节）
148 ──┤ ├─────────────────────────────[PLS   M0    ]  自动调节设定开始
                 自动调节设定标志
       X011      M0
151 ──┤/├───────┤/├──┬────────────────[SET   M1    ]  自动调节动作标志
    PID 控制开始      │
    （无自动调节）    ├───────[MOV   K3000   D510   ]  采样时间设定为 3s
                     ├───────[MOV   H30     D511   ]  动作方向 ACT 自动调节开始
                     └───────[MOV   K1800   D502   ]  自动调节输出值设定 1.8s
       M1
169 ──┤/├─────────────────────[MOV   K500    D510  ]  通常动作时的采样时间设为 500ms

       M8002
175 ──┤ ├────────[TO    K0    K0    H3303   K1     ]  FX2N-4AD-TC 设定为 CH2

       M8000
185 ──┤ ├────────[FROM  K0    K10   D501    K1     ]  FX2N-4AD-TC 数据读出（CH2）

       M8002
195 ──┤ ├───────────┬─────────────────[RST   D502  ]  PID 输出初始化
       X010   X011  │
    ──┤/├────┤/├────┘

       X011
202 ──┤ ├──┬─────[PID   D500   D501   D510   D502  ]  PID 指令
       X010│
    ──┤ ├──┴──────────────────────────(M3          )  PID 动作中

       M1
214 ──┤ ├──┬─────────────[MOV   D511   K2M10       ]  自动调节动作确认
           │  M14
           └──┤ ├────────────────────[PLF   M2     ]  自动调节结束
```

图 3-33　温度箱加温闭环控制系统程序（续）

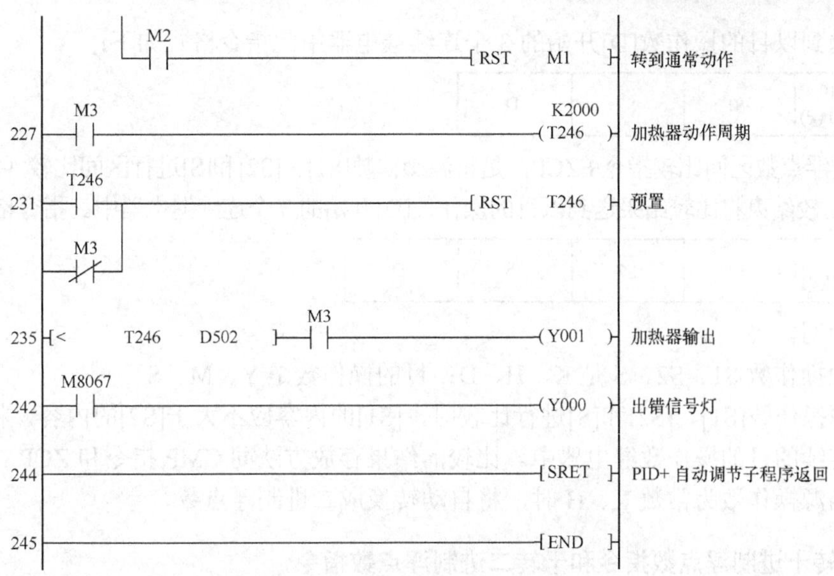

图 3-33 温度箱加温闭环控制系统程序（续）

3.3.11 浮点运算指令

浮点运算指令主要用于二进制浮点数的比较、加、减、乘、除、开方以及三角函数等操作，共有14条指令，指令功能编号为FNC110、FNC111、FNC118～FNC123、FNC127、FNC129～FNC132、FNC147，如表3-116所示。

表 3-116 浮点数指令

指令代号	指令助记符	指令名称	适用机型	程序步
FNC110	ECMP	二进制浮点数比较	FX2N、FX3U	13步
FNC111	EZCP	二进制浮点数区间比较	FX2N、FX3U	17步
FNC118	EBCD	二转十进制浮点数	FX2N、FX3U	9步
FNC119	EBIN	十转二进制浮点数	FX2N、FX3U	9步
FNC120	EADD	二进制浮点数加法	FX2N、FX3U	13步
FNC121	ESUB	二进制浮点数减法	FX2N、FX3U	13步
FNC122	EMUL	二进制浮点数乘法	FX2N、FX3U	13步
FNC123	EDIV	二进制浮点数除法	FX2N、FX3U	13步
FNC127	ESQR	二进制浮点数开平方	FX2N、FX3U	9步
FNC129	INT	二进制浮点数转整数	FX2N、FX3U	5/9步
FNC130	SIN	二进制浮点数正弦运算	FX2N、FX3U	9步
FNC131	COS	二进制浮点数余弦运算	FX2N、FX3U	9步
FNC132	TAN	二进制浮点数正切运算	FX2N、FX3U	9步
FNC147	SWAP	高低字节交换	FX2N、FX3U	3/5步

1．二进制浮点数比较指令和二进制浮点数区间比较指令

二进制浮点数比较指令ECMP是将两个源操作数[S1]和[S2]的内容（二进制）进行比较，

比较结果送到以目的操作数[D]开始的 3 个连续继电器中。指令格式如下：

FNC110 (D)ECMP(P)	S1	S2	D

二进制浮点数区间比较指令 EZCP，是将源操作数[S1]、[S2]和[S]进行区间比较（源操作数为浮点数），比较结束将比较结果送到以目的操作数[D]开始的 3 个连续继电器中。指令格式如下：

FNC111 (D)EZCP(P)	S1	S2	S	D

使用说明。

（1）源操作数 S1、S2、S 是 K、H、D；目的操作数是 Y、M、S。

（2）源操作数[S1]、[S2]和[S]进行比较时，[S1]的内容应不大于[S2]的内容，将比较结果放入 3 个连续的目的操作数继电器中。比较的结果存放方法同 CMP 指令和 ZCP 指令。

（3）当源操作数为常数 K、H 时，将自动转换成二进制浮点数。

2. 二转十进制浮点数指令和十转二进制浮点数指令

二转十进制浮点数 EBCD 指令是将源操作数[S]指定的二进制浮点数转换成十进制浮点数，存入目的操作数[D]中。指令格式如下：

FNC118 (D)EBCD(P)	S	D

十转二进制浮点数 EBIN 指令是将源操作数[S]指定的十进制浮点数转换成二进制浮点数，存入目的操作数[D]中。指令格式如下：

FNC119 (D)EBIN(P)	S	D

使用说明。

（1）源操作数和目的操作数必须是 D。

（2）二进制浮点数尾数部分 23 位，指数部分 8 位，符号 1 位。

例 3-74：将 3.1415 转换成二进制浮点数。

分析：用 EBIN 指令可以将十进制浮点数 3.1415 转换成二进制浮点数。转换前，先将 K31415 送入 D10 中，K-4（3.1415 有 4 位小数）送入 D11 中，然后执行 EBIN 指令即可。程序如表 3-117 所示。

表 3-117　　十进制浮点数转二进制浮点数

梯形图	指令表
0 ─┤X000├─┬─[MOVP K31415 D10] ├─[MOVP K-4 D11] └─[DEBIN D10 D20] 20 ─[END]	0 LD X000 1 MOVP K31415 D10 6 MOVP K-4 D11 11 DEBIN D10 D20 20 END

3. 二进制浮点数加、减、乘、除法指令

二进制浮点数加法指令 EADD 是将源操作数的二进制浮点数进行相加，运算结果送到目的操作数中。指令格式如下：

FNC120 (D)EADD(P)	S1	S2	D

二进制浮点数减法指令 EMUL 是将源操作数的二进制浮点数进行相减，运算结果送到目的操作数中。指令格式如下：

FNC121 (D)ESUB(P)	S1	S2	D

二进制浮点数乘法指令 ESUB 是将源操作数的二进制浮点数进行相乘，运算结果送到目的操作数中。指令格式如下：

FNC122 (D)EMUL(P)	S1	S2	D

二进制浮点数除法指令 EDIV 是将源操作数的二进制浮点数进行相除，运算结果送到目的操作数中。指令格式如下：

FNC123 (D)EDIV(P)	S1	S2	D

使用说明。

（1）源操作数[S1]和[S2]是 K、H、D；目的操作数[D]只能是 D。

（2）二进制浮点数的加、减、乘、除法与加法（ADD）、减法（SUB）、乘法（MUL）、除法（DIV）指令的使用方法类似，运算结果同样影响相应位标志。

（3）当源操作数为常数 K、H 时，将自动转换成二进制浮点数。

4. 二进制浮点数开平方指令

ESOR 是将源操作数[S]的二进制浮点数开平方运算，结果以二进制浮点数存放在目的操作数[D]中。指令格式如下：

FNC127 (D)ESOR(P)	S	D

使用说明。

（1）源操作数[S]可是 K、H、D；目的操作数[D]只能是 D。

（2）源操作数[S]中的二进制浮点数值应为正，否则运算出错，M8067 置 1。如果运算结果为 0 时，零标志 M8020 置 1。

（3）当源操作数为常数 K、H 时，将自动转换成二进制浮点数。

5. 二进制浮点数转整数指令

二进制浮点数转整数指令 INT 是将源操作数[S]的二进制浮点数转换成二进制整数，舍去小数点后的值，取其二进制整数存放在目的操作数[D]中。指令格式如下：

FNC129 (D)INT(P)	S	D

使用说明。

（1）源操作数[S]和目的操作数[D]只能是 D。

（2）该指令是 FLT 指令的逆变换。

（3）运算结果为 0 时，零标志 M8020 置 1；若转换时的值小于 1 舍去小数后，整数为 0，借位标志 M8021 置 1；运算结果超过 16 位或 32 位的数据范围时，进位标志 M8022 置 1。

6．二进制浮点数正弦、余弦、正切指令

二进制浮点数正弦指令 SIN 用于计算源操作数[S]中的二进制浮点数弧度值对应的正弦值，并将结果存入目的操作数[D]中。指令格式如下：

FNC130 (D)SIN(P)	S	D

二进制浮点数余弦指令 COS 用于计算源操作数[S]中的二进制浮点数弧度值对应的余弦值，并将结果存入目的操作数[D]中。指令格式如下：

FNC131 (D)COS(P)	S	D

二进制浮点数正切指令 TAN 用于计算源操作数[S]中的二进制浮点数弧度值对应的正切值，并将结果存入目的操作数[D]中。指令格式如下：

FNC132 (D)TAN(P)	S	D

使用说明。

（1）源操作数[S]和目的操作数[D]只能是 D。

（2）弧度（RAD）=角度×π/180，角度的范围为：0～2π。

例 3-75：求对应角度的 $\sin\varphi$、$\cos\varphi$、 $\tan\varphi$。

分析：$\sin\varphi$、$\cos\varphi$、$\tan\varphi$ 的角度采用弧，因此在计算三角函数时应使用弧度公式：弧度（RAD）=角度×π/180 将角度转换成弧度值。编写程序如表 3-118 所示，程序中 X000、X001 和 X002 用于选择输入的角度。

表 3-118　　求对应角度程序

梯形图	指令表
0 X000 —[MOVP K30 D0] 6 X001 —[MOVP K45 D0] 12 X002 —[MOVP K60 D0] 18 M8000 —[FLT D0 D10] —[DEDIV K31415926 K1800000000 D20] —[DEMUL D10 D20 D30]	0 LD X000 1 MOVP K30 D0 6 LD X001 7 MOVP K45 D0 12 LD X002 13 MOVP K60 D0 18 LD M8000 19 FLT D0 D10 24 DEDIV K31415926 K1800000000 D20 37 DEMUL D10 D20 D30 50 LD M0 51 DSIN D30 D40 60 LD M1 61 DCOS D30 D42 70 LD M2

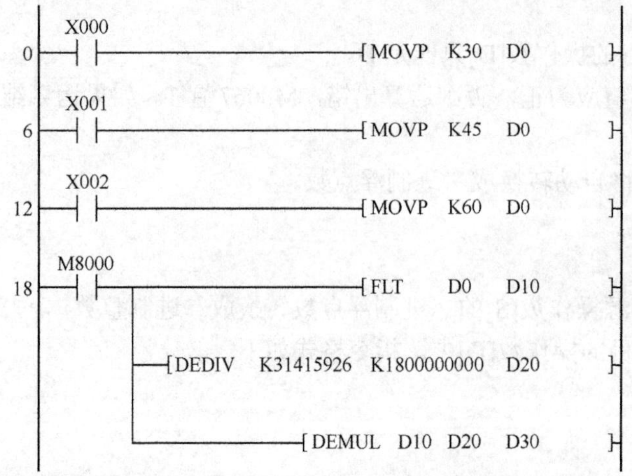

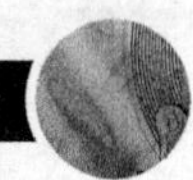

续表

梯形图	指令表
50 M0 —| |—[DSIN D30 D40] 60 M1 —| |—[DCOS D30 D42] 70 M2 —| |—[DTAN D30 D44] 80 —[END]	71 DTAN D30 D44 80 END

7. 高低字节交换指令

高低字节交换指令 SWAP 将操作数中的高 8 位和低 8 位字节交换。指令格式如下：

FNC147 (D)SWAP(P)	S

使用说明。

（1）操作数[S]可以是 KnY、KnM、KnS、T、C、D、V、Z。

（2）执行 16 位交换时，将[S]中的高 8 位和低 8 位字节交换；执行 32 位交换时将[S]中的高 8 位和低 8 位字节交换，同时[S]+1 中的高 8 位和低 8 位字节也进行交换。

3.3.12　定位控制指令

定位控制指令可用于执行 PLC 内置式脉冲输出功能的定位，共有 5 条指令，指令功能编号为 FNC155～FNC159。定位控制指令只适用于 FX1S 和 FX1N 系列 PLC，如表 3-119 所示。

表 3-119　　定位控制指令

指令代号	指令助记符	指令名称	适用机型	程序步
FNC155	ABS	读当前绝对值	FX1S、FX1N	13 步
FNC156	ZRN	原点回归	FX1S、FX1N	9 步/17 步
FNC157	FLSY	可变速的脉冲输出	FX1S、FX1N	9 步/17 步
FNC158	DRVI	相对位置控制	FX1S、FX1N	9 步/17 步
FNC159	DRVA	绝对位置控制	FX1S、FX1N	9 步/17 步

1. 读当前绝对值指令

读当前绝对值指令 ABS（Absolute current value read）用来读取绝对位置数据（当 PLC 与 MR-H 或 MR-J2 型伺服电机连接时），指令格式如下：

FNC155 (D)ABS	S	D1	D2

使用说明。

（1）[S]为位元件，它是来自伺服装置的控制信号，是 X、Y、M、S，占用[S]、[S]+1、

[S]+2 三点；[D1]为位元件，它是传送至伺服装置的控制信号，是 Y、M、S，占用[D1]、[D1]+1、[D1]+2 三点；[D2]为字元件，它是从伺服装置读取的 ABS 数据（32 位数据），是 KnY、KnM、KnS、T、C、D、V、Z，占用[D2]（低位）、[D2]+1（高位）两点。

（2）由于读取的 ABS 数据必须写入当前值数据寄存器 D8141、D8140（使用 32 位），因此通常需指定 D8140。

（3）使用指令驱动触点的上升沿开始读取，当读取操作完成后，执行完成标志 M8029 置 1。读取过程中指令驱动触点为 OFF 时，中断读取操作。

（4）该指令为 32 位，因此必须为 DABS，PLC 最好使用晶体管输出型。

例 3-76：读当前绝对值指令 ABS 的使用如表 3-120 所示。PLC 一通电，M8000 触点为 ON，执行 32 位的 ABS 指令，读取当前绝对值到 D8141、D8140 中。

表 3-120　　　　读当前绝对值指令的使用

接线图	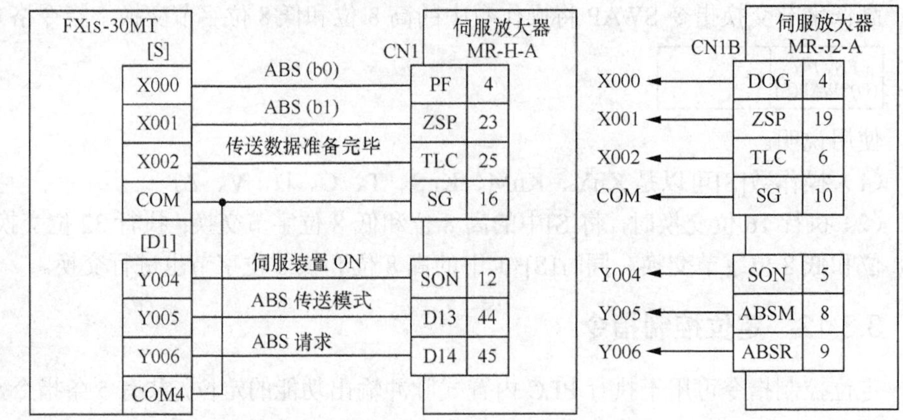 FX1S-30MT [S]：X000 —ABS (b0)— PF 4；X001 —ABS (b1)— ZSP 23；X002 —传送数据准备完毕— TLC 25；COM — SG 16；[D1]：Y004 —伺服装置 ON— SON 12；Y005 —ABS 传送模式— D13 44；Y006 —ABS 请求— D14 45；COM4（CN1 伺服放大器 MR-H-A） 伺服放大器 MR-J2-A CN1B：X000 ← DOG 4；X001 ← ZSP 19；X002 ← TLC 6；COM — SG 10；Y004 → SON 5；Y005 → ABSM 8；Y006 → ABSR 9
梯形图	0 —M8000 常开— [DABS X000([S]) Y004([D1]) D8140([D2])]　将 ABS 数值读入当前值寄存器 D8141、D8140 中 —M1 常闭（ABS 数据读取完成）— (T0 K50)　读取超时时间（5s） —X001 常开（读取超时）— (M2)　ABS 读取错误 —X001 常开（执行完成标志）— [RST T0]　ABS 读取完成 26 — [END]

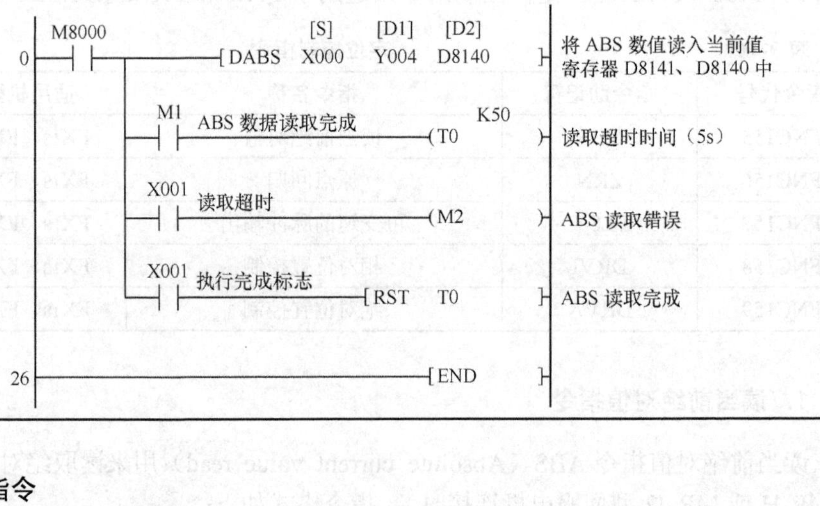

2．原点回归指令

原点回归指令 ZRN（Zero Return），用于开机或初始设置时使机器返回到原点。指令格式如下：

FNC156 (D)ZRN	S1	S2	S3	D

使用说明。

（1）[S1]指定原点回归开始时的速度为字元件，是K、H、KnX、KnY、KnM、KnS、T、C、D、V、Z，16位指令时，速度为10～32767Hz，32位指令时，速度为10～100000Hz；[S2]指定近点信号DOG变为ON后的低速度部分的速度为字元件，是K、H、KnX、KnY、KnM、KnS、T、C、D、V、Z，低速部分的速度为10～32767Hz；[S3]指定近点信号输入（a触点输入），为位元件，是X、Y、M、S，当指定输入继电器（X）以外的元件时，由于会受到PLC运算周期的影响，会引起原点位置的偏移增大；[D]指定脉冲输出起始地址，为位元件，只能是Y000或Y001。

（2）若先将M8140置1，在原点回归完成时向伺服电动机输出清零信号，清零信号的输出地址号，可根据不同脉冲输出地址号而决定。

（3）原点回归动作按如下顺序进行：驱动指令后，以原点回归速度[S1]开始移动，当近点信号（DOG）由OFF变为ON时，减速至爬行速度[S2]。当近点信号由ON变为OFF时，在停止脉冲输出的同时，向当前寄存器（Y000：D8141、D8140，Y001：DD8143、D8142）中写入0。如果M8140为ON，同时输出清零信号。当执行完成标志M8029动作的同时，脉冲输出中监控（Y000：M8147，Y001：M8148）变为OFF。

（4）PLC最好使用晶体管输出型。

3．可变速的脉冲输出指令

PLSV 是带方向的可变速脉冲输出指令，输出脉冲的频率可以在运行中修改。指令格式如下：

FNC157 (D)PLSV	S	D1	D2

使用说明。

（1）[S]为输出脉冲频率为字元件，是K、H、KnX、KnY、KnM、KnS、T、C、D、V、Z，16位指令时，频率为1～32767Hz或-1～-32768Hz；32位指令时，频率为1～100000Hz或-1～-100000Hz。[D1]为脉冲输出起始地址，只能是Y000或Y001，PLC输出必须采用晶体管输出方式。[D2]为旋转方向信号输出起始地址，对应[S]的正负，若[D2]为ON，[S]为正数；若[D2]为OFF，[S]为负数。

（2）由于在启动/停止时不执行加减速，如果要暂缓开始/停止，可使用RAMP等指令改变输出频率[S]的数值。

（3）在脉冲输出过程中，指令驱动触点由ON变为OFF时，不进行减速而停止输出，此时若脉冲输出中断标志（Y000：M8147，Y001：M8148）处于ON时，不接受指令的再次驱动。

4．相对位置控制指令

DRVI指令以相对驱动方式执行单速位置控制。指令格式如下：

FNC158 (D)DRVI	S1	S2	D1	D2

使用说明。

（1）[S1]为相对指定输出脉冲数，为字元件，是K、H、KnX、KnY、KnM、KnS、T、C、

D、V、Z，16 位指令时，脉冲数为-32768+32767；32 位指令时，脉冲数为-999999～+999999。[S2]为输出脉冲频率，为字元件，是 K、H、KnX、KnY、KnM、KnS、T、C、D、V、Z，16 位指令时，频率为 10～32767Hz；32 位指令时，频率为 10～100000Hz。[D1]为脉冲输出起始地址，只能是 Y000 或 Y001，PLC 输出必须采用晶体管输出方式。[D2]为旋转方向信号输出起始地址，对应[S1]的正负，若[D2]为 ON，[S1]为正数；若[D2]为 OFF，[S1]为负数。

（2）向 Y000 输出时，当前值寄存器 D8141（高位）、D8140（低位）作为相对位置（32 位）。向 Y001 输出时，当前值寄存器 D8143（高位）、D8142（低位）作为相对位置（32 位）。

（3）在指令执行过程中，即使改变操作数的内容，也不能立即更改当前运行状态，只能在下一次指令执行时才有效。但是指令驱动的触点由 ON 变为 OFF 时，停止减速，此时执行完成标志 M8029 不动作，而脉冲输出中断标志（Y000：M8147，Y001：M8148）处于 ON，不接受指令的再次驱动。

5．绝对位置控制指令

DRVA 指令以绝对驱动方式执行单速位置控制。指令格式如下：

FNC159 (D)DRVA	S1	S2	D1	D2

DRVA 指令的使用方法与 DRVI 指令类似，只是[S1]为绝对指定输出脉冲数。

3.3.13 实时时钟指令

实时时钟指令可对时钟数据进行运行及比较，还可以对 PLC 内置的实时时钟进行时间校准和时钟数据格式化等操作，共有 7 条指令，指令功能编号为 FNC160～FNC163、FNC166、FNC167 和 FNC169，如表 3-121 所示。

表 3-121 实时时钟指令

指令代号	指令助记符	指令名称	适用机型	程序步
FNC160	TCMP	时钟数据比较	FX_{1S}、FX_{1N}、FX_{2N}、FX_{3U}	11 步
FNC161	TZCP	时钟数据区域比较	FX_{1S}、FX_{1N}、FX_{2N}、FX_{3U}	9 步
FNC162	TADD	时钟数据加法运算	FX_{1S}、FX_{1N}、FX_{2N}、FX_{3U}	7 步
FNC163	TSUB	时钟数据减法运算	FX_{1S}、FX_{1N}、FX_{2N}、FX_{3U}	7 步
FNC166	TRD	时钟数据读取	FX_{1S}、FX_{1N}、FX_{2N}、FX_{3U}	3 步
FNC167	TWR	时钟数据写入	FX_{1S}、FX_{1N}、FX_{2N}、FX_{3U}	3 步
FNC169	HOUR	计时表	FX_{1S}、FX_{1N}	7 步

1．时钟数据比较指令

时钟数据比较指令 TCMP（Time Compare）是将源数据[S1]、[S2]、[S3]的时间与[S]起始的 3 点数据进行比较，根据大小一致输出以[D]为起始的 3 点 ON/OFF 状态，指令格式如下：

FNC160 TCMP(P)	S1	S2	S3	S	D

使用说明。

（1）[S1]指定比较基准时间的“时”，[S2]指定比较基准时间的“分”，[S3]指定比较基准时间的“秒”。[S1]、[S2]、[S3]可以是K、H、KnX、KnY、KnM、KnS、T、C、D、V、Z。[S]为指定时钟数据的“时”，[S]+1为指定时钟数据的“分”，[S]+2为指定时钟数据的“秒”。

（2）时间比较方法与CMP指令类似。

2. 时钟数据区间比较指令

时钟数据区间比较指令TZCP（Time Zone Compare）是将[S]起始的3点时钟数据同上[S2]下[S1]两点的时钟比较范围进行比较，然后根据区域大小输出[D]起始的3点ON/OFF状态。指令格式如下：

FNC161 TZCP(P)	S1	S2	S	D

使用说明。

（1）[S1]，[S1]+1，[S1]+2是以“时”，“分”，“秒”方式指定比较基准时间下限；[S2]，[S2]+1，[S2]+2是以“时”，“分”，“秒”方式指定比较基准时间上限；[S]，[S]+1，[S]+2是以“时”，“分”，“秒”方式指定时钟数据。

（2）时间区间比较方法与ZCP指令类似。

3. 时钟数据加法运算指令

时钟数据加法运算指令TADD（Time Addition）是将存于[S1]起始的3点内的时钟数据与[S2]起始的3点内的时钟数据相加，并将其结果保存于以[D]起始的3点元件内。指令格式如下：

FNC162 TADD(P)	S1	S2	D

使用说明。

（1）[S1]，[S1]+1，[S1]+2是以“时”，“分”，“秒”方式指定加数。[S2]，[S2]+1，[S2]+2是以“时”，“分”，“秒”方式指定被加数。[D]，[D]+1，[D]+2是以“时”，“分”，“秒”方式保存时钟数据加法结果。

（2）当运算结果超过24小时时，进位标志M8022置为ON，将进行加法运算的结果减去24小时后将该值作为运算结果保存。

（3）若运算结果为0（即0时0分0秒），零标志M8020置为ON。

4. 时钟数据减法运算指令

时钟数据减法运算指令TSUB（Time Subtraction）是将存于[S1]起始的3点内的时钟数据与[S2]起始的3点内的时钟数据相减，并将其结果保存于以[D]起始的3点元件内。指令格式如下：

FNC163 TSUB(P)	S1	S2	D

（1）[S1]，[S1]+1，[S1]+2是以“时”，“分”，“秒”方式指定减数。[S2]，[S2]+1，[S2]+2是以“时”，“分”，“秒”方式指定被减数。[D]，[D]+1，[D]+2是以“时”，“分”，“秒”方

式保存时钟数据减法结果。

（2）若运算结果小于 0 小时，借位标志 M8022 置为 ON，将进行减法运算的结果加上 24 小时后将该值作为运算结果保存。

（3）若运算结果为 0（即 0 时 0 分 0 秒），零标志 M8020 置为 ON。

5．时钟数据读取指令

时钟数据读取指令 TRD（Time Read）是将可编程控制器特殊寄存器 D8013～D8019 中的实时时钟数据读入到以目标操作数[D]为起始的 7 点数据寄存器中。指令格式如下：

FNC166 TRD(P)	D

使用说明：

特殊寄存器 D8013～D8019 用于存放年、月、日、时、分、秒和星期，目标操作数[D]为起始的 7 点数据寄存器中分别存储相应的时钟数据，如表 3-122 所示。

表 3-122　　实时时钟读取指令所占存储器空间

	元件	时间	时钟数据		元件	时间
实时时钟所用特殊寄存器	D8018	年	00～99（公历后两位）	存储相应时钟数据的寄存器	[D]	年
	D8017	月	1～12		[D]+1	月
	D8016	日	1～31		[D]+2	日
	D8015	时	0～23		[D]+3	时
	D8014	分	0～59		[D]+4	分
	D8013	秒	0～59		[D]+5	秒
	D8019	星期	0（星期日）～6（星期六）		[D]+6	星期

6．时钟数据写入指令

时钟数据写入指令 TWR（Time Wire）是将时钟数据写入 PLC 的实时时钟内。指令格式如下：

FNC167 TWR(P)	D

使用说明。

首先是将时钟数据存储在以[D]起始的 7 点数据寄存器中，然后再执行该指令，将时钟数据写入特殊寄存器 D8013～D8019 中。时钟数据的写入对应于表 3-122。

例 3-77：实时时钟指令表的使用。将北京奥运会开幕时间 2008 年 8 月 8 日 20 时 08 分 30 秒，星期五写入 PLC 中。

分析：使用 TWR 指令可实现实时时钟数据的写入。执行 TWR 指令前，需先用 MOV 指令将时间传送到 7 个连续的数据寄存器中。设置时间时应有一定的提前量，当时间到达时，及时闭合按钮 X000，将时间设置传送到 D8013～D8019 中。由于秒不太容易设置准确，可以用 M8017 进行秒的校正。当闭合 X001 时，在其上升沿进行±30 秒的修正。如果希望公历以 4 位方式表达年份数据，应在 TWR 指令后追加 MOV K2000 D8018 指令，此时，若年数据设

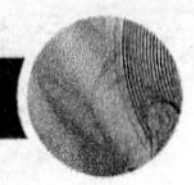

置为 80～99，相当于 1980～1999 年；年数据设置为 00～79 时，相当于 2000～2079 年。但是 PLC 与 FX-10DU、FX-20DU、FX-25DU 型数据存取单元连接时，应设定为公历后两位模式，否则无法正确显示这些 DU 的当前版本，编写程序如表 3-123 所示。

表 3-123　　实时时钟指令的使用

梯形图	指令表
0 X000 ↑ [MOV K8 D20] 2008 年（公历后两位数） [MOV K8 D21] 8 月 [MOV K8 D22] 8 日 [MOV K20 D23] 20 时 [MOV K8 D24] 8 分 [MOV K30 D25] 30 秒 [MOV K5 D26] 星期五 [TWR D20] 写入实时时钟数据 40 X001 (M8017) ±30 秒修正 43 M8002 [MOV K2000 D8018] 公历 4 位表达（2008 年） 49 [END]	0 LDP X000 2 MOV K8 D20 7 MOV K8 D21 12 MOV K8 D22 17 MOV K20 D23 22 MOV K8 D24 27 MOV K30 D25 32 MOV K5 D26 37 TWR D20 40 LD X001 41 OUT M8017 43 LD M8002 44 MOV K2000 D8018 49 END

7．计时表指令

计时表指令 HOUR 是对输入触点处于 ON 状态的时间以小时为单位进行加法运算。指令格式如下：

FNC169 (D)HOUR	S	D1	D2

使用说明。

（1）[S]为字元件，可以是 K、H、KnX、KnY、KnM、KnS、T、C、D、V、Z；[D1]只能是停电保持型的数据寄存器 D；[D2]为位元件，可以是 Y、M、S。

（2）在 16 位指令中，若触点处于 ON 的时间数超过[S]中的数据，[D2]报警输出；[D1] 暂存以小时为单位的当前值；[D1]+1 暂存以秒为单位小于 1 小时的当前值。

（3）在 32 位指令中，若触点处于 ON 的时间数超过[S]中的数据，[D2]报警输出； [D1]、[D1]+1 暂存以小时为单位的当前值，其中[D1]+1 保存高位，[D1]保存低位；[D1]+2 暂存以秒为单位小于 1 小时的当前值。

（4）报警输出的同时，仍能计算触点处于 ON 的时间。如果当前时间值达到 16 位或 32 的最大值时，停止计算触点处于 ON 的时间，此时若还想继续计算触点处于 ON 的时间，将使用相关指令把[D1]、[D1]+1（16 位指令时）或[D1]、[D1]+1、[D1]+2（32 位指令时）的当前值清除。

3.3.14 格雷码变换与模拟量模块读/写指令

格雷码的特点是用二进制数表示的相邻的两个数的各位中，只有一位的值不同，它常用于绝对式编码器。模拟量模块读/写指令是用于读取模拟量模块 FX0N-3A 的值或将数据写入模拟量模块 FX0N-3A。指令功能编号分别为 FNC170～FNC171 和 FNC176～FNC177，如表 3-124 所示。

表 3-124　　格雷码变换与模拟量模块读/写指令

指令代号	指令助记符	指令名称	适用机型	程序步
FNC170	GRY	格雷码变换	FX2N、FX3U	5/9 步
FNC171	GBIN	格雷码逆变换	FX2N、FX3U	5/9 步
FNC176	RD3A	模拟量模块读指令	FX1N	7 步
FNC177	WR3A	模拟量模块写指令	FX1N	7 步

1．格雷码变换指令

格雷码变换指令 GRY（Gray Code）是将二进制的源操作数转换成格雷码并送入目的操作数中。指令格式如下：

FNC170 (D)GRY(P)	S	D

使用说明。

（1）[S]可以是 K、H、KnX、KnY、KnM、KnS、T、C、D、V、Z；[D]是 KnY、KnM、KnS、T、C、D、V、Z。

（2）16 位指令时，[S]的范围为 0～32767；32 位指令时，[S]的范围为 0～2147483647。

2．格雷码逆变换指令

格雷码逆变换指令 GBIN（Gray Code to Binary）是将从格雷码编码器输入的源操作数转换成二进制数并送入目的操作数中。指令格式如下：

FNC171 (D)GBIN(P)	S	D

使用说明。

（1）[S]是 K、H、KnX、KnY、KnM、KnS、T、C、D、V、Z；[D]是 KnY、KnM、KnS、T、C、D、V、Z。

（2）16 位指令时，[S]的范围为 0～32767；32 位指令时，[S]的范围为 0～2147483647。

3．模拟量模块读指令

模拟量模块读指令 RD3A 用于读取模块量模块 FX0N-3A 输入的值。指令格式如下：

FNC176 RD3A	m1	m2	D

使用说明。

[m1]为特殊模块号，为 K0～K7；[m2]为模块量输入通道号，为 K1 或 K2；[D]用于保存读取的模拟量模块的数据。

4．模拟量模块写指令

模拟量模块写指令 WR3A 用于将数据写入模块量模块 FX0N-3A。指令格式如下：

FNC177 WR3A	m1	m2	D

使用说明：

[m1]为特殊模块号，为 K0～K7；[m2]为模块量输入通道号，为 K1 或 K2；[D]用于写入模拟量模块的数字量。

3.3.15 触点比较指令

触点比较指令是使用触点符号进行触点比较，它分为 LD 触点比较、AND 串联连接触点比较和 OR 并联连接触点比较这 3 种形式，每种形式又有 6 种比较形式（=等于、>大于、<小于、<>不等于、<=小于等于、>=大于等于），共有 18 条指令，如表 3-125 所示。

表 3-125　　触点比较指令

指令代号	指令助记符	指令名称	导通条件	适用机型	程序步
FNC224	LD=	LD 触点比较	[S1] = [S2]	FX1S、FX1N、FX2N、FX3U	5/9 步
FNC225	LD>		[S1] > [S2]	FX1S、FX1N、FX2N、FX3U	
FNC226	LD<		[S1] < [S2]	FX1S、FX1N、FX2N、FX3U	
FNC228	LD<>		[S1] <> [S2]	FX1S、FX1N、FX2N、FX3U	
FNC229	LD<=		[S1] <= [S2]	FX1S、FX1N、FX2N、FX3U	
FNC230	LD>=		[S1] >= [S2]	FX1S、FX1N、FX2N、FX3U	
FNC232	AND=	AND 串联连接触点比较	[S1] = [S2]	FX1S、FX1N、FX2N、FX3U	5/9 步
FNC233	AND>		[S1] > [S2]	FX1S、FX1N、FX2N、FX3U	
FNC234	AND<		[S1] < [S2]	FX1S、FX1N、FX2N、FX3U	
FNC236	AND<>		[S1] <> [S2]	FX1S、FX1N、FX2N、FX3U	
FNC237	AND<=		[S1] <= [S2]	FX1S、FX1N、FX2N、FX3U	
FNC238	AND>=		[S1] >= [S2]	FX1S、FX1N、FX2N、FX3U	

续表

指令代号	指令助记符	指令名称	导通条件	适用机型	程序步
FNC240	OR=	OR 并联连接触点比较	[S1] = [S2]	FX1S、FX1N、FX2N、FX3U	5/9 步
FNC241	OR>		[S1] > [S2]	FX1S、FX1N、FX2N、FX3U	
FNC242	OR<		[S1] < [S2]	FX1S、FX1N、FX2N、FX3U	
FNC244	OR<>		[S1] <> [S2]	FX1S、FX1N、FX2N、FX3U	
FNC245	OR<=		[S1] <= [S2]	FX1S、FX1N、FX2N、FX3U	
FNC246	OR>=		[S1] >= [S2]	FX1S、FX1N、FX2N、FX3U	

1. LD 触点比较指令

LD 触点比较指令（Load compare），当条件满足指令要求时导通。[S1]、[S2]是 K、H、KnX、KnY、KnM、KnS、T、C、D、V、Z。当源数据的最高位（16 位指令：b15；32 位指令：b31）为 1 时，将该数值作为负数进行比较。32 位数据比较时，必须以 32 位指令来进行，如果用 16 位指令进行 32 位数据比较，会导致出错或运算错误。

例 3-78：LD 触点比较指令的使用如表 3-126 所示。T0 的当前计时数等于 400 时，Y000 接通（ON）；当 D300 的数值大于−30 且 X001 常开触点闭合时，Y001 置为 ON；若 C200 的当前计数值小于等于 K345678（32 位指令）或 M1 为 ON 时，M10 接通（ON）。

表 3-126　　LD 触点比较指令的使用

梯形图

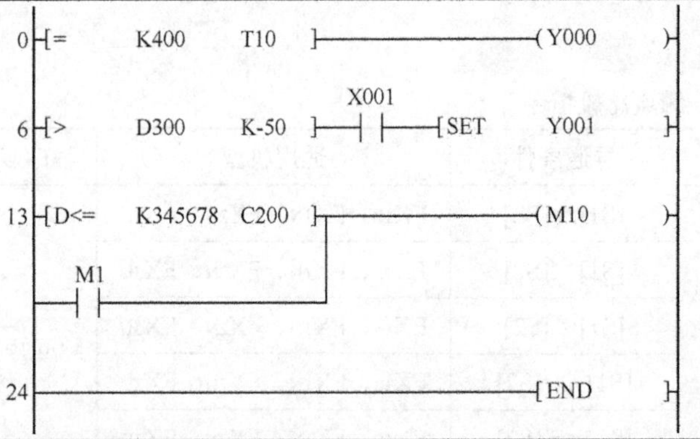

```
 0 |-[=    K400     T10  ]--------------------(Y000   )-|
                          X001
 6 |-[>    D300     K-50 ]---| |-----[SET    Y001   ]-|
13 |-[D<=  K345678  C200 ]-+------------------(M10    )-|
       M1                  |
   |---| |-----------------+
24 |-------------------------------------------[END    ]-|
```

指令表

```
 0   LD=    K400     T10
 5   OUT    Y000
 6   LD>    D300     K-50
11   AND    X001
12   SET    Y001
13   LDD<=  K345678  C200
22   OR     M1
23   OUT    M10
24   END
```

2. AND 串联连接触点比较指令

AND 串联连接触点比较指令（And compare），当条件满足指令要求时导通。[S1]、[S2]是 K、H、KnX、KnY、KnM、KnS、T、C、D、V、Z。当源数据的最高位（16 位指令：b15；32 位指令：b31）为 1 时，将该数值作为负数进行比较。32 位数据比较时，必须以 32 位指令来进行，如果用 16 位指令进行 32 位数据比较，会导致出错或运算错误。

例 3-79：AND 串联连接触点比较指令的使用如表 3-127 所示。当 X000 为 ON 有 T0 的当前计时数等于 K300 时，Y000 接通（ON）；当 X001 闭合时，若 D100 的数值大于−30，Y000 置为 ON；当 X002 为 ON 且 C200 的当前计数值小于等于 K123456（32 位指令）或 M2 为

ON 时，M10 接通（ON）。

表 3-127　　　AND 串联连接触点比较指令的使用

梯形图	指令表
0 X000 常开触点 —[= K300 T0]—(Y000)	0 LD X000 1 AND= K300 T0 6 OUT Y000
7 X001 常闭触点 —[> K-30 D100]—[SET Y001]	7 LDI X001 8 AND> K-30 D100 13 SET Y001
14 X002 常开触点 —[D<= K123456 C200]—(M10) M2 常开触点（并联）	14 LD X002 15 ANDD<= K123456 C200 24 OR M2 25 OUT M10
26 —[END]	26 END

3．OR 并联连接触点比较指令

OR 并联连接触点比较指令（Or compare），当条件满足指令要求时导通。[S1]、[S2]是 K、H、KnX、KnY、KnM、KnS、T、C、D、V、Z。当源数据的最高位（16 位指令：b15；32 位指令：b31）为 1 时，将该数值作为负数进行比较。32 位数据比较时，必须以 32 位指令来进行，如果用 16 位指令进行 32 位数据比较，会导致出错或运算错误。

程序说明：

例 3-80：OR 并联连接触点比较指令的使用如表 3-128 所示。当 X000 为 ON 或 T100 的当前计时数为 K300 时，Y000 接通（ON）；当 X001 为 ON 或 D100 的数值大于 K50 时，Y001 接通（ON）；当 X002 为 ON 或 D200 的数值小于等于 K12345678（32 位指令）时，M1 接通（ON）。

表 3-128　　　OR 并联连接触点比较指令的使用

梯形图	指令表
0 X000 常开触点 —(Y000) [= K300 T100]（并联）	0 LD X000 1 OR= K300 T100 6 OUT Y000
7 X001 常开触点 —(Y001) [> K50 D100]（并联）	7 LD X001 8 OR> K50 D100 13 OUT Y001
14 X002 常开触点 —(M1) [D<= K12345678 D200]（并联）	14 LD X002 15 ORD<= K12345678 D200 24 OUT M1
25 —[END]	25 END

第 4 章　三菱 Q 系列 PLC 指令

三菱 Q 系列 PLC 与 FX 系列 PLC 相比，在硬件性能、使用功能等方面都有了很大的提高。Q 系列指令系统大致可分为顺序指令、基本指令、步进指令、应用指令、数据链接指令、QCPU 指令和冗余系统指令等几大类。这些指令类型如表 4-1 所示，在本章中主要介绍一些顺序指令和基本指令，其他指令请读者参考相关资料。

表 4-1　　　　　　　　　三菱 Q 系列 PLC 指令类型

指令类型		含义
顺序指令	触点指令	操作启动，串级连接，并行连接
	连接指令	梯形图块连接，从操作结果产生的脉冲，存储/读操作结果
	输出指令	位设备输出，脉冲输出，输出倒置
	移位指令	位设备移位
	主站控制指令	主站控制
	终止指令	程序终止
	其他指令	程序停止，其他指令，如和上述范畴内的操作都不同的指令
基本指令	比较操作指令	比较操作，如=、>等
	算术操作指令	BIN 或 BCD 的加法、减法、乘法和除法
	BCD、BIN 转换指令	将 BCD 转换成 BIN 和将 BIN 转换成 BCD
	数据转移指令	传送指定的数据
	程序分支指令	程序跳转
	程序运行控制指令	允许或禁止中断程序
	I/O 刷新	运行局部刷新
	其他使用方便的指令	用于以下目的的指令:计数器增加/减少、示教定时器、特殊功能定时器、旋转台最短距离控制等。
步进指令	SFCP START 指令	SFC 程序开始
	SFCP END 指令	SFC 程序结束
	块 START 指令	SFC 块开始
	块 END 指令	SFC 块结束
	步 START 指令	SFC 步开始
	转移 START 指令	SFC 转移开始
	汇合检查指令	SFC 汇合检查
	转移指令	指定 SFC 转移目标
	步 END 指令	SFC 步结束

续表

指令类型		含义
应用指令	逻辑操作指令	逻辑操作，如逻辑加、逻辑乘等
	循环指令	指定数据的循环移位
	移位指令	指定数据的移位
	位处理指令	位置位和复位、位测试、位软元件的批复位
	数据处理指令	16位数据查找、数据处理，如解码和编码
	结构体创建指令	重复操作、子程序调用、梯形图的索引修改
	表操作指令	读/写FIFO表
	缓冲存储区访问指令	特殊功能模块的数据读/写
	显示指令	打印ASCII码、LED字符显示等
	调试和故障诊断指令	检查、状态检查、采样跟踪、程序跟踪
	字符串处理指令	BIN/BCD和ASCII之间的转化、BIN和字符串之间的转换、浮点十进制数据和字符串之间的转化、字符串处理等
	特殊功能指令	三角函数功能、角度和弧度之间的转化、指数操作、自然对数、方根运算
	数据控制指令	最高和最低限控制、死区控制、范围带控制
	交换指令	文件寄存器块号码交换、文件寄存器和注释文件的指定
	时钟指令	年、月、日、小时、分钟、秒和星期几的读/写、时间显示方式（时、分、秒）的变换
	外围设备指令	连接到外围设备的I/O
	程序指令	用于转换程序执行情况的指令
	其他指令	其他不符合以上范畴的指令，如看门狗定时器复位指令和定时时钟指令
数据链接指令	链接刷新指令	指定网络的刷新
	专门用于QnA链接的指令	对其他站数据的读/写、发往其他站的数据传输信号、发往其他站的处理请求
	用于A系列兼容链接的指令	对指定站点字软元件的读/写、从远程I/O站特殊功能模块中读/写数据
	路由信息读/写指令	读、写和寄存器中路由信息
QCPU指令	用于QCPU的指令	读取模块信息、跟踪的设置/复位、二进制数据的读/写、从存储卡中安装/卸载/安装+卸载程序、文件寄存器中高速块传输
冗余系统指令	用于Q4ARCPU的指令	CPU启动时操作模式的设置、CPU切换时操作模式设置指令、数据跟踪、缓冲存储区刷新

4.1 Q系列PLC编程元件

Q系列PLC的编程元件使用范围进一步扩大，并且在FX系列PLC编程元件的基础上又增加了一些编程元件，如表4-2所示。

表 4-2　　Q系列PLC编程元件列表

分类	类型	元件名称	缺省值		指定设定范围参数
			元件数目（点）	使用范围	
内部用户软元件	位软元件	输入（X）	8192	X0～X1FFF	可以在小于等于29k字的范围内改变
		输出（Y）	8192	Y0～Y1FFF	
		内部继电器（M）	8192	M0～M8191	
		锁存继电器（L）	8192	L0～L8191	
		信号报警器（F）	2048	F0～F2047	
		边沿继电器（V）	2048	V0～V2047	
		步进继电器（S）	8192	S0～S8191/块	
		通信特殊继电器（SB）	2048	SB0～SB7FF	
		通信继电器（B）	8192	B0～B1FFF	
	字软元件	定时器（T）	2048	T0～T2047	
		积算定时器（ST）	2048	ST0～ST2047	
		计数器（C）	1024	C0～C1023	
		数据寄存器（D）	12288	D0～D12887	
		通信寄存器（W）	8192	W0～W1FFF	
		通信特殊寄存器（SW）	2048	SW0～SW7FF	
内部系统软元件	位软元件	功能输入（FX）	5	FX0～FX4	不可改变
		功能输出（FY）	5	FY0～FY4	
		特殊继电器（SM）	2048	SM0～SM2047	
	字软元件	功能寄存器（FD）	5	FD0～FD4	
		特殊寄存器（SD）	2048	SD0～SD2047	
通信直接软元件	位软元件	通信输入（Jn\X）	8192	Jn\X0～Jn\X1FFF	不可改变
		通信输出（Jn\Y）	8192	Jn\Y0～Jn\Y1FFF	
		通信继电器（Jn\B）	16384	Jn\B0～Jn\B3FFF	
		通信特殊继电器（Jn\B）	512	Jn\B0～Jn\B1FF	
	字软元件	通信寄存器（Jn\W）	16384	Jn\W0～Jn\W3FFF	
		通信特殊寄存器（Jn\SW）	512	Jn\SW0～Jn\SW1FF	
智能功能模块软元件	字软元件	缓冲寄存器（Un/G）	65536	Un\G0～Un\G65536	不可改变
变址寄存器	字软元件	变址寄存器（Z）	16	Z0～Z15	不可改变
文件寄存器	字软元件	文件寄存器	1018k	—	0～1018k点（k为单位）
嵌套	—	嵌套次数（N）	15	N0～N14	不可改变
指针	—	指针（P）	4096	P0～P4095	不可改变
		中断指针（I）	256	I0～I255	

续表

分类	类型	元件名称	缺省值		指定设定范围参数
			元件数目（点）	使用范围	
其他	位软元件	SFC 程序块（BL）	320	BL0～BL319	不可改变
		SFC 传送软元件（TR）	512	TR0～TR511	
	—	网络编号（J）	256	J0～J255	
		I/O 地址（U）	-	U0～UFF	
常数	—	十进制常数	K-2147483648～K2147483647		
		十六进制常数	H0～HFFFFFFFF		
		常数	E+（–）1.17549-38 至 E+（–）3.40282+38		
		字符串常数	“ABC”和“123”		

4.1.1 内部用户软元件

1．锁存继电器（L）

锁存继电器 L 是通过 PLC 的后备电池保持的辅助继电器，其功能与 FX 系列 PLC 中断电保持型辅助继电器类似。锁存继电器与 FX 系列 PLC 中的辅助继电器一样，可由各种编程元件触点进行驱动，并且程序中使用的触点（常开触点、常闭触点）数量不限，但是锁存继电器只能用于内部 QCPU 处理而不能输出到外部设备。当 PLC 电源出现从 OFF 到 ON 切换或者发生 QCPU 复位时，QCPU 中的辅助继电器一般不能保持原有状态，而锁存继电器能在这些情况下保存当前的操作结果。

锁存继电器可由 QCPU 的锁存清除进行复位操作，但是若已经用软元件设定参数将该锁存器设定为锁存无效，则不能对其进行复位操作。

2．信号报警器（F）

信号报警器 F 是用户在错误检测程序中使用的内部继电器，在故障检测程序中使用报警器可以使用户通过监视特殊继电器（SM62）和特殊寄存器（SD62～SD79）检查故障是否存在，以及故障内容。使用 SET 或 OUT 指令使报警器接通到 ON 状态，使用 RST 指令使报警信号复位到 OFF 状态。

当信号报警器切换到 ON 状态时，特殊继电器（SM62）切换到 ON，接通的信号报警器编号的数量都存储在特殊寄存器（SD62～SD79）中。只要有一个信号报警器接通，SM62 就为 ON。SD62 用于保存切换成 ON 的第一个报警器编号；SD63 用于保存处理 ON 状态的信号报警器的数量；信号报警器的编号按照它们处于 ON 状态的时间顺序保存在 SD64～SD79 中，存储在 SD62 中的信号报警器编号也保存在“错误历史区”。

3．边沿继电器（V）

边沿继电器 V 是用来存储梯形图中程序块运行结果上升沿信号的编程元件。边沿继电器只能用作接触器，而不能作为线圈使用，在 QCPU 程序执行中，相同的边沿继电器编号只能使用一次。

4．通信继电器（B）

通信继电器B是用于将MELSECNET/H网络模块的通信继电器（LB）刷新QCPU的继电器，也可以用来将QCPU的数据刷新MELSECNET/H网络模块的通信继电器。

5．特殊通信继电器（SB）

特殊通信继电器SB用于表示通信的状态和MELSECNET/H网络模块之类的智能功能模块的出错检测。

6．步进继电器（S）

步进继电器S是一种专用于SFC程序的软元件，它不能在顺控程序中作为内部继电器使用。如果在顺控程序中作为内部继电器使用时，将使SFC出错，系统停止运行。

7．通信寄存器（W）

通信寄存器W是用来将数字数据（–32768～32767或从0000H～FFFFH）存储到QCPU中，这些数字数据是用来刷新QCPU中来自MELSECNET/H网络模块的智能功能模块的通信寄存器LW中的数据。MELSECNET/H网络模块共有16384个通信寄存器点，QCPU有8192个通信寄存器点，每个通信点由16位组成。当在点8192以后的顺序点用作通信寄存器时，要在PLC参数对话框的软元件设置表中的通信寄存器“点的数量”进行设定。在MELSECNET/H网络系统范围以外使用时，通信寄存器可以用作数据寄存器。

8．特殊通信寄存器（SW）

特殊通信寄存器是用来存储关于通信状态和智能功能出错数据的寄存器。由于数据通信信息是作为数字数据来存储的，因此特殊通信寄存器可作为确定故障位置和原因的工具来使用。QCPU共有2048个特殊通信寄存器点（SW0～SW7FF），在MELSECNET/H网络中每个智能功能模块需512个特殊通信寄存器点，因此SW0～SW1FF用于第一网络模块；SW200～SW3FF用于第二网络模块；SW400～SW5FF用于第三网络模块；SW600～SW7FF用于第四网络模块。

4.1.2　内部系统软元件

1．功能软元件（FX、FY、FD）

功能软元件是用于带变量的子程序的软元件，允许在带变量的子程序和该子程序的调用源之间进行数据的传送。其中FX是用来指定输入到子程序的ON/OFF数据；FY是用来将指定子程序运行结果（ON/OFF数据）保存在指定的软元件中；FD是用来指定在子程序调用源和子程序之间传送数据。

2．特殊继电器（SM）

特殊继电器SM是用于QCPU系统和用户程序之间进行ON/OFF数据通信的内部继电器。特殊继电器按照它们的应用可以分为11类，如表4-3所示。

表4-3 特殊继电器/寄存器的分类

序号	用途	特殊继电器地址分配	特殊寄存器地址分配
1	用于故障诊断	SM0～SM199	SD0～SD199
2	系统信息	SM200～SM399	SD200～SD399
3	系统时钟和系统计数器	SM400～SM499	SD400～SD499
4	扫描信息	SM500～SM599	SD500～SD599
5	存储卡信息	SM600～SM699	SD600～SD699
6	相关指令	SM700～SM799	SD700～SD799
7	用于调试	SM800～SM899	SD800～SD899
8	锁存区域	SM900～SM999	SD900～SD999
9	A→Q/QnA 转换对应	SM1000～SM1299	SD1000～SD1299
10	熔丝烧断模块	SM1300～SM1399	SD1300～SD1399
11	检查输入/输出模块	SM1400～SM1499	SD1400～SD1499

3．特殊寄存器（SD）

特殊寄存器是存储CPU模块状态（故障检测、系统信息等）的寄存器。在基本型QCPU中，SD0～SD99将变为故障检测区域，串行口通信功能、熔丝断裂模块和I/O模块核对的数据被存储在SD100～SD199中。在高性能型QCPU、过程QCPU和冗余QCPU中，SD0～SD99将变为故障检测区域，熔丝断裂模块和I/O模块核对的数据被存储在SD1300～SD1499中。

4.1.3 特殊功能软元件

Q系列PLC的特殊功能软元件包括链接直接软元件、智能功能模块软元件、变址寄存器、文件寄存器4种，它们占有的点数和使用范围如表4-4所示。

表4-4 特殊功能软元件

分类	类别	软元件名	点数		使用范围	
			基本型QCPU	高性能型QCPU	基本型QCPU	高性能型QCPU
链接直接软元件	位软元件	链接输入	8192点	8192点	Jn\X0～X1FFF	Jn\X0～X1FFF
		链接输出	8192点	8192点	Jn\Y0～Y1FFF	Jn\Y0～Y1FFF
		链接继电器	16384点	16384点	Jn\B0～B3FFF	Jn\B0～B3FFF
		链接特殊继电器	512点	512点	Jn\SB0～SB1FF	Jn\SB0～SB1FF
	字元件	链接寄存器	16384点	16384点	Jn\W0～W3FFF	Jn\W0～W3FFF
		特殊链接继电器	512点	512点	Jn\SW0～SW1FF	Jn\SW0～SW1FF

续表

分类	类别	软元件名	点数		使用范围	
			基本型QCPU	高性能型QCPU	基本型QCPU	高性能型QCPU
智能功能模块软元件	字元件	智能功能模块	65536点	65536点	Un\G0～G65535	Un\G0～G65535
变址寄存器	字元件	变址寄存器	10点	16点	Z0～Z9	Z0～Z15
文件寄存器	字元件	文件寄存器	0点	0点	—	—
			64k点		R0～R32767 ZR0～ZR65536	

1．链接直接软元件

链接直接软元件又称为通信直接软元件，它的指定是通过网络编号（No.）与软元件编号进行的，如图4-1所示。例如，网络No.2的链接寄存器10（W10）指定为“J2\W10”，如图4-2所示。

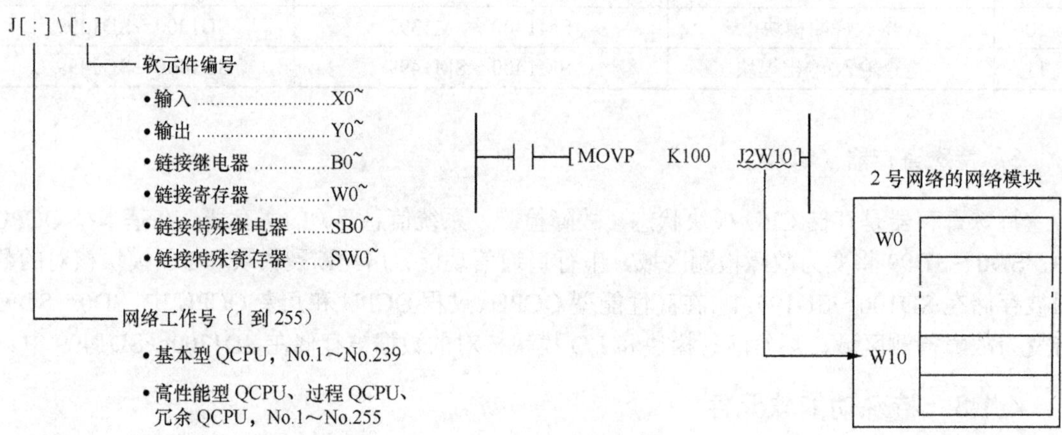

图4-1 链接直接软元件的指定方法　　图4-2 链接直接软元件的指定示例

如果是位软元件（X、Y、B、SB），进行位指定时必须指定数字，如J1\K1X0，J10\K4B0。链接直接软元件能够指定网络模块的全部链接软元件，网络刷新参数设定范围外的链接软元件也可指定。

2．智能功能模块软元件

智能功能模块软元件是指通过CPU模块对安装在主基板和扩展基板上的智能功能模块、其他特殊功能模块的缓冲存储器进行直接存取的软元件。智能功能模块软元件是通过智能功能模块、特殊功能模块的I/O地址号与缓冲存储器地址来指定的，如图4-3所示。

3．变址寄存器Z

变址寄存器是用于顺控程序中使用的间接设定（变址限制）的软元件。变址寄存器的点用于变址修改，每个点由16位组成，以16位为单位进行读出及写入。如果以32位指令使用

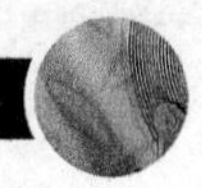

变址寄存器时，以 Zn 与 Zn+1 为处理对象。在顺控程序中指定的变址寄存器编号 Zn 为低 16 位，在顺控程序中指定的变址寄存器编号+1 的变址寄存器为高 16 位。例如，用 DMOV 指令指定了 Z2 时，Z2 为低 16 位，Z3 为高 16 位。在 CPU 模块中，扫描/低速执行型程序与中断/恒定周期执行型程序之间进行切换时，要进行变址寄存器内容和编号的保护与返回。

```
U[ ]\G[ ]
 │   └─ 缓冲存储器地址（设定范围：十进制 0～65535）
 └───── 智能功能模块 / 特殊功能模块 I/O 地址
        •设定：若输入 / 输出地址是一个 3 位数值，指定前 2 位数字，
              例如 X/Y1F0，则指定 1F
        •设定范围：Q00JCPU、Q00/Q01CPU：00～0FH
                  其他的 CPU 模块：00～FEH
```

图 4-3 智能功能模块软元件的指定方法

4. 文件寄存器 R

文件寄存器是数据寄存器的扩展软元件，它与数据寄存器以相同的速度进行处理。每个文件寄存器由 16 位构成，以 16 位为单位进行读出和写入操作。如果以 32 位指令使用文件寄存器时，以 Rn 与 Rn+1 为处理对象。在顺控程序中指定的文件寄存器编号 Rn 为低 16 位，在顺控程序中，指定的文件寄存器编号+1 的文件寄存器为高 16 位。例如，用 DMOV 指令指定了 R2 时，R2 为低 16 位，R3 为高 16 位。2 个文件寄存器中，可存储十进制数的范围为–2147483648～+2147483647，十六进制数的范围为 0H～FFFFFFFFH。

文件寄存器的内容是由 CPU 模块内置的电池保持的，即使 PLC 的电源为 OFF 或 CPU 模块复位，文件寄存器中的内容仍将保持（进行锁存清除也不会初始化）。将文件寄存器的内容初始化时，可利用顺控程序或者 GX Developer 进行数据清除操作。

存储文件寄存器的存储器有 3 种：标准 RAM、SRAM 卡和 Flash 卡。文件寄存器的存储地点因 CPU 模块而异。

4.1.4 嵌套与指针软元件

1. 嵌套层数 N

嵌套层数用来指定嵌套的层数的编程元件，该指令与主控指令 MC 和 MCR 配合使用，在 Q 系列 PLC 中，该指令的范围为 N0～N14。

2. 指针 P

指针是在转移指令（CJ、SCJ、JUMP）或子程序调用指令（CALL、CALLP）中使用的软元件。指针的用途有以下两种。

（1）跳转指令（CJ、SCJ、JUMP）的跳转目标与标签（跳转目标起始的指定）。

（2）子程序调用指令（CALL、CALLP）的调用目标与标签（子程序起始的指定）。

指针有局部指针和公共指针两种，局部指针是各程序中独立使用的指针；公共指针是利用子程序调用指令可调用所执行的全部程序的指针。指针的点数因 CPU 模块的不同而不同，

基本型QCPU能够使用的点数是300点，使用范围为P0～P299；高性能型QCPU、冗余QCPU、过程QCPU能够使用的点数是4096点，使用范围为P0～P4095。

3．中断指针I

中断指针是指在中断程序的起始作为标签使用的软元件，它可在执行的全部程序中使用。基本型QCPU可使用的中断指针点数是128点，高性能型QCPU、冗余QCPU、过程QCPU能够使用的点数是256点。中断程序需要中断指针，而不同的中断有不同的中断因子，主要有智能功能模块中断因子（I0～I15）、出错发生中断因子（I16～I27）、内部定时器进行的中断因子（I28～I31、I49）、中断模块进行的中断因子（I32～I41）、通过顺控启动发生模块进行的中断因子（I50～I55）。

4.1.5 其他软元件

1．SFC块软元件（BL）

SFC块软元件BL用来检查由SFC程序指定的模块是否是活动的。

2．SFC转换软元件TR

SFC转移软元件用来检查SFC程序指定块的指定转移条件是否被指定为强制转移。

3．网络编号指定软元件（J）

网络编号（No.）指定软元件指利用数据链接指令来指定网络No.，通过数据链接指令，按照图4-4所示来进行指定。

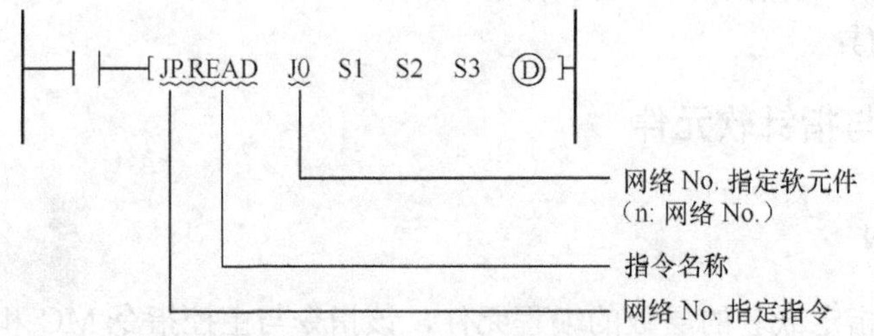

图4-4 网络编号指定软元件的指定方法

4．I/O地址指定软元件（U）

I/O地址指定软元件是通过智能功能模块专用指令来指定I/O地址，通过智能功能模块专用的指令，按照图4-5所示来进行指定。

5．宏指令变量软元件（VD）

宏指令变量软元件VD是与注册为宏的梯形图一起使用的。当指定VD设定注册为宏的梯形图，在执行宏指令时，转换成指定的软元件。

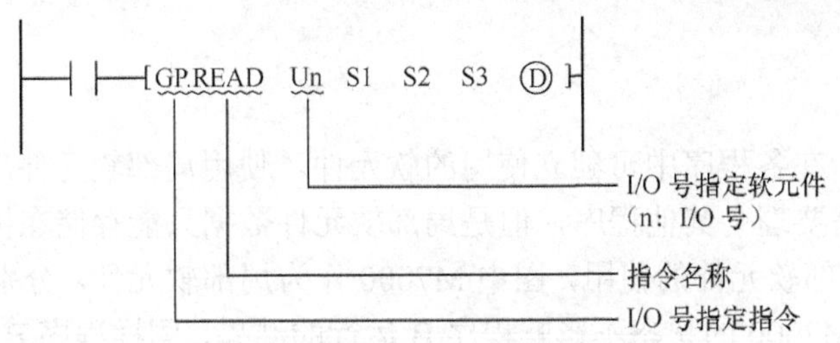

图 4-5 I/O 地址指定软元件的指定方法

4.1.6 软元件的使用

在 CPU 模块中，可存储并执行多个程序。CPU 模块的各软件分成两类：一类是在多个执行的程序中可共享的全局软元件，另一类是各程序中可作为独立的软元件使用的局部软元件。

1. 全局软元件

全局软元件存储在 CPU 模块的软元件内存中，全部程序可使用同一数据。图 4-6 所示为全局软元件的使用，图中 M0 的状态影响程序 A 和程序 B 运行结果。未进行局部设定的软元件全部为全局软元件。执行多个程序时，需要事先决定全部程序共享的范围或各程序单独使用的范围。

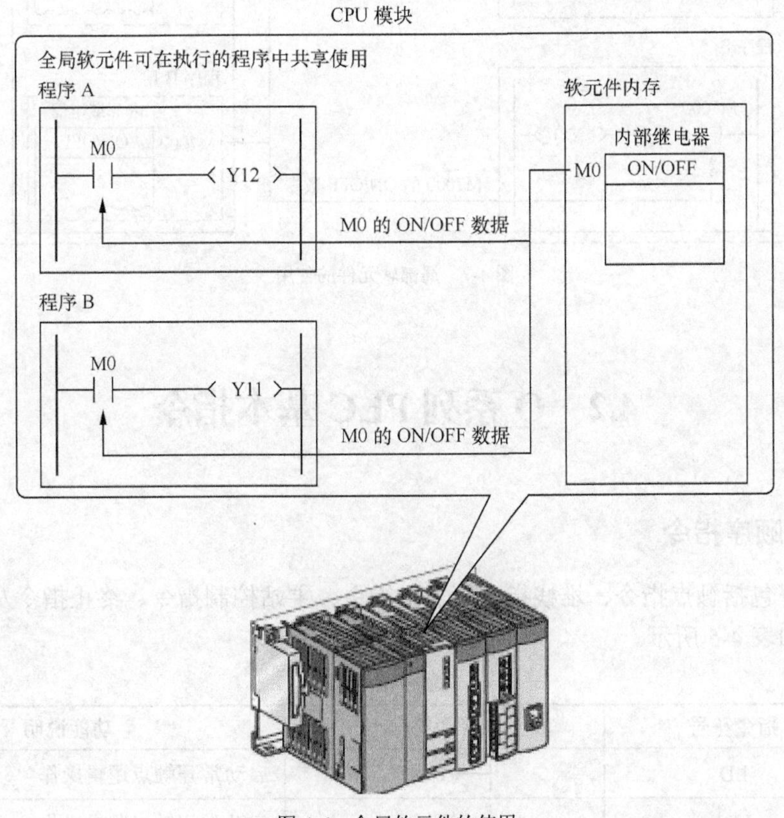

图 4-6 全局软元件的使用

2．局部软元件

局部软元件是指在各程序中可独立使用的软元件。使用局部软元件后，在执行多个独立的程序时，可以不需要理会其他程序，但是局部软元件数据只能存储在标准 RAM 和存储卡中。图 4-7 所示为局部软元件的使用，图中 M7000 作为局部软元件，分别在程序 A 和程序 B 中使用，程序 A 中 M7000 的状态不影响程序 B 运行的结果，同样程序 B 中的 M7000 状态也不影响程序 A 运行的结果。在使用局部软元件的程序中，程序执行后，存储卡的局部软元件文件的数据与 CPU 模块的软元件内存的数据进行交换，因此扫描时间仅仅是延时数据的交换时间。使用局部软元件时，要设定局部软元件使用的范围，此范围在全部程序中通用，各程序不能变更其设定范围。例如 M0～M100 设定为局部软元件时，在使用局部软元件的程序中，M0～M100 将成为局部软元件。可作为局部软元件使用的软元件有：内部继电器（M）、变址继电器（V）、定时器（T，ST）、计数器（C）和数据寄存器（D）。

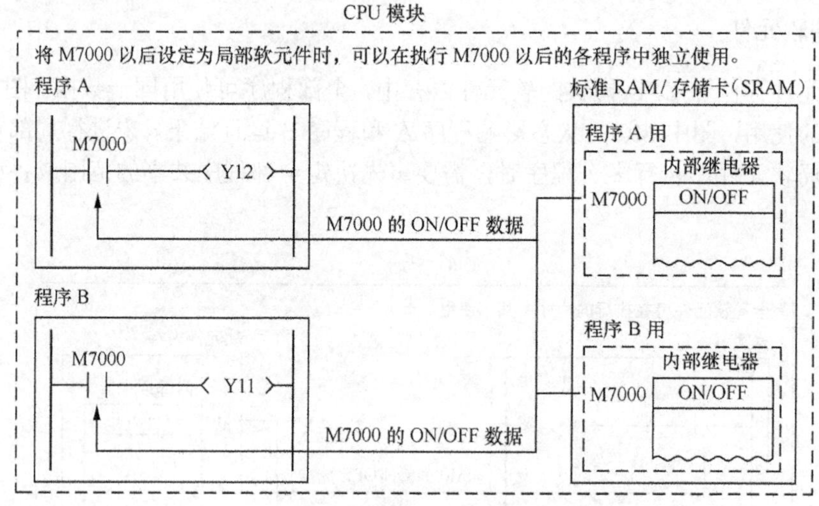

图 4-7　局部软元件的使用

4.2　Q 系列 PLC 基本指令

4.2.1　顺序指令

顺序指令包括触点指令、堆栈指令、输出指令、主站控制指令、终止指令及其他相关顺序指令等，如表 4-5 所示。

表 4-5　顺序指令

类别	指令符号	梯形图符号	功能说明
触点指令	LD	─┤├─	启动常开触点逻辑操作
	LDI	─┤/├─	启动常闭触点逻辑操作

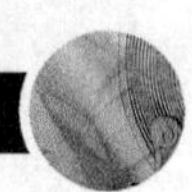

续表

类别	指令符号	梯形图符号	功能说明
触点指令	AND		串联常开触点逻辑操作
	ANI		串联常闭触点逻辑操作
	OR		并联常开触点逻辑操作
	ORI		并联常闭触点逻辑操作
	LDP		启动上升沿脉冲操作
	LDF		启动下降沿脉冲操作
	ANDP		上升沿脉冲串行连接
	ANDF		下降沿脉冲串行连接
	ORP		上升沿脉冲并行连接
	ORF		下降沿脉冲并行连接
连接指令	ANB		逻辑块之间的AND（逻辑块之间的串行连接）操作
	ORB		逻辑块之间的OR（逻辑块之间的并行连接）操作
	MPS	MPS	操作结果的存储器存储
	MRD	MRD	读MPS指令存储的操作结果
	MPP	MPP	对MPS指令存储操作结果的读和复位
	INV		操作结果取反
	MEP		上升沿脉冲操作结果的转换
	MEF		下降沿脉冲操作结果的转换
	EGP	Vn	上升沿脉冲操作结果的转换（用在子程序中）
	EGF	Vn	下降沿脉冲操作结果的转换（用在子程序中）
输出指令	OUT		编程元件输出
	SET	SET D	设置编程元件
	RST	RST D	复位编程元件

续表

类别	指令符号	梯形图符号	功能说明
输出指令	PLS	PLS D	在输入信号的上升沿处产生 1 个周期的程序脉冲
	PLF	PLF D	在输入信号的下降沿处产生 1 个周期的程序脉冲
	FF	FF D	二进制分频
	DELTA	DELTA D	输出
	DELTAP	DELTAP D	直接输出的脉冲转化
移位指令	SFT	SFT D	编程元件状态左移 1 位
	SFTP	SFTP D	
主控指令	MC	MC n D	启动主控制
	MCR	MCR n	复位主控制
终止指令	FEND	FEND	子程序的结束
	END	END	顺序程序的结束
停止指令	STOP	STOP	①在输入条件得到满足后终止顺序程序 ②将 RUN/STOP 键切换回到 RUN 位置后顺序程序重新被执行
忽略指令	NOP	-	忽略（用于程序删除或空白区）
	NOPLF	NOPLF	忽略（在打印输出过程中改变页码号）
	PAGE	PAGE n	忽略（并行程序从页码 n 的步骤 0 开始被控制）

4.2.2 基本指令

1．比较操作指令

在 QCPU 中除了 16 位和 32 位的触点比较指令外，还有实数数据比较、字符串数据比较和块数据比较指令，如表 4-6 所示。

表 4-6 比较指令

类别	指令符号	梯形图符号	功能说明
16 位数据比较	LD=	= S1 S2	当[S1]=[S2]时处于导通状态 当[S1]≠[S2]时处于不导通状态

续表

类别	指令符号	梯形图符号	功能说明
16位数据比较	AND=	= S1 S2	当[S1]=[S2]时处于导通状态 当[S1]≠[S2]时处于不导通状态
	OR=	= S1 S2	
	LD< >	< > S1 S2	当[S1]≠[S2]时处于导通状态 当[S1]=[S2]时处于不导通状态
	AND< >	< > S1 S2	
	OR< >	< > S1 S2	
	LD>	> S1 S2	当[S1]>[S2]时处于导通状态 当[S1]<=[S2]时处于不导通状态
	AND>	> S1 S2	
	OR>	> S1 S2	
	LD>=	>= S1 S2	当[S1]>=[S2]时处于导通状态 当[S1]<[S2]时处于不导通状态
	AND>=	>= S1 S2	
	OR>=	>= S1 S2	
	LD<	< S1 S2	当[S1]<[S2]时处于导通状态 当[S1]>=[S2]时处于不导通状态
	AND<	< S1 S2	
	OR<	< S1 S2	
	LD<=	<= S1 S2	当[S1]<=[S2]时处于导通状态 当[S1]>[S2]时处于不导通状态
	AND<=	<= S1 S2	

续表

类别	指令符号	梯形图符号	功能说明
16位数据比较	OR<=	<= S1 S2	当[S1]<=[S2]时处于导通状态 当[S1]>[S2]时处于不导通状态
	LDD=	D= S1 S2	
	ANDD=	D= S1 S2	当（[S1]+1，[S1]）＝（[S2]+1，[S2]）时处于导通状态 当（[S1]+1，[S1]）≠（[S2]+1，[S2]）时处于不导通状态
	ORD=	D= S1 S2	
	LDD< >	D< > S1 S2	
	ANDD< >	D< > S1 S2	当（[S1]+1，[S1]）≠（[S2]+1，[S2]）时处于导通状态 当（[S1]+1，[S1]）＝（[S2]+1，[S2]）时处于不导通状态
32位数据比较	ORD< >	D< > S1 S2	
	LDD>	D> S1 S2	
	ANDD>	D> S1 S2	当（[S1]+1，[S1]）>（[S2]+1，[S2]）时处于导通状态 当（[S1]+1，[S1]）<=（[S2]+1，[S2]）时处于不导通状态
	ORD>	D> S1 S2	
	LDD>=	D>= S1 S2	
	ANDD>=	D>= S1 S2	当（[S1]+1，[S1]）>=（[S2]+1，[S2]）时处于导通状态 当（[S1]+1，[S1]）<（[S2]+1，[S2]）时处于不导通状态
	ORD>=	D>= S1 S2	

续表

类别	指令符号	梯形图符号	功能说明
32位数据比较	LDD<	D< S1 S2	
	ANDD<	D< S1 S2	当([S1]+1,[S1])<([S2]+1,[S2])时处于导通状态 当([S1]+1,[S1])>=([S2]+1,[S2])时处于不导通状态
	ORD<	D< S1 S2	
	LDD<=	D<= S1 S2	
	ANDD<=	D<= S1 S2	当([S1]+1,[S1])<=([S2]+1,[S2])时处于导通状态 当([S1]+1,[S1])>([S2]+1,[S2])时处于不导通状态
	ORD<=	D<= S1 S2	
实数数据比较	LDE=	E= S1 S2	
	ANDE=	E= S1 S2	当([S1]+1,[S1])=([S2]+1,[S2])时处于导通状态 当([S1]+1,[S1])≠([S2]+1,[S2])时处于不导通状态
	ORE=	E= S1 S2	
	LDE< >	E< > S1 S2	
	ANDE< >	E< > S1 S2	当([S1]+1,[S1])≠([S2]+1,[S2])时处于导通状态 当([S1]+1,[S1])=([S2]+1,[S2])时处于不导通状态
	ORE< >	E< > S1 S2	
	LDE>	E> S1 S2	当([S1]+1,[S1])>([S2]+1,[S2])时处于导通状态
	ANDE>	E> S1 S2	当([S1]+1,[S1])<=([S2]+1,[S2])时处于不导通状态

续表

类别	指令符号	梯形图符号	功能说明
实数数据比较	ORE>	E> S1 S2	当（[S1]+1，[S1]）>（[S2]+1，[S2]）时处于导通状态 当（[S1]+1，[S1]）<=（[S2]+1，[S2]）时处于不导通状态
	LDE>=	E>= S1 S2	
	ANDE>=	E>= S1 S2	当（[S1]+1，[S1]）>=（[S2]+1，[S2]）时处于导通状态 当（[S1]+1，[S1]）<（[S2]+1，[S2]）时处于不导通状态
	ORE>=	E>= S1 S2	
	LDE<	E< S1 S2	
	ANDE<	E< S1 S2	当（[S1]+1，[S1]）<（[S2]+1，[S2]）时处于导通状态 当（[S1]+1，[S1]）>=（[S2]+1，[S2]）时处于不导通状态
	ORE<	E< S1 S2	
	LDE<=	E<= S1 S2	
	ANDE<=	E<= S1 S2	当（[S1]+1，[S1]）<=（[S2]+1，[S2]）时处于导通状态 当（[S1]+1，[S1]）>（[S2]+1，[S2]）时处于不导通状态
	ORE<=	E<= S1 S2	
字符串数据比较	LD$=	$= S1 S2	
	AND$=	$= S1 S2	字符串[S1]和字符串[S2]比较，一次1个字符 当字符串[S1]＝字符串[S2]时处于导通状态 当字符串[S1]≠字符串[S2]时处于不导通状态
	OR$=	$= S1 S2	

续表

类别	指令符号	梯形图符号	功能说明
字符串数据比较	LD$< >	S< > S1 S2	字符串[S1]和字符串[S2]比较，一次1个字符 当字符串[S1]≠字符串[S2]时处于导通状态 当字符串[S1]＝字符串[S2]时处于不导通状态
	AND$< >	S< > S1 S2	
	OR$< >	S< > S1 S2	
	LD$>	S> S1 S2	字符串[S1]和字符串[S2]比较，一次1个字符 当字符串[S1]> 字符串[S2]时处于导通状态 当字符串[S1] <= 字符串[S2]时处于不导通状态
	AND$>	S> S1 S2	
	OR$>	S> S1 S2	
	LD$>=	S>= S1 S2	字符串[S1]和字符串[S2]比较，一次1个字符 当字符串[S1]>= 字符串[S2]时处于导通状态 当字符串[S1]< 字符串[S2]时处于不导通状态
	AND$>=	S>= S1 S2	
	OR$>=	S>= S1 S2	
	LD$<	$< S1 S2	字符串[S1]和字符串[S2]比较，一次1个字符 当字符串[S1]< 字符串[S2]时处于导通状态 当字符串[S1] >=字符串[S2]时处于不导通状态
	AND$<	$< S1 S2	
	OR$<	$< S1 S2	
	LD$<=	$<= S1 S2	字符串[S1]和字符串[S2]比较，一次1个字符 当字符串[S1] <= 字符串[S2]时处于导通状态 当字符串[S1]> 字符串[S2]时处于不导通状态
	AND$<=	$<= S1 S2	

续表

类别	指令符号	梯形图符号	功能说明
字符串数据比较	OR$<=	$<= S1 S2	字符串[S1]和字符串[S2]比较，一次 1 个字符 当字符串[S1] <= 字符串[S2]时处于导通状态 当字符串[S1] > 字符串[S2]时处于不导通状态
块数据比较	BKCMP=	BKCMP= S1 S2 D n	ON 状态时，在 1 字单元内从[S1]开始的[n]点数据和从[S2]开始的[n]点数据进行比较，并且将比较结果存储到从[D]指定的位软元件的[n]个点。
	BKCMP< >	BKCMP<> S1 S2 D n	
	BKCMP>	BKCMP> S1 S2 D n	
	BKCMP>=	BKCMP>= S1 S2 D n	
	BKCMP<	BKCMP< S1 S2 D n	
	BKCMP<=	BKCMP<= S1 S2 D n	
	BKCMP=P	BKCMP=P S1 S2 D n	由 OFF→ON 上升沿时，在 1 字单元内从[S1]开始的[n]点数据和从[S2]开始的[n]点数据进行比较，并且将比较结果存储到从[D]指定的位软元件的[n]个点。
	BKCMP< >P	BKCMP<>P S1 S2 D n	
	BKCMP>P	BKCMP>P S1 S2 D n	
	BKCMP>=P	BKCMP>=P S1 S2 D n	
	BKCMP<P	BKCMP<P S1 S2 D n	
	BKCMP<=P	BKCMP<= S1 S2 D n	

2．算术操作指令

在 QCPU 中的算术操作指令有 BIN16 位和 BIN32 位的加、减、乘、除运算；BCD4 位的加、减、乘、除运算；浮点十进制数加、减、乘、除运算；BIN 块加、减运算；字符串数据合并运算；BIN 增 1、减 1 运算等，如表 4-7 所示。

表 4-7　　　　算术操作指令

类别	指令符号	梯形图符号	功能说明
BIN16 位加、减操作	+	+ S D	ON 状态时，[D]+[S]→[D]

续表

类别	指令符号	梯形图符号	功能说明
BIN16位加、减操作	+P	+P S D	由OFF→ON上升沿时，[D]+[S]→[D]
	+	+ S1 S2 D	ON状态时，[S1]+[S2]→[D]
	+P	+P S1 S2 D	由OFF→ON上升沿时，[S1]+[S2]→[D]
	–	– S D	ON状态时，[D]–[S]→[D]
	–P	–P S D	由OFF→ON上升沿时，[D]–[S]→[D]
	–	– S1 S2 D	ON状态时，[S1]–[S2]→[D]
	–P	–P S1 S2 D	由OFF→ON上升沿时，[S1]–[S2]→[D]
BIN32位加、减操作	D+	D+ S D	ON状态时，([D]+1，[D])+([S]+1，[S])→([D]+1，[D])
	D+P	D+P S D	上升沿时，([D]+1，[D])+([S]+1，[S])→([D]+1，[D])
	D+	D+ S1 S2 D	ON 状态时，([S1]+1，[S1])+([S2]+1，[S2])→([D]+1，[D])
	D+P	D+P S1 S2 D	上升沿时，([S1]+1，[S1])+([S2]+1，[S2])→([D]+1，[D])
	D–	D– S D	ON状态时，([D]+1，[D])–([S]+1，[S])→([D]+1，[D])
	D–P	D–P S D	上升沿时，([D]+1，[D])–([S]+1，[S])→([D]+1，[D])
	D–	D– S1 S2 D	ON 状态时，([S1]+1，[S1])–([S2]+1，[S2])→([D]+1，[D])
	D–P	D–P S1 S2 D	上升沿时，([S1]+1，[S1])–([S2]+1，[S2])→([D]+1，[D])
BIN16位乘、除法操作	*	* S1 S2 D	ON状态时，[S1]×[S2]→[D]
	*P	*P S1 S2 D	由OFF→ON上升沿时，[S1]×[S2]→[D]

续表

类别	指令符号	梯形图符号	功能说明
BIN16位乘、除法操作	/	[/ S1 S2 D]	ON状态时，[S1]÷[S2]→[D]
	/P	[/P S1 S2 D]	由OFF→ON上升沿时，[S1]÷[S2]→[D]
BIN32位乘、除法操作	D*	[D* S1 S2 D]	ON状态时，（[S1]+1，[S1]）×（[S2]+1，[S2]）→（[D]+1，[D]）
	D*P	[D*P S1 S2 D]	上升沿时，（[S1]+1，[S1]）×（[S2]+1，[S2]）→（[D]+1，[D]）
	D/	[D/ S1 S2 D]	ON状态时，（[S1]+1，[S1]）÷（[S2]+1，[S2]）→（[D]+1，[D]）
	D/P	[D/P S1 S2 D]	上升沿时，（[S1]+1，[S1]）÷（[S2]+1，[S2]）→（[D]+1，[D]）
BCD4位加、减运算	B+	[B+ S D]	ON状态时，[D]+[S]→[D]
	B+P	[B+P S D]	由OFF→ON上升沿时，[D]+[S]→[D]
	B+	[B+ S1 S2 D]	ON状态时，[S1]+[S2]→[D]
	B+P	[B+P S1 S2 D]	由OFF→ON上升沿时，[S1]+[S2]→[D]
	B–	[B– S D]	ON状态时，[D]–[S]→[D]
	B–P	[B–P S D]	由OFF→ON上升沿时，[D]–[S]→[D]
	B–	[B– S1 S2 D]	ON状态时，[S1]–[S2]→[D]
	B–P	[B–P S1 S2 D]	由OFF→ON上升沿时，[S1]–[S2]→[D]
BCD8位加、减运算	DB+	[DB+ S D]	ON状态时，（[D]+1，[D]）+（[S]+1，[S]）→（[D]+1，[D]）
	DB+P	[DB+P S D]	上升沿时，（[D]+1，[D]）+（[S]+1，[S]）→（[D]+1，[D]）
	DB+	[DB+ S1 S2 D]	ON状态时，（[S1]+1，[S1]）+（[S2]+1，[S2]）→（[D]+1，[D]）
	DB+P	[DB+P S1 S2 D]	上升沿时，（[S1]+1，[S1]）+（[S2]+1，[S2]）→（[D]+1，[D]）

续表

类别	指令符号	梯形图符号	功能说明
BCD8位加、减运算	DB−	DB− S D	ON 状态时，([D]+1，[D])−([S]+1，[S])→([D]+1，[D])
	DB−P	DB−P S D	上升沿时，([D]+1，[D])−([S]+1，[S])→([D]+1，[D])
	DB−	DB− S1 S2 D	ON 状态时，([S1]+1，[S1])−([S2]+1，[S2])→([D]+1，[D])
	DB−P	DB−P S1 S2 D	上升沿时，([S1]+1，[S1])−([S2]+1，[S2])→([D]+1，[D])
BCD4位乘、除运算	B*	B* S1 S2 D	ON 状态时，[S1]×[S2]→([D]+1，[D])
	B*P	B*P S1 S2 D	由 OFF→ON 上升沿时，[S1]×[S2]→([D]+1，[D])
	B/	B/ S1 S2 D	ON 状态时，[S1]÷[S2]→商([D])，余数([D]−1)
	B/P	B/P S1 S2 D	由 OFF→ON 上升沿时，[S1]÷[S2]→商([D])，余数([D]+1)
BCD8位乘、除运算	DB*	DB* S1 S2 D	ON 状态时，([S1]+1，[S1])×([S2]+1，[S2])→([D]+3，[D]+2，[D]+1，[D])
	DB*P	DB*P S1 S2 D	上升沿时，([S1]+1，[S1])×([S2]+1，[S2])→([D]+3，[D]+2，[D]+1，[D])
	DB/	DB/ S1 S2 D	ON 状态时，([S1]+1，[S1])÷([S2]+1，[S2])→商([D]+1，[D])，余数([D]+3，[D]+2)
	DB/P	DB/P S1 S2 D	上升沿时，([S1]+1，[S1])÷([S2]+1，[S2])→商([D]+1，[D])，余数([D]+3，[D]+2)
浮点十进制加、减运算	E+	E+ S D	ON 状态时，[D]+[S]→[D]
	E+P	E+P S D	由 OFF→ON 上升沿时，[D]+[S]→[D]
	E+	E+ S1 S2 D	ON 状态时，[S1]+[S2]→[D]
	E+P	E+P S1 S2 D	由 OFF→ON 上升沿时，[S1]+[S2]→[D]
	E−	E− S D	ON 状态时，[D]−[S]→[D]

续表

类别	指令符号	梯形图符号	功能说明
浮点十进制加、减运算	E–P	E–P S D	由 OFF→ON 上升沿时，[D]–[S]→[D]
	E–	E– S1 S2 D	ON 状态时，[S1]–[S2]→[D]
	E–P	E–P S1 S2 D	由 OFF→ON 上升沿时，[S1]–[S2]→[D]
浮点数乘、除运算	E*	E* S1 S2 D	ON 状态时，([D]+1, [D])×([S]+1, [S])→([D]+1, [D])
	E*P	E*P S1 S2 D	上升沿时，([D]+1, [D])×([S]+1, [S])→([D]+1, [D])
	E/	E/ S1 S2 D	ON 状态时，([S1]+1，[S1])÷([S2]+1，[S2])→([D]+1，[D])
	E/P	E/P S1 S2 D	上升沿时，([S1]+1，[S1])÷([S2]+1，[S2])→([D]+1，[D])
BIN 块加、减运算	BK+	BK+ S1 S2 D n	ON 状态时，([D]+1, [D])+([S]+1, [S])→([D]+1, [D])
	BK+P	BK+P S1 S2 D n	上升沿时，([D]+1, [D])+([S]+1, [S])→([D]+1, [D])
	BK–	BK– S1 S2 D n	ON 状态时，([S1]+1，[S1])–([S2]+1，[S2])→([D]+1，[D])
	BK–P	BK–P S1 S2 D n	上升沿时，([S1]+1, [S1])–([S2]+1, [S2])→([D]+1, [D])
字符串数据合并	$+	$+ S D	ON 状态时，[D]×[S]→([D]+1，[D])
	$+P	$+P S D	由 OFF→ON 上升沿时，[D]×[S]→([D]+1，[D])
	$+	$+ S1 S2 D	ON 状态时，[S1]÷[S2]→商[D]，余数([D]+1)
	$+P	$+P S1 S2 D	由 OFF→ON 上升沿时，[S1]÷[S2]→商[D]，余数([D]+1)
BIN 数据加 1、减 1	INC	INC D	ON 状态时，[D]+1→[D]
	INCP	INCP D	由 OFF→ON 上升沿时，[D]+1→[D]

续表

类别	指令符号	梯形图符号	功能说明
BIN数据加1、减1	DINC	DINC D	ON 状态时，（[D]+1，[D]）+1→（[D]+1，[D]）
	DINCP	DINCP D	由 OFF→ON 上升沿时，（[D]+1，[D]）+1→（[D]+1，[D]）
	DEC	DEC D	ON 状态时，[D]-1→[D]
	DECP	DECP D	由 OFF→ON 上升沿时，[D]-1→[D]
	DDEC	DDEC D	ON 状态时，（[D]+1，[D]）-1→（[D]+1，[D]）
	DDECP	DDECP D	由 OFF→ON 上升沿时，（[D]+1，[D]）-1→（[D]+1，[D]）

3．数据转换指令

QCPU 的数据转换指令包括 BCD 转换指令、BIN 转换指令、从 BIN 转换成浮点十进制数指令、从浮点十进制数转换成 BIN 指令、BIN16 位和 32 位之间的转换指令、BIN 转换成格雷码指令、格雷码转换成 BIN 指令、求补码指令、块转换指令等，如表 4-8 所示。

表 4-8　数据转换指令

类别	指令符号	梯形图符号	功能说明
BCD转换指令	BCD	BCD S D	ON 状态时，将 BIN 的[S]转换成 BCD 码送入[D]
	BCDP	BCDP S D	上升沿时，将 BIN 的[S]转换成 BCD 码送入[D]
	DBCD	DBCD S D	ON 状态时，将 BIN 的（[S]+1，[S]）转换成 BCD 码送入（[D]+1，[D]）
	DBCDP	DBCDP S D	上升沿时，将 BIN 的（[S]+1，[S]）转换成 BCD 码送入（[D]+1，[D]）
BIN转换指令	BIN	BIN S D	ON 状态时，将 BCD 码的[S]转换成 BIN 送入[D]
	BINP	BINP S D	上升沿时，将 BCD 码的[S]转换成 BIN 送入[D]

续表

类别	指令符号	梯形图符号	功能说明
BIN转换指令	DBIN	DBIN S D	ON状态时，将BCD码的（[S]+1，[S]）转换成BIN送入（[D]+1，[D]）
	DBINP	DBINP S D	上升沿时，将BCD码的（[S]+1，[S]）转换成BIN送入（[D]+1，[D]）
BIN转换成浮点数	FLT	FLT S D	ON状态时，将BIN的（[S]+1，[S]）转换成十进制浮点数送入（[D]+1 [D]）
	FLTP	FLTP S D	上升沿时，将BIN的（[S]+1，[S]）转换成十进制浮点数送入（[D]+1，[D]）
	DFLT	DFLT S D	ON状态时，将32位实数的（[S]+1，[S]）转换成十进制浮点数送入[D]
	DFLTP	DFLTP S D	上升沿时，将32位实数的（[S]+1，[S]）转换成十进制浮点数送入[D]
浮点数转换成BIN	INT	INT S D	ON状态时，将16位实数的（[S]+1，[S]）转换成BIN送入 [D]
	INTP	INTP S D	上升沿时，将16位实数的（[S]+1，[S]）转换成BIN送入[D]
	DINT	DINT S D	ON状态时，将32位实数的（[S]+1，[S]）转换成十进制浮点数送入（[D]+1，[D]）
	DINTP	DINTP S D	上升沿时，将32位实数的（[S]+1，[S]）转换成十进制浮点数送入（[D]+1，[D]）
BIN16位和32位转换	DBL	DBL S D	ON状态时，将BIN的[S]转换送入（[D]+1，[D]）
	DBLP	DBLP S D	上升沿时，将BIN的（[S]+1，[S]）转换送入[D]
	WORD	WORD S D	ON状态时，将BIN的（[S]+1，[S]）转换送入[D]
	WORDP	WORDP S D	上升沿时，将BIN的（[S]+1，[S]）转换送入[D]

续表

类别	指令符号	梯形图符号	功能说明
BIN转换成格雷码	GRY	GRY S D	ON状态时，将BIN的[S]转换成格雷码送入[D]
	GRYP	GRYP S D	上升沿时，将BIN的[S]转换成格雷码送入[D]
	DGRY	DGRY S D	ON状态时，将BIN的（[S]+1，[S]）转换成格雷码送入（[D]+1，[D]）
	DGRYP	DGRYP S D	上升沿时，将BIN的（[S]+1，[S]）转换成格雷码送入（[D]+1，[D]）
格雷码转换成BIN	GBIN	GBIN S D	ON状态时，将格雷码的[S]转换成BIN数据送入[D]
	GBINP	GBINP S D	上升沿时，将格雷码的[S]转换成BIN数据送入[D]
	DGBIN	DGBIN S D	ON状态时，将格雷码的（[S]+1，[S]）转换成BIN数据送入（[D]+1，[D]）
	DGBINP	DGBINP S D	上升沿时，将格雷码的（[S]+1，[S]）转换成BIN数据送入（[D]+1，[D]）
求补码指令	NEG	NEG D	ON状态时，将BIN数据的[D]求补码送入原来的[D]中
	NEGP	NEGP D	上升沿时，将BIN数据的[D]求补码送入原来的[D]中
	DNEG	DNEG D	ON状态时，将BIN数据的（[D]+1，[D]）求补码送入原来的（[D]+1，[D]）中
	DNEGP	DNEGP D	上升沿时，将BIN数据的（[D]+1，[D]）求补码送入原来的（[D]+1，[D]）中
	ENEG	ENEG D	ON状态时，将实型数据的（[D]+1，[D]）求补码送入原来的（[D]+1，[D]）中
	ENEGP	ENEGP D	上升沿时，将实型数据的（[D]+1，[D]）求补码送入原来的（[D]+1，[D]）中
块转换指令	BKBCD	BKBCD S D n	ON状态时，将从[S]开始的[n]个数据点的BIN数据批量转换成BCD数据，并从[D]处向前存储操作结果
	BKBCDP	BKBCDP S D n	上升沿时，将从[S]开始的[n]个数据点的BIN数据批量转换成BCD数据，并从[D]处向前存储操作结果

续表

类别	指令符号	梯形图符号	功能说明
块转换指令	BKBIN	BKBIN S D n	ON 状态时，将从[S]开始的[n]个数据点的 BCD 数据批量转换成 BIN 数据，并从[D]处向前存储操作结果
	BKBINP	BKBINP S D n	上升沿时，将从[S]开始的[n]个数据点的 BCD 数据批量转换成 BIN 数据，并从[D]处向前存储操作结果

4．数据传送指令

QCPU 的数据传送指令包括 16 位数据传送指令、32 位数据传送指令、浮点十进制数据传送指令、字符串数据传送指令、16 位负数传送指令、32 位负数传送指令、块传送指令、同一数据块的多路传送指令、16 位数据交换指令、32 位数据交换指令、块数据交换指令、高字节和低字节交换指令等，如表 4-9 所示。

表 4-9　　数据传送指令

类别	指令符号	梯形图符号	功能说明
16 位数据传送	MOV	MOV S D	ON 状态时，将[S]中的数据送入[D]
	MOVP	MOVP S D	上升沿时，将[S]中的数据送入[D]
32 位数据传送	DMOV	DMOV S D	ON 状态时，将（[S]+1，[S]）中的数据送入（[D]+1，[D]）
	DMOVP	DMOVP S D	上升沿时，将（[S]+1，[S]）中的数据送入（[D]+1，[D]）
浮点数据传送	EMOV	EMOV S D	ON 状态时，将实型数据（[S]+1，[S]）送入（[D]+1，[D]）
	EMOVP	EMOVP S D	上升沿时，将实型数据（[S]+1，[S]）送入（[D]+1，[D]）
字符串传送	SMOV	SMOV S D	ON 状态时，将由[S]指定的字符传送到[D]指定的软元件
	SMOVP	SMOVP S D	上升沿时，将由[S]指定的字符传送到[D]指定的软元件
16 位负数传送	CML	CML S D	ON 状态时，将[S]中的数据取反后送入[D]中
	CMLP	CMLP S D	上升沿时，将[S]中的数据取反后送入[D]中

续表

类别	指令符号	梯形图符号	功能说明
32位负数传送	DCML	DCML S D	ON状态时，将（[S]+1，[S]）中的数据取反后送入（[D]+1，[D]）中
	DCMLP	DCMLP S D	上升沿时， 将（[S]+1，[S]）中的数据取反后送入（[D]+1，[D]）中
块传送	BMOV	BMOV S D n	ON状态时，将[S]起始的[n]个单元数据送入以[D]为首址的[n]个单元中
	BMOVP	BMOVP S D n	上升沿时，将[S]起始的[n]个单元数据送入以[D]为首址的[n]个单元中
同一数据块多路传送	FMOV	FMOV S D n	ON 状态时，将[S]中的数据同时送入以[D]为首址的[n]个单元中
	FMOVP	FMOVP S D n	上升沿时，将[S]中的数据同时送入以[D]为首址的[n]个单元中
16位数据交换	XCH	XCH S D	ON状态时，将[S]和[D]中的数据互换
	XCHP	XCHP S D	上升沿时，将[S]和[D]中的数据互换
32位数据交换	DXCH	DXCH S D	ON状态时，将[S]+1和[S]与[D]+1和[D]中的数据互换
	DXCHP	DXCHP S D	上升沿时，将[S]+1和[S]与[D]+1和[D]中的数据互换
块数据交换	BXCH	BXCH S D n	ON状态时，将以[S]为首址的[n]个数据与以[S]为首址的[n]个数据互换
	BXCHP	BXCHP S D n	上升沿时，将以[S]为首址的[n]个数据与以[S]为首址的[n]个数据互换
高低字节交换	SWAP	SWAP S D	ON状态时，将[S]中的高8位与低8位交换后送入[D]
	SWAPP	SWAPP S D	上升沿时，将[S]中的高8位与低8位交换后送入[D]

5．程序分支、程序执行控制及I/O刷新指令

程序分支主要是跳转指令，程序执行指令包含禁止/允许中断、中断设置、中断返回，如表4-10所示。

表 4-10　　程序分支、程序执行控制及 I/O 刷新指令

类别	指令符号	梯形图符号	功能说明
跳转	CJ	CJ Pn	当输入条件满足时跳转到 Pn
	SCJ	SCJ Pn	在输入条件得到满足以后的一个扫描周期跳转到 Pn
	JMP	JMP Pn	无条件跳转到 Pn
	GOEND	GOEND	当输入条件得到满足时，跳转到 END 指令
禁止中断	DI	DI	禁止中断程序的运行
允许中断	EI	EI	允许中断程序的运行
中断设置	IMASK	IMASK S	对每个中断程序禁止或允许中断
中断返回	IRET	IRET	在中断程序之后返回到顺序程序
I/O 刷新	RFS	RFS D n	ON 状态时，在扫描过程中刷新相关的 I/O 区域
	RFSP	RFSP D n	上升沿时，在扫描过程中刷新相关的 I/O 区域

6. 其他使用方便的指令

其他使用方便的指令包含递增/递减计数器指令、示教定时器指令、特殊定时器指令、最近路径控制指令、斜坡信号指令、脉冲密度指令、输出指令、脉冲宽度调制指令、矩阵输入指令等，如表 4-11 所示。

表 4-11　　其他使用方便的指令

类别	指令符号	梯形图符号	功能说明
递增/递减计数器	UDCNT1	UDCNT1 S D n	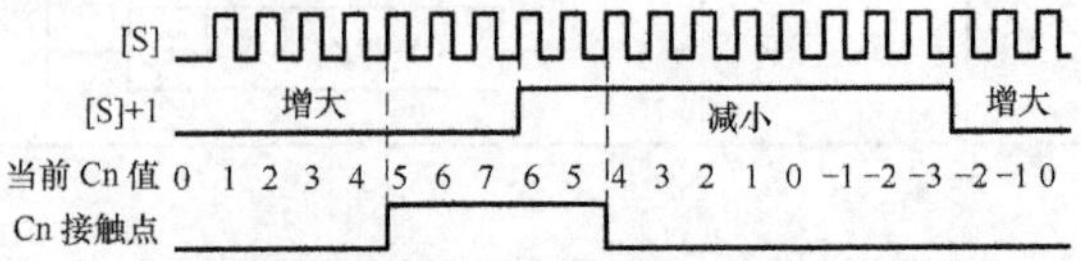 [S]、[S]+1 增大 减小 增大；当前 Cn 值 0 1 2 3 4 5 6 7 6 5 4 3 2 1 0 −1 −2 −3 −2 −1 0；Cn 接触点
	UDCNT2	UDCNT2 S D n	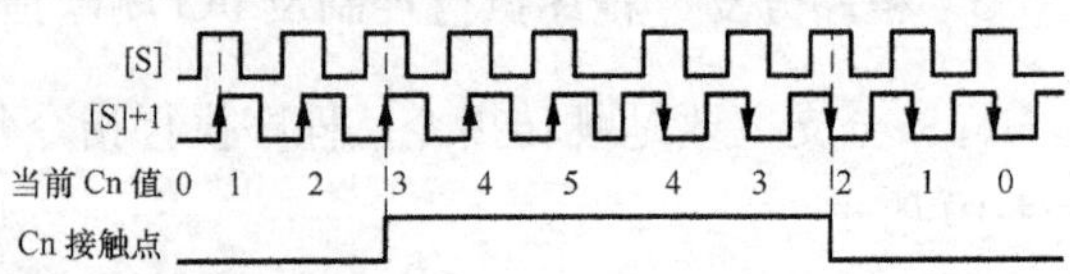 [S]、[S]+1；当前 Cn 值 0 1 2 3 4 5 4 3 2 1 0；Cn 接触点

续表

类别	指令符号	梯形图符号	功能说明
示教定时器	TTMR	TTMR D n	TTMR 为 ON 的时间，乘以 10^n 作为定时器预置值送入[D]中，n 可以为 0、1、2。
特殊定时器	STMR	STMR S D n	用来产生延时断开定时器、单脉冲定时器和闪动定时器
最近路径控制	ROTC	ROTC S n1 n2 D	控制旋转工作台旋转使得被选工作台以最短路径转到出口位置。
斜坡信号	RAMP	RAMP n1 n2 D1 n3 D2	根据设定要求产生一个斜波信号
脉冲密度	SPD	SPD S n D	用来检测在给定时间内编码器的脉冲个数
输出	PLSY	PLSY n1 n2 D	[n1]Hz 送入[D]，输出[n2]次
脉冲密度调制	PWM	PWM n1 n2 D	用来产生脉冲重复周期可调的 PWM 脉冲
矩阵输入	MTR	MTR S D1 D2 n	用于将[S]源操作数和目的操作数[D1]组成一个 8×[n]的矩阵开关输入状态信号存入目的操作数[D2]中。

第 5 章　特殊扩展功能模块

PLC 在工业控制领域的应用越来越广，现代工业控制对象随着系统的变化也要求 PLC 的控制功能具有多样性。如果使用 PLC 的通用 I/O 模块来解决这些问题，则在硬件方面费用太高，且在软件方面编程相当麻烦，甚至某些控制任务无法用通用 I/O 模块来完成。因此，PLC 厂家开发了各种类型的特殊功能模块，以适应不同的控制要求。

特殊功能模块按用途分为 5 部分：（1）模拟量输入/输出模块；（2）高速计数模块；（3）定位控制模块；（4）通信接口模块；（5）人机界面模块 GOT。本书中只讲述前 4 部分的功能模块。

5.1　模拟量输入/输出模块

在 PLC 控制系统中，控制对象既有数字量，又有模拟量。PLC 的基本单元只能对数字量进行处理，而不能直接处理模拟量。如果要处理模拟量，就必须通过特殊功能模块（模拟量输入模块）将模拟量转换成数字量，传送给 PLC 的基本单元进行处理。同样，PLC 的基本单元只能输出数字量，而控制对象有可能只接收模拟量，所以需要特殊功能模块（模拟量输出模块）将数字量转换成模拟量。

5.1.1　FX2N-2AD 模拟量输入模块

FX2N-2AD 模拟量输入模块有两个模拟量输入通道 CH1 和 CH2，通过这两个通道可将电压或电流转换成 12 位的数字信号，并将数字信号输入到 PLC 中。CH1 和 CH2 可输入 0～10V 或 0～5V 的直流电压或 4～20mA 直流电流。

FX2N-2AD 模拟量输入模块的模拟量到数字量转换特性可以调节，占用 8 个 I/O 点，它们可被分配为输入或输出。FX2N-2AD 模拟量输入模块与 PLC 进行数据传输时，需使用 FROM/TO 指令。

1．接线方式

FX2N-2AD 模拟量输入模块的接线方式如图 5-1 所示。图中“*1”表示当电压输入存在波动或有大量噪声时，在此位置连接一个耐压值为 25V、容量为 0.1～0.47μF 的电容。图中“*2”表示 FX2N-2AD 模拟量、输入模块不能将一个通道作为模块电压输入，而将另一个作为电流输入，因为两个通道采用相同的偏移值和增益值。对于电流输入，必须将图中的 VIN2 和 IIN2 短接。

FX2N 系列 PLC 最多可连接 8 个 FX2N-2AD 模拟量输入模块。FX2N-2AD 通过电缆与 PLC

基本单元的连接如图 5-2 所示。

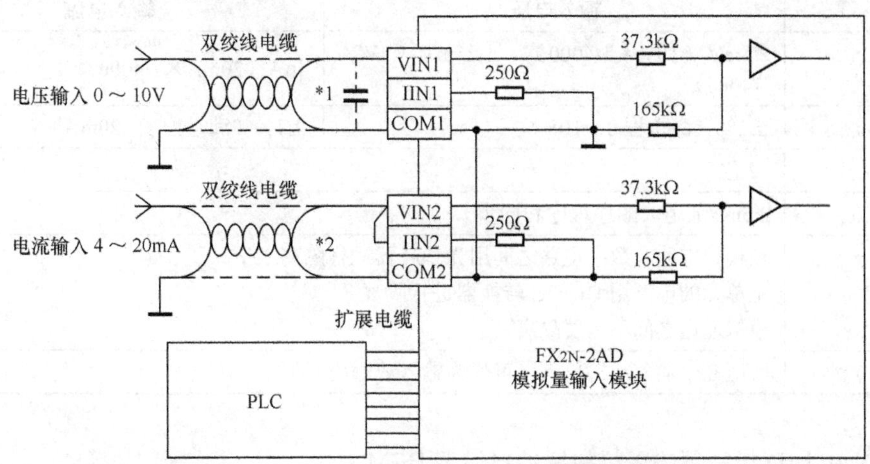

图 5-1 FX2N-2AD 模拟量输入模块的接线方式

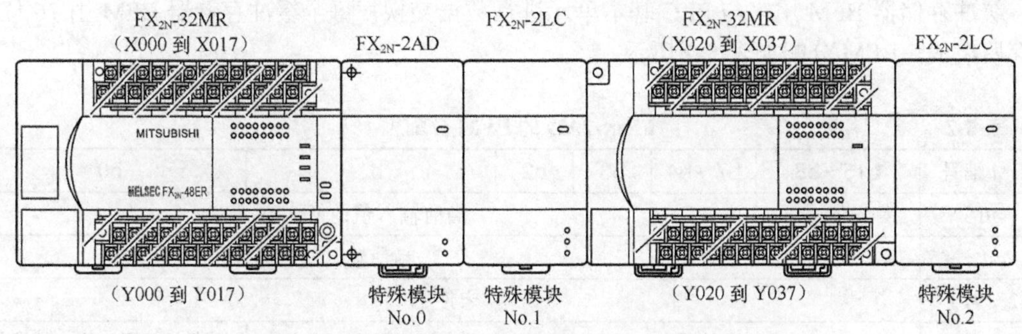

图 5-2 FX2N-2AD 模拟量输入模块与 PLC 基本单元的连接

2．性能指标

FX2N-2AD 模拟量输入模块的性能指标如表 5-1 所示。

表 5-1 **FX2N-2AD 的性能指标**

项目	输入电压	输入电流
模拟量输入范围	0～10V 或 0～5V 的直流电压（输入阻抗为 200kΩ）。若输入直流电压低于–0.5V 或超过+15V 时，此单元有可能造成损坏	4～20mA（输入阻抗为 250Ω）。当输入直流电流低于–2mA 或超过+60mA 时，此单元有可能造成损坏
输入特性	数字量输出：4095、4000，0；模拟量电压：10V；10.238V	数字量输出：4095、4000；模拟量电流：4mA、20mA；20.380mA

续表

项目	输入电压	输入电流
分辨率	2.5mV（10V×1/4000），1.25mV（5V×1/4000）	4μA（20mA×1/4000）
集成精度	±1%（满量程 0～10V）	±1%（满量程 4～20mA）
数字输出	12 位	
转换时间	2.5ms/通道（顺序程序和同步）	
隔离	在模拟电路和数字电路之间用光耦合器进行隔离 主单元的电源用 DC/DC 转换器进行隔离 模拟通道之间不需要隔离	
占用 I/O 点数	占用 8 个输入或输出点（可作为输入或输出）	

3．FX2N-2AD 模拟量输入模块缓冲存储器 BFM

缓冲存储器 BFM 用来与 PLC 基本单元进行数据交换，每个缓冲存储器 BFM 由 16 位的寄存器组成，BFM 分配如表 5-2 所示。

表 5-2　FX2N-2AD 的 BFM 分配表

BFM 编号	b15～b8	b7～b4	b3	b2	b1	b0
#0	未使用	当前输入值的低 8 位				
#1	未使用		当前输入值的高 4 位			
#2～#16	未使用					
#17	未使用				模/数转换开始标注位	模/数转换通道指定标注位
#18 或更大	未使用					

缓冲存储器 BFM 的使用说明：

（1）BFM#0 以二进制形式存储，由 BFM#17 指定通道标注指定的输入数据的当前低 8 位数据值。

（2）BFM#1 以二进制形式存储输入数据当前值的高 4 位。

（3）BFM#17 的 b0 位用来指定模/数转换通道，b1 为模/数转换开始位，当 b0=0 时，选择 CH1；当 b0=1 时，选择 CH2。

4．偏移和增益

增益是指数字量所对应的输入电压或输入电流模拟量值。偏移是指数字量 0 所对应的输入电压或输入电流模拟量值。

通常，FX2N-2AD 模拟量输入模块在出厂时初始值为 DC 0～10V，偏移值和增益值调整到数字值为 0～4000。当 FX2N-2AD 模拟量输入模块用作电流输入或 DC 0～5V，或根据电气设备的输入特性进行输入时，有可能要对偏移值和增益值进行再调节。

FX2N-2AD 模拟量输入模块的偏移值和增益值调节是根据 FX2N-2AD 的容量调节器通过电压发生器或电流发生器对实际的模拟输入值设定一个数字值，如图 5-3 所示。如果将

FX2N-2AD 的容量调节器向右旋转（顺时针），则调节的数字值增加。在实际使用中也可用 FX2N-4AD 和 FX2N-2DA 来代替电压发生器或电流发生器。

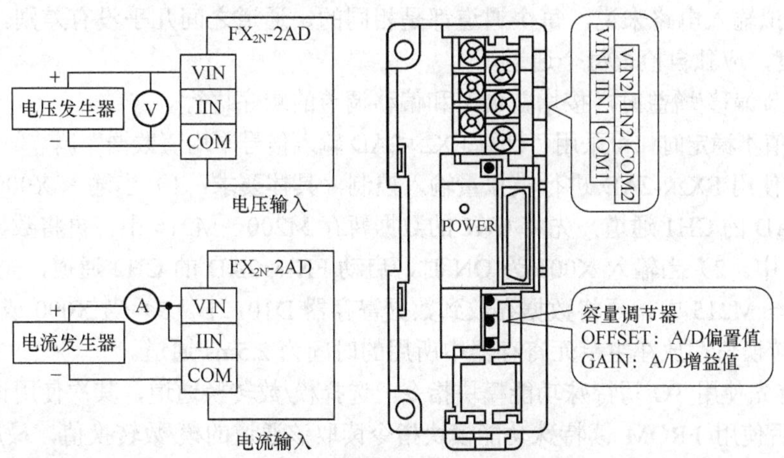

图 5-3　FX2N-2AD 偏移和增益的调节

（1）调节增益值

增益值可设置为任意数字值，但是为了使 12 位分辨率展示到最大，可使用的数字范围为 0～4000，如图 5-4 所示。

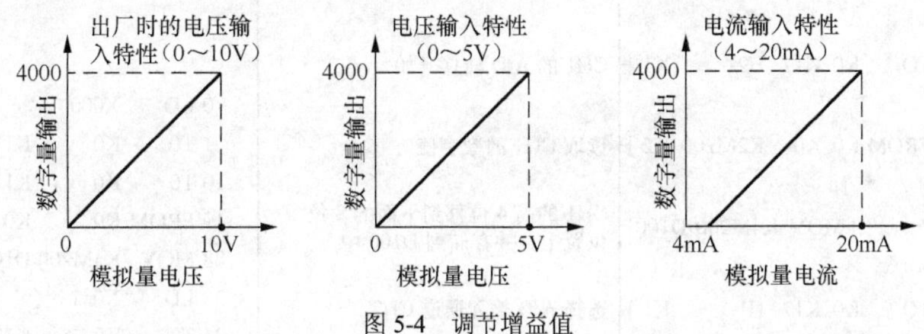

图 5-4　调节增益值

（2）调节偏移值

偏移值可以设置为任意的数字值，但是当数字值以下述方式设置时，需设定模拟值。例如，当模拟值范围为 0～10V，而使用的数字值范围为 0～4000 时，数字值为 40 等于 100mV 的模拟输入（40×10V/4000），如图 5-5 所示。

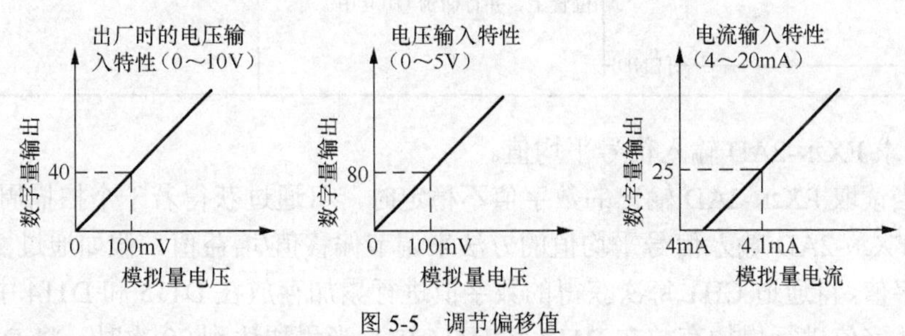

图 5-5　调节偏移值

调节偏移和增益值时，需注意以下几点。

1）通道 CH1 和 CH2 的偏移和增益值调整是同时完成的，当调节其中一个通道的偏移或增益值时，另一个道通的偏移或增益值自动进行相应地调节。

2）需要反复交替调节偏移值和增益值，直到获得稳定的数值。

3）对模拟输入电路来说，每个通道都是相同的，通道之间几乎没有差别，但是，为获得最大的精度，应独自检查每个通道。

4）当调节偏移/增益时，按增益调节和偏移调节的顺序进行。

5）数字值不稳定时，可采用“计算FX2N-2AD输入信号平均值数据”调节偏移值/增益值。

例5-1：使用FX2N-2AD进行模拟量输入控制，具体要求：1）当输入X000为ON时，启动FX2N-2AD的CH1通道，先将CH1的数据暂存M200～M215中，再将数据存放到数据寄存器D100中。2）当输入X001为ON时，启动FX2N-2AD的CH2通道，先将CH2的数据暂存M200～M215中，再将数据存放到数据寄存器D101中。3）当X000或X001为ON时，将模/数转换值存放在主单元寄存器中所用的时间为2.5ms/通道。

分析：首先使用TO写特殊功能模块指令，选择模/数转换通道，其次使用该指令启动模/数转换，然后使用FROM读特殊功能模块指令读取该通道的模/数转换值，最后使用MOV指令将转换值存放在相应的数据寄存器中，如表5-3所示。

表5-3　　FX2N-2AD模拟量输入控制程序

梯形图	指令表
0 X000 [TO K0 K17 H0 K1] 选择A/D输入通道CH1 [TO K0 K17 H2 K1] CH1的A/D转换开始 [FROM K0 K0 K2M200 K2] 读取CH1的数字值 [MOV K4M200 D100] CH1的高4位移到下面的8位位置上，并存储到D100中 33 X001 [TO K0 K17 H1 K1] 选择A/D输入通道CH2 [TO K0 K17 H3 K1] CH2的A/D转换开始 [FROM K0 K0 K2M200 K2] 读取CH2的数字值 [MOV K4M200 D101] CH2的高4位移到下面的8位位置上，并存储到D100中 66 [END]	0 LD X000 1 TO K0 K17 H0 K1 10 TO K0 K17 H2 K1 19 FROM K0 K0 K2M200 K2 28 MOV K4M200 D100 33 LD X001 34 TO K0 K17 H1 K1 43 TO K0 K17 H3 K1 52 FROM K0 K0 K2M200 K2 61 MOV K4M200 D101 66 END

例5-2：求FX2N-2AD输入信号平均值。

分析：当读取FX2N-2AD输出的数字值不稳定时，可通过获得若干个扫描周期读取的平均值，即求FX2N-2AD输入信号平均值的方法来调节偏移值/增益值。假如通过20个扫描周期来获得数字值，将通道CH1每次获得的数字值进行累加存放在D115和D114中，通道CH2每次获得的数字值进行累加存放在D117和D116中。当累加达到20次时，将D115和D114求平均值放在D111和D110中，将D117和D116求平均值放在D113和D112中。注意，在进行模/数转换前，应先将相应的数据寄存器进行清零，编写程序如表5-4所示。

表 5-4　　求 FX2N-2AD 输入信号平均值程序

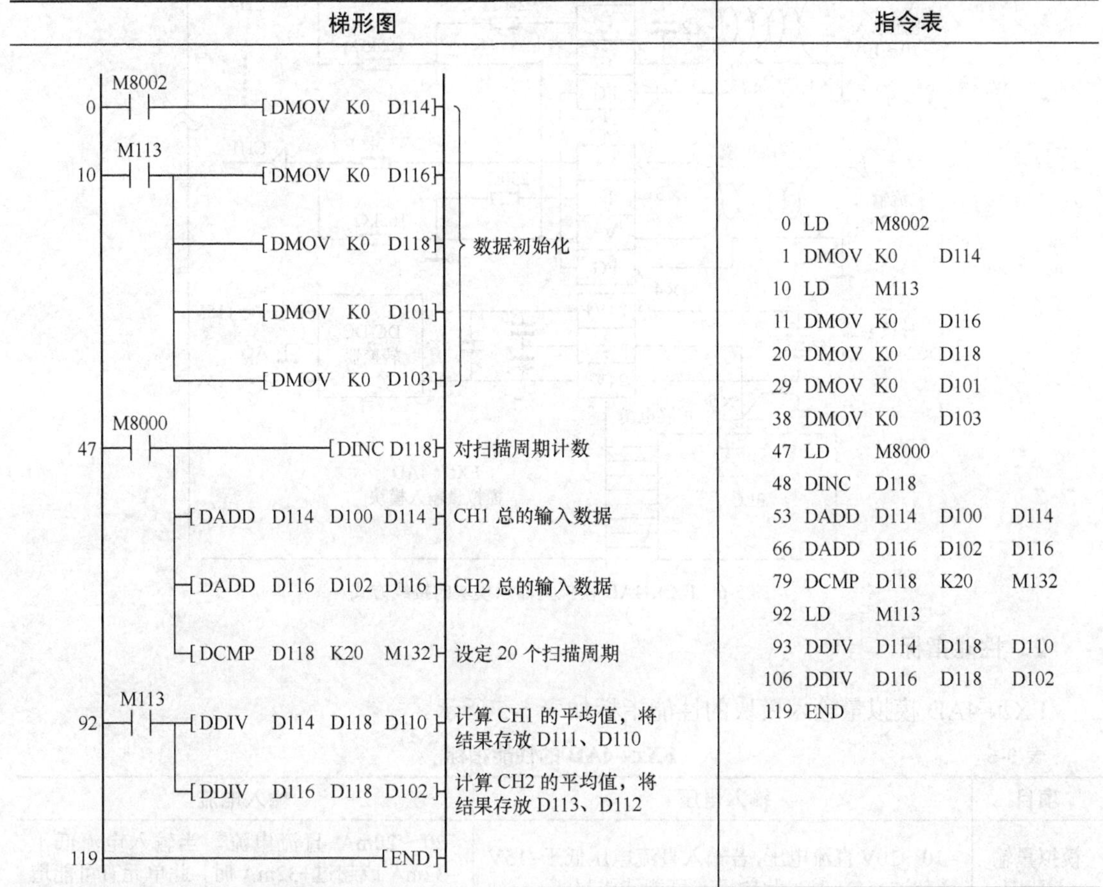


```
  0 LD    M8002
  1 DMOV  K0    D114
 10 LD    M113
 11 DMOV  K0    D116
 20 DMOV  K0    D118
 29 DMOV  K0    D101
 38 DMOV  K0    D103
 47 LD    M8000
 48 DINC  D118
 53 DADD  D114  D100  D114
 66 DADD  D116  D102  D116
 79 DCMP  D118  K20   M132
 92 LD    M113
 93 DDIV  D114  D118  D110
106 DDIV  D116  D118  D102
119 END
```

5.1.2　FX2N-4AD 模拟量输入模块

FX2N-4AD 模拟量输入模块有 4 个模拟量输入通道 CH1～CH4，通过这 4 个通道可将电压或电流转换成 12 位的数字信号，并将数字信号输入到 PLC 中。CH1～CH4 可输入–10～10V（分辨率为 5mV）的直流电压或 4～20mA 或–20～20mA（分辨率为 20μA）的直流电流。

FX2N-4A 和 FX2N 主单元之间通过缓冲存储器交换数据，FX2N-4AD 共有 32 个缓冲器，每个缓冲器为 16 位。FX2N-4AD 占用 FX2N 扩展总路线的 8 个点，这 8 个点可分配成输入或输出。

1. 接线方式

FX2N-4AD 模拟量输入模块的接线方式如图 5-6 所示。图中“*1”表示外部模拟量输入通过双绞屏蔽线与 FX2N-4AD 的各个通道相连接；*2”表示当电压输入存在波动或有大量噪声时，在此位置连接一个耐压值为 25V，量为 0.1～0.47μF 的电容；*3”表示外部输入信号为电流信号时，需将 V+和 I+短接；*4”表示若存在过多的电气干扰时，需将机壳的 FG 端和 FX2N-4AD 的接地端相连；*5”表示应尽可能将 FX2N-4AD 与主单元 PLC 的地连接起来。

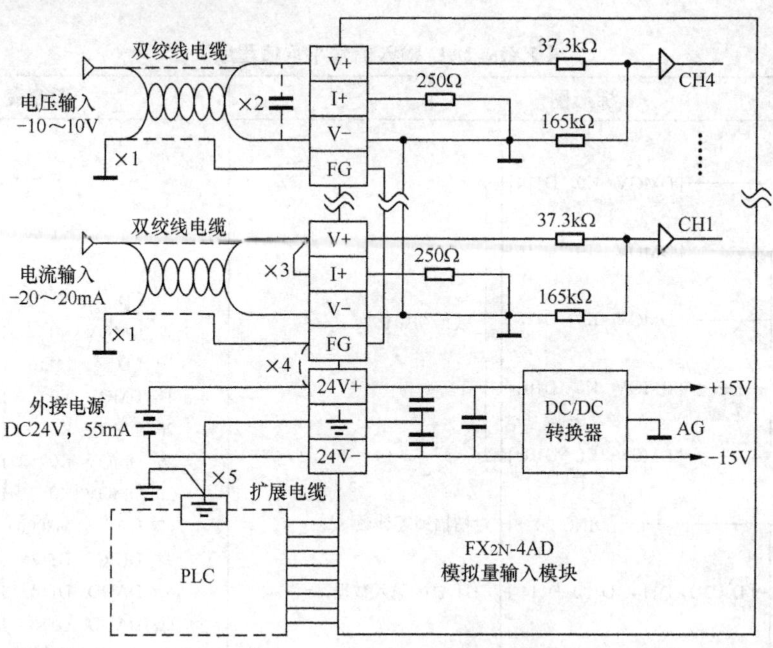

图 5-6　FX2N-4AD 模拟量输入模块的接线方式

2．性能指标

FX2N-4AD 模拟量输入模块的性能指标如表 5-5 所示。

表 5-5　**FX2N-4AD 的性能指标**

项目	输入电压	输入电流
模拟量输入范围	-10～10V 直流电压，若输入直流电压低于-15V 或超过+15V 时，此单元有可能造成损坏	-20～20mA 直流电流，当输入电流低于-32mA 或超过+32mA 时，此单元有可能造成损坏
输入特性	2047 2000 10.235V -10V 10V 模拟量电压 -10.24V -2000 -2048 预设 0（-10～10V）	数字量输出 1750 1000 模拟量电流 0 4mA 20mA 32mA 预设 1（4mA～20mA） 1600 1000 模拟量电流 -32mA -20mA 20mA 32mA -1000 -1600 预设 2（-20mA～+20mA）
分辨率	5mV（10V×1/2000）	20μA（20mA×1/1000）
集成精度	±1%（满量程-10～10V）	±1%（满量程-20～20mA）
数字输出	12 位的转换结果以 16 位二进制补码方式存储，最大值：+2047，最小值：-2048	
转换时间	15ms/通道（常速），6ms/通道（高速）	
隔离	在模拟电路和数字电路之间用光耦合器进行隔离 主单元的电源用 DC/DC 转换器进行隔离 模拟通道之间不需要隔离	
I/O 点数	占用 8 个输入或输出点（可作为输入或输出）	

3．FX2N-4AD 模拟量输入模块缓冲存储器 BFM

缓冲存储器 BFM 用来与 PLC 基本单元进行数据交换，FX2N-4AD 有 32 个缓冲器，编号为 BFM#0～BFM31，每个缓冲存储器 BFM 由 16 位的寄存器组成，BFM 分配如表 5-6 所示。

表 5-6　　FX2N-4AD 的 BFM 分配表

<table>
<tr><th colspan="2">BFM 编号</th><th colspan="2">内容</th></tr>
<tr><td rowspan="5">W</td><td>*#0</td><td colspan="2">指定 CH1～CH4 输入方式，默认为 H0000。若设定值用 H□□□□表示，则
□=0，设定值输入范围–10V～+10V；□=1，设定值输入范围+4～+20mA
□=2，设定值输入范围–20mA～+20mA；□=3，关闭该通道
H□□□□的最低位□控制 CH1，然后依次为 CH2、CH3 和 CH4
例 H3302 表示 CH1 设定值输入范围–20～+20mA，CH2 设定值输入范围–10～+10V，CH3 和 CH4 关闭</td></tr>
<tr><td>*#1</td><td>CH1</td><td rowspan="4">各通道平均值的采样次数，采样次数范围 1～4096，默认采样次数为 8，若采样次数超过范围时，按默认值 8 次进行处理</td></tr>
<tr><td>*#2</td><td>CH2</td></tr>
<tr><td>*#3</td><td>CH3</td></tr>
<tr><td>*#4</td><td>CH4</td></tr>
<tr><td colspan="2">#5</td><td>CH1</td><td rowspan="4">输入采样平均值，这些采样值分别存放在 CH1～CH4</td></tr>
<tr><td colspan="2">#6</td><td>CH2</td></tr>
<tr><td colspan="2">#7</td><td>CH3</td></tr>
<tr><td colspan="2">#8</td><td>CH4</td></tr>
<tr><td colspan="2">#9</td><td>CH1</td><td rowspan="4">输入当前值，这些当前值分别存放在 CH1～CH4</td></tr>
<tr><td colspan="2">#10</td><td>CH2</td></tr>
<tr><td colspan="2">#11</td><td>CH3</td></tr>
<tr><td colspan="2">#12</td><td>CH4</td></tr>
<tr><td colspan="2">#13、#14</td><td colspan="2">不能使用</td></tr>
<tr><td colspan="2">#15</td><td colspan="2">转换速度选择，置 1 时选择 15ms/通道；置 0 时选择 6ms/通道</td></tr>
<tr><td colspan="2">#16～#19</td><td colspan="2">不能使用</td></tr>
<tr><td rowspan="5">W</td><td>*#20</td><td colspan="2">复位为缺省预定值，缺省设定值=H0000</td></tr>
<tr><td>*#21</td><td colspan="2">b1、b2=10 时，禁止增益和偏移值调整；b1、b2=01 时，允许增益和偏移值调整。默认值 b1、b2=01 时</td></tr>
<tr><td>*#22</td><td colspan="2">偏移 O 和增益调整：<table><tr><td>b7</td><td>b6</td><td>b5</td><td>b4</td><td>b3</td><td>b2</td><td>b1</td><td>b0</td></tr><tr><td>G4</td><td>O4</td><td>G3</td><td>O3</td><td>G2</td><td>O2</td><td>G1</td><td>O1</td></tr></table></td></tr>
<tr><td>*#23</td><td>偏移值</td><td rowspan="2">调整的输入通道由 BFM#22 的 G-O 位的状态指定，如 BFM#22 的 G1、O1 位置 1，则 BFM#23 和 BFM#24 的设定值即可送入 CH1 的偏移和增益寄存器各通道的偏移和增益可以统一调整，也可单独调整</td></tr>
<tr><td>*#24</td><td>增益值</td></tr>
<tr><td colspan="2">#25～#28</td><td colspan="2">不能使用</td></tr>
<tr><td colspan="2">#29</td><td colspan="2">错误状态信息</td></tr>
<tr><td colspan="2">#30</td><td colspan="2">特殊功能模块识别码，用 FROM 指令读入，FX2N-4AD 的识别码为 K2010</td></tr>
<tr><td colspan="2">#31</td><td colspan="2">不能使用</td></tr>
</table>

注：表中标有“W”的缓冲寄存器中的数据可由 PLC 通过 TO 指令改写，以达到更改 FX2N-4AD 的运行参数，调整输入方式、输入增益和偏移等。不带“*”的缓冲寄存器中的数据可由 PLC 通过 FROM 指令读取。

BFM#29 错误状态信息如表 5-7 所示。

表 5-7　　**BFM#29 错误状态信息**

BFM#29 的位	=1（ON）	=0（OFF）
b0：错误	b1～b3 中任何一个为 1 时，则 b0 为 1；如果 b2～b3 中任何一个为 1 时，则所有通道的 A/D 转换停止	无错误
b1：偏移/增益错误	偏移值和增益值调整错误	偏移值和增益值调整正常
b2：电源故障	24V DC 电源错误	电源正常
b3：硬件错误	A/D 或其他器件错误	硬件正常
b10：数字范围错误	数字输出值小于–2048 或大于+2047	数字输出正常
b11：平均取样错误	数字平均采样值大于 4096 或小于 0（使用 8 位缺省值设定）	平均值正常（1～4096）
b12：偏移/增益调整禁止	禁止调整：BFM#21 缓冲器的 b1b0=10	允许调整：BFM#21 缓冲器的 b1b0=01

4．偏移和增益

在 FX2N-4AD 模拟量输入模块中的增益决定了校正线的角度（斜率），由数字 1000 标识；偏移是校正线的位置，由数字 0 标识，如图 5-7 所示。

从图 5-7（a）中可以看出，小增益读取数字值间隔大；零增益时，缺省值应为 5V 或 20mA；大增益读取数字值间隔小。从图 5-7（b）中可看出，零偏移时，缺省值为 0V 或 4mA。偏移和增益可以同时或单独设置，偏移的设置范围为–5～+5V 或–20～+20mA；增益的设置范围为 1～15V 或 4～32mA。

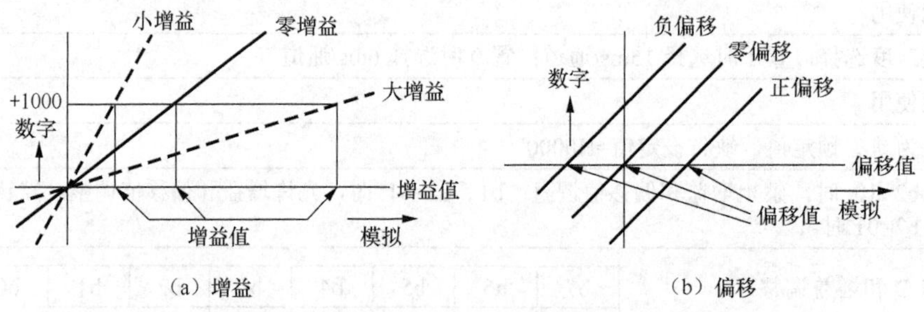

图 5-7　偏移和增益

例 5-3：将 FX2N-4AD 模拟量输入模块安装在特殊功能模块 0 号位置，CH1 和 CH2 为电流输入，平均采样 6 次，PLC 的 D100 和 D101 存储器用来存储接收到的平均数字值。M10～M25 用来存放错误状态信息。

分析：首先使用 FROM 指令由 BFM#30 读取 0 号位置的特殊功能模块的 ID 号，然后使用 CMP 将 FX2N-4AD 的识别码与 ID 号进行比较，若两者相同，则使用 TO 指令设置输入通道及采样次数，进行模/数转换。在转换中若有错误，使用 FROM 指令将错误状态信息存储在 M10～M25 中；无错误，则使用 FROM 指令将采样的平均值分别存放在 D100 和 D101 中，编写程序如表 5-8 所示。

表 5-8　　**FX_{2N}-4AD 模拟量输入模块控制程序**

梯形图	指令表
0 ─┤M8002├─[FROM K0 K30 D0 K1] 由 BFM#30 读出 0 号位置特殊功能模块的 ID 号	0 LD M8002 1 FROM K0 K30 D0 K1
─[CMP K2010 D0 M0] FX_{2N}-4AD 的识别码 K2010 与 ID 号比较	10 CMP K2010 D0 M0
K2010 与 ID 相同 17 ─┤M1├─[TOP K0 K0 H3311 K1] CH1、CH2 为电流输入 CH3、CH4 关闭	17 LD M1 18 TOP K0 K0 H3311 K1
─[TOP K0 K1 K6 K2] 设置 BFM#1，BFM#2 采样 6 次	27 TOP K0 K1 K6 K2
─[FROM K0 K29 K4M10 K1] BFM#29 的错误状态信息传送到 K4M10 中	36 FROM K0 K29 K4M10 K1
无错误 ─┤/M10├─┤/M20├─[FROM K0 K5 D100 K2] 无错误，将 BFM#5，BFM#6 中 CH1、CH2 中的平均值存放在 D100、D101 数字输出正常	45 ANI M10 46 ANI M20 47 FROM K0 K5 D100 K2
56 ─[END]	56 END

例 5-4：通过软件设置调整 FX_{2N}-4AD 的偏移量为 0V，增益量为 2.5V。

分析：可以使用 PLC 输入终端的下压按钮开关来调整 FX_{2N}-4AD 的偏移/增益量，也可使用软件编程的方式来调整 FX_{2N}-4AD 的偏移/增益量。PLC 软件调整 FX_{2N}-4AD 偏移量和增益量的程序如表 5-9 所示。

表 5-9　　**调整 FX_{2N}-4AD 偏移量和增益量程序**

梯形图	指令表
0 ─┤X010├─[SET M0] X010 接通时，调整开始	0 LD X010 1 SET M0
2 ─┤M0├─[TOP K0 K0 H0 K1] 初始化输入通道（H000）送 BFM#0	2 LD M0 3 TOP K0 K0 H0 K1
─[TOP K0 K21 K1 K1] 使 BFM#21 的 b1、b0=01，允许调整增益和偏移	12 TOP K0 K21 K1 K1
─[TOP K0 K22 K0 K1] BFM#22 为 0，复位调整位	21 TOP K0 K22 K0 K1
─(T0 K4)	30 OUT T0 K4
33 ─┤T0├─[TOP K0 K23 K0 K1] BFM#23 为 0，偏移值为 0	33 LD T0 34 TOP K0 K23 K0 K1
─[TOP K0 K24 K2500 K1] BFM#24 为 2500，增益值为 2500mV	43 TOP K0 K24 K2500 K1
─[TOP K0 K22 H3 K1] 使 BFM#22 为 3（0011），使 01=1、G1=1 改变 G1 的增益和偏移	52 TOP K0 K22 H3 K1
─(T1 K4)	61 OUT T1 K4
64 ─┤T1├─[RST M0] 调整结束	64 LD T1 65 RST M0
─[TOP K0 K21 K2 K1] 使 BFM#21 的 b1、b0=10，则增益和偏移不允许调整	66 TOP K0 K21 K2 K1
75 ─[END]	75 END

5.1.3　FX2N-8AD 模拟量输入模块

FX2N-8AD 模拟量输入模块有 8 个模拟量输入通道 CH1～CH8，通过这 8 个通道可将电压或电流或温度转换成数字信号，并将数字信号输入到 PLC 中。电压输入可选择范围为–10～+10V，电流输入可选择范围为–20～+20mA，热电偶输入可选择范围是 K 类、J 类和 T 类。8 个通道输入电压或电流时，每个通道的输入特性可以调整；8 个通道使用热电偶输入时，不能调整输入特性。

1．接线方式

FX2N-8AD 模拟量输入模块的接线方式如图 5-8 所示。图中“*1”表示外部模拟量输入通过双绞屏蔽线与 FX2N-8AD 的各个通道相连接；“*2”表示外部输入信号为电流信号时，需将 V+和 I+短接；“*3”表示当电压输入存在波动或有大量噪声时，在此位置连接一个耐压值为 25V，容量为 0.1～0.47μF 的电容；“*4”表示也可以使用 PLC 的 24V 直流电源；“*5”表示若存在过多的电气干扰时，需将机壳的 FG 端和 FX2N-8AD 的接地端相连；“*6”表示可使用隔离类型的热电偶，如 K 类、J 类和 T 类。

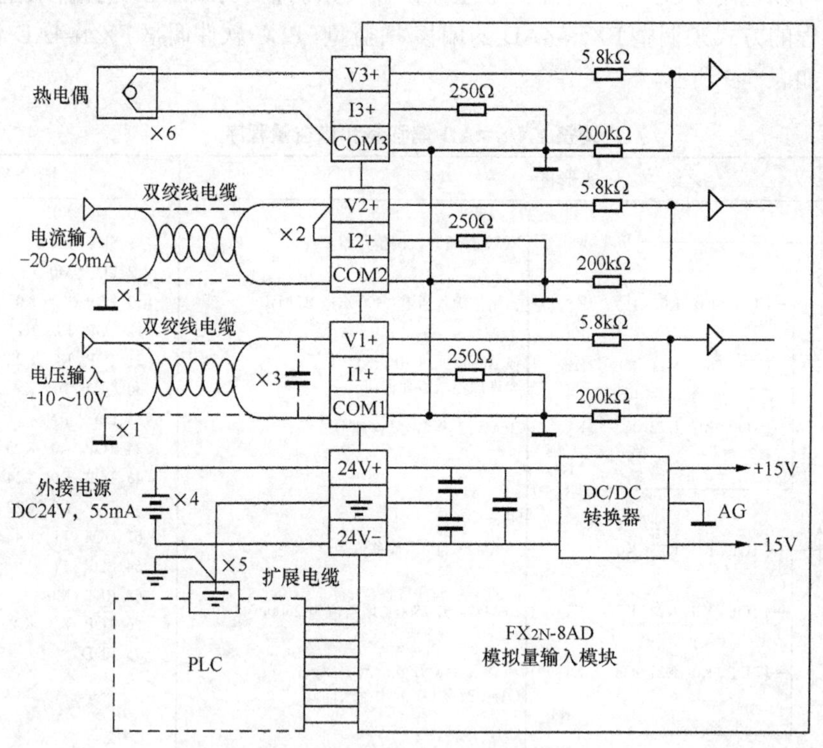

图 5-8　FX2N-8AD 模拟量输入模块的接线方式

2．性能指标

FX2N-8AD 模拟量输入模块的性能指标如表 5-10 所示。

表 5-10　　　　**FX2N-8AD 的性能指标**

项目	电压输入	电流输入	热电偶输入
模拟量输入范围	–10～10V 直流电压（输入阻抗为 200kΩ）	直流电流 4～20mA 或–20～20mA（输入阻抗为 250Ω）。	–100～1200℃（K 类） –100～600℃（J 类） –100～350℃（T 类）
输入特性	16320 16000 –10V 10V 模拟量电压 –16000 –16320	12000 8000 模拟量电流 –30mA –20mA 20mA 30mA –8000 –12000	12000 –100℃ 1200℃ –1000 输入温度
分辨率	0.63mV（–10～10V×1/32000） 2.5mV（–10～10V×1/32000）	2.5μA（–20～20mA×1/16000） 5μA（–20～20mA×1/8000） 2.5μA（4～20mA×1/8000） 4μA（4～20mA×1/4000）	0.1℃
集成精度	±0.5%	±0.5%	±1%
数字输出	带符号 16 位		
转换时间	0.5ms/通道		
隔离	光电耦合器隔离		
I/O 点数	占用 8 个输入或输出点（可作为输入或输出）		

3．FX2N-8AD 模拟量输入模块缓冲存储器 BFM

缓冲存储器 BFM 用来与 PLC 基本单元进行数据交换，FX2N-8AD 的 BFM 分配如表 5-11 所示。

表 5-11　　　　**FX2N-8AD 的 BFM 分配表**

BFM 编号	内容
#0	指定 CH1～CH4 输入方式，默认为 H0000
#1	指定 CH5～CH8 输入方式，默认为 H0000
#2～#9	设置 CH1～CH8 的采样次数（范围为 1～4095）
#10～#17	CH1～CH8 转换结果数据（采样平均值或当前采样值）
#18、#23、#25、#31、	保留
#19	禁止 I/O 特性的设置改变（BFM#0，BFM#1，BFM#21）和便捷功能（BFM#22），禁止修改为 K2，允许修改为 K1，默认值为 K1
#20	通道控制数据的初始化。为 K0，正常设定；为 K1，恢复出厂默认数据

续表

BFM 编号	内容
#21	写入 I/O 特性，b0～b7 由低到高依次为 CH1～CH8 的增益、偏移量数据写入 EEPROM
#22	设置便捷功能（数据增加，上界/下界值检测，突变检测和峰值保持）
#24	指定高速转换通道，设置范围：K0～K8
#26	上界/下界值误差状态（BFM#22 的 b1 为 ON 时有效）
#27	A/D 数据突变检测状态（BFM#22 的 b1 为 ON 时有效）
#28	范围溢出状态
#29	错误状态
#30	型号编码（K2050）
#41～#48	CH1～CH8 偏移设定
#51～#58	CH1～CH8 增益设定
#61～#68	CH1～CH8 附加数据设置范围（−1600～+1600），BFM#22 的 b0 为 ON 时有效
#71～#78	CH1～CH8 下界值错误设置值，BFM#22 的 b1 为 ON 时有效
#81～#88	CH1～CH8 上界值错误设置值，BFM#22 的 b1 为 ON 时有效
#91～#98	CH1～CH8 突变检测设置值设置范围，全范围 1%～50%（BFM#22 的 b2 为 ON 时有效）
#101～#102	CH1～CH8 峰值（最小值）设置（BFM#22 有 b3 为 ON 时有效）
#111～#112	CH1～CH8 峰值（最大值）设置（BFM#22 有 b3 为 ON 时有效）
#198	数据记录采样时间，设置范围 0～30000ms（只有平均次数 BFM#2～BFM#9 设置为 1 的通道有效）
#199	复位或停止数据记录（只有平均次数 BFM#2～BFM#9 设置为 1 时的通道有效）
#200～#3399	CH1～CH8 数据记录（每个通道记录第 1 个值至第 400 个值，且只有平均次数 BFM#2～BFM#9 设置为 1 时的通道有效）

若 BFM#0、BFM#1 的设定值用 H□□□□表示，则 BFM#0 的最低位□控制 CH1，然后依次为 CH2、CH3 和 CH4；BFM#1 的最低位□控制 CH5，然后依次为 CH6、CH7 和 CH8。“□”中对应设定如下：

□=0，通道模拟量输入为−10～+10V 直流电压，分辨率为 0.63mV；

□=1，通道模拟量输入为−10～+10V 直流电压，分辨率为 2.5mV；

□=2，通道模拟量输入为−10～+10V 直流电压，直接显示方式，分辨率为 1.0mV；

□=3，通道模拟量输入为+4～+20mA 直流电流，分辨率为 2.0μA；

□=4，通道模拟量输入为+4～+20mA 直流电流，分辨率为 4.0μA；

□=5，通道模拟量输入为+4～+20mA 直流电流，直接显示方式，分辨率为 2.0μA；

□=6，通道模拟量输入为−20～+20mA 直流电流，分辨率为 2.5μA；

□=7，通道模拟量输入为−20～+20mA 直流电流，分辨率为 5.0μA；

□=8，通道模拟量输入为−20～+20mA 直流电流，直接显示方式，分辨率为 2.5μA；

□=9，K 类热电偶-100～+1200℃温度测量输入，分辨率为 0.1℃；

□=A，J 类热电偶-100～+600℃温度测量输入，分辨率为 0.1℃；

□=B，T 类热电偶-100～+350℃温度测量输入，分辨率为 0.1℃；

□=C，K 类热电偶-148～+2192℉温度测量输入，分辨率为 0.1℉；

□=D，J 类热电偶-148～+1112℉温度测量输入，分辨率为 0.1℉；

□=E，T 类热电偶-148～+662℉温度测量输入，分辨率为 0.1℉；

□=F，通道关闭。

BFM#29 错误状态信息如表 5-12 所示。

表 5-12　　BFM#29 错误状态信息

BFM#29 的位	=1（ON）	=0（OFF）
b0：报警	b1～b4 中任何一个为 1 时，则 b0 为 1	无错误
b1：偏移/增益错误	偏移值和增益值超出设定范围	偏移值和增益值调整正常
b2：电源故障	24V DC 电源错误	电源正常
b3：硬件错误	A/D 或其他器件错误	硬件正常
b4：A/D 转换值错误	A/D 转换值不正常；使用范围溢出数据（BFM#28）	A/D 转换值正常
b5：热电偶预热	电源开启后，该位被置为 1，并持续 20min	-
b6：禁止读/写 BFM	进行输入特性改变时，该位置 1。该位为 1 时，不能从 BFM 读出或向 BFM 写入数据	-
b7、b11	-	-
b8：检测到设置值错误	b9～b15 中任何 1 位置为 1 时，该位为 1	b9～b15 中任何 1 位都为 0
b9：输入模式设置错误	输入模式（BFM#0、BFM#1）设置错误	输入模式（BFM#0、BFM#1）设置正常
b10：数字范围错误	数字输出值小于-2048 或大于+2047	数字输出正常
b12：突变检测设定错误	突变检测设定值错误	突变检测设定值正常
b13：上/下界值设置错误	上/下界值设置错误	上/下界值设置正确
b14：高速转换设置错误	高速转换设置错误	高速转换设置正确
b15：附加数据设置错误	附加数据设置错误	附加数据设置正确

5.1.4　Q 系列模拟量输入模块

Q 系列模拟量输入模块的型号有 Q64AD、Q68ADI、Q68ADV，其中 Q64AD 有 4 个通道，每个通道都可选择电压或电流输入；Q68ADV 有 8 个通道，通道全部为电压输入；Q68ADIV 有 8 个通道，通道全部为电流输入。

1. 接线方式

Q系列模拟量输入模块的接线方式如图5-9所示。

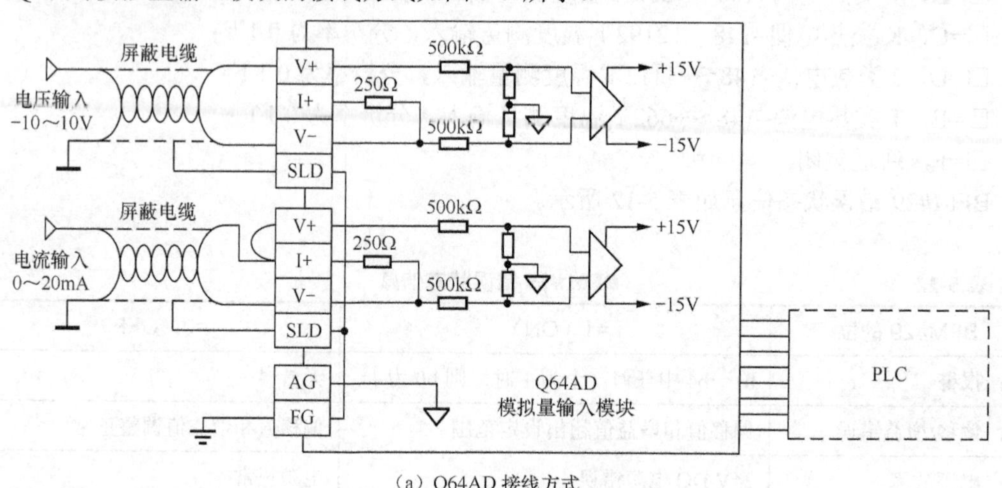

（a）Q64AD接线方式

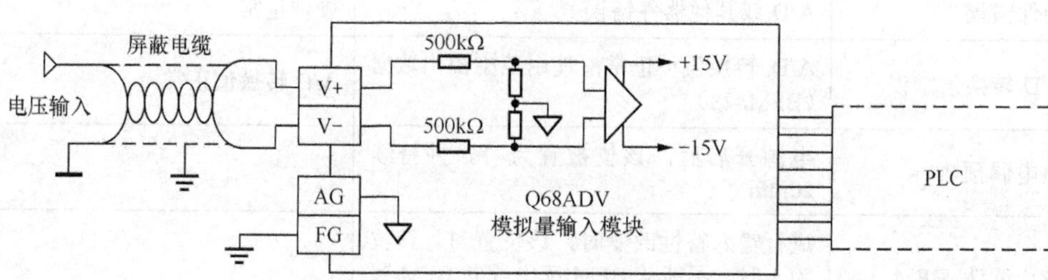

（b）Q68ADV接线方式

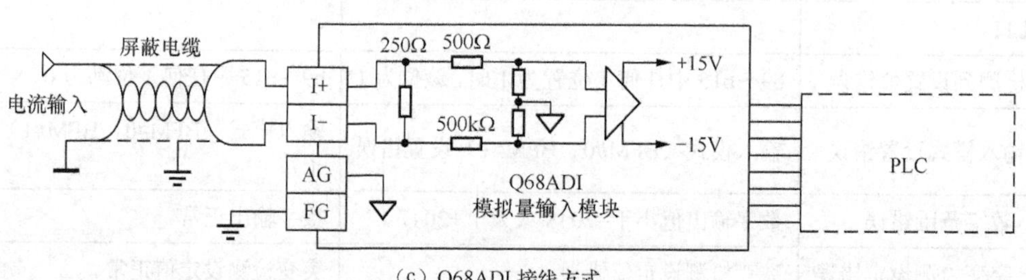

（c）Q68ADI接线方式

图5-9　Q系列模拟量输入模块的接线方式

2. 性能指标

Q系列模拟量输入模块的性能指标如表5-13所示。

表5-13　Q系列模拟量输入模块的性能指标

项目		Q64AD	Q68ADV	Q68ADI
模拟输入	点数	4点（CH1～CH4）	8点（CH1～CH8）	8点（CH1～CH8）
	电压	DC −10～10V		-
	电流	DC 0～20mA	-	DC 0～20mA

续表

<table>
<tr><td>项目</td><td colspan="3">Q64AD</td><td colspan="2">Q68ADV</td><td>Q68ADI</td></tr>
<tr><td>数字输出</td><td colspan="6">16 位（正常分辨率模式：–4096～4095、高分辨率模式–12288～12887、–16384～16383）</td></tr>
<tr><td rowspan="10">I/O 特点及分辨率</td><td colspan="2" rowspan="2">模块输入范围</td><td colspan="2">正常分辨率模式</td><td colspan="2">高分辨率模式</td></tr>
<tr><td>数字输出值</td><td>最大分辨率</td><td>数字输出值</td><td>最大分辨率</td></tr>
<tr><td rowspan="5">电压</td><td>0～10V</td><td rowspan="3">0～4000</td><td>2.5mV</td><td>0～16000</td><td>0.625mV</td></tr>
<tr><td>0～5V</td><td>1.25mV</td><td rowspan="2">0～12000</td><td>0.416mV</td></tr>
<tr><td>1～5V</td><td>1.0mV</td><td>0.333mV</td></tr>
<tr><td>–10～10V</td><td rowspan="2">–4000～4000</td><td>2.5mV</td><td>–16000～16000</td><td>0.625mV</td></tr>
<tr><td>用户设置</td><td>0.375mV</td><td>–12000～12000</td><td>0.333mV</td></tr>
<tr><td rowspan="3">电流</td><td>0～20mA</td><td rowspan="2">0～4000</td><td>5μA</td><td rowspan="2">0～12000</td><td>1.66μA</td></tr>
<tr><td>4～20mA</td><td>4μA</td><td>1.33μA</td></tr>
<tr><td>用户设置</td><td>–4000～4000</td><td>1.37μA</td><td>–12000～12000</td><td>1.33μA</td></tr>
<tr><td>转换精度</td><td colspan="6">正常分辨率模式下，环境温度 0～55℃带温度补偿的精度为±0.3%（±12 位数）；环境温度 0～55℃不带温度补偿的精度为±0.4%（±16 位数）；正常分辨模式下环境温度 25±5℃的精度为±0.1%（±48 位数）
输入模拟电压为 0～10V 或–10～10V 时，高分辨率模式下，环境温度 0～55℃带温度补偿的精度为±0.3%（±48 位数）；环境温度 0～55℃不带温度补偿的精度为±0.4%（±64 位数）；环境温度 25±5℃的精度为±0.1%（±16 位数）
其余输入模拟电压及输入模块电流时，高分辨模式下，环境温度 0～55℃带温度补偿的精度为±0.3%（±36 位数）；环境温度 0～55℃不带温度补偿的精度为±0.4%（±48 位数）；环境温度 25±5℃的精度为±0.1%（±12 位数）</td></tr>
<tr><td>转换速度</td><td colspan="6">80μs/通道（若有温度漂移时，不管使用通道数目多少，都将使用加 160μs 所得的时间）</td></tr>
<tr><td>隔离方法</td><td colspan="6">I/O 端子和 PLC 电源间为光耦合隔离；通道之间不采用隔离</td></tr>
<tr><td>占用点数</td><td colspan="6">16 点</td></tr>
</table>

3. Q 系列模拟量输入模块缓冲存储器 BFM

缓冲存储器 BFM 用来与 PLC 基本单元进行数据交换，BFM 分配如表 5-14 所示。

表 5-14　　Q 系列模拟量输入模块的 BFM 分配表

模块型号	BFM 编号	说明	BFM 编号	说明
Q64AD	#0	模/数转换允许/禁止设置	#1～#4	CH1～CH4 平均时间/平均次数
	#5～#8	系统区	#9	平均处理设置
	#10	模/数转换完成标志	#11～#14	CH1～CH4 数字输出值
	#15～#18	系统区	#19	出错代码
	#20	设置范围（CH1～CH4）	#21	系统区
	#22、#23	偏移/增益设置模式偏置规格	#24～#29	系统区

续表

模块型号	BFM 编号	说明	BFM 编号	说明
Q64AD	#30、#31	CH1 最大值、CH1 最小值	#32、#33	CH2 最大值、CH2 最小值
	#34、#35	CH3 最大值、CH3 最小值	#36、#37	CH4 最大值、CH4 最小值
	#38～#157	系统区	#158、#159	模式切换设置
	#160～#199	系统区	#200	保存的数据类型设置
	#201	系统区	#202、#203	CH1 工厂设置偏移值
	#204、#205	CH2 工厂设置偏移值	#206、#207	CH3 工厂设置偏移值
	#208、#209	CH4 工厂设置偏移值	#210、#211	CH1 用户范围偏移值
	#212、#213	CH2 用户范围偏移值	#214、#215	CH3 用户范围偏移值
	#216、#217	CH4 用户范围偏移值		
Q68ADV、Q68ADI	#0	模/数转换允许/禁止设置	#1～#8	CH1～CH8 平均时间/平均次数
	#9	平均处理设置	#10	模/数转换完成标志
	#11～#18	CH1～CH8 数字输出值	#19	出错代码
	#20	CH1～CH4 设置范围	#21	CH5～CH8 设置范围
	#22	偏移/增益设置模式偏置规格	#23	偏移/增益设置模式偏置规格
	#24～#29	系统区	#30、#31	CH1 最大值、CH1 最小值
	#32、#33	CH2 最大值、CH2 最小值	#34、#35	CH3 最大值、CH3 最小值
	#36、#37	CH4 最大值、CH4 最小值	#38、#39	CH5 最大值、CH5 最小值
	#40、#41	CH6 最大值、CH6 最小值	#42、#43	CH7 最大值、CH7 最小值
	#44、#45	CH8 最大值、CH8 最小值	#46～#157	系统区
	#158、#159	模式切换设置	#160～#201	系统区
	#202、#203	CH1 工厂设置偏移值	#204、#205	CH2 工厂设置偏移值
	#206、#207	CH3 工厂设置偏移值	#208、#209	CH4 工厂设置偏移值
	#210、#211	CH5 工厂设置偏移值	#212、#213	CH6 工厂设置偏移值
	#214、#215	CH7 工厂设置偏移值	#216、#217	CH8 工厂设置偏移值
	#218、#219	CH1 用户范围偏移值	#220、#221	CH2 用户范围偏移值
	#222、#223	CH3 用户范围偏移值	#224、#225	CH4 用户范围偏移值
	#226、#227	CH5 用户范围偏移值	#228、#229	CH6 用户范围偏移值
	#230、#231	CH7 用户范围偏移值	#232、#233	CH8 用户范围偏移值

BFM#0 的设定值用 16 位二进制数进行表示，则 BFM#0 的最低位 b0 控制 CH1，然后依次为 CH2、CH3～CH8（Q64AD 的 b4～b7 为无效位）。某位为 0 表示该通道允许模/数转换，某位为 1 表示该通道禁止模/数转换。Q64AD 的 b4～b15 固定为 0；Q68ADV/Q68ADI 的 b8～b15 固定为 0。

例 5-5：Q 系列模拟量输入模块的编程示例。假设 Q 系列模拟量输入模块与 PLC 各模块的系统配置如图 5-10 所示，在 GX Developer 中编写程序，读取已经使用的 CH1～CH3 进行

模/数转换后的数字值。CH1 进行采样处理，CH2 每 50 次进行一次平均处理，CH3 每 1000ms 进行一次平均处理。若发生写出错，则将出错代码以 BCD 格式出现。

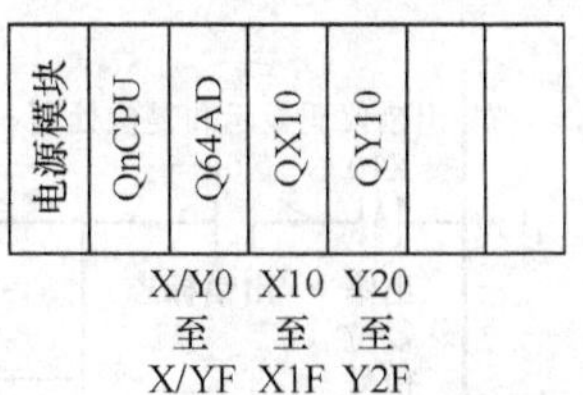

图 5-10 Q 系列模拟量输入模块系统配置

分析：该实例可以通过两种方式实现，使用实用程序包 GX Configurator-AD 和不使用程序包。GX Configurator-AD 是 GX Developer 的内插程序包，通过该软件包可以对模拟量输入模块进行初始化设置、自动刷新设置和监视/测试等操作。但该程序包在使用前，需要将其安装到 GX Developer 中。在此，以不使用程序包为例来实现此任务。首先，在 GX Developer 工程参数列表中点击“参数”→“PLC 参数”，在弹出的“Q 参数设置”对话框中选择“I/O 分配”选项卡，并在“I/O 分配”栏中进行模拟量输入模块的开关设置，然后使用 FROM/TO 指令编写的程序如图 5-11 所示。程序中用户使用的软元件定义如下：X10 为出错复位信号；X11 为数字输出值读取命令的输入信号；Y20～Y2B 为出错代码显示（3 位 BCD）；D11 存储 CH1 的数字输出值；D12 存储 CH2 数字输出值；D13 存储 CH3 数字输出值；D14 存储出错代码。

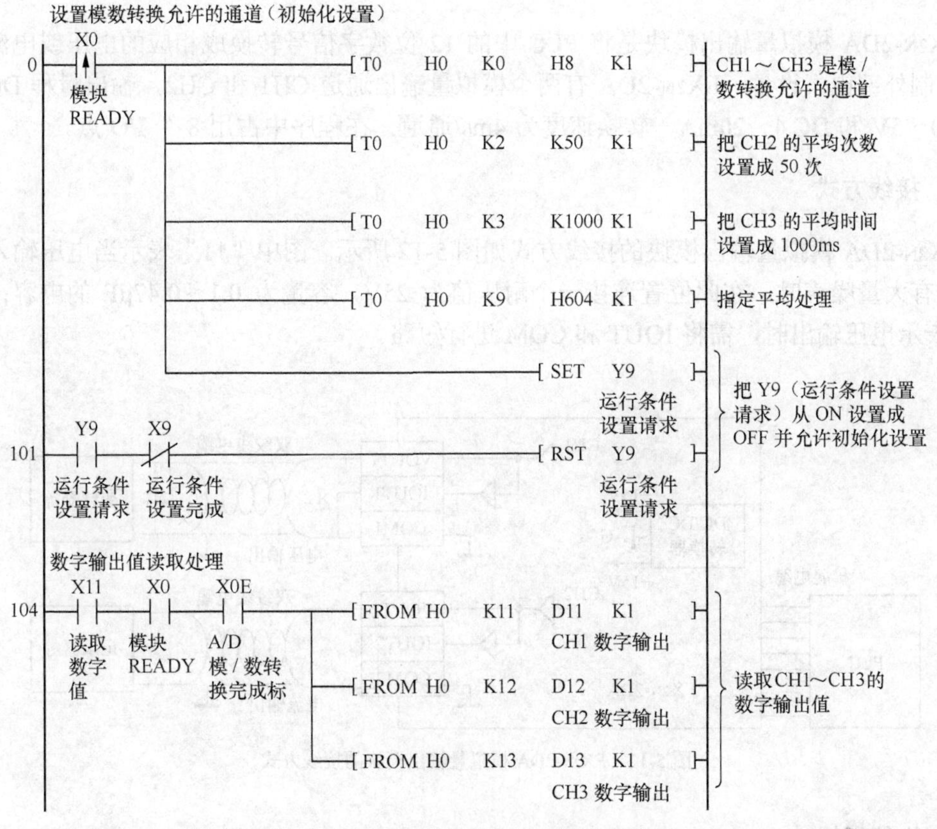

图 5-11 Q 系列模拟量输入模块编写的程序

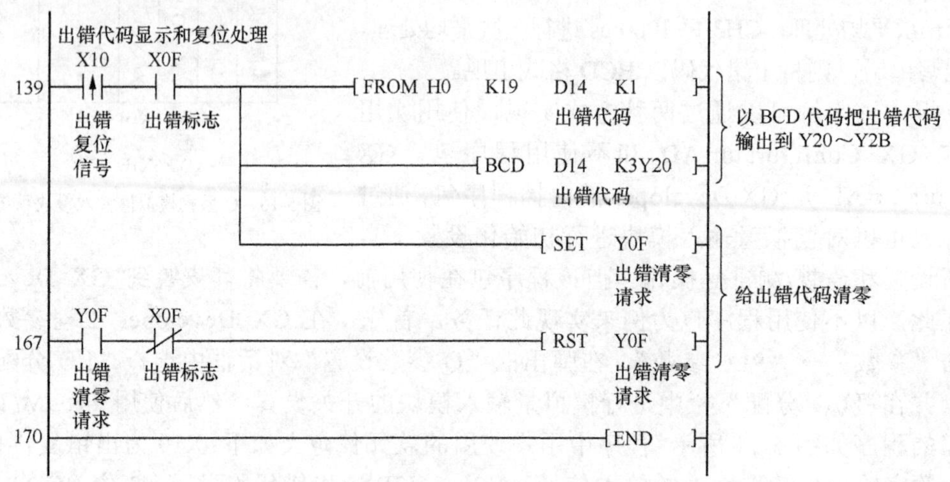

图 5-11　Q 系列模拟量输入模块编写的程序（续）

5.1.5　FX2N-2DA 模拟量输出模块

FX2N-2DA 模拟量输出模块是将 PLC 中的 12 位数字信号转换成相应的电压或电流模拟量，控制外部电气设备。FX2N-2DA 有两个模拟量输出通道 CH1 和 CH2，输出量程 DC 0～10V、0～5V 和 DC 4～20mA，转换速度为 4ms/通道，在程序中占用 8 个 I/O 点。

1．接线方式

FX2N-2DA 模拟量输出模块的接线方式如图 5-12 所示。图中“*1”表示当电压输入存在波动或有大量噪声时，在此位置连接一个耐压值为 25V，容量为 0.1～0.47μF 的电容；图中“*2”表示电压输出时，需将 IOUT 和 COM 进行短路。

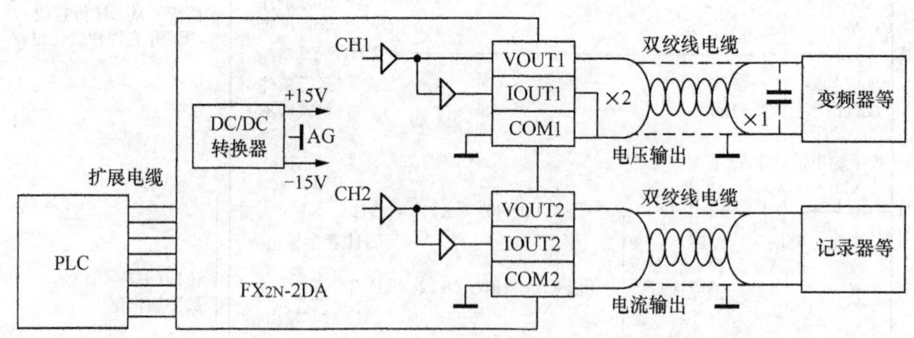

图 5-12　FX2N-2DA 模拟量输出模块的接线方式

2．性能指标

FX2N-2DA 模拟量输出模块的性能指标如表 5-15 所示。

表 5-15　　FX2N-2DA 的性能指标

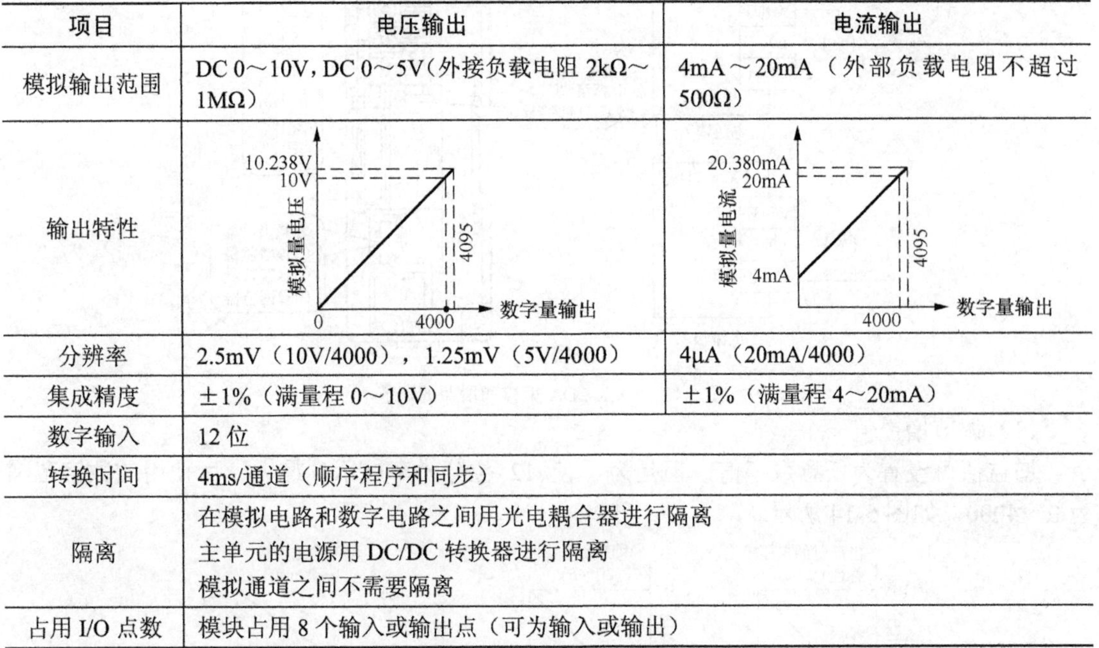

项目	电压输出	电流输出
模拟输出范围	DC 0～10V，DC 0～5V（外接负载电阻 2kΩ～1MΩ）	4mA～20mA（外部负载电阻不超过 500Ω）
输出特性	10.238V 10V 模拟量电压 4095 0 4000 数字量输出	20.380mA 20mA 模拟量电流 4mA 4095 4000 数字量输出
分辨率	2.5mV（10V/4000），1.25mV（5V/4000）	4μA（20mA/4000）
集成精度	±1%（满量程 0～10V）	±1%（满量程 4～20mA）
数字输入	12 位	
转换时间	4ms/通道（顺序程序和同步）	
隔离	在模拟电路和数字电路之间用光电耦合器进行隔离 主单元的电源用 DC/DC 转换器进行隔离 模拟通道之间不需要隔离	
占用 I/O 点数	模块占用 8 个输入或输出点（可为输入或输出）	

3．FX2N-2DA 模拟量输出模块缓冲存储器 BFM

FX2N-2DA 模拟量输出模块的每个缓冲存储器 BFM 为 16 位，其分配如表 5-16 所示。

表 5-16　　FX2N-2DA 的 BFM 分配表

BFM 编号	b15～b8	b7～b3	b2	b1	b0
#0～#15	保留				
#16	保留	输出数据的当前值（8 位数据）			
#17	保留		D/A 低 8 位数据保持	CH1 D/A 转换开始	CH2 D/A 转换开始
#18 或更大	保 留				

缓冲存储器 BFM 的使用说明。

BFM#16：写入由 BFM#17（数字值）指定通道的 D/A 转换数据值，数据值按二进制形式并将低 8 位和高 4 位两部分按顺序进行保存。

BFM#17：b0 由 1 改为 0 时，CH2 的 D/A 开始转换；b1 由 1 改为 0 时，CH1 的 D/A 开始转换；b2 由 1 改为 0 时，D/A 转换的低 8 位数据保持。

4．偏移和增益

通常，FX2N-2DA 模拟量输出模块在出厂时，偏移值和增益值已经过调整，数字初始值为 0～4000，电压输出为 DC 0～10V。当 FX2N-2DA 模拟量输出模块用作电流输出或根据电气设备的输出特性和初始数字值不同时，有可能要对偏移值和增益值进行再调节。

FX2N-2DA 模拟量输出模块的偏移值和增益值调节是根据 FX2N-2DA 的容量调节器通过电压表或电流表对实际模拟输出值设定一个数字值，如图 5-13 所示。如果将 FX2N-2DA 的容量调节器向右旋转（顺时针），则调节的数字值增加。

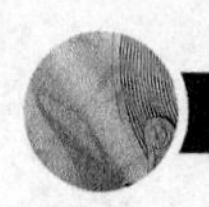

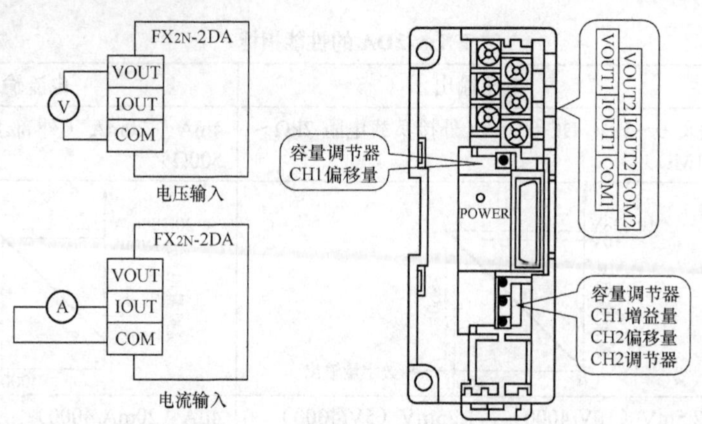

图 5-13　FX2N-2DA 偏移和增益的调节

（1）调节增益值

增益值可设置为任意数字值，但是为了使 12 位分辨率展示到最大，可使用的数字范围为 0～4000，如图 5-14 所示。

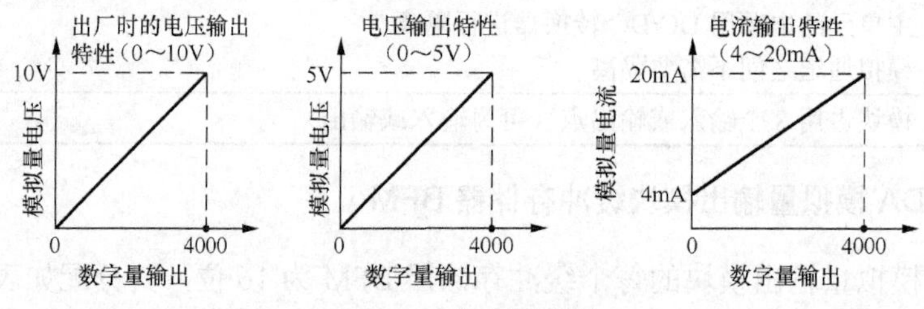

图 5-14　调节增益值

（2）调节偏移值

电压输入时，偏移值为 0V；电流输入时，偏移值为 4mA。但是如果需要，偏移量可以设置为任意数字值。例如，当模拟范围为 0～10V，而使用的数字范围为 0～4000 时，数字值为 40 等于 100mV 的模拟输出（40×10V/4000），偏移值的调整如图 5-15 所示。

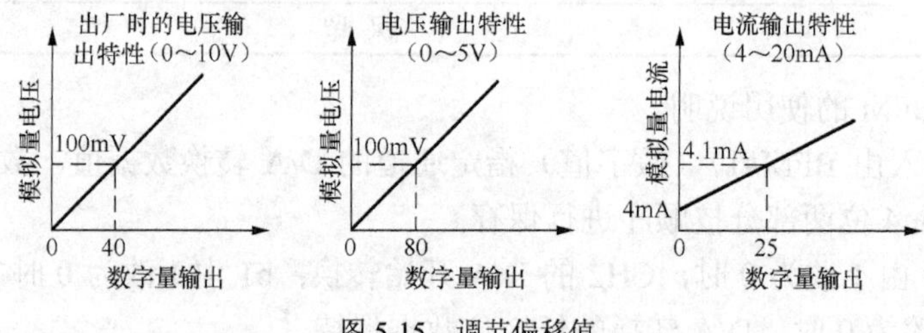

图 5-15　调节偏移值

调节偏移和增益值时，需注意以下几点。

1）通道 CH1 和 CH2 的偏移和增益值调整是同时完成的，当调节其中一个通道的偏移或增益值时，则另一个道通的偏移或增益值自动进行相应调节。

2）需要反复交替调节偏移值和增益值，直到获得稳定的数值。

3）当调节偏移/增益时，按增益调节和偏调节的顺序进行。

例 5-6：FX2N-2DA 模拟量输出模块与 FX2N 系列 PLC 连接，当 X000 为 1 时，启动 D/A 转换，将 D100 中的 12 位数字量转换成模拟量，经 CH1 输出；当 X001 为 1 时，启动 D/A 转换，将 D101 中的 12 位数字量转换成模拟量，经 CH2 输出。

分析：为了实现“二次传送”动作，需要利用 PLC 的内部继电器 M100～M115 进行传送转换。“二次传送”的动作过程如下，其控制程序如表 5-17 所示。

1）将 D100 中 12 位数字量的低 8 位通过 TO 指令传送到模拟缓冲存储器 BFM#16 中。

2）通过 BFM#17 的 b2 控制，保存低 8 位数据。

3）将 D100 中 12 位数字量的高 4 位通过 TO 指令传送到模拟缓冲存储器 BFM#16 中。

4）通过 BFM#17 的 b1 或 b0 控制，启动模块进行 A/D 转换。

表 5-17　　FX2N-2DA 模拟量输出模块的 PLC 控制程序

梯形图		指令表
0 X000 [MOV D100 K4M100]	D100→M100～M115	0 LD X000 1 MOV D100 K4M100
[TO K0 K16 K4M16 K1]	低 8 位数据到 BFM#16	6 TO K0 K16 K4M16 K1
[TO K0 K17 H4 K1]	BFM#17 b2 写入“1”	15 TO K0 K17 H4 K1
[TO K0 K17 H0 K1]	低 8 位数据保持	24 TO K0 K17 H0 K1
[TO K0 K16 K1M108 K1]	高 4 位数据到 BFM#16	33 TO K0 K16 K1M108 K1
[TO K0 K17 H2 K1]	BFM#17 b1 写入“1”	42 TO K0 K17 H2 K1
[TO K0 K17 H0 K1]	启动 CH1 的 D/A 转换	51 TO K0 K17 H0 K1
60 X001 [MOV D100 K4M100]	D100→M100～M115	60 LD X001 61 MOV D100 K4M100
[TO K0 K16 K4M16 K1]	低 8 位数据到 BFM#16	66 TO K0 K16 K4M16 K1
[TO K0 K17 H4 K1]	BFM#17 b2 写入“1”	75 TO K0 K17 H4 K1
[TO K0 K17 H0 K1]	低 8 位数据保持	84 TO K0 K17 H0 K1
[TO K0 K16 K1M108 K1]	高 4 位数据到 BFM#16	93 TO K0 K16 K1M108 K1
[TO K0 K17 H2 K1]	BFM#17 b0 写入“1”	102 TO K0 K17 H2 K1
[TO K0 K17 H0 K1]	启动 CH2 的 D/A 转换	111 TO K0 K17 H0 K1
120 [END]		120 END

5.1.6　FX2N-4DA 模拟量输出模块

FX2N-4DA 有 4 个模拟量输出通道 CH1～CH4，输出量程 DC 0～10V、0～5V 和 DC 4～20mA，转换速度为 2.1ms/通道，在程序中占用 8 个 I/O 点。

1．接线方式

FX2N-4DA 模拟量输出模块的接线方式如图 5-16 所示。

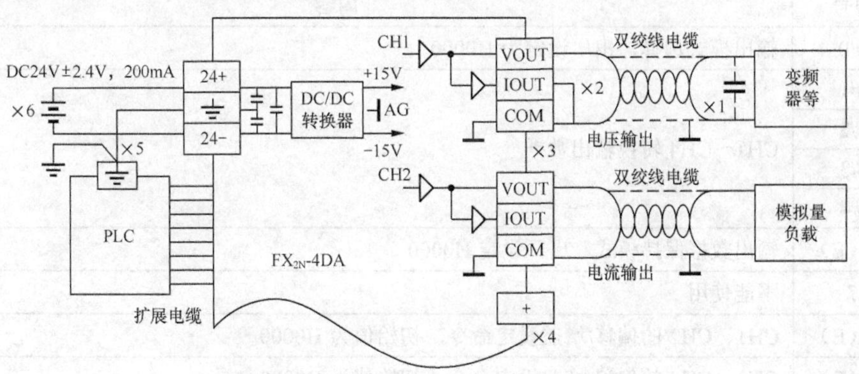

图 5-16　FX2N-4DA 模拟量输出模块的接线方式

2. 性能指标

FX2N-4DA 模拟量输出模块的性能指标如表 5-18 所示。

表 5-18　　FX2N-4DA 的性能指标

项目	电压输出	电流输出
模拟输出范围	DC −10～+10V（外接负载电阻 2kΩ～1MΩ）	0～20mA（外部负载电阻不超过 500Ω）
I/O 特性	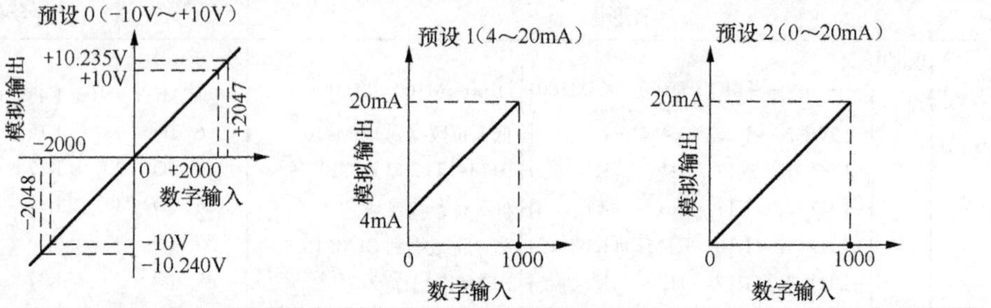 预设 0（−10V～+10V） 模拟输出　+10.235V　+10V　+2047　−2000　0　+2000　−2048　−10V　−10.240V 数字输入	预设 1（4～20mA） 模拟输出　20mA　4mA　0　1000 数字输入 预设 2（0～20mA） 模拟输出　20mA　0　1000 数字输入
分辨率	5mV（10V/2000）	20μA（20mA/1000）
集成精度	±1%（满量程 0～10V）	±1%（满量程 4～20mA）
数字输入	12 位	
转换时间	2.1ms/通道（顺序程序和同步）	
隔离	在模拟电路和数字电路之间用光耦合器进行隔离 主单元的电源用 DC/DC 转换器进行隔离 模拟通道之间不需要隔离	
占用 I/O 点数	模块占用 8 个输入或输出点（可为输入或输出）	

3. FX2N-4DA 模拟量输出模块缓冲存储器 BFM

FX2N-4DA 模拟量输出模块由 32 个 BFM 缓冲存储器组成，每个缓冲存储器 BFM 为 16 位，其分配如表 5-19 所示。

表 5-19　　FX2N-4DA 的 BFM 分配表

BFM 编号		内容
W	#0	输出模式选择，出厂设定为 H0000
	#1	CH1～CH4 转换输出数据
	#2	
	#3	
	#4	
	#5（E）	输出数据保持模式，出厂设定 H0000
#6、#7		不能使用
W	#8（E）	CH1、CH2 的偏移/增益设定命令，初始值为 H0000
	#9（E）	CH3、CH4 的偏移/增益设定命令，初始值为 H0000

续表

BFM 编号		内容	
W	#10	偏移数据 CH1	单位：mV（或者 μA） 初始偏移值：0 初始增益值：+5000
	#11	增益数据 CH1	
	#12	偏移数据 CH2	
	#13	增益数据 CH2	
	#14	偏移数据 CH3	
	#15	增益数据 CH3	
	#16	偏移数据 CH4	
	#17	增益数据 CH4	
#18、#19		不能使用	
W	#20（E）	初始化，初始值为 0	
	#21（E）	禁止调整 I/O 特性（初始值：1）	
#22～#28		不能使用	
#29		错误状态	
#30		K3020 识别码	
#31		不能使用	

表中标有“W”的缓冲寄存器中的数据可由 PLC 通过 TO 指令写入，标有“E”的缓冲寄存器中的数据可以写入 EEPROM，当电源关闭时可以保持缓冲寄存器的数据。

若 BFM#0 的设定值用 H□□□□表示，则 BFM#0 的最低位□控制 CH1，然后依次为 CH2、CH3 和 CH4。“□”中对应设定如下：

□=0，通道模拟量输出为−10～+10V 直流电压；

□=1，通道模拟量输出为+4～+20mA 直流电流；

□=2，通道模拟量输出为 0～+20mA 直流电流。

BFM#5：数据保持模式。当 PLC 处于停止（STOP）模式，RUN 模式下的最后输出值将被保持。若 BFM#5 的设定值用 H□□□□表示，则 BFM#5 的最低位为 CH1，然后依次为 CH2、CH3 和 CH4。“□”中对应设定如下：

□=0，相应通道的转换数据在 PLC 停止运行时，仍然保持不变；

□=1，相应通道的转换数据复位，成为偏移设置值。

BFM#29 错误状态信息如表 5-20 所示。

表 5-20　　BFM#29 错误状态信息

BFM#29 的位	=1（ON）	=0（OFF）
b0：错误	b1～b4 中任何一个为 1 时，则 b0 为 1	无错误
b1：偏移/增益错误	EEPROM 中的偏移值和增益值不正常或设置错误	偏移值和增益值数据正常
b2：电源故障	24V DC 电源错误	电源正常
b3：硬件错误	A/D 或其他器件错误	硬件正常
b10：范围错误	数字输入或模拟输出值超出指定范围	输入或输出值在规定范围内
b12：偏移/增益禁止状态	BFM#21 没有设为“1”	可调整状态（BFM#21=1）

5.1.7 Q 系列模拟量输出模块

Q 系列模拟量输出模块的型号有 Q62DA、Q64DA、Q68DAI、Q68DAV，其中 Q62DA 有 2 个通道，每个通道都可选择电压或电流输出；Q64DA 有 4 个通道，每个通道都可选择电压或电流输出；Q68DAV 有 8 个通道，全部为电压输出；Q68DAIV 有 8 个通道，全部为电流输出。

1．接线方式

Q 系列模拟量输出模块的接线方式如图 5-17 所示。Q64DA 的接线方式与 Q62DA 的接线方式类似。如果在外部接线中有噪声或纹波干扰时，应在 V+或 I+与 COM 之间连接 1 只 0.1～0.47μF 的电容器。

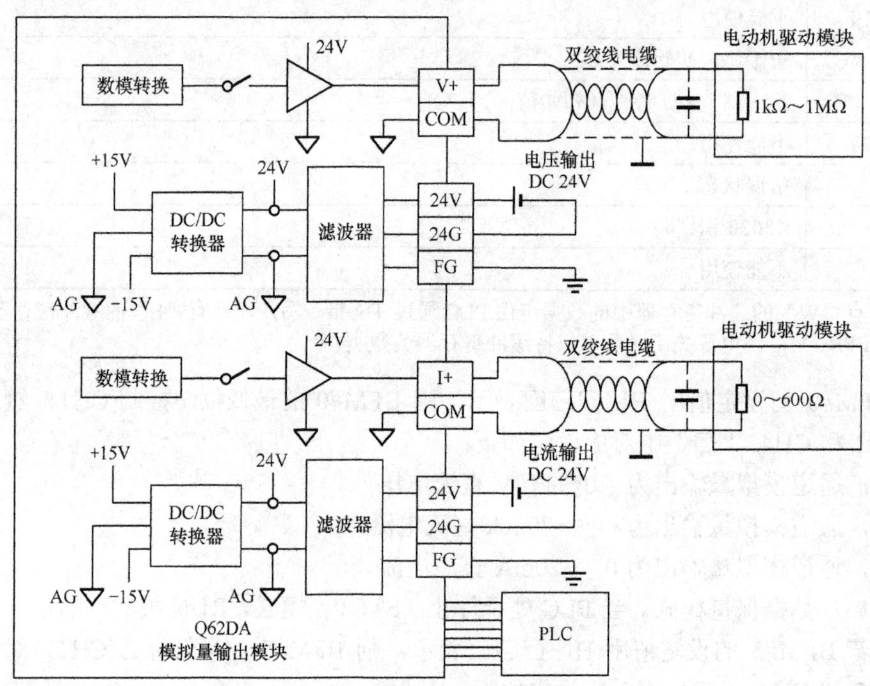

（a）Q62DA 接线方式

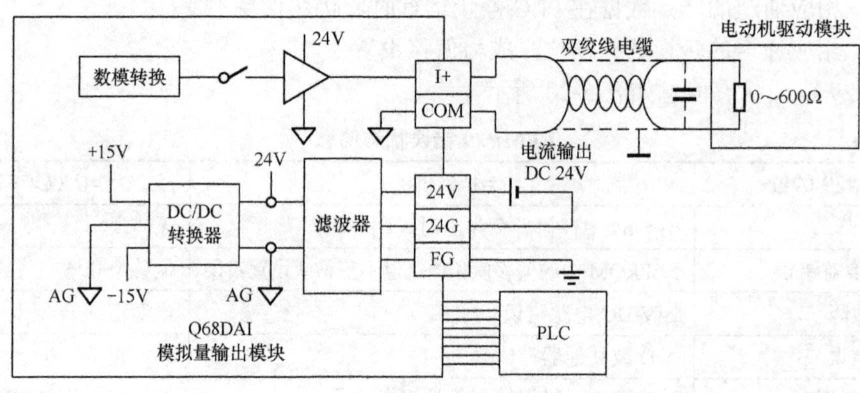

（b）Q68DAI 接线方式

图 5-17 Q 系列模拟量输出模块的接线方式

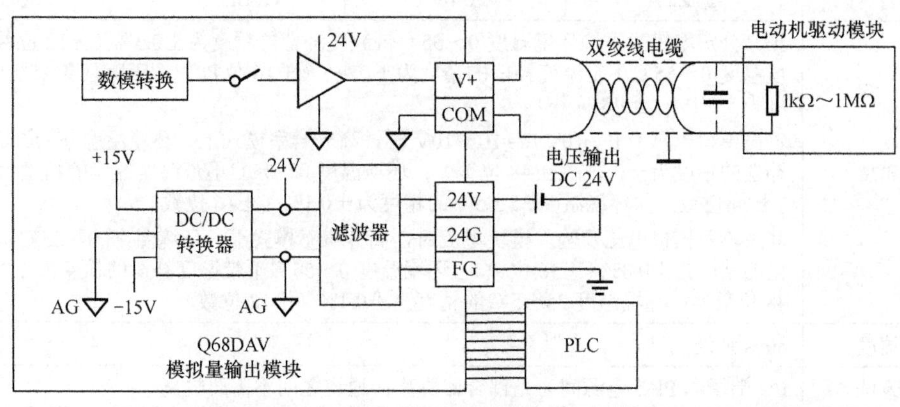

（c）Q68DAV 接线方式

图 5-17　Q 系列模拟量输出模块的接线方式（续）

2. 性能指标

Q 系列模拟量输出模块的性能指标如表 5-21 所示。

表 5-21　**Q 系列模拟量输出模块的性能指标**

<table>
<tr><th colspan="2">项目</th><th>Q62DA</th><th>Q64DA</th><th>Q68DAV</th><th colspan="2">Q68DAI</th></tr>
<tr><td rowspan="3">模块输出</td><td>点数</td><td>2（CH1～CH2）</td><td>4（CH1～CH4）</td><td>8（CH1～CH8）</td><td colspan="2">8（CH1～CH8）</td></tr>
<tr><td>电压</td><td colspan="3">DC -10～10V</td><td colspan="2">-</td></tr>
<tr><td>电流</td><td colspan="2">DC 0～20mA</td><td>-</td><td colspan="2">DC 0～20mA</td></tr>
<tr><td rowspan="2">绝对最大输出</td><td>电压</td><td colspan="3">±12V</td><td colspan="2">-</td></tr>
<tr><td>电流</td><td colspan="2">21mA</td><td>-</td><td colspan="2">21mA</td></tr>
<tr><td colspan="2">数字输入</td><td colspan="5">16 位（正常分辨率模式：-4096～4095、高分辨率模式-12288～12887、-16384～16383）</td></tr>
<tr><td rowspan="10">I/O 特点及分辨率</td><td colspan="2" rowspan="2">模块输出范围</td><td colspan="2">正常分辨率模式</td><td colspan="2">高分辨率模式</td></tr>
<tr><td>数字输入值</td><td>最大分辨率</td><td>数字输入值</td><td>最大分辨率</td></tr>
<tr><td rowspan="5">电压</td><td>0～10V</td><td rowspan="3">0～4000</td><td>2.5mV</td><td>0～16000</td><td>0.625mV</td></tr>
<tr><td>0～5V</td><td>1.25mV</td><td rowspan="2">0～12000</td><td>0.416mV</td></tr>
<tr><td>1～5V</td><td>1.0mV</td><td>0.333mV</td></tr>
<tr><td>-10～10V</td><td rowspan="2">-4000～4000</td><td>2.5mV</td><td>-16000～16000</td><td>0.625mV</td></tr>
<tr><td>用户设置</td><td>0.375mV</td><td>-12000～12000</td><td>0.333mV</td></tr>
<tr><td rowspan="3">电流</td><td>0～20mA</td><td rowspan="2">0～4000</td><td>5μA</td><td rowspan="2">0～12000</td><td>1.66μA</td></tr>
<tr><td>4～20mA</td><td>4μA</td><td>1.33μA</td></tr>
<tr><td>用户设置</td><td>-4000～4000</td><td>1.37μA</td><td>-12000～12000</td><td>1.33μA</td></tr>
</table>

续表

项目	Q62DA	Q64DA	Q68DAV	Q68DAI
转换精度	正常分辨率模式下，环境温度 0～55℃带温度补偿的精度为±0.3%（±12 位数）；环境温度 0～55℃不带温度补偿的精度为±0.4%（±16 位数）；环境温度 25±5℃的精度为±0.1%（±48 位数） 输出模拟电压为 0～10V 或-10～10V 时，高分辨率模式下，环境温度 0～55℃带温度补偿的精度为±0.3%（±48 位数）；环境温度 0～55℃不带温度补偿的精度为±0.4%（±64 位数）；环境温度 25±5℃的精度为±0.1%（±16 位数） 其余输入模拟电压及输入模块电流时，高分辨率模式下，环境温度 0～55℃带温度补偿的精度为±0.3%（±36 位数）；环境温度 0～55℃不带温度补偿的精度为±0.4%（±48 位数）；环境温度 25±5℃的精度为±0.1%（±12 位数）			
转换速度	80μs/通道			
隔离方法	I/O 端子和 PLC 电源间为光耦合器隔离；通道之间不需要隔离			
占用点数	16 点			

3．Q 系列模拟量输出模块缓冲存储器

缓冲存储器 BFM 用来与 PLC 基本单元进行数据交换，BFM 分配如表 5-22 所示。

表 5-22　Q 系列模拟量输出模块的 BFM 分配表

模块型号	BFM 编号	说明	BFM 编号	说明
Q62DA	#0	数模转换允许/禁止设置	#1、#2	CH1、CH2 数字值
	#3～#10	系统区	#11、#12	CH1、CH2 设置值代码
	#13～#18	系统区	#19	出错代码
	#20	CH1、CH2 设置范围	#21	系统区
	#22、#23	偏移/增益设置模式偏置规格	#24	偏移/增益调节值规格
	#25～#157	系统区	#158、#159	模式切换设置
	#160～#199	系统区	#200	保存的数据类型设置
	#201	系统区	#202、#203	CH1 工厂设置偏移值
	#204、#205	CH2 工厂设置偏移值	#206、#207	CH1 用户范围偏移值
	#208、#209	CH2 用户范围偏移值		
Q64DA	#0	数模转换允许/禁止设置	#1～#4	CH1～CH4 数字值
	#5～#10	系统区	#11～#14	CH1～CH4 设置值代码
	#15～#18	系统区	#19	出错代码
	#20	CH1～CH4 设置范围	#21	系统区
	#22、#23	偏移/增益设置模式偏置规格	#24	偏移/增益调节值规格
	#25～#157	系统区	#158、#159	模式切换设置
	#160～#199	系统区	#200	保存的数据类型设置
	#201	系统区	#202、#203	CH1 工厂设置偏移值
	#204、#205	CH2 工厂设置偏移值	#206、#207	CH3 工厂设置偏移值
	#208、#209	CH4 工厂设置偏移值	#210、#211	CH1 用户范围偏移值

续表

模块型号	BFM 编号	说明	BFM 编号	说明
Q64DA	#212、#213	CH2 用户范围偏移值	#214、#215	CH3 用户范围偏移值
	#216、#217	CH4 用户范围偏移值		
Q68DAV、Q68DAI	#0	数模转换允许/禁止设置	#1～#8	CH1～CH8 数字值
	#9、#10	系统区	#11～#18	CH1～CH8 设置值代码
	#19	出错代码	#20	CH1～CH4 设置范围
	#21	CH5～CH8 设置范围	#22、#23	偏移/增益设置模式偏置规格
	#24	偏移/增益调节值规格	#25～#157	系统区
	#158、#159	模式切换设置	#160～#201	系统区
	#202、#203	CH1 工厂设置偏移值	#204、#205	CH2 工厂设置偏移值
	#206、#207	CH3 工厂设置偏移值	#208、#209	CH4 工厂设置偏移值
	#210、#211	CH5 工厂设置偏移值	#212、#213	CH6 工厂设置偏移值
	#214、#215	CH7 工厂设置偏移值	#216、#217	CH8 工厂设置偏移值
	#218、#219	CH1 工厂设置偏移值	#220、#221	CH2 工厂设置偏移值
	#222、#223	CH3 工厂设置偏移值	#224、#225	CH4 工厂设置偏移值
	#226、#227	CH5 工厂设置偏移值	#228、#229	CH6 工厂设置偏移值
	#230、#231	CH7 工厂设置偏移值	#232、#233	CH8 工厂设置偏移值

BFM#0 的设定值用 16 位二进制数进行表示，则 BFM#0 的最低位 b0 控制 CH1，然后依次为 CH2、CH3 至 CH8（Q62DA 的 b2～b7 为无效位；Q64DA 的 b4～b7 为无效位）。某位为 0，表示该通道允许模/数转换；某位为 1，表示该通道禁止模/数转换。Q62DA 的 b2～b15 固定为 0；Q64DA 的 b4～b15 固定为 0；Q68ADV/Q68ADI 的 b8～b15 固定为 0。

例 5-7：Q 系列模拟量输出模块的编程示例。假设 Q 系列模拟量输出模块与 PLC 各模块的系统配置如图 5-18 所示，在 GX Developer 中编写程序，将 PLC 中的数字值写入 Q62DA 的 CH1 或 CH2 数字区时，若发生写出错，则将出错代码以 BCD 格式出现。

分析：该实例可以通过两种方式实现，使用实用程序包 GX Configurator-DA 和不使用程序包。GX Configurator-DA 是 GX Developer 的内插程序包，通过该软件包可以对模拟量输出模块进行初始化设置、自动刷新设置和监视/测试等操作。但该程序包在使用前，需要将其安装到 GX Developer 中。在此，以不使用程序包为例来实现此任务。首先在 GX Developer 工程参数列表中点击“参数”→“PLC 参数”，在弹出的“Q 参数设置”对话框中选择“I/O 分配”选项卡，并在“I/O 分配”栏中进行模拟量输出模块的开关设置，然后使用 FROM/TO 指令编写的程序如图 5-19 所示。程序中用户使用的软元件定义如下：X10 为输出允许信号；X11 为数字值写信号；Y20～Y2B 为出错代码显示（3 位 BCD）；D11 存储 CH1 的数字值；D12 存储 CH2 数字值；D13 存储出错代码。

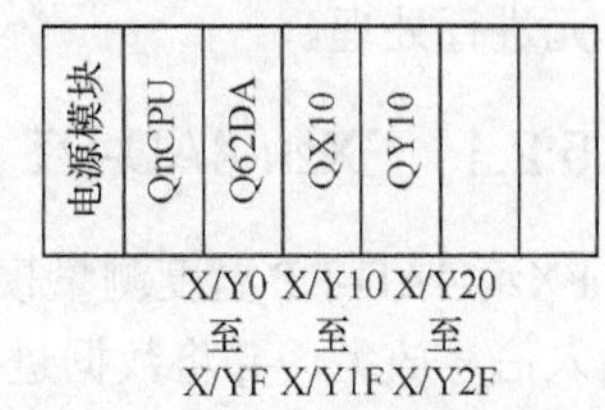

图 5-18 Q 系列模拟量输出模块系统配置

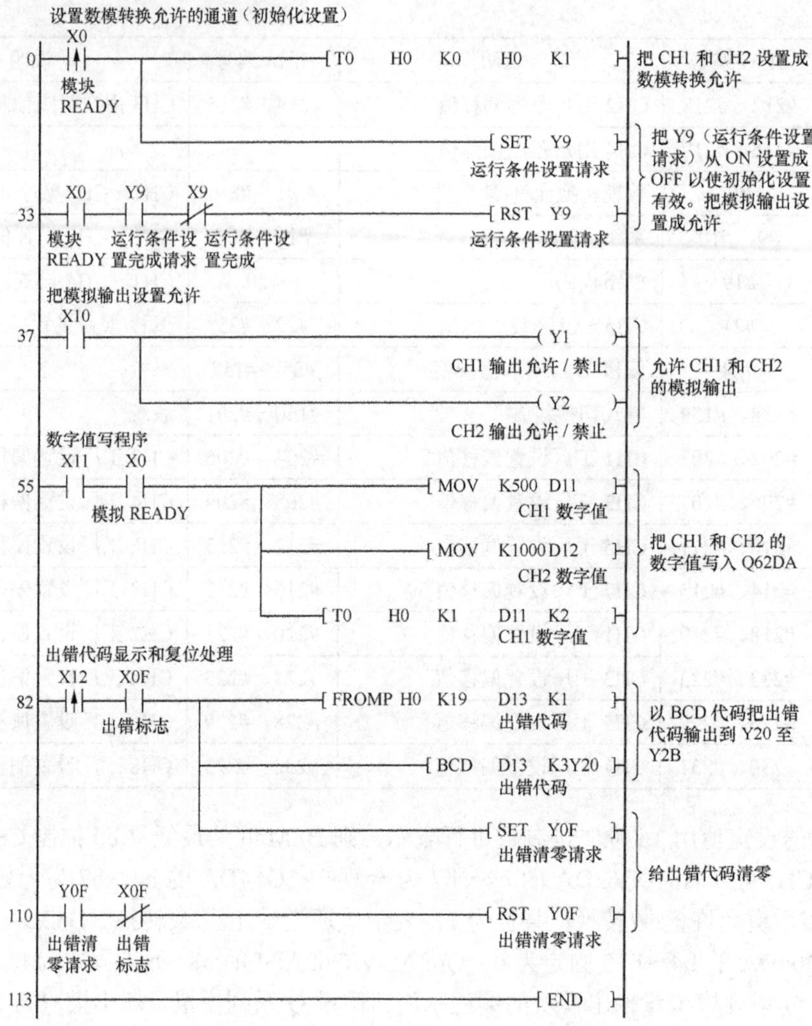

图 5-19 模拟量输出模块编写的程序

5.2 温度模块

温度模块将测量的温度模拟数值转换成 PLC 能够接受的数字量信号，传送给 PLC 的基本单元进行处理。

5.2.1 FX2N-4AD-PT 温度测量模块

FX2N-4AD-PT 温度测量模块可将来自 4 个铂电阻温度测量传感器（PT100，3 线/100Ω）的输入信号放大，并将数据进行 12 位的 A/D 转换，存储在主处理单元（MPU）中。

1. 工作原理

FX2N-4AD-PT 温度测量模块的工作原理框图如图 5-20 所示。四通道铂电阻温度测量传感器从

模拟量输入端CH1～CH4输入，通过由PLC通道控制命令控制的复用器，可选择需要进行A/D转换的输入通道，选定的输入被送入模块的A/D转换器中，并转换成12数字量。该数字量通过光电隔离后，被传送到模块CPU的缓冲存储器BFM中进行保存。PLC通过FROM指令读取模块CPU的缓冲存储器中的数据，或者通过TO指令将数据或控制指令写入模块CPU的缓冲存储器中。

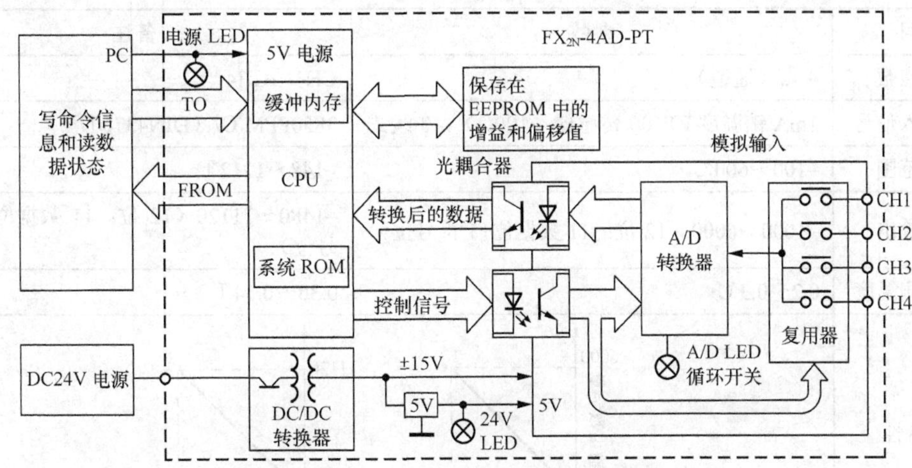

图5-20　FX2N-4AD-PT温度测量模块工作原理框图

2．接线方式

FX2N-4AD-PT温度测量模块的接线方式如图5-21所示。

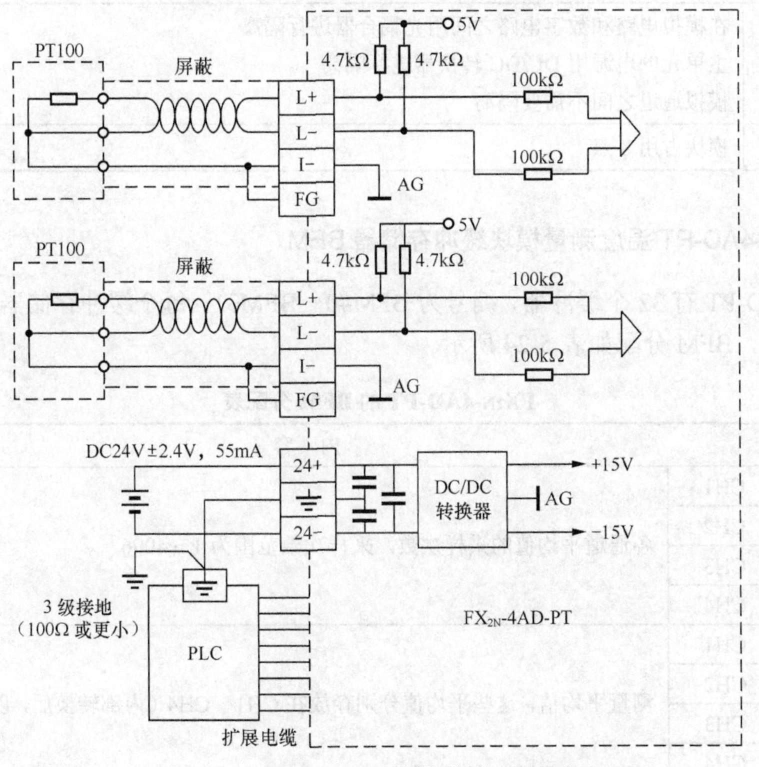

图5-21　FX2N-4AD-PT温度测量模块的接线方式

3．性能指标

FX2N-4AD-PT温度测量模块的性能指标如表5-23所示。

表5-23　　FX2N-4AD-PT的性能指标

项目	参数	备注
输入点数	4点（通道）	CH1～CH4
模拟输入信号	1mA铂温度PT100传感器（100Ω），3线式	3850PPM℃/（DIN43760）
测量范围	-100～600℃	-148～1112℉
数字输出	-1000～6000（12位：11数据位+1符号位）	-1480～11120（12位：11数据位+1符号位）
最小可测温度	0.2～0.3℃	0.36～0.54℉
I/O特性	6000 输出数字量 -100　600 输入温度℃ -1000	11120 -148　1112 输入温度°F -1480
集成精度	±1%	
转换时间	15ms/通道	
隔离	在模拟电路和数字电路之间用光耦合器进行隔离 主单元的电源用DC/DC转换器进行隔离 模拟通道之间不需要隔离	
占用I/O点数	模块占用8点	

4．FX2N-4AD-PT温度测量模块缓冲存储器BFM

FX2N-4AD-PT有32个缓冲器，编号为BFM#0～BFM31，每个缓冲存储器BFM由16位的寄存器组成，BFM分配如表5-24所示。

表5-24　　FX2N-4AD-PT的BFM分配表

<table>
<tr><th>BFM编号</th><th colspan="2">内　容</th></tr>
<tr><td>#1</td><td>CH1</td><td rowspan="4">各通道平均值的采样次数，采样次数范围为1～4096</td></tr>
<tr><td>#2</td><td>CH2</td></tr>
<tr><td>#3</td><td>CH3</td></tr>
<tr><td>#4</td><td>CH4</td></tr>
<tr><td>#5</td><td>CH1</td><td rowspan="4">测量平均值，这些平均值分别存放在CH1～CH4（内部转换后，以0.1℃为单位）</td></tr>
<tr><td>#6</td><td>CH2</td></tr>
<tr><td>#7</td><td>CH3</td></tr>
<tr><td>#8</td><td>CH4</td></tr>
</table>

续表

BFM 编号	内 容	
#9	CH1	当前测量值，这些当前测量值分别存放在 CH1～CH4（内部转换后，以 0.1℃为单位）
#10	CH2	
#11	CH3	
#12	CH4	
#13	CH1	测量平均值，这些平均值分别存放在 CH1～CH4（内部转换后，以 0.1℉为单位）
#14	CH2	
#15	CH3	
#16	CH4	
#17	CH1	当前测量值，这些当前测量值分别存放在 CH1～CH4（内部转换后，以 0.1℉为单位）
#18	CH2	
#19	CH3	
#20	CH4	
#21～27	不能使用	
#28	数字范围错误锁存 温度测量值下降，并低于最低可测量温度极限时，锁存 ON； 温度测量值升高，并高于最高可测量温度极限时，锁存 ON；	
#29	错误状态信息	
#30	特殊功能模块识别码，用 FROM 指令读入，FX2N-4AD-PT 的识别码为 K2040	
#31	不能使用	

b15～b8	b7	b6	b5	b4	b3	b2	b1	b0
未用	高	低	高	低	高	低	高	低
	CH4		CH3		CH2		CH1	

BFM#29 错误状态信息如表 5-25 所示。

表 5-25 BFM#29 错误状态信息

BFM#29 的位	=1（ON）	=0（OFF）
b0：错误	b1～b3 中任何一个为 1 时，则 b0 为 1，所有通道的 A/D 转换停止	无错误
b1：保留	保留	保留
b2：电源故障	24V DC 电源错误	电源正常
b3：硬件错误	A/D 或其他器件错误	硬件正常
b10：数字范围错误	数字输出/模拟输入值超出指定范围	数字输出正常
b11：平均取样错误	数字平均采样值大于 4096 或小于 0（使用 8 位缺省值设定）	平均值正常（1～4096）

例 5-8：FX2N-4AD-PT 温度测量模块占用特殊模块 3 的位置，使用通道 CH1～CH4 用来测量外界温度，将 4 个通道所测温度分别取平均值以℃为单位保存到 PLC 的 D0～D3 中，通

道的采样次数为 4，编写程序如表 5-26 所示。

表 5-26　**FX2N-4AD-PT 测量外界温度程序**

梯形图	指令表
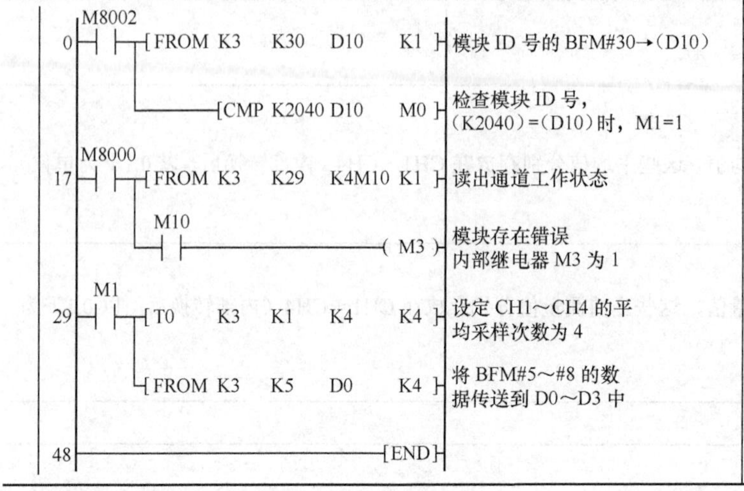 0 ─M8002─[FROM K3 K30 D10 K1] 模块 ID 号的 BFM#30→（D10） 　─[CMP K2040 D10 M0] 检查模块 ID 号，（K2040）=（D10）时，M1=1 17 ─M8000─[FROM K3 K29 K4M10 K1] 读出通道工作状态 　─M10─(M3) 模块存在错误 内部继电器 M3 为 1 29 ─M1─[TO K3 K1 K4 K4] 设定 CH1～CH4 的平均采样次数为 4 　─[FROM K3 K5 D0 K4] 将 BFM#5～#8 的数据传送到 D0～D3 中 48 ─[END]	0 LD M8002 1 FROM K3 K30 D10 K1 10 CMP K2040 D10 M0 17 LD K8000 18 FROM K3 K29 K4M10 K1 27 AND M10 28 OUT M3 29 LD M1 30 TO K3 K1 K4 K4 39 FROM K3 K5 D0 K4 48 END

5.2.2　FX2N-4AD-TC 温度测量模块

FX2N-4AD-TC 温度测量模块可以将四通道热电偶传感器（K 或 J 型）的输入信号放大，并将数据转换成 12 位的可读数据存储主单元中。

FX2N-4AD-TC 温度测量模块与 FX2N-4AD-PT 的区别在于使用的温度检测元件不同，而其内部工作原理及接线方式相同。

1．性能指标

FX2N-4AD-TC 温度测量模块的性能指标如表 5-27 所示。

表 5-27　**FX2N-4AD-TC 的性能指标**

项目	摄氏（℃）	华氏（℉）
模拟输入信号	CH1～CH4（每通道可选择 K 类或 J 类热电偶）	CH1～CH4（每通道可选择 K 类或 J 类热电偶）
额定温度范围	K 类热电偶：–100～1200℃	K 类热电偶：–148～2192℉
	J 类热电偶：–100～600℃	J 类热电偶：–148～1112℉
数字输出	K 类热电偶：–1000～12000（12 位，BIN 补码）	K 类热电偶：–1480～21920（12 位，BIN 补码）
	J 类热电偶：–1000～6000（12 位，BIN 补码）	J 类热电偶：–1480～11120（12 位，BIN 补码）
分辨率	K 类热电偶：0.4℃	K 类热电偶：0.72℉
	J 类热电偶：0.3℃	J 类热电偶：0.54℉

续表

项目	摄氏（℃）	华氏（℉）
I/O 特性	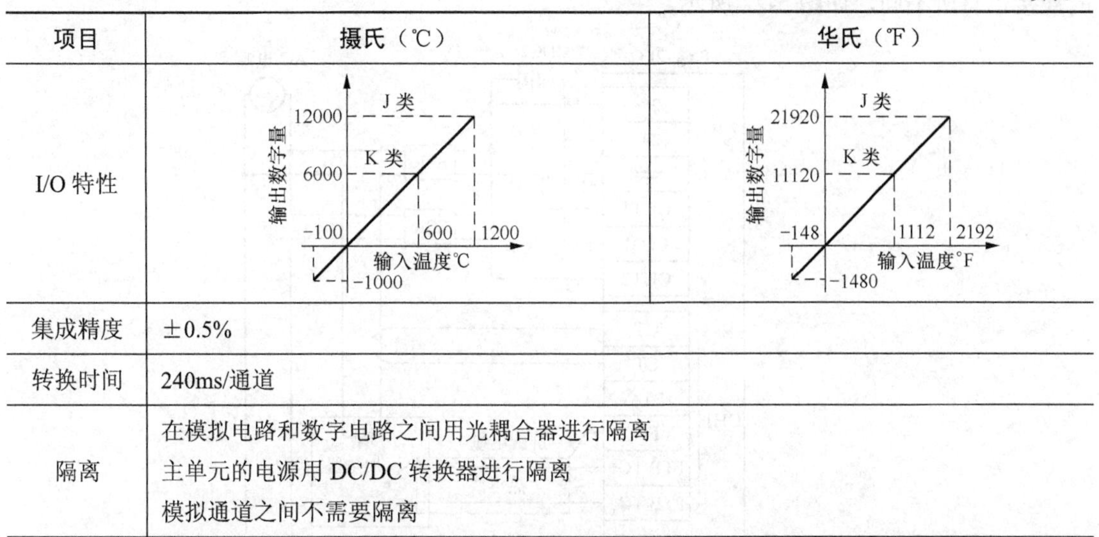	
集成精度	±0.5%	
转换时间	240ms/通道	
隔离	在模拟电路和数字电路之间用光耦合器进行隔离 主单元的电源用 DC/DC 转换器进行隔离 模拟通道之间不需要隔离	

2．FX2N-4AD-TC 温度测量模块缓冲存储器 BFM

FX2N-4AD-TC 也有 32 个缓冲器，编号为 BFM#0～BFM31，其中 BFM#0 用于热电偶类型的选择，其他缓冲器的使用方法与 FX2N-4AD-PT 完全相同。

若 BFM#0 的设定值用 H□□□□表示，则 BFM#0 的最低位□控制 CH1，然后依次为 CH2、CH3 和 CH4。“□”中对应设定如下：

□=0，通道选择为 K 类型热电偶；

□=1，通道选择为 J 类型热电偶；

□=3，通道被屏蔽。

5.2.3 FX2N-2LC 温度调节模块

FX2N-2LC 温度调节模块配备 2 路温度模拟量输入通道和 2 路晶体管输出通道，可实现 2 通道温度的自动调节。

1．工作原理

FX2N-2LC 温度调节模块内部，2 通道温度测量从模拟量信号由输入端 CH1、CH2 输入，并通过 PLC 的通道选择命令选择指定的通道进行 A/D 转换，转换结果为 12 位数字量，A/D 转换器输出与模块的 CPU 数据总线间采用光耦合器隔离。

在模块内部，A/D 转换器转换完成的数字量与要求的温度（缓冲寄存器 BFM 参数设定）进行比较。通常情况下，如果温度小于设定值，控制加热器进行加热（输出为 OFF）；当其温度达到设定值后，输出为 ON，关闭加热器进行冷却。

2．接线方式

FX2N-2LC 温度调节模块通过扩展电缆与 PLC 基本单元或扩展单元相连接，通过 PLC 内部总线传送数字量。温度传感不同，FX2N-2LC 温度调节模块与外部传感器、DC24V 电源间的连接也有所不同，如图5-22所示。

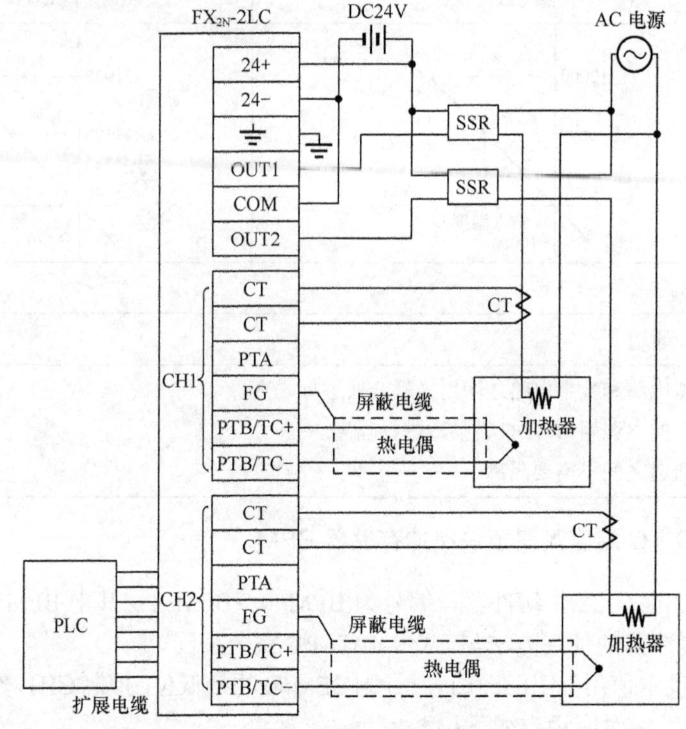

（a）温度传感器为一个热电偶的接线图

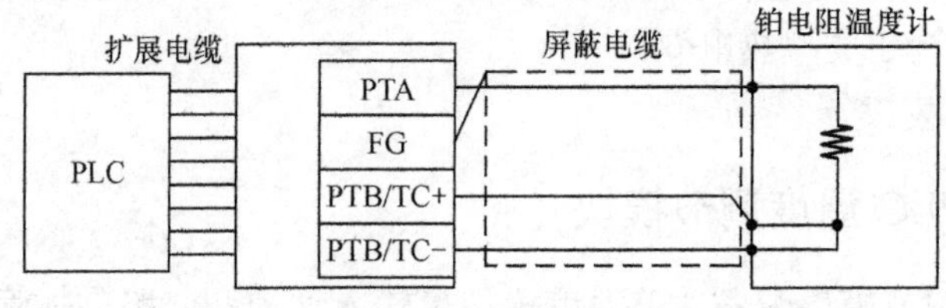

（b）温度传感器为铂电阻温度计的接线图

图5-22 FX2N-2LC温度调节模块的接线方式

3．性能指标

FX2N-2LC温度调节模块的性能指标如表5-28所示。

表5-28 **FX2N-2LC的性能指标**

项目				说明
输入	温度输入	输入点数		2点
		输入类型	热电偶	K，J，R，S，E，T，B，N，PLII，W5Re/W26Re，U，L
			铂电阻温度计	PT100，JPT100
		测量范围		−100～2300℃，根据热电偶（传感器）类型不同，测量范围有所不同
		测量精度		±0.7%

续表

项目			说明
输入	温度输入	输入阻抗	1MΩ 以上
输入	温度输入	允许的输入线电阻	小于或等于 10Ω
输入	温度输入	外部电阻效应	0.35μV/Ω
输入	温度输入	传感器电流	0.3mA 左右
输入	温度输入	分辨率	0.1℃，根据热电偶（传感器）类型不同，分辨率有所不同
输入	温度输入	采样时间	500ms
输入	CT 输入	输入点数	2 点
输入	CT 输入	电流检测计	CTL-Ω-S36-8 或 CTL-6-P-H
输入	CT 输入	加热器电流测量值　CTL-12	0～100A
输入	CT 输入	加热器电流测量值　CTL-6	0～30A
输入	CT 输入	测量精度	输入值的±5%与 2A 之间的较大值（不包括电流检测计精度）
输入	CT 输入	采样周期	1s
输入	模块输入	输出隔离	模拟电路与数字电路间采用光耦合器隔离
输入	模块输入	占用 I/O 点数	8 点
输入	模块输入	消耗电流	24V/55mA；5V/70mA。24V 直流电源由外部供给；5V 电源由 PLC 提供
输入	模块输入	编程指令	FROM/TO
输出		输出点数	2 点（CH1、CH2）
输出		输出类型	NPN 集电极开路型晶体管输出
输出		额定负载电压	DC 5～24V
输出		最大负载电压	DC 30V
输出		最大负载电流	100mA
输出		OFF 时的漏电流	不大于 0.1mA
输出		ON 时的最大电压降	当电流为 100mA 时，2.5V（最大）或 1.0V（标准）
输出		控制输出周期	30s

4．FX2N-2LC 温度调节模块缓冲存储器 BFM

FX2N-2LC 温度调节模块的各个设定和报警都通过 BFM 从 PLC 基本单元写入或读出。每个 BFM 由 16 位组成，通过 FROM/TO 指令对其进行读写操作，BFM 分配如表 5-29 所示。

表 5-29　　FX2N-2LC 的 BFM 分配表

BFM 编号		内容
CH1	CH2	
#0		模块工作状态检测标志 b0：当 b1～b10 有错误时，模块报警；　b1：模块参数设定错误； b2：输入 DC24V 错误；　b3：模块硬件错误或连接不良； b4～b7、b11：保留；　b8：用于调整数据错误和校验出错； b9：冷触点温度补偿数据错误；　b10：A/D 转换值错误； b12：模拟控制生效；　b13：数据备份完成； b14：初始化完成；　b15：模块准备好；

续表

BFM 编号		内容
CH1	CH2	
#1	#2	通道工作状态检测 b0：输入值太大，超过设定上限；　b1：输入值太小，超过设定下限； b2：冷触点温度补偿数据错误；　b3：A/D 转换值错误； b4～b7：发生温度检测报警 1～4；　b8：回路中断报警； b9：加热器断线报警；　b10：加热器熔断报警； b12：温度单位选择，b12=0，选择温度单位为 1℃/℉；b12=1，选择温度单位为 0.1℃/℉； b11：保留；　b13：手动模式转换完成； b14：自动调谐方式正在执行；　b15：温度上升完成状态
#3	#4	加热器温度测量值（PV）
#5	#6	温度控制输出值（MV）
#7	#8	加热器电流测量值
#9		初始化指令 0：不执行；1：初始化所有数据；2：初始化 BFM#10～BFM#69
#10		错误复位指令 0：不执行；1：复位错误
#11		控制开始/停止切换 0：停止控制；1：开始控制
#12	#21	温度设定值（SV）
#13～#16	#22～#25	温度检测报警 1～4 的设定值
#17	#26	加热器断线报警设定值
#18	#27	自动/手动切换 0：自动；1：手动
#19	#28	手动输出设定值
#20	#29	自动调谐执行命令 0：停止自动调谐；1：执行自动调谐
#30		模块 ID 号：2060
#32	#51	模块工作方式选择 0：监控；1：监控+温度报警；2：监控+温度报警+控制
#33	#52	调节器比例增益设定（0～1000%）
#34	#53	调节器积分时间设定（1～3600）
#35	#54	调节器微分时间设定（0～3600）
#36	#55	控制响应时间设定 0：上升速度慢；1：上升速度中等；2：上升快
#37	#56	温度上限设定
#38	#57	温度下限设定
#39	#58	输出变化率限制
#40	#59	传感器校正值设定（PV 偏差）
#41	#60	调节灵敏度设置
#42	#61	控制输出周期设置（1～100s）
#43	#62	一阶延迟数字滤波设置（0～100s）
#44	#63	温度变化率限制值设定
#45	#64	温度自动调整允许偏差设定

续表

BFM 编号		内容
CH1	CH2	
#46	#65	正常/反向操作选择 0：正常操作；1：反向操作
#47	#66	温度设定值上限
#48	#67	温度设定值下限
#49	#68	回路中断判定时间
#50	#69	回路中断检测时间
#70	#71	温度传感器类型
#72～#75		温度检测报警 1～4 的功能设定 0：关闭报警功能；　1：超过设定上限报警； 2：超过设定下限报警；　3：上限温度偏差报警； 4：下限温度偏差报警；　5：温度偏差过大或过小均报警； 6：偏差绝对值小于报警设置时报警； 7：超过设定上限报警（忽略电源 ON 时的偏差）； 8：超过设定下限报警（忽略电源 ON 时的偏差）； 9：偏差过小报警（忽略电源 ON 时的偏差）； 10：偏差过大报警（忽略电源 ON 时的偏差）； 11：偏差过大或过小报警（忽略电源 ON 时的偏差）； 12：偏差过大报警（忽略电源 ON 与设定变更后的偏差）； 13：偏差过小报警（忽略电源 ON 与设定变更后的偏差）； 14：偏差过大或过小报警（忽略电源 ON 与设定变更后的偏差）；
#76		温度报警 1～4 的检测范围（0～10）
#77		不产生温度报警 1～4 的最大采样次数（0～255）
#78		不产生断线报警的最大采样次数（3～255）
#79		温度到达信号的检测范围（1～10℃/℉）
#80		温度到达信号的输出延时（0～3600s）
#81		CT 监控模式切换 0：监控 ON 电流和 OFF 电流；1：只监控 ON 电流
#82		设置值范围错误地址 0：正常；1：或其他数值设置错误地址
#83		设置值备份命令 0：正常；1：开始写入 EEPROM

5.2.4 Q 系列温度控制模块

Q64TC 为 Q 系列温度控制模块，它是 Q64TCTT、Q64TCTBW、Q64TCRT 和 Q64TCRTBW 型温度控制模块的总称。

1. 工作原理

Q64TCTT 和 Q64TCRT 是通过外部温度传感器将所测温度值转换成 16 位有符号的二进制数据、进行 PID 运算以获取目标温度并以晶体管输出方式控制被控设备温度的模块。Q64TCTT 和 Q64TCRT 具有 PID 运算自动设置比率、积分时间和微分时间的自动调谐功能。

其中，Q64TCTT 的外部温度传感器是 K、J、T、B、S、E、R、N、U、L、PL 和 W5Re/W26Re 型热电偶；Q64TCRT 的外部温度传感器是 PT100 和 JPT100 型测温铂电阻。Q64TCTT 和 Q64TCRT 的工作过程如图 5-23 所示。

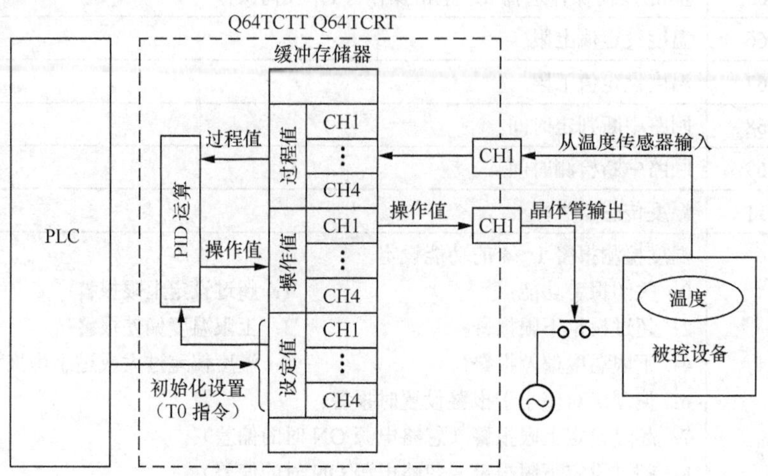

图 5-23　Q64TCTT 和 Q64TCRT 的工作过程

Q64TCTTBW 和 Q64TCRTBW 是以 Q64TCTT 和 Q64TCRT 为基本的温度控制模块，它们具有使用来自外部电流传感器的输入检测加热器断线的附加功能，工作过程如图 5-24 所示。

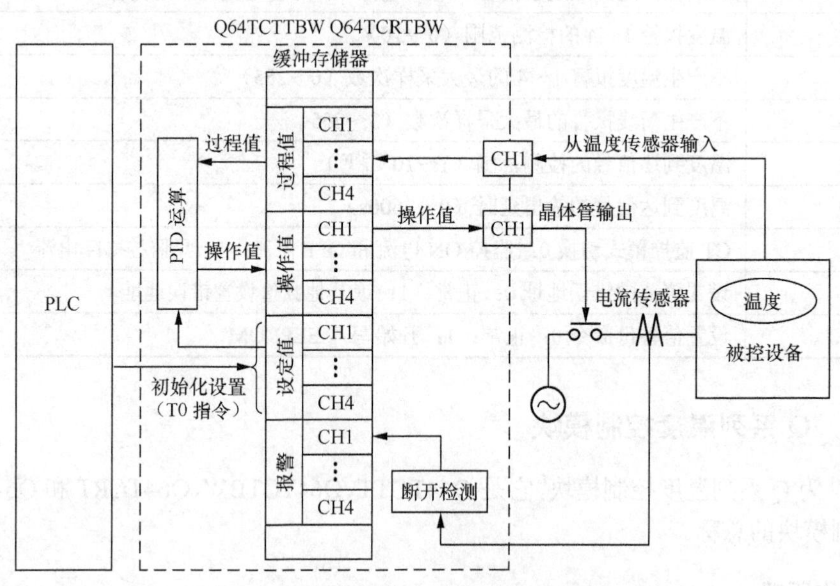

图 5-24　Q64TCTTBW 和 Q64TCRTBW 的工作过程

2．接线方式

Q64TC 系列温度控制模块的接线方式如图 5-25 所示。

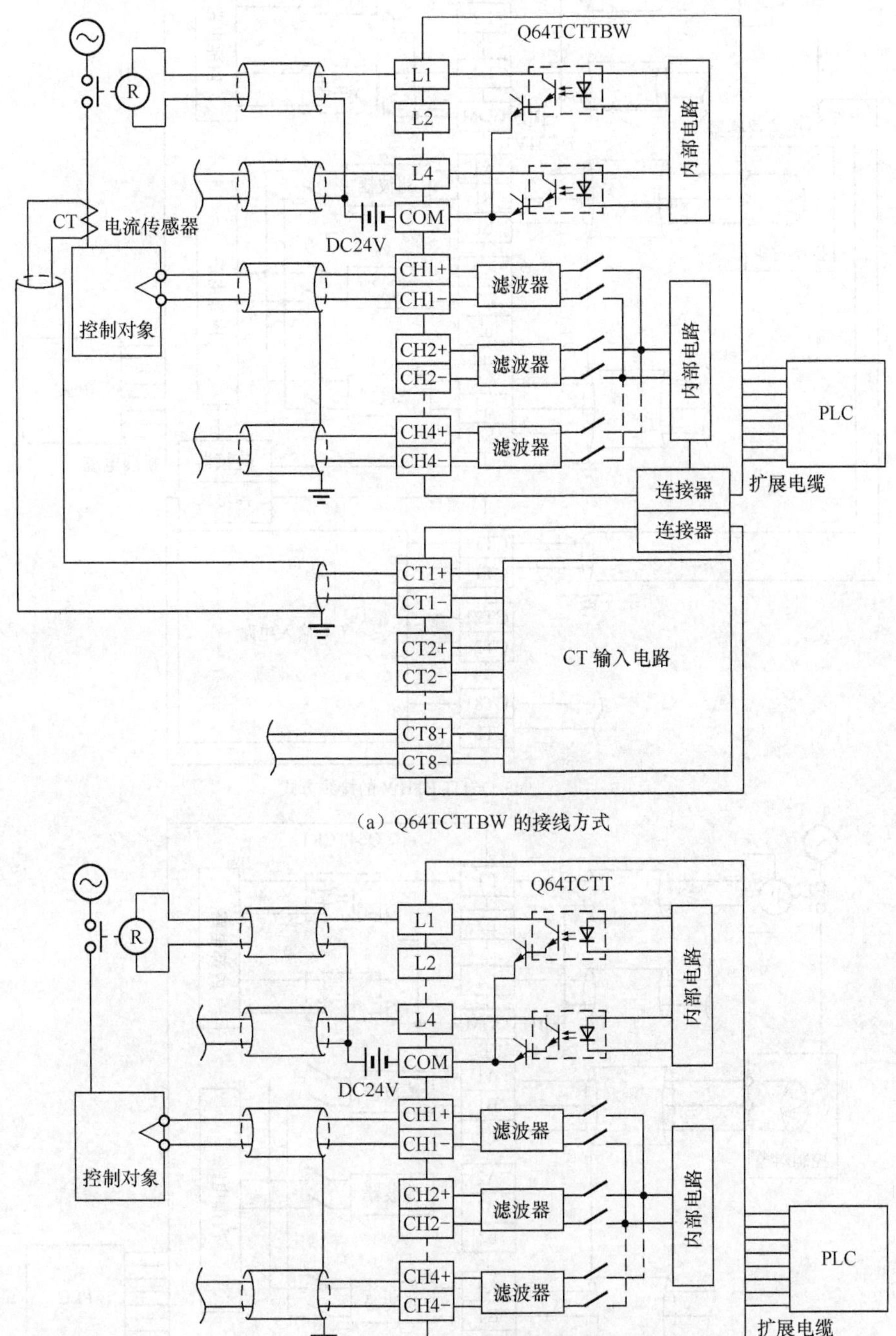

（a）Q64TCTTBW 的接线方式

（b）Q64TCTT 的接线方式

图 5-25 Q64TC 系列温度控制模块的接线方式

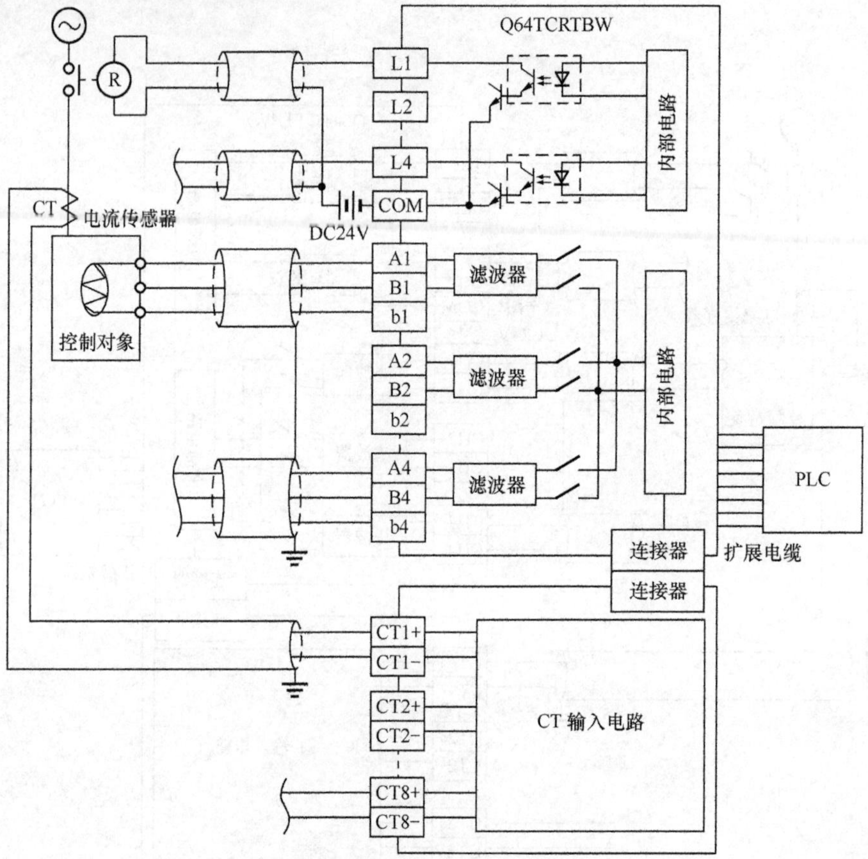

（c）Q64TCRTBW 的接线方式

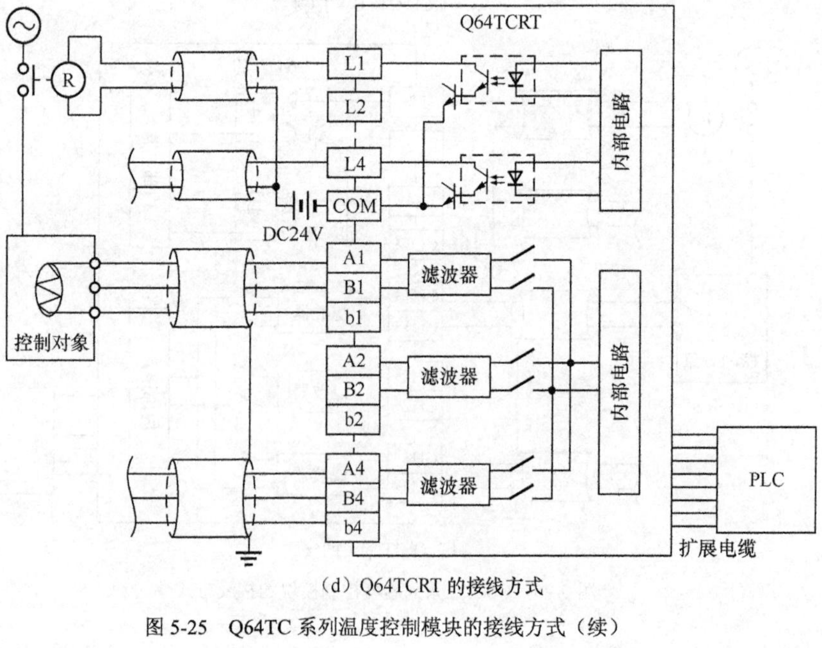

（d）Q64TCRT 的接线方式

图 5-25　Q64TC 系列温度控制模块的接线方式（续）

3．性能指标

Q64TC 系列温度控制模块的性能指标如表 5-30 所示。

表 5-30　Q64TC 系列温度控制模块的性能指标

<table>
<tr><td colspan="3">项目</td><td>Q64TCTT</td><td>Q64TCTTBW</td><td>Q64TCRT</td><td>Q64TCRTBW</td></tr>
<tr><td colspan="3">温度输入点数</td><td colspan="4">4 通道（CH1～CH4）</td></tr>
<tr><td colspan="3">使用温度传感器类型</td><td colspan="2">K、J、T、B、S、E、R、N、U、L、PL、W5Re/W26Re</td><td colspan="2">PT100、JPT100</td></tr>
<tr><td rowspan="5">精度</td><td rowspan="2">指示精度</td><td>环境温度 25℃±5℃</td><td colspan="4">满刻度×（±0.3%）</td></tr>
<tr><td>环境温度 0～55℃</td><td colspan="4">满刻度×（±0.7%）</td></tr>
<tr><td rowspan="3">冷接点温度补偿 0～55℃</td><td>温度测量值–100℃以上</td><td colspan="2">在±1.0℃以内</td><td colspan="2">-</td></tr>
<tr><td>温度测量值–150～–100℃</td><td colspan="2">在±2.0℃以内</td><td colspan="2">-</td></tr>
<tr><td>温度测量值–200～–150℃</td><td colspan="2">在±3.0℃以内</td><td colspan="2">-</td></tr>
<tr><td colspan="3">控制输出</td><td colspan="4">晶体管输出</td></tr>
<tr><td colspan="3">采样周期</td><td colspan="4">0.5s/通道</td></tr>
<tr><td colspan="3">控制输出周期</td><td colspan="4">1～100s</td></tr>
<tr><td colspan="3">温度控制系统</td><td colspan="4">PID ON/OFF 脉冲控制</td></tr>
<tr><td rowspan="4">PID 常数范围</td><td colspan="2">PID 常数设置</td><td colspan="4">通过自动调谐可以进行设置</td></tr>
<tr><td colspan="2">比例（P）</td><td colspan="4">0.0～1000.0%</td></tr>
<tr><td colspan="2">积分时间（I）</td><td colspan="4">1～3600s</td></tr>
<tr><td colspan="2">微分时间（D）</td><td colspan="4">0～3600s（为 PI 控制设置 0）</td></tr>
<tr><td colspan="3">隔离方法</td><td colspan="4">在输入和接地间采用变压器隔离；在输入通道间也采用变压器隔离</td></tr>
</table>

4．Q 系列温度控制模块缓冲存储器

Q64TC 有 Q64TCTT、Q64TCRT、Q64TCTTBW、Q64TCRTBW 四种型号的温度控制模块，它们具有一些相同的缓冲存储器，如表 5-31 所示。除此之外，Q64TCTTBW、Q64TCRTBW 还具有专用缓冲存储器 BFM，如表 5-32 所示。

表 5-31　Q64TC 共用缓冲存储器 BFM

<table>
<tr><td colspan="4">地址（十六进制）</td><td colspan="2" rowspan="2">设置</td><td rowspan="2">说明</td></tr>
<tr><td>CH1</td><td>CH2</td><td>CH3</td><td>CH4</td></tr>
<tr><td colspan="4">0H</td><td colspan="2">写入数据出错代码</td><td>-</td></tr>
<tr><td rowspan="2">1H</td><td rowspan="2">2H</td><td rowspan="2">3H</td><td rowspan="2">4H</td><td rowspan="2">小数点位置</td><td>Q64TCTT、Q64TCTTBW</td><td>初始值：0</td></tr>
<tr><td>Q64TCRT、Q64TCRTBW</td><td>初始值：1</td></tr>
<tr><td>5H</td><td>6H</td><td>7H</td><td>8H</td><td colspan="2">警报定义</td><td>-</td></tr>
<tr><td>9H</td><td>AH</td><td>BH</td><td>CH</td><td colspan="2">温度测定值（PV）</td><td>存储进行线性化、传感器补偿的检测值</td></tr>
</table>

续表

地址（十六进制）				设置		说明
CH1	CH2	CH3	CH4			
DH	EH	FH	10H	操作值（MV）		存储已进行 PID 运算的结果
11H	12H	13H	14H	温度升高判断标志		温度测定值在温度升高完成范围时，置 1
15H	16H	17H	18H	晶体管输出标志		存储晶体管输出的 ON/OFF 状态
19H	1AH	1BH	1CH	保留		
1DH				Q64TCTT(BW)	冷接点温度测定值	存储 Q64TCTT（BW）的冷接点补偿电阻的温度测定值（0～55℃）
				Q64TCRT(BW)	保留	
1EH				手动模式转换完成标志		切换到手动时，相应通道关联的位为 1
1FH				EEPROM 的 PID 常数读/写完成标志		b0～b7 为 4 个通道读/写完成；b8～b15 为 4 个通道读/写失败
20H	40H	60H	80H	输入范围	Q64TCTT（BW）	初始值：2
					Q64TCRT（BW）	初始值：7
21H	41H	61H	81H	停止模式设置		0 为停止；1 为监视（默认值）；2 为警报
22H	42H	62H	82H	设定值（SV）设置		符合输入范围设置，默认值为 0
23H	43H	63H	83H	比例（P）设置		0～10000（0.0～1000000.0%）
24H	44H	64H	84H	积分时间（I）设置		1～3600s
25H	45H	65H	85H	微分时间（D）设置		0～3600s
26H	46H	66H	86H	警报设定值 1		符合警报模式设置和输入范围设置，默认为 0
27H	47H	67H	87H	警报设定值 2		
28H	48H	68H	88H	警报设定值 3		
29H	49H	69H	89H	警报设定值 4		
2AH	4AH	6AH	8AH	上限输出限制器		−50～1050（−5.0～105.0%），默认为 1000
2BH	4BH	6BH	8BH	下限输出限制器		−50～1050（−5.0～105.0%），默认为 0
2CH	4CH	6CH	8CH	输出偏差限制器		0～1000（−5.0～100.0%/s），默认为 0
2DH	4DH	6DH	8DH	传感器补偿值设置		−5000～5000（−50.00～50.00%），默认为 0
2EH	4EH	6EH	8EH	调整灵敏度（非工作区）设置		1～100（0.1～10.00%），默认为 5
2FH	4FH	6FH	8FH	控制输出周期设置		1～100s，默认为 30
30H	50H	70H	90H	初次延迟数字滤波器设置		0～100s，默认为 0
31H	51H	71H	91H	控制响应参数		0 为慢速（默认值）；1 为正常；2 为快速
32H	52H	72H	92H	AUTO（自动）/MAN（手动）模式切换		0 为自动；1 为手动，默认为 0
33H	53H	73H	93H	手动输出设置		−50～1050（−5.0～105.0%），默认为 0

续表

地址（十六进制）				设置		说明
CH1	CH2	CH3	CH4			
34H	54H	74H	94H	设置变化率限制器		0～1000（0.0～100.0%），默认为 0
35H	55H	75H	95H	AT 设置		正负输入范围宽度，默认为 0
36H	56H	76H	96H	正向/反向作用设置		0 为正向作用；1 为反向作用，默认为 1
37H	57H	77H	97H	上限设置限制器	Q64TCTT（BW）	在测量范围内默认为 1300
					Q64TCRT（BW）	在测量范围内默认为 6000
38H	58H	78H	98H	下限设置限制器	Q64TCTT（BW）	在测量范围内默认为 0
					Q64TCRT（BW）	在测量范围内默认为–2000
39H	59H	79H	99H	保留		-
3AH	5AH	7AH	9AH	加热器断开警报设置		0～100%，默认为 0
3BH	5BH	7BH	9BH	环路断开检测判断时间		0～7200s，默认为 480
3CH	5CH	7CH	9CH	环路断开检测非工作区		输入范围宽度，默认为 0
3DH	5DH	7DH	9DH	未使用的通道设置		0 为使用；1 为未使用，默认为 0
3EH	5EH	7EH	9EH	EEPROM 的 PID 常数读取命令		0 为不用命令；1 为用命令，默认为 0
3FH	5FH	7FH	9FH	PID 常数自动调谐后自动备份设置		0 为 OFF；1 为 ON，默认为 0

表 5-32　　Q64TCTTBW、Q64TCRTBW 专用缓冲存储器 BFM

地址（十六进制）								设置
CT1	CT2	CT3	CT4	CT5	CT6	CT7	CT8	
100H	101H	102H	103H	104H	105H	106H	107H	加热器电流过程值
108H	109H	10AH	10BH	10CH	10DH	10EH	10FH	CT 输入通道分配设置
110H	111H	112H	113H	114H	115H	116H	117H	CT 选择
118H	119H	11AH	11BH	11CH	11DH	11EH	11FH	加热器电流基准值

例 5-9：温度控制模块的编程示例。假设 Q64TC 系列温度控制模块与 PLC 各模块的系统配置如图 5-26 所示，在 GX Developer 中编写程序，读取连接 CH1 上热电偶（K 型）测量的温度。若发生读取错误时，程序能读取写入数据的出错代码，并进行程序复位。

电源模块	QCPU	QX42P	QY42	空 16 点	Q64TCTT
		X00 至 X3F	Y40 至 Y7F	空 16 点	X/Y90 至 X/Y9F

电源模块	QCPU	QX42P	QY42	Q64TCTTBW
		X00 至 X3F	Y40 至 Y7F	空 16 点 X/Y90 至 X/Y9F

图 5-26　温度控制模块的系统配置

分析：该实例可以通过两种方式实现，使用实用程序包 GX Configurator-TC 和不使用程序包。GX Configurator-TC 是 GX Developer 的内插程序包，通过该软件包可以对温度控制模块进行初始化设置、自动刷新设置和监视/测试等操作。但该程序包在使用前，需要将其安装到 GX Developer 中。在此，以不使用程序包为例来实现此任务。首先在 GX Developer 工程参数列表中点击“参数”→“PLC 参数”，在弹出的“Q 参数设置”对话框中选择“I/O 分配”选项卡，并在“I/O 分配”栏中进行温度控制模块的开关设置，然后使用 FROM/TO 指令编写的程序如图 5-27 所示。程序中用户使用的软元件定义如下：X0 为设定值写入命令；X1 为自动调谐执行命令；X2 为出错代码设置命令；X3 为运行模式设置命令；Y40～Y47 为写入数据出错代码输出（BCD 格式 2 位）；Y50～Y5F 为温度检测值输出；D50 为写入数据出错代码存储寄存器；D51 为读取温度检测值存储寄存器。程序中，虚线部分是用于设定输入范围、警报设置、设定值和其他内容注册到 EEPROM。

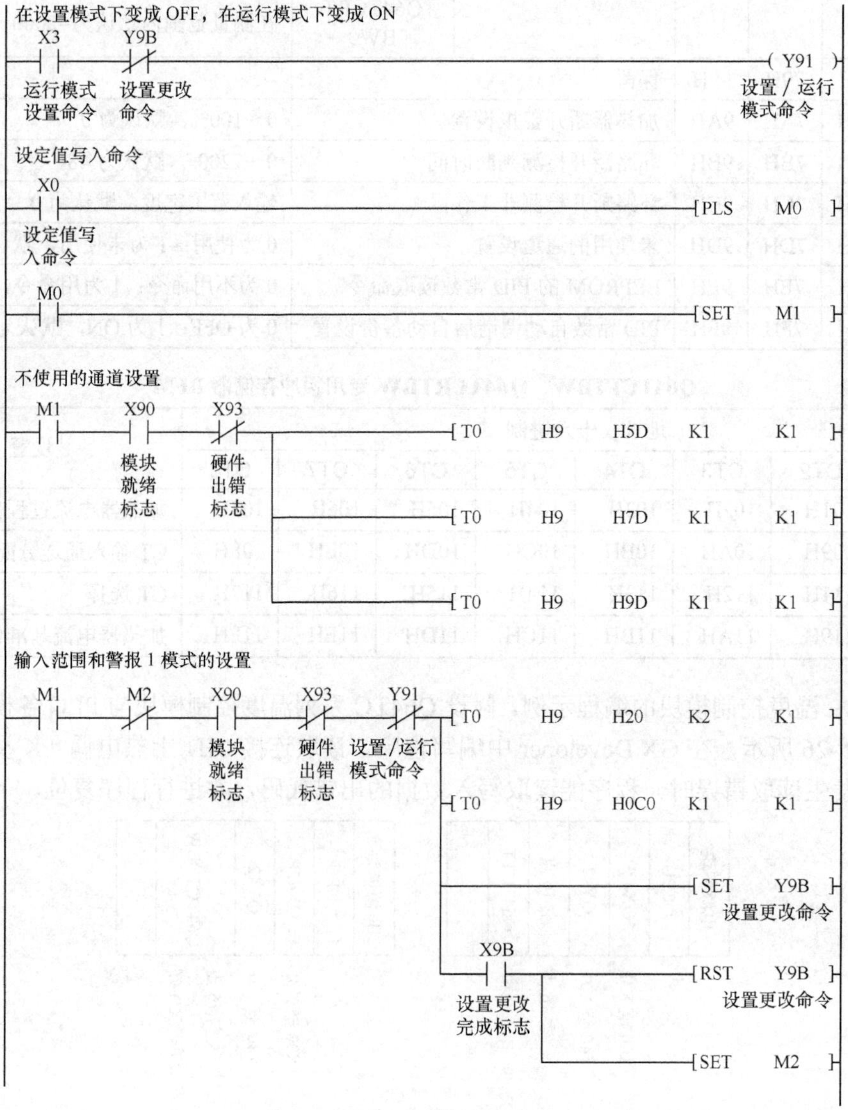

```
在设置模式下变成 OFF，在运行模式下变成 ON
   X3        Y9B
---| |-------|/|-------------------------------------------( Y91 )
 运行模式   设置更改                                    设置 / 运行
 设置命令   命令                                        模式命令

设定值写入命令
   X0
---| |--------------------------------------------[PLS    M0   ]
 设定值写
 入命令
   M0
---| |--------------------------------------------[SET    M1   ]

不使用的通道设置
   M1        X90       X93
---| |-------| |-------|/|--+--[T0   H9   H5D   K1   K1 ]
             模块      硬件  |
             就绪      出错  +--[T0   H9   H7D   K1   K1 ]
             标志      标志  |
                             +--[T0   H9   H9D   K1   K1 ]

输入范围和警报 1 模式的设置
   M1      M2      X90     X93     Y91
---| |-----|/|-----| |-----|/|-----|/|--+--[T0   H9   H20    K2   K1 ]
                   模块    硬件  设置/运行 |
                   就绪    出错  模式命令  +--[T0   H9   H0C0   K1   K1 ]
                   标志    标志            |
                                           +--[SET    Y9B  ]
                                           |        设置更改命令
                                           |   X9B
                                           +---| |---+--[RST    Y9B  ]
                                             设置更改 |     设置更改命令
                                             完成标志 |
                                                      +--[SET    M2   ]
```

图 5-27　温度控制模块编写的程序

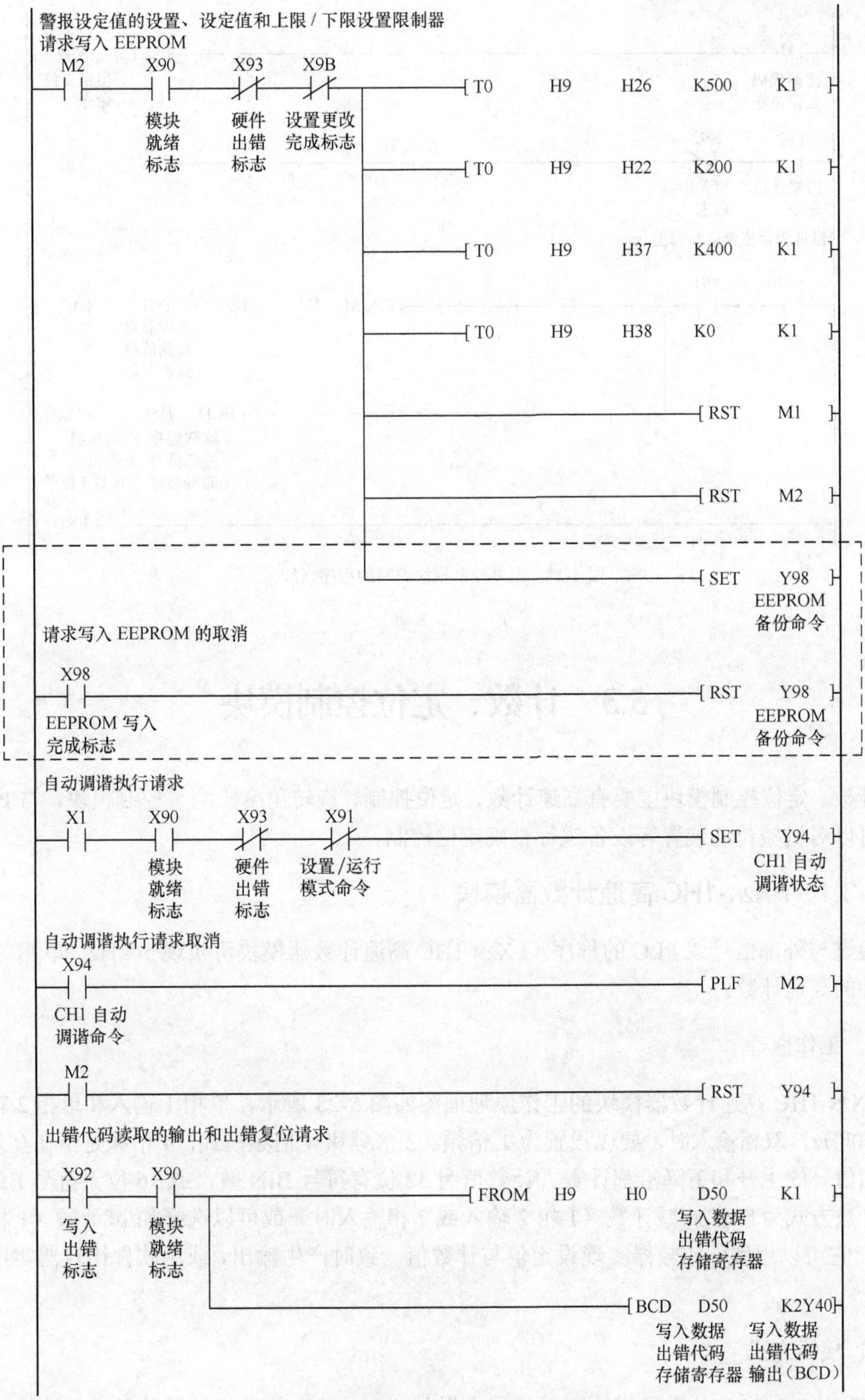

警报设定值的设置、设定值和上限/下限设置限制器
请求写入 EEPROM

```
M2      X90       X93       X9B
─┤├─────┤├────────┤/├───────┤/├──┬──[T0     H9    H26    K500    K1]
        模块      硬件      设置更改 ├──[T0     H9    H22    K200    K1]
        就绪      出错      完成标志 ├──[T0     H9    H37    K400    K1]
        标志      标志               ├──[T0     H9    H38    K0      K1]
                                     ├──[RST    M1]
                                     ├──[RST    M2]
                                     └──[SET    Y98]
                                                EEPROM
                                                备份命令
```

请求写入 EEPROM 的取消

```
X98
─┤├──────────────────────────────────[RST    Y98]
EEPROM 写入                                  EEPROM
完成标志                                     备份命令
```

自动调谐执行请求

```
X1      X90       X93       X91
─┤├─────┤├────────┤/├───────┤/├──────[SET    Y94]
        模块      硬件      设置/运行        CH1 自动
        就绪      出错      模式命令         调谐状态
        标志      标志
```

自动调谐执行请求取消

```
X94
─┤├──────────────────────────────────[PLF    M2]
CH1 自动
调谐命令

M2
─┤├──────────────────────────────────[RST    Y94]
```

出错代码读取的输出和出错复位请求

```
X92     X90
─┤├─────┤├──┬────────[FROM   H9    H0    D50          K1]
写入    模块 │                           写入数据
出错    就绪 │                           出错代码
标志    标志 │                           存储寄存器
            └────────[BCD    D50          K2Y40]
                             写入数据     写入数据
                             出错代码     出错代码
                             存储寄存器   输出（BCD）
```

图 5-27　温度控制模块编写的程序（续）

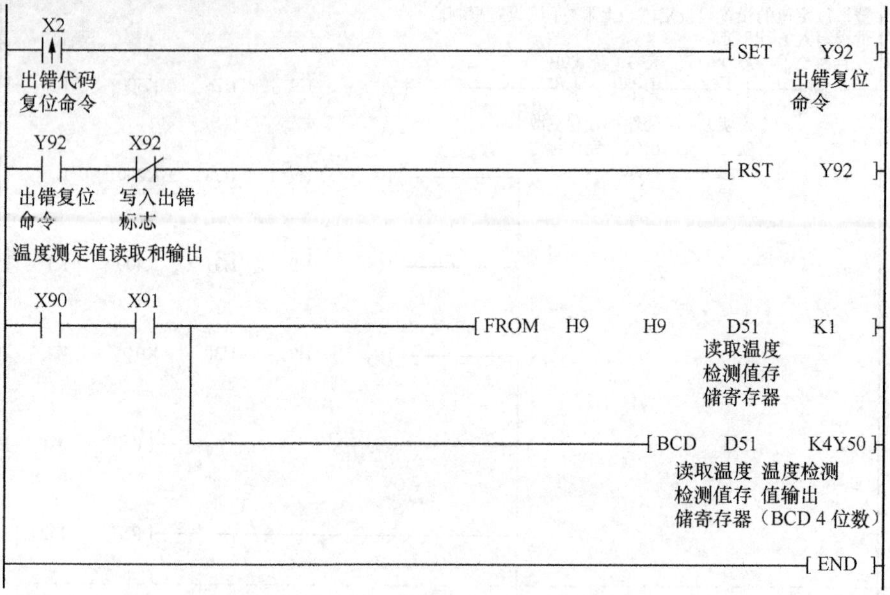

```
X2
─┤↑├──────────────────────────────[SET    Y92  ]
出错代码                                 出错复位
复位命令                                 命令
Y92      X92
─┤ ├─────┤/├──────────────────────[RST    Y92  ]
出错复位  写入出错
命令      标志
温度测定值读取和输出
X90      X91
─┤ ├─────┤ ├──┬──────[FROM  H9   H9   D51      K1 ]
              │                      读取温度
              │                      检测值存
              │                      储寄存器
              └──────────────────[BCD   D51      K4Y50]
                                 读取温度 温度检测
                                 检测值存 值输出
                                 储寄存器（BCD 4 位数）
──────────────────────────────────────────[END ]
```

图 5-27　温度控制模块编写的程序（续）

5.3　计数、定位控制模块

计数、定位控制模块主要有高速计数、定位控制、旋转角度检测等控制模块，与 PLC 连接，可以对机械传动装置等设备进行精确定位控制。

5.3.1　FX2N-1HC 高速计数器模块

通过与外部信号或 PLC 的程序，FX2N-1HC 高速计数器模块可实现 50kHz、单相/双相输入脉冲的高速计数。

1．工作原理

FX2N-1HC 高速计数器模块的工作原理框图如图 5-28 所示。单相 1 输入和单相 2 输入时小于 50kHz，双相输入时，要以设置为 1 倍频、2 倍频和 4 倍频模式，4 倍频是指在互差 90°的两相信号的上升和下降沿都计数。计数值为 32 位有符号 BIN 数，或 16 位无符号 BIN 数。它的计数方式为自动加/减计数（1 相 2 输入或 2 相输入时）或可以选择加/减计数（1 相 1 输入时）。它可以用硬件比较器实现设定值与计数值一致时产生输出，或用软件比较器实现一致输出。

2．接线方式

FX2N-1HC 高速计数器模块通过扩展电缆与 PLC 基本单元或扩展单元进行连接，通过 PLC 内部总线传送数字量，接线方式如图 5-29 所示。

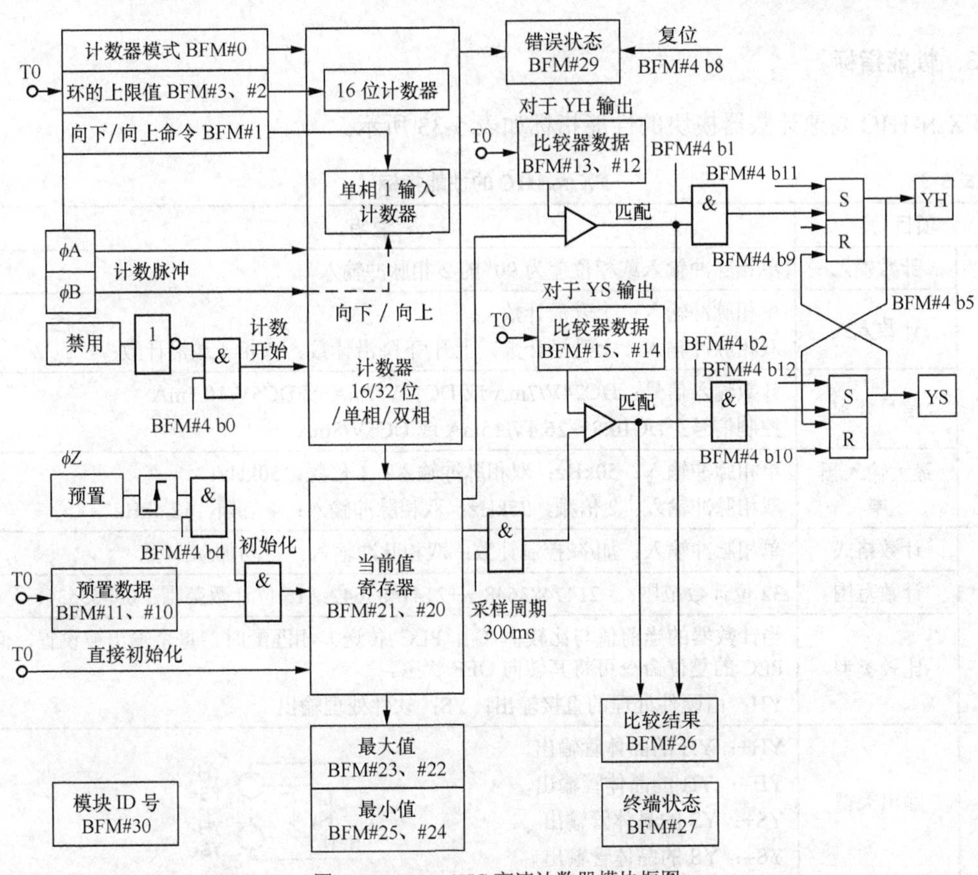

图 5-28 FX2N-1HC 高速计数器模块框图

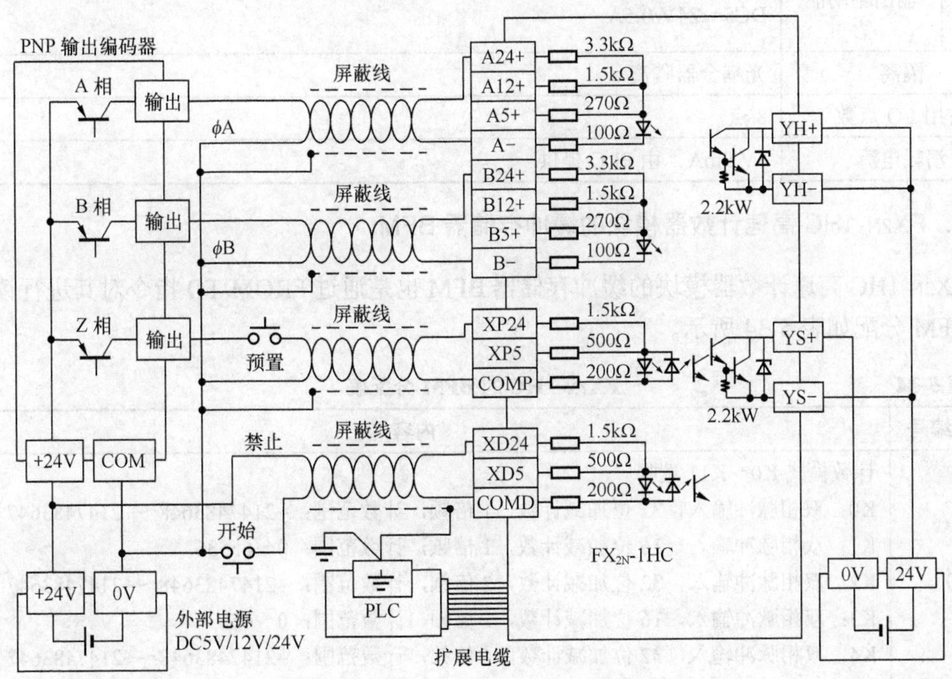

图 5-29 FX2N-1HC 高速计数器模块的接线方式

3．性能指标

FX2N-1HC 高速计数器模块的性能指标如表 5-33 所示。

表 5-33　　**FX2N-1HC 的性能指标**

项目		说明
输入信号	计数输入	单相脉冲输入或相位差为 90°的 2 相脉冲输入
	计数方式	单相脉冲输入：上升沿计数 双相脉冲输入：上升沿计数、上升/下降沿计数、双相 4 边沿计数
	信号要求	计数输入信号：DC24V/7mA 或 DC12V/7mA 或 DC5V/10.5mA 控制信号：DC10.8～26.4V/15mA 或 DC5V/8mA
	最大输入频率	单相脉冲输入：50kHz；双相脉冲输入：1 倍频：50kHz； 双相脉冲输入：2 倍频，25kHz；双相脉冲输入：4 倍频，12.5kHz
计数特性	计数格式	单相脉冲输入：加/减控制计数；双相脉冲输入：自动加/减计数
	计数范围	32 位计数范围：−2147483648～+2147483647；16 位计数范围：0～65536
	比较类型	当计数器的当前值与比较值（由 PLC 传送）相匹配时，每个输出被设置，而且 PLC 的复位命令可将其转向 OFF 状态。 YH：由硬件处理的直接输出；YS：软件处理输出
输出信号	输出类型	YH+：YH 的晶体管输出 YH−：YH 的晶体管输出 YS+：YS 的晶体管输出 YS−：YS 的晶体管输出 （图：NPN　YH+ YS+　YH- YS-）
	输出驱动能力	DC5～24V/0.5A
隔离		光耦合器隔离
占用 I/O 点数		8 点
消耗电流		5V/9mA，由 PLC 提供

4．FX2N-1HC 高速计数器模块的缓冲存储器 BFM

FX2N-1HC 高速计数器模块的缓冲存储器 BFM 也是通过 FROM/TO 指令对其进行读写操作，BFM 分配如表 5-34 所示。

表 5-34　　**FX2N-1HC 的 BFM 分配表**

BFM 编号	内容
#0	计数模式 K0～K11 选择 K0：双相脉冲输入，32 位加减计数，1 倍频，计数范围：−2147483648～+2147483647 K1：双相脉冲输入，16 位加减计数，1 倍频，计数范围：0～65536 K2：双相脉冲输入，32 位加减计数，2 倍频，计数范围：−2147483648～+2147483647 K3：双相脉冲输入，16 位加减计数，2 倍频，计数范围：0～65536 K4：双相脉冲输入，32 位加减计数，4 倍频，计数范围：−2147483648～+2147483647 K5：双相脉冲输入，16 位加减计数，4 倍频，计数范围：0～65536

续表

BFM 编号	内容
#0	K6：单相脉冲输入，32 位加减计数，加/减脉冲，计数范围：–2147483648～+2147483647 K7：单相脉冲输入，16 位加减计数，加/减脉冲，计数范围：0～65536 K8：单相脉冲输入，32 位加减计数，脉冲+方向，计数范围：–2147483648～+2147483647 K9：单相脉冲输入，16 位加减计数，脉冲+方向，计数范围：0～65536 K10：单相脉冲输入，32 位加减计数，脉冲+BFM#1 控制，计数范围：–2147483648～+2147483647 K11：单相脉冲输入，16 位加减计数，脉冲+BFM#1 控制，计数范围：0～65536
#1	向下/向上计数控制（单相 1 输入方式）
#3、#2	计数上限设置
#4	输出信号功能选择设定与控制 b0：计数允许。b0=0，禁止计数；b0=1，允许计数 b1：YH 输出允许。b1=0，禁止 YH 输出；b1=1，允许 YH 输出 b2：YS 输出允许。b2=0，禁止 YS 输出；b2=1，允许 YS 输出 b3：YH/YS 独立动作。b3=0，YH/YS 独立动作；b3=1，YH/YS 相互复位 b4：复位允许。b4=0，禁止预先复位；b4=1，允许预先复位 b8：错误复位。b8=0，无动作；b8=1，错误复位 b9：YH 输出复位。b9=0，无动作；b9=1，YH 输出复位 b10：YS 输出复位。b10=0，无动作；b10=1，YS 输出复位 b11：YH 输出设置。b11=0，无动作；b11=1，YH 输出设置 b12：YS 输出设置。b12=0，无动作；b12=1，YS 输出设置
#11、#10	预置数据高/低
#13、#12	YH 比较值高/低设置
#15、#14	YS 比较值高/低设置
#21、#20	计数器当前值高/低设置
#23、#22	最大计数值高/低设置
#25、#24	最小计数值高/低设置
#26	比较结果状态显示 b0：YH 计数比较。b0=0，YH 设定值≤当前计数值；b0=1，YH 设定值＞当前计数值 b1：YH 计数比较。b0=0，YH 设定值≠当前计数值；b1=1，YH 设定值＝当前计数值 b2：YH 计数比较。b0=0，YH 设定值≥当前计数值；b2=1，YH 设定值＜当前计数值 b3：YS 计数比较。b0=0，YS 设定值≤当前计数值；b3=1，YS 设定值＞当前计数值 b4：YS 计数比较。b0=0，YS 设定值≠当前计数值；b4=1，YS 设定值＝当前计数值 b5：YS 计数比较。b0=0，YS 设定值≥当前计数值；b5=1，YS 设定值＜当前计数值
#27	输入/输出信号状态信息 b0：预置信号状态。b0=0，预置信号为 OFF；b0=1，预置信号为 ON b1：禁止信号状态。b1=0，禁止信号为 OFF；b1=1，禁止信号为 ON b2：YH 输出状态。b2=0，YH 输出信号为 OFF；b2=1，YH 输出信号为 ON b3：YS 输出状态。b2=0，YS 输出信号为 OFF；b2=1，YS 输出信号为 ON
#29	错误信息
#30	模块 ID 号：K4010

BFM#29 错误状态信息如表 5-35 所示。

表 5-35　　**BFM#29 错误状态信息**

BFM#29 的位	状态信息	BFM#29 的位	状态信息
b0	b0=1，模块存在错误	b5	b5=1，计数现行值超过设定上限
b1	b1=1，计数上限设定错误	b6	b6=1，计数现行值超过设定下限
b2	b2=1，计数预置值设定错误	b7	b7=1，PROM/TO 指令出错
b3	b3=1，计数比较值设定错误	b8	b8=1，计数模式设定错误
b4	b4=1，计数现行值设定错误	b9	b9=1，BFM 号输入错误

5.3.2　Q 系列高速计数器模块

Q 系列高速计数器模块主要有 QD62、QD62E 和 QD62D，其中 QD62 为 DC 输入漏型输出、QD62E 为 DC 输入源型输出、QD62D 为差分漏型输出。

1．工作原理

Q 系列高速计数器模块的工作过程如图 5-30 所示。

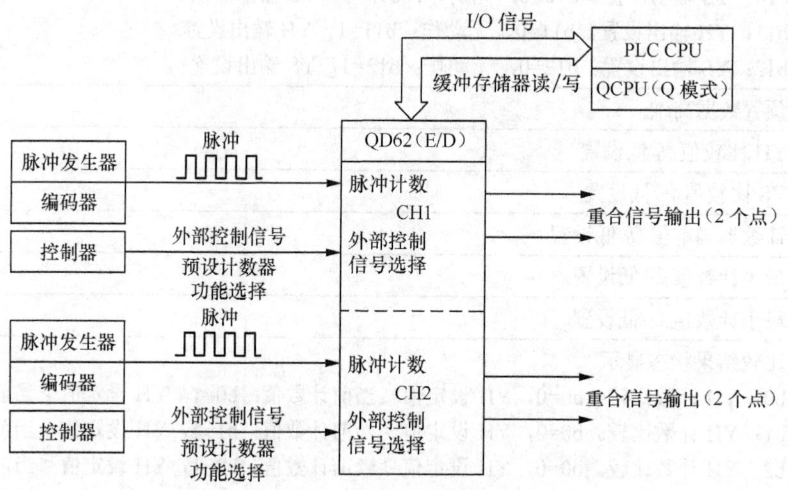

图 5-30　Q 系列高速计数器模块工作过程

2．连接方式

Q 系列高速计数器模块的连接方式有两种：模块和脉冲发生器的接线方式与控制器和外部输入终端的接线方式。模块和脉冲发生器的接线方式分 3 种情况：（1）与开路集电极输出型脉冲发生器（DC 24V）的接线；（2）与电压输出型脉冲发生器（DC 5V）的接线；（3）与驱动器脉冲发生器的接线，如图 5-31 所示。控制器和外部输入终端的接线方式分 3 种情况：（1）当控制器（漏负荷型）是 DC12V 时的接线，（2）当控制器（漏负荷型）是 DC 5V 时的接线，（3）当控制器是线路驱动器时的接线，如图 5-32 所示。

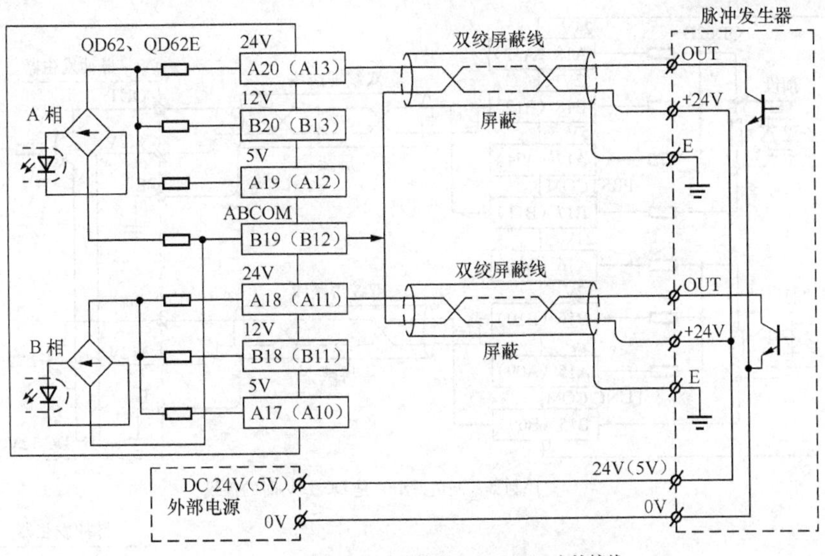

（a）输出型脉冲发生器（DC 24V/5V）的接线

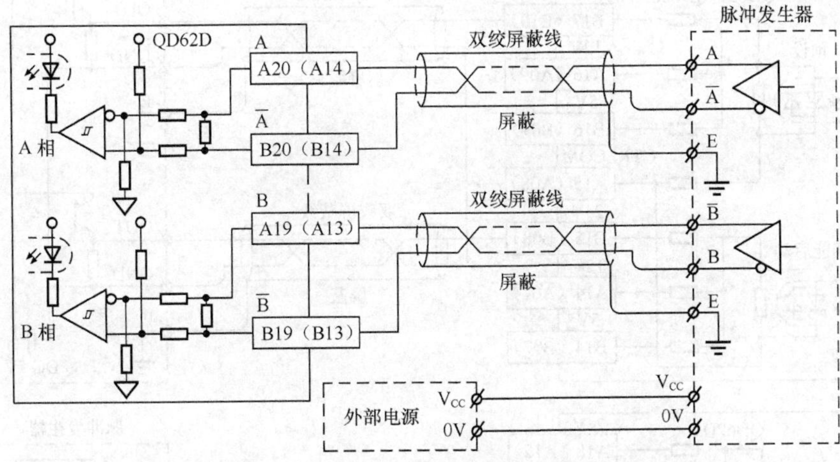

（b）与驱动器脉冲发生器的接线

图 5-31 模块和脉冲发生器的接线方式

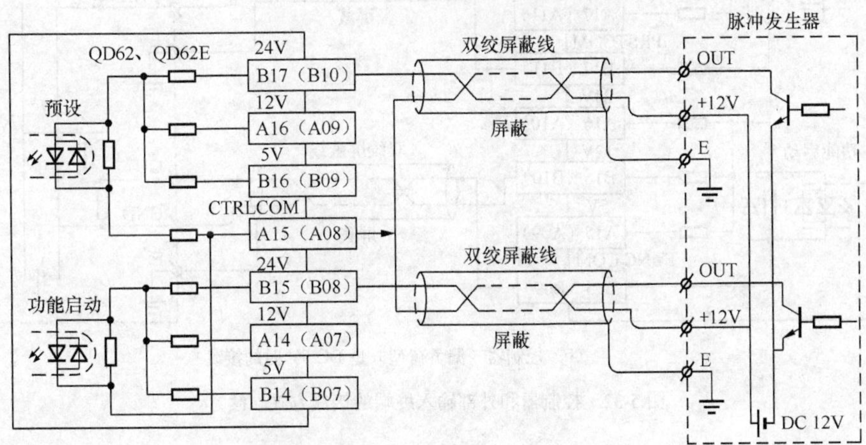

图 5-32 控制器和外部输入终端的接线方式

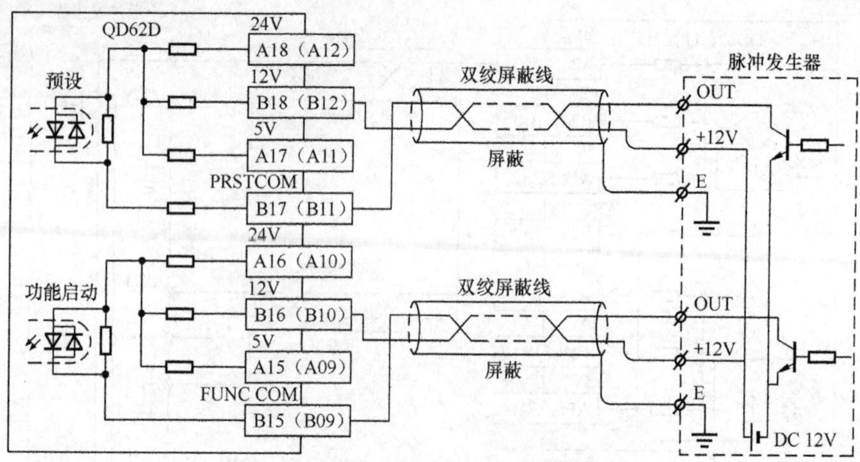

（a）控制器（漏负荷型）是 DC 12V 时的接线

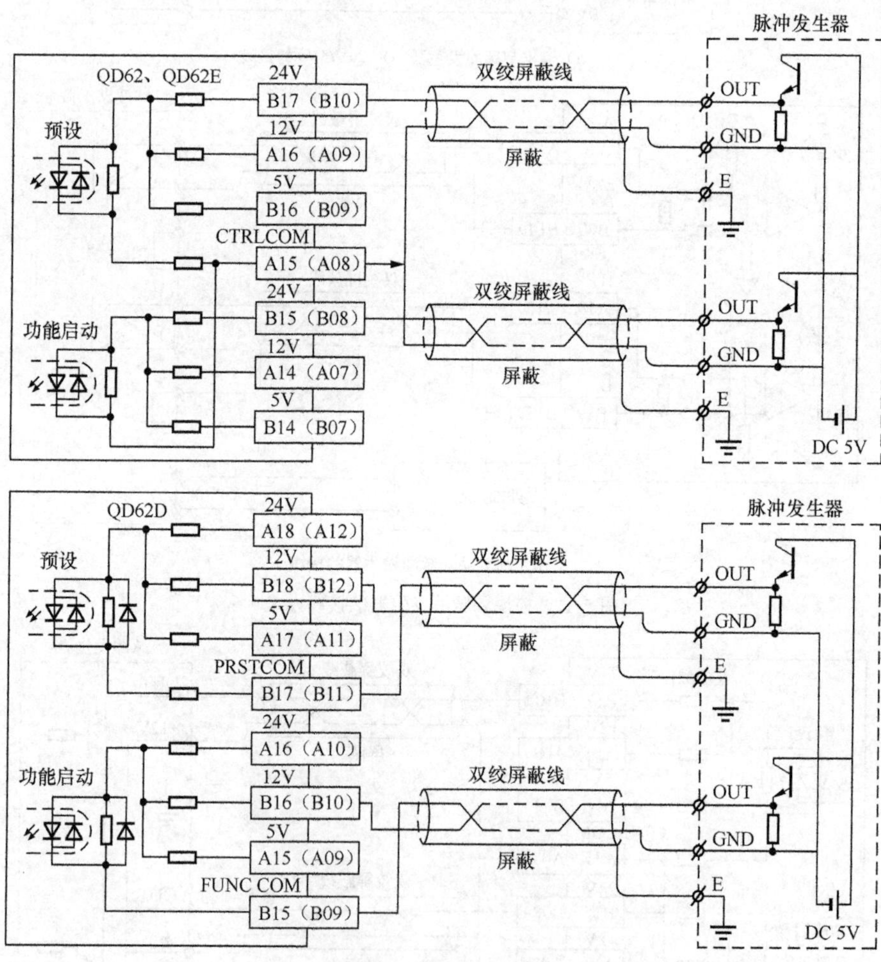

（b）控制器（漏负荷型）是 DC 5V 时的接线

图 5-32　控制器和外部输入终端的接线方式（续）

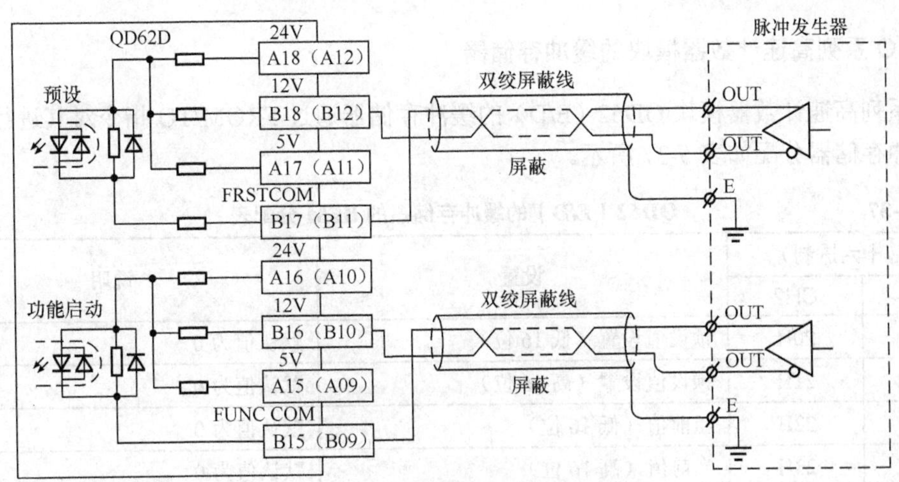

（c）控制器是线路驱动器时的接线

图 5-32 控制器和外部输入终端的接线方式（续）

3．性能指标

Q 系列高速计数器模块的性能指标如表 5-36 所示。

表 5-36 **Q 系列高速计数器模块的性能指标**

项目		QD62	QD62D	QD62E
计数速度开关设置		速度切换：200kpps、100kpps、10kpps	速度切换：200kpps、100kpps、10kpps	速度切换：500kpps、200kpps、100kpps、10kpps
I/O 占用点数		16 点	16 点	16 点
通道数		2 通道（CH1、CH2）	2 通道（CH1、CH2）	2 通道（CH1、CH2）
计数输入信号	相数	单相输入，2 相输入	单相输入，2 相输入	单相输入，2 相输入
	信号电平	DC 5/12/24V 2～5mA	EIA 标准 RS-422A	DC 5/12/24V 2～5mA
计数器	计数速度	200kpps、100kpps、10kpps	200kpps、100kpps、10kpps	500kpps、200kpps、100kpps、10kpps
	计数范围	-2^{32}～$2^{32}-1$	-2^{32}～$2^{32}-1$	2^{32}～$2^{32}-1$
	型号	UP/DOWN 预设计数器+环形读数器功能	UP/DOWN 预设计数器+环形读数器功能	UP/DOWN 预设计数器+环形读数器功能
重合输出	对比范围	-2^{32}～$2^{32}-1$	-2^{32}～$2^{32}-1$	2^{32}～$2^{32}-1$
	对比结果	设定值＜计数值 设定值＝计数值 设定值＞计数值	设定值＜计数值 设定值＝计数值 设定值＞计数值	设定值＜计数值 设定值＝计数值 设定值＞计数值
外部输入	预设 功能启动	DC 5/12/24V，2～5mA	DC 5/12/24V，2～5mA	DC 5/12/24V，2～5mA
外部输出	类型	晶体管（漏型）	晶体管（漏型）	晶体管（漏型）
	重合输出	2 点/通道 DC12/24V 0.5A/点，2A/1 公用	2 点/通道 DC12/24V 0.5A/点，2A/1 公用	2 点/通道 DC12/24V 0.1A/1 点，0.4A/1 公用
DC 5V 内部电流消耗		0.3A	0.38A	0.33A

4．Q 系列高速计数器模块的缓冲存储器

Q 系列高速计数器模块 QD62（E/D）的缓冲存储器通过 FROM/TO 指令对其进行读写操作，缓冲存储器分配如表 5-37 所示。

表 5-37　　QD62（E/D）的缓冲存储器的 BFM 分配表

地址（十六进制）		设置	说明
CH1	CH2		
0H	20H	预设值设置（低 16 位）	默认值为 0
1H	21H	预设值设置（高 16 位）	默认值为 0
2H	22H	当前值（低 16 位）	默认值为 0
3H	23H	当前值（高 16 位）	默认值为 0
4H	24H	重合输出点设置 1 号（低 16 位）	默认值为 0
5H	25H	重合输出点设置 1 号（高 16 位）	默认值为 0
6H	26H	重合输出点设置 2 号（低 16 位）	默认值为 0
7H	27H	重合输出点设置 2 号（高 16 位）	默认值为 0
8H	28H	溢出检测标志	默认值为 0
9H	29H	计数器功能选择设置	默认值为 0
AH	2AH	采样/周期性设置	默认值为 0
BH	2BH	采样/周期性计数器标志	默认值为 0
CH	2CH	锁存计数值（低 16 位）	默认值为 0
DH	2DH	锁存计数值（高 16 位）	默认值为 0
EH	2EH	采样计数值（低 16 位）	默认值为 0
FH	2FH	采样计数值（高 16 位）	默认值为 0
10H	30H	周期性脉冲计数当前值（低 16 位）	默认值为 0
11H	31H	周期性脉冲计数当前值（高 16 位）	默认值为 0
12H	32H	周期性脉冲计数当前值（低 16 位）	默认值为 0
13H	33H	周期性脉冲计数当前值（高 16 位）	默认值为 0
14H	34H	环形计数器最小值（低 16 位）	默认值为 0
15H	35H	环形计数器最小值（高 16 位）	默认值为 0
16H	36H	环形计数器最大值（低 16 位）	默认值为 0
17H	37H	环形计数器最大值（高 16 位）	默认值为 0
18H～1FH	38H～3FH	系统区	—

例 5-10：Q 系列高速计数控制模块的编程示例。假设 Q 系列高速计数控制模块与 PLC 各模块的系统配置如图 5-33 所示。在 GX Developer 中编写程序，通过 CH1 进行双相 1 倍计数，计数速度为 200kpps。

分析：该实例可以通过两种方式实现，使用实用程序包 GX Configurator-CT 和不使用程序包。GX Configurator-CT 是 GX Developer 的内插程序包，通过该软件包可以对高速计数控

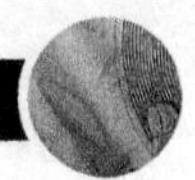

制模块进行初始化设置、自动刷新设置和监视/测试等操作。但该程序包在使用前，需要将其安装到 GX Developer 中。在此，以不使用程序包为例来实现此任务。首先在 GX Developer 工程参数列表中点击“参数”→“PLC 参数”，在弹出的“Q 参数设置”对话框中选择“I/O 分配”选项卡，并在“I/O 分配”栏中进行高速计数控制模块的开关设置，然后编写如图 5-34 所示的程序。程序中对高速计数控制模块的初始设置内容如表 5-38 所示，用户使用的软元件定义如表 5-39 所示。若使用采样计数器功能和周期性脉冲计数器功能时，程序中 a 处插入图 5-35（a）所示程序段。若使用禁止计数功能、使用锁存计数器功能、使用采样计数器功能或使用周期性脉冲计数器功能时，程序中 b 处插入 5-35（b）所示程序段。

电源模块
QCPU
QD62
QX10
QY10
X/Y0 至 X/YF
X10 至 X1F
Y20 至 Y2F

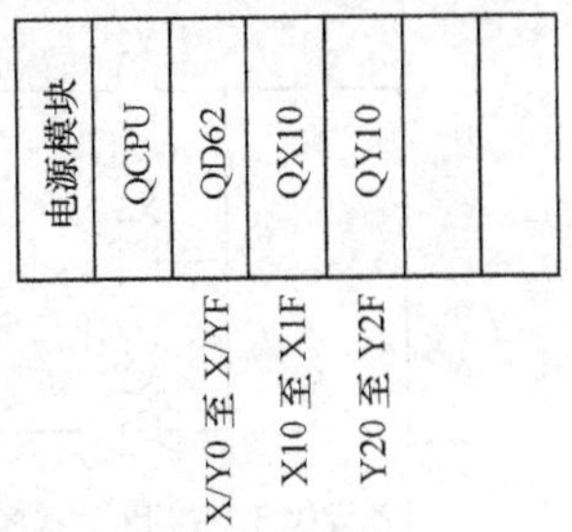

图 5-33 高速计数控制模块系统配置

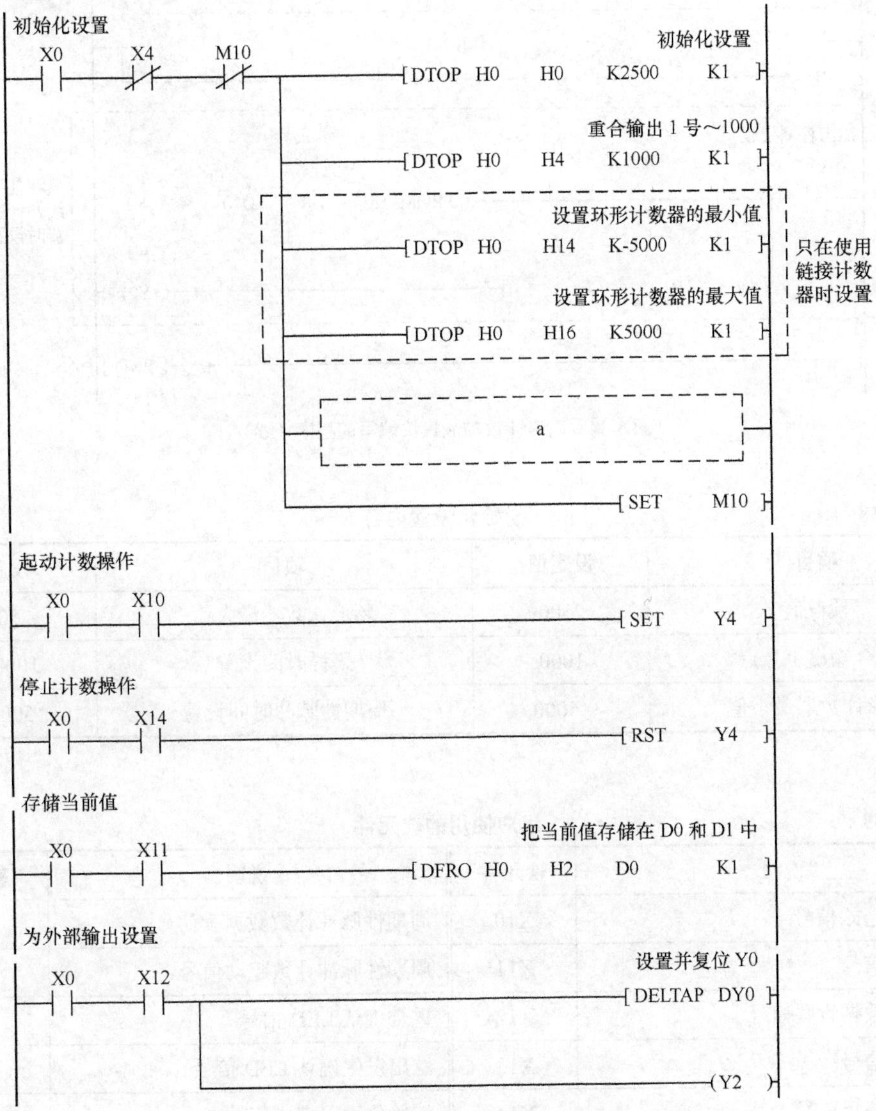

初始化设置
X0
X4
M10
初始化设置
DTOP H0 H0 K2500 K1
重合输出 1 号～1000
DTOP H0 H4 K1000 K1
设置环形计数器的最小值
DTOP H0 H14 K-5000 K1
设置环形计数器的最大值
DTOP H0 H16 K5000 K1
只在使用链接计数器时设置
a
SET M10
起动计数操作
X0
X10
SET Y4
停止计数操作
X0
X14
RST Y4
存储当前值
X0
X11
把当前值存储在 D0 和 D1 中
DFRO H0 H2 D0 K1
为外部输出设置
X0
X12
设置并复位 Y0
DELTAP DY0
Y2

图 5-34 高速计数控制模块编写的程序

```
在计数重合时处理
  X0      Y2      X2      Y0                         使 LED 亮
──┤├──┬──┤├──────┤├──────┤/├────────────────────────(Y20 )
      │  X2      X15                                 复位重合 1 号信号
      ├──┤├──────┤├────────────────────────────────[SET     Y0 ]
      │  X2      Y0                                  完成 1 号复位
      └──┤/├─────┤├────────────────────────────────[RST     Y0 ]
预设执行（使用顺控程序）
  X0      X13
──┤├──────┤├───────────────────────────────────────[DELTAP  DY1 ]

  ┌ ─ ─ ─ ─ ─ ─ ─ ─ ─ ─ ─ ─ ─ ─ ─ ─ ─ ─ ─ ─ ─ ─ ─ ─ ┐
──┤                        b                         ├──
  └ ─ ─ ─ ─ ─ ─ ─ ─ ─ ─ ─ ─ ─ ─ ─ ─ ─ ─ ─ ─ ─ ─ ─ ─ ┘

┌ ─ ─ ─ ─ ─ ─ ─ ─ ─ ─ ─ ─ ─ ─ ─ ─ ─ ─ ─ ─ ─ ─ ─ ─ ─ ─ ─ ─ ┐
 溢出检测处理
  X0
──┤├──┬─────────────────[FROM  H0    H8    D10    K1 ]   只在使用
      │                                                  线性计数
      └─[=      D10     K1 ]───────────────────( Y21 )   器时设置
└ ─ ─ ─ ─ ─ ─ ─ ─ ─ ─ ─ ─ ─ ─ ─ ─ ─ ─ ─ ─ ─ ─ ─ ─ ─ ─ ─ ─ ┘
──────────────────────────────────────────────────[ END ]
```

图 5-34　高速计数控制模块编写的程序（续）

表 5-38　　初始化设置内容

项目	设定值	项目	设定值
预设值	2500	环形计数器最大值	5000
重合输出 1 号点	1000	采样时间设置	10000ms
环形计数器最小值	–5000	周期性脉冲时间设置	5000ms

表 5-39　　用户使用的软元件

说明	软元件	说明	软元件
计数操作起始信号	X10	周期性脉冲计数数据读信号	X1C
当前值读信号	X11	周期性脉冲计数起动信号	X1D
重合输出数据设置信号	X12	重合确认 LED 信号	Y20
预设命令信号	X13	溢出发生确认 LED 信号	Y21
计数操作停止信号	X14	初始化设置完成信号	M10

续表

说明	软元件	说明	软元件
重合 LED 清除信号	X15	当前值存储	D0～D1
计数器功能执行起动信号	X16	锁存计数值存储	D2～D3
计数器功能执行停止信号	X17	采样计数值存储	D4～D5
锁存计数数据读信号	X18	周期性脉冲计数当前值存储	D6～D7
锁存执行信号	X19	周期性脉冲计数当前值存储	D8～D9
采样计数数据读信号	X1A	溢出状态存储	D10
采样计数起动信号	X1B	存储用于 IASK 指令的中断允许标志	D20～D25

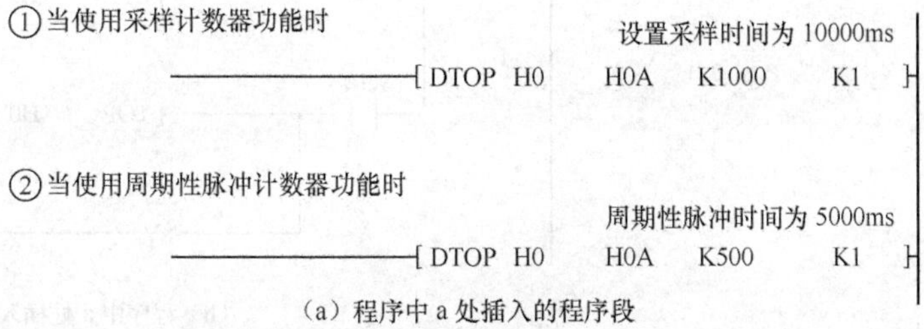

①当使用采样计数器功能时

设置采样时间为 10000ms

[DTOP H0 H0A K1000 K1]

②当使用周期性脉冲计数器功能时

周期性脉冲时间为 5000ms

[DTOP H0 H0A K500 K1]

（a）程序中 a 处插入的程序段

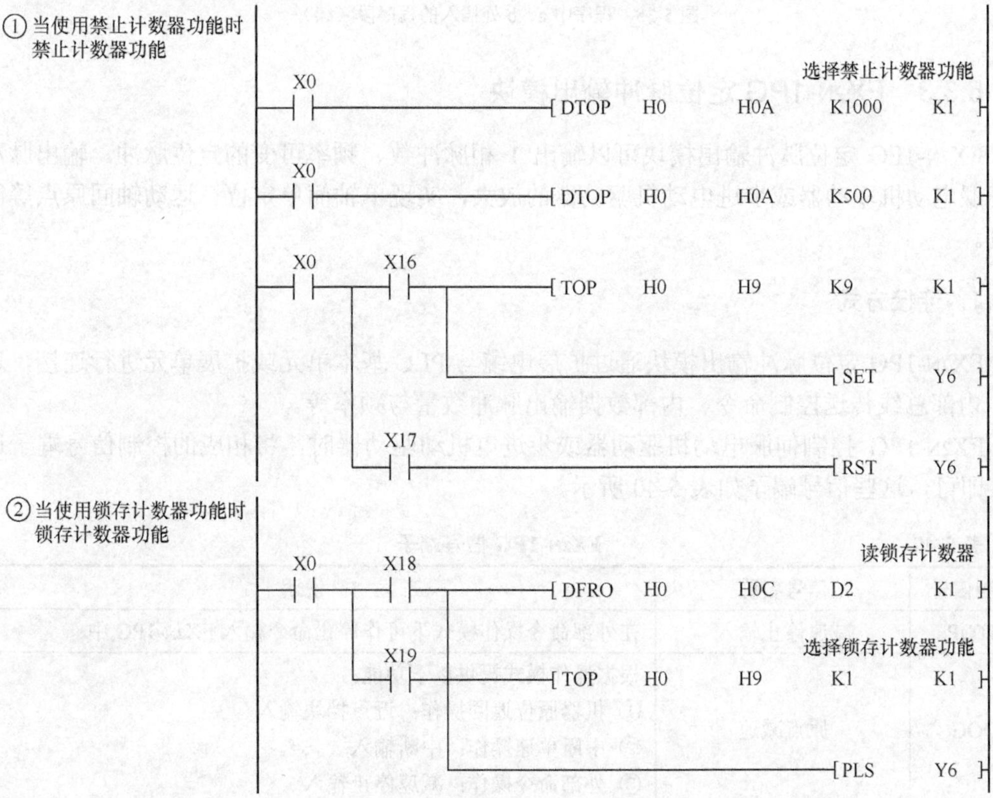

①当使用禁止计数器功能时
禁止计数器功能

选择禁止计数器功能

X0 —[DTOP H0 H0A K1000 K1]

X0 —[DTOP H0 H0A K500 K1]

X0 X16 —[TOP H0 H9 K9 K1]

—[SET Y6]

X17 —[RST Y6]

②当使用锁存计数器功能时
锁存计数器功能

读锁存计数器

X0 X18 —[DFRO H0 H0C D2 K1]

选择锁存计数器功能

X19 —[TOP H0 H9 K1 K1]

—[PLS Y6]

图 5-35 程序中 a、b 处插入的程序段

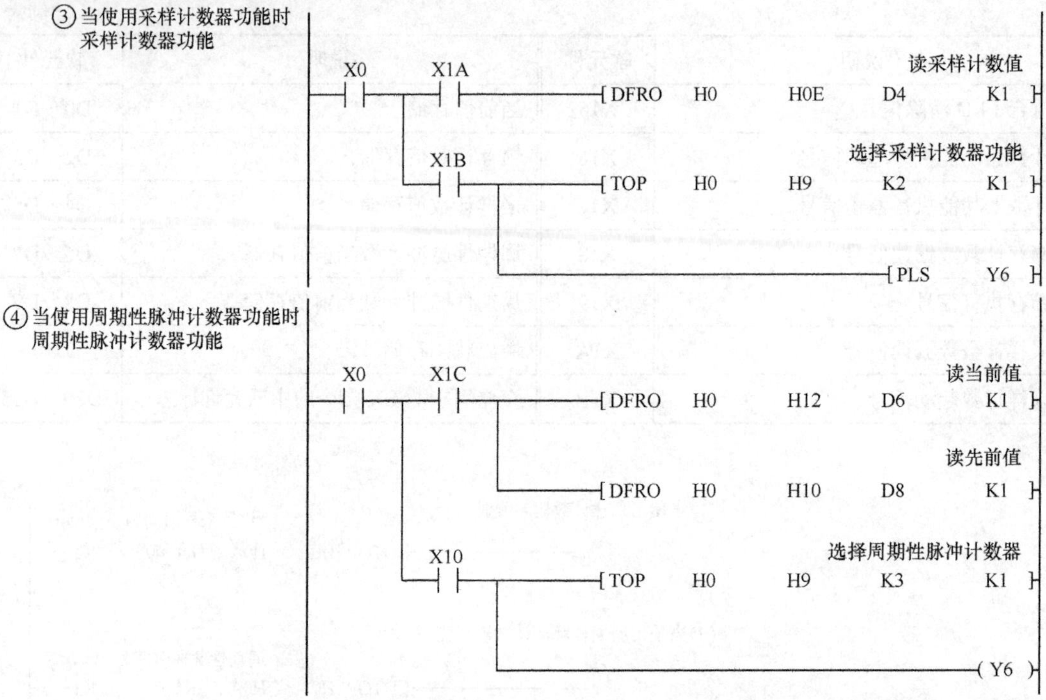

```
③当使用采样计数器功能时
  采样计数器功能
        X0      X1A                                              读采样计数值
  ──┤ ├──┬──┤ ├────────[DFRO   H0    H0E    D4    K1]
         │  X1B                                            选择采样计数器功能
         └──┤ ├──┬─────[TOP    H0    H9     K2    K1]
                 └─────────────────────────[PLS   Y6]
④当使用周期性脉冲计数器功能时
  周期性脉冲计数器功能
        X0      X1C                                              读当前值
  ──┤ ├──┬──┤ ├──┬─────[DFRO   H0    H12    D6    K1]
         │       │                                               读先前值
         │       └─────[DFRO   H0    H10    D8    K1]
         │  X10                                            选择周期性脉冲计数器
         └──┤ ├──┬─────[TOP    H0    H9     K3    K1]
                 └─────────────────────────( Y6 )
```

（b）程序中 a 处插入的程序段

图 5-35　程序中 a、b 处插入的程序段（续）

5.3.3 FX2N-1PG 定位脉冲输出模块

FX2N-1PG 定位脉冲输出模块可以输出 1 相脉冲数、频率可变的定位脉冲。输出脉冲通过伺服电动机驱动器或步进电动机驱动器的放大，实现单轴简单定位、运动轴回原点等简单控制。

1．连接方式

FX2N-1PG 定位脉冲输出模块通过扩展电缆与 PLC 基本单元或扩展单元进行连接，通过 PLC 内部总线传送控制命令、内部数据输出脉冲数量与频率等。

FX2N-1PG 控制伺服电动机驱动器或步进电机动驱动器时，将相应的控制信号端子进行连接即可，这些信号端子如表 5-40 所示。

表 5-40　　FX2N-1PG 信号端子

控制信号	信号名称	说明
STOP	减速停止输入	在外部命令操作模式下可作停止命令输入 FX2N-1PG 中
DOG	原点减速	根据操作模式提供以下功能： ① 机器原位返回操作：近点挡块输入 ② 中断单速操作：中断输入 ③ 外部命令操作：减速停止输入
SS	连接 DC24V 电源端子	用于 STOP 输入和 DOG 输入连接到 PLC 的传感器电源或外部电源

续表

控制信号	信号名称	说明
PG0+	零位脉冲	连接伺服放大器或外部电源（DC5～24V，20mA 或更小）
PG0–	零位脉冲	从驱动单元或伺服放大输入零位脉冲
VIN	脉冲输出电源端子	由伺服放大器或外部单元提供的 DC5～24V，35mA 电源
FP	正向脉冲输出	脉冲频率为 10Hz～100kHz，电压为 DC5～24V，20mA
COM0	公共端	与接地端相连
RP	反向脉冲输出	脉宽为 10Hz～100kHz，电压为 DC5～24V，20mA
COM1	CLR 输出公共端	模块与伺服电动机驱动相连时，该端与 CLR 输出公共端相连 模块与步进电动机驱动相连时，该端悬空
CLR	定位脉冲清除	输出脉宽为 20ms，电压为 DC5～24V，20mA

2．性能指标

FX2N-1PG 定位脉冲输出模块的性能指标如表 5-41 所示。

表 5-41　　FX2N-1PG 的性能指标

项目		说明
控制轴数		1 个（一台 PLC 可最多控制 8 根单轴）
指令速度		在脉冲频率为 10Hz～100kHz 之间工作，指令单位可以是 Hz、cm/min、10deg/min 和 inch/min 之间选择
设置脉冲		0～±999.999； 可以选择绝对位置规格或相对移动规格； 指令单位可以是 Hz、cm/min、deg 和 10^{-4}inch 之间选择； 定位数据可设置为 10^0、10^1、10^2 或 10^3 的倍数
脉冲输出格式		可以选择前向（FP）和反向（RP）脉冲或带方向（DIR）的脉冲（PLS），集电极开路的晶体管输出。DC5～24V，20mA 以下
占用 I/O 点数		8 个
电源	对输入信号	由外部电源或 PLC 的 24V 输出供电，DC24±2.4V，40mA 以下。
	对内部控制	由 PLC 通过扩展电缆供电，DC5V，55mA
	对脉冲控制	DC5～24V，35mA 以下

3．FX2N-1PG 定位脉冲输出模块的缓冲存储器 BFM

FX2N-1PG 定位脉冲输出模块的缓冲存储器 BFM 也是通过 FROM/TO 指令对其进行读写操作，BFM 分配如表 5-42 所示。

表 5-42　　FX2N-1PG 的 BFM 分配表

BFM 编号		内容
高 16 位	低 16 位	
	#0	电动机每转对应脉冲数　A（1～32767PLS/REV）
#2	#1	电动机每转对应的运动距离　B（1～999，999）

续表

BFM 编号		内容
高 16 位	低 16 位	
	#3	以二进制位设定的基本参数 b1/b0：速度/位置参数单位设定 b1/b0=00：速度单位脉冲频率（Hz），位置单位脉冲数（P） b1/b0=01：速度单位为 cm/min 或 deg/min、inch/min，位置单位为 0.001mm 或 0.001deg 或 0.0001inch b1/b0=10 或 11：速度单位脉冲频率（Hz），位置单位为 0.001mm 或 0.001deg 或 0.0001inch b3/b2、b7/b6：无作用 b5/b4：位置参数倍率设定 b5/b4=00：倍率为 1；　　b5/b4=01，倍率为 10 b5/b4=10：倍率为 100；　　b5/b4=11，倍率为 1000 b8：定位脉冲输出形式设定 b8=0：正/反脉冲输出形式设定 b8=1：脉冲+方向 b9：计数方向设定 b9=0：正向，输出一个正向脉冲，现行计数值加 1 b9=1：反向，输出个反向脉冲，现行计数值减 1 b10：回原点方向设定 b10=0：回原点方向现行计数值减少方向 b10=1：回原点方向现行计数值增加方向 b12：DOG 输入特性设定 b12=0：工作接近原点时，DOG（近原点信号）打开 b12=1：工作接近原点时，DOG（近原点信号）关闭 b13：原点位置设定 b13=0：DOG 信号有效，原点减速开始后，立即进行 PG0 的计数，当 PG0 的计数达到规定值（BFM#12 设定）的数量后，该 PG0（第 N 个零位脉冲）的位置作为原点位置 b13=1：DOG 信号有效，进行原点减速，当 DOG 信号放开后，才进行 PG0 的计数，当 PG0 的计数达到规定值（BFM#12 设定）的数量后，该 PG0（第 N 个零位脉冲）的位置作为原点位置 b14：STOP 信号极性设定 b14=0：STOP 信号“1”有效 b14=1：STOP 信号“0”有效 b15：停止后的剩余行程处理设定 b15=0：STOP 信号有效，停止运行，重新启动后，首先继续完成剩余行程，然后进行下一步定位 b15=1：STOP 信号有效，停止运行，重新启动后，删除剩余行程，直接进行下一步定位
#5	#4	最大运行速度设定（10Hz～10kHz）
	#6	最小运行速度设定（基速，0～1kHz）
#8	#7	JOG（手动）运行速度设定（10Hz～10kHz）
#10	#9	原点返回速度设定（高速，10Hz～10kHz）
	#11	原点返回速度设定（爬行高速，10Hz～1kHz）

续表

BFM 编号		内容
高 16 位	低 16 位	
	#12	原点位置设定（PG0 计数值 0～32767PLS）
#14	#13	原点位置设定（原点达到后的现行位置值设定 0～±999999）
	#15	加速/减速时间设定（50～5000ms）
#18	#17	位置 1 设置（0～±999999）
#20	#19	定位 1 的运行速度设置（10Hz～10kHz）
#22	#21	位置 2 设置（0～±999999）
#24	#23	定位 2 的运行速度设置（10Hz～10kHz）
	#25	以二进制位输入内部控制信号 b0=1：模块错误复位 b1 由 0 转 1 时，机器减速并停止 b2=1：前向脉冲停止 b3=1：反向脉冲停止 b4=1：正向手动运行，输出正向脉冲。如果 b4 持续为 1 的时间少于 300ms 时，产生一个前向脉冲；如果 b4 持续为 1 的时间大于或等于 300ms 时，产生一个连续的前向脉冲 b5=1：负向手动运行，输出负向脉冲。如果 b5 持续为 1 的时间少于 300ms 时，产生一个反向脉冲；如果 b5 持续为 1 的时间大于或等于 300ms 时，产生一个连续的反向脉冲 b6 由 0 转为 1 时，机器开始返回原位，并在 DOG 输入（接近标志）或 PG0（0 点标志）给出时在机器原位停止 b7 位置设定。b7=0，绝对位置；b7=1，相对位置 b8 由 0 转为 1 时，执行单速定位操作 b9 由 0 转为 1 时，执行中断单速定位操作 b10 由 0 转为 1 时，执行双速定位操作 b11 由 0 转为 1 时，执行外部命令定位操作，旋转方向由速度命令的标志决定 b12=1：执行变速操作
#27	#26	当前位置
	#28	以二进制位输入内部控制信号 b0=0：模块正在运行；　　b0=1：模块准备好 b1=0：反向旋转　　b1=1：正向旋转 b2=0：不执行原点返回　　b2=1：原点返回结束 b3=0：STOP 输入 OFF　　b3=1：STOP 输入 ON b4=0：DOG 输入 OFF　　b4=1：DOG 输入 ON b5=0：PG0 输入 OFF　　b5=1：PG0 输入 ON b6=1：当前位置值（保存在 BFM#27、BFM#26）溢出 b7=1：误差标志 b8=0：定位开始　　b8=1：定位结束
	#29	错误代码
	#30	模块 ID 号：K5110
	#31	保留

5.3.4 FX2N-10PG 定位脉冲输出模块

FX2N-10PG 定位脉冲输出模块可以最大输出 1MHz 的脉冲串，最小启动时间缩短为 1ms，能够连接 8 个模块，定位期间有最优速度控制和近似 S 形的加减速控制，可以接收外部脉冲输入的频率达 30kHz。

1. 连接方式

FX2N-10PG 定位脉冲输出模块通过扩展电缆与 PLC 基本单元或扩展单元进行连接，通过 PLC 内部总线传送控制命令、内部数据输出脉冲数量与频率等。为了能够符合 EC EMC 规定，在 FX2N-10PG 的 I/O 电缆上必须加铁氧体滤波器，如图 5-36 所示。

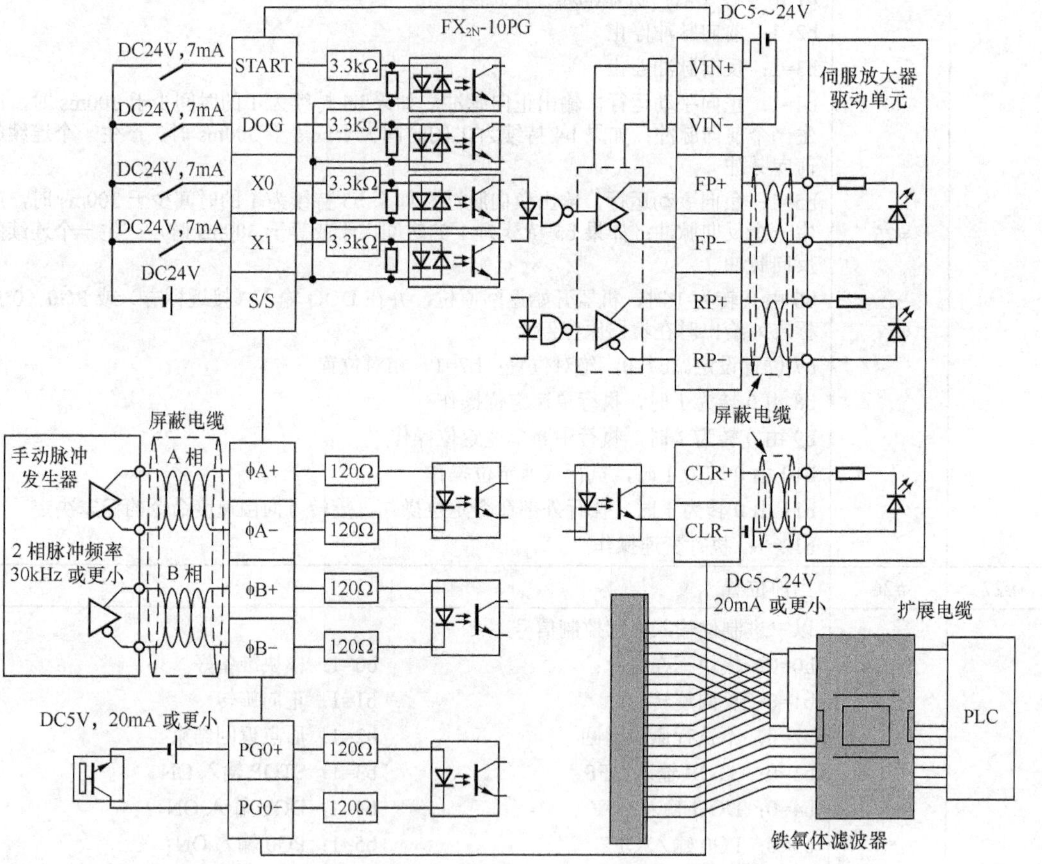

图 5-36　FX2N-10PG 的连接方式

FX2N-10PG 控制伺服电动机驱动器或步进电动机驱动器时，将相应的控制信号端子进行连接即可，这些信号端子如表 5-43 所示。

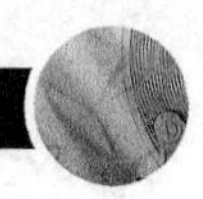

表 5-43　　　　FX2N-10PG 信号端子

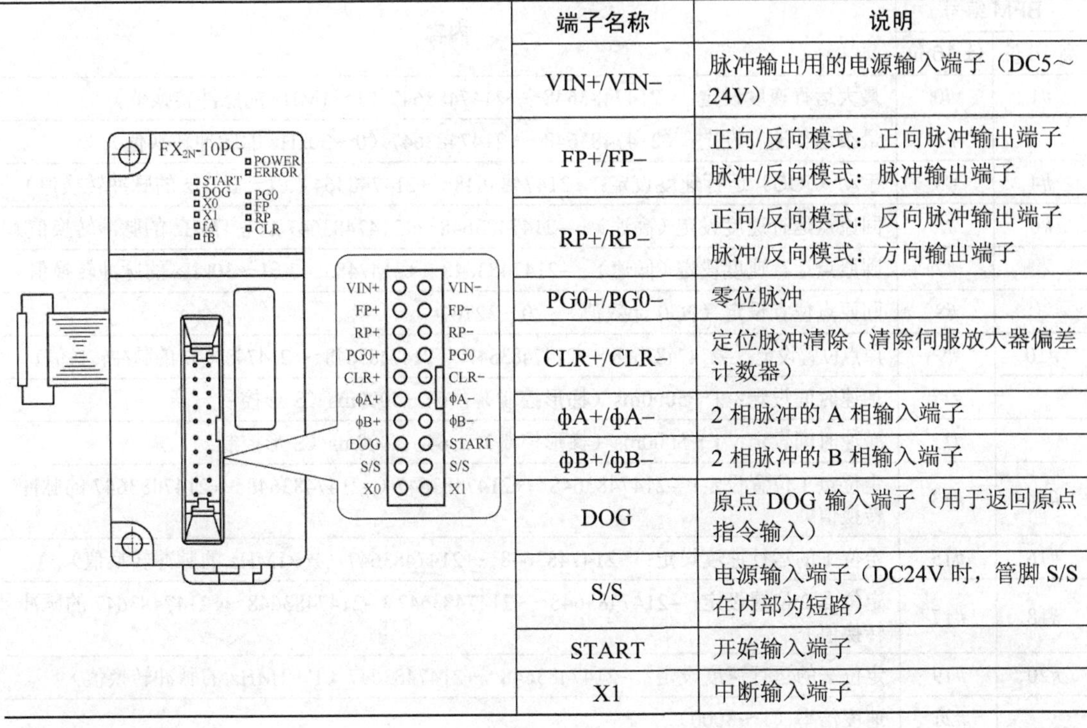

端子名称	说明
VIN+/VIN–	脉冲输出用的电源输入端子（DC5～24V）
FP+/FP–	正向/反向模式：正向脉冲输出端子 脉冲/反向模式：脉冲输出端子
RP+/RP–	正向/反向模式：反向脉冲输出端子 脉冲/反向模式：方向输出端子
PG0+/PG0–	零位脉冲
CLR+/CLR–	定位脉冲清除（清除伺服放大器偏差计数器）
ϕA+/ϕA–	2 相脉冲的 A 相输入端子
ϕB+/ϕB–	2 相脉冲的 B 相输入端子
DOG	原点 DOG 输入端子（用于返回原点指令输入）
S/S	电源输入端子（DC24V 时，管脚 S/S 在内部为短路）
START	开始输入端子
X1	中断输入端子

2. 性能指标

FX2N-10PG 定位脉冲输出模块的主要性能指标如表 5-44 所示。

表 5-44　　　　FX2N-10PG 的主要性能指标

项目	说明
控制轴数	1 个（一台 PLC 可最多控制 8 根单轴）
指令速度	在脉冲频率为 10Hz～1MHz 之间工作，指令单位可以是 Hz、cm/min、10deg/min 和 inch/min 之间选择
设置脉冲	由缓冲存储器来设定 可以选择绝对位置规格或相对移动规格； 指令单位可以是 Hz、cm/min、deg 和 10^{-4}inch 之间选择； 定位数据可设置为 10^0、10^1、10^2 或 10^3 的倍数
输出类型	线驱动差分输出
占用 I/O 点数	8 个
启动时间	1～3ms

3. FX2N-10PG 定位脉冲输出模块的缓冲存储器 BFM

FX2N-10PG 定位脉冲输出模块的缓冲存储器 BFM 也是通过 FROM/TO 指令对其进行读写操作，BFM 分配如表 5-45 所示。

表 5-45　　　　FX2N-10PG 的 BFM 分配表

<table>
<tr><th colspan="2">BFM 编号</th><th rowspan="2">内容</th></tr>
<tr><th>高 16 位</th><th>低 16 位</th></tr>
<tr><td>#1</td><td>#0</td><td>最大运行速度设定：–2147483648～+2147483647（1～1MHz 的脉冲转换值）</td></tr>
<tr><td></td><td>#2</td><td>最小运行速度设定：–2147483648～+2147483647（0～30kHz 的脉冲转换值）</td></tr>
<tr><td>#4</td><td>#3</td><td>手动（JOG）运行速度设定：–2147483648～+2147483647（1～1MHz 的脉冲转换值）</td></tr>
<tr><td>#6</td><td>#5</td><td>回原点运行速度设定（高速）：–2147483648～+2147483647（1～1MHz 的脉冲转换值）</td></tr>
<tr><td></td><td>#7</td><td>回原点运行速度设定（低速）：–2147483648～+2147483647（1～30kHz 的脉冲转换值）</td></tr>
<tr><td></td><td>#8</td><td>回原点位置设定（PG0 计数值）：0～32767</td></tr>
<tr><td>#10</td><td>#9</td><td>原点位置设定：–2147483648～+2147483647（–2147483648～+2147483647 的脉冲转换值）</td></tr>
<tr><td></td><td>#11</td><td>加速时间设定：1～5000ms（梯形控制）；64～5000ms（S 形控制）</td></tr>
<tr><td></td><td>#12</td><td>减速时间设定：1～5000ms（梯形控制）；64～5000ms（S 形控制）</td></tr>
<tr><td>#14</td><td>#13</td><td>定位点 1 位置设定：–2147483648～+2147483647（–2147483648～+2147483647 的脉冲转换值）</td></tr>
<tr><td>#16</td><td>#15</td><td>定位 1 的运行速度设定：–2147483648～+2147483647（1～1MHz 的脉冲转换值）</td></tr>
<tr><td>#18</td><td>#17</td><td>定位点 2 位置设定：–2147483648～+2147483647（–2147483648～+2147483647 的脉冲转换值）</td></tr>
<tr><td>#20</td><td>#19</td><td>定位 2 的运行速度设定：–2147483648～+2147483647（1～1MHz 的脉冲转换值）</td></tr>
<tr><td></td><td>#21</td><td>速度倍率（1～3000）</td></tr>
<tr><td>#23</td><td>#22</td><td>当前运行速度值：–2147483648～+2147483647（1～1MHz 的脉冲转换值）</td></tr>
<tr><td>#25</td><td>#24</td><td>当前位置计数值：–2147483648～+2147483647</td></tr>
<tr><td></td><td>#26</td><td>运行指令，以二进制位设定的基本参数
<table>
<tr><th>位</th><th>运行指令</th><th>说明</th></tr>
<tr><td>b0</td><td>模块错误复位</td><td>模块出现任何错误，b0=1，并清除状态信息和错误代码</td></tr>
<tr><td>b1</td><td>停止信号</td><td>定位操作中，b1=1 减速停止</td></tr>
<tr><td>b2</td><td>正向极限到达</td><td>正向脉冲输出中，b2=1 减速停止</td></tr>
<tr><td>b3</td><td>反向极限到达</td><td>反向脉冲输出中，b3=1 减速停止</td></tr>
<tr><td>b4</td><td>正向手动信号</td><td>b4=1，输出正向脉冲</td></tr>
<tr><td>b5</td><td>反向手动信号</td><td>b5=1，输出反向脉冲</td></tr>
<tr><td>b6</td><td>回原点启动信号</td><td>b6=1，启动机器回原点</td></tr>
<tr><td>b7</td><td>回原点信号（数据设定型）</td><td>b7=1，输出 CLR 信号，原点位置（BFM#10，#9）的数值被传送到当前位置（BFM#25，#24 和#40，#39），并使 BFM#28 为 1</td></tr>
<tr><td>b8</td><td>相对/绝对位置值</td><td>b8=0，绝对位置；b8=1，相对位置</td></tr>
<tr><td>b9</td><td>定位启动信号</td><td>由 BFM#27 设定</td></tr>
<tr><td>b10</td><td>速度转换设定</td><td>运行过程中，b10=1 不能更改速度</td></tr>
<tr><td>b11</td><td>M 代码关闭</td><td>b11=1，M 代码为 OFF</td></tr>
</table></td></tr>
</table>

续表

<table>
<tr><th colspan="2">BFM 编号</th><th rowspan="2">内容</th></tr>
<tr><th>高 16 位</th><th>低 16 位</th></tr>
<tr><td></td><td>#27</td><td>运行模式，以二进制位设定的基本参数
<table>
<tr><th>位</th><th>运行模式</th><th>说明</th></tr>
<tr><td>b0</td><td>第 1 速度定位</td><td>b0=1，第 1 速度定位。将相关数据写入定位 1 位置（BFM#14，#13）和运行速度 1（BFM#16，#15），外部 START 信号或 BFM#29 的 b9=1 启动定位</td></tr>
<tr><td>b1</td><td>中断第 1 速度定位</td><td>b1=1，中断第 1 速度定位。将相关数据写入定位 1 位置（BFM#14，#13）和运行速度 1（BFM#16，#15），外部 START 信号或 BFM#29 的 b9=1 启动定位</td></tr>
<tr><td>b2</td><td>第 2 速度定位</td><td>b2=1，第 2 速度定位。将相关数据写入定位 1 位置、运行速度 1 和定位 2 位置（BFM#18，#17）、运行速度 2（BFM#20，#19），外部 START 信号或 BFM#29 的 b9=1 启动定位</td></tr>
<tr><td>b3</td><td>中断第 2 速度定位</td><td>b3=1，中断第 2 速度定位。将相关数据写入定位 1 位置、运行速度 1 和定位 2 位置（BFM#18，#17）、运行速度 2（BFM#20，#19），外部 START 信号或 BFM#29 的 b9=1 启动定位</td></tr>
<tr><td>b4</td><td>中断停止运行</td><td>b4=1，中断停止运行。将相关数据写入定位 1 位置和运行速度 1 中</td></tr>
<tr><td>b5</td><td>表运行</td><td>b5=1，表系统中的定位被执行</td></tr>
<tr><td>b6</td><td>变速度运行</td><td>b6=1，变速度运行。将相关数据写入定位 1 位置和运行速度 1 中</td></tr>
<tr><td>b7</td><td>手动脉冲发生器输入运行</td><td>b7=1，手动脉冲发生器输入，脉冲会输出给电动机。其动作将通过 A 和 B 的输入来执行</td></tr>
</table></td></tr>
<tr><td></td><td>#28</td><td>状态信息，以二进制位设定的基本参数
<table>
<tr><th>位</th><th>状态信息</th><th>说明</th></tr>
<tr><td>b0</td><td>READY/BUSY</td><td>b0=1，BUSY（输出脉冲）；b0=1，READY（无脉冲输出）</td></tr>
<tr><td>b1</td><td>正向脉冲输出</td><td>b1=1，正向脉冲输出</td></tr>
<tr><td>b2</td><td>反向脉冲输出</td><td>b2=1，反向脉冲输出</td></tr>
<tr><td>b3</td><td>回原点完成</td><td>b3=1，回原点完成</td></tr>
<tr><td>b4</td><td>当前值溢出</td><td>b4=1，当前位置计数值（BFM#25，#24）超出 32 位数据范围（−2147483648～+2147483647）</td></tr>
<tr><td>b5</td><td>模块存在错误</td><td>b5=1，模块出现一个错误</td></tr>
<tr><td>b6</td><td>定位结束</td><td>b6=1，定位位置到达</td></tr>
<tr><td>b7</td><td>定位未完成</td><td>b7=1，定位位置未完成</td></tr>
<tr><td>b8</td><td>M 代码 ON</td><td>b8=1，M 代码变为 ON</td></tr>
<tr><td>b9</td><td>手动移动为正向</td><td>b9=1，输入手动脉冲发生器为加计数</td></tr>
<tr><td>b10</td><td>手动移动为负向</td><td>b10=1，输入手动脉冲发生器为减计数</td></tr>
<tr><td>b11</td><td></td><td></td></tr>
</table></td></tr>
</table>

续表

<table>
<tr><th colspan="2">BFM 编号</th><th rowspan="2">内容</th></tr>
<tr><th>高16位</th><th>低16位</th></tr>
<tr><td></td><td>#29</td><td>M代码，若M代码为ON时，M代码号被保存；M代码为OFF时，−1被保存</td></tr>
<tr><td></td><td>#30</td><td>模块ID号：K5120</td></tr>
<tr><td>#33</td><td>#32</td><td>电动机每转对应脉冲数</td></tr>
<tr><td>#35</td><td>#34</td><td>电动机每转对应的进给速率</td></tr>
<tr><td></td><td>#36</td><td>以二进制位设定的基本参数
<table>
<tr><th>位</th><th>项目</th><th>说明</th></tr>
<tr><td>b0</td><td rowspan="2">单位系统</td><td>（b1，b0）=00：电动机系统，以PLS（脉冲）为单位控制位置</td></tr>
<tr><td>b1</td><td>（b1，b0）=01：机械系统，以mm，deg，10^{-4}英寸为单位控制位置
（b1，b0）=10：混合系统，（b1，b0）=11：混合系统，对于位置指令混合系统单位作为机械系统，对于速度指令混合系统单位作为电动机系统</td></tr>
<tr><td>b4
b5</td><td>位置数据倍率设定置</td><td>（b5，b4）=00：1倍　（b5，b4）=01：10倍
（b5，b4）=10：100倍　（b5，b4）=11：1000倍</td></tr>
<tr><td>b8</td><td>脉冲输出格式</td><td>b8=0，FP/RP为正/反脉冲分别输出；
b8=1，FP/RP为脉冲+方向分别输出</td></tr>
<tr><td>b9</td><td>计数方向设定</td><td>b9=0，通过正向脉冲增加当前值
b9=1，通过正向脉冲减小当前值</td></tr>
<tr><td>b10</td><td>回原点方向设定</td><td>b10=0，当前值减少方向；　b10=1，当前值增加方向</td></tr>
<tr><td>b11</td><td>加速/减速模式</td><td>b11=0，梯形加速/减速控制；　b10=1，S形加速/减速控制</td></tr>
<tr><td>b12</td><td>DOG的输入特性</td><td>b12=0，N/O接点；　b10=1，N/C接点</td></tr>
<tr><td>b13</td><td>开始计数定时</td><td>b13=0，DOG前端；　b13=1，DOG后端</td></tr>
<tr><td>b15</td><td>STOP模式</td><td>b15=0，剩余距离运行；　b15=1，定位结束</td></tr>
</table></td></tr>
<tr><td></td><td>#37</td><td>错误代码：
<table>
<tr><th>错误信息</th><th>说明</th></tr>
<tr><td>K0</td><td>没有错误</td></tr>
<tr><td>K□□□□2</td><td>数值的设定范围出错（K□□□□为BFM号）</td></tr>
<tr><td>K□□□□3</td><td>设定值溢出（K□□□□为BFM号）</td></tr>
<tr><td>K4</td><td>达到了正向或反向极限</td></tr>
<tr><td>K5</td><td>未定义</td></tr>
<tr><td>K6</td><td>BFM#26中的b6、b7、b9同时为“1”或BFM#26中的b4、b5同时为“1”</td></tr>
<tr><td>K7</td><td>在BFM#27中选择了多个运行模式</td></tr>
</table></td></tr>
</table>

续表

<table>
<tr><th colspan="2">BFM 编号</th><th rowspan="2">内容</th></tr>
<tr><th>高 16 位</th><th>低 16 位</th></tr>
<tr><td></td><td>#38</td><td>端子信息，以二进制位显示的控制状态
<table>
<tr><th>位</th><th>端子信息</th><th>说明</th></tr>
<tr><td>b0</td><td>输入 START</td><td>当 START 端子输入为 ON，b0=1</td></tr>
<tr><td>b1</td><td>输入 DOG</td><td>当 DOG 端子输入为 ON，b1=1</td></tr>
<tr><td>b2</td><td>输入 PG0</td><td>当 PG0 端子输入为 ON，b2=1</td></tr>
<tr><td>b3</td><td>输入 X0</td><td>当 X0 端子输入为 ON，b3=1</td></tr>
<tr><td>b4</td><td>输入 X1</td><td>当 X1 端子输入为 ON，b4=1</td></tr>
<tr><td>b5</td><td>输入 ΦA</td><td>当 A 端子输入为 ON，b5=1</td></tr>
<tr><td>b6</td><td>输入 ΦB</td><td>当 B 端子输入为 ON，b6=1</td></tr>
<tr><td>b7</td><td>CLR 信号</td><td>当 CLR 端子输入为 ON，b7=1</td></tr>
</table></td></tr>
<tr><td>#40</td><td>#39</td><td>当前位置计数值</td></tr>
<tr><td>#42</td><td>#41</td><td>手动脉冲发生器当前值</td></tr>
<tr><td>#44</td><td>#43</td><td>手动脉冲发生器输入频率</td></tr>
<tr><td></td><td>#45</td><td>手动脉冲发生器输入电子齿轮（分子）</td></tr>
<tr><td></td><td>#46</td><td>手动脉冲发生器输入电子齿轮（分母）</td></tr>
<tr><td></td><td>#47</td><td>手动脉冲发生器输入响应</td></tr>
<tr><td></td><td>#64</td><td>模块软件版本</td></tr>
<tr><td></td><td>#98</td><td>表示起始号</td></tr>
<tr><td></td><td>#99</td><td>执行的表号</td></tr>
<tr><td></td><td>#100～#1299</td><td>
<table>
<tr><th>表号</th><th>位置信息</th><th>速度信息</th><th>M 代码信息</th><th>运行信息</th></tr>
<tr><td>0</td><td>BFM#101，#100</td><td>BFM#103，#102</td><td>BFM#104</td><td>BFM#105</td></tr>
<tr><td>1</td><td>BFM#107，#106</td><td>BFM#109，#108</td><td>BFM#110</td><td>BFM#111</td></tr>
<tr><td>2</td><td>BFM#113，#112</td><td>BFM#115，#114</td><td>BFM#116</td><td>BFM#117</td></tr>
<tr><td>3</td><td>BFM#119，#118</td><td>BFM#121，#120</td><td>BFM#122</td><td>BFM#123</td></tr>
<tr><td>┆</td><td>┆</td><td>┆</td><td>┆</td><td>┆</td></tr>
<tr><td>199</td><td>BFM#1295，#1294</td><td>BFM#1297，#1296</td><td>BFM#1298</td><td>BFM#1299</td></tr>
</table></td></tr>
</table>

5.3.5 FX2N-10GM/20GM 定位控制模块

FX2N-10GM 单轴定位控制模块为脉冲序列输出单元，不仅能处理单速定位中断定位，而且能处理复杂的控制，如多速操作。FX2N-10GM 单轴定位控制模块最多可有 8 个连接在 FX2N 系列 PLC 上，最大输出脉冲 200kHz。

FX2N-20GM 双轴定位控制模块可控制两个轴，可执行直线插补、圆弧插补或独立的两轴定位控制，最大输出脉冲串为 200kHz（在插补期间最大为 100kHz）。

1. 连接方式

FX2N-10GM 定位控制模块通过扩展电缆与 PLC 基本单元或扩展单元进行连接，如图 5-37 所示。

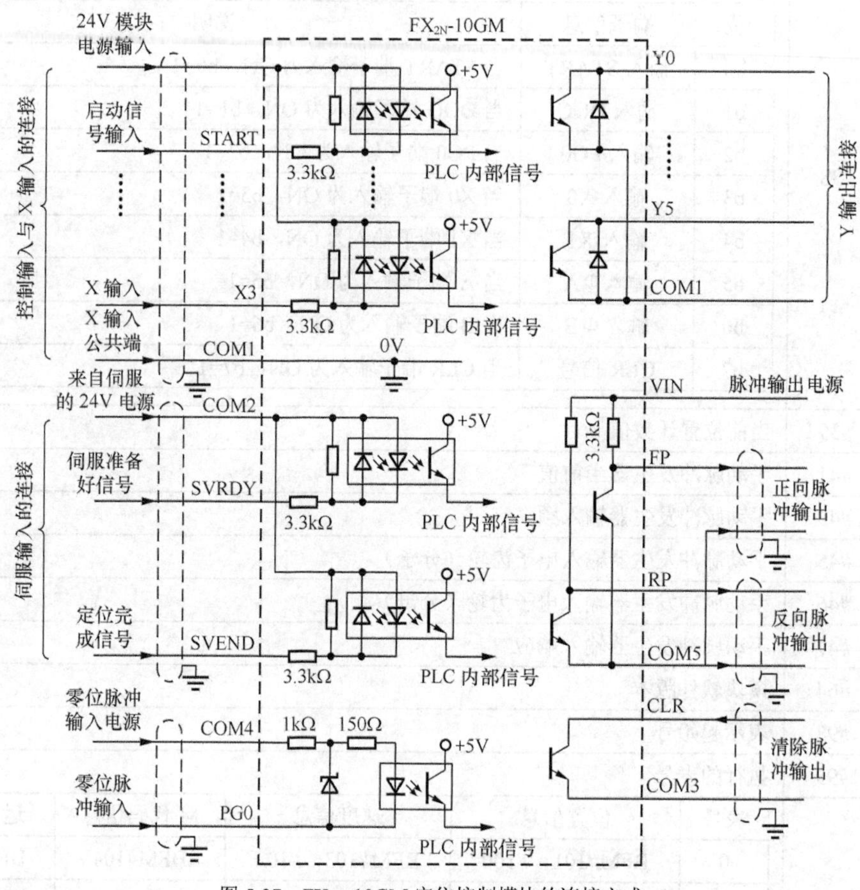

图 5-37 FX2N-10GM 定位控制模块的连接方式

FX2N-10GM/20GM 控制伺服电动机驱动器或步进电动机驱动器时，将相应的控制信号端子进行连接即可，这些信号端子如表 5-46 所示。

表 5-46 **FX2N-10GM/20GM 信号端子**

FX2N-10GM		FX2N-20GM		名称	作用
连接器	引脚	连接器	引脚		
CON1	1	CON2	1（Y）、11（X）	START	自动定位启动，下降沿有效
	2		2（Y）、12（X）	STOP	脉冲输出停止，上升沿有效
	3		3（Y）、13（X）	ZRN	手动启动回原点，上升沿有效
	4		4（Y）、14（X）	FWD	手动正向旋转输入信号
	5		5（Y）、15（X）	RVS	手动反向旋转输入信号
	6		6（Y）、16（X）	DOG	DOG（原点减速）输入信号

续表

FX2N-10GM		FX2N-20GM		名称	作用
连接器	引脚	连接器	引脚		
CON1	7	CON2	7（Y）、17（X）	LSF	正向旋转限位控制
	8		8（Y）、18（X）	LSR	反向旋转限位控制
	9、19	CON2/CON1	9（Y）、19（X）	COM1	公共端子
	11	CON1	11	X0	通用输入，可以用作参数定义 DC24V/7mA 输入 ON 电流：≥4.5mA 输入 OFF 电流：≤1.5mA
	12		12	X1	
	13		13	X2	
	14		14	X3	
	—		15	X4	
	—		16	X5	
	—		17	X6	
	—		18	X7	
	10		5	Y0	通用输出，可以用作参数定义 DC24V/50mA 输入 ON 电压：≥0.5V
	15		1	Y1	
	16		2	Y2	
	17		3	Y3	
	18		4	Y4	
	20		6	Y5	
	—		7	Y6	
	—		8	Y7	
CON2	1	CON3/CON4	1	SVRDY	伺服准备好
	2、12	CON3	2、12	COM2	SVRDY 和 SVEND 信号（X 轴）的公共端
	3	CON3/CON4	3	CLR	输出偏差计数器清除信号
	4	CON3	4	COM3	CLR 信号（X 轴）公共端
	6	CON3/CON4	6	FP	正向旋转脉冲输出
	7、8、17、18	CON3/CON4	7、8、17、18	VIN	FP 和 RP 的电源输入端（5V/24V）
	9、19	CON3	9、19	COM5	FP 和 RP 信号（X 轴）公共端
	10	CON3	10	ST1	PG0 连接到 5V 电源时，短接 ST1 和 ST2
	11	CON3/CON4	11	SVEND	从伺服放大器接收定位完成信号
	13	CON3/CON4	13	PG0	接收零点信号
	14	CON3	14	COM4	PG（X 轴）公共端
	16	CON3/CON4	16	RP	反向旋转脉冲输出

续表

FX2N-10GM		FX2N-20GM		名称	作用
连接器	引脚	连接器	引脚		
CON2	20	CON3	20	ST2	PG0 连接到 5V 电源时，短接 ST1 和 ST2
	—	CON4	2、12	COM6	SVRDY 和 SVEND 信号（Y 轴）的公共端
	—		4	COM7	CLR 信号（Y 轴）公共端
	—		9	COM9	FP 和 RP 信号（Y 轴）公共端
	—		10	ST3	PG0 连接到 5V 电源时，短接 ST3 和 ST4
	—		14	COM8	
	—		20	ST4	PG0 连接到 5V 电源时，短接 ST3 和 ST4

注意：表中 X 表示 X 轴的分配，Y 表示 Y 轴的分配。FX2N-10GM 的 CON1 为 I/O 指定的连接器；CON2 为连接驱动单元的连接器。FX2N-20GM 的 CON1 和 CON2 为 I/O 指定的连接器；CON3 为连接驱动单元（X 轴）的连接器；CON4 为连接驱动单元（Y 轴）的连接器。

2．性能指标

FX2N-10GM/20GM 定位控制模块的主要性能指标如表 5-47 所示。

表 5-47　　FX2N-10GM/20GM 的主要性能指标

项目		FX2N-10GM	FX2N-20GM
控制轴数		单轴	双轴
定位脉冲输出		单相	2 轴各 1 相脉冲输出
脉冲频率		1Hz～200kHz	1Hz～200kHz
定位范围		–2147483648～2147483647	–2147483648～2147483647
脉冲输出类型		NPN 集电极开路	NPN 集电极开路
脉冲输出驱动能力		DC 5～24V/20mA	DC 5～24V/20mA
控制输入/输出点数		11/1 点	22/2 点
通用 I/O 点数		4/8 点	8/8 点
输入/输出隔离		光耦合器	光耦合器
占用 PLC 的 I/O 点数		8 点	8 点
程序存储器		内置 RAM（3.8KB）	内置 RAM（7.8KB）
程序号		0x00～0x99（定位程序），0100（子任务程序）	000～099（两轴同步），0x00～0x99 和 0y00～0y99（两独立轴）。0100（子任务程序）
指令	定位	Cod 编号系统（通过指令 cods 使用），13 种	Cod 编号系统（通过指令 cods 使用），19 种
	顺序	LD，LDI，AND，ANI，OR，ORI，ANB，ORB，SET，RST 和 NOP。	
	应用	29 种 FNC 指令	30 种 FNC 指令

续表

项目	FX_{2N}-10GM	FX_{2N}-20GM
编程元件	输入：X0～X3、X375～X377 输出：Y0～Y5 辅助继电器：M0～M511（通用），M9000～M9175（特殊） 指针：P0～P127 数据寄存器：D0～D1999（通用，16 位），D4000～D6999（文件寄存器和锁存继电器），D9000～D9599（特殊） 变址寄存器：V0～V7，Z0～Z7	输入：X0～X3、X372～X377 输出：Y0～Y67 辅助继电器：M0～M99（通用），M100～M511（通用和电池备用区），M9000～M9175（专用） 指针：P0～P255 数据寄存器：D0～D99（通用），D100～D3999（通用和电池备用区），D4000～D6999（文件寄存器和锁存继电器），D9000～D9599（专用） 变址寄存器：V0～V7，Z0～Z7

3．FX_{2N}-10GM/20GM 定位控制模块的主要参数

FX_{2N}-10GM/20GM 模块可以单独作为定位控制模块使用，在此情况下需设定相应的参数，并通过相应的控制信号来进行定位控制。FX_{2N}-10GM/20GM 模块的参数主要分为定位参数、I/O 控制参数和系统参数 3 种类型。定位参数用来确定定位控制的单位和速度；I/O 控制参数用来确定与定位单元 I/O 端口相关的内容，如规定程序号方法，m 代码的目的地等；系统参数用来确定程序的存储器大小、文件寄存器数目等。

除了一些专用情况外，每一个参数被分配一个特殊数据寄存器，这些参数号与 PLC 传送所需要的缓冲存储器 BFM 地址不同。为避免两者混淆，在此用 PRM#代表模块本身的参数号，而 BFM#代表缓冲存储器号，其中 PRM#0～PRM#29 为定位参数；PRM#30～PRM#56 为 I/O 控制参数；PRM#100～PRM#111 为系统参数。FX_{2N}-10GM/20GM 模块各参数的含义如表 5-48 所示。

表 5-48　FX_{2N}-10GM/20GM 模块主要参数一览表

参数号	参数含义
PRM#0	设定所使用的速度/位置单位 =0：机械体系。速度单位为 cm/min 或 deg/min、inch/min；位置单位为 0.001mm 或 0.001deg、0.0001inch/min =1：电动机体系。速度单位为脉冲频率 Hz；位置单位为脉冲数 =2：综合体系。速度单位为 PLS 脉冲频率 Hz；位置单位为 0.001mm 或 0.001deg、0.0001inch/min
PRM#1	设定加到驱动单元的电动机每转对应的脉冲数，设定范围：1～65536（脉冲）/REV（转）
PRM#2	设定电动机每转对应的运动距离，设定范围：1～999999
PRM#3	PRM#0 参数的位置设定值倍率选择 =0，倍率为 1000；　=1，倍率为 100；　=2，倍率为 10；　=3，倍率为 1
PRM#4	设定最大运行速度。机械体系为 0～153000（cm/min，10deg/min，inch/min）；电动机体系为 0～200kHz

续表

参数号	参数含义
PRM#5	设定手动运行速度。机械体系为 0～153000（cm/min，10deg/min，inch/min）；电动机体系为 0～200kHz
PRM#6	设定最低运行速度。机械体系为 0～153000（cm/min，10deg/min，inch/min）；电动机体系为 0～200kHz
PRM#7	偏差补偿（除了 cod 00 指令外有效）。机械体系为 0～65536；电动机体系为 0～65536PLS
PRM#8	快速定位加速时间，设定范围：0～5000ms
PRM#9	快速定位减速时间，设定范围：0～5000ms
PRM#10	插补运动加减速时间，设定范围：0～5000ms
PRM#11	设定定位脉冲输出形式 =0，正向旋转脉冲和反向旋转脉冲； =1，旋转脉冲+方向
PRM#12	设定电动机旋转方向 =0，当正向旋转脉冲是输出时，当前值增加； =1，当反向旋转脉冲是输出时，当前值减少
PRM#13	设定回原点运行速度（高速）。机械体系：1～153000（cm/min，10deg/min，inch/min）；电动机体系：10～200KHz
PRM#14	设定回原点运行速度（低速）。机械体系：1～153000（cm/min，10deg/min，inch/min）；电动机体系：10～200KHz
PRM#15	设定回原点方向 =0，正向，输出一正向脉冲，现行计数值加 1； =1，反向，输出一反向脉冲，现行计数值减 1
PRM#16	设定原点位置（原点到达后的现行位置值设定）
PRM#17	设定原点位置（PG0 计数值），设定范围：0～65535
PRM#18	设定原点信号计数开始点 =0，DOG 信号有效，原点减速开始后，立即进行 PG0 的计数，当 PG0 的计数达到规定值（PRM#17 设定）的数量后，该 PG0（第 N 个零位脉冲）的位置即作为原点位置； =1，DOG 信号有效，进行原点减速，当 DOG 信号放开后，才进行 PG0 的计数，当 PG0 的计数到达规定值（PRM#17 设定）数量后，该 PG0（第 N 个零位脉冲）的位置即作为原点位置； =2，不使用 DOG 信号
PRM#19	设定 DOG 信号极性 =0，DOG 信号“1”进行原点减速；=1，DOG 信号“0”进行原点减速
PRM#20	设定极限信号极性 =0，LSR/LSV 信号“1”有效；=1，LSR/LSV 信号“0”有效
PRM#21	设定定位完成错误校验时间，设定范围：0～5000ms
PRM#22	设定伺服准备好信号 =0，有效，当伺服电动机处于准备状态时，脉冲是独立的输出； =1，无效，即使伺服电动机不处于准备状态时，脉冲也能输出

续表

参数号	参数含义
PRM#23	设定停止后的剩余行程处理 =0 或=4，在自动模式下，STOP 命令无效，但错误清除在手动模式下有效； =1，STOP 信号有效时停止运行，重新启动后，首先继续完成剩余行程，再进行下一步定位，但在插补时直接转到 END； =2，STOP 信号有效时机器减速停止运行，重新启动后，删除剩余行程，直接进行下一步定位，但在插补时直接转到 END； =3 或=7，STOP 信号有效时机器减速停止运行，程序执行跳到 END，并忽略剩余距离； =5 或=6，在 FX2N-10GM 中，执行 cod31 指令时，设置为“1”或“5”时，进行剩余距离驱动，而设置为“2”或“6”时，进行 NEXT 跳转。在 FX2N-20GM 中，设置“5”时，即使进行插补，剩余距离驱动采用与“1”一样的方式进行。在 FX2N-20GM 中，设置“6”时，即使进行插补，NEXT 跳转仍采用与“2”一样的方式进行
PRM#24	设定由 cod（DRVR）指令执行的电气回零的绝对地址，设定范围：–999999～+999999
PRM#25	设定正向软件限位位置，设定范围：–2147483648～+2147483647
PRM#26	设定反向软件限位位置，设定范围：–2147483648～+2147483647
PRM#30	程序号的指定方法 =0，程序编号固定为“0”； =1，程序编号包括 1 位，通过外部数字开关来设定为 00～99； =2，程序编号包括 2 位，通过外部数字开关来设定为 00～99； =3，程序编号通过专用数字寄存器 D 来设定； PRM#30 设为“1”或“2”时，必须设置 PRM#31～PRM#33
PRM#31	指定 DSW 数据的 4 个输入点的标题输入号，在 FX2N-10GM 中为 X000；在 FX2N-20GM 中为 X000～X064、X372～X374
PRM#32	指定 DSW 数据的输出点标题输入号，在 FX2N-10GM 中为 Y000～Y005；在 FX2N-20GM 中为 Y000～Y067。注意 PRM#30 设为“1”时，占用 1 个输出点；PRM#30 设为“2”时，占用 2 个输出点
PRM#33	指定 DSW 数据读间隔，设定范围：7～100ms
PRM#34	模块准备好输出信号设定 =0，无效，不输出；=1，有效，输出（必须同时设置 PRM#35）
PRM#35	设定 RDY 信号输出的输出点号，在 FX2N-10GM 中为 Y0～Y5；在 FX2N-20GM 中为 Y000～Y067
PRM#36	设定 m 代码是否通过定位单元通用输出来输出到外部 =0，无效，不输出； =1，有效，输出（必须同时设置 PRM#37 和 PRM#38）
PRM#37	m 代码信号输出首地址指定，在 FX2N-10GM 中为 Y0～Y5；在 FX2N-20GM 中为 Y000～Y067
PRM#38	m 代码关闭信号输入地址设定，在 FX2N-10GM 中为 X0～X3 和 X375～X377；在 FX2N-20GM 中为 X000～X067 和 X372～X377
PRM#39	设定是否使用手动脉冲发生器 在 FX2N-10GM 中：=0，无效；=1，有效（1 个脉冲发生器） 在 FX2N-20GM 中：=0，无效；=1，有效（1 个脉冲发生器）； =2，有效（2 个脉冲发生器）
PRM#40	手动脉冲倍乘系数（电子齿轮比分子），设定范围：1～255
PRM#41	手动脉冲分频系数（电子齿轮比分母），设定范围：1～128（在 FX2N-10GM 中不使用）

续表

<table>
<tr><th>参数号</th><th>参数含义</th></tr>
<tr><td>PRM#42</td><td>手动脉冲发生器使能信号输入地址设定，在 FX2N-10GM 中为 X000～X003（占用 1 点）；在 FX2N-20GM 中为 X002～X067（占用 2 点）
手动脉冲发生器的输入号是固定的，如下所示：
<table>
<tr><td colspan="2" rowspan="2">输入</td><td>FX2N-10GM</td><td colspan="2">FX2N-20GM</td></tr>
<tr><td>PRM#39=1</td><td>PRM#39=1</td><td>PRM#39=2</td></tr>
<tr><td rowspan="4">这些输入编号是固定的</td><td>X000</td><td>A 相</td><td>A 相</td><td>X 轴，A 相</td></tr>
<tr><td>X001</td><td>B 相</td><td>B 相</td><td>X 轴，B 相</td></tr>
<tr><td>X002</td><td>—</td><td>—</td><td>Y 轴，A 相</td></tr>
<tr><td>X003</td><td>—</td><td>—</td><td>Y 轴，B 相</td></tr>
<tr><td colspan="2">设定 PRM#42</td><td>使用（ON）</td><td>使用（ON）</td><td>X 轴使用（ON）</td></tr>
<tr><td colspan="2">设置 PRM#42 后的输入数</td><td>—</td><td>在 X 轴和 Y 轴间变化</td><td>Y 轴使用（ON）</td></tr>
</table></td></tr>
<tr><td>PRM#50</td><td>设定是否检测绝对位置
=0，无效；=1，有效（必须设置 PRM#51 和 PRM#52 为“1”）</td></tr>
<tr><td>PRM#51</td><td>设定绝对编码器（ABS）数据输入首地址，在 FX2N-10GM 中为 X000～X002、X375～X376（占用 2 点）；在 FX2N-20GM 中为 X000～X066（占用 2 点）。第 1 点为 ABS 数据位，第 2 点为发送数据准备信号</td></tr>
<tr><td>PRM#52</td><td>设定绝对编码器（ABS）数据输出首地址，在 FX2N-10GM 中为 Y000～Y002（占用 3 点）；在 FX2N-20GM 中为 Y000～Y003（占用 3 点）。第 1 点为 ABS 传输模式，第 2 点为 ABS 请求位，第 3 点为伺服 ON 信号位</td></tr>
<tr><td>PRM#53</td><td>设定是否进行单步操作
=0，无效；=1，有效（必须设置 PRM#53 为“1”）</td></tr>
<tr><td>PRM#54</td><td>设定单步操作生效。在 FX2N-10GM 中为 X000～X002、X375～X377（占用 1 点）；在 FX2N-20GM 中为 X000～X066、X372～X377 （占用 2 点）。</td></tr>
<tr><td>PRM#56</td><td>FWD（正向旋转点动）/RVS（反向旋转点动）/ZRN（回原点）输入信号定义
=0，X372～X377 固定为 FWD/RVS/ZRN 输入；
=1，在手动模式下为 FWD/RVS/ZRN 输入，在自动模式下为通用模式点；
=2，X372～X377 固定为通用输入点</td></tr>
<tr><td>PRM#100</td><td>设定程序存储器的大小
在 FX2N-10GM 中，PRM#100=1 为 3.8KB；在 FX2N-20GM 中，PRM#100=0 为 7.8KB，PRM#100=1 为 3.8KB</td></tr>
<tr><td>PRM#101</td><td>设定文件寄存器使用点数，设定范围为 0～3000，首地址为 D4000</td></tr>
<tr><td>PRM#102</td><td>设定电池电压报警（此功能仅在 FX2N-20GM 中有效）
=0，模块 LED 指示灯亮，无输出信号，M9127 状态无效；
=1，模块 LED 指示灯灭，无输出信号，M9127 状态有效；
=2，模块 LED 指示灯亮，有输出信号（报警地址由 PRM#103 设定），M9127 状态无效</td></tr>
<tr><td>PRM#103</td><td>设定电池电压报警输出地址，设定范围为 0～67，对应 Y000～Y067</td></tr>
</table>

续表

参数号	参数含义
PRM#104	设定子任务开始方式 =0，当模式从手动转为自动时，开始一个子任务； =1，由 PRM#105 指定的输入为 1 时，开始一个子任务； =2，当模式从手动转为自动或由 PRM#105 指定的输入为 1 时，开始一个子任务
PRM#105	子任务开始输入地址 在 FX2N-10GM 中，为 X000～X003、X375～X377；在 FX2N-20GM 中，为 X000～X067、X372～X377
PRM#106	设定子任务停止命令计时 =0，当模式从自动转为手动时，停止一个子任务； =1，当模式从自动转为手动或由 PRM#107 设定的输入变为 ON 时，停止一个子任务
PRM#107	子任务停止输入地址 在 FX2N-10GM 中，为 X000～X003、X375～X377；在 FX2N-20GM 中，为 X000～X67、X372～X377
PRM#108	设定子任务错误输出方式 =0，子任务错误不输出；=1，子任务错误时，将指定输出置"1"
PRM#109	子任务错误输出地址 在 FX2N-10GM 中，为 Y000～Y005；在 FX2N-20GM 中，为 Y000～Y067
PRM#110	设定子任务执行方式 =0，不使用通用输入控制，当内部继电器 M9112 为 1 时，为单步执行，为 0 时，循环执行 =1，使用通用输入控制，通过指定的输入或内部继电器 M9112，在单步操作和循环操作间切换
PRM#111	设定子任务执行控制信号输入地址 =0，循环执行；=1，单步执行

4．FX2N-10GM/20GM 定位控制模块的缓冲存储器 BFM

FX2N-10GM/20GM 定位控制模块的缓冲存储器 BFM 也是通过 FROM/TO 指令对其进行读写操作。特殊辅助继电器和特殊数据寄存器也可以被分配给缓冲存储器 BFM，BFM 分配如表 5-49 所示。

表 5-49　**FX2N-10GM/20GM 的 BFM 分配表**

BFM 编号		被分配设备	内容
X 轴	Y 轴		
#0	#10	D9000/D9010	定位程序号指定，（FX2N-10GM 无 Y 轴，下同）
#1	#11	D9001/D9011	现行执行的定位程序号
#2	#12	D9002/D9012	现行执行的程序段号
#3	#13	D9003/D9013	现行 m 代码
#4、#5	#14、#15	D9004、D9005/D9014、D9015	现行位置值
#6、#7	#16、#17	D9006、D9007/D9016、D9017	无作用

续表

<table>
<tr><th colspan="2">BFM 编号</th><th rowspan="2">被分配设备</th><th rowspan="2">内容</th></tr>
<tr><th>X 轴</th><th>Y 轴</th></tr>
<tr><td>#8、#9</td><td>#18、#19</td><td>D9008、D9009/D9018、D9019</td><td>无作用</td></tr>
<tr><td>#20</td><td>#21</td><td>M9015～M9000 对应 X 轴 BFM#20 的 b15～b0；
M9031～M9016 对应 Y 轴 BFM#21 的 b15～b0</td><td>以二进制位设定模块控制信号
b0：单步执行信号； b1：定位程序启动信号；
b2：定位程序停止信号； b3：m 代码 OFF 信号；
b4：机械回原点信号； b5：正向手动信号（FWD）；
b6：反向手动信号（FWD）； b7：错误复位；
b8：机械回原点禁止信号； b9～b15：无作用</td></tr>
<tr><td>#23</td><td>#25</td><td>M9063～M9048 对应 X 轴 BFM#23 的 b15～b0；
M9031～M9016 对应 Y 轴 BFM#25 的 b15～b0</td><td>以二进制位设定模块工作状态信号
b0：模块准备好信号； b1：定位完成信号；
b2：错误检测信号； b3：m 代码 ON 信号；
b4：m 代码备用代码； b5：m00 代码信号；
b6：m02 代码信号； b7：脉冲输出停止信号；
b8：定位程序执行中； b9：无作用原点到达信号；
b10、b11：无作用； b12：定位操作错误；
b13：零脉冲标记； b14：借位标记；
b15：进位标记</td></tr>
<tr><td>#24</td><td>#26</td><td>M9079～M9064 对应 X 轴 BFM#24 的 b15～b0；
M9111～M9065 对应 Y 轴 BFM#26 的 b15～b0</td><td>以二进制位显示的模块输入端状态信号
b1：START 输入端状态； b2：STOP 输入端状态；
b3：ZRN 输入端状态； b4：FWD 输入端状态；
b5：RVS 输入端状态； b6、b7：无作用；
b8：SVRDY 输入端状态； b9：SVEND 输入端状态</td></tr>
<tr><td colspan="2">#27</td><td>M9127～M9112 对应 BFM#27 的 b15～b0</td><td>以二进制位设定的模块控制信号（顺序控制程序）
b0：单步执行信号； b1：启动信号；
b2：停止信号； b3：m100 代码信号；
b4：m102 代码信号； b5：无定义；
b6：子任务操作出错； b7～b15：无定义</td></tr>
<tr><td colspan="2">#28</td><td>M9143～M9128 对应 BFM#28 的 b15～b0</td><td>以二进制位设定的模块工作状态信号（顺序控制程序）
b0：模块准备好信号； b1：错误检测信号；
b2：m100 代码信号； b3：m102 代码信号；
b4：顺序控制程序执行中； b5：零脉冲标记；
b6：借位标记； b7：进位标记；
b8～b10：无定义； b11：2 轴同步控制；
b12：手动工作状态； b13、b14：无定义；
b15：电池电压低</td></tr>
<tr><td colspan="2">#32</td><td>X007～X000 对应 BFM#32 的 b7～b0</td><td rowspan="2">输入继电器被分配给缓冲存储器，但是，X010～X357 没有被分配。在 FX_{2N}-10GM 中，X000～X003 和 X375～X377 被分配给缓冲存储器</td></tr>
<tr><td colspan="2">#47</td><td>X3777～X360 对应 BFM#47 的 b7～b0</td></tr>
</table>

续表

BFM 编号		被分配设备	内容
X 轴	Y 轴		
#48		Y007～Y000 对应 BFM#48 的 b7～b0	输出继电器被分配给缓冲存储器，但是，Y010～Y067 没有被分配。在 FX2N-10GM 中，Y000～Y005 被分配给缓冲存储器
#64～#95		M0～M15、M496～M511	通用辅助继电器被分配给缓冲器
#100～#3999		D100～D3999	通用数据寄存器分配给缓冲存储器，但 D0～D99 没被分配
#4000～#6999		D4000～D6999	文件寄存器被分配给缓冲存储器
#9000～#9019		D9000～D9019	特殊数据寄存器被分配给缓冲存储器，这些缓冲存储器和 BFM#0～BFM#19 交替
#9020、#9019		D9020、D9019	特殊数据寄存器被分配给缓冲存储器
#9200～#9339		D9200～D9339	X 轴参数被分配给缓冲存储器
#9400～#9599		D9400～D9599	Y 轴参数被分配给缓冲存储器

5.4 通信模块

PLC 的通信模块是用来完成与别的 PLC、其他智能控制设备或计算机之间的通信。

5.4.1 FX 系列 PLC 通信模块

FX2N-232-BD 是以 RS-232C 传输标准连接 PLC 与其他设备的接口板。诸如个人计算机、条码阅读器或打印机等。可安装在 FX2N 内部。其最大传输距离为 15m，最高波特率为 19200bps，利用专用软件可实现对 PLC 运行状态监控，也可方便的由个人计算机向 PLC 传送程序。

FX2N-232IF 连接到 FX2N 系列 PLC 上，可实现与其他配有 RS232C 接口的设备进行全双工串行通信。例如，个人计算机，打印机，条形码读出器等。在 FX2N 系列上最多可连接 8 块 FX2N-232IF 模块。用 FROM/TO 指令收发数据。最大传输距离为 15 m，最高波特率为 19200bps，占用 8 个 I/O 点。数据长度、串行通信波特率等都可由特殊数据寄存器设置。

FX2N-485-BD 用于 RS-485 通信方式，它可以应用于无协议的数据传送。FX2N-485-BD 在原协议通信方式时，利用 RS 指令在个人计算机、条码阅读器、打印机之间进行数据传送。传送的最大传输距离为 50m，最高波特率也为 19200bps。每一台 FX2N 系列 PLC 可安装一块 FX2N-485-BD 通信板。除利用此通信板实现与计算机的通信外，还可以用它实现两台 FX2N 系列 PLC 之间的并联。

FX2N-422-BD 应用于 RS-422 通信。可连接 FX2N 系列的 PLC 上，并作为编程或控制工具的一个端口。可用此接口在 PLC 上连接 PLC 的外部设备、数据存储单元和人机界面。利用 FX2N-422-BD 可连接两个数据存储单元（DU）或一个 DU 系列单元和一个编程工具，但一次只能连接一个编程工具。每一个基本单元只能连接一个 FX_{2N}-422-BD，且不能与 FX_{2N}-485-BD 或 FX_{2N}-232-BD 一起使用。

5.4.2 Q 系列 PLC 通信模块

QC24 是用于 Q 系列 PLC 进行串行数据通讯的模块，主要包含 AJ71QC24、AJ71QC24-R2、AJ71QC24-R4、A1SJ71QC24、A1SJ71QC24-R2 等型号的通讯模块。QC24 具有监视 PLC CPU、通过调制解调器在远处与外部设备通讯、通过中断程序接收数据、按照外部设备控制数据通讯、半双工数据通信等功能。

1. 接线方式

若使用 Q 系列 C24 的 MC 协议/无顺序协议/双向协议在外部设备和 PLC 之间进行数据通讯时，是通过调制解调器进行连接的，其接线方式如图 5-38 所示。若使用 RS-232 与外部设备直接连接进行半双工通讯时，其接线方式如图 5-39 所示。

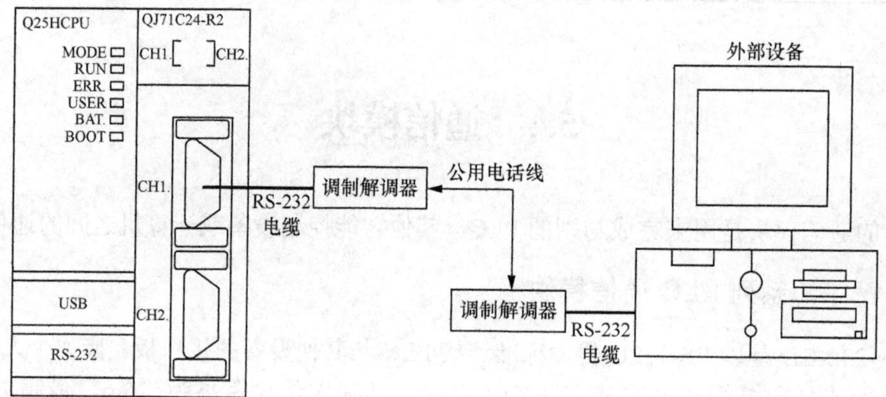

（a）Q 系列 C24 与外部设备的连接

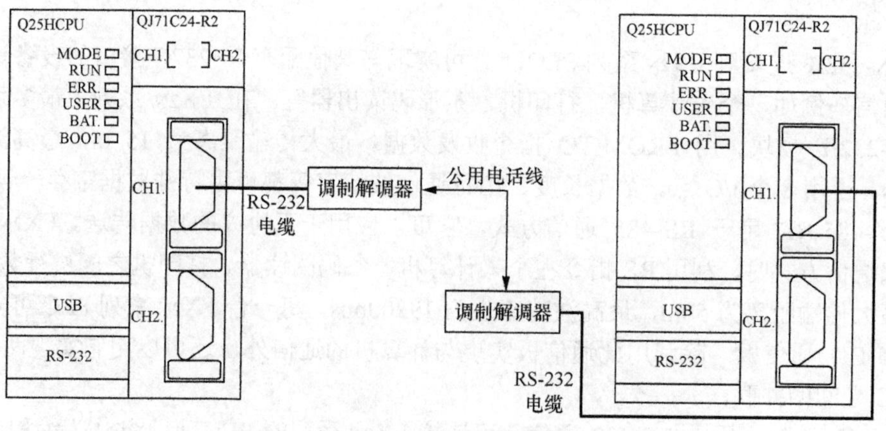

（b）两个 Q 系列 C24 直接连接

图 5-38 Q 系列 C24 通过调制解调器的连接方式图

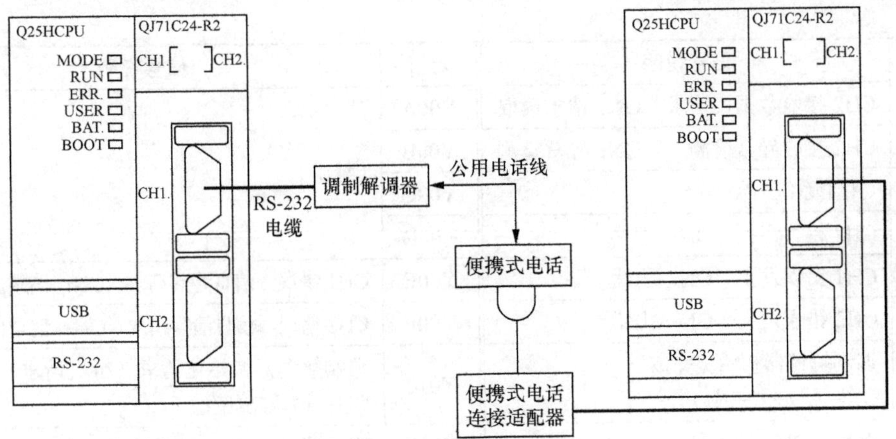

（c）两个Q系列C24通过便推式电话连接

图5-38　Q系列C24通过调制解调器的连接方式图（续）

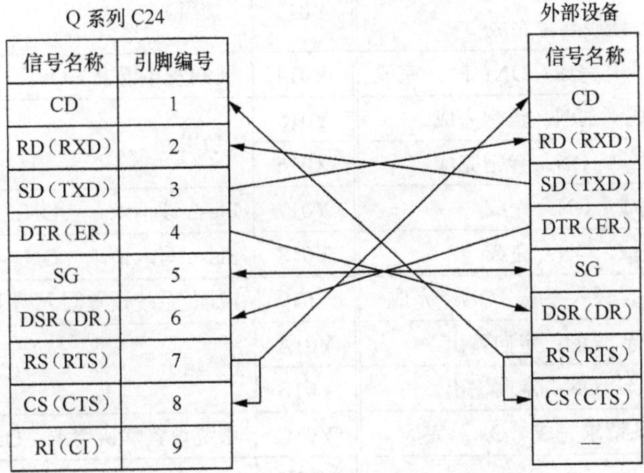

图5-39　Q系列C24半双工通讯连接方式图

用于调制解调器功能的PLC CPU的I/O信号如表5-50所示。

表5-50　用于调制解调器功能的PLC CPU的I/O信号

软元件	信号说明	软元件	信号说明
X000	CH1传送正常完成　ON：正常完成	Y000	CH1传送请求　ON：请求传送
X001	CH1传送异常完成　ON：异常完成	Y001	CH1接收数据读取完成　ON：数据读取完成
X002	CH1传送处理　ON：正在进行传送	Y002	CH1模式切换请求　ON：请求切换
X003	CH1接收数据读请求　ON：请求读取	Y003	（禁用）
X004	CH1接收异常检测　ON：异常检测	Y004	
X005	（用于系统）	Y005	
X006	CH1模式切换　ON：切换	Y006	
X007	CH2传送正常完成　ON：正常完成	Y007	CH2传送请求　ON：请求传送
X008	CH2传送异常完成　ON：异常完成	Y008	CH2接收数据读取完成　ON：数据读取完成
X009	CH2传送处理　ON：正在进行传送	Y009	CH2模式切换请求　ON：请求切换

续表

软元件	信号说明	软元件	信号说明
X00A	CH2 接收数据读请求　ON：请求读取	Y00A	（禁用）
X00B	CH2 接收异常检测　ON：异常检测	Y00B	
X00C	（用于系统）	Y00C	
X00D	CH2 模式切换　ON：切换	Y00D	
X00E	CH1 错误发生　ON：出错	Y00E	CH1 错误，信息清零请求　ON：请求出错清零
X00F	CH2 错误发生　ON：出错	Y00F	CH2 错误，信息清零请求　ON：请求出错清零
X010	调制解调器初始化完成 ON：初始化完成	Y010	调制解调器初始化请求（待机请求） ON；请求初始化
X011	拨号　ON：正在拨号	Y011	连接请求　ON：请求连接
X012	连接　ON：正在连接	Y012	调制解调器断开请求　ON：请求断开
X013	初始化/连接异常完成 ON：初始化/连接异常完成	Y013	（禁用）
X014	调制解调器断开完成　ON：断开完成	Y014	通知发布请求　OFF：请求通知发布
X015	通知正常完成　ON：正常完成	Y015	（禁用）
X016	通知异常完成　ON：异常完成	X016	
X017	Flash 读取完成　ON：完成	Y017	Flash 读请求　ON：请求
X018	Flash 写入完成　ON：完成	Y018	Flash 写入请求　ON：请求
X019	Flash 系统设置写入完成　ON：完成	Y019	Flash 系统设置写入请求　ON：请求
X01A	CH1 全局信号　ON：定向输出	Y01A	（禁用）
X01B	CH2 全局信号　ON：定向输出	Y01B	
X01C	系统设置默认请求完成　ON：完成	Y01C	系统设置默认请求　ON：请求
X01D	（用于系统）	Y01D	（禁用）
X01E	QJ71C24（-R2）就绪　ON：可访问	Y01E	
X01F	WDT 出错 ON：模块出错；OFF：模块正在正常运行	Y01F	

2．缓冲存储器 BFM

通过调制解调器进行数据通讯时，使用的缓冲存储器 BFM 如表 5-51 所示。若采用 RS-232 与外部设备直接连接进行半双工通讯时，使用的缓冲存储器 BFM 如表 5-52 所示。

表 5-51　　通过调制解调器进行数据通讯时使用的 **BFM**

BFM 编号		内容
CH1	CH2	
0H		对 CH1 的通讯出错清零请求，并使 LED 熄灭，默认值为 0
1H		对 CH2 的通讯出错清零请求，并使 LED 熄灭，默认值为 0
2H		注册/读取/删除方向（用于 Flash 访问），默认值为 0

续表

<table>
<tr><th colspan="2">BFM 编号</th><th rowspan="2">内容</th></tr>
<tr><th>CH1</th><th>CH2</th></tr>
<tr><td colspan="2">3H</td><td>帧号方向（用于 Flash 访问），默认值为 0</td></tr>
<tr><td colspan="2">4H</td><td>注册/读取/删除结果存储（用于 Flash 访问），默认值为 0</td></tr>
<tr><td colspan="2">5H</td><td>数据字节数注册指定（用于 Flash 访问），默认值为 0</td></tr>
<tr><td colspan="2">6H～2DH</td><td>用户帧（用于 Flash 访问），默认值为 0</td></tr>
<tr><td colspan="2">2EH</td><td>指定调制解调器连接通道的方向，默认值为 0　0：无　1：CH1　2：CH2</td></tr>
<tr><td colspan="2">2FH</td><td>通知执行指定，默认值为 0　0：不执行　1：执行</td></tr>
<tr><td colspan="2">30H</td><td>指定连接重试次数（1～5），默认值为 3</td></tr>
<tr><td colspan="2">31H</td><td>指定连接重试间隔时间（90～300s），默认值为 180s</td></tr>
<tr><td colspan="2">32H</td><td>指定初始化/连接超时时间（1～60s），默认值为 60s</td></tr>
<tr><td colspan="2">33H</td><td>指定初始化重试次数（1～5），默认值为 3</td></tr>
<tr><td colspan="2">34H</td><td>指定初始化用数据编号，默认为 7D0H
0H：发送通过传送用户帧指定区指定的初始化数据
7D0H～801FH：初始化用数据编号</td></tr>
<tr><td colspan="2">35H</td><td>指定连接用数据编号，默认为 0。BB8H～801FH：初始化用数据编号</td></tr>
<tr><td colspan="2">36H</td><td>指定 GX Developer 连接，默认为 0。0：不连接；1：连接</td></tr>
<tr><td colspan="2">37H</td><td>指定无通讯间隔时间，默认为 30min
0：无限等待　　1～120：无通讯间隔时间（线路断开等待时间）</td></tr>
<tr><td colspan="2">38H</td><td>RS、CS 控制有/无指定，默认为 1。0：不控制；1：控制</td></tr>
<tr><td colspan="2">39H～8FH</td><td>系统区</td></tr>
<tr><td>90H</td><td>130H</td><td>指定切换模式编号（1～7），默认为 0</td></tr>
<tr><td>91H</td><td>131H</td><td>指定切换后的传送规格，默认为 0</td></tr>
<tr><td>92H</td><td>132H</td><td>系统区</td></tr>
<tr><td>B7H</td><td>157H</td><td>指定 CR/LF 输出（用于传送用户帧），默认为 0</td></tr>
<tr><td>B8H</td><td>158H</td><td>指定输出起始指针（用于传送用户帧），默认为 0</td></tr>
<tr><td>B9H</td><td>159H</td><td>指定输出计数（用于传送用户帧），默认为 0</td></tr>
<tr><td>BAH</td><td>15AH</td><td>指定传送帧号（用于传送用户帧），最多可指定 100 个帧，默认为 0</td></tr>
<tr><td colspan="2">220H</td><td>Flash 系统参数写入结果</td></tr>
<tr><td colspan="2">221H</td><td>调制解调器功能出错代码。0：正常完成；1 或更大：异常完成</td></tr>
<tr><td colspan="2">222H</td><td>调制解调器功能顺序状态
<table>
<tr><td>0</td><td>空闲状态</td><td>5</td><td>正在通讯</td><td>10</td><td>回拨延迟时间等待</td></tr>
<tr><td>1</td><td>等待初始化</td><td>6</td><td>正在通知</td><td>11</td><td>回拨重新连接</td></tr>
<tr><td>2</td><td>初始化调制解调器</td><td>7</td><td>调制解调器断开</td><td>12</td><td>回拨重新核对口令</td></tr>
<tr><td>3</td><td>正处于待机</td><td>8</td><td>回拨请求接收等待</td><td></td><td></td></tr>
<tr><td>4</td><td>核对口令</td><td>9</td><td>回拨调制解调器断开等待</td><td></td><td></td></tr>
</table></td></tr>
</table>

续表

BFM编号		内容
CH1	CH2	
223H		用于连接的数据注册编号。0：无注册；1或更大：注册的编号
224H、225H		连接用的数据注册状态。0：无注册；1：注册
226H		用于初始化的数据注册编号。0：无注册；1：注册
227H、228H		胜于初始化用数据注册状态次数。0：无注册；1：注册
229H		通知执行次数。0：未执行；1或更大：执行次数
22AH		通知数据存储区1的执行数据编号。0：无通知执行；BB8H或更大：通知执行次数
22BH～22DH		系统区
23AH		通知数据存储区5的执行数据编号。0：无通知执行；BB8H或更大：通知执行次数
23BH～24FH		系统区
C00H～1AFFH		用户自由区（3840个字）
1B00H～1B28H 1FCEH～1FF6H		用户注册区（注册编号 8001H～801FH），1B00H～1B28H 用于注册编号 8001H；1FCEH～1FF6H用于注册编号801FH
1FF7H～1FFFH		系统区
2000H		指定系统Flash写入允许/禁止，默认为0。0：禁止写入；1：允许写入
2001H		回拨功能设定 0H：自动 1H：固定期间，回拨连接（设置4） 3H：指定数目期间，回拨连接（设置5） 7H：最大指定数目为10，回拨连接（设置6） 9H：固定期间，回拨连接（设置1） BH：指定数目期间，回拨连接（设置5） FH：最大指定数目为10，回拨连接（设置3）
2002H		指定回拨拒绝通知累积计数。0：未指定；1H～FFFFH：通知累积数计数
2003H～2006H		系统区
2007H		自动调制解调器初始化规格。0：无自动初始化；1：自动初始化
2008H		指定调制解调器初始化时间DR（DSR）信号有效/无效。 0：不忽略DR信号；1：忽略DR信号
2009H		指定调制解调器功能的完成信号处理。 0：不使X013～X016变为ON/OFF；1：使X013～X016变为ON/OFF
200AH		通知指定的等待时间，默认为10s。0H：无等待时间；1～FFFFH：通知等待时间
200BH		系统区
200CH		指定远程口令不符通知计数。0H：无指定；1～FFFFH：通知的计数
200DH		指定远程口令不符通知累积计数默认为1。0H：无指定；1～FFFFH：通知的累积计数
200EH		电路断开等待时间（0000H～FFFFH），用于PLC CPU监视
200FH		系统区
2101H～210AH		回拨指定1至10的数据编号，BB8H～801FH为回拨的数据编号

续表

BFM 编号		内容
CH1	CH2	
22F0H		回拨允许累积计数。0 或更大：累积计数
22F1H		回拨禁止累积计数。或更大：累积计数
22F2H		自动（回拨）连接允许累积计数。或更大：累积计数
22F3H		自动（回拨）连接禁止累积计数。0 或更大：累积计数
22F4H		回拨接收步骤取消的累积计数。0 或更大：累积计数
22F5H～22FAH		系统区
22FBH		解锁处理正常完成的累积计数。0 或更大：正常完成累积计数
22FCH		解锁处理异常完成的累积计数。0 或更大：异常完成累积计数
22FDH～22FEH		系统区
22FFH		在线路断开基础上锁定处理的累积计数
2400H～24FFH		系统区

表 5-52　　采用 RS-232 进行半双工通讯时使用的 BFM

BFM 编号	内容	BFM 编号	BFM 编号
2H	注册/读取/删除指示	21EH	注册的帧数存储（系统 ROM）
3H	帧号指示	1B00H	寄存器数据字节数指定（注册号 8001H）
4H	注册/读取/删除结果存储	1B01H～1B28H	用户帧存储（注册号 8001H）
5H	指定写入数据字节数	1B29H	寄存器数据字节数指定（注册号 8002H）
6H～2DH	用户帧	1B2AH～1B51H	用户帧存储（注册号 8002H）
204H	注册的用户帧号存储	1FCEH	寄存器数据字节数指定（注册号 8002H）
205H～21DH	用户帧注册状态存储	1FCFH～1FF6H	用户帧存储（注册号 8002H）

第 6 章 PLC 系统设计基础与抗干扰措施

PLC 的内部结构尽管与计算机、微机类似，但其接口电路不相同，编程语言也不一致。因此，PLC 控制系统与微机控制系统开发过程也不完全相同，需要根据 PLC 本身的特点、性能进行系统设计。

6.1 PLC 系统总体设计

由于可编程控制器应用方便、可靠性高，被大量地应用于各个行业、各个领域，随着可编程控制器功能的不断拓宽与增强，它已经从完成复杂的顺序逻辑控制继电器控制柜的替代物中，逐渐进入到过程控制和闭环控制等领域，它所能控制的系统越来越复杂，控制规模越来越宏大，因此如何用可编程控制器完成实际控制系统的应用设计，是每个从事电气控制技术人员所面临的实际问题。

6.1.1 PLC 控制系统设计的基本原则

任何一种电气控制系统都是为了实现生产设备或生产过程的控制要求和工艺需求，以提高生产效率和产品质量。因此，在设计 PLC 控制系统时，应遵循以下基本原则。

1．最大限度地满足被控对象提出的各项性能指标。设计前，设计人员除理解被控对象的技术要求外，应深入现场进行实地的调查研究，收集资料，访问有关的技术人员和实际操作人员，共同拟定设计方案，协同解决设计中出现的各种问题。

2．在满足控制要求的前提下，力求使控制系统简单、经济、方便使用及维修。

3．保证控制系统的安全、可靠。

4．考虑到生产的发展和工艺的改进，在选择 PLC 容量时，应适当留有裕量。

6.1.2 PLC 系统设计的基本内容

PLC 控制系统是由 PLC 与用户输入、输出设备连接而成的，因此，PLC 控制系统设计的基本内容如下。

1．明确设计任务和技术条件

设计任务和技术条件一般以设计任务的方式给出，在设计任务中，应明确各项设计要求、约束条件及控制方式。

2．确定用户输入设备和输出设备

在构成 PLC 控制系统时，除了作为控制器的 PLC，用户的输入/输出设备是进行机型选择和软件设计的依据，因此要明确输入设备的类型（如控制按钮、操作开关、限位开关、传感器等）和数量，输出设备的类型（如信号灯、接触器、继电器等）和数量，以及由输出设备驱动的负载（如电动机、电磁阀等），并进行分类、汇总。

3．选择合适的 PLC 机型

PLC 是整个控制系统的核心部件，正确、合理选择机型对于保证整个系统的技术经济性能指标起重要作用。选择 PLC，应包括机型的选择、容量选择、I/O 模块的选择、电源模块的选择等。

4．合理分配 I/O 端口，绘制 I/O 接线图

通过对用户输入/输出设备的分析、分类和整理，进行相应的 I/O 地址分配，并据此绘制 I/O 接线图。

5．设计控制程序

根据控制任务、所选机型及 I/O 接线图，一般采用梯形图语言（LAD）或语句表（STL）设计系统控制程序。控制程序是控制整个系统工作的软件，是保证系统工作正常、安全、可靠的关键。

6．必要时设计非标准设备

在进行设备选型时，应尽量选用标准设备，如果无标准设备可选，还可能需要设计操作台、控制柜、模拟显示屏等非标准设备。

7．编制控制系统的技术文件

在设计任务完成后，要编制系统技术文件。技术文件一般包括设计说明书、使用说明书、I/O 接线图和控制程序（如梯形图、语句表等）。

6.1.3　PLC 系统设计的基本步骤

设计一个 PLC 控制系统需要以下 8 个步骤。

1．分析被控对象并提出控制要求

详细分析被控对象的工艺过程及工作特点，了解被控对象机、电、液之间的配合，提出被控对象对 PLC 控制系统的控制要求，确定控制方案，拟定设计任务书。被控对象就是受控的机械、电气设备、生产线或生产过程。控制要求主要指控制的基本方式、应完成的动作、自动工作循环的组成、必要的保护和连锁等。

2．确定输入/输出设备

根据系统的控制要求，确定系统所需的全部输入设备（如按钮、位置开关、转换开关及

各种传感器等）和输出设备（如接触器、电磁阀、信号指示灯及其他执行器等），从而确定与PLC有关的输入/输出设备，以确定PLC的I/O点数。

3．选择PLC

根据已确定的用户I/O设备，统计所需的输入信号和输出信号的点数，选择合适的PLC类型，包括机型、容量、I/O模块、电源模块等。

4．分配I/O点并设计PLC外围硬件线路

（1）分配I/O点

画出PLC的I/O点与输入/输出设备的连接图或对应关系表，该部分也可在第2步中进行。

（2）设计PLC外围硬件线路

画出系统其他部分的电气线路图，包括主电路和未进入PLC的控制电路等。由PLC的I/O连接图和PLC外围电气线路图组成系统的电气原理图。至此系统的硬件电气线路已经确定。

5．程序设计

（1）程序设计

根据系统的控制要求，采用合适的设计方法来设计PLC程序。程序要以满足系统控制要求为主线，逐一编写实现各控制功能或各子任务的程序，逐步完善系统指定的功能。除此之外，程序通常还应包括以下内容。

1）初始化程序。在PLC通电后，一般都要做初始化的操作，为启动做必要的准备，避免系统发生误动作。初始化程序的主要内容有：对某些数据区、计数器等进行清零，对某些数据区所需数据进行恢复，对某些继电器进行置位或复位，对某些初始状态进行显示等。

2）检测、故障诊断和显示等程序。这些程序相对独立，一般在程序设计基本完成时再添加。

3）保护和连锁程序。保护和连锁是程序中不可缺少的部分，必须认真考虑。它可以避免由于非法操作而引起的控制逻辑混乱。

（2）程序模拟调试

程序模拟调试的基本思想是，以方便的形式模拟产生现场实际状态，为程序的运行创造必要的环境条件。根据产生现场信号的方式不同，模拟调试有硬件模拟法和软件模拟法两种形式。

1）硬件模拟法是使用一些硬件设备（如用另一台PLC或一些输入器件等）模拟产生现场的信号，并将这些信号以硬接线的方式连到PLC系统的输入端，其时效性较强。

2）软件模拟法是在PLC中另外编写一套模拟程序，模拟提供现场信号，其简单易行，但时效性不易保证。模拟调试过程中，可采用分段调试的方法，并利用编程器的监控功能。

6．硬件实施

硬件实施方面主要是进行控制柜（台）等硬件的设计和现场施工。主要内容有。

（1）设计控制柜和操作台等部分的电器布置图及安装接线图。

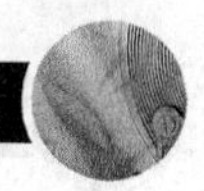

（2）设计系统各部分之间的电气互连图。

（3）根据施工图纸进行现场接线，并进行详细检查。

由于程序设计与硬件实施可同时进行，因此 PLC 控制系统的设计周期可大大缩短。

7．联机调试

联机调试是将通过模拟调试的程序进一步进行在线统调。联机调试过程应循序渐进，从 PLC 只连接输入设备、再连接输出设备、再接上实际负载等逐步进行调试。若不符合要求，则对硬件和程序作适当调整，通常只需修改部分程序即可。

全部调试完毕后，交付试运行。经过一段时间运行，如果工作正常、程序不需要修改，应将程序固化到 EPROM 中，以防程序丢失。

8．编制技术文件

系统调试好后，应根据调试的最终结果，整理出完整的系统技术文件。系统技术文件包括说明书、电气原理图、电器布置图、电气元件明细表、PLC 梯形图。

6.2 PLC 硬件系统设计

6.2.1 PLC 型号选择

在做出系统控制方案的决策之前，要详细了解被控对象的控制要求，从而决定是否选用 PLC 进行控制。

随着 PLC 技术的发展，PLC 产品的种类也越来越多。不同型号的 PLC，其结构形式、指令系统、编程方式、价格等也各有不同，适用的场合也各有侧重。因此，合理选用 PLC，对于提高 PLC 控制系统的经济技术指标有着重要意义。

PLC 的选择主要应从 PLC 的机型、容量、I/O 模块、电源模块、特殊功能模块、通信联网能力等方面加以综合考虑。

1．对输入/输出点的选择

盲目选择点数多的机型会造成一定浪费。要先弄清楚控制系统的 I/O 总点数，再按实际所需总点数的 15%～20%留出备用量（为系统的改造等留有余地）后，确定所需 PLC 的点数。另外要注意，一些高密度输入点的模块对同时接通的输入点数有限制，一般同时接通的输入点不得超过总输入点的 60%；PLC 每个输出点的驱动能力也是有限的，有的 PLC 每点输出电流的大小还因所加负载电压的不同而异；一般 PLC 的允许输出电流随环境温度的升高而有所降低，在选型时要考虑这些问题。

PLC 的输出点可分为共点式、分组式和隔离式 3 种接法。隔离式的各组输出点之间可以采用不同的电压种类和电压等级，但这种 PLC 平均每点的价格较高。如果输出信号之间不需要隔离，则应选择前两种输出方式的 PLC。

2．对存储容量的选择

对用户存储容量只能做粗略的估算。在仅对开关量进行控制的系统中，可以用输入总点数乘 10 字/点加上输出总点数乘 5 字/点来估算；计数器/定时器按（3～5）字/个估算；有运算处理时按（5～10）字/个估算；在有模拟量输入/输出的系统中，可以按每输入（或输出）一路模拟量约需（80～100）字左右的存储容量来估算；有通信处理时按每个接口 200 字以上的数量粗略估算。最后，一般按估算容量的 50%～100%留有裕量。对缺乏经验的设计者，选择容量时留有裕量要大些。

3．对 I/O 响应时间的选择

PLC 的 I/O 响应时间包括输入电路延迟、输出电路延迟和扫描工作方式引起的时间延迟（一般在 2～3 个扫描周期）等。对开关量控制的系统，PLC 和 I/O 响应时间一般都能满足实际工程的要求,可不必考虑 I/O 响应问题。但对模拟量控制的系统，特别是闭环系统就要考虑这个问题。

4．根据输出负载的特点选型

不同的负载对 PLC 的输出方式有不同的要求。例如，频繁通断的感性负载，应选择晶体管或晶闸管输出型的，而不应选用继电器输出型的。但继电器输出型的 PLC 有许多优点，如导通压降小、有隔离作用、价格相对较便宜、承受瞬时过电压和过电流的能力较强、其负载电压灵活（可交流、可直流）且电压等级范围大等。因此动作不频繁的交、直流负载可以选择继电器输出型的 PLC。

5．对在线和离线编程的选择

离线编程是指主机和编程器共用一个 CPU，通过编程器的选择开关方式来选择 PLC 的编程、监控和运行工作状态。编程状态时，CPU 只为编程器服务，而不对现场进行控制，专用编程器编程属于这种情况。在线编程是指主机和编程器各有一个 CPU，主机的 CPU 完成对现场的控制，在每一个扫描周期末尾与编程器通信，编程器把修改的程序发给主机，在下一个扫描周期，主机将按新的程序对现场进行控制。计算机辅助编程既能实现离线编程，也能实现在线编程。在线编程需购置计算机，并配置编程软件。采用哪种编程方法应根据需要决定。

6．根据是否联网通信选型

若 PLC 控制的系统需要联入工厂自动化网络，则 PLC 需要有通信联网功能，即要求 PLC 应具有连接其他 PLC、上位计算机及 CRT 等的接口。大、中型机都有通信功能，目前大部分小型机也具有通信功能。

7．对 PLC 结构形式的选择

在相同功能和相同 I/O 点数的情况下，整体式比模块式价格低且体积小，所以一般用于系统工艺过程较为固定的小型控制系统中。但模块式具有功能扩展灵活，维修方便（换模块），

容易判断故障等优点，所以适用于较复杂系统和环境差（维修量大）的场合。

6.2.2 I/O 模块的选择

在 PLC 控制系统中，为了实现对生产机械的控制，需将对象的各种测量参数，按要求送入 PLC。PLC 经过运算、处理后再将结果以数字量的形式输出，也就是把该输出变换为适合于生产机械控制的量。因此在 PLC 和生产机械中必须设置信息传递和变换的装置，即 I/O 模块。

由于输入和输出信号的不同，所以 I/O 模块有数字量输入模块、数字量输出模块、模拟量输入模块和模拟量输出模块 4 大类。不同的 I/O 模块，其电路及功能也不同，直接影响 PLC 的应用范围和价格，因此必须根据实际需求合理选择。

选择 I/O 模块之前，应确定哪些信号是输入信号，哪些信号是输出信号，输入信号由输入模块进行传递和变换，输出信号由输出模块进行传递和变换。

对于输入模块的选择要从 3 个方面进行考虑。

1．根据输入信号的不同进行选择，输入信号为开关量，即数字量时，应选择数字量输入模块；输入信号为模拟量时，应选择模拟量输入模块。

2．根据现场设备与模块之间的距离进行选择，一般 5V、12V 和 24V 属于低电平，其传输距离不宜太远，如 12V 电压模块的传输距离一般不超过 12m。对于传输距离较远的设备应选用较高电压或电压范围较宽的模块。

3．根据同时接通的点数多少进行选择，对于高密度的输入模块，如 32 点和 64 点输入模块，能允许同时接通的点数取决于输入电压的高低和环境温度，不宜过多。一般同时接通的点数不得超过总输入点数的 60%，但对于控制过程，比如自动/手动、启动/停止等输入点，同时接通的机率不大，所以不需考虑。

输出模块有继电器、晶体管和晶闸管 3 种工作方式。继电器输出适用于交、直流负载，其特点是带负载能力强，但动作频率与响应速度慢；晶体管输出适用于直流负载，其特点是动作频率高，响应速度快，但带负载能力小；晶闸管输出适用于交流负载，响应速度快，带负载能力不大。因此，对于开关频繁、功率因数低的感性负载，可选用晶闸管（交流）和晶体管（直流）输出；在输出变化不太快、开关要求不频繁的场合应选用继电器输出。在选用输出模块时，不但需看一个点的驱动能力，还需看整个模块的满负荷能力，即输出模块同时接通点数的总电流值不得超过模块规定的最大允许电流。对于功率较小的集中设备，如普通机床，可选用低电压高密度的基本 I/O 模块；对功率较大的分散设备，可选用高电压低密度的基本 I/O 模块。

6.2.3 输入/输出点的选择

一般输入点和输入信号、输出点和输出信号是一一对应的。

分配好后，按系统配置的通道与接点号，分配给每一个输入信号和输出信号，即进行编号。在个别情况下，也有两个信号用一个输入点的，那样就应在接入输入点前，按逻辑关系接好线（如两个触点先串联或并联），然后再接到输入点。

1．确定 I/O 通道范围

不同型号的 PLC，其输入/输出通道的范围是不一样的，应根据所选 PLC 型号，查阅相应的编程手册，决不可张冠李戴。

2．内部辅助继电器

内部辅助继电器不对外输出，不能直接连接外部器件，而是在控制其他继电器、定时器/计数器时，用作数据存储或数据处理。

从功能上讲，内部辅助继电器相当于传统电控柜中的中间继电器。未分配模块的输入/输出继电器区和未使用1∶1链接时的链接继电器区均可作为内部辅助继电器使用。根据程序设计的需要，应合理安排PLC的内部辅助继电器，在设计说明书中，应详细列出各内部辅助继电器在程序中的用途，避免重复使用。

3．分配定时器/计数器

PLC的定时器/计数器数量分配请参阅3.1.2节和3.1.3节。

6.2.4 PLC控制系统的可靠性设计

PLC控制系统的可靠性设计主要包括供电系统设计、接地设计和冗余设计。

1．PLC供电系统设计

通常PLC供电系统设计是指CPU工作电源、I/O模块工作电源的设计。

（1）CPU工作电源的设计

PLC的正常供电电源一般由电网供电（AC220V，50Hz），由于电网覆盖范围广，它将受到所有空间电磁干扰而在线路上产生感应电压和电流。尤其是电网内部的变化，开关操作浪涌、大型电力设备的启停、交直流传动装置引起的谐波、电网短路暂态冲击等，都通过输电线路传到电源中，从而影响PLC的可靠运行。在CPU工作电源的设计中，一般可采取隔离变压器、交流稳压器、UPS电源、开关电源等措施。

PLC的电源模块可能包括多种输入电压：交流220V、交流110V和直流24V，而CPU电源模块所需要的工作电压一般是5V直流，在实际应用中，要注意电源模块输入电压的选择。在选择电源模块的输出功率时，要保证其输出功率大于CPU模块、所有I/O模块及各种智能模板总的消耗功率，并且要考虑30%左右的裕量。

（2）I/O模块工作电源的设计

I/O模块工作电源是系统中的传感器、执行机构、各种负载与I/O模块之间的供电电源。在实际应用中，基本上采用24V直流供电电源或220V交流供电电源。

2．接地的设计

为了安全和抑制干扰，系统一般要正确接地。系统接地方式一般有浮地、直接接地方式和电容接地三种方式。对PLC控制系统而言，它属于高速低电平控制装置，应采用直接接地方式。由于信号电缆分布电容和输入装置滤波等的影响，装置之间的信号交换频率一般都低于1MHz，因此PLC控制系统接地线采用一点接地和串联一点接地方式。集中布置的PLC系统适于并联一点接地方式，各装置的柜体中心接地点以单独的接地线引向接地极。如果装置间距较大，应采用串联一点接地方式。用一根大截面铜母线(或绝缘电缆)连接各装置的柜体

中心接地点，然后将接地母线直接连接地极。接地线采用截面大于 20mm^2 的铜导线，总母线使用截面大于 60mm^2 的铜排。接地极的接地电阻小于 2Ω，接地极最好埋在距建筑物 10～15m 远处，而且 PLC 系统接地点必须与强电设备接地点相距 10m 以上。信号源接地时，屏蔽层应在信号侧接地：不接地时，应在 PLC 侧接地：信号线中间有接头时，屏蔽层应牢固连接并进行绝缘处理，一定要避免多点接地：多个测点信号的屏蔽双绞线与对绞多芯总屏电缆连接时，各屏蔽层应相互连接好，并经绝缘处理。选择适当的接地处单点接地。PLC 电源线、I/O 电源线、输入、输出信号线、交流线、直流线都应尽量分开布线。开关量信号线与模拟量信号线也应分开布线，而且后者应采用屏蔽线，并且将屏蔽层接地。数字传输线也要采用屏蔽线，并且要将屏蔽层接地。PLC 系统最好单独接地，也可以与其他设备公共接地，但严禁与其他设备串联接地。连接接地线时，应注意以下几点。

（1）PLC 控制系统单独接地。

（2）PLC 系统接地端子是抗干扰的中性端子，应与接地端子连接，其正确接地可以有效消除电源系统的共模干扰。

（3）PLC 系统的接地电阻应小于 100Ω，接地线至少用 20mm^2 的专用接地线，以防止感应电的产生。

（4）输入、输出信号电缆的屏蔽线应与接地端子连接，且接地良好。

3. 冗余设计

冗余设计是指在系统中人为地设计某些“多余”的部分，冗余配置代表 PLC 适应特殊需要的能力，是高性能 PLC 的体现。冗余设计的目的是在 PLC 已经可靠工作的基础上，再进一步提高其可靠性，降低故障率，缩短故障修复的时间。

6.3 PLC 软件系统设计

6.3.1 PLC 软件系统设计的方法

PLC 软件系统设计就是根据控制系统的硬件结构和工艺要求，使用相应的编程语言，编制用户控制程序和形成相应文件的过程。编制 PLC 控制程序的方法很多，这里主要介绍几种典型的编程方法。

1. 图解法编程

图解法是靠画图进行 PLC 程序设计。常见的主要有梯形图法、逻辑流程图法、时序流程图法和步进顺控法。

（1）梯形图法：用梯形图语言去编制 PLC 程序，是一种模仿继电器控制系统的编程方法。其图形甚至元件名称都与继电器控制电路十分相近。这种方法很容易把原继电器控制电路移植成 PLC 的梯形图语言。这对于熟悉继电器控制的人来说，是最方便的一种编程方法。

（2）逻辑流程图法：用逻辑框图表示 PLC 程序的执行过程，反映输入与输出的关系。逻辑流程图法是把系统的工艺流程，用逻辑框图表示出来形成系统的逻辑流程图。这种方法编制的 PLC 控制程序逻辑思路清晰、输入与输出的因果关系及连锁条件明确。逻辑流程图会使整个程序脉络清楚，便于分析控制程序，便于查找故障点，便于程序调试和维修。有时对一个复杂的程序，如果直接用语句表和梯形图编程可能觉得难以下手，则可以先画出逻辑流程图，再为逻辑流程图的各个部分用语句表和梯形图编制 PLC 应用程序。

（3）时序流程图法：首先画出控制系统的时序图（即到某一个时间应该进行哪项控制的控制时序图），再根据时序关系画出对应的控制任务的程序框图，最后把程序框图写成 PLC 程序。时序流程图法很适合用于以时间为基准的控制系统的编程方法。

（4）步进顺控法：在顺控指令的配合下设计复杂的控制程序。一般比较复杂的程序，都可以分成若干个功能比较简单的程序段，一个程序段可以看成整个控制过程中的一步。从整个角度去看，一个复杂系统的控制过程是由这样若干个步组成的。系统控制的任务，实际上可以认为在不同时刻或者在不同进程中去完成对各个步的控制。为此，不少 PLC 生产厂家在自己的 PLC 中增加了步进顺控指令。在画完各个步进的状态流程图之后，可以利用步进顺控指令方便地编写控制程序。

2．经验法编程

经验法是运用自己或别人的经验进行设计。多数是设计前先选择与自己工艺要求相近的程序，把这些程序看成是自己的“试验程序”。结合自己工程的情况，对这些“试验程序”逐一修改，使之满足自己的工程要求。这里所说的经验，有的来自自己的经验总结，有的可能是别人的设计经验，需要日积月累、善于总结。

3．计算机辅助设计编程

计算机辅助设计是通过 PLC 编程软件在计算机上进行程序设计、离线或在线编程、离线仿真和在线调试等。使用编程软件不仅可以十分方便地在计算机上离线或在线编程、调试，而且可以在计算机上进行程序的存取、加密以及形成 EXE 运行文件。

6.3.2 PLC 软件系统设计的步骤

在了解了程序结构和编程方法的基础上，就要开始实际地编写 PLC 程序了。编写 PLC 程序和编写其他计算机程序一样，都需要经历如下过程。

1．对系统任务分块

分块的目的就是把一个复杂的工程分解成多个比较简单的小任务。这样就把一个复杂的大问题简单化了，便于编制程序。

2．编制控制系统的逻辑关系图

从逻辑控制关系图中，可以反映出某一逻辑关系的结果是什么，这一结果又导出哪些动作。这个逻辑关系可以是以各个控制活动顺序为基准，也可以是以整个活动的时间节拍为基准。逻辑关系图反映了控制过程中控制作用与被控对象的活动，也反映了输入与输出的关系。

3. 绘制各种电路图

绘制各种电路图的目的，是把系统的输入、输出所涉及的地址和名称联系起来，这是关键的一步。在绘制 PLC 的输入电路时，不仅要考虑信号的连接点是否与命名一致，还要考虑输入端的电压和电流是否合适，也要考虑在特殊条件下运行的可靠性与稳定性等问题。特别要考虑能否把高压引导到 PLC 的输入端，若将高压引入 PLC 的输入端，有可能对 PLC 造成比较大的伤害。在绘制 PLC 输出电路时，不仅要考虑输出信号连接点是否与命名一致，还要考虑 PLC 输出模块的带负载能力和耐电压能力。此外还要考虑电源输出功率和极性问题。在绘制整个电路图的过程中，还要考虑设计原则，努力提高其稳定性和可靠性。虽然用 PLC 进行控制方便、灵活。但是在电路的设计时，仍然需要谨慎、全面。因此，在绘制电路图时要考虑周全，何处该装按钮何处该装开关都要一丝不苟。

4. 编制 PLC 程序并进行模拟调试

在编制完电路图后，就可以着手编制 PLC 程序了。在编程时，除了注意程序要正确、可靠之外，还要考虑程序简捷、省时、便于阅读、修改。编好一个程序块要进行模拟实验，这样便于查找问题，便于及时修改程序。

6.4 PLC 控制系统的抗干扰措施

PLC 是专门为工业环境设计的控制装置，有较强的抗干扰能力，因此一般不需采取特殊措施，就能直接在工业环境中使用。但是如果工业生产现场的环境过于恶劣，干扰源较多（如大功率用电设备的启动或者停止引起电网电压波动形成低频干扰；电焊机、电火花加工机床、电动机的电刷等产生干扰；各种动力电源线会通过电磁耦合产生的工频干扰等），或者安装使用不当时，有可能给 PLC 控制系统的安全可靠运行带来隐患，所以在 PLC 控制系统中，要采取相应措施以提高其抗干扰能力。

6.4.1 抗电源干扰措施

PLC 系统的正常电源一般由电网供电，由于电网覆盖范围广，受到所有空间电磁干扰而在线路上产生感应电压和电流，尤其电网内部的变化，开关操作浪涌、大型电力设备的启停、交直流传动装置引起的谐波、电网短路暂态冲击等，都会通过输电线路传到电源中，影响 PLC 的可靠运行。实践证明电源是干扰进入 PLC 的主要途径之一，电源干扰主要是通过供电线路的阻抗耦合产生的。

为了提高 PLC 系统的可靠性和抗干扰能力，可以在 PLC 的交流电源输入端加接带屏蔽层的隔离变压器和低通滤波器。隔离变压器可以抑制从电源线窜入的外来干扰，提高抗高频共模干扰信号的能力。高频干扰信号不是通过变压器绕组耦合的，而是通过一次、二次级绕组之间的分布电容传递的。在一次、二次绕组之间加绕屏蔽层，并将它和铁心一起接地，可以减少绕组间的分布电容，提高抗高频干扰信号的能力。

如果电源发生故障，中断时间少于 10ms 时，PLC 工作将不受影响。因此，可以在供电系统中增加 UPS 不间断电源。当市电突然断电时，自动切换到 UPS 电源供电，并按照工艺要求进行一定的断点保护处理，使生产设备安全运行。

另外，还需将 PLC 电源、I/O 电源和其他设备的供电电源分别配线，系统的动力线应足够粗，以降低大功率异步电动机启动时的线路压降。

6.4.2 抗 I/O 干扰措施

由信号接口引入的干扰将引起 I/O 信号工作异常和测量精度降低，严重时还可能引起元器件损伤，因此需采取相应措施来减小 I/O 干扰。

1. 从抗干扰角度选择 I/O 模块

（1）尽量选择输入/输出信号与内部回路采取隔离的模块。

（2）选择晶体管等无触点输出的模块以降低由于触点的通断而引起的干扰。

2. 布线的抗干扰措施

（1）动力线、控制线以及 PLC 的电源线和 I/O 线应分别配线，隔离变压器与 PLC 和 I/O 之间应采用双绞线连接。当数字量输入、输出线不能与动力线分开布线，并且距离较远时，可以用继电器来隔离输入/输出线上的干扰。不同的信号线最好用不同的插接件转接，如果必须用同一个插接件，要用备用端子或地线端子将它们分隔开，以减少相互干扰。

（2）PLC 应远离强干扰源，如电焊机、大功率硅整流装置和大型动力设备，不能与高压电器安装在同一个开关柜内。在柜内 PLC 应远离动力线，与 PLC 装在同一个柜内的电感性负载，应并联 RC 电路。

（3）PLC 的输入与输出最好分开走线，开关量与模拟量也是分开敷设。模块量信号的传送应采用屏蔽线，屏蔽层一端应接地。数字量信号线的屏蔽层应并联电位均衡线，并将屏蔽层两端接地，若无法设置电位均衡线时，也可以只一端接地。

（4）模拟量输入/输出信号距离 PLC 较远时，应采用 4～20mA 的电流传输方式，而不是采用易受干扰的电压传输方式。

（5）输入接线一般不要太长，但如果环境干扰较小，压降不大时，输入接线可适当长些。

3. PLC 接地抗干扰措施

良好的接地是 PLC 抑制干扰的重要措施，它可以避免偶然发生的电压冲击危害。PLC 接地时应注意以下几点。

（1）PLC 接地最好采用专用接地极，如果不可能，也可与其他安装盘共用接地系统，但是必须直接与共用接地极相连。

（2）PLC 的接地极距离 PLC 越近越好，一般不大于 50m。若 PLC 由多个单元组成时，各单元应采用同一点接地。

（3）PLC 的输入、输出信号线采用屏蔽电缆时，其屏蔽层应采用一点接地。

（4）接地线的横截面积应大于 $2mm^2$，接地线的长度一般不超过 20m。PLC 控制系统的接地电阻不能大于 4Ω。

第 7 章　PLC 的安装与维护

PLC 专为工业环境应用而设计，其可靠性较高，能适应恶劣的外部环境。为了提高 PLC 的可靠性，PLC 本身在软硬件上均采用了一系列抗干扰措施，一般工厂内使用完全可以可靠的工作，平均无故障时间可达几万小时以上，但这并不意味着对 PLC 的环境条件及安装使用可以随意处理。在实际应用时，应注意正确的安装和接线。

7.1　PLC 的安装

7.1.1　PLC 的安装注意事项

1．安装环境要求

为保证可编程控制器工作的可靠性，尽可能地延长其使用寿命，在安装时一定要注意周围的环境，其安装场合应该满足以下几点。

（1）环境温度：工作时，0～55℃的范围内；保存时，–20～70℃的范围内。

（2）环境相对湿度：为保证 PLC 的绝缘性能，FX 系列 PLC 的空气相对湿度应为 35%～85%范围内，而 Q 系列 PLC 为 5%～95%范围内。

（3）不能受太阳光直接照射及水的溅射。

（4）周围无腐蚀和易燃的气体，如氯化氢、硫化氢等。

（5）周围无大量的金属微粒、灰尘、导电粉尘、油雾、烟雾、盐雾等。

（6）避免频繁或连续的振动：直接用螺钉安装时，保证振动频率范围为 57～150Hz，1G（$9.8m/s^2$）；DIN 导轨安装时，保证振动频率范围为 57～150Hz，0.5G（$4.9m/s^2$）。

（7）能承受超过 15G（重力加速度）的冲击。

（8）抗干扰能力：1000Vpp，1μs，30～100Hz。

2．安装注意事项

除满足以上环境条件外，安装时还应注意以下几点。

（1）可编程控制器的所有单元必须在断电时安装和拆卸。

（2）为防止静电对可编程控制器组件的影响，在接触可编程控制器前，先用手接触某一接地的金属物体，以释放人体所带静电。

（3）注意可编程控制器机体周围的通风和散热条件，切勿让导线头、铁屑等杂物通过通风窗落入机体内。

7.1.2 FX 系列 PLC 的安装与接线

1. FX 系列 PLC 的安装方法

FX 系列可编程控制器的安装方法有底板安装和 DIN 导轨安装两种方法。

（1）底板安装。利用可编程控制器机体外壳四个角上的安装孔，用规格为 M4 的螺钉将控制单元、扩展单元、A/D 转换单元、D/A 转换单元及 I/O 连接单元固定在底板上。但各个器件之间需要预留 1～2mm 的间隙。

（2）DIN 导轨安装。利用可编程控制器底板上的 DIN 导轨安装杆将控制单元、扩展单元、A/D 转换单元、D/A 转换单元及 I/O 连接单元安装在 DIN 导轨上。安装时安装单元与安装导轨槽对齐向下推压即可。将该单元从 DIN 导轨上拆下时，需用一字形的螺丝刀向下轻拉安装杆。

2. FX 系列 PLC 系统的接线方法及注意事项

FX 系列可编程控制器的端子排列如图 7-1 所示。“X”为信号输入端；“Y”为控制输出端；“COM”为输入端的公共端；“L”、“N”为连接交流 100～120V 或 200～240V 的“相线”与“零线”；“24+”为 PLC 输出，供给传感器的 DC24V 电源；“⏚”为接地端；“COM□”（□为 0、1、2、3 等）表示输出端的公共端；“•”为空端子。PLC 系统的接线主要包括电源接线、接地、I/O（X/Y）接线及对扩展单元接线等。

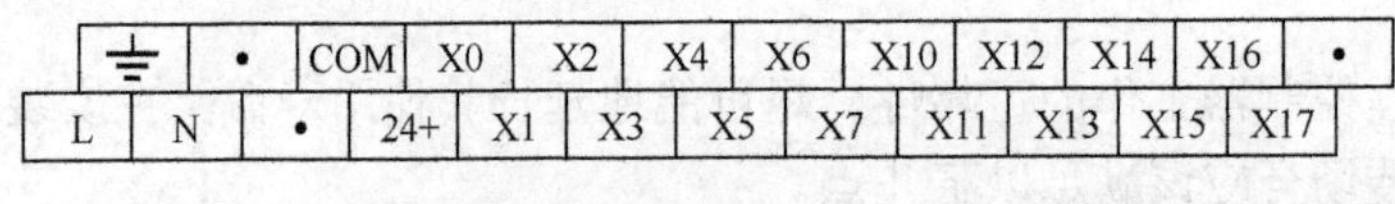

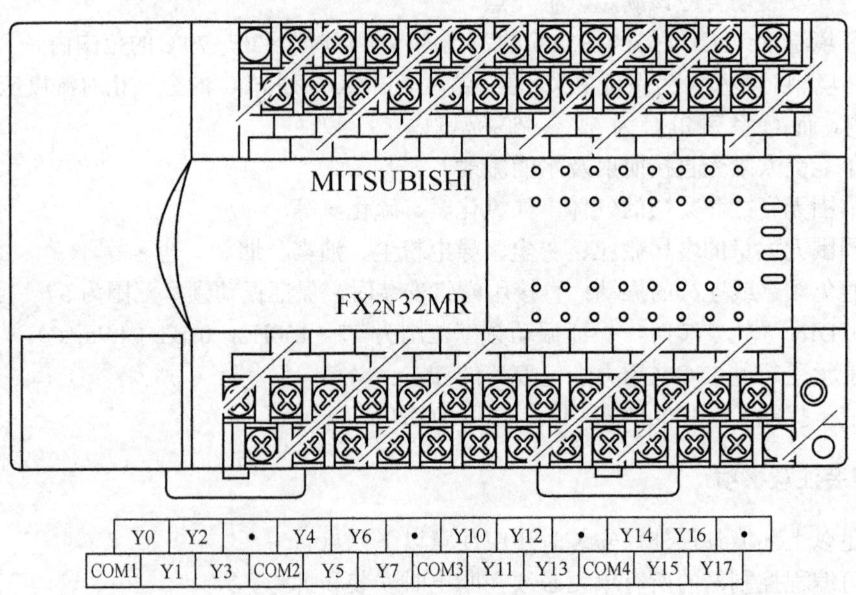

图 7-1　FX 系列 PLC 的端子排列

（1）电源接线

FX 系列 PLC 使用直流 24V、交流 100～120V 或 200～240V 的工业电源。FX 系列 PLC 的外接电源端位于输出端子板左上角的两个接线端处，使用直径为 0.2cm 的双绞线作为电源

线。过强的噪声及电源电压波动过大都可能使 FX 系列可编程控制器的 CPU 工作异常，引起整个控制系统瘫痪。为避免由此引起的事故，在电源接线时，需采取隔离变压器等有效措施，且用于 FX 系列可编程控制器，I/O 设备及电动设备的电源接线应分开连接。FX 系列 PLC 的电源连接方法如图 7-2 所示。在进行电源接线时还要注意以下几点。

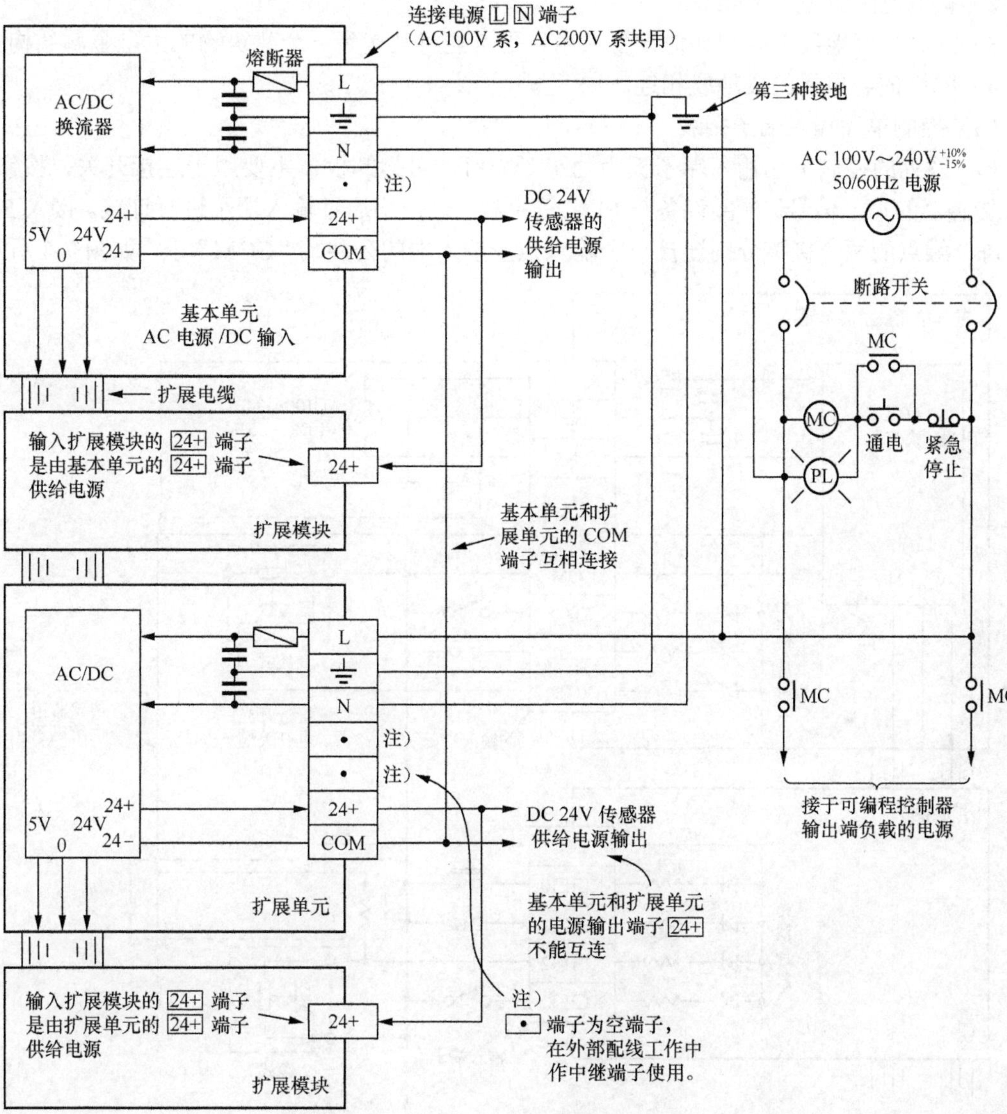

图 7-2　FX 系列 PLC 的电源连接方法

1）FX 系列 PLC 必须在所有外部设备通电后才能开始工作。为保证这一点，可将所有外部设备都通电后，再将方式选择开关由“STOP”设置为“RUN”。或者将 FX 系列 PLC 编程设置为在外部设备未通电前不进行输入、输出操作。

2）当控制单元与其他单元相接时，各单元的电源线连接应能同时接通和断开。

3）当电源掉电时间小于 10ms 时，不影响 PLC 的正常工作。

4）为避免因失常而引起的系统瘫痪或发生无法补救的重大事故，应增加紧急停止电路。

5）当需要控制两个相反的动作时，应在 PLC 和控制设备之间加互锁电路。

（2）接地

良好的接地是保证 PLC 正常工作的必要条件。在接地时要注意以下几点。

1）PLC 的接地线应为专用接地线，其直径应大于 2mm。

2）接地电阻应小于 100Ω。

3）PLC 的接地线不能和其他设备共用，更不能将其接到一个建筑物的大型金属结构上。

4）PLC 的各单元的接地线相连。

（3）控制单元输入端子接线

FX 系列的控制单元输入端子板为两头带螺钉的可拆卸板，主要用于连接开关、按钮及各种传感器的输入信号。外部设备与 PLC 间的输入信号均通过输入端子进行连接。接入 PLC 时，每个触点的两个接头分别连接一个输入点及输入端的公共端“COM”上，如图 7-3 所示。

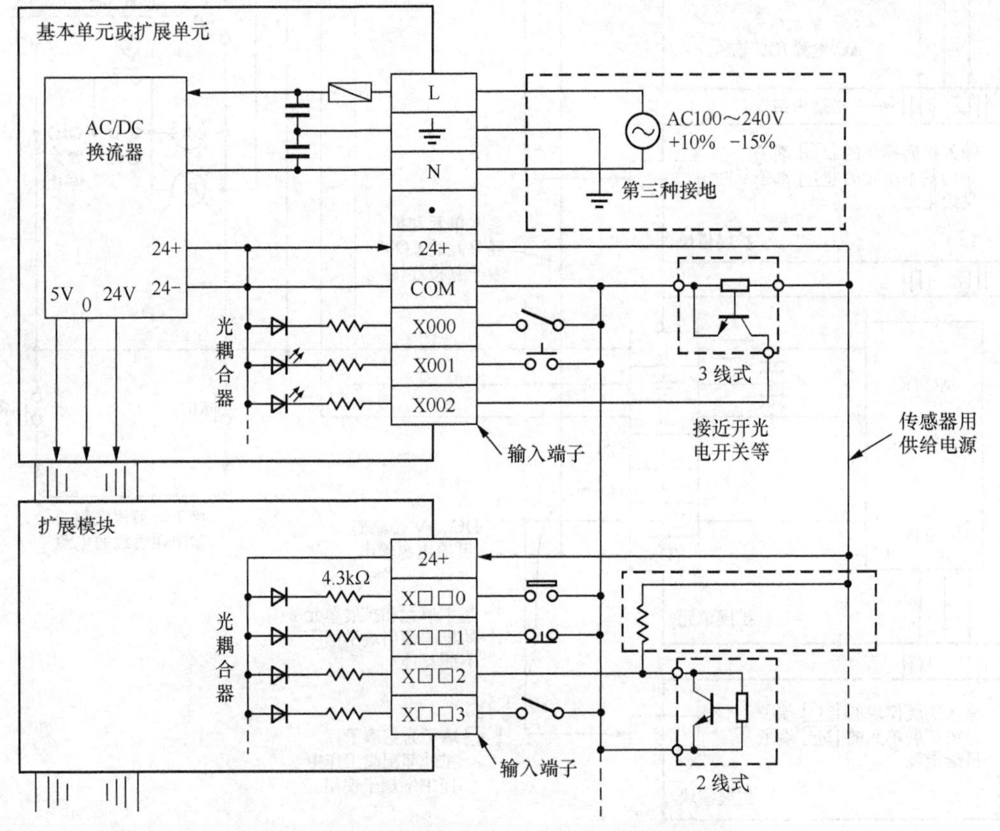

图 7-3　FX 系列 PLC 控制单元输入端子的接线方法

在进行输入端子接线时，应注意以下几点。

1）输入线尽可能远离输出线、高压线及电机等干扰源。

2）不能将输入设备连接到带“•”端子上。

3）交流型 PLC 的内藏式直流电源输出可用于输入；直流型 PLC 的直流电源输出功率不够时，可使用外接电源。

4）切勿将外接电源加到交流型 PLC 的内藏式直流电源的输出端子上。

5）切勿将用于输入的电源并联在一起，更不可将这些电源并联到其他电源上。

（4）控制单元输出端子接线

FX 系列控制单元输出端子板为两头带螺钉的可拆卸板，该单元输出口上连接的器件主要是继电器、接触器、电磁阀的线圈。这些器件均采用 PLC 机外的专用电源供电，PLC 内部不过是提供一组开关接点。接入时线圈的一端接输出点螺钉，一端经电源接输出公共端，如图 7-4 所示。由于输出口连接线圈种类多，所需的电源种类及电压不同，输出口公共端常分为许多组，而且组间是隔离的。PLC 输出口的额定电流一般为 2A，大电流的执行器件需配装中间继电器。

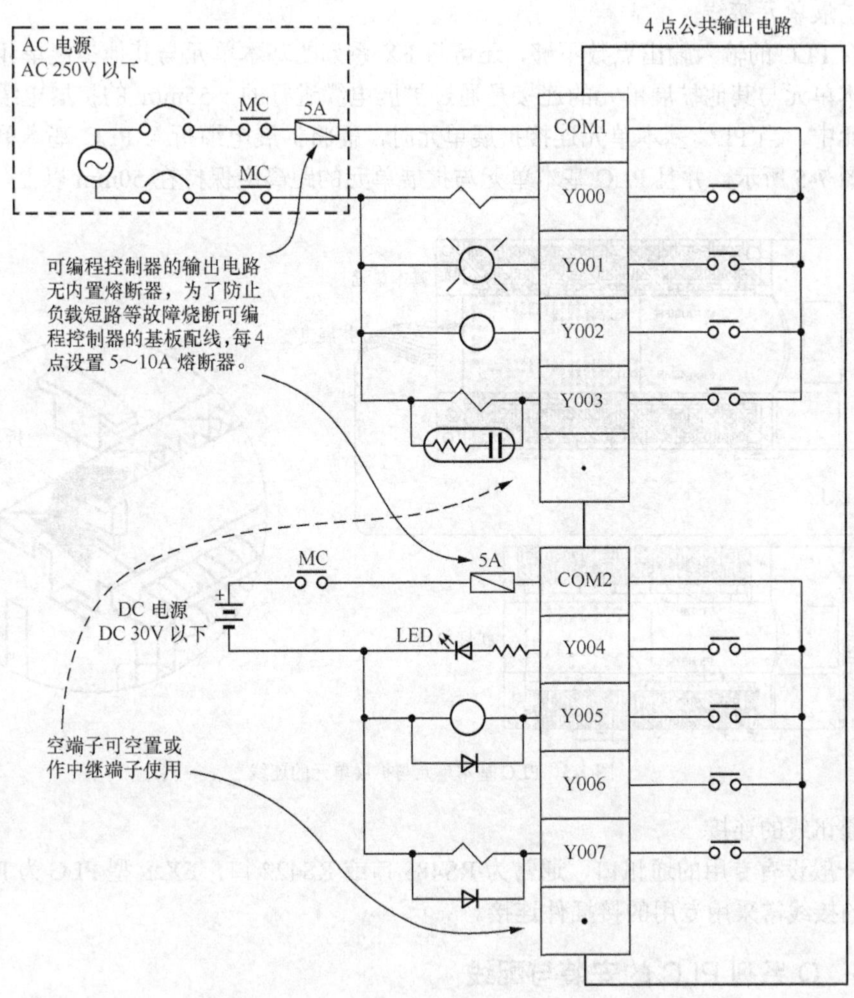

图 7-4　FX 系列 PLC 控制单元输出端子的接线方法

在进行输出端子接线时，应注意以下几点。

1）输出线尽可能远离高压线和动力线等干扰源。

2）不能将输出设备连接到带“•”端子上。

3）各“COM□”端均为独立的，故各输出端既可独立输出，又可采用公共并接输出。当各负载使用不同电压时，采用独立输出方式；当各个负载使用相同电压时，可采用公共输出

方式。

4）当多个负载连到同一电源上时，应使用型号为 AFP1803 的短路片将它们的“COM□”端短接起来。

5）若输出端接感性负载，需根据负载的不同情况接入相应的保护电路。在交流感性负载两端并接 RC 串联电路；在直流感性负载两端并接二极管保护电路；在带低电流负载的输出端并接一个泄放电阻以避免漏电流的干扰。以上保护器件安装在距离负载 50cm 以内。

6）在 PLC 内部输出电路中没有熔断器，为防止因负载短路而造成输出短路，应在外部输出电路中安装熔断器或设计紧急停止电路。

（5）扩展单元接线

若一台 PLC 的输入输出点数不够，还可将 FX 系列的基本单元与其他扩展单元连接起来使用。基本单元与其他扩展单元的连接是通过扩展电缆进行的，55mm 的扩展电缆通常附属于扩展单元中，当 PLC 基本单元连接扩展单元时，需将扩展电缆折入 PLC 基本单元的盖板下面，如图 7-5 所示，并且 PLC 基本单元与扩展单元的距离应保持在 50mm 以上。

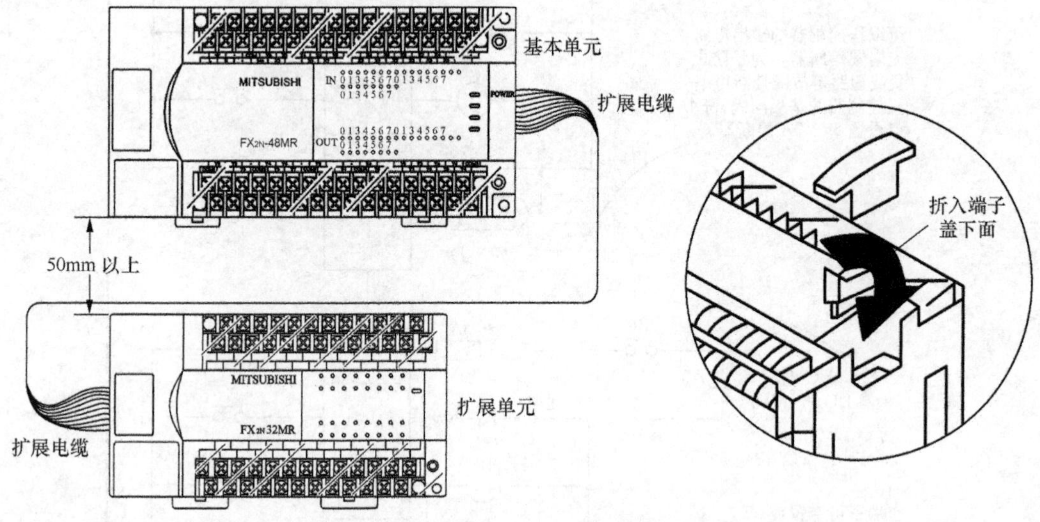

图 7-5　PLC 基本单元与扩展单元的连线

（6）通讯线的连接

PLC 一般设有专用的通讯口，通常为 RS485 口或 RS422 口，FX2N 型 PLC 为 RS422 口。与通讯口的接线常采用专用的接插件连接。

7.1.3　Q 系列 PLC 的安装与配线

1. Q 系列 PLC 的安装

Q 系列 PLC 的安装包括 CPU 模块、I/O 模块、智能功能模块、电源模块和基板单元等部件。

（1）主基板的安装

主基板的外形如图 7-6 所示，它是用来安装 CPU 模块、I/O 模块、智能功能模块、电源模块的平台。主基板有多种规格，不同的规格其安装尺寸也有所不同，如表 7-1 所示。

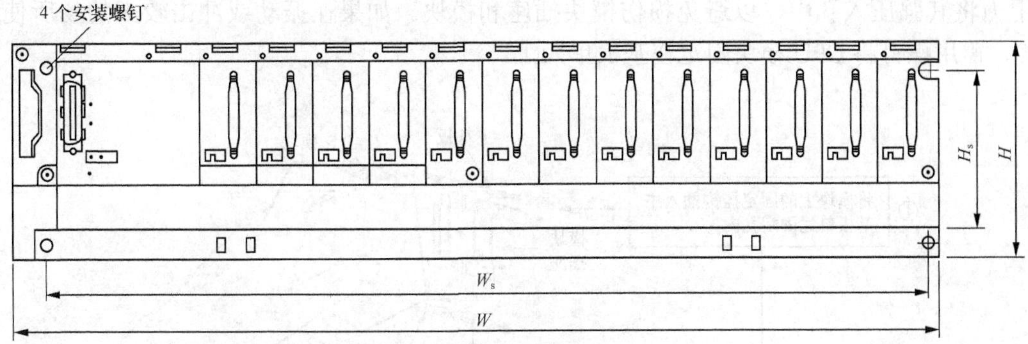
4 个安装螺钉
H_s
H
W_s
W

图 7-6 主基板的外形

表 7-1 主基板的安装尺寸

规格 / 尺寸	Q3□B				Q6□B				QA1S6□B	
	Q33B	Q35B	Q38B	Q312B	Q63B	Q65B	Q68B	Q612B	QA1S65B	QA1S68B
W(mm)	189	245	328	439	189	245	328	439	315	420
Ws(mm)	167	224.5	308	419	167	222.5	306	417	295	400
H(mm)	98								130	
Hs(mm)	80								110	

基板的安装方法如图 7-7 所示，将主基板单元安装到面板时，最右边的插槽应空置。在拆卸基板单元时，应从最右边的插槽开始拆卸。

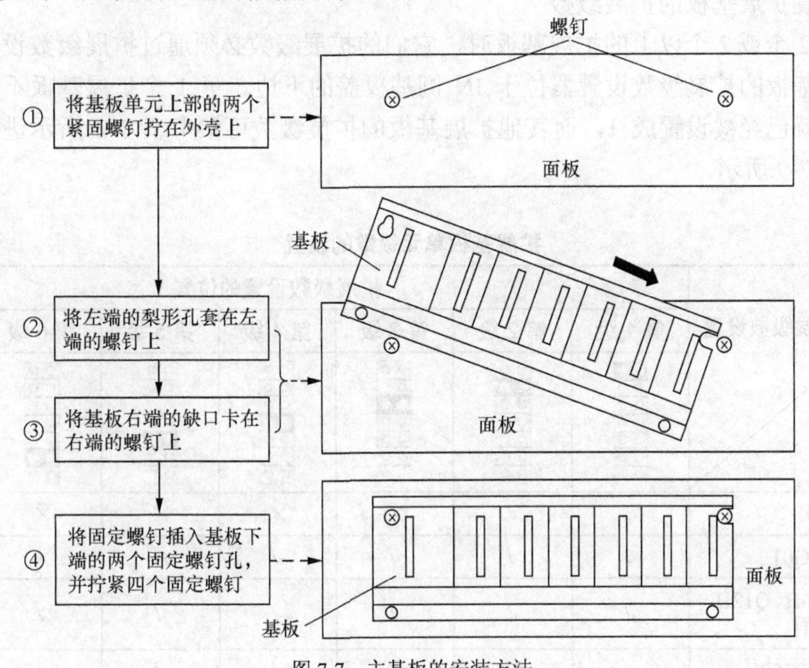
螺钉
① 将基板单元上部的两个紧固螺钉拧在外壳上
面板
基板
② 将左端的梨形孔套在左端的螺钉上
③ 将基板右端的缺口卡在右端的螺钉上
面板
④ 将固定螺钉插入基板下端的两个固定螺钉孔，并拧紧四个固定螺钉
面板
基板

图 7-7 主基板的安装方法

(2) 模块的安装

模块的安装是指 Q 系列 PLC 的 CPU 模块、I/O 模块、智能功能模块、电源模块等单元

的安装。在主基板上安装模块的方法如图 7-8 所示。将模块固定挂钩插入模块固定孔中，不要用力将其强压入孔中，以避免损伤模块插座和模块。如果在振动或冲击较大的场所使用 PLC，需用螺钉将 CPU 模块固定在基板单元上。

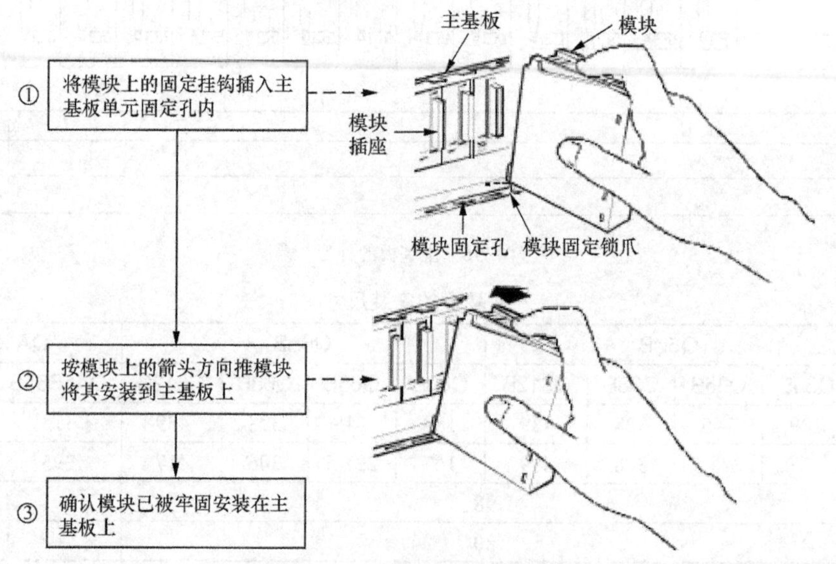

图 7-8 在主基板上安装模块

（3）设置扩展基板的扩展级数

若使用 2 个或 2 个以上的扩展基板时，它们的扩展级数必须通过扩展级数设置插座进行设置。扩展基板的扩展级数设置器位于 IN 侧基板盖的下边。第 1 个扩展基板不必设置，因为出厂时它就已经被设置成 1，而其他扩展基板的扩展级数可参考表 7-2 所示进行设置，设置方法如图 7-9 所示。

表 7-2 扩展基板单元级数的设置

扩展级数设置 / CPU 型号	扩展级数设置的位置						
	第 1 级	第 2 级	第 3 级	第 4 级	第 5 级	第 6 级	第 7 级
Q00J	√	√	×	×	×	×	×
Q00、Q01	√	√	√	√	×	×	×
Q02（H）、Q06H、Q12H、Q25H	√	√	√	√	√	√	√
Q12PH、P25PH	√	√	√	√	√	√	√

注意：若 CPU 的型号为 Q12PRH 或 Q25PRH，不能设置扩展基板；表中“√”表示可以设置；“×”表示不可以设置。

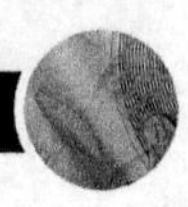

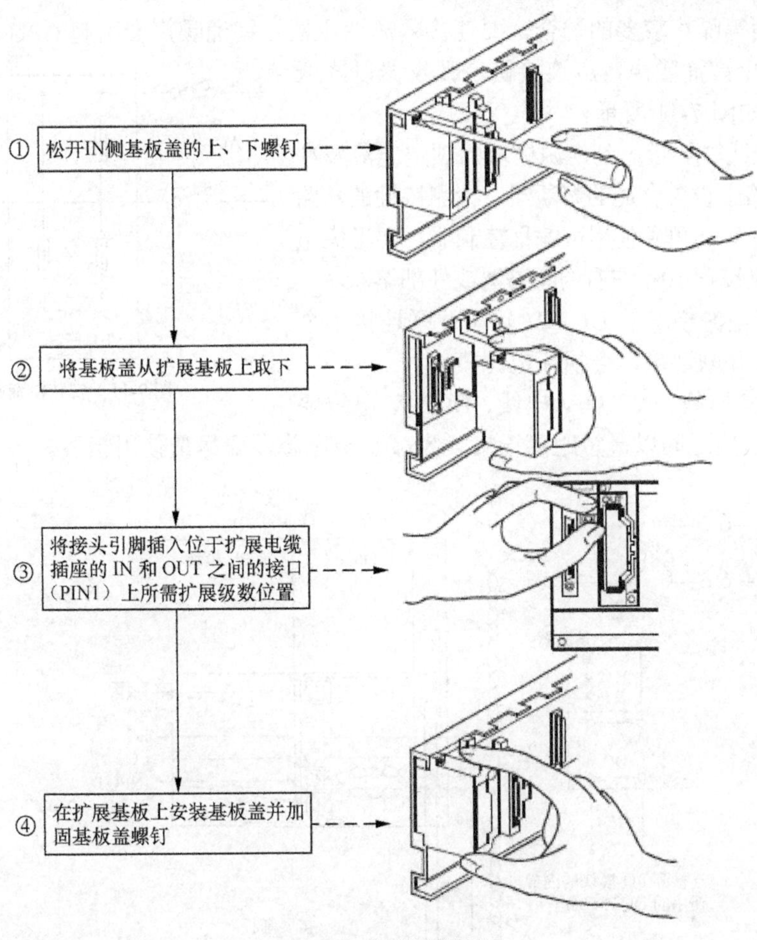

① 松开IN侧基板盖的上、下螺钉
② 将基板盖从扩展基板上取下
③ 将接头引脚插入位于扩展电缆插座的 IN 和 OUT 之间的接口（PIN1）上所需扩展级数位置
④ 在扩展基板上安装基板盖并加固基板盖螺钉

图 7-9　扩展级数设置

2. Q 系列 PLC 的配线

（1）电源配线

电源配线应注意以下事项。

1）可编程控制器的电源、I/O 电源及动力电源的配线要按照图 7-10 所示与系统进行分配。

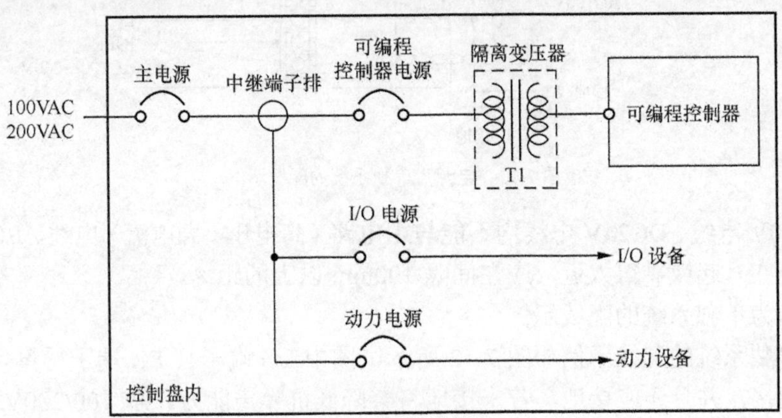

图 7-10　电源配线

2）在雷涌等噪声较多的场合，要连接隔离变压器。雷涌噪声会引起 CPU 模块瞬间停止或复位，为防止雷涌噪声，应连接雷涌吸收器以降低雷电的影响，如图 7-11 所示。

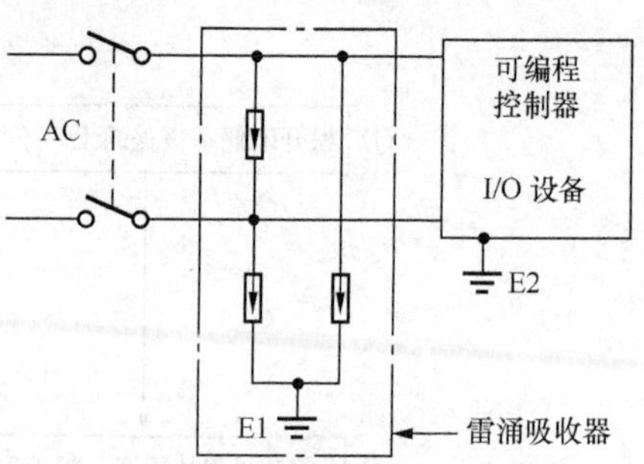

图 7-11 安装雷涌吸收器

3）电源配线时要考虑到电源模块的额定电流及冲击电流，在电路上设置合适的熔断器、检测特性的断路器或外部熔断器。若单独使用可编程控制器，要考虑电线的保护，建议设置 10A 左右的断路器或外部熔断器。

4）不要将电源模块的 DC24V 输出并联连接 1 个 I/O 模块。如果并联连接，会损坏电源模块。

5）AC100V 电线、AC200V 电线、DC24V 电线要尽量绞紧，在模块之间以最短距离连接。为减小电压降，要尽量使用粗线。

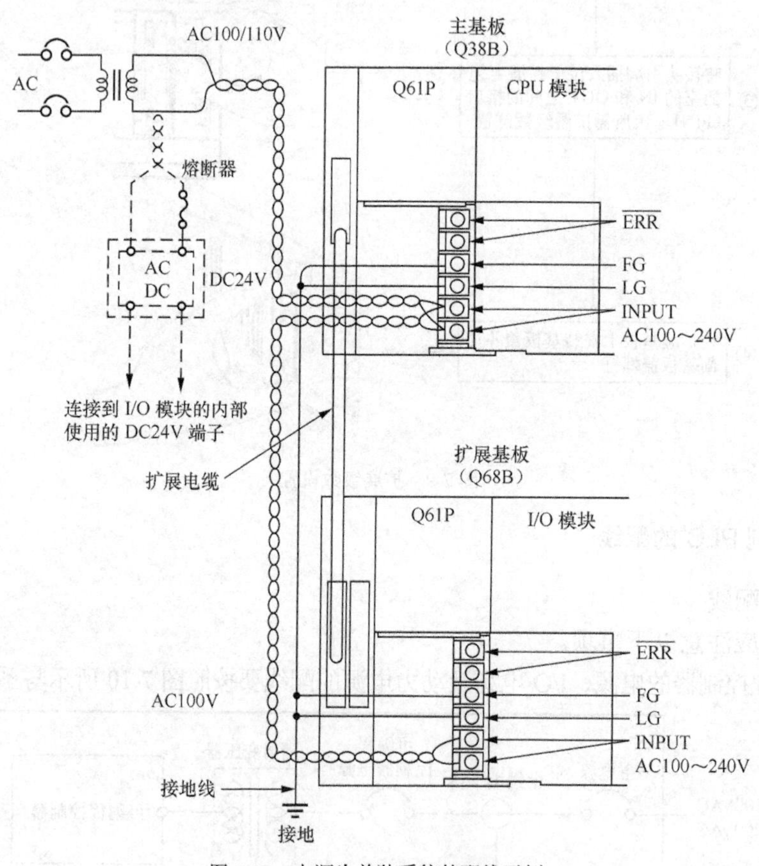

图 7-12 电源为单独系统的配线示例

6）AC100V 电线、DC24V 电线均不能与主电路（高电压、大电流）电线、I/O 信号线（含公共线）捆扎在一起或靠得太近，应在间隔 100mm 以上的距离。

（2）电源为单独系统的配线示例

电源为单独系统的配线示例如图 7-12 所示，图中 LG 端子与 FG 端子尽量使用粗而短的接地线进行短接，并且还应接地，若未接地将会降低抗噪声能力。AC100/200V、DC24V 的电源线要尽量使用粗电线，从连接端子开始就要绞合。端子排的配线必须使用压装端子，一

个端子部位最多连接 2 个压装端子。

主基板上安装了电源模块，如果 AC 电源未输入，发生 CPU 模块停止型出错或电源模块的熔断器熔断，$\overline{\text{ERR}}$ 端子将变为 ON 状态。扩展基板上安装了电源模块，在正常情况下，$\overline{\text{ERR}}$ 端子为 OFF 状态。

（3）电源为冗余系统的配线示例

电源为冗余系统的配线示例如图 7-13 所示，图中 LG 端子与 FG 端子尽量使用粗而短的接地线进行短接，并且还应接地。AC100/200V、DC24V 的电源线要尽量使用粗电线，从连接端子开始就要绞合。端子排的配线必须使用压装端子，一个端子部位最多连接 2 个压装端子。为了防止压装端子螺栓松动时产生的短路，要使用带厚度 0.8mm 以下的绝缘套管压装端子。

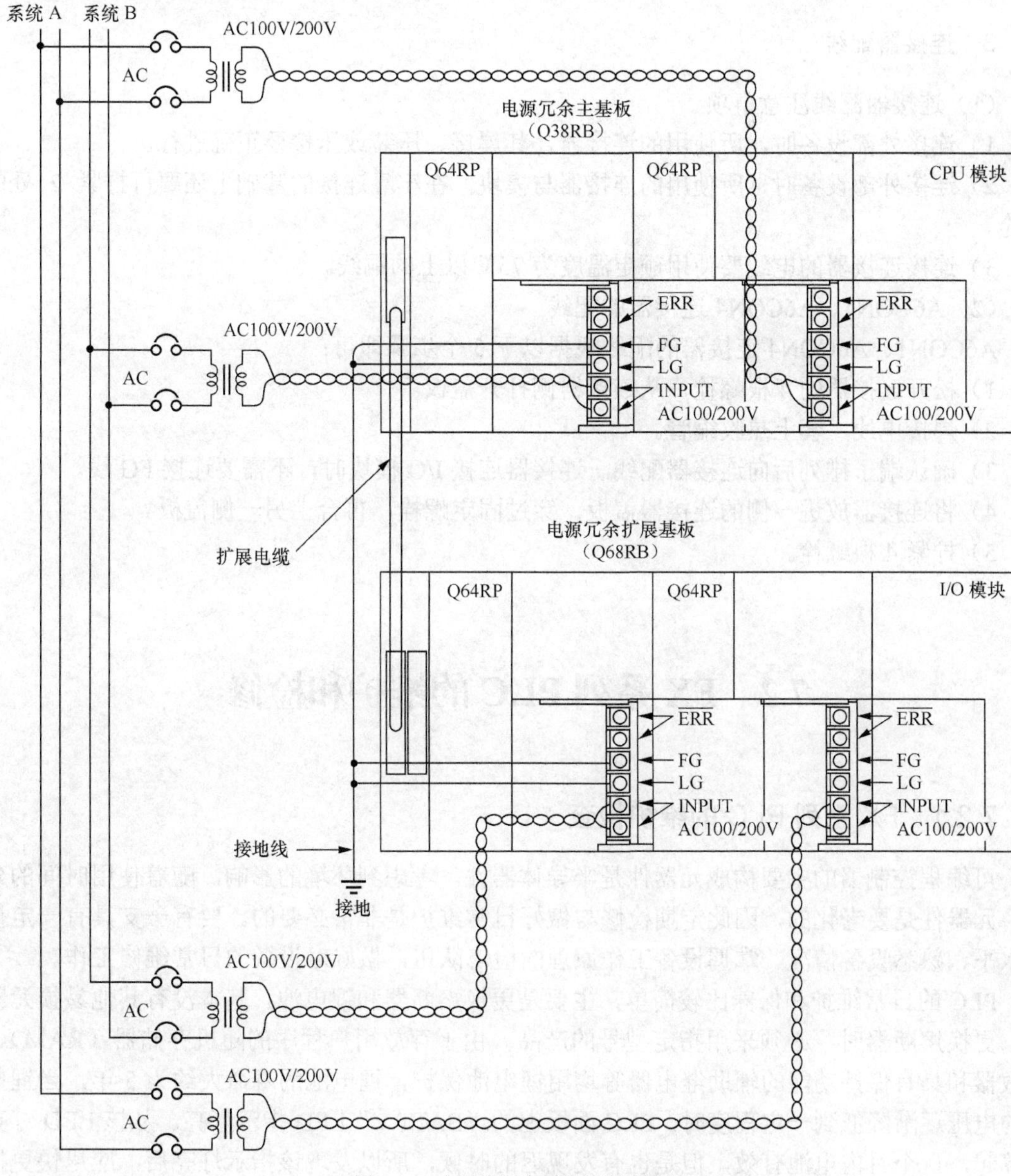

图 7-13　电源为冗余系统的配线示例

电源冗余主基板上安装了冗余电源模块，如果AC电源未输入，发生CPU模块停止型出错、冗余电源模块的熔断器熔断或冗余电源模块发生故障，$\overline{\text{ERR}}$端子变为ON。电源冗余扩展基板上安装了冗余电源模块，若AC电源未输入，冗余电源模块的熔断器熔断或冗余电源模块发生故障，$\overline{\text{ERR}}$端子变为OFF。电源冗余主基板上安装的冗余电源模块和电源冗余扩展基板上安装的冗余电源模块的输入电源同时接通时，电源冗余主基板上的ERR端子的ON（短路）时间要比电源冗余扩展基板上的ERR端子ON慢，慢的时间就是CPU模块的初始处理时间。

供给冗余电源模块的电源系统要各自分开。如果将2个冗余电源模块（如Q64RP）并联运行，应将1个冗余电源模块作为AC电源输入，另1个连接无间断电源装置。

3．连接器配线

（1）连接器配线注意事项

1）连接外部设备时，所使用的连接器，其焊接、压装或压接要正确进行。

2）连接外部设备时，所使用的连接器与模块，在牢靠连接的基础上还要再拧紧2处的螺栓。

3）连接连接器的电线要使用额定温度为75℃以上的铜线。

（2）A6CON1、A6CON4连接器的配线

A6CON1、A6CON4连接器的配线根据以下5个步骤即可：

1）松开连接器的4根螺栓，从连接器侧打开盖板。

2）焊接电线，套上热收缩管。

3）确认端子排列后向连接器配线。连接器连接I/O模块时，不需要连接FG线。

4）将连接器放进一侧的连接器盖板，穿过固定螺栓，再合上另一侧盖板。

5）拧紧4根螺栓。

7.2　FX系列PLC的维护和检修

7.2.1　FX系列PLC的维护检查

可编程控制器的主要构成元器件是半导体器件。考虑到环境的影响，随着使用时间的延长，元器件是要老化的，因此定期检修与做好日常维护是非常必要的。要有一支具有一定技术水平、熟悉设备情况、掌握设备工作原理的检修队伍，做好对设备的日常维修工作。

PLC的日常维护和保养比较简单，主要是更换熔断器和锂电池，基本没有其他易损元器件。更换熔断器时，必须采用指定型号的产品。由于存放用户程序的随机存储器（RAM）、计数器和具有保持功能的辅助继电器等均用锂电池保护，锂电池的寿命大约为5年，当锂电池的电压逐渐降低到一定程度时，PLC面板上的“BATT.V”LED指示灯亮。从该LED灯亮时算起，1个月内电池有效，但是也有发现迟的时候，所以发现该指示灯亮后，应尽快更换电池，以免影响PLC运行。下面以FX2N系列PLC为例讲解电池更换的步骤。

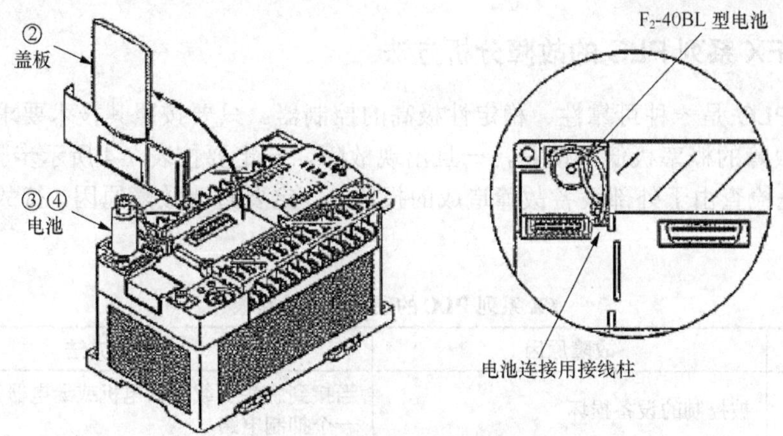

图 7-14 FX2N系列 PLC 电池更换

（1）在拆装前，应先让 PLC 通电 15 秒以上（这样可使作为存储器备用电源的电容器充电，在锂电池断开后，该电容可对 PLC 做短暂供电，以保护 RAM 中的信息不丢失），然后断开 PLC 的电源。

（2）用手指握住面板盖左角，抬起右侧，卸下 FX2N 系列 PLC 基本单元的电池盖板，如图 7-14 中②所示。

（3）从电池架中取下旧电池，拔出插座，如图 7-14 中③所示。

（4）在插座拔出后的 20s 内，装上新电池插座，如图 7-14 中④所示。

（5）把电池插入电池架，盖上电池盖板。

注意更换电池时间要尽量短，一般不允许超过 3 分钟。如果时间过长，RAM 中的程序将消失。

对检修工作要制定一个流程，按期执行，保证设备运行状况最优。每台 PLC 都有确定的检修时间，一般以每 0.5～1 年检修一次为宜。当外部环境条件较差时，可以根据情况把检修时间间隔缩短。定期检修的内容如表 7-3 所示。

表 7-3　**FX 系列 PLC 的定期检修**

序号	检修项目	检修内容	判断标准
1	供电电源	在电源端子处测量电压波动范围是否在标准范围内	电源波动范围：85%～110%供电电压
2	运行环境	环境温度	0～55℃
		环境湿度	35%～85%RH，不结露
		积尘情况	不积尘
3	输入输出用电源	在输入输出端子处测电压变化是否在标准范围内	以各输入输出规格为准
4	安装状态	各单元是否可靠固定	无松动
		电缆的连接器是否完全插紧	无松动
		外部配线的螺钉是否松动	无异常
5	寿命元件	电池、继电器、存储器	以各元件规格为准

7.2.2 FX 系列 PLC 的故障分析方法

应该说 PLC 是一种可靠性、稳定性极高的控制器。只要按照其技术要求规范安装和使用，出现故障的概率极低。但是，一旦出现故障，一定要按表 7-4 所示步骤进行检查、处理。特别是检查由于外部设备故障造成的损坏。一定要查清故障原因，待故障排除后再运行。

表 7-4　　FX 系列 PLC 的硬件故障诊断表

问题	故障原因	解决方法
输出不工作	被控制的设备损坏	当接到感性负载（如电机或继电器）时需要接入一个抑制电路
	程序错误	修改程序
	接线松动或不正确	接线松动的要紧固，不正确的要改正
	输出过载	检查输出的负载功率
	输出被强制	检查 CPU 是否有被强制的 I/O
SF（系统故障）灯亮	用户程序错误	对于编程错误，检查 FOR，NEXT，JMP，比较指令的用法
	电气干扰	控制面板良好接地，以及高、低电压不并行引线是很重要的
	元件损坏	把 24VDC 传感器电源的 M 端子接地
LED 灯全部不亮	熔断器烧断	把电源分析器连接到系统，检查过电压尖峰的幅值和持续时间。根据检查结果，给系统加一个合适的抑制设备，还应检查过流原因
	不正确的供电电压	接入正确供电电压
电气干扰问题	不合适的接地	正确接地
	在控制柜内交叉配线	把 24VDC 传感器电源的 M 端子接到地。确保控制面板良好接地和高、低电压不并行引线
	对快速信号配置了输入滤波器	增加系统数据块中的输入滤波器的延迟时间
当连接一个外部设备时通讯网络损坏。	如果所有的非隔离设备（例如 PLC、计算机或其他设备）连到一个网络，而该网络没有共同的参考点，通讯电缆提供了一个不期望的电流通路。这些不期望的电流可以造成通讯错误或损坏电路。	首先检测通信网络，若网络不通，更换隔离型 PC/PPE 电缆。当连接没有共同电气参考点的机器时，使用隔离型 RS-485 到 RS-485 中继器
SWOPC-FXGP/WIN-C 或 GX Developer 通信问题		检查网络通信信息后处理
错误处理		检查错误代码信息后处理

7.2.3 FX 系列 PLC 的错误代码

FX 系列 PLC 的每个错误代码都代表相应的含义，如表 7-5 所示。

表 7-5　　FX 系列 PLC 的错误代码

类型	出错代码	出错内容	处理方法
I/O 结构出错 M8060（D8060）继续运行	例如：1020	没有装 I/O 起始元件号，“1020”中第 1 个数字“1”表示输入 X，“0”表示输出 Y，“020”表示元件号	还没有装的输入继电器，输出继电器的编号被编入程序。PLC 可以继续运行，若是程序员，请进行修改
PC 硬件出错 M8061（D8061）停止运行	0000	无异常	检查扩展电线连接是否正确
	6101	RAM 出错	
	6102	运算电路出错	
	6103	M8069 驱动时，I/O 总线出错	
	6104	M8069 驱动时，扩展设备 24V 以下	
	6105	监视定时器出错	运算时间超过 D8000 值，检查程序
PLC/PP 通信出错 M8062（D8062）继续运行	0000	无异常	程序面板（PP）或程序接口连接的设备与 PLC 的连接是否正确
	6201	奇偶出错，超过出错，成帧出错	
	6202	通信字符有误	
	6203	通信数据的求和不一致	
	6204	数据格式有误	
	6205	指令有误	
并行连接通信出错 M8063（D8063）继续运行	0000	无异常	检查双方的 PLC 的电源是否为 ON，适配器和控制器之间，以及适配器之间连接是否正确
	6301	奇偶出错，超过出错，成帧出错	
	6302	通信字符有误	
	6303	通信数据的求和数据不一致	
	6304	数据格式有误	
	6305	指令有误	
	6306	监视有误	
	6307～6311	无	
	6312	并行连接字符有误	
	6313	并行连接求和数据出错	
	6314	并行连接格式出错	
参数出错 M8064（D8064）停止运行	0000	无异常	停止 PLC 的运行，用参数方式设定正确值
	6401	程序的求和不一致	
	6402	存储的容量设定有误	
	6403	存储区域设定有误	
	6404	注释区的设定有误	
	6405	文件寄存器区设定有误	
	6406～6408	无	
	6409	其他设定有误	

续表

类型	出错代码	出错内容	处理方法
语法出错 M8065（D8065） 停止运行	0000	无异常	检查编程时，对各个指令的使用是否正确，产生错误时，请用正确程序模式进行修改
	6501	指令-元件符号-元件号的组合有误	
	6502	设定值之前无 OUT T，OUT C	
	6503	① OUT T，OUT C 之后无设定值 ② 应用指令操作数的数量不足	
	6504	① 卷标编号（P）重复 ② 中断输入和高速计数器输入重复	
	6505	元件号范围溢出	
	6506	使用了未定义的指令	
	6507	卷标编号（P）定义出错	
	6508	中断输入（I）的定义出错	
	6509	其他	
	6510	MC 嵌套编号大小有错误	
	6511	中断输入和高速计数器输入重复	
电路出错 M8066 （D8066）， 停止运行	0000	无异常	对整个电路块而言，当指令组合不对时，成对指令关系有错时，都能产生错误。在程序中，通过修改指令的相互关系，来处理这些问题。
	6601	LD、LDI 的连续使用次数超过 9 次	
	6602	① 没有 LD、LDI 指令。没有线圈，LD、LDI 和 ANB、ORB 之间关系有错 ② STL、RET、MCR、P（指针）、I（中断）、EI、DI、SRET、IRET、FOR、NEXT、FEND、END 没有与总线连接 ③ 忘记了 MPP	
	6603	MPS 的连续使用次数超过 12 次	
	6604	MPS 和 MRD、MPP 关系出错	
	6605	① STL 的连续使用次数超过 9 次 ② 在 STL 内有 MC、MCR、I（中断）、SRET ③ 在 STL 外有 RET	
	6606	① 没有 P（指针）、I（中断） ② 没有 SRET、IRET ③ I（中断）、SRET、IRET 在主程序中 ④ STL、RET、MC、MCR 在子程序和中断子程序中	
	6607	① FOR 和 NEXT 关系有误，嵌套超过 6 次 ② 在 FOR-NEXT 之间有 STL、RET、MC、MCR、IRET、SRET、FEND、END	
	6608	① MC 和 MCR 的关系有误 ② MCR 没有 NO ③ MC-MCR 间有 SRET、IRET、I（中断）	

续表

类型	出错代码	出错内容	处理方法
电路出错 M8066 （D8066）， 停止运行	6609	其他	对整个电路块而言，当指令组合不对时，成对指令关系有错时，都能产生错误。在程序中，通过修改指令的相互关系，来处理这些问题。
	6610	LD、LDI 的连续使用超过 9 次	
	6611	对 LD、LDI 而言，ANB、ORB 指令数太多	
	6612	对 LD、LDI 而言，ANB、ORB 指令数太少	
	6613	MPS 连续使用超过 12 次	
	6614	忘记 MPS	
	6615	忘记 MPP	
	6616	忘记 MPS-MRD、MPP 间的线圈，或关系有误	
	6617	必须从总线开始的指令却没有与总线连接，如 STL、RET、MCR、P、I、DI、EI、FOR、NEXT、SRET、IRET、FEND、END	
	6618	只能在主程序中使用的指令却在主程序之外使用（如中断、子程序等）	
	6619	FOR-NEXT 之间使用了不能使用的指令（如 STL、RET、MC、MCR、I、IRET 等）	
	6620	FOR-NEXT 间嵌套溢出	
	6621	FOR-NEXT 数的关系有误	
	6622	没有 NEXT 指令	
	6623	没有 MC 指令	
	6624	没有 MCR 指令	
	6625	STL 的连续使用超过 9 次	
	6626	在 STL-RET 之间有不能使用的指令（如 MC、MCR、I、SRET、IRET 等）	
	6627	没有 RET 指令	
	6628	主程序中有不能用的指令（如 I、SRET、IRET）	
	6629	没有 P、I	
	6630	没有 SRET、IRET 指令	
	6631	SRET 位于不能使用的场合	
	6632	FEND 位于不能使用的场合	
运算出错 M8067 （D8067）， 继续运行	0000	无异常	运算过程中产生错误，以及程序的修改或应用指令的操作内容是否有误。即使为语法、电路没有出错，下列原因也可能产生运算错误。例 T200Z 虽没有错，但运算结果 Z=100 时，T=300，导致元件编号溢出，从而产生错误。
	6701	① CJ、CALL 没有跳转地址 ② 在 END 指令后面有卷标 ③ 在 FOR-NEXT 间或子程序间有单独的卷标	
	6702	CALL 的嵌套次数超过 6 次	
	6703	中断的嵌套次数超过 3 次	

续表

<table>
<tr><th>类型</th><th>出错代码</th><th>出错内容</th><th colspan="2">处理方法</th></tr>
<tr><td rowspan="19">运算出错
M8067
（D8067），
继续运行</td><td>6704</td><td>FOR-NEXT 的嵌套次数超过 6 次</td><td colspan="2" rowspan="6">运算过程中产生错误，以及程序的修改或应用指令的操作内容是否有误。即使为语法、电路没有出错，下列原因也可能产生运算错误。例 T200Z 虽没有错，但运算结果 Z=100 时，T=300，导致元件编号溢出，从而产生错误。</td></tr>
<tr><td>6705</td><td>应用指令的操作数在目标元件以外</td></tr>
<tr><td>6706</td><td>应用指令操作数的元件号范围和数据值溢出</td></tr>
<tr><td>6707</td><td>因没有设定文件寄存器的参数而存取了文件寄存器</td></tr>
<tr><td>6708</td><td>FROM/TO 指令出错</td></tr>
<tr><td>6709</td><td>其他（忘记 IRET、SRET，FOR-NEXT 关系有误）</td></tr>
<tr><td>6730</td><td>取样时间（Ts）在目标范围外（Ts=0）</td><td rowspan="6">PID 运算停止</td><td rowspan="13">产生控制参数的设定值和 PID 运算中产生数据错误，请检查参数</td></tr>
<tr><td>6732</td><td rowspan="2">输入滤波器常数（a）在目标范围外（a<0 或 a≥100=，比例阈（Kp）在目标范围外（Kp<0）</td></tr>
<tr><td>6733</td></tr>
<tr><td>6734</td><td>积分时间（T_I）在目标范围外（T_I<0）</td></tr>
<tr><td>6735</td><td>微分阈（K_D）在目标范围外（K_D<0 或 K_D≥201）</td></tr>
<tr><td>6736</td><td>微分时间（T_D）在目标范围外（T_D<0）</td></tr>
<tr><td>6740</td><td>取样时间（Ts）≤运算周期</td><td rowspan="7">将运算数据作为 MAX 值，继续运算</td></tr>
<tr><td>6742</td><td>测定值溢出（ΔPV<–32768 或 ΔPV>32767）</td></tr>
<tr><td>6743</td><td>偏差溢出（EV<–32768 或 EV>32767）</td></tr>
<tr><td>6744</td><td>积分计算值溢出（–32768～32767 以外）</td></tr>
<tr><td>6745</td><td>因微分阈（K_P）溢出，产生微分值溢出</td></tr>
<tr><td>6746</td><td>微分计算值溢出（–32768～32767 以外）</td></tr>
<tr><td>6747</td><td>PID 运算结果溢出(–32768～32767 以外）</td></tr>
</table>

7.3 Q 系列 PLC 的维护和检修

7.3.1 Q 系列 PLC 的维护检查

Q 系列 PLC 日常检查的内容如表 7-6 所示。

表 7-6　Q 系列 PLC 的日常检查的内容

序号	检修项目	检修内容	判断标准
1	安装的基板单元	固定螺钉是否松动、外壳是否移位	螺钉和外壳必须牢固安装
2	安装 I/O 模块	模块是否移位、挂钩是否扣牢	挂钩必须扣牢

续表

序号	检修项目	检修内容	判断标准
3	连接	压装端子的相互位置	端子螺钉不应松动
		扩展电缆接头	扩展电缆接头必须以适当的间距布置
		检查照明	接头不应松动
4	电源 POWER LED	该灯是否点亮	正常情况下该灯点亮，若熄灭则不正常
	CPU RUN LED	在运行状态下该灯是否点亮	正常情况下该灯点亮，若熄灭则不正常
	CPU ERROR LED	该灯是否熄灭	正常情况下该灯不亮，若该灯点亮或闪烁则不正常
	CPU BAT.ARM LED	该灯是否熄灭	正常情况下该灯不亮，若该灯点亮则不正常
	输入 LED	检查该灯点亮和熄灭情况	当输入电源接通时，该灯应点亮 当输入电源关闭时，该灯应熄灭
	输出 LED	检查该灯点亮和熄灭情况	当输出电源接通时，该灯应点亮 当输出电源关闭时，该灯应熄灭

同样，对于每台 Q 系列 PLC 而言，一般以每 0.5～1 年进行定期检查。当外部环境条件较差时，可以根据情况把检修时间间隔缩短。移动或修改设备、改变布线时，也要进行该检查。Q 系列 PLC 定期检查的内容如表 7-7 所示。

表 7-7　Q 系列 PLC 定期检查的内容

项目	检修项目		检修内容	判断标准
1	环境	温度	用温度计和湿度计测量工作环境及腐蚀性气体	0～55℃
		湿度		5%～95%RH
		空气		不能存在腐蚀性气体
2	电源电压		测量 AC 100/200V 和 DC 24V 端子间的电压	AC 85～132V
				AC 170～264V
				DC 15.6～31.2V
3	安装	松动，嗝嗝异声	检查移动模块是否松动和发出嗝嗝异声	模块应牢固安装
		灰尘和异物的黏附	目视检查	不应存在灰尘和异物
4	连接	端子螺钉松动	用螺丝刀紧固螺钉	螺钉不应松动
		压装端子间的相对位置	目视检查	压紧端子，以适当的间距布置
		接头的松动	目视检查	接头不应松动
5	电池		以 GPPW 的监视模式检查 SM51 或 SM52 是否断开	预防性维护

7.3.2　Q 系列 PLC 的故障分析方法

Q 系列 PLC 的故障主要有模式与引导系统的故障、基本故障、操作/编程故障、系统校验与总线出错故障等。下面简单介绍这些故障的排除方法。

1. 模式与引导系统故障

MODE LED（模式指示灯）安装在CPU模块上（Q00/01型CPU除外），用来指示PLC硬件模式的安装情况与工作方式。在正常情况下，CPU模块接通电源，MODE LED点亮。若为其他方式，则表示异常。

（1）MODE LED不亮

MODE LED不亮，可按以下步骤进行故障排除。

1）检查电源模块是否开启、电源模块布线是否正确。若布线错误，重新布线后，再开通电源。

2）检查电源模块的POWER LED是否点亮，若不亮，更换电源模块。

3）检查扩展电缆的布线是否正确，即IN与IN相连、OUT与OUT相连。如果布线错误，必须正确连接扩展电缆。

4）检查CPU模块的RESET/L.CLR开关是否设置到中间位置，若没有放在中间，则应将其放置在中间位置。

5）若以上步骤不能排除故障，说明CPU模块或其他模块不良，需更换或维修不良的模块。

（2）MODE LED闪烁

MODE LED闪烁，可按以下步骤进行故障排除。

1）检查PLC是否被强制为ON/OFF，若是，应取消PLC的强行ON/OFF设置。

2）检查CPU模块的RESET/L.CLR开关是否设置到中间位置，若没有放在中间位置，则应将其放置在中间位置。

3）若以上步骤不能排除故障，说明CPU模块或其他模块不良，需更换或维修不良的模块。

（3）BOOT LED闪烁

BOOT LED（引导系统指示灯）安装在CPU模块上（Q00/01型CPU除外），用来指示PLC引导系统启动的情况。若PLC在开启过程中或运行过程中检测到引导系统错误，该灯闪烁。BOOT LED闪烁，可按以下步骤进行故障排除。

1）关闭PLC电源。

2）卸下存储卡。

3）将CPU的DIP设定开关SW2和SW3置为ON。

4）打开PLC电源。

5）BOOT LED是否被点亮，若点亮，则PLC完成从存储卡至标准和的自动写入，然后从标准ROM进行引导操作。如果BOOT LED仍处于闪烁状态，说明CPU模块或其他模块不良，需更换或维修不良的模块。

2. 基本故障

（1）POEWR LED熄灭

POEWR LED（电源指示灯）一般安装在PLC的基本单元或电源模块上。若PLC接通电源，该指示灯不亮，表明PLC内部电源不能建立或外部无电源输入，可按以下步骤进行故障排除。

1）是否有外接电源，若没有，则必须对其提供外部电源。

2）外部电源是否达到 AC 85～132V 或 AC170～264V，若不是此范围内的电压，请将外部电压调节在许可范围之内。

3）电源模块是否已固定牢靠，若不是，应正确固定电源模块。

4）过流保护和过压保护能否有效工作，若不能，可检查电流容量，减小过流值，然后关闭输入电源，再迅速打开。

5）若以上步骤不能排除故障，说明 CPU 模块不良，需更换或维修不良的模块。

（2）RUN LED 熄灭

RUN LED（运行指示灯）一般安装在 PLC 的基本单元上，用于指示 PLC 的工作状态。在 PLC 开机或运行过程中，该灯熄灭，表明 PLC 运行停止，此时可按以下步骤进行故障排除。

1）ERROR LED 是否点亮或闪烁，若是，应根据 ERROR LED 指示灯的点亮或闪烁排除故障。

2）按下 RESET/L.CLR 开关将 CPU 模块复位，若该灯不亮，则可能是 PLC 的零件/连接故障，也可能是由于过量的噪声干扰引起的，此时，可更换零件或将其连接好，如果是噪声干扰引起的，可将噪声源与一个电涌吸收电路（如 CR 电路）相连。

3）将 CPU 模块的 RUN/STOP 开关设置为 STOP，用 GPPW 在地址 0 写入 END 指令。

4）将 CPU 模块的 RUN/STOP 开关设置为 RUN，用 GPPW 进入监控模式。若该灯不亮，可更换零件或将其连接好。

5）可能是顺序控制程序错误，应修改程序。

（3）RUN LED 闪烁

当处于停止状态，在 QCPU 中写入程序或参数后，如果将 RUN/STOP 开关的设置从 STOP 调为 RUN，那么 QCPU 会使 RUNLED 产生闪烁。即使这不是 CPU 的故障，也会使 QCPU 停止运行。要使 CPU 进入 RUN 状态，用 RESET/L.CLR 开关将 CPU 复位或再次将 RUN/STOP 开关的设置从 STOP 调为 RUN。

（4）ERROR LED 点亮/闪烁

ERROR LED（错误指示灯）一般安装在 PLC 的基本单元，用于指示 PLC 的自诊断情况。当 PLC 在开机或运行过程中检测到错误时，指示灯 ERROR 点亮或闪烁，此时可按以下步骤进行故障排除。

1）通过编程器，利用 GX Developer 软件的诊断操作，读取 PLC 内部特殊继电器或特殊寄存器的信息。

2）将开关键设置在 STOP 位置。

3）根据读取的错误信息排除故障。

4）用 RESET/L.CLR 开关进行复位。

5）将 RUN/STOP 开关设置在 RUN 位置。

6）若以上步骤不能排除故障，可能是 CPU 模块不良，需更换或维修。

（5）USER LED 点亮

USER LED（用户程序错误指示灯）安装在 PLC 的基本单元上，用于指示 PLC 的用户程序是否出错。接通电源，PLC 在启动或正常运行状态时，该灯不亮。如果 CHK 指令检测到错误或信号报警器F打开时，该指示灯点亮，说明用户程序出错，此时可按以下步骤进行故障排除。

1）通过编程器，利用GX Developer软件的监控模式监控特殊继电器和特殊寄存器，识别出是哪一条CHK指令和哪一个信号报警器F被打开。

2）根据识别出的信号，排除故障。

3）用RESET/L.CLR开关进行复位或执行LEDR指令。

注意：若将RESET/L.CLR开关扳向L.CLR位置几次，以进行锁存器清零操作，USER LED会产生闪烁，表示正在进行锁存器清零操作。如果USER LED闪烁时，把RESET/L.CLR开关再扳向L.CLR位置，USER LED将熄灭，表示终止锁存器清零操作。

（6）BAT.ARM LED变亮

BAT.ARM LED（电池报警指示灯）安装在PLC的基本单元上，用于指示CPU模块或SRAM卡的电池电压是否过低。当电池电压过低时，可按以下步骤进行故障排除。

1）使用GX Developer软件的监控模式监控特殊继电器（SM51、SM52）和特殊寄存器（SD51、SD52），识别出到底是CPU模块还是SRAM卡的电池电压过低。

2）更换新电池。

3）用RESET/L.CLR开关进行复位或执行LEDR指令。

（7）PLC输入指示灯不亮

PLC输入指示灯安装在各自的输入模块上，用来指示PLC输入信号的状态。当设备输入侧发送信号时，对应的指示灯亮，如果相应指示灯不亮，可能是以下情况造成的，可采取相应的方法解除故障。

1）采用汇点输入（无源）时，信号接触电阻太大或负载过重、短路等情况，引起PLC内部电源电压降低、保护，使得输入电流不足以驱动PLC的输入接口电路。

2）采用源输入（有源）时，由于信号的接触电阻太大或输入信号的电压过低，使得输入电流不足以驱动PLC的输入接口电路。

3）输入端子的接触不良或输入连接线不良。

4）当故障发生在扩展单元时，可能是基本单元与扩展单元间的连接不良。

5）PLC输入接口电路损坏。

（8）PLC输出指示灯不亮

PLC输出指示灯安装在各自的输出模块上，用来指示PLC输出信号的状态。当输出指示灯不亮时，可按以下步骤进行故障排除。

1）MODE LED指示灯是否点亮，如果不亮，参照MODE LED不亮/闪烁的故障排除方法进行维修，以保证MODE LED指示灯点亮。

2）使用编程器检查PLC是否有信号输出，若没有输出，则可能是PLC用户程序存在错误，应当修改用户程序。

3）用编程器检查PLC有信号输出时，检查输出地址的设定是否正确，如果地址设定错误，则应修改输出地址。

4）利用编程器进行强制ON设置，观察LED是否亮，若不亮，则可能是CPU模块、基板单元、扩展电缆发生故障，应将其更换。

5）利用编程器进行强制ON，观察LED是否亮，若亮，更换另一输出模块，再强

制 ON 设置后观察 LED 是否亮，若不亮，则可能是 CPU 模块、基板单元、扩展电缆发生故障，应将其更换。如果更换模块后，该指示灯亮，说明以前使用的输出模块发生了硬件故障。

3．操作/编程故障

（1）不能读程序时的故障

接通电源后，PLC 与 GX Developer 软件进行通讯时，不能读程序，可采用以下步骤进行故障排除。

1）需要读取的存储器选择是否正确，若不正确，应选择正确的存储器。

2）电缆连接是否正确，若不正确，应重新正确连接电缆。

3）更换连接电缆后，检查 CPU 与 GX Developer 是否能进行通讯。若不能，则需检查通讯接口类型。如果为 RS-232 通讯接口，应正确设定接口参数；如果为 USB 通讯接口，应在电脑上安装 USB 驱动程序。

4）再次检查 CPU 与 GX Developer 是否能进行通讯，若不能通讯，则可能是 CPU 模块、基板单元、电缆等硬件不良，需检查硬件的安装与连接或更换不良部件。

（2）不能写程序时的故障

接通电源后，编程器不能对 PLC 进行写程序时，可采用以下步骤进行故障排除。

1）检查 PLC 的 RUN/STOP 开关是否设置为 STOP，若设定在 RUN，需将其设定为 STOP。

2）DIP 开关 1 的 SW1 是否设置在 OFF 位置，若为 ON，需将其设定为 OFF 位置。

3）检查 PLC 是否设置了密码，如果设置了密码，需删除密码保护。

4）检查是否使用 PLC 存储器，若不是，应首先取消存储卡的被写保护，然后对存储卡进行格式化，再确认写入的目标地址必须符合规范。

5）若使用 PLC 存储器，应首先重新组织写入文件，然后确认 PLC 的存储器容量必须足够存储数据，再确认写入的目标地址必须符合规范。

6）检查编程器是否能对 PLC 进行写程序，如果不能，应格式化存储器。

7）再次检查编程器是否能对 PLC 进行正常写入，如果不能，则可能是 CPU 模块、存储器等硬件不良，应检查其安装与连接或进行相应地更换。

（3）不能从存储卡进行引导操作的故障

Q 系列 PLC 中，在调试与维修前，或 PLC 出现 BOOT 报警时，通常需要存储卡对 PLC 的 CPU 模块进行引导操作，才能保证 PLC 的正常工作与故障排除。若不能从存储卡进行引导操作，可采用以下步骤进行故障排除。

1）CPU 模块是否存在报警，若有报警，应排除故障。

2）引导存储器是否装有指定参数文件，若没有，应将 DIP 开关 2 和 3 设置到装有参数引导文件存储器。

3）检查是否已配置了参数引导文件，若没有，应配置一个参数引导文件。

4）检查是否已配置了参数程序设置文件，若没有，应配置一个参数程序设置文件。

5）引导操作文件是否存储在存储卡中，若没有，应将文件写入存储卡。

6）若以上步骤不能排除故障，可能是 CPU 模块、存储器等硬件存在不良，或者系统软件、引导软件错误。

4．系统校验与总线出错故障

（1）UNIT VERIFY ERR 的故障

UNIT VERIFY ERR 即系统校验故障。在 PLC 调试与维修时，如 PLC 出现 CPU 模块 ERR 报警，编程器显示“系统校验出错 UNIT VERIFY ERR”的故障，代表 PLC 自诊断系统检测到硬件错误。出现该故障时，可采用以下步骤进行故障排除。

1）用编程器检查出现错误的插槽，检验该插槽处的模块安装是否正确，若安装不正确，应重新正确安装。

2）检查基板模块的所有扩展电缆是否连接正确，若连接不正确，应重新正确连接。

3）检查当前模块故障是否排除，若排除时，根据检测到的错误更换当前模块、更换 CPU 模块或更换当前基板单元。

4）若以上步骤不能排除故障，与三菱公司联系解决。

（2）显示 CONTROL BUS ERR 的故障

CONTROL BUS ERR 即总线出错，在 PLC 调试与维修时，如 PLC 出现 CPU 模块 ERR 报警，编程器显示“总线出错 CONTROL BUS ERR”的故障，代表 PLC 自诊断系统检测到硬件错误。出现该故障时，可采用以下步骤进行故障排除。

1）用编程器检查出现错误的插槽或基板，检验该插槽处的模块安装是否正确，当前基板单元扩展电缆的安装是否正确，若安装不正确，应重新正确安装模块和电缆。

2）基板模块的所有扩展电缆是否连接正确，若连接不正确，应重新正确连接扩展电缆。

3）更换当前模块，检查故障是否已排除，若尚未排除，根据检测到的错误更换当前模块、更换 CPU 模块或更换当前基板单元。

4）若以上步骤不能排除故障，与三菱公司联系解决。

7.3.3　Q 系列 PLC 的错误代码

如果打开 PLC 电源时出现错误，那么 CPU 模块在运行状态，或当其运行时，QCPUQ/QNACPU 通过使用自诊断功能显现错误（LED 显示，在显示器上有信息），随后在特殊继电器 SM 和特殊寄存器 SD 中存储错误信息。当出现错误时，在能够执行 GPP 功能的外围设备中，可以读取错误代码，其错误代码如表 7-8 所示。

当有错误发生时，可以通过 GX Developer 读取错误的代码和相应信息。所使用的 GX Developer 应该与 SW4D5C-GPPW-E 和以后的 MELSEC-Q 系列产品相匹配。通过使用 GX Developer 读取出错代码的步骤如下。

（1）启动 GX Developer。

（2）将可编程控制器与外围设备相连接。

（3）在 GX Developer 编程软件中执行菜单“在线”→“PLC 读取”，并从 QCPU 中读入该项目。

（4）执行菜单“诊断”→“PLC 诊断”，在弹出的“PLC 诊断对话框”中单击“跳转错误”按钮，显示出错代码和出错信息。

（5）执行菜单“帮助”→“PLC 出错”，确认当前出错代码的内容。

表 7-8 Q 系列 PLC 的错误代码

出错代码（SD0）	出错内容和原因	处理方法
1000～1006	主 CPU 运行模式为挂起或故障 ① 由于噪音和其他原因引起的故障 ② 硬件故障	① 消除噪音干扰 ② 对 CPU 进行复位并重新运行，若错误还有，则更换有故障的 CPU 模块
1009	电源模块，CPU 模块，主基板，扩展基板故障	对 CPU 进行复位并重新运行，若错误还有，则更换有故障的模块
1010～1012	END 指令出错 ① 由于噪音等原因而被读取成另一个代码 ② END 指令被转变成另一个指令	① 减少噪音干扰 ② 对 CPU 进行复位并重新运行，若错误还有，则更换有故障的 CPU 模块
1020	由于噪音等原因而 SFC 程序不能正常结束	① 减少噪音干扰 ② 对 CPU 进行复位并重新运行，若错误还有，则更换有故障的 CPU 模块
1101	存储 CPU 顺序程序内存出现错误	更换有故障的 CPU 模块
1102	RAM 里的错误被用于 CPU 工作区域	
1103	内部 CPU 元件错误	
1104	CPU 模块里的 RAM 地址错误	
1105	CPU 模块里的 CPU 内存错误	
1200	执行 CPU 内部索引修改电路不能正常工作	更换有故障的 CPU 模块
1201	内部 CPU 硬件不能正常工作	
1202	CPU 模块里执行顺序处理的电路不能正常工作	
1300	有一个输出模块的熔断器熔断	更换熔断器
1310	没有中断模块，但出现中断	检查模块的同时，更换有故障的模块
1311	检测到中断模块外的中断要求	采取措施，使中断模块外的中断不再发生
	检测到来自 PLC 参数对话框中没有设置中断指针设定的中断要求	① 修改 PLC 参数对话框中的中断指针设置 ② 修改网络参数的中断设定；修改智能功能模块缓冲内存的中断设定；修改 QD51 的基本程序
1401	① 在初始通信阶段，没有来自智能模块响应 ② 智能功能模块的缓冲内存大小是错误的	更换有故障的 CPU 模块
1402	在程序里访问了智能功能模块，但没响应	更换有故障的 CPU 模块
1403	① 执行 END 指令时，智能功能模块没响应 ② 检测到智能功能模块里一个错误信息	将被访问的智能功能模块换掉
1411	① 执行参数 I/O 分配时，智能功能模块在初始通信时不能访问。 ② 出现错误时，相应特殊功能模块的 I/O 号存储在公共信息里	对 CPU 进行复位并重新运行，若错误还有，则更换有故障的 CPU 模块或智能功能模块或基板
1412	FROM/TO 指令集由于智能功能模块系统总线错误不能执行。出现错误时，程序错误位置被存储	对 CPU 进行复位并重新运行，若错误还有，则更换有故障的 CPU 模块或智能功能模块或基板

续表

出错代码（SD0）	出错内容和原因	处理方法
	多CPU系统配置里，功能版本A的QCPU被安装	在主板中去掉功能版本A的QCPU
1413、1414	在系统总线上检测到错误 ① 系统总线的自我诊断错误 ② CPU模块的自我诊断错误	对CPU进行复位并重新运行，若错误还有，则更换有故障的CPU模块或智能功能模块或基板
1415	检测到主基板或扩展基板发生故障	对CPU进行复位并重新运行，若错误还有，则更换有故障的CPU模块或智能功能模块或基板
1416	在多CPU系统配置里当电源打开或复位时，检测到总线故障	对CPU进行复位并重新运行，若错误还有，则更换有故障的CPU模块或智能功能模块或基板
1500	电源出现瞬间电源中断或电源消失	① 检查输入电源连接 ② 更换电源模块
1600	① CPU模块电池电压过低 ② CPU模块电池的导线连接器没有连接	① 更换电池 ② 安装导线连接器
2000	I/O模块信息电源ON被改变 ① I/O模块或智能功能模块没有正确安装 ② I/O模块或智能功能模块安装在基板上	正确安装I/O模块
2001	在CPU模块空闲设置的插槽上安装一个模块	空闲设置的插槽上不要安装模块
2010	① 安装了5块或更多的扩展基板 ② 当显示设备是总线连接时，CPU模块被复位时显示设备的电源为OFF	① 卸下多余扩展基板 ② 再次接通PLC和人机接口电源
2011	QA□B或QA1S□B用作基本单元	不能将QA□B或QA1S□B作为基本单元使用
2100	参数I/O分配设定错误 ① 智能模块被分配到为I/O模块保留的位置 ② 不是CPU的模块分配到为I/O模块保留的位置 ③ 分配给智能功能模块的点数少于安装的模块点数	复位参数I/O分配设定，使其符合智能模块和CPU模块状态
2103	安装了2个或更多的中断模块	将中断模块减少到1个
	在中断指针没有设定的位置，安装了2个或更多的中断模块	① 将中断模块减少到1个 ② 使中断指针设定为第二个中断模块
2106	① 安装了2个或更多的MELSECNET/H ② 安装了2个或Q系列ETHERNET模块 ③ 安装了3个或Q系列CC-LINK模块 ④ 在MELSECNET/H的网络系统里存在相同的网络号或相同的站点号	① 将MELSECNET/H减少为1个或更少 ② 将Q系列ETHERNET模块减少为1个或更少 ③ 将Q系列CC-LINK模块减少为2个或更少 ④ 检查网络号或站点号
2107	参数I/O分配设定的起始X/Y也是另一个模块的起始X/Y	复位参数I/O设定，使其符合特殊功能模块实际状态

续表

出错代码（SD0）	出错内容和原因	处理方法
2110	① 由指令集FROM/TO指定的位置不是智能功能模块 ② 被访问的智能功能模块出现故障	① 读取错误个别信息，检查和编辑与号码值对应FROM/TO指令集 ② 被访问的智能功能模块硬件错误
2111	由链接直接元件指定的位置不是网络模块	
2112	① 由智能功能模块专用指令指定位置不是一个智能功能模块 ② 在网络专用指令中指定网络号不存在，或继电器目标网络不存在	通过使用GX DEVELOPER来读取个别信息，检查和编辑对应于号码值的智能功能模块专用指令
2114	对主机 CPU 进行设置的指令被另一 CPU 使用	通过使用GX DEVELOPER来读取公共信息，检查和修改对应此值的程序
2115	对另一 CPU 进行设置的指令被主机 CPU 使用	
2116	由另一 CPU 控制的模块被不允许的 CPU 控制的模块指令来设定	
2117	在多CPU系统专用指令里不能指定的CPU模块被指定	
2120	QA□B或QAS□B用作主基板	使用Q□B作为主基板
2122	QAS□B安装到主基板	安装Q□B作为主基板
2124	① 模块被安装在25或更高插槽 ② 在基板分配设定中指定插槽数之后的插槽内安装了模块 ③ 在实际I/O点之外的I/O点上安装了模块 ④ 在实际I/O点边界处安装了模块 ⑤ 添加了5个或更多扩展基板	① 将25或其后插槽中的模块去掉 ② 去除在基板分配设定中指定插槽数之后的插槽内安装的模块 ③ 去除在实际I/O点之后安装的I/O点模块 ④ 对于占据点没有超过实际I/O的模块，改变最后一个模块 ⑤ 去除多余的扩展基板
2125	① 安装了一个不能辨认的模块 ② 智能功能模块没有响应	① 安装可使用的模块 ② 更换有故障的智能模块
2200	在程序内存里没有参数文件	设定参数文件到程序内存里
2210	引导文件内容不合适	重新检查引导设置
2400	在参数里的 PLC 文件设定指定的文件找不到	使用GX DEVELOPER来读取错误信息，检查以确定和参数号码的号码值的对应驱动名称和文件名称，并改正错误
2401	在参数PLC RAS设定故障历史区域内指定的文件不能建立	
2500	① 有一个程序文件，它使用的元件超出了PLC参数元件的设定范围 ② 在 PLC 参数设定改变后，只有参数写进PLC	① 使用GX DEVELOPER来读取公共信息，检查分配给与的数值和参数元件设定相对应的程序文件的元件 ② 确认PLC参数元件设定参数，批量写入参数和程序文件进入PLC
2501	① 有3个或更多程序文件 ② 程序文件的名称与程序内容不符	① 删除不必要的程序文件 ② 使程序名称与程序内容匹配

续表

出错代码（SD0）	出错内容和原因	处理方法
2502	程序文件不是 QCPU 兼容的，或者文件内容不是顺序程序的内容	① 检查程序版本是否为***.QPG ② 检查文件内容确定它们是顺序程序
2503	完全没有程序文件	① 检查程序配置 ② 检查参数和程序配置
2504	有 2 个或更多 SFC 程序	减少 SFC 程序为 1
3000	计时器的时间限定设置，RUN-PAUSE 触点，公共指针号，一般数据处理，空插槽的数量，或系统中断设定的参数设定超出范围	① 使用 GX DEVELOPER 来读取错误信息，检查对应于那些号码值的参数条目，在必要时进行修改 ② 修改参数后，错误仍存在时，更换有故障的模块
3001	参数内容已经被破坏	
3003	在参数元件设定中，设定元件数量超过 CPU 允许的模块范围	① 使用 GX DEVELOPER 来读取错误信息，检查对应于那些号码值的参数条目，在必要时进行修改 ② 修改参数后，错误仍存在时，更换有故障的模块
3004	① 参数文件与 QCPU 不兼容 ② 文件内容无参数	① 检查程序版本是否为***.QPG ② 检查文件内容确定它们有参数
3012	多 CPU 系统的参数设定不同于参考 CPU 参数	使多 CPU 系统设置与参考 CPU 设定相匹配
3013	多 CPU 系统中自动刷新设置为以下之一 ① 1 个 16 倍数以外的号码被指定为刷新元件 ② 指定元件超过指定允许范围 ③ 传送点数是一个奇数 ④ 传送点的总数大于刷新点的最大数量	① 指定 16 的倍数作为刷新起始元件 ② 指定的元件被指定为刷新元件 ③ 设定传送点的号码为偶数 ④ 设定传送点的总数在刷新点的范围之内
3100	① 实际安装模块数量不同于参数设定数量 ② 实际安装模块起始 I/O 号不同于参数设定 ③ 在参数里的一些数据不能处理 ④ MELSECNE/H 的站类型在电源通电时改变 ⑤ 多 CPU 系统中，由另一 CPU 控制的 MELSECNET/H 模块指定为起始 I/O 号码	① 匹配网络参数和安装状态 ② 检查扩展基板的扩展段号码设定 ③ 检查扩展基板和连接器的连接状态 ④ 更换有故障硬件 ⑤ 删除另一 CPU 控制 MELSECNET/H 模块的网络设定，改变由本机 CPU 控制的起始 I/O 号码
3101	① 参数指定的起始 I/O 号与安装的模块不同 ② 参数指定的网络类型和模块不同	① 匹配网络参数和安装状态 ② 检查扩展基板的扩展段号码的设定 ③ 检查扩展基板和连接器的连接状态 ④ 更换有故障的硬件
3102	指定给 MELSECNET/H 的参数不正常	① 修改并写入网络参数 ② 更换有故障的硬件
3103	① 实际安装的模块数为 0 ② 以太网模块设定参数起始 I/O 号不同于实际安装的 I/O 模块号码	① 修改并写入网络参数 ② 更换有故障的硬件

续表

出错代码（SD0）	出错内容和原因	处理方法
3104	① 站点号码和组号码超出了范围 ② 指定I/O号码超出使用的CPU模块范围 ③ 以太网指定参数设定不正常	① 修改并写入网络参数 ② 更换有故障的硬件
3105	① 实际安装的模块数为0 ② 公共参数的起始I/O号不同于实际安装的I/O模块号码 ③ CC-Link单元数量设置参数的站点类型不同于实际安装的站点类型	① 修改并写入网络参数 ② 更换有故障的硬件
3106	CC-Link的网络刷新参数超过范围	检查参数设定
3107	CC-Link参数的内容不正确	检查参数设定
3200	参数设定非法	使用GX DEVELOPER读取错误信息，检查和修改该值
3201	SFC块属性信息内容不正确	
3202	参数配置所指定的步进继电器数少于程序使用的个数	
3203	参数配置所指定的SFC程序执行类型不同于扫描执行类型	
3300	参数配置所指定智能功能模块的第1个I/O地址与实际I/O地址不符	检查参数设置
3301	① 智能功能模块的通讯刷新设置超出文件寄存器容量 ② 智能功能模块的刷新参数设置超出范围	① 将文件寄存器的文件修改为可进行整个范围刷新的文件 ② 检查参数设置
3302	智能功能模块的刷新参数设置内容不正常	检查参数设置
3303	多PLC系统中，对其他站控制下的智能功能模块进行自动刷新或类似参数设置	① 删除其他站控制下的智能功能模块的自动刷新设置或类似参数设置 ② 将其改为主站控制下智能功能模块的自动刷新设置或类似参数设置
3400	远程密码文件的目标模块的第1个I/O地址设置在0H～0FF0H之外	将目标模块的第1个I/O地址设置在0H～0FF0H范围之内
3401	① 指定作为远程密码文件第1个I/O地址号的位置不正常。 ② 多PLC系统中指定了由其他站控制的功能版本为B的QJ71C24或QJE71智能功能模块	① 在作为远程密码文件第1个I/O地址号的位置安装功能版本为B的QJ71C24或QJE71智能功能模块 ② 将设置改为由主站控制的功能版本为A的QJ71C24或QJE71智能功能模块 ③ 删除远程密码设置
4000	程序中包含不能进行解码的指令代码	从外部设备读取通用的出错信息，检查出对应于出错信息显示值处的程序错误步，改正错误
4001	非SFC程序包含SFC程序专用指令	
4002	程序指定的扩充指令包含无效指令名称	
4003	程序指定的扩充指令包含无效软元件号	
4004	程序指定了不能使用的软元件	检查出错信息显示值处的程序错误步，改正错误

续表

出错代码（SD0）	出错内容和原因	处理方法
4010	程序没有END（FEND）指令	从外部设备读取通用的出错信息，检查出对应于出错信息显示值处的程序错误步，改正错误
4020	程序中使用的内部文件指针总数超过参数设置时的指定值	
4021、4030	独立文件使用通用指针重叠	
4100	程序中包含指令不能处理数据	从外部设备读取通用的出错信息，检查对应于出错信息显示值处的程序错误步，改正错误
4101	① 指令可以处理的数据超过了适用范围 ② 指定的软元件存储数据或常数超出范围	
4102	① 多PLC系统中，指定通讯设备（J□\G□）的对象是在其他站控制下的网络模块 ② 网络专用指令所指定的网络号不正确 ③ 直接通讯设备（J□\G□）设置不正确	① 从程序中删除为在其他站控制下的智能功能模块所指定的直接通讯设备 ② 使用直接通讯设备，将网络模块改为由主站控制 ③ 检查出错信息显示值处的程序错误步，改正错误
4103	PID专用指令配置不正确	检查出错信息显示值处的程序错误步，改正错误
4107	① 从一个QCPU中执行了33条及更多的指令 ② CC-Link指令的执行次数超过64次	① 在使用多PLC专用指令完成“位”时，提供互锁功能，以防止单个QCPU执行33条及更多的专用指令 ② 将CC-Link指令的执行数设置不超过64
4108	CC-Link执行前，没进行CC-Link参数设置	进行CC-Link参数设置后，再执行CC-Link指令
4200、4201	① 执行FOR指令后，没有执行NEXT指令 ② NEXT指令的个数少于FOR指令的个数	检查出错信息显示值处的程序错误步，改正错误
4202、4213	超过16层的嵌套	使嵌套次数不高于16次
4203	在未执行FOR指令的情况下，执行BREAK指令	检查出错信息显示值处的程序错误步，改正错误
4210	执行CALL指令，但找不到目标指针	
4211	执行的子程序中没有RET指令	
4212	主程序中，RET指令出现在FEND指令之前	
4220	产生中断输入，但找不到相应的中断指针	检查出错信息显示值处的程序错误步，改正错误
4221	在执行的中断处理程序中没有IRET指令	
4223	主程序中，IRET指令的位置在FEND指令之前	
4230	CHK指令数和CHKEND指令数之间有对应关系	
4231	IX指令数和IXEND指令数之间有对应关系	
4235	① CHK指令所设定的检查条件配置不正确 ② 在低速程序中使用了CHK指令	

续表

<table>
<tr><th>出错代码
（SD0）</th><th>出错内容和原因</th><th>处理方法</th></tr>
<tr><td>4300</td><td>MELSECNET/MINI-S3 主站模块控制指令出错</td><td rowspan="2">检查出错信息显示值处的程序错误步，改正错误</td></tr>
<tr><td>4301</td><td>AD57/AD58 控制指令指定错误</td></tr>
<tr><td>4400</td><td>SFC 程序中无 SFCP 或 SFCPEND 指令</td><td rowspan="4">检查出错信息显示值处的程序错误步，改正错误</td></tr>
<tr><td>4410</td><td>SFC 程序所指定的块号超过最大设定值</td></tr>
<tr><td>4411</td><td>SFC 程序所指定的块号重叠</td></tr>
<tr><td>4420</td><td>SFC 程序所指定的步号超过 No511</td></tr>
<tr><td>4421</td><td>SFC 程序的步总数超过范围</td><td>将总执行步数减少到范围内</td></tr>
<tr><td>4422</td><td>SFC 程序中的步号指定重叠</td><td>检查出错信息显示值处的程序错误步，改正错误</td></tr>
<tr><td>4500</td><td>SFC 程序中的 BLOCK 指令数和 BEND 指定数之间不是一一对应关系</td><td rowspan="5">从外部设备读取通用的出错信息，检查对应于出错信息显示值处的程序错误步，改正错误</td></tr>
<tr><td>4501</td><td>SFC 程序中的 STEP 至 TRAN 至 TSET 至 SEND 指令的设置错误</td></tr>
<tr><td>4502</td><td>SFC 程序块中无 STEPI 指令</td></tr>
<tr><td>4503</td><td>SFC 程序中 TSET 指令所指定的步不存在</td></tr>
<tr><td>4504</td><td>SFC 程序中 TAND 指令所指定的步不存在</td></tr>
<tr><td>4600</td><td>SFC 程序中含有不能进行处理的数据</td><td rowspan="3">① 从外部设备读取通用出错信息，检查对应于出错信息显示值处的程序错误步，改正错误
② 程序自动执行，初始启动</td></tr>
<tr><td>4601</td><td>超出 SFC 程序可以指定的软元件范围</td></tr>
<tr><td>4602</td><td>SFC 程序的开始指令执行前已执行结束指令</td></tr>
<tr><td>4610</td><td>在 SFC 程序重新开始执行时，当前步运行信息不正确</td><td rowspan="6">从外部设备读取通用的出错信息，检查对应于出错信息显示值处的程序错误步，改正错误</td></tr>
<tr><td>4611</td><td>在 SFC 程序重新开始过程中，开关键被复位</td></tr>
<tr><td>4620、4630</td><td>在已执行启动命令的 SFC 程序中，再一次执行启动命令</td></tr>
<tr><td>4621、4631</td><td>试图对 SFC 程序中不存在的程序块进行启动</td></tr>
<tr><td>4632</td><td>程序块中存在过多 SFC 程序可以指定的同时执行步</td></tr>
<tr><td>4633</td><td>全部程序块中存在过多 SFC 程序可以指定的同时执行步</td></tr>
<tr><td>5000</td><td>初始执行类型的程序扫描周期超过 PC RAS 参数设置中设定的初始化执行 WDT 时间</td><td rowspan="2">从外部设备读取通用的出错信息，检查对应于出错信息显示值处的程序错误步，必要时缩短扫描时间</td></tr>
<tr><td>5001</td><td>扫描时间超过 PC RAS 参数设定的 WDT 时间</td></tr>
<tr><td>5010</td><td>PC RAS 参数设置中设定的低速执行类型程序运行时间超过恒定扫描的极限容许时间</td><td>重新检查和改变参数设置时所设定的恒定扫描时间和低速执行类型程序的运行时间，以保证有足够的恒定扫描时间</td></tr>
<tr><td>5011</td><td>低速扫描类型程序扫描时间超出 PC RAS 参数设置中设定的低速执行类型程序 WDT 时间</td><td>从外部设备读取通用出错信息，检查对应于出错信息显示值处的程序错误步，必要时缩短扫描时间</td></tr>
</table>

续表

出错代码（SD0）	出错内容和原因	处理方法
6000	冗余系统中的控制系统和备用系统有不同的程序和参数设置	使控制系统和备用系统的程序和参数设置相同
6010	冗余系统中的控制系统和备用系统有不同的运行状态	使控制系统和备用系统的运行状态同步
6100	初始化时检测到CPU模块的追踪存储器中有错误	先更换备用系统 CPU，然后再更换控制系统CPU
6101	追踪信号交换时，CPU模块检测到错误	检查其他站的状态
6200	冗余系统中的备用系统被转换为控制系统	检查控制系统状态
6201	冗余系统中的控制系统被转换为备用系统	
6220	冗余系统的控制系统不能切换为备用系统	检查备用系统状态
6221	由于总线切换模块出错，系统转换不能执行	更换总线切换模块
6222	在初始化时，备用系统中安装了远程 I/O 网络的多路主站，所以不能进行系统切换	检查远程I/O网络设置
7000	① 多 PLC 系统，运行模式选择为“PLC 出现停止错误时，所有站停止运行”的站出现故障 ② 多PLC系统中安装了功能版本为 A 的QCPU模块 ③ 多PLC系统中，站1造成打开电源时，产生停止错误，或其他站不能启动	① 读取出错的特殊信息，查找引起PLC故障的原因，排除错误 ② 从主基板单元上拆除功能版本为 A 的QCPU
7002	① 进行多 PLC 系统初始化通讯时，初始化通讯目标站没有响应 ② 多 PLC 系统中安装了版本为 A 的QCPU模块	① 复位QCPU并重新运行，若再次显示相同错误，则是其中1个PLC出现硬件错误 ② 从主基板单元上拆除功能版本为 A 的QCPU
7003	进行多PLC系统初始化通讯时，初始化通讯目标站没有响应	复位 QCPU 并重新运行，若再次显示相同错误，则是其中1个PLC出现硬件错误
7010	① 多PLC系统安装了有故障的CPU模块 ② 多 PLC 系统中装载了版本为 A 的QCPU模块 ③ 多PLC系统中，2～4号的任一站在打开电源时，进行了复位操作	① 读取出错的特殊信息，更换出现故障的站 ② 将站的功能版本A改为版本B ③ 不要对2～4号站进行复位操作，对站1的 QCPU 进行复位操作，重新启动多 PLC系统
7020	多PLC系统中,运行模式没有选择为“PLC出现停止错误时，所有站停止运行”的终端出现故障	读取出错的特殊信息，查找引起 PLC 故障的原因，排除错误
9000	信号报警器F开启	从外部设备读取出错的特殊信息,检查与出错信息显示值（信号报警号）相对应的程序
9010	用CHK指令检测到错误	从外部设备读取出错的特殊信息,检查与出错信息显示值（错误编号）相对应的程序
9020	进行标准ROM自动写入时,数据被正常写入ROM，而BOOT LED也闪烁	进行标准ROM参数有效驱动设置，重新打开电源，从标准ROM进行引导操作
10000	QCPU模块以外的CPU模块发生错误	使用相应CPU模块软件包,检查错误的具体细节

第 8 章　PLC 在电动机基本控制电路中的应用

电气控制线路是把各种接触器、继电器、按钮、行程开关等电气元件，按照生产要求使用导线连接起来组成的控制线路。在生产实践中，一台生产机械的控制线路可以比较简单，也可以相当复杂，但任何复杂的控制线路都是由一些基本线路有机组合起来的。

电气控制电路的实现可以是传统的继电器—接触器控制方法、PLC 可编程控制器控制方法及计算机控制（单片机、EDA 可编程逻辑控制器等）方法等。传统的继电器—接触器控制是基本的、应用较广泛的方法，它具有电路直观形象、装置结构简单、价格便宜等特点，但它的通用性、灵活性较差。PLC 控制方法采用软件编制程序来完成控制任务，编程时所用到的继电器为内部软件继电器（理论上讲，其触点数量无限，使用次数任意），外部只需在端子上接入相应的输入/输出信号即可。PLC 系统在 I/O 点数及内存容量允许范围内可自由扩充，并且可用编程器进行在线或离线程序修改，以适应系统控制要求的改变。PLC 由程序中的指令控制半导体电路来实现控制，一般情况，一条用户指令的执行时间在微秒数量级，所以它的速度比传统的继电器—接触器控制要快，并不会出现抖动现象。因此，PLC 控制在性能上比传统的继电器—接触器控制系统优异。本章将介绍 PLC 在电动机基本控制电路中的应用。

8.1　PLC 在三相异步电动机控制电路中的应用

按照控制电动机电源使用的不同，可分为交流电动机控制电路和直流电动机控制电路。交流式电动机主要指交流异步电动机和交流绕线式异步电动机。

由于三相鼠笼型异步电动机具有结构简单、价格便宜、坚固耐用、维修方便等优点，获得了广泛应用。三相鼠笼式异步电动机的启动有两大类：全压启动和降压启动。全压启动是指在变压器容量允许的情况下，以全电压的方式直接启动三相鼠笼式异步电动机。降压启动是指启动时降低电压，待电动机启动后再将电压恢复到额定值，使电动机在额定电压下运行。

8.1.1　PLC 在三相异步电动机正转控制电路中的应用

三相异步电动机的正转控制分为点动控制和单向长动控制。

1. 三相异步电动机点动控制

三相异步电动机点动控制是指，当按下按钮时，电动机单向启动运转；当松开按钮时，电动机停止运行。

三相异步电动机点动控制的传统继电器—接触器控制电路原理图如图 8-1 所示。合上闸刀开关 QS，按下点动按钮 SB，交流接触器 KM 线圈得电，KM 主触头闭合，电动机启动运转；松开点动按钮 SB，交流接触器 KM 线圈断电释放，KM 主触头打开，电动机停止运转。

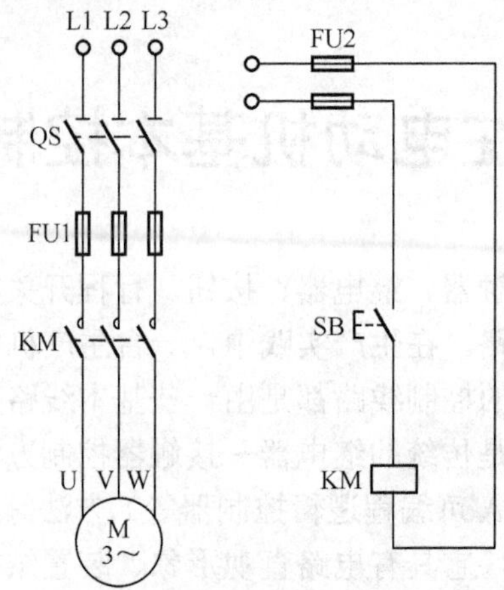

图 8-1　传统继电器—接触器单向点动控制电路原理图

采用 PLC 进行控制时，只需要 1 个输入点和 1 个输出点。若选用输入点 X000 作为点动按钮 SB 的输入点，Y000 作为交流接触器 KM 的输出点，则使用 PLC 控制三相异步电动机点动电路的 I/O 接线图如图 8-2 所示。

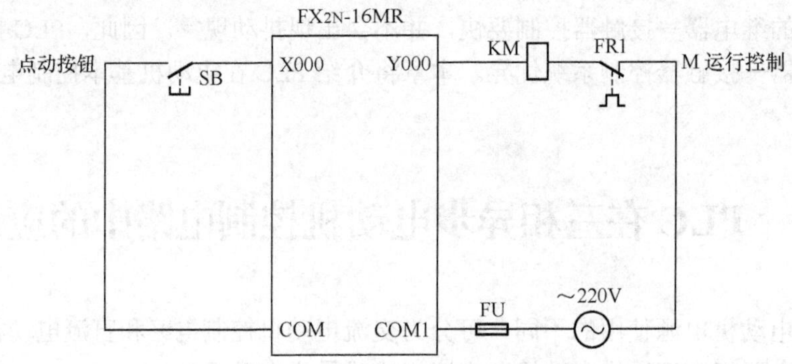

图 8-2　PLC 控制三相异步电动机点动电路的 I/O 接线图

PLC 控制三相异步电动机点动的梯形图及指令语句表，如表 8-1 所示。

表 8-1　PLC 控制三相异步电动机点动梯形图及指令语句表（指令表）

梯形图	指令表
0 ─┤├─ X000（SB 按钮）──(Y000)（电机运行） 2 ──[END]	0　LD　X000 　X000　= SB按钮 1　OUT　Y000 　Y000　= 电机运行 2　END

当按下点动按钮 SB 时，输入继电器 X000 常开触点闭合，使输出继电器 Y000 有效，控制 KM 线圈得电，电动机启动运转，仿真效果如图 8-3 所示。若松开点动按钮 SB，X000 恢

复初态，Y000 没有输出，电动机停止运行。

从使用价格来看，传统继电器-接触器控制系统使用机械开关、继电器的接触器，价格较便宜；PLC 采用大规格集成电路，价格相对较高。一般认为在少于 10 个继电器的装置中，使用传统继电器—接触器控制逻辑比较经济；在需要 10 个以上的继电器场合，使用 PLC 比较经济。因此，若采用 PLC 对三相异步电动机进行点动控制是资源的浪费，但任何复杂控制电路都是由各种简单电路组成的，本章中讲述 PLC 在基本控制电路中的应用，只是让读者知道如何使 PLC 在复杂电路中对电动机进行相应的控制。

2．三相异步电动机单向长动控制

三相异步电动机单向长动控制是指，当按下启动按钮时，电动机启动并按某方向旋转，此时即使松开启动按钮，电动机仍继续运行；当按下停止按钮时，电动机停止运转。

三相异步电动机单向长动控制的传统继电器-接触器控制电路原理图如图 8-4 所示，这是一种最常用、最简单的控制线路，可实现对电动机的启动、停止和自动控制、远距离控制、频繁操作等功能。

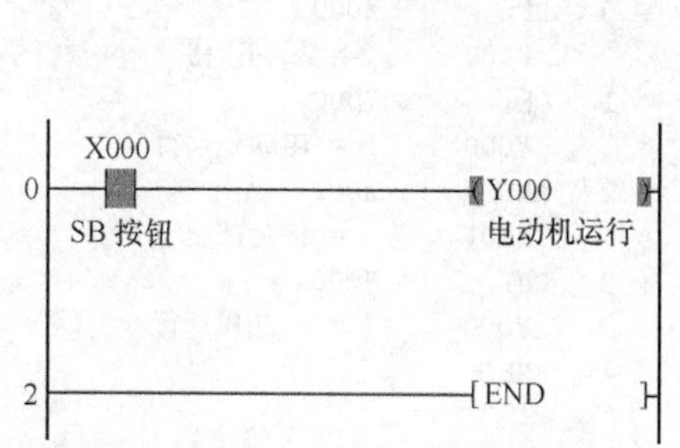

图 8-3　点动控制的 PLC 仿真效果图

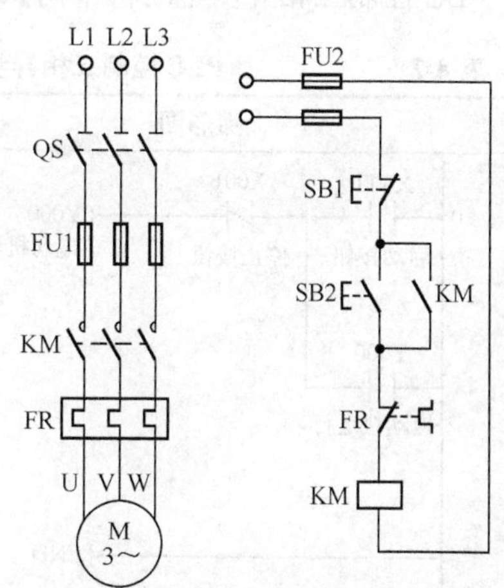

图 8-4　传统继电器—接触器单向长动控制电路原理图

首先合上刀开关 QS，若按下启动按钮 SB2，交流接触器 KM 吸引线圈得电进行动作，使 KM 的主触头闭合，同时 KM 的常开辅助触头也闭合。KM 主触头闭合，使电动机 M 得电，开始启动运行。并联于 SB1 的 KM 常开辅助触头闭合时，即使松开按钮 SB2，KM 吸引线圈仍然保持通电，维持吸合状态。凡是接触器（或继电器）利用自己的辅助触头使线圈继续保持带电的，称为自锁（或自保），这样的辅助触头称为自锁（或自保）触头。由于 KM 的自锁作用，即使 SB2 松开，电动机 M 仍能继续启动，最后达到稳定运转。

若要停止电动机，只需断开刀开关或按下停止按钮 SB1 即可。当按下停止按钮时，交流接触器 KM 的线圈失电，由于接触器的机械作用，使其主触头和常开辅助触头均断开恢复到原始状态，电动机也失去电源而停止运转。此时即使松开停止按钮 SB1，由于自锁触头断开，接触器 KM 线圈不会再通电，电动机也不会自行启动。若想再次启动电动机，只能在刀开关闭合时，按下启动按钮 SB2 时，其操作才有效。

采用 PLC 进行单向长动控制时，需要 2 个输入点和 1 个输出点。若选用输入点 X000 作为长动控制停止按钮SB1的输入点，X001作为长动控制启动按钮SB2的输入点，Y000作为交流接触器KM的输出点，则使用PLC控制三相异步电动机点动控制电路的I/O接线图如图8-5所示。

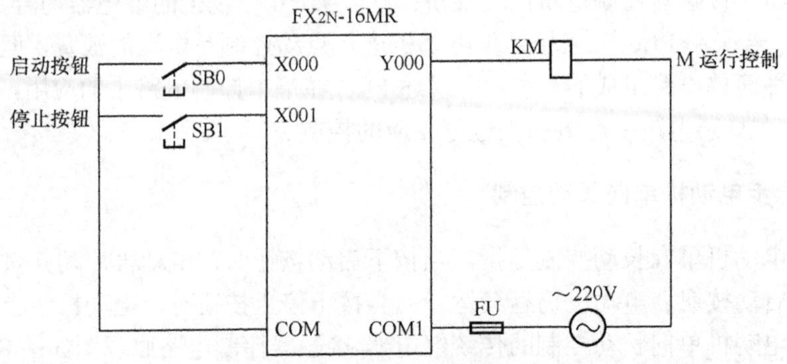

图8-5 三相异步电动机单向长动控制电路的I/O接线图

PLC控制三相异步电动机单向长动的梯形图及指令语句表，如表8-2所示。

表8-2 PLC控制三相异步电动机单向长动梯形图及指令语句表

梯形图	指令表

0 ─┤X000 启动按钮├─┬─┤/X001 停止按钮├──(Y000 电动机运行)
  ─┤Y000 电动机运行├─┘
4 ──[END]
	0 LD X000
	  X000 = 启动按钮
	1 OR Y000
	  Y000 = 电动机运行
	2 ANI X001
	  X001 = 停止按钮
	3 OUT Y000
	  Y000 = 电动机运行
	4 END

当按下启动按钮SB2时，X001常开触点闭合，Y000输出继电器有效，控制KM线圈得电，电动机启动运转。若松开点动按钮SB1，由于Y000常开触点闭合，形成了自锁，因此电动机继续保持同一方向运转，仿真效果如图8-6所示。当按下停止按钮SB1，X000常闭触点打开，Y000输出继电器没有输出，电动机停止运行。

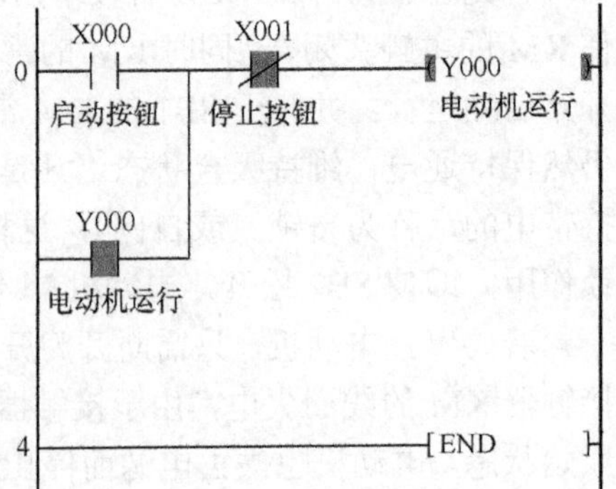

图8-6 单向长动控制PLC仿真效果图

3. 单向长动和点动的综合控制

单向长动和点动的综合控制如图8-7所示，其主电路图为图8-7（a）。图8-7（b）是利用手动开关SA进行长动与点动控制。当手动开关SA打开时，按下SB2，电动机进行点动运行；当操作者将手动开关SA闭合时，按下SB2，KM线圈得电，形成自锁，对电动机进行长动控制。

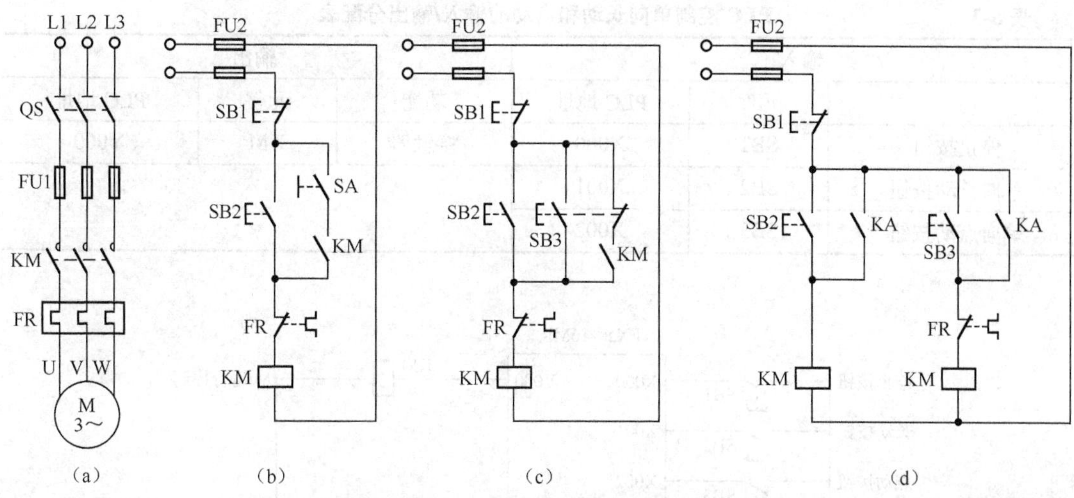

图 8-7 传统继电器—接触器单向长动和点动控制电路原理图

图 8-7（c）使用了复合按钮 SB3 来实现点动控制。在初始状态下，按下按钮 SB2，KM 线圈得电，KM 主触头闭合，电动机得电启动，同时 KM 常开辅助触头闭合，形成自锁，使电动机进行长动运行。若想电动机停止工作，只需按下停止按钮 SB1 即可。工业控制中，若需要点动控制，在初始状态下，只需按下复合开关 SB3 即可。当按下 SB3 时，KM 线圈得电，KM 主触头闭合，电动机启动，同时 KM 的辅助触头闭合，由于 SB3 的常闭触头打开，因此断开了 KM 自锁回路，电动机只能进行点动控制。

当操作者松开复合按钮 SB3，若 SB3 的常闭触头先闭合，常开触头后打开时，则接通了 KM 自锁回路，使 KM 线圈继续保持得电状态，电动机仍然维持运行状态，这样点动控制变成了长动控制，在电气控制中称这种情况为“触头竞争”。触头竞争是触头在过渡状态下的一种特殊现象。若同一电器的常开和常闭触头同时出现在电路的相关部分中，当这个电器发生状态变化（接通或断开）时，电器接点状态的变化不是瞬间完成的，还需要一定时间。常开和常闭触头有动作先后之别，在闭合和释放过程中，继电器的常开触头和常闭触头存在一个同时断开的特殊过程。因此在设计电路时，如果忽视了上述触头的动态过程，就可能会导致产生破坏电路执行正常工作程序的触头竞争，使电路设计失败。如果已存在这样的竞争，一定要从电路设计和选择上来消除，如电路中采用延时继电器等。

图 8-7（d）采用了中间继电器 KA 实现长动与点动控制。当按下按钮 SB2 时，中间继电器线圈得电，KA 两个常开触头闭合，其中与 SB2 并联的 KA 常开触头实现自锁，使 KA 线圈继续保持通电状态，另一个 KA 常开触点闭合使 KM 线圈得电，对电动机进行长动控制。电动机在长动运行状态时，按下停止按钮 SB1，KA 线圈失电， KM 线圈断电，KM 主触头释放，电动机停止运行。在初始状态下，若想进行点动控制，只需按下按钮 SB3 即可。下面讲述 PLC 实现图 8-7（d）的控制。

为实现图 8-7（d）的 PLC 控制，需使用 3 个输入点和 1 个输出点，图中 KA 中间继电器的控制可使用 PLC 的内部辅助继电器 M0 来完成，其输入/输出分配表如表 8-3 所示，I/O 接线图如图 8-8 所示。

表 8-3　　PLC 控制单向长动和点动的输入/输出分配表

输入			输出		
功能	元件	PLC 地址	功能	元件	PLC 地址
停止按钮	SB1	X000	接触器	KM	Y000
单向长动按钮	SB2	X001			
单向点动按钮	SB3	X002			

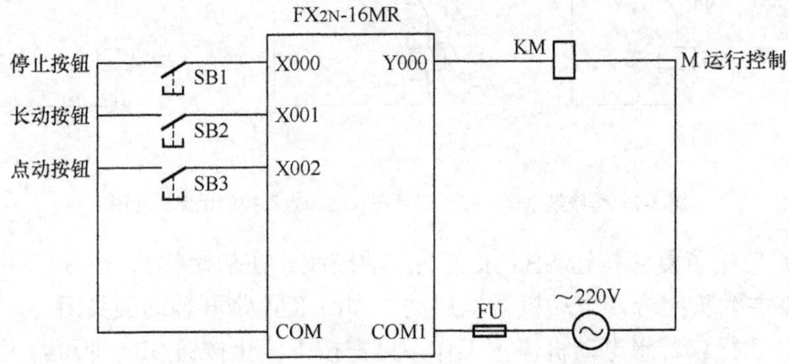

图 8-8　PLC 控制单向长动和点动的 I/O 接线图

PLC 控制三相异步电动机单向长动和点动的梯形图及指令语句表，如表 8-4 所示。

表 8-4　　PLC 控制三相异步电动机单向长动和点动梯形图及指令语句表

梯形图	指令表
0　X001 长动按钮 ／ M0（并联）　X000 停止按钮　(M0) 4　X002 点动按钮 ／ M0（并联）　X000 停止按钮　(Y000 电动机运行) 8　[END]	0　LD　X001 　X001　= 长动按钮 1　OR　M0 2　ANI　X000 　X000　= 停止按钮 3　OUT　M0 4　LD　X002 　X002　= 点动按钮 5　OR　M0 6　ANI　X000 　X000　= 停止按钮 7　OUT　Y000 　Y000　= 电动机运行 8　END

步 0～步 3 为单向长动控制，步 4～步 7 为点动控制。当按下点动控制按钮 SB2 时，X001

常开触点闭合，内部辅助继电器 M0 线圈得电，步 5 的 M0 常开触点闭合，Y000 输出信号，控制电动机单向长动，其仿真效果如图 8-9 所示。若按下停止按钮，步 2 和步 6 的 X000 动作使电动机停止运转。若没按下长动按钮，需进行点动运行时，只需按下点动按钮 SB3 即可。按下点动按钮 SB3，X002 常开触头闭合，Y000 得电，电动机启动运行；松开 SB3，X002 断开，Y000 失电，电动机停止运行。

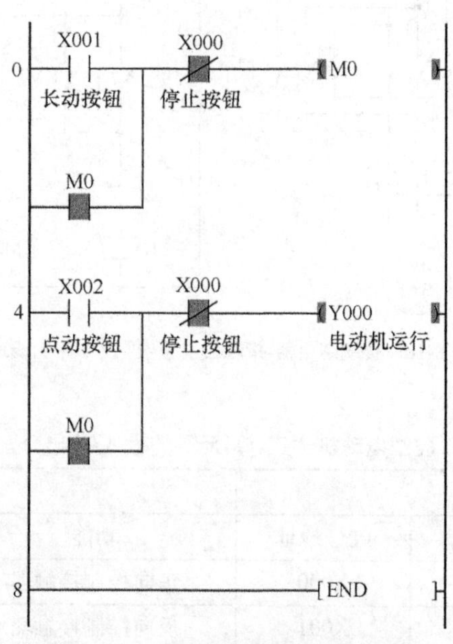

图 8-9　单向长动和点动控制的仿真效果图

8.1.2　PLC 在三相异步电动机正反转控制电路中的应用

生产实践中，许多生产机械要求电动机能正反转，从而实现可逆运行。如机床中主轴的正反向运动，工作台的前后运动，起重机吊钩的上升和下降，电梯向上向下运行等。要实现三相异步电动机的正反转，只需改变电动机定子绕组的电源相序即可。

可逆运行控制线路实质上是由两个方向相反的单向运行线路的组合。但为了避免误操作引起电源相间短路，必须在这两个相反方向的单向运行线路中加设连锁机构。按照电动机正反转操作顺序的不同，分为“正-停-反”和“正-反-停”两种控制线路。

1.“正-停-反”控制线路

传统继电器-接触器的“正-停-反”控制线路如图 8-10 所示，合上闸刀开关 QS，按下正向启动按钮 SB2 时，KM1 线圈得电，主触头闭合，使电动机正向旋转，KM1 的常开辅助触头闭合，形成自锁；KM1 的常闭辅助触头打开，形成互锁，防止误操作时，KM2 线圈得电而引起电源相间短路。电动机若需反转时，必须先按下停止按钮切断电动机的正相电源，再按下反转启动按钮 SB3，电动机才能进行反转。

采用 PLC 控制电动机的“正-停-反”，需要 3 个输入点和 2 个输出点，其输入/输出分配表如表 8-5 所示，I/O 接线图如图 8-11 所示。

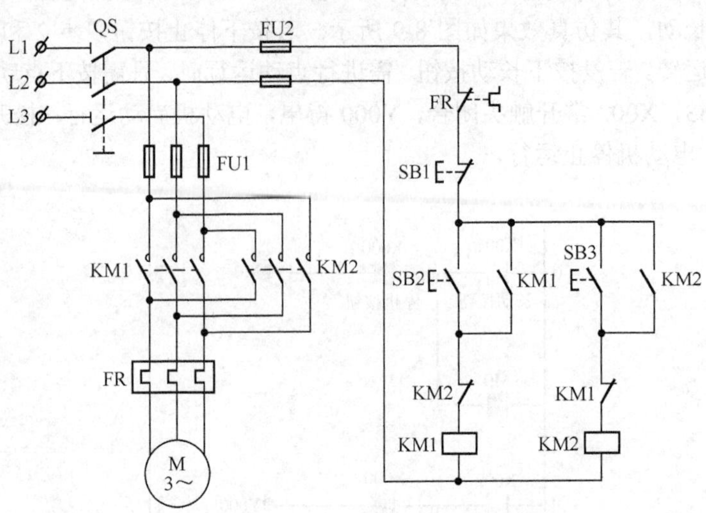

图 8-10　传统继电器-接触器“正-停-反”控制线路

表 8-5　**PLC 控制电动机“正-停-反”的输入/输出分配表**

输入			输出		
功能	元件	PLC 地址	功能	元件	PLC 地址
停止按钮	SB1	X000	正向控制接触器	KM1	Y000
正向启动按钮	SB2	X001	反向控制接触器	KM2	Y001
反向启动按钮	SB3	X002			

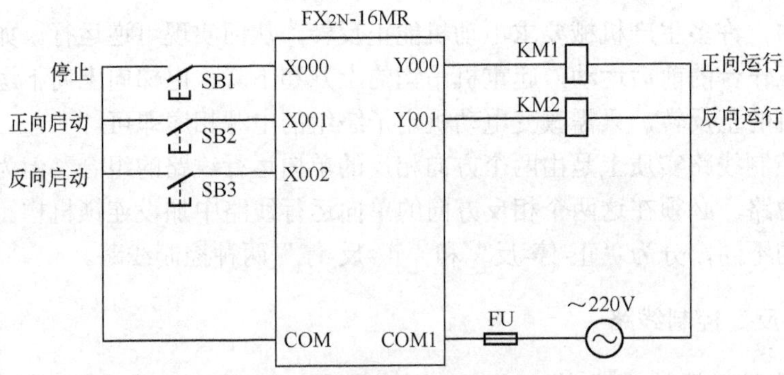

图 8-11　PLC 控制电动机“正-停-反”的 I/O 接线图

PLC 控制电动机“正-停-反”的梯形图及指令语句表，如表 8-6 所示。

步 0～步 4 为正向控制，按下正向启动按钮 SB2 时，X001 常开触点闭合，Y000 线圈输出，控制 KM1 线圈得电，使电动机正向启动运转，Y000 常开触头闭合，形成自锁，仿真效果如图 8-12 所示。按下停止按钮 SB1，X000 常闭触点打开，Y000 没有输出，KM1 线圈失电，电动机停止正向运转。步 5～步 9 为反向控制，其控制过程与正向控制类似。

表 8-6 PLC 控制电动机“正-停-反”的梯形图及指令语句表

梯形图	指令表
0 X001 正向启动 X000 停止 X002 反向启动 (Y000 正向运行) Y000 正向运行 5 X002 反向启动 X000 停止 X001 正向启动 (Y001 反向运行) Y001 反向运行 10 [END]	0 LD X001 1 OR Y000 2 ANI X000 3 ANI X002 4 OUT Y000 5 LD X002 6 OR Y001 7 ANI X000 8 ANI X001 9 OUT Y001 10 END

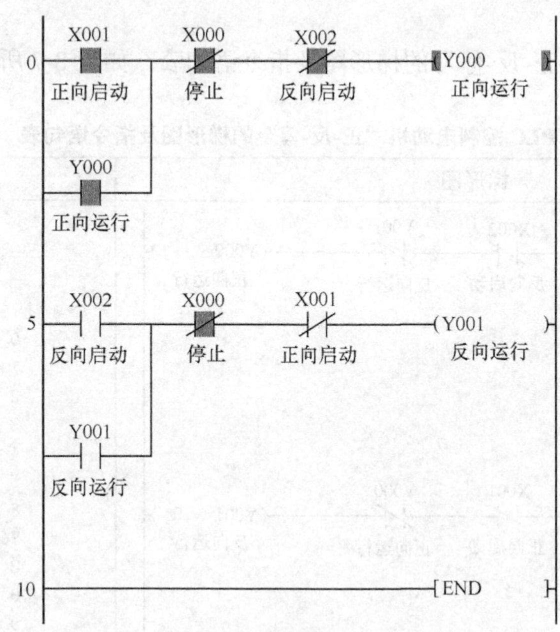

图 8-12 电动机“正-停-反”控制的仿真效果图

2．“正-反-停”控制线路

传统继电器-接触器的“正-反-停”控制线路如图 8-13 所示，合上闸刀开关 QS，按下正向启动按钮 SB2 时，KM1 线圈得电，主触头闭合，电动机正向启动运行。若需反向运行时，按下反向启动按钮，其常闭触点打开，切断 KM1 线圈电源，电动机正向运行电源切断，同时 SB3 的常开触点闭合，KM2 线圈得电，KM2 的主触头闭合，改变了电动机的电源相序，使电动机反向运行。电动机需要停止运行时，只需按下停止按钮 SB1 即可。

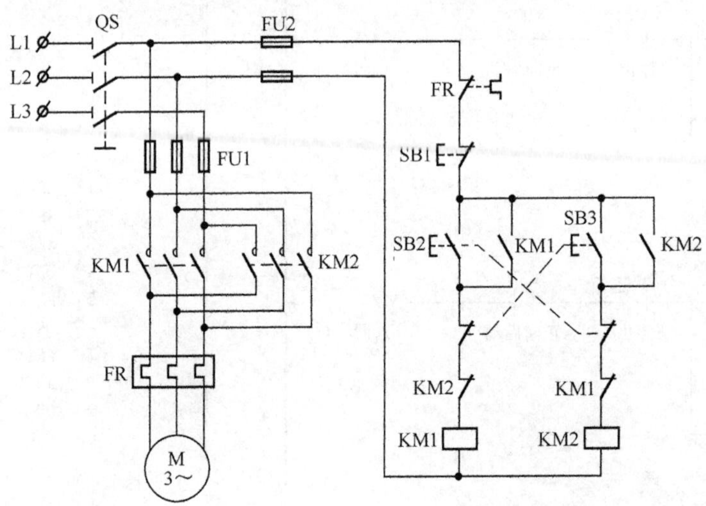

图 8-13　传统继电器-接触器“正-反-停”控制线路

采用 PLC 控制电动机的“正-反-停”，其输入/输出分配表与表 8-5 完全相同，I/O 接线图也与图 8-11 完全相同。

PLC 控制电动机“正-反-停”的梯形图及指令语句表，如表 8-7 所示。

表 8-7　　**PLC 控制电动机“正-反-停”的梯形图及指令语句表**

梯形图	指令表
0 X001 正向启动 ／ Y000 正向运行（并联）— X000 停止（常闭）— X002 反向启动（常闭）— Y001 反向运行（常闭）—（Y000）正向运行 6 X002 反向启动 ／ Y001 反向运行（并联）— X000 停止（常闭）— X001 正向启动（常闭）— Y000 正向运行（常闭）—（Y001）反向运行 12 —[END]	0　LD　X001 1　OR　Y000 2　ANI　X000 3　ANI　X002 4　ANI　Y001 5　OUT　Y000 6　LD　X002 7　OR　Y001 8　ANI　X000 9　ANI　X001 10　ANI　Y000 11　OUT　Y001 12　END

步 0～步 5 为正向运行控制，按下正向启动按钮 SB2，X001 触点闭合，Y000 线圈输出，

控制 KM1 线圈得电，使电动机正向启动运行，Y000 的常开触点闭合，形成自锁。

步 6～步 11 为反向运行控制，按下反向启动按钮 SB3，X002 的常开触点闭合，X002 的常闭触点打开，使电动机反向启动运行，仿真效果如图 8-14 所示。

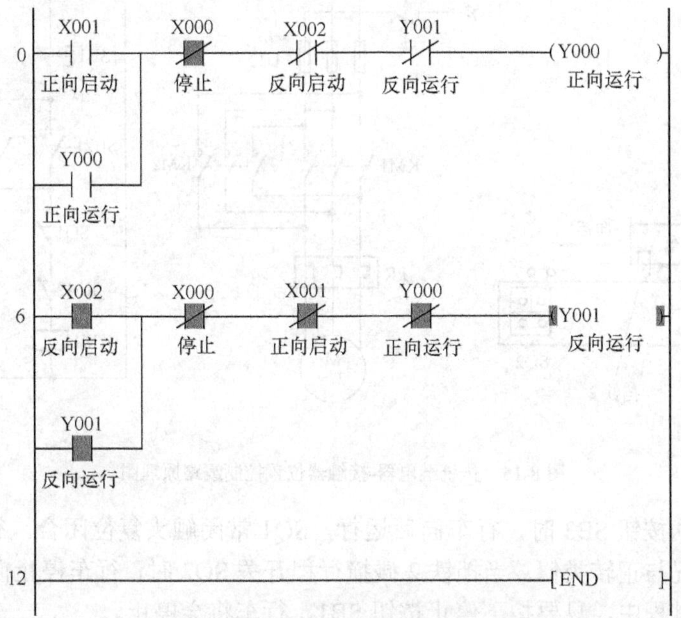

图 8-14　电动机“正-反-停”控制的仿真效果图

不管电动机是在正转还是反转，只要按下停止按钮 SB1，X000 常闭触点打开，都将切断电动机的电源，从而实现停止。

8.1.3　PLC 在三相异步电动机位置与自动循环控制电路中的应用

在生产过程中，有时需要控制一些生产机械运动部件的行程和位置，或允许某些运动部件只能在一定范围内自动循环往返。如在摇臂钻床、万能铣床、镗床、桥式起重机及各种自动或半自动控制机床的设计中，经常遇到机械运动部件需要进行位置与自动循环控制的要求。

1．位置控制线路

图 8-15 所示为位置控制原理图，图 8-15（a）是行车运行示意图，图 8-15（b）是传统继电器—接触器位置控制线路原理图。从图 8-15（a）中可以看出，行车的前后安装了挡铁 1 和挡铁 2，工作台的两端分别安装了行程开关 SQ1 和 SQ2。通常将行程开关的常闭触头分别串接在正转控制和反转控制电路中，当行车在运行过程中，若碰撞行程开关，行车停止运行，达到位置控制的目的。

合上电源刀开关 QS，按下正转启动按钮 SB2，KM1 线圈得电，KM1 常开辅助触头闭合，形成自锁；KM1 常闭辅助触头打开，对 KM2 进行连锁；KM1 主触头闭合，电动机启动，行车向前运行。当行车向前运行到限定位置时，挡铁 1 碰撞行程开关 SQ1，SQ1 常闭触头打开切断 KM1 线圈电源。KM1 线圈失电，使常闭触头闭合，常开触头释放，电动机停止向前运行。此时再按下正转启动按钮 SB2，由于 SQ1 触头断开，KM1 线圈仍然不会得电，从而保证行车不会超过SQ1所在的位置。

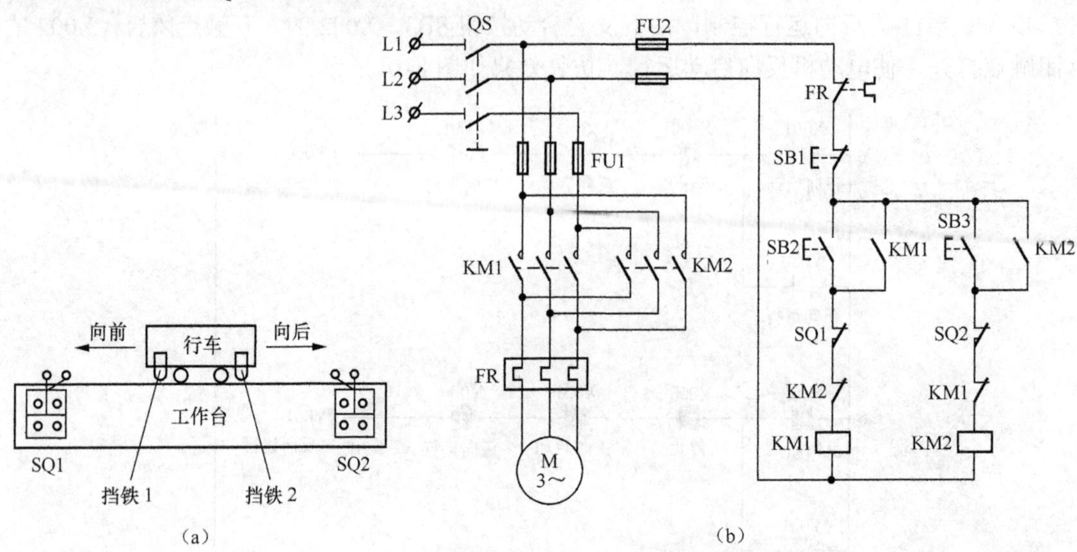

图8-15　传统继电器-接触器位置控制线路原理图

按下反转启动按钮SB3时，行车向后运行，SQ1常闭触头复位闭合。行车向后运行中，各器件的工作状况与正转类似。当挡铁2碰撞行程开关SQ2时，行车停止向后运行。行车在向前或向后运行过程中，只要按下停止按钮SB1，行车将会停止。

采用PLC实现位置控制，需要5个输入点和2个输出点，其输入/输出分配表如表8-8所示，I/O接线图如图8-16所示。

表8-8　**采用PLC实现位置控制的输入/输出分配表**

输入			输出		
功能	元件	PLC地址	功能	元件	PLC地址
停止按钮	SB1	X000	正向控制接触器	KM1	Y000
正向启动按钮	SB2	X001	反向控制接触器	KM2	Y001
反向启动按钮	SB3	X002			
正向行程位置控制	SQ1	X003			
反向行程位置控制	SQ2	X004			

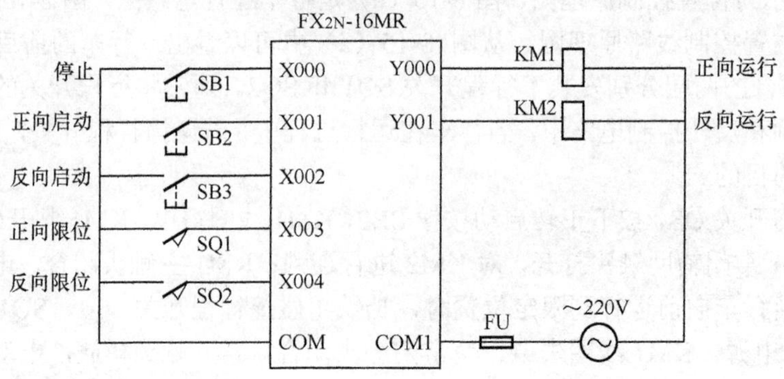

图8-16　PLC实现位置控制的I/O接线图

采用 PLC 实现位置控制的梯形图及指令语句表，如表 8-9 所示。

表 8-9　　采用 PLC 实现位置控制的梯形图及指令语句表

梯形图	指令表
0　X001 正向启动 ‖ Y000 正向运行；X000 停止；X003 正向限位；Y001 反向运行 —(Y000 正向运行) 6　X002 反向启动 ‖ Y001 反向运行；X000 停止；X004 反向限位；Y000 正向运行 —(Y001 反向运行) 12 —[END]	0 LD X001 1 OR Y000 2 ANI X000 3 ANI X003 4 ANI Y001 5 OUT Y000 6 LD X002 7 OR Y001 8 ANI X000 9 ANI X004 10 ANI Y000 11 OUT Y001 12 END

步 0～步 5 为正向运行控制，按下正向启动按钮 SB2 时，X001 常开触点闭合，Y000 输出线圈有效，控制 KM1 主触头闭合，行车正向前进。当行车行进中碰到正向限位开关 SQ1 时，X003 常闭触点打开，Y000 输出线圈无效，KM1 主触头断开，从而使行车停止前进，仿真效果如图 8-17 所示。

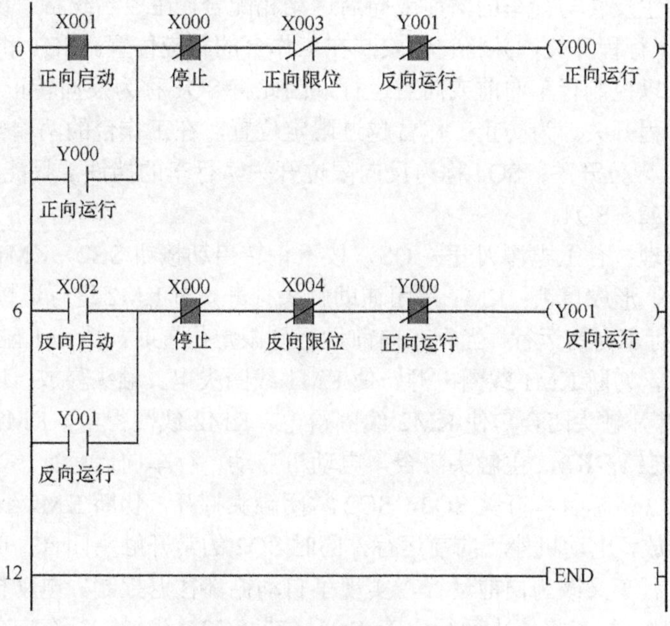

图 8-17　位置控制的仿真效果图

步 6～步 11 为反向运行控制，按下反向启动按钮 SB3 时，X002 常开触点闭合，Y001 输出线圈有效，控制 KM2 主触头闭合，行车反向后退。当行车行进中碰到反向限位开关 SQ2 时，X004 常闭触点打开，Y001 输出线圈无效，KM2 主触头断开，从而使行车停止后退。

行车在行进过程中，按下停止按钮 SB1 时，X000 常闭触头断开，从而控制行车停止运行。

2. 自动循环控制线路

在某些生产过程中，要求生产机械在一定行程内能够自动往返运行，以便对工件连续加工，提高生产效率。行车的自动往返通常是利用行程开关来控制自动往复运动的相对位置，再控制电动机的正反转，其传统继电器—接触器控制线路如图 8-18 所示。

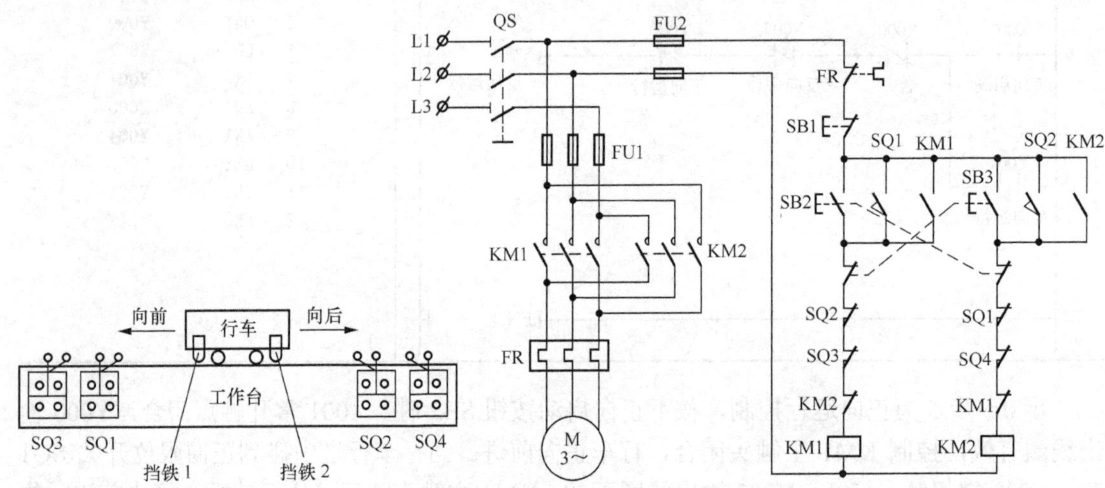

图 8-18 传统继电器-接触器自动循环控制线路原理图

为使电动机的正反转与行车的向前或向后运动相配合，在控制线路中设置了 SQ1、SQ2、SQ3 和 SQ4 这四个行程开关，并将它们安装在工作台的相应位置。SQ1 和 SQ2 用来自动切换电动机的正反转以控制行车向前或向后运行，因此将 SQ1 称为反向转正向行程开关；SQ2 称为正向转反向行程开关。为防止工作台越过限定位置，在工作台的两端安装 SQ3 和 SQ4，因此 SQ3 称为正向限位开关；SQ4 称为反向限位开关。行车的挡铁 1 只能碰撞 SQ1、SQ3；挡铁 2 只能碰撞 SQ2、SQ4。

电路的工作原理：合上电源刀开关 QS，按下正转启动按钮 SB2，KM1 线圈得电，KM1 常开辅助触头闭合，形成自锁；KM1 常闭辅助触头打开，对 KM2 进行连锁；KM1 主触头闭合，电动机启动，行车向前运行。当行车向前运行到限定位置时，挡铁 1 碰撞行程开关 SQ1，SQ1 常闭触头打开，切断 KM1 线圈电源，使 KM1 线圈失电，触头释放，电动机停止向前运行，同时 SQ1 的常开触头闭合，使 KM2 线圈得电。KM2 线圈得电，KM2 常闭辅助触头打开，对 KM1 进行连锁；KM2 主触头闭合，电动机启动，行车向后运行。当行车向后运行到限定位置时，挡铁 2 碰撞行程开关 SQ2，SQ2 常闭触头打开，切断 KM2 线圈电源，使 KM2 线圈失电，触头释放，电动机停止向前运行，同时 SQ2 的常开触头闭合，使 KM1 线圈得电，电动机再次得电，行车又改为向前运行，实现了自动循环往返控制。电动机运行过程中，按下停止按钮 SB1 时，行车将停止运行。若 SQ1（或 SQ2）失灵，行车向前（或向后）碰撞

SQ3（或 SQ4），强行停止行车运行。启动行车时，如果行车已在工作台的最前端，应按下 SB3 进行启动。

采用 PLC 实现自动循环控制，需要 7 个输入点和 2 个输出点，其输入/输出分配表如表 8-10 所示，其 I/O 接线图如图 8-19 所示。

表 8-10　　采用 **PLC** 实现自动循环控制的输入/输出分配表

输入			输出		
功能	元件	PLC 地址	功能	元件	PLC 地址
停止按钮	SB1	X000	正向控制接触器	KM1	Y000
正向启动按钮	SB2	X001	反向控制接触器	KM2	Y001
反向启动按钮	SB3	X002			
正向转反向行程开关	SQ1	X003			
反向转正向行程开关	SQ2	X004			
正向限位开关	SQ3	X005			
反向限位开关	SQ4	X006			

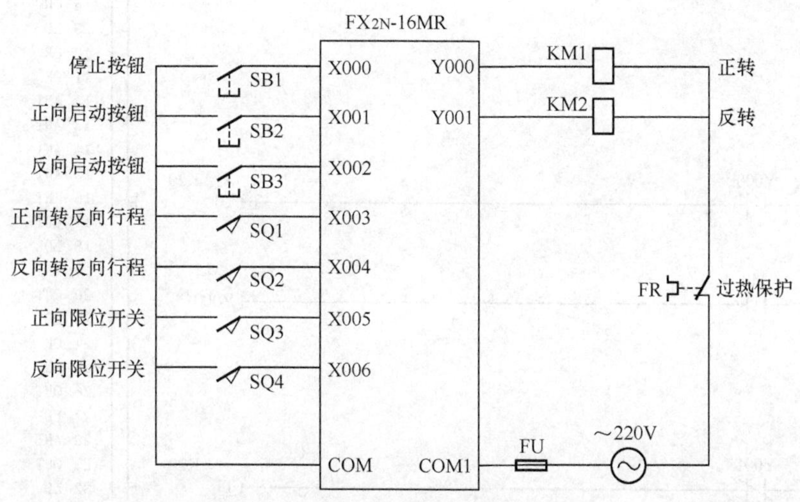

图 8-19　PLC 实现自动循环控制的 I/O 接线图

采用 PLC 实现自动循环控制的梯形图及指令语句表，如表 8-11 所示。

表 8-11 所示的自动循环控制程序中，步 0～步 8、步 18～步 26 为正向运行控制，按下正向启动按钮 SB2 时，X001 常开触点闭合，延时 2s 后，Y000 输出线圈有效，控制 KM1 主触头闭合，行车正向前进。当行车行进中碰到反向转正向限位开关 SQ1 时，X003 常闭触点打开，Y000 输出线圈无效，KM1 主触头断开，从而使行车停止前进，同时 X003 常开触点闭合，延时 2s 后，Y001 输出线圈得电并自保，使行车反向运行，其 PLC 运行仿真效果如图 8-20 所示。

步 9～步 17、步 27～步 35 为反向运行控制，按下反向启动按钮 SB3 时，X002 常开触点闭合，延时 2s 后，Y001 输出线圈有效，控制 KM2 主触头闭合，行车反向后退。当行车行进中碰到反向限位开关 SQ2 时，X004 常闭触点打开，Y001 输出线圈无效，KM2 主触头断开，从而使行车停止后退，同时 X004 常开触点闭合，延时 2s 后，Y000 输出线圈得电并自保，使行车正向运行。

表 8-11　　采用 PLC 实现自动循环控制的梯形图及指令语句表

梯形图	指令表
0　X001（常开）∥ X004（常开）∥ M0（常开）— X000（常闭）— X003（常闭）— X002（常闭）— X005（常闭）— Y001（常闭）—（M0）	0 LD X001 1 OR X004 2 OR M0 3 ANI X000 4 ANI X003 5 ANI X002 6 ANI X005 7 ANI Y001 8 OUT M0
9　X002（常开）∥ X003（常开）∥ M1（常开）— X000（常闭）— X004（常闭）— X001（常闭）— X006（常闭）— Y000（常闭）—（M1）	9 LD X002 10 OR X003 11 OR M1 12 ANI X000 13 ANI X004 14 ANI X001 15 ANI X006 16 ANI Y000 17 OUT M1
18　M0（常开）— Y000（常闭）—（T0 K20）	18 LD M0 19 ANI Y000 20 OUT T0 K20
23　T0（常开）∥ Y000（常开）— M0（常开）—（Y000）	23 LD T0 24 OR Y000 25 AND M0 26 OUT Y000
27　M1（常开）— Y001（常闭）—（T1 K20）	27 LD M1 28 ANI Y001 29 OUT T1 K20
32　T1（常开）∥ Y001（常开）— M1（常开）—（Y001）	32 LD T1 33 OR Y001 34 AND M1 35 OUT Y001
36　[END]	36 END

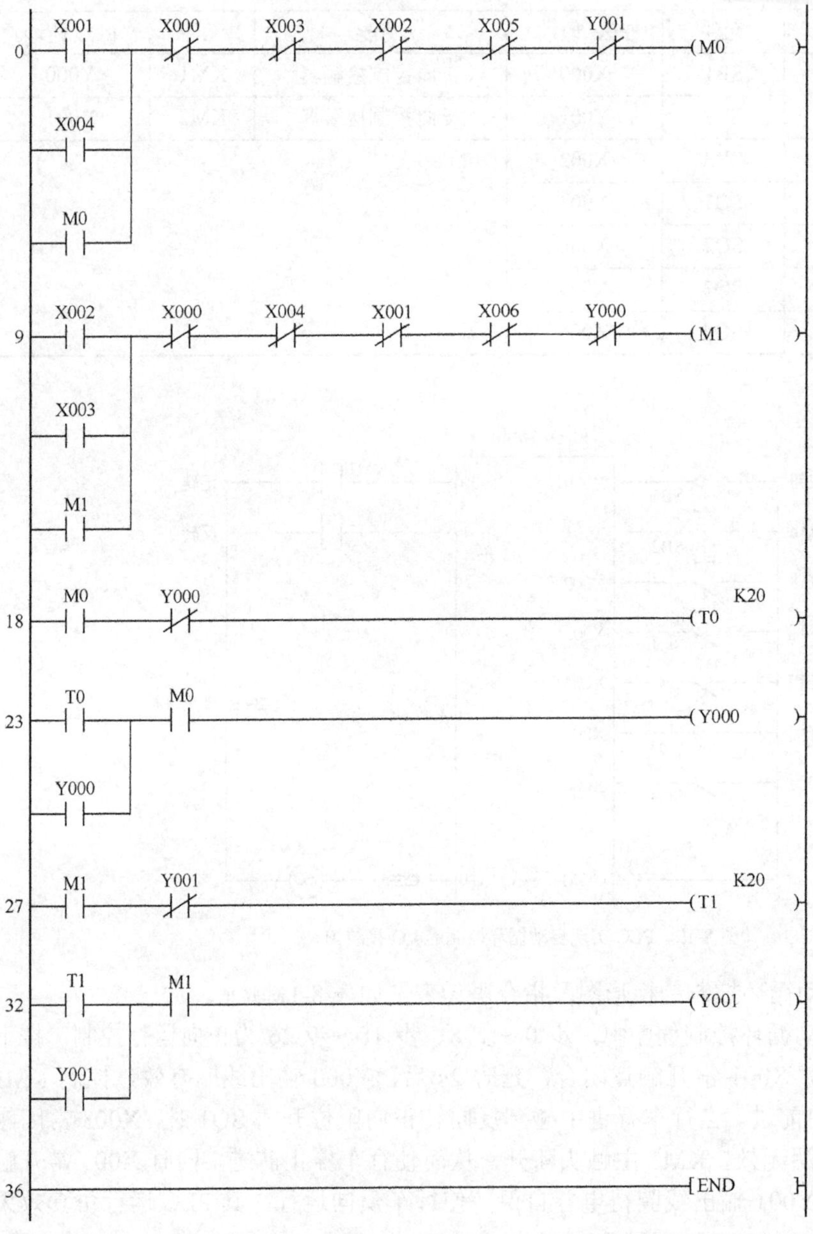

行车在行进过程中，按下停止按钮 SB1 时，X000 常闭触头断开，从而控制行车停止运行。

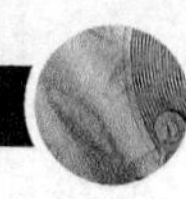

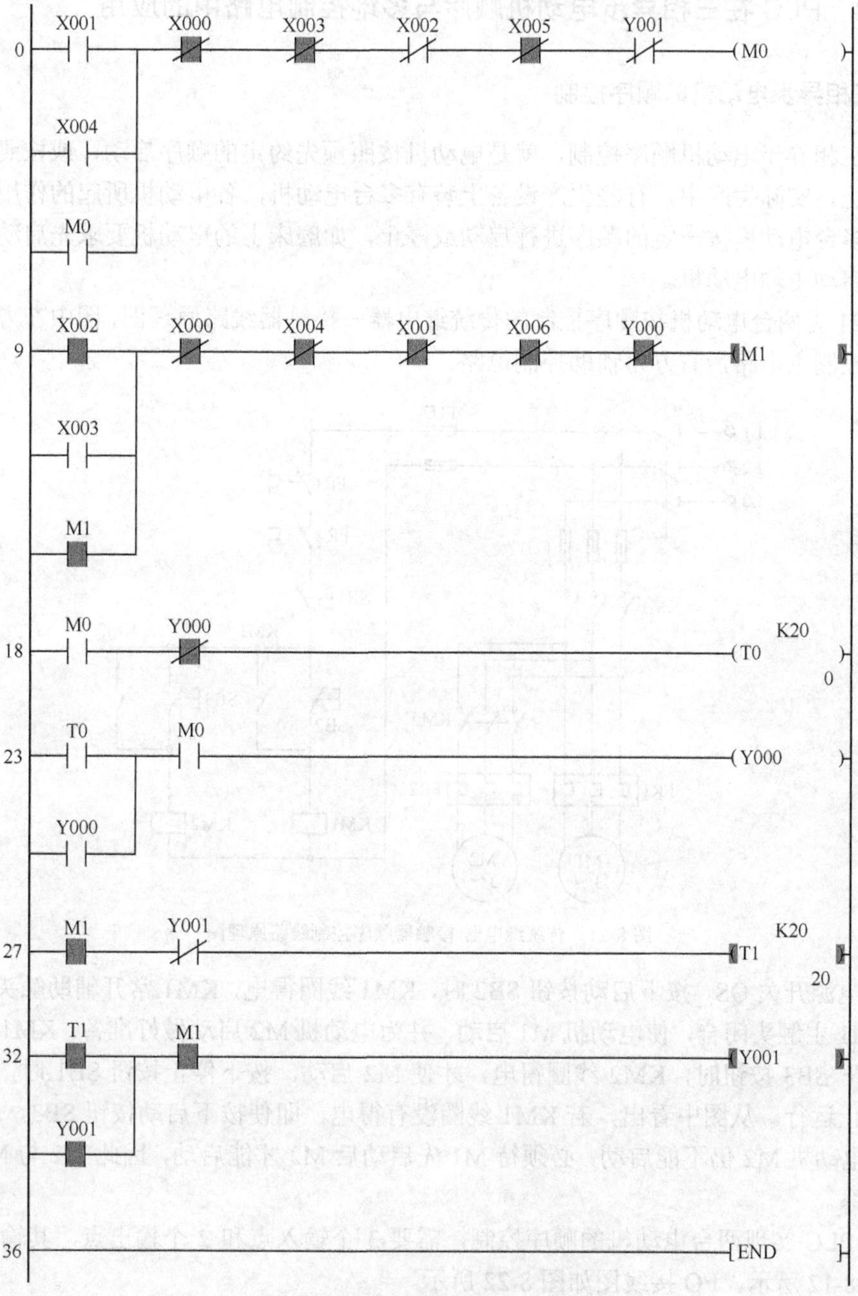

图 8-20 自动循环控制的仿真效果图

当电动机由正转切换到反转时，KM1 的断电和 KM2 的得电同时进行。这样，对于功率较大且为感性的负载，有可能在 KM1 断开其触头，电弧尚未熄灭时，KM2 的触头已闭合，使电源相间瞬时短路。解决的办法是在程序中加入两个定时器（如 T0 和 T1），使正、反向切换时，被切断的接触器瞬时动作，被接通的接触器延时一段时间才动作（如延时 2s），避免了 2 个接触器同时切换造成的电源相间短路。

8.1.4 PLC在三相异步电动机顺序与多地控制电路中的应用

1. 三相异步电动机的顺序控制

所谓三相异步电动机顺序控制，就是电动机按照预先约定的顺序启动，或按照预先约定的顺序停止。实际生产中，有些生产设备上装有多台电动机，各电动机所起的作用不同，有时需要将多台电动机按一定的顺序进行启动或停止，如磨床上的电动机要求先启动液压泵电动机，再启动主轴电动机。

图8-21为两台电动机按顺序控制的传统继电器—接触器线路原理图，图中左方为两台电动机顺序控制主电路，右方为辅助控制电路。

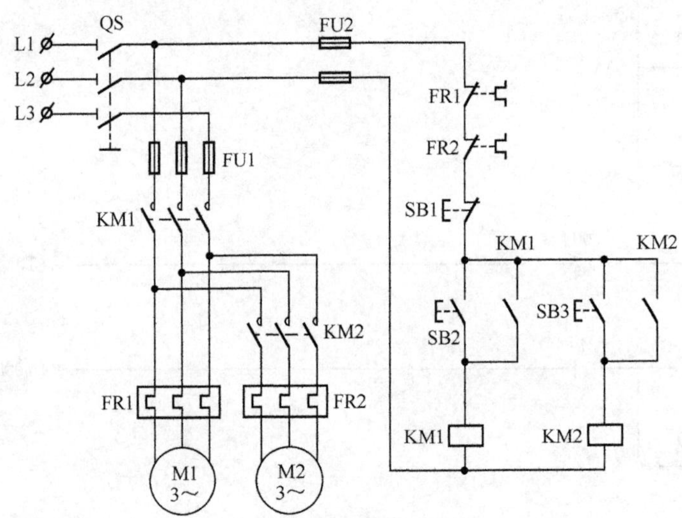

图8-21 传统继电器-接触器顺序控制线路原理图

合上电源开关QS，按下启动按钮SB2时，KM1线圈得电，KM1常开辅助触头闭合形成自锁，KM1主触头闭合，使电动机M1启动，并为电动机M2启动做好准备。KM1主触头闭合后，按下SB3按钮时，KM2线圈得电，才使M2启动。按下停止按钮SB1时，两台电动机同时停止运行。从图中看出，若KM1线圈没有得电，即使按下启动按钮SB3，KM2线圈得电，但电动机M2仍不能启动，必须待M1先启动后M2才能启动，因此M2与M1工作存在顺序关系。

采用PLC实现两台电动机的顺序控制，需要3个输入点和2个输出点，其输入/输出分配表如表8-12所示，I/O接线图如图8-22所示。

表8-12 采用PLC实现两台电动机顺序控制的输入/输出分配表

输入			输出		
功能	元件	PLC地址	功能	元件	PLC地址
停止按钮	SB1	X000	电动机M1控制接触器	KM1	Y000
M1启动按钮	SB2	X001	电动机M2控制接触器	KM2	Y001
M2启动按钮	SB3	X002			

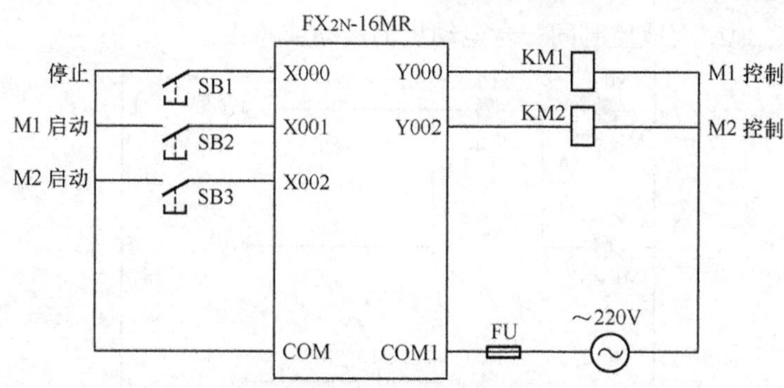

图 8-22　使用 PLC 实现两台电动机顺序控制的 I/O 接线图

采用 PLC 实现两台电动机顺序控制的梯形图及指令语句表，如表 8-13 所示。

表 8-13　　采用 PLC 实现两台电动机顺序控制的梯形图及指令语句表

<table>
<tr><th>梯形图</th><th>指令表</th></tr>
<tr><td>0 X001 M1 启动　X000 停止　(Y000) M1 运行
Y000 M1 运行
K20 (T0)
7 X002 M2 启动　X000 停止　T0　(Y001) M2 运行
Y001 M2 运行
12 [END]</td><td>0 LD X001
1 OR Y000
2 ANI X000
3 OUT Y000
4 OUT T0 K20
7 LD X002
8 OR Y001
9 ANI X000
10 AND T0
11 OUT Y001
12 END</td></tr>
</table>

步 0～步 3 为电动机 M1 启动控制。按下启动按钮 SB2 时，X001 常开触点闭合，Y000 输出线圈有效，KM1 主触头闭合，M1 启动运行，同时 T0 进行延时，仿真效果如图 8-23 所示。

步 4～步 8 为电动机 M2 启动控制。按下启动按钮 SB3，且只有当 T000 有效时（即必须先启动电动机 M1），Y001 输出线圈才有效，M2 才能启动运行。

2．三相异步电动机的多地控制

在一些大型生产机械或设备上，要求操作人员能够在不同方位对同一台电动机进行操作或控制，即多地控制。多地控制是用多组启动按钮、停止按钮来进行的，传统继电器-接触器的多地控制电路图如图 8-24 所示。

多地控制时，按钮连接的原则是：启动按钮的常开触头并联，停止按钮的常闭触头要串联。图中 SB11、SB12 安装在甲地，SB21、SB22 安装在乙地，SB31、SB32 安装在丙地。这样可以在甲地或乙地或丙地控制同一台电动机的启动或停止。

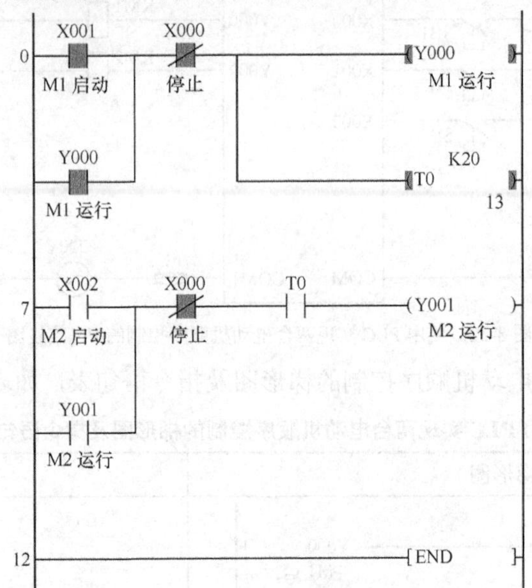

图 8-23　两台电动机顺序控制的仿真效果图

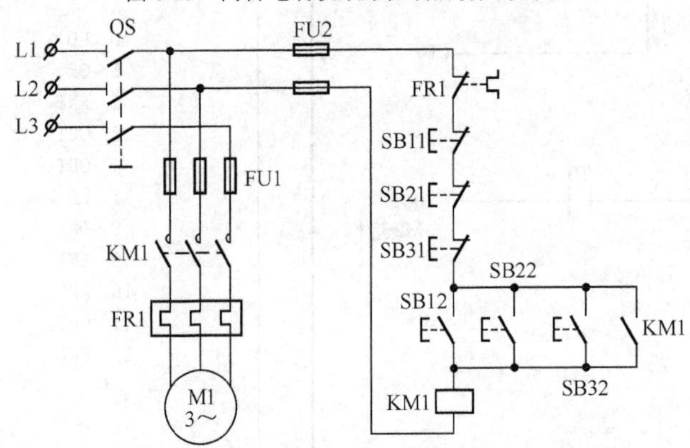

图 8-24　传统继电器-接触器多地控制线路原理图

采用 PLC 对电动机进行三地控制，需要 6 个输入点和 1 个输出点，其输入/输出分配表如表 8-14 所示，I/O 接线图如图 8-25 所示。

表 8-14　采用 PLC 对电动机进行三地控制的输入/输出分配表

输入				输出		
功能		元件	PLC 地址	功能	元件	PLC 地址
甲地	停止按钮 1	SB11	X000	电动机 M1 控制接触器	KM1	Y000
	启动按钮 1	SB12	X001			
乙地	停止按钮 2	SB21	X002			
	启动按钮 2	SB22	X003			
丙地	停止按钮 3	SB31	X004			
	启动按钮 3	SB32	X005			

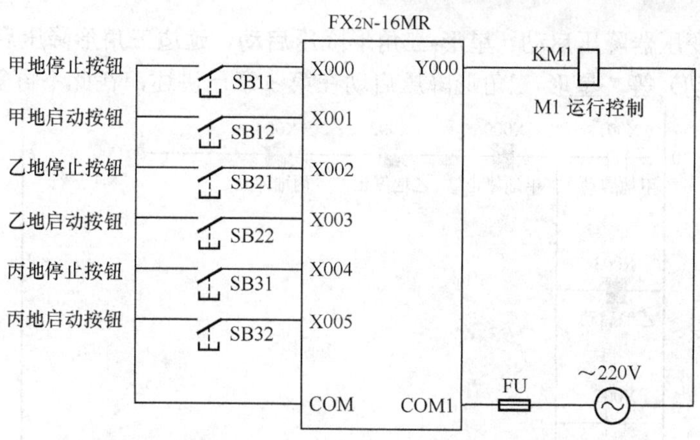

图 8-25　使用 PLC 对电动机进行三地控制的 I/O 接线图

采用 PLC 对电动机进行三地控制的梯形图及指令语句表，如表 8-15 所示。

表 8-15　　**采用 PLC 对电动机进行三地控制的梯形图及指令语句表**

梯形图	指令表
0 X001 甲地启动 — X000 甲地停止 — X002 乙地停止 — X004 丙地停止 —(Y000) M1 运行 并联：X003 乙地启动；X005 丙地启动；Y000 M1 运行 8 —[END]	0　LD　X001 1　OR　X003 2　OR　X005 3　OR　Y000 4　ANI　X000 5　ANI　X002 6　ANI　X004 7　OUT　Y000 8　END

步 0～步 3 中常开触点为并联关系，在原始状态下，只要 X001、X003、X005 任意一个常开触点按下，即可启动 Y000 线圈输出为 1，其仿真效果如图 8-26 所示。步 4～步 6 中常闭触点为串联关系，在 Y000 线圈输出为 1 时，只要 X000、X002、X004 任意一个常闭触点按下，则 Y000 线圈失电输出为 0。

8.1.5　PLC 在三相异步电动机降压启动电路中的应用

10kW 及其以下容量的三相异步电动机，通常采用全压起动，但对于 10kW 以上容量的电动机一般采用降压启动。鼠笼式异步电动机的降压启动控制方法有多种：定子电路串电阻降压启动、自耦变压器降压启动、星形-三角形降压启动、延边三角形降压启动和软启动（固态降压启动器启动）等。星形-三角形降压启动在第 3 章已讲述，在此不再复述。

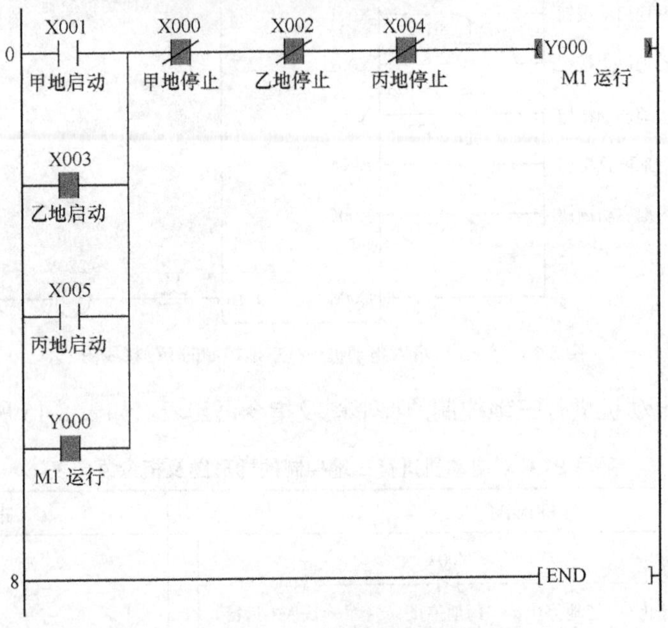

图 8-26 三地控制的仿真效果图

1. 串电阻降压启动控制

当电动机启动时，在三相定子电路中串接电阻，可降低定子绕组上的电压，使电动机在降低了电压的情况下启动，以达到限制启动电流的目的。如果电动机转速接近额定值，切除串联电阻，使电动机进入全电压的状态下正常工作。传统继电器-接触器串电阻降压启动控制线路如图 8-27 所示。

图 8-27（a）为主电路，其余两个为辅助控制线路图。图中，KM1 为降压接触器，KM2 为全压接触器，KT 为降压启动时间继电器。对于图 8-27（a）、（b）来说，合上电源刀开关 QS，按下启动按钮 SB2 时，KM1 和 KT 线圈同时得电。KM1 线圈得电，主触头闭合，主电路的电流通过降压电阻流入电动机，使电动机降压启动，同时 KM1 的辅助触头闭合，形成自锁。KT 线圈得电开始延时，当延时到一定时候，KT 延时闭合触头闭合，使 KM2 线圈得电。KM2 线圈得电，其主触头闭合，短接电阻 R，使电动机在全电压的状态下运转，降压启动过程结束。当按下停止按钮 SB1 时，KM1、KM2 及 KT 线圈的电源电路被切断，各触头相应被释放，电动机停止运行，为下次降压启动做好了准备。

对于图 8-27（c）来说，按下启动按钮 SB2，KM1 和 KT 线圈同时得电。KM1 线圈得电，主触头闭合，主电路的电流通过降压电阻流入电动机，使电动机降压启动，同时 KM1 的辅助触头闭合，形成自锁。KT 线圈得电开始延时，当延时到一定时候，KT 延时闭合触头闭合，使 KM2 线圈得电。KM2 线圈得电，其辅助常开触头闭合，形成自锁，辅助常闭触头打开，切断了 KM1 和 KT 线圈的电源，KM2 主触头闭合，使电动机在全电压的状态下运行。同样，当按下 SB1 时，KM2 线圈失电，使电动机停止运转。

采用 PLC 实现图 8-27（c）的串电阻降压启动控制，需要 2 个输入点和 2 个输出点，其

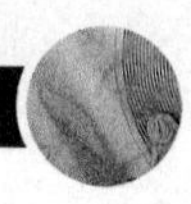

输入/输出分配表如表 8-16 所示，I/O 接线图如图 8-28 所示。

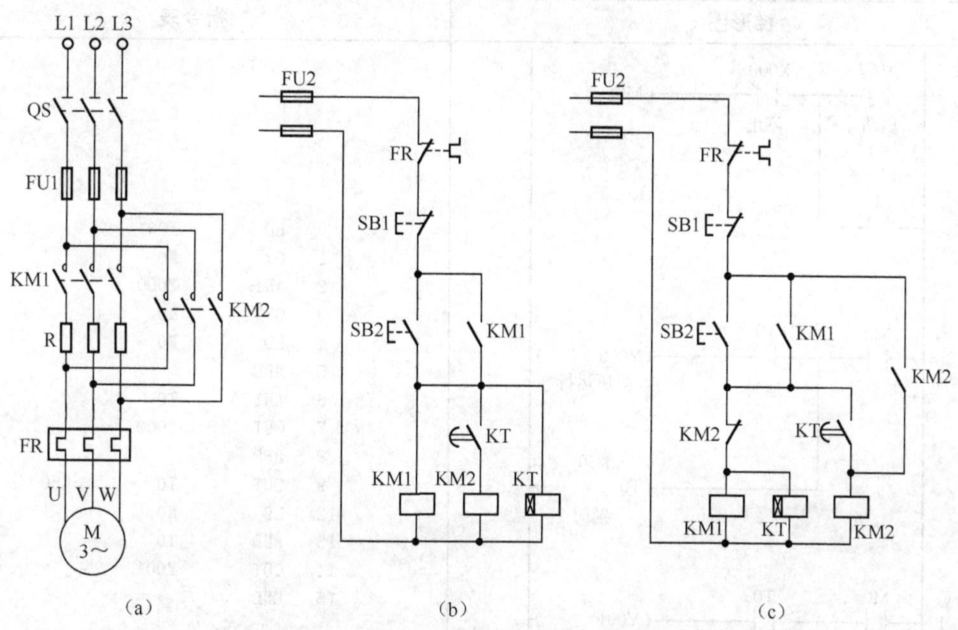

图 8-27 传统继电器—接触器串电阻降压启动控制线路原理图

表 8-16 采用 PLC 实现图 8-27（c）的串电阻降压启动控制的输入/输出分配表

输入			输出		
功能	元件	PLC 地址	功能	元件	PLC 地址
停止按钮	SB1	X000	串电阻降压启动接触器	KM1	Y000
启动按钮	SB2	X001	切除串电阻全压运行接触器	KM2	Y001

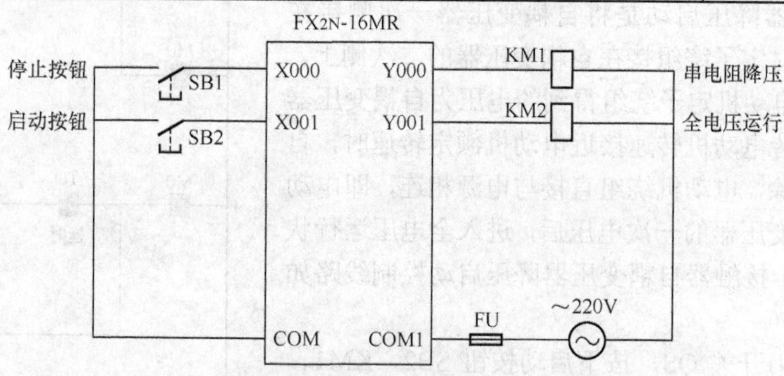

图 8-28 使用 PLC 实现图 8-18（c）串电阻降压启动控制的 I/O 接线图

采用 PLC 实现图 8-27（c）串电阻降压启动控制的梯形图及指令语句表，如表 8-17 所示。

按下启动按钮 SB2 时，步 0 的 X001 常开触点闭合，辅助继电器线圈 M0 有效，以控制步 4～步 14。步 4 的 M0 常开触点闭合时，Y000 线圈有效，使 KM1 主触头闭合，控制电动机串电阻 R 进行降压启动，同时定时器开始延时，其仿真如图 8-29 所示。当延时 5s 时，步 6 中的定时器 T0 的常闭触点断开，KM1 恢复初态，同时步 13 中 T0 的常开触点闭合，Y001 线圈有效，使 KM2 主触头闭合，控制电动机全电压运行。

表 8-17　　　采用 **PLC** 实现串电阻降压启动的梯形图及指令语句表

梯形图	指令表
0 X001 启动 X000 停止 (M0) M0 4 M0 T0 延时 (Y000 降压运行) K50 (T0 延时) 12 M0 T0 延时 (Y001 全压运行) 15 [END]	0 LD X001 1 OR M0 2 ANI X000 3 OUT M0 4 LD M0 5 MPS 6 ANI T0 7 OUT Y000 8 MPP 9 OUT T0 K50 12 LD M0 13 AND T0 14 OUT Y001 15 END

2. 自耦变压器降压启动

自耦变压器降压启动是将自耦变压器一次侧接在电网上，启动时定子绕组接在自耦变压器的二次侧上。这样，启动时电动机定子绕组得到的电压为自耦变压器的二次电压。待电动机转速接近电动机额定转速时，自耦变压器被切除，电动机绕组直接与电源相连，即电动机在得到自耦变压器的一次电压后，进入全电压运行状态。传统继电器-接触器自耦变压器降压启动控制线路如图 8-30 所示。

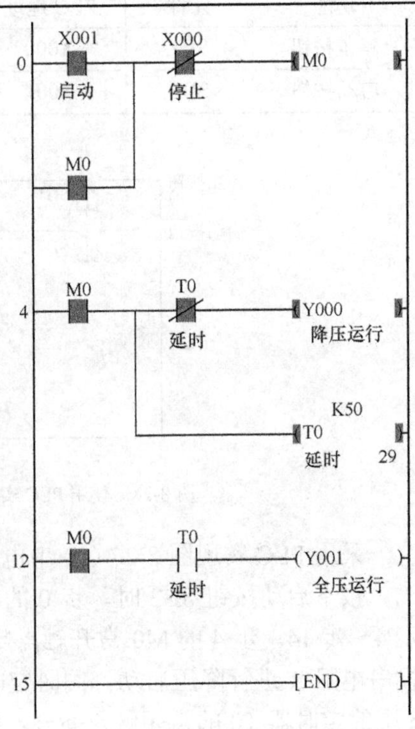

图 8-29　串电阻降压启动控制的仿真效果图

合上电源刀开关 QS，按下启动按钮 SB2，KM1、KT 线圈得电。KM1 线圈得电，辅助常开触头闭合，形成自锁，主触头闭合，将自耦变压器接入，电动机由自耦变压器二次电压供电做降压启动，辅助常闭触头打开，电动机降压启动。当电动机转速接近额定转速时，降压启动时间继电器 KT 的延时闭合触头闭合，使 KA 线圈得电。KA 线圈得电，其常开触头闭合，形成自锁，常闭触头打开，切断 KM1 线圈的电源。KM1 线圈断电

释放，将自耦变压器从电路中断开，同时 KM2 线圈得电。KM2 线圈得电，其主触头闭合，使电源电压全部加在电动机的定子上，实现电动机的全电压运行。KA 另一常闭触头的打开，电动机进行全电压运行。当按下 SB1 时，KM2 线圈失电，电动机停止转动。

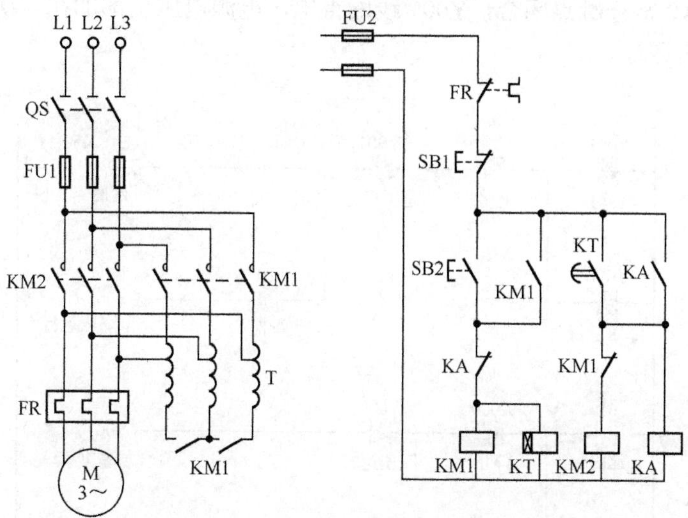

图 8-30　传统继电器—接触器自耦变压器降压启动控制线路原理图

采用 PLC 实现自耦变压器降压启动控制时，其输入/输出分配表与表 8-16 相同，I/O 接线图与图 8-28 相同。

采用 PLC 实现自耦变压器降压启动控制的梯形图及指令语句表，可使用表 8-17 中的程序，也可使用表 8-18 所示的程序。

表 8-18　　采用 PLC 实现自耦变压器降压启动的梯形图及指令语句表

梯形图	指令表
0: X001 启动 (并联 Y000 降压运行) — X000 停止(常闭) — Y001 全压运行(常闭) — (T0 K50 延时)；T0 延时(常闭) — (Y000 降压运行) 9: T0 延时 (并联 Y001 全压运行) — X000 停止(常闭) — Y000 降压运行(常闭) — (Y001 全压运行) 14: [END]	0 LD X001 1 OR Y000 2 ANI X000 3 ANI Y001 4 OUT T0 K50 7 ANI T0 8 OUT Y000 9 LD T0 10 OR Y001 11 ANI X000 12 ANI Y000 13 OUT Y001 14 END

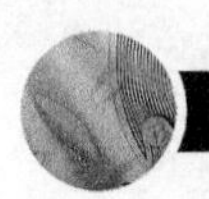

步 0～步 8 为降压启动控制，步 9～步 13 为全压运行控制。按下启动按钮 SB2，X001 常开触点为 ON，Y000 线圈输出为 ON，电动机由自耦变压器的二次电压供电用作降压启动，同时 T0 进行延时，其仿真效果如图 8-31 所示。当 T0 延时 0.5s 后，T0 常闭触点打开，Y000 线圈失电，同时 T0 常开触点闭合，Y001 线圈得电，电源电压全部加在电动机的定子上，实现电动机的全电压运行。

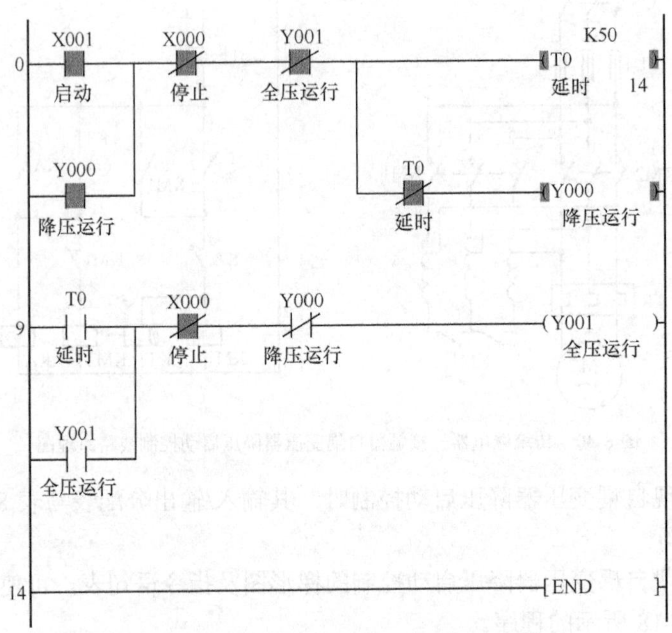

图 8-31 自耦变压器降压启动的仿真效果图

8.1.6 PLC 在绕线转子异步电机的启动与调速控制电路中的应用

三相绕线式异步电动机转子绕组可通过铜环经电刷与外电路电阻相接，可减小启动电流，提高转子电路功率因数和启动转矩。通常在要求启动转矩较大的场合，使用绕线式异步电动机。

按照绕线式异步电动机启动过程中转子串接装置不同，可分为串电阻启动与串频敏变阻器启动两种控制线路。

1. 转子绕组串电阻启动控制线路

串接于三相转子回路中的电阻，一般都连接成星形。在启动前，启动电阻全部接入电路中，在启动过程中，启动电阻被逐级地短接切除，正常运行时所有外接启动电阻全部切除。根据绕线式异步电动机启动过程中转子电流变化及所需启动时间的特点，控制线路有时间原则控制电路和电流原则控制电路。

（1）按时间原则组成的绕线式异步电动机启动控制

按时间原则组成的传统继电器—接触器绕线式异步电动机启动控制线路如图 8-32 所示，该线路是依靠时间继电器的依次动作来实现自动短接启动电阻的降压启动控制线路。

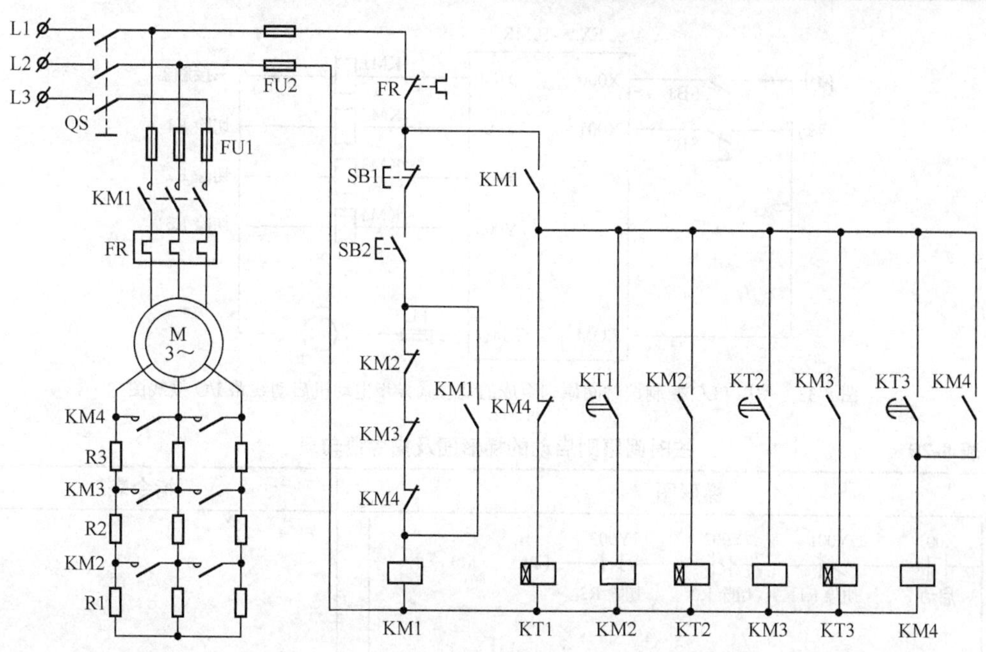

图 8-32 按时间原则组成的传统继电器—接触器绕线式异步电动机启动控制线路

合上电源开关 QS，按下启动按钮 SB2，KM1 线圈得电，主触头闭合，电动机在启动电阻 R1、R2、R3 全部接入的情况下启动，KM1 常开辅助触头闭合，其中一路常开辅助触头闭合，形成自锁，另一路常开辅助触头闭合，使 KT1 线圈得电。经过一定时间后，KT1 延时动合触头闭合，使 KM2 线圈得电。KM2 线圈得电，主触头闭合，R1 被短接了，启动电阻减小，电流增大，同时 KM2 常开辅助触头的闭合，使 KT2 线圈得电。经延时，KT2 延时动合触头闭合，使 KM3 线圈得电。KM3 线圈得电，主触头闭合，R2 被短接，启动电阻进一步减小，电流又增大，同时 KM3 常开辅助触头的闭合，使 KT3 线圈得电。KT3 线圈得电延时一段时间后，KT3 延时动合触头闭合，使 KM4 线圈得电。KM4 线圈得电，其主触头闭合，将启动电阻全部切除，使电动机在全电压下运行，常开辅助触头闭合，形成自锁。当按下停止按钮 SB1 时，KM1 线圈失电，触头释放，使电动机停止运转。

使用 PLC 控制按时间原则组成的绕线式异步电动机启动线路时，需 2 个输入点和 4 个输出点，其输入/输出分配表如表 8-19 所示，I/O 接线图如图 8-33 所示。

表 8-19　按时间原则组成的绕线式异步电动机启动线路的输入/输出分配表

输入			输出		
功能	元件	PLC 地址	功能	元件	PLC 地址
停止按钮	SB1	X000	主接触器	KM1	Y000
启动按钮	SB2	X001	切除电阻 R1	KM2	Y001
			切除电阻 R2	KM3	Y002
			切除电阻 R3	KM4	Y003

使用 PLC 控制按时间原则组成的绕线式异步电动机启动线路的梯形图及指令语句表，如表 8-20 所示。

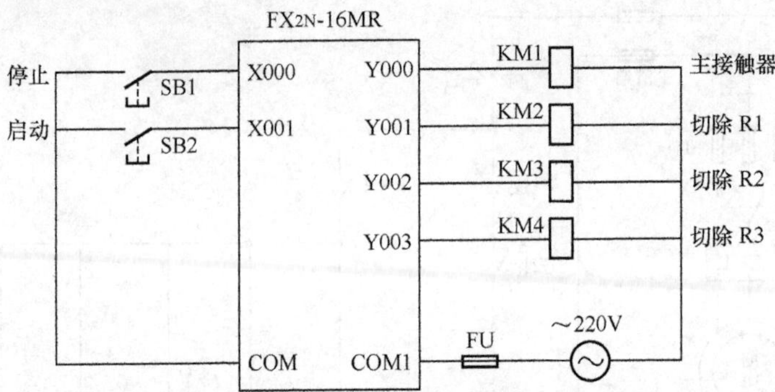

图 8-33　使用 PLC 控制按时间原则组成的绕线式异步电动机启动线路 I/O 接线图

表 8-20　　按时间原则启动的梯形图及指令语句表

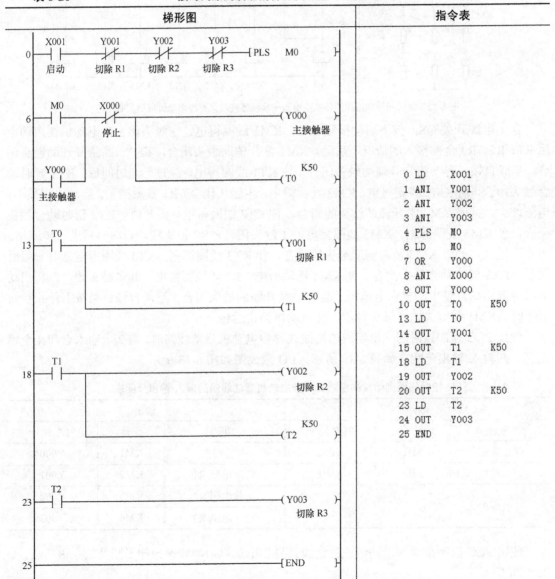

梯形图	指令表
0 X001(启动) Y001(切除 R1) Y002(切除 R2) Y003(切除 R3) [PLS M0] 6 M0 X000(停止) (Y000) 主接触器；Y000(主接触器) (T0 K50) 13 T0 (Y001) 切除 R1；(T1 K50) 18 T1 (Y002) 切除 R2；(T2 K50) 23 T2 (Y003) 切除 R3 25 [END]	0 LD X001 1 ANI Y001 2 ANI Y002 3 ANI Y003 4 PLS M0 6 LD M0 7 OR Y000 8 ANI X000 9 OUT Y000 10 OUT T0 K50 13 LD T0 14 OUT Y001 15 OUT T1 K50 18 LD T1 19 OUT Y002 20 OUT T2 K50 23 LD T2 24 OUT Y003 25 END

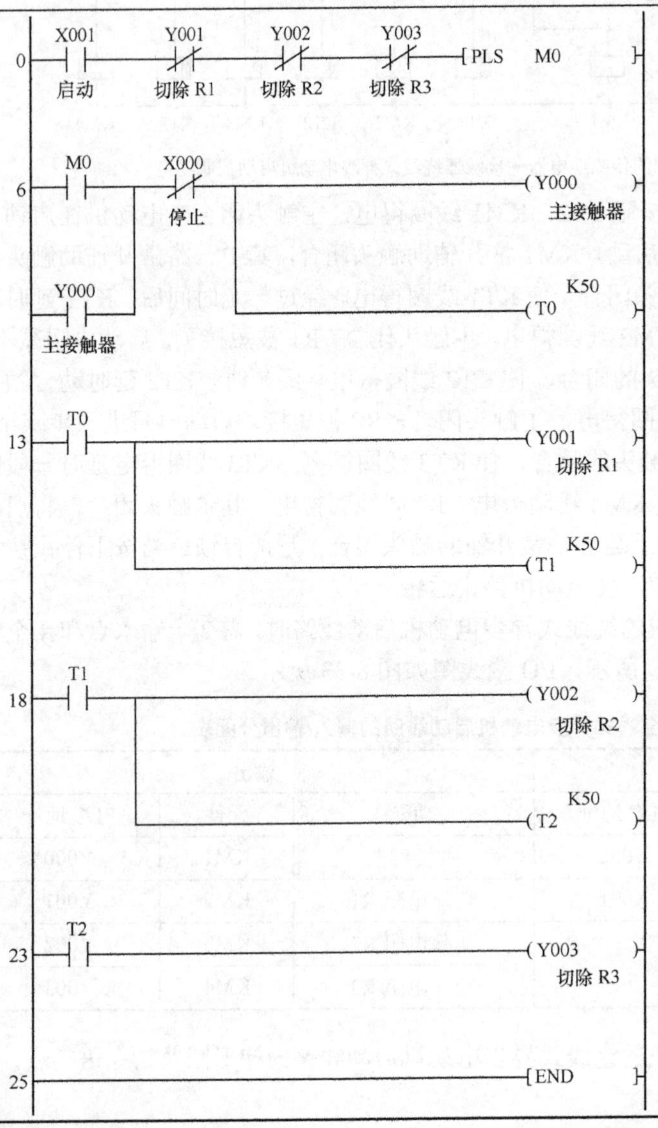

步 0～步 5 为脉冲控制，当 X001 触点由 OFF 变为 ON 时，M0 输出宽度为一个扫描周期的脉冲信号。

步 6～步 12 控制主接触器接通。当 M0 常开触点为 ON 时，Y000 线圈输出为 ON，主接触器 KM1 线圈得电并自锁，电动机在启动电阻 R1、R2、R3 全部接入的情况下启动。同时，T1 进行延时，其仿真效果如图 8-34 所示。

步 13～步 17 为切除电阻 R1 控制；步 18～步 22 为切除电阻 R2 控制；步 23～步 24 为切除电阻 R3 控制。

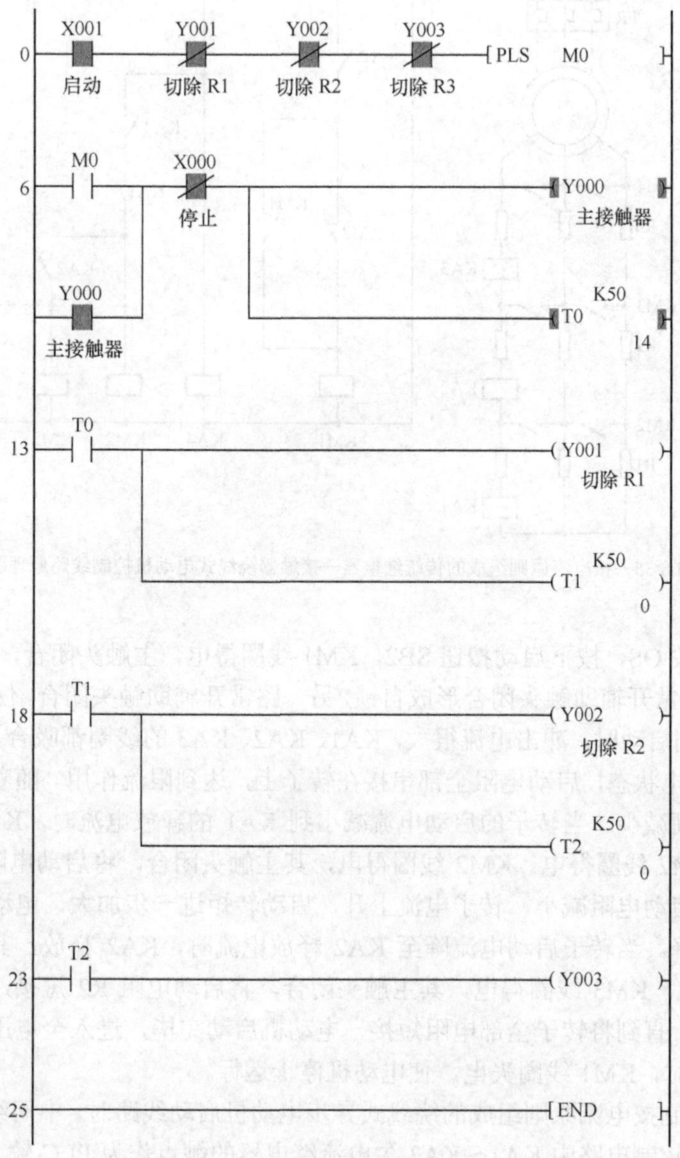

图 8-34　按时间原则组成的绕线式异步电动机启动的仿真效果图

（2）按电流原则组成的绕线式异步电动机启动控制

按电流原则组成的传统继电器—接触器绕线式异步电动机启动控制线路如图 8-35 所示，

该线路是利用电流继电器根据电动机转子电流大小的变化来控制电阻的分级切除。

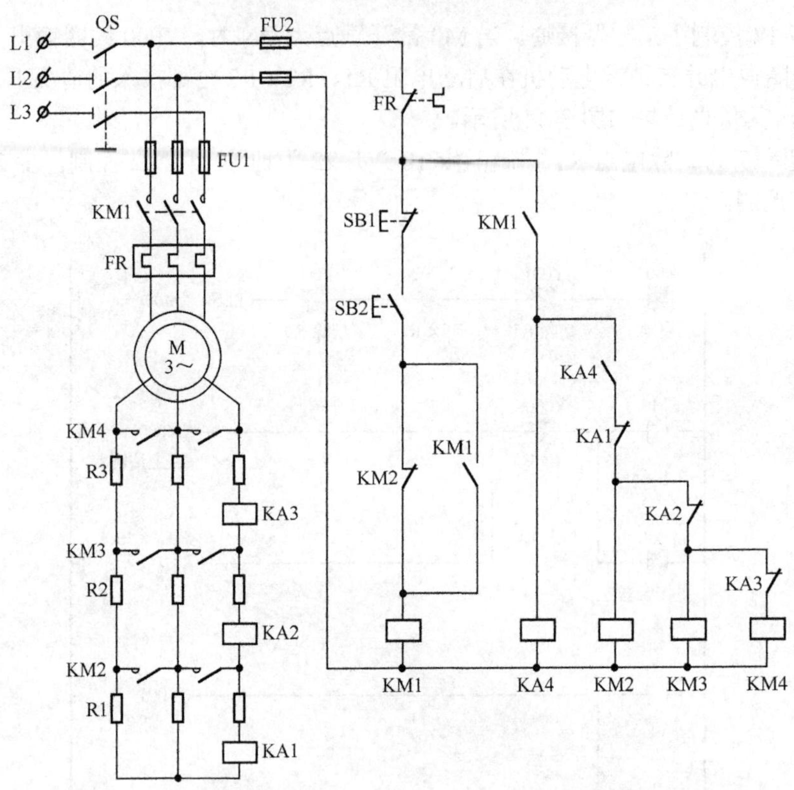

图 8-35　按电流原则组成的传统继电器—接触器绕线式电动机控制线路原理图

合上电源开关 QS，按下启动按钮 SB2，KM1 线圈得电，主触头闭合，KM1 常开辅助触头闭合，其中一路常开辅助触头闭合形成自锁，另一路常开辅助触头闭合，使中间继电器 KA4 线圈得电。由于刚启动时，冲击电流很大，KA1、KA2、KA3 的线圈都吸合，使 KM2、KM3、KM4 线圈处于断电状态，启动电阻全部串接在转子上，达到限流作用。随着电动机转速的升高，转子电流逐渐减少。当转子的启动电流减小到 KA1 的释放电流时，KA1 释放，其常闭触头闭合，使 KM2 线圈得电。KM2 线圈得电，其主触头闭合，将启动电阻 R1 短接，减小启动电阻。由于启动电阻减小，转子电流上升，启动转矩进一步加大，电动机转速上升，导致转子电流又下降。当转子启动电流降至 KA2 释放电流时，KA2 释放，其常闭触头闭合，使 KM3 线圈得电。KM3 线圈得电，其主触头闭合，将启动电阻 R2 短接，进一步减小启动电阻。如此下去，直到将转子全部电阻短接，电动机启动完毕，进入全电压运行状态。当按下停止按钮 SB1 时，KM1 线圈失电，使电动机停止运行。

使用 PLC 控制按电流原则组成的绕线式异步电动机启动线路时，中间继电器使用 M0 进行替代，在 PLC 控制电路中 KA1～KA3 欠电流继电器的触点作为 PLC 输入信号，因此需 5 个输入点和 4 个输出点，其输入/输出分配表如表 8-21 所示，I/O 接线图如图 8-36 所示。

使用 PLC 控制按电流原则组成的绕线式异步电动机启动线路的梯形图及指令语句表，如表 8-22 所示。

表 8-21　　按电流原则组成的绕线式异步电动机启动线路的输入/输出分配表

输入			输出		
功能	元件	PLC 地址	功能	元件	PLC 地址
停止按钮	SB1	X000	主接触器	KM1	Y000
启动按钮	SB2	X001	切除电阻 R1	KM2	Y001
KA1 欠电流继电器触点	KA1	X002	切除电阻 R2	KM3	Y002
KA2 欠电流继电器触点	KA2	X003	切除电阻 R3	KM4	Y003
KA3 欠电流继电器触点	KA3	X004			

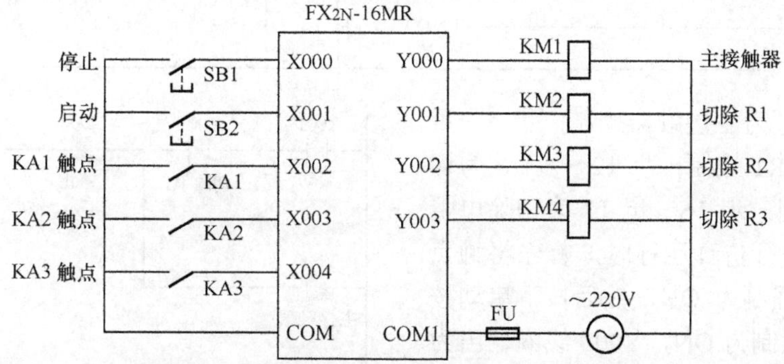

图 8-36　使用 PLC 控制按电流原则组成的绕线式异步电动机启动线路 I/O 接线图

表 8-22　　按电流原则启动的梯形图及指令语句表

梯形图

0　X001（启动）　Y001（切除 R1）　X000（停止）　(Y000)（主接触器）
　　Y000（主接触器）
5　Y000（主接触器）　(M0)
7　M0　X002　(M1)
10　M1　(Y001)（切除 R1）
　　X003　(M2)

指令表

```
0   LD    X001
1   ANI   Y001
2   OR    Y000
3   ANI   X000
4   OUT   Y000
5   LD    Y000
6   OUT   M0
7   LD    M0
8   ANI   X002
9   OUT   M1
10  LD    M1
11  OUT   Y001
12  ANI   X003
13  OUT   M2
14  LD    M2
15  OUT   Y002
16  ANI   X004
17  OUT   Y003
18  END
```

续表

梯形图	指令表
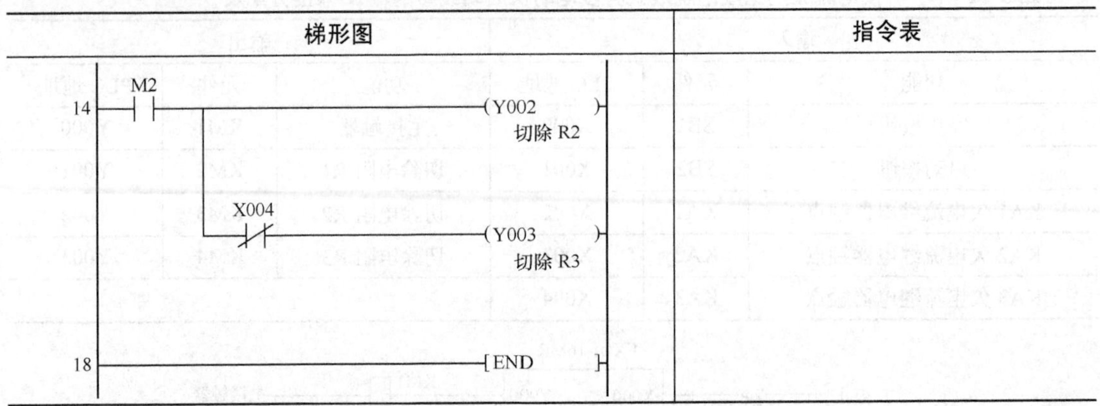	

步 0～步 4 为主接触器控制；步 5～步 11 为切除电阻 R1 控制；步 12～步 15 为切除电阻 R2 控制；步 16～步 17 为切除电阻 R3 控制。在进行仿真运行时，首先将触点 X2、X3、X4 强制为 ON，然后按下启动按钮，即 X001 强制为 ON，Y000 线圈输出为 1，电动机在串接电阻 R1、R2、R3 的情况下进行降压启动。Y000 线圈输出为 1，则 M0 线圈得电，使 M0 常开触点为 ON，此时将 X002 强制为 OFF，则 Y001 线圈输出为 1，即切除电阻 R1，其仿真效果如图 8-37 所示。X003 强制为 OFF，则 Y002 线圈输出为 1，即切除电阻 R2；X004 强制为 OFF，则 Y003 线圈输出为 1，即切除电阻 R3，电动机在全压下运行。

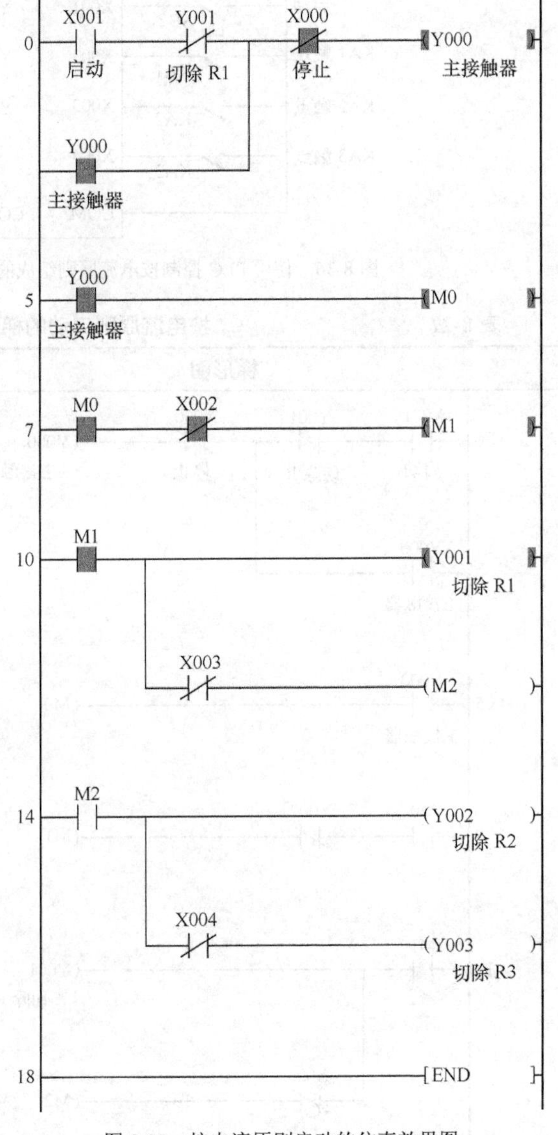

图 8-37　按电流原则启动的仿真效果图

2．转子绕组串频敏变阻器启动控制线路

转子回路串电阻启动时，由于电阻切除的不连续性，造成电流和转矩突然变化引起机械冲击，并且控制电流较复杂，启动电阻本身比较笨重，能耗大，控制箱体积较大，因此可在转子绕组上串接频敏变阻器来实现，传统继电器-接触器控制线路如图 8-38 所示。

合上电源开关 QS，按下启动按钮 SB2，KM1 线圈得电，主触头闭合，电动机转子绕组串频敏变阻器 RF 降压启动，KM1 常开辅助触头闭合形成自锁，同时 KT 延时继电器开始延时。当延时时间一到，KT 延时闭合触点闭合，使中间继电器 KA 线圈得电。KA 线圈得电，其常开触点闭合，使 KM2 线圈得电。KM2 线圈得电，其常开触点闭合，形成自锁，主触头闭合，短接频敏变阻器 RF 使电动机在全电压下运行，其常闭触点断开，切断 KT 线圈的电源，从而使 KT 和 KA 相继恢复初态。当按下停止按钮 SB1 时，电动机停止运行。

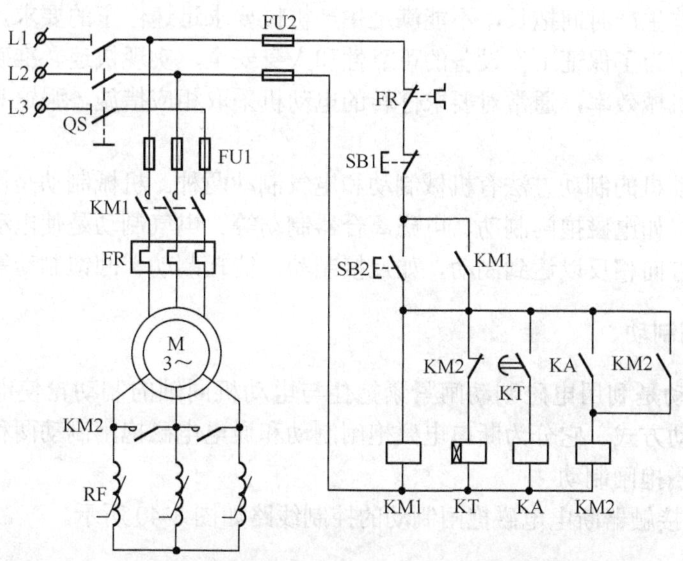

图 8-38 传统继电器-接触器控制的转子绕组串频敏变阻器启动线路

使用 PLC 控制转子绕组串频敏变阻器异步电动机启动线路时，中间继电器使用 M0.0 进行替代，延时继电器 KT 使用内部定时器 T0 即可，因此只需 2 个输入点和 2 个输出点，其输入/输出分配表如表 8-23 所示，I/O 接线图如图 8-39 所示。

表 8-23 PLC 控制转子绕组串频敏变阻器启动线路的输入/输出分配表

输入			输出		
功能	元件	PLC 地址	功能	元件	PLC 地址
停止按钮	SB1	X000	主接触器	KM1	Y000
启动按钮	SB2	X001	短接频敏变阻器全压运行	KM2	Y001

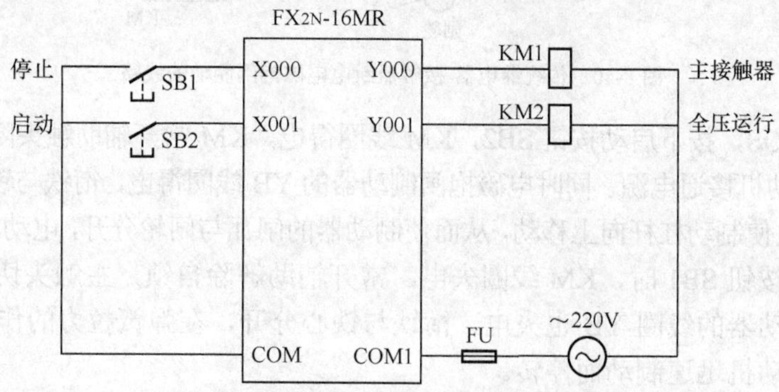

图 8-39 使用 PLC 控制转子绕组串频敏变阻器启动线路 I/O 接线图

使用 PLC 控制转子绕组串频敏变阻器启动线路的梯形图及指令语句表，可参考三相异步

电动机降压启动中的程序。

8.1.7 PLC在三相异步电动机制动控制电路中的应用

交流异步电动机定子绕组脱离电源后，由于系统惯性作用，转子需经一段时间才能停止转动，这样使得非生产时间拖长，不能满足生产机械要求迅速停车的要求，也影响劳动生产率。在实际生产中为了保证工作设备的可靠性和人身安全，实现快速、准确停车，缩短辅助时间，提高生产机械效率，通常对要求停转的电动机采取相应措施，强迫其迅速停车，即对其实行制动控制。

交流异步电动机的制动方法有机械制动和电气制动两种。机械制动是用机械装置来强迫电动机迅速停转，如电磁抱闸制动、电磁离合器制动等。电气制动是使电动机的电磁转矩方向与电动机旋转方向相反以达到制动，如反接制动、能耗制动、回馈制动等。

1. 电磁抱闸制动

电磁抱闸制动是利用电磁制动闸紧紧抱住与电动机同轴的制动轮使电动机迅速停止转动的一种机械制动方式。它分为断电电磁抱闸制动和通电电磁抱闸制动两种。

（1）断电电磁抱闸制动

传统继电器-接触器断电电磁抱闸制动的控制线路如图8-40所示。

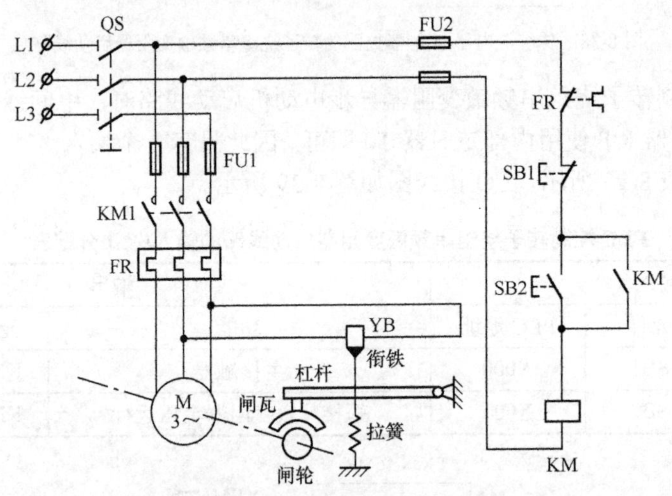

图8-40 传统继电器-接触器断电电磁抱闸制动的线路

合上刀开关QS，按下启动按钮SB2，KM线圈得电，KM常开辅助触头闭合，形成自锁，主触头闭合使电动机接通电源，同时电磁抱闸制动器的YB线圈得电，衔铁与铁心吸合，衔铁克服弹簧的作用，迫使制动杠杆向上移动，从而使制动器的闸瓦与闸轮分开，电动机正常启动运行。

当按下停止按钮SB1时，KM线圈失电，常开辅助解除自锁，主触头切断电动机电源，同时电磁抱闸制动器的线圈YB也失电，衔铁与铁心分开，在弹簧拉力的作用下，闸瓦紧紧抱住闸轮，使电动机迅速制动而停转。

使用PLC控制断电电磁抱闸制动的线路时，只需2个输入点和1个输出点，其输入/输出分配表如表8-24所示，I/O接线图如图8-41所示。

表 8-24　　**PLC 控制断电电磁抱闸制动线路的输入/输出分配表**

输入			输出		
功能	元件	PLC 地址	功能	元件	PLC 地址
停止按钮	SB1	X000	电动机运行	KM	Y000
启动按钮	SB2	X001			

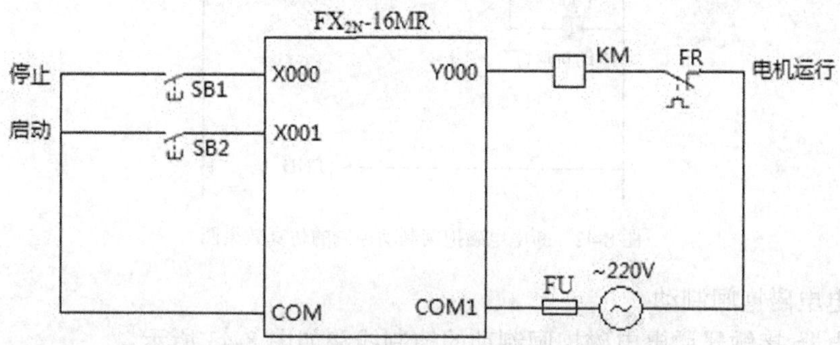

图 8-41　使用 PLC 控制断电电磁抱闸制动 I/O 接线图

使用 PLC 控制断电电磁抱闸制动线路的梯形图及指令语句表，如表 8-25 所示。

表 8-25　　**PLC 控制断电电磁抱闸制动的梯形图及指令语句表**

梯形图	指令表
0　X001（启动）　[PLS　M0] 3　M0　X000（停止）　(Y000)（电动机运行） 　Y000（电动机运行） 7　[END]	0　LD　X001 　X001　= 启动 1　PLS　M0 3　LD　M0 4　OR　Y000 　Y000　= 电动机运行 5　ANI　X000 　X000　= 停止 6　OUT　Y000 　Y000　= 电动机运行 7　END

步 0～步 2 为脉冲控制。当 X001 触点由 OFF 变为 ON 时，M0 输出宽度为一个扫描周期的脉冲信号。

步 3～步 6 为电动机启动控制，其仿真效果如图 8-42 所示。当 M0 为 ON 时，KM 线圈得电，同时电磁抱闸制动器的 YB 线圈得电，电动机正常启动运行。当停止按钮按下时，X000 常闭触点断开，KM 线圈失电，同时电磁抱闸制动器的线圈 YB 也失电，衔铁与铁心分开，在弹簧拉力的作用下，闸瓦紧紧抱住闸轮，使电动机迅速制动而停转。

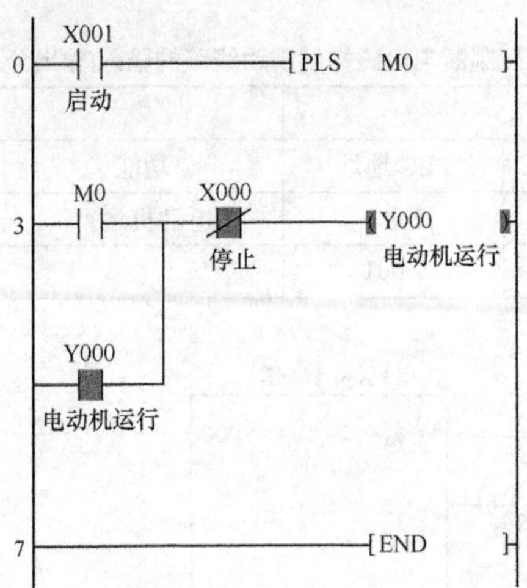

图 8-42 断电电磁抱闸制动控制的仿真效果图

（2）通电电磁抱闸制动

传统继电器-接触器通电电磁抱闸制动的控制线路如图 8-43 所示。

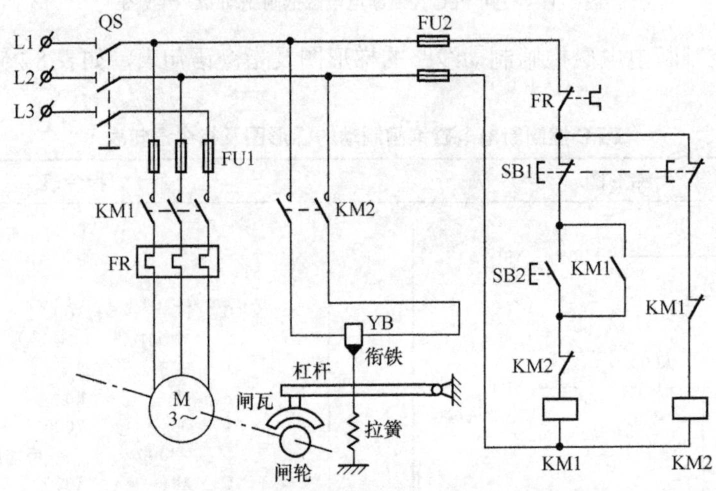

图 8-43 传统继电器-接触器通电电磁抱闸制动的线路

合上电源刀开关 QS，按下启动按钮 SB2，KM1 线圈得电，电动机启动运转。当按下停止按钮 SB1 时，KM1 线圈失电，同时 KM2 线圈得电，电磁抱闸制动器的 YB 线圈得电，产生磁力克服弹簧的拉力吸引闸瓦与电动机的闸轮紧紧相抱，使电动机立即停止下来。

使用 PLC 控制通电电磁抱闸制动的线路时，需要 2 个输入点和 2 个输出点，其输入/输出分配表如表 8-26 所示，I/O 接线图如图 8-44 所示。

表 8-26 PLC 控制通电电磁抱闸制动线路的输入/输出分配表

输入			输出		
功能	元件	PLC 地址	功能	元件	PLC 地址
停止按钮	SB1	X000	电动机运行控制	KM1	Y000
启动按钮	SB2	X001	电动机停止控制	KM2	Y001

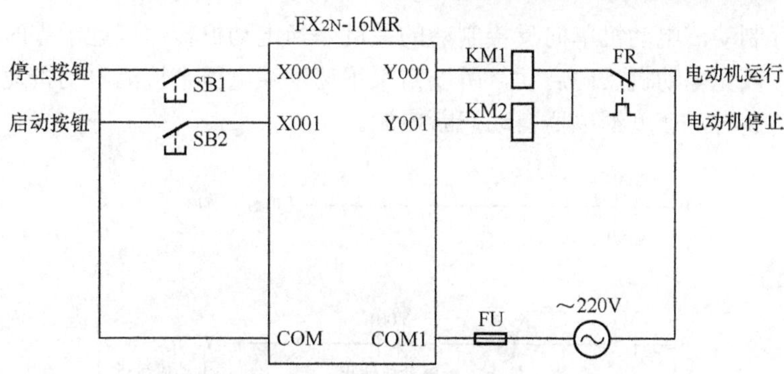

图 8-44　使用 PLC 控制通电电磁抱闸制动 I/O 接线图

使用 PLC 控制通电电磁抱闸制动线路的梯形图及指令语句表，如表 8-27 所示。

表 8-27　　PLC 控制通电电磁抱闸制动的梯形图及指令语句表

梯形图	指令表
0　X001（启动）——[PLS　M0] 3　M0、Y000（电动机运行）并联——X000（停止，常闭）——Y001（电动机停止，常闭）——(Y000　电动机运行) 8　X000（停止）、Y001（电动机停止）并联——T0（常闭）——Y000（电动机运行，常闭）——(Y001　电动机停止)；——(T0　K50) 16　——[END]	0 LD　X001 1 PLS　M0 3 LD　M0 4 OR　Y000 5 ANI　X000 6 ANI　Y001 7 OUT　Y000 8 LD　X000 9 OR　Y001 10 ANI　T0 11 ANI　Y000 12 OUT　Y001 13 OUT　T0　K50 16 END

步 0～步 2 为脉冲控制；步 3～步 7 为电动机启动控制；步 8～步 15 为通电电磁抱闸制动控制，其仿真效果如图 8-45 所示。由于传统继电器-接触器控制线路中的制动是通过联动开关来控制的，为了实现此项功能，在 PLC 中可通过延时控制进行，且延时的长短可通过修改延时参数即 T0 来实现。

2．电动机反接制动控制

反接制动是改变电动机定子绕组的电源相序，产生一个与转子惯性转动方向相反的反向启动转矩，进行制动。电动机单向反接制动的关键是当电动机转速接近于零时，能自动地立即将电源切断，以免电动机反向启动，所以常采用速度继电器来检测电动机速度的变化，当制动接近于零转速时，速度继电器自动切断电源。

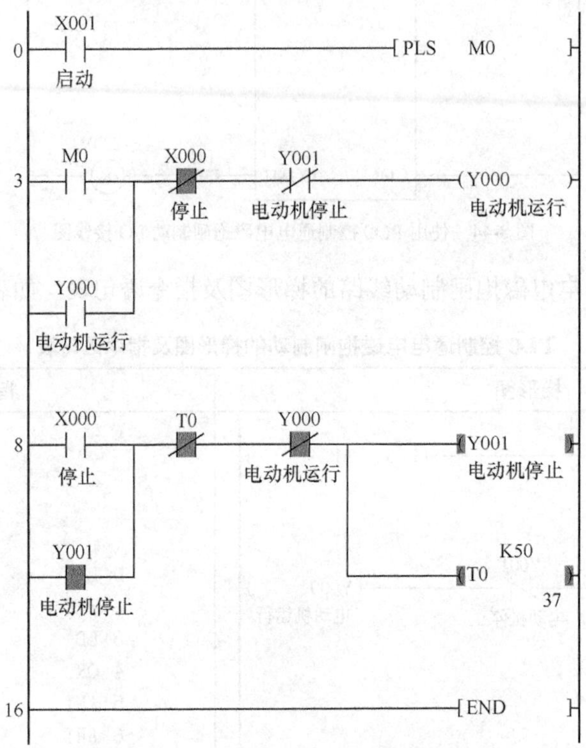

图 8-45　通电电磁抱闸制动控制的仿真效果图

电源反接制动时，转子与定子旋转磁场的相对转速接近电动机同步转速的两倍，所以定子绕组中的反接制动电流相当于全电压直接启动时电流的 2 倍。为避免对电动机及机械传动系统的过大冲击，延长其使用寿命，通常在 10kW 以上电动机的定子电路中，串接对称电阻或不对称电阻，以减小电流冲击。减小制动电流的电阻称为反接制动电阻。电动机反接制动分为单向反接制动和双向反接制动。

（1）电动机单向反接制动

传统继电器-接触器单向反接制动的控制线路如图 8-46 所示。

合上电源刀开关 QS，按下正转启动按钮 SB2，KM1 线圈得电并自锁，主触头闭合，电动机 M 在全电压下启动，当电动机转速上升到一定值时（140r/min），速度继电器 KS 的常开触头闭合为制动做好准备。按下停止按钮 SB1，KM1 线圈失电，触头释放，自锁解除，但 M 仍以惯性高速旋转。当 SB1 按到底时，其常开触头闭合，使 KM2 线圈得电，改变了 M 的定子绕组的电源相序，M 串接 R 反接制动，M 的转速迅速下降。当转速下降到一定值时（100r/min），KS 释放，KS 常开触头复位，切断 KM2 线圈电源。KM2 失电，释放触头断开了 M 的反相序电源，反接制动结束，电动机自然停车。

使用 PLC 控制单向反接制动的线路时，速度继电器的常开触头可作为 PLC 的一路输入信号，因此需要 3 个输入点和 2 个输出点，其输入/输出分配表如表 8-28 所示，I/O 接线图如

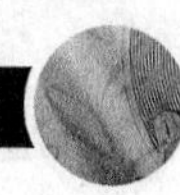

图 8-47 所示。

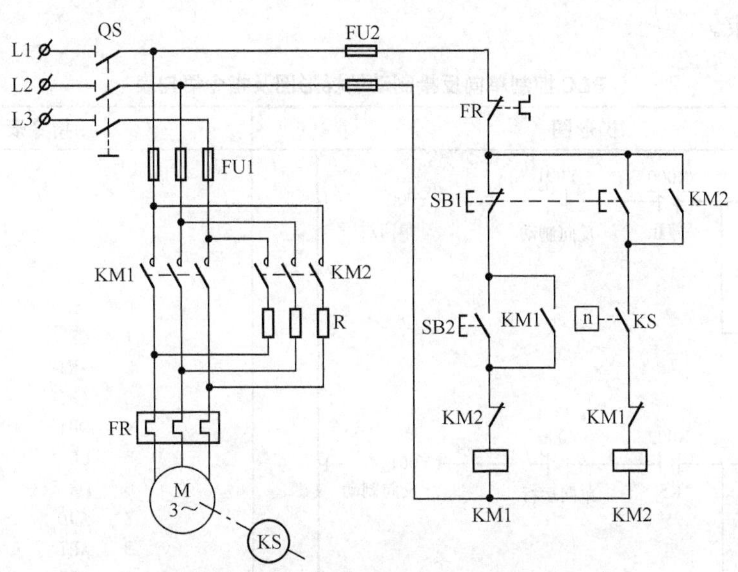

图 8-46 传统继电器-接触器单向反接制动线路

表 8-28 **PLC 控制单向反接制动线路的输入/输出分配表**

输入			输出		
功能	元件	PLC 地址	功能	元件	PLC 地址
停止按钮	SB1	X000	单向运行控制	KM1	Y000
启动按钮	SB2	X001	反接制动控制	KM2	Y001
速度继电器	KS	X002			

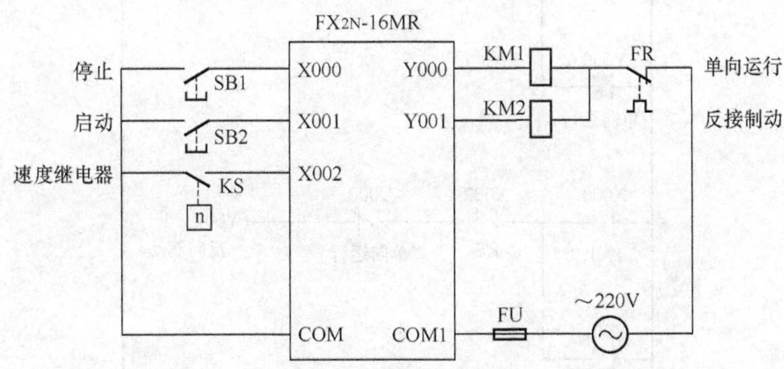

图 8-47 使用 PLC 控制单向反接制动 I/O 接线图

使用 PLC 控制单向反接制动线路的梯形图及指令语句表，如表 8-29 所示。

步 0～步 4 为单向运行控制。按下启动按钮 SB2，X001 的常开触点闭合，Y000 的线圈得电，控制电动机开始单向运行，其仿真效果如图 8-48 所示。当电动机运行速度超过 140r/min 时，速度继电器 KS 常开触点闭合，当反接制动做好准备。

步 5～步 9 为反接制动控制。电动机单向运行后，按下停止按钮 SB1，X000 常开触点闭合，Y001 线圈得电，电动机串接电阻 R 反向运行，电动机转速迅速下降。当转速下降到一

定值时（100r/min），速度继电器 KS 的常开触点断开，Y001 线圈失电，电动机停止运行，反接制动操作结束。

表 8-29　　PLC 控制单向反接制动的梯形图及指令语句表

梯形图	指令表
0 X001 启动 / Y000 单向运行 — X000 停止 — Y001 反向制动 —(Y000 单向运行) 5 X000 停止 / Y001 反向制动 — X002 KS — Y000 单向运行 —(Y001 反向制动) 10 —[END]	0 LD X001 1 OR Y000 2 ANI X000 3 ANI Y001 4 OUT Y000 5 LD X000 6 OR Y001 7 AND X002 8 ANI Y000 9 OUT Y001 10 END

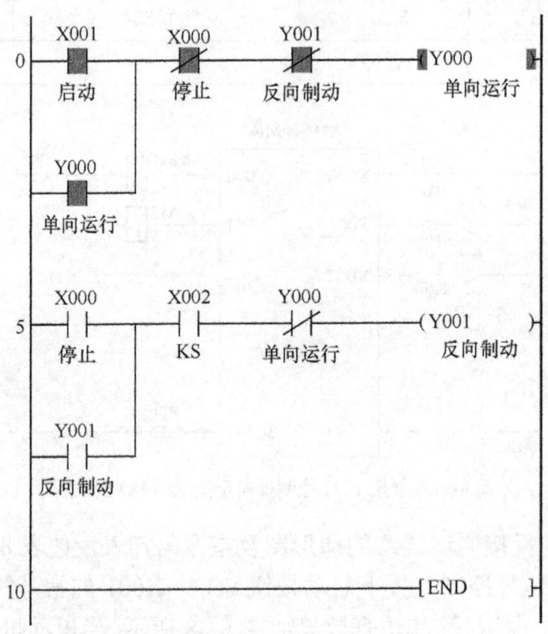

图 8-48　单向反接制动控制的仿真效果图

（2）电动机双向反接制动

传统继电器-接触器双向反接制动的控制线路如图 8-49 所示。

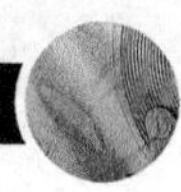

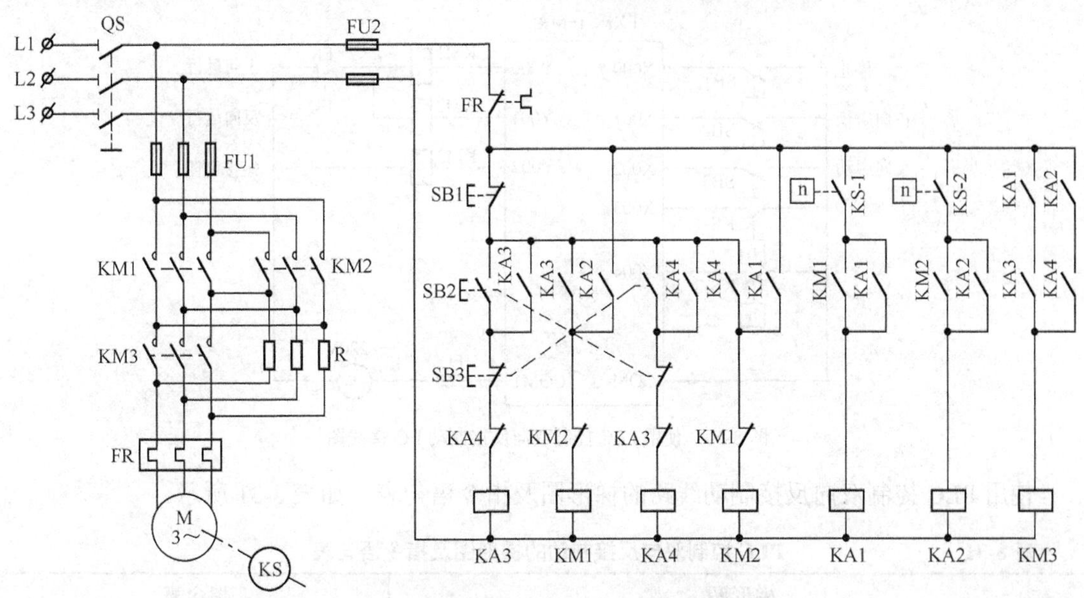

图 8-49　传统继电器-接触器双向反接制动线路

合上电源刀开关 QS，按下正转启动按钮 SB2，正转中间继电器 KA3 线圈得电形成自锁，其常闭触头互锁了中间继电器 KA4 线圈电路。KA3 常开触头闭合，使 KM1 线圈得电。KM1 线圈得电，其常开辅助触头闭合，为制动做好准备，主触头闭合使电动机定子绕组经电阻 R 获得电源，电动机开始降压启动。当电动机转速达到一定值时，速度继电器 KS-1 常开触头闭合，使中间继电器 KA1 线圈得电并自锁。由于 KA1、KA3 常开触头闭合，使 KM3 线圈得电。KM3 线圈得电，其主触头闭合短接电阻 R，使电动机在全压下运行。此时按下停止按钮 SB1 时，KA3 线圈失电，其常开触头被释放，使得 KM1、KM3 线圈相继失电释放它们各自的触头，但此时由于机械惯性作用，电动机高速旋转，使 KS-1 继续维持闭合状态，KA1 线圈仍然得电。KA1 常开触头的闭合，KM1 常闭触头的恢复，使 KM2 线圈得电。KM2 线圈得电，其主触头闭合，使电动机定子上的电源相序已经改变了，且电流也减小了，对电动机进行反接制动，电动机转速迅速下降。当电动机转速下降到一定值时，速度继电器的常开触头 KS-1 复位，使 KA1 线圈断电，接触器 KM2 线圈断电释放，反接制动完成。

使用 PLC 控制双向反接制动的线路时，速度继电器的两对常开触头可作为 PLC 的输入信号，中间继电器使用 M 元件来替代，因此需要 5 个输入点和 2 个输出点，其输入/输出分配表如表 8-30 所示，I/O 接线图如图 8-50 所示。

表 8-30　PLC 控制双向反接制动线路的输入/输出分配表

输入			输出		
功能	元件	PLC 地址	功能	元件	PLC 地址
停止按钮	SB1	X000	正向运行控制	KM1	Y000
正向启动按钮	SB2	X001	反向运行控制	KM2	Y001
反向启动按钮	SB3	X002	短接电阻	KM3	Y002
速度继电器常开触点	KS-1	X003			
	KS-2	X004			

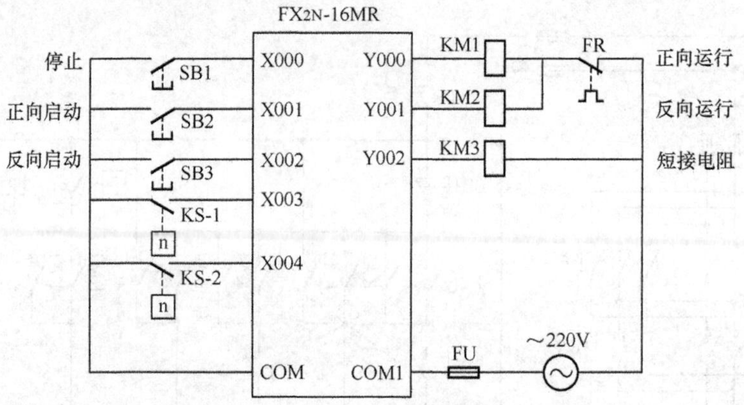

图 8-50　使用 PLC 控制双向反接制动 I/O 接线图

使用 PLC 控制双向反接制动线路的梯形图及指令语句表，如表 8-31 所示。

表 8-31　　PLC 控制双向反接制动的梯形图及指令语句表

梯形图	指令表		
0 Y000 X003 (M1) / M1	0	LD	Y000
	1	OR	M1
	2	AND	X003
	3	OUT	M1
4 Y001 X004 (M2) / M2	4	LD	Y001
	5	OR	M2
	6	AND	X004
	7	OUT	M2
8 X001 X002 M4 X000 (M3) / M3	8	LD	X001
	9	OR	M3
	10	ANI	X002
	11	ANI	M4
	12	ANI	X000
	13	OUT	M3
14 X002 X001 M3 X000 (M4) / M4	14	LD	X002
	15	OR	M4
	16	ANI	X001
	17	ANI	M3
	18	ANI	X000
	19	OUT	M4
20 M3 X000 Y001 (Y000) / M2	20	LD	M3
	21	ANI	X000
	22	OR	M2
	23	ANI	Y001
	24	OUT	Y000
	25	LD	M4
	26	ANI	X000
	27	OR	M1
	28	ANI	Y000
	29	OUT	Y001

续表

梯形图	指令表
25 M4 X000 Y000 (Y001) M1 30 M1 M3 (Y002) M2 M4 36 [END]	30 LD M1 31 AND M3 32 LD M2 33 AND M4 34 ORB 35 OUT Y002 36 END

步 0～步 3 为 KA1 的控制；步 4～步 7 为 KA2 的控制；步 8～步 13 为 KA3 的控制；步 14～步 19 为 KA4 的控制；步 20～步 24 为 KM1 的控制，以实现电动机正向运行，其仿真效果如图 8-51 所示；步 25～步 29 为 KM2 的控制，以实现电动机反向运行；步 30～步 38 为 KM3 的控制，以实现电动机全压运行。

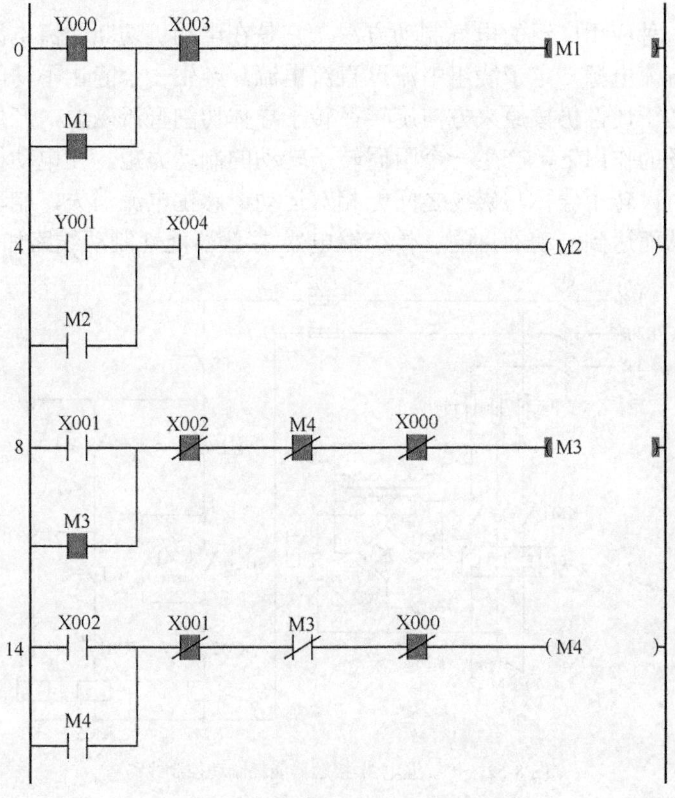

图 8-51　双向反接制动控制的仿真效果图

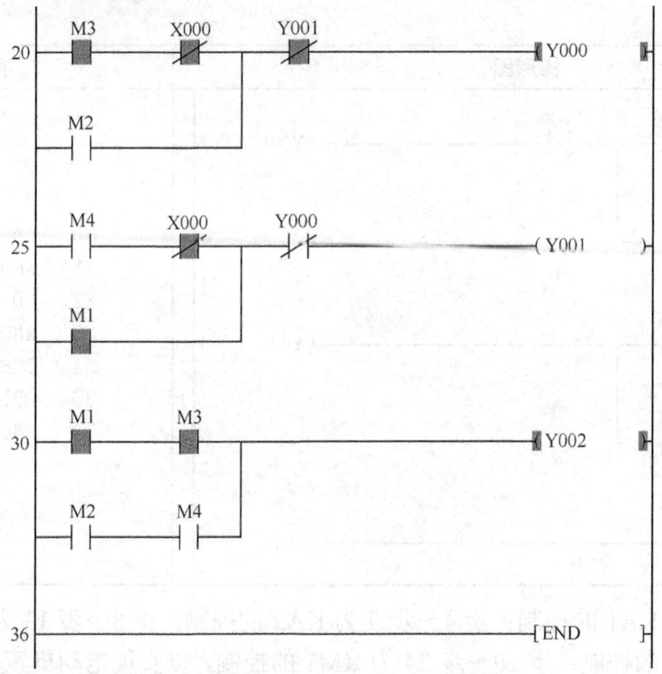

图 8-51　双向反接制动控制的仿真效果图（续）

3．电动机能耗制动控制

能耗制动是一种应用广泛的电气制动方法，它是在电动机切断交流电源后，立即向电动机定子绕组通入直流电源，定子绕组中流过直流电流，产生一个静止不动的直流磁场，而此时电动机的转子由于惯性仍按原来方向旋转，转子导体切割直流磁通，产生感生电流，在感生电流和静止磁场的作用下，产生一个阻碍转子转动的制动力矩，使电动机转速迅速下降。当转速下降到零时，转子导体与磁场之间无相对运动，感生电流消失，制动力矩变为零，电动机停止转动，从而达到制动的目的。传统继电器-接触器能耗制动线路如图 8-52 所示。

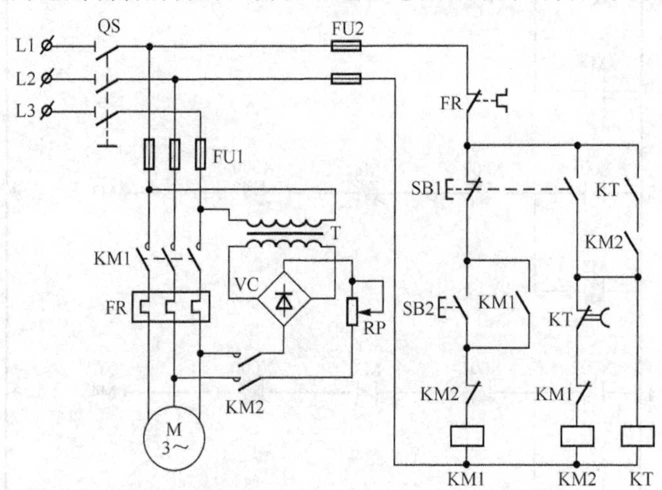

图 8-52　传统继电器-接触器能耗制动控制线路

合上电源刀开关 QS，按下启动按钮 SB2，KM1 线圈得电，常开辅助触头自锁，常闭辅

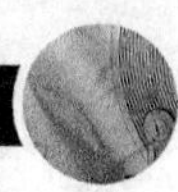

助触头互锁，主触头闭合，电动机全电压启动运行。需要电动机停止时，按下停止按钮 SB1，KM1 线圈失电，释放触头，电动机定子绕组失去交流电源，由于惯性作用，转子仍高速旋转。同时 KM2、KT 线圈得电形成自锁，KM2 主触头闭合，使电动机定子绕组接入直流电源，进行能耗制动，电动机转速迅速下降，当转速接近零时，时间继电器 KT 的延时时间到，KT 常闭触头延时打开，切断 KM2 线圈的电源，KM2、KT 的相应触头释放，从而断开了电动机定子绕组的直流电源，使电动机停止转动，达到了能耗制动的目的。

使用 PLC 控制能耗制动的线路时，需要 2 个输入点和 2 个输出点，其输入/输出分配表如表 8-32 所示，I/O 接线图如图 8-53 所示。

表 8-32　　PLC 控制能耗制动线路的输入/输出分配表

输入			输出		
功能	元件	PLC 地址	功能	元件	PLC 地址
停止按钮	SB1	X000	启动运行控制	KM1	Y000
启动按钮	SB2	X001	能耗制动控制	KM2	Y001

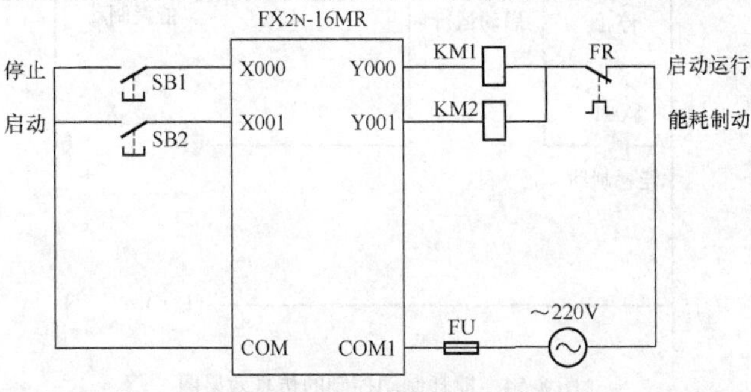

图 8-53　使用 PLC 控制能耗制动 I/O 接线图

使用 PLC 控制能耗制动控制线路的梯形图及指令语句表，如表 8-33 所示。

表 8-33　　PLC 控制能耗制动的梯形图及指令语句表

梯形图	指令表
0 X001 启动 ─ X000 停止 ─ Y001 能耗制动 ─(Y000 启动运行) Y000 启动运行 5 X000 停止 ─ Y000 启动运行 ─ T0 ─(Y001 能耗制动) Y001 能耗制动 ─(T0 K40) 15 ─[END]	0 LD X001 1 OR Y000 2 ANI X000 3 ANI Y001 4 OUT Y000 5 LD X000 6 OR Y001 7 ANI Y000 8 MPS 9 ANI T0 10 OUT Y001 11 MPP 12 OUT T0 K40 15 END

步 0～步 4 为电动机启动运行控制，按下启动按钮 SB2 时，X001 常开触点闭合，Y000 线圈得电，电动机启动运行。步 5～步 14 为能耗制动控制，按下停止按钮 SB1 时，X000 常开触点闭合，Y001 线圈得电，电动机定子绕组接入直流电源进行能耗制动，同时定时器 T0 进行延时，其仿真效果如图 8-54 所示。T0 延时时间一到，T0 常闭触点断开，Y001 线圈失电，电动机停止运行。

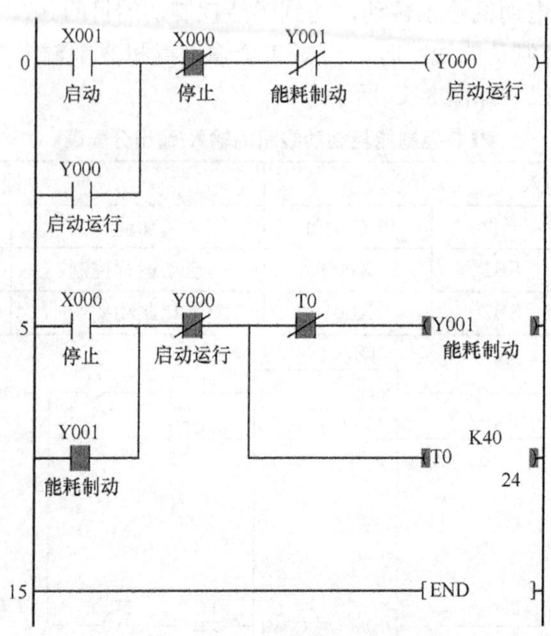

图 8-54　能耗制动控制的仿真效果图

8.1.8　PLC 在多速异步电动机控制电路中的应用

改变异步电动机磁极对数来调速电动机转速称为变极调速，变极调速是通过接触器触头改变电动机绕组的外部接线方式，改变电动机的极对数，从而达到调速的目的。改变鼠笼式异步电动机定子绕组的极数以后，转子绕组的极数能够随之变化，而改变绕线式异步电动机定子绕组的极数以后，无法满足极数能够随之变化的要求，它的转子绕组必须进行相应的重新组合，因此变极调速只适用于鼠笼式异步电动机。凡是磁极对数可以改变的电动机称为多速电动机，常见的多速电动机有双速、三速、四速等。

1．双速异步电动机控制

双速电动机就是电动机的转子能在低速和高速这两种不同额定转速下旋转。若电动机为低速运行，电动机定子绕组必须是△接法；若电动机为高速运行，电动机定子绕组必须是双 YY 接法。

传统继电器-接触器双速异步电动机的调速控制线路如图 8-55 所示，KM1 为电动机的三角形联结接触器，KM2、KM3 为电动机双星形联结接触器，KT 为电动机低速转换高速的时间继电器。SB2、KM1 控制电动机低速运转；SB3、KM2、KM3 控制电动机高速运转。

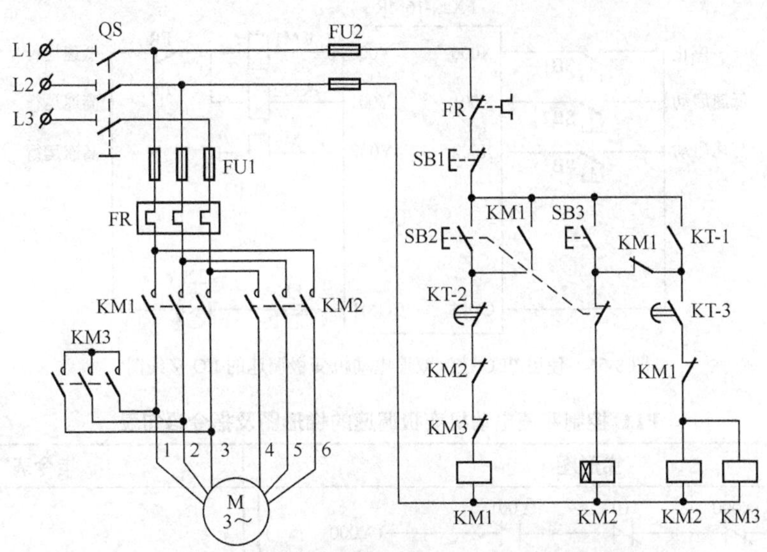

图 8-55 传统继电器-接触器双速电动机变极调速控制

按下△形低速启动按钮 SB2，其常闭辅助触头先断开，常开辅助触头后闭合，使 KM1 线圈得电。KM1 线圈得电，常开辅助触头闭合，形成自锁，常闭辅助触头打开，对 KM2、KM3 线圈进行互锁，主触头闭合，使电动机定子绕组接成△形低速启动运转。当按下 YY 形高速启动按钮 SB3 时，KT 线圈得电，KT-1 常开触头瞬时闭合自锁。KT 延时一段时间后，KT-2 触头先断开，KT-3 触头后闭合。KT-2 触头断开，使 KM1 线圈失电，KM1 常开辅助触头断开，KM1 常闭辅助触头恢复闭合。KM1 触头的释放、KT-3 触头的闭合，使 KM2、KM3 线圈得电，它们的常闭辅助触头打开对 KM1 线圈进行互锁，主触头的闭合使电动机接成 YY 形高速运转。当按下停止按钮 SB1 时，电动机停止运转。

使用 PLC 控制双速电动机变极调速时，需要 3 个输入点和 3 个输出点，其输入/输出分配表如表 8-34 所示，I/O 接线图如图 8-56 所示。

表 8-34　　PLC 控制双速电动机变极调速的输入/输出分配表

输入			输出		
功能	元件	PLC 地址	功能	元件	PLC 地址
停止按钮	SB1	X000	低速运行控制	KM1	Y000
低速启动按钮	SB2	X001	高速运行控制	KM2	Y001
高速启动按钮	SB3	X002	高速运行控制	KM3	Y002

使用 PLC 控制双速电动机变极调速的梯形图及指令语句表，如表 8-35 所示。

步 0～步 6 为电动机低速△形控制，若按下低速启动按钮 SB2，X001 常开触点闭合，Y000 输出线圈控制 KM1 主触头闭合，使电动机进行低速△形旋转。步 7～步 20 为高速 YY 形控制，若按下高速启动按钮 SB3，步 7 的 X002 常开触点闭合，M0 线圈有效，步 6 的 Y000 输出线圈有效，使电动机首先进行低速△形旋转，同时 T0 进行延时，其仿真效果如图 8-57 所示。若延时时间到，其常闭触头打开，同时常开触头闭合，Y001 输出线圈和 Y002 输出线圈有效，使电动机由△形过渡到 YY 形旋转。

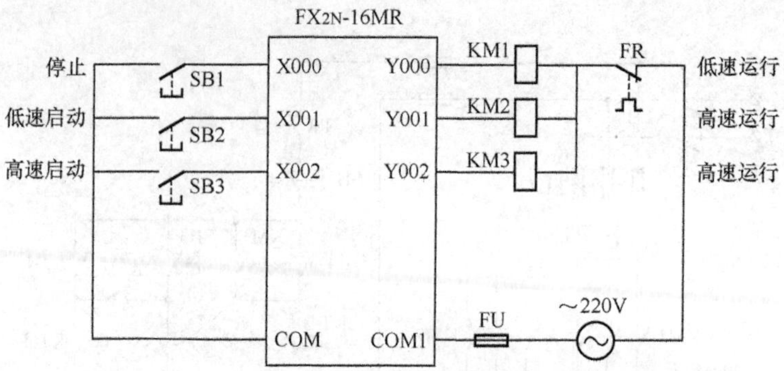

图 8-56　使用 PLC 控制双速电动机变极调速的 I/O 接线图

表 8-35　　PLC 控制双速电动机变极调速的梯形图及指令语句表

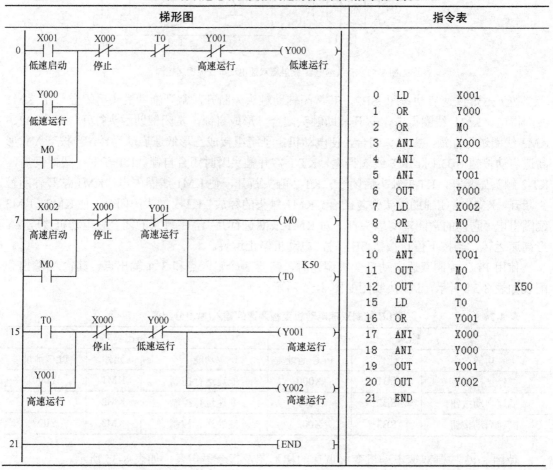

梯形图	指令表
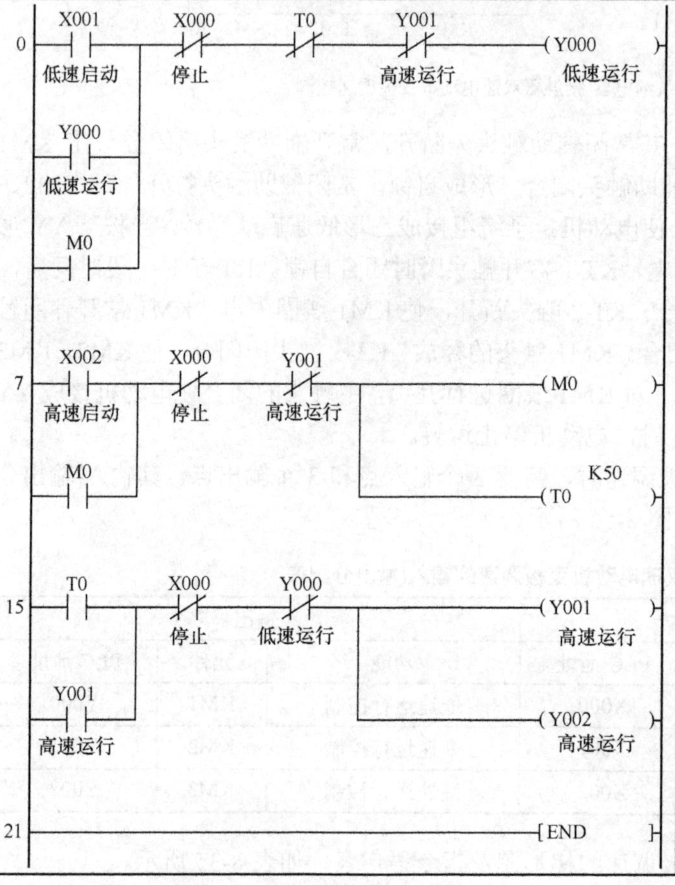 0 X001 低速启动、Y000 低速运行、M0（并联）；X000 停止（常闭）、T0（常闭）、Y001 高速运行（常闭）—(Y000 低速运行)	0 LD X001 1 OR Y000 2 OR M0 3 ANI X000 4 ANI T0 5 ANI Y001 6 OUT Y000
7 X002 高速启动、M0（并联）；X000 停止（常闭）、Y001 高速运行（常闭）—(M0)、—(T0 K50)	7 LD X002 8 OR M0 9 ANI X000 10 ANI Y001 11 OUT M0 12 OUT T0 K50
15 T0、Y001 高速运行（并联）；X000 停止（常闭）、Y000 低速运行（常闭）—(Y001 高速运行)、—(Y002 高速运行)	15 LD T0 16 OR Y001 17 ANI X000 18 ANI Y000 19 OUT Y001 20 OUT Y002
21 —[END]	21 END

2. 三速异步电动机控制

三速异步电动机有两套绕组和低速、中速、高速这三种不同的转速。其中一套绕组同双速电动机一样，当电动机定子绕组接成△形接法时，电动机低速运行；当电动机定子绕组接成 YY 形接法时，电动机高速运行。另一套绕组接成 Y 形接法，电动机中速运行。

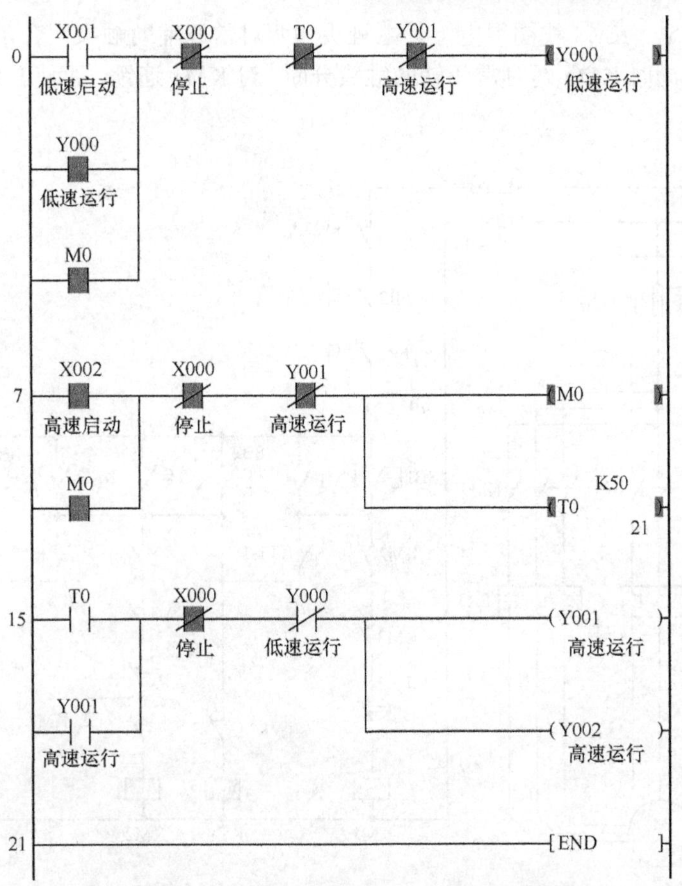

图 8-57 双速电动机变极调速控制的仿真效果图

传统继电器-接触器三速异步电动机的调速控制线路如图 8-58 所示，其中 SB1、KM1 控制电动机在△形接法下低速运行；SB2、KT1、KT2 控制电动机从△形接法低速启动到 Y 形接法中速运行的自动转换；SB3、KT1、KT2、KM3 控制电动机从△形接法下低速启动到 Y 形中速过渡到 YY 接法下高速运行的自动转换。

合上电流开关 QS，按下 SB1，KM1 线圈得电，KM1 主触头闭合、常开辅助触头闭合自锁，电动机 M 接成△形接法低速运行，常闭辅助触头打开对 KM2、KM3 连锁。

按下 SB2，SB2 的常闭触头先断开，常开触头后闭合，使 KT1 线圈得电延时。KT1-1 瞬时闭合，使 KM1 线圈得电，KM1 主触头闭合，电动机 M 接成△形接法低速启动，KT1 延时片刻后，KT1-2 先断开，使 KM1 线圈失电，KM1 触头复位，KT1-3 后闭合使 KM2 线圈得电。KM2 线圈得电，KM2 的两对常开触头闭合，KM2 的主触头闭合，使电动机接成 Y 形中速运行，KM2 两对联锁触头断开对 KM1、KM3 进行连锁。

按下 SB3，SB3 的常闭触头先断开，常开触头后闭合，使 KT2 线圈得电，KT2-1 瞬时闭合，这样 KT1 线圈得电。KT1 线圈得电，KT1-1 瞬时闭合，KM1 线圈得电，KM1 主触头动作，电动机接成△形接法低速启动，经 KT1 整定时间，KT1-2 先分断，KM1 线圈失电，KM1 主触头复位，而 KM1-3 后闭合使 KM2 线圈得电，KM2 主触头闭合，电动机接成 Y 形中速过渡。经 KT2 整定时间后，KT2-2 先分断，KM2 线圈失电，KM2 主触头复位，KT2-3 后闭

合，KM3 线圈得电。KM3 线圈得电，其主触头和两对常开辅助触头闭合，使电动机 M 接成 YY 形高速运行，同时 KM3 两对常闭辅助触头分断，对 KM1 连锁，而使 KT1 线圈失电，KT1 触头复位。

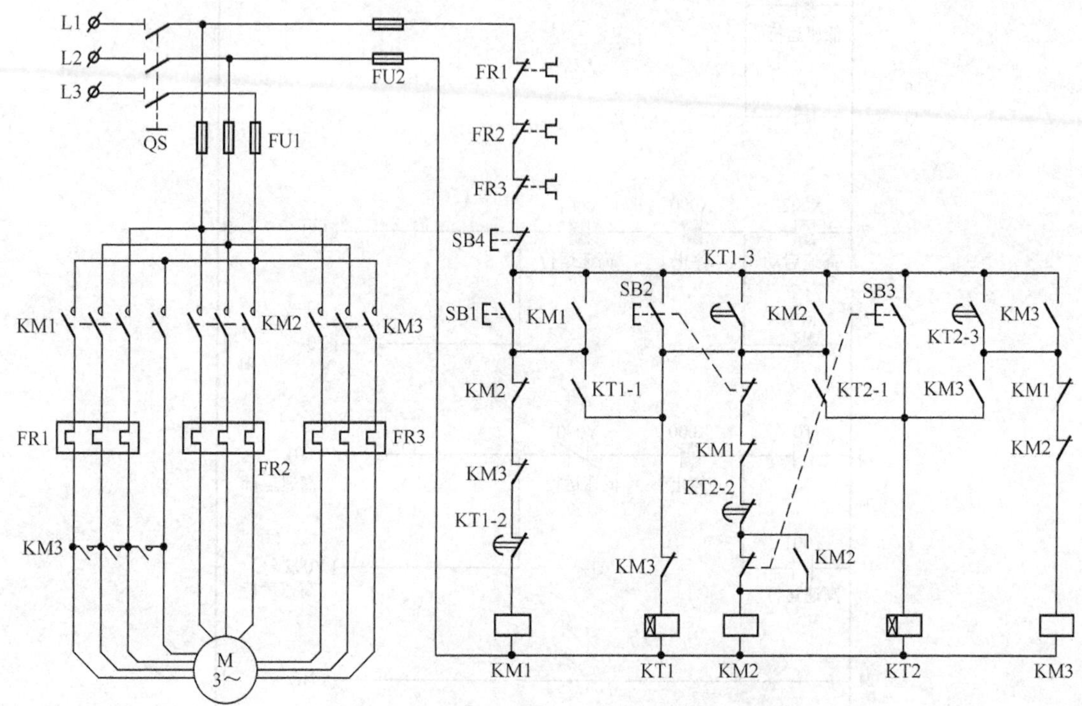

图 8-58　传统继电器-接触器三速电动机变极调速控制

不管电动机在低速、中速还是高速下运行，只要按下停止按钮 SB4 时，电动机就会停止运行。

使用 PLC 控制三速电动机变极调速时，需要 4 个输入点和 3 个输出点，其输入/输出分配表如表 8-36 所示，I/O 接线图如图 8-59 所示。

表 8-36　PLC 控制三速电动机变极调速的输入/输出分配表

输入			输出		
功能	元件	PLC 地址	功能	元件	PLC 地址
低速启动按钮	SB1	X000	低速运行控制	KM1	Y000
中速启动按钮	SB2	X001	中速运行控制	KM2	Y001
高速启动按钮	SB3	X002	高速运行控制	KM3	Y002
停止按钮	SB4	X003			

使用 PLC 控制三速电动机变极调速的梯形图及指令语句表，如表 8-37 所示。

按下低速启动按钮 SB1 时，步 1 中的 X000 常开触点闭合，M0 在其上升沿到来时，闭合一个扫描周期，控制步 9 中的 M0 常开触点闭合一个扫描周期，从而使 Y000 线圈得电，控制 KM1 主触头闭合，电动机接成△形低速运行。

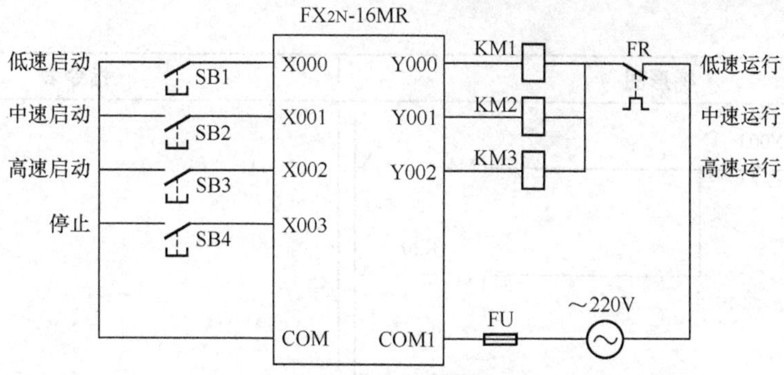

图 8-59　使用 PLC 控制三速电动机变极调速的 I/O 接线图

表 8-37　　　　**PLC 控制三速电动机变极调速的梯形图及指令语句表**

梯形图	指令表
0 X000 [PLS M0] 3 X001 [PLS M1] 6 X002 [PLS M2] 9 M0 (M1, M2, Y000) X003 T0 (Y000) 16 M1 (M2, M3) X003 (M3) K20 (T0) 24 T0 T1 (Y001)	0 LD X000 1 PLS M0 3 LD X001 4 PLS M1 6 LD X002 7 PLS M2 9 LD M0 10 OR M1 11 OR M2 12 OR Y000 13 ANI X003 14 ANI T0 15 OUT Y000 16 LD M1 17 OR M2 18 OR M3 19 ANI X003 20 OUT M3 21 OUT T0 K20 24 LD T0 25 ANI T1 26 OUT Y001 27 LD M2 28 OR M4 29 ANI X003 30 OUT M4 31 OUT T1 K30 34 LD T1 35 OUT Y002 36 END

续表

梯形图	指令表
27 M2 X003 (M4) M4 K30 (T1) 34 T1 (Y002) 36 [END]	

按下中速启动按钮 SB2 时，步 3 中的 X001 常开触点闭合，M1 在其上升沿到来时，闭合一个扫描周期，控制步 10 中的 M1 常开触点闭合一个扫描周期，从而使 Y000 线圈得电，控制 KM1 主触头闭合，电动机△形接法低速启动。而步 16 中的 M1 常开触点闭合一个扫描周期，使 T0 进行延时 10s。若延时时间到，T0 的常闭触头断开使步 15 中的 Y000 线圈失电，同时 T0 的常开触头闭合，控制步 26 的 Y001 线圈得电，使电动机接成 Y 形中速运行。

按下高速启动按钮 SB3 时，步 6 中的 X002 常开触点闭合，M2 在其上升沿到来时闭合一个扫描周期，控制步 11 中的 M2 常开触点闭合一个扫描周期，从而使 Y000 线圈得电，控制 KM1 主触头闭合，电动机△形接法低速启动。而步 17 中的 M2 常开触点闭合一个扫描周期，使 T0 进行延时 10s。若延时时间到，T0 的常闭触头断开使步 15 中的 Y000 线圈失电，同时 T0 的常开触头闭合，控制步 20 的 Y001 线圈得电，使电动机接成 Y 形中速过渡。步 27 中的 M2 常开触点闭合一个扫描周期，使 T1 进行延时 10s。若延时时间到，T1 的常闭触头断开使步 26 中的 Y001 线圈失电，同时 T1 的常开触头闭合，控制步 34 的 Y002 线圈得电，使电动机接成 YY 形高速运行，其仿真效果如图 8-60 所示。

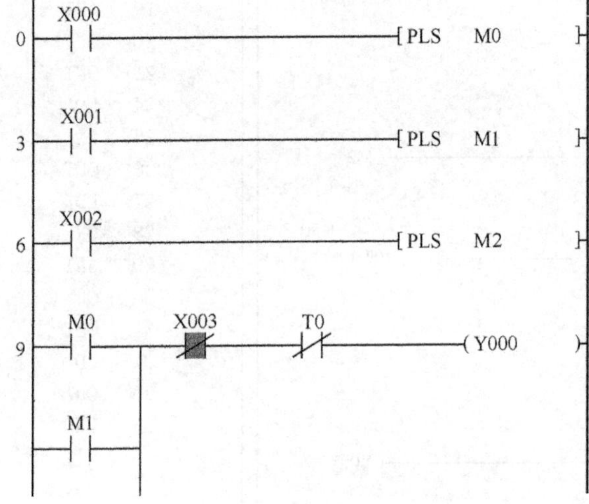

图 8-60　三速电动机变极调速控制的仿真效果图

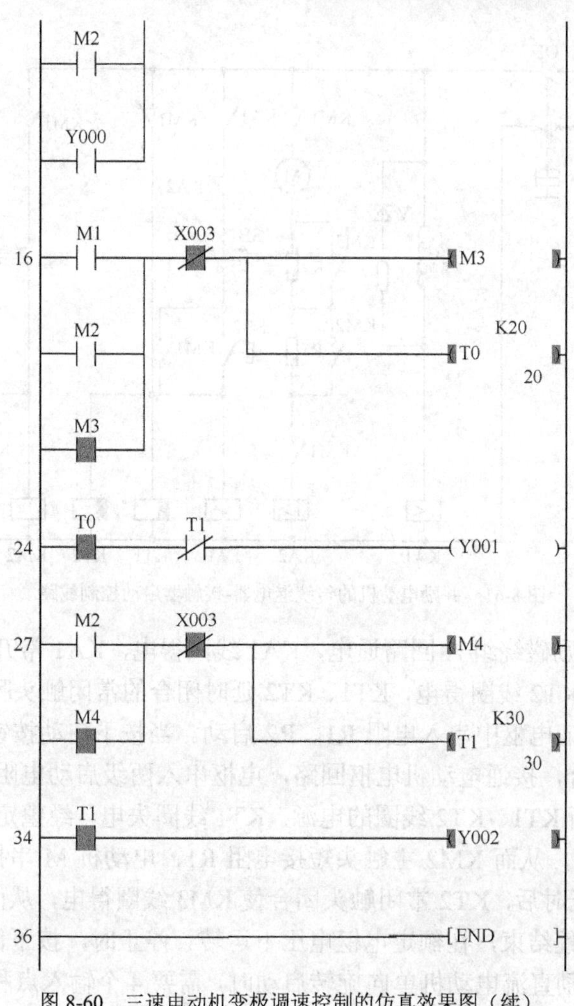

图 8-60　三速电动机变极调速控制的仿真效果图（续）

8.2　PLC 在并励直流电动机控制电路中的应用

直流电动机具有启动转矩大、调速范围广、调速精度高、能够实现无级平滑调速以及可以频繁启动等优点，因此在需要大范围内实现无级平滑调速或需要大启动转矩的生产机械时，常采用直流电动机进行拖动。直流电动机有串励、并励、复励和他励四种，本章只介绍并励和串励直流电动的基本控制线路。

8.2.1　并励直流电动机单向旋转启动控制

并励直流电动机单向旋转的传统继电器-接触器启动控制电路如图 8-61 所示，图中 KA1 为欠电流继电器，作为励磁绕组弱磁保护，以避免励磁绕组因断线或接触不良引起“飞车”事故；KA2 为过电流继电器，对电动机进行过载和短路保护；电阻 R 为电动机停车时励磁绕组的放电电阻；V 为续流二极管，使励磁绕组正常工作时电阻上没有电流流入。

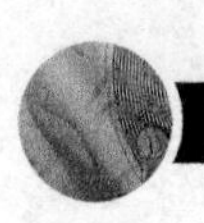

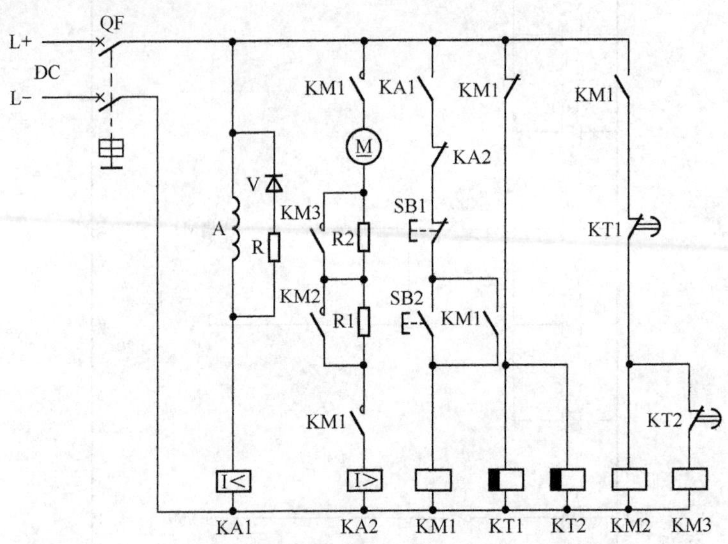

图 8-61　并励电动机的传统继电器-接触器启动控制线路

合上断路器 QF，励磁绕组 A 回路通电，KA1 线圈得电，KA1 常开触头闭合，为启动做好准备。同时，KT1、KT2 线圈得电，KT1、KT2 延时闭合的常闭触头瞬时断开，切断 KM2、KM3 线圈电路，以保证电枢中串入电阻 R1、R2 启动。当按下启动按钮 SB2 时，KM1 线圈得电自锁，主触头闭合，接通电动机电枢回路，电枢串入两级启动电阻启动。同时 KM1 常闭辅助触头断开，切断 KT1、KT2 线圈的电源。KT1 线圈失电，经整定延时，KT1 常闭触头闭合使 KM2 线圈得电，从而 KM2 主触头短接电阻 R1，电动机 M 串接 R2 继续启动。KT2 线圈失电，经较长的延时后，KT2 常闭触头闭合使 KM3 线圈得电，从而 KM3 主触头短接电阻 R2，电动机启动过程结束，在额定电枢电压下运转。停止时，按下停止按钮 SB1 即可。

使用 PLC 控制并励直流电动机单向旋转启动时，需要 4 个输入点和 3 个输出点，其输入/输出分配表如表 8-38 所示，I/O 接线图如图 8-62 所示。

表 8-38　　PLC 控制并励电动机启动的输入/输出分配表

输入			输出		
功能	元件	PLC 地址	功能	元件	PLC 地址
停止按钮	SB1	X000	主接触器	KM1	Y000
启动按钮	SB2	X001	串电阻 R1 切除接触器	KM2	Y001
欠电流保护触点	KA1	X002	串电阻 R2 切除接触器	KM3	Y002
过电流保护触点	KA2	X003			

使用 PLC 控制并励直流电动机单向旋转启动的梯形图及指令语句表，如表 8-39 所示。

步 0～步 5 为启动控制，若按下启动按钮 SB2，当欠电流继电器 KA1 有效时，M0 输出线圈得电，为电动机启动做好准备。步 6 的 M0 常开触点闭合时，Y000 输出线圈有效，控制 M1 串联 R1、R2 启动，同时 T0 得电延时。当 T0 延时时间到时，步 12 的 Y001 输出线圈得电，使 KM2 常开触点闭合而短路切除 R1，使电动机串接 R2 继续启动，同时 T1 得电延时。当 T1 延时时间到时，步 17 的 Y002 输出线圈得电，使 KM3 常开触点闭合而短路切除 R2，

使电动机启动结束进入正常运转，其仿真效果如图 8-63 所示。

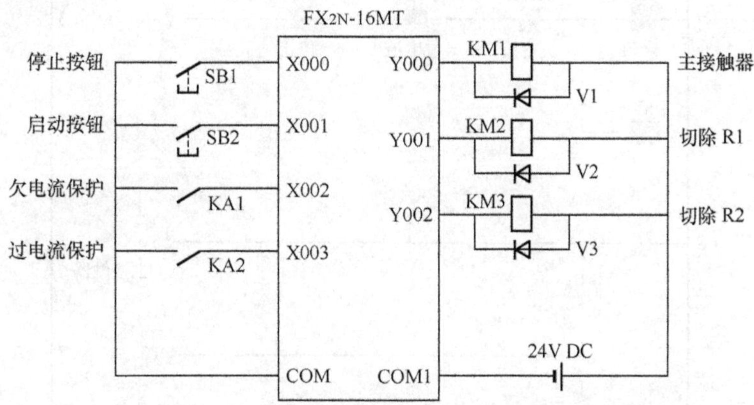

图 8-62　使用 PLC 控制并励直流电动机单向旋转启动的 I/O 接线图

表 8-39　PLC 控制并励直流电动机单向旋转启动的梯形图及指令语句表

梯形图	指令表
0 X001 启动, X002 欠电流, X003 过电流, X000 停止 (M0); M0 6 M0 (Y000) 主接触器; K20 (T0) 11 T0 (Y001) 切除 R1; K30 (T1) 16 T1 (Y002) 切除 R2 18 [END]	0 LD X001 X001 = 启动 1 OR M0 2 AND X002 X002 = 欠电流 3 ANI X003 X003 = 过电流 4 ANI X000 X000 = 停止 5 OUT M0 6 LD M0 7 OUT Y000 Y000 = 主接触器 8 OUT T0 K20 11 LD T0 12 OUT Y001 Y001 = 切除R1 13 OUT T1 K30 16 LD T1 17 OUT Y002 Y002 = 切除R2 18 END

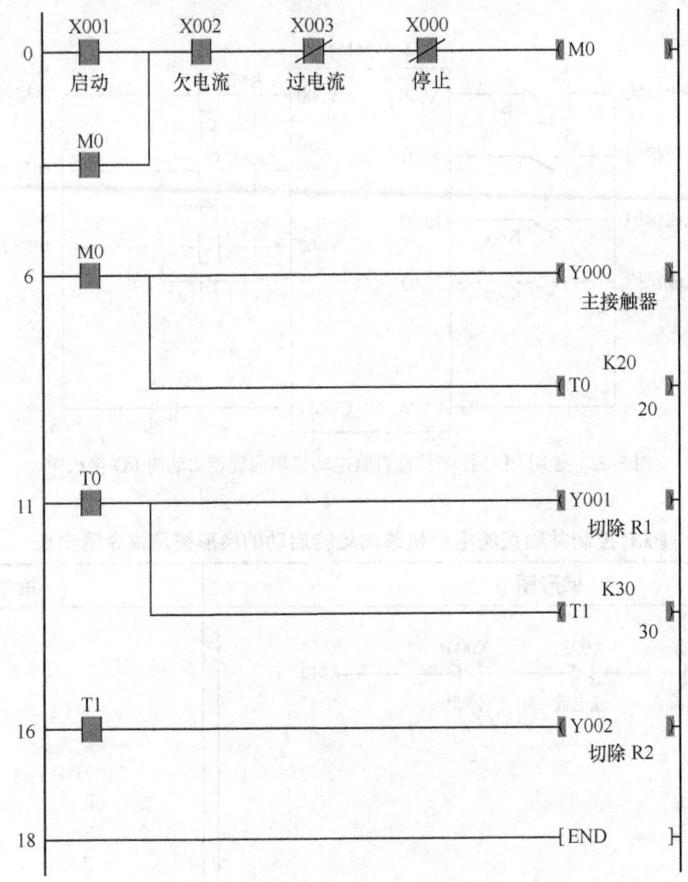

图 8-63 并励直流电动机单向旋转启动的仿真效果图

8.2.2 并励直流电动机正反转控制

并励直流电动机的传统继电器-接触器正反转控制线路如图 8-64 所示。KM1、KM2 为正反转接触器，KM3 为短接电枢电阻接触器，KT 为时间继电器，R 为启动电阻。

合上断路器 QF，励磁绕组回路通电，KA1 线圈得电，KA1 常开触头闭合，为启动做好准备。同时，KT 线圈得电，KT 延时闭合的常闭触头瞬时断开，切断 KM3 线圈电路，以保证电枢中串入电阻 R 启动。当按下正转启动按钮 SB2 时，KM1 线圈得电自锁，KM1 的一组常闭辅助触头打开，对 KM2 线圈进行互锁，主触头闭合，接通电动机电枢回路，电枢串入启动电阻启动。同时 KM1 另一组常闭辅助触头断开，切断 KT 线圈的电源。KT 线圈失电，经整定延时，KT 常闭触头闭合使 KM3 线圈得电，从而 KM3 主触头短接电阻 R，电动机启动过程结束，在额定电枢电压下正向运转。反向转动时，其控制过程类似。需要电动机停止时，按下停止按钮 SB1 即可。

使用 PLC 控制并励直流电动机正反转时，需要 4 个输入点和 3 个输出点，其输入/输出分配表如表 8-40 所示，I/O 接线图如图 8-65 所示。

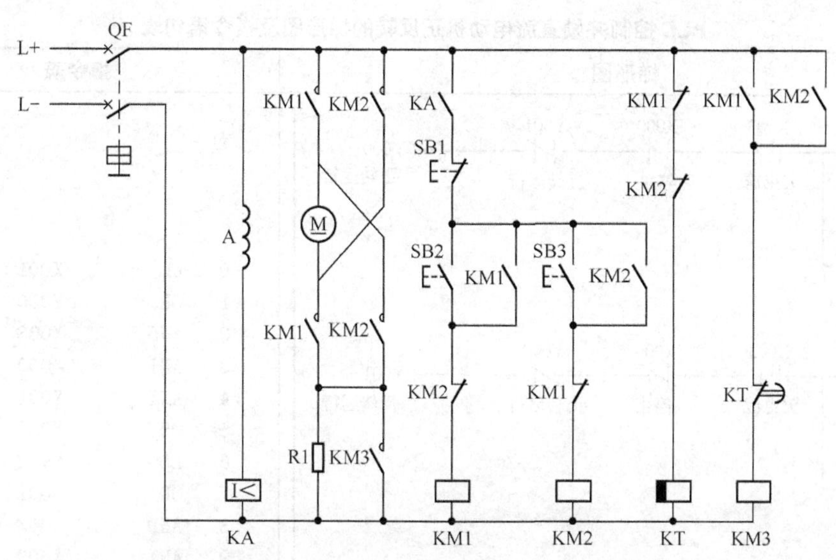

图 8-64 并励直流电动机的传统继电器-接触器正反转控制线路

表 8-40 **PLC 控制并励电动机正反转的输入/输出分配表**

输入			输出		
功能	元件	PLC 地址	功能	元件	PLC 地址
停止按钮	SB1	X000	正转控制接触器	KM1	Y000
正转启动按钮	SB2	X001	反转控制接触器	KM2	Y001
反转启动控制	SB3	X002	串电阻 R 切除接触器	KM3	Y002
欠电流保护触点	KA	X003			

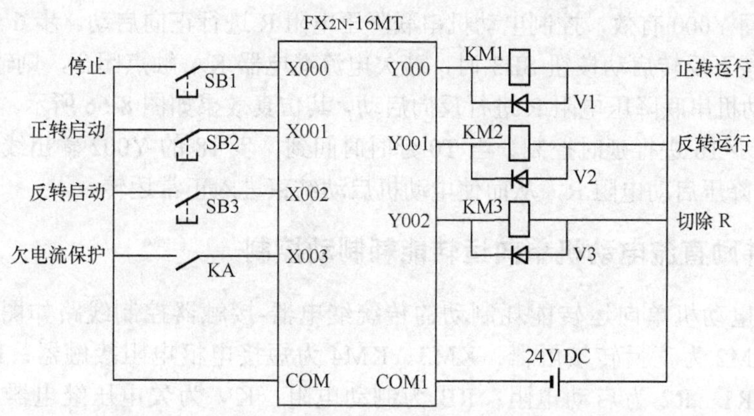

图 8-65 使用 PLC 控制并励直流电动机正反转的 I/O 接线图

使用 PLC 控制并励直流电动机正反转的梯形图及指令语句表，如表 8-41 所示。

表 8-41　　PLC 控制并励直流电动机正反转的梯形图及指令语句表

梯形图	指令表
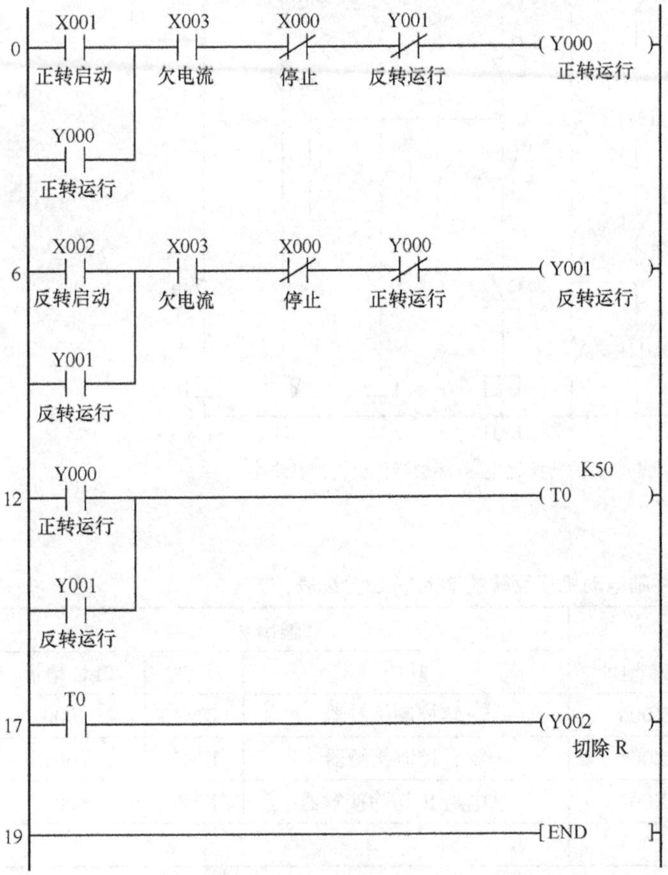 0　X001 正转启动 / Y000 正转运行　X003 欠电流　X000 停止　Y001 反转运行　(Y000 正转运行) 6　X002 反转启动 / Y001 反转运行　X003 欠电流　X000 停止　Y000 正转运行　(Y001 反转运行) 12　Y000 正转运行 / Y001 反转运行　(T0 K50) 17　T0　(Y002 切除 R) 19　[END]	0　LD　X001 1　OR　Y000 2　AND　X003 3　ANI　X000 4　ANI　Y001 5　OUT　Y000 6　LD　X002 7　OR　Y001 8　AND　X003 9　ANI　X000 10　ANI　Y000 11　OUT　Y001 12　LD　Y000 13　OR　Y001 14　OUT　T0　K50 17　LD　T0 18　OUT　Y002 19　END

步 1～步 5 为正转启动控制，当按下正转启动按钮 SB2 时，若欠电流继电器 KA 触点闭合，则输出线圈 Y000 有效，控制电动机串联降压电阻 R 进行正向启动。步 6～步 11 为反转启动控制，当按下反转启动按钮 SB3 时，若欠电流继电器 KA 触点闭合，则输出线圈 Y001 有效，控制电动机串联降压电阻 R 进行反向启动，其仿真效果如图 8-66 所示。在降压启动过程中，步 12～步 16 进行延时控制。当 T0 延时时间到，步 18 的 Y002 输出线圈有效，控制 KM3 短路切除降压启动电阻 R，从而使电动机启动结束进入正常运转。

8.2.3　并励直流电动机单向运转能耗制动控制

并励直流电动机单向运转能耗制动的传统继电器-接触器控制线路如图 8-67 所示，图中 KM1、KM2 为正反转接触器；KM3、KM4 为短接电枢电阻接触器；KT1、KT2 为时间继电器；R1、R2 为启动电阻；RB 为制动电阻；KV 为欠电压继电器；KA 为欠电流继电器，实现电动机弱磁保护；电阻 R 和二极管 V 构成励磁绕组的放电回路，实现过电压保护。

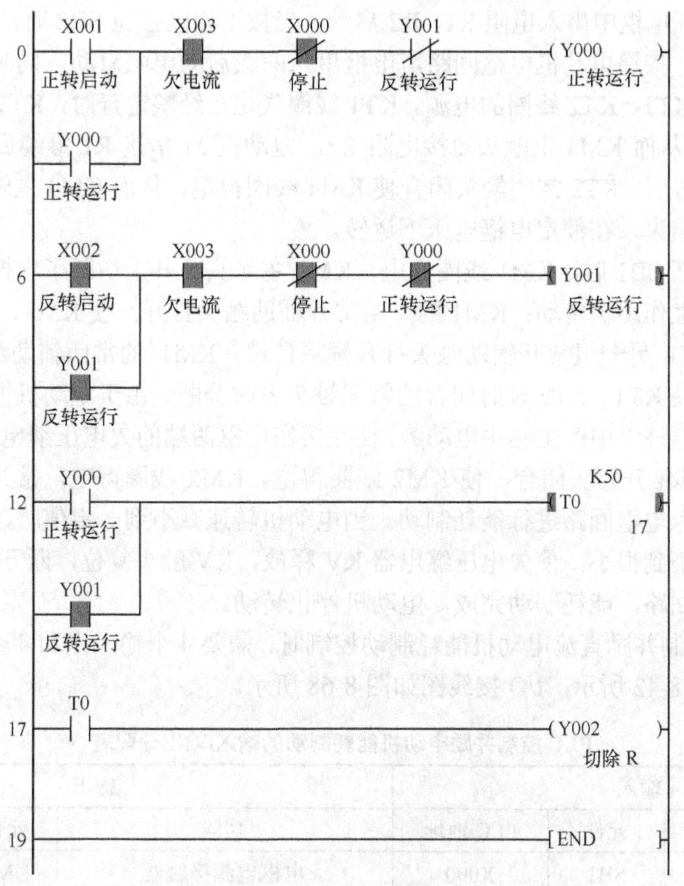

图 8-66 并励直流电动机正反转控制的仿真效果图

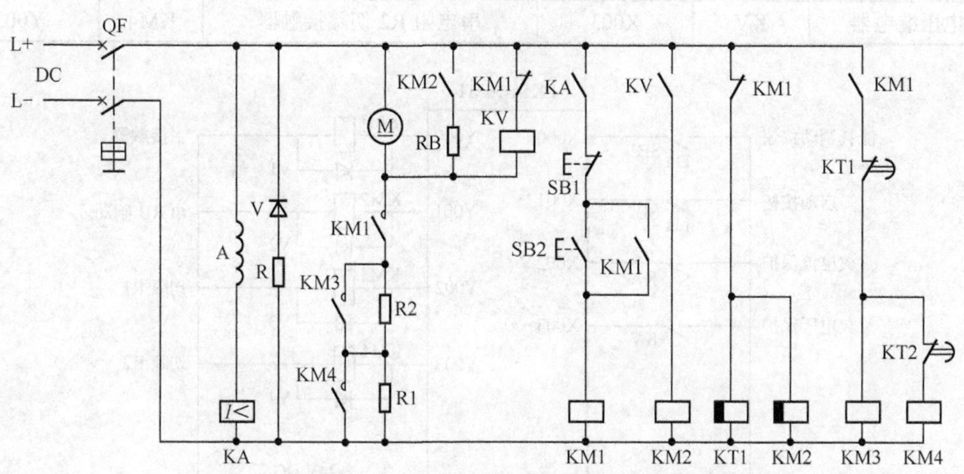

图 8-67 并励直流电动机传统继电器-接触器能耗制动控制线路

合上断路器 QF，励磁绕组回路通电，KA 线圈得电，KA 常开触头闭合，为启动做好准

备。同时，KT1、KT2 线圈得电，KT1、KT2 延时闭合的常闭触头瞬时断开，切断 KM3、KM4 线圈电路，以保证电枢中串入电阻 R1、R2 启动。当按下启动按钮 SB2 时，KM1 线圈得电自锁，主触头闭合，接通电动机电枢回路，电枢串入两级启动电阻启动。同时 KM1 常闭辅助触头断开，切断 KT1、KT2 线圈的电源。KT1 线圈失电，经整定延时，KT1 常闭触头闭合使 KM3 线圈得电，从而 KM3 主触头短接电阻 R2，电动机 M 串接 R1 继续启动。KT2 线圈失电，经较长的延时后，KT2 常闭触头闭合使 KM4 线圈得电，从而 KM4 主触头短接电阻 R1，电动机启动过程结束，在额定电枢电压下运转。

按下停止按钮 SB1 时，KM1 线圈失电，KM1 主触头断开，切断了电枢回路电源，但电动机由于机械惯性作用仍转动；KM1 的一组常开辅助触头打开，使 KM3、KM4 失电，它们的触头恢复；KM1 另一组常开辅助触头打开解除自锁；KM1 的常闭辅助触头闭合，KT1、KT2 线圈得电，使 KT1、KT2 延时闭合的常闭触头瞬时分断。由于电动机惯性转动的电枢切割磁力线而在电枢绕组中产生感生电动势，使并接在电枢两端的欠电压继电器 KV 线圈得电。KV 线圈得电，其常开触头闭合，使 KM2 线圈得电。KM2 线圈得电，常开辅助触头闭合，制动电阻 RB 接入电枢回路进行能耗制动。当电动机转速减小到一定值时，电枢绕组的感生电动势也随之减小到很小，使欠电压继电器 KV 释放，KV 触头复位，断开 KM2 线圈回路，从而切断了制动回路，能耗制动完成，电动机停止转动。

使用 PLC 控制并励直流电动机能耗制动控制时，需要 4 个输入点和 4 个输出点，其输入/输出分配表如表 8-42 所示，I/O 接线图如图 8-68 所示。

表 8-42　　PLC 控制并励电动机能耗制动的输入/输出分配表

输入			输出		
功能	元件	PLC 地址	功能	元件	PLC 地址
能耗制动按钮	SB1	X000	电枢电源接触器	KM1	Y000
启动按钮	SB2	X001	串电阻 RB 制动接触器	KM2	Y001
欠电流继电器	KA	X002	串电阻 R1 切除接触器	KM3	Y002
欠电压继电器	KV	X003	串电阻 R2 切除接触器	KM4	Y003

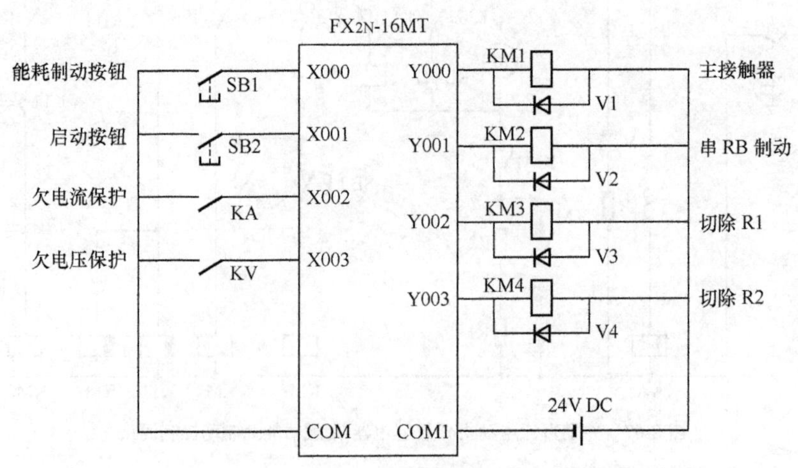

图 8-68　使用 PLC 控制并励直流电动机能耗制动的 I/O 接线图

使用 PLC 控制并励直流电动机能耗制动的梯形图及指令语句表，如表 8-43 所示。

表 8-43 PLC 控制并励直流电动机能耗制动的梯形图及指令语句表

梯形图	指令表
0: X001（启动）常开、X002（欠电流）常开串联，X000（能耗制动）常闭；Y000（电枢电源）常开与 X001 并联；输出 (Y000 电枢电源)、(T0 K20) 8: T0 常开 → (Y002 切除 R1)、(T1 K30) 13: T1 常开 → (Y003 切除 R2) 15: X003（欠电压）常开 → (Y001 串 RB 制动) 17: [END]	0 LD X001 X001 = 启动 1 OR Y000 Y000 = 电枢电源 2 AND X002 X002 = 欠电流 3 ANI X000 X000 = 能耗制动 4 OUT Y000 Y000 = 电枢电源 5 OUT T0 K20 8 LD T0 9 OUT Y002 Y002 = 切除R1 10 OUT T1 K30 13 LD T1 14 OUT Y003 Y003 = 切除R2 15 LD X003 X003 = 欠电压 16 OUT Y001 Y001 = 串RB制动 17 END

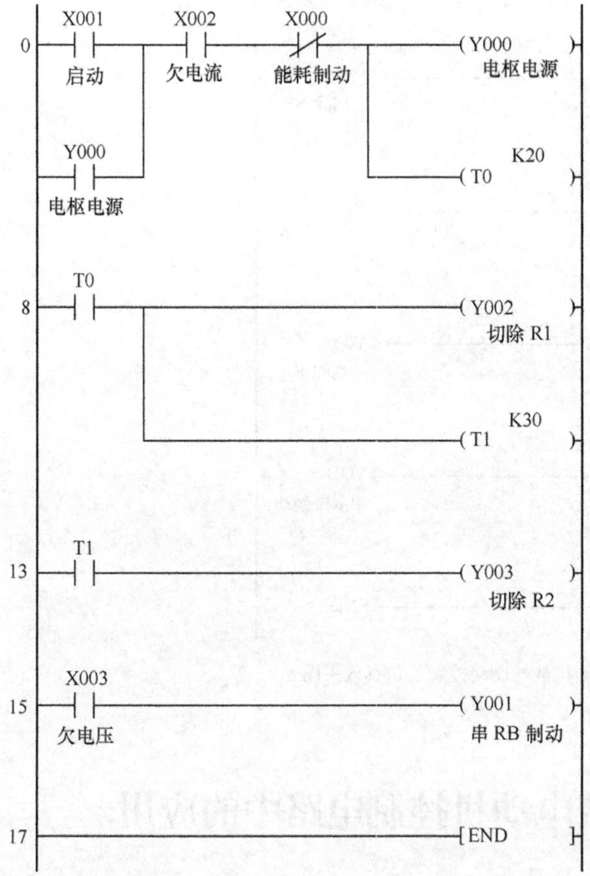

步 0～步 14 为降压启动过程，在此不再细述。当按下停止按钮 SB1 时，步 0～步 14 将停止工作，而欠电压继电器 KV 线圈得电。KV 线圈得电，其常开触头闭合，使步 15 的 X003 闭合，Y001 输出线圈得电，从而使 KM2 线圈得电。KM2 线圈得电，常开辅助触头闭合，制动电阻 RB 接入电枢回路进行能耗制动，其仿真效果如图 8-69 所示。当电动机转速减小到一定值时，电枢绕组的感生电动势也随之减小到很小，使欠电压继电器 KV 释放，KV 触头复位，即步 15 中的 X003 断开，断开 KM2 线圈回路，从而切断了制动回路，能耗制动完成，电动机停止转动。

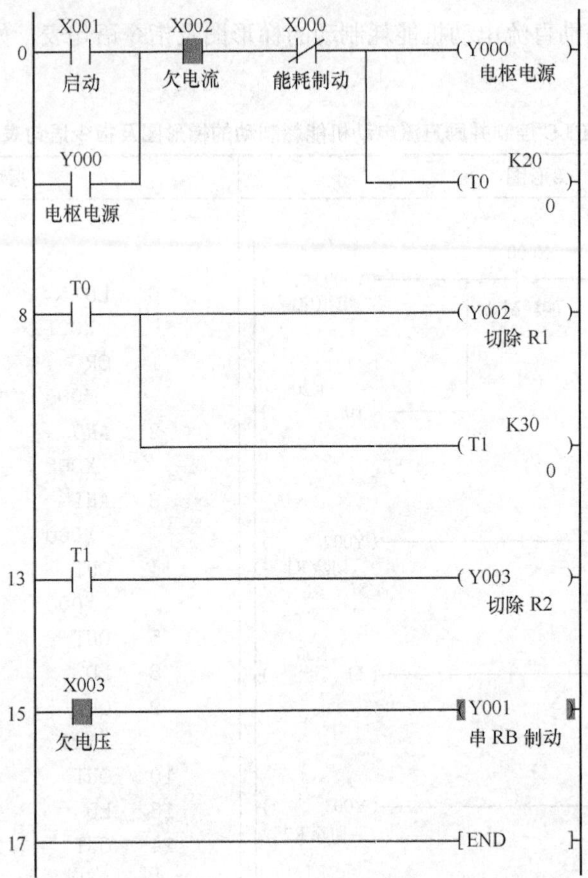

图 8-69　并励直流电动机能耗制动控制的仿真效果图

8.3　PLC 在串励直流电动机控制电路中的应用

串励电动机的励磁绕组与电枢绕组串联，启动时，磁路未达饱和，电动机的启动转矩和电枢电流的平方成正比，从而产生较大的启动转矩。当电动机的转矩增大时，转速显著下降，串励电动机能自动保持恒功率运行。

8.3.1　串励直流电动机单向旋转启动控制

串励直流电动机单向旋转的传统继电器—接触器启动控制线路如图 8-70 所示。合上断路器 QF，KT1 线圈得电，KT1 延时闭合的常闭触头瞬时断开，使接触器 KM2、KM3 线圈处于断电状态，保证电动机启动时串入全部电阻 R1 和 R2。按下启动按钮 SB2 时，KM1 线圈得电，常开辅助触头闭合形成自锁，常闭辅助触头打开，切断 KT1 线圈电源，KM1 主触头闭合，电动机在串入 R1 和 R2 下进行启动。同时并接在 R1 两端的 KT2 线圈得电，KT2 延时闭合的常闭触头瞬时分断。KT1 线圈失电，延时片刻使 KM2 线圈得电。KM2 线圈得电，其主触头闭合，短接电阻 R1 和 KT2 线圈，使电动机串入 R2 继续启动。KT2 失电延时一定时间，

使 KM3 线圈得电。KM3 线圈得电，短接 R2 电阻，启动过程结束，电动机在全电压下单向运行。按下停止按钮 SB1 时，电动机停止运转。

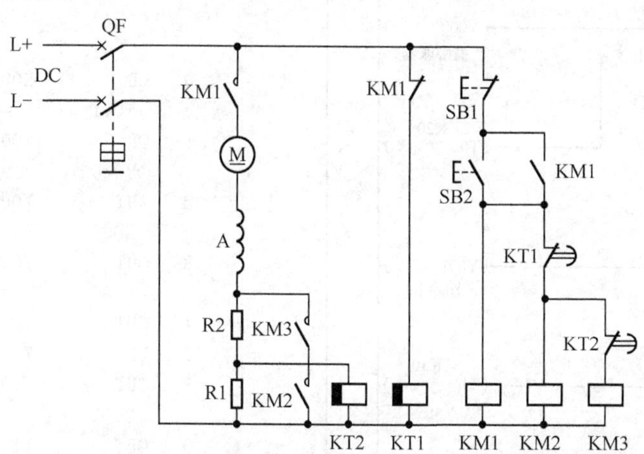

图 8-70　串励直流电动机的传统继电器—接触器启动控制线路

使用 PLC 控制串励直流电动机单向旋转启动控制时，需要 2 个输入点和 3 个输出点，其输入/输出分配表如表 8-44 所示，I/O 接线图如图 8-71 所示。

表 8-44　　PLC 控制串励电动机启动的输入/输出分配表

输入			输出		
功能	元件	PLC 地址	功能	元件	PLC 地址
停止按钮	SB1	X000	主接触器	KM1	Y000
启动按钮	SB2	X001	串电阻 R1 切除接触器	KM2	Y001
			串电阻 R2 切除接触器	KM3	Y002

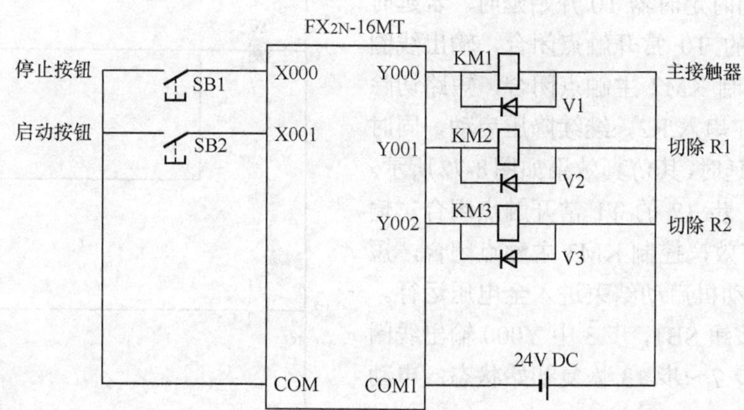

图 8-71　使用 PLC 控制串励直流电动机启动的 I/O 接线图

使用 PLC 控制串励直流电动机启动的梯形图及指令语句表，如表 8-45 所示。

表 8-45　PLC 控制串励直流电动机启动的梯形图及指令语句表

梯形图	指令表
0 X001 启动 X000 停止 (Y000 主接触器) Y000 主接触器 K20 (T0) 7 T0 (Y001 切除 R1) K30 (T1) 12 T1 (Y002 切除 R2) 14 END	0 LD X001 X001 = 启动 1 OR Y000 Y000 = 主接触器 2 ANI X000 X000 = 停止 3 OUT Y000 Y000 = 主接触器 4 OUT T0 K20 7 LD T0 8 OUT Y001 Y001 = 切除R1 9 OUT T1 K30 12 LD T1 13 OUT Y002 Y002 = 切除R2 14 END

步 0～步 6 为启动控制，当按下启动按钮 SB2 时，X001 常开触点闭合，输出线圈 Y000 有效，控制 KM1 主触点闭合，电动机在串入 R1 和 R2 时进行启动，同时定时器 T0 开始延时。若延时时间到，步 7 的 T0 常开触点闭合，输出线圈 Y001 有效，控制 KM2 主触点闭合，短路切除 R1，使电动机在串入 R2，继续降压启动，同时定时器 T1 开始延时，其仿真效果如图 8-72 所示。若延时时间到，步 12 的 T1 常开触点闭合，输出线圈 Y002 有效，控制 KM3 主触点闭合，短路切除 R2，电动机启动结束进入全电压运行。如果按下停止按钮 SB1，步 3 中 Y000 输出线圈无效，从而使步 7～步 13 恢复初始状态，电动机停止运行。

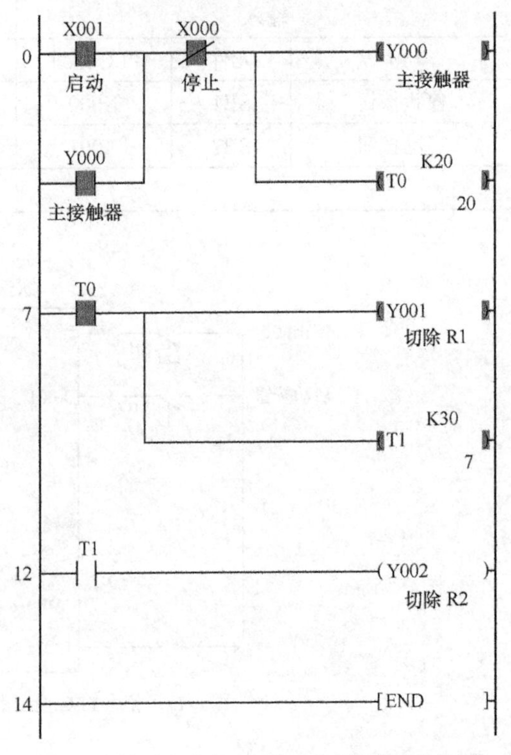

图 8-72　串励直流电动机启动控制的仿真效果图

8.3.2 串励直流电动机正反转控制

串励直流电动机的传统继电器-接触器正反转控制线路如图8-73所示，SB1为停止按钮；SB2为电动机正向运行启动按钮；SB3为电动机反向运行启动按钮。

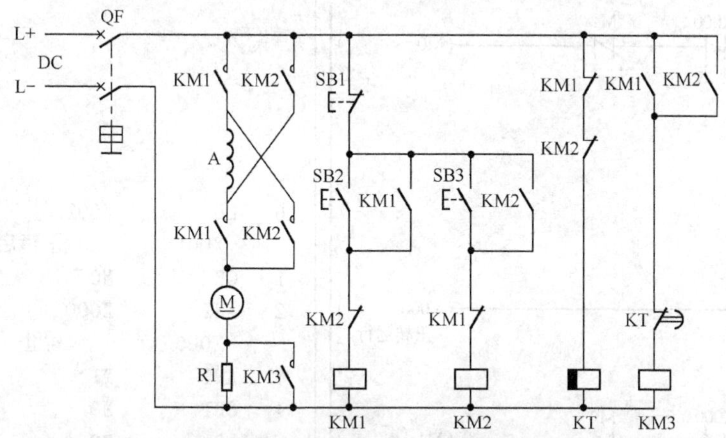

图8-73 串励直流电动机的传统继电器-接触器正反转控制线路

合上断路器QF，按下SB2时，KM1线圈得电，直流电动机串电阻R1正向启动运转，经过一定延时后，KM3线圈得电，其主触点短路切除降压启动R1，使直流电动机在全电压下正向旋转。当按下SB3时，KM2线圈得电，直流电动机串电阻R1反向启动运转，经过一定延时后，KM3线圈得电，其主触点短路切除R1，使直流电动机在全电压下反向旋转。

使用PLC控制串励直流电动机正反转控制时，需要3个输入点和3个输出点，其输入/输出分配表如表8-46所示，I/O接线图如图8-74所示。

表8-46　PLC控制串励电动机正反转的输入/输出分配表

输入			输出		
功能	元件	PLC地址	功能	元件	PLC地址
停止按钮	SB1	X000	正转接触器	KM1	Y000
正转启动按钮	SB2	X001	反转接触器	KM2	Y001
反转启动按钮	SB3	X002	串电阻R1切除接触器	KM3	Y002

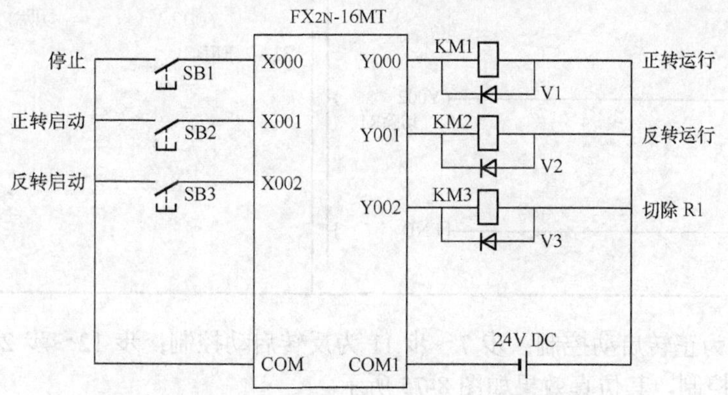

图8-74 使用PLC控制串励直流电动机正反转的I/O接线图

使用PLC控制串励直流电动机正反转的梯形图及指令语句表，如表8-47所示。

表8-47　　PLC控制串励直流电动机正反转的梯形图及指令语句表

梯形图	指令表
0　X001 正转启动　X000 停止　M1　(M0) 　M0 5　M0　(Y000) 正转运行 7　X002 反转启动　X000 停止　M0　(M1) 　M1 12　M1　(Y001) 反转运行 14　M0　(T0 K50) 　M1 19　T0　(Y002) 切除R1 21　[END]	0　LD　X001 　X001　= 正转启动 1　OR　M0 2　ANI　X000 　X000　= 停止 3　ANI　M1 4　OUT　M0 5　LD　M0 6　OUT　Y000 　Y000　= 正转运行 7　LD　X002 　X002　= 反转启动 8　OR　M1 9　ANI　X000 　X000　= 停止 10　ANI　M0 11　OUT　M1 12　LD　M1 13　OUT　Y001 　Y001　= 反转运行 14　LD　M0 15　OR　M1 16　OUT　T0　K50 19　LD　T0 20　OUT　Y002 　Y002　= 切除R1 21　END

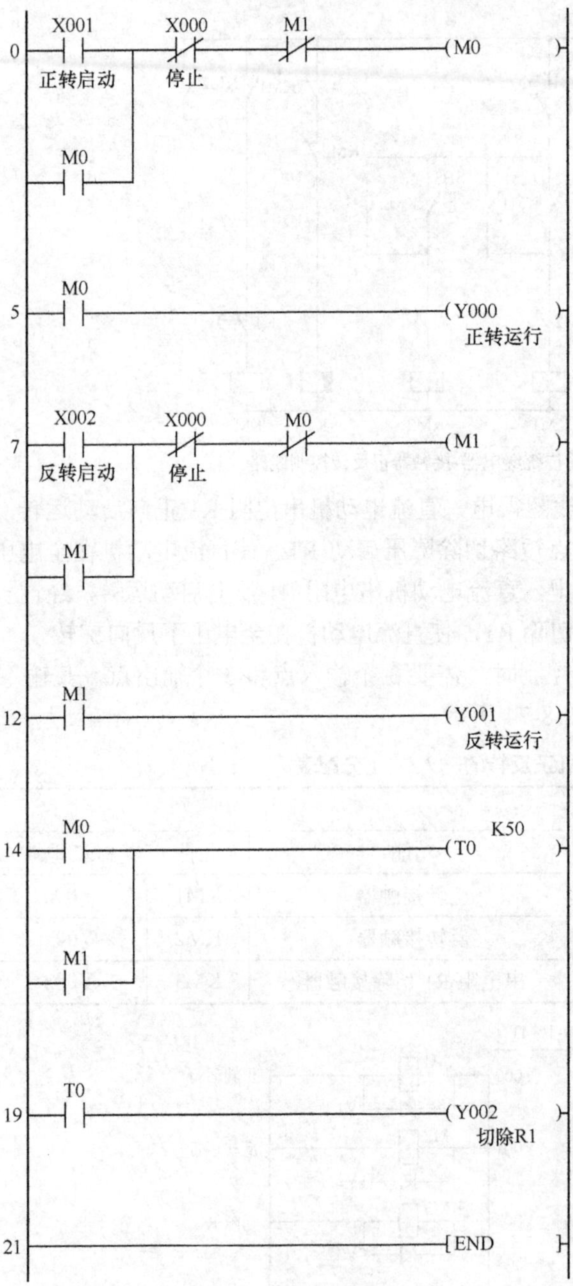

步0～步6为正转启动控制；步7～步11为反转启动控制；步12～步20为启动过程中串电阻R1降压控制，其仿真效果如图8-75所示。

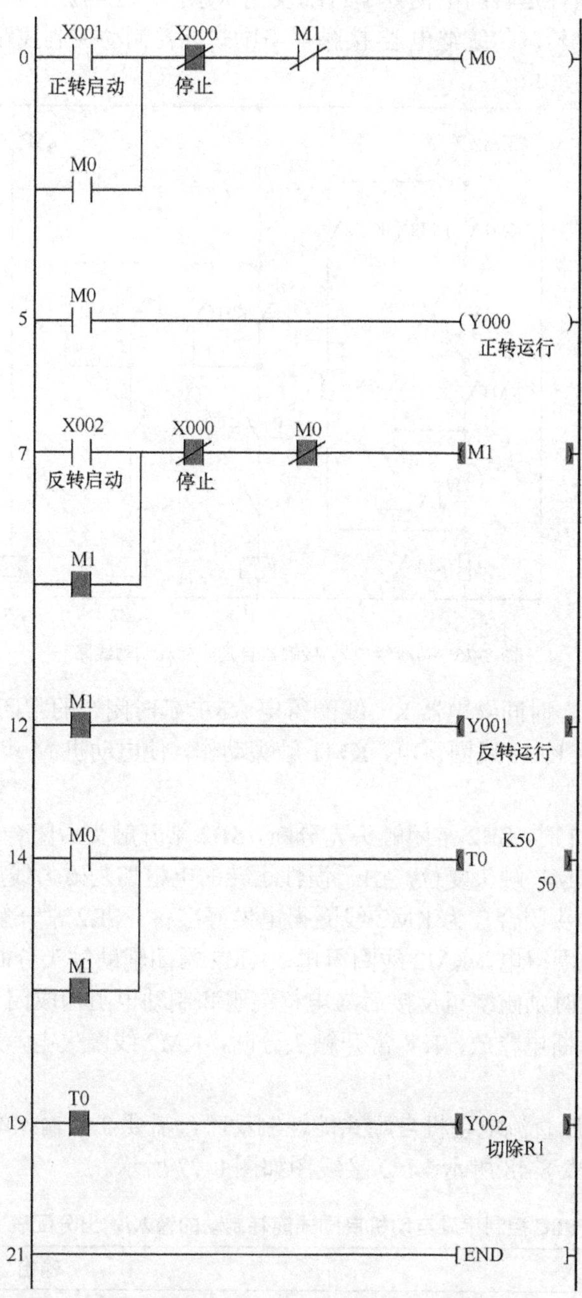

图 8-75 串励直流电动机正反转控制的仿真效果图

8.3.3 串励直流电动机能耗制动控制

串励直流电动机的能耗制动分为自励式和他励式，下面讲述串励直流电动机的自励式能耗制动控制，有关他励式能耗制动请读者参见相关资料。

自励式能耗制动是指当电动机断开电源后，将励磁绕组反接并与电枢绕组和制动电阻串联构成闭合回路，使惯性运转的电枢处于自励发电状态，产生与原方向相反的电流和电磁转矩，迫使电动机迅速停转。传统继电器-接触器串励式能耗制动控制线路如图 8-76 所示。

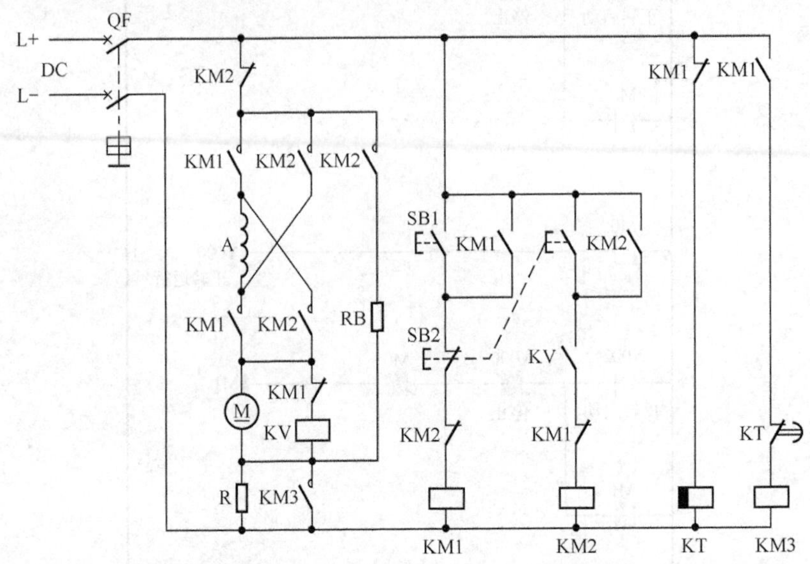

图 8-76　传统继电器-接触器自励式能耗制动线路

合上电源开关 QF，时间继电器 KT 线圈得电，KT 延时闭合的常闭触头瞬时分断。按下启动按钮 SB1，接触器 KM1 线圈得电，KM1 触头动作，使电动机 M 串电阻 R 启动后，自动转入正常运转。

按下停止按钮 SB2 时，SB2 常闭触头先分断，SB2 常开触头后闭合。SB2 常闭触头分断，使 KM1 线圈失电，KM1 触头复位，由于惯性运转的电枢切割磁力线产生感生电动势，KV 线圈得电，KV 常开触头闭合，为 KM2 线圈得电做好准备。SB2 常开触头后闭合，KV 常开触头闭合，使 KM2 线圈得电。KM2 线圈得电，KM2 常闭辅助触头分断，切断电动机电源；KM2 主触头闭合，这时励磁绕组反接后与电枢绕组和制动电阻构成闭合回路，使电动机 M 受制动迅速停转，KV 断电释放，KV 常开触头分断，KM2 线圈失电，KM2 触头复位，能耗制动结束。

使用 PLC 控制串励直流电动机自励式能耗制动时，需要 3 个输入端子和 3 个输出端子，其输入/输出分配表如表 8-48 所示，I/O 接线图如图 8-77 所示。

表 8-48　　PLC 控制串励电动机自励式能耗制动的输入/输出分配表

输入			输出		
功能	元件	PLC 地址	功能	元件	PLC 地址
启动按钮	SB1	X000	运转接触器	KM1	Y000
能耗制动按钮	SB2	X001	能耗制动接触器	KM2	Y001
电压继电器触头	KV	X002	串电阻 RB 切除接触器	KM3	Y002

使用 PLC 控制串励直流电动机自励式能耗制动的梯形图及指令语句表，如表 8-49 所示。

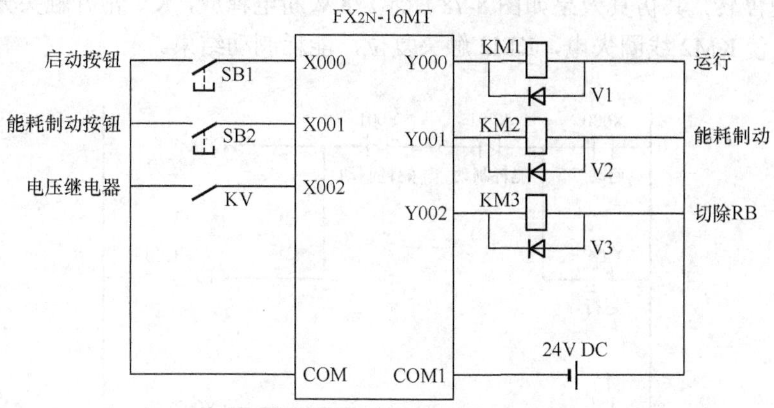

图 8-77　使用 PLC 控制串励直流电动机自励式能耗制动的 I/O 接线图

表 8-49　　PLC 控制串励直流电动机自励式能耗制动的梯形图及指令语句表

梯形图	指令表
0: X000（启动）常开、X001（能耗制动）常闭、Y001（能耗制动）常闭 → (Y000 运行)；Y000（运行）并联；→ (T0 K50) 8: T0 常开 → (Y002 切除RB) 10: X001（能耗制动）常开、X002（KV继电器）常开、Y000（运行）常闭 → (Y001 能耗制动)；Y001（能耗制动）并联 15: [END]	0 LD X000 1 OR Y000 2 ANI X001 3 ANI Y001 4 OUT Y000 5 OUT T0 K50 8 LD T0 9 OUT Y002 10 LD X001 11 OR Y001 12 AND X002 13 ANI Y000 14 OUT Y001 15 END

步 0～步 7 为启动控制，当按下启动按钮 SB1 时，X000 常开触点闭合，Y000 输出线圈有效，控制电动机串联 R 进行降压启动，同时 T0 延时。当 T0 延时时间到时，步 8 的 T0 常开触点闭合，Y002 输出线圈有效，使 KM3 主触头闭合短路切断降压电阻 R，从而使电动机全电压运行。当按下停止按钮时，步 2 中 X001 常闭触头断开，使步 0～步 9 恢复初态，由于惯性作用运转的电枢切割磁力线产生感生电动势，KV 线圈得电，KV 常开触头闭合，步 12 中的 X002 常开触点暂时闭合，Y001 输出线圈有效，从而切断 M 电动机的电源，使电动机

M 受制动迅速停转，其仿真效果如图 8-78 所示。KV 断电释放，KV 常开触头分断，Y001 输出线圈无效，使 KM2 线圈失电，KM2 触头复位，能耗制动结束。

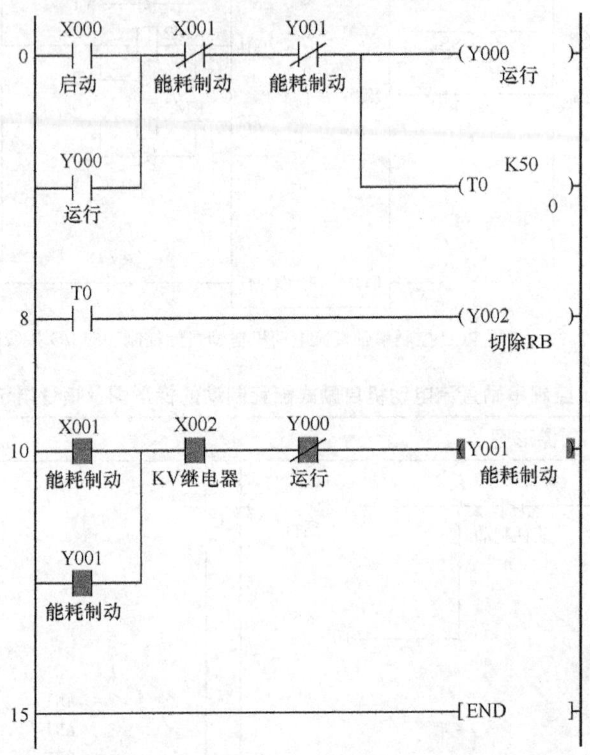

图 8-78　串励直流电动机自励式能耗制动控制的仿真效果图

8.3.4　串励直流电动机可逆反接制动控制

串励电动机的反接制动可通过位能负载时转速反向法或电枢直接反接法来进行。

位能负载时转速反向法就是强迫电动机的转速反向，使电动机的转速方向与电磁转矩的方向相反，以实现制动。如提升下放重物时，电动机在重物（位能负载）的作用下，转速 n 与电磁转矩 T 反向，使电动机处于制动状态。

电枢直接反接法，就是切断电动机的电源后，将电枢绕组串入制动电阻后反接，并保持其励磁电流方向不变的制动方法。采用电枢直接反接法时，不能直接将电源极性反接，否则，由于电枢电流和励磁电流同时反向，起不到制动作用。串励电动机的传统继电器-接触器反接制动控制线圈如图 8-79 所示。

图中 AC 是主令控制，用来控制电动机的正反转；KA 是过电流继电器，用来对电动机进行过载和短路保护；KV 是零电压保护继电器；KA、KA2 是中间继电器；R1、R2 是启动电阻；RB 是制动电阻。

准备启动时，将主令控制器 AC 手柄放在“0”位，合上电源开关 QF，零电压继电器 KV 得电，KV 常开触头闭合自锁。

电动机正转时，将控制器 AC 手柄向前扳向“1”位置，AC 触头（2-4）、（2-5）闭

合，线路接触器 KM 和正转接触器 KM1 线圈得电，它们的主触头闭合，电动机 M 串入二级启动电阻 R1 和 R2 以及反接制动电阻 RB 启动；同时，时间继电器 KT1、KT2 线圈得电，它们的常闭触头瞬时分断，接触器 KM4、KM5 处于断电状态；KM1 的常开辅助触头闭合，使中间继电器 KA1 线圈得电，KA1 常开触头闭合，使接触器 KM3、KM4、KM5 依次得电动作，它们的常开触头依次闭合短接 RB、R1、R2，电动机启动完毕进入正常运转。

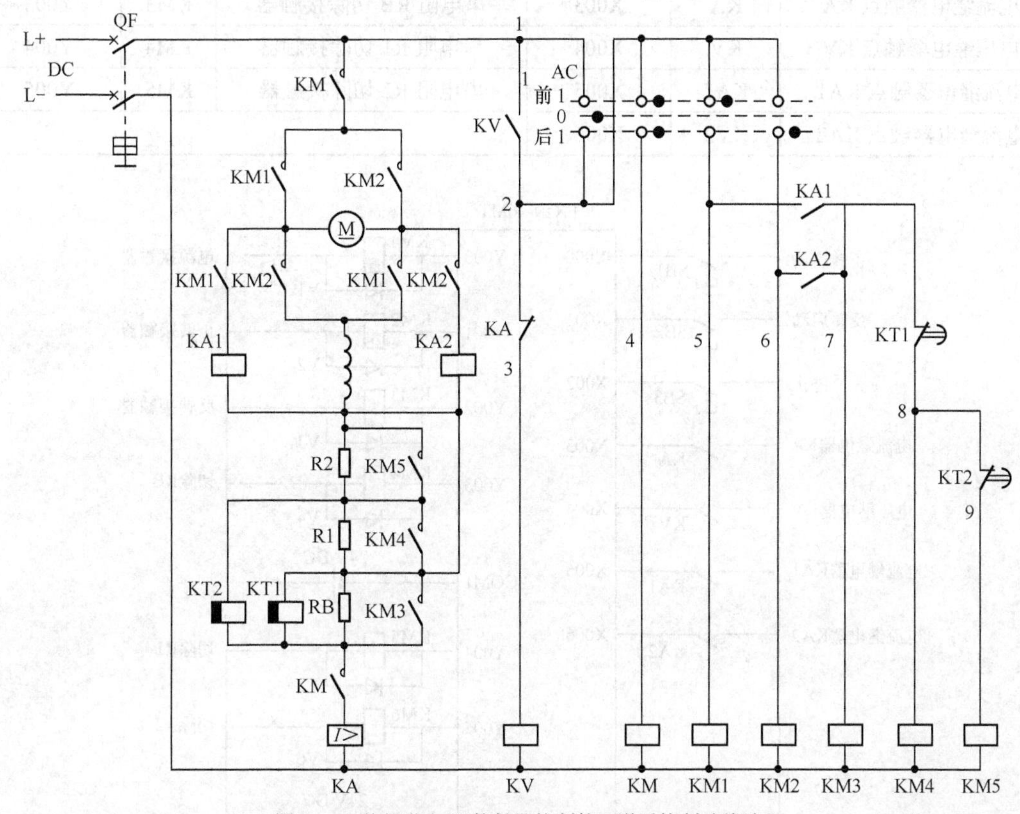

图 8-79 传统继电器-接触器控制的可逆反接制动线路

若需要电动机反转时，将主令控制器 AC 手柄由正转位置扳向反转位置，这时，接触器 KM1 和中间继电器 KA1 失电，其触头复位，电动机在惯性作用下仍沿正转方向转动。但电枢电源则由于接触器 KM1、KM2 的接通而反向运行，使电动机运行在反接制动状态，而中间继电器 KA2 线圈上的电压变得很小并未吸合，KA2 常闭触头分断，接触器 KM3 线圈失电，KM3 常开触头分断，制动电阻 RB 接入电枢电路，电动机进行反接制动，其转速迅速下降。当转速降到接近于零时，KA2 线圈上的电压升到吸合电压，此时，KA2 线圈得电，KA2 常开触头闭合，使 KM3 得电动作，RB 被短接，电动机进入反转启动运转。若要电动机停转，把主令控制器手柄扳向“0”位置即可。

使用 PLC 控制串励直流电动机进行可逆反接制动时，手柄扳动开关用 SB1、SB2、SB3 进行代替，因此需要 7 个输入点和 6 个输出点，其输入/输出分配表如表 8-50 所示，I/O 接线图如图 8-80 所示。

表 8-50　　PLC 控制串励电动机可逆反接制动的输入/输出分配表

输入			输出		
功能	元件	PLC 地址	功能	元件	PLC 地址
正转启动按钮	SB1	X000	电源接触器	KM	Y000
反转启动按钮	SB2	X001	正转接触器	KM1	Y001
停止按钮	SB3	X002	反转接触器	KM2	Y002
电流继电器触点 KA	KA	X003	串电阻 RB 切除接触器	KM3	Y003
电压继电器触点 KV	KV	X004	串电阻 R1 切除接触器	KM4	Y004
电流继电器触点 KA1	KA1	X005	串电阻 R2 切除接触器	KM5	Y005
电流继电器触点 KA2	KV2	X006			

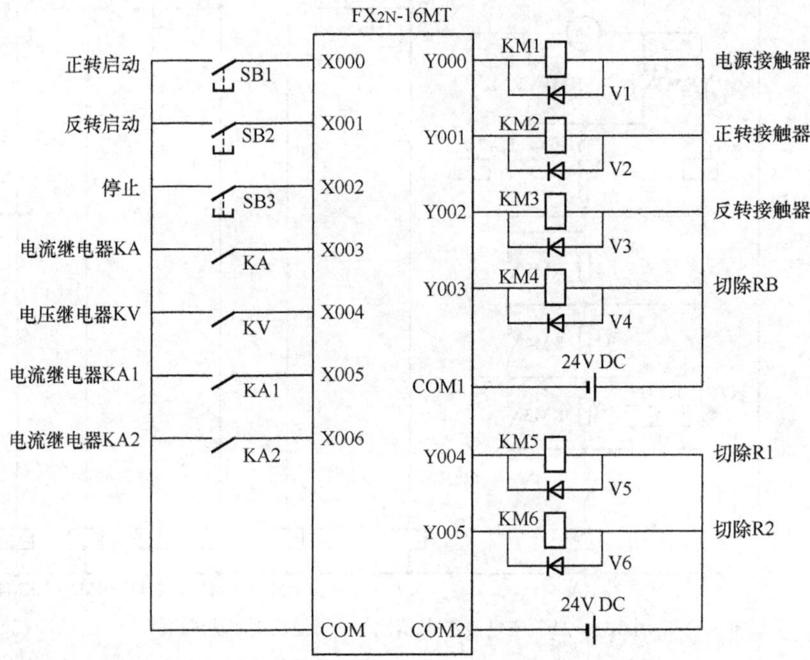

图 8-80　使用 PLC 控制串励直流电动机可逆反接制动的 I/O 接线图

使用 PLC 控制串励直流电动机可逆反接制动的梯形图及指令语句表，如表 8-51 所示。

步 0～步 3 表示工作电压正常情况时，M0 线圈才得电，从而保证串励直流电动机启动。步 4～步 8 为正反转启动时，Y000 线圈得电，控制电源接触器得电。步 9～步 14 为串励直流电动机正转启动控制。步 15～步 20 为串励直流电动机反转启动控制。步 21～步 25 记录按下了正反启动按钮状态。在步 26～步 30 中，如果按下了正反转启动按钮，Y003 线圈不会得电，从而保证线路中串电阻 RB 进行启动；如果未按下正反转启动按钮并且 KA1（X005）或 KA2（X006）常开触点闭合时，线路中切除串电阻 RB。步 37～步 42 是在按下正反转启动按钮后，启动 T0 进行延时。当 T0 延时达到预设值时，步 39 中的 Y004 线圈得电，从而切除 R1 电阻，并启动 T1 进行延时。如果 T1 延时达到预设值时，线路中切除串电阻 R2，串励直流电动机在全电压下进行工作，其仿真效果如图 8-81 所示。

表 8-51 **PLC 控制串励直流电动机可逆反接制动的梯形图及指令语句表**

梯形图

```
0   X002(常闭) X003(常闭) X004(常闭) ---------------------------( M0 )
4   X000 / X001 / Y000(并联)  M0 -------------------------------( Y000 )
9   X000 / Y001(并联)  M0  X001(常闭)  Y002(常闭) ---------------( Y001 )
15  X001 / Y002(并联)  M0  X000(常闭)  Y001(常闭) ---------------( Y002 )
21  X000 / X001(并联)  M0 ----------------------------[ PLS  M1 ]
26  X005 / X006(并联)  M0  M1(常闭) -----------------------------( Y003 )
31  Y000  M0  M1(常闭) ----------------------------------( T0  K20 )
37  T0  M0 ------------------------------------------------------( Y004 )
                          |----------------------------( T1  K50 )
43  T1  M0 ------------------------------------------------------( Y005 )
46  -------------------------------------------------------------[ END ]
```

指令表

步	指令	元件	常数
1	ANI	X003	
2	ANI	X004	
3	OUT	M0	
4	LD	X000	
5	OR	X001	
6	OR	Y000	
7	AND	M0	
8	OUT	Y000	
9	LD	X000	
10	OR	Y001	
11	AND	M0	
12	ANI	X001	
13	ANI	Y002	
14	OUT	Y001	
15	LD	X001	
16	OR	Y002	
17	AND	M0	
18	ANI	X000	
19	ANI	Y001	
20	OUT	Y002	
21	LD	X000	
22	OR	X001	
23	AND	M0	
24	PLS	M1	
26	LD	X005	
27	OR	X006	
28	AND	M0	
29	ANI	M1	
30	OUT	Y003	
31	LD	Y000	
32	AND	M0	
33	ANI	M1	
34	OUT	T0	K20
37	LD	T0	
38	AND	M0	
39	OUT	Y004	
40	OUT	T1	K50
43	LD	T1	
44	AND	M0	
45	OUT	Y005	
46	END		

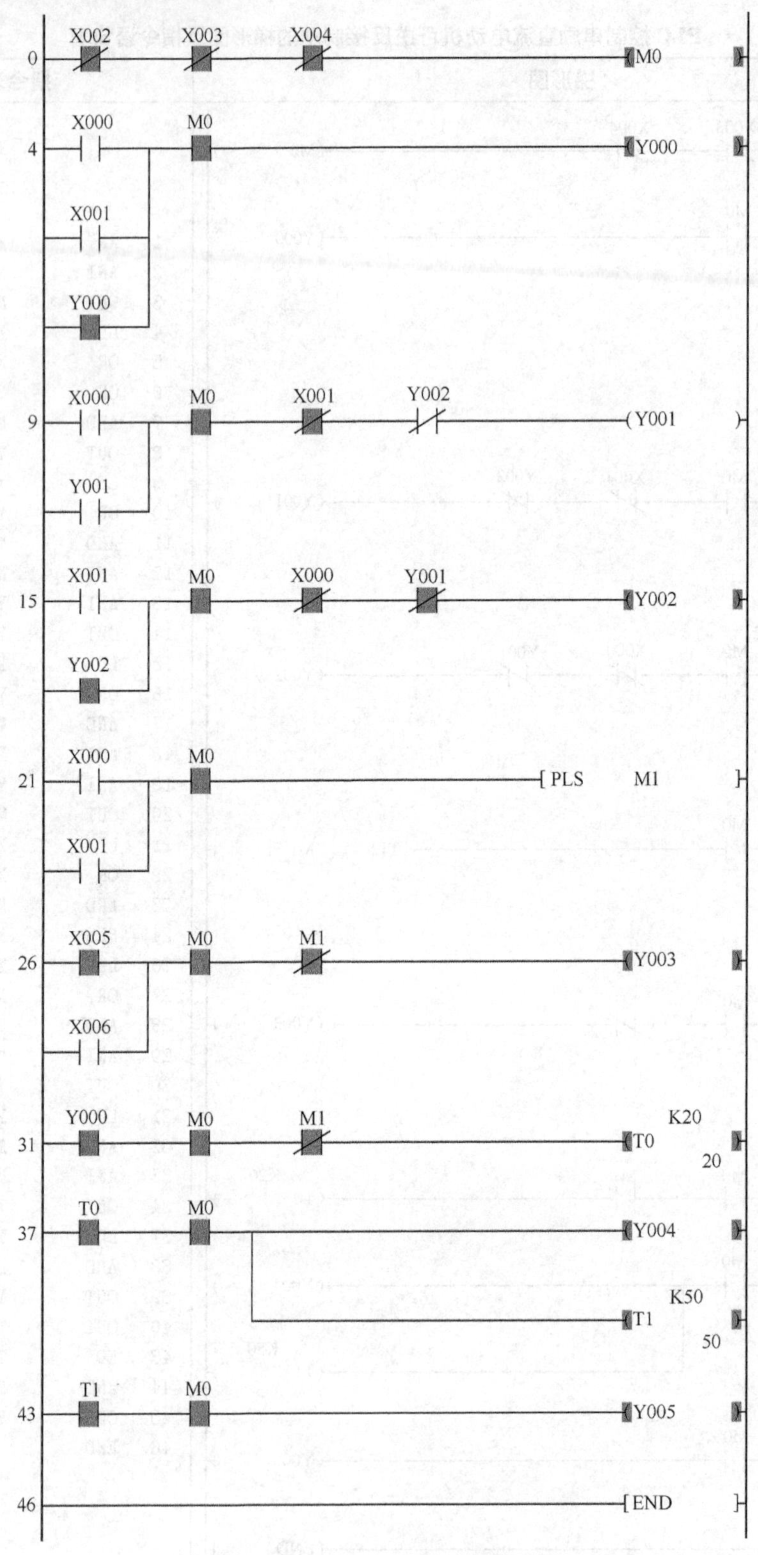

图 8-81　串励直流电动机可逆反接制动控制的仿真效果图

第 9 章　PLC 改造机床控制电路的设计

由于 PLC 具有可靠性高和应用简便等特点，因此许多复杂设备的电气控制部分正在被 PLC 所代替，PLC 从替代继电器的局部范围进入到过程控制、位置控制、通信网络等领域，本章将通过实例讲述 PLC 在机床电气控制线路中的改造应用。

9.1　PLC 改造车床的设计

车床是一种应用极为广泛的金属切削机床，约占机床总数的 20%～35%，在各种车床中，普通车床应用的最多。它主要用来车削外圆、内圆、端面、螺纹、螺杆和定型表面，还可通过尾架进行钻孔、铰孔、攻螺纹等多种类型加工。

9.1.1　PLC 改造 C6140 车床的设计

C6140 是我国自行设计制造的普通车床，具有性能优越，结构先进、操作方便、外形美观等优点。C6140 普通车床主要是由床身、主轴变速箱、进给箱、溜板箱、刀架、尾架、丝杠和光杠等部分组成。

主轴变速箱用来支撑主轴和传动其旋转，它包含主轴及其轴承、传动机构、启停及换向装置、制动装置、操纵机构及润滑装置。进给箱用来变换被加工螺纹和导程，以及获得所需的各种进给量，它包含变换螺纹导程和进给量的变速机构、变换螺纹种类的移换机构、丝杠和光杠转换机构及操作机构等部件。溜板箱用来将丝杠或光杠传来的旋转运动变为直线运动并带动刀架进给，控制刀架运动的接通、断开和换向等操作。刀架用来安装车刀并带动其作纵向、横向和斜向运动。

车床的切削运动包括卡盘或顶尖带动工件的旋转主运动和溜板带动刀架的直线进给运动。中小型普通车床的主运动和进给运动一般采用一台异步电动机进行驱动。根据被加工零件的材料性质、几何形状、工作直径、加工方式及冷切条件的不同，要求车床有不同的切削速度，因此车床主轴需要在相当大的范围内改变速度，普通车床的调速范围在 70 以上，中小型普通车床多采用齿轮变速箱调速。车床主轴在一般情况下是单方向旋转的，但在车削螺纹时，要求主轴能正反转。主轴旋转方向的改变可通过离合器或电气的方法实现，C6140 型车床的主轴单方向旋转速度有 24 种（10～1400r/min），反转速度有 12 种（14～1580r/min）。

1．C6140 车床传统继电器-接触器电气控制线路分析

C6140 普通车床由三台三相鼠笼式异步电动机拖动，即主轴电动机 M1、冷却泵电动机

M2 和刀架快速移动电动机 M3。M1 带动主轴旋转和刀架进给运动；M2 用以车削加工时提供冷却液；M3 使刀具快速地接近或退离加工部位。C6140 车床传统继电器-接触器电气控制线路如图 9-1 所示，它由主电路和控制电路两部分组成。

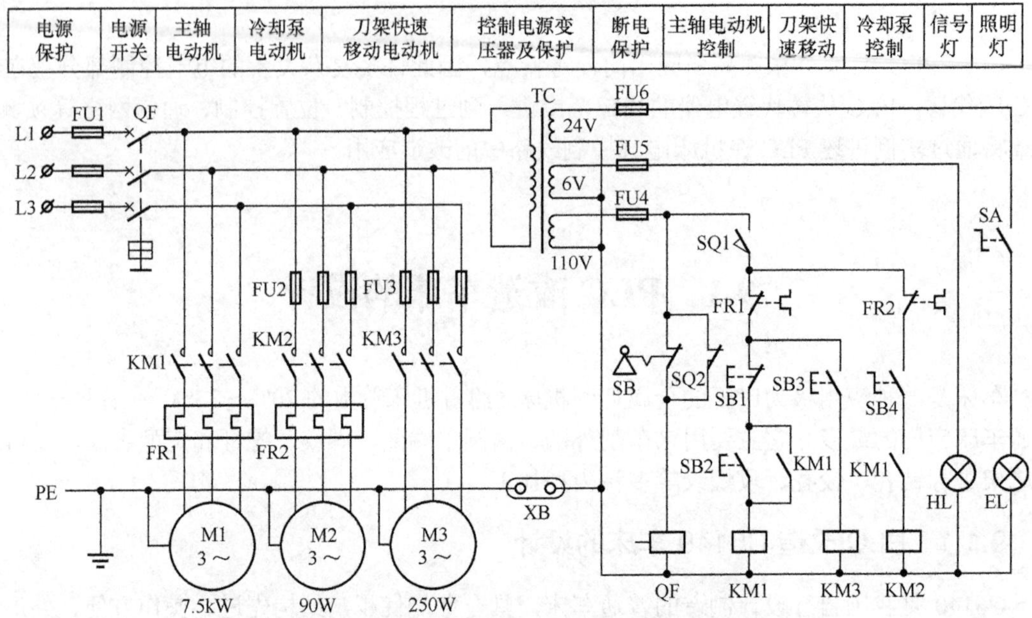

图 9-1　C6140 车床传统继电器-接触器电气控制线路

（1）C6140 普通车床主电路分析

将钥匙开关 SB 向右旋转，扳动断路器 QF 将三相电源引入。主电动机 M1 由交流接触器 KM1 控制，冷却泵电动机 M2 由交流接触器 KM2 控制，刀架快速移动电动机 M3 由 KM3 控制。热继电器 FR 作过载保护，FU 作短路保护，KM 作失压和欠压保护，由于 M3 是点动控制，因此该电动机没有设置过载保护。

（2）C6140 普通车床控制电路分析

C6140 普通车床控制电源由控制变压器 TC 将 380V 交流电压降为 110V 交流电压作为控制电路的电源，降为 6V 电压作为信号灯 HL 的电源，降为 24V 电压作为照明灯 EL 的电源。在正常工作时，位置开关 SQ1 的常开触头闭合。打开床头皮带罩后，SQ1 断开，切断控制电路电源以确保人身安全。钥匙开关 SB 和位置开关 SQ2 在正常工作时是断开的，QF 线圈不通电，断路器 QF 能合闸。打开配电盘壁龛门时，SQ2 闭合，QF 线圈得电，断路器 QF 自动断开。

1）主轴电动机 M1 的控制

按下启动按钮 SB2，KM1 线圈得电，KM1 的一组常开辅助触头闭合形成自锁，KM1 的另一组常开辅助触头闭合，为 KM2 线圈得电做好准备，KM1 主触头闭合，主轴电动机 M1 在全电压下启动运行。按下停止按钮 SB1，M1 停止转动。当 M1 过载时，热继电器 FR1 动作，KM1 线圈失电，M1 停止运行。

C6140 普通车床主轴正反转由操作手柄通过双向多片摩擦片离合器控制，摩擦离合器还可以起到过载保护的作用。

2）冷却泵电动机 M2 的控制

主轴电动机 M1 启动运行后，合上旋转开关 SB4，KM2 线圈得电，其主触头闭合，冷却泵电动机 M2 启动运行。当 M1 停止运行时，M2 也会自动停止运转。

3）刀架快速移动电动机 M3 的控制

刀架快速移动电动机 M3 的启动，由按钮 SB3 和 KM3 组成的线路进行控制。当按下 SB3 时，KM3 线圈得电，其主触头闭合，M3 得电启动运行。由于 SB3 没有自锁，所以松开 SB3 时，KM3 线圈电源被切断，M3 停止运行。

4）照明灯和信号灯控制

照明灯由控制变压器 TC 次级输出的 24V 安全电压供电，扳动转换开关 SA 时，照明灯 EL 亮，熔断器 FU6 作短路保护。

信号指示灯由 TC 次级输出的 6V 安全电压供电，合上断路器 QF 时，信号灯 HL 亮，表示车床已接通电源。

2．PLC 改造 C6140 车床控制线路的设计

（1）PLC 改造 C6140 车床控制线路的输入/输出分配表

PLC 改造 C6140 车床控制线路时，电源开启钥匙开关使用普通按钮开关进行替代，过载保护热继电器 FR1、FR2 两个触点串联在一起作为一路输入信号以节省 PLC 的输入端子，列出 PLC 的输入/输出分配表，如表 9-1 所示。

表 9-1　　PLC 改造 C6140 车床的输入/输出分配表

输入			输出		
功能	元件	PLC 地址	功能	元件	PLC 地址
电源钥匙开关开启	SB0-1	X000	主轴电动机 M1 控制	KM1	Y000
电源钥匙开关断开	SB0-2	X001	冷却泵电动机 M2 控制	KM2	Y001
主轴电动机 M1 停止按钮	SB1	X002	刀架快速移动电动机 M3 控制	KM3	Y002
主轴电动机 M1 启动按钮	SB2	X003	机床工作指示	HL	Y003
快速移动电动机M3 点动按钮	SB3	X004	照明控制	EL	Y004
冷却泵电动机 M2 旋转开关	SB4	X005			
过载保护热继电器触点	FR	X006			
照明开关 SA	SA	X007			

（2）PLC 改造 C6140 车床控制线路的 I/O 接线图

PLC 改造 C6140 车床控制线路时，需要 8 个输入点和 5 个输出点。PLC 改造 C6140 车床控制线路的 I/O 接线图如图 9-2 所示，图中 EL 和 HL 分别串联适合规格的电阻以降低其工作电压。

（3）PLC 改造 C6140 车床控制线路的程序设计

PLC 改造 C6140 车床控制线路的程序如表 9-2 所示。

表 9-2　**PLC 改造 C6140 车床控制线路的梯形图及指令语句表**

梯形图

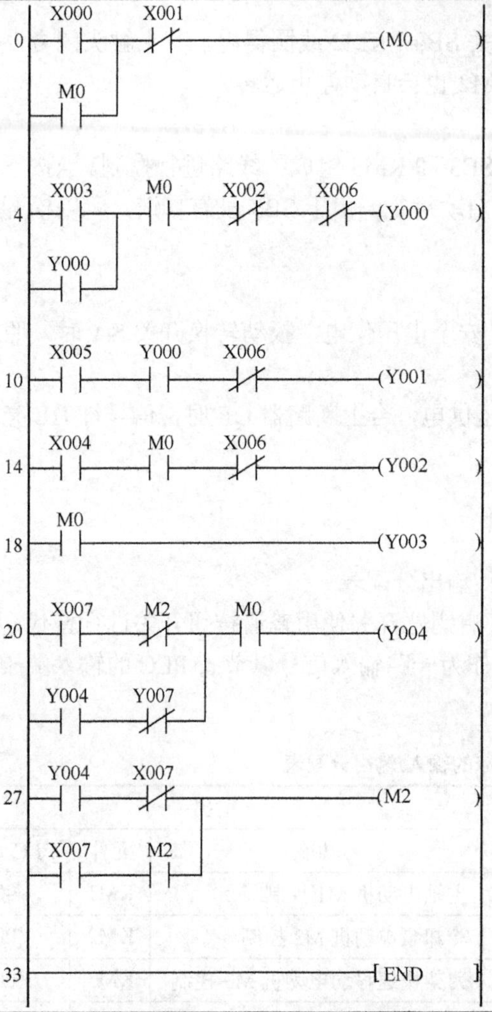

```
0   X000 ─┤├─┬─ X001 ─┤/├──────────────────────(M0)
    M0   ─┤├─┘
4   X003 ─┤├─┬─ M0 ─┤├─ X002 ─┤/├─ X006 ─┤/├───(Y000)
    Y000 ─┤├─┘
10  X005 ─┤├── Y000 ─┤├── X006 ─┤/├────────────(Y001)
14  X004 ─┤├── M0 ─┤├── X006 ─┤/├──────────────(Y002)
18  M0   ─┤├───────────────────────────────────(Y003)
20  X007 ─┤├── M2 ─┤/├─┬─ M0 ─┤├───────────────(Y004)
    Y004 ─┤├── Y007 ─┤/├─┘
27  Y004 ─┤├── X007 ─┤/├─┬─────────────────────(M2)
    X007 ─┤├── M2 ─┤├────┘
33  ───────────────────────────────────────────[END]
```

指令表

步	指令	元件
0	LD	X000
1	OR	M0
2	ANI	X001
3	OUT	M0
4	LD	X003
5	OR	Y000
6	AND	M0
7	ANI	X002
8	ANI	X006
9	OUT	Y000
10	LD	X005
11	AND	Y000
12	ANI	X006
13	OUT	Y001
14	LD	X004
15	AND	M0
16	ANI	X006
17	OUT	Y002
18	LD	M0
19	OUT	Y003
20	LD	X007
21	ANI	M2
22	LD	Y004
23	ANI	X007
24	ORB	
25	AND	M0
26	OUT	Y004
27	LD	Y004
28	ANI	X007
29	LD	X007
30	AND	M2
31	ORB	
32	OUT	M2
33	END	

（4）PLC 改造 C6140 车床控制线路的程序设计说明

步 0～步 3 为按钮电源控制，当按下 SB0-1 为 1 时，电源有效（即扳动断路器 QF 将三相电源引入），各电动机才能启动运行，按下 SB0-2 为 1 时，电源无效。

步 4～步 9 为主轴电动机 M1 的控制，按下 M1 的启动按钮 SB2，X001 输入有效，Y000 输出线圈有效，控制主轴电动机 M1 启动运行，当按下停止按钮 SB1，或发生过载现象时，Y000 输出线圈无效，M1 停止工作。

步 10～步 13 为冷却泵电动机 M2 的控制，当按下 M2 的旋转开关 SB4 且主轴电动机 M1 在运行时，Y001 输出线圈有效，M2 进行工作。当 M1 停止工作或发生过载现象时，Y001 输出线圈无效，M2 停止工作。

步 14～步 17 为刀架快速移动电动机 M3 的点动控制，当按下 M3 的点动按钮 SB3 时，Y002 输出线圈有效，M3 得电启动运行。由于 SB3 没有自锁，所以松开 SB3 时，KM3 线圈

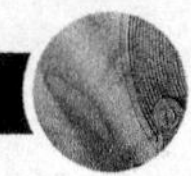

电源被切断，M3 停止运行。

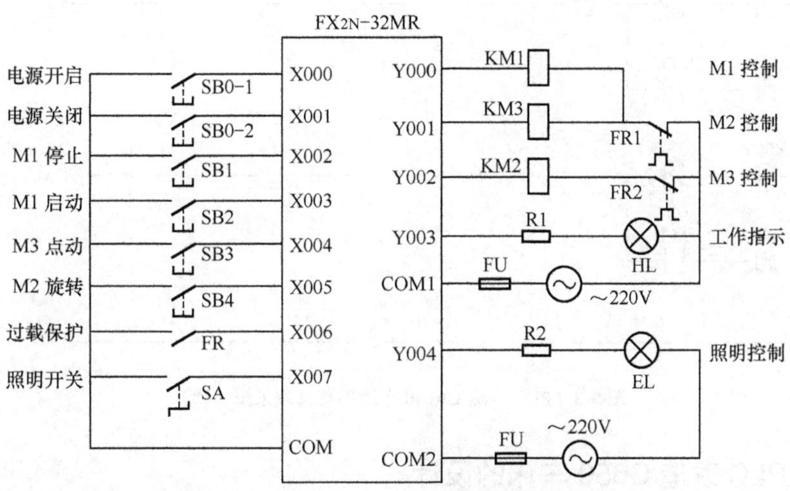

图 9-2 PLC 改造 C6140 车床控制线路的 I/O 接线图

步 18～步 19 为 HL 电源指示。步 20～步 26 和步 27～步 32 为 EL 照明控制，同样照明开关 SA 按下为奇数次时，EL 亮；SA 按下为偶数次时，EL 熄灭。

按下电源启动开关，M0 线圈得电，此时即使松开启动开关，C6140 车床控制线路仍能工作。图 9-3 是 C6140 车床控制线路处于工作状态时，其 PLC 的各输入/输出仿真效果图，图中 Y003 为 1 表示车床控制线路处于工作状态；按下主轴电动机 M1 启动按钮（X003 有效），KM1 线圈得电（Y000 为 1）；按下快速移动电动机 M3 点动按钮（X004 有效），KM2 线圈得电（Y002 为 1）；按下冷却泵电动机旋转开关 SB4（X005 有效），KM3 线圈得电（Y001 为 1）；按下照明开关 SA（X007 有效），照明灯点亮（Y004 为 1）。

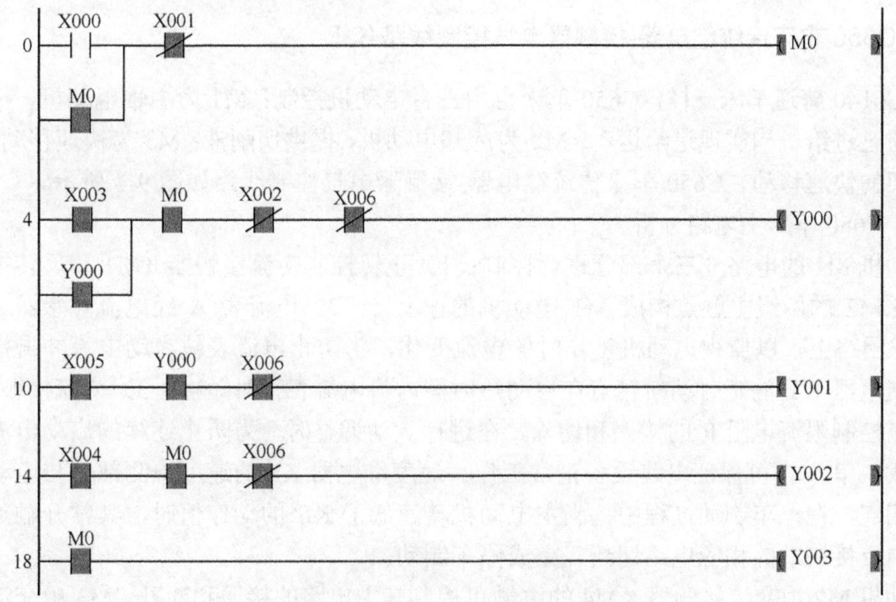

图 9-3 PLC 改造 C6140 车床的仿真效果图

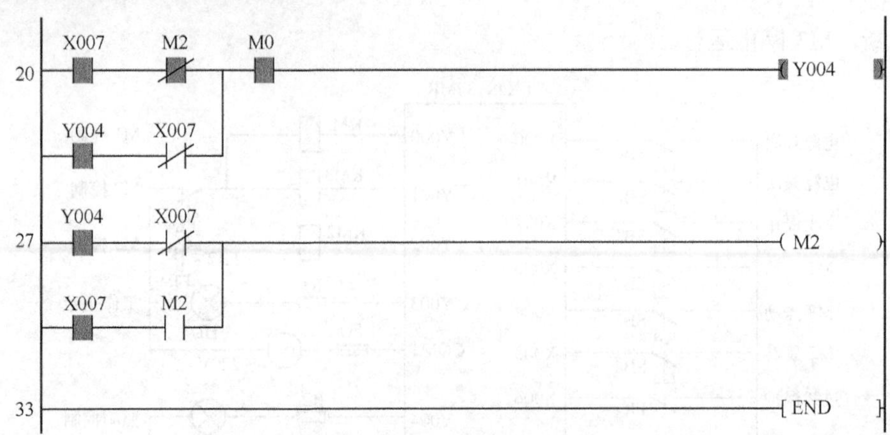

图 9-3　PLC 改造 C6140 车床的仿真效果图（续）

9.1.2　PLC 改造 C650 车床的设计

不同型号的卧式车床，其主电动机的工作要求不同，因而其控制线路也有所不同，下面讲述另一型号的卧式车床-C650。

C650 卧式车床主要由床身、主轴、刀架、溜板箱和尾架等部分组成。刀具安装在刀架上，与滑板一起随溜板箱沿主轴轴线方向实现进给移动，主轴的转动和溜板箱的移动均由主电机驱动。由于加工的工作量比较大，加工时其转动惯量也比较大，停车时不易立即转动，因此必须有停车制动的功能，较好的停车制动是采用电气制动方法。为了加工螺纹等工作，主轴需要正反转，主轴的转速应随工件的材料、尺寸、工艺要求及刀具的不同种类而变化，所以要求在相当宽的范围内可进行速度调节。与 C6140 一样，在加工过程中，还需要提供切削液，溜板才能够快速移动。

1．C650 车床传统继电器-接触器电气控制线路分析

与 C6140 普通车床一样，C650 车床也由三台电动机控制：M1 为主轴电动机，拖动主轴旋转并通过进给机构实现进给运动；M2 为冷却电动机，提供切削液；M3 为快速移动电动机，拖动刀架的快速移动。C650 车床传统继电器-接触器电气控制线路如图 9-4 所示。

（1）C650 车床主电路分析

电动机 M1 的电路分三个部分进行控制：1）正转控制交流接触器 KM1 和反转控制交流接触器 KM2 的两组主触点构成 M1 电动机的正反转；2）电流表 A 经电流互感器 TA 接在 M1 的主回路上，以监视电动机工作时的电流变化，为防止电流表被启动电流冲击损坏，利用时间继电器 KT 的延时动断触点在启动短时间内将电流表暂时短接；3）交流接触器 KM3 的主触点控制限流电阻 R 的接入和切除，在进行点动调整时，为防止连续的启动电流造成电动机过载，串入 R 可保证电路设备正常工作。速度继电器 KS 的速度检测部分与电动机的主轴同轴相连，在停车制动过程中，当主电动机转速低于 KS 的动作值时，其常开触点可将控制电路中反接制动的相应电路切断，完成停车制动。

电动机 M2 由交流接触器 KM4 的主触点控制其主电路的接通和断开，M3 由交流接触器 KM5 的主触点控制。

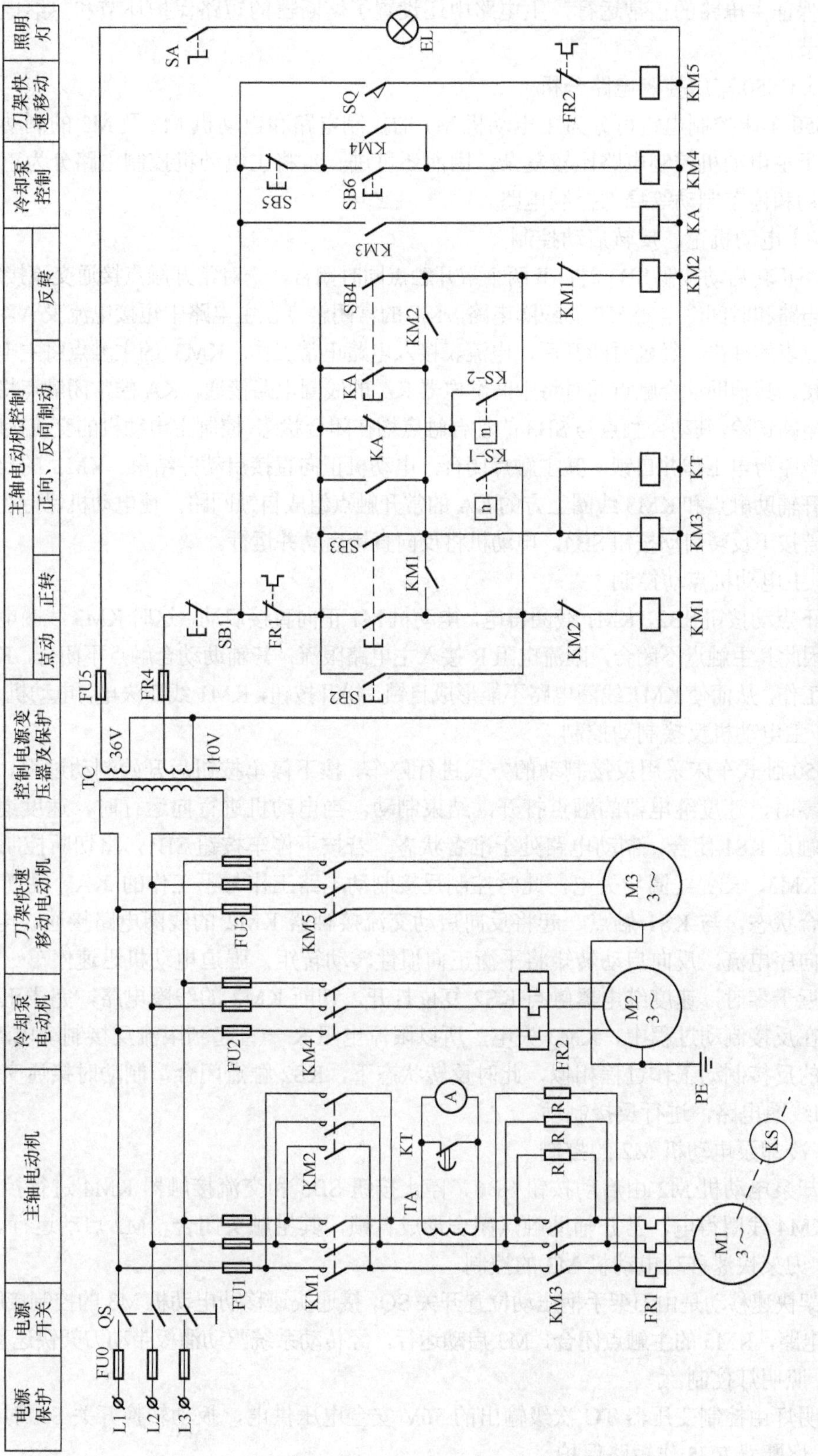

图 9-4 C650 车床传统继电器-接触器电气控制线路

为保证主电路的正常运行，主电路中还设置了熔断器的短路保护环节和热继电器的过载保护环节。

（2）C650车床控制电路分析

C650车床控制电路可分为主电动机M1的控制电路和电动机M2及M3的制动电路两部分。由于主电动机控制电路比较复杂，因而还可进一步将主电动机控制电路分为正、反转启动，点动和停车制动等局部控制电路。

1）主电动机正、反转启动控制

按下正转启动按钮SB3时，其两个常开触点同时闭合，一对常开触点接通交流接触器KM3的线圈电路和时间继电器KT的线圈电路，KT的常闭触点在主电路中短接电流表A，以防止电流对电流表的冲击，经延时断开后，电流表接入电路正常工作。KM3的主触点将主电路中限流电阻短接，其辅助动合触点同时将中间继电器KA的线圈电路接通，KA的常闭触点将停车制动的基本电路切除，其动合触点与SB3的动合触点均在闭合状态，控制主电动机的交流接触器KM1的线圈电路得电工作并自锁，其主触点闭合，电动机正向直接启动并结束。KM1的自锁回路由它的常开辅助触点和KM3线圈上方的KA的常开触点组成自锁回路，使电动机保持在正向运行状态。若按下反转启动按钮SB4，电动机将反向直接启动并运行。

2）主电动机点动控制

按下点动按钮SB2，KM1线圈得电，电动机M1正向直接启动，这时KM3线圈电路并没有接通，因此其主触点不闭合，限流电阻R接入主电路限流，其辅助动合触点不闭合，KA线圈不能得电工作，从而使KM1线圈电路不能形成自锁，松开按钮，KM1线圈失电，电动机M1停转。

3）主电动机反接制动控制

C650卧式车床采用反接制动的方式进行停车，按下停车按钮后开始制动过程。电动机转速接近零时，速度继电器的触点打开，结束制动。当电动机进行向运行时，速度继电器KS的动合触点KS1闭合，制动电路处于准备状态。若按下停车按钮SB1，将切断控制电源，使KM1、KM3、KA线圈均失电，此时控制反接制动电路工作与不工作的KA、动断触点恢复原始闭合状态，与KS1触点一起将反向启动交流接触器KM2的线圈电路接通。电动机M1接入反向序电流，反向启动转矩将平衡正向惯性转动转矩，强迫电动机迅速停车。当电动机速度趋近于零时，速度继电器触点KS2复位打开，切断KM2的线圈电路，完成正转的反接制动。在反接制动过程中，KM3失电，所以限流电阻R一直起到限流反接制动电流的作用。反转时的反接制动工作过程相似，此时反转状态下，KS2触点闭合，制动时接通交流接触器KM1的线圈电路，进行反接制动。

4）冷却泵电动机M2的控制

冷却泵电动机M2由启动按钮SB6、停止按钮SB5和交流接触器KM4进行控制。按下SB6，KM4线圈得电，常开辅助触点闭合形成自锁，其主触头闭合，M2启动运行。

5）刀架快速移动电动机M3的控制

刀架快速移动是由刀架手柄压动位置开关SQ，接通快速移动电动机M3的控制接触器KM5的线圈电路，KM5的主触点闭合，M3启动运行，经传动系统驱动溜板带动刀架快速移动。

6）照明灯控制

照明灯由控制变压器TC次级输出的36V安全电压供电，扳动转换开关SA时，照明灯EL亮，熔断器FU5作短路保护。

2．PLC 改造 C650 车床控制线路的设计

（1）PLC 改造 C650 车床控制线路的输入/输出分配表

PLC 改造 C650 车床控制线路时，照明开关可使用普通的按钮开关代替，列出 PLC 的输入/输出分配表，如表 9-3 所示。

表 9-3　　PLC 改造 C650 车床的输入/输出分配表

输入			输出		
功能	元件	PLC 地址	功能	元件	PLC 地址
总停按钮	SB1	X000	主电动机 M1 正转控制	KM1	Y000
主电动机 M1 正向点动按钮	SB2	X001	主电动机 M1 反转控制	KM2	Y001
主电动机 M1 正向启动按钮	SB3	X002	短接限流电阻 R 控制	KM3	Y002
主电动机 M1 反向启动按钮	SB4	X003	冷却泵电动机 M2 控制	KM4	Y003
冷却泵电动机 M2 停止按钮	SB5	X004	快速移动电动机 M3 控制	KM5	Y004
冷却泵电动机 M2 启动按钮	SB6	X005	电流表 A 短接控制	KM6	Y005
快速移动电动机 M3 位置开关	SQ	X006	照明灯控制	EL	Y006
M1 过载保护热继电器触点	FR1	X007			
M2 过载保护热继电器触点	FR2	X010			
正转制动速度继电器常开触点	KS-1	X011			
反转制动速度继电器常开触点	KS-2	X012			
照明开关 SA	SA	X013			

（2）PLC 改造 C650 车床控制线路的 I/O 接线图

PLC 改造 C650 车床控制线路时，需要 12 个输入点和 7 个输出点。PLC 改造 C650 车床控制线路的 I/O 接线图如图 9-5 所示，图中 EL 串联适合规格的电阻以降低其工作电压。

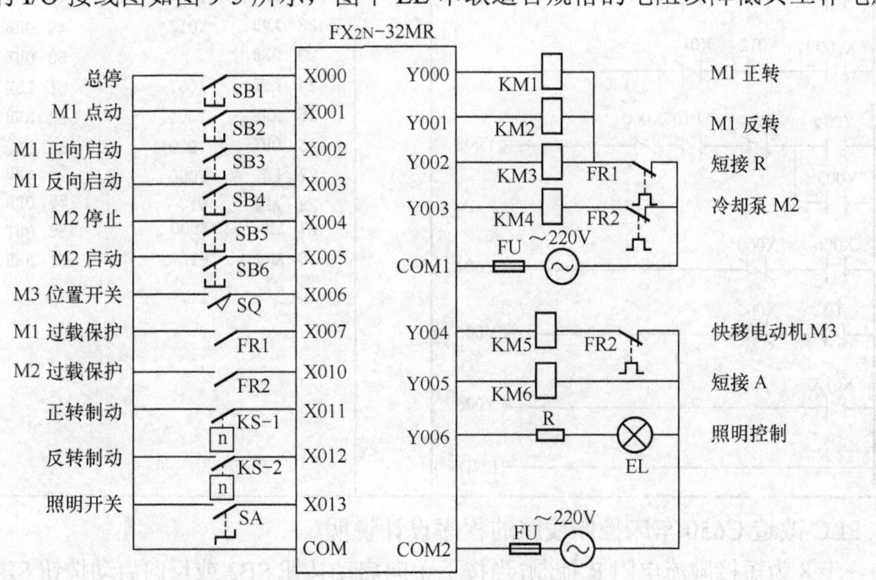

图 9-5　PLC 改造 C650 车床控制线路的 I/O 接线图

（3）PLC 改造 C650 车床控制线路的程序设计

PLC 改造 C650 车床控制线路的程序如表 9-4 所示。

表 9-4　PLC 改造 C650 车床控制线路的梯形图及指令语句表

梯形图

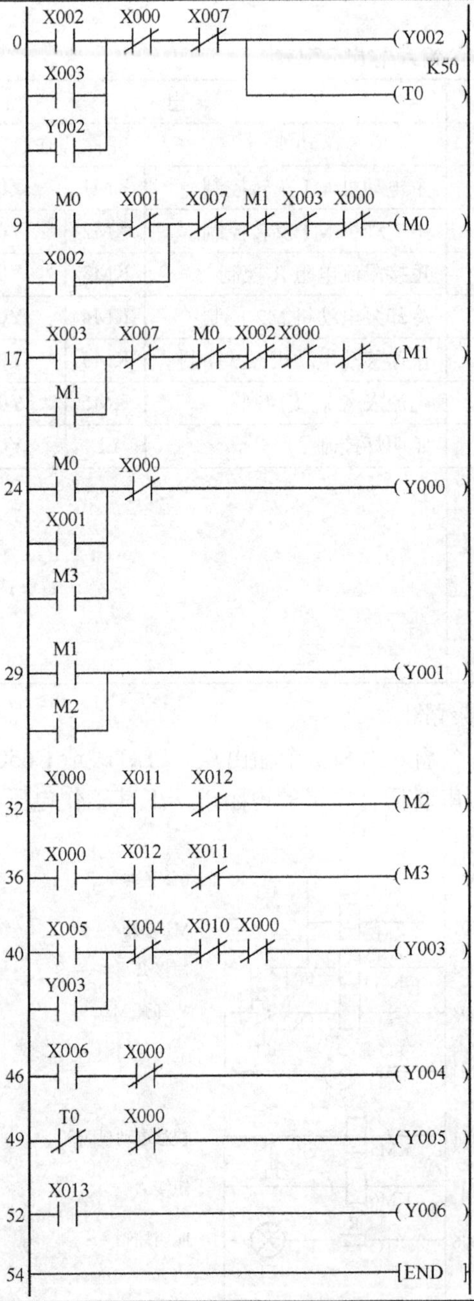

```
0    X002  X000  X007                 (Y002)
     X003                        K50
     Y002                             (T0)

9    M0    X001  X007 M1 X003 X000    (M0)
     X002

17   X003  X007  M0 X002 X000         (M1)
     M1

24   M0    X000                       (Y000)
     X001
     M3

29   M1                               (Y001)
     M2

32   X000  X011  X012                 (M2)

36   X000  X012  X011                 (M3)

40   X005  X004  X010 X000            (Y003)
     Y003

46   X006  X000                       (Y004)

49   T0    X000                       (Y005)

52   X013                             (Y006)

54                                    [END]
```

指令表

步	指令	操作数		步	指令	操作数
0	LD	X001		29	LD	X000
1	OR	X002		30	OR	Y001
2	OR	Y002		31	AND	X011
3	ANI	X000		32	ORB	
4	ANI	X007		33	ANI	X007
5	OUT	Y002		34	ANI	Y000
6	OUT	T0	K50	35	OUT	Y001
9	LD	X001		36	LD	X005
10	OR	M0		37	OR	Y003
11	ANI	X000		38	ANI	X004
12	OUT	M0		39	ANI	X010
13	LD	X002		40	OUT	Y003
14	OR	M1		41	LD	X006
15	ANI	X000		42	OUT	Y004
16	OUT	M1		43	LDI	T0
17	LD	Y000		44	OUT	M5
18	AND	M0		45	LD	X013
19	OR	X001		46	ANI	M2
20	LD	X000		47	LDI	X013
21	OR	Y000		48	AND	Y006
22	AND	X012		49	ORB	
23	ORB			50	OUT	Y006
24	ANI	X007		51	LDI	X013
25	ANI	Y001		52	AND	Y006
26	OUT	Y000		53	LD	X013
27	LD	Y000		54	AND	M2
28	AND	M1		55	ORB	
27	LD	Y000		56	OUT	M2
28	AND	M1		57	END	

（4）PLC 改造 C650 车床控制线路的程序设计说明

步 0～步 8 为短接限流电阻 R 控制，当按下正向启动按钮 SB3 或反向启动按钮 SB4 时，X002 或 X003 常开触点闭合，输出线圈 Y002 有效，为主电动机 M1 的正、反转启动控制做好准备。

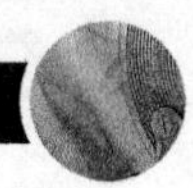

步 9～步 16 为主电动机 M1 正转启动控制，其 PLC 的仿真效果如图 9-6 所示；步 17～步 23 为主电动机 M1 反转启动控制。步 24～步 28 为主电动机 M1 正向运行控制。当步 9～步 16 有效，或按下点动按钮 SB1，或 M1 反转 KS-2 触点闭合进行制动停车时，M1 正转；步 29～步 31 为 M1 反向运行控制，当步 17～步 23 有效，或 M1 正转 KS-1 触点闭合进行制动停车时，M1 反转。

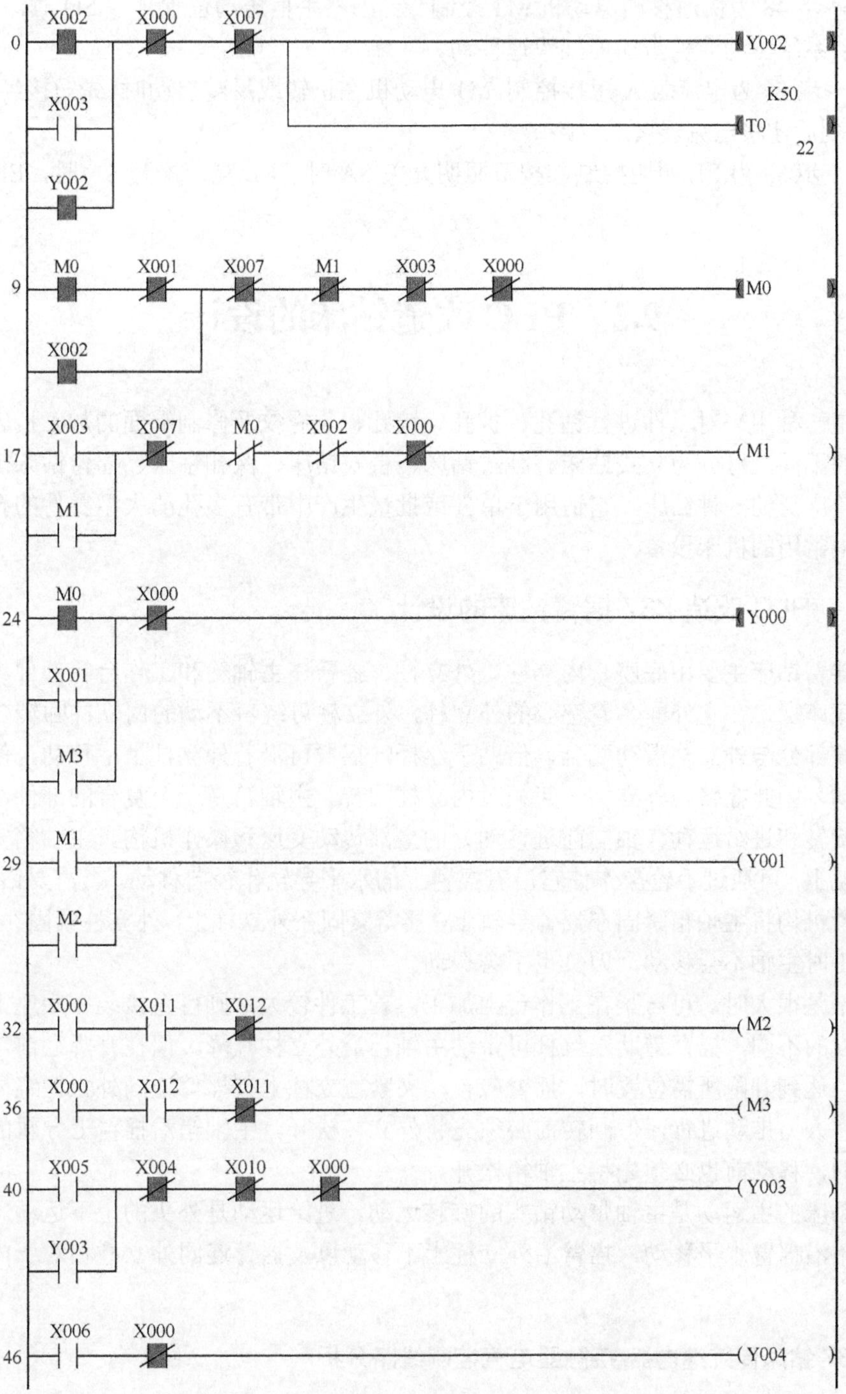

图 9-6　PLC 改造 C650 车床控制线路仿真效果图

步 32～步 35 为主电机 M1 正转运行时，按下停止按钮 SB1 所进行的反接制动停车控制；步 36～步 39 为 M1 反转运行时，按下 SB1 所进行的正接制动停车控制。

步 40～步 45 为冷却泵电动机 M2 控制，当按下 M2 的启动按钮 SB6 时，常开触点 X006 闭合，输出线圈 Y003 有效，M2 启动；当按下 M2 的停止按钮 SB5 时，电动机 M2 停止。

步 46～步 48 为快速移动电动机 M3 控制，当刀架手柄压动位置开关 SQ 时，M3 启动运行，经传动系统驱动溜板带动刀架快速移动。

步 49～步 51 为电流表 A 短接控制，M1 电动机在正转或反转启动时，先短接经电流表 A，T0 延时片刻后才将电流表接入电路中。

步 52～步 53 为 EL 照明控制，按下照明开关 SA 时，EL 亮；松开 SA 时，EL 熄灭。

9.2 PLC 改造钻床的设计

钻床是一种用来对工件进行钻孔、扩孔、铰孔、攻螺纹及修刮端面的加工机床。钻床按结构形式的不同，可分为立式钻床、卧式钻床、台式钻床、深孔钻床、摇臂钻床等。摇臂钻床是用得较广泛的一种钻床，它适用于单件或批量生产中带有多孔的大型零件的孔加工，是机械加工中常用的机床设备。

9.2.1 PLC 改造 Z37 摇臂钻床的设计

Z37 摇臂钻床主要由底座、内立柱、外立柱、摇臂、主轴箱和工作台等部件组成。内立柱固定在底座上，在它外面套着空心的外立柱，外立柱可绕着不动的内立柱回转 360^0。摇臂一端的套筒部分与外立柱滑动配合，借助于丝杆，摇臂可沿着外立柱上下移动，但两者不能作相对转动，因此摇臂与外立柱一起相对内立柱回转。主轴箱是一个复合的部件，它包括主轴及主轴旋转和进给运动（轴向前进移动）的全部传动变速和操作机构。主轴箱安装于摇臂的水平导轨上，可通过手轮操作使它沿着摇臂上的水平导轨作径向移动。当需要钻削加工时，可利用夹紧机构将主轴箱紧固在摇臂导轨上，摇臂紧固在外立柱上，外立柱紧固在内立柱上，以保证加工时主轴不会移动，刀具也不会振动。

工件不是很大时，可压紧在工作台上加工。若工件较大，则可直接装在底座上加工。根据工作高度的不同，摇臂借助于丝杆可带动主轴箱沿外立柱升降。但在升降之前，摇臂应自动松开。当达到升降所需位置时，摇臂应自动夹紧在立柱上。摇臂连同外立柱绕内立柱的回转运动依靠人力推动进行，但回转前必须先将外立柱松开。主轴箱沿摇臂上导轨的水平移动也是手动的，移动前也必须先将主轴箱松开。

摇臂钻床的主运动是主轴带动钻头的旋转运动。进给运动是外头的上下运动。辅助运动是指主轴箱沿摇臂水平移动，摇臂沿外立柱上下移动以及摇臂连同外立柱相对于内立柱的回转运动。

1. Z37 钻床传统继电器-接触器电气控制线路分析

Z37 钻床传统继电器-接触器电气控制线路如图 9-7 所示，它采用四台三相异步电动机进

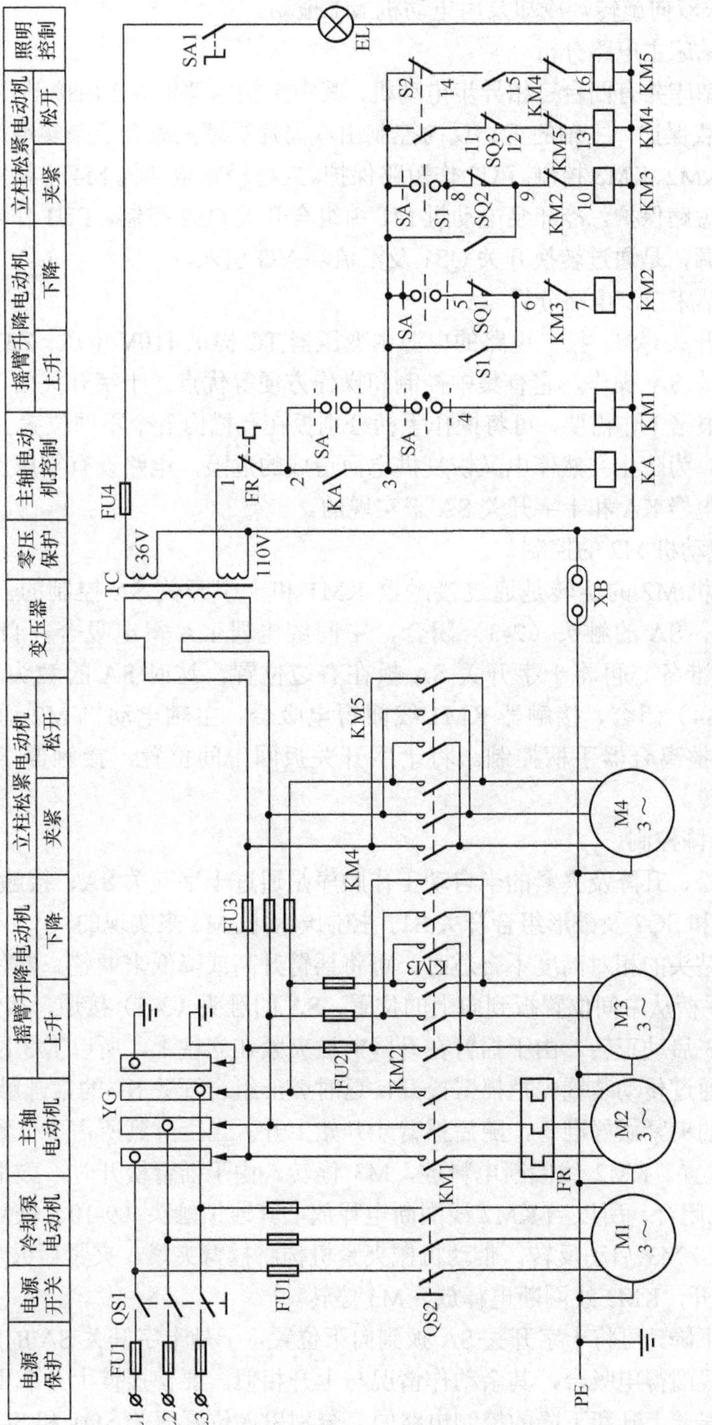

图 9-7 Z37 钻床传统继电器-接触器电气控制线路

行拖运，主轴电动机 M2 承担钻削及进给任务，只要求旋转。主轴的正反转通过摩擦离合器来实现，主轴转速和进给量用变速机构调节。摇臂的升降和立柱的夹紧放松由电动机 M3 和 M4 拖动，要求双向旋转，冷却泵用电动机 M1 拖动。

（1）Z37 钻床主电路分析

Z37 摇臂钻床共有四台三相异步电动机，其中主轴电动机 M2 由接触器 KM1 控制，热继电器 FR 作过载保护，主轴的正、反向控制由双向片式摩擦离合器来实现。摇臂升降电动机 M3 由接触器 KM2、KM3 控制。FU2 作短路保护。立柱松紧电动机 M4 由接触器 KM4 和 KM5 控制。FU3 作短路保护。冷却泵电动机 M1 由组合开关 QS2 控制，FU1 作短路保护。摇臂上的电气设备电源，是通过转换开关 QS1 及汇流环 YG 引入。

（2）Z37 钻床控制电路分析

合上电源开关 QS1，控制电路的电源由变压器 TC 提供 110V 电压。Z37 摇臂钻床控制电路采用十字开关 SA 操作，它有集中控制和操作方便等优点。十字开关由十字手柄和四个微动开关组成。根据工作需要，可将操作手柄分别扳在孔槽内五个不同位置上，即左、右、上、下和中间位置。为防止突然停电又恢复供电而造成的危险，电路设有零压保护环节。零压保护功能是由继电器 KA 和十字开关 SA 来实现的。

1）主轴电动机 M2 的控制

主轴电动机 M2 的旋转是通过接触器 KM1 和十字开关 SA 控制的。首先将十字开关扳在左边位置，SA 的触头（2-3）闭合，中间继电器 KA 得电吸合并自锁，为其他控制电路接通做好准备。再将十字开关 SA 扳在右边位置，这时 SA 的触头（2-3）分断后，SA 的触头（3-4）闭合，接触器 KM1 线圈得电吸合，主轴电动机 M2 通电旋转。主轴的正反转则由摩擦离合器手柄控制。将十字开关扳回中间位置，接触器 KM1 线圈断电且释放，M2 停转。

2）摇臂升降控制

摇臂的放松、升降及夹紧的半自动工作顺序是通过十字开关 SA、接触器 KM2 和 KM3、位置开关 SQ1 和 SQ2 及鼓形组合开关 S1，控制电动机 M3 来实现的。

当工件与钻头的相对高度不合适时，可将摇臂升高或降低来调整。要使摇臂上升，将十字开关 SA 的手柄从中间位置扳到向上的位置，SA 的触头（3-5）接通，接触器 KM2 得电吸合，电动机 M3 启动正转。由于摇臂在升降前被夹紧在立柱上，所以 M3 刚启动时，摇臂不会上升，而是通过传动装置先把摇臂松开，这时鼓形组合开关 S1 的常开触头（3-9）闭合，为摇臂上升后的夹紧做好准备，随后摇臂才开始上升。当上升到所需要位置时，将十字开关 SA 扳到中间位置，KM2 线圈断电释放，M3 停转。由于摇臂松开时，鼓形组合开关常开触头 S1（3-9）已闭合，所以当 KM2 线圈断电释放，其连锁触头（9-10）恢复闭合后，接触器 KM3 得电吸合，M3 启动反转，带动机械夹紧机构将摇臂夹紧，夹紧后鼓形开关 S1 的常开触头（3-9）断开，KM3 线圈断电释放，M3 停转。

要使摇臂下降，可将十字开关 SA 扳到向下位置，于是十字开关 SA 的触头（3-8）闭合，接触器 KM3 线圈得电吸合，其余动作情况与上升相似。要使摇臂上升或下降不超出允许的极限位置，在摇臂上升和下降的控制电路中，分别串入位置开关 SQ1 和 SQ2 作限位保护。

3）立柱的夹紧与松开控制

钻床工作时，外立柱夹紧在内立柱上。要使摇臂和外立柱绕内立柱转动，应首先扳动

手柄放松外立柱。外立柱的松开与夹紧是靠电动机 M4 的正反转拖动液压装置来完成的。电动机 M4 的正反转由组合开关 S2 和位置开关 SQ3、接触器 KM4 和 KM5 来实现。SQ3 是由主轴箱与摇臂夹紧的机械手柄操作的。拨动手柄使 SQ3 的常开触头（14-15）闭合，接触器 KM5 线圈得电吸合，电动机 M4 拖动液压泵工作，使立柱夹紧装置放松。当夹紧装置完全放松时，S2 的常开触头（3-14）断开，使接触器 KM5 线圈断电释放，M4 停转，同时 S2 的常闭触头（3-11）闭合，为夹紧做好准备。当摇臂转动到所需位置时，只需扳动手柄使 SQ3 复位，其常开触头（14-15）断开，而常闭触头（11-12）闭合，使 KM4 线圈得电吸合，M4 带动液压泵反向运转，就可以完成立柱的夹紧动作。当完全夹紧后，组合开关 S2 复位，其常开触头（3-11）分断，常闭触头（3-14）闭合，使接触器 KM4 的线圈失电，电动机 M4 停转。

Z37 摇臂钻床的主轴箱在摇臂上的松开与夹紧和立柱的松开与夹紧是由同一台电动机 M4 拖动液压机构完成。

4）照明电路分析

照明电路的电源也是由变压器 TC 将 380V 的交流电压降为 36V 安全电压来提供。照明灯 EL 由开关 SA1 控制，由熔断器 FU4 作短路保护。

2. PLC 改造 Z37 钻床控制线路的设计

（1）PLC 改造 Z37 钻床控制线路的输入/输出分配表

PLC 改造 Z37 钻床控制线路时，十字开关 SA 用相应的按钮进行替代，照明灯开关 SA1 用按钮替代，冷却泵电动机用按钮和交流继电器进行控制，列出 PLC 的输入/输出分配表，如表 9-5 所示。

表 9-5　　PLC 改造 Z37 钻床的输入/输出分配表

输入			输出		
功能	元件	PLC 地址	功能	元件	PLC 地址
总停止按钮	SB1	X000	主轴旋转控制	KM1	Y000
冷却泵电动机控制	SB2	X001	摇臂上升控制	KM2	Y001
启动电动机控制 SA（2-3）	SB3	X002	摇臂下降控制	KM3	Y002
主轴旋转控制 SA（3-4）	SB4	X003	立柱夹紧控制	KM4	Y003
摇臂上升控制 SA（3-5）	SB5	X004	立柱松开控制	KM5	Y004
摇臂下降控制 SA（3-8）	SB6	X005	冷却泵电动机控制	KM6	Y005
照明灯开关	SB7	X006	照明灯控制	EL	Y006
立柱夹紧控制 S2（3-11）	SB8	X007			
立柱松开控制 S2（3-14）	SB9	X010			
鼓形组合开关	S1	X011			
位置开关	SQ1	X012			
位置开关	SQ2	X013			
位置开关	SQ3	X014			

（2）PLC 改造 Z37 钻床控制线路的 I/O 接线图

PLC 改造 Z37 钻床控制线路时，需要 13 个输入点和 7 个输出点。PLC 改造 Z37 钻床控制线路的 I/O 接线图如图 9-8 所示，图中 EL 串联合适规格的电阻以降低其工作电压。

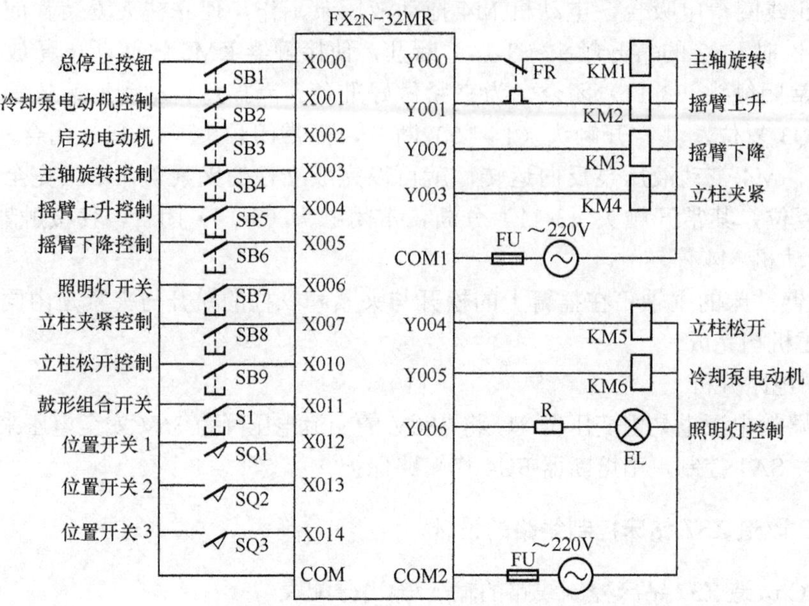

图 9-8　PLC 改造 Z37 钻床控制线路的 I/O 接线图

（3）PLC 改造 Z37 钻床控制线路的程序设计

PLC 改造 Z37 钻床控制线路的程序如表 9-6 所示。

表 9-6　　PLC 改造 Z37 钻床控制线路的梯形图及指令语句表

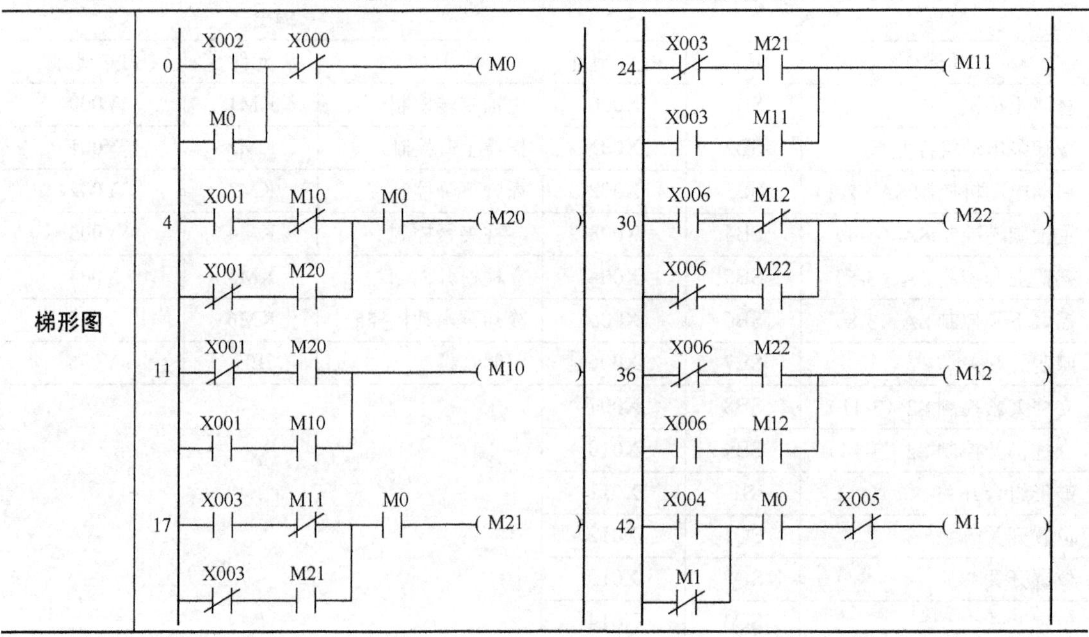

续表

梯形图									
	47 X005 M0 X004 (M2) M2 52 X007 M0 X010 (M3) M3 57 X010 M0 X007 (M4) M4 62 M21 (Y000) 64 M1 X012 Y002 (Y001) X011 69 M2 X013 Y001 (Y002) X011 74 M3 X014 Y004 (Y003) 78 M4 X014 X003 (Y004) 82 M20 (Y005) 84 M22 (Y006) 86 [END]								
指令表	0	LD	X002	29	OUT	M11	58	OR	M4
	1	OR	M0	30	LD	X006	59	AND	M0
	2	ANI	X000	31	ANI	M12	60	ANI	X007
	3	OUT	M0	32	LDI	X006	61	OUT	M4
	4	LD	X001	33	AND	M22	62	LD	M21
	5	ANI	M10	34	ORB		63	OUT	Y000
	6	LDI	X001	35	OUT	M22	64	LD	M1
	7	AND	M20	36	LDI	X006	65	ANI	X012
	8	ORB		37	AND	M22	66	OR	X011
	9	AND	M0	38	LD	X006	67	ANI	Y002
	10	OUT	M20	39	AND	M12	68	OUT	Y001
	11	LDI	X001	40	ORB		69	LD	M2
	12	AND	M20	41	OUT	M12	70	ANI	X013
	13	LD	X001	42	LD	X004	71	OR	X011
	14	AND	M10	43	OR	M1	72	ANI	Y001
	15	ORB		44	AND	M0	75	ANI	X014
	16	OUT	M10	45	ANI	X005	76	ANI	Y004
	17	LD	X003	46	OUT	M1	77	OUT	Y003
	18	ANI	M11	47	LD	X005			
	19	LDI	X003	48	OR	M2			
	20	AND	M21	49	AND	M0	78	LD	M4
	21	ORB		50	ANI	X004	79	AND	X014
	22	AND	M0	51	OUT	M2	80	ANI	X003
	23	OUT	M21	52	LD	X007	81	OUT	Y004
	24	LDI	X003	53	OR	M3	82	LD	M20
	25	AND	M21	54	AND	M0	83	OUT	Y005
	26	LD	X003	55	ANI	X010	84	LD	M22
	27	AND	M11	56	OUT	M3	85	OUT	Y006
	28	ORB		57	LD	X010	86	END	

（4）PLC改造Z37钻床控制线路的程序设计说明

步0～步3为电动机启动控制，当按下电动机启动按钮SB3时，M1～M4才能进行启动工作。步4～步16为冷却泵启动控制，当按下SB2为奇数次时，表示启动；按下偶数次时，表示停止。步17～步29为主轴旋转控制，当按下SB4为奇数次时，表示启动主轴旋转；按下偶数次时，停止主轴旋转，仿真效果如图9-9所示。步30～步41为照明控制，当按下SB7为奇数次时，照明灯亮；按下偶数次时，照明灯熄灭。

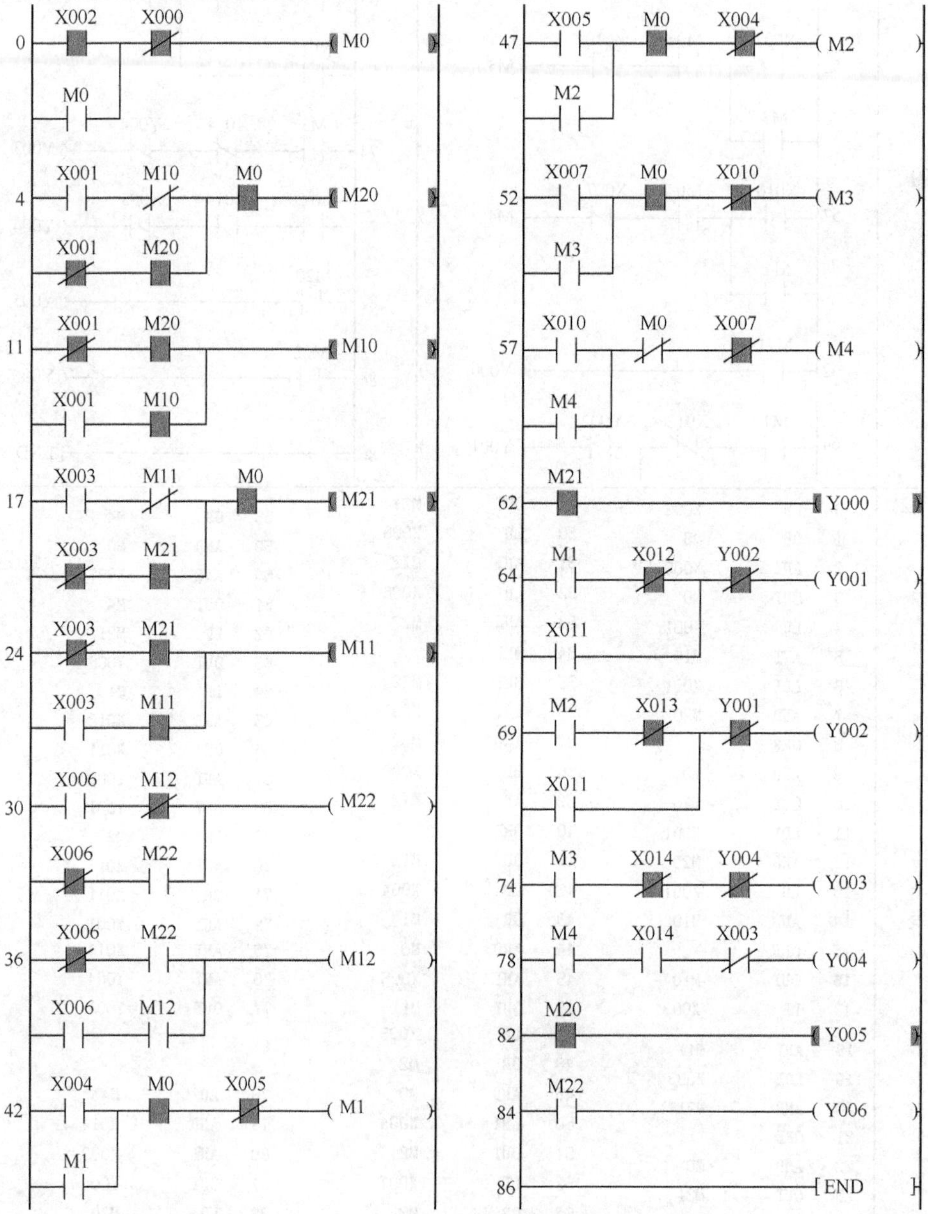

图9-9 PLC改造Z37钻床控制线路仿真效果图

步42～步46为摇臂上升控制，步47～步51为摇臂下降控制。步51～步56为立柱夹紧控制，步57～步61为立柱松开控制。

当按下SB4为奇数次时，步23的M21线圈有效输出，使步62～步63驱动主轴电动机M2运行。步64～步73控制摇臂升降电动机M3进行上升或下降动作。步74～步81控制立

柱松紧电动机 M4 进行夹紧或松开动作。步 82～步 83 控制冷却泵电动机 M1 工作。步 84～步 85 控制照明是否点亮。

9.2.2 PLC 改造 Z3040 摇臂钻床的设计

Z3040 摇臂钻床由底座、内立柱、外立柱、摇臂、主轴箱和工作台等部件组成。Z3040 摇臂钻床主要有主运动、进给运动和辅助运动。主运动是主轴带动钻头的旋转运动；进给运动是钻头的上下运动；辅助运动有摇臂沿外立柱的上下垂直移动、主轴箱沿摇臂水平导轨的径向移动、摇臂连同外立柱一起相对于内立柱的回转运动。

由于钻床的运动部件较多，Z3040 摇臂钻床采用多台电动机拖动，主运动和进给运动共用一台电动机拖动，通过机械变速机构调节主轴转速和进给量。Z3040 摇臂钻床主轴调速范围是 80（转速 25～2000r/min），分 16 级变速；进给运动的调速范围也是 80，最低 0.04mm/min，最高 3.2mm/min。主轴正反转是通过液压油缸推动正反转摩擦离合器进行控制的。主轴箱、摇臂、内外立柱的夹紧动作采用液压传动菱形块夹紧机构。

1. Z3040 钻床传统继电器-接触器电气控制线路分析

Z3040 摇臂钻床由主轴电动机 M1、摇臂升降电动机 M2、液压泵电动机 M3 和冷却泵电动机 M4 这 4 台三相异步电动机进行拖动。4 台电动机容量较小，采用直接启动方式。主轴要求正反转，采用机械方法实现，主轴电动机单向旋转。液压泵电动机用来驱动液压泵送出不同流向的压力油，推动活塞、带动菱形块动作来实现内外立柱的夹紧与放松以及主轴箱的夹紧与放松。

主轴箱上装有 4 个按钮 SB1、SB2、SB3、SB4 分别是主电动机的停止、启动、摇臂上升、下降控制按钮。主轴箱转盘上的 2 个按钮 SB5、SB6 分别为主轴箱及立柱松开按钮和夹紧按钮。Z3040 摇臂钻床传统继电器-接触器电气控制线路如图 9-10 所示，它由主电路和控制电路组成。

（1）Z3040 摇臂钻床主电路分析

Z3040 摇臂钻床的三相电源由断路器 QF 控制，熔断器 FU 作短路保护，主轴电动机 M1 为单向旋转，由接触器 KM1 控制，设有热继电器 FR1 作过载保护。摇臂升降电动机 M2 由接触器 KM2、KM3 控制，可进行正反转，因摇臂旋转是短时的，所以不用设置过载保护。液压泵电动机 M3 由主接触器 KM4、KM5 控制，可进行正反转，设有热继电器 FR2 作过载保护。冷却泵电动机 M4 由组合转换开关 SA1 控制。

（2）Z3040 摇臂钻床控制电路分析

控制电路电源由变压器 TC 降压后供给 110V 电压，熔断器 FU3 作为短路保护。

1）主轴电动机的控制

按下启动按钮 SB2，KM1 线圈得电并自锁，KM1 主触头闭合，使主轴电动机 M1 启动。当按下停止按钮 SB1 时，断开了 KM1 线圈电源，M1 停止运行。

2）摇臂升降、夹紧和松开控制

摇臂的松开、升降、夹紧操作是按顺序进行控制的。摇臂上升时，按下上升按钮 SB3，SB3 的常闭触头先打开，切断 KM3 线圈回路，SB3 的常开触头后闭合，时间继电器 KT 线圈得电。KT 两对瞬时常开触头闭合，瞬时常闭触头打开，其中一对触头闭合使 KM4 线圈得电，另一对触头闭合使电磁阀 YV 线圈通电。KM4 线圈得电，从而控制液压泵电动机 M3 启动，拖动液压泵送出压力油，经二位六通阀进入摇臂松开油腔，推动活塞和菱形块，使摇臂松开。

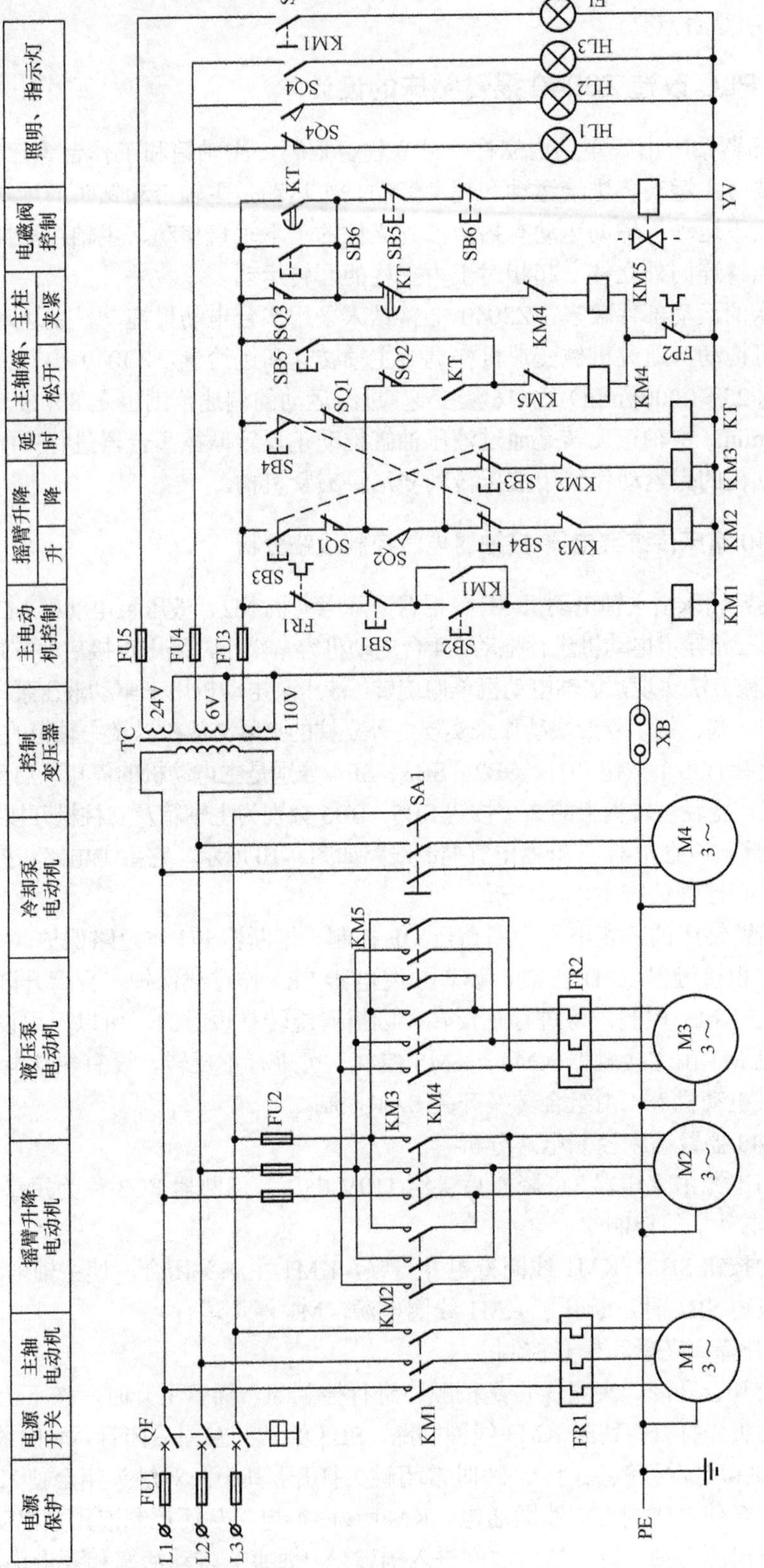

电源保护	电源开关	主轴电动机	摇臂升降电动机	液压泵电动机	冷却泵电动机	控制变压器	主电动机控制	摇臂升降		延时	主轴箱、主柱		电磁阀控制	照明、指示灯
								升	降		松开	夹紧		

图 9-10 Z3040 摇臂钻床传统继电器-接触器电气控制线路

同时活塞杆通过弹簧片压动行程开关 SQ2，其常闭触头 SQ2 断开，接触器 KM4 断电释放，M3 停止旋转，摇臂维持在松开状态。同时，SQ2 常开触头闭合，使 KM2 线圈得电吸合，摇臂升降电动机 M2 启动旋转，拖动摇臂上升。

当摇臂上升至所需位置时，松开按钮 SB3，接触器 KM2 和时间继电器 KT 同时断电，M2 依惯性停止，摇臂停止上升。KT 断电后，经 1～3 秒的延时后，KT 常闭触头闭合，使 KM5 线圈得电。KM5 线圈得电，主触头闭合，使液压泵电动机 M3 反转。KT 常开触头打开，使电磁阀 YV 线圈失电。送出的压力油经另一条油路流入二位六通阀，再进入摇臂夹紧油腔，反向推动活塞与菱形块，使摇臂夹紧。

当摇臂夹紧后，活塞杆通过弹簧片压动行程开关 SQ3，使 SQ3 常闭触头断开，从而切断 KM5 线圈电源，液压泵电动机 M3 停止运转，摇臂夹紧完成。

摇臂下降时，按下按钮 SB4 即可，其设备操作过程与摇臂上升过程类似。摇臂升降由 SQ1 用作限位保护。

3）主轴箱与立柱的夹紧与松开控制

主轴箱与立柱的夹紧与松开均采用液压操纵，两者是同时进行的，工作时要求二位六通阀 YV 不通电。当是使主轴箱与立柱松开时，按下按钮 SB5，接触器 KM4 通电吸合，使液压油泵 M3 电动机正转，拖动液压泵高压油从油泵油路流出，此时 SB5 的常闭触头打开，电磁阀线圈 YV 不通电，压力油经二位六通电磁阀到右侧油路，进入立柱与主轴箱松开油腔，推动活塞和菱形块，使立柱和主轴箱同时松开。

按下按钮 SB6，接触器 K5 通电吸合，液压油泵电动机 M3 反转，电磁阀 YV 仍不通电，压力油从油泵左侧油路流出，进入主轴箱及立柱油箱右腔，使二者夹紧。

4）冷却泵电动机 M4 的控制

扳动手动开关 SA1 时，冷却泵电动机 M4 启动，单向运行。

5）照明和信号指示灯控制

HL1 为主轴箱与立柱松开指示灯，当主轴箱与立柱夹紧时，SQ4 常闭触头打开，此时 HL1 灯熄灭；当主轴箱与立柱松开时，SQ4 常闭触头复位闭合，HL1 灯亮。

HL2 为主轴箱与立柱夹紧指示灯，当主轴箱与立柱松开时，SQ4 常开触头打开，此时 HL1 灯熄灭；当主轴箱与立柱夹紧时，SQ4 常开触头复位闭合，HL2 灯亮。

HL3 为主轴旋转工作指示灯，当主轴电动机工作时，KM1 常开辅助触头闭合，HL3 亮。

EL 为主轴旋转工作照明灯，扳动转换开关 SA 时，EL 亮。

2. PLC 改造 Z3040 摇臂钻床控制线路的设计

（1）PLC 改造 Z3040 摇臂钻床控制线路的输入/输出分配表

PLC 改造 Z3040 摇臂钻床控制线路时，照明开关可使用普通的按钮开关代替，冷却泵电动机由 KM6 控制，其控制开关使用普通的按钮开关代替，列出 PLC 的输入/输出分配表，如表 9-7 所示。

（2）PLC 改造 Z3040 摇臂钻床控制线路的 I/O 接线图

PLC 改造 Z3040 摇臂钻床控制线路时，需要 12 个输入点和 11 个输出点。PLC 改造 Z3040 摇臂钻床控制线路的 I/O 接线图如图 9-11 所示，图中照明灯和指示灯串联合适规格的电阻以降低其工作电压。

表 9-7　　PLC 改造 Z3040 摇臂钻床的输入/输出分配表

输入			输出		
功能	元件	PLC 地址	功能	元件	PLC 地址
主轴电动机 M1 停止按钮	SB1	X000	主轴电动机 M1 控制	KM1	Y000
主轴电动机 M1 启动按钮	SB2	X001	摇臂电动机 M2 上升控制	KM2	Y001
摇臂上升控制	SB3	X002	摇臂电动机 M2 下降控制	KM3	Y002
摇臂下降控制	SB4	X003	主轴箱、立柱松开控制	KM4	Y003
立柱放松控制	SB5	X004	主轴箱、立柱夹紧控制	KM5	Y004
立柱夹紧控制	SB6	X005	冷却泵电动机控制	KM6	Y005
行程开关	SQ1	X006	松开指示	HL1	Y006
行程开关	SQ2	X007	夹紧指示	HL2	Y007
行程开关	SQ3	X010	主电动机工作指示	HL3	Y010
行程开关	SQ4	X011	照明灯控制	EL	Y011
冷却泵电动机 M4 控制	SA1	X012	电磁阀控制	YV	Y012
照明灯控制	SA2	X013			

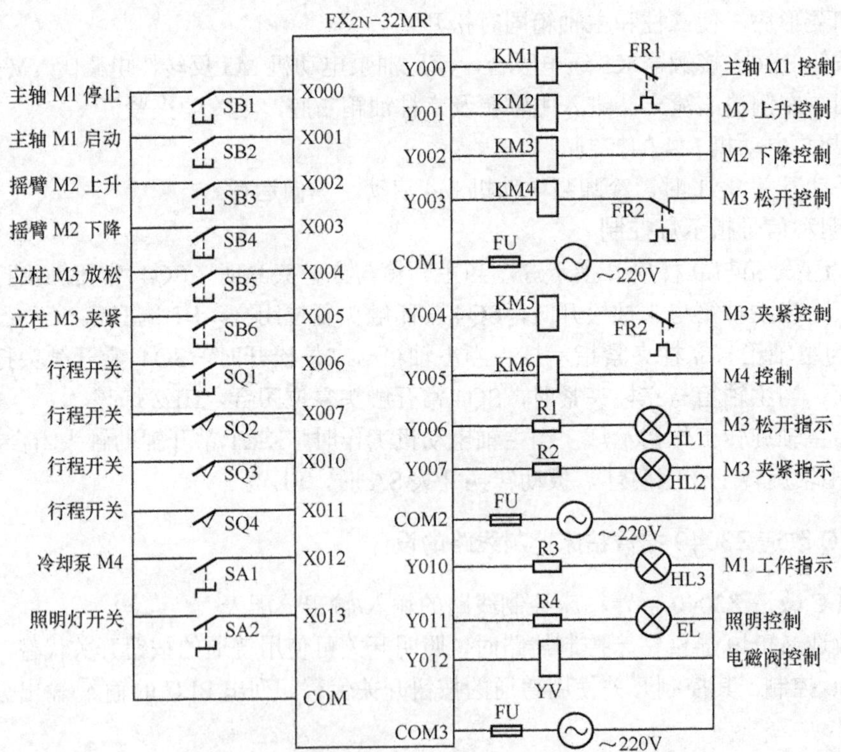

图 9-11　PLC 改造 Z3040 钻床控制线路的 I/O 接线图

（3）PLC 改造 Z3040 钻床控制线路的程序设计

PLC 改造 Z3040 钻床控制线路的程序如表 9-8 所示。

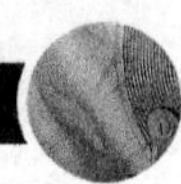

表 9-8　　PLC 改造 Z3040 钻床控制线路的梯形图及指令语句表

梯形图	0 X001 Y000 X000 (Y000) 4 X002 X006 (M0) X003 X006 K50 (T0) 13 M0 X007 X003 Y002 (Y001) X002 Y001 (Y002) 23 M0 X007 T0 Y004 (Y003) X004 29 X005 T0 X010 (M1) 33 M1 T0 Y003 (Y004) 37 M1 X004 X005 (Y012) 41 X012 M10 (Y005) X012 Y005 47 X012 Y005 (M10) X012 M10 53 X013 M11 (Y011) X013 Y011 59 X013 Y011 (M11) X013 M11 65 X011 (Y006) 67 X011 (Y007) 69 Y000 (Y010) 71 END
指令表	0 LD X001 1 OR Y000 2 ANI X000 3 OUT Y000 4 LD X002 5 ANI X006 6 LD X003 7 ANI X006 8 ORB 9 OUT M0 10 OUT T0 K50 13 LD M0 14 AND X007 15 MPS 16 ANI X003 17 ANI Y002 18 OUT Y001 19 MPP 20 ANI X002 21 ANI Y001 22 OUT Y002 23 LD M0 24 ANI X007 25 AND T0 26 OR X004 27 ANI Y004 28 OUT Y003 29 LD X005 30 OR T0 31 ORI X010 32 OUT M1 33 LD M1 34 ANI T0 35 ANI Y003 36 OUT Y004 37 LD M1 38 ANI X004 39 ANI X005 40 OUT Y012 41 LD X012 42 ANI M10 43 LD X012 44 AND Y005 45 ORB 46 OUT Y005 47 LDI Y012 48 AND Y005 49 LD X012 50 AND M10 51 ORB 52 OUT M10 53 LD X013 54 ANI M11 55 LDI X013 56 AND Y011 57 ORB 58 OUT Y011 59 LDI X013 60 AND Y011 61 LD X013 62 AND M11 63 ORB 64 OUT M11 65 LDI X011 66 OUT Y006 67 LD X011 68 OUT Y007 69 LD Y000 70 OUT Y010 71 END

（4）PLC 改造 Z3040 钻床控制线路的程序设计说明

步 0～步 3 为主轴电动机 M1 启动与停止控制，当按下 SB2 时，M1 启动；按下 SB1 时，M1 停止。步 4～步 12 为摇臂电动机正、反转的前提条件。若按下 SB3 按钮，步 4～步 12 中的M0有效，并启动定时器T0进行延时，同时使步13～步17中的Y001控制KM2有效，从而控制摇臂电动机上升；若按下SB4按钮，步4～步12中的M0有效，并启动T0进行延时，同时使步18～步22中的Q4.2控制KM3有效，从而控制摇臂电动机下降。

步23～步28为主轴箱、立柱松开控制；步29～步32和步33～步36为主轴箱、立柱夹紧控制；步37～步40为电磁阀控制；步41～步46和步47～步52为冷却泵电动机控制；步53～步58和步59～步64为照明灯控制；步65～步66为立柱松开指示；步67～步68为立柱夹紧指示；步69～步70为主轴电动机运行指示。其PLC仿真效果如图9-12所示。

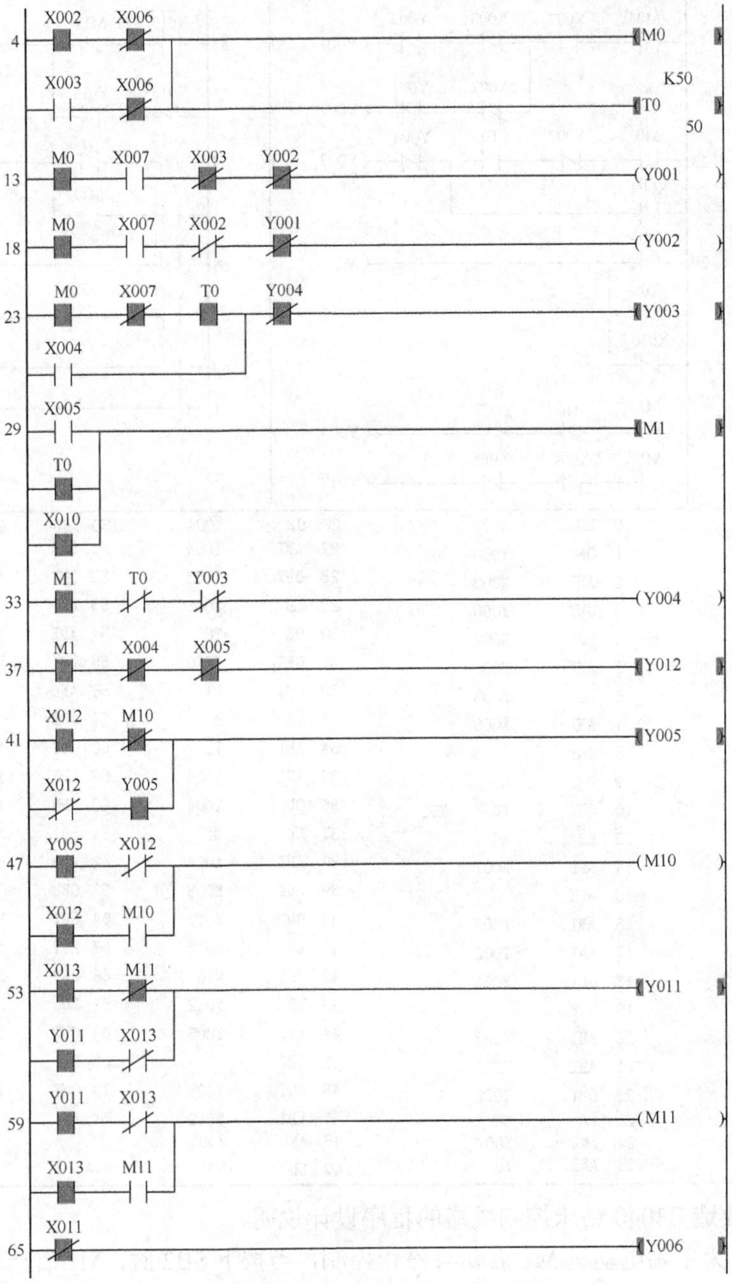

图9-12　PLC改造Z3040摇臂钻床控制线路仿真效果图

9.3 PLC改造磨床的设计

磨床是用砂轮周边或端面对工件的表面进行磨削加工的一种精密机床。为适应磨削各种加工表面、工件形状及生产批量的要求，磨床的种类很多，根据用途的不同可分为平面磨床、内圆磨床、外圆磨床、无心磨床以及一些像螺纹磨床、球面磨床、齿轮磨床、导轨磨床等专用磨床。

9.3.1 PLC改造M7120磨床的设计

M7120平面磨床是卧轴矩形工作台，主要由床身、工作台、电磁吸盘、砂轮箱、滑座、立柱等部分组成。

M7120平面磨床的主要运动是砂轮的旋转运动，磨削时砂轮外圆线速度为30～50m/s。工作台在床身的水平导轨上做往复（纵向）直线运动，为了运动时，方向平稳及容易调整运动速度，采用液压传动。换向是靠工作台的撞块撞床身上的液压开关实现的。立柱可在床身的横向导轨上作横向进给运动，这一运动可以由液压传动，也可用手轮操作。砂轮箱可在立柱导轨上做垂直运动，以实现砂轮的垂直进给运动。

1. M7120平面磨床传统继电器-接触器电气控制线路分析

M7120平面磨床传统继电器-接触器电气控制线路如图9-13所示。M7120平面磨床由4台电动机控制，其中M1是液压泵电动机，M2是砂轮电动机，M3是冷却泵电动机，M4是砂轮升降电动机。砂轮的旋转运动一般不要求调速，M1、M2、M3都只要求单方向旋转，而M4要求能正反转。冷却泵电动机应在砂轮电动机启动后才运转，电磁吸盘应有去磁控制。

（1）M7120平面磨床主电路分析

电源由主开关QS1引入，熔断器FU1为整个电气线路的短路保护。热继电器FR1、FR2、FR3分别为M1、M2、M3的过载保护。由于冷却泵电动机和床身是分开的，故冷却泵电动机M3用插头插座XS2和电源接通。砂轮升降电动机由接触器KM3的动合触点控制使其正转（砂轮上升），由KM4的动合触点控制其反转（砂轮下降）。

（2）M7120平面磨床控制电路分析

控制电路采用交流380V电压，在欠电压继电器KA通电后，其动合触点闭合，使液压泵电动机及砂轮电动机的控制回路具备通电前提条件。

按下启动按钮SB2，接触器KM1线圈通电，主触点闭合，使液压电动机M1启动，同时KM1的一个常开辅助触点闭合形成自锁。

SB4为砂轮电动机启动按钮，按下SB4，接触器KM2线圈得电，其主触点闭合使砂轮电动机M2启动，若冷却泵已经将插头插座连接，则冷却泵电动机M3同时启动。热继电器FR2和FR3的动断触点串接于KM2的线圈控制回路，不论M2和M3中任一个过负荷，都会使KM2线圈断电，M2和M3同时停转。

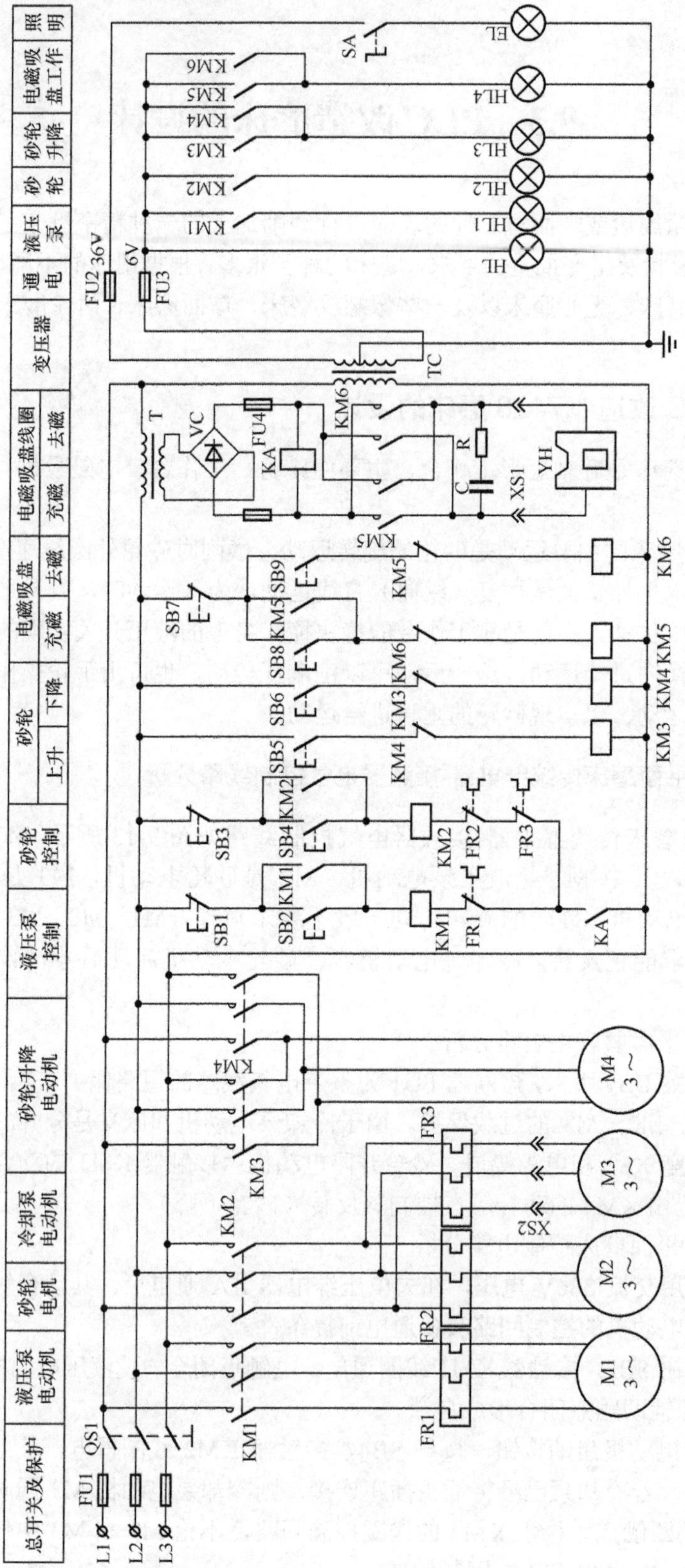

图 9-13　M7120 平面磨床传统继电器-接触器电气控制线路

砂轮升降电动机 M4 由接触器 KM3 控制其正转（上升），KM4 控制其反转（下降）。由于砂轮上升或下降控制电路内没有自锁触点，当砂轮上升或下降到预定位置时，松开上升按钮 SB5 或下降按钮 SB6，M4 停止工作。在 KM3 控制电路中串接 KM4 的辅助常闭触点，在 KM4 控制电路中串接 KM3 辅助常闭触点，以实现互锁，保证 KM3 和 KM4 不能同时通电，避免造成电源短路。

电磁吸盘线圈 YH 采用直流供电，以避免交流供电时工件振动引起铁心发热的缺点。整流装置由整流变压器 T 和桥式整流器 VC 组成，输出 110V 直流电压，熔断器 FU4 作为它的短路保护。YH 线圈两端并接有电阻 R 和电容 C，形成过电压吸收回路，用以消除线圈两端产生的感应电压。当电源电压过低时，吸盘吸力不足，会导致加工过程中工件飞离吸盘的事故，所以 YH 线圈并接有欠电压继电器 KA，电源电压过低时，串接在 KM1、KM2 线圈控制电路中的 KA 常开触点断开，切断 KM1、KM2 线圈电路，使砂轮电动机 M2 和液压电动机 M1 停止工作，确保安全生产。

电磁吸盘的充磁由交流接触器 KM5 控制，去磁由交流接触器 KM6 控制。SB8 为充磁按钮，SB7 为充磁停止按钮。当按下充磁按钮 SB8 时，KM5 线圈通电，其辅助常开触点闭合，实现自锁。当工件加工完毕后，先按下 SB7 停止充磁，由于吸盘和工件在停止充磁后仍有剩磁，所以还需对吸盘及工件进行去磁。按下去磁按钮 SB9，KM6 线圈得电，KM6 的主触点闭合使电磁吸盘线圈 YH 通以反向电流，为防止反向磁化，去磁控制采用 SB9 点动控制。

2．PLC 改造 M7120 平面磨床控制线路的设计

（1）PLC 改造 M7120 平面磨床控制线路的输入/输出分配表

PLC 改造 M7120 平面磨床控制线路时，照明开关可使用普通的按钮开关代替，KA 欠电压继电器作为一路输入信号。电源电压过低时，KA 有效，切断 KM1、KM2 线圈电路，使砂轮电动机 M2 和液压电动机 M1 停止工作。各指示灯与相应输出并联以节省输出端子，列出 PLC 的输入/输出分配表，如表 9-9 所示。

表 9-9　　　PLC 改造 M7120 平面磨床的输入/输出分配表

输入			输出		
功能	元件	PLC 地址	功能	元件	PLC 地址
欠电压继电器 KA 触点	KA	X000	液压泵电动机 M1 控制	KM1	Y000
液压泵停止按钮	SB1	X001	M2、M3 电动机控制	KM2	Y001
液压泵启动控制	SB2	X002	砂轮电动机上升控制	KM3	Y002
砂轮停止按钮	SB3	X003	砂轮电动机下降控制	KM4	Y003
砂轮启动按钮	SB4	X004	电磁吸盘充磁控制	KM5	Y004
砂轮上升控制按钮	SB5	X005	电磁吸盘去磁控制	KM6	Y005
砂轮下降控制按钮	SB6	X006	电源指示灯	HL	Y006
电磁吸盘充磁停止按钮	SB7	X007	照明灯	EL	Y007
电磁吸盘充磁按钮	SB8	X010			
电磁吸盘去磁按钮	SB9	X011			
照明灯控制	SA	X012			

（2）PLC 改造 M7120 平面磨床控制线路的 I/O 接线图

PLC 改造 M7120 平面磨床控制线路时，需要 11 个输入点和 8 个输出点。电磁吸盘线圈控制部分只画出充磁和去磁控制继电器 KM5、KM6 的输出线圈，其余部分不作进一步讨论。PLC 改造 M7120 平面磨床控制线路的 I/O 接线图如图 9-14 所示，图中照明灯和指示灯串联合适规格的电阻以降低其工作电压。

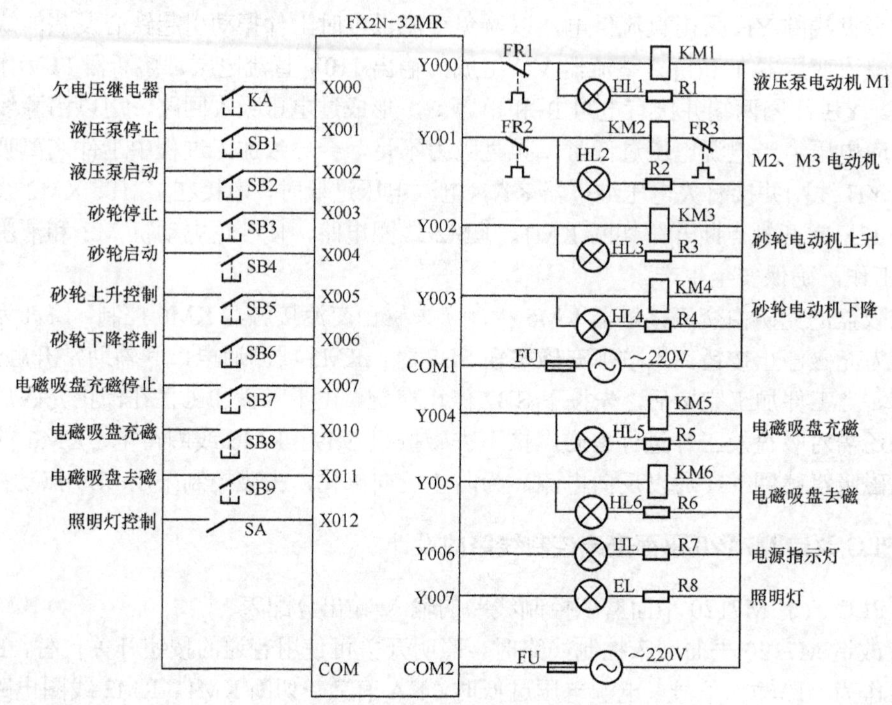

图 9-14　PLC 改造 M7120 平面磨床控制线路的 I/O 接线图

（3）PLC 改造 M7120 平面磨床控制线路的程序设计

PLC 改造 M7120 平面磨床控制线路的程序如表 9-10 所示。

表 9-10　　　PLC 改造 M7120 平面磨床控制线路的梯形图及指令语句表

梯形图	0 M8000 (Y006) 2 X002 X001 X000 (Y000) Y000 7 X004 X003 X000 (Y001) Y001 12 X005 Y003 (Y002) 15 X006 Y002 (Y003)	18 X010 X007 Y005 (Y004) Y004 23 X011 X007 Y004 (Y005) 27 X012 M0 (Y007) X012 Y007 33 Y012 Y007 (M0) X012 M0 39 [END]

续表

指令表	0 LD	M8000	14 OUT	Y002	28 ANI	M0
	1 OUT	Y006	15 LD	X006	29 LDI	X012
	2 LD	X002	16 ANI	Y002	30 AND	Y007
	3 OR	Y000	17 OUT	Y003	31 ORB	
	4 ANI	X001	18 LD	X010	32 OUT	Y007
	5 AND	X000	19 OR	Y004	33 LDI	Y012
	6 OUT	Y000	20 ANI	X007	34 AND	Y007
	7 LD	X004	21 ANI	Y005	35 LD	X012
	8 OR	Y001	22 OUT	Y004	36 AND	M0
	9 ANI	X003	23 LD	X011	37 ORB	
	10 AND	X000	24 ANI	X007	38 OUT	M0
	11 OUT	Y001	25 ANI	Y004	39 END	
	12 LD	X005	26 OUT	Y005		
	13 ANI	Y003	27 LD	X012		

（4）PLC 改造 M7120 平面磨床控制线路的程序设计说明

合上电源时，指示灯 HL 亮，因此步 0～步 1 中使用 M8000 表示电源始终有效，并驱动 HL 亮。步 2～步 6 和步 7～步 11 中的 X000 表示欠电压继电器的输入信号，当电源电压正常时欠电压继电器的 KA 触点闭合，使 X000 有效，若电源电压过低时，X000 无效。步 2～步 6 控制液压泵电动机 M1 工作；步 7～步 11 控制砂轮电动机 M2 和冷却泵电动机 M3 工作；步 12～步 14 控制砂轮电动机上升，步 15～步 17 控制砂轮电动机下降；步 18～步 22 控制电磁吸盘充磁，步 23～步 26 控制电磁吸盘去磁；步 27～步 38 为照明灯控制，仿真效果如图 9-15 所示。

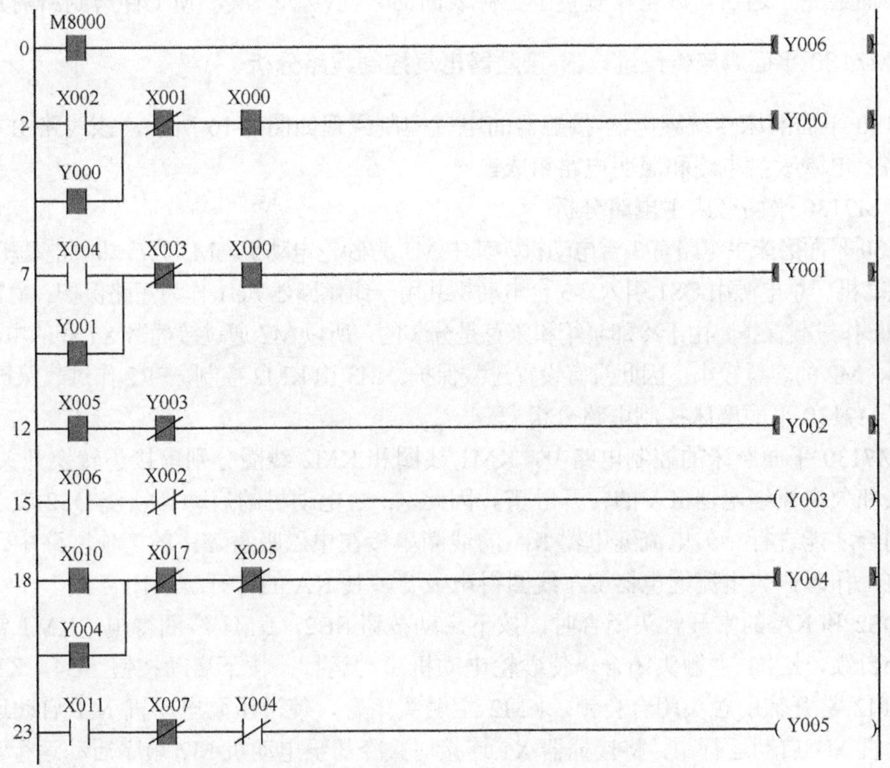

图 9-15　PLC 改造 M7120 磨床控制线路的仿真效果图

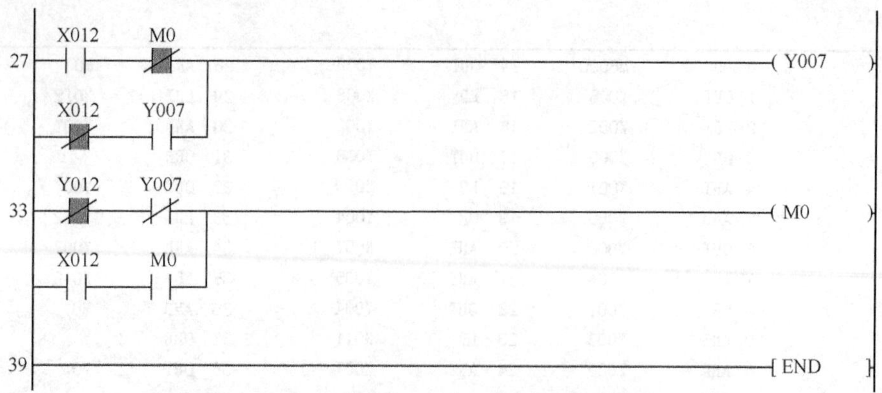

图 9-15　PLC 改造 M7120 磨床控制线路的仿真效果图（续）

9.3.2　PLC 改造 M7130 磨床的设计

M7130 平面磨床是用砂轮磨削加工各种零件的平面，磨削时砂轮和工件接触面积小，发热量少，冷却和排屑条件好，具有操作方便、磨削精度和光洁度都比较高等优点，适用于磨削精密零件和各种工具，并可作镜面磨削。

M7130 平面磨床的主要运动是砂轮的旋转运动，磨削时砂轮外圆线速度为 30～50m/s。辅助运动是工作台的纵向往复运动及砂轮的横向和垂直进给运动。工作台在床身的水平导轨上做往复（纵向）直线运动，每完成一次砂轮架横向进给一次，从而对整个平面进行加工。当整个平面磨完一遍后，砂轮在垂直于工件表面的方向移动一次，使工件磨到所需尺寸。

1．M7130 平面磨床传统继电器-接触器电气控制线路分析

M7130 平面磨床传统继电器-接触器的电气控制原理如图 9-16 所示，该线路由主电路、控制电路、电磁吸盘电路和照明电路组成。

（1）M7130 平面磨床主电路分析

M7130 平面磨床主电路有 3 台电动机，其中 M1 为砂轮电动机，M2 为冷却泵电动机，M3 为液压泵电动机。总电源由 QS1 引入，3 台电动机共用一组熔断器 FU1 作为短路保护。M1 由 KM1 控制，FR1 作过载保护。由于冷却泵箱和床身是分装的，所以 M2 通过接插器 X1 和的电源线相连顺序控制，M2 的容量较小，因此没有设置过载保护。M3 由 KM2 控制，FR2 作过载保护。

（2）M7130 平面磨床控制电路分析

在 M7130 平面磨床的控制电路中，KM1 线圈和 KM2 线圈分别串接了转换开关 QS2 的常开触头和欠电流继电器 KA 的常开触头。因此，3 台电动机的启动必须使 QS2 或 KA 的常开触头闭合才能进行。欠电流继电器 KA 的线圈串接在电磁吸盘 YH 的工作回路中，当电磁吸盘得电工作时，欠电流继电器 KA 线圈得电吸合，使 KA 的常开触头闭合。

当 QS2 和 KA 的常开触头闭合时，按下启动按钮 SB2，KM1 线圈得电，KM1 常开辅助触头闭合自锁，KM1 主触头闭合，使砂轮电动机启动运行；按下启动按钮 SB4，KM2 线圈得电，KM2 常开辅助触头闭合自锁，KM2 主触头闭合，使液压泵电动机 M3 启动运行。在砂轮电动机 M1 启动运行中，将接插器 X1 连接时，冷却泵电动机 M2 顺序启动运行。当按下 SB1 和 SB4 分别控制 KM1 和 KM2 线圈断电，使相应电动机停止运行。

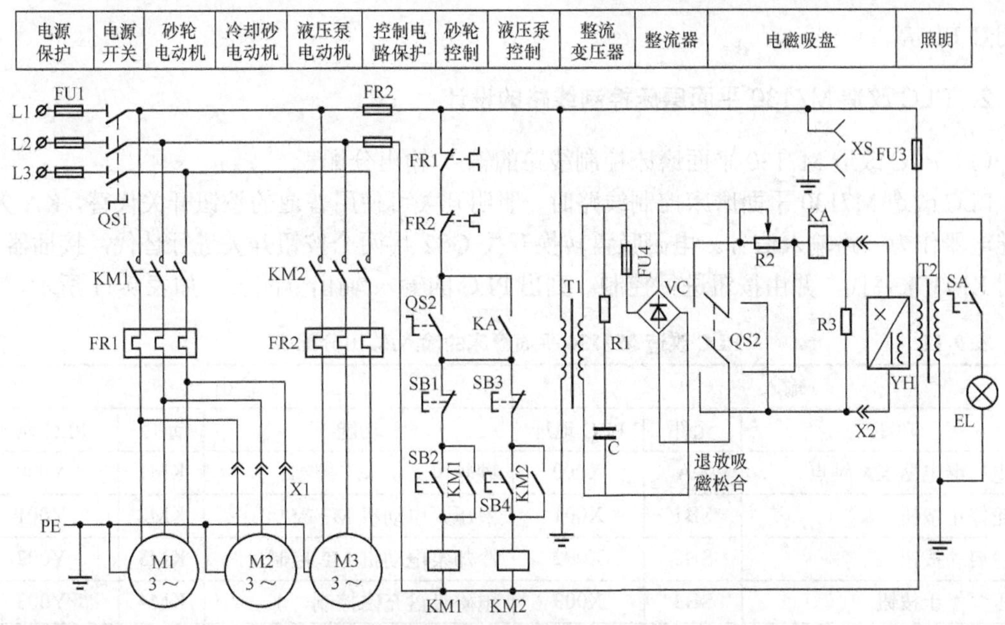

图 9-16 M7130 平面磨床传统继电器-接触器电气控制线路

（3）M7130 平面磨床电磁吸盘电路分析

电磁吸盘是固定加工工件的一种工具，它是利用电磁吸盘线圈 YH 通电时产生磁场的特性吸牢铁磁材料的工件。与机械夹紧装置相比，电磁吸盘具有夹紧迅速，操作快速简便，不损伤工件，一次能吸牢多个小工件，以及磨削中发热工件可自由伸缩、不会变形等优点。

电磁吸盘线圈采用直流供电，以避免交流供电时工件振动及铁心发热。电磁吸盘电路包括整流电路、控制电路和保护电路三部分。

整流变压器 T1 将 220V 的交流电降压，经桥式整流器 VC，输出 110V 直流电压。FU4 为其提供短路保护。

QS2 是电磁吸盘 YH 的转换开关（又称退磁开关），可将它扳向“吸合”、“放松”、“退磁”三个位置。当 QS2 扳向“吸合”位置时（触头向右接通），110V 直流电就接入电磁吸盘 YH，工件被牢牢吸住。同时欠电流继电器 KA 线圈得电吸合，KA 常开触头闭合，使 3 台电动机可进行启动控制。当工件加工完后，将 QS2 扳到“放松”位置（触头处于中间位置），切断了 YH 的直流电源。此时由于工件具有剩磁而不能取下，因此还需对吸盘及工件进行退磁。将 QS2 扳向“退磁”位置时（触头向左接通），110V 直流电经 R2 限流，使 YH 通入电流较小的反向电流以进行退磁。退磁结束，将 QS2 扳回到“放松”位置时，把工件取下。若有些工件不易退磁，将附件退磁器的插头插入 XS，使工件在交变磁场的作用下进行退磁。

电磁吸盘的保护电路由放电电阻 R3 和欠电流继电器 KA 组成，当电源电压过低时，吸盘吸力不足，会导致加工过程中工件飞离吸盘的事故，所以电源电压过低时，串接在 KM1、KM2 线圈控制回路中的动合触头断开，切断 KM1、KM2 线圈电路，使砂轮电动机和液压泵电动机 M3 停止工作。电磁吸盘线圈两端并接 R1 和电容 C，形成过电压吸收电路，用来消除线圈两端产生的感生电压。

（4）M7130 平面磨床照明电路分析

照明变压器 T2 将 380V 交流电压降为 36V 的安全电压供给照明电路。将开关 SA 合上时，照明灯 EL 亮。

2. PLC 改造 M7130 平面磨床控制线路的设计

（1）PLC 改造 M7130 平面磨床控制线路的输入/输出分配表

PLC 改造 M7130 平面磨床控制线路时，照明开关可使用普通的按钮开关代替，KA 欠电压继电器作为一路输入信号。电磁吸盘转换开关 QS2 用两个按钮开关进行替代，接插器 X1 可用 KM3 来替代，并由按钮进行控制。列出 PLC 的输入/输出分配表，如表 9-11 所示。

表 9-11　PLC 改造 M7130 平面磨床的输入/输出分配表

输入			输出		
功能	元件	PLC 地址	功能	元件	PLC 地址
欠电压继电器 KA 触点	KA	X000	砂轮电动机 M1 控制	KM1	Y000
砂轮停止按钮	SB1	X001	液压泵电动机 M3 控制	KM2	Y001
砂轮启动按钮	SB2	X002	冷却泵电动机 M2 控制	KM3	Y002
液压泵停止按钮	SB3	X003	电磁吸盘充磁控制	KM4	Y003
液压泵启动按钮	SB4	X004	电磁吸盘去磁控制	KM5	Y004
冷却泵启动按钮	SB5	X005	照明灯	EL	Y005
冷却泵停止按钮	SB6	X006			
电磁吸盘充磁按钮	SB7	X007			
电磁吸盘去磁按钮	SB8	X010			
照明灯控制	SA	X011			

（2）PLC 改造 M7130 平面磨床控制线路的 I/O 接线图

PLC 改造 M7130 平面磨床控制线路时，需要 10 个输入点和 6 个输出点。电磁吸盘线圈控制部分只画出充磁和去磁控制继电器 KM5、KM6 的输出线圈。PLC 改造 M7130 平面磨床控制线路的 I/O 接线图如图 9-17 所示，图中照明灯串联合适规格的电阻以降低其工作电压。

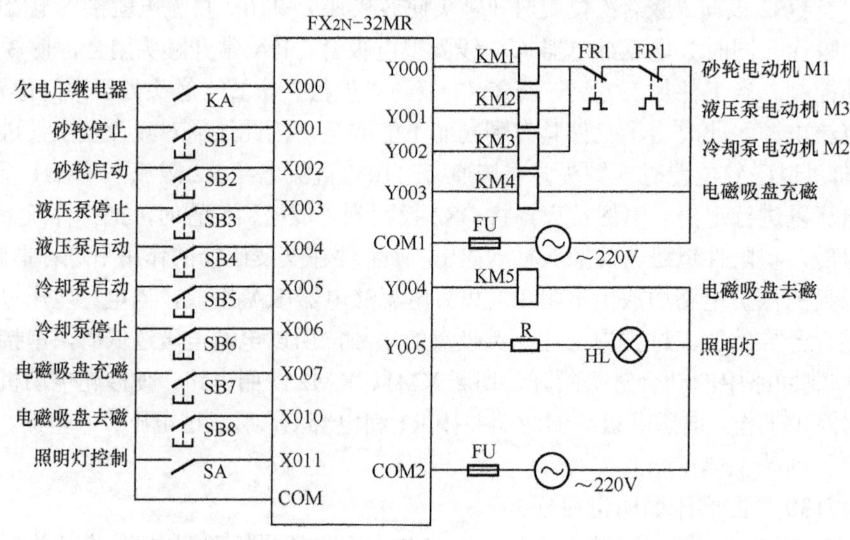

图 9-17　PLC 改造 M7130 平面磨床控制线路的 I/O 接线图

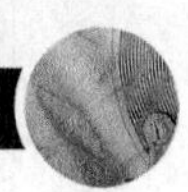

（3）PLC 改造 M7130 平面磨床控制线路的程序设计

PLC 改造 M7130 平面磨床控制线路的程序如表 9-12 所示。

表 9-12　PLC 改造 M7130 平面磨床控制线路的梯形图及指令语句表

梯形图

```
0   X000 ┤├ (OR X007 ┤├) ────────────────────────── (M0)
3   X002 ┤├ (OR M0 ┤├) ── M0 ┤├ ── X001 ┤/├ ──────── (Y000)
8   X004 ┤├ (OR Y001 ┤├) ── M0 ┤├ ── X003 ┤/├ ────── (Y001)
13  X005 ┤├ (OR Y002 ┤├) ── Y000 ┤├ ── X006 ┤/├ ──── (Y002)
18  X007 ┤├ (OR Y003 ┤├) ── X010 ┤/├ ── Y004 ┤/├ ─── (Y003)
23  X010 ┤├ ── X007 ┤/├ ── Y003 ┤/├ ──────────────── (Y004)
27  X011 ┤├ ── M1 ┤/├ (OR X011 ┤/├ ── Y005 ┤├) ──── (Y005)
33  X011 ┤/├ ── Y005 ┤├ (OR X011 ┤├ ── M1 ┤├) ───── (M1)
39  ──────────────────────────────────────────────── [END]
```

指令表

步	指令	元件	步	指令	元件
0	LD	X000	21	ANI	Y004
1	OR	X007	22	OUT	Y003
2	OUT	M0	23	LD	X010
3	LD	X002	24	ANI	X007
4	OR	M0	25	ANI	Y003
5	AND	M0	26	OUT	Y004
6	ANI	X001	27	LD	X011
7	OUT	Y000	28	ANI	M1
8	LD	X004	29	LDI	X011
9	OR	Y001	30	AND	Y005
10	AND	M0	31	ORB	
11	ANI	X003	32	OUT	Y005
12	OUT	Y001	33	LDI	X011
13	LD	X005	34	AND	Y005
14	OR	Y002	35	LD	X011
15	AND	Y000	36	AND	M1
16	ANI	X006	37	ORB	
17	OUT	Y002	38	OUT	M1
18	LD	X007	39	END	
19	OR	Y003			
20	ANI	X010			

（4）PLC 改造 M7120 平面磨床控制线路的程序设计说明

当 QS2 扳向“吸合”位置时（触头向右接通），即 X007 常开触点闭合时，110V 直流电就接入电磁吸盘 YH，工件被牢牢吸住。同时欠电流继电器 KA 线圈得电吸合，KA 常开触头闭合，使 3 台电动机可进行启动控制，如程序中的步 0～步 2 所示。步 3～步 7 控制砂轮电动机M1和冷却泵电动机M2，当步2输出有效，且按下砂轮启动按钮SB2时，Y000输出线圈有效，并自锁，使M1启动运行，若按下停止按钮SB1，M1停止运行。步8～步12控制液压泵电动机M3，当步2输出有效，且按下液压泵启动按钮SB4时，Y001输出线圈有效，并自锁，使液压泵电动机M3启动运行，若按下停止按钮SB3，M3停止运行。步13～步17控制冷却泵电动机M2，当步2输出有效，且按下冷却泵启动按钮SB5时，Y002输出线圈有效，并自锁，使M2启动运行，若按下停止按钮SB6，或M1停止运行时，M3停止运行。因此M2必须是在M1启动后才能启动，并且M1停止运行时，M2也马上停止运行。步18～步22控制电磁吸盘充磁，当按下充磁按钮SB7时，Y003输出有效，并自锁。步23～步26采用点动方式控制电磁吸盘去磁。步27～步38为照明灯控制，仿真效果如图9-18所示。

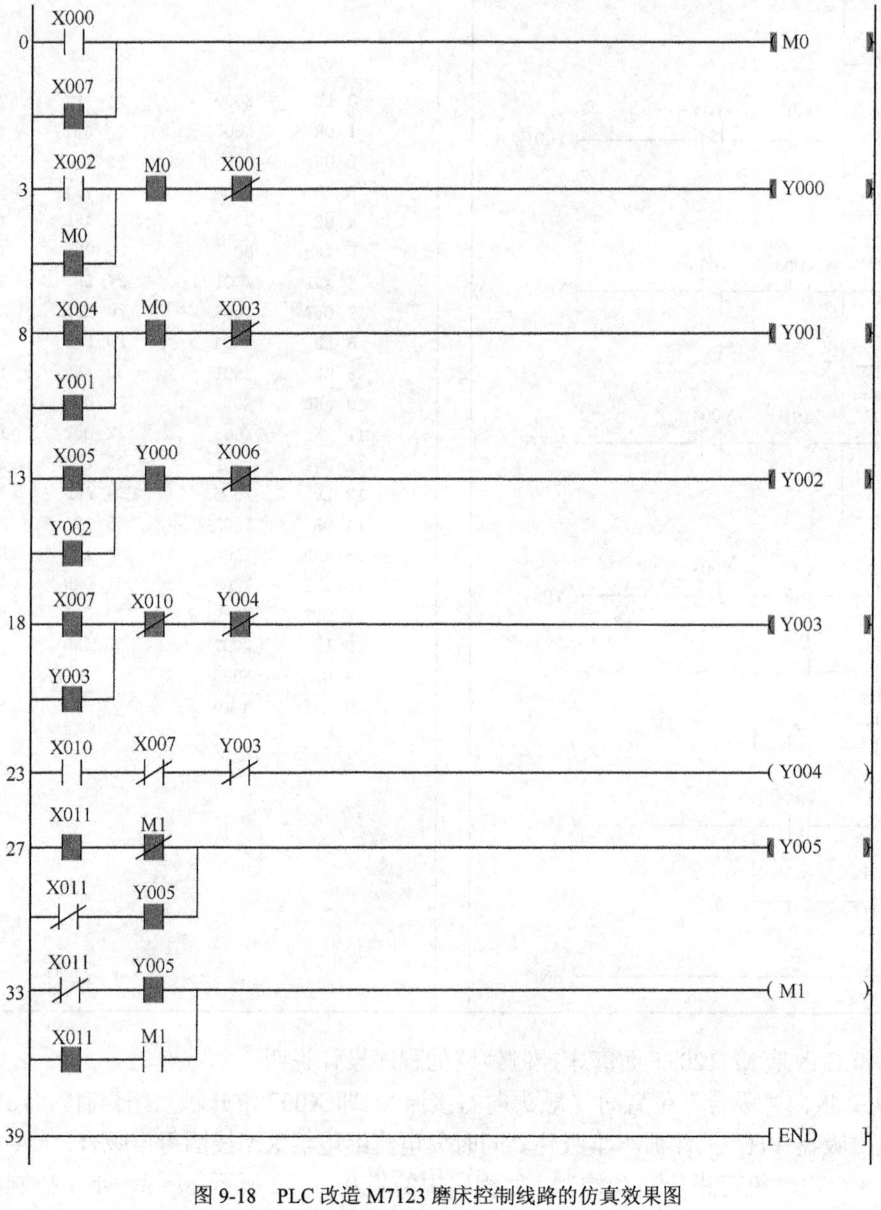

图9-18　PLC改造M7123磨床控制线路的仿真效果图

9.4　PLC 改造铣床的设计

铣床是用铣刀进行铣削的机床，它用来加工平面、斜面和沟槽等，还可用来铣削直齿轮和螺旋面等。铣床的种类很多，按照结构形式和加工性能的不同，可分为卧式铣床、立式铣床、龙门铣床和各种专用铣床等。

9.4.1　PLC 改造 X62W 铣床的设计

X62W 万能铣床主要由床身、主轴、悬梁、刀杆支架、工作台、回转盘、横溜板、升降台、底座等几部分组成。床身固定在底座上，内装主轴传动机构和变速机构。床身顶部有水平导轨，上面装着带有一个或两个刀杆支架的悬梁。刀杆支架用来支撑铣刀心轴的一端，心轴的另一端则固定在主轴上，由主轴带动铣刀铣削。刀杆支架在悬梁上以及悬梁在床身顶部的水平导轨上做水平移动，以便安装不同的心轴，在床身的前面有垂直导轨，升降台可沿着它上下移动。在升降台上面的水平导轨上，装有可在平行主轴线方向移动的溜板。溜板上部有可转动的回转盘，工作台安装在溜板的水平导轨上，可沿导轨作垂直于主轴轴线的纵向移动。此外，溜板可绕垂直轴线左右旋转 45°，所以工作台还能在倾斜方向进给，以加工螺旋槽。

铣床主轴带动铣刀的旋转运动是主运动；铣床工作台的前后（横向）、左右（纵向）和上下（垂直）6 个方向的运动是进给运动；铣床其他的运动，如工作台的旋转运动是辅助运动。

1. X62W 万能铣床传统继电器-接触器电气控制线路分析

X62W 万能铣床传统继电器-接触器的电气控制线路如图 9-19 所示，该线路由主电路、控制电路和照明电路 3 部分组成。

（1）X62W 万能铣床主电路分析

X62W 万能铣床由 3 台异步电动机拖动，它们分别是主轴电动机 M1、进给电动机 M2 和冷却泵电动机 M3。M1 用来拖动主轴带动铣刀进行铣削加工，由换向开关 SA3 控制其运转方向。M2 的正反转由 KM3 和 KM4 控制，通过操纵手柄和机械离合器的配合拖动工作台前后、左右、上下 6 个方向的进给运动和快速移动。M3 用来供应切削液，它只能在主轴电动机运行后才能通过扳动手动开关 QS2 进行启动。

（2）X62W 万能铣床控制电路分析

X62W 万能铣床的控制电路由变压器 T1 输出 110V 电压来提供电源。

1）主轴电动机 M1 的控制

主轴电动机 M1 由接触器 KM1 控制，为方便操作，M1 的启动由 SB1 和 SB2 按钮控制，停止由 SB5 和 SB6 控制，以实现两地控制。启动 M1 前将 SA3 旋到所需转动方向。合上电源开关 QS1，按下启动按钮 SB1 或 SB2，接触器 KM1 线圈得电并自锁，KM1 主触头闭合，M1 启动。热继电器 FR1 的常闭触头串接于 KM1 控制电路中作为过载保护。按下停止按钮 SB5 或 SB6 时，SB5-1 或 SB6-1 常闭触头断开，从而切断 KM1 线圈电源，KM1 触头复位，M1 断电惯性运转。同时 SB5-2 或 SB6-2 常开触头闭合，接通电磁离合器 YC1，使 M1 制动停止运转。

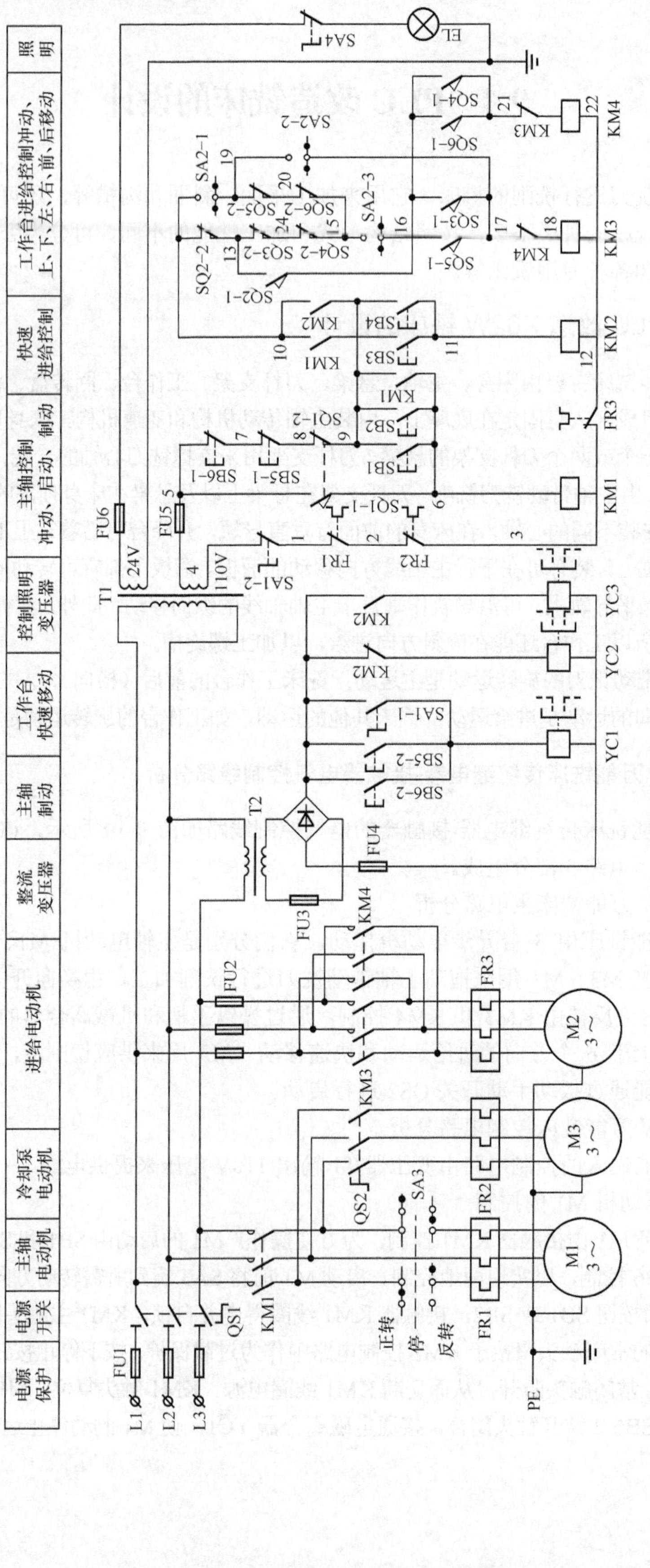

图9-19 X62W万能铣床传统继电器-接触器电气控制线路

主轴电动机 M1 停止运转后，它并不处于制动状态，主轴仍然可以自由转动。在主轴更换铣刀时，为避免主轴转动，应将转换开关 SA1 扳向换刀位置，此时常开触头 SA1-1 闭合，电磁离合器 YC1 得电，使主轴处于制动状态，同时常闭触头 SA1-2 断开，控制回路电源被断开，使铣床不能运行，这样可安全更换铣刀。

主轴变速操纵箱装在床身左侧窗口上，主轴变速是由一个变速手柄盘来实现的。当主轴需要变速时，为保证变速齿轮易于啮合，需设置变速冲动控制，它利用变速手柄和冲动位置开关 SQ1 通过机械上的联动机构完成的。变速时，先将变速手柄下压，使手柄的榫块从定位槽中脱出，然后向外拉动手柄，使榫块落入第二道槽内，使齿轮组脱离啮合。然后旋转变速盘选择转速，把手柄推回原位，使榫块重新落进槽内，使齿轮组重新啮合。在手柄推拉过程中，手柄上装的凸轮将弹簧杆推动一下又返回，此时弹簧杆推动一下位置开关 SQ1，使 SQ1 的常闭触头 SQ1-2 先分断，常开触头 SQ1-1 后闭合，接触器 KM1 瞬时得电动作，主轴电动机 M1 瞬时启动，然后凸轮放开弹簧杆，位置开关 SQ1 触头复位，接触器 KM1 断电释放，M1 断电，此时主轴电动机 M1 因惯性而旋转片刻，使齿轮系统抖动。齿轮系统抖动时，将变速手柄先快后慢地推进去，齿轮顺序啮合。

2）进给电动机 M2 的控制

工作台的进给运动在主轴启动后进行。工作台的进给可在 3 个坐标的 6 个方向运动，进给运动是通过两个操作手柄和机械联动机构控制相应的位置开关使进给电动机 M2 正转或反转来实现的，并且 6 个方向的运动是连锁的，不能同时接通。

a）当需要圆形工作台旋转时，先将开关 SA2 扳到接通位置，这时触头 SA2-1 和 SA2-3 断开，触头 SA2-2 闭合，电流经 10—13—14—15—20—19—17—18 路径，使接触器 KM3 得电，进给电动机 M2 启动，通过一根专用轴带动圆形工作台做旋转运动。若不需要圆形工作台旋转，转换开关 SA2 扳到断开位置，此时触头 SA2-1 和 SA2-3 闭合，触头 SA2-2 断开，以保证工作台在 6 个方向的进给运动，因为圆形工作台的旋转运动和 6 个方向的进给运动也是连锁的。

b）工作台的左右进给运动由左右进给操作手柄控制。操作手柄与位置开关 SQ5 和 SQ6 联动，有左、中、右三个位置，其控制关系见表 9-13 所示。当手柄扳向中间位置时，位置开关 SQ5 和 SQ6 均未被压合，进给控制电路处于断开状态；当手柄扳向左或右位置时，手柄压下位置开关 SQ5 或 SQ6，使常闭触头 SQ5-2 或 SQ6-2 分断，常开触头 SQ5-1 或 SQ6-1 闭合，接触器 KM3 或 KM4 得电动作进给，电动机 M2 正转或反转。由于在 SQ5 或 SQ6 被压合的同时，通过机械机构已将 M2 的传动链与工作台下面的左右进给丝杠相搭合，所以 M2 的正转或反转就拖动工作台向左或向右运动。

表 9-13　工作台左右进给手柄位置及其控制关系

手柄位置	位置开关动作	接触器动作	电动机 M2 转向	传动链搭合丝杠	工作台运动方向
左	SQ5	KM3	正转	左右进给丝杠	向左
中	—	—	停止	—	停止
右	SQ6	KM4	反转	左右进给丝杠	向右

c）工作台的上下和前后进给运动是由一个手柄进行控制。该手柄与位置开关 SQ3 和 SQ4

联动，有上、下、前、后、中5个位置，其控制关系见表9-14。当手柄扳至中间位置时，位置开关SQ3和SQ4均未被压合，工作台无任何进给运动；当手柄扳至下或前位置时，手柄压下位置开关SQ3，使常闭触头SQ3-2分断，常开触头SQ3-1闭合，接触器KM3得电动作，进给电动机M2正转，带动着工作台向下或向前运动；当手柄扳向上或后时，手柄压下位置开关SQ4，使常闭触头SQ4-2分断，常开触头SQ4-1闭合，接触器KM4得电动作，M2反转，带动着工作台向上或向后运动。当两个操作手柄被置于某一进给方向后，只能压下四个位置开关SQ3、SQ4、SQ5、SQ6中的一个开关，接通M2正转或反转电路，同时通过机械机构将电动机的传动链与三根丝杠（左右丝杠、上下丝杠、前后丝杠）中的一根（只能是一根）丝杠相搭合，拖动工作台沿选定的进给方向运动，而不会沿其他方向运动。

表9-14　工作台上、下、中、前、后进给手柄位置及其控制关系

手柄位置	位置开关动作	接触器动作	电动机M2转向	传动链搭合丝杠	工作台运动方向
上	SQ4	KM4	反转	上下进给丝杠	向上
下	SQ3	KM3	正转	上下进给丝杠	向下
中	—	—	停止	—	停止
前	SQ3	KM3	正转	前后进给丝杠	向前
后	SQ4	KM4	反转	前后进给丝杠	向后

d）左右进给手柄与上下前后手柄实行了连锁控制，当把左右进给手柄扳向左时，若又将另一个进给手柄扳到向下进给方向，则位置开关SQ5和SQ3均被压下，触头SQ5-2和SQ3-2均分断，断开了接触器KM3和KM4的通路，进给电动机M2只能停转，保证了操作安全。

e）6个进给方向的快速移动是通过两个进给操作手柄和快速移动按钮配合实现的。安装好工件后，扳动进给操作手柄选定进给方向，按下快速移动按钮SB3或SB4（两地控制），接触器KM2得电，KM2常闭触头分断，电磁离合器YC2失电，将齿轮传动链与进给丝杠分离；KM2两对常开触头闭合，一对使电磁离合器YC3得电，将进给电动机M2与进给丝杠直接搭合；另一对使接触器KM3或KM4得电动作，M2得电正转或反转，带动工作台沿选定的方向快速移动。由于工作台的快速移动采用的是点动控制，故松开SB3或SB4，快速移动停止。

f）进给变速时与主轴变速时相同，利用变速盘与冲动位置开关SQ2使M1产生瞬时点动，齿轮系统顺利啮合。

3）冷却泵电动机M3的控制

主轴电动机M1和冷却泵电动机M3采用顺序控制，当KM1线圈得电时，M1得电启动运行，此时扳动组合开关QS2才能使M3启动。当按下停止按钮SB5或SB6使主轴电动机停止运行时，冷却泵电动机也会停止工作。

（3）X62W万能铣床照明电路分析

X62W万能铣床的照明电路由变压器T1提供24V的安全电压，转换开关SA4控制照明灯是否点亮。FU6作X62W万能铣床照明电路的短路保护。

2．PLC 改造 X62W 万能铣床控制线路的设计

（1）PLC 改造 X62W 万能铣床控制线路的输入/输出分配表

使用 PLC 改造 X62W 万能铣床时，其电气控制线路中的电源电路、主电路及照明电路保持不变，在控制电路中，变压器 TC 的输出及整流器 VC 的输出部分去掉。为节省 PLC 的 I/O，可将 M1 的启动按钮 SB1、SB2 共用同一个 X000 端子，快速进给启动按钮 SB3 和 SB4 共用同一个 X001 端子，M1 停止制动按钮 SB5-1 和 SB6-1 共用同一个 X002 端子，M1 停止制动按钮 SB5-2 和 SB6-2 共用同一个 X003 端子，上、下、前、后进给控制行程开关 SQ3-2 和 SQ4-2 共用同一个 X007 端子，M2 正转控制行程开关 SQ5-1 和 SQ3-1 共用同一个 X010 端子，M2 反转控制行程开关 SQ6-1 和 SQ4-1 共用同一个端子 X011 端子，M2 正转控制 KM4 触头和 KM3 线圈由 Y002 控制，M2 反转控制 KM3 触头和 KM4 线圈由 Y003 控制。X62W 万能铣床输入输出设备和 PLC 的输入输出端子分配如表 9-15 所示。

表 9-15　　**PLC 改造 X62W 万能铣床的输入/输出分配表**

输入			输出		
功能	元件	PLC 地址	功能	元件	PLC 地址
主轴电机 M1 启动按钮	SB1、SB2	X000	主轴电动机 M1 接触器	KM1	Y000
进给电机 M2 启动按钮	SB3、SB4	X001	KM2 线圈	KM2	Y001
主轴电机 M1 停止按钮	SB5-1、SB6-1	X002	M2 电动机正转控制 KM4 触头、KM3 线圈	KM3	Y002
	SB5-2、SB6-2	X003	M2 电动机反转控制 KM3 触头、KM4 线圈	KM4	Y003
换刀开关	SA1	X004	主轴制动	YC1	Y004
圆工作台开关	SA2	X005	正常进给	YC2	Y005
左右进给控制	SQ5-2、SQ6-2	X006	快速进给	YC3	Y006
上、下、前、后进给控制	SQ3-2、SQ4-2	X007	照明灯	EL	Y007
M2 电动机正转控制	SQ5-1、SQ3-1	X010			
M2 电动机反转控制	SQ6-1、SQ4-1	X011			
进给冲动控制	SQ2-2	X012			
主轴冲动控制	SQ1-2	X013			
照明灯开关	SA4	X014			

（2）PLC 改造 X62W 万能铣床控制线路的 I/O 接线图

为了保证各种连锁功能，将 SQ1～SQ6，SB1～SB6 按图示分别接入 PLC 的输入端，换刀开关 SA1 和圆形工作台转换开关 SA2 分别用其一对常开和常闭触头接入 PLC 的输入端子。输出器件分两个电压等级，一个是接触器使用的 110V 电压，另一个是电磁离合器使用的 36V 直流电。在改造传统 X62W 万能铣床时，需要 13 个输入点和 8 个输出点。PLC 改造 X62W 万能铣床的 I/O 接线如图 9-20 所示。

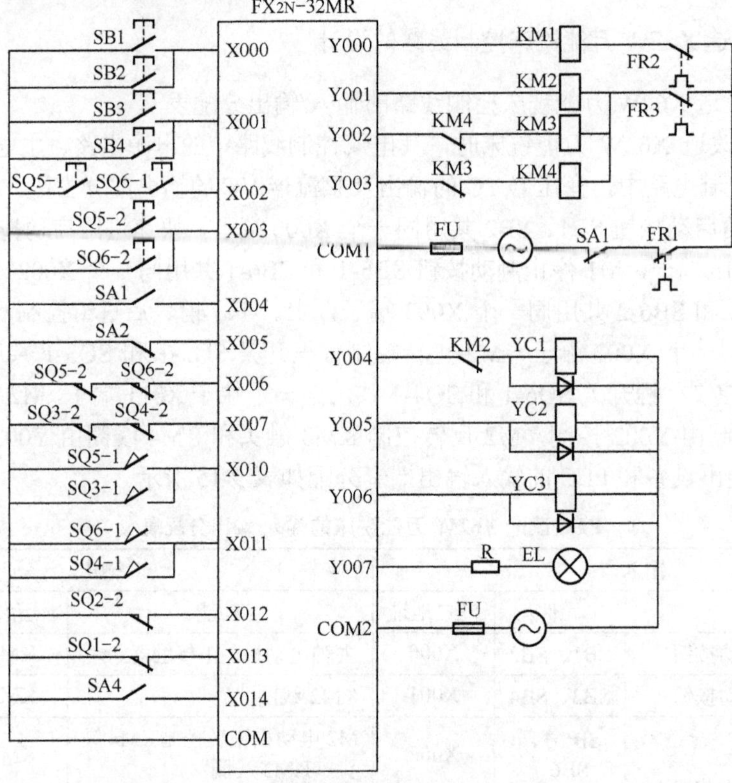

图 9-20　PLC 改造 X62W 万能铣床控制线路的 I/O 接线图

（3）PLC 改造 X62W 万能铣床控制线路的程序设计

PLC 改造 X62W 万能铣床控制线路的程序如表 9-16 所示。

表 9-16　　　　PLC 改造 X62W 万能铣床控制线路的梯形图及指令语句表

梯形图		
	0　X000（并联 M0）— X013（常闭）— X002（常闭）—（M0）	16　X001 — M2 —（Y001）
	5　X000（并联 Y000）— X013 —（M1）	19　Y000（并联 Y001）— M2 —（M3）
	9　M0（并联 X013）— X004（常闭）—（Y000）	23　X012（常闭）— X007（常闭）—（M4）
	13　M0（并联 M1）—（M2）	26　X005 — X006（常闭）—（M5）
		29　M4（并联 M5）— M3 — X005 —（M6）
		34　M5 — M6 — X012 —（M7）

续表

梯形图

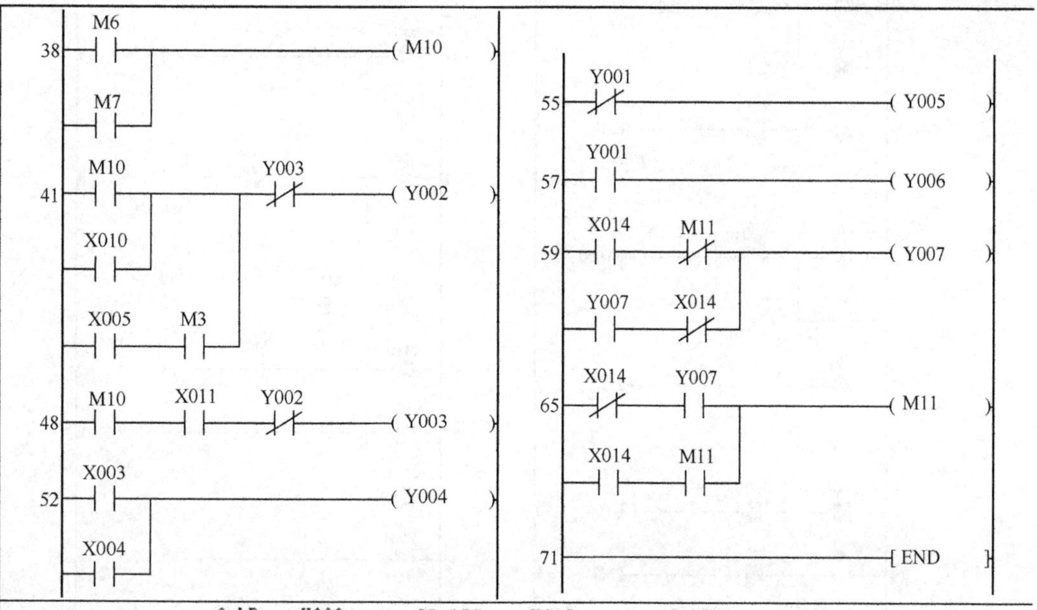

38 M6 —| |—, M7 —| |— (并联) ——(M10)

41 M10 —| |—, X010 —| |— (并联), X005 —| |— M3 —| |— (并联) —— Y003 —|/|— ——(Y002)

48 M10 —| |— X011 —| |— Y002 —|/|— ——(Y003)

52 X003 —| |—, X004 —| |— (并联) ——(Y004)

55 Y001 —|/|— ——(Y005)

57 Y001 —| |— ——(Y006)

59 X014 —| |— M11 —|/|—, Y007 —| |— X014 —|/|— (并联) ——(Y007)

65 X014 —|/|— Y007 —| |—, X014 —| |— M11 —| |— (并联) ——(M11)

71 ——[END]

指令表

步	指令	元件	步	指令	元件	步	指令	元件
0	LD	X000	23	LDI	X012	48	LD	M10
1	OR	M0	24	ANI	X007	49	AND	X011
2	ANI	X013	25	OUT	M4	50	ANI	Y002
3	ANI	X002	26	LD	X005	51	OUT	Y003
4	OUT	M0	27	ANI	X006	52	LD	X006
5	LD	X000	28	OUT	M5	53	OR	X004
6	OR	Y000	29	LD	M4	54	OUT	Y004
7	AND	X013	30	OR	M5	55	LDI	Y001
8	OUT	M1	31	AND	M3	56	OUT	Y005
9	LD	M0	32	AND	X005	57	LD	Y001
10	OR	X013	33	OUT	M6	58	OUT	Y006
11	ANI	X004	34	LD	M5	59	LD	X014
12	OUT	Y000	35	AND	M6	60	ANI	M11
13	LD	M0	36	AND	X012	61	LD	Y007
14	OR	M1	37	OUT	M7	62	ANI	X014
15	OUT	M2	38	LD	M6	63	ORB	
16	LD	X001	39	OR	M7	64	OUT	Y007
17	AND	M2	40	OUT	M10	65	LDI	X014
18	OUT	Y001	41	LD	M10	66	AND	Y007
19	LD	Y000	42	OR	X010	67	LD	X014
20	OR	Y001	43	LD	X005	68	AND	M11
21	AND	M2	44	AND	M3	69	ORB	
22	OUT	M3	45	ORB		70	OUT	M11
21	AND	M2	46	ANI	Y003	71	END	
22	OUT	M3	47	OUT	Y002			

（4）PLC 改造 X62W 万能铣床控制线路的 PLC 程序说明

步 0～步 12 为主轴电动机 M1 的启动与停止控制；步 13～步 15 和步 16～步 18 为 KM2 线圈控制；步 19～步 40 表述了工作台进给控制的前提条件；步 41～步 47 为进给电动机 M2 的正转控制；步 48～步 51 为 M2 的反转控制；步 52～步 54 为主轴电动机的制动控制；步 55～步 56 为正常进给控制；步 57～步 58 为快速进给控制；步 59～步 70 为照明控制。其 PLC 仿真效果如图 9-21 所示。

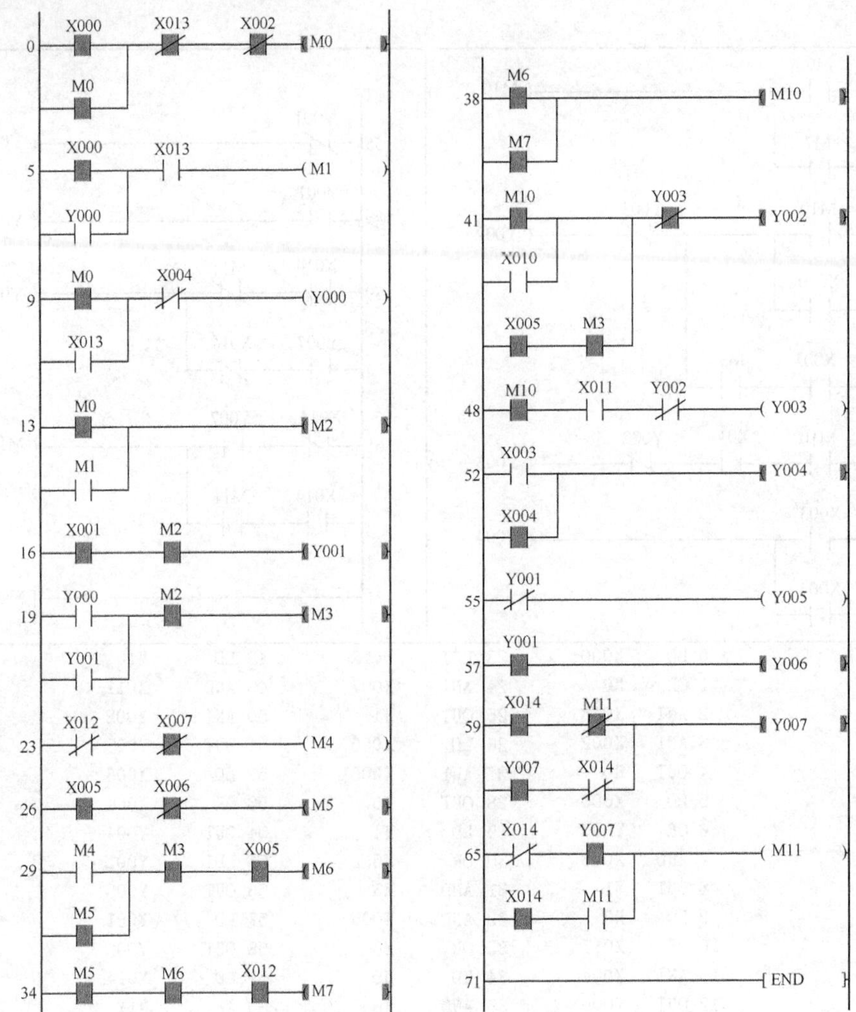

图 9-21　PLC 改造 X62W 万能铣床控制线路仿真效果图

9.4.2　PLC 改造 X52K 铣床的设计

1．X52K 铣床传统继电器-接触器电气控制线路分析

X52K 立式铣床传统继电器-接触器的电气控制线路如图 9-22 所示，它由三台电动机拖动，即主轴电动机 M1、进给电动机 M2 和冷却泵电动机 M3。

将图 9-22 与 X62W 万能铣床传统继电器-接触器电气控制线路的图 9-19 相比较可见，X52K 立式铣床传统继电器-接触器的电气控制线路除了用接触器 KM5 控制桥式整流实现能耗制动和接触器 KM2 控制快速进给控制外，其他部分与 X62W 万能铣床相同，控制过程请读者自行分析。

2．PLC 改造 X52K 铣床控制线路的设计

（1）PLC 改造 X52K 铣床控制线路的 I/O 接线图

在改造传统 X52K 铣床时，需要 13 个输入点和 6 个输出点，其 I/O 分配请参考表 9-17。PLC 改造 X52K 铣床的 I/O 接线如图 9-23 所示。

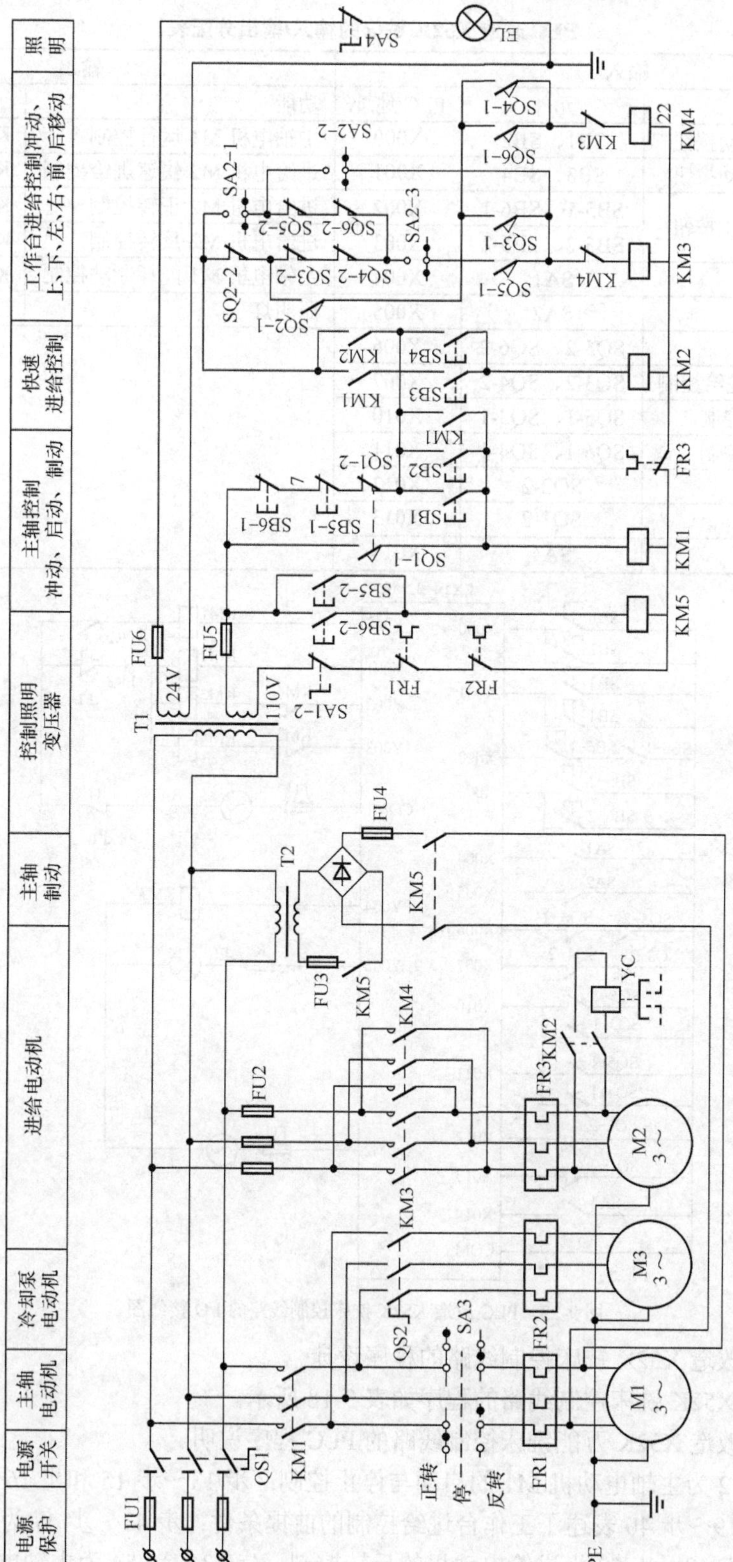

图 9-22　X52K 铣床传统继电器-接触器电气控制线路

表 9-17 **PLC 改造 X52K 铣床的输入/输出分配表**

输入			输出		
功能	元件	PLC 地址	功能	元件	PLC 地址
主轴电机 M1 启动按钮	SB1、SB2	X000	主轴电机 M1 运行控制	KM1	Y000
进给电机 M2 启动按钮	SB3、SB4	X001	进给电机 M2 快速进给控制	KM2	Y001
主轴电机 M1 停止按钮	SB5-1、SB6-1	X002	进给电机 M2 正转控制	KM3	Y002
	SB5-2、SB6-2	X003	进给电机 M2 反转控制	KM4	Y003
换刀开关	SA1	X004	主轴电机 M1 能耗制动控制	KM5	Y004
圆工作台开关	SA2	X005	照明灯	EL	Y005
左右进给控制	SQ5-2、SQ6-2	X006			
上、下、前、后进给控制	SQ3-2、SQ4-2	X007			
M2 电动机正转控制	SQ5-1、SQ3-1	X010			
M2 电动机反转控制	SQ6-1、SQ4-1	X011			
进给冲动控制	SQ2-2	X012			
主轴冲动控制	SQ1-2	X013			
照明灯开关	SA4	X014			

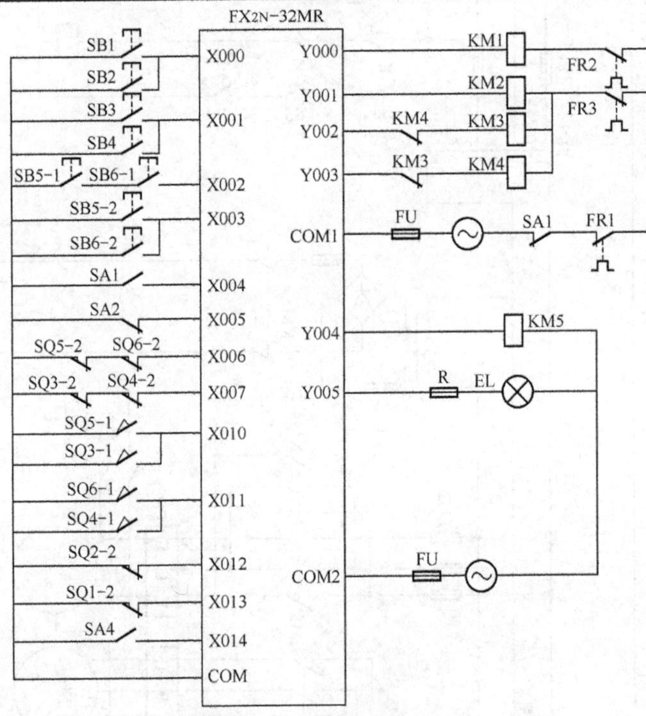

图 9-23 PLC 改造 X52K 铣床控制线路的 I/O 接线图

（2）PLC 改造 X52K 铣床控制线路的程序设计

PLC 改造 X52K 铣床控制线路的程序如表 9-18 所示。

（3）PLC 改造 X52K 万能铣床控制线路的 PLC 程序说明

步 0～步 12 为主轴电动机 M1 的启动与停止控制；步 13～步 15 和步 16～步 18 为 KM2 线圈控制；步 19～步 40 表述了工作台进给控制的前提条件；步 41～步 47 为进给电动机 M2 的正转控制；步 48～步 52 为进给电动机的反转控制；步 53～步 54 为主轴电动机制动控制；步 55～步 66 为照明灯控制。

表 9-18　　　　　PLC 改造 X52K 铣床控制线路的梯形图及指令语句表

梯形图

0 X000 X013 X002 (M0)
M0
5 X000 X013 (M1)
Y000
9 M0 X004 (Y000)
X013
13 M0 (M2)
M1
16 X001 M2 (Y001)
19 Y000 M2 (M3)
Y001
23 X012 X007 (M4)
26 X005 X006 (M5)
29 M4 M3 X005 (M6)
M5
34 M5 M6 X012 (M7)
38 M6 (M10)
M7
41 M10 Y003 (Y002)
X010
X005 M3
48 M10 X011 Y002 (Y003)
X004
53 X003 (Y004)
55 X014 M11 (Y005)
Y005 X014
61 X014 Y005 (M11)
X014 M11
67 [END]

指令表

步	指令	元件	步	指令	元件	步	指令	元件
0	LD	X000	23	LDI	X012	46	ANI	Y003
1	OR	M0	24	ANI	X007	47	OUT	Y002
2	ANI	X013	25	OUT	M4	48	LD	M10
3	ANI	X002	26	LD	X005	49	OR	X004
4	OUT	M0	27	ANI	X006	50	AND	X011
5	LD	X000	28	OUT	M5	51	ANI	Y002
6	OR	Y000	29	LD	M4	52	OUT	Y003
7	AND	X013	30	OR	M5	53	LD	X003
8	OUT	M1	31	AND	M3	54	OUT	Y004
9	LD	M0	32	AND	X005	55	LD	X014
10	OR	X013	33	OUT	M6	56	ANI	M11
11	ANI	X004	34	LD	M5	57	LD	Y005
12	OUT	Y000	35	AND	M6	58	ANI	X014
13	LD	M0	36	AND	X012	59	ORB	
14	OR	M1	37	OUT	M7	60	OUT	Y005
15	OUT	M2	38	LD	M6	61	LDI	X014
16	LD	X001	39	OR	M7	62	AND	Y005
17	AND	M2	40	OUT	M10	63	LD	X014
18	OUT	Y001	41	LD	M10	64	AND	M11
19	LD	Y000	42	OR	X010	65	ORB	
20	OR	Y001	43	LD	X005	66	OUT	M11
21	AND	M2	44	AND	M3	67	END	
22	OUT	M3	45	ORB				

9.5 PLC改造其他机床的设计

9.5.1 PLC改造T68镗床的设计

镗床是一种精密加工机床，主要用于加工精确的孔和孔间距离要求较为精确的零件。按照用途的不同，镗床分为卧式镗床、立式镗床、坐标镗床、金刚镗床和专用镗床，其中卧式镗床在生产中应用最多。卧式镗床具有万能特点，它不但能完成孔加工，而且还能完成车削端面及内外圆、铣削平面等。

T68卧式镗床主要由床身、前立柱、镗头架、后立柱、尾座、下溜板、上溜板、工作台等部分组成。镗床主要是用镗刀在工件上镗孔的机床，它主要包括主运动、进给运动和辅助运动。通常，镗刀旋转为主运动，它是指镗轴或平旋盘的旋转运动。镗刀或工件的移动为进给运动，它主要是主轴和平旋盘的轴向进给，镗头架的垂直进给以及工作台的横向和纵向进给。辅助运动包括工作台的回转、后立柱的轴向移动、尾座的垂直移动以及各部分的快速移动等。

1．T68卧式镗床传统继电器-接触器电气控制线路分析

T68卧式镗床传统继电器-接触器的电气控制线路如图9-24所示，该线路由主电路、控制电路和照明电路3部分组成。

（1）T68卧式镗床主电路分析

T68卧式镗床有M1和M2两台电动机，其中M1为主轴电动机，M2为快速移动电动机。M1由接触器KM1和KM2控制其正反转，KM6控制其低速运转，KM7、KM8控制M1高速运转，KM3控制M1反接制动，FR作为M1过载保护。M2由KM4、KM5控制其正反转，因M2是短时间运行，所以不需要过载保护。

（2）T68卧式镗床控制电路分析

T68卧式镗床的控制电路由变压器TC输出110V电压来提供电源。

1）主轴电动机M1的控制

主轴电动机M1控制主要包括点动控制、正反转控制、高低速转换控制、停车控制和主轴及进给变速控制。

合上电源开关QS，按下SB3，KM1线圈得电，主触头接通三相正相序电源，KM1常开触头闭合，使KM6线圈得电，主轴电动机M1绕组接成三角形，串入电阻R，M1低速启动。由于KM1、KM6此时都不能自锁，当松开SB3时，KM1、KM6相继断电，M1断电停车，这样实现了M1的正向点动控制。当按下SB4时，可控制M1进行反向点动控制。SB1、SB2可控制M1进行正反转控制。M1启动前，主轴变速与进给变速手柄置于推合位置，此时行程开关SQ1、SQ3被压下，它们的常开触头闭合。若选择M1为低速运行，将主轴速度选择手柄置于“低速”挡位，此时经速度手柄联动机构使高低速行程开关SQ处于释放状态，其常闭触头断开。按下SB1，中间继电器KA1线圈得电并自锁，另一个常开触头KA1闭合，使KM3线圈得电。KM3线圈得电，常开辅助触头闭合，使KM1线圈得电吸合。KM1线圈闭合，其常开辅助触头闭合，从而使KM6线圈得电，于是M1定子绕组接成三角形，接入正相序三相交流电源全电压低速正向运行。如果按下SB2，KA2、KM3、KM2和KM6相继动作，从而使M1进行反向运行。

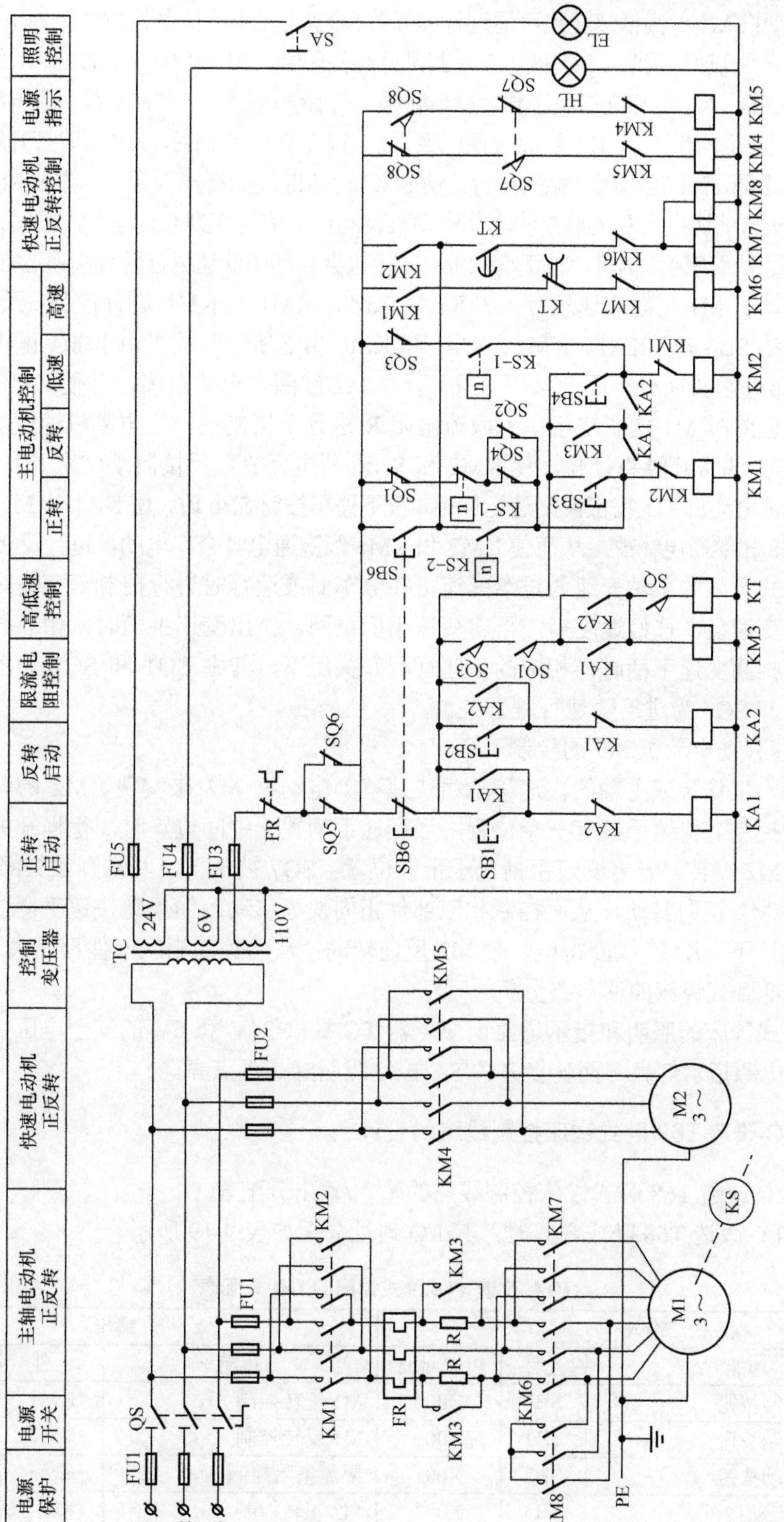

图 9-24　T68 卧式镗床传统继电器-接触器电气控制线路

主轴电动机M1的高低速转换可通过行程开关SQ来进行控制。其控制过程如下：将主轴速度选择手柄置于“高速”挡时，SQ被压下，其常开触头闭合。按下SB1按钮，KA1线圈通电并自锁，KA1、KM3、KM6相继得电工作，M1低速正向启动运行。在KM3线圈通电的同时，由于SQ常开触头被压下闭合了，KT线圈也通电吸合。当KT延时片刻后，KT延时打开触头断开切断KM6线圈的电源，KT延时闭合触头闭合，使KM7、KM8线圈得电吸合，这样使M1的定子绕组由三角形接法自动切换成双星形接法，使电动机自动由低速转变到高速运行。同时，若将主轴速度选择手柄置于“高速”挡时，按下SB2后，M1也会自动由低速运行转到高速运行。

主轴电动机M1正向低速运行，由KA1、KM3、KM1和KM6进行控制。预使M1停车，按下停止按钮SB6时，KA1、KM3、KM1和KM6相继断电释放。由于M1正转时，速度继电器KS-1常开触头闭合，因此按下SB6后，KM2线圈通电并自锁，并使KM6线圈仍保持得电状态，但此时M1定子绕组串入限流电阻R进行反接制动，当电动机速度降至KS复位转速时，KS-1的常开触头打开，使KM2和KM6断电释放，反接制动结束。

同样主轴电动机M1在正向高速运行中，按下停车按钮SB6时，使KA1、KM3、KM1、KT、KM7和KM8相继断电释放，从而使KM2和KM6线圈通电吸合，电动机进行反接制动。

T68卧式镗床的主轴变速与进给变速可在停车时或运行时进行控制。变速时将变速手柄拉出，转动变速盘，选好速度后，再将变速手柄推回。拉出变速手柄时，相应的变速行程开关不受压；推回变速手柄时，相应的变速行程开头压下，其中SQ1和SQ2为主轴变速行程开关，SQ3和SQ4为进给变速行程开关。

2）快速移动电动机M2的控制

主轴箱、工作台或主轴的快速移动由快速移动电动机M2来实现。M2的转动方向由快速手柄进行控制。快速手柄有三个位置，当变速手柄置于中间位置时，行程开关SQ7、SQ8将被压下，M2停转。若将变速手柄置于正向位置，SQ7被压下，其常开触头闭合，KM4线圈得电，使M2正向转动，从而控制相应部件正向快速移动。如果将快速手柄置于反向位置时，SQ8被压下，KM5线圈得电，使M2反向转动，从而控制相应部件反向快速移动。

（3）T68卧式镗床照明电路分析

T68卧式镗床的照明和指示电路由变压器TC提供24V和6V的安全电压，合上电源开关QS时，电源指示灯亮，而转换开关SA控制照明灯是否点亮。

2. PLC改造T68卧式镗床控制线路的设计

（1）PLC改造T68卧式镗床控制线路的输入/输出分配表

使用PLC改造T68卧式镗床时，其I/O地址分配如表9-19所示。

表9-19　PLC改造T68卧式镗床的I/O分配表

输入			输出		
功能	元件	PLC地址	功能	元件	PLC地址
主轴停止控制按钮	SB6	X000	M1正转控制	KM1	Y000
主轴正转控制按钮	SB1	X001	M1反转控制	KM2	Y001
主轴反转点动按钮	SB2	X002	限流电阻控制	KM3	Y002
M1的正转点动按钮	SB3	X003	M2正转控制	KM4	Y003
M1的正转点动按钮	SB4	X004	M2反转控制	KM5	Y004

续表

输入			输出		
功能	元件	PLC 地址	功能	元件	PLC 地址
高低速转换行程开关	SQ	X005	M1 低速（三角形）控制	KM6	Y005
主轴变速行程开关	SQ1	X006	M1 高速（双星形）控制	KM7	Y006
主轴变速行程开关	SQ2	X007	M1 高速（双星形）控制	KM8	Y007
进给变速行程开关	SQ3	X010	照明灯	EL	Y010
进给变速行程开关	SQ4	X011			
工作台或主轴箱进给限位	SQ5	X012			
主轴或花盘刀架进给限位	SQ6	X013			
快速 M2 电动机正转限位	SQ7	X014			
快速 M2 电动机反转限位	SQ8	X015			
速度继电器正转触头	KS1	X016			
速度继电器反转触头	KS2	X017			
照明开关	SA	X020			

（2）PLC 改造 T68 卧式镗床的接线图

在改造传统 T68 卧式镗床时，需要 17 个输入点和 9 个输出点。PLC 改造 T68 卧式镗床控制线路的 I/O 接线如图 9-25 所示，在图中对输入的常闭触点进行了处理，即常闭按钮改用常开按钮。

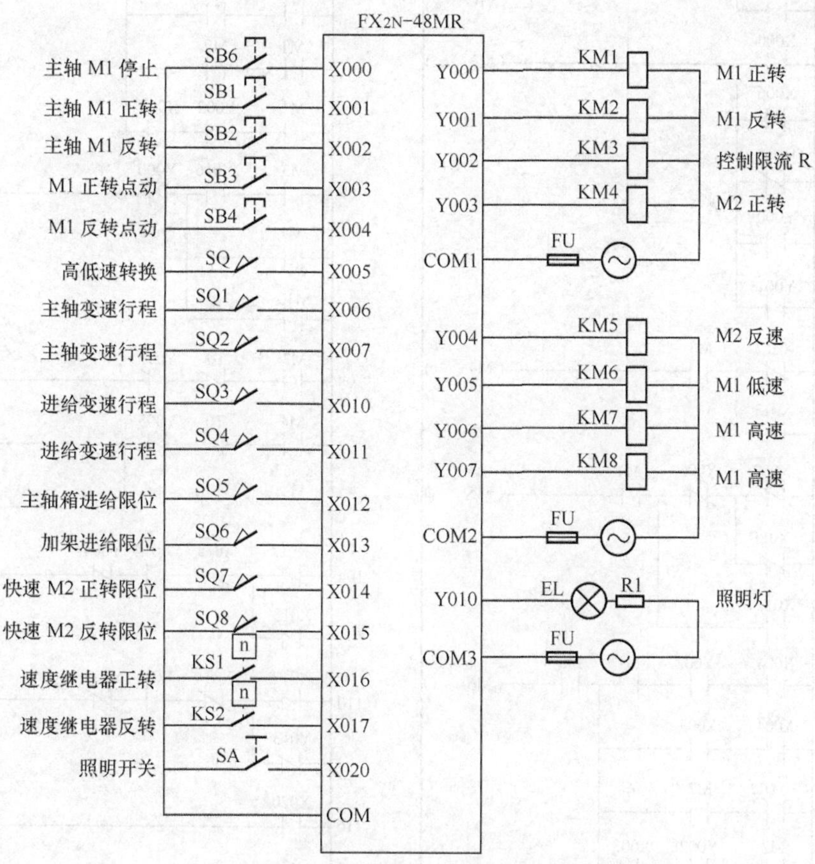

图 9-25　PLC 改造 T68 卧式镗床控制线路的 I/O 接线图

（3）PLC改造T68卧式镗床控制线路的程序设计

PLC改造T68卧式镗床控制线路的程序如表9-20所示。

表9-20　　PLC改造T68卧式镗床控制线路的梯形图及指令语句表

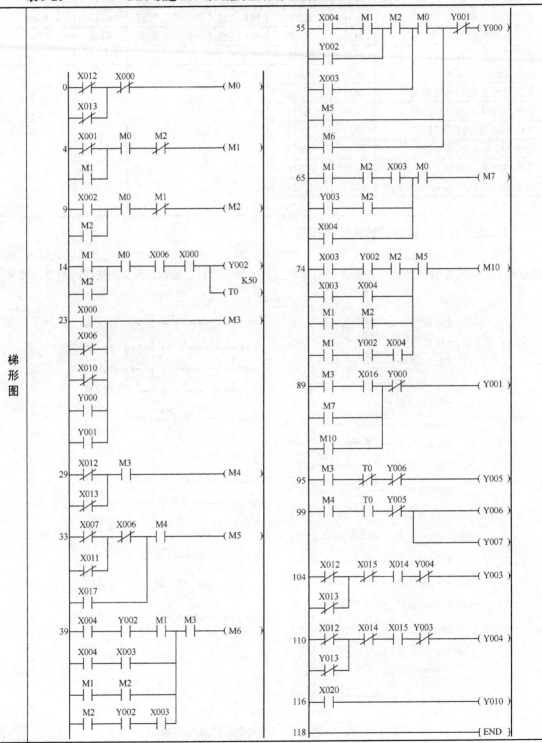

梯形图	
梯形图	0 X012 X000 (M0) X013 4 X001 M0 M2 (M1) M1 9 X002 M0 M1 (M2) M2 14 M1 M0 X006 X000 (Y002) M2 K50 (T0) 23 X000 (M3) X006 X010 Y000 Y001 29 X012 M3 (M4) X013 33 X007 X006 M4 (M5) X011 X017 39 X004 Y002 M1 M3 (M6) X004 X003 M1 M2 M2 Y002 X003
	55 X004 M1 M2 M0 Y001 (Y000) Y002 X003 M5 M6 65 M1 M2 X003 M0 (M7) Y003 M2 X004 74 X003 Y002 M2 M5 (M10) X003 X004 M1 M2 M1 Y002 X004 89 M3 X016 Y000 (Y001) M7 M10 95 M3 T0 Y006 (Y005) 99 M4 T0 Y005 (Y006) (Y007) 104 X012 X015 X014 Y004 (Y003) X013 110 X012 X014 X015 Y003 (Y004) Y013 116 X020 (Y010) 118 [END]

续表

指令表	0	LDI	X012		42	LD	X004	82	ORB	
	1	ORI	X013		43	AND	X003	83	LD	M1
	2	ANI	X000		44	ORB		84	AND	Y002
	3	OUT	M0		45	LD	M1	85	AND	X004
	4	LD	X001		46	AND	M2	86	ORB	
	5	OR	M1		47	ORB		87	AND	M5
	6	AND	M0		48	LD	M2	88	OUT	M10
	7	ANI	M2		49	AND	Y002	89	LD	M3
	8	OUT	M1		50	AND	X003	90	AND	X016
	9	LD	X002		51	ORB		91	OR	M7
	10	OR	M2		52	AND	M3	92	OR	M10
	11	AND	M0		53	AND	X016	93	ANI	Y000
	12	ANI	M1		54	OUT	M6	93	ANI	Y000
	13	OUT	M2		55	LD	X004	94	OUT	Y001
	14	LD	M1		56	AND	M1	95	LD	M3
	15	OR	M2		57	OR	Y002	96	ANI	T0
	16	AND	M0		58	AND	M2	97	ANI	Y006
	17	AND	X006		59	OR	X003	98	OUT	Y005
	18	AND	X000		60	AND	M0	99	LD	M4
	19	OUT	Y002		61	OR	M5	100	AND	T0
	20	OUT	T0	K50	62	OR	M6	101	ANI	Y005
	23	LD	X000		63	ANI	Y001	102	OUT	Y006
	24	ORI	X006		64	OUT	Y000	103	OUT	Y007
	25	ORI	X010		65	LD	M1	104	LDI	X012
	26	OR	Y000		66	AND	M2	105	ORI	X013
	27	OR	Y001		67	AND	X003	106	ANI	X015
	28	OUT	M3		68	LD	Y003	107	AND	X014
	29	LDI	X012		69	AND	M2	108	ANI	Y004
	30	ORI	X013		70	ORB		109	OUT	Y003
	31	AND	M3		71	OR	X004	110	LDI	X012
	32	OUT	M4		72	AND	M0	111	ORI	Y013
	33	LDI	X007		73	OUT	M7	112	ANI	X014
	34	ORI	X011		74	LD	X003	113	AND	X015
	35	ANI	X006		75	AND	Y002	114	ANI	Y003
	36	OR	X017		76	AND	M2	115	OUT	Y004
	37	AND	M4		77	LD	X003	116	LD	X020
	38	OUT	M5		78	AND	X004	117	OUT	Y010
	39	LD	X004		79	ORB		118	END	
	40	AND	Y002		80	LD	M1			
	41	AND	M1		81	AND	M2			

（4）PLC 改造 T68 卧式镗床控制线路的 PLC 程序说明

步 0～步 20 为 KM3 线圈控制；步 23～步 64 为 M1 正转控制；步 65～步 94 为 M1 反转控制；步 95～步 98 为 M1 低速运行控制；步 99～步 103 为 M1 高速控制；步 104～步 109 为 M2 正转控制；步 110～步 115 为 M2 反转控制；步 116～步 117 为照明灯控制。其 PLC 仿真效果如图 9-26 所示。

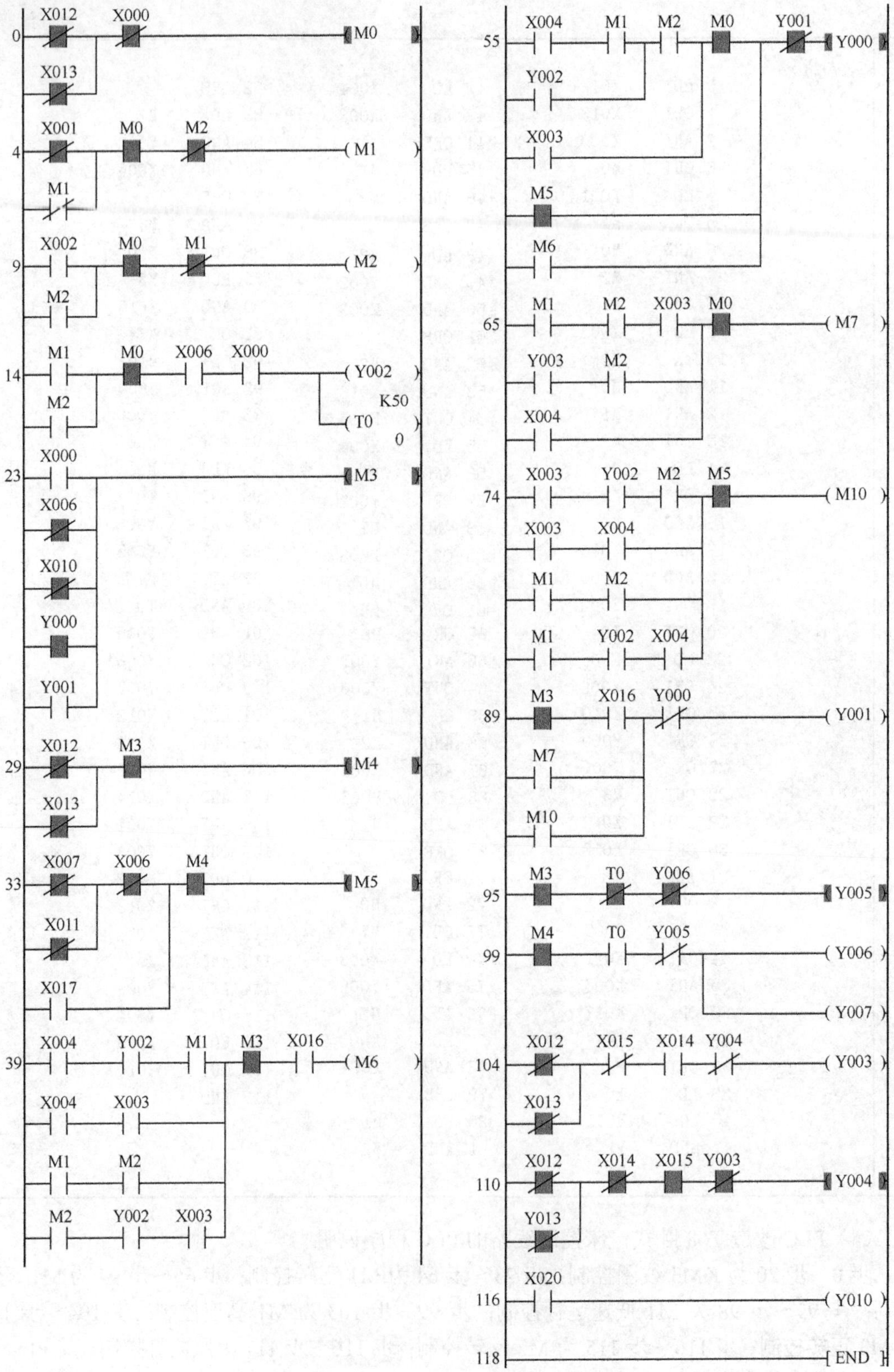

```
0    X012  X000                              (M0)
     X013
4    X001  M0  M2                            (M1)
     M1
9    X002  M0  M1                            (M2)
     M2
14   M1  M0  X006  X000                      (Y002)
     M2                                      (T0  K50  0)
23   X000                                    (M3)
     X006
     X010
     Y000
     Y001
29   X012  M3                                (M4)
     X013
33   X007  X006  M4                          (M5)
     X011
     X017
39   X004  Y002  M1  M3  X016                (M6)
     X004  X003
     M1  M2
     M2  Y002  X003
55   X004  M1  M2  M0  Y001                  (Y000)
     Y002
     X003
     M5
     M6
65   M1  M2  X003  M0                        (M7)
     Y003  M2
     X004
74   X003  Y002  M2  M5                      (M10)
     X003  X004
     M1  M2
     M1  Y002  X004
89   M3  X016  Y000                          (Y001)
     M7
     M10
95   M3  T0  Y006                            (Y005)
99   M4  T0  Y005                            (Y006)
                                             (Y007)
104  X012  X015  X014  Y004                  (Y003)
     X013
110  X012  X014  X015  Y003                  (Y004)
     Y013
116  X020                                    (Y010)
118                                          [END]
```

图 9-26　T68 卧式镗床控制线路的仿真效果图

9.5.2 PLC 改造 B690 牛头刨床的设计

刨床是用刨刀对加工工件的平面、沟槽或成形表面进行刨削的机床。刀具与工件做相对直线运动进行加工，主要用于各种平面与沟槽加工，也可用于直线成形面的加工。用刨床刨削窄长表面时具有较高的效率，它适用于中小批量生产和维修车间。

按其结构的不同，刨床可分为以下悬臂刨床、龙门刨床、牛头刨床和插床（立刨床）等。悬臂刨床是具有单立柱和悬臂的刨床，其工作台沿床身导轨做纵向往复运动，垂直刀架可沿悬臂导轨横向移动，侧刀架沿立柱导轨垂直移动；龙门刨床具有双立柱和横梁，工作台沿床身导轨做纵向往复运动，立柱和横梁分别装有可移动侧刀架和垂直刀架的刨床；牛头刨床是刨刀安装在滑枕的刀架上做纵向往复运动的刨床，通常工作台做横向或垂直间歇进给运动。插床（立刨床）的刀具在垂直面内做往复运动，工作台做进给运动。

1. B690 牛头刨床传统继电器-接触器电气控制线路分析

B690 牛头刨床传统继电器-接触器的电气控制线路如图 9-27 所示，该线路由主电路、控制电路和照明电路 3 部分组成。

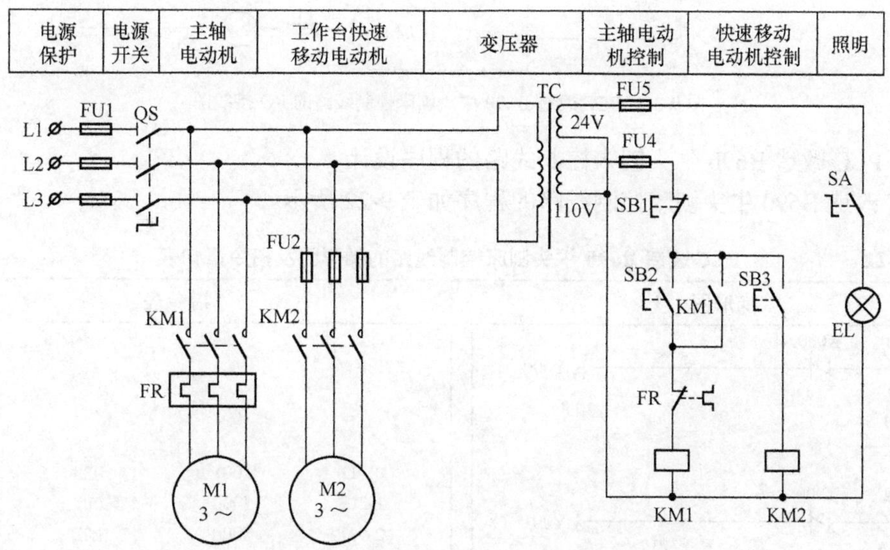

图 9-27 B690 牛头刨床传统继电器-接触器电气控制线路

B690 牛头刨床由主轴电动机 M1 和工作台快速移动电动机 M2 拖动，其中 M1 为长动控制，M2 为点动控制。按下 M1 的启动按钮 SB2，KM1 线圈得电，KM1 主触头闭合，M1 得电启动运行，KM1 辅助常开触头闭合，形成自锁。需要工作台移动时按下 M2 的点动按钮 SB3，KM2 线圈得电，M2 运转，工作台快速移动；松开 SB3 时 M2 停止运行。

2. PLC 改造 B690 牛头刨床控制线路的设计

（1）PLC 改造 B690 牛头刨床控制线路的输入/输出分配表

使用 PLC 改造 B690 牛头刨床时，其 I/O 地址分配如表 9-21 所示。

表 9-21　　PLC 改造 B690 牛头刨床的 I/O 分配表

输入			输出		
功能	元件	PLC 地址	功能	元件	PLC 地址
总停止按钮	SB1	X000	主轴电动机 M1 控制	KM1	Y000
主轴电动机 M1 启动控制	SB2	X001	快速移动电动机 M2 控制	KM2	Y001
快速移动电动机 M2 点动控制	SB3	X002	照明控制	EL	Y002
照明灯按钮	SA	X003			

（2）PLC 改造 B690 牛头刨床的接线图

在改造传统 B690 牛头刨床时，需要 4 个输入点和 3 个输出点。PLC 改造 B690 牛头刨床的接线如图 9-28 所示。

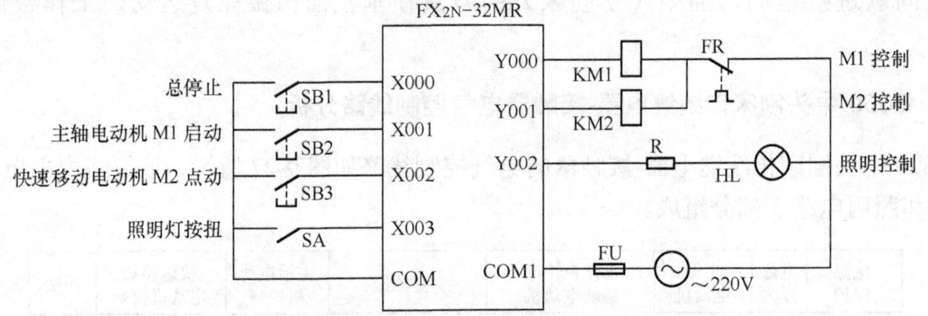

图 9-28　PLC 改造 B690 牛头刨床控制线路的 I/O 接线图

（3）PLC 改造 B690 牛头刨床控制线路的程序设计

PLC 改造 B690 牛头刨床控制线路的程序如表 9-22 所示。

表 9-22　　PLC 改造 B690 牛头刨床控制线路的梯形图及指令语句表

梯形图

```
   X001   X000
0 ─┤├────┤/├──────────( Y000 )
   Y000  │
  ─┤├────┘
   X002   X000
4 ─┤├────┤/├──────────( Y001 )
   X003   M10
7 ─┤├────┤/├───┬──────( Y002 )
   X003   Y002 │
  ─┤/├────┤├───┘
   X003   Y002
13─┤/├────┤├───┬──────( M10 )
   X003   M10  │
  ─┤├─────┤├───┘
19 ───────────────────[ END ]
```

指令表

0	LD	X001	11	ORB	
1	OR	Y000	12	OUT	Y002
2	ANI	X000	13	LDI	X003
3	OUT	Y000	14	AND	Y002
4	LD	X002	15	LD	X003
5	ANI	X000	16	AND	M10
6	OUT	Y001	17	ORB	
7	LD	X003	18	OUT	M10
8	ANI	M10	19	END	
9	LDI	X003			
10	AND	Y002			

（4）PLC 改造 B690 牛头刨床控制线路的 PLC 程序说明

步 0～步 3 为主轴电动机 M1 的启动与停止控制；步 4～步 6 为快速移动电动机 M2 的点动控制；步 7～步 18 为照明控制，其仿真效果如图 9-29 所示。

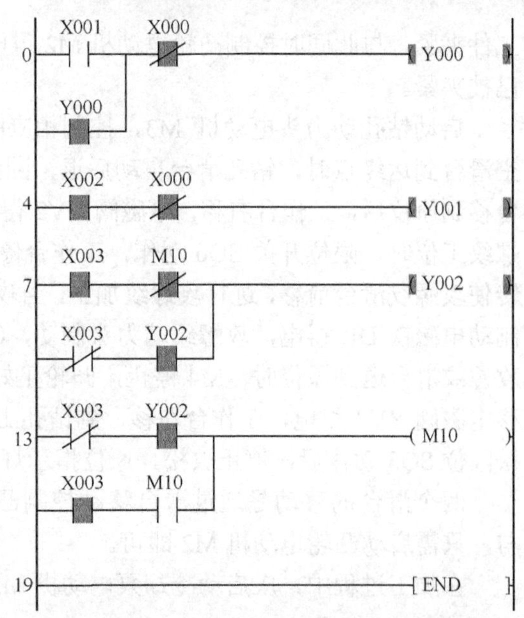

图 9-29 改造 B690 牛头刨床控制线路的仿真效果图

9.5.3 PLC 改造组合机床的设计

组合机床是由一些通用部件及少量专用部件组成的高效自动化或半自动化专用机床，可完成钻孔、扩孔、铰孔、攻丝、车削、铣削及精加工等多道工序，通常用多刀、多面、多工序、多工位同时加工，适用于大批量生产，能稳定保证产品的质量。

组合机床的通用部件约占 70%～80%，专用部件约占 20%～30%。组合机床的通用部件包括：动力部件（如动力头和动力滑台）、支承部件（如滑座、床身、立柱及中间底座）、输送部件（如回转分度工作台、回转鼓轮、自动线工作回转台及零件输送装置）、控制装置（如液压元件、控制板、按钮台及电气挡铁）等。专用部件是由被加工部件的形状、轮廓尺寸、工艺和工序决定的。

能同时完成切削运动及进给运动的动力部件称为动力头，只能完成进给运动的动力部件称为动力滑台。动力头和动力滑台是组合机床最主要的通用部件，是完成刀具切削运动和进给运动的部件。

组合机床的控制系统大多采用机械、液压或气压、电气相结合的控制方式。其中电气控制起着中枢连接作用。

组合机床由底座、床身、移动工作台、夹具、钻孔动力头、攻螺纹滑台、攻螺纹动力头、液压动滑台等部件组成。

工作台和夹具用以完成工件的移动加紧，实现自动加工；攻螺纹滑台和攻螺纹动力头，用来实现攻螺纹加工量的调整和攻螺纹加工；工作台的移动、夹具的动作、钻孔滑台和攻螺纹滑台的移动均由液压系统执行，其中两个滑台的移动由滑台移动控制凸轮控制，工作台的移动夹具的夹紧与放松由电磁阀控制。

根据设计要求，工作台的移动和滑台的移动应严格按规定的时序同步进行，两种运动密切配合，以提高生产效率。

1．组合机床的控制要求

系统通电，自动启动液压泵电动机 M1。如果机床各部分在原位（工作台在钻孔工作 SQ1 动作，钻孔滑台在原位 SQ2 动作，攻螺纹滑台在原位 SQ3 动作），并且液压系统压力正常，则压力继电器 PV 动作，原位指示灯 HL1 亮。

将工件放在工作台上，按下启动按钮 SB，夹紧电磁阀 YV1 得电，液压系统控制夹具将工件夹紧，与此同时控制凸轮电动机 M2 得电运转。当夹紧限位开关 SQ4 动作时，表明工件已被夹紧。

启动钻孔动力头电动机 M3，控制相应的液压阀使钻孔滑台前移，进行钻孔加工。当钻空滑台到达终点时，钻孔滑台自动后退，回到原位时停止运行，M3 同时停止运行。钻孔滑台移到原位后，工作台右移，电磁阀 YV2 得电，液压系统使工作台右移，当工作台右移到攻螺纹工位时，限位开关 SQ6 动作，工作台停止。启动攻螺纹动力头电动机 M4 正转，M4 正转使攻螺纹滑台前移，进行攻螺纹加工，当攻螺纹滑台到达终点时，终点限位开关 SQ7 动作，制动电磁铁 DL 得电，攻螺纹动力头制动，0.3s 后 M4 反转，同时攻螺纹滑台自动后退。当攻螺纹滑台退到原位时，M4 停止，凸轮正好转动一周，凸轮电动机 M2 停止，延时 3s 后左移电磁阀 YV3 得电，工作台左移，到钻孔工位时停止。放松电磁阀 YV4 得电，放松件，放松限位 SQ5 动作后，停止放松。原位指示灯亮，取下工件，加工过程完成。

两个滑台的移动是通过滑台移动控制凸轮控制液压系统的液压阀实现的，电气系统参与，只需启动凸轮电动机 M2 即可。

在加工过程中，应启动冷却泵电动机 M5，供给切削液。

2. PLC 改造组合机床控制线路的设计

（1）PLC 改造组合机床控制线路的输入/输出分配表

由组合机床的控制要求可知，该系统为自动顺序循环控制。但在某些情况下，有可能需使用手动控制，因此在系统中需增设手动控制部分。手动控制时，直接使用相关的按钮与并联在相应的控制元件上即可，它们不需占用 I/O 端子，这样不仅可节约一些输入端子，还可简化 PLC 的程序设计。使用 PLC 改造组合机床时，其 I/O 地址分配如表 9-23 所示。

表 9-23　　PLC 改造组合机床的 I/O 分配表

输入			输出		
功能	元件	PLC 地址	功能	元件	PLC 地址
压力检测	PV	X000	冷却泵电动机 M0	KM1	Y000
钻孔工位限位	SQ1	X001	液压泵电动机 M1	KM2	Y001
钻孔滑台原位限位	SQ2	X002	凸轮电动机 M2	KM3	Y002
攻螺纹滑台原位限位	SQ3	X003	钻孔动力头电动机 M3	KM4	Y003
夹紧限位	SQ4	X004	攻螺纹动力头电动机 M4 正转	KM5	Y004
放松限位	SQ5	X005	攻螺纹动力头电动机 M4 反转	KM6	Y005
攻螺纹限位	SQ6	X006	制动	DL	Y006
攻螺纹滑台终点限位	SQ7	X007	报警	SP	Y007
启动按钮	SB	X010	夹紧电磁阀	YV1	Y010
自动/手动选择	SA	X011	工作台右移电磁阀	YV2	Y011
冷却泵手动控制按钮	SB1	—	工作台左移电磁阀	YV3	Y012
液压泵手动控制按钮	SB2	—	放松电磁阀	YV4	Y013

续表

输入			输出		
功能	元件	PLC 地址	功能	元件	PLC 地址
凸轮电动机手动控制按钮	SB3	—	原点指示	HL1	Y014
钻孔手动控制按钮	SB4	—	自动指示	HL2	Y015
手动攻螺纹正转控制按钮	SB5	—	手动指示	HL3	Y016
手动攻螺纹反转控制按钮	SB6	—	手动电源	—	Y017
手动夹紧控制按钮	SB7	—			
手动右移控制按钮	SB8	—			
手动左移控制按钮	SB9	—			
手动放松控制按钮	SB10	—			

（2）PLC 改造组合机床的接线图

在改造传统组合机床时，需要 9 个输入点和 16 个输出点。PLC 改造组合机床的接线如图 9-30 所示。

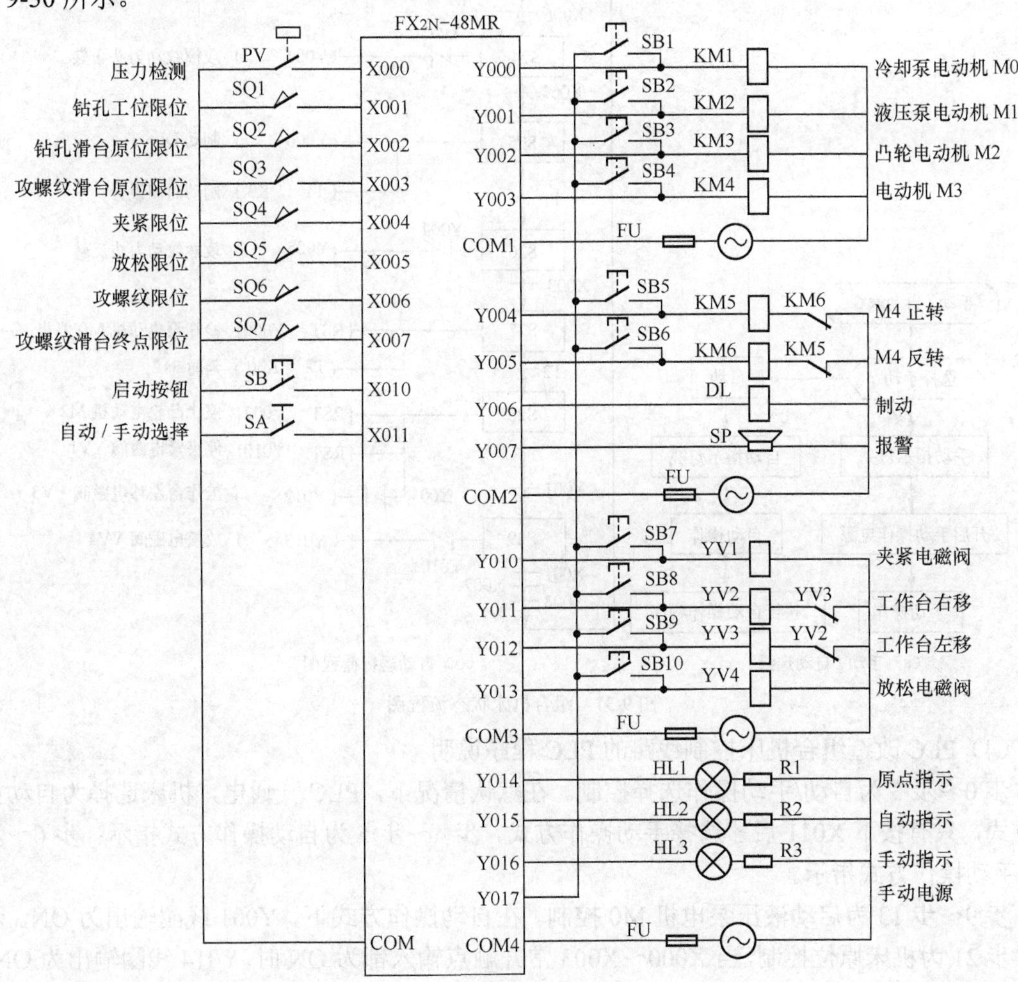

图 9-30 PLC 改造组合机床的 I/O 接线图

（3）PLC改造组合机床的程序设计

PLC改造组合机床时，其控制流程如图9-31所示，程序如表9-24所示。

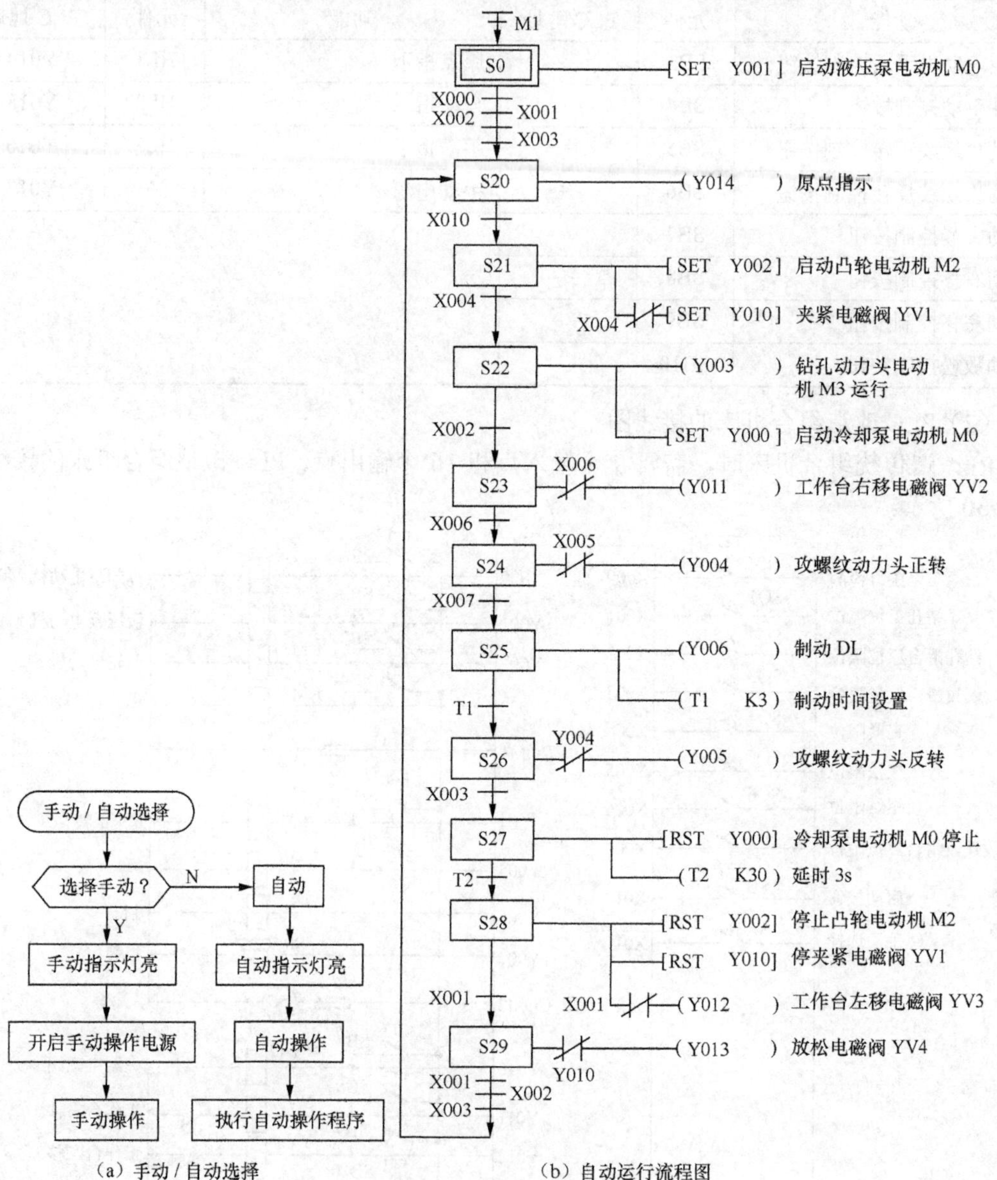

（a）手动/自动选择　　（b）自动运行流程图

图9-31　组合机床状态流程图

（4）PLC改造组合机床控制线路的PLC程序说明

步0～步3为自动/手动操作选择控制。在默认情况下，PLC一通电，机床选择为自动操作方式，只有按下X011后才选择手动操作方式。步4～步5为自动操作方式指示；步6～步8为手动操作方式指示。

步9～步13为启动液压泵电机M0控制。在自动操作方式下，Y001线圈输出为ON。步14～步21为机床原位控制，当X000～X003常开触点输入都为ON时，Y014线圈输出为ON，表示机床各部分处于原位。

表 9-24　　PLC 改造组合机床控制线路的梯形图及指令语句表

梯形图

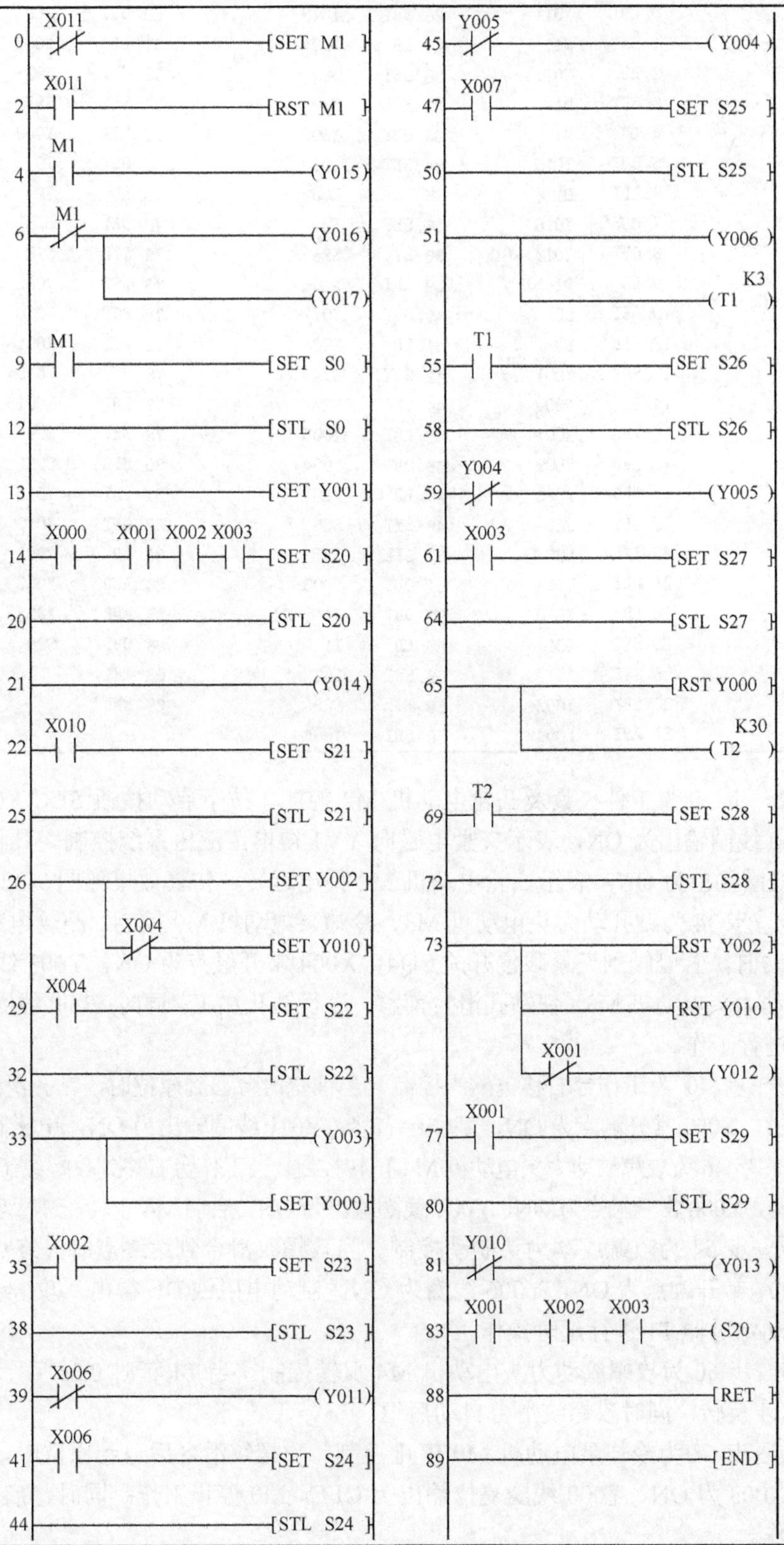

```
0   X011(NC) ---------------------- [SET M1]
2   X011 -------------------------- [RST M1]
4   M1 ---------------------------- (Y015)
6   M1(NC) ------------------------ (Y016)
                            └------ (Y017)
9   M1 ---------------------------- [SET S0]
12  ------------------------------- [STL S0]
13  ------------------------------- [SET Y001]
14  X000  X001  X002  X003 -------- [SET S20]
20  ------------------------------- [STL S20]
21  ------------------------------- (Y014)
22  X010 -------------------------- [SET S21]
25  ------------------------------- [STL S21]
26  ------------------------------- [SET Y002]
        └-- X004(NC) -------------- [SET Y010]
29  X004 -------------------------- [SET S22]
32  ------------------------------- [STL S22]
33  ------------------------------- (Y003)
        └-------------------------- [SET Y000]
35  X002 -------------------------- [SET S23]
38  ------------------------------- [STL S23]
39  X006(NC) ---------------------- (Y011)
41  X006 -------------------------- [SET S24]
44  ------------------------------- [STL S24]
45  Y005(NC) ---------------------- (Y004)
47  X007 -------------------------- [SET S25]
50  ------------------------------- [STL S25]
51  ------------------------------- (Y006)
        └-------------------------- (T1 K3)
55  T1 ---------------------------- [SET S26]
58  ------------------------------- [STL S26]
59  Y004(NC) ---------------------- (Y005)
61  X003 -------------------------- [SET S27]
64  ------------------------------- [STL S27]
65  ------------------------------- [RST Y000]
        └-------------------------- (T2 K30)
69  T2 ---------------------------- [SET S28]
72  ------------------------------- [STL S28]
73  ------------------------------- [RST Y002]
        ├-------------------------- [RST Y010]
        └-- X001(NC) -------------- (Y012)
77  X001 -------------------------- [SET S29]
80  ------------------------------- [STL S29]
81  Y010(NC) ---------------------- (Y013)
83  X001  X002  X003 -------------- (S20)
88  ------------------------------- [RET]
89  ------------------------------- [END]
```

续表

指令表	0 LDI X011	28 SET Y010	60 OUT Y005
	1 SET M1	29 LD X004	61 LD X003
	2 LD X011	30 SET S22	62 SET S27
	3 RST M1	32 STL S22	64 STL S27
	4 LD M1	33 OUT Y003	65 RST Y000
	5 OUT Y015	34 SET Y000	66 OUT T2 K30
	6 LDI M1	35 LD X002	69 LD T2
	7 OUT Y016	36 SET S23	70 SET S28
	8 OUT Y017	38 STL S23	72 STL S28
	9 LD M1	39 LDI X006	73 RST Y002
	10 SET S0	40 OUT Y011	74 RST Y010
	12 STL S0	41 LD X006	75 ANI X001
	13 SET Y001	42 SET S24	76 OUT Y012
	14 LD X000	44 STL S24	77 LD X001
	15 AND X001	45 LDI Y005	78 SET S29
	16 AND X002	46 OUT Y004	80 STL S29
	17 AND X003	47 LD X007	81 LDI Y010
	18 SET S20	48 SET S25	82 OUT Y013
	20 STL S20	50 STL S25	83 LD X001
	21 OUT Y014	51 OUT Y006	84 AND X002
	22 LD X010	52 OUT T1 K3	85 AND X003
	23 SET S21	55 LD T1	86 OUT S20
	25 STL S21	56 SET S26	88 RET
	26 SET Y002	58 STL S26	89 END
	27 ANI X004	59 LDI Y004	

步22～步28为工件夹紧及凸轮电动机M2控制。按下启动按钮SB，X010常开触点为ON，Y010线圈输出为ON，表示夹紧电磁阀YV1得电，液压系统控制夹具将工件夹紧，同时Y002线圈输出为ON，表示凸轮电动机M2得电运转，仿真效果如图9-32所示。

步29～步34为钻孔动力头电动机M3、冷却泵电动机M0控制。凸轮电动机M2控制钻孔滑台移动时，若碰触到夹紧限位开关SQ4，X004常开触点为ON，Y003线圈输出为ON，启动钻孔动力头电动机M3，使钻孔滑台前移，进行钻孔加工；同时Y000线圈输出也为ON，启动M0进行工作。

步35～步40为工作台右移电磁阀控制。当钻空滑台移到原位时，钻孔滑台原位限位开关SQ2被碰触，X002常开触点为ON，工作台右移，Y011线圈输出为ON，电磁阀YV2得电。

步41～步46为攻螺纹动力头电动机M4正转控制。当工作台右移到攻螺纹工位时，限位开关SQ6被触碰，X006常开触点为ON，Y004线圈输出为ON，启动M4正转，进行攻螺纹加工操作。

步47～步54为攻螺纹动力头制动控制。当攻螺纹滑台到达终点时，终点限位开关SQ7动作，X007常开触点为ON，Y006线圈为ON，制动电磁铁DL得电，攻螺纹动力头制动；同时，启动定时器T1进行延时操作。

步55～步60为攻螺纹动力头电动机M4反转控制。当T1延时0.3s后，Y005线圈输出为ON，M4反转，同时攻螺纹滑台自动后退。

步61～步68为冷却泵电动机M0停止控制。攻螺纹滑台后退到原位时，限位开关SQ3被碰触，X003为ON，Y000线圈复位输出为OFF，M0停止工作；同时，启动定时器T2进行延时操作。

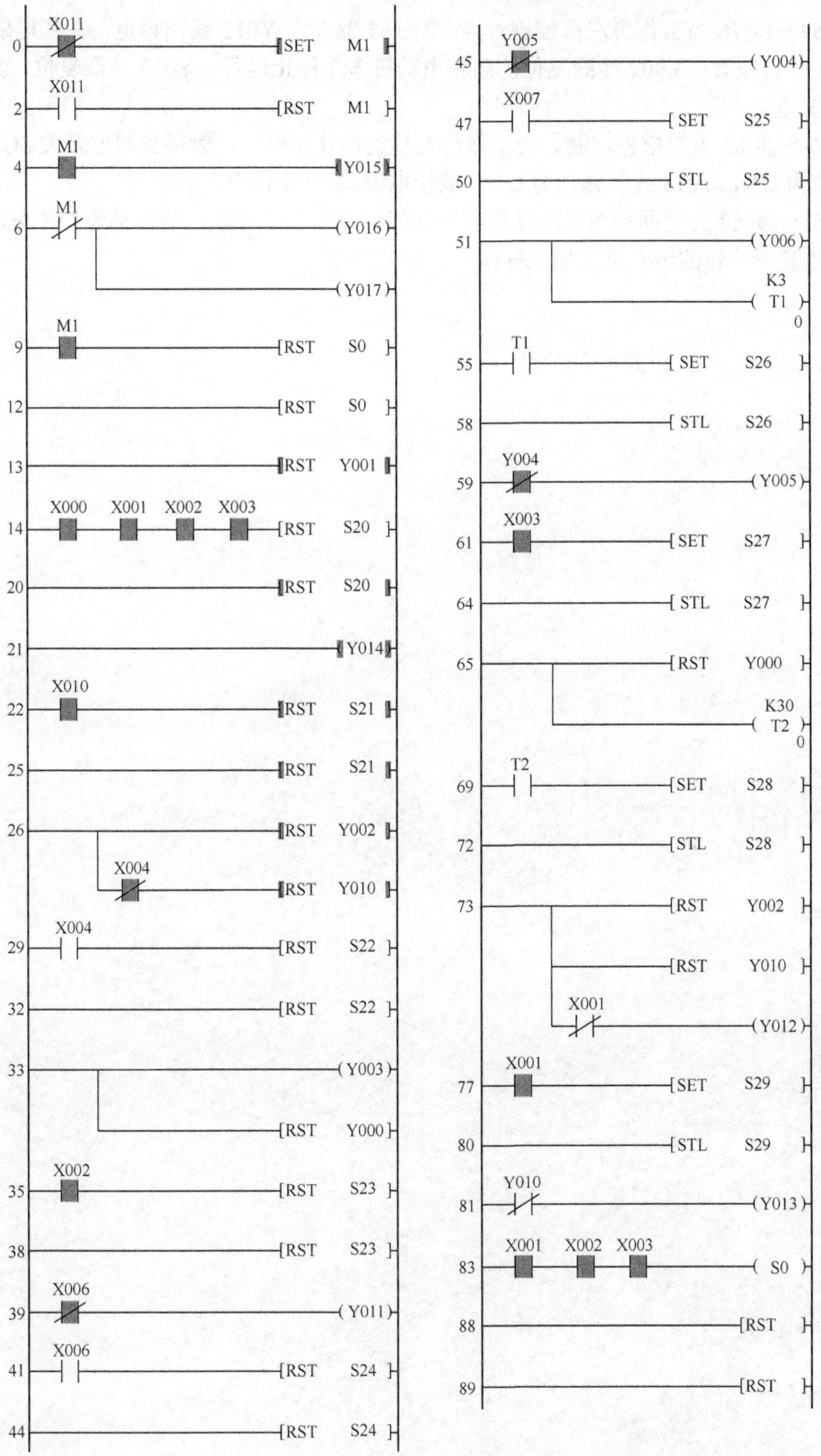

```
0   X011 ─────────────── [SET   M1 ]
2   X011 ─────────────── [RST   M1 ]
4   M1   ─────────────── (Y015)
6   M1   ─┬───────────── (Y016)
          └───────────── (Y017)
9   M1   ─────────────── [RST   S0 ]
12  ──────────────────── [RST   S0 ]
13  ──────────────────── [RST   Y001 ]
14  X000 X001 X002 X003 ─ [RST   S20 ]
20  ──────────────────── [RST   S20 ]
21  ──────────────────── (Y014)
22  X010 ─────────────── [RST   S21 ]
25  ──────────────────── [RST   S21 ]
26  ─┬────────────────── [RST   Y002 ]
     └─ X004 ─────────── [RST   Y010 ]
29  X004 ─────────────── [RST   S22 ]
32  ──────────────────── [RST   S22 ]
33  ─┬────────────────── (Y003)
     └────────────────── [RST   Y000 ]
35  X002 ─────────────── [RST   S23 ]
38  ──────────────────── [RST   S23 ]
39  X006 ─────────────── (Y011)
41  X006 ─────────────── [RST   S24 ]
44  ──────────────────── [RST   S24 ]
45  Y005 ─────────────── (Y004)
47  X007 ─────────────── [SET   S25 ]
50  ──────────────────── [STL   S25 ]
51  ─┬────────────────── (Y006)
     │                    K3
     └────────────────── (T1)
                           0
55  T1   ─────────────── [SET   S26 ]
58  ──────────────────── [STL   S26 ]
59  Y004 ─────────────── (Y005)
61  X003 ─────────────── [SET   S27 ]
64  ──────────────────── [STL   S27 ]
65  ─┬────────────────── [RST   Y000 ]
     │                    K30
     └────────────────── (T2)
                           0
69  T2   ─────────────── [SET   S28 ]
72  ──────────────────── [STL   S28 ]
73  ─┬────────────────── [RST   Y002 ]
     ├────────────────── [RST   Y010 ]
     └─ X001 ─────────── (Y012)
77  X001 ─────────────── [SET   S29 ]
80  ──────────────────── [STL   S29 ]
81  Y010 ─────────────── (Y013)
83  X001 X002 X003 ───── (S0)
88  ──────────────────── [RST ]
89  ──────────────────── [RST ]
```

图 9-32　组合机床的仿真效果图

步 69～步 76 为工作台左移控制。当 T2 延时 3s 时，Y012 线圈得电，左移电磁阀 YV3 得电，工作台左移；Y002 线圈复位，凸轮电动机 M2 停止运行；Y010 线圈复位，夹紧电磁阀 YV1 失电。

步 77～步 82 为放松件控制。当工作台左移到钻孔工位时，触碰到限位开关 SQ1，X001 常开触点为 ON，Y013 线圈输出为 ON，放松电磁阀 YV4 得电，放松件。

步 83～步 88 为返回初始状态操作。当 X001～X003 常开触点输入都为 ON 时，返回状态 S0，重复下一轮的组合机床加工操作。

第 10 章　PLC 小系统的设计

10.1　灯光显示类设计

通过编写程序，使 PLC 控制发光二极管的亮灭，达到不同的显示效果，也可通过发光二极管的亮灭来模拟相应的控制功能。

10.1.1　报警闪烁灯设计

1．控制要求

（1）当系统发生故障时，能及时报警，即警灯闪烁，警铃（蜂鸣器或扬声器）响。

（2）当操作人员发现故障，按响应开关以示响应。响应时，警灯变为常亮，警铃响。

（3）当故障排除时，报警信号消失，警灯灭。

（4）按下检查开关，警灯亮，否则指示灯坏，应进行更换。

2．控制分析

根据控制要求，画出系统时序图如图 10-1 所示。

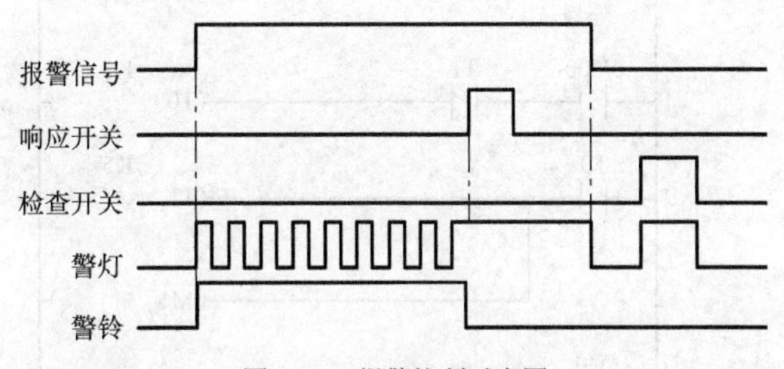

图 10-1　报警控制时序图

3．PLC 的输入/输出（I/O）分配表

根据控制要求及控制分析，列出 PLC 控制报警闪烁灯的输入/输出分配表，如表 10-1 所示。

表 10-1　PLC 控制报警闪烁灯的输入/输出分配表

输入			输出		
功能	元件	PLC 地址	功能	元件	PLC 地址
报警信号	SB1	X000	警灯控制	HL	Y000
报警响应	SB2	X001	警铃控制	KA	Y001
信号灯检查	SB3	X002			

4．PLC 控制报警闪烁灯的 I/O 接线图

系统使用的 I/O 端子较少，报警闪烁灯 PLC 控制 I/O 接线图如图 10-2 所示。

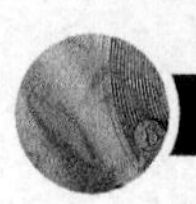

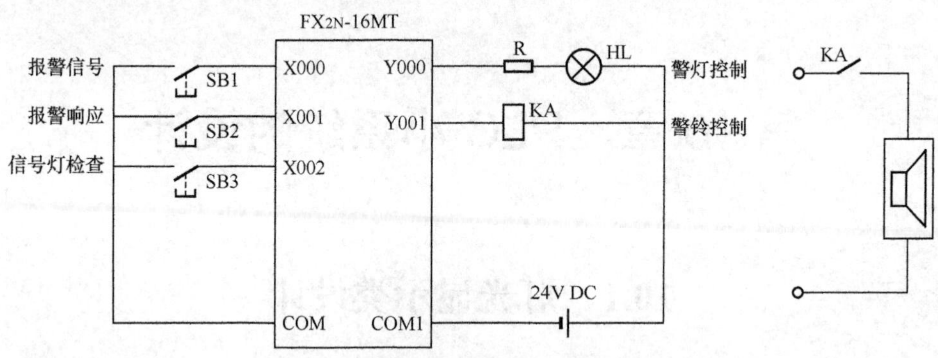

图 10-2　PLC 控制报警闪烁灯的 I/O 接线图

5．程序设计

根据控制要求设计出 PLC 控制报警闪烁灯的梯形图及指令语句表，如表 10-2 所示。

表 10-2　　PLC 控制报警闪烁灯的梯形图及指令语句表

梯形图

指令表

步	指令	元件	
0	LD	X001	
1	OR	M0	
2	ANI	X000	
3	OUT	M0	
4	LD	X000	
5	ANI	T1	
6	OUT	T0	K5
9	LD	T0	
10	OUT	T1	K5
13	OUT	M1	
14	LD	M0	
15	OR	M1	
16	OR	X002	
17	OUT	Y000	
18	LD	X000	
19	ANI	M0	
20	OUT	Y001	
21	END		

6．PLC 控制报警闪烁灯的程序设计说明

梯形图步 0～步 3 系统发生故障时，操作人员是否按响应开关进行响应；步 4～步 13 为产生 1s 的时钟振荡电路；步 14～步 17 控制警灯 HL 指示；步 18～步 20 控制警铃。

当系统发生故障时，产生报警信号，梯形图步 1 中的 X000 闭合，为响应开关动作做好准备；步 4 中的 X000 闭合，开始产生 1s 的时钟振荡以控制步 17 的 Y000 线圈，使警灯 HL 闪烁，其仿真效果如图 10-3 所示；步 18 中的 X000 闭合，使警铃发出报警声音。

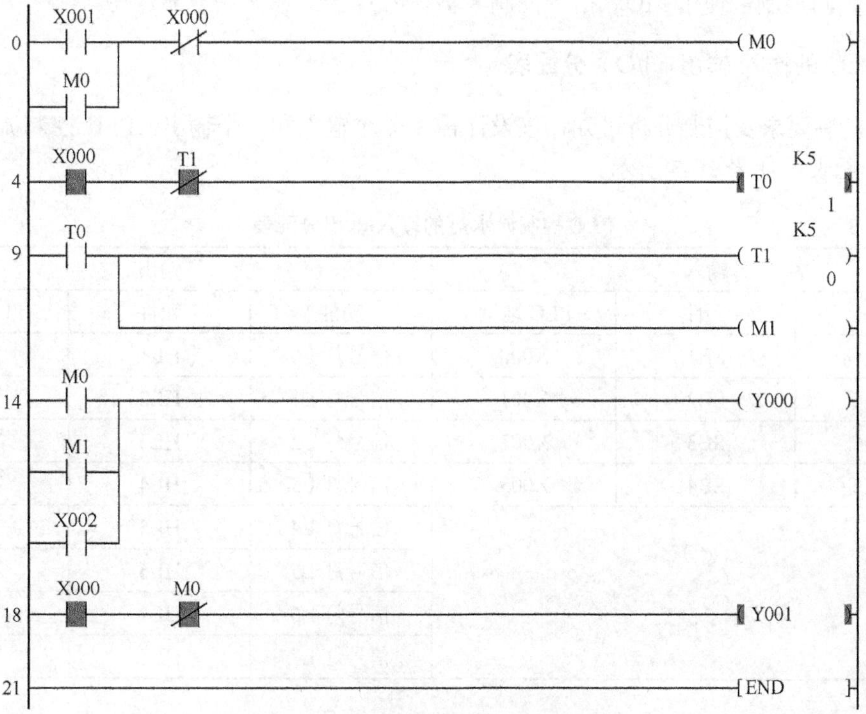

图 10-3　PLC 控制报警闪烁灯的仿真效果图

当操作人员发现故障，按下响应开关时，X001 闭合，步 3 中 M0 线圈工作，步 2 中 M0 常开触头闭合，形成自锁；步 14 中的 M0 常开触头闭合，使警灯 HL 常亮；步 19 的 M0 常闭触头打开，解除报警声。

当操作人员按下检查开关时，步 16 中的 X002 常开触头闭合，警灯 HL 点亮。如果警灯 HL 不亮，表示警灯已坏，需要更换。

10.1.2　流水灯设计

1．控制要求

（1）按下启动按钮 SB2，8 盏信号灯 L0～L7 常亮。

（2）按下左移按钮 SB3，8 盏信号灯 L0～L7 由右向左轮流点亮，即 L0 亮 0.5s 后灭，接着 L2 亮 0.5s 后灭，然后 L3 亮 0.5s 后灭……L7 亮 0.5s 后灭，L0 亮 0.5s 后灭，接着 L2 亮 0.5s 后灭，如此循环。

（3）按下右移按钮 SB4 后，更改方向，由左向右轮流点亮，即 L7 亮 0.5s 后灭，接着 L6 亮 0.5s 后灭，然后 L5 亮 0.5s 后灭……L0 亮 0.5s 后灭，L7 亮 0.5s 后灭，接着 L6 亮 0.5s 后灭，如此循环。

（4）按下停止按钮 SB1，灯全部熄灭。

2．控制分析

可以使用循环左移指令和循环右移指令控制 8 盏信号灯的轮流点亮，通过 T0 和 T1 来进行 0.5s 的时间控制。使用 MOV 指令控制 8 盏信号灯全部熄灭或全部点亮。

3．PLC 的输入/输出（I/O）分配表

根据控制要求及控制分析可知，该设计需要 4 个输入和 8 个输出，PLC 控制流水灯的输入/输出分配表，如表 10-3 所示。

表 10-3　PLC 控制流水灯的输入/输出分配表

输入			输出		
功能	元件	PLC 地址	功能	元件	PLC 地址
停止按钮	SB1	X000	信号灯 L0	HL1	Y000
启动按钮	SB2	X001	信号灯 L1	HL2	Y001
左移按钮	SB3	X002	信号灯 L2	HL3	Y002
右移按钮	SB4	X003	信号灯 L3	HL4	Y003
			信号灯 L4	HL5	Y004
			信号灯 L5	HL6	Y005
			信号灯 L6	HL7	Y006
			信号灯 L7	HL8	Y007

4．PLC 控制流水灯的 I/O 接线图

系统需要 4 个输入和 8 个输出 I/O 端子，PLC 控制流水灯的 I/O 接线图如图 10-4 所示。

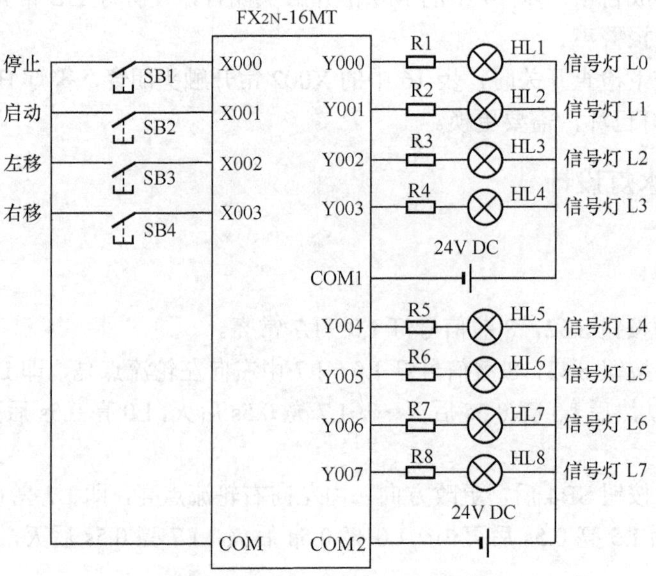

图 10-4　PLC 控制流水灯的 I/O 接线图

5．程序设计

根据控制要求设计出 PLC 控制流水灯的梯形图及指令语句表，如表 10-4 所示。

表 10-4　　　　PLC 控制流水灯的梯形图及指令语句表

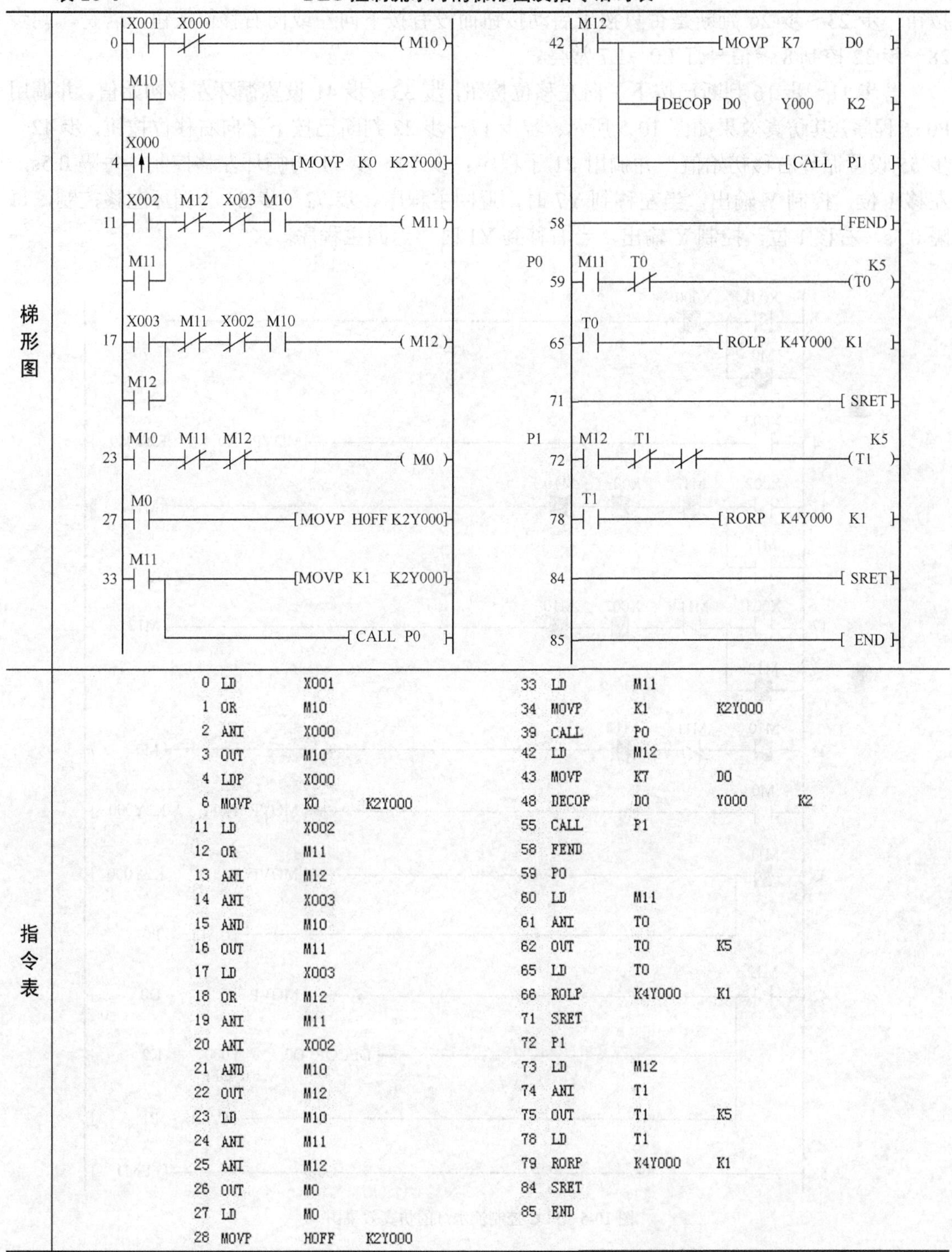

梯形图				
指令表				
0	LD	X001		
1	OR	M10		
2	ANI	X000		
3	OUT	M10		
4	LDP	X000		
6	MOVP	K0	K2Y000	
11	LD	X002		
12	OR	M11		
13	ANI	M12		
14	ANI	X003		
15	AND	M10		
16	OUT	M11		
17	LD	X003		
18	OR	M12		
19	ANI	M11		
20	ANI	X002		
21	AND	M10		
22	OUT	M12		
23	LD	M10		
24	ANI	M11		
25	ANI	M12		
26	OUT	M0		
27	LD	M0		
28	MOVP	HOFF	K2Y000	
33	LD	M11		
34	MOVP	K1	K2Y000	
39	CALL	P0		
42	LD	M12		
43	MOVP	K7	D0	
48	DECOP	D0	Y000	K2
55	CALL	P1		
58	FEND			
59	P0			
60	LD	M11		
61	ANI	T0		
62	OUT	T0	K5	
65	LD	T0		
66	ROLP	K4Y000	K1	
71	SRET			
72	P1			
73	LD	M12		
74	ANI	T1		
75	OUT	T1	K5	
78	LD	T1		
79	RORP	K4Y000	K1	
84	SRET			
85	END			

6. PLC 控制流水灯的程序设计说明

步 0～步 3 为判断是否按下启动按钮；步 4～步 10 为按下停止按钮时，8 盏信号灯 L0～L7 熄灭；步 11～步 16 判断是否按下了向左移位按钮；步 17～步 22 判断是否按下向右移位按钮；步 23～步 26 判断是否只按了启动按钮而没有按下向左或向右移位按钮，若是，则步 28～步 32 控制 8 盏信号灯 L0～L7 常亮。

若步 11～步 16 判断已按下了向左移位按钮，步 33～步 41 设置循环左移初始值，并调用 P0 子程序，其仿真效果如图 10-5 所示；若步 17～步 22 判断已按下了向右移位按钮，步 42～步 55 设置循环右移初始值，并调用 P1 子程序。步 59～步 71 为循环左移控制，每隔 0.5s，左移 1 位，控制 Y 输出，当左移到 Y7 时，返回主程序。步 72～步 84 为循环左移控制，每隔 0.5s，右移 1 位，控制 Y 输出，当右移到 Y1 时，返回主程序。

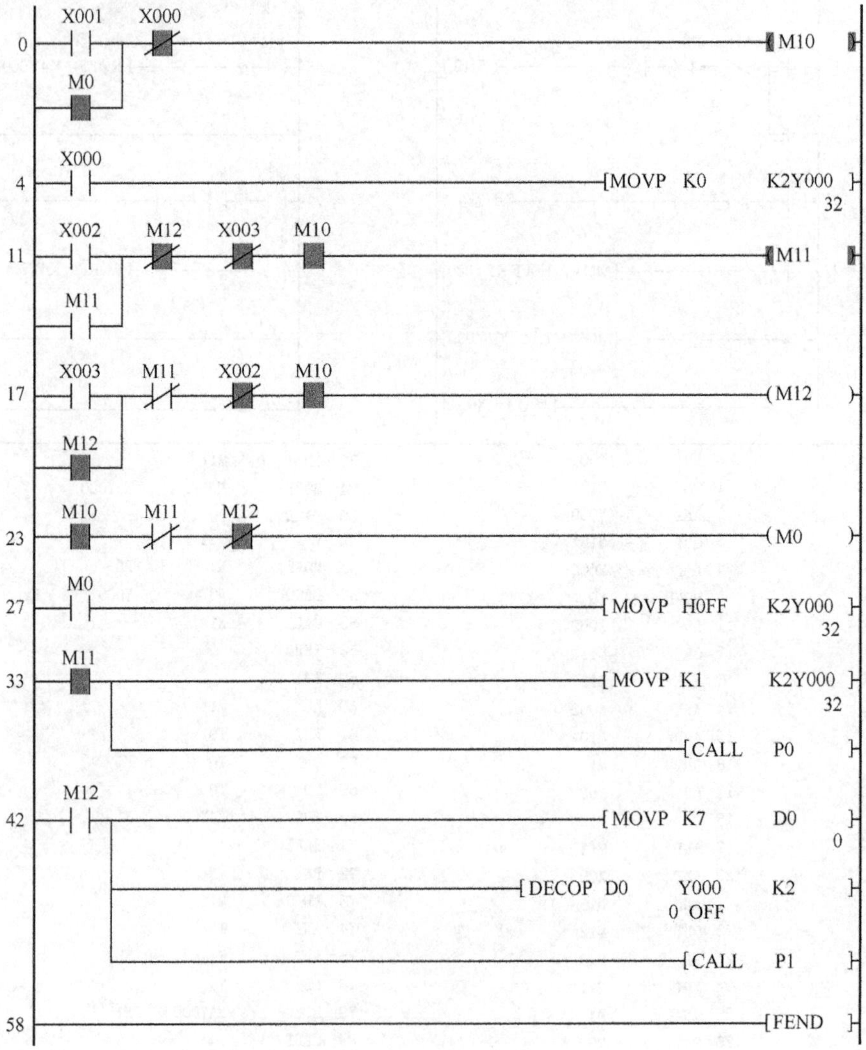

图 10-5　PLC 控制流水灯的仿真效果图

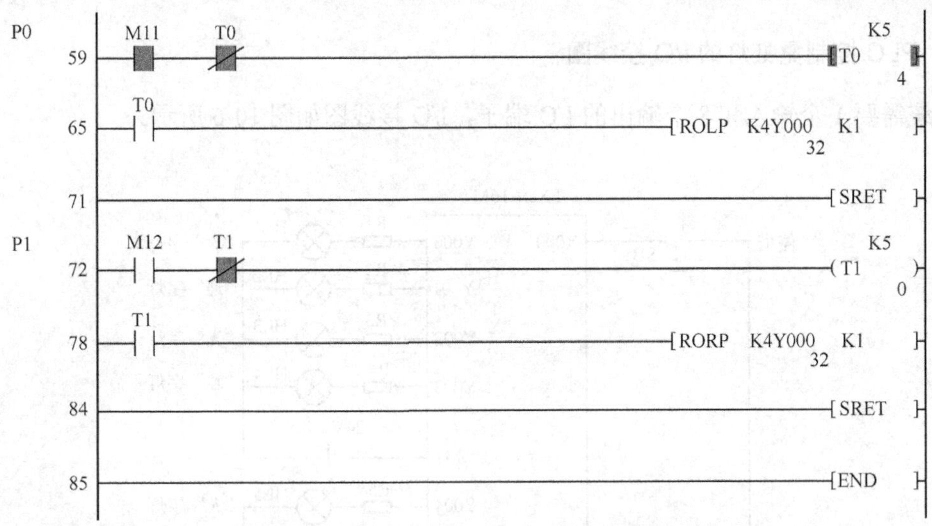

图 10-5 PLC 控制流水灯的仿真效果图（续）

10.1.3 霓虹灯设计

1．控制要求

① 用 HL0～HL7 八个霓虹灯，分别做成“欢迎光临人民邮电”八个字，当电源开启时，HL0～HL7 闪烁 5 次，每次亮 0.5s，灭 0.5s。

② 闪烁 5 次后，从“欢”字开始移位点亮，每字间隔时间为 1s。

③ 移位完毕后，循环执行（1）、（2），直至按下停止按钮。

2．控制分析

8 个霓虹灯闪烁 5 次需使用计数器来控制次数，移位点亮可使用 ROL 循环左移指令。

3．PLC 控制霓虹灯的输入/输出（I/O）分配表

根据控制要求及控制分析可知，该设计只需要 1 个输入和 8 个输出，PLC 控制霓虹灯的输入/输出分配表，如表 10-5 所示。

表 10-5　**PLC 控制霓虹灯的输入/输出分配表**

输入			输出		
功能	元件	PLC 地址	功能	元件	PLC 地址
停止按钮	SB1	X000	“欢”字灯	HL1	Y000
			“迎”字灯	HL2	Y001
			“光”字灯	HL3	Y002
			“临”字灯	HL4	Y003
			“人”字灯	HL5	Y004
			“民”字灯	HL6	Y005
			“邮”字灯	HL7	Y006
			“电”字灯	HL8	Y007

4．PLC 控制霓虹灯的 I/O 接线图

系统需要 1 个输入和 8 个输出的 I/O 端子，I/O 接线图如图 10-6 所示。

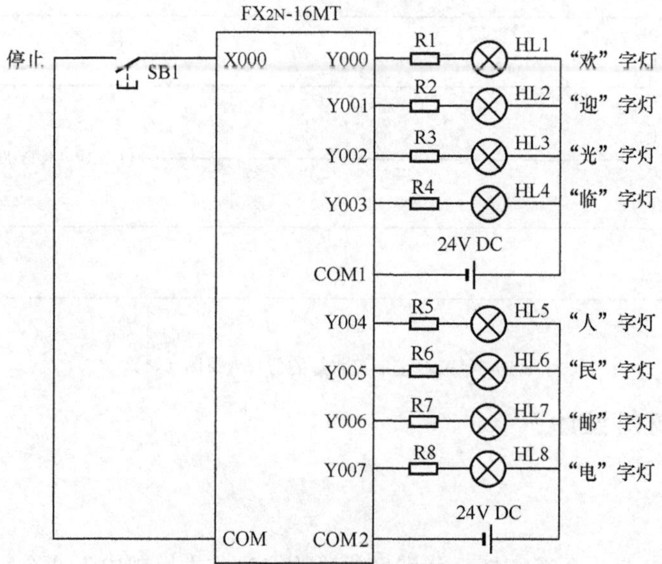

图 10-6　PLC 控制霓虹灯的 I/O 接线图

5．程序设计

根据控制要求，设计出 PLC 控制霓虹灯的梯形图及指令语句表，如表 10-6 所示。

表 10-6　　PLC 控制霓虹灯的梯形图及指令语句表

梯形图

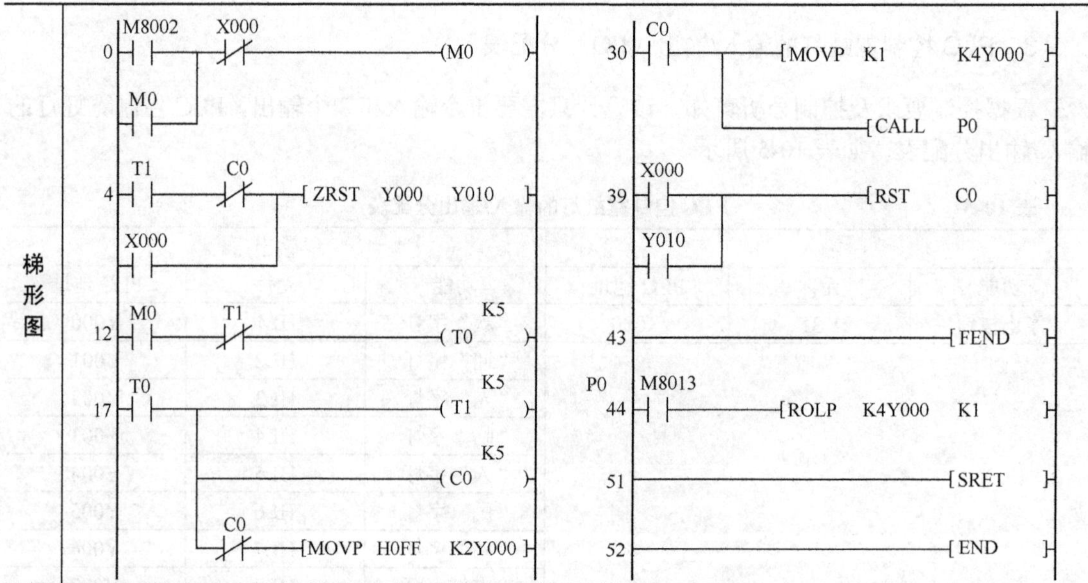

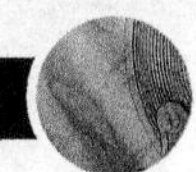

续表

指令表							
0 LD	M8002			24 ANI	C0		
1 OR	M0			25 MOVP	H0FF	K2Y000	
2 ANI	X000			30 LD	C0		
3 OUT	M0			31 MOVP	K1	K4Y000	
4 LD	T1			36 CALL	P0		
5 ANI	C0			39 LD	X000		
6 OR	X000			40 OR	Y010		
7 ZRST	Y000	Y010		41 RST	C0		
12 LD	M0			43 FEND			
13 ANI	T1			44 P0			
14 OUT	T0	K5		45 LD	M8013		
17 LD	T0			46 ROLP	K4Y000	K1	
18 OUT	T1	K5		51 SRET			
21 OUT	C0	K5		52 END			

6. PLC控制霓虹灯的程序设计说明

步0～步3判断是否按下了停止按钮，若没按下停止按钮，则PLC一通电，M0线圈得电输出并自保；当按下了停止按钮或定时器T1延时达0.5s时，步4～步11控制8个霓虹灯熄灭；步12～步18形成0.5s的脉冲振荡，步24～步29与步5～步11控制8个霓虹灯闪烁，同时步19～步21计算闪烁次数。当计数次数达到5次时，步30～步36调用霓虹灯移位显示子程序。步44～步51为霓虹灯每隔1s移位点亮显示，其仿真效果如图10-7所示。当移位到Y010，或按下停止按钮时，步39～步42使计数器清零，为下次操作做好准备；步43为主程序结束语句。

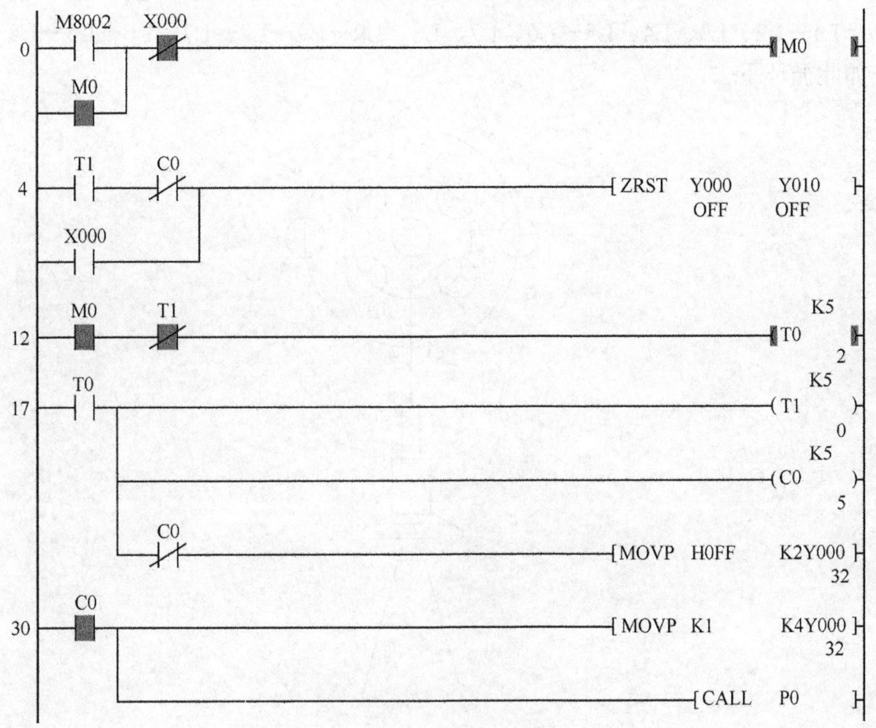

图10-7 PLC控制霓虹灯的仿真效果图

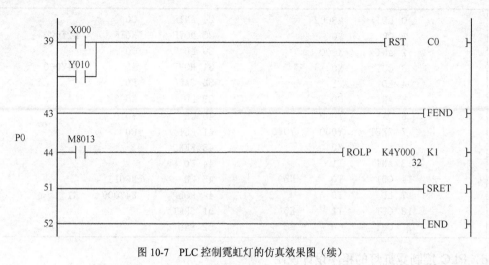

图 10-7 PLC 控制霓虹灯的仿真效果图（续）

10.1.4 天塔之光设计

1. 控制要求

天塔之光的控制示意图如图 10-8 所示，按下启动按钮后，各灯光的显示规律如下：L9→L8→L7→L6→L5→L4→L3→L2→L1→L1、L2、L9→L1、L5、L8→L1、L4、L7→L1、L3、L6→L2、L3、L4、L5→L6、L7、L8、L9→L1、L2、L6→L1、L3、L7→L1、L4、L8→L1、L5、L9→L1→L2、L3、L4、L5→L6、L7、L8、L9→L9→L8→L7→L6→L5→L4→L3→L2→L1……如此循环下去。

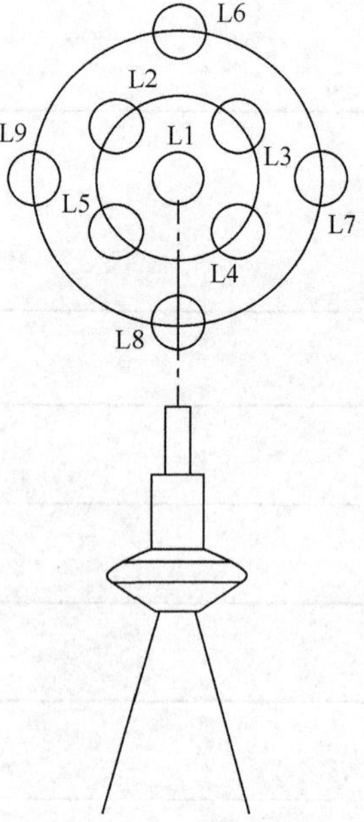

图 10-8 天塔之光控制示意图

2．控制分析

根据控制要求，天塔之光有 9 个灯，这些灯光是循环移位闪亮，每次循环有 22 步，因此可以使用移位寄存器指令 SFTL 来实现。移位寄存器指令 SFTL 需进行 22 位的移位，每一位对应一步控制的相应指示灯，如 L1 分别在“9、10、11、12、13、16、17、18、19、20”步时被点亮，那么在移位寄存器“M19、M20、M21、M22、M23、M26、M27、M28、M29、M30”位时 L1 均有效，需将 L1 置 1。

3．PLC 控制天塔之光的输入/输出（I/O）分配表

根据控制要求及控制分析可知，该设计需要 1 个启动按钮、1 个停止按钮和 9 个输出，PLC 控制天塔之光的输入/输出分配表，如表 10-7 所示。

表 10-7　PLC 控制天塔之光的输入/输出分配表

输入			输出		
功能	元件	PLC 地址	功能	元件	PLC 地址
启动按钮	SB1	X000	信号灯 L1	HL1	Y000
停止按钮	SB2	X001	信号灯 L2	HL2	Y001
			信号灯 L3	HL3	Y002
			信号灯 L4	HL4	Y003
			信号灯 L5	HL5	Y004
			信号灯 L6	HL6	Y005
			信号灯 L7	HL7	Y006
			信号灯 L8	HL8	Y007
			信号灯 L9	HL9	Y010

4．PLC 控制天塔之光的 I/O 接线图

由于系统需要 2 个输入和 9 个输出的 I/O 端子，PLC 控制天塔之光的 I/O 接线图如图 10-9 所示。

5．程序设计

根据控制要求设计出 PLC 控制天塔之光的梯形图及指令语句表，如表 10-8 所示。

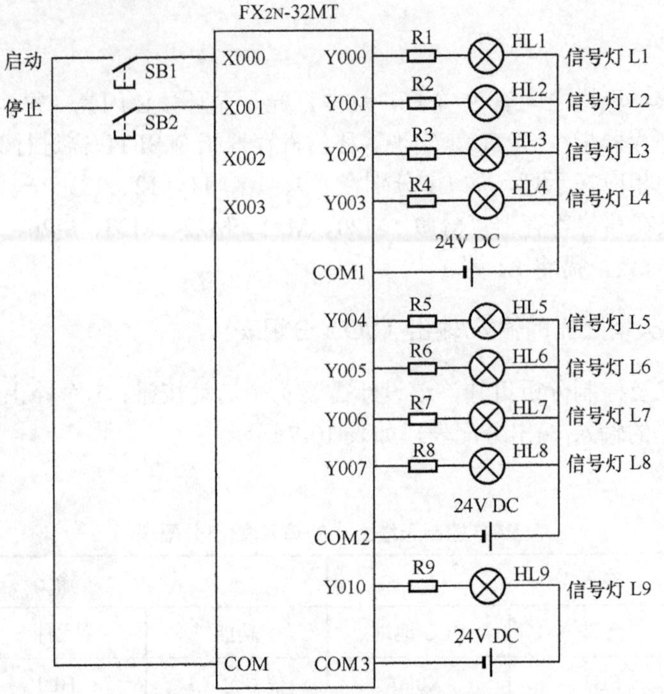

图 10-9　PLC 控制天塔之光的 I/O 接线图

表 10-8　　PLC 控制天塔之光的梯形图及指令语句表

梯形图	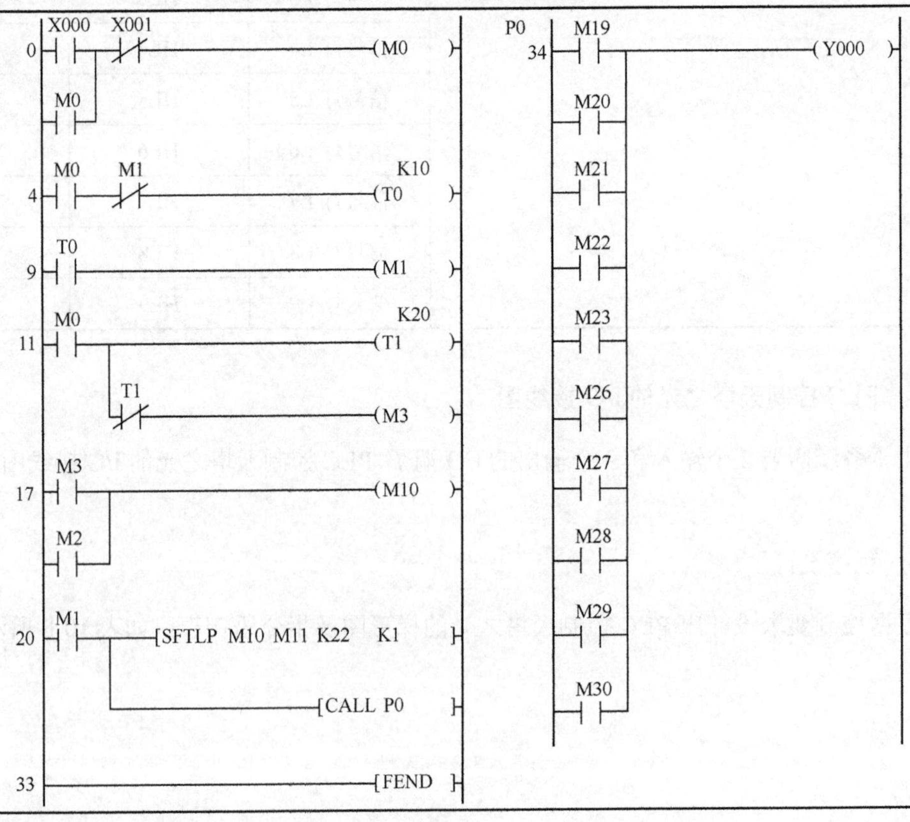

续表

梯形图	46 M18 / M20 / M24 / M26 / M31 —(Y001) 52 M17 / M23 / M24 / M27 / M31 —(Y002) 58 M16 / M22 / M24 / M28 / M31 —(Y003) 64 M15 / M21 / M24 / M29 / M31 —(Y004) 70 M14 / M23 / M25 / M26 / M32 —(Y005) 76 M13 / M22 / M25 / M27 / M32 —(Y006) 82 M12 / M21 / M25 / M28 / M32 —(Y007) 88 M11 / M20 / M25 / M29 / M32 —(Y010) 94 M32 —(T2 K10) T2 —(M2) 100 M32 —[ZRST M11 M32] 106 —[SRET] 107 —[END]

续表

指令表	步	指令	操作数	步	指令	操作数	步	指令	操作数
	0	LD	X000	45	OUT	Y000	76	LD	M13
	1	OR	M0	46	LD	M18	77	OR	M22
	2	ANI	X001	47	OR	M20	78	OR	M25
	3	OUT	M0	48	OR	M24	79	OR	M27
	4	LD	M0	49	OR	M26	80	OR	M32
	5	ANI	M1	50	OR	M31	81	OUT	Y006
	6	OUT	T0 K10	51	OUT	Y001	82	LD	M12
	9	LD	T0	52	LD	M17	83	OR	M21
	10	OUT	M1	53	OR	M23	84	OR	M25
	11	LD	M0	54	OR	M24	85	OR	M28
	12	OUT	T1 K20	55	OR	M27	86	OR	M32
	15	ANI	T1	56	OR	M31	87	OUT	Y007
	16	OUT	M3	57	OUT	Y002	88	LD	M11
	17	LD	M3	58	LD	M16	89	OR	M20
	18	OR	M2	59	OR	M22	90	OR	M25
	19	OUT	M10	60	OR	M24	91	OR	M29
	20	LD	M1	61	OR	M28	92	OR	M32
	21	SFTLP	M10 M11 K22 K1	62	OR	M31	93	OUT	Y010
	30	CALL	P0	63	OUT	Y003	94	LD	M32
	33	FEND		64	LD	M15	95	OUT	T2 K10
	34	P0		65	OR	M21	98	ANI	T2
	35	LD	M19	66	OR	M24	99	OUT	M2
	36	OR	M20	67	OR	M29	100	LD	M32
	37	OR	M21	68	OR	M31	101	ZRST	M11 M32
	38	OR	M22	69	OUT	Y004	106	SRET	
	39	OR	M23	70	LD	M14	107	END	
	40	OR	M26	71	OR	M23			
	41	OR	M27	72	OR	M25			
	42	OR	M28	73	OR	M26			
	43	OR	M29	74	OR	M32			
	44	OR	M30	75	OUT	Y005			

6．PLC 控制天塔之光的程序设计说明

步 0～步 3 为启动停止控制，步 4～步 29 为移位控制；步 30～步 34 为每移 1 位，调用显示子程序控制；步 35～步 93 为 9 个信号指示灯的亮灭控制，其仿真效果如图 10-10 所示；步 94～步 105 将 M 寄存器进行复位控制。

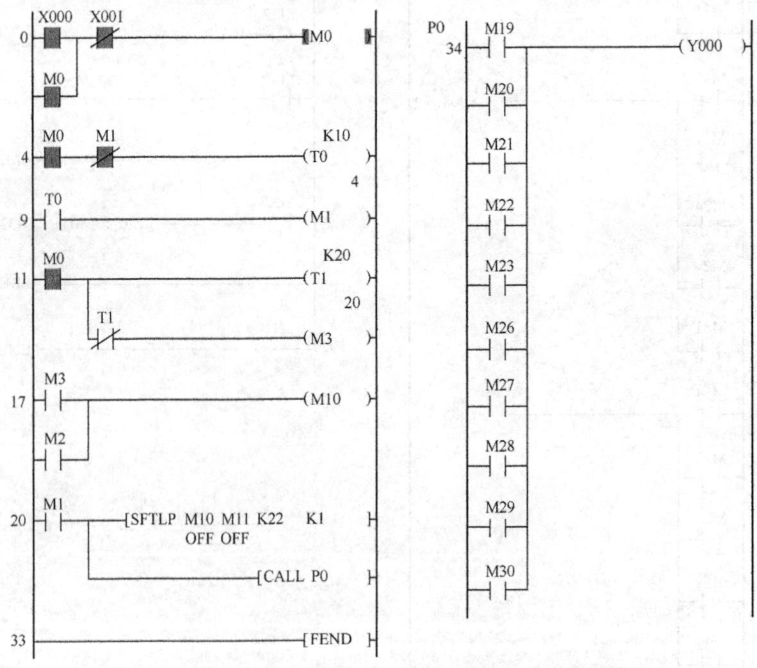

图 10-10　PLC 控制天塔之光的仿真效果图

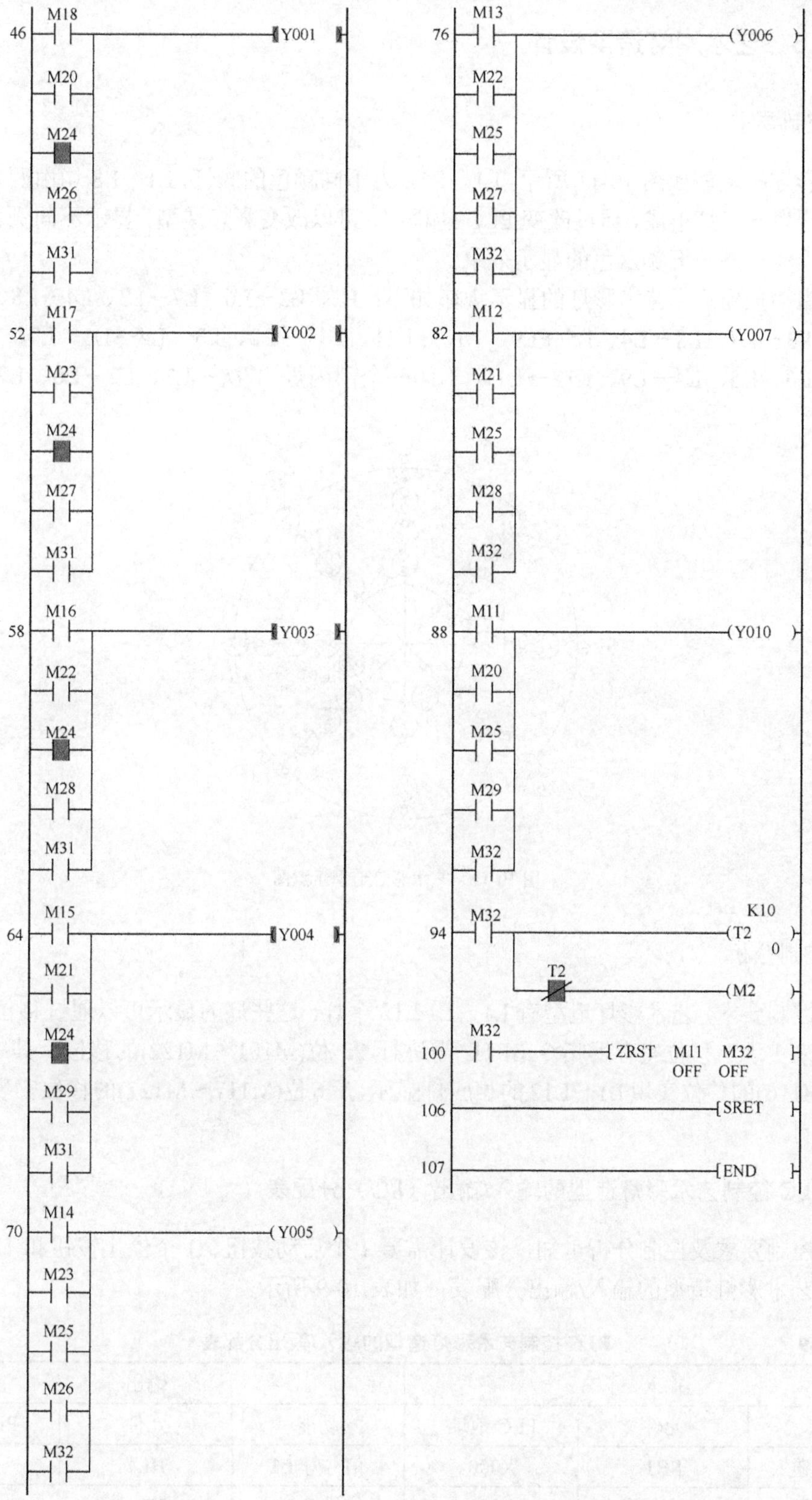

46 M18 M20 M24 M26 M31 Y001
52 M17 M23 M24 M27 M31 Y002
58 M16 M22 M24 M28 M31 Y003
64 M15 M21 M24 M29 M31 Y004
70 M14 M23 M25 M26 M32 Y005
76 M13 M22 M25 M27 M32 Y006
82 M12 M21 M25 M28 M32 Y007
88 M11 M20 M25 M29 M32 Y010
94 M32 T2 K100
T2 M2
100 M32 ZRST M11 OFF M32 OFF
106 SRET
107 END

图 10-10　PLC 控制天塔之光的仿真效果图（续）

10.1.5 艺术彩灯造型设计

1. 控制要求

艺术彩灯的造型如图 10-11 所示，L1～L12 为不同颜色的彩灯，L1～L8 均由四盏灯组成，L9～L12 均为一盏灯组成，通过改变 PLC 的程序，可以改变彩灯造型，显示不同颜色的灯光，使之产生千姿百态，五颜六色的显示效果。

按下启动按钮后，艺术彩灯的显示规律如下：L1、L2→L6、L7→L3、L4→L8、L1→L5、L6→L2、L3→L7、L8→L4、L5→L9、L10→L11、L12→L2、L3、L4→L6、L7、L8→L2、L1、L8→L6、L5、L4→L9、L12→L11、L10→全部闪烁 3 次→L1、L2→L6、L7……如此循环。

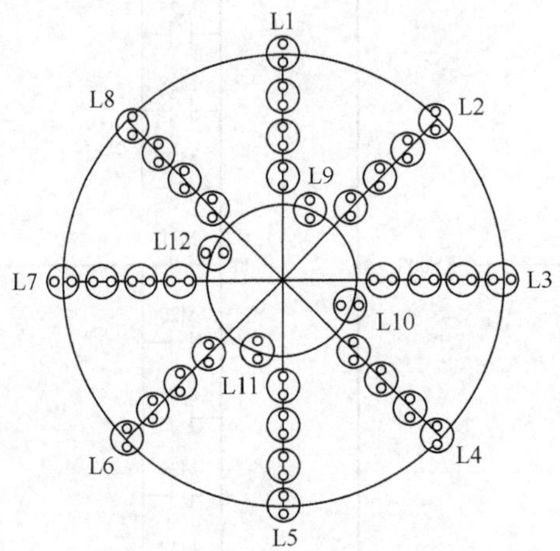

图 10-11 艺术彩灯造型示意图

2. 控制分析

根据控制要求，艺术彩灯造型有 L1～L12 12 个灯，这些灯的显示可以通过移位寄存器指令 SFTL 来实现。移位寄存器指令 SFTL 需进行 22 位(M101～M122)的移位，其中前 16 位(M101～M116)的移位实现 L1～L12 的相应灯显示，后 6 位(M117～M122)的移位实现 L1～L12 的闪烁控制。

3. PLC 控制艺术彩灯造型的输入/输出（I/O）分配表

根据控制要求及控制分析可知，该设计需要 1 个启动按钮、1 个停止按钮和 12 个输出，PLC 控制艺术彩灯造型的输入/输出分配表，如表 10-9 所示。

表 10-9 PLC 控制艺术彩灯造型的输入/输出分配表

输入			输出		
功能	元件	PLC 地址	功能	元件	PLC 地址
启动按钮	SB1	X000	信号灯 L1	HL1	Y000
停止按钮	SB2	X001	信号灯 L2	HL2	Y001

续表

输入			输出		
功能	元件	PLC 地址	功能	元件	PLC 地址
			信号灯 L3	HL3	Y002
			信号灯 L4	HL4	Y003
			信号灯 L5	HL5	Y004
			信号灯 L6	HL6	Y005
			信号灯 L7	HL7	Y006
			信号灯 L8	HL8	Y007
			信号灯 L9	HL9	Y010
			信号灯 L10	HL10	Y011
			信号灯 L11	HL11	Y012
			信号灯 L12	HL12	Y013

4. PLC 控制艺术彩灯造型的 I/O 接线图

系统需要 2 个输入和 12 个输出的 I/O 端子，PLC 控制艺术彩灯造型的 I/O 接线图如图 10-12 所示。

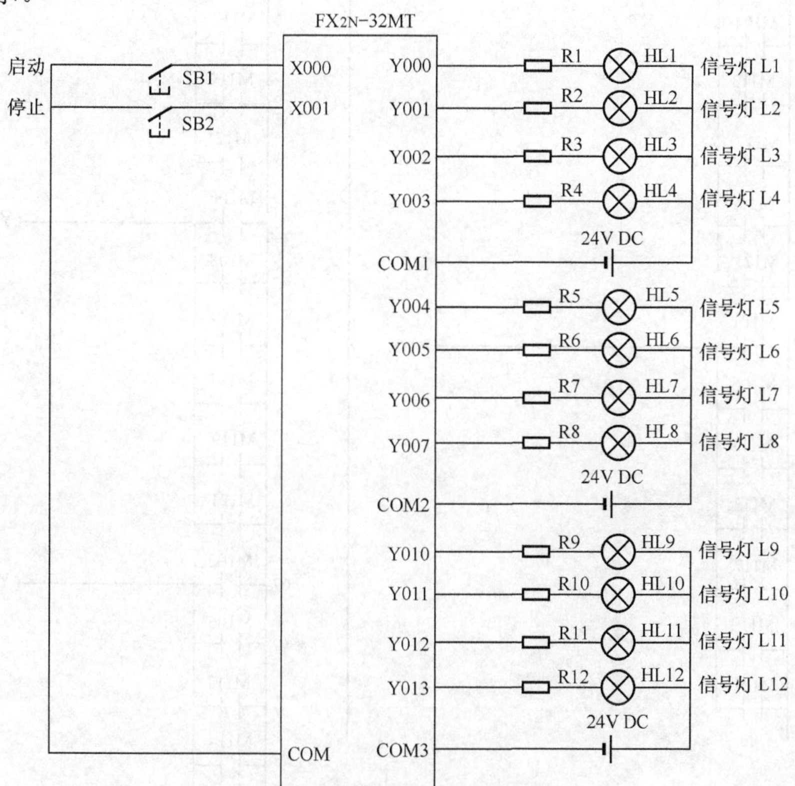

图 10-12 PLC 控制艺术彩灯造型的 I/O 接线图

5. 程序设计

根据控制要求设计出 PLC 控制艺术彩灯造型的梯形图及指令语句表，如表 10-10 所示。

表 10-10　　PLC 控制艺术彩灯造型的梯形图及指令语句表

梯形图	0 X000 X001 (M0) M0 4 M0 M1 K5 (T0) 9 T0 (M1) 11 M0 K10 (T1) T1 (M2) 17 M2 (M100) M3 20 M1 [SFTLP M100 M101 K22 K1] 30 M101 (Y000) M104 M113 M117 M119 M121 37 M101 (Y001) M106 M111 M113 M117 M119 M121 45 M103 (Y002) M106 M111 M117 M119 M121 52 M103 (Y003) M108 M111 M114 M117 M119 M121 60 M105 (Y004) M108 M114 M117 M119 M121 67 M102 (Y005) M105 M112 M114 M117 M119 M121

续表

梯形图	75 M102, M107, M112, M117, M119, M121 (Y006) 82 M104, M107, M112, M113, M117, M119, M121 (Y007) 90 M109, M115, M117, M119, M121 (Y010) 96 M109, M116, M117, M119, M121 (Y011) 102 M110, M116, M117, M119, M121 (Y012) 108 M110, M115, M117, M119, M121 (Y013) 114 M122 (T2 K5) T2 (M3) 120 M122 [ZRST M101 M122] X001 [ZRST T0 T1] 132 [END]

续表

指令表

```
0   LD     X000
1   OR     M0
2   ANI    X001
3   OUT    M0
4   LD     M0
5   ANI    M1
6   OUT    T0     K5
9   LD     T0
10  OUT    M1
11  LD     M0
12  OUT    T1     K10
15  ANI    T1
16  OUT    M2
17  LD     M2
18  OR     M3
19  OUT    M100
20  LD     M1
21  SFTLP  M100   M101   K22   K1
30  LD     M101
31  OR     M104
32  OR     M113
33  OR     M117
34  OR     M119
35  OR     M121
36  OUT    Y000
37  LD     M101
38  OR     M106
39  OR     M111
40  OR     M113
41  OR     M117
42  OR     M119
43  OR     M121
44  OUT    Y001
45  LD     M103
46  OR     M106
47  OR     M111
48  OR     M117
49  OR     M119
50  OR     M121
51  OUT    Y002
52  LD     M103
53  OR     M108
54  OR     M111
55  OR     M114
56  OR     M117
57  OR     M119
58  OR     M121
59  OUT    Y003
60  LD     M105
61  OR     M108
62  OR     M114
63  OR     M117
64  OR     M119
65  OR     M121
66  OUT    Y004
67  LD     M102
68  OR     M105
69  OR     M112
70  OR     M114
71  OR     M117
72  OR     M119
73  OR     M121
74  OUT    Y005
75  LD     M102
76  OR     M107
77  OR     M112
78  OR     M117
79  OR     M119
80  OR     M121
81  OUT    Y006
82  LD     M104
83  OR     M107
84  OR     M112
85  OR     M113
86  OR     M117
87  OR     M119
88  OR     M121
89  OUT    Y007
90  LD     M109
91  OR     M115
92  OR     M117
93  OR     M119
94  OR     M121
95  OUT    Y010
96  LD     M109
97  OR     M116
98  OR     M117
99  OR     M119
100 OR     M121
101 OUT    Y011
102 LD     M110
103 OR     M116
104 OR     M117
105 OR     M119
106 OR     M121
107 OUT    Y012
108 LD     M110
109 OR     M115
110 OR     M117
111 OR     M119
112 OR     M121
113 OUT    Y013
114 LD     M122
115 OUT    T2     K5
118 ANI    T2
119 OUT    M3
120 LD     M122
121 OR     X001
122 ZRST   M101   M122
127 ZRST   T0     T1
132 END
```

6. PLC控制艺术彩灯造型的程序设计说明

步0～步3为启动停止控制；步4～步29为移位控制；步30～步113为L1～L12信号指示灯的亮熄控制；步114～步131为移位寄存器和定时器T0、T1的复位控制，为下轮显示做好准备。步4～步10延时作为左移位脉冲；步11～步16为第1次移位时将M100位置初始值置1。在步30～步113中，通过M101～M116的移位实现L1～L12的相应灯显示，其仿真效果如图10-13所示。移位到M117、M119、M121这三位时，可实现L1～L12全部点亮控制。由于M118、M120、M122这三位触点没有连接在相应电路中，所以当移位到这3位时，可控制L1～L12全部熄灭，从而实现L1～L12信号指示灯的3次闪烁控制。

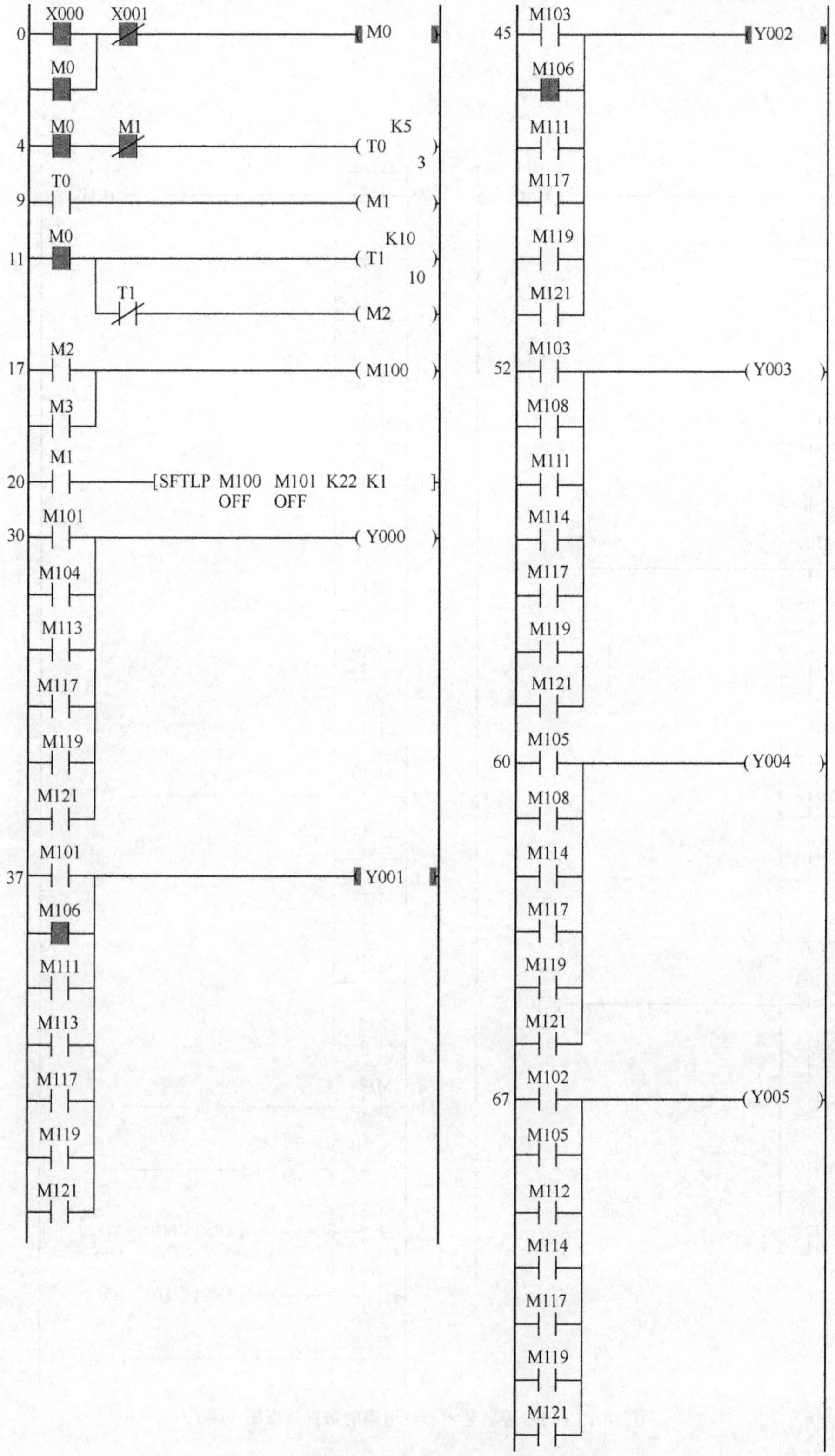

```
0   X000 ─ X001(NC) ─ (M0)
    M0 (parallel with X000)
4   M0 ─ M1(NC) ─ (T0 K5)  3
9   T0 ─ (M1)
11  M0 ─ (T1 K10)  10
         └ T1(NC) ─ (M2)
17  M2 ─ (M100)
    M3 (parallel)
20  M1 ─ [SFTLP M100 M101 K22 K1]
                 OFF  OFF
30  M101 / M104 / M113 / M117 / M119 / M121 ─ (Y000)
37  M101 / M106 / M111 / M113 / M117 / M119 / M121 ─ (Y001)
45  M103 / M106 / M111 / M117 / M119 / M121 ─ (Y002)
52  M103 / M108 / M111 / M114 / M117 / M119 / M121 ─ (Y003)
60  M105 / M108 / M114 / M117 / M119 / M121 ─ (Y004)
67  M102 / M105 / M112 / M114 / M117 / M119 / M121 ─ (Y005)
```

图 10-13 PLC 控制艺术彩灯造型的仿真效果图

```
75  M102 ─┬──────(Y006)
    M107 ─┤
    M112 ─┤
    M117 ─┤
    M119 ─┤
    M121 ─┘
82  M104 ─┬──────(Y007)
    M107 ─┤
    M112 ─┤
    M113 ─┤
    M117 ─┤
    M119 ─┤
    M121 ─┘
90  M109 ─┬──────(Y010)
    M115 ─┤
    M117 ─┤
    M119 ─┤
    M121 ─┘
96  M109 ─┬──────(Y011)
    M116 ─┤
    M117 ─┤
    M119 ─┤
    M121 ─┘
102 M110 ─┬──────(Y012)
    M116 ─┤
    M117 ─┤
    M119 ─┤
    M121 ─┘
108 M110 ─┬──────(Y013)
    M115 ─┤
    M117 ─┤
    M119 ─┤
    M121 ─┘
114 M122 ─┬──────(T2  K5 / 0)
          └─T2/──(M3)
120 M122 ─┬──────[ZRST M101 OFF  M122 OFF]
    X001 ─┘──────[ZRST T0 3  T1 10]
132 ─────────────[END]
```

图 10-13　PLC控制艺术彩灯造型的仿真效果图（续）

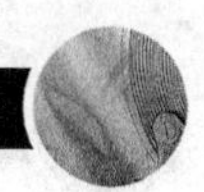

10.2 LED显示类设计

LED（Light Emitting Diode）发光二极管在PLC控制系统中用的也比较多，主要用来显示相应的数据。LED由发光二极管构成，具有结构简单、价格便宜等特点。

通常使用的LED显示器是7段，它是由7个发光二极管组成。这7个发光二极管a～g呈“日”字形排列，其结构及连接如图10-14所示。当某一发光二极管导通时，相应点亮某一点或某一段笔画，通过二极管亮暗组合的不同形成不同的数字、字母及其他符号。

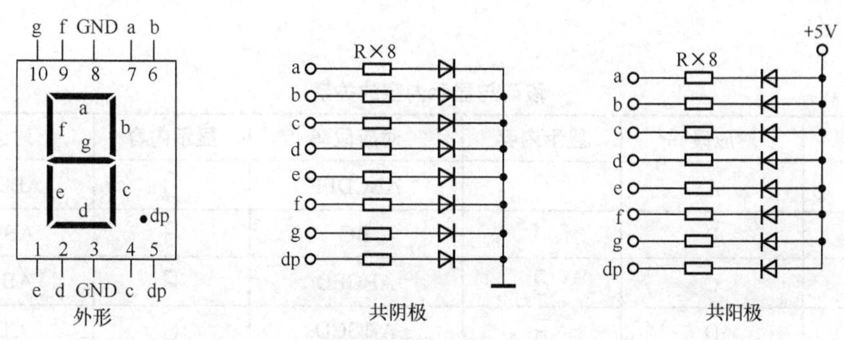

图10-14 LED的结构与连接

LED显示器中发光二极管有两种接法：(1) 所有发光二极管的阳极连接在一起，这种连接方法称为共阳极接法；(2) 所有二极管的阴极连接在一起，这种连接方法称为共阴极接法。共阳极的LED高电平时，对应的段码被点亮，共阴极的LED低电平时，对应的段码被点亮。LED显示器的发光二极管亮暗组合，实质上就是不同电平的组合，也就是为LED显示器提供不同的代码。

10.2.1 LED数码管显示设计

1. 控制要求

使用PLC控制的八段数码管如图10-15所示，按下启动按钮，由8组LED发光二极管模拟的八段数码管每隔1s进行显示，显示内容依次为8个段码（A、B、C、D、E、F、G、H）和16个字符（0、1、2、3、4、5、6、7、8、9、A、b、C、d、E、F、G、H）显示完最后一个字符后，停顿2s，再重新开始显示。

2. LED显示原理分析

控制相应的LED段码点亮，可显示8个段码和16个字符，如表10-11所示。

若采用PLC内部标志位寄存器M进行控制段码点亮，则只需某一个M触点就可控制相应的段码显示，如表10-12所示。

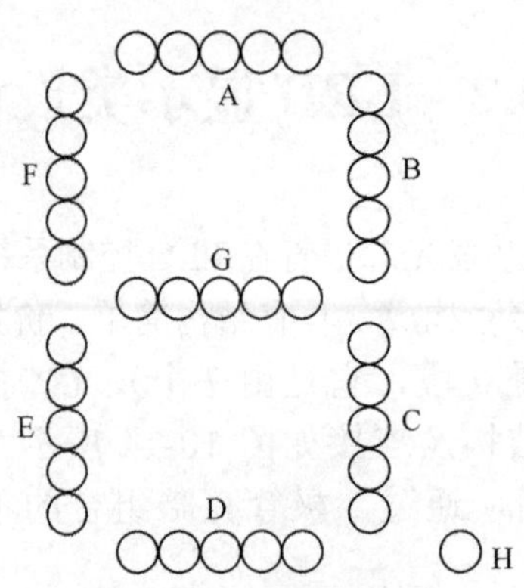

图 10-15　八段数码管显示

表 10-11　　段码与显示内容的关系

显示内容	对应段码	显示内容	对应段码	显示内容	对应段码
‾	A	0	ABCDEF	8	ABCDEFG
ˈ	B	1	BC	9	ABCDFG
ˌ	C	2	ABGED	A	ABCEFG
_	D	3	ABGCD	b	CDEFG
ˌ	E	4	FGBC	C	AFED
ˈ	F	5	AFGCD	d	BCDEG
-	G	6	AFEGCD	E	AEFGD
•	H	7	ABC	F	AEFG

表 10-12　　**M 控制段码显示**

显示段码	段码显示条件(任意一个触点闭合有效)
段码 A	M93、M101、M102、M103、M104、M106、M107、M108、M109、M110、M111、M113、M115、M116
段码 B	M94、M101、M102、M103、M104、M105、M108、M109、M110、M111、M114
段码 C	M95、M101、M104、M105、M106、M107、M108、M109、M110、M112、M114
段码 D	M96、M101、M103、M104、M106、M107、M109、M110、M112、M114、M115
段码 E	M97、M101、M103、M107、M109、M111、M112、M113、M114、M115、M116
段码 F	M98、M101、M105、M106、M107、M109、M110、M111、M112、M113、M115、M116
段码 G	M99、M103、M104、M105、M106、M107、M109、M110、M111、M112、M114、M115、M116
段码 H	M100

3. PLC 控制 LED 数码管显示的输入/输出（I/O）分配表

根据控制要求及 LED 显示原理分析可知，该设计需要 1 个启动按钮和 8 个输出，PLC 控制 LED 数码管显示的输入/输出分配表，如表 10-13 所示。

表 10-13　　PLC 控制 LED 数码管显示的输入/输出分配表

输入			输出		
功能	元件	PLC 地址	功能	元件	PLC 地址
启动按钮	SB1	X000	控制段码 A 亮	a	Y000
			控制段码 B 亮	b	Y001
			控制段码 C 亮	c	Y002
			控制段码 D 亮	d	Y003
			控制段码 E 亮	e	Y004
			控制段码 F 亮	f	Y005
			控制段码 G 亮	g	Y006
			控制段码 H 亮	h	Y007

4. PLC 控制 LED 数码管显示的 I/O 接线图

系统需要 1 个输入和 8 个输出的 I/O 端子，I/O 接线图如图 10-16 所示。

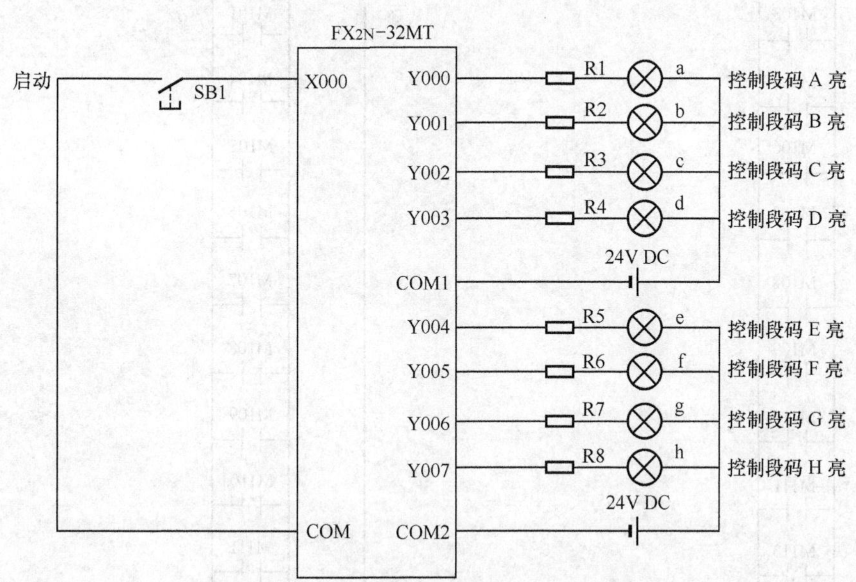

图 10-16　PLC 控制数码管显示的 I/O 接线图

5. 程序设计

根据控制要求设计出 PLC 控制数码管显示的梯形图及指令语句表，如表 10-14 所示。

表 10-14　　　　PLC控制数码管显示的梯形图及指令语句表

梯形图

```
0   X000  M0(常闭)                 K10 (T0)
5   T0                             (M0)
7   X000                           K15 (T1)
          T1(常闭)                 (M1)
13  M1                             (M92)
    M2
16  M117                           K20 (T2)
          T2(常闭)                 (M2)
22  M0        [SFTL  M92  M93  K25  K1]
32  M93                            (Y000)
    M101
    M102
    M103
    M104
    M106
    M107
    M108
    M109
    M110
    M111
    M113
    M115
    M116

47  M94                            (Y001)
    M101
    M102
    M103
    M104
    M105
    M108
    M109
    M110
    M111
    M114

59  M95                            (Y002)
    M101
    M104
    M105
    M106
    M107
    M108
    M109
    M110
    M111
    M112
    M114
```

续表

梯形图	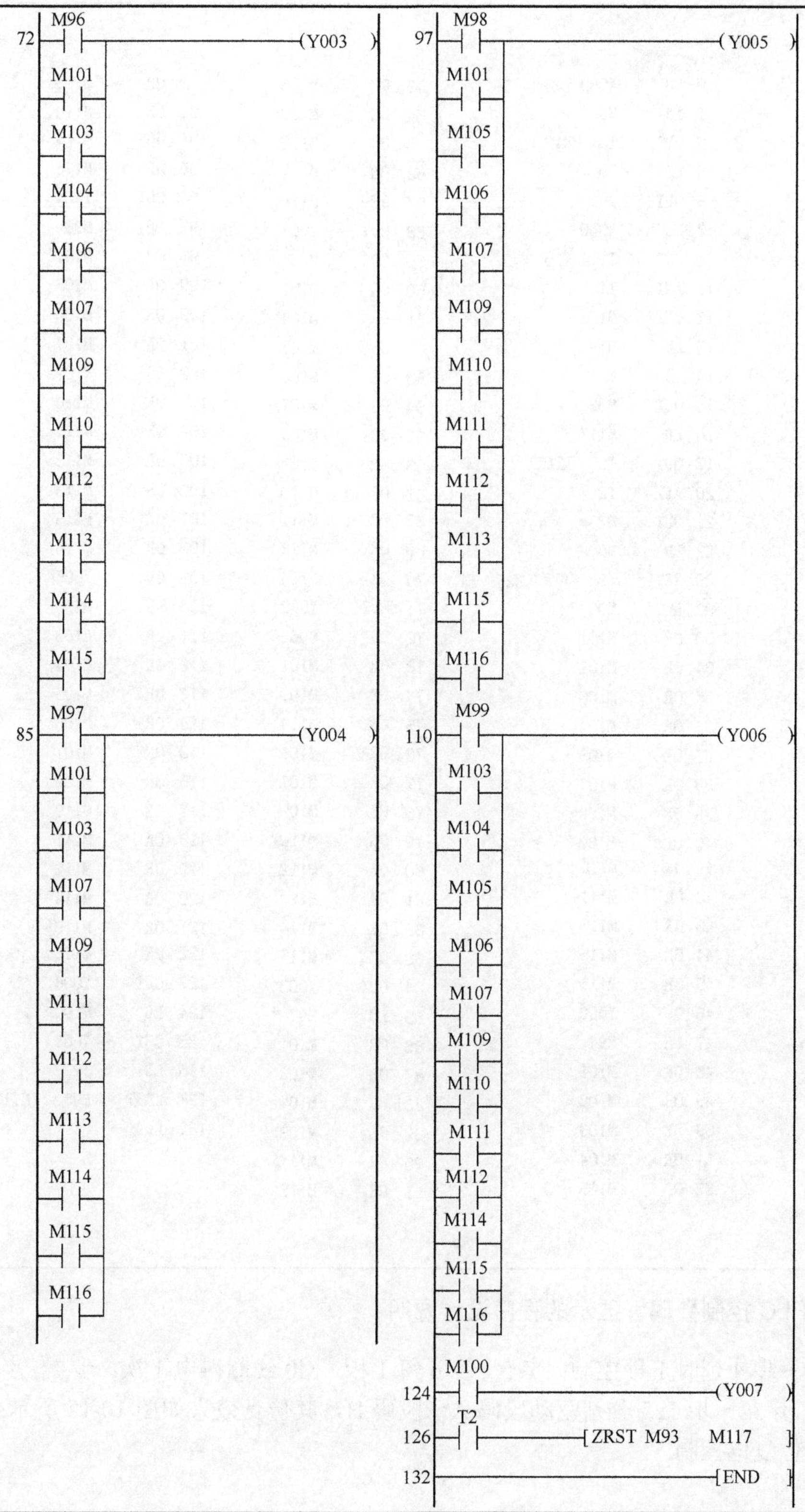 72 M96 —(Y003) M101 M103 M104 M106 M107 M109 M110 M112 M113 M114 M115 85 M97 —(Y004) M101 M103 M107 M109 M111 M112 M113 M114 M115 M116 97 M98 —(Y005) M101 M105 M106 M107 M109 M110 M111 M112 M113 M115 M116 110 M99 —(Y006) M103 M104 M105 M106 M107 M109 M110 M111 M112 M114 M115 M116 124 M100 —(Y007) 126 T2 —[ZRST M93 M117] 132 —[END]

续表

指令表

```
0   LD    X000
1   ANI   M0
2   OUT   T0    K10
5   LD    T0
6   OUT   M0
7   LD    X000
8   OUT   T1    K15
11  ANI   T1
12  OUT   M1
13  LD    M1
14  OR    M2
15  OUT   M92
16  LD    M117
17  OUT   T2    K20
20  ANI   T2
21  OUT   M2
22  LD    M0
23  SFTL  M92   M93   K25   K1
32  LD    M93
33  OR    M101
34  OR    M102
35  OR    M103
36  OR    M104
37  OR    M106
38  OR    M107
39  OR    M108
40  OR    M109
41  OR    M110
42  OR    M111
43  OR    M113
44  OR    M115
45  OR    M116
46  OUT   Y000
47  LD    M94
48  OR    M101
49  OR    M102
50  OR    M103
51  OR    M104
52  OR    M105
53  OR    M108
54  OR    M109
55  OR    M110
56  OR    M111
57  OR    M114
58  OUT   Y001
59  LD    M95
60  OR    M101
61  OR    M104
62  OR    M105
63  OR    M106
64  OR    M107
65  OR    M108
66  OR    M109
67  OR    M110
68  OR    M111
69  OR    M112
70  OR    M114
71  OUT   Y002
72  LD    M96
73  OR    M101
74  OR    M103
75  OR    M104
76  OR    M106
77  OR    M107
78  OR    M109
79  OR    M110
80  OR    M112
81  OR    M113
82  OR    M114
83  OR    M115
84  OUT   Y003
85  LD    M97
86  OR    M101
87  OR    M103
88  OR    M107
89  OR    M109
90  OR    M111
91  OR    M112
92  OR    M113
93  OR    M114
94  OR    M115
95  OR    M116
96  OUT   Y004
97  LD    M98
98  OR    M101
99  OR    M105
100 OR    M106
101 OR    M107
102 OR    M109
103 OR    M110
104 OR    M111
105 OR    M112
106 OR    M113
107 OR    M115
108 OR    M116
109 OUT   Y005
110 LD    M99
111 OR    M103
112 OR    M104
113 OR    M105
114 OR    M106
115 OR    M107
116 OR    M109
117 OR    M110
118 OR    M111
119 OR    M112
120 OR    M114
121 OR    M115
122 OR    M116
123 OUT   Y006
124 LD    M100
125 OUT   Y007
126 LD    T2
127 ZRST  M93   M117
132 END
```

6．PLC控制数码管显示的程序设计说明

步0～步4延时1秒控制；步5～步6每1秒，M0线圈得电1次；步7～步31为循环移位控制；步32～步125分别驱动段码A～段码H，其仿真效果如图10-17所示；步126～步131为移位复位控制。

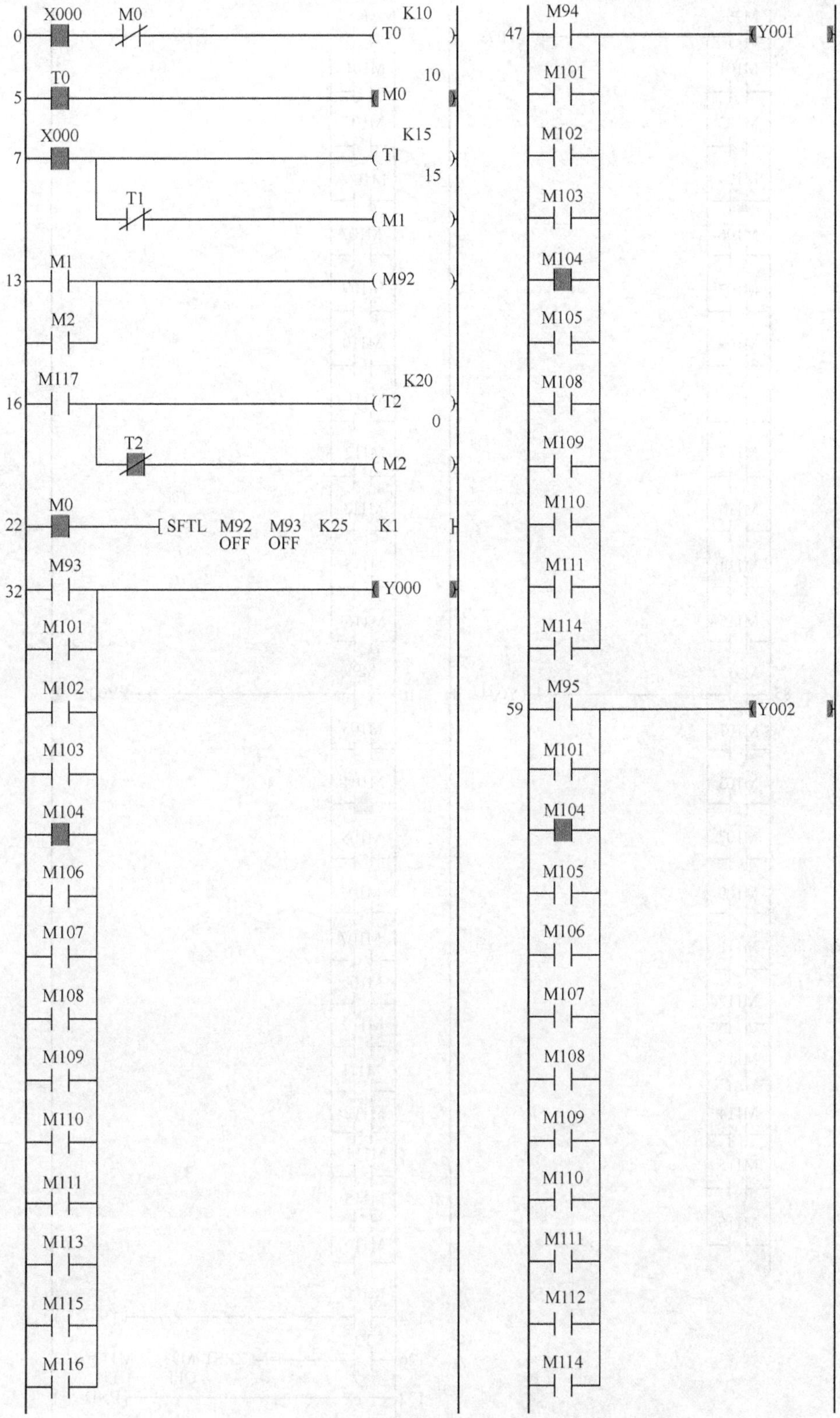

图 10-17　PLC 控制数码管显示的仿真效果图

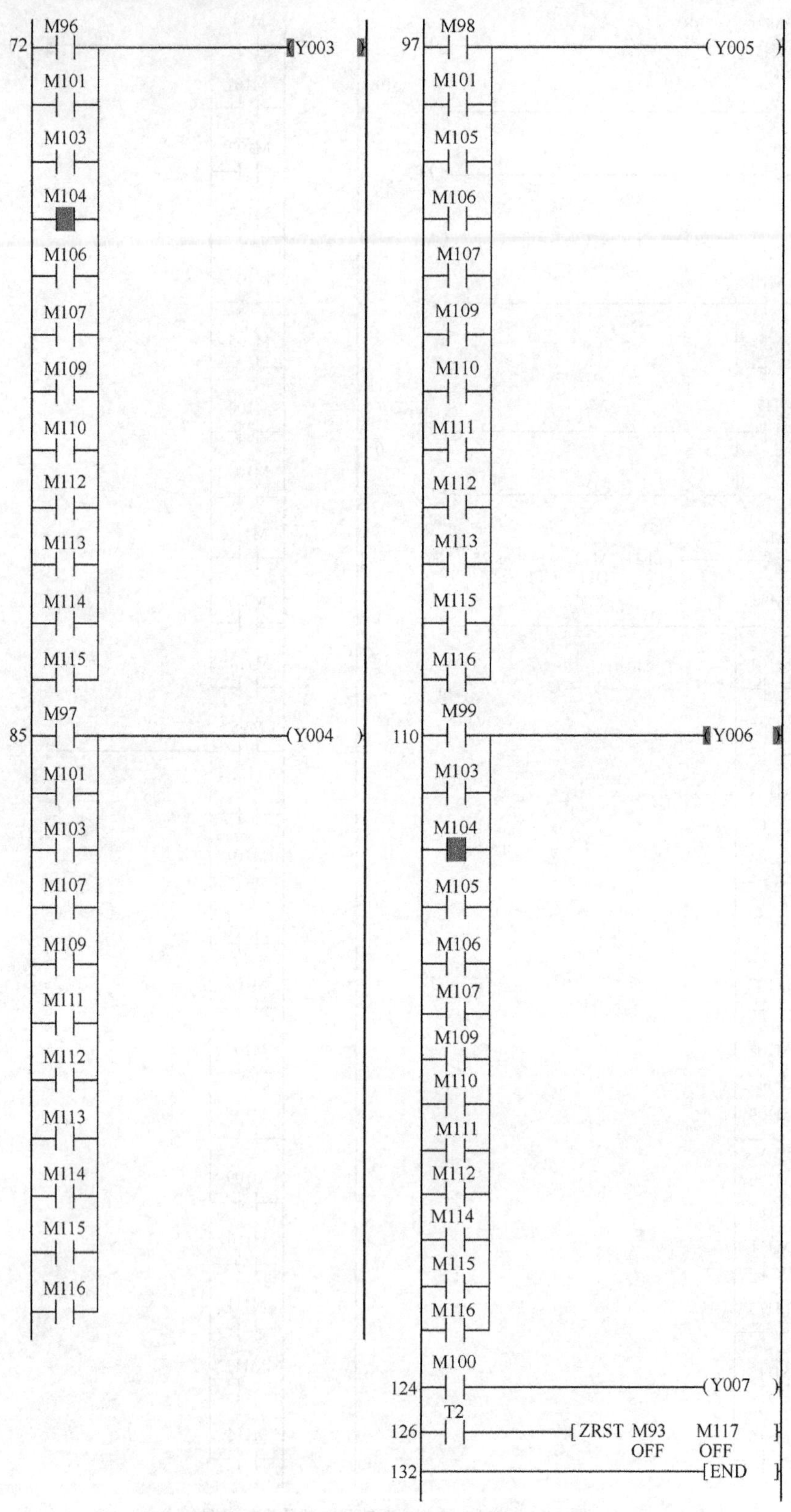

图 10-17　PLC 控制数码管显示的仿真效果图（续）

10.2.2 抢答器的设计

1. 控制要求

LED 数码显示的四组抢答器控制要求如下。

（1）四组人组成的竞争抢答，有 4 个对应的按钮，编号分别为 1、2、3、4。在主持人的主持下，参赛者通过抢先按下抢答按钮获得答题资格，抢答开始并且有时间限制。当某一组按下按钮并获得答题资格后，显示器显示出该组编号，并使蜂鸣器发出响声，同时锁定其他组的抢答器，使其他组抢答无效。

（2）如果在限定时间内参赛者均没有进行抢答，10 秒后蜂鸣器发音提示，此后抢答无效。

（3）如果主持人在按下开始按钮前，已有人按下抢答按钮，属于违规，并显示违规组的编号，同时蜂鸣器发音提示，违规指示灯闪烁，其他按钮无效。

（4）抢答器设有复位开关，由主持人控制。

2. 控制分析

根据控制要求可知，只需一个 LED 数码管即可显示。当第 1 组抢答时，LED 数码管显示器应显示 1，即段码 B、C 亮，显示数字 1；当第 2 组抢答时，应是段码 A、B、G、E、D 亮，显示数字 2；当第 3 组抢答时，应是段码 A、B、G、C、D 亮，显示数字 3；第 4 组抢答时，应是段码 F、G、B、C 亮，显示数字 4。因此也可以使相应的 M 元件有效，以控制显示相应的数字。

3. PLC 控制抢答器的输入/输出（I/O）分配表

根据控制要求，该设计需要 6 个输入和 9 个输出，PLC 控制抢答器的输入/输出分配表，如表 10-15 所示。

表 10-15　　PLC 控制抢答器的输入/输出分配表

输入			输出		
功能	元件	PLC 地址	功能	元件	PLC 地址
抢答开始按钮	SB1	X000	控制段码 A 亮	a	Y000
复位按钮	SB2	X001	控制段码 B 亮	b	Y001
1 号抢答按钮	SB3	X002	控制段码 C 亮	c	Y002
2 号抢答按钮	SB4	X003	控制段码 D 亮	d	Y003
3 号抢答按钮	SB5	X004	控制段码 E 亮	e	Y004
4 号抢答按钮	SB6	X005	控制段码 F 亮	f	Y005
			控制段码 G 亮	g	Y006
			控制蜂鸣器		Y007
			违规指示		Y010

4. PLC控制抢答器的I/O接线图

系统需要6个输入和9个输出的I/O端子，PLC控制抢答器的I/O接线图如图10-18所示。

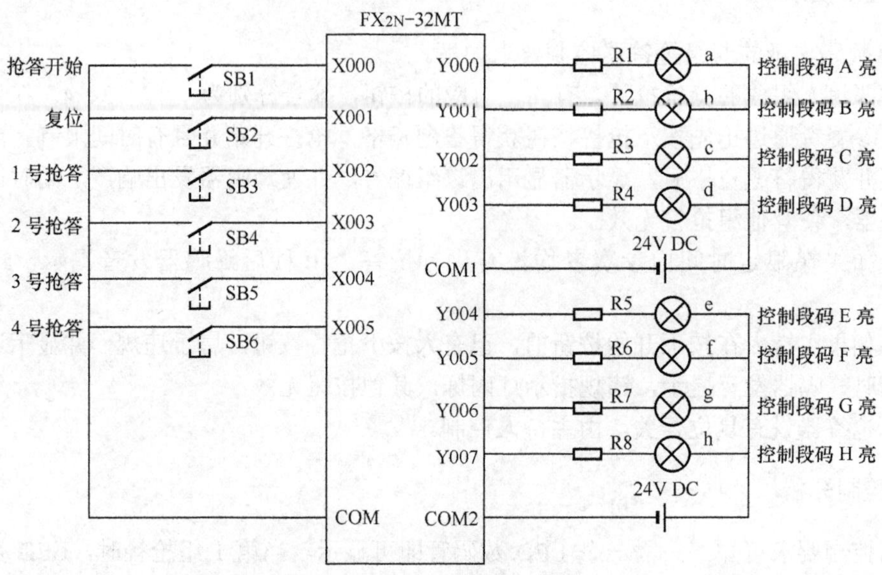

图10-18　PLC控制抢答器的I/O接线图

5. 程序设计

根据控制要求设计出PLC控制抢答器的梯形图及指令语句表，如表10-16所示。

表10-16　**PLC控制抢答器的梯形图及指令语句表**

梯形图

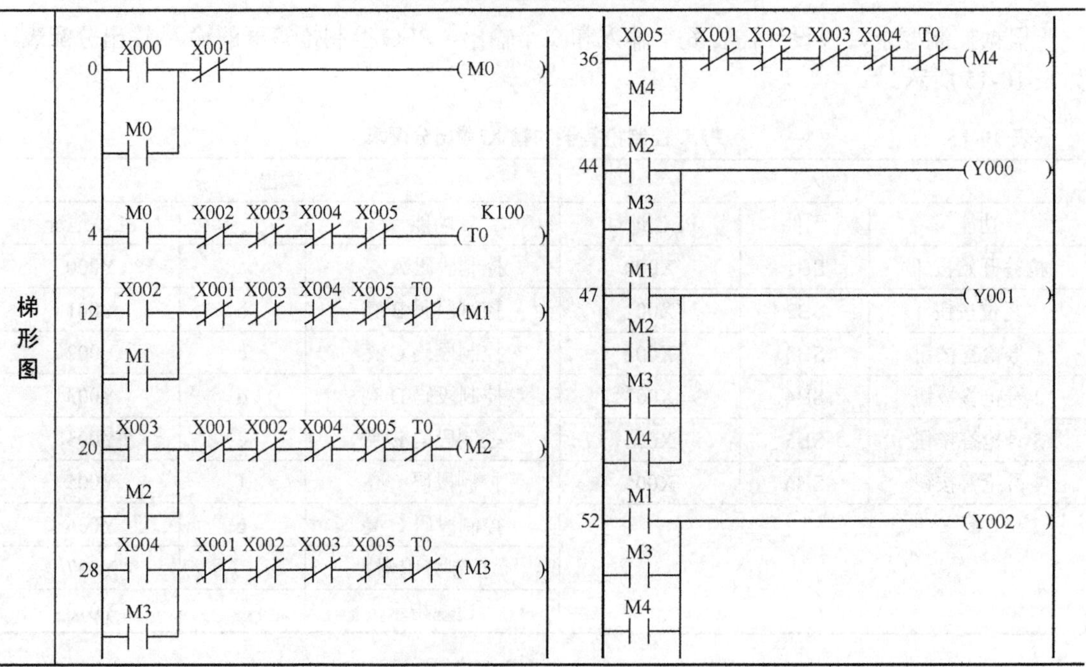

续表

梯形图	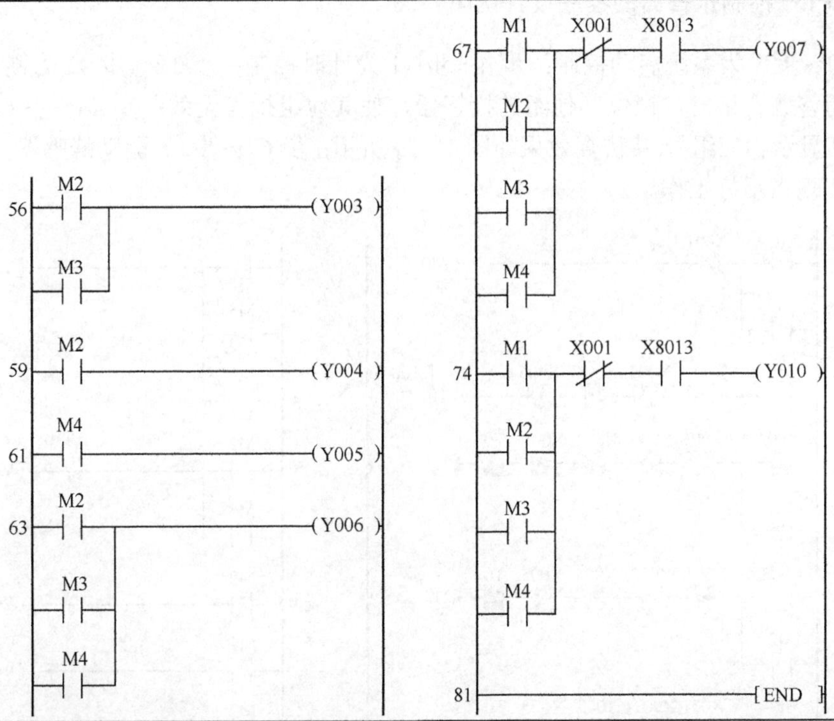 56 M2 M3 (Y003) 59 M2 (Y004) 61 M4 (Y005) 63 M2 M3 M4 (Y006) 67 M1 X001 X8013 (Y007) M2 M3 M4 74 M1 X001 X8013 (Y010) M2 M3 M4 81 [END]

指令表									
0	LD	X000		29	OR	M3	56	LD	M2
1	OR	M0		30	ANI	X001	57	OR	M3
2	ANI	X001		31	ANI	X002	58	OUT	Y003
3	OUT	M0		32	ANI	X003	59	LD	M2
4	LD	M0		33	ANI	X005	60	OUT	Y004
5	ANI	X002		34	ANI	T0	61	LD	M4
6	ANI	X003		35	OUT	M3	62	OUT	Y005
7	ANI	X004		36	LD	X005	63	LD	M2
8	ANI	X005		37	OR	M4	64	OR	M3
9	OUT	T0	K100	38	ANI	X001	65	OR	M4
12	LD	X002		39	ANI	X002	66	OUT	Y006
13	OR	M1		40	ANI	X003	67	LD	M1
14	ANI	X001		41	ANI	X004	68	OR	M2
15	ANI	X003		42	ANI	T0	69	OR	M3
16	ANI	X004		43	OUT	M4	70	OR	M4
17	ANI	X005		44	LD	M2	71	ANI	X001
18	ANI	T0		45	OR	M3	72	AND	M8013
19	OUT	M1		46	OUT	Y000	73	OUT	Y007
20	LD	X003		47	LD	M1	74	LD	M1
21	OR	M2		48	OR	M2	75	OR	M2
22	ANI	X001		49	OR	M3	76	OR	M3
23	ANI	X002		50	OR	M4	77	OR	M4
24	ANI	X004		51	OUT	Y001	78	ANI	X001
25	ANI	X005		52	LD	M1	79	AND	M8013
26	ANI	T0		53	OR	M3	80	OUT	Y010
27	OUT	M2		54	OR	M4	81	END	
28	LD	X004		55	OUT	Y002			

6. PLC控制抢答器的程序设计说明

步 0～步 3 为系统启动控制；步 4～步 11 为计时控制；步 12～步 43 为锁位控制，当某组先获得答题资格时，锁位其他组的抢答器，使其他组抢答无效；步 44～步 66 驱动 7 个段码，使其显示相应组号,其仿真效果如图 10-19 所示；步 67～步 73 驱动蜂鸣器；步 74～步 80 控制块违规指示灯工作。

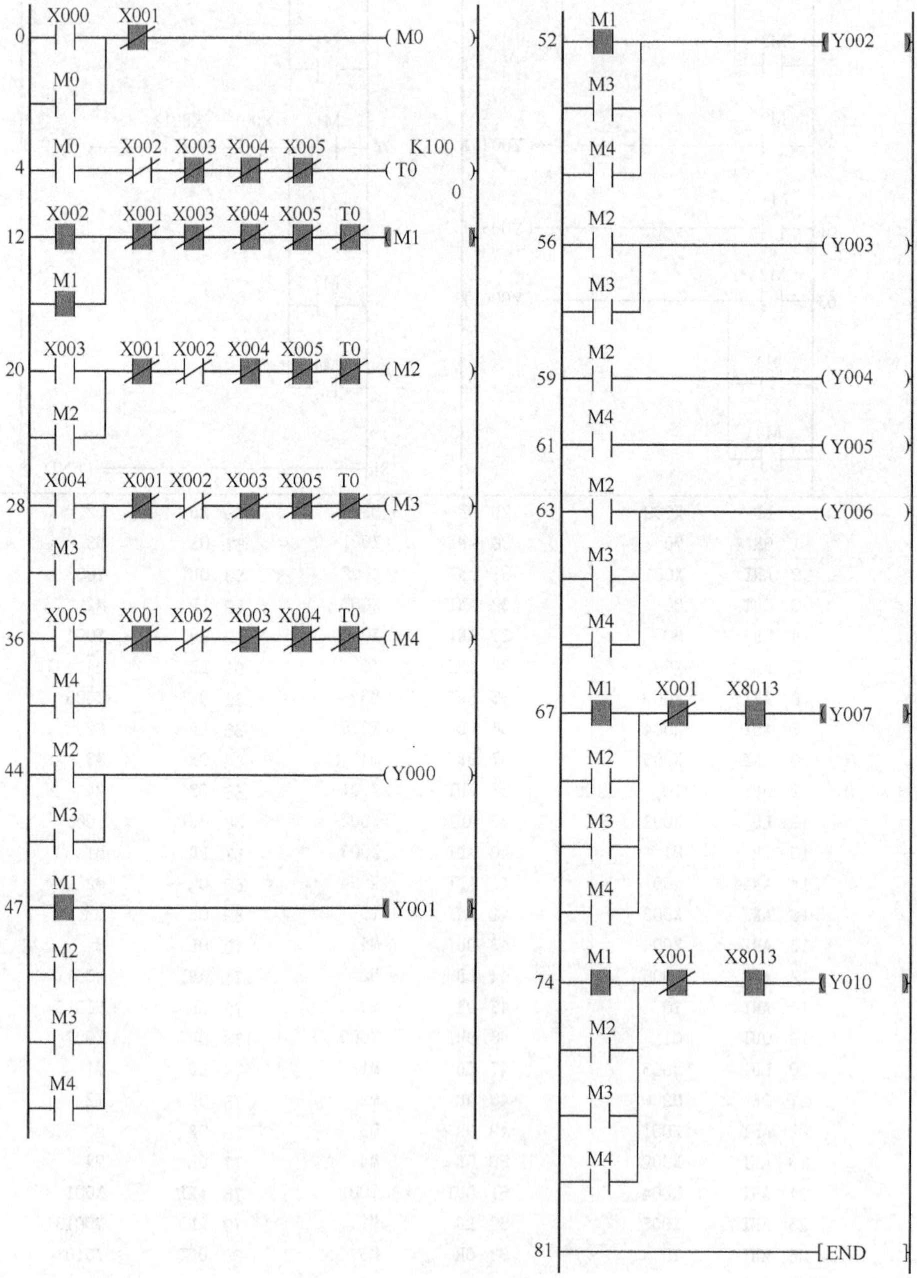

图 10-19　PLC 控制抢答器的仿真效果图

10.3 电机控制类设计

10.3.1 三相步进电机的控制设计

步进电动机（Stepping motor）又称为脉冲电动机或阶跃电动机，简称步进电机。步进电机是根据输入的脉冲信号，每改变一次励磁状态就前进一定角度（或长度），若不改变励磁状态则保持一定位置而静止的电动机。

步进电机可以对旋转角度和转动速度进行高精度的控制，所以它的应用十分广泛。例如仪器仪表、机床等设备中都是以步进电机作为其传动核心。

步进电机如同普通电机一样，也有转子、定子和定子绕组。定子绕组分若干相，每相的磁极上有极齿，转子在轴上也有若干个齿。当某相定子绕组通电时，相应的两个磁极就分别形成N-S极，产生磁场，并与转子形成磁路。如果这时定子的小齿与转子的小齿没有对齐，则在磁场的作用下转子将转动一定的角度，使转子上的齿与定子的极齿对齐。因此它是按电磁铁的作用原理进行工作的，在外加电脉冲信号的作用下，一步一步地运转，是一种将电脉冲信号转换成相应角位移的机电元件。

步进电机的种类较多，如单相、双相、三相、四相、五相及六相等多种类型。三相步进电机有 A、B、C 三个绕组，按一定的规律给三个绕组供电，就能使它按要求的规律转动。如图 10-20 所示。

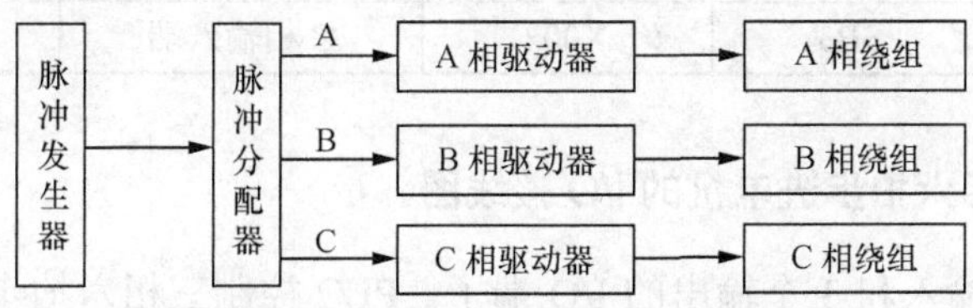

图 10-20 三相步进电机工作原理图

三相步进电机分为三相单三拍、三相双三拍和三相六拍，他们的通电顺序如下。

（1）三相单三拍

→ A → B → C 正转

A ← B ← C ← 反转

（2）三相双三拍

→ AB → BC → CA 正转

AB ← BC ← CA ← 反转

（3）三相六拍

→ A → AB → B → BC → C → CA 正转

A ← AB ← B ← BC ← C ← CA 反转

1．控制要求

使用 PLC 控制一个三相六拍的步进电机的运行，当按下正转启动时，步进电机进行正转，当按下反转按钮时，步进电机进行反转。

2．控制分析

步进电机的正、反转选择可通过两个按钮进行，这两个按钮的控制电路类似于正反转控制电路中的程序。使用两条移位寄存器 SFTL 指令可实现三相六拍的步进电机正反运行，其中第 1 条指令的移位寄存器 M101～M106 按正序方式控制 Y000～Y003，即可实现步进电机的正转运行；第 2 条指令的移位寄存器 M121～M126 按逆序方式控制 Y000～Y003，即可实现步进电机的反转运行。

3．PLC 控制三相六拍步进电机的输入/输出（I/O）分配表

根据控制要求分析可知，该设计需要 4 个输入和 3 个输出，PLC 控制三相六拍步进电机的输入/输出分配表，如表 10-17 所示。

表 10-17　PLC 控制三相六拍步进电机的输入/输出分配表

输入			输出	
功能	元件	PLC 地址	功能	PLC 地址
正向启动按钮	SB1	X000	A 相输入端	Y000
反向启动按钮	SB2	X001	B 相输入端	Y001
停止按钮	SB3	X002	C 相输入端	Y002

4．PLC 控制三相六拍步进电机的 I/O 接线图

系统只需要 4 个输入和 3 个输出的 I/O 端子，PLC 控制三相六拍步进电机的 I/O 接线图如图 10-21 所示。

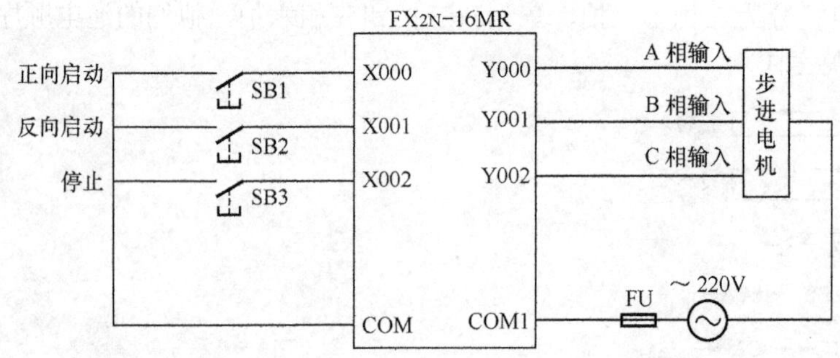

图 10-21　PLC 控制三相六拍步进电机的 I/O 接线图

5．程序设计

根据控制要求设计出 PLC 控制三相六拍步进电机的梯形图及指令语句表，如表 10-18 所示。

表 10-18　　PLC 控制三相六拍步进电机的梯形图及指令语句表

梯形图

```
0   X000 ┤├  X001 ┤/├  X002 ┤/├  ──( M0 )
    M0 ┤├ (并联 X000)
5   X001 ┤├  X000 ┤/├  X002 ┤/├  ──( M1 )
    M1 ┤├ (并联 X001)
10  M0 ┤├ ──[ ZRSTP  M120  M130 ]
    X002 ┤├ (并联 M0)
17  M1 ┤├ ──[ ZRSTP  M100  M110 ]
    X002 ┤├ (并联 M1)
24  M0 ┤├  M2 ┤/├ ──( T0  K20 )
29  T0 ┤├ ──( M2 )
31  M0 ┤├ ──( T2  K30 )
         T2 ┤/├ ──( M10 )
37  M1 ┤├  M3 ┤/├ ──( T1  K20 )
42  T1 ┤├ ──( M3 )
44  M1 ┤├ ──( T3  K30 )
         T3 ┤/├ ──( M20 )
50  M10 ┤├ ──( M100 )
    M106 ┤├ (并联 M10)
53  M20 ┤├ ──( M120 )
    M126 ┤├ (并联 M20)
56  M2 ┤├ ──[ SFTLP  M100  M101  K6  K1 ]
66  M3 ┤├ ──[ SFTLP  M120  M121  K6  K1 ]
76  M101 ┤├ ──( Y000 )
    M102 ┤├ / M106 ┤├ / M124 ┤├ / M125 ┤├ / M126 ┤├ (并联)
83  M102 ┤├ ──( Y001 )
    M103 ┤├ / M104 ┤├ / M122 ┤├ / M123 ┤├ / M124 ┤├ (并联)
90  M104 ┤├ ──( Y002 )
    M105 ┤├ / M106 ┤├ / M121 ┤├ / M122 ┤├ / M126 ┤├ (并联)
97  ──[ END ]
```

续表

指令表	0 LD X000	32 OUT T2 K30	76 LD M101
	1 OR M0	35 ANI T2	77 OR M102
	2 ANI X001	36 OUT M10	78 OR M106
	3 ANI X002	37 LD M1	79 OR M124
	4 OUT M0	38 ANI M3	80 OR M125
	5 LD X001	39 OUT T1 K20	81 OR M126
	6 OR M1	42 LD T1	82 OUT Y000
	7 ANI X000	43 OUT M3	83 LD M102
	8 ANI X002	44 LD M1	84 OR M103
	9 OUT M1	45 OUT T3 K30	85 OR M104
	10 LD M0	48 ANI T3	86 OR M122
	11 OR X002	49 OUT M20	87 OR M123
	12 ZRSTP M120 M130	50 LD M10	88 OR M124
	17 LD M1	51 OR M106	89 OUT Y001
	18 OR X002	52 OUT M100	90 LD M104
	19 ZRSTP M100 M110	53 LD M20	91 OR M105
	24 LD M0	54 OR M126	92 OR M106
	25 ANI M2	55 OUT M120	93 OR M121
	26 OUT T0 K20	56 LD M2	94 OR M122
	29 LD T0	57 SFTLP M100 M101 K6 K1	95 OR M126
	30 OUT M2	66 LD M3	96 OUT Y002
	31 LD M0	67 SFTLP M120 M121 K6 K1	97 END

6. PLC 控制三相六拍步进电机的程序设计说明

步 0～步 4 为步进电机正转启动控制；步 5～步 9 为步进电机反转启动控制；步 10～步 16 为步进电机正转启动时将反转控制的移位寄存器复位；步 17～步 23 为步进电机反转启动时将正转控制的移位寄存器复位；步 24～步 36、步 50～步 52 设置正转运行时的移位初值；步 37～步 49、步 53～步 55 设置反转运行时的移位初值；步 56～步 65 为正转运行时的移位控制；步 66～步 75 为反转运行时的移位控制；步 76～步 82 为 A 相输出控制；步 83～步 89 为 B 相输出控制；步 90～步 96 为 C 相输出控制。图 10-22 所示为三相六拍步进电机反转运行时的仿真效果图。

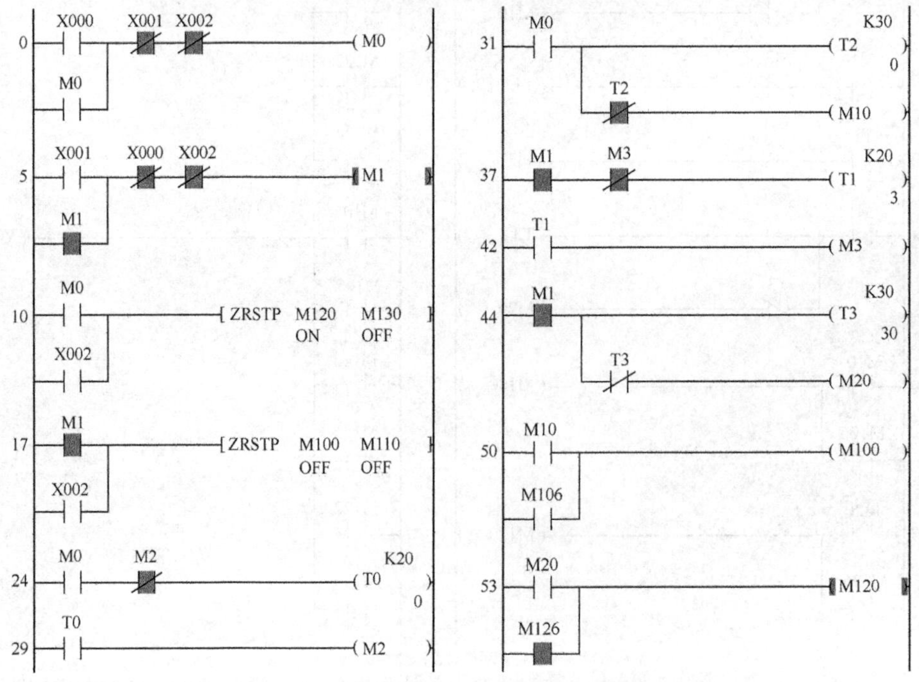

图 10-22　三相六拍步进电机反转运行时的仿真效果图

```
56  M2    [SFTLP M100 M101 K6 K1]
                OFF  OFF
66  M3    [SFTLP M120 M121 K6 K1]
                ON   OFF
76  M101 / M102 / M106 / M124 / M125 / M126    (Y000)
83  M102 / M103 / M104 / M122 / M123 / M124    (Y001)
90  M104 / M105 / M106 / M121 / M122 / M126    (Y002)
97                                            [END]
```

图 10-22　三相六拍步进电机反转运行时的仿真效果图（续）

10.3.2　多台电动机顺序控制设计

1．控制要求

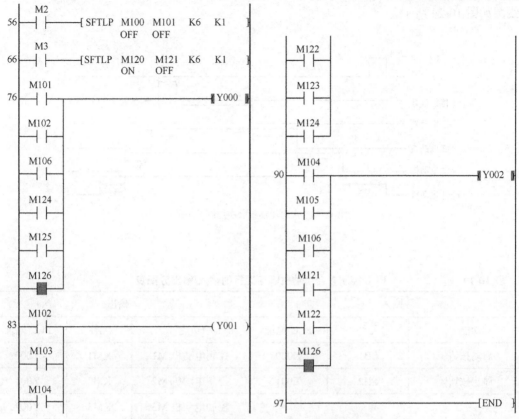

有 4 台电动机 M1～M4，当按下启动按钮时，首先电动机 M4 得电启动，经过 10s 后，再启动电动机 M3。M3 运行 10s 后，再启动 M2，依次启动其他电动机。按下停止按钮时，先停止电动机 M1，延时 5s 后，再停止 M2，依次停止其他电动机。

2．控制分析

根据控制要求，画出时序电路图，如图 10-23 所示。

3．PLC 控制多台电动机顺序运行的输入/输出（I/O）分配表

根据控制要求分析可知，该设计需要 2 个输入和 4 个输出，PLC 控制多台电动机顺序运行的输入/输出分配表，如表 10-19 所示。

4．PLC 控制多台电动机顺序运行的 I/O 接线图

由于系统只需要 2 个输入和 4 个输出的 I/O 端子，PLC 控制多台电动机顺序运行的 I/O

接线图如图 10-24 所示。

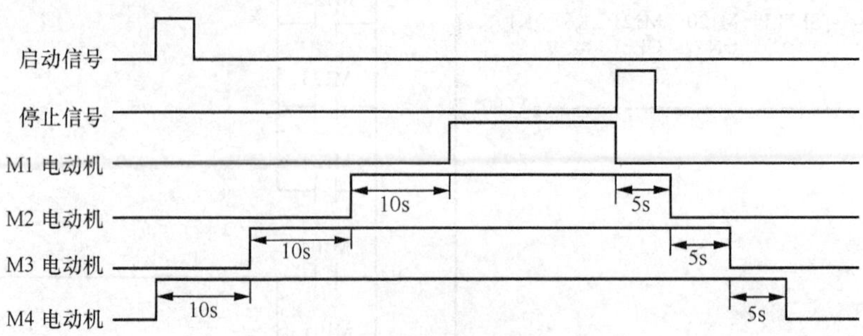

图 10-23　多台电动机顺序控制时序图

表 10-19　　PLC 控制多台电动机顺序运行的输入/输出分配表

输入			输出		
功能	元件	PLC 地址	功能	元件	PLC 地址
启动按钮	SB1	X000	控制电动机 M1	KM1	Y000
停止按钮	SB2	X001	控制电动机 M2	KM2	Y001
			控制电动机 M3	KM3	Y002
			控制电动机 M4	KM4	Y003

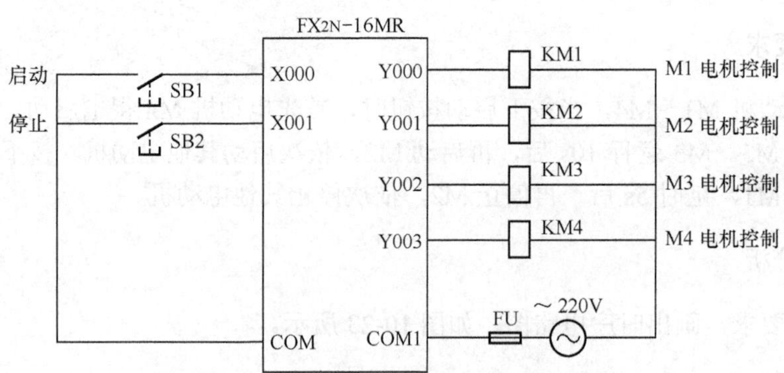

图 10-24　PLC 控制多台电动机顺序运行的 I/O 接线图

5．程序设计

根据控制要求设计出 PLC 控制多台电动机顺序运行的梯形图及指令语句表，如表 10-20 所示。

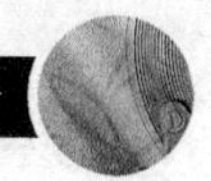

表 10-20　　PLC 控制多台电动机顺序运行的梯形图及指令语句表

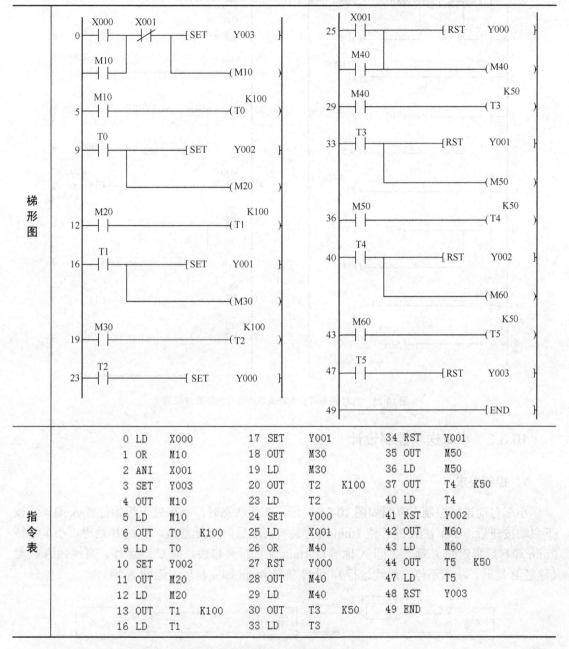

<table>
<tr><td>梯形图</td><td> 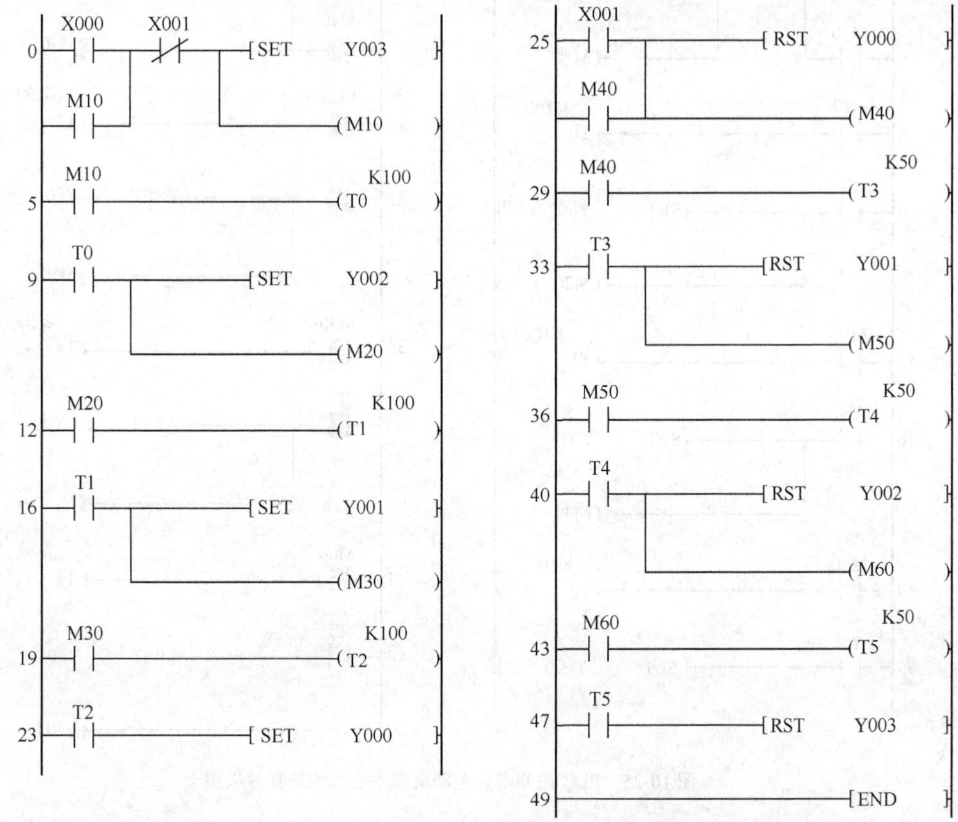0 X000 X001 [SET Y003]
M10 (M10)
5 M10 (T0 K100)
9 T0 [SET Y002]
(M20)
12 M20 (T1 K100)
16 T1 [SET Y001]
(M30)
19 M30 (T2 K100)
23 T2 [SET Y000]
25 X001 [RST Y000]
M40 (M40)
29 M40 (T3 K50)
33 T3 [RST Y001]
(M50)
36 M50 (T4 K50)
40 T4 [RST Y002]
(M60)
43 M60 (T5 K50)
47 T5 [RST Y003]
49 [END]</td></tr>
<tr><td>指令表</td><td>0 LD X000
1 OR M10
2 ANI X001
3 SET Y003
4 OUT M10
5 LD M10
6 OUT T0 K100
9 LD T0
10 SET Y002
11 OUT M20
12 LD M20
13 OUT T1 K100
16 LD T1
17 SET Y001
18 OUT M30
19 LD M30
20 OUT T2 K100
23 LD T2
24 SET Y000
25 LD X001
26 OR M40
27 RST Y000
28 OUT M40
29 LD M40
30 OUT T3 K50
33 LD T3
34 RST Y001
35 OUT M50
36 LD M50
37 OUT T4 K50
40 LD T4
41 RST Y002
42 OUT M60
43 LD M60
44 OUT T5 K50
47 LD T5
48 RST Y003
49 END</td></tr>
</table>

6．PLC 控制多台电动机顺序运行的程序设计说明

步 0～步 4 启动电动机 M4；步 5～步 8、步 9～步 11 延时 10s 后，启动电动机 M3；步 12～步 15、步 16～步 18 延时 10s 后，启动电动机 M2；步 19～步 22、步 23～步 24 延时 10s 后启动电动机 M1；步 25～步 28 按下停止按钮时，M1 停止；步 29～步 32、步 33～步 35 延时 5s 后停止 M2，其仿真效果如图 10-25 所示；步 36～步 39、步 40～步 42 延时 5s 后，停止 M3；步 43～步 46、步 47～步 48 延时 5s 后，停止 M4。

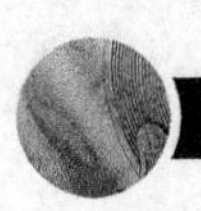

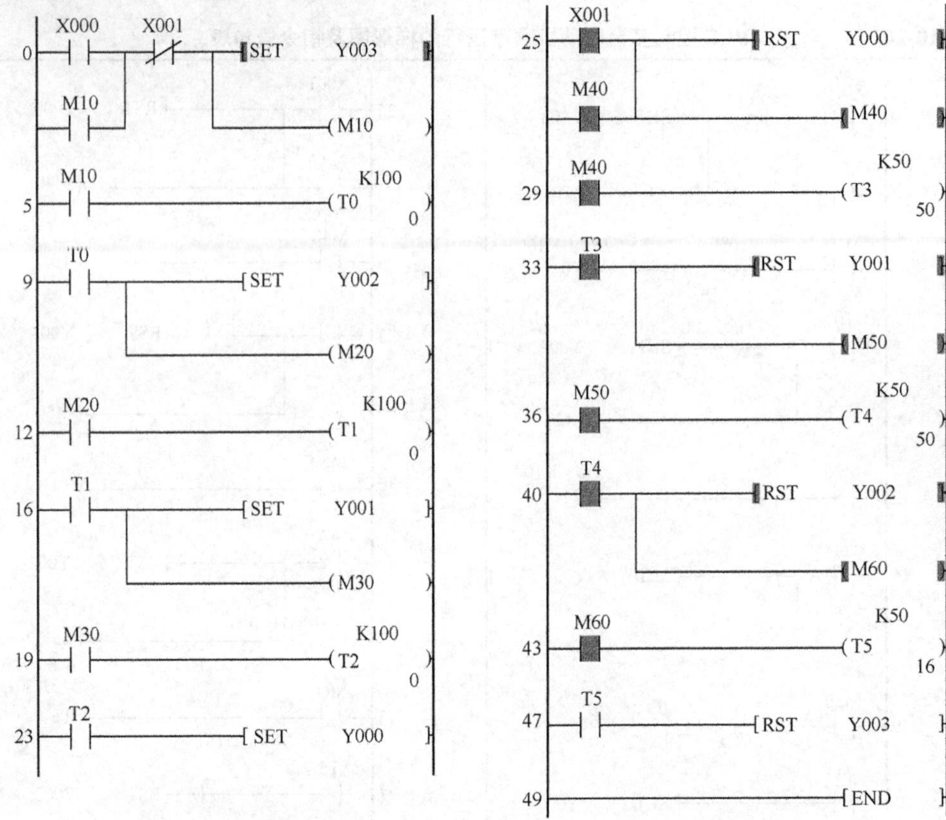

图 10-25　PLC 控制多台电动机顺序运行的仿真效果图

10.3.3　小车送料控制设计

1．控制要求

小车自动送料控制示意图如图 10-26 所示，初始状态时，小车处于起始位置 A 地。当按下启动按钮后，小车在 A 地等待 1min 进行装料，然后向 B 地前进。到达 B 地时，小车等待 2min 卸料后再返回 A 地。返回 A 地等待 1min 又进行装料后，向 C 地运行。直接到达 C 地（途径 B 地时，小车不停，继续运行），小车等待 4min 卸完料后，返回 A 地。

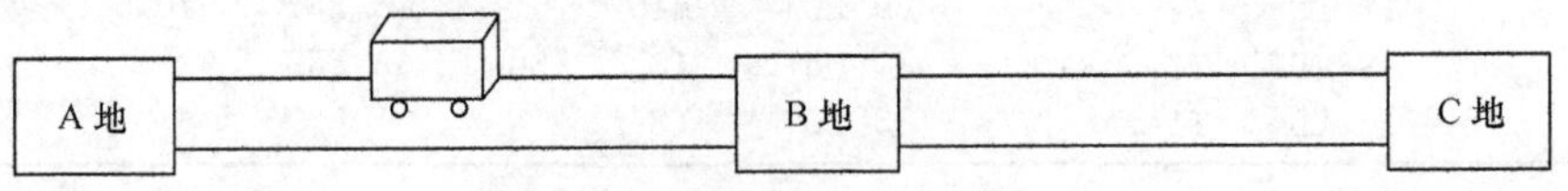

图 10-26　小车自动送料控制示意图

2．控制分析

小车到达 A 地、B 地、C 地位置时，可分别用 SQ0、SQ1、SQ2 来进行控制，因此根据小车运行过程，画出如图 10-27 所示的行程时序图。由于小车在第 1 次到达 SQ1 时，要改变运行方向，而第 2 次和第 3 次到达 SQ1 时，不需要改变运行方向，所以利用计数器的计数功能来决定小车到达 SQ1 时是否改变运行方向。

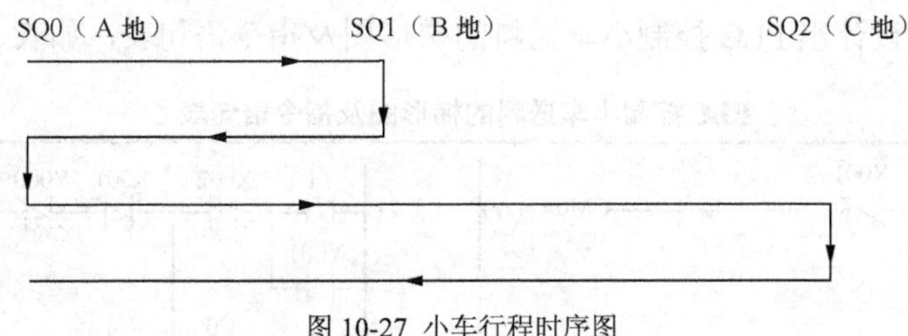

图 10-27 小车行程时序图

3．PLC 控制小车送料的输入/输出（I/O）分配表

根据控制要求分析可知，该设计需要 5 个输入和 2 个输出，PLC 控制小车送料的输入/输出分配表，如表 10-21 所示。

表 10-21　　PLC 控制小车送料的输入/输出分配表

输入			输出		
功能	元件	PLC 地址	功能	元件	PLC 地址
启动	SB1	X000	小车前进	KM1	Y000
停止	SB2	X001	小车后退	KM2	Y001
A 地行程控制	SQ0	X002			
B 地行程控制	SQ1	X003			
C 地行程控制	SQ2	X004			

4．PLC 控制小车送料的 I/O 接线图

系统需要 5 个输入和 2 个输出的 I/O 端子，PLC 控制小车送料的 I/O 接线图如图 10-28 所示。

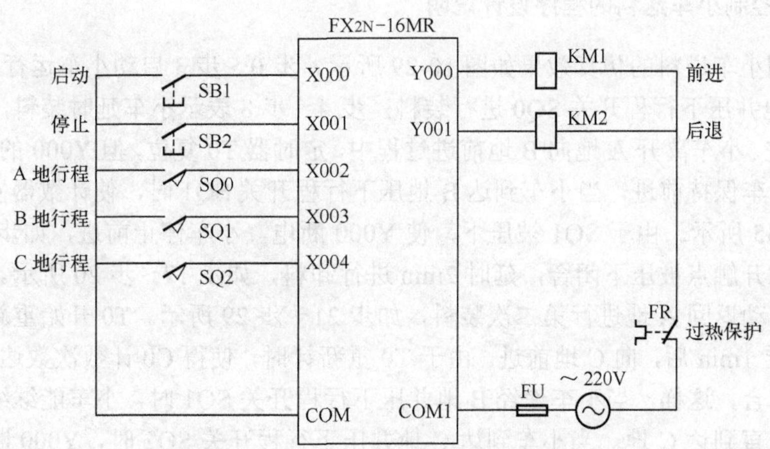

图 10-28 PLC 控制小车送料的 I/O 接线图

5．程序设计

根据控制要求设计出 PLC 控制小车送料的梯形图及指令语句表，如表 10-22 所示。

表 10-22　PLC 控制小车送料的梯形图及指令语句表

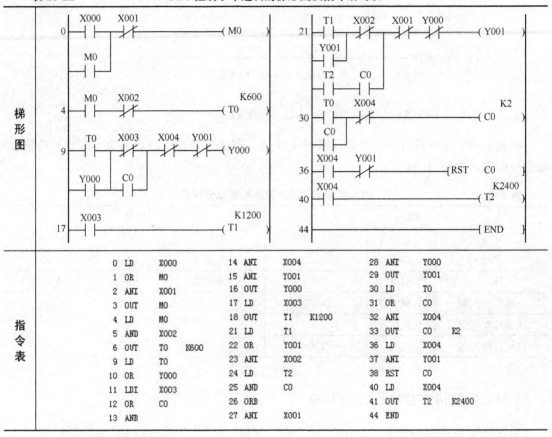

梯形图	0 X000 X001 (M0) M0 4 M0 X002 K600 (T0) 9 T0 X003 X004 Y001 (Y000) Y000 C0 17 X003 K1200 (T1) 21 T1 X002 X001 Y000 (Y001) Y001 T2 C0 30 T0 X004 K2 (C0) C0 36 X004 Y001 [RST C0] 40 X004 K2400 (T2) 44 [END]
指令表	0 LD X000 1 OR M0 2 ANI X001 3 OUT M0 4 LD M0 5 AND X002 6 OUT T0 K600 9 LD T0 10 OR Y000 11 LDI X003 12 OR C0 13 ANB 14 ANI X004 15 ANI Y001 16 OUT Y000 17 LD X003 18 OUT T1 K1200 21 LD T1 22 OR Y001 23 ANI X002 24 LD T2 25 AND C0 26 ORB 27 ANI X001 28 ANI Y000 29 OUT Y001 30 LD T0 31 OR C0 32 ANI X004 33 OUT C0 K2 36 LD X004 37 ANI Y001 38 RST C0 40 LD X004 41 OUT T2 K2400 44 END

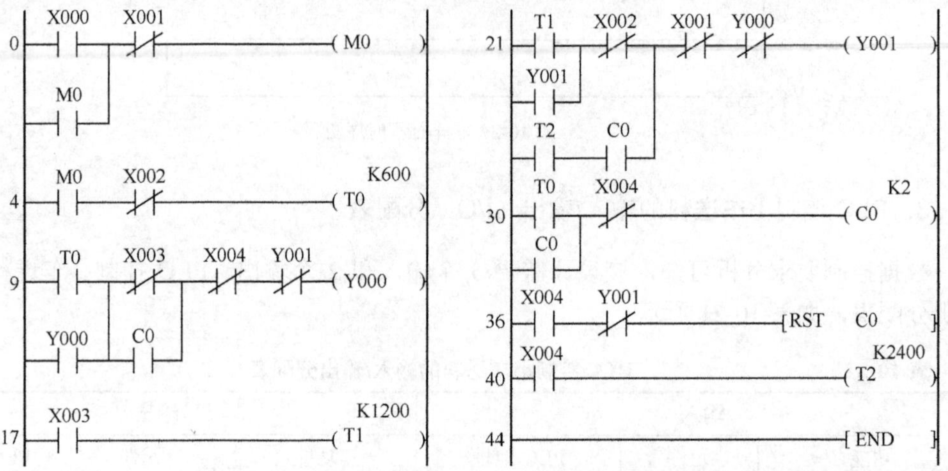

6．PLC 控制小车送料的程序设计说明

PLC 控制小车送料的仿真效果如图 10-29 所示。步 0～步 3 启动小车运行；刚启动时，小车位于 A 地并压下行程开关 SQ0 进行装料，步 4～步 8 表示小车延时装料，若装完料小车向 B 地前进。小车离开 A 地向 B 地前进过程中，定时器 T0 复位，但 Y000 的自锁使 Y000 继续得电，小车保持前进。当小车到达 B 地压下行程开关 SQ1 时，使计数器 C0 计数减 1，如步 30～步 35 所示。由于 SQ1 被压下，使 Y000 断电，小车停止前进，如步 9～步 16 所示。SQ1 的常开触点被压下闭合，延时 2min 进行卸料，如步 17～步 20 所示。当延时时间到后，小车自动返回 A 地进行第二次装料，如步 21～步 29 所示。T0 开始重新计时，当小车在 A 地停止 1min 后，向 C 地前进。由于 T0 重新计时，使得 C0 计数次数达到了预设值，其常开触点闭合，这样，当小车途经 B 地并压下行程开关 SQ1 时，小车能继续保持前进方向，使小车一直到达 C 地。当小车到达 C 地并压下行程开关 SQ2 时，Y000 断电，小车停止前进。此时 SQ2 的常开触点被压下闭合，延时 2min 卸料，如步 40～步 43 所示。当小车

在 C 地卸完料后（即 T2 常开触点闭合），Y001 闭合使小车自动返回 A 地，如 21～步 29 所示。

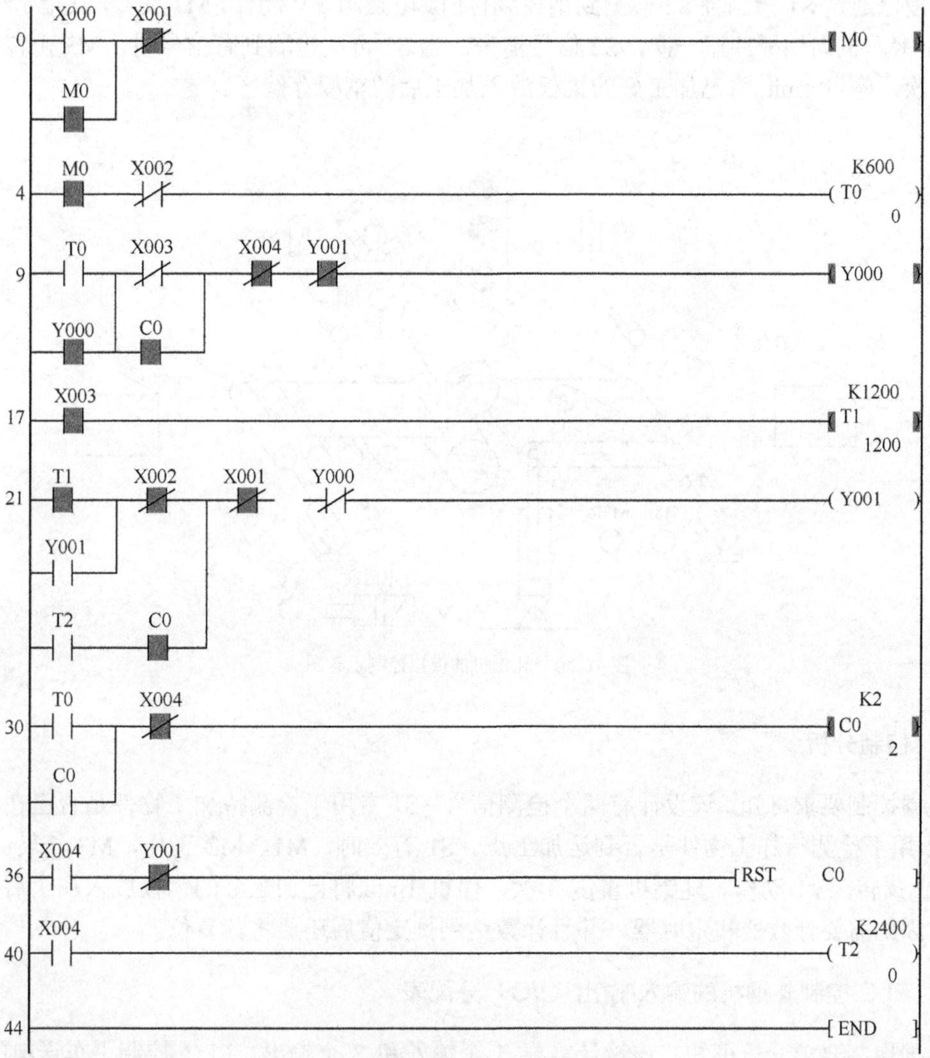

图 10-29 PLC 控制小车送料的仿真效果图

T2 常开触点闭合，并且 Y001 有效时使 C0 复位，如步 36～步 39 所示，为下一次小车装料循环做好了准备。

10.3.4 轧钢机的控制设计

1. 控制要求

某一轧钢机的模拟控制如图 10-30 所示，S1 为检测传送带上有无钢板传感器，S2 为检测传送带上钢板是否到位传感器。M1、M2 为传送带电动机，M3F 和 M3R 为传送带电动机 M3 的正转和反转指示灯，Y1 为锻压机。

按下启动按钮，传送带电动机 M1、M2 运行，待加工钢板存储区中的钢板自动在传送带上运送。若 S1 检测到有钢板在传送带上时，电动机 M3 正转，其指示灯 M3F 亮。当传输带上的钢板已通过 S1 检测且 S2 检测到钢板到位时，电磁阀 YV 动作，M3 反转，其指示灯 M3R 亮。Y1 锻压机向钢板冲压一次，S2 信号消失。当 S1 再次检测到有信号时，M3 正转，如此重复 3 次，停机 1min,将已加工好的钢板放入加工后的钢板存储区。

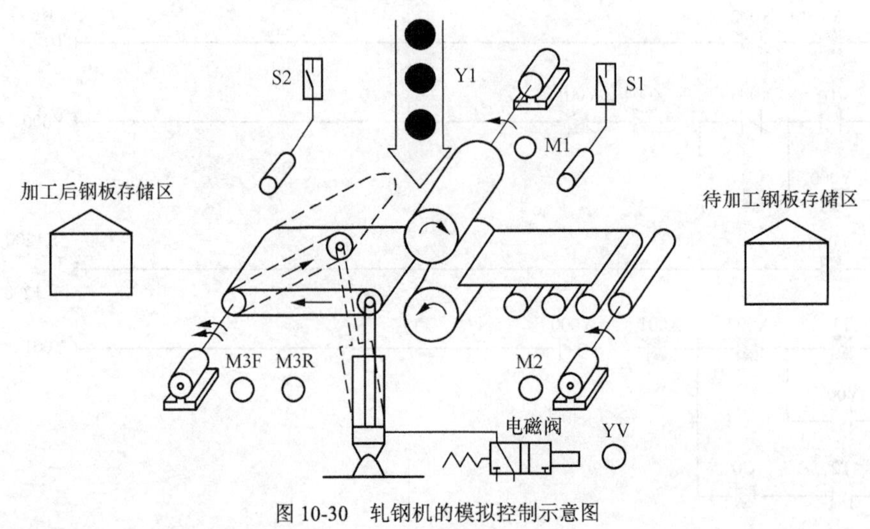

图 10-30　轧钢机的模拟控制示意图

2. 控制分析

根据控制要求可知，该设计有两个检测信号，S1 专用于检测待加工物件是否已在传输带上，S2 用于检测待加工物件是否到达加工点。S1 有效时，M1、M2 工作，M3 正转。S2 有效，M3 反转，Y1 动作。轧钢机重复 3 次，停机 1min,将已加工好的钢板放入加工后钢板存储区，因此需要计数器和定时器，并且计数达到预定值后还要将其复位。

3. PLC 控制轧钢机的输入/输出（I/O）分配表

根据控制要求分析可知，该设计需要 5 个输入和 2 个输出，PLC 控制小车送料的输入/输出分配表，如表 10-23 所示。

表 10-23　　PLC 控制轧钢机的输入/输出分配表

输入			输出		
功能	元件	PLC 地址	功能	元件	PLC 地址
启动	SB1	X000	控制电动机 M1	KM1	Y000
停止	SB2	X001	控制电动机 M2	KM2	Y001
S1 检测信号	S1	X002	Y1 锻压控制	YV	Y002
S2 检测信号	S2	X003	M3 正转指示	M3F	Y003
复位	SB3	X004	M3 反转指示	M3R	Y004

4. PLC 控制轧钢机的 I/O 接线图

系统只需要 4 个输入和 5 个输出的 I/O 端子，PLC 控制轧钢机的 I/O 接线图如图 10-31 所示。

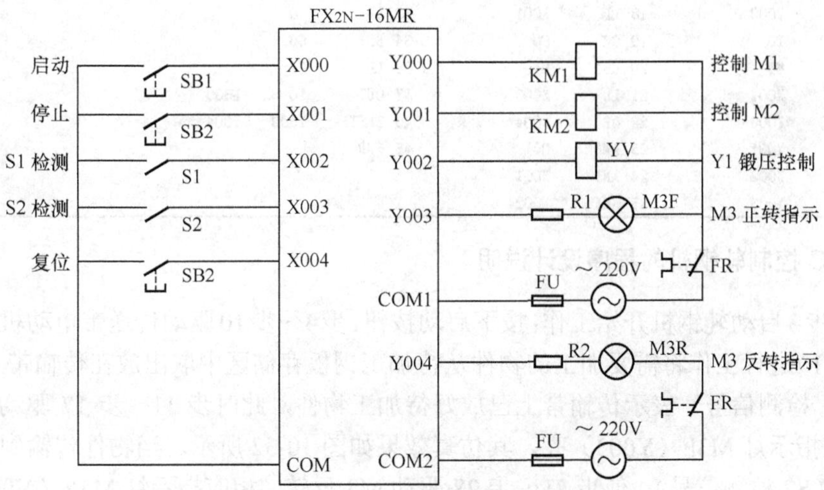

图 10-31 PLC 控制轧钢机的 I/O 接线图

5. 程序设计

根据控制要求设计出 PLC 控制轧钢机的梯形图及指令语句表，如表 10-24 所示。

表 10-24　　PLC 控制轧钢机的梯形图及指令语句表

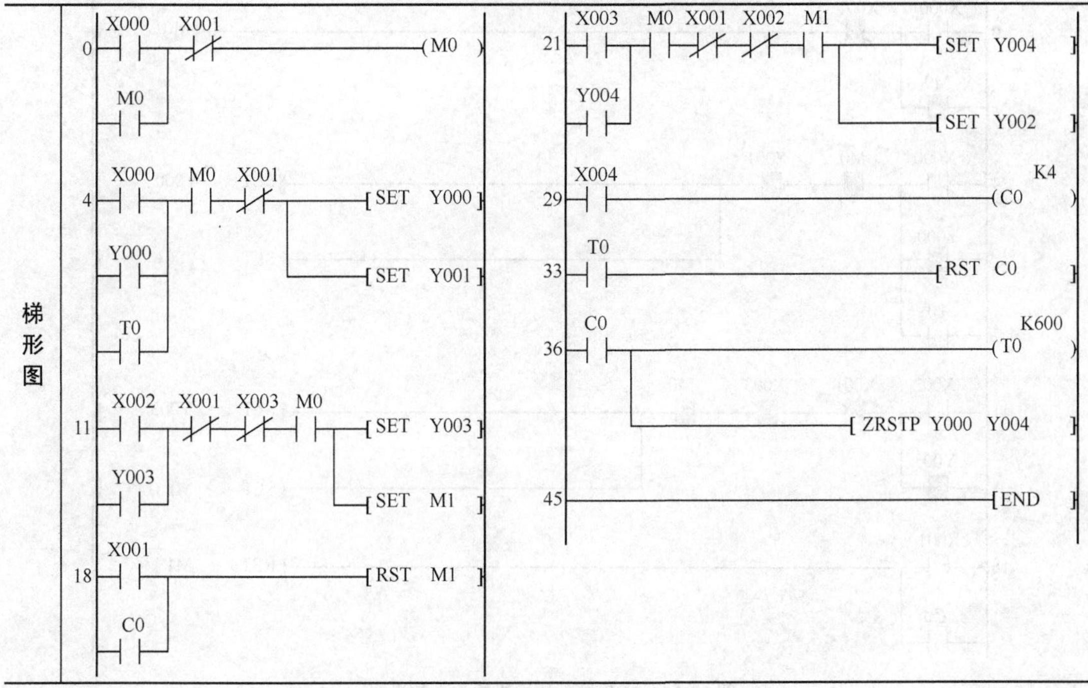

续表

指令表	0 LD X000	13 ANI X001	26 AND M1
	1 OR M0	14 ANI X003	27 SET Y004
	2 ANI X001	15 AND M0	28 SET Y002
	3 OUT M0	16 SET Y003	29 LD X004
	4 LD X000	17 SET M1	30 OUT C0 K4
	5 OR Y000	18 LD X001	33 LD T0
	6 OR T0	19 OR C0	34 RST C0
	7 AND M0	20 RST M1	36 LD C0
	8 ANI X001	21 LD X003	37 OUT T0 K600
	9 SET Y000	22 OR Y004	40 ZRSTP Y000 Y004
	10 SET Y001	23 AND M0	45 END
	11 LD X002	24 ANI X001	
	12 OR Y003	25 ANI X002	

6. PLC控制轧钢机的程序设计说明

步0～步3启动轧钢机开始工作；按下启动按钮，步4～步10驱动传送带电动机M1（Y000）和M2（Y001）进行工作将需要加工的物件从待加工钢板存储区中取出放在传输带上。当X002有效时（S1检测信号）表示传输带上已放好待加工物件，此时步11～步17驱动电动机M3正转，相应指示灯M3F（Y003）亮，其仿真效果如图10-32所示。当物件传输到加工点时，X003有效（S2检测信号），使步21～步28驱动M3反转，相应指示灯M3R（Y003）亮，并且锻压机冲压一次，步29～步32的计数器C1计数1次。当计数器没有达到预定值时，M3正转，重复经过3次。若计数超过3次，步18～步20使辅助继电器M1有效，步21～步28使M3不反转，步36～步44将M1、M2、M3、YV复位恢复初态，T0延时1min，将加工好的物件放入加工后的钢板存储区中。当延时时间到，T0常开触点有效，使步4～步10有效，轧钢机又开始进行重复工序。

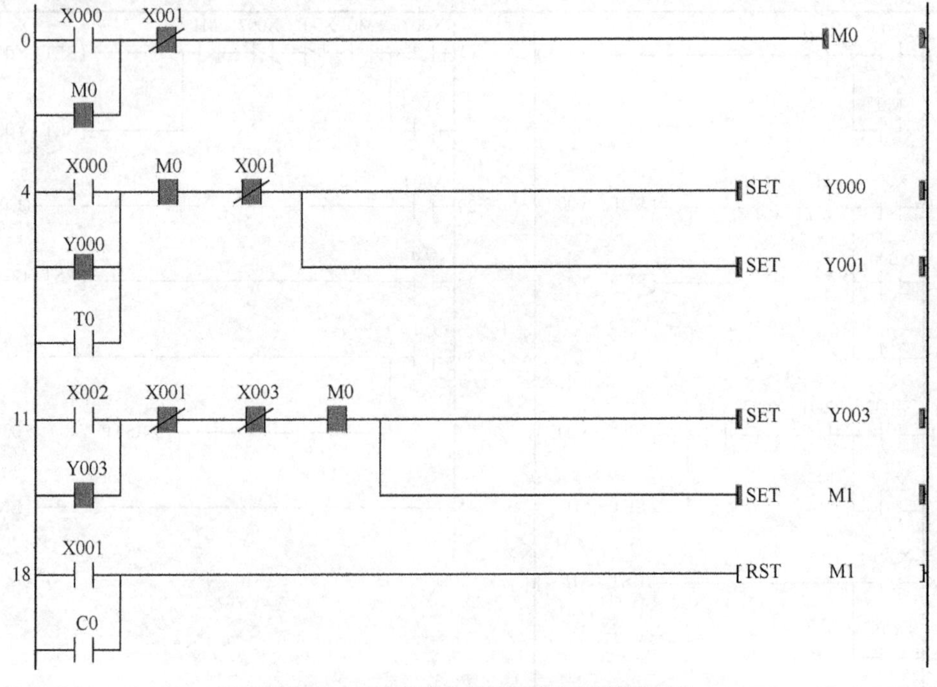

图10-32 PLC控制轧钢机的仿真效果图

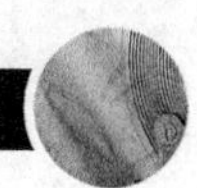

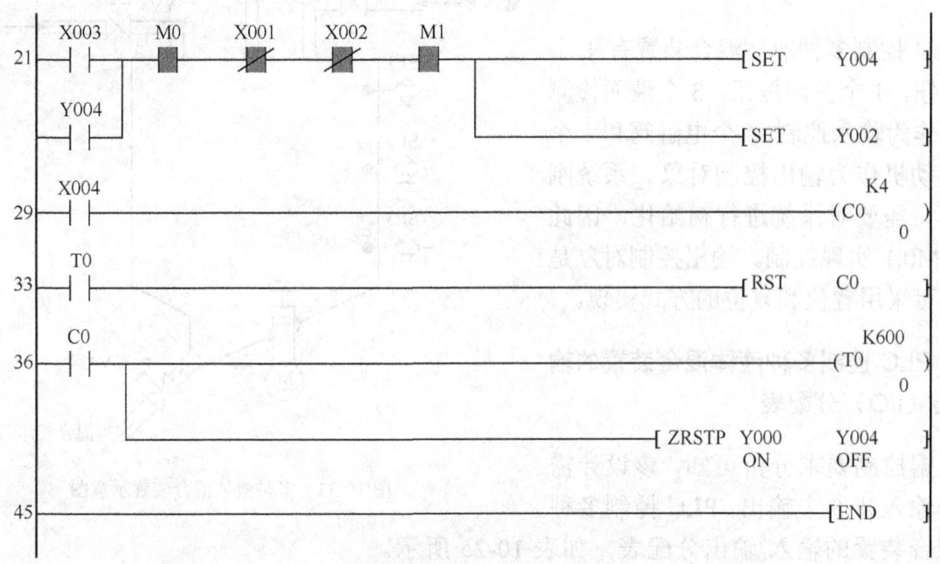

图 10-32 PLC 控制轧钢机的仿真效果图（续）

10.3.5 多种液体混合装置控制设计

1．控制要求

多种液体混合装置示意图如图 10-33 所示。图中 L 为低液面，SL3 为低液面传感器；M 为中液面，SL2 为中液面传感器；H 为高液面，SL1 为高液面传感器；YV1～YV4 为电磁阀，YV1～YV3 控制液体流入容器，YV4 控制混合液体从容器中流出；M 为搅拌电动机。

（1）初始状态下，装置投入运行时，电磁阀 YV1～YV3 关闭，YV4 的阀门打开 1min，使容器为空，液位传感器 SL1～SL3 无信号，搅拌电动机未启动。

（2）按下启动按钮，电磁阀 YV1 打开，液体 A 流入容器，经过一定时间，当液面达到 L 低液面时，SL3 发出信号，继续流入液体。液体达到中液面 M 时，SL2 液位传感器发出信号，控制 YV1 关闭，停止液体 A 流入，同时打开电磁阀 YV2，使液体 B 流入容器。

（3）液体达到高液面 H 时，SL1 液面传感器发出信号，控制电磁阀 YV2 关闭，停止液体 B 流入，同时打开电磁阀 YV3，使液体 C 流入容器。

（4）当液体 C 流入容器 2s 后，YV3 电磁阀自动关闭，停止液体 C 流入，同时启动搅拌电动机运行，对液体进行搅拌。

（5）经过 2min 的搅拌后，电动机停止运转，电磁阀 YV4 打开，放出混合液体。

（6）当液面低于 L 低液面时，低液面传感器 SL3 无信号，延时 20s 后，容器中的液体放完，电磁阀 YV4 关闭，搅拌机又开始执行下一次循环。

（7）在中途按下停止按钮时，需将当前的混合液操作处理完毕后，才停止在状态（1）上。

2. 控制分析

PLC 控制多种液体混合装置有 1 个启动按钮，1 个关闭按钮，3 个液面检测传感器作为输入控制，4 个电磁阀和 1 个搅拌电动机作为输出控制对象。系统刚通电时，需要对系统进行初始化，因此可用 SM0.1 实现控制。输出控制对象是否有效可采用置位和复位的方式实现。

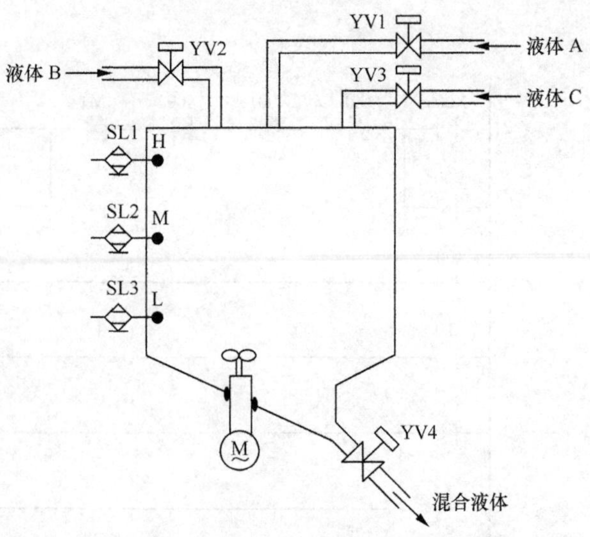

图 10-33　多种液体混合装置示意图

3. PLC 控制多种液体混合装置的输入/输出（I/O）分配表

根据控制要求分析可知，该设计需要 5 个输入和 5 个输出，PLC 控制多种液体混合装置的输入/输出分配表，如表 10-25 所示。

表 10-25　PLC 控制多种液体混合装置的输入/输出分配表

输入			输出		
功能	元件	PLC 地址	功能	元件	PLC 地址
启动	SB1	X000	控制液体 A 流入电磁阀	YV1	Y000
停止	SB2	X001	控制液体 B 流入电磁阀	YV2	Y001
高液面检测信号	SL1	X002	控制液体 C 流入电磁阀	YV3	Y002
中液面检测信号	SL2	X003	控制混合液体流出电磁阀	YV4	Y003
低液面检测信号	SL3	X004	控制搅拌电动机 M	KM	Y004

4. PLC 控制多种液体混合装置的 I/O 接线图

系统需要 5 个输入和 5 个输出的 I/O 端子，PLC 控制多种液体混合装置的 I/O 接线图如图 10-34 所示。

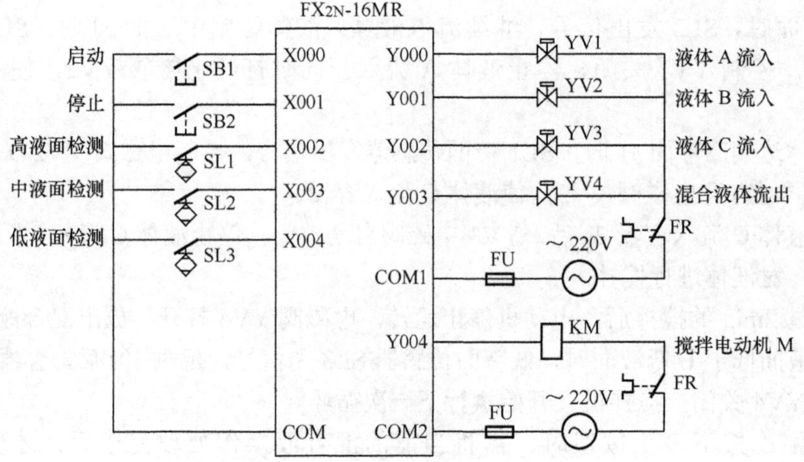

图 10-34　PLC 控制多种液体混合装置的 I/O 接线图

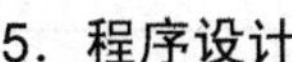

5. 程序设计

根据控制要求设计出 PLC 控制多种液体混合装置的梯形图及指令语句表，如表 10-26 所示。

6. PLC 控制多种液体混合装置的程序设计说明

步 0～步 6 为初始状态控制，初次扫描周期时（即装置投入运行时），YV1～YV3 电磁阀关闭，YV4 阀门打开 1min 使容器为空，液位传感器 SL1～SL3 无信号，搅拌电动机 M 未启动。

步 7～步 10 为启动脉冲，按下启动按钮 SB1，输入继电器 X000 接通，步 28 中的 M10 闭合一个扫描周期，步 29 中的 M15 置位接通使步 8 中 M15 的常开触点闭合，为以后接通 Y001 做准备，同时 Y000 置位接通，电磁阀 YV1 通电打开，液体 A 开始注入容器中。步 11～步 13 为停止脉冲。

当液面达到 L 时，步 14 中的 X004 闭合，M12 准备输出后上升沿微分脉冲。当液面达到 M 时，步 17 中的 X003 闭合，使 M13 输出一个扫描周期宽的脉冲。步 30 中的 M13 常开触点闭合，Y000 复位使液体 A 流入电磁阀 YV1 关闭，停止液体 A 流入；同时 Y001 置 1，液体 B 流入电磁阀打开，液体 B 流入容器中，其仿真效果如图 10-35 所示。

表 10-26　PLC 控制多种液体混合装置的梯形图及指令语句表

梯形图	步	触点	输出
	0	M8002（常开）或 M0（常开），串 T0（常闭）	(M0)
			(T0) K600
	7	X000（常开），M15（常闭）	[PLS M10]
	11	X001	[PLS M11]
	14	X004	[PLS M12]
	17	X003	[PLS M13]
	20	X002	[PLF M14]
	23	M11	[SET M15]
	25	M15、T1（常开）或 M10	[SET Y000]
			[SET M15]
	30	M13	[RST Y000]
			[SET Y001]
	33	M14	[RST Y001]
			(T3) K20
	38	M14，T3（常闭）	[SET Y002]
	41	M14，T3	[RST Y002]
			[SET Y004]
	45	Y004	[PLF M16]
			(T4) K720
	51	M16，T4	[SET Y003]
			[RST Y004]
	55	M14	[SET M17]
	57	M17	(T1) K200
	61	T1	[RST Y003]
	63		[END]

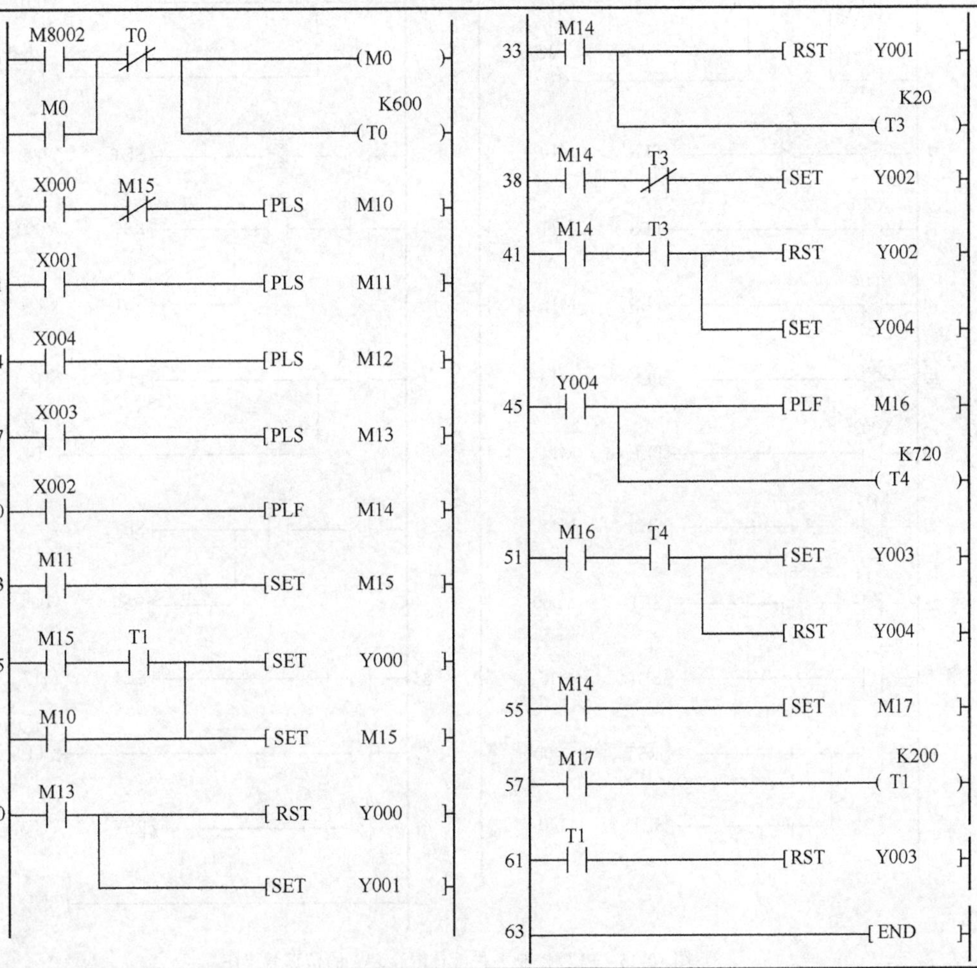

续表

指令表			
	0 LD M8002	24 SET M15	43 RST Y002
	1 OR M0	25 LD M15	44 SET Y004
	2 ANI T0	26 AND T1	45 LD Y004
	3 OUT M0	27 OR M10	46 PLF M16
	4 OUT T0 K600	28 SET Y000	48 OUT T4 K720
	7 LD X000	29 SET M15	51 LD M16
	8 ANI M15	30 LD M13	52 AND T4
	9 PLS M10	31 RST Y000	53 SET Y003
	11 LD X001	32 SET Y001	54 RST Y004
	12 PLS M11	33 LD M14	55 LD M14
	14 LD X004	34 RST Y001	56 SET M17
	15 PLS M12	35 OUT T3 K20	57 LD M17
	17 LD X003	38 LD M14	58 OUT T1 K200
	18 PLS M13	39 ANI T3	61 LD T1
	20 LD X002	40 SET Y002	62 RST Y003
	21 PLF M14	41 LD M14	63 END
	23 LD M11	42 AND T3	

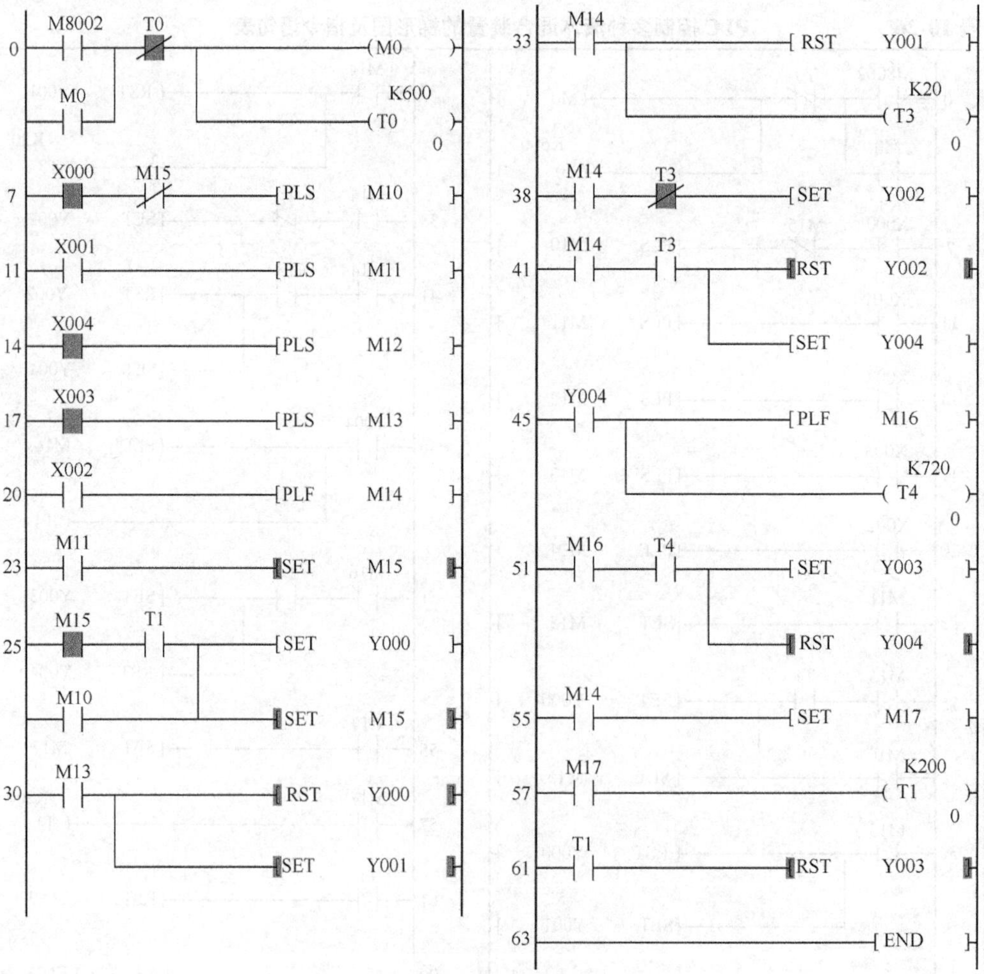

图 10-35 PLC 控制多种液体混合装置的仿真效果图

当液面达到 H 时，步 20 中的 X002 闭合，M14 输出一个扫描周期宽的脉冲。步 33 中的 M14 常开触点闭合，Y001 复位使液体 B 流入电磁阀关闭，停止液体 B 流入。步 38 使 Y002 置位,液体 C 流入容器中。当液体注入了 2s 时，步 39 的 T3 常闭触点打开，同时步 42 的 T3 常开触点闭合，使 Y002 复位，停止液体 C 流入，并且将 Y004 置位，启动搅拌电动机 M 工作。

步 45～步 50 为搅拌电动机工作时间设置，若搅拌时间到，步 53 中将 Y003 置位，混合液体流出，Y004 复位，M 停止工作。当混合液体流出低于 L 低液面时，低液面传感器 SL3 无信号。由于步 21 中 M14 线圈有效，从而使步 55 中的 M14 常开触点闭合以控制步 57～步 60 进行延时。步 58 的 T1 延时 20s 后，步 61 的 T1 常开触点闭合，使 Y003 复位表示容器中的混合液体已经放完，电磁阀 YV4 关闭。

第 11 章　PLC 在工程中的设计与应用

11.1　PLC 在全自动洗衣机控制系统中的应用

全自动洗衣机的洗衣桶（外桶）和内桶是以同一中心安放的。外桶固定，用来盛水；内桶可以旋转，作脱水用。内桶的四周有很多小孔，使内、外桶的水流相等。

洗衣机的进水和排水分别由进水电磁阀和排水阀控制。进水时，通过电控系统打开进水阀，经进水管注入到外桶。排水时，通过电控系统使用排水阀打开，将水由外桶排到机外。洗涤正转、反转由洗涤电动机驱动波盘正、反转来实现，此时脱水桶并不旋转。脱水时，通过电控系统将离合器合上，由洗涤电动机带动内桶正转进行甩干。高、低水位开关分别来检测高、低水位。启动按钮用来启动洗衣机工作；停止按钮用来实现手动停止进水、排水、脱水及报警；排水按钮用来实现手动排水。

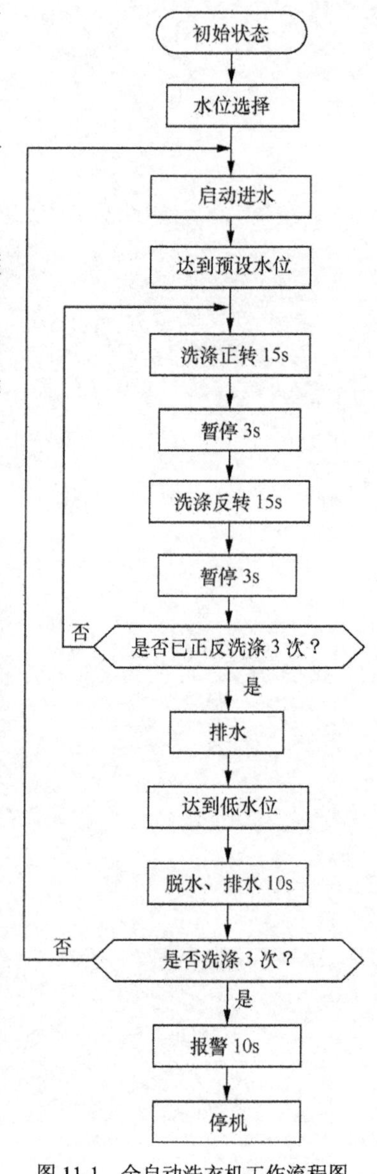

图 11-1　全自动洗衣机工作流程图

11.1.1　全自动洗衣机控制系统的控制要求

PLC 投入运行，系统处于初始状态，准备好启动。选择水位，按下启动按钮电控系统打开进水阀，自来水经进水管注入到外桶。当水到达预设位置时，停止进水并启动洗涤电动机开始洗涤正转。正转洗涤 15s 后洗涤电动机暂停。暂停 3s 后开始洗涤反转。洗涤反转 15s 后暂停 3s，又开始洗涤正转……如此循环，当正、反转洗涤达到 3 次时，开始排水。

水位下降到低水位时，启动洗涤电动机带动内桶正转开始进行脱水并继续排水。脱水 10s 就完成一次从进水到脱水的大循环。然后，再进水进行洗涤，如此进行 3 次大循环。如果完成了 3 次大循环，则进行洗完报警。报警 10s 后结束全过程，自动停机。

此外，还要求按下排水按钮以实现手动排水；按停止按钮可实现手动停止进水、排水、脱水及报警。

11.1.2　全自动洗衣机 PLC 控制分析

由控制要求可知，全自动洗衣机的工作流程如图 11-1 所

示。首先打开电源，用户根据衣物的多少进行水位的选择，并有相应信号灯指示。再按下启动按钮，开始注水洗涤衣物。

使用 PLC 控制时，输入设备主要有电源按钮、启动按钮、水位选择按钮（高水位选择按钮、中水位选择按钮、低水位选择按钮）、水位开关（高水位开关、中水位开关、低水位开关）、排水按钮等。输出设备主要有电源指示灯、水位选择按钮信号灯（高水位选择信号灯、中水位选择信号灯、低水位选择信号灯）进水电磁阀、洗涤电动机正转接触器、洗涤电动机反转接触器、排水电磁阀、脱水电磁离合器、报警蜂鸣器等。

11.1.3 全自动洗衣机控制系统的资源配置

根据控制要求及控制分析，该系统需要 9 个输入和 10 个输出点，水位开关采用在此使用行程开关代替，输入/输出地址分配如表 11-1 所示。PLC 控制全自动洗衣机的 I/O 接线图如图 11-2 所示。

表 11-1　PLC 控制全自动洗衣机的输入/输出分配表

输入			输出			
功能	元件	PLC 地址	功能		元件	PLC 地址
电源按钮	SB1	X000	进水电磁阀		YV1	Y000
启动按钮	SB2	X001	排水电磁阀		YV2	Y001
排水按钮	SB3	X002	洗涤电动机正转接触器		KM1	Y002
水位选择按钮	高水位 SB4	X003	洗涤电动机反转接触器		KM2	Y003
	中水位 SB5	X004	脱水电磁离合器		YC	Y004
	低水位 SB6	X005	报警蜂鸣器		HA	Y005
水位开关	高水位 SQ1	X006	电源指示		HL1	Y006
	中水位 SQ2	X007	水位指示	高水位	HL2	Y007
	低水位 SQ3	X010		中水位	HL3	Y010
最低水位开关	SQ4	X011		低水位	HL4	Y011

11.1.4 全自动洗衣机控制系统的 PLC 程序设计

为实现自动控制，需设置 6 个定时器和 2 个计数器。

T0—正洗定时，定时预置值为 150；

T1—正洗暂停定时，定时预置值为 30；

T2—反洗定时，定时预置值为 150；

T3—反洗暂停定时，定时预置值为 30；

T4—脱水定时，定时预置值为 100；

T5—报警定时，定时预置值为 100；

C0—正、反洗循环计数，计数预置值为 3；

C1—洗涤次数计数，计数预置值为 3。

PLC 控制全自动洗衣机的程序如表 11-2 所示。

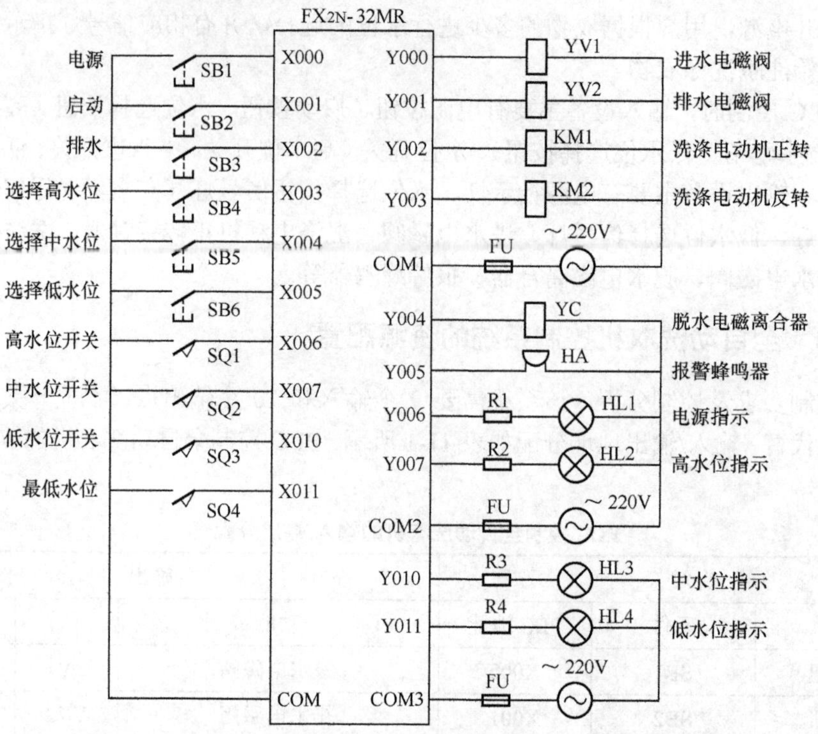

图 11-2　PLC 控制全自动洗衣机的 I/O 接线图

表 11-2　　PLC 控制全自动洗衣机的程序

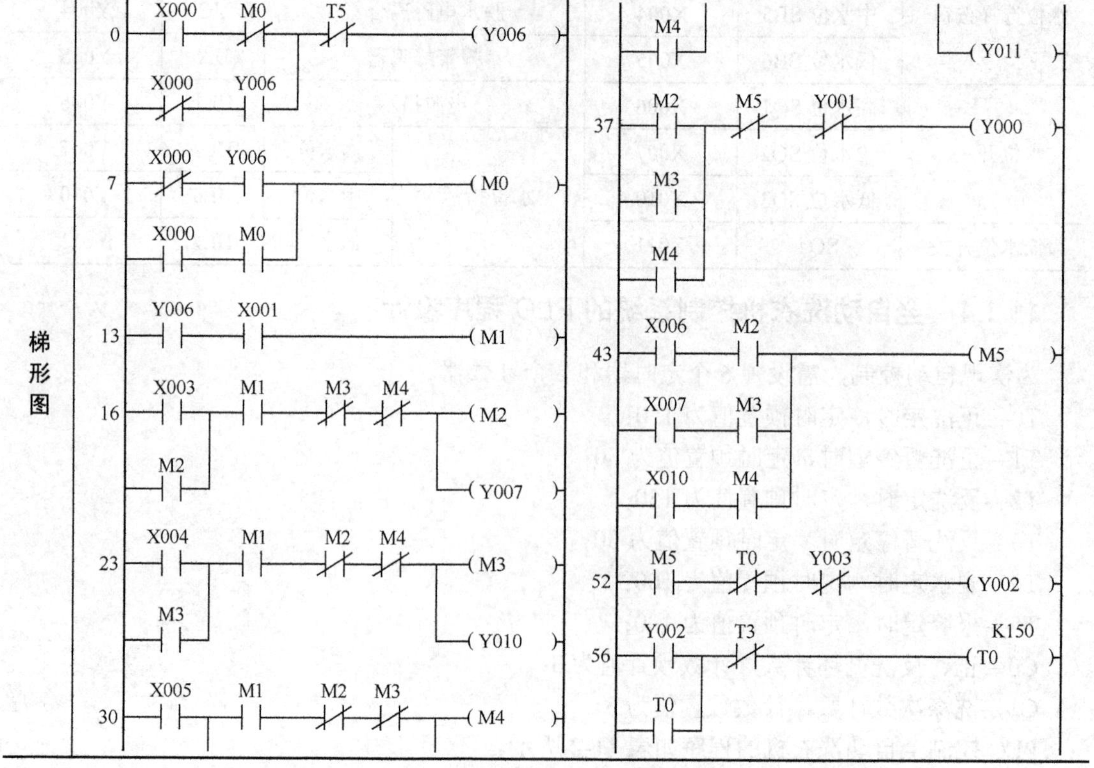

续表

梯形图

62 T0 —(T1 K30)
66 T1 T2 —(Y003)
69 Y003 T3 —(T2 K150)；T2
75 T2 —(T3 K30)
79 T3 —(C0 K3)
83 X002 Y006 T4 —(Y001)；C0；Y001
89 C0 —[RET C0]
92 X011 Y001 —(Y004) —(Y002)
96 Y004 —(T4 K100)
100 T41 —(C1 K3)
104 C1 T5 M1 —(Y005)；Y005
109 C1 —[RST C1]
112 Y005 —(T5 K100)
116 —[END]

指令表

步	指令	元件	常数	步	指令	元件	常数	步	指令	元件	常数
0	LD	X000		33	ANI	M2		70	OR	T2	
1	ANI	M0		34	ANI	M3		71	ANI	T3	
2	LDI	X000		35	OUT	M4		72	OUT	T2	K150
3	AND	Y006		36	OUT	Y011		75	LD	T2	
4	ORB			37	LD	M2		76	OUT	T3	K30
5	ANI	T5		38	OR	M3		79	LD	T3	
6	OUT	Y006		39	OR	M4		80	OUT	C0	K3
7	LDI	X000		40	ANI	M5		83	LD	X002	
8	AND	Y006		41	ANI	Y001		84	OR	C0	
9	LD	X000		42	OUT	Y000		85	OR	Y001	
10	AND	M0		43	LD	X006		86	AND	Y006	
11	ORB			44	AND	M2		87	ANI	T4	
12	OUT	M0		45	LD	X007		88	OUT	Y001	
13	LD	Y006		46	AND	M3		89	LD	C0	
14	AND	X001		47	ORB			90	RST	C0	
15	OUT	M1		48	LD	X010		92	LDI	X011	
16	LD	X003		49	AND	M4		93	AND	Y001	
17	OR	M2		50	ORB			94	OUT	Y004	
18	AND	M1		51	OUT	M5		95	OUT	Y002	
19	ANI	M3		52	LD	M5		96	LD	Y004	
20	ANI	M4		53	ANI	T0		97	OUT	T4	K100
21	OUT	M2		54	ANI	Y003		100	LD	T41	
22	OUT	Y007		55	OUT	Y002		101	OUT	C1	K3
23	LD	X004		56	LD	Y002		104	LD	C1	
24	OR	M3		57	OR	T0		105	OR	Y005	
25	AND	M1		58	ANI	T3		106	ANI	T5	
26	ANI	M2		59	OUT	T0	K150	107	AND	M1	
27	ANI	M4		62	LD	T0		108	OUT	Y005	
28	OUT	M3		63	OUT	T1	K30	109	LD	C1	
29	OUT	Y010		66	LD	T1		110	RST	C1	
30	LD	X005		67	ANI	T2		112	LD	Y005	
31	OR	M4		68	OUT	Y003		113	OUT	T5	K100
32	AND	M1		69	LD	Y003		116	END		

程序设计说明：步 0～步 6 和步 7～步 12 用来接通和断开电源，当按下奇数次时，表示接通电源，按下偶数次时，切断电源。接通电源时，Y006 输出线圈有效，控制电源指示灯亮。步 13～步 15 为洗衣机启动控制。用户根据衣物的多少可设置水位的高低，步 16～步 22 用来设置高水位；步 23～步 29 用来设置中水位；步 30～步 36 用来设置低水位。选择不同的水位均有相应的指示灯发亮，Y007 指示高水位；Y010 指示中水位，Y011 用来指示低水位。水位设置好后，步 37～步 42 中的 Y000 输出线圈有效，控制进水电磁阀打开，自来水流入洗衣机内。当洗衣机内的水位达到设置水位时，步 43～步 51 中的相应支路有效，以控制步 42 中的电磁阀关闭，停止进水。进完水后，步 52～步 55 中的 M5 常开触点闭合，输出线圈 Y002 有效，控制洗涤电动机正转，开始洗衣。步 56～步 61 用来计时洗涤电动机正转的时间，当洗涤电动机正转持续 15s 时，控制步 55 的 Y002 输出线圈暂时失效，使洗涤电动机停止正转，同时步 62～步 65 中的 T1 也开始计时。暂停 3s 后，步 66～步 68 中的 T1 常开触头闭合，使 Y003 输出线圈有效，控制洗涤电动机反转，其仿真效果如图 11-3 所示。步 69～步 74 用来计时洗涤电动机反转的时间，当洗涤电动机反转持续 15s 时，控制步 66～步 68 的 Y003 输出线圈暂时失效，使洗涤电动机停止反转，同时步 75～步 78 中的 T3 也开始计时。暂停 3s 后，使步 79～步 82 中的 C0 进行加 1 计数。当 C0 中的当前计数值小于 3 时，表示洗涤电动机正反转没有进行 3 次。此时步 52～步 55 仍有效，以控制洗涤电动机正转，然后再反转，重复步 52～步 82 的运行过程，当 C0 中的当前计数值等于 3 时，步 89～步 91 中的计数器 C0 有效，计数器复位，同时控制步 83～步 88 中的 C0 常开触头闭合。步 83 中的 X002 表示手动排水，若 C0 常开触头闭合，或按下了手动排水按钮时（即 X002 常开触头闭合），Y001 输出线圈有效，控制排水电磁阀打开，水从洗衣机中流出。同时步 92～步 95 中的 Y002 和 Y004 输出线圈有效，以控制洗涤电动机正转和脱水电磁离合器有效，对衣物进行脱水。当水位降到最低水位时，Y002 和 Y004 输出线圈无效，停止脱水。步 96～步 99 用于脱水计时。脱水时间到，使步 100～步 103 中的 C1 加 1，若 C1 的当前计数值小于 3，又重复步 37～步 103 中的工作。当步 99～步 103 中 C1 的当前计数值为 3 时，表示洗衣达 3 次，此时步 109～步 111 中的 C1 复位，同时触发步 104～步 108 进行工作。当 C1 常开触头闭合时，步 108 中的 Y005 输出线圈有效，控制蜂鸣器报警。步 112～步 114 用于报警时间的计时，若持续报警时间达 10s，T5 有效，使步 0～步 6 中的 T5 常闭触头打开，自动切断电源洗衣机电源，至此洗衣工作结束。

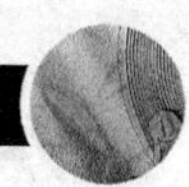

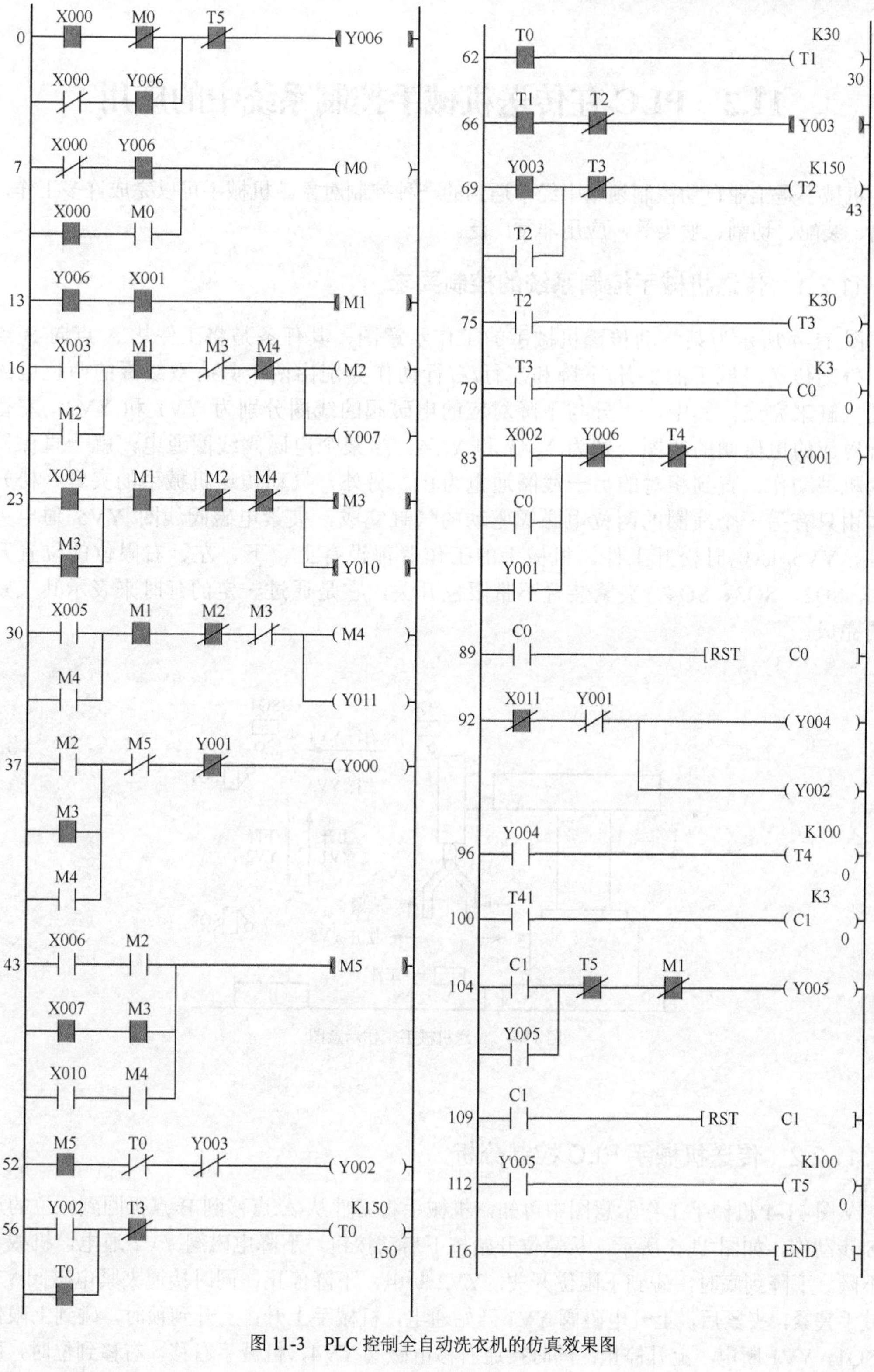

图 11-3　PLC 控制全自动洗衣机的仿真效果图

11.2 PLC 在传送机械手控制系统中的应用

机械手是工业自动控制领域中经常遇到的一种控制对象。机械手可以完成许多工作，如搬物、装配、切割、喷染等，应用非常广泛。

11.2.1 传送机械手控制系统的控制要求

图 11-4 所示为某气动传送机械手的工作示意图，其任务是将工件从 A 点向 B 点移送。气动传送机械手的上升/下降和左行/右行动作分别由两个具有双线圈的两位电磁阀驱动气缸来完成。其中，上升与下降对应的电磁阀的线圈分别为 YV1 和 YV2；左行与右行对应的电磁阀的线圈分别为 YV3 和 YV4。当某个电磁阀线圈通电，就一直保持现有的机械动作，直到相对的另一线圈通电为止。另外，气动传送机械手的夹紧、松开的动作由只有另一个线圈的两位电磁阀驱动的气缸完成，夹紧电磁阀线圈 YV5 通电夹住工件，YV5 断电时松开工件。机械手的工作臂都设有上、下、左、右限位的位置开关 SQ1、SQ2、SQ3、SQ4，夹紧装置不带限位开关，它是通过一定的延时来表示其夹紧动作的完成。

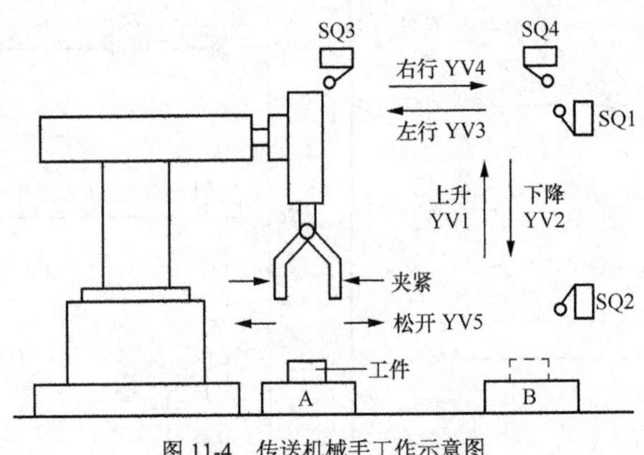

图 11-4　传送机械手工作示意图

11.2.2 传送机械手 PLC 控制分析

从图 11-4 机械手工作示意图中可知，机械手将工件从 A 点移到 B 点再回到原位的过程有 8 步动作，如图 11-5 所示。从原位开始按下启动按钮，下降电磁阀 YV2 通电，机械手开始下降。下降到底时，碰到下限位开关，YV2 断电，下降停止；同时接通夹紧电磁阀 YV5，机械手夹紧，夹紧后，上升电磁阀 YV1 开始通电，机械手上升；上升到顶时，碰到上限位开关 SQ1，YV1 断电，上升停止；同时接通右移电磁阀 YV4，机械手右移，右移到位时，碰到右移限位开关 SQ4，右移电磁阀断电，右移停止。此时，右工作台无工作，YV2 接通，机械

手下降。下降到底时，碰到下限位开关 YV1 下降电磁阀断电，下降停止；同时夹紧电磁阀断电，机械手放松，放松后，YV1 通电，机械手上升，上升碰到 SQ1，YV1 断电，上升停止；同时接通左移电磁阀 YV3，机械手左移；左移到原位时，碰到左限位开关 SQ3，YV3 断电，左移停止。至此机械手经过 8 步动作完成一个循环。

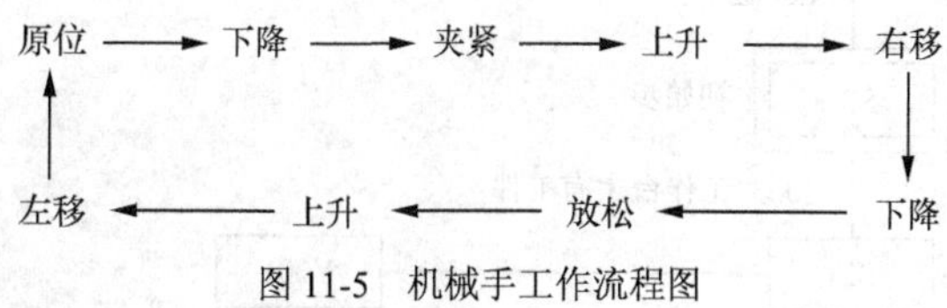

图 11-5 机械手工作流程图

11.2.3 传送机械手控制系统的资源配置

根据控制要求及控制分析，该系统需要 6 个输入和 5 个输出点，输入/输出地址分配如表 11-3 所示。PLC 控制传送机械手的 I/O 接线图如图 11-6 所示。

表 11-3 PLC 控制传送机械手的输入/输出分配表

输 入			输 出		
功能	元件	PLC 地址	功能	元件	PLC 地址
启动/停止按钮	SB0	X000	上升对应的电磁阀控制线圈	YV1	Y000
上限位行程开关	SQ1	X001	下降对应的电磁阀控制线圈	YV2	Y001
下限位行程开关	SQ2	X002	左行对应的电磁阀控制线圈	YV3	Y002
左限位行程开关	SQ3	X003	右行对应的电磁阀控制线圈	YV4	Y003
右限位行程开关	SQ4	X004	夹紧放松电磁阀控制线圈	YV5	Y004
工件检测	SQ5	X005			

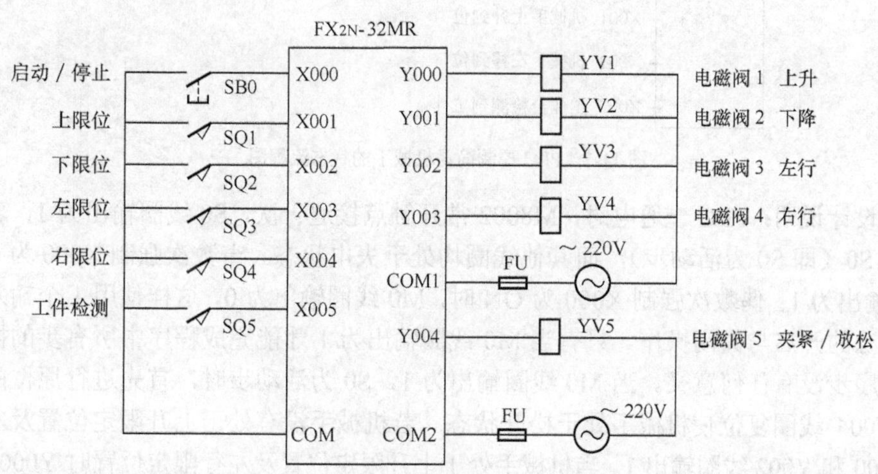

图 11-6 PLC 控制传送机械手的 I/O 接线图

11.2.4 传送机械手控制系统的PLC程序设计

根据传送机械手的工作流程图和PLC资源配置，设计出PLC控制传送机械手的状态流程图如图11-7所示，其程序如表11-4所示。

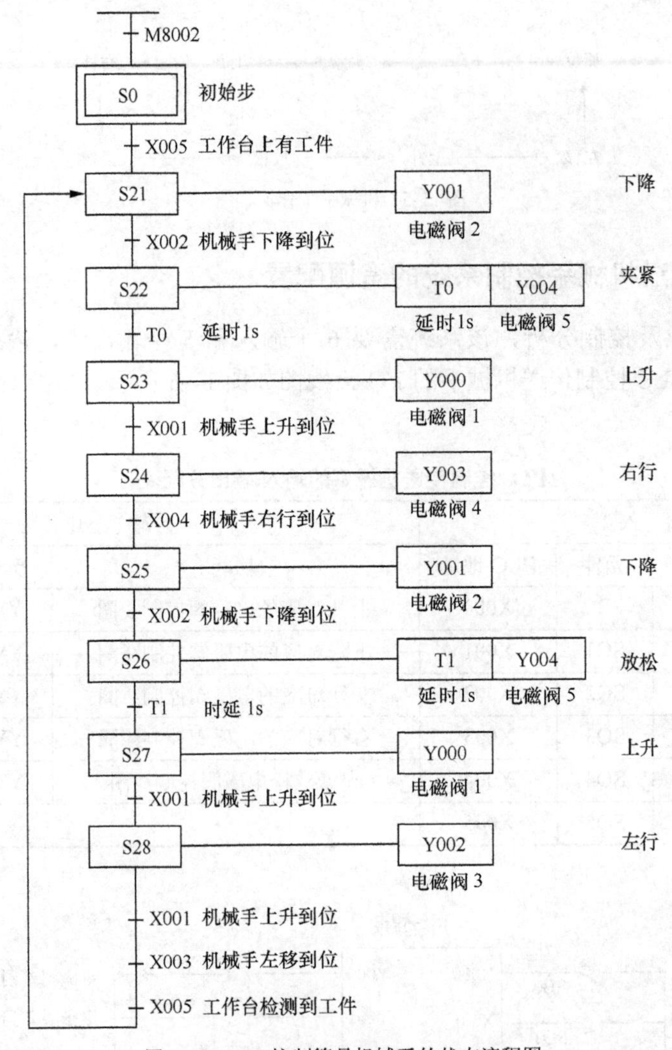

图11-7 PLC控制简易机械手的状态流程图

程序设计说明：PLC一通电时，M8002常开触点接通一次，S0线圈输出为1，表示进入了初始步S0（即S0为活动步），而其他线圈均处于失电状态。奇数次强制X000为ON时，M0线圈输出为1；偶数次强制X000为ON时，M0线圈输出为0，这样使用1个输入端子即可实现电源的开启与关闭操作。只有当M0线圈输出为1才能完成程序中所有步的操作，否则执行程序步没有任何意义。当M0线圈输出为1，S0为活动步时，首先进行原位的复位操作，将Y004线圈复位使机械手处于松开状态。若机械手没有处于上升限定位置及左行限定位置，Y000和Y002线圈输出1。当机械手处于上升限定位置及左行限定位置时Y000和Y002线圈输出0，表示机械手已处于原位初始状态，可以执行机械手的其他操作。此时将X001

表 11-4　　PLC 控制传送机械手的程序

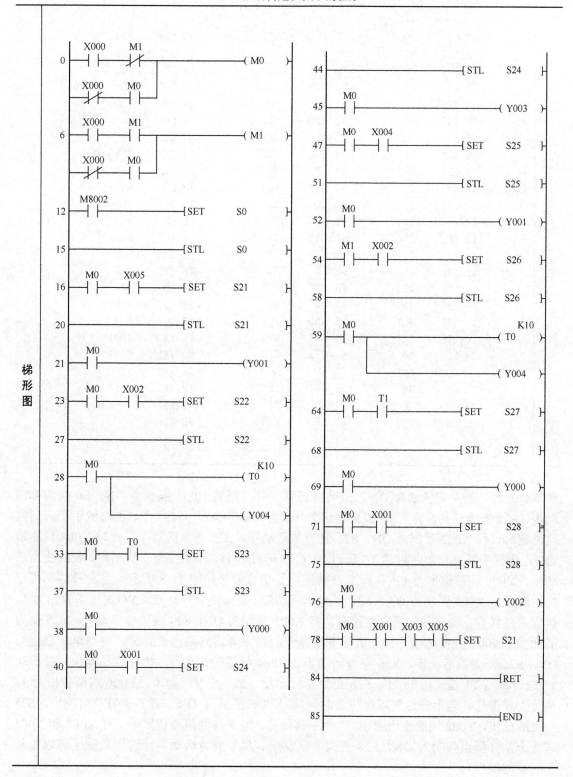

梯形图

0 X000 M1 (M0)
X000 M0
6 X000 M1 (M1)
X000 M0
12 M8002 [SET S0]
15 [STL S0]
16 M0 X005 [SET S21]
20 [STL S21]
21 M0 (Y001)
23 M0 X002 [SET S22]
27 [STL S22]
28 M0 K10 (T0)
(Y004)
33 M0 T0 [SET S23]
37 [STL S23]
38 M0 (Y000)
40 M0 X001 [SET S24]
44 [STL S24]
45 M0 (Y003)
47 M0 X004 [SET S25]
51 [STL S25]
52 M0 (Y001)
54 M1 X002 [SET S26]
58 [STL S26]
59 M0 K10 (T0)
(Y004)
64 M0 T1 [SET S27]
68 [STL S27]
69 M0 (Y000)
71 M0 X001 [SET S28]
75 [STL S28]
76 M0 (Y002)
78 M0 X001 X003 X005 [SET S21]
84 [RET]
85 [END]

续表

指令表

```
 0 LD    X000       27 STL   S22           56 SET   S26
 1 ANI   M1         28 LD    M0            58 STL   S26
 2 LDI   X000       29 OUT   T0     K10    59 LD    M0
 3 AND   M0         32 OUT   Y004          60 OUT   T0     K10
 4 ORB              33 LD    M0            63 OUT   Y004
 5 OUT   M0         34 AND   T0            64 LD    M0
 6 LD    X000       35 SET   S23           65 AND   T1
 7 AND   M1         37 STL   S23           66 SET   S27
 8 LDI   X000       38 LD    M0            68 STL   S27
 9 AND   M0         39 OUT   Y000          69 LD    M0
10 ORB              40 LD    M0            70 OUT   Y000
11 OUT   M1         41 AND   X001          71 LD    M0
12 LD    M8002      42 SET   S24           72 AND   X001
13 SET   S0         44 STL   S24           73 SET   S28
15 STL   S0         45 LD    M0            75 STL   S28
16 LD    M0         46 OUT   Y003          76 LD    M0
17 AND   X005       47 LD    M0            77 OUT   Y002
18 SET   S21        48 AND   X004          78 LD    M0
20 STL   S21        49 SET   S25           79 AND   X001
21 LD    M0         51 STL   S25           80 AND   X003
22 OUT   Y001       52 LD    M0            81 AND   X005
23 LD    M0         53 OUT   Y001          82 SET   S21
24 AND   X002       54 LD    M1            84 RET
25 SET   S22        55 AND   X002          85 END
```

和 X003 常开触点均强制为 ON，如果检测到工件，则将 X005 强制为 ON，S0 变为非活动步，S21 变为活动步，Y001 线圈输出为 1，使机械手执行下降操作。当机械手下降到限定位置时，将 X002 强制为 ON，S21 变为非活动步，S22 变为活动步，此时 Y004 线圈输出 1，执行夹紧操作，并启动 T0 延时。当 T0 延时达 1s，S22 变为非活动步，S23 变为活动步，Y000 线圈输出为 1，执行上升操作，其仿真效果如图 11-8 所示。当上升达到限定位置时，将 X001 强制为 ON，S23 变为非活动步，S24 变为活动步，Y003 线圈输出为 1，执行右移操作。当右移到限定位置时，将 X002 强制为 ON，S24 变为非活动步，S25 变为活动步，Y001 线圈输出为 1，执行下降操作。当下降达到限定位置时，将 X002 强制为 ON，S25 变为非活动步，S26 变为活动步，Y004 线圈输出为 1，执行放松操作，并启动 T1 延时。当 T1 延时达 1s 时，S26 变为非活动步，S27 变为活动步，Y000 线圈输出为 1，执行上升操作。当上升达到限定位置时，将 X001 强制为 ON，S27 变为非活动步，S28 变为活动步，Y002 线圈输出为 1，执行左移操作。当左移到限定位置时，将 X003 和 X005 这两个常开触点强制为 ON，S28 变为非活动步，S21 变为活动步，这样机械手可以重复下一轮的操作。

```
0   X000  M1              (M0)
    X000  M0
6   X000  M1              (M1)
    X000  M0
12  M8002                 [SET  S0]
15                        [STL  S0]
16  M0  X005              [SET  S21]
20                        [STL  S21]
21  M0                    (Y001)
23  M0  X002              [SET  S22]
27                        [STL  S22]
28  M0                    (T0  K10)  0
                          (Y004)
33  M0  T0                [SET  S23]
37                        [STL  S23]
38  M0                    (Y000)
40  M0  X001              [SET  S24]
44                        [STL  S24]
45  M0                    (Y003)
47  M0  X004              [SET  S25]
51                        [STL  S25]
52  M0                    (Y001)
54  M1  X002              [SET  S26]
58                        [STL  S26]
59  M0                    (T0  K10)  0
                          (Y004)
64  M0  T1                [SET  S27]
68                        [STL  S27]
69  M0                    (Y000)
71  M0  X001              [SET  S28]
75                        [STL  S28]
76  M0                    (Y002)
78  M0  X001  X003  X005  [SET  S21]
84                        [RET]
85                        [END]
```

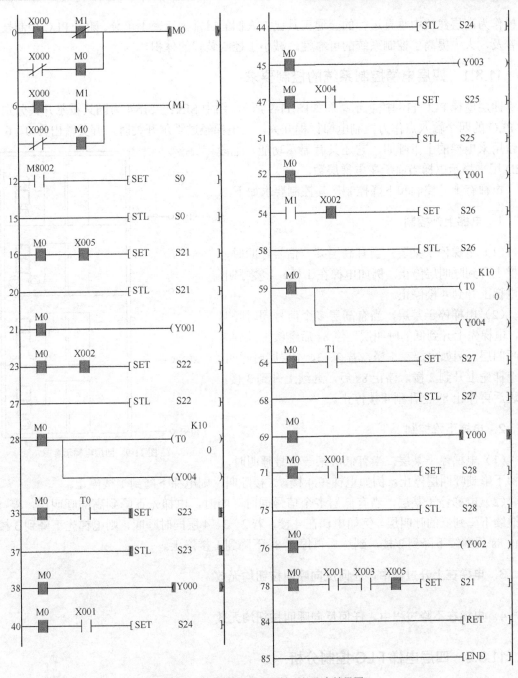

图 11-8　PLC 控制传送机械手的仿真效果图

11.3　PLC 在四层电梯控制系统中的应用

城市建设的不断发展，高层建筑不断增多，电梯在国民经济和生活中有着广泛的应用。

电梯作为高层建筑中垂直运行的交通工具已与人们的日常生活密不可分。随着 PLC 控制技术的普及，大大提高了控制系统的可靠性，减小了控制装置的体积。

11.3.1 四层电梯控制系统的控制要求

四层电梯 PLC 自动控制示意图如图 11-9 所示。图中 SIN1～SIN4 为四只霍尔开关分别接在 PLC 的四个输入点作为控制电梯行程开关，当电梯经过霍尔开关时，开关输出为 0。6 个按钮用来电梯的上下呼叫，它还具有显示功能。七段 LED 用来显示电梯当前所在电梯层数。

电梯有上升控制和下降控制，其控制要求如下。

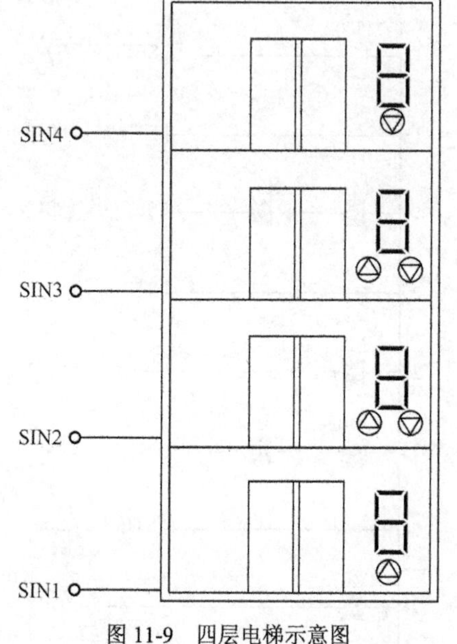

图 11-9　四层电梯示意图

1. 电梯上升控制

（1）电梯停于某层，当有高层某一信号呼叫时，电梯上升到呼叫层停止。例如电梯在 1 楼，4 楼呼叫，则电梯上升到 4 楼停止。

（2）电梯停于某层，当有高层多个信号同时呼叫时，电梯先上升到低的呼叫层，停 8s 后继续上升到高的呼叫层。例如电梯在 1 楼，若 2、3、4 层同时呼叫，则电梯先上升到 2 楼，停止 8s 后，继续上升到 3 楼，到达后再停止 8s 上升到 4 楼停止。

2. 电梯下降控制

（1）电梯停于某层，当有低层某一信号呼叫时，电梯下降到呼叫层停止。例如电梯在 4 楼，1 楼呼叫，则电梯下降到 1 楼停止。

（2）电梯停于某层，当有低层多个信号同时呼叫时，电梯先下降到高的呼叫层，停 8s 后继续下降到低的呼叫层。例如电梯在 4 楼，若 2、3、4 层同时呼叫，则电梯先下降到 3 楼，停止 8s 后继续下降到 2 楼，到达后再停止 8s 下降到 1 楼停止。

3. 电梯在上升过程中，任何反向呼叫按钮均无效。

4. 电梯在下降过程中，任何反向呼叫按钮均无效。

11.3.2 四层电梯 PLC 控制分析

设一层上升按钮为 SB1、二层上升按钮为 SB2、三层上升按钮为 SB3、四层下降按钮为 SB4、三层下降按钮为 SB5、二层下降按钮为 SB6；一层上升信号灯为 L1、二层上升信号灯为 L2、三层上升信号灯为 L3、四层下降信号灯为 L4、三层下降信号灯为 L5、二层下降信号灯为 L6。每层均有 LED 显示用来指示当前电梯所在楼层数，因此这些 LED 可以并联在一起，其段码 A、B、C、D、E、F、G、H 将由 PLC 控制。

电梯的上升与下降由电动机的正反转控制。四层电梯的工作流程如图 11-10 所示。

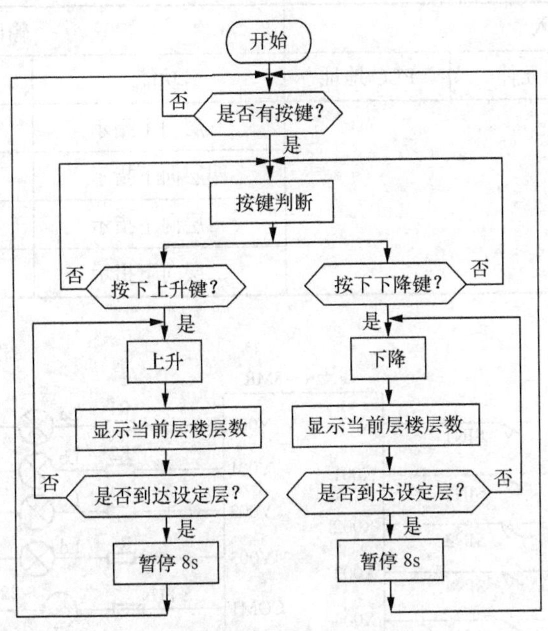

图 11-10 四层电梯工作流程图

11.3.3 四层电梯控制系统的资源配置

根据控制要求及控制分析可知，该系统需要 10 个输入和 16 个输出点，输入/输出地址分配如表 11-5 所示。PLC 控制四层电梯的 I/O 接线图如图 11-11 所示。

表 11-5 PLC 控制四层电梯的输入/输出分配表

输入			输出		
功能	元件	PLC 地址	功能	元件	PLC 地址
霍尔传感器 1	SIN1	X000	控制段码 A 亮	A	Y000
霍尔传感器 2	SIN2	X001	控制段码 B 亮	B	Y001
霍尔传感器 3	SIN3	X002	控制段码 C 亮	C	Y002
霍尔传感器 4	SIN4	X003	控制段码 D 亮	D	Y003
一层向上按钮	SB1	X004	控制段码 E 亮	E	Y004
二层向上按钮	SB2	X005	控制段码 F 亮	F	Y005
三层向上按钮	SB3	X006	控制段码 G 亮	G	Y006
四层向下按钮	SB4	X007	控制段码 H 亮	H	Y007
三层向下按钮	SB5	X010	启动控制	KM0	Y010
二层向下按钮	SB6	X011	升/降控制	KM1	Y011
			一层向上指示	L1	Y012
			二层向上指示	L2	Y013

续表

输入			输出		
功能	元件	PLC 地址	功能	元件	PLC 地址
			三层向上指示	L3	Y014
			四层向下指示	L4	Y015
			三层向下指示	L5	Y016
			二层向下指示	L6	Y017

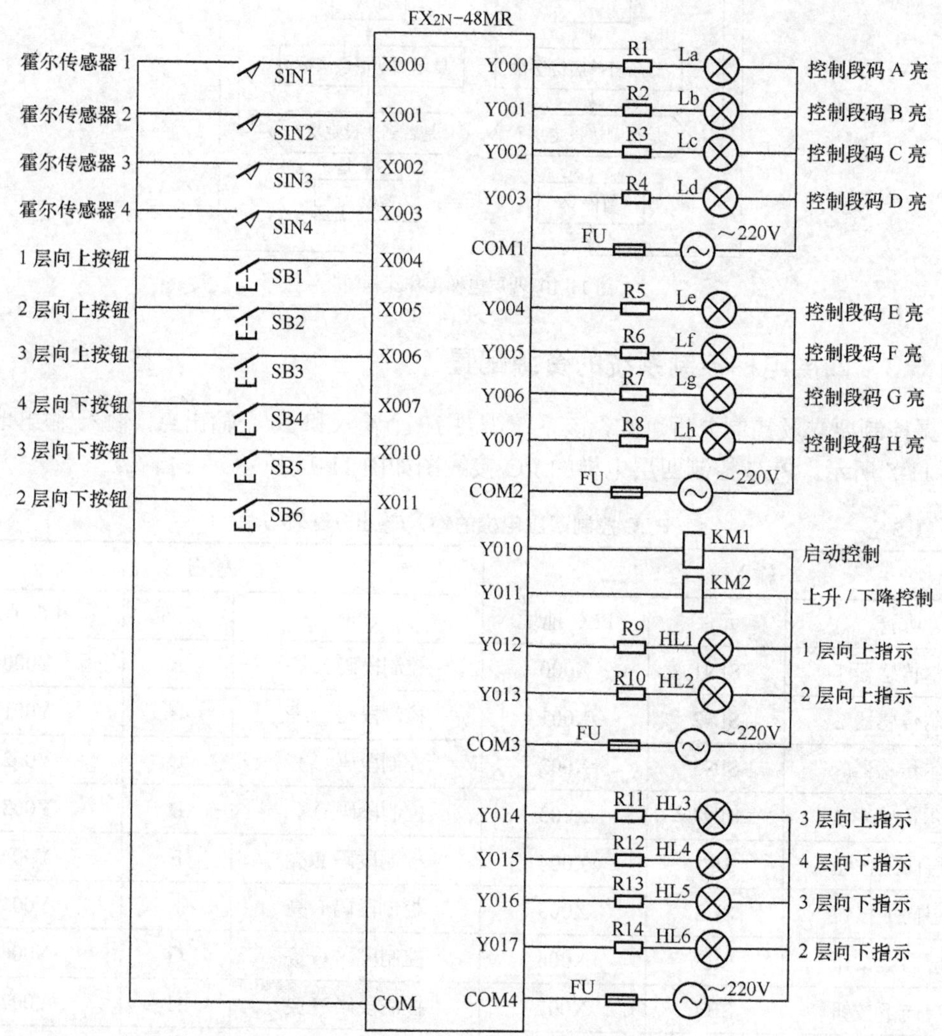

图 11-11　PLC 控制四层电梯的 I/O 接线图

11.3.4　四层电梯控制系统的 PLC 程序设计

PLC 控制四层电梯的程序如表 11-6 所示。

表 11-6 PLC 控制四层电梯程序

梯形图

```
0    X004  X000  M0                         [SET S31]
5    X000                                   [SET S41]
                                            [RST S42]
                                            [RST S43]
                                            [RST S44]
14   M0  X000  S41                          [RST S31]
     T1
20   X005  X001                             [SET S32]
     X011
25   X001                                   [SET S42]
                                            [RST S41]
                                            [RST S43]
                                            [RST S44]
34   S42  T1                                [RST S32]
     S42  M1  X001
     S41
     S42  M0  X001
     S43
     S44
49   X006  X002                             [RST S33]
     X010
54   X002                                   [SET S43]
                                            [RST S41]
                                            [RST S42]
                                            [RST S44]
                                            [RST S33]
65   S43  T1                                [RST S33]
     S43  M0  X002
     S44
     S43  M1  X002
     S42
     S41
80   X007  X003  M1                         [SET S34]
85   S33                                    [SET S44]
                                            [RST S41]
                                            [RST S42]
                                            [RST S43]
94   M1  X003  S44                          [RST S34]
     T1
100  S32  X000                              (M0)
     S33  M0
     S34
     X001  S33
     M0  S34
     S32  S34
     M0
117  S31  X003                              (M1)
     S2  M1
     S33
     X002  S31
     M1  S32
     X001  S31
     M1
```

续表

梯形图	134 S41 S31 / S42 S32 / S43 S33 / S44 S34 —[SET M2] 146 M2 —(T1 K80) 150 T1 —[RST M2] 152 M0 / M1, M2(常闭) —(Y010) 156 M0 —(Y011) 158 S42 / S43 —(Y000) 161 S41 / S42 / S43 / S44 —(Y001) 166 S41 / S43 / S44 —(Y002) 170 S42 / S43 —(Y003) 173 S42 —(Y004) 175 S44 —(Y005) 177 S42 / S43 / S44 —(Y006) 181 S31 —(Y012) 183 X005 / Y013, S32 —(Y013) 187 X011 / Y017, S32 —(Y017) 191 X006 / Y014, S3 —(Y014) 195 X010 / Y016, S33 —(Y014) —(Y016) 200 S4 —(Y015) 202 —[END]

续表

指令表	0 LD X004	66 AND T1	121 OR M1	171 OR S43
	1 ANI X000	67 LD S43	122 ANB	172 OUT Y003
	2 ANI M0	68 OR S44	123 LD X002	173 LD S42
	3 SET S31	69 AND M0	124 OR M1	174 OUT Y004
	5 LD X000	70 ANI X002	125 LD S31	175 LD S44
	6 SET S41	71 ORB	126 OR S32	176 OUT Y005
	8 RST S42	72 LD S43	127 ANB	177 LD S42
	10 RST S43	73 OR S42	128 ORB	178 OR S43
	12 RST S44	74 OR S41	129 LD X001	179 OR S44
	14 LD M0	75 AND M1	130 OR M1	180 OUT Y006
	15 ANI X000	76 ANI X002	131 AND S31	181 LD S31
	16 OR T1	77 ORB	132 ORB	182 OUT Y012
	17 AND S41	78 RST S33	133 OUT M1	183 LD X005
	18 RST S31	80 LD X007	134 LD S41	184 OR Y013
	20 LD X005	81 ANI X003	135 AND S31	185 AND S32
	21 OR X011	82 ANI M1	136 LD S42	186 OUT Y013
	22 ANI X001	83 SET S34	137 AND S32	187 LD X011
	23 SET S32	85 LD S33	138 ORB	188 OR Y017
	25 LD X001	86 SET S44	139 LD S43	189 AND S32
	26 SET S42	88 RST S41	140 AND S33	190 OUT Y017
	28 RST S41	90 RST S42	141 ORB	191 LD X006
	30 RST S43	92 RST S43	142 LD S44	192 OR Y014
	32 RST S44	94 LD M1	143 AND S34	193 AND S3
	34 LD S42	95 ANI X003	144 ORB	194 OUT Y014
	35 AND T1	96 OR T1	145 SET M2	195 LD X010
	36 LD S42	97 AND S44	146 LD M2	196 OR Y016
	37 OR S41	98 RST S34	147 OUT T1 K80	197 AND S33
	38 AND M1	100 LD S32	150 LD T1	198 OUT Y014
	39 ANI X001	101 OR S33	151 RST M2	199 OUT Y016
	40 ORB	102 OR S34	152 LD M0	200 LD S4
	41 LD S42	103 LD X000	153 OR M1	201 OUT Y015
	42 OR S43	104 OR M0	154 ANI M2	202 END
	43 OR S44	105 ANB	155 OUT Y010	
	44 AND M0	106 LD X001	156 LD M0	
	45 ANI X001	107 OR M0	157 OUT Y011	
	46 ORB	108 LD S33	158 LD S42	
	47 RST S32	109 OR S34	159 OR S43	
	49 LD X006	110 ANB	160 OUT Y000	
	50 OR X010	111 ORB	161 LD S41	
	51 ANI X002	112 LD S32	162 OR S42	
	52 RST S33	113 OR M0	163 OR S43	
	54 LD X002	114 AND S34	164 OR S44	
	55 SET S43	115 ORB	165 OUT Y001	
	57 RST S41	116 OUT M0	166 LD S41	
	59 RST S42	117 LD S31	167 OR S43	
	61 RST S44	118 OR S2	168 OR S44	
	63 RST S33	119 OR S33	169 OUT Y002	
	65 LD S43	120 LD X003	170 LD S42	

程序设计说明：步 0～步 19 为第 1 层电梯控制；步 20 ～步 48 为第 2 层电梯控制；步 49 ～步 79 为第 3 层电梯控制；步 80～步 99 为第 4 层电梯控制。步 100～步 157 为电梯上升/下降控制；步 158～步 180 为 LED 数码管 A～G 显示控制；步 181～步 201 为电梯运行状态指示，其仿真效果如图 11-12 所示。

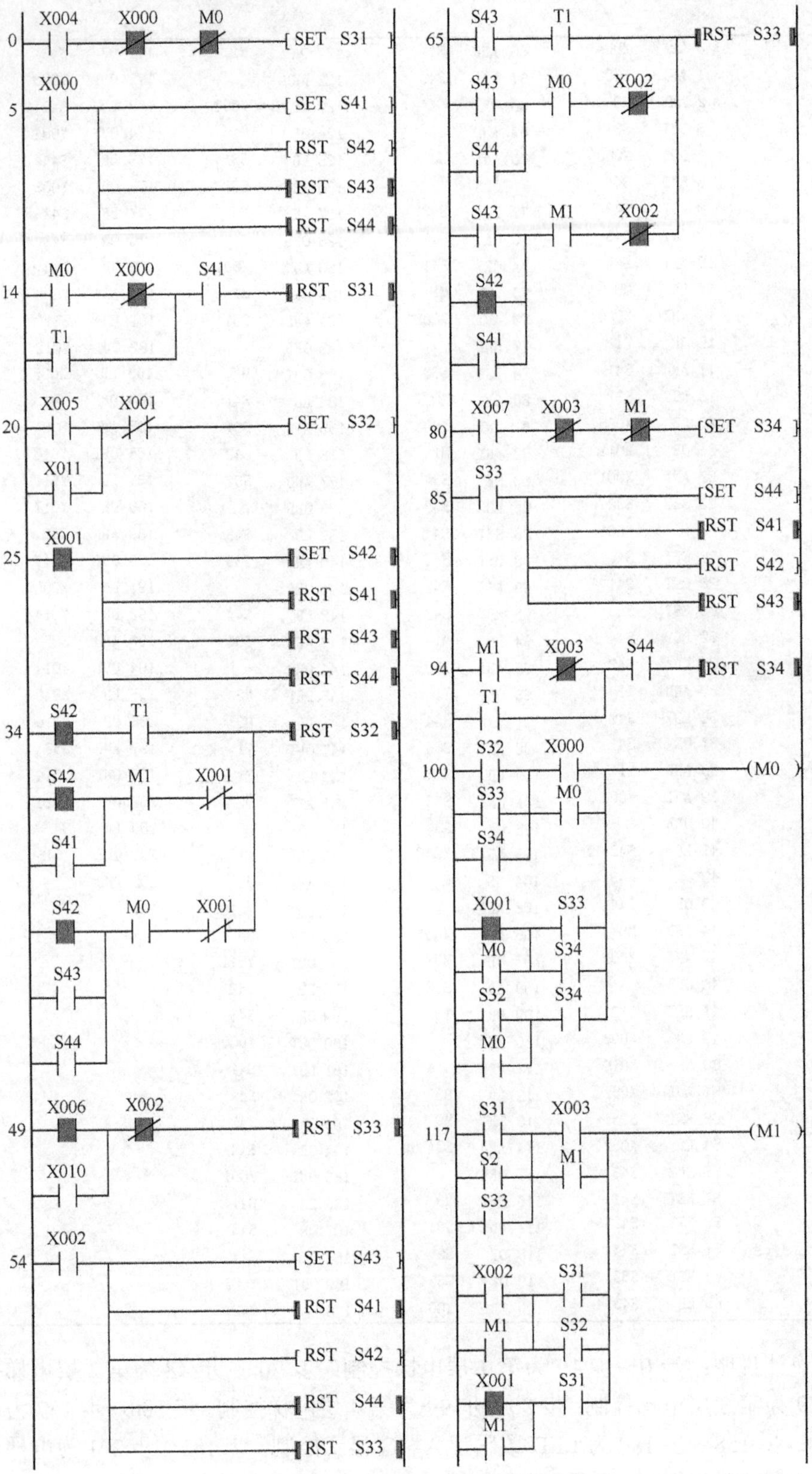

图 11-12　PLC 控制四层电梯的仿真效果图

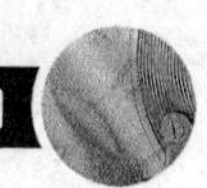

```
134  S41  S31  [SET M2]
     S42  S32
     S43  S33
     S44  S34
146  M2  (T1 K800)
150  T1  [RST M2]
152  M0  M2  (Y010)
     M1
156  M0  (Y011)
158  S42  (Y000)
     S43
161  S41  (Y001)
     S42
     S43
     S44
166  S41  (Y002)
     S43
     S44
170  S42  (Y003)
     S43
173  S42  (Y004)
175  S44  (Y005)
177  S42  (Y006)
     S43
     S44
181  S31  (Y012)
183  X005  S32  (Y013)
     Y013
187  X011  S32  (Y017)
     Y017
191  X006  S3  (Y014)
     Y014
195  X010  S33  (Y014)
     Y016       (Y016)
200  S4  (Y015)
202  [END]
```

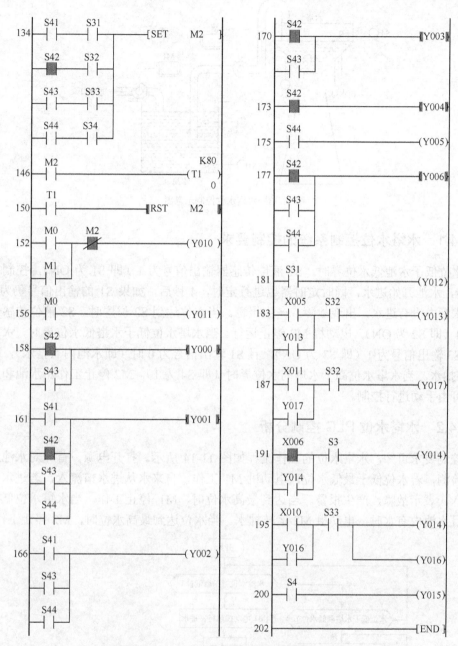

图 11-12　PLC 控制四层电梯的仿真效果图（续）

11.4　PLC 在水塔水位控制系统中的应用

在自来水供水系统中，为解决高层建筑的供水问题，修建了一些水塔。水塔水位的控制模拟图如图 11-13 所示。S1～S4 为液位传感器，M1、M2 为抽水电动机。

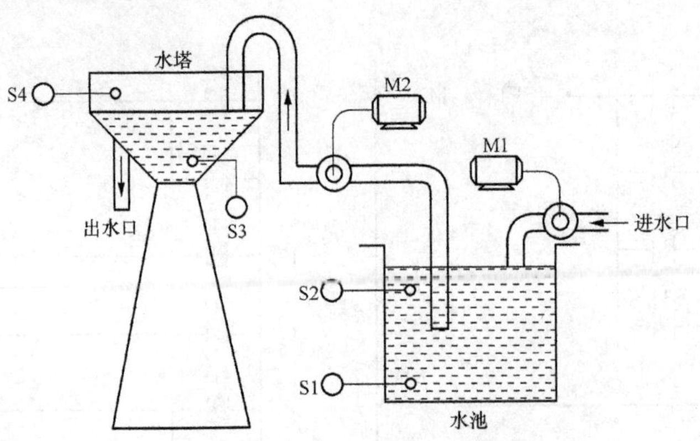

图 11-13　水塔水位控制示意图

11.4.1　水塔水位控制系统的控制要求

当水位低于水池低水位界时，S1 液位传感器输出信号为 1（即 S1 为 ON），控制电动机 M1 运转，水池开始进水，同时定时器也进行定时，4 秒后，如果 S1 的输出信号仍为 ON，表示进水管内没有进水，出现故障，产生报警。当水位达到 S2 位置时，S2 液位传感器输出信号为 1（即 S2 为 ON），电动机 M2 停止运行。当水塔水位低于水塔低水位界时，水塔液位传感器 S3 输出信号为 1（即 S3 为 ON），且 S1 输出信号为 0 时（即水池内有蓄水），电动机 M2 运转抽水。当水塔水位高于水塔高水位界时（即 S4 为 1），M2 停止工作。水池和水塔的进水也可由手动进行控制。

11.4.2　水塔水位 PLC 控制分析

由控制要求可知，水塔水位的工作流程如图 11-14 所示。打开电源，首先对水池水位进行水位检测，若水位低于最低水位，电动机 M1 工作，自来水从进水口流入，若进水口内没有水流入，表示故障，产生报警。当达到最高水位时，M1 停止工作。当水塔水位低于最低水位，且水池内有水时，电动机 M2 运转抽水。当水位达到最高水位时，M2 停止工作。

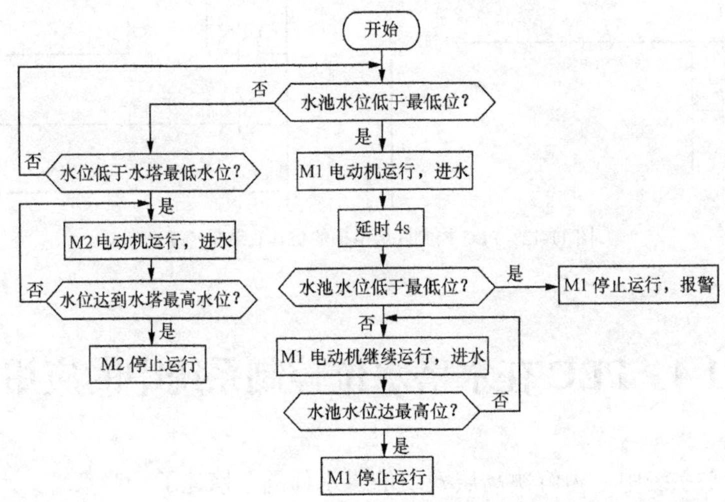

图 11-14　水塔水位控制系统工作流程图

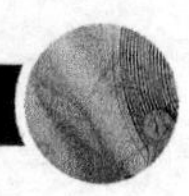

电动机 M1 和 M2 均可手动控制，加上电源的控制开关，因此共需要 4 个控制按钮，液位传感器 S1～S4 可理解为行程开关，信号为 1 时，表示触头闭合，信号为 0 时，表示触头打开。M1 和 M2 分别由 KM1 和 KM2 控制。

11.4.3 水塔水位控制系统的资源配置

根据控制要求及控制分析可知，该系统需要 8 个输入和 3 个输出点，输入/输出地址分配如表 11-7 所示。PLC 控制水塔水位的 I/O 接线图如图 11-15 所示。

表 11-7 PLC 控制水塔水位的输入/输出分配表

输入			输出		
功能	元件	PLC 地址	功能	元件	PLC 地址
液位传感器	S1	X000	电动机 M1 驱动	KM1	Y000
液位传感器	S2	X001	电动机 M2 驱动	KM2	Y001
液位传感器	S3	X002	报警灯	HL	Y002
液位传感器	S4	X003			
电源启动	SB1	X004			
电源关闭	SB2	X005			
M1 手动开关	SB3	X006			
M2 手动开关	SB4	X007			

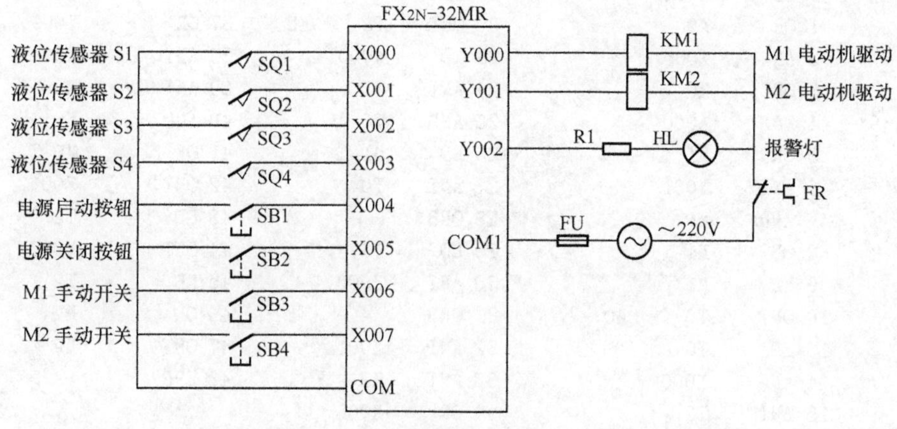

图 11-15 PLC 控制水塔水位的 I/O 接线图

11.4.4 水塔水位控制系统的 PLC 程序设计

为实现水位控制，需设置 3 个定时器。

T0—4s 延时，定时预置值为 40；

T1、T2—报警闪烁，定时预置值为 5；

PLC 控制水塔水位的程序如表 11-8 所示。

表 11-8　　PLC 控制水塔水位程序

梯形图	0 X004 X005 M0 (M0) 4 X000 X001 M0 M1 (M1) 9 M1 K40 (T0) 13 T0 X000 T2 K5 (T1) 19 T1 K5 (T2) 23 X000 T2 T0 X001 M2 (Y000) M1 T0 T37 X000 X006 36 X003 X004 X000 M0 (Y001) Y001 X007 43 T2 (Y002) 45 T2 (M2) M2 48 [END]

指令表

步	指令	操作数		步	指令	操作数		步	指令	操作数
0	LD	X004		19	LD	T1		36	LD	X003
1	OR	M0		20	OUT	T2	K5	37	OR	Y001
2	ANI	X005		23	LD	X000		38	ANI	X004
3	OUT	M0		24	ANI	T2		39	ANI	X000
4	LD	X000		25	AND	T0		40	AND	M0
5	OR	M1		26	LD	M1		41	OR	X007
6	ANI	X001		27	ANI	T0		42	OUT	Y001
7	AND	M0		28	ORB			43	LD	T2
8	OUT	M1		29	LD	T37		44	OUT	Y002
9	LD	M1		30	ANI	X000		45	LD	T2
10	OUT	T0	K40	31	ORB			46	OR	M2
13	LD	T0		32	ANI	X001		47	OUT	M2
14	AND	X000		33	ANI	M2		48	END	
15	ANI	T2		34	OR	X006				
16	OUT	T1	K5	35	OUT	Y000				

程序设计说明。步 0～步 3 为电源控制，当 X004 常开触点闭合时，M0 线圈得电。步 4～步 8 为低水位检测控制，当 X000 常开触点闭合时，M1 线圈得电。步 9～步 10 为 T0 延时控制。如果 T0 延时 4s 后，X000 常开触点闭合，则步 13～步 18 中的 T1 和步 19～步 22 中的 T2 控制步 43～步 44 中的 Y002 线圈以实现进水闪烁指示，并且还控制步 45～步 47 的 M2 线圈得电，使电动机 M1 和 M2 不能工作，其仿真效果如图 11-16 所示。步 23～步 35 为电动机 M1 驱动控制；步 36～步 42 为电动机 M2 驱动控制。

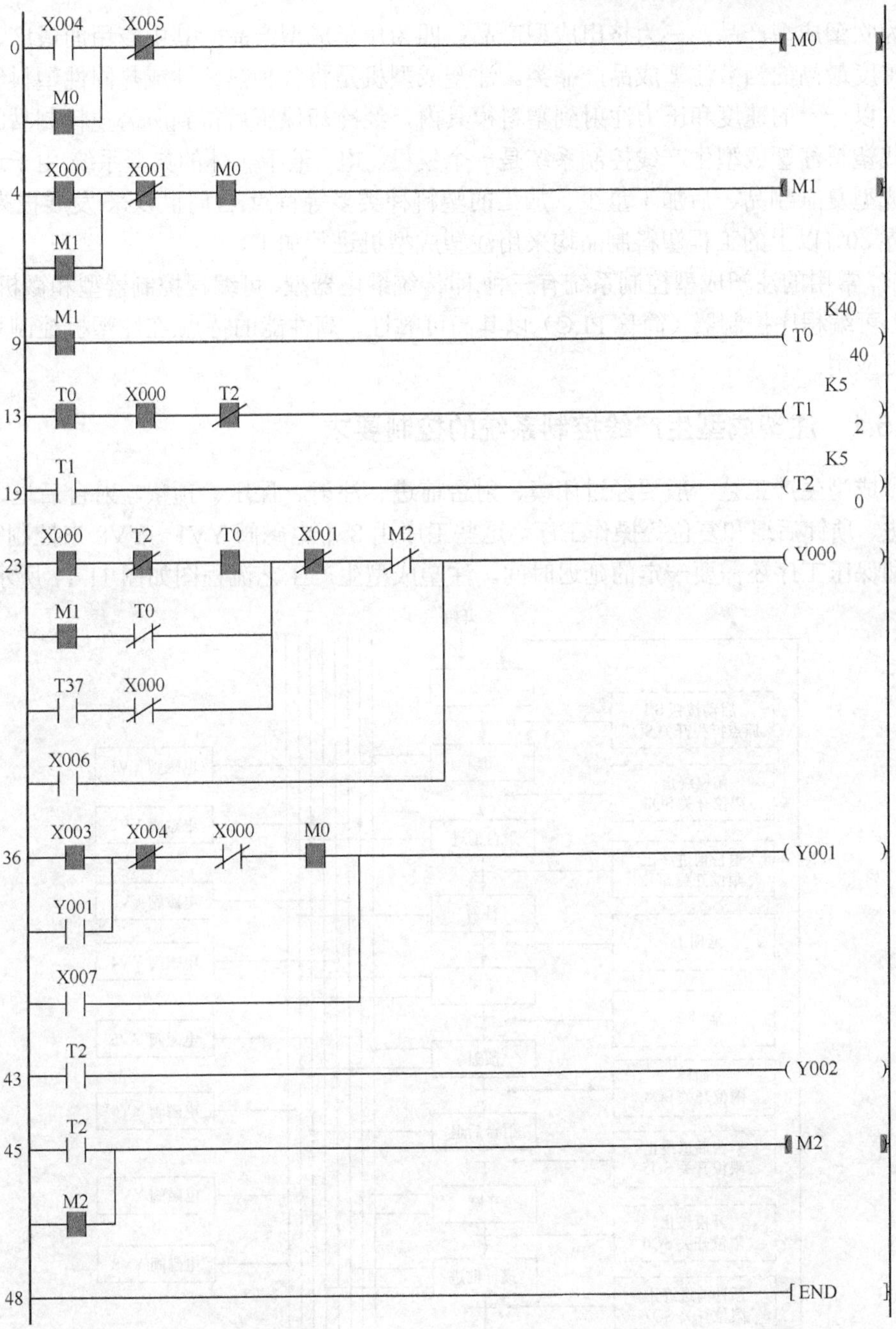

图 11-16　PLC 控制水塔水位的仿真效果图

11.5　PLC 在注塑成型生产线控制系统中的应用

在塑胶制品中，以制品的加工方法不同来分类，主要可以分为四大类：一为注塑成型产品；二为吹塑成型产品；三为挤出成型产品；四为压延成型产品。其中应用面最广、品种最多、精密度最高的当数注塑成品产品类。注塑成型机是将各种热塑性或热固性塑料经过加热熔化后，以一定的速度和压力注射到塑料模具内，经冷却保压后得到所需塑料制品的设备。

现代塑料注塑成型生产线控制系统是一个集机、电、液于一体的典型系统,由于这种设备具有可成型复杂制品、后加工量少、加工的塑料种类多等特点,自问世以来,发展极为迅速,目前全世界 80%以上的工程塑料制品均采用注塑成型机进行加工。

目前,常用的注塑成型控制系统有三种,即传统继电器型、可编程控制器型和微机控制型。近年来，可编程序控制器（简称 PLC）以其高可靠性、高性能的特点,在注塑机控制系统中得到了广泛应用。

11.5.1 注塑成型生产线控制系统的控制要求

注塑成型生产工艺一般要经过闭模、射台前进、注射、保压、预塑、射台后退、开模、顶针前进、顶针后退和复位等操作工序。这些工序由 8 个电磁阀 YV1～YV8 来控制完成，其中注射和保压工序还需要一定的延迟时间。注塑成型生产工艺流程图如图 11-17 所示。

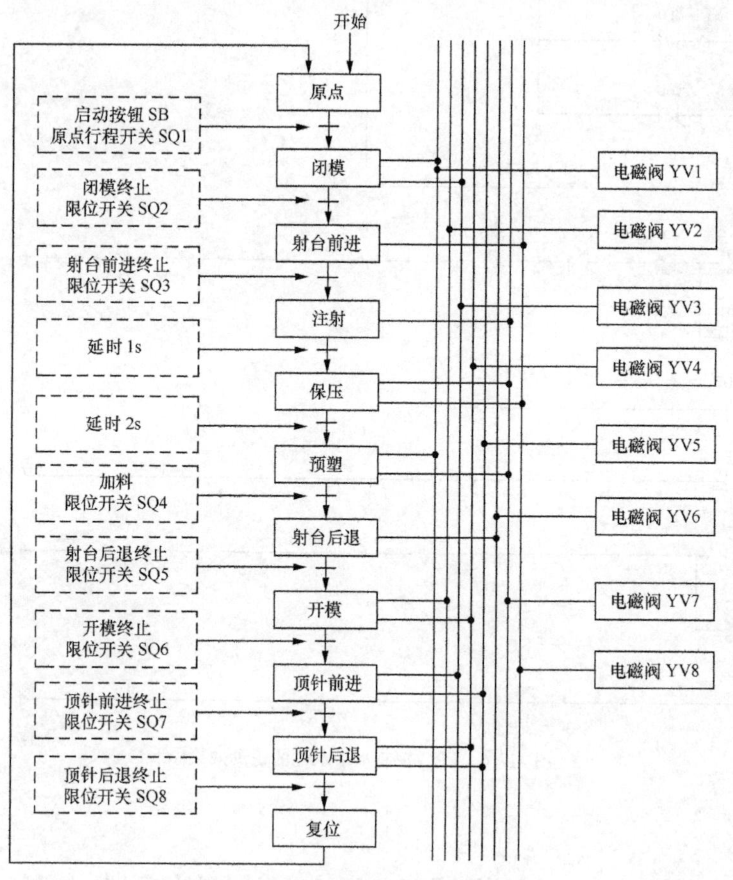

图 11-17 注塑成型生产工艺流程图

11.5.2 注塑成型生产线 PLC 控制分析

从图 11-17 中可以看出，各操作都是由行程开关控制的相应电磁阀进行转换的。注塑成

型生产工艺是典型的步进顺序控制，可以采用多种方式完成控制：（1）采用置位/复位指令和定时器指令；（2）采用移位寄存器指令和定时器指令；（3）采用步进指令和定时器指令。本例中将采用步进指令和定时器指令来实现此控制。

从图 11-17 中可知，它由 10 步完成，在程序中需使用状态元件 S0、S20～S28。首次扫描位 M8002 置位 S0，从而在首次扫描中激活状态 1。延时 1s 可由 T0 控制，预置值为 10；延时 2s 可由 T1 控制，预置值为 20。

11.5.3　注塑成型生产线控制系统的资源配置

根据控制要求及控制分析可知，该系统需要 10 个输入和 8 个输出点，输入/输出地址分配如表 11-9 所示。PLC 控制注塑成型生产线的 I/O 接线图如图 11-18 所示。

表 11-9　　PLC 控制注塑成型生产线的输入/输出分配表

输入			输出		
功能	元件	PLC 地址	功能	元件	PLC 地址
启动按钮	SB0	X000	电磁阀 1	YV1	Y000
停止按钮	SB1	X001	电磁阀 2	YV2	Y001
原点行程开关	SQ1	X002	电磁阀 3	YV3	Y002
闭模终止限位开关	SQ2	X003	电磁阀 4	YV4	Y003
射台前进终止限位开关	SQ3	X004	电磁阀 5	YV5	Y004
加料限位开关	SQ4	X005	电磁阀 6	YV6	Y005
射台后退终止限位开关	SQ5	X006	电磁阀 7	YV7	Y006
开模终止限位开关	SQ6	X007	电磁阀 8	YV8	Y007
顶针前进终止限位开关	SQ7	X010			
顶针后退终止限位开关	SQ8	X011			

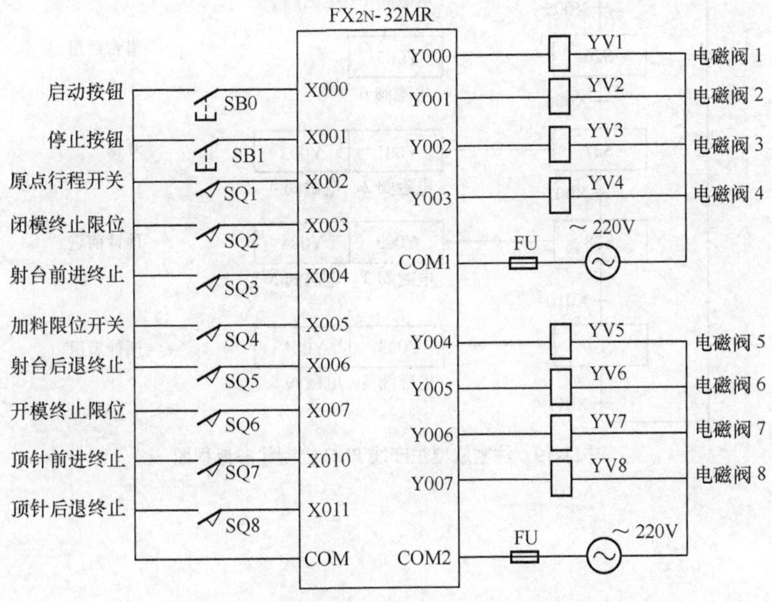

图 11-18　PLC 控制注塑成型生产线的 I/O 接线图

11.5.4 注塑成型生产线控制系统的PLC程序设计

根据注塑成型生产线生产工艺流程图和PLC资源配置，设计出PLC控制注塑成型生产线的状态图如图11-19所示。PLC控制注塑成型生产线的步进梯形图及指令程序如表11-10所示。

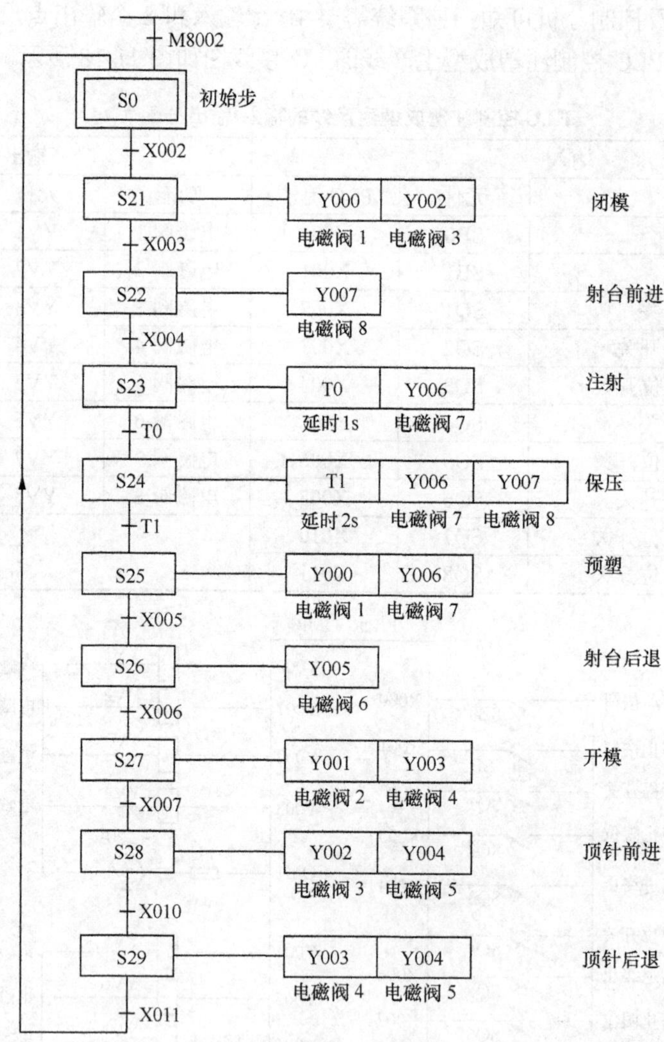

图11-19 注塑成型生产线PLC控制状态流程图

表 11-10　　PLC 控制注塑成型生产线的步进梯形图及指令程序

梯形图

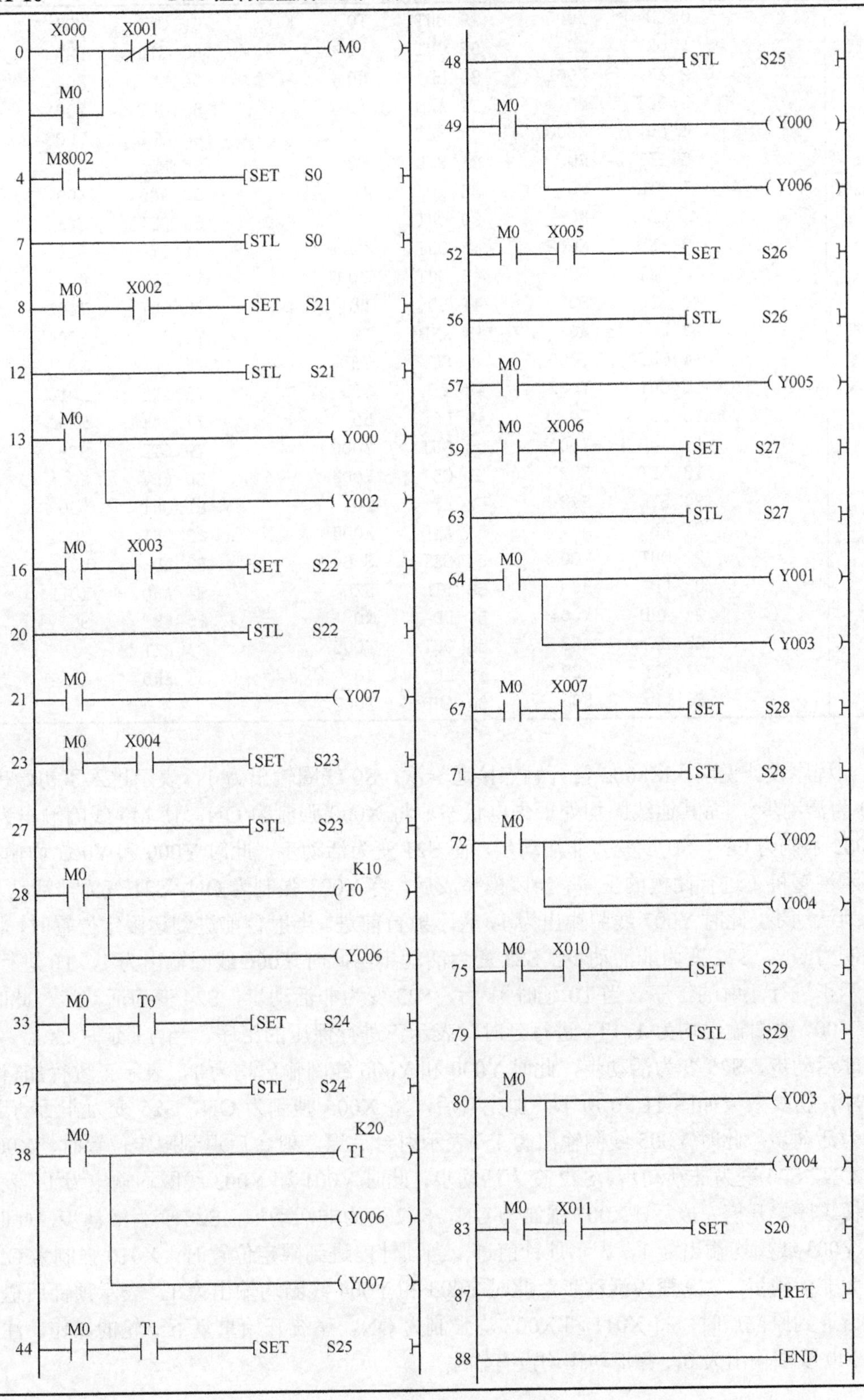

步	触点	输出/指令
0	X000（并联 M0）、X001（常闭）	(M0)
4	M8002	[SET S0]
7		[STL S0]
8	M0、X002	[SET S21]
12		[STL S21]
13	M0	(Y000)、(Y002)
16	M0、X003	[SET S22]
20		[STL S22]
21	M0	(Y007)
23	M0、X004	[SET S23]
27		[STL S23]
28	M0	(T0 K10)、(Y006)
33	M0、T0	[SET S24]
37		[STL S24]
38	M0	(T1 K20)、(Y006)、(Y007)
44	M0、T1	[SET S25]
48		[STL S25]
49	M0	(Y000)、(Y006)
52	M0、X005	[SET S26]
56		[STL S26]
57	M0	(Y005)
59	M0、X006	[SET S27]
63		[STL S27]
64	M0	(Y001)、(Y003)
67	M0、X007	[SET S28]
71		[STL S28]
72	M0	(Y002)、(Y004)
75	M0、X010	[SET S29]
79		[STL S29]
80	M0	(Y003)、(Y004)
83	M0、X011	[SET S20]
87		[RET]
88		[END]

续表

指令表	0 LD X000	29 OUT T0 K10	61 SET S27
	1 OR M0	32 OUT Y006	63 STL S27
	2 ANI X001	33 LD M0	64 LD M0
	3 OUT M0	34 AND T0	65 OUT Y001
	4 LD M8002	35 SET S24	66 OUT Y003
	5 SET S0	37 STL S24	67 LD M0
	7 STL S0	38 LD M0	68 AND X007
	8 LD M0	39 OUT T1 K20	69 SET S28
	9 AND X002	42 OUT Y006	71 STL S28
	10 SET S21	43 OUT Y007	72 LD M0
	12 STL S21	44 LD M0	73 OUT Y002
	13 LD M0	45 AND T1	74 OUT Y004
	14 OUT Y000	46 SET S25	75 LD M0
	15 OUT Y002	48 STL S25	76 AND X010
	16 LD M0	49 LD M0	77 SET S29
	17 AND X003	50 OUT Y000	79 STL S29
	18 SET S22	51 OUT Y006	80 LD M0
	20 STL S22	52 LD M0	81 OUT Y003
	21 LD M0	53 AND X005	82 OUT Y004
	22 OUT Y007	54 SET S26	83 LD M0
	23 LD M0	56 STL S26	84 AND X011
	24 AND X004	57 LD M0	85 SET S0
	25 SET S23	58 OUT Y005	87 RET
	27 STL S23	59 LD M0	88 END
	28 LD M0	60 AND X006	

程序设计说明：M8002 常开触点接通一次，S0 线圈输出为 1，表示进入了初始步 S0(即 S0 为活动步)，而其他线圈均处于失电状态。将 X000 强制为 ON，使 M0 线圈输出为 1。将 X002 强制为 ON，S0 步变为非活动步，而 S21 变为活动步，此时 Y000 和 Y002 均输出为 1，表示注塑机正进行闭模的工序。当闭模完成后，将 X003 强制为 ON，S21 变为非活动步，S22 变为活动步，此时 Y007 线圈输出为 1，表示射台前进。当射台前进到达限定位置时，将 X004 强制为 ON，S22 变为非活动步，S23 变为活动步，此时 Y006 线圈输出为 1，T0 进行延时，表示正进行注射的工序。当 T0 延时 1s 后，S23 变为非活动步，S24 变为活动步，此时 Y006 和 Y007 线圈输出均为 1，T1 进行延时，表示正进行保压的工序。当 T1 延时 2s 后，S24 变为非活动步，S25 变为活动步，此时 Y000 和 Y006 线圈输出均为 1，表示正进行加料预塑的工序，仿真效果如图 11-20 所示。加完料后，将 X005 强制为 ON，S25 变为非活动步，S26 变为活动步，此时 Y005 线圈输出为 1，表示射台后退。射台后退到限定位置时，X006 强制为 ON，S26 变为非活动步，S27 变为活动步，此时 Y001 和 Y003 线圈均输出为 1，表示进行开模工序。开模完成后，X007 强制为 ON，S27 变为非活动步，S28 变为活动步，此时 Y002 和 Y003 线圈均输出为 1，表示顶针前进。当顶针前进到限定位置时，X010 强制为 ON，S28 变为非活动步，S29 变为活动步，此时 Y003 和 Y004 线圈均输出为 1，表示顶针后退。当顶针后退到原位点时，将 X011 和 X002 均强制为 ON，系统开始重复下一轮的操作。注意，如果 M0 线圈输出为 0，各步动作均没有输出。

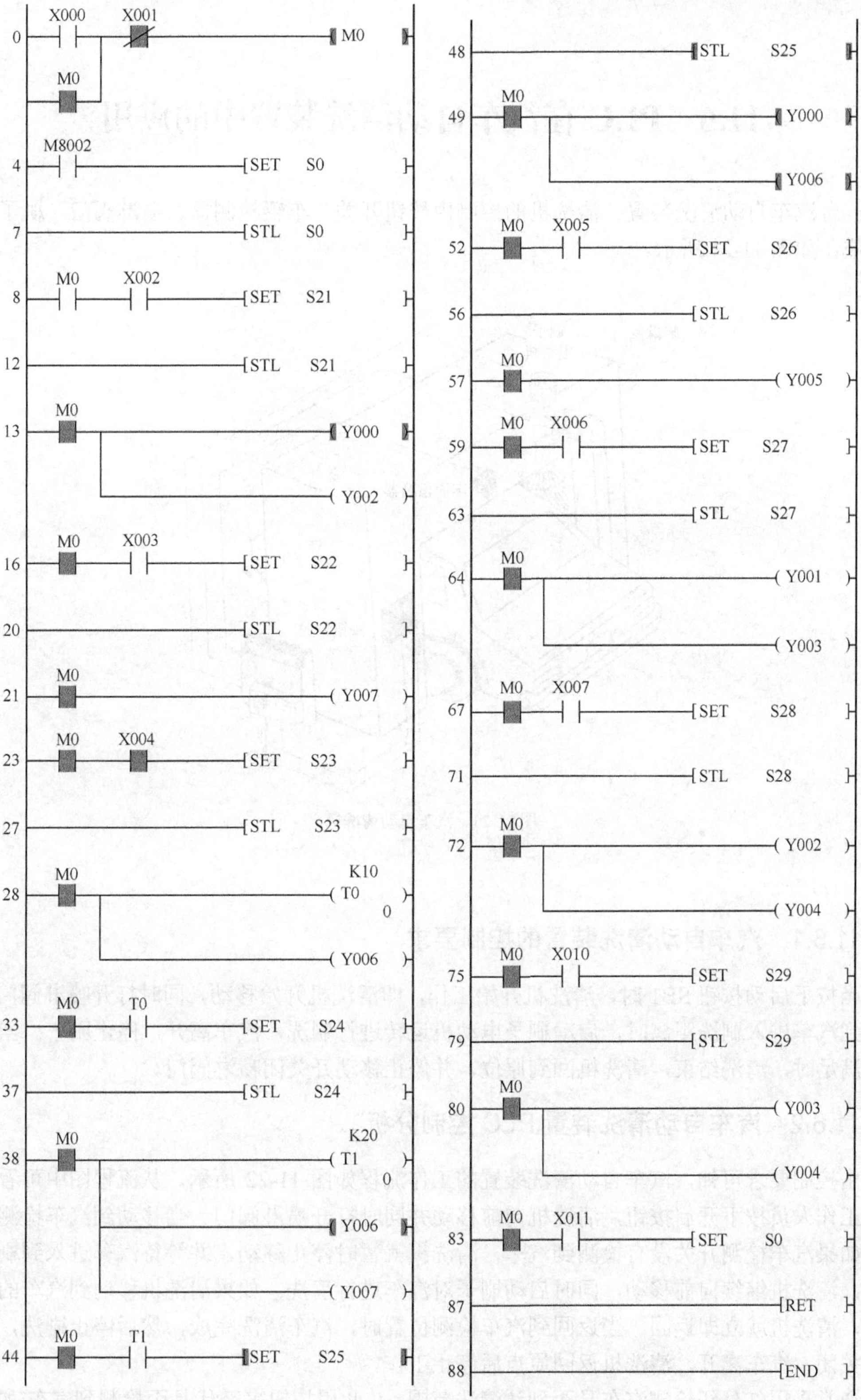

```
0   X000  X001                    [M0]
    M0
4   M8002                         [SET  S0]
7                                 [STL  S0]
8   M0   X002                     [SET  S21]
12                                [STL  S21]
13  M0                            (Y000)
                                  (Y002)
16  M0   X003                     [SET  S22]
20                                [STL  S22]
21  M0                            (Y007)
23  M0   X004                     [SET  S23]
27                                [STL  S23]
28  M0                            K10
                                  (T0)
                                  0
                                  (Y006)
33  M0   T0                       [SET  S24]
37                                [STL  S24]
38  M0                            K20
                                  (T1)
                                  0
                                  (Y006)
                                  (Y007)
44  M0   T1                       [SET  S25]
48                                [STL  S25]
49  M0                            (Y000)
                                  (Y006)
52  M0   X005                     [SET  S26]
56                                [STL  S26]
57  M0                            (Y005)
59  M0   X006                     [SET  S27]
63                                [STL  S27]
64  M0                            (Y001)
                                  (Y003)
67  M0   X007                     [SET  S28]
71                                [STL  S28]
72  M0                            (Y002)
                                  (Y004)
75  M0   X010                     [SET  S29]
79                                [STL  S29]
80  M0                            (Y003)
                                  (Y004)
83  M0   X011                     [SET  S0]
87                                [RET]
88                                [END]
```

图 11-20　PLC 控制注塑成型的仿真效果图

11.6 PLC在汽车自动清洗装置中的应用

一台汽车自动清洗装置，清洗机的控制由按钮开关、车辆检测器、喷淋阀门、刷子电动机组成，如图 11-21 所示。

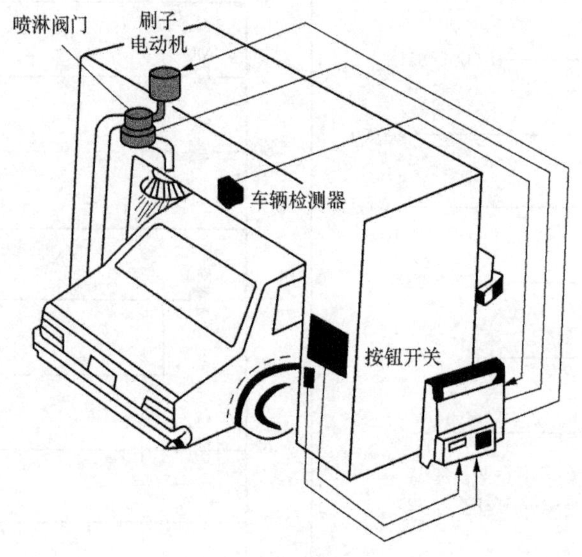

图 11-21 汽车自动清洗机

11.6.1 汽车自动清洗装置的控制要求

当按下启动按钮 SB1 时，清洗机开始工作，即清洗机开始移动，同时打开喷淋阀门；当检测到汽车进入刷洗距离时，启动刷子电动机运转进行刷洗，汽车离开，停止刷车；当结束条件满足时，清洗结束，清洗机回到原位，并停止移动开关闭喷淋阀门。

11.6.2 汽车自动清洗装置 PLC 控制分析

由控制要求可知，汽车自动清洗装置的工作流程如图 11-22 所示。从流程图中可看出，首先工作人员按下开启按钮，清洗机向前移动并同时打开喷淋阀门。当移动到汽车检测位置时，如果汽车检测开关没有检测到汽车，清洗机就暂时停止移动，并等待汽车进入到刷洗位置后，清洗机继续向前移动，同时启动刷子对汽车进行清洗。如果清洗机移动到汽车的另一端时，清洗机就立即返回，当返回到汽车检测位置时，汽车清洗完成，然后停止刷洗，喷淋阀门关闭。汽车离开，清洗机返回原点后停止工作。

通常采用红外线检测汽车是否到达清洗范围，在此用按钮来替代是否检测到汽车,如果没

检测到汽车，用常闭触点表示；如果检测到汽车，用常开触点表示。提示汽车驶入刷洗范围内，在此用一个信号灯进行表示。

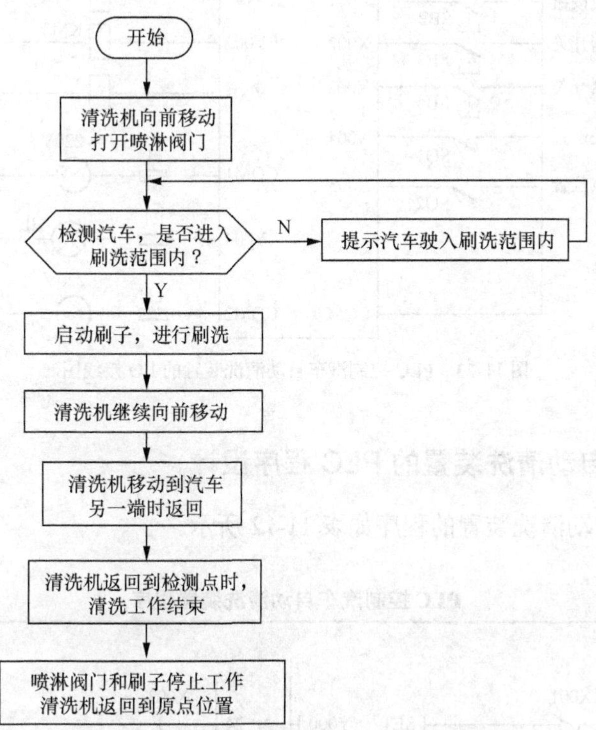

图 11-22　汽车自动清洗装置工作流程图

11.6.3　汽车自动清洗装置的资源配置

根据控制要求及控制分析可知，该系统需要 6 个输入和 5 个输出点，输入/输出地址分配如表 11-11 所示。PLC 控制汽车自动清洗装置的 I/O 接线图如图 11-23 所示。

表 11-11　　汽车自动清洗装置的输入/输出分配表

输入			输出		
功能	元件	PLC 地址	功能	元件	PLC 地址
启动按钮	SB1	X000	清洗机前进	KM1	Y000
停止按钮	SB2	X001	清洗机后退	KM2	Y001
汽车检测开关	SB3	X002	启动刷子电机	KM3	Y002
汽车另一端检测开关	SB4	X003	喷淋阀门	YV	Y003
汽车检测开关位置	SQ1	X004	提示信号灯	HL	Y004
清洗机原点位置	SQ2	X005			

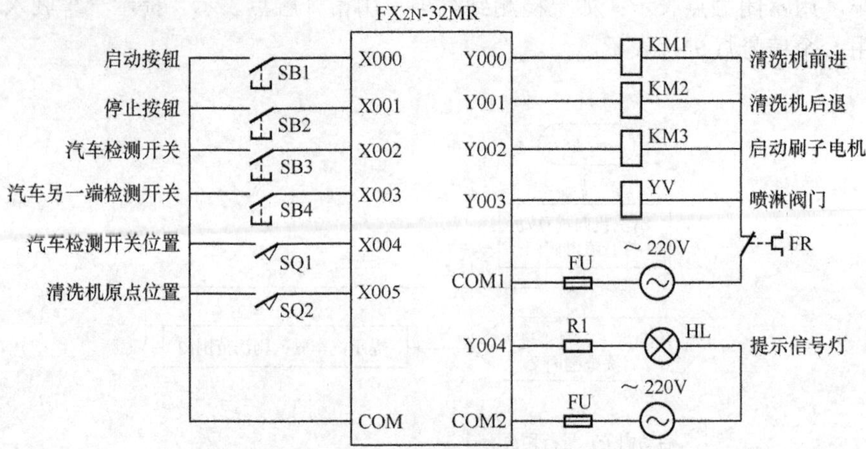

图 11-23　PLC 控制汽车自动清洗装置的 I/O 接线图

11.6.4　汽车自动清洗装置的 PLC 程序设计

PLC 控制汽车自动清洗装置的程序如表 11-12 所示。

表 11-12　　PLC 控制汽车自动清洗装置程序

梯形图

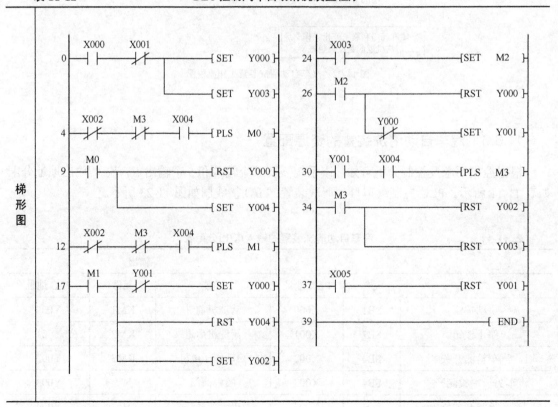

```
0   X000 -| |- X001 -|/|-------------[SET  Y000]
                           |---------[SET  Y003]
4   X002 -|/|- M3 -|/|- X004 -| |----[PLS  M0]
9   M0 -| |--------------------------[RST  Y000]
           |-------------------------[SET  Y004]
12  X002 -|/|- M3 -|/|- X004 -| |----[PLS  M1]
17  M1 -| |- Y001 -|/|---------------[SET  Y000]
           |-------------------------[RST  Y004]
           |-------------------------[SET  Y002]
24  X003 -| |------------------------[SET  M2]
26  M2 -| |--------------------------[RST  Y000]
           |- Y000 -|/|--------------[SET  Y001]
30  Y001 -| |- X004 -| |-------------[PLS  M3]
34  M3 -| |--------------------------[RST  Y002]
           |-------------------------[RST  Y003]
37  X005 -| |------------------------[RST  Y001]
39  ---------------------------------[END]
```

续表

指令表						
指令表	0 LD	X000	14 AND	X004	28 ANI	Y000
	1 ANI	X001	15 PLS	M1	29 SET	Y001
	2 SET	Y000	17 LD	M1	30 LD	Y001
	3 SET	Y003	18 MPS		31 AND	X004
	4 LDI	X002	19 ANI	Y001	32 PLS	M3
	5 ANI	M3	20 SET	Y000	34 LD	M3
	6 AND	X004	21 MPP		35 RST	Y002
	7 PLS	M0	22 RST	Y004	36 RST	Y003
	9 LD	M0	23 SET	Y002	37 LD	X005
	10 RST	Y000	24 LD	X003	38 RST	Y001
	11 SET	Y004	25 SET	M2	39 END	
	12 LD	X002	26 LD	M2		
	13 ANI	M3	27 RST	Y000		

程序设计说明：按下启动按钮时，步 0～步 3 中的 X000 常开触点闭合，Y000 和 Y003 线圈输出为 1，控制清洗机向前移动并打开喷淋阀门。当移动到检测汽车的位置时，步 4～步 8 中的 X004 常开触点闭合，使 M0 线圈输出 1 个脉冲信号。步 9～步 11 中的 M0 常开触点闭合 1 次，则 Y000 线圈复位，而 Y004 线圈输出为 1，此操作表示未检测到汽车，清洗机暂停移动，而信号灯亮。如果检测到汽车，步 12～步 16 中的 X002 常开触点闭合，X004 常开触点此时仍保持闭合状态，使 M1 线圈也输出 1 个脉冲信号。步 17～步 23 的 M1 常开触点闭合 1 次，则将 Y000、Y002 这两个线圈输出为 1，而将 Y004 线圈复位，控制清洗机前进并启动刷子电动机，信号灯熄灭，其仿真效果如图 11-24 所示。如果检测到汽车另一端时，步 24～步 25 中的 X003 常开触点闭合，则 Y000 线圈复位，Y001 线圈输出 1，以停止清洗机前进，并控制清洗机后退。如果后退到汽车检测开关位置时，步 26～步 29 中的 X004 常开触点闭合，M3 输出 1 个脉冲信号。步 34～步 36 中的 M3 常开触点闭合 1 次，Y002 和 Y003 线圈复位，使刷子电动机停止工作，并关闭喷淋阀门。当清洗机移到原点时，步 37～步 38 中的 X005 常开触点闭合，将 Y001 复位，控制清洗机不再后退，清洗汽车工作完毕。

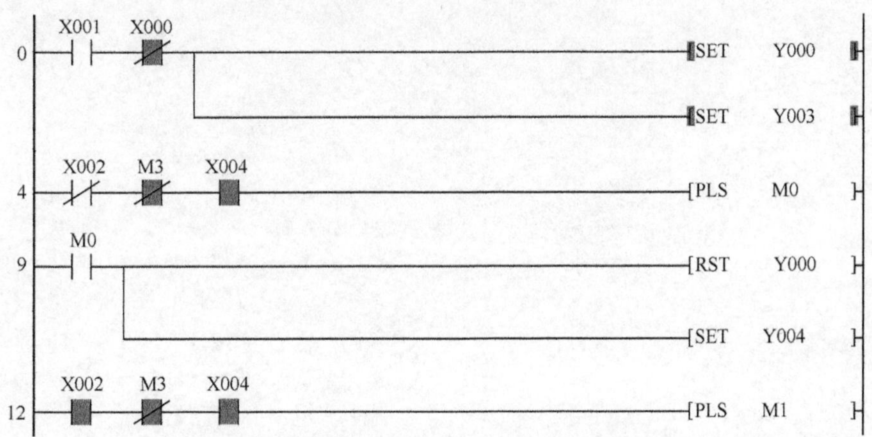

图 11-24 PLC 控制汽车自动清洗装置的仿真效果图

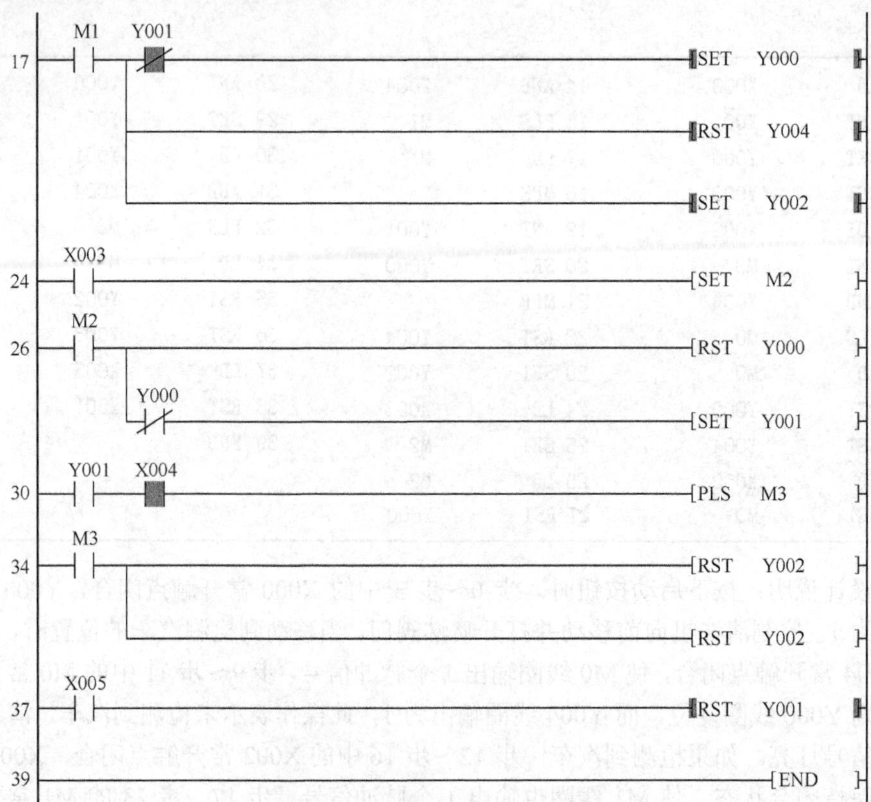

图 11-24 PLC控制汽车自动清洗装置的仿真效果图（续）

附录 1　FX 系列 PLC 指令集速查表

FX2N 基本指令

指令符号	指令名称	指令功能	目标元件
LD	取指令	运算开始（常开触点）	X、Y、M、S、T、C
LDI	取反指令	运算开始（常闭触点）	X、Y、M、S、T、C
LDP	取脉冲指令	上升沿检测运算开始	X、Y、M、S、T、C
LDF	取脉冲指令（F）	下降沿检测运算开始	X、Y、M、S、T、C
AND	与指令	串行连接（常开触点）	X、Y、M、S、T、C
ANI	与非指令	串行连接（常闭触点）	X、Y、M、S、T、C
ANDP	与脉冲指令	上升沿检测串行连接	X、Y、M、S、T、C
ANDF	与脉冲指令（F）	下降沿检测串行连接	X、Y、M、S、T、C
OR	或指令	并行连接（常开触点）	X、Y、M、S、T、C
ORI	或非指令	并行连接（常闭触点）	X、Y、M、S、T、C
ORP	或脉冲指令	上升沿检测并行连接	X、Y、M、S、T、C
ORF	或脉冲指令（F）	下降沿检测并行连接	X、Y、M、S、T、C
ANB	电路块与指令	块间串行连接	-
ORB	电路块或指令	块间并行连接	-
OUT	输出指令	线圈驱动指令	Y、M、S、T、C
SET	置位指令	动作保持线圈指令	Y、M、S
RST	复位指令	动作保持解除线圈指令	Y、M、S、T、C、D
PLS	脉冲指令	上升沿检测线圈指令	Y、M
PLF	脉冲指令（F）	下降沿检测线圈指令	Y、M
MC	主控指令	公用串行接点线圈指令	Y、M、N
MCR	主控复位指令	公用串行接点解除指令	N
MPS	进栈指令	运算存储	-
MRD	读栈指令	读出存储	-
MPP	出栈指令	读出存储或复位	-
INV	反向指令	运算结果的反向	-
NOP	空操作指令	程序清除或空格用	-
END	结束指令	程序结束	-

FX$_{2N}$ 步进指令

指令符号	指令名称	指令功能	目标元件
STL	步进梯形图开始指令	步进梯形图开始	S
RET	返回指令	步进梯形图返回	-

FX$_{2N}$ 应用指令

指令类型	指令代号	指令助记符		指令名称	适用机型	程序步
程序流程指令	FNC00	CJ	Pn	条件跳转	FX$_{1S}$、FX$_{1N}$、FX$_{2N}$、FX$_{3U}$	3 步
	FNC01	CALL	Pn	子程序调用	FX$_{1S}$、FX$_{1N}$、FX$_{2N}$、FX$_{3U}$	3 步
	FNC02	SRET		子程序返回	FX$_{1S}$、FX$_{1N}$、FX$_{2N}$、FX$_{3U}$	1 步
	FNC03	IRET		中断返回	FX$_{1S}$、FX$_{1N}$、FX$_{2N}$、FX$_{3U}$	1 步
	FNC04	EI		中断许可	FX$_{1S}$、FX$_{1N}$、FX$_{2N}$、FX$_{3U}$	1 步
	FNC05	DI		中断禁止	FX$_{1S}$、FX$_{1N}$、FX$_{2N}$、FX$_{3U}$	1 步
	FNC06	FEND		主程序结束	FX$_{1S}$、FX$_{1N}$、FX$_{2N}$、FX$_{3U}$	1 步
	FNC07	WDT		看门狗定时器	FX$_{1S}$、FX$_{1N}$、FX$_{2N}$、FX$_{3U}$	1 步
	FNC08	FOR	n	循环范围开始	FX$_{1S}$、FX$_{1N}$、FX$_{2N}$、FX$_{3U}$	3 步
	FNC09	NEXT		循环范围结束	FX$_{1S}$、FX$_{1N}$、FX$_{2N}$、FX$_{3U}$	1 步
传送与比较指令	FNC10	CMP		比较	FX$_{1S}$、FX$_{1N}$、FX$_{2N}$、FX$_{3U}$	7/13 步
	FNC11	ZCP		区间比较	FX$_{1S}$、FX$_{1N}$、FX$_{2N}$、FX$_{3U}$	9/17 步
	FNC12	MOV		传送	FX$_{1S}$、FX$_{1N}$、FX$_{2N}$、FX$_{3U}$	5/9 步
	FNC13	SMOV		移位传送	FX$_{2N}$、FX$_{3U}$	11 步
	FNC14	CML		反相传送	FX$_{2N}$、FX$_{3U}$	5/9 步
	FNC15	BMOV		成批传送	FX$_{1S}$、FX$_{1N}$、FX$_{2N}$、FX$_{3U}$	7 步
	FNC16	FMOV		多点传送	FX$_{2N}$、FX$_{3U}$	7/13 步
	FNC17	XCH		交换	FX$_{2N}$、FX$_{3U}$	5/9 步
	FNC18	BCD		BCD 转换	FX$_{1S}$、FX$_{1N}$、FX$_{2N}$、FX$_{3U}$	5/9 步
	FNC19	BIN		BIN 转换	FX$_{1S}$、FX$_{1N}$、FX$_{2N}$、FX$_{3U}$	5/9 步
算术与逻辑指令	FNC20	ADD		加法	FX$_{1S}$、FX$_{1N}$、FX$_{2N}$、FX$_{3U}$	7/13 步
	FNC21	SUB		减法	FX$_{1S}$、FX$_{1N}$、FX$_{2N}$、FX$_{3U}$	7/13 步
	FNC22	MUL		乘法	FX$_{1S}$、FX$_{1N}$、FX$_{2N}$、FX$_{3U}$	7/13 步
	FNC23	DIV		除法	FX$_{1S}$、FX$_{1N}$、FX$_{2N}$、FX$_{3U}$	3/5 步
	FNC24	INC		加 1	FX$_{1S}$、FX$_{1N}$、FX$_{2N}$、FX$_{3U}$	3/5 步
	FNC25	DEC		减 1	FX$_{1S}$、FX$_{1N}$、FX$_{2N}$、FX$_{3U}$	7/13 步
	FNC26	WAND		逻辑"字与"	FX$_{1S}$、FX$_{1N}$、FX$_{2N}$、FX$_{3U}$	7/13 步
	FNC27	WOR		逻辑"字或"	FX$_{1S}$、FX$_{1N}$、FX$_{2N}$、FX$_{3U}$	7/13 步
	FNC28	WXOR		逻辑"字异或"	FX$_{1S}$、FX$_{1N}$、FX$_{2N}$、FX$_{3U}$	7/13 步
	FNC29	NEG		求补码	FX$_{2N}$、FX$_{3U}$	3/5 步

续表

指令类型	指令代号	指令助记符	指令名称	适用机型	程序步
移位与循环指令	FNC30	ROR	循环右移	FX2N、FX3U	5/9 步
	FNC31	ROL	循环左移	FX2N、FX3U	5/9 步
	FNC32	RCR	带进位右移	FX2N、FX3U	5/9 步
	FNC33	RCL	带进位左移	FX2N、FX3U	5/9 步
	FNC34	SFTR	位右移	FX1S、FX1N、FX2N、FX3U	9 步
	FNC35	SFTL	位左移	FX1S、FX1N、FX2N、FX3U	9 步
	FNC36	WSFR	字右移	FX2N、FX3U	9 步
	FNC37	WSFL	字左移	FX2N、FX3U	9 步
	FNC38	SFWR	移位写入	FX1S、FX1N、FX2N、FX3U	7 步
	FNC39	SFRD	移位读出	FX1S、FX1N、FX2N、FX3U	7 步
数据处理指令	FNC40	ZRST	区间复位	FX1S、FX1N、FX2N、FX3U	5/9 步
	FNC41	DECO	译码	FX1S、FX1N、FX2N、FX3U	5/9 步
	FNC42	ENCO	编码	FX1S、FX1N、FX2N、FX3U	5/9 步
	FNC43	SUM	ON 位数	FX2N、FX3U	5/9 步
	FNC44	BON	ON 位判定	FX2N、FX3U	9 步
	FNC45	MEAN	平均值	FX2N、FX3U	9 步
	FNC46	ANS	报警器置位	FX2N、FX3U	9 步
	FNC47	ANR	报警器复位	FX2N、FX3U	1 步
	FNC48	SQR	平方根	FX2N、FX3U	5/9 步
	FNC49	FLT	浮点数转换	FX2N、FX3U	5/9 步
高速处理指令	FNC50	REF	输入输出刷新	FX1S、FX1N、FX2N、FX3U	5 步
	FNC51	REFF	滤波时间调整	FX2N、FX3U	3 步
	FNC52	MTR	矩阵输入	FX1S、FX1N、FX2N、FX3U	9 步
	FNC53	HSCS	比较置位	FX1S、FX1N、FX2N、FX3U	13 步
	FNC54	HSCR	比较复位	FX1S、FX1N、FX2N、FX3U	13 步
	FNC55	HSZ	区间比较	FX2N、FX3U	17 步
	FNC56	SPD	速度检测	FX1S、FX1N、FX2N、FX3U	7 步
	FNC57	PLSY	脉冲输出	FX1S、FX1N、FX2N、FX3U	7/13 步
	FNC58	PMW	脉宽调制	FX1S、FX1N、FX2N、FX3U	7 步
	FNC59	PLSR	可调脉冲输出	FX1S、FX1N、FX2N、FX3U	9/17 步
方便指令	FNC60	IST	状态初始化	FX1S、FX1N、FX2N、FX3U	7 步
	FNC61	SER	数据查找	FX2N、FX3U	9/17 步
	FNC62	ABSD	绝对式凸轮控制	FX1S、FX1N、FX2N、FX3U	9/17 步
	FNC63	INCD	增量式凸轮控制	FX1S、FX1N、FX2N、FX3U	9 步
	FNC64	TIMR	示教定时器	FX2N、FX3U	5 步

续表

指令类型	指令代号	指令助记符	指令名称	适用机型	程序步
方便指令	FNC65	STMR	特殊定时器	FX2N、FX3U	7 步
	FNC66	ALT	交替输出	FX1S、FX1N、FX2N、FX3U	3 步
	FNC67	RAMP	斜波信号	FX1S、FX1N、FX2N、FX3U	9 步
	FNC68	ROTC	旋转工作台控制	FX2N、FX3U	9 步
	FNC69	SORT	数据排序	FX2N、FX3U	11 步
外部输入与输出处理指令	FNC70	TKY	10 键输入	FX2N、FX3U	7/13 步
	FNC71	HKY	16 键输入	FX2N、FX3U	9/17 步
	FNC72	DSW	数字开关	FX1S、FX1N、FX2N、FX3U	9 步
	FNC73	SEGD	七段译码	FX2N、FX3U	5 步
	FNC74	SEGL	带锁存七段译码	FX1S、FX1N、FX2N、FX3U	7 步
	FNC75	ARWS	方向开关	FX2N、FX3U	9 步
	FNC76	ASC	ASCII 码转换	FX2N、FX3U	11 步
	FNC77	PR	ASCII 码打印	FX2N、FX3U	5 步
	FNC78	FROM	读特殊功能模块	FX1S、FX1N、FX2N、FX3U	9/17 步
	FNC79	TO	写特殊功能模块	FX1S、FX1N、FX2N、FX3U	9/17 步
外部设备指令	FNC80	RS	串行数据传送	FX1S、FX1N、FX2N、FX3U	9 步
	FNC81	PRUN	八进制位传送	FX1S、FX1N、FX2N、FX3U	5/9 步
	FNC82	ASCI	十六进制数转 ASCII 码	FX1S、FX1N、FX2N、FX3U	7 步
	FNC83	HEX	ASCII 码转十六进制数	FX1S、FX1N、FX2N、FX3U	7 步
	FNC84	CCD	校验码	FX1S、FX1N、FX2N、FX3U	7 步
	FNC85	VRRD	电位器值读出	FX1S、FX1N、FX2N、FX3U	5 步
	FNC86	VRSC	电位器值刻度	FX1S、FX1N、FX2N、FX3U	5 步
	FNC88	PID	PID 运算	FX1S、FX1N、FX2N、FX3U	9 步
浮点数指令	FNC110	ECMP	二进制浮点数比较	FX2N、FX3U	13 步
	FNC111	EZCP	二进制浮点数区间比较	FX2N、FX3U	17 步
	FNC118	EBCD	二转十进制浮点数	FX2N、FX3U	9 步
	FNC119	EBIN	十转二进制浮点数	FX2N、FX3U	9 步
	FNC120	EADD	二进制浮点数加法	FX2N、FX3U	13 步
	FNC121	ESUB	二进制浮点数减法	FX2N、FX3U	13 步
	FNC122	EMUL	二进制浮点数乘法	FX2N、FX3U	13 步
	FNC123	EDIV	二进制浮点数除法	FX2N、FX3U	13 步
	FNC127	ESQR	二进制浮点数开平方	FX2N、FX3U	9 步
	FNC129	INT	二进制浮点数转整数	FX2N、FX3U	5/9 步
	FNC130	SIN	二进制浮点数正弦运算	FX2N、FX3U	9 步

续表

指令类型	指令代号	指令助记符	指令名称	适用机型	程序步
浮点数指令	FNC131	COS	二进制浮点数余弦运算	FX2N、FX3U	9步
	FNC132	TAN	二进制浮点数正切运算	FX2N、FX3U	9步
	FNC147	SWAP	高低字节交换	FX2N、FX3U	3/5步
定位控制指令	FNC155	ABS	读当前绝对值	FX1S、FX1N	13步
	FNC156	ZRN	原点回归	FX1S、FX1N	9步/17步
	FNC157	FLSY	可变速的脉冲输出	FX1S、FX1N	9步/17步
	FNC158	DRVI	相对位置控制	FX1S、FX1N	9步/17步
	FNC159	DRVA	绝对位置控制	FX1S、FX1N	9步/17步
实时时钟指令	FNC160	TCMP	时钟数据比较	FX1S、FX1N、FX2N、FX3U	11步
	FNC161	TZCP	时钟数据区域比较	FX1S、FX1N、FX2N、FX3U	9步
	FNC162	TADD	时钟数据加法运算	FX1S、FX1N、FX2N、FX3U	7步
	FNC163	TSUB	时钟数据减法运算	FX1S、FX1N、FX2N、FX3U	7步
	FNC166	TRD	时钟数据读取	FX1S、FX1N、FX2N、FX3U	3步
	FNC167	TWR	时钟数据写入	FX1S、FX1N、FX2N、FX3U	3步
	FNC169	HOUR	计时表	FX1S、FX1N	7步
格雷码变换与模拟量模块读/写指令	FNC170	GRY	格雷码变换	FX2N、FX3U	5/9步
	FNC171	GBIN	格雷码逆变换	FX2N、FX3U	5/9步
	FNC176	RD3A	模拟量模块读指令	FX1N	7步
	FNC177	WR3A	模拟量模块写指令	FX1N	7步
触点比较指令	FNC224	LD=	LD触点比较[S1]=[S2]	FX1S、FX1N、FX2N、FX3U	5/9步
	FNC225	LD>	LD触点比较[S1]>[S2]	FX1S、FX1N、FX2N、FX3U	5/9步
	FNC226	LD<	LD触点比较[S1]<[S2]	FX1S、FX1N、FX2N、FX3U	5/9步
	FNC228	LD<>	LD触点比较[S1]<>[S2]	FX1S、FX1N、FX2N、FX3U	5/9步
	FNC229	LD<=	LD触点比较[S1]<=[S2]	FX1S、FX1N、FX2N、FX3U	5/9步
	FNC230	LD>=	LD触点比较[S1]>=[S2]	FX1S、FX1N、FX2N、FX3U	5/9步
	FNC232	AND=	AND串联连接触点比较[S1]=[S2]	FX1S、FX1N、FX2N、FX3U	5/9步
	FNC233	AND>	AND串联连接触点比较[S1]>[S2]	FX1S、FX1N、FX2N、FX3U	5/9步
	FNC234	AND<	AND串联连接触点比较[S1]<[S2]	FX1S、FX1N、FX2N、FX3U	5/9步

续表

指令类型	指令代号	指令助记符	指令名称	适用机型	程序步
触点比较指令	FNC236	AND< >	AND 串联连接触点比较[S1] < > [S2]	FX$_{1S}$、FX$_{1N}$、FX$_{2N}$、FX$_{3U}$	5/9 步
	FNC237	AND<=	AND 串联连接触点比较[S1] < = [S2]	FX$_{1S}$、FX$_{1N}$、FX$_{2N}$、FX$_{3U}$	5/9 步
	FNC238	AND>=	AND 串联连接触点比较[S1] >= [S2]	FX$_{1S}$、FX$_{1N}$、FX$_{2N}$、FX$_{3U}$	5/9 步
	FNC240	OR=	OR 并联连接触点比较[S1] = [S2]	FX$_{1S}$、FX$_{1N}$、FX$_{2N}$、FX$_{3U}$	5/9 步
	FNC241	OR>	OR 并联连接触点比较[S1] > [S2]	FX$_{1S}$、FX$_{1N}$、FX$_{2N}$、FX$_{3U}$	5/9 步
	FNC242	OR<	OR 并联连接触点比较[S1] < [S2]	FX$_{1S}$、FX$_{1N}$、FX$_{2N}$、FX$_{3U}$	5/9 步
	FNC244	OR< >	OR 并联连接触点比较[S1] < > [S2]	FX$_{1S}$、FX$_{1N}$、FX$_{2N}$、FX$_{3U}$	5/9 步
	FNC245	OR<=	OR 并联连接触点比较[S1] < = [S2]	FX$_{1S}$、FX$_{1N}$、FX$_{2N}$、FX$_{3U}$	5/9 步
	FNC246	OR>=	OR 并联连接触点比较[S1] > = [S2]	FX$_{1S}$、FX$_{1N}$、FX$_{2N}$、FX$_{3U}$	5/9 步

附录 2　FX2N 特殊软元件

PLC 状态

编号	名称	备注	编号	名称	备注
M8000	RUN 监控	RUN 时为 ON	D8000	监视定时器	初始值 200ms
M8001	RUN 监控	RUN 时为 OFF	D8001	PLC 型号和版本	
M8002	初始脉冲	RUN 后操作为 ON	D8002	存储器容量	
M8003	初始脉冲	RUN 后操作为 OFF	D8003	存储器种类	
M8004	出错	M8060～M8067 检测	D8004	出错特 M 地址	M8060～M8067
M8005	电池电压降低	锂电池电压下降	D8005	电池电压	0.1V 单位
M8006	电池电压降低锁存		D8006	电池电压降低检测	3.0V（0.1V 单位）
M8007	暂停检测		D8007	暂停次数	电源关闭清除
M8008	停电检测		D8008	停电检测时间	
M8009	DC 24V 降低	检测 24V 电源异常	D8009	下降单元编号	降低起始输出编号

时钟

编号	名称	备注	编号	名称	备注
M8010			D8010	扫描当前值	0.1ms 单位包括常数扫描等待时间
M8011	10ms 时钟	10ms 周期振荡	D8011	最小扫描时间	
M8012	100ms 时钟	100ms 周期振荡	D8012	最大扫描时间	
M8013	1s 时钟	1s 周期振荡	D8013	秒 0～59 预置值或当前值	
M8014	1min 时钟	1min 周期振荡	D8014	分 0～59 预置值或当前值	
M8015	计时停止或预置		D8015	时 0～23 预置值或当前值	
M8016	时间显示停止		D8016	日 1～31 预置值或当前值	
M8017	±30s 修正		D8017	月 1～12 预置值或当前值	
M8018	内装 RTC 检测	常态为 ON	D8018	公历 4 位预置值或当前值	
M8019	内装 RTC 出错		D8019	星期 0（星期天）～星期 6（星期六）预置值或当前值	

标志

编号	名称	备注	编号	名称	备注
M8020	零标志	应用命令运算标志	D8020	调整输入滤波器	初始值 10ms
M8021	借位标志		D8021		
M8022	进位标志		D8022		

续表

编号	名称	备注	编号	名称	备注
M8023			D8023		
M8024	BMOV 方向指定		D8024		
M8025	HSC 方式		D8025		
M8026	RAMP 方式		D8026		
M8027	PR 方式		D8027		
M8028	执行 PROM/TO 指令时允许中断		D8028	Z0（Z）寄存器内容	寻址寄存器 Z 的内容
M8029	执行指令结束标志	功能指令	D8029	V0（V）寄存器内容	寻址寄存器 V 的内容

PLC 方式

编号	名称	备注	编号	名称	备注
M8030	电池关灯指令	关闭面板灯	D8030		
M8031	非保存存储清除	清除元件的 ON/OFF 和当前值	D8031		
M8032	保存存储清除		D8032		
M8033	全部存储停止	图像存储保持	D8033		
M8034	全输出禁止	外部输出均为 OFF	D8034		
M8035	强制 RUN 方式		D8035		
M8036	强制 RUN 指令		D8036		
M8037	强制 STOP 指令		D8037		
M8038			D8038	常数扫描时间	
M8039	恒定扫描方式	定周期动作	D8039		初始值 0（1ms 单位）

步进梯形图

编号	名称	备注	编号	名称	备注
M8040	禁止转移	状态间禁止转移	D8040	ON 状态号 1	M8047 为 ON 时,将在 S0～S999 中工作的最小号存入 D8040
M8041	开始转移	FNC60 使用	D8041	ON 状态号 2	
M8042	启动脉冲		D8042	ON 状态号 3	
M8043	回原点完成		D8043	ON 状态号 4	
M8044	原点条件		D8044	ON 状态号 5	
M8045	禁止全输出复位		D8045	ON 状态号 6	
M8046	STL 状态工作	S0～S99 工作检测	D8046	ON 状态号 7	
M8047	STL 监视有效	D8040～D8047 有效	D8047	ON 状态号 8	
M8048	报警工作	S900～S999 工作检测	D8048		
M8049	报警有效	S8049 有效	D8049	ON 状态最小号	S900～S999 最小 ON 号

中断禁止

编号	名称	备注	编号	名称	备注
M8050	I00□禁止	输入中断禁止	D8050	未使用	
M8051	I10□禁止		D8051		
M8052	I20□禁止		D8052		
M8053	I30□禁止		D8053		
M8054	I40□禁止		D8054		
M8055	I50□禁止		D8055		
M8056	I60□禁止	定时中断禁止	D8056		
M8057	I70□禁止		D8057		
M8058	I80□禁止		D8058		
M8059	I010~I060 全禁止	计数中断禁止	D8059		

出错检测

编号	名称	备注	编号	名称	备注
M8060	I/O 配置出错	PLC 继续运行	D8060	出错的 I/O 起始号	存储出错代码
M8061	PLC 硬件出错	PLC 停止	D8061	PLC 硬件出错代号	
M8062	PLC/PP 通信出错	PLC 继续运行	D8062	PLC/PP 通信出错代码	
M8063	并行连接	PLC 继续运行	D8063	连接通信出错代码	
M8064	参数出错	PLC 停止	D8064	参数出错代码	
M8065	语法出错	PLC 停止	D8065	语法出错代码	
M8066	电路出错	PLC 停止	D8066	电路出错代码	
M8067	运算出错	PLC 继续运行	D8067	运算出错代码	
M8068	运算出错锁存	M8067 保持	D8068	运算出错产生的步	步编号保持
M8069	I/O 总线检测	总线检查开始	D8069	M8065~7 出错产生步号	

并行连接功能

编号	名称	备注	编号	名称	备注
M8070	并行连接主站说明	主站时为 ON	D8070	连接出错判定时间	初始值 500ms
M8071	并行连接从站说明	从站时为 ON	D8071		
M8072	并行连接运转为 ON	运行中为 ON	D8072		
M8073	主站/从站设置不良	M8070、M8071 设定不当	D8073		

采样跟踪

编号	名称	备注	编号	名称	备注
M8074			D8074	采样剩余次数	
M8075	准备开始指令	采样跟踪功能	D8075	采样次数设定	
M8076	执行开始指令		D8076	采样周期	
M8077	执行中监测		D8077	指定触发器	
M8078	执行结束监测		D8078	触发器条件元件号	
M8079	跟踪512次以上		D8079	取样数据指针	
M8090	位元件号No10	采样跟踪功能	D8080	位元件号No1	采样跟踪功能
M8091	位元件号No11		D8081	位元件号No2	
M8092	位元件号No12		D8082	位元件号No3	
M8093	位元件号No13		D8083	位元件号No4	
M8094	位元件号No14		D8084	位元件号No5	
M8095	位元件号No15		D8085	位元件号No6	
M8096	位元件号No1		D8086	位元件号No7	
M8097	位元件号No2		D8087	位元件号No8	
M8098	位元件号No3		D8088	位元件号No9	

存储容量

编号	名称	备注
D8102	存储容量	0002=2KB; 0004=4KB; 0008=8KB; 0016=16KB

输出更换

编号	名称	备注	编号	名称	备注
M8109	输出更换错误生成		D8019	输出更换错误生成	0、10、20……被存储

高速环形计数器

编号	名称	备注	编号	名称	备注
M8099	高速环形计数器工作	允许计数器工作	D8099	0.1ms环形计数器	0～32767增序

特殊功能

编号	名称	备注	编号	名称	备注
M8120		RS232通信用	D8120	通信格式	
M8121	RS232C发送待机中		D8121	设定局编号	
M8122	RS232C发送标记		D8122	发送数据余数	
M8123	RS232C发送完标记		D8123	接收数据数	
M8124	RS232C载波接收		D8124	标题（STX）	

续表

编号	名称	备注	编号	名称	备注
M8125		RS485 通信用	D8125	终结字符（EX）	
M8126	全信号		D8126		
M8127	请求手动信号		D8127	指定请求用起始号	
M8128	请求出错标记		D8128	请求数据数的指定	
M8129	请求字/位切换		D8129	判定输出时间	

高速列表

编号	名称		备注	编号	名称		备注
M8130	HSZ 表比较方式			D8130	HSZ 列表计数器		
M8131	HSZ 执行完标记			D8131	HSZ PLSY 列表计数器		
M8132	HSZ PLSY 速度图形			D8132	速度图形频率	下位	
M8133				D8133	HSZ、PLSY	空	
				D8134	速度图形目标	下位	
				D8135	脉冲数 HSZ、PLSY	上位	
M8130	输出给 PLSY,PLSR	下位		D8136	输出脉冲数	下位	
M8131	Y000 的脉冲数	上位		D8137	PLSY、PLSR	上位	
M8132	输出给 PLSY,PLSR	下位		D8138			
M8133	Y000 的脉冲数	上位		D8139			

扩展功能

编号	名称	备注
M8160	XCH 的 SWAP 功能	同一元件内交换
M8161	8 位单位切换	16/8 位切换
M8162	高速并串连接方式	
M8163		
M8164		
M8165		写入十六进制数据
M8166	HKY 的 HEX 处理	停止 BCD 切换
M8167	SMOV 的 HEX 处理	
M8168		
M8169		

脉冲捕捉

编号	名称	备注
M8170	输入 X000 脉冲捕捉	
M8171	输入 X001 脉冲捕捉	

续表

编号	名称	备注
M8172	输入 X002 脉冲捕捉	
M8173	输入 X003 脉冲捕捉	
M8174	输入 X004 脉冲捕捉	
M8175	输入 X005 脉冲捕捉	
M8176		
M8177		
M8178		
M8179		

寻址寄存器当前值

编号	名称	备注
D8180		
D8181		
D8182	Z1 寄存器的数据	寻址寄存器当前值
D8183	V1 寄存器的数据	
D8184	Z2 寄存器的数据	
D8185	V2 寄存器的数据	
D8186	Z3 寄存器的数据	
D8187	V3 寄存器的数据	
D8188	Z4 寄存器的数据	
D8189	V4 寄存器的数据	
D8190	Z5 寄存器的数据	
D8191	V5 寄存器的数据	
D8192	Z6 寄存器的数据	
D8193	V6 寄存器的数据	
D8194	Z7 寄存器的数据	
D8195	V7 寄存器的数据	
D8196		
D8197		
D8198		
D8199		

内部增降序计数器

编号	名称	备注
M8200	驱动 M8□□□时，C□□□降序计数，M□□□在不驱动时，C□□□增序计数（C□□□为 200～234）	
M8201		
⋮		
M8233		
M8234		

高速计数器

编号	名称	备注	编号	名称	备注
M8235	M8□□□被驱动时，1 相高速计数器 C8□□□为降序方式，不驱动时，为增序方式。(□□□为 235～245)		M8246	根据 1 相 2 输入计数器□□□的增、降序，M8□□□为 ON/OFF (□□□为 246～250)	
M8236			M8247		
M8237			M8248		
M8238			M8249		
M8239			M8250		
M8240			M8251	根据 2 相计数器□□□的增、降序。M8□□□为 ON/OFF (□□□为 251～255)	
M8241			M8252		
M8242			M8253		
M8243			M8254		
M8244			M8255		

参 考 文 献

［1］陈忠平. 三菱 FX2N PLC 从入门到精通[M]. 北京：中国电力出版社，2015

［2］侯玉宝，陈忠平，邬书跃. 三菱 Q 系列 PLC 从入门到精通[M]. 北京：中国电力出版社，2017

［3］陈忠平. 西门子 S7-200 系列 PLC 自学手册[M]. 北京：人民邮电出版社，2008

［4］陈忠平. 西门子 S7-300/400 系列 PLC 自学手册[M]. 北京：人民邮电出版社，2010

［5］陈忠平. 西门子 S7-300/400 系列 PLC 快速入门[M]. 北京：人民邮电出版社，2012

［6］陈忠平. 西门子 S7-300/400 系列 PLC 快速应用[M]. 北京：人民邮电出版社，2012

［7］陈忠平. 欧姆龙 CP1H 系列 PLC 完全自学手册[M]. 北京：化学工业出版社，2013

［8］陈忠平，侯玉宝. 欧姆龙 CPM2 PLC 从入门到精通[M]. 北京：中国电力出版社，2015

［9］陈忠平，侯玉宝，李燕. 西门子 S7-200 PLC 从入门到精通[M]. 北京：中国电力出版社，2014

［10］陈忠平. 电气控制与 PLC 原理及应用（第三版）[M]. 北京：中国电力出版社，2017